国家级精品课程教材
天津大学精品教材
材料科学与工程专业系列教材

材料力学性能
原理与实验教程

Principles and Experimental Course on Mechanical Behavior of Materials

主编　王吉会
副主编　郑俊萍　刘家臣　黄定海

内容提要

本书主要介绍材料在外加载荷或载荷和环境因素(温度、介质和加载速率等)联合作用下表现的变形、损伤与断裂的行为规律及其物理本质和实验测试方法与技术;体现了加强基础、拓宽专业面、注重实践能力、培养综合素质的目标和原则。本书内容包括材料力学性能概论,材料的静载拉伸力学性能,材料在其他载荷下的力学性能(扭转、弯曲、压缩、剪切、硬度、缺口效应、冲击、低温脆性),材料的断裂强度与断裂韧性,材料在变动载荷下的力学性能,材料在环境条件下的力学性能,材料在高温条件下的力学性能,材料的摩擦与磨损性能,材料在纳米尺度下的力学性能,复合材料的力学性能及材料力学性能实验等,第 1 至 10 章后附有复习思考题,以便课后的复习、巩固与提高。

本书可作为高等理工科院校材料科学与工程、材料物理、材料化学、功能材料、金属材料工程等材料类专业本科生“材料力学性能”课程的理论与实验教材,同时也可供材料科学与工程专业的研究生及从事材料研究、生产和应用的专业技术人员参考。

图书在版编目(CIP)数据

材料力学性能原理与实验教程/王吉会主编. —天津:天津大学出版社,2018. 3 (2022.8重印)
国家级精品课程教材 天津大学精品教材 材料科学与工程专业系列教材
ISBN 978-7-5618-6000-7

Ⅰ. ①材… Ⅱ. ①王… Ⅲ. ①材料力学 - 高等学校 - 教材 Ⅳ. ①TB301

中国版本图书馆 CIP 数据核字(2017)第 311243 号

CAILIAO LIXUE XINGNENG YUANLI YU SHIYAN JIAOCHENG

出版发行 天津大学出版社
地 址 天津市卫津路 92 号天津大学内(邮编:300072)
电 话 发行部:022-27403647
网 址 publish. tju. edu. cn
印 刷 天津泰宇印务有限公司
经 销 全国各地新华书店
开 本 185mm × 260mm
印 张 30. 75
字 数 774 千
版 次 2018 年 3 月第 1 版
印 次 2022 年 8 月第 2 次
定 价 66. 00 元

前　言

材料的力学性能是关于材料在外加载荷(外力)作用下或载荷和环境因素(温度、介质和加载速率等)联合作用下表现的变形、损伤与断裂的行为规律及其物理本质和实验测试技术的学科。与材料的物理性能、化学性能一样,材料的力学性能是材料科学与工程四大基本要素——材料性能的重要组成部分,是各类材料在实际应用中都必须涉及的共性问题。

但从课程的发展历史看,“材料力学性能”原是金属材料工程专业继“金属学原理”“固态相变原理”等课程之后的专业课程;在无机非金属材料工程专业中,无机材料的力学性能仅是“无机材料物理性能”课程中一章的内容;在高分子材料与工程专业中,聚合物的力学性能则分散在“高分子物理”课程的有关章节中,内容相对较少。

随着材料技术的飞速发展及传统材料产业的不断升级,材料类专业得到不断的重组与优化,不仅有材料科学与工程、材料物理、材料化学、冶金工程、金属材料工程、无机非金属材料、高分子材料与工程、复合材料与工程等主干专业,而且还包括粉体材料科学与工程、宝石及材料工艺学、焊接技术与工程、功能材料、纳米材料与技术、新能源材料与器件等特色专业。而“材料力学性能”课程,则成为材料类专业的学科基础课程。因此,原先作为金属材料工程专业的“材料力学性能”课程教材,显然不能适应材料类专业教学的需要。于是,迫切需要编写出兼顾金属材料、无机非金属材料、高分子材料、复合材料、纳米材料等力学性能的共性,又能适当反映各自材料力学性能特殊性的《材料力学性能》教材,以适合材料科学与工程一级学科专业教学的需要。

2010年6月,教育部“卓越工程师教育培养计划”在我国理工科高等学校全面铺开,其中以强化工程能力和创新能力为人才培养模式改革的重点,从而全面提高我国工程教育人才的培养质量。从2017年起,又提出了适合未来新兴产业和新经济需要的新工科建设思想,旨在培养出工程实践能力强、创新能力强、具备国际竞争力的高素质复合型“新工科”人才。本教材就是在这一背景下根据材料科学与工程一级学科专业的特点,并本着加强基础、拓宽专业面、注重实践能力、培养综合素质的原则而编写的。

在教材编写过程中,我们重点参考了2006年天津大学出版社出版的《材料力学性能》,同时吸取了近年来在材料科学与工程、材料化学、功能材料等专业讲授“材料力学性能”课程的体会和经验,并注重打通与前期课程(如“材料力学”“材料科学基础”等)间的联系,构建与同期课程(如“金属学”“材料现代研究方法”“材料物理性能”等)或后期课程(如“腐蚀电化学原理”“高分子物理”“先进结构陶瓷”等)间的有机衔接,尝试总结归纳各类材料力学性能的共性并兼顾各类材料的个性,从而为实现各类材料力学性能的交叉与融合奠定基础。为此,我们调整了课程的教学体系,从材料力学性能概论出发,遵循材料力学性能的定义(材料在外加载荷与环境因素联合作用下的力学行为与机理),按照材料的承载方式、环境因素和特定研究对象,将课程分为静载拉伸力学性能、其他载荷下的力学性能(扭转、弯曲、压缩、剪切、硬度、缺口效应、冲击、低温韧性)、断裂强度与断裂韧性、变动载荷下的力学性能、环境条件下的力学性能、高温条件下的力学性能、摩擦与磨损性能、纳米尺度下的力学性能、复合材料的力学性能等内容;与此同时,优化和更新了教学内容,将微纳材料、复合材料等特定材料的力学性能和研究方法进行单独讲述;不再将金属、陶瓷、高分子等三类材料的力学性能单列成章,而是以材料的力学性能为主线,将三大材料有机地融合到每一章中,并将三类材料的共性与特性进行总结与归纳。此外,为配合课堂理论教学并建立理论与实验相结合的教学需要,将材料力学性能实验部分单独成章,包括实验概述、常规力学性能实验及综合力学性能实验三部分内容,旨在使学生形成完整的、理论与实验相结合的课程体系,掌握材料力学性能的基础理论知识和实验技术,促进学生工程实践能力和创新意识的养成。

本教材是天津大学材料科学与工程专业系列教材之一,由王吉会主编,郑俊萍、刘家臣、黄定海参加编写。教材的编写,得到了天津大学校级精品教材建设项目、天津大学材料科学与工程学院和天津大学出版社的大力支持与热情帮助。在此特向所有支持、帮助和关心本课程建设和教材编写工作的各级领导、专家和同人表示衷心的感谢。

由于材料力学性能涉及的内容和应用领域十分广泛,加之学科新知识不断涌现,而编者的专业范围和知识水平有限,书中难免存在错误和不完善之处,敬请读者批评指正,以便今后及时地加以完善和更新。

编者
2017 年 9 月

目　录

第1章 概 论

在人类历史发展的进程中,“材料”一直占有十分重要的地位。历史学家曾用材料来划分时代,如石器时代、陶器时代、青铜器时代、铁器时代以及聚合物时代、半导体时代、复合材料时代等,可见材料在人类文明发展中所起的重要作用。每一种重要新材料的发现和应用,都把人类支配自然的能力提高到一个新的水平,给社会生产和人们生活带来巨大的变化,把人类物质文明推向前进。这充分说明材料是人类赖以生存和发展、征服自然和改造自然的物质基础与先导,是人类社会进步的里程碑。

在科学技术迅猛发展的今天,材料仍然是现代文明的一个重要标志。20 世纪 70 年代,人们把信息、材料和能源誉为当代文明的三大支柱;80 年代以后,以高技术群为代表的新技术革命,又把新材料、信息技术和生物技术并列为新技术革命的重要标志。这主要是因为材料尤其是新型材料或先进材料的研究、开发与应用反映了一个国家科学技术与工业发展的水平,密切关系到与国民经济建设、国防建设和人民的生活。可以说,人类生活在材料的世界中,无论是经济活动、科学技术、国防建设,还是人们的衣食住行都离不开材料。如果没有半导体材料,就不会有今天的信息社会;如果没有高温、高比强(刚)度的材料,就不会有今天的航空航天技术等。

总之,材料对社会发展的作用和重要性,任何时候都不会下降;相反,随着科学技术的不断进步,材料的种类越来越丰富,材料的性能逐步得到提高,材料的应用越来越广泛,因此可以说人类进入了一个材料革命的新时代。

1.1 材料与材料科学

1.1.1 材料的概念与分类

1. 材料的概念

虽然“材料”这个名词早已存在,但很难给它下一个确切的定义;或者说可以用多种不同的表达方式来定义材料。如材料是用来制造器件的物质;材料是经过工业加工的采掘工业、农业的劳动对象,等等。但目前普遍接受的定义是由肖纪美先生提出的观点:材料是人类社会所能接受的、经济地制造有用器件的物质。

由材料的定义可见,材料是物质,但不是所有的物质都可以称为材料。如燃料和化学原料、工业化学品、食物和药物,一般都不算是材料。但是这个定义并不那么严格,如炸药、固体火箭推进剂,一般称为“含能材料”,因为它们属于火炮或火箭的组成部分。

材料这种物质与其他类物质的差异如下。

①从材料与环境(资源、能源、环保)的关系看,材料是人类社会所能接受的物质,即材

料的生产和应用需要受到材料资源、能源和环境保护等方面的约束和限制，即资源判据、能源判据和环保判据。

②材料的生产和应用，必须先进行成本分析和经济核算，以提高社会的经济效益（经济判据）。

③从技术的角度来看，材料能用来制造有用的器件（质量判据），即材料应具有良好的工艺性能（制造）和能为人类服役的使用性能（有用）。

因此，作为材料的物质必须具备如下的特点。

①一定的组成和配比。因为材料或器件的使用性能，主要取决于组成的化学物质及各成分之间的配比。

②成型加工性。作为器件应具有一定的形状和结构特征，而形状和结构特征需要通过成型加工来获得。因此，作为材料必须具备在一定温度和一定压力下可对其进行成型加工，并制造成某种形状的能力。不具备成型加工性，就不能成为有用的材料。

③形状保持性。任何器件都以一定的形状出现，并在该形状下使用。因此，材料应有在使用条件下，保持既定形状并可供实际使用的能力。

④经济性。制得的器件应质优价廉，富有竞争性，必须在经济上易于为社会和人们所接受。

⑤回收和再生性。这是作为绿色产品、符合人类可持续发展战略所必需的，并应满足已经确定的社会规范、法律等。随着资源的枯竭、环境的破坏，对材料制品的回收并再利用是必需的。这是材料的开发者在研究中必须首先加以注意并考虑的。严重污染环境、不能回收再生的制品，一开始就不能生产。

2. 材料的分类

目前，世界上材料已有几十万种，而材料的新品种正在以每年大约5%的速率增长。由于材料的多样性，其分类方法也就没有一个统一的标准。如按材料的来源，材料可分为天然材料（石料、木料等）和人造材料（钢铁、合成纤维等）两类。如按用途，材料可分为电子材料、航空航天材料、核材料、建筑材料、能源材料、生物材料等。另外，材料还可分为传统材料与新型材料。传统材料是指那些已经成熟且在工业中已批量生产并大量应用的材料，如钢铁、水泥、塑料等；新型材料（先进材料）是指那些正在发展，且具有优异性能和应用前景的一类材料等。

通常，材料是按化学组成和结构特点进行分类的，可分为金属材料、无机非金属材料、高分子材料和复合材料等四大类。每一类又可分为若干小类，如金属材料可分为黑色金属材料、有色金属材料和特种金属材料等；无机非金属材料又可分为陶瓷、玻璃、水泥和耐火材料等；高分子材料又可分为塑料、橡胶、纤维等。

1.1.2 材料科学与工程

随着各类材料的大规模应用与发展，对材料本身如材料的制备、结构与性能以及它们之间的相互关系的研究越来越深入；同时，随着物理学、化学、冶金学、金属学、陶瓷学、高分子化学等基础学科理论体系的完善和交叉融合，也使得人们对材料的本质和共性有了更深层次的理解。于是在20世纪60年代初，针对材料发展的需要和共性问题，提出了“材料科学”的概念，随后又提出了“材料科学与工程”。

材料科学与工程是关于材料成分、结构、制备工艺与材料性能和用途之间相互关系的知识开发和应用的学科。换言之,材料科学与工程是研究材料组成、结构、生产过程、材料性能与使用性能以及它们之间的关系。因而,常把成分/结构(Composition/Structure)、合成/加工(Synthesis/Processing)、性质(Properties)及使用效能(Performance)称为材料科学与工程的四个基本要素。把这四个要素连接在一起,便形成一个四面体,如图 1-1(a)所示。

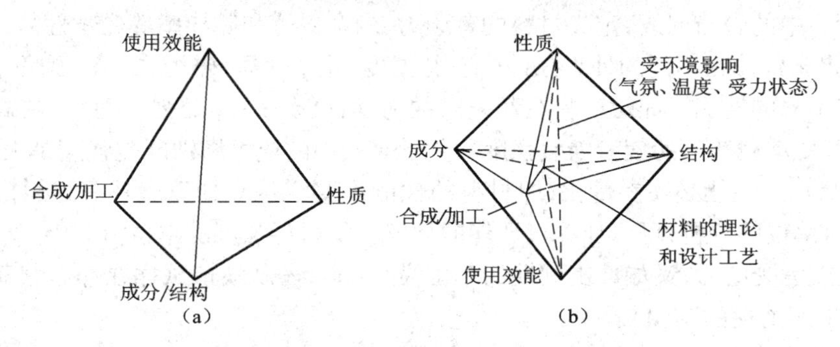

图 1-1　材料科学与工程的基本要素

(a)材料科学与工程四要素图　(b)材料科学与工程五要素图

在四要素的基础上,又有人将材料的成分和结构分开,提出了五要素模型,即成分(Composition)、合成/加工(Synthesis/Processing)、结构(Structure)、性质(Properties)和使用效能(Performance)。如果把它们连接起来,并考虑到材料的理论和设计工艺,则形成一个六面体,如图 1-1(b)所示。

在材料科学与工程的基本要素中,材料的成分与结构是指材料的原子类型和排列方式;合成与制备(或加工)是指实现特定原子排列的演变过程;性质是指对材料功能特性和效用(如电、磁、光、热、力学等性质)的定量度量和描述;使用效能是指材料性质在使用条件(如受力状态、气氛、介质与温度等)下的表现。在基本要素之间,材料的性质和使用效能取决于材料的成分和结构,而材料的成分和结构则受到材料合成与制备(加工)的控制。当然,材料的性质和使用效能反过来又能促进材料成分和结构的设计以及材料合成与制备(加工)工艺的选择。材料的理论和设计工艺就是通过理论模型进行材料设计或工艺设计,即通过优化材料配方和采用最佳工艺,制备出符合要求的材料或器件,以达到提高材料的性能及使用效能的目标。

1.2　材料的性能与分析方法

1.2.1　材料的性能

人类之所以对材料感兴趣,首先是因为材料具有对人类有用的性能。因此,在材料科学与工程研究中必须十分重视对材料性能的研究,否则材料将会被淘汰。

1. 材料性能的概念

材料的性能是一种参量,用于表征材料在给定外界条件下的行为,即作为材料最基本条件的性能必须定量化,需要从行为的过程去深入理解性能,重视环境对性能的影响。

(1)行为　行为是从一个状态到另一个状态的过程。材料的性能,有些只与状态有关,而与达到这个状态的过程无关,如力学中的势能和热学中的熵等;而另一些性能则与达到这个状态的过程有关，如力学中的功和热学中的热量等。它们分别称为状态性能和过程性能。

通过对材料行为的研究，可以理解材料的性能并定义材料的性能指标。如通过对材料在外力作用下室温拉伸行为中的应力－应变曲线，采用屈服、颈缩和断裂等行为的判断，定义出材料的屈服强度、抗拉强度和断裂强度等力学性能。又如可通过对材料在外磁场下磁化和退磁行为中的磁滞回线，定义材料的矫顽力、剩余磁感和磁导率等磁学性能。

（2）外界条件　在不同的外界条件（应力、温度、化学介质、磁场、电场、辐照等）下，同一材料也会有不同的性能。如对材料在断裂时的力学性能——断裂强度而言，在高温下的蠕变断裂强度、变动载荷下的疲劳断裂强度和化学介质中的应力腐蚀断裂强度是大不相同的。

（3）参量化　性能必须参量化，即材料的性能需要定量地加以表述。材料的性能都有单位，通过对单位的分析，可以加深对性能的理解。如材料强度的单位为 MPa（N/m^2），表示单位面积上能承受的力；又如冲击韧性的单位为 J/cm^2，表示缺口试样在冲击载荷下单位截面积（cm^2）上所消耗的功（J）。

2. 材料性能的分类

由于材料种类、结构和制备工艺的不同，材料的性能也有很大的区别。通常，将材料的性能分为简单性能和复杂性能。简单性能可分为物理性能、力学性能和化学性能；复杂性能可分为复合性能、工艺性能和使用性能，如图 1-2 所示。

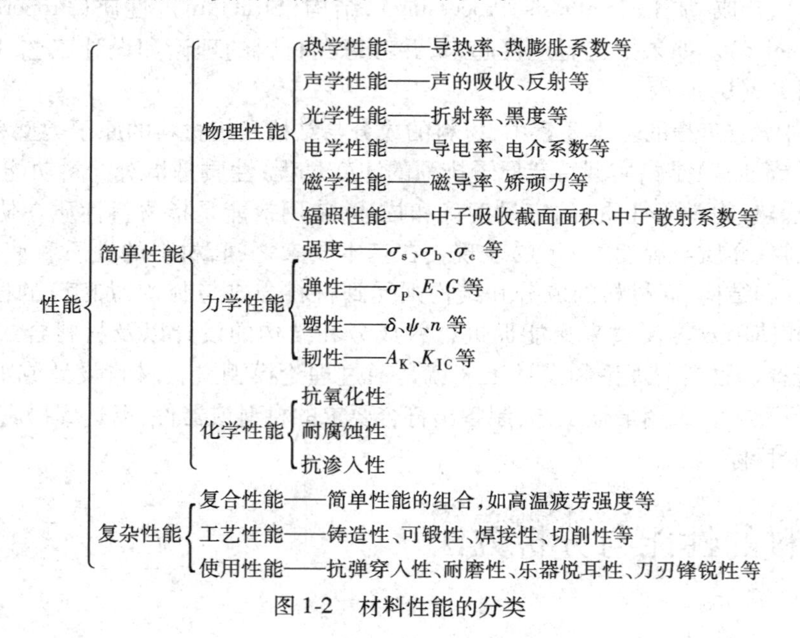

图 1-2　材料性能的分类

与材料性能的分类相呼应，还可按材料的性能区分材料，如以力学性能为主的材料称为结构材料，而以物理和化学性能为主的材料称为功能材料。其中的物理性能，包括声学、热学、光学、电学、磁学、辐射等性能。

1.2.2　材料性能分析方法

由于材料的性能取决于材料的成分和结构，并受到外界条件的影响，因而对材料性能的分析，会有如下四种不同的方法：若不知材料的结构，材料是黑箱，可用黑箱法；若材料的结构部分已知或全部已知，可用相关法（灰箱法）和过程法（白箱法）；如考虑外界环境条件的作用,则可用环境法。

1. **黑箱法**

由于不知道或不需要知道材料内部的结构,认为它是一个"黑箱",可从输入和输出信息的实验关系来定义或理解性能。若输入量为 X,输出量为 Y,由实验规律 $Y=K\cdot X$ 来确定材料的性能 K。熟悉的实例有弹性模量 E、电阻 R 和热膨胀系数 α 等,见表1-1。

表1-1 黑箱法分析材料性能的实例

现象	输入	输出	关系式	K	性能
弹性变形	σ	ε	$\varepsilon=\sigma/E$	$1/E$	E
电阻	V	I	$I=V/R$	$1/R$	R
热膨胀	T	L	$\Delta L=\alpha L_0\Delta T$	$\propto\alpha L_0$	α

在应用黑箱法确定关系式时,要注意它们的适用范围,因为这些关系式是用归纳法获得的。如表述应力-应变关系的胡克定律,只适用于弹性变形范围。

黑箱法只能表象地解释客观世界,它能提供输入与输出之间的定量关系;但它不能改造世界,因为它不能提出传递系数及性能的物理意义及影响因素,更不能提出改变性能的措施。

2. **相关法(灰箱法)**

随着对材料结构的不断认识以及对材料实验数据的不断积累,可用统计的方法建立起性能与结构之间相关性的经验方程。例如,在20世纪50年代初期,建立了低碳钢的室温屈服强度(σ_s)与晶粒平均直径(d)之间的Hall-Petch关系式:

$$\sigma_s=\sigma_0+k_y d^{-1/2} \tag{1-1}$$

式中:σ_0 和 k_y 只是实验中的经验系数,并没有物理意义。

由式(1-1)可以看出,通过细化晶粒(减小晶粒的直径 d)能提高材料的屈服强度。

3. **过程法(白箱法)**

由材料性能的定义可见,材料的性能可由材料的行为过程去理解。因而只有在深入了解材料内部结构的本质并掌握材料的行为过程机制的情况下,才能加深对相关经验规律的认识,真正理解和控制材料的性能。

如用黑箱法建立了应力与应变之间线性关系的胡克定律(表1-1),当应力增大与胡克定律偏离时,可以定义屈服强度;用相关法建立了屈服强度与晶粒尺寸的Hall-Petch关系式;而只有用过程法,在屈服过程的位错理论指导下,才能从材料的屈服过程出发求出式(1-1)中实验系数的表达式:

$$\sigma_0=m\tau_0 \tag{1-2}$$

$$k_y=m^2\tau^* r^{1/2} \tag{1-3}$$

式中:m 为取向因子,滑移系越多,则 m 越小;τ_0 为基体对位错运动的摩擦阻力,τ^* 为启动位错源所需的切应力,受位错钉扎效应的影响;r 为位错源与位错塞积处的距离。

利用过程法推导的结果,较深入而全面地解释和启示了各种强化措施的机制:晶体结构(m)、固溶强化(τ_0)、细化晶粒(d)、加工强化(r)、弥散强化(r)、沉淀强化(r,τ^*)。有了上面的关系式,就可以从结构参量去计算或预测材料的各种性能。

4. 环境法

材料的性能,除与材料的成分和结构有关外,还与外界的环境条件有关。环境对材料性能的影响有两种类型,即弱化与强化,如图 1-3 所示。

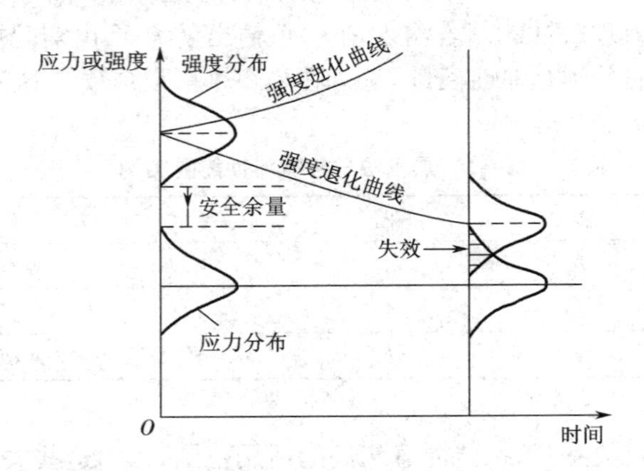

图 1-3 材料失效的应力 - 强度模型

(1)弱化 材料的性能(如强度)下降,使得原来安全的构件和材料发生失效(图中影线区)。如材料在高温、化学介质、辐照、变动载荷等环境条件下发生的高温蠕变、应力腐蚀、辐照脆化和疲劳破坏,都是环境因素使材料性能下降的结果。

(2)强化 材料从环境中消耗物质/能量形成耗散结构,使强度升高,增加了构件的安全性,即强度曲线随着时间而愈来愈高于应力曲线。如高碳高锰钢由于在使用过程中形成马氏体及大量层错,因而具有很好的耐磨性;相变诱导塑性钢(TRIP 钢)由于环境提供机械能,在裂纹顶端形成马氏体,可以显著地提高钢的韧性;不锈钢在氧化性介质中,由于环境提供氧而在不锈钢表面形成钝化膜,从而保持不锈性等。

1.3 材料的力学性能

1.3.1 材料力学性能的概念与主要指标

材料的力学性能是关于材料强度的一门学科,即是关于材料在外加载荷(外力)作用下或载荷和环境因素(温度、介质和加载速率)联合作用下表现的变形、损伤与断裂的行为规律及其物理本质和评定方法的学科。

材料的力学性能,常用材料的力学性能指标来表述。材料的力学性能指标是材料在载荷和环境因素作用下抵抗变形与断裂的量化因子,是评定材料质量的主要依据,是结构设计时选材的根据。

由于一般情况下材料或构件的承载条件用各种力学参量表示,于是人们常把力学参量的临界值或规定值称为力学性能指标。材料的主要力学性能指标如下。

(1)弹性 是指材料在外力作用下保持固有形状和尺寸的能力以及在外力去除后恢复固有形状和尺寸的能力。表征材料弹性的力学性能指标有弹性模量 E、切变模量 G、比例极限 σ_p 和弹性极限 σ_e 等。

(2)强度 是指材料对塑性变形和断裂的抗力,如材料的屈服强度 σ_s、抗拉强度 σ_b、抗弯强度σ_{bb}、抗压强度σ_{bc}、抗扭强度和抗剪强度τ_b、疲劳强度σ_r、持久强度σ_t^T、断裂强度σ_c(σ_f)等。

(3)塑性 是指材料在外力作用下发生不可逆的永久变形的能力或容量,如伸长率δ、断面收缩率ψ等。

(4)韧性 是指材料在断裂前吸收塑性变形功和断裂功的能力,如静力韧性W、冲击韧性α_{KV}、断裂韧性K_{IC}等。

(5)硬度 是指材料的软硬程度,如材料的布氏硬度HB、洛氏硬度HRC、维氏硬度HV、努氏硬度HK、肖氏硬度HS、莫氏硬度、显微硬度等。

(6)耐磨性 是指材料抵抗磨损的能力,如线(质量、体积)磨损量、相对耐磨性等。

(7)缺口敏感性 是指材料对缺口(截面变化)的力学响应,如应力集中系数K_t、静拉伸缺口敏感性q_e、疲劳缺口系数K_f、疲劳缺口敏感系数q_f等。

(8)裂纹扩展速率 是表征裂纹试样在外力和环境作用下演化行为的参量,如应力腐蚀裂纹扩展速率da/dt、疲劳裂纹扩展速率da/dN等。

(9)寿命 是指材料或构件在外加应力和环境作用下能够安全、有效使用(运行)的期限,如疲劳裂纹扩展寿命N_f和滞后断裂时间t_f等。

除上述给出的力学性能指标之外,还有材料的刚度Q、形变强化指数n、脆性转化温度(NDT、FTP、FTE、FATT等)、裂纹扩展的能量释放率G_I、裂纹顶端的张开位移COD、应力强度因子的门槛值(ΔK_{th}、K_{ISCC}等)、等强温度T_E等性能指标。

1.3.2 材料力学性能的研究内容

由材料力学性能的概念可见,材料的力学性能主要研究材料在外力和环境条件下发生变形和断裂的行为过程与微观机理,评定材料的力学性能指标、物理本质和工程实用意义以及力学性能指标的测试原理、方法和影响因素,改善力学性能的方法和途径等内容。

1.材料在各种服役条件下的力学性能

材料在各种服役条件下的力学性能与材料或构件的种类、形状、外加载荷的形式和环境条件密切相关。

按材料的种类,材料的力学性能不仅包括金属材料、陶瓷材料、高分子材料、复合材料、纳米材料等材料的共性力学行为,还应包括各类材料力学性能的特殊性。

就试样的形状而言,在材料力学行为的研究中主要有三种不同形式的试件,即光滑试件、缺口试件和裂纹试件。光滑试件主要用于材料基本力学性能的测定和失效机理与判据的研究,缺口试件主要用于模拟截面变化机械零件的力学行为,裂纹试件主要用于评价裂纹结构件的剩余强度和寿命。

根据外加载荷加载条件的不同,材料的力学性能可分为静载荷、冲击载荷和变动载荷下的力学性能。静载荷下的力学性能是指材料在缓慢加载(加载速率为$10^{-5}\sim10^{-2}s^{-1}$)条件下的力学行为,如单向拉伸、压缩、弯曲、扭转等。冲击载荷下的力学性能是指材料在高速加载(加载速率为$10^2\sim10^4s^{-1}$)下的力学行为,如冲击弯曲、低温脆性转变等。变动载荷下的力学行为,主要有高周疲劳、低周疲劳、热疲劳、冲击疲劳等。

按环境条件的不同,材料的力学性能可区分为:不同温度下的力学行为,如高温下的蠕变和应力松弛及低温下的韧脆转变等;不同化学介质中的力学行为,如应力腐蚀、氢致开裂、腐蚀疲劳、腐蚀磨损等。此外,还有中子、射线照射下的辐照脆性,与低熔点材料接触时的液

(固)态金属脆性等。

另外,当两种材料或构件相互接触并有相互运动或运动趋势时,将发生材料的摩擦与磨损行为,其力学性能可用摩擦副的摩擦系数和磨损量进行表征。

2. 材料力学性能的影响因素

由材料科学与工程的基本要素和材料性能的概念可见,材料的力学性能不仅与材料的成分与结构等内在因素有关,而且也会受到外加载荷和环境条件等外在因素的影响。

影响材料力学性能的内在因素主要有材料的化学成分、组织结构、冶金质量、表面或内部缺陷、残余应力等,外在因素主要有温度、载荷性质(静载荷、冲击载荷、变动载荷)、载荷谱、应力状态(拉伸、压缩、弯曲、扭转等)、试样尺寸和形状、环境介质等。

研究各种内在和外在因素对材料力学性能的影响,可使得定义的力学性能指标能更贴近材料或构件的实际服役情况,更准确地反映力学性能的变化规律,以保证零部件能够在服役期限内安全、有效地运行。

3. 材料力学性能的微观机制

由于材料的力学性能是材料学、物理学、力学、化学、冶金学、金属学、陶瓷学、高分子物理等知识的交叉与融合的学科,因此材料力学性能的微观机制必然会引用或借鉴相关学科的微观理论,如金属材料在变形和断裂过程中位错的运动、增殖和交互作用规律(位错之间的交互作用、位错与点缺陷的交互作用),高分子链的运动、变形与断裂行为规律,材料在应力腐蚀、氢致开裂、腐蚀疲劳、腐蚀磨损过程中的腐蚀电化学理论,通过控制材料组织结构提高材料力学性能的固态相变理论等。

另外,由材料性能分析方法中的过程法可见,只有深入了解材料的内部结构和变形过程的宏微观机制,才能真正地解释材料的宏观规律,明确提高材料力学性能的方向和途径。因而,在进行材料力学性能研究时,既要重视对材料宏观规律的认识,更要仔细地探究材料变形与断裂的微观机理。

4. 材料力学性能的测试技术

对材料力学性能的研究是建立在实验基础上的,并且材料的各种力学性能指标也需要通过实验来测定。因此,在材料力学性能研究中,也必须重视材料力学性能的测试原理和方法,熟悉并掌握所用的各种实验仪器和实验步骤。只有这样,才能加深对力学性能理论的认识,正确地评价材料的力学性能。如脆性材料断裂强度的裂纹理论,就是在对比材料的理论断裂强度和实际断裂强度差别的基础上而提出的。

根据外加载荷和环境条件的不同,材料力学性能的测试技术常包括静载拉伸、弹性模量、扭转、压缩、弯曲、硬度、低温冲击、平面断裂韧性、疲劳、应力腐蚀破裂、高温蠕变、黏弹性、摩擦磨损等实验技术。

1.3.3 材料力学性能的研究目的和意义

通过对材料力学性能的学习和研究,首先是可以正确地使用材料。在进行构件设计时,可根据构件的服役条件,按力学性能理论确定满足使用要求的性能指标(如强度、塑性、韧性、硬度、脆性转化温度等),然后再挑选出合适的材料,这样就可基本保证构件在服役期内的安全运行。

其次是可以评价材料合成与制备加工工艺的有效性,并通过控制材料的加工工艺提高材料的力学性能。如细晶强化、固溶处理等能有效地提高材料的强度,回火处理等能使材料的韧性得到改善，表面喷丸处理、挤压等可大大提升材料的疲劳强度和耐磨性等。

此外，通过对材料力学性能的研究，还可在材料力学性能理论的指导下，采用新的材料成分和结构，或新的制备加工和合成工艺，设计和开发出新材料，以满足对材料的更高需求。

1.3.4 材料力学性能的应用举例

如前所述，材料是社会进步和人类文明的重要标志。材料的力学性能作为材料学科的一个分支，同样在国民经济建设和日常生活中起到了重要的作用。现仅举材料力学性能在中国古代历史文献中提及和在日常生活中经常遇到的几则实例，以引起大家对材料力学性能课程学习的兴趣，深化和巩固课堂讲授的理论知识，促进将材料力学性能知识应用于实际工作中的创新意识。

1. 材料的弹性变形和线弹性规律

古代战争中的弓弩、能弹射弹丸的弹弓、弹簧秤及琴瑟、钟鼓等各种乐器中的簧片，都是利用材料弹性的例子。对弹性定律，一般认为它是由英国科学家胡克（R. Hooke，1635—1703年）于1678年首先提出来的。但我国的东汉经学家郑玄（127—200年）在《考弓记·弓人》中就论述了测试弓力时，“每加物一石，则张一尺”的线弹性变形规律，比胡克提出弹性定律早了近1 500年。于是在有的教科书中，将此弹性定律称作“郑玄－胡克定律”。

2. 材料的塑性变形和形变强化

古代战争中的各种兵器如刀、矛、钺、钩等，日常生活中的木工工具如锥、凿、斧及装饰用的箔片如金箔、银箔、铜箔等，都是利用材料的塑性变形原理经过锤锻而成的。对形变强化，我国北宋的科学家沈括在《梦溪笔谈·器用》中讲述用冷锻制造铠甲时指出，“青堂羌善锻甲，铁色青黑，莹彻可鉴毛发，以麝皮为綇旅之，柔薄而韧。镇戎军有一铁甲，椟藏之，相传以为宝器。韩魏公帅泾原，曾取试之。去之五十步，强弩射之，不能入。尝有一矢贯札，乃是中其钻空，为钻空所刮，铁皆反卷，其坚如此。凡锻甲之法，其始甚厚，不用火，冷锻之，比元厚三分减二乃成。其末留箸头许不锻，隐然如瘊子，欲以验未锻时厚薄，如浚河留土笋也，谓之‘瘊子甲’。今人多于甲札之背隐起，伪为瘊子，虽置瘊子，但无非精钢，或以火锻为之，皆无补于用，徒为外饰而已。”意思是说箭头射中甲片上的孔，竟被刮得卷了起来，瘊子甲为什么这样强硬？因为冷作硬化（形变强化）可以提高它的强度和硬度。现代试验表明，像制造甲片这样的钢铁，冷加工变形量小于70%时，变形越大，其强度性能越好。这与文中“三分减二”的变形量一致，大体上符合冷作硬化的规律。

3. 材料的硬度与韧性

锡青铜（铜锡合金）是最原始的合金，也是人类历史上发明的第一个合金。《吕氏春秋·别类》中指出：“金柔锡柔，合两柔则为刚”，即铜和锡的强度和硬度都比较低，伸长率比较高，当把铜和锡合起来制成锡青铜后，可获得较高的强度和硬度，但伸长率比较低。

在中国商代，青铜器已经很盛行，并将青铜器的冶炼和铸造技术推向了世界的顶峰。在《周礼·考工记》中总结出“六齐”规律，金有六齐：六分其金而锡居一，谓之钟鼎之齐；五分其金而锡居一，谓之斧斤之齐；四分其金而锡居一，谓之戈戟之齐；三分其金而锡居一，谓之大刃之齐；五分其金而锡居二，谓之削杀矢之齐；金锡半，谓之鉴燧之齐。意思是说，青铜有六种配方，含14%左右锡量的铜锡合金色黄、质坚而韧、音色也比较好，所以宜于制作钟和鼎；含17%～25%锡量的铜锡合金强度、硬度都比较高，所以宜于制作斧斤（斧斤是工具，既要锋利，又要承受比较大的冲击载荷，所以含锡量不宜太高，否则太脆。）、戈戟（戈戟受力比较复杂，对韧性要求比较高，所以在兵刃中含锡量最低）、大刃（大刃既需要锋利，也要求一定的韧性以防折断，所以含锡量比较高而又不能太高）和削杀矢（削杀矢比较短小，主要考虑锐利，所以在兵器中它的含锡量最高）；含30%～36%锡量的铜锡合金颜色洁白，硬度也比较高，研磨时不容易留下道痕，所以用于制作铜镜和阳燧。

4. 缺口和裂纹效应

在大多数情形下，缺口或裂纹的存在常是有害的。如晋代刘昼在《刘子·慎隙（xì）》中作了这样的归纳，“故墙之崩隤（tuí），必因其隙；剑之毁折，皆由于璺（wèn）。尺蚓穿堤，能漂一邑。”意思是说：墙的倒塌是因为有缝隙，剑的折断是因为有裂纹，小小的蚯蚓洞穿大堤可以淹没城市。

但是人们没有忘记利用缺口或裂纹有利的一面来为人类服务。如在工业生产中，中国的力学工作者发明了一种利用裂纹对材料强度削弱这一原理制作的断料机，极大地提高了材料的加工效率。又如切割玻璃时，工人们总是先用玻璃刀在玻璃上刻下划痕，以使玻璃切割得既整齐又省力。再如售货员卖布时，也总是先在布的边缘剪开一个小口，沿着这个小口，可以很容易地将布撕开。另外，在方便面等食品的塑料包装袋边上，有个小缺口，有了它，就不再会为如何打开包装袋犯愁。所有这些都是利用了缺口或裂纹使材料的断裂强度降低的力学原理。

5. 疲劳和疲劳损伤

在日常生活中，为了将铁丝折断，人们常将铁丝来回地弯曲，以加速铁丝的断裂。另外，材料的疲劳与人体的疲劳有共同之处，如过载损伤和次载锻炼现象等。

1.4 课程特点、教学思路与教学安排

1.4.1 课程特点

材料的力学性能是指材料受外力与环境联合作用下所表现的力学行为及其物理本质，是各类材料在实际应用中都必须涉及的共性问题。但从课程的发展历史看，“材料力学性能”原是金属材料工程专业继“金属学原理”“固态相变原理”之后的专业课程；在无机非金属材料工程专业中，无机材料的力学性能仅是“无机材料物理性能”课程中一章的内容；在高分子材料与工程专业中，聚合物的力学性能则分散在“高分子物理”课程的有关章节中，内容相对较少。

从教学内容看，传统的“材料力学性能”课程由于专业的不同而各成体系。金属材料、陶瓷材料和高分子材料专业都有各自力学性能方面的教学内容，研究对象单一、知识零碎割裂，缺少不同材料力学性能间的相互联系；对同一力学性能的机理或产生机制，不同专业有时会出现不同的解释。此外，随着现代科学技术的不断发展进步，新型材料和新概念、新知识、新理论的不断出现，传统力学性能课程难以对某些新技术进行直接的解释，如按传统的材料塑性产生机制，从晶格滑移、位错运动或孪晶机理都很难说明陶瓷材料在常温下会产生塑性变形，然而具有塑性特征的新型陶瓷材料却不断涌现。

随着高等教育改革与发展的深化、学科间的重组与优化，金属材料、无机非金属材料、高分子材料、复合材料等专业重组为材料科学与工程这一一级学科专业，于是“材料力学性能”与“材料概论”“材料科学基础”“材料工程基础”“材料物理性能”“材料现代研究方法”

等课程一道成为材料科学与工程一级学科专业本科生的学科基础课程。因此,过去那种研究对象单一、教学内容各成体系的"材料力学性能"课程,显然不能适应材料科学与工程专业的需要。新的"材料力学性能"课程,应既能兼顾金属材料、无机非金属材料、高分子材料、复合材料等专业方向中力学性能的共性,又能适当反映各自材料力学性能的特殊性。只有这样,才能满足材料科学与工程一级学科专业"材料力学性能"课程的教学需要。

另外,随着2010年教育部卓越工程师教育培养计划在全国高等理工科院校的全面展开,加之2017年教育部新工科建设计划的启动,未来新产业和新经济的发展对学生实验技能和工程实践创新能力的要求越来越高,而"材料力学性能"课程又是一门具有很强实验性质的技术学科,因此迫切需要编写一本既讲述材料力学性能理论又包括材料力学实验测试技术的教材,以便从理论与实验相结合的角度出发培养学生的综合分析问题和解决问题的能力。

1.4.2 教学思路

根据材料科学与工程一级学科专业的特点,本着加强基础、拓宽专业面的原则,我们在分析金属材料、无机非金属材料、高分子材料、复合材料、纳米材料的结构与性能基础上,试图总结与归纳各材料力学性能的共性与个性,以便真正实现各类材料在"材料力学性能"课程中的交叉与融合。

首先,我们调整了原有的教学体系。考虑到材料的力学性能是材料科学与材料工程的基本要素,我们在教材的第1章增加了"材料力学性能概论"的内容。在这一章里,主要介绍材料的概念、分类,材料科学与工程的基本要素,材料性能的概念、分类及其在材料科学与工程研究中的地位与作用,材料力学性能的概念、分类、研究内容、目的和意义及其实际应用等内容,使学生可以沿着材料→材料科学与工程的基本要素→材料的性能→材料的力学性能→"材料力学性能"课程的脉络进入课程的学习,并对课程有一个整体的了解。另外,还指出"材料力学性能"与"工程力学"或"材料力学"课程的区别与联系,沟通该课程与前期课程,激发学生的学习兴趣,为课程的讲授打下良好的基础。

从第2章开始,我们遵循材料力学性能的定义(材料在外加载荷与环境因素联合作用下的力学行为与机理),按照材料的承载方式,将课程细分为静载拉伸下的力学性能(第2章)、其他载荷下的力学性能(扭转、弯曲、压缩、剪切、硬度、缺口效应、冲击、低温脆性)(第3章)、含裂纹材料在静载条件下的断裂强度与断裂韧性(第4章)、变动载荷下的力学性能(第5章);按环境因素,将课程细分为环境介质条件下的力学性能(第6章)、高温条件下的力学性能(第7章)、接触条件下的摩擦与磨损性能(第8章);依据特定的材料对象,将课程细分为纳米尺度下的力学性能(第9章)和复合材料的力学性能(第10章)等。

其次,优化了教学的内容。不再将陶瓷、高分子、复合材料的力学性能单列成章,而是以材料的力学性能为主线,将三大材料有机地结合起来。如通过材料的应力-应变曲线,掌握以塑性特征为主的金属材料、以弹性和脆性特征为主的高分子材料和陶瓷材料间的联系与区别;通过材料的硬度与耐磨性依高分子材料、金属材料、陶瓷材料顺序递增的事实,理解材料的键合特征对材料性能的影响;通过材料的断裂韧性,认识陶瓷材料脆性断裂的本质,又辅以塑性功修正,使之适用于金属材料与高分子材料;通过高分子的流变性能,将金属材料的高温蠕变机制和高分子材料的玻璃化转变相联系;通过材料的环境敏感断裂,将金属材料、无机材料和高聚物的环境行为和机制有机地联系、协调起来,以实现各类材料在"材料力学性能"中的交叉融合。同时,又根据不同材料的特殊性,使学生认识到现代材料的发展趋势。如金属材料的金属键使其具有良好的塑性和加工成型性能,但其刚性差、易磨损;陶瓷材料具有硬度高、脆性大的特征,常适用于承受严重磨损的场合,但其应用的可靠性低、加工困难;高分子材料的熔点低,使之具有独特的注塑成型优势,但具有不耐高温的缺点。在三类材料基础上发展起来的现代材料,不管是采用不同材料的复合还是单一材料的改性,都试图发挥各类材料特有的优点而避免其缺点,由此而产生了各种各样的新技术和工艺。但归根到底,都离不开材料基本力学性能的调整和匹配。这样,不仅能强化学生对材料基本特性的认识,还可启发学生的创造性思维。

最后,为配合课堂理论教学并建立理论与实验相结合的教学需要,将材料力学性能实验部分单独成章(第11章),包括实验要求、常规力学性能实验及研究型和综合性实验等三部分内容,旨在使学生形成完整的、理论与实验相结合的课程体系,掌握材料力学性能的基础理论知识和实验技术,促进学生工程实践能力和创新意识的养成。

1.4.3 教学安排

作为本科生课程,"材料力学性能"是在学完"高等数学""大学物理""无机化学""物理化学""材料力学"或"工程力学"等公共基础课程后的学科基础课。学科基础课程起着由公共基础课程向专业课程过渡的桥梁作用,其重要性是不言自明的。

因此,在课程的伊始,首先要弄清该课程与前期课程的区别与联系。如"材料力学"是研究结构构件和机械零件承载能力的基础学科,其基本任务是将工程结构和机械中的简单构件(杆、轴、梁等)简化为一维杆件(其纵向尺寸(长度)远大于横向(横截面)尺寸),计算杆中的应力、变形并研究杆的稳定性,以保证结构能承受预定的载荷;选择适当的材料、截面形状和尺寸,以便设计出既安全又经济的结构构件和机械零件。为保证各构件或机械零件能正常工作,构件和零件必须具有足够的强度(不发生断裂)、足够的刚度(构件所产生的弹性变形应不超出工程上允许的范围)和稳定性(在原有形状下保持稳定平衡)。

材料力学的基本假设是:①连续性假设,即认为材料是密实的,在其整个体积内毫无空隙;②均匀性假设,即认为从材料中取出的任何一个部分,不论体积如何,在力学性能上都是完全一样的;③小变形假设,即假定物体的变形很小;④线弹性假设,即在小变形和材料中应力不超过比例极限两个前提下,可认为物体上的力和位移(或应变)始终成正比;⑤各向同性假设,即认为材料在各个方向的力学性能都相同;⑥平截面假设,认为杆的横截面在杆件受拉伸、压缩或纯弯曲而变形以及圆杆横截面在受扭转而变形的过程中,保持为刚性平面,并与变形后的杆件轴线垂直。因此,材料力学所研究的内容仅限于均匀、连续、各向同性材料的弹性力学行为,不涉及或很少涉及材料的微观机理、塑性变形和断裂行为。

而材料力学性能是关于各类材料或构件(光滑试件、缺口试件和裂纹试件等)在外加载荷(外力)作用下或载荷和环境因素(温度、介质和加载速率)联合作用下表现的变形、损伤与断裂的行为规律及其物理本质和评定方法的学科。所研究的对象可以是均匀、连续、各向同性的材料,也可以是不均匀、不连续、各向异性的材料,如复合材料和多相材料等;所研究的内容,既包括小范围的弹性变形,更主要的是关于材料塑性变形和断裂的行为过程与微观机理。因此,可以说材料力学是材料力学行为(或性能)学科的分支和基础(另外,材料力学也是固体力学的一个分支);材料力学性能则是"材料力学"课程的继续与拓展。

与此同时,在该课程的讲授过程中,应注意建立与同期或后期学习课程如"材料科学基础”“材料物理性能”“金属学原理”“固态相变原理”“高分子物理”“高分子化学”“无机材料物理性能”“工程材料学”“腐蚀电化学”“表面科学与工程”间的联系及其在生产实际中的应用等,以便为学生在今后工作中全面、合理地选用、设计、改造和开发新材料奠定良好的基础。

从整体安排看,“材料力学性能”课程的教学,由理论教学和实验教学两部分组成。在理论教学部分,如使用本教材,建议安排48学时左右进行讲授。在实验教学部分,包括静载拉伸、弹性模量、扭转、弯曲、压缩、硬度、冲击、断裂韧性、疲劳、应力腐蚀破裂、蠕变、摩擦与磨损等12个常规力学性能实验及“碳化硅增强铝基复合材料的力学性能”“材料失效案例分析”和“典型零件的材料选择、结构设计与应用”等3个综合力学性能实验。各学校可根据实验条件和实际情况,选做4~6个常规力学性能实验和1~2个综合力学性能实验,实验学时需16~24学时。

复习思考题

1. 什么是材料、材料的性能、材料的力学性能?
2. 试从材料科学与工程的基本要素出发,论述材料性能研究的重要性。
3. 对材料性能的研究,有哪几种方法? 并举例说明。
4. 对材料的性能,常如何进行分类? 如何按材料的性能来区别材料?
5. 材料的力学性能有哪些主要性能指标? 并说明各自的物理意义。
6. 试阐述材料力学性能的主要研究内容和影响因素。
7. 材料力学性能的主要实验测试技术有哪些?
8. 研究材料力学性能的目的和意义是什么?
9. 试举出在日常生活中利用材料力学性能原理的事例,并说明其原理。
10. 试论述“材料力学”与“材料力学性能”课程的区别与联系。

第 2 章　材料的静载拉伸力学性能

材料在拉伸载荷下的力学行为,是对材料在轴向拉伸载荷作用下发生弹性变形、塑性变形和断裂过程的表述。而材料的静载拉伸力学性能,则是评定材料在拉伸载荷作用下弹性变形、塑性变形以及断裂抗力的定量指标。因而,在材料研究、工业生产和应用中,材料的拉伸力学性能是进行结构静强度设计、判断机械产品是否合格、结构材料性能是否优良的主要依据,是材料的基本力学性能。

2.1　静载拉伸试验

静载拉伸试验是最基本的、应用最广泛的力学性能试验方法。一方面,由静载拉伸试验测定的力学性能指标,可以作为工程设计、评定材料和优选工艺的依据,具有重要的工程实际意义;另一方面,静载拉伸试验可以揭示材料的基本力学行为规律,并且得到材料弹性、强度、塑性和韧性等许多重要力学性能指标。本节主要介绍由静载拉伸试验得到的应力 - 应变曲线和材料的基本力学性能指标。

2.1.1　应力 - 应变曲线

静载拉伸试验所用试样一般为光滑圆柱试样或板状试样。若采用光滑圆柱试样,试样工作长度(标长)l_0 常为试样直径 d_0 的 5 倍或 10 倍,即 $l_0=5d_0$ 或 $l_0=10d_0$。静载拉伸试验,通常是在室温和轴向缓慢加载条件下在万能材料试验机上进行的;另外,材料试验机通常带有自动记录或绘图装置,以记录或绘制拉伸过程中试样所受载荷 P 与伸长量 Δl 之间的关系曲线,这种曲线通常称为拉伸图。如果以试样的原始截面面积 A_0 和试样的原始长度 l_0 分别去除载荷 P 和伸长量 Δl,即可得到工程应力 σ 和工程应变 ε,即

$$\sigma = P/A_0 \tag{2-1}$$

$$\varepsilon = \Delta l/l_0 \tag{2-2}$$

式中:A_0 为试样原始截面面积;l_0 为试样原始标长;P 为试验载荷;l 为与 P 相对应的标长段的长度;Δl 为试样伸长量,即 $\Delta l = l - l_0$。

在拉伸过程中,试样长度增加,截面面积减小,但在上述计算中假设试样截面面积和长度保持不变,因此 σ 称为条件应力或工程应力,ε 称为条件应变或工程应变。下面介绍工程材料常见的几种应力 - 应变曲线。

1. 脆性材料的应力 - 应变曲线

脆性材料如玻璃、多种陶瓷、岩石、低温下的金属材料、淬火状态的高碳钢和普通灰铸铁等,在拉伸断裂前,只发生弹性变形,不发生塑性变形,在最高载荷点处断裂(图 2-1),形成平断口,断口平面与拉力轴线垂直。应力 - 应变曲线与横轴夹角 α 的大小表示材料对弹性

变形的抗力，用弹性模量 E 表示，即

$$E = \tan \alpha \tag{2-3}$$

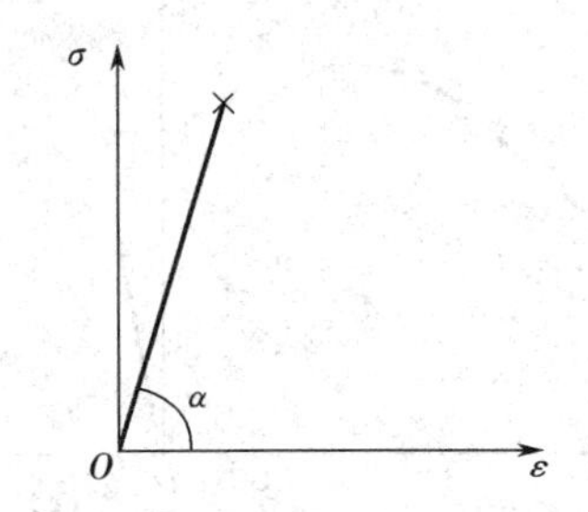

图 2-1　脆性材料的应力－应变曲线

在弹性变形阶段，应力与应变成正比，即

$$\sigma = E\varepsilon \tag{2-4}$$

式(2-4)称为胡克(Hooke)定律。

2. 塑性材料的应力－应变曲线

图 2-2 为工程塑性材料应力－应变曲线的几种形式。图 2-2(a)为最常见的金属材料应力－应变曲线，Oa 为弹性变形阶段，其行为特点与图 2-1 相同。在 a 点后偏离直线关系，进入弹－塑性阶段，开始发生塑性变形，过程沿 abk 进行。开始发生塑性变形的点称为屈服点。屈服以后的变形包括弹性变形和塑性变形，如在点 m 卸载，应力沿 mn 下降至零，m 点所对应的应变 Om' 为总应变量，在卸载后恢复的部分 $m'n$ 为弹性应变量，残留部分 On 为塑性应变量。如果重新加载，继续拉伸试验，应力－应变曲线沿 nm 上升，至 m 点后沿 mbk 进行，nm 与 Oa 平行，属于弹性变形阶段，塑性变形在 m 点开始，其相应的应力值高于首次加载时塑性变形开始的应力值，这表明材料经历一定的塑性变形后，其屈服应力升高了，这种现象称为形变强化或加工硬化。b 点为应力－应变曲线的最高点，b 点之前，曲线是上升的，与 ab 段曲线相对应的试样变形是整个工作长度内的均匀变形，即在试样各处截面均匀缩小。从 b 点开始，试样的变形便集中于某局部地方，即试样开始集中变形，出现“颈缩”。材料经均匀形变后出现集中变形的现象称为颈缩。试样的颈缩在 b 点开始，颈缩开始后，试样的变形只发生在颈部的有限长度上，试样的承载能力迅速降低，按式(2-1)计算的工程应力值也降低，应力－应变曲线沿 bk 下降。最后在 k 点断裂，形成杯状断口。工程上很多金属材料，如调质钢和一些轻合金都具有此类应力－应变行为。

图 2-2(b)为具有明显屈服点材料的应力－应变曲线，与图 2-2(a)相比，不同之处在于出现了明显屈服点 aa'，这种屈服点在应力－应变曲线上有时呈屈服平台，有时呈齿状，相应的应变量在 1%～3%。退火低碳钢和某些有色金属具有此类应力－应变行为。

图 2-2(c)为拉伸时不出现颈缩的应力－应变曲线，只有弹性变形的 Oa 和均匀塑性变形的 ak 阶段。某些塑性较低的金属如铝青铜就是在未出现颈缩前均匀变形过程中断裂的，具有此类应力－应变行为。还有些形变强化能力特别强的金属，如 ZGMn13 等奥氏体高锰钢也具有此类应力－应变行为，不但塑性大，而且形变强化潜力大。

图 2-2(d)为拉伸不稳定型材料的应力－应变曲线，其变形特点是在形变强化过程中出现多次局部失稳，原因是孪生变形机制的参与。当孪生应变速率超过试验机夹头运动速率时，导致局部应力松弛，相应地，在应力－应变曲线上出现齿形特征。某些低溶质固溶体铝

合金及含杂质的铁合金具有此类应力－应变行为。

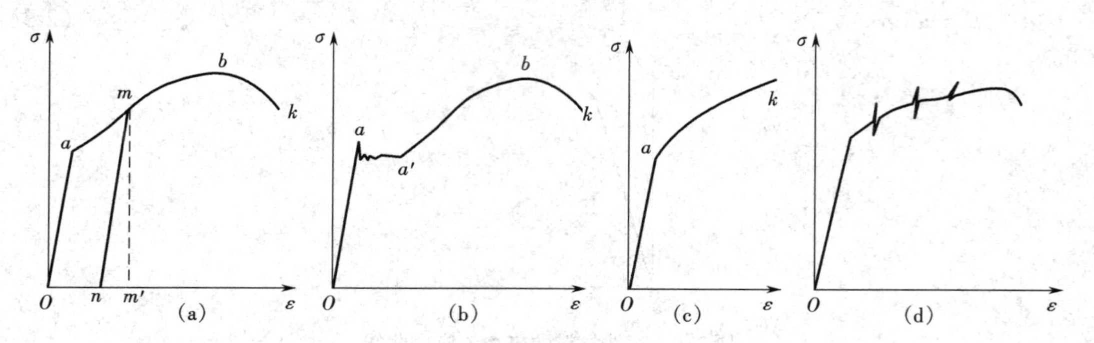

图 2-2 塑性材料的应力－应变曲线

(a)调质钢 (b)退火低碳钢 (c)高锰钢 (d)铝合金

3. 高聚物的拉伸

1)玻璃态高聚物的拉伸

典型的玻璃态高聚物单轴拉伸时的应力－应变曲线,如图 2-3 所示。

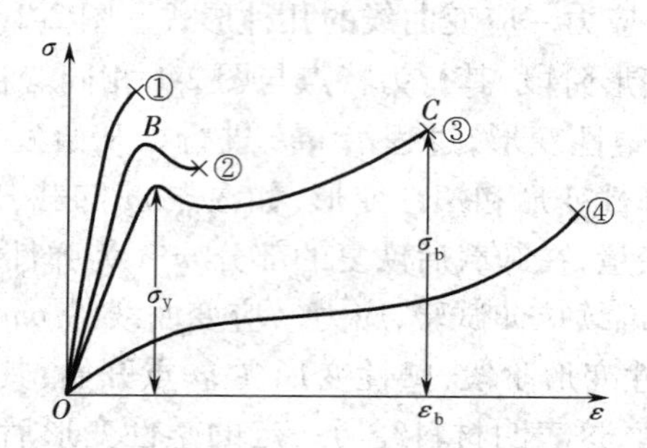

图 2-3 玻璃态高聚物在不同温度下的应力－应变曲线

当温度很低,即 $T \ll T_g$(玻璃化转变温度)时,应力随应变成正比增加,最后应变不到 10%就发生了断裂(如曲线①所示)。当温度稍稍升高些,但仍在 T_g 以下时,应力－应变曲线上出现了一个转折点 B,称为屈服点,应力在 B 点达到一个极大值,称为屈服应力。过了 B 点应力反而降低,试样应变增大。但由于温度仍然较低,继续拉伸,试样便发生断裂,总的应变也没有超过 20%(如曲线②所示)。如果温度升高到 T_g 以下几十摄氏度的范围内时,拉伸的应力－应变曲线如曲线③所示。屈服点之后,试样在不增加外力或者外力增加不大的情况下能发生很大的应变(甚至可能有百分之几百)。在后一阶段,曲线又出现较明显的上升,直到最后断裂。断裂点 C 的应力称为断裂应力,对应的应变称为断裂伸长率。温度升至 T_g 以上,试样进入高弹态,在不大的应力下便可以发展高弹变形,曲线不再出现屈服点,而呈现一段较长的平台,即在不明显增加应力时,应变有很大的发展,直到试样断裂前,曲线才又出现急剧的上升,如曲线④所示。

由图 2-3 可以看到,玻璃态高聚物拉伸时,曲线的起始阶段是一段直线,应力与应变成正比,试样表现出胡克弹性体的行为,在这段范围内停止拉伸,移去外力,试样将立刻完全回复原状。从这段直线的斜率可以计算出试样的弹性模量。这段线性区对应的应变一般只有百分之几,从微观的角度看这种高模量、小变形的弹性行为是由高分子的键长与键角变化引起的。在材料出现屈服之前发生的断裂称为脆性断裂(如曲线①),这种情况下,材料断裂前只发生很小的变形。而在材料屈服之后的断裂,则称为韧性断裂(如曲线②③)。材料在屈服后出现了较大的应变,如果在试样断裂前停止拉伸,除去外力,试样的变形已无法完全回复,但是如果让试样的温度升到 T_g 附近,则可发现变形又回复了。显然,这在本质上是一种高弹形变,而不是黏流形变。因此,屈服点以后材料大形变的分子机理主要是高分子的链段运动,即在大外力的作用下玻璃态高聚物本来被冻结的链段开始运动,高分子链的伸展提供了材料的大形变。此时,由于高聚物处在玻璃态,即使外力除去后也不能自发回复,而当温度升高到 T_g 以上时,链段运动解冻,分子链蜷曲起来,因而形变回复。如果在分子链伸展后继续拉伸,则由于分子链取向排列,使材料强度进一步提高,因而需要更大的力,所以应力又出现逐渐上升直到发生断裂。

2)结晶高聚物的拉伸

典型的结晶高聚物在单向拉伸时,应力－应变曲线如图2-4所示。它比玻璃态高聚物的拉伸曲线具有更明显的转折,整个曲线可分为三个阶段。在第一阶段,应力随应变线性增加,试样被均匀地拉长,伸长率可达百分之几到十几;到 y 点后,试样的截面突然变得不均匀,出现一个或几个"细颈",由此开始进入第二阶段。在第二阶段,细颈与非细颈部分的截面面积都维持不变,但细颈部分不断扩展、非细颈部分逐渐缩短,直至整个试样完全变细为止。第二阶段的应力－应变曲线表现为应力几乎不变,而应变不断增加。第二阶段总的应变随高聚物的不同而不同,如支链的聚乙烯、聚酯、聚酰胺的应变达500%,而线型聚乙烯的应变可达1 000%。在第三阶段,成颈后的试样重新被均匀拉伸,应力又随应变的增加而增大,直到断裂点。结晶高聚物拉伸曲线上的转折点是与细颈的突然出现以及最后发展到整个试样而突然终止相关的。

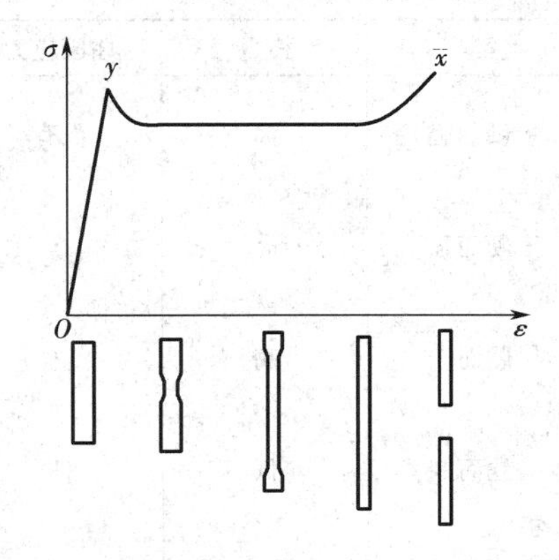

图2-4　结晶高聚物拉伸过程应力－应变曲线
及试样外形变化示意图

从以上讨论可以看出,结晶高聚物的拉伸与玻璃态高聚物的拉伸情况有许多相似之处。现象上,两种拉伸过程都经历弹性变形、屈服("成颈")、发展大变形以及"应变硬化"等阶段;拉伸的后阶段材料都呈现强烈的各向异性;断裂前的大变形在室温时都不能自发回复,而加热后却能回复原状,因而本质上两类高聚物的拉伸过程造成的大变形都是高弹形变,通常把它们统称为"冷拉"。另一方面,两类高聚物的拉伸过程又是有差别的。它们可被冷拉的温度范围不同,玻璃态高聚物的冷拉温度区间是 T_b(脆性温度)至 T_g,而结晶高聚物却在 T_g 至 T_m(熔点)间被冷拉。更主要的和本质的差别在于结晶高聚物的拉伸过程伴随着比玻璃态高聚物拉伸过程复杂得多的分子聚集态结构的变化，后者只发生分子链的取向，不发生相变，而前者还包含有结晶的破坏、取向和再结晶等过程。

3）高分子材料的应力－应变曲线特征

高分子材料具有明显的非线性黏弹特性，应力－应变曲线有很大的畸变。

高分子材料的品种繁多，它们的应力－应变曲线呈现出多种多样的变异。若按在拉伸过程中屈服点的变化、伸长率大小及断裂状况，大致可分为五种类型，如图 2-5 和表 2-1 所示。

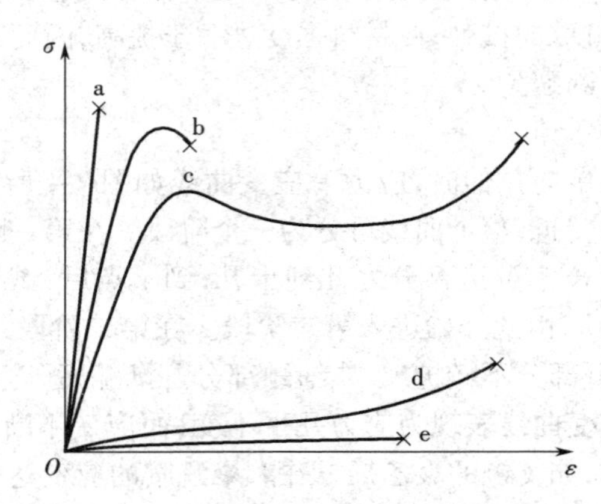

图 2-5　高分子材料应力－应变曲线类型

a—硬而脆；b—硬而强；c—硬而韧；d—软而韧；e—软而弱

表 2-1　高分子材料应力－应变曲线的不同特征

试样变形	类型	模量	屈服应力	极限强度	断裂伸长
a	硬而脆	高	没有	高	低
b	硬而强	高	高	高	适中
c	硬而韧	高	高	高	高
d	软而韧	低	低	适中	高
e	软而弱	低	没有	低	适中

由于高分子材料具有松弛性并且性能依赖于温度和形变速率，因而对破坏过程的影响体现在脆性破坏和延性破坏的转变上。当温度在玻璃化温度以下时，材料呈脆性破坏；当温度在玻璃化温度附近或以上时，则呈延性破坏，而且随温度升高塑性变形分量增加。在一定的温度下，在低形变速率时，材料呈延性破坏特征；在高形变速率时，则呈脆性破坏特征。即使同一种高分子材料，在不同温度下应力－应变行为也不相同。若以玻璃化温度 T_g 和弹性模量 E 为参数，据文献报道有下列共同特征：当 $T \ll T_g$，$E > 4.5$ GPa 时，呈脆性破坏行为（即硬而脆类型）；当 $T < T_g$，$E = 2 \sim 4$ GPa 时，呈半延性破坏行为（即硬而强类型）；当 $T <$

T_g，$E<1.5$ GPa 时，材料呈延性破坏行为（即硬而韧类型）；当 $T>T_g$ 时，材料呈现橡胶大变形行为（即软而韧类型）。

（1）硬而脆类型　属于这一类的有聚苯乙烯（PS）、聚甲基丙烯酸甲酯（PMMA）和高交联程度的热固性树脂等。常温下它们具有高的弹性模量和相当大的拉伸强度，断裂伸长率很小（<2%）而没有屈服点。

PMMA 在不同试验温度时的应力－应变曲线，如图 2-6 所示。PMMA 的 T_g 为 105 ℃左右，室温下其应力－应变曲线呈脆性破坏行为；随温度升高，应力－应变曲线发生了从硬而脆类型到硬而强类型的转化。

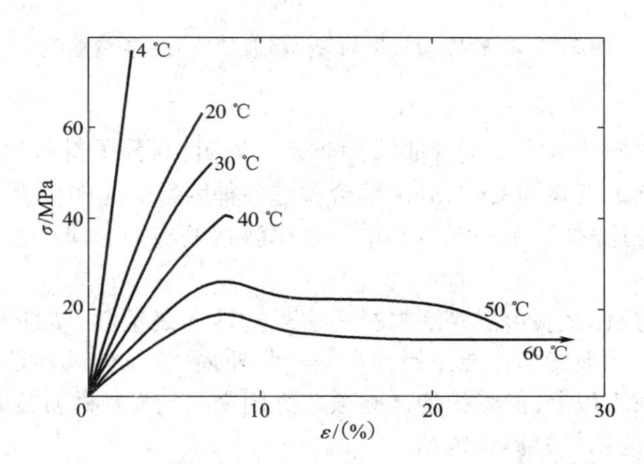

图 2-6　PMMA 在不同试验温度时的应力－应变曲线

（2）硬而强类型　这一类高分子材料具有高的弹性模量和拉伸强度，断裂伸长率一般约为 5%，应力－应变曲线出现屈服点，具有某些轻金属的特征，称为半脆性破坏。例如，一些不同配方的硬聚氯乙烯或聚苯乙烯的共混物属于此类。

（3）硬而韧类型　如尼龙、聚碳酸酯（PC）等属于此类型，它们弹性模量高，屈服点高，断裂伸长率也较大。这类高分子材料在拉伸过程中出现屈服点后，随应变增加，应力显著下降，称为应变软化现象；当应变继续增加时，应力值几乎不变，称为细颈或冷拉现象，最后随应变的增加，应力再次上升称为应变硬化现象，直至断裂破坏。细颈是纤维和薄膜拉伸工艺的依据。

（4）软而韧类型　橡胶和增塑聚氯乙烯等材料在 $T>T_g$ 时进入橡胶态，其应力－应变曲线平滑过渡，弹性模量低，没有明显的屈服点，拉伸强度较高，断裂伸长率很大（约为 1 000%），具有大形变特征。

橡胶材料，特别是填充炭黑的橡胶，对初始变形较敏感，出现应力软化现象（称 Mullins 效应），试样在经受 2～3 次预循环变形后方可达到准平衡状态。由于软化的程度是形变量的函数，如果要获取设计数据，预循环的变形量应该与期望的实际变形是同数量级的。

填充 40 份炭黑的天然橡胶的应力－应变曲线，如图 2-7 所示。从图 2-7 可以看出，橡胶材料的应力－应变曲线中没有明显的比例极限点，计算弹性模量时可以认为应力与应变的简单比值是曲线起始阶段（如 50%～100% 的应变）连线的斜率，该比值也称为切线模量或弦模量。切线模量容易计算，这种近似对实际应用是足够准确的。

（5）软而弱类型　高分子凝胶物质属于此类型。由于它强度低，不能作为工程材料

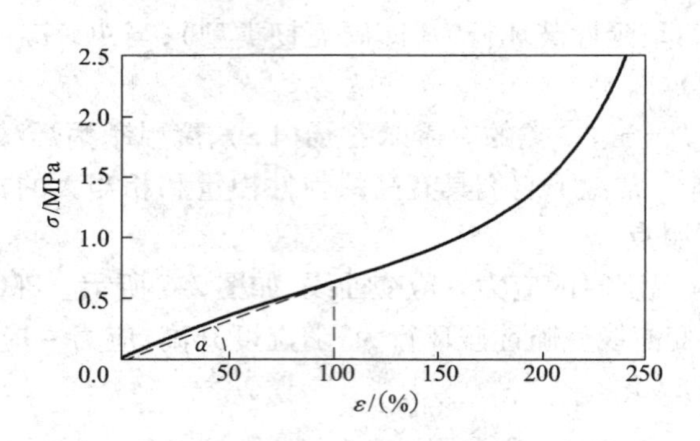

图 2-7 填充 40 份炭黑的天然橡胶的应力－应变曲线

使用。

由以上高分子材料的应力－应变曲线特征分析说明，高分子材料的应力－应变行为随各种内在和外在因素的变化而变化，必须综合考虑各种因素引起的应力－应变变化情况，才能合理设计材料和应用材料，单一温度和单一速率测得的应力－应变曲线不能作为设计和使用材料的依据。

可见，根据静载拉伸试验可以判断材料呈宏观脆性还是塑性，塑性的大小，对弹性变形和塑性变形的抗力以及形变强化能力的大小等。此外，静载拉伸试验还可以反映断裂过程的某些特点。所以在工程上，静载拉伸试验被广泛用来测定材料的常规力学性能指标，并可为合理评定、鉴别和选用材料提供依据。

2.1.2 拉伸强度指标

材料的拉伸力学性能指标，可用应力－应变曲线上反映变形过程性质发生变化的临界值来表示。拉伸力学性能指标可分为两类：反映材料对塑性变形和断裂的抗力指标，称为材料的强度指标；反映材料塑性变形能力的指标，称为材料的塑性指标。

1. 屈服强度

从定义看，屈服强度是材料开始塑性变形时的应力值。但实际上，对于连续屈服的材料，该值很难作为判定材料屈服的准则，因为工程中的多晶体材料，其各晶粒的位向不同，不可能同时开始塑性变形。当只有少数晶粒发生塑性变形时，应力－应变曲线上难以“察觉”出来，只有当较多晶粒发生塑性变形时，才能造成宏观塑性变形的效果。因此，显示开始塑性变形时应力水平的高低与测试仪器的灵敏度有关。工程上常采用规定一定残留变形量的方法来确定屈服强度，主要有以下三种。

1）比例极限

应力－应变曲线上符合线性关系的最高应力值称为比例极限，用 σ_p 表示；超过 σ_p 时，即认为材料开始屈服。

2）弹性极限

试样加载后再卸载，以不出现残留的永久变形为标准，材料能够完全弹性恢复的最高应力值称为弹性极限，用 σ_e 表示；超过 σ_e 时，即认为材料开始屈服。

比例极限和弹性极限的定义并非完全等同，因为有的材料如高强度晶须，可以超出应力－应变的线性范围，发生较大弹性变形；又如橡胶材料可以超过比例极限发生较大的变形后仍能完全恢复，而没有任何永久变形。一般情况下，材料的弹性极限稍高于比例极限。工程上之所以要区分它们,是因为有些设计如火炮筒材料,要求有高的比例极限;而另一些情况如弹簧材料,则要求有高的弹性极限。

3)屈服强度

以规定发生一定的残留变形为标准,如通常以0.2%残留变形的应力作为屈服强度,用$\sigma_{0.2}$或σ_s表示。按规定的残留变形量不同,国家标准又将屈服强度细分为以下三种情况。

(1)规定非比例伸长应力(σ_p)　试样在加载过程中,标距长度内的非比例伸长量达到规定值(以%表示)的应力,如$\sigma_{p\,0.01}$,$\sigma_{p\,0.05}$等。

(2)规定残余伸长应力(σ_r)　试样卸载后,其标距部分的残余伸长达到规定比例时的应力,如常用的$\sigma_{r\,0.2}$即为规定残余伸长率为0.2%时的应力值。

(3)规定总伸长应力(σ_t)　试样标距部分的总伸长(弹性伸长与塑性伸长之和)达到规定比例时的应力。应用较多的规定总伸长率为0.5%、0.6%、0.7%,相应地规定总伸长应力分别记为$\sigma_{t\,0.5}$,$\sigma_{t\,0.6}$和$\sigma_{t\,0.7}$。

在上述屈服强度的测定中,σ_p和σ_t是在试样加载时直接从应力-应变(载荷-位移)曲线上测量的,而σ_r则要求卸载测量。由于卸载法测定残余伸长应力σ_r比较困难且效率低,所以在材料屈服强度测定中,更趋于采用σ_p和σ_t。而σ_t的测试又比σ_p方便,且不失σ_p表征材料屈服特征的能力,因此,可以用σ_t代替σ_p,尤其是在大规模工业生产中采用σ_t的测定方法,可以提高效率。

对于不连续屈服即具有明显屈服点的材料,其应力-应变曲线上的屈服平台就是材料屈服变形的标志,因此屈服平台对应的应力值就是这类材料的屈服强度,记作σ_{ys},按下式计算:

$$\sigma_{ys}=P_y/A_0 \tag{2-5}$$

式中:P_y为物理屈服时的载荷或下屈服点对应的载荷。

屈服强度是工程技术上最为重要的力学性能指标之一。因为在实际生产中,大部分工程构件在服役过程中不允许发生过量的塑性变形。为防止因塑性变形而导致机器构件失效,在设计和选材时常以屈服强度作为衡量的指标。一方面,提高材料对起始塑性变形的抗力,有利于提高设计应力。但另一方面,提高材料的屈服强度,使屈服强度与抗拉强度之比增大,又不利于某些应力集中部位应力重新分布,极易引起脆性断裂,使金属材料的塑性与韧性下降。因此,对于具体的机器构件选材时,屈服强度要求多大的数值为佳,原则上应根据机器构件的形状及其所受的应力状态、应变速率等决定。若机件截面形状变化较大,所受的应力状态较硬、应变速率较高,则应取较低屈服强度值的材料。

2. 抗拉强度

材料的极限承载能力,用抗拉强度表示。拉伸试验时,与最高载荷P_b对应的应力值σ_b即为抗拉强度,按下式计算:

$$\sigma_b=P_b/A_0 \tag{2-6}$$

对于脆性材料和不形成颈缩的塑性材料,其拉伸最高载荷就是断裂载荷,因此其抗拉强度也代表断裂抗力。对于形成颈缩的塑性材料,其抗拉强度代表产生最大均匀变形的抗力,也表示材料在静拉伸条件下的极限承载能力。对于钢丝绳等零(构)件来说,抗拉强度是一个比较有意义的性能指标。抗拉强度易于测定、重现性好,与其他力学性能指标如疲劳极限和硬度等存在一定关系,因此适用于作为产品规格说明或质量控制标志,几乎所有的资料、手册、规范中都少不了它,这也正是σ_b的工程意义所在。

3. 实际断裂强度

拉伸断裂时的载荷除以断口处的真实截面面积所得的应力值,称为实际断裂强度 S_k。

$$S_k = P_k / A_k \tag{2-7}$$

注意在 S_k 计算中采用的是试样断裂时的真实截面面积,因而 S_k 代表材料对断裂的真实应力,于是 S_k 有时也称为断裂真应力。

2.1.3 塑性指标及其意义

材料的塑性变形能力即塑性,常用伸长率和断面收缩率来表示。

1. 伸长率

如试验前试样的原始标距长度为 l_0,拉伸断裂后测得的标距长度为 l_k,则可按下式计算材料的伸长率:

$$\delta_k = \frac{l_k - l_0}{l_0} \times 100\% = \frac{\Delta l_k}{l_0} \times 100\% \tag{2-8}$$

对于形成颈缩的材料,其伸长量 Δl_k 包括颈缩前的均匀伸长 Δl_b 和颈缩后的集中伸长 Δl_c,即 $\Delta l_k = \Delta l_b + \Delta l_c$。因此,伸长率也相应地由均匀伸长率 δ_b 和集中伸长率 δ_c 组成,即

$$\delta_k = \delta_b + \delta_c$$

研究表明,均匀伸长率取决于材料的冶金因素,而集中伸长率与试样几何尺寸有关,即

$$\delta_c = \beta \sqrt{A_0} / l_0$$

可以看出试样 l_0 越大,集中变形对总伸长率的贡献越小。为了使同一材料的试验结果具有可比性,必须对试样尺寸进行规范化,这只要使 $\sqrt{A_0}/l_0$ 为一常数即可。在国家标准中,对拉伸试样的尺寸进行了规定,即 $l_0/\sqrt{A_0} = 11.3$ 或 5.65。对于圆形截面拉伸试样,相应于 $l_0 = 10d_0$ 和 $l_0 = 5d_0$,分别称为 10 倍和 5 倍试样。相应地,伸长率分别用 δ_{10} 和 δ_5 表示。可见,$\delta_5 > \delta_{10}$。

2. 断面收缩率

由于在拉伸过程中试样的截面面积不断减小,试样拉断后断口处横截面面积的最大缩减量与原始横截面面积的百分比,称为断面收缩率 ψ。断面收缩率的计算公式如下:

$$\psi_k = \frac{A_0 - A_k}{A_0} \times 100\% \tag{2-9}$$

式中:A_k 为试样断口处的最小截面面积。与伸长率一样,断面收缩率 ψ_k 也由两部分组成,即均匀变形阶段的断面收缩率和集中变形阶段的断面收缩率,但与伸长率不同的是,断面收缩率与试样尺寸无关,只决定于材料性质。

3. 塑性指标间的关系

在颈缩形成之前,由于变形前后试样的体积不变,于是有

$$l_0 A_0 = lA$$

$$l = l_0 + \Delta l = l_0 \left(1 + \frac{\Delta l}{l_0}\right) = l_0(1 + \delta)$$

$$A = A_0 - \Delta A = A_0 \left(1 - \frac{\Delta A}{A_0}\right) = A_0(1 - \psi)$$

因而塑性指标间的关系为

$$1+\delta=\frac{1}{1-\psi} \tag{2-10}$$

或

$$\delta=\frac{\psi}{1-\psi} \tag{2-11}$$

上式表明,在均匀变形阶段试样的伸长率 δ 恒大于断面收缩率 ψ。

在以上讨论中,塑性指标都采用条件应变。如考虑采用真应变,在拉伸过程中每一时刻的真应变

$$d\varepsilon=dl/l$$

试样从 l_0 拉伸至 l 时,完成的真应变为

$$\varepsilon=\int d\varepsilon=\int_{l_0}^{l}\frac{dl}{l}=\ln\frac{l}{l_0} \tag{2-12}$$

于是真应变与条件应变的关系为

$$\varepsilon=\ln(1+\delta)=\ln\left(\frac{1}{1-\psi}\right) \tag{2-13}$$

在颈缩形成后,颈部的变形是非常复杂的,此时条件塑性指标之间已不存在上述关系,但真实塑性应变与条件断面收缩率之间尚有如下关系:

$$\varepsilon=\ln\frac{l}{l_0}=\ln\frac{A_0}{A}=2\ln\frac{d_0}{d}=\ln\left(\frac{1}{1-\psi}\right) \tag{2-14}$$

因此,试样断裂后可通过测量断面收缩率 ψ_k,求得真实极限塑性 ε_f,即

$$\varepsilon_f=\ln\left(\frac{1}{1-\psi_k}\right) \tag{2-15}$$

4. 塑性指标的选择与意义

伸长率和断面收缩率是工程材料的重要性能指标。对细长形的试样或零件,因颈缩的变形量较小,因而在实际应用中常用 δ 表征其塑性好坏。而对非细长形的试样或零件,由于 ψ 比 δ 对材料的组织变化更敏感,故常用 ψ 表征其塑性大小。

在工程实际零件设计时,不但要对材料提出强度要求,以进行强度计算;同时还要对其提出塑性的要求。如汽车齿轮箱的传动轴,选用中碳钢调质处理,要求 $\sigma_{0.2}$ 为 400 ~ 500 MPa,同时还要求 δ 不小于 6% ~7%。这里对塑性的要求是出于安全考虑。这是由于在零件工作过程中难免偶然过载,或者应力集中部位的应力水平会超过材料的屈服强度,此时材料如果具有一定的塑性,则可用局部塑性变形松弛或缓冲集中应力,避免断裂、保证安全。另外,材料的塑性变形能力是进行材料压力加工和冷成型工艺的基础。在冷成型过程如冷弯、冲压等中,为保证金属的流动性,必须具有足够的塑性,尤其材料均匀塑性变形能力的大小十分重要。

2.2　弹性变形

材料受外力作用发生尺寸和形状的变化,称为变形。外力去除后,随之消失的变形为弹性变形,剩余的(即永久性的)变形为塑性变形。本节讨论弹性变形及其本质。

弹性变形的重要特征是其可逆性,即受力作用后产生变形,卸除载荷后变形消失,这种特性反映了弹性变形决定于原子间结合力的本质属性。

2.2.1 弹性变形及其物理本质

弹性变形是原子系统在外力作用下离开其平衡位置达到新的平衡状态的过程，因此对弹性变形的讨论必须从原子结合力模型开始。

1. 弹性变形过程

在平衡状态下，晶体中的原子处于平衡位置，在平衡位置上原子之间的作用力——吸引力和排斥力是平衡的，且原子之间保持一定的距离。对于以金属键结合为主的晶体而言，可以认为吸引力是金属正离子与公有电子间库仑力的作用结果，显然这是一个长程力，其作用范围比原子尺寸大得多。而排斥力来源于金属离子之间以及同性电子之间的排斥作用，属于短程力；在原子间距离扩大时，排斥力作用很小，但当原子彼此靠近时，即显示出其主导作用。原子间作用力的双原子模型如图 2-8 所示。

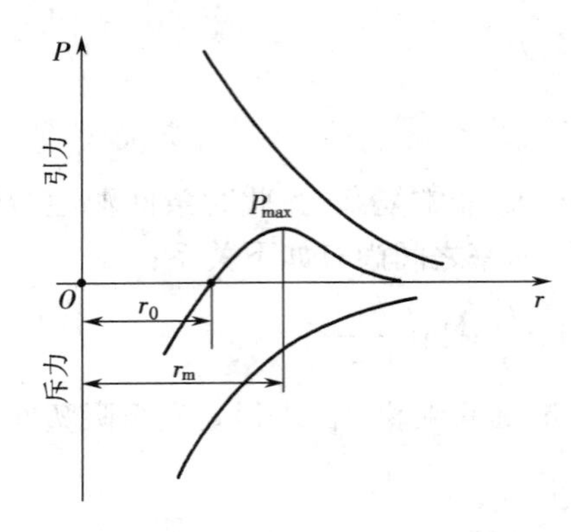

图 2-8 原子间作用力的双原子模型

当吸引力与排斥力相平衡时，原子即处于平衡位置。受外力作用，原子间距拉大时，原子间作用力的合力表现为引力；而当原子间距减小时，表现为斥力。作为原子间作用力的吸引力或排斥力的作用是恢复原子的平衡位置；外力引起的原子间距的变化即位移，在宏观上就是所谓的弹性变形。外力去除后，原子复位，位移消失，弹性变形消失，从而表现了弹性变形的可逆性。

原子间作用力 P 随原子间距 r 的变化而变化，其关系为

$$P=\frac{A}{r^2}-\frac{B}{r^4} \tag{2-16}$$

式中：第一项为引力，第二项为斥力，A 和 B 分别为与原子本性和晶格类型有关的常数。

式(2-16)表明原子间作用力与原子间距并不成线性关系而是抛物线关系，这从本质上反映了胡克定律的近似性。

但在外力 P 不是很大、原子间距与平衡位置 r_0（$(B/A)^{1/2}$，由 $P(r_0)=0$ 求得）的偏离很小时，由级数展开可得到

$$P=\frac{2A^2}{B}\cdot\frac{\Delta r}{r_0} \tag{2-17}$$

$$E=\frac{2A^2}{B} \tag{2-18}$$

由式(2-17)可见，小变形条件下外力 P 与应变量（$\Delta r/r_0$）成线性比例关系，符合胡克定

律。而弹性模量为由原子间结合力常数 A 和 B 决定,可见弹性性能与特征是原子间结合力的宏观体现,本质上决定于晶体的电子结构而不依赖于显微组织,即弹性模量是对组织不敏感的性能指标。

由图 2-8 可见,当 $r=r_{\mathrm{m}}=(2B/A)^{1/2}$ 时,原子间作用力的合力表现为引力,而且出现极大值 $P_{\max}(A^2/4B=E/8)$。如果外力达到 $P_{\max}$,就可以克服原子间的引力而将它们拉开。这就是晶体在弹性状态下的断裂强度,即理论正断强度。相应的弹性变形量 $(r_{\mathrm{m}}-r_0)/r_0$ 为 41%。即当弹性变形达 41% 时,外力即可克服原力间的引力而发生正断。但在实际情况下,由于晶体中含有缺陷(如位错),在弹性变形量尚小时的应力足以激活位错运动,而代之以塑性变形,所以实际上可实现的弹性变形量不会很大。对于脆性材料,由于对应力集中敏感,应力稍大时缺陷处的集中应力即可导致裂纹的产生与扩展,使晶体在弹性状态下断裂。

2. 胡克定律

在弹性状态下,材料的应力与应变间的关系可用胡克定律描述,其常见形式为

$$\sigma=E\cdot\varepsilon \tag{2-19}$$

式(2-19)所表达的是各向同性体在单轴加载方向上的应力 σ 与弹性应变 ε 间的关系。然而在加载方向上的变形例如伸长,必然导致与加载方向垂直方向上的收缩。对于复杂应力状态以及各向异性体上的弹性变形,情况较为复杂,这就需要用广义胡克定律来描述。

受力体中任一点的应力状态,可用其单元体上的 9 个应力分量表示,如图 2-9 所示。切应力角标第一个字母表示应力所在平面的法线方向,第二个字母表示应力的方向,并且规定正面的正方向为正,负面的负方向也为正。其中 6 个切应力分量 τ_{xy}、τ_{yz}、τ_{zx}、τ_{yx}、τ_{zy}、τ_{xz} 中,根据切应力互等原理,有 $\tau_{xy}=\tau_{yx}$、$\tau_{yz}=\tau_{zy}$、$\tau_{zx}=\tau_{xz}$,故 9 个应力分量中,只有 6 个独立应力分量。相应的正应变和切应变也只有 6 个独立应变分量:ε_x、ε_y、ε_z、γ_{xy}、γ_{yz}、γ_{zx}。应变分量角标含义与应力分量相同。每一应力分量都可表示成 6 个应变分量的线性函数,即

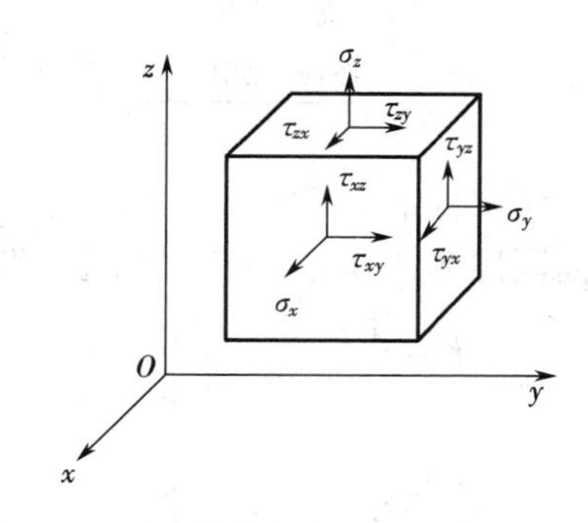

图 2-9　受力体中任意一点的应力表示法
(注:图中的 τ 即文中 τ,全书同)

$$\left.\begin{aligned}
\sigma_x&=C_{11}\varepsilon_x+C_{12}\varepsilon_y+C_{13}\varepsilon_z+C_{14}\gamma_{xy}+C_{15}\gamma_{yz}+C_{16}\gamma_{zx}\\
\sigma_y&=C_{21}\varepsilon_x+C_{22}\varepsilon_y+C_{23}\varepsilon_z+C_{24}\gamma_{xy}+C_{25}\gamma_{yz}+C_{26}\gamma_{zx}\\
\sigma_z&=C_{31}\varepsilon_x+C_{32}\varepsilon_y+C_{33}\varepsilon_z+C_{34}\gamma_{xy}+C_{35}\gamma_{yz}+C_{36}\gamma_{zx}\\
\tau_{xy}&=C_{41}\varepsilon_x+C_{42}\varepsilon_y+C_{43}\varepsilon_z+C_{44}\gamma_{xy}+C_{45}\gamma_{yz}+C_{46}\gamma_{zx}\\
\tau_{yz}&=C_{51}\varepsilon_x+C_{52}\varepsilon_y+C_{53}\varepsilon_z+C_{54}\gamma_{xy}+C_{55}\gamma_{yz}+C_{56}\gamma_{zx}\\
\tau_{zx}&=C_{61}\varepsilon_x+C_{62}\varepsilon_y+C_{63}\varepsilon_z+C_{64}\gamma_{xy}+C_{65}\gamma_{yz}+C_{66}\gamma_{zx}
\end{aligned}\right\} \tag{2-20}$$

这就是广义的胡克定律,式中 $C_{ij}(i,j=1,2,\cdots,6)$ 是应力分量与应变分量间的比例系数,称为刚度常数。也可将任一应变分量写成应力分量的关系式,比例系数用 S_{ij} 表示,S_{ij} 称为柔度常数。可见,广义胡克定律中的刚度常数和柔度常数各为 36 个。可以证明,即使各向异性程度最大的晶体如三斜晶系,也存在 $C_{ij}=C_{ji}$ 的对称关系,所以 36 个弹性常数中只有 21 个是独立的。随着晶体对称性的提高,21 个常数中有些彼此相等或为零,独立的弹性常数更少,直至在对称性最高的各向同性体中,就只有 2 个独立的弹性常数,即

$$S=\begin{Bmatrix} S_{11} & S_{12} & S_{12} & 0 & 0 & 0 \\ 0 & S_{11} & S_{12} & 0 & 0 & 0 \\ 0 & 0 & S_{11} & 0 & 0 & 0 \\ 0 & 0 & 0 & 2(S_{11}-S_{12}) & 0 & 0 \\ 0 & 0 & 0 & 0 & 2(S_{11}-S_{12}) & 0 \\ 0 & 0 & 0 & 0 & 0 & 2(S_{11}-S_{12}) \end{Bmatrix} \tag{2-21}$$

各晶系的独立弹性常数个数,见表2-2。

表2-2 晶体结构与独立弹性常数的个数

晶体结构	独立弹性常数个数
三斜晶系	21
单斜晶系	13
斜方晶系	9
四方晶系	6
六方晶系	5
立方晶系	3
各向同性体	2

对于工程中应用的金属材料或非金属材料(陶瓷、高聚物等),在很多情况下都可看成是各向同性体,因此只有2个独立的弹性常数。其定义如下:

$$\left.\begin{aligned} E &= \frac{1}{S_{11}} \\ \nu &= \frac{S_{12}}{S_{11}} \\ G &= \frac{1}{2(S_{11}-S_{12})} \end{aligned}\right\} \tag{2-22}$$

由式(2-21)和式(2-22),可导出各向同性体的广义胡克定律:

$$\left.\begin{aligned} \varepsilon_x &= \frac{1}{E}[\sigma_x-\nu(\sigma_y+\sigma_z)] \\ \varepsilon_y &= \frac{1}{E}[\sigma_y-\nu(\sigma_z+\sigma_x)] \\ \varepsilon_z &= \frac{1}{E}[\sigma_z-\nu(\sigma_x+\sigma_y)] \\ \gamma_{xy} &= \frac{1}{G}\tau_{xy} \\ \gamma_{yz} &= \frac{1}{G}\tau_{yz} \\ \gamma_{zx} &= \frac{1}{G}\tau_{zx} \end{aligned}\right\} \tag{2-23}$$

在单向拉伸条件下,式(2-22)可简化为

$$\left.\begin{aligned}\varepsilon_x &= \frac{1}{E}\sigma_x \\ \varepsilon_y = \varepsilon_z &= -\frac{\nu}{E}\sigma_x\end{aligned}\right\} \tag{2-24}$$

可见,即使在单向加载条件下,材料不仅在受拉方向有伸长变形,而且在垂直于拉伸方向上还有收缩变形。

3. 常用弹性常数及其意义

各种材料弹性行为的不同,表现在弹性常数的差异上。工程材料的弹性常数除式(2-22)给出的 E、ν、G 外,还有一个体积弹性模量 K。下面分别说明这些弹性常数的物理意义。

①弹性模量 E:在单向受力状态下,由式(2-24)的第1式有

$$E = \sigma_x / \varepsilon_x \tag{2-25}$$

可见 E 表征材料抵抗正应变的能力。

②切变弹性模量 G:在纯剪切应力状态下,由式(2-23)第4式有

$$G = \tau_{xy} / \gamma_{xy} \tag{2-26}$$

可见 G 表征材料抵抗剪切变形的能力。

③泊松比 ν:在单向受力状态下,由式(2-24)有

$$\nu = -\varepsilon_y / \varepsilon_x \tag{2-27}$$

可见,泊松比 ν 表示材料受力后横向正应变与受力方向上正应变之比。ν 为材料常数,在0～0.5变化。大多数材料的 ν 值在0.2～0.5;如果材料在拉伸时体积不变,$\nu = 0.5$,属于不可压缩材料;处于玻璃态的高分子材料,ν 为0.3～0.4。

④体积弹性模量 K:表示物体在三向压缩(流体静压力)条件下,压强 p 与体积变化率 $\Delta V/V$ 之间的线性比例关系,由式(2-23)前三式中任一式有

$$\varepsilon = \frac{1}{E}[-p - \nu(-p - p)] = \frac{p}{E}(2\nu - 1)$$

而在 p 作用下的体积相对变化为

$$\Delta V/V = 3\varepsilon = \frac{3p}{E}(2\nu - 1)$$

所以

$$K = \frac{-p}{\Delta V/V} = \frac{E}{3(1 - 2\nu)} \tag{2-28}$$

由于各向同性材料只有2个独立的弹性常数,所以上述4个弹性常数中必然有两个关系式把它们联系起来,即

$$E = 2G(1 + \nu) \tag{2-29}$$

或

$$E = 3K(1 - 2\nu) \tag{2-30}$$

对橡胶材料,ν 为0.499～0.500。由式(2-29)和式(2-30)可知 $E = 3G$,$K = \infty$,即橡胶的弹性模量是其剪切模量的3倍,变形时不会产生纯体积变形,具有不可压缩的特性。

材料的弹性常数 E、ν、G,通常用材料的静拉伸或扭转试验进行测定。不过,当要求精确测定或要给出单晶在特定方向上的弹性模量时,则宜采用动态试验法,即首先利用某种形式的共振试验测出共振频率,然后通过相应的关系式计算相应的弹性模量或切变弹性模量。

2.2.2 弹性性能的工程意义

任何一部机器(或构造物)的零(构)件在服役过程中都是处于弹性变形状态的。结构中的部分零(构)件要求将弹性变形量控制在一定范围之内,以避免因过量弹性变形而失效。而另一部分零(构)件如弹簧,则要求其在弹性变形量符合规定的条件下,有足够的承受载荷的能力,即不仅要求起缓冲和减震的作用,而且要有足够的吸收和释放弹性功的能力,以避免弹力不足而失效。前者反映的是刚度问题,后者则为弹性比功问题。

1. 弹性模量

弹性模量是工程材料重要的性能参数,从宏观角度来说,弹性模量是衡量材料或物体抵抗弹性变形能力大小的尺度;从微观角度来说,则是原子、离子或分子间键合强度的反映。凡影响键合强度的因素均能影响材料的弹性模量,如键合方式、晶体结构、化学成分、微观组织、温度等。

从键合方式看,具有强化学键结合的材料(如金刚石、氧化铝等)的弹性模量高,而分子间由弱范德华力结合材料(如低密度聚乙烯)的弹性模量较低。另外,由于材料熔点的高低也可以反映原子间结合力的强弱,因而在通常情况下材料的熔点越高,其弹性模量也越高。一些常见工程材料的弹性模量和熔点见表 2-3,各种材料的弹性模量数值范围如图 2-10 所示。

表 2-3 一些常见工程材料的弹性模量、熔点和键合方式

材料	E/MPa	T_m/℃	键型
钢	207 000	1 538	金属键
铜	121 000	1 084	金属键
铝	69 000	600	金属键
钨	410 000	3 387	金属键
金刚石	1 140 000	3 800	共价键
Al_2O_3	400 000	2 050	共价键和离子键
非晶态聚苯乙烯	3 000	T_g -100	范氏力
低密度聚乙烯	200	T_g -137	范氏力

注:T_g—玻璃化温度。

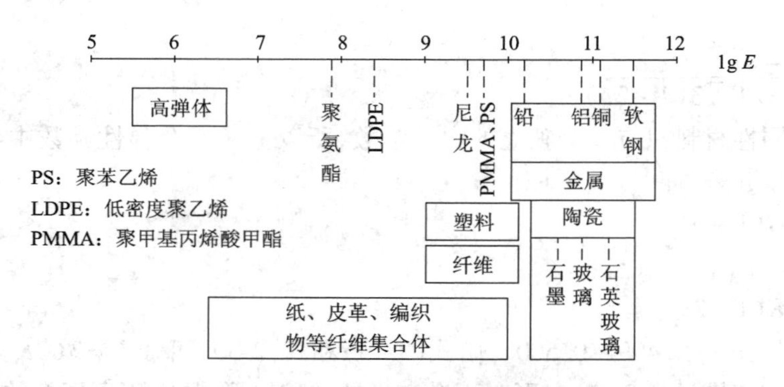

图 2-10 各种材料弹性模量的数值范围

金属材料的弹性模量,因合金成分、热处理状态、冷塑性变形程度等的不同会有 5% 或者更大的波动。但从总体来说,金属材料的弹性模量是一个对组织不敏感的力学性能指标,合金化、热处理(纤维组织)、冷塑性变形等对弹性模量的影响较小,温度、加载速率等外在因素对其影响也不大。

与金属材料相比,陶瓷材料的弹性模量有如下特点。

①由于陶瓷材料的结合键主要是很强的共价键和离子键,因此陶瓷材料的弹性模量一般比金属材料高。

②陶瓷中的孔隙对其弹性模量有很大影响,孔隙率越高,弹性模量越低,如图 2-11 所示。孔隙率对弹性模量的影响可用下式表示:

$$E_{\mathrm{eff}} = \frac{E_0(1 - p')}{(1 + 2.5p')} \tag{2-31}$$

式中:E_0 为无孔隙时陶瓷材料的弹性模量;p'为孔隙率。

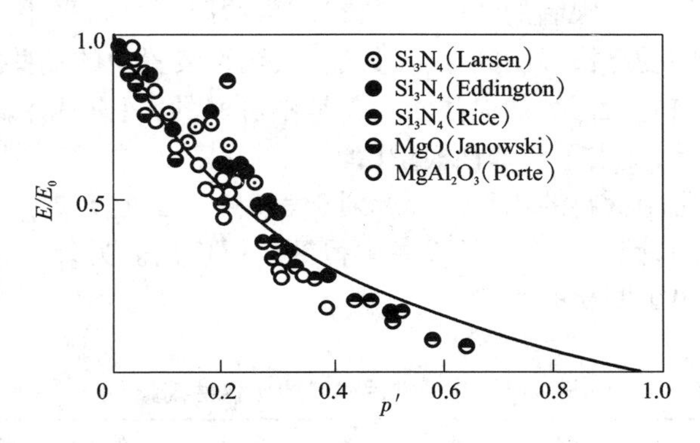

图 2-11　孔隙率对陶瓷材料弹性模量的影响

③陶瓷材料的压缩弹性模量一般大于拉伸弹性模量。无论是在拉伸还是压缩状态下,金属材料的弹性模量基本一致,即拉伸与压缩两部分曲线为一条直线,如图 2-12(a)所示。而陶瓷材料压缩时的弹性模量一般大于拉伸时的弹性模量,压缩时应力 - 应变曲线斜率比拉伸时的大,如图 2-12(b)所示。这与陶瓷材料显微结构的复杂性和不均匀性有关。

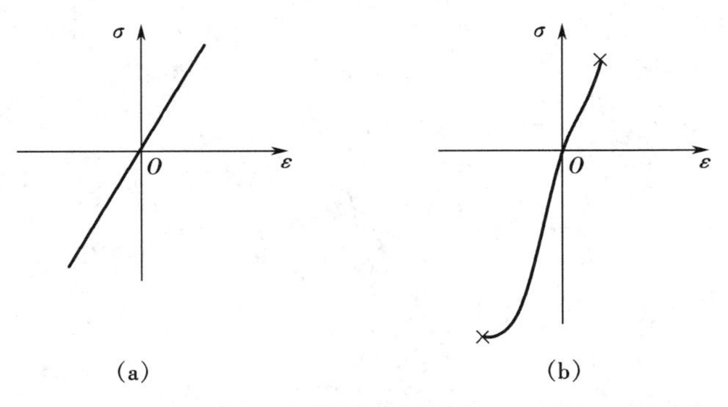

图 2-12　金属与陶瓷材料应力 - 应变曲线的弹性部分

(a)金属材料　(b)陶瓷材料

高分子材料和复合材料的弹性模量对成分和组织是敏感的,可通过改变成分的生产工艺来提高其弹性模量。如利用高弹性模量的 SiC 晶须与金属(Ti 或 Al)复合制成的 SiC 晶须增强钛或铝金属基复合材料,不仅具有较高的弹性模量,而且质量轻,有望成为较有竞争力的导航仪表材料。

2. 刚度

在弹性变形范围内,构件抵抗变形的能力称为刚度。构件刚度不足,会造成过量弹性变形而失效。如镗床的镗杆、机床主轴、刀架等,如果发生了过量的弹性变形就会造成失效。以镗杆为例,若在镗孔过程中,发生了过量的弹性变形,则镗出的内孔直径偏小。

刚度的定义如下:

$$Q=\frac{P}{\varepsilon}=\frac{\sigma\cdot A}{\varepsilon}=E\cdot A \tag{2-32}$$

可见,材料的刚度 Q 与其弹性模量 E 和构件截面面积 A 有关。对于一定材料的构件,刚度只与其截面面积成正比。可见要增加零(构)件的刚度,要么选用弹性模量 E 高的材料,要么增大零(构)件的截面面积 A。

对于结构质量不受严格限制的地面装置,在多数情况下可以采用增大截面面积的方法提高刚度。但对于空间受严格限制的场合,如航空、航天装置中的一些零(构)件,往往既要求刚度高,又要求质量轻。因此,加大截面面积是不可取的,只有选用高弹性模量的材料才可以提高其刚度。于是,提出了比弹性模量(弹性模量/密度)的概念,用以衡量航空航天材料的弹性性能。几种常用材料的比弹性模量列于表 2-4。可见金属中铍的比弹性模量最大(16.8×10^8 N · cm/kg),因此铍在导航设备中得到广泛应用。另外,氧化铝、碳化硅等在比弹性模量方面也显示出了明显的优势。

表 2-4 几种常用材料的比弹性模量

材料	铜	钼	铁	钛	铝	铍	氧化铝	碳化硅
比弹性模量/($\times10^8$ N · cm/kg)	1.3	2.7	2.6	2.7	2.7	16.8	10.5	17.5

3. 弹性比功

弹性比功是指单位体积材料吸收变形功而不发生永久变形的能力,它标志着单位体积材料所吸收的最大弹性变形功,是一个韧度指标。弹性比功可用图 2-13 中影线部分的面积来代表,计算方法如下:

$$\text{弹性比功}=\frac{1}{2}\sigma_e\cdot\varepsilon_e=\frac{\sigma_e^2}{2E} \tag{2-33}$$

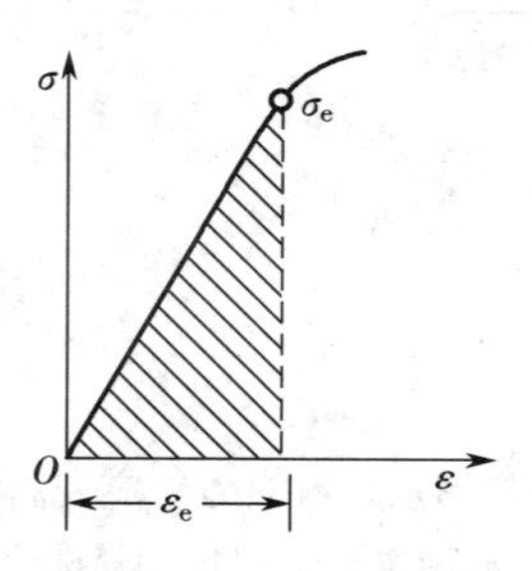

图 2-13 弹性比功

从式(2-33)可以看出,提高材料的弹性比功,可通过提高材料的弹性极限 σ_e 或者降低材料的弹性模量 E 的途径来实现。由于 σ_e 是二次方,所以提高 σ_e 对提高弹性比功的作用更显著。表 2-5 列出了一些材料的弹性比功数据。

表 2-5　几种材料的弹性比功

材料	E/MPa	σ_e/MPa	弹性比功/MPa
中碳钢	206 800	310	0. 23
高碳弹簧钢	206 800	970	2. 27
杜拉铝	68 950	127	0. 12
铜	110 320	28	0. 003 6
橡皮	1	2	2

将式(2-33)改写,有

$$\frac{1}{2}\sigma_e \cdot \varepsilon_e = \frac{1}{2}\frac{P_e}{A_0} \cdot \frac{\Delta l}{l_0} = \frac{1}{2}\frac{\sigma_e^2}{E} \tag{2-34}$$

$$\frac{1}{2}P_e \cdot \Delta l = \frac{1}{2}\frac{\sigma_e^2}{E} \cdot A_0 l_0 \tag{2-35}$$

式中:$A_0 l_0$ 为材料的体积;$\frac{1}{2}P_e \cdot \Delta l$ 为材料的弹性功,即材料能吸收的最大弹性变形功。这表明欲提高一个具体零件的弹性功,除采取提高 σ_e 或降低 E 的措施外,还可以改变零件的体积。体积越大,弹性功越大,亦即储存在零件中的弹性能越大。

工业生产中广泛应用的弹簧,主要是作为减震元件使用,它既要吸收大量变形功,但又不允许发生塑性变形,因此弹簧材料应具有尽可能大的弹性比功。从这个意义上说,理想的弹性材料应该是具有高弹性极限和低弹性模量的材料。

这里应强调指出的是弹性极限与弹性模量的区别。前者是材料的强度指标,它敏感地决定于材料的成分、组织及其他结构因素;而后者是刚度指标,只决定于原子间的结合力。因此,在弹簧或弹簧钢的生产中,普遍采用合金化、热处理以及冷加工等措施,其目的都是为了最大限度地提高弹性极限,从而提高材料的弹性比功,这样的弹簧材料称为硬弹簧材料。制造某些仪表时,生产上常采用磷青铜或铍青铜,除因为它们是顺磁性的、适于制造仪表弹簧外,更重要的是因为它们既具有较高的弹性极限 σ_e,又具有较小的弹性模量 E。这样,能保证在较大的形变量下仍处于弹性变形状态,即从弹性模量的角度来获取较大弹性比功,这样的弹簧材料称为软弹簧材料。

4. 橡胶的高弹性

同一般的固体物质相比,橡胶类材料的弹性具有如下特点。

1) 弹性模量很小,而形变量很大

橡胶类材料的弹性模量很小,而形变量很大,因此把它的弹性形变叫作高弹变形。一般情况下,铜、钢等的弹性变形量只有 1%,而橡胶的高弹变形量可达 1 000%;但橡胶的弹性模量不及其他材料的万分之一。

究其原因,橡胶是由线型的长链分子组成的,由于热运动长链分子在不断地改变着自己的形状,因此在常温下橡胶的长链分子处于蜷曲状态。根据计算,蜷曲分子的均方末端距是完全伸直分子均方末端距的 0. 001 ~ 0. 01,因此把蜷曲分子拉直就会显示出变形量很大的特点。

当外力使蜷曲的分子拉直时,由于分子链中各个环节的热运动,力图恢复到原来比较自然的蜷曲状态,形成了对抗外力的回缩力,正是这种力促使橡胶形变的自发回复,造成变形的可逆性。但是这种回缩力毕竟是不大的,所以,橡胶在外力不大时就可以发生较大的变形，因而弹性模量很小。

温度升高时，分子链内各部分的热运动比较激烈，回缩力增大。所以，橡胶类材料的弹性模量会随温度的上升而增加。

2）变形需要时间

橡胶受到外力压缩或拉伸时，变形总是随时间而发展的，最后达到最大形变，这种现象称为蠕变。此外，拉紧的橡皮带会逐渐变松，这种应力随时间而下降或消失的现象称为应力松弛。蠕变和应力松弛，对橡胶的使用性能有着重要的影响。

3）形变时有热效应

如果把橡胶的薄片拉长，把它贴在嘴唇或面颊上，就会感觉到橡皮在伸长时会发热，回缩时会吸热，而且伸长时的热效应随伸长率而增加，通常称为热弹效应。

橡胶伸长变形时，分子链或链段由混乱排列变成比较有规则的排列，此时熵值减少；同时由于分子间的内摩擦而产生热量。另外，由于分子规则排列而发生结晶，在结晶过程中也会放出热量。因此，在橡胶类材料被拉伸时，会释放一定的热量。

2.2.3 弹性不完整性

完整（或理想）的弹性应该是加载时立即变形，卸载时立即恢复原状，应力－应变曲线上加载线与卸载线完全重合，即应力与应变间存在线性、瞬时、唯一的关系。但在实际应用中，常发现弹性变形时加载线与卸载线并不重合，应变落后于应力等应力与应变间不满足线性、瞬时、唯一关系的现象存在，如非线性弹性、弹性后效、弹性滞后、瞬时塑（范）性（也称为静滞后型非弹性）等。这些现象属于弹性变形中的非弹性问题，称为弹性的不完整性，见表2-6。

表 2-6 弹性变形的特点和不完整性

弹性行为	线性关系	瞬时性	唯一性
理想弹性	满足	满足	满足
非线性弹性	不满足	满足	满足
滞弹性	满足	不满足	满足
线性黏弹性	满足	不满足	不满足
瞬时塑(范)性	不满足	满足	不满足

1. 弹性后效

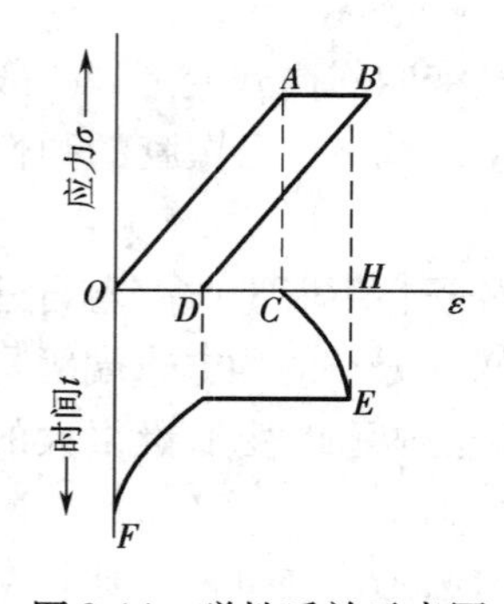

图 2-14 弹性后效示意图

如把一定大小的应力骤然加到多晶体试样上，试样立即产生的弹性应变仅是该应力所应该引起的总应变（OH）中的一部分（OC），其余部分的应变（CH）是在保持该应力大小不变的条件下逐渐产生的（图 2-14），此现象称为正弹性后效，或称弹性蠕变或冷蠕变。当外力骤然去除后，弹性应变消失，但也不是全部应变同时消失，而只先消失一部分（DH），其余部分（OD）是逐渐消失的，此现象称为反弹性后效。工程上通常所说的弹性后效就是指的这种反弹性后效。总之，这种在应力作用下应变不断随时间而发展的行为以及应力去除后应变逐渐恢复的现象可统称为弹性后效。

弹性后效现象，在仪表精密机械制造业中极为重要。如长期承受载荷的测力弹簧材料、薄膜材料等，就应考虑正弹性后效问题。如油压表（或气压表）的测力弹簧，就不允许有弹性后效现象，否则测量失真甚至无法使用。通常经过校直的工件，放置一段时间后又会变弯，便是由于反弹性后效引起的结果，也可能是由于工件中存在的第Ⅰ类残余内应力引起的正弹性后效的结果。前者可以在校直后通过合理选择回火温度（钢为 300 ~ 450 ℃，铜合金为 150 ~ 200 ℃），在回火过程中设法使反弹性后效最充分地进行，从而避免工件在以后使用中再发生变形。

在实际应用中，多晶体材料的弹性后效与起始塑性变形的非同时性有关，所以它随材料组织不均匀性的增大而加剧。金属镁有强烈的弹性后效，可能与其六方晶格结构有关。因为和立方晶格金属相比，六方晶格的对称性较低，故具有较大的“结晶学上的不均匀性”。

除材料本身外，外在服役条件也影响弹性后效的大小及其进行速度。温度升高，弹性后效速度加快，如锌及其合金，温度提高 15 ℃，弹性后效的速度增加 50%。反之，若温度下降，则弹性后效变形量急剧下降，以致有时在低温（ − 185 ℃）时无法确定弹性后效现象是否存在。

应力状态也强烈影响弹性后效，应力状态柔度越大，亦即切应力成分越大时，弹性后效现象越显著。所以，扭转时的弹性后效现象比弯曲或拉伸时为大。

2. 弹性滞后环

从弹性后效现象可知，在弹性变形范围内，骤然加载和卸载的开始阶段，应变总要落后于应力而不同步。因此，其结果必然会使得加载线和卸载线不重合，而是形成一个闭合的滞后回线，如图 2-14 中的 *OABDO* 所示，这个回线称为弹性滞后环。这个环的物理意义是加载时消耗在变形上的功大于卸载时材料恢复变形所做的功，即有一部分变形功被材料本身吸收了。环的面积大小正好相当于被材料吸收的那部分变形功的大小。

如果所加载荷不是单向的循环载荷，而是交变的循环载荷，并且加载速度比较缓慢，弹性后效现象来得及表现，则可得到两个对称的弹性滞后环，如图 2-15（a）所示。如果加载速度比较快，弹性后效来不及表现，则得到如图 2-15（b）和（c）所示的弹性滞后环。这个环的面积相当于变动载荷下不可逆能量的消耗（即内耗），也称为循环韧性。

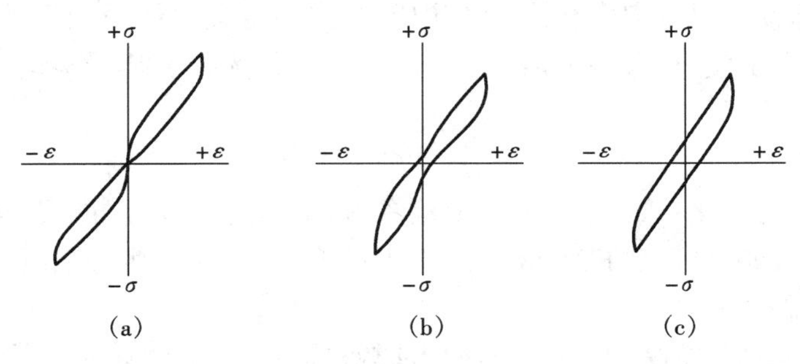

图 2-15　弹性滞后环

（a）缓慢加载　（b）（c）快速加载

循环韧性的大小代表金属在单向循环应力或交变循环应力作用下，以不可逆方式吸收能量而不破坏的能力，即金属靠自身来消除机械振动的能力（即消振性的好坏），所以在生产上有很重要的意义，是一个重要的力学性能指标。例如飞机的螺旋桨和汽轮机叶片等零件由于结构条件限制,很难采取结构因素(外界能量吸收器)来达到消振的目的,此时材料本身的消振能力就显得特别重要。Cr13 系列钢之所以常用作制造汽轮机叶片的材料,除其耐热强度高外,还有个重要的原因就是它的循环韧性大,即消振性好。灰铸铁循环韧性大,是很好的消振材料,所以常用作机床和动力机器的底座、支架,以达到机器稳定运转的目的。相反,在另外一些场合下,如追求音响效果的元件音叉、簧片、钟等,希望声音持久不衰,即振动的延续时间长久,则必须使其循环韧性尽可能小。

弹性后效和弹性滞后环的起因,即产生滞弹性的原因可能是位错运动,也可能是其他效应。例如在应力作用下,造成溶质原子有序分布,从而产生沿某一晶向的附加应变,并因此而出现滞弹性现象。或由于在宏观或微观范围内变形的不均匀性,在应变量不同地区间出现温度梯度,形成热流。若热流从压缩区流向拉伸区,则压缩区将因冷却而收缩,拉伸区将因受热而膨胀,从而产生附加应变;既然这种应变是由于热流引起的,那么它就不容易和应力同步变化,因此出现滞弹性现象。此外,也可能是由于晶界的黏滞性流变或由于磁致伸缩效应产生附加应变,而这些应变又往往是滞后于应力的。关于这些效应的详细讨论可参看有关金属物理方面的书籍。

3. 高分子材料的滞后和内耗

1)滞后

高聚物作为结构材料,在实际应用时往往受到交变力(应力大小呈周期性变化)的作用。例如轮胎、传送皮带、齿轮、消振器等,都是在交变力作用的场合使用的。

在车辆行驶时,橡胶轮胎的某一部位一会儿着地,一会儿离地,受到的是一定频率的外力。因而,轮胎的变形也是一会儿大,一会儿小,交替变化着的。把轮胎的应力和变形随时间的变化记录下来,可得到如下的关系式:

$$\sigma(t)=\sigma_0\sin\omega t \tag{2-36}$$

$$\varepsilon(t)=\varepsilon_0\sin(\omega t-\delta') \tag{2-37}$$

式中:$\sigma(t)$ 和 $\varepsilon(t)$ 为轮胎某处受到的应力与变形量随时间的变化;σ_0 和 ε_0 为该处受到的最大应力和最大变形;ω 为外力变化的角频率;t 为时间;δ' 为形变发展落后于应力的相位差。

高聚物在交变应力作用下,变形落后于应力变化的现象称为滞后现象。滞后现象的发生是由于链段在运动时要受到内摩擦力的作用,当外力变化时链段的运动还跟不上外力的变化,所以变形落后于应力,有一个相位差 δ'。当然 δ' 越大说明链段运动越困难,越是跟不上外力的变化。

2)内耗

当应力和形变的变化一致时,没有滞后现象;每次形变所做的功等于恢复原状时取得的功,没有功的消耗。如果形变的变化落后于应力的变化,就会发生滞后现象,则每一循环变化中就要消耗功,称为力学损耗或内耗。

橡胶在拉伸—回缩过程中的应力 - 应变曲线,如图 2-16(a)所示。发生滞后现象时,拉伸曲线上的应变达不到与其应力相对应的平衡应变值;而回缩时,情况正相反,回缩曲线上的应变大于与其应力相对应的平衡应变值,如在图上对应于应力 σ_1 有 $\varepsilon_1'<\varepsilon_1''$。在这种情况下,拉伸时外力对高聚物体系做的功,一方面用来改变分子链段的构象,另一方面用来提供链段运动时克服链段间内摩擦所需要的能量。回缩时,伸展的分子链重新蜷曲起来,高聚物体系对外做功,但是分子链回缩时的链段运动仍需克服链段间的摩擦阻力。这样,一个拉

伸—回缩循环中，有一部分功被损耗掉，转化为热。内摩擦阻力越大，滞后现象便越严重，消耗的功也越大，即内耗越大。拉伸和回缩时，外力对橡胶所做的功和橡胶对外所做的回缩功分别相当于拉伸曲线和回缩曲线下所包围的面积，于是一个拉伸—回缩循环中所损耗的能量与这两块面积之差相当。

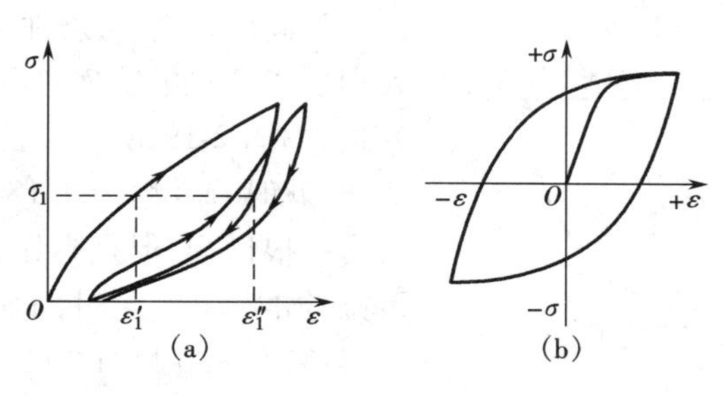

图 2-16　橡胶的应力－应变曲线

(a)拉伸—回缩循环　(b)拉伸—压缩循环

橡胶的拉伸—压缩循环中的应力－应变曲线，如图 2-16(b)所示，所构成的闭合曲线常称为"滞后圈"，滞后圈的大小恰为单位体积的橡胶在每一个拉伸—压缩循环中所损耗的功，数学上有

$$\Delta W = \oint \sigma(t)\mathrm{d}\varepsilon(t) = \oint \sigma(t)\frac{\mathrm{d}\varepsilon(t)}{\mathrm{d}t}\mathrm{d}t \tag{2-38}$$

将式(2-36)和(2-37)代入式(2-38)，可得

$$\Delta W = \sigma_0\varepsilon_0\omega\int_0^{2\pi/\omega}\sin\,\omega t\cos(\omega t-\delta')\,\mathrm{d}t = \pi\sigma_0\varepsilon_0\omega\sin\,\delta' \tag{2-39}$$

即每一循环中单位体积试样损耗的能量正比于最大应力 σ_0、最大应变 ε_0 以及应力和应变之间相位差 δ'的正弦。因此，δ'又称为力学损耗角，并常用力学损耗角正切 $\tan\,\delta'$来表示内耗的大小。

高聚物内耗的大小，首先与其本身的结构有关。常见橡胶品种的内耗和回弹性能的优劣，可以从其分子结构上找到定性的解释。顺丁橡胶内耗较小，因为它的分子链上没有取代基团，链段运动的内摩擦阻力较小；丁苯橡胶和丁腈橡胶的内耗比较大，因为丁苯胶有庞大的侧苯基，丁腈胶有极性较强的侧氰基，因而它们的链段运动时内摩擦阻力较大；丁基橡胶的侧甲基虽没有苯基大，也没有氰基极性强，但是它的侧基数目比丁苯、丁腈的多得多，所以其内耗比丁苯、丁腈还要大。内耗较大的橡胶，吸收冲击能量较大，回弹性就较差。

其次，高聚物的内耗与温度有着很大的关系。在玻璃化转变温度 T_g 以下，高聚物受外力作用的变形很小，这种变形主要由键长和键角的改变引起，速率很快，几乎完全跟得上应力的变化，δ'很小，所以内耗很小。温度升高后，在向高弹态过渡时由于链段开始运动，而体系的黏度还很大，链段运动时受到摩擦阻力比较大，因此高弹变形显著落后于应力的变化，δ'较大，内耗也大。当温度进一步升高时，虽然变形大，但链段运动比较自由，δ'变小，内耗也小了。因此，在玻璃化转变区域将出现一个内耗的极大值，称为内耗峰。向黏流态过渡时，由于分子间互相滑移，因而内耗急剧增加，如图 2-17 所示。

另外，高聚物的内耗还与频率有关。当频率很低时，高分子的链段运动完全跟得上外力的变化，内耗很小，高聚物表现出橡胶的高弹性。当频率很高时，链段运动完全跟不上外力的变化，内耗也很小，高聚物显示刚性，表现出玻璃态的力学性质。只有中间频域，链段运动

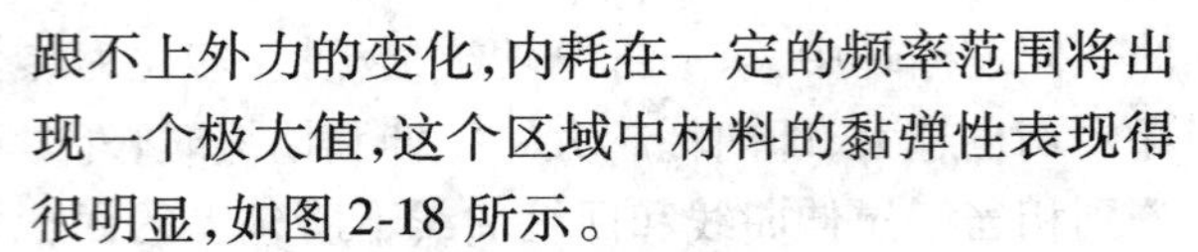

跟不上外力的变化，内耗在一定的频率范围将出现一个极大值，这个区域中材料的黏弹性表现得很明显，如图 2-18 所示。

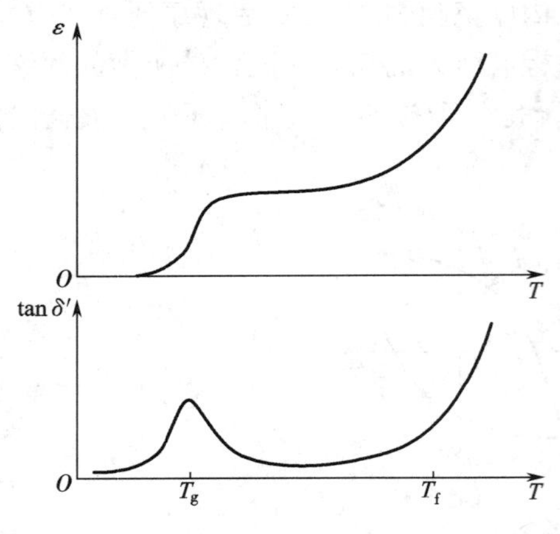

图 2-17 高聚物的变形和内耗与温度的关系

4. Bauschinger **效应**

不同顺序加载条件下，经淬火、350 ℃ 回火处理后 T10 钢的比例极限 σ_p 和屈服强度 $\sigma_{0.2}$ 的变化，如图 2-19 所示。曲线 1 为该试样的拉伸曲线，此时 $\sigma_{0.2}$ 约为 1 130 MPa。曲线 2 为同样的另一根试样，但是事先经过轻微预压缩变形后再拉伸的情况，此时的屈服强度 $\sigma_{0.2}$ 明显降低了，只有约 880 MPa。如把曲线 1 和曲线 2 中的拉伸试验改为压缩试验，也会发现事先经过拉伸应变后再压缩加载试样的屈服强度（曲线 4）小于单纯压缩试样的屈服强度（曲线 3）。

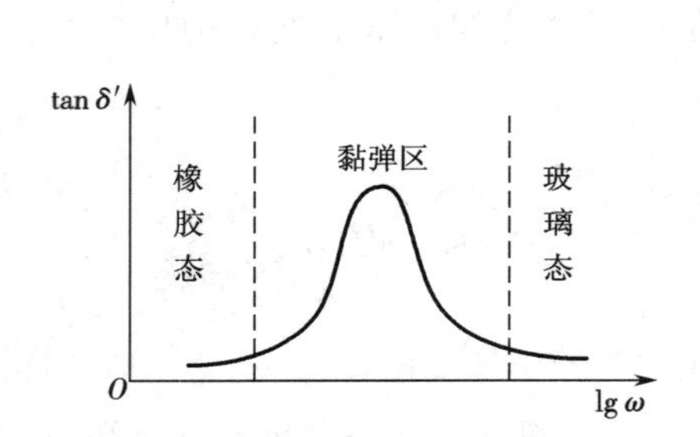

图 2-18 高聚物的内耗与频率的关系

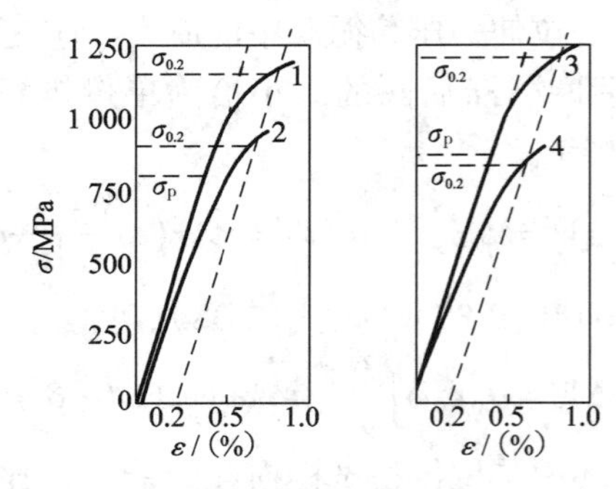

图 2-19 淬火、350 ℃ 回火后 T10 钢的 Bauschinger 效应

把这种经过预先加载变形，然后再反向加载变形时弹性极限（屈服强度）降低的现象称为 Bauschinger 效应。值得注意的是，反向加载时也会出现 σ_p 几乎下降到零的情况。这说明反向变形时原来的正比弹性性质改变了，即出现了塑性形变。试验指出，不论单晶或多晶都存在这种现象，说明 Bauschinger 效应是一种晶内现象。

Bauschinger 效应在退火状态或高温回火状态的金属与合金中表现得尤为明显，通常在 1% ~4% 预塑性变形后即可发现。图 2-20 为某低合金高强度钢不同预拉伸应变后再压缩加载时的 Bauschinger 效应，可见反向加载时的载荷形变曲线均无弹性直线段；屈服强度 $\sigma_{0.2}$ 随预应变量的增加而下降，在 1% 左右预应变时下降非常剧烈，2% 以上预应变时已下降至原 $\sigma_{0.2}$ 值的一半，即 50%。度量 Bauschinger 效应大小的参量有比较正、反向流变应力大小或差异的应力参量及在给定应力下比较反向应变大小的应变参量和能量参量等。

Bauschinger 效应对于研究金属疲劳问题很重要，因为疲劳就是在反复交变加载的情况下出现的。生产上某些情况下此现象也有直接的实际意义，如经过轻微冷作变形的材料，当其用于与原来加工过程加载方向相反的载荷时，就应考虑其弹性极限（屈服强度）将会降低的问题。

消除 Bauschinger 效应的办法，可以采用较大的残余塑性变形处理，或在引起金属回复或再结晶的温度下退火处理。

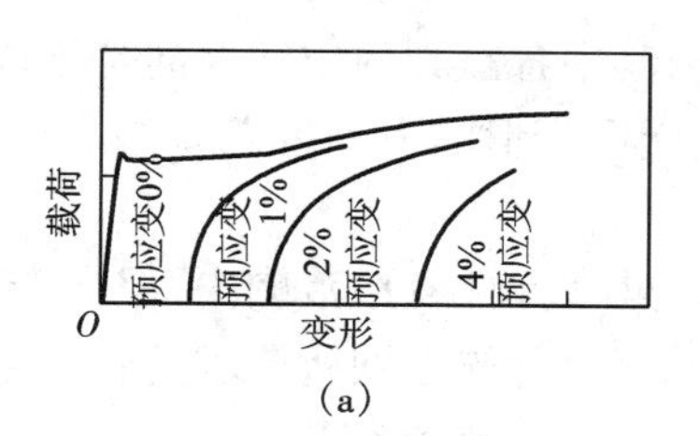

(a)

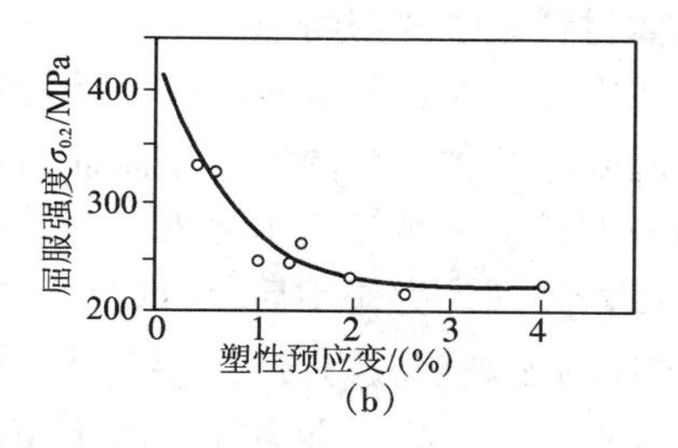

(b)

图2-20　某低合金高强度钢的Bauschinger效应

(a)反向加载时的载荷-变形曲线　(b)屈服强度与塑性预应变的关系

关于Bauschinger效应的成因,一种看法是认为由于位错塞积引起的长程内应力(常称反向应力),在反向加载时有助于位错运动从而降低了比例极限所致。另一种看法是认为由于预应变使位错运动阻力出现方向性所致。因为经过正向变形后,晶内位错最后总是停留在障碍密度较高处,一旦有反向变形,则位错很容易克服曾经经过的障碍密度较低处,而达到相邻的另一障碍密度较高处。

2.3　塑性变形

塑性变形是指外力移去后不能恢复的变形,塑性是指材料经受此种变形而不破坏的能力。塑性变形和形变强化是金属材料区别于其他工业材料的重要特征,也是金属材料在人类文明史上能够发挥无与伦比作用的重要原因。

陶瓷材料常温时塑性变形能力很差。在外载荷作用下,除少数几种具有简单晶体结构的陶瓷材料在室温下具有一定的塑性变形能力外,一般陶瓷在室温下几乎没有(或很小)塑性变形能力。但在高温下,某些陶瓷材料也会表现出一定程度的塑性变形能力。

2.3.1　金属材料的塑性变形机制与特点

1. 金属晶体塑性变形的机制

金属晶体塑性变形的主要机制为滑移和孪生。滑移是晶体在切应力作用下沿一定的晶面和晶向进行切变的过程。发生滑移的晶面和晶向分别称为滑移面和滑移方向。滑移面和滑移方向通常是晶体中的原子密排面和密排方向,如面心立方点阵中(111)面、$[10\bar{1}]$方向,体心立方点阵中(011)、(112)和(123)面以及$[11\bar{1}]$方向,密排六方点阵中(0001)面、$[11\bar{2}0]$方向。每一滑移面和该滑移面上的滑移方向组成一个滑移系统,表示在滑移时可能采取的空间取向。通常,晶体中的滑移系统越多,在各个方向上变形的机会就越多,晶体塑性越大。

孪生是发生在金属晶体内局部区域的一个切变过程,切变区域宽度较小,切变后形成的变形区的晶体取向与未变形区成镜面对称关系,而点阵类型相同。密排六方点阵的金属,因其滑移系统较少,在滑移不足以适应变形要求的情况下,经常以孪生方式变形,作为滑移的补充。体心立方和面心立方的金属在低温和高速变形条件下,有时也发生孪生变形。孪生可以提供的变形量是有限的,如镉孪生变形只提供约7.4%的变形量,而滑移变形量可达300%。但是孪生可以改变晶体取向,以便启动新的滑移系统,或者使难于滑移的取向变为易于滑移的取向。

2. 多晶体材料塑性变形特点

工程应用中的金属材料大多是多晶体材料，其中各晶粒的空间取向是不同的，各晶粒通过晶界联结起来。这种结构决定了多晶体材料塑性变形的下列特点。

1）各晶粒塑性变形的不同时性和不均匀性

多晶体试样受到外力作用后，大部分区域尚处在弹性变形范围内，但在个别取向有利的晶粒内，与试样的宏观切应力方向一致的滑移系统上首先达到所要求的临界条件，塑性变形首先从这些晶粒开始。之后随着应力的不断增加，进入塑性变形的晶粒越来越多。因此多晶体材料的塑性变形不可能在不同晶粒中同时开始，这也是连续屈服材料的应力－应变曲线上弹性变形与塑性变形之间没有严格界限的原因。

此外，一个晶粒的塑性变形必然受到相邻不同位向晶粒的限制，由于各晶粒的位向不同，这种限制在变形晶粒的不同区域上是不同的，因此在同一晶粒内的不同区域的变形量也是不同的。这种变形的不均匀性，不仅反映在同一晶粒内部，而且还体现在各晶粒之间和试样的不同区域之间。对于多相合金，变形首先在软相上开始，各相性质差异越大，组织越不均匀，变形的不同时性越明显，变形的不均匀性越严重。

2）各晶粒塑性变形的相互制约与协调

由于各晶粒塑性变形的不同时性和不均匀性，为维持试样的整体性和变形的连续性，各晶粒间必须相互协调。为了保证变形的协调进行，滑移必须在更多的滑移系统上配合地进行。材料内任一点的应变状态，可用 3 个正应变分量和 3 个切应变分量表示；由于可以认为塑性变形中材料体积保持不变，即 $\varepsilon_x + \varepsilon_y + \varepsilon_z = 0$，因此在 6 个应变分量中只有 5 个是独立的。由此可见，多晶体内任一晶粒可以实现任意变形的条件是同时开动 5 个滑移系统，如在多晶铝中就曾经观察到在同一晶粒内同时有 5 个滑称系统发生滑移的事实。

实际上，晶体塑性变形的过程是比较复杂的。当初期的滑移系统受阻或晶体转动后，原来未启动的滑移系统上的切应力升高，达到其临界切应力时便进入滑移状态。这样一个晶粒内便有几个滑移系统开动，于是形成了多系统滑移的局面；多系统滑移的发展必然导致滑移系的交叉和相互切割，这便是拉伸试样表面出现的滑移带交叉的情况。只要滑移系统足够多，就可以保证变形的协调性，适应宏观变形的要求。因此，滑移系统越多，变形协调越方便，越容易适应任意变形的要求，材料塑性越好。

2.3.2 屈服现象及其本质

1. 物理屈服现象

在受力试样中，当应力达到某一特定值后开始出现大规模塑性变形的现象称为屈服。它标志着材料的力学响应由弹性变形阶段进入塑性变形阶段，这一变化属于质的变化，有特定的物理含义，因此称为物理屈服现象。

退火低碳钢的屈服过程属于物理屈服的典型情况，如图 2-21 所示。塑性变形在试样中的迅速传播开始于 *A* 点，伴随着明显的载荷降落，由 *A* 点陡降到 *B* 点。与屈服传播相对应的应力－应变曲线转变为 *BC*，成一平台，或成锯齿状，至 *C* 点屈服过程结束，并由此进入形变强化阶段。与最高屈服应力相对应的 *A* 点称为上屈服点，屈服平台 *BC* 对应的力称为下屈服点，*BC* 段长度对应的应变量称为屈服应变。

光滑试样拉伸试验时，屈服变形开始于试样微观不均匀处，或存在应力集中的部位，一般在距试样夹持部分较近的地方。局部屈服开始后，逐渐传播到整个试样。与此过程相对

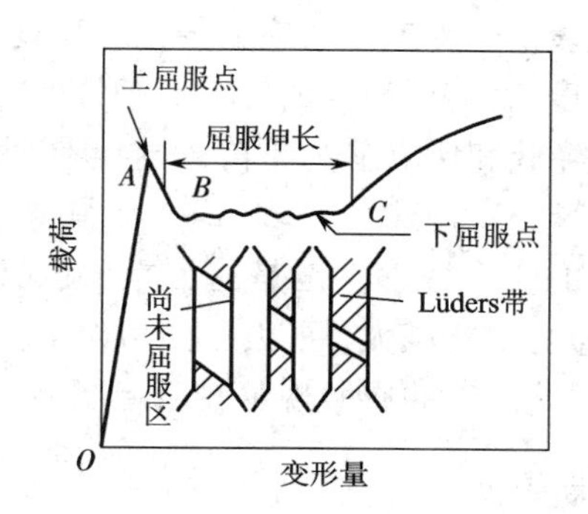

图 2-21　低碳钢的物理屈服点及屈服传播

应地,可以观察到试样表面出现与拉伸轴线成45°方向的滑移带(亦称 Lüders 带),且滑移带逐渐传播到整个试样表面。有时能观察到试样表面有两个或几个滑移源启动的情况。至滑移带遍布全部试样表面时,应力 - 应变曲线到达 C 点。屈服应变量 BC 是靠屈服变形提供的。

物理屈服现象实际上反映了材料的不均匀变形过程;对屈服现象进行控制,可提高冷冲压件的表面质量。在薄钢板冷冲压成型时,往往因局部变形不均匀,形成表面折皱。为避免折皱出现,可先对钢板预变形,变形量稍大于屈服应变,然后冲压时将不出现物理屈服并避免折皱的发生。

2. 屈服现象的本质

物理屈服现象首先在低碳钢中发现,而后在含有微量间隙溶质原子的体心立方金属如 Fe、Mo、Nb、Ta 等以及密排六方金属如 Cd 和 Zn 中也发现有屈服现象。对屈服现象的解释,早期比较公认的是溶质原子形成 Cottrell 气团对位错钉扎的理论。以后在共价键晶体如硅和锗以及无位错晶体如铜晶须中,也观察到物理屈服现象。这些事实说明,晶体材料的屈服是带有一定普遍性的现象。

实际上,拉伸曲线表明的物理屈服点是材料特性和试验机系统共同作用的结果。试样的变形是受试验机夹头运动控制的,夹头恒速运动时试样以恒定的速率变形。在弹性变形阶段,试样伸长完全受夹头运动控制,载荷和伸长都均匀增加。但开始塑性变形后,弹性变形速率降低,应力增加速率慢,应力 - 应变偏离直线关系。如果塑性变形量增加较快,等于夹头运动速度,则弹性变形量不再增加,应力不再升高,这在应力 - 应变曲线上表现为屈服平台。如果塑性变形速度超过了机器夹头运动速度,则在应力 - 应变曲线上表现为应力的降落,即屈服降落。

从材料方面考虑,材料的塑性应变速率 $\dot{\varepsilon}$ 与材料中的可动位错密度 ρ、位错运动速度 $\bar{v}$ 和位错柏氏矢量大小 b 的关系为

$$\dot{\varepsilon} = b\rho\bar{v} \tag{2-40}$$

在有明显屈服点的材料中,由于溶质原子对位错的钉扎作用,可动位错密度 ρ 较小,在塑性变形开始时可动位错必须以较高速度运动才能适应试验机夹头运动的要求。但位错运动速度决定于其所受外力的大小,即

$$\bar{v} = \left(\frac{\tau}{\tau_0}\right)^m \tag{2-41}$$

式中:τ 为作用于滑移面上的切应力;τ_0 为位错以单位速度运动时所需的切应力;m 为位错

运动速率的应力敏感性指数,表明位错速度对应力的依赖程度。

因此,欲提高位错运动速度,就需要较高的应力。塑性变形一旦开始,位错便大量增殖,使 ρ 迅速增加,从而使 $\bar{v}$ 相应降低和所需应力下降。这就是屈服开始时观察到的上屈服点及屈服降落。

在屈服过程中,位错速度的应力敏感性也是一个重要因素。敏感性指数 m 值越小,为使位错运动速度变化所需的应力变化越大,屈服现象就越明显。如体心立方金属的 $m<20$,而面心立方金属的 $m>100$,因此前者的屈服现象较后者明显。

2.3.3 真实应力-应变曲线及形变强化规律

1. 真实应力-应变曲线

拉伸试验中,试样完成屈服应变后,进入形变强化阶段。材料在形变强化阶段的变形规律,可用真实应力-应变曲线描述。其中真实应力 S 按可由拉伸载荷 P 与每一时刻的试样真实截面面积 A 计算,即

$$S=P/A \tag{2-42}$$

式中:P 为截面面积为 A 时的载荷。

真实应变 ε,按式(2-12)计算。真实应力-应变曲线($S-\varepsilon$)与条件应力-应变曲线的比较,如图 2-22 所示。通过对比可以发现载荷相同时的真应变小于条件应变,而真实应力大于条件应力;在真实应力-应变曲线上,弹性变形部分几乎与纵坐标重合,表示颈缩开始的位置点处于条件应力-应变曲线相应点的左上方;随塑性变形的发展,材料一直在形变强化,条件应力-应变曲线上颈缩后的应力降低是一种假象;颈缩后的集中应变并不比均匀变形阶段的应变量小。因此可以说真实应力-应变曲线避免了条件应力-应变曲线造成的假象,真实地反映了应力与应变之间的关系。

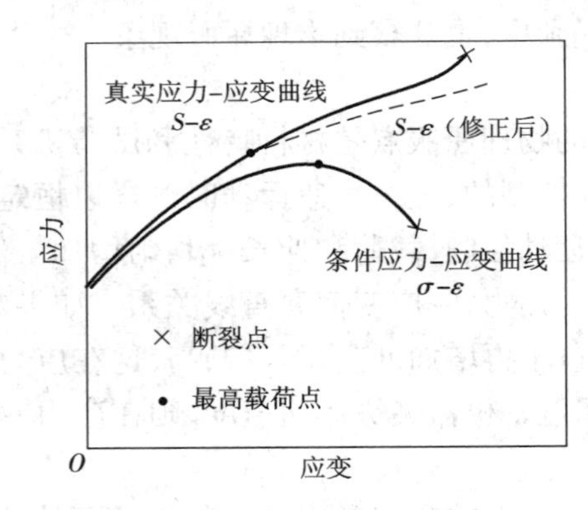

图 2-22 真实应力-应变曲线与条件应力-应变曲线的比较

2. 冷变形金属的真应力-应变关系

从屈服点到颈缩之间的形变强化规律,可以用 Hollomon 公式描述

$$S=K\varepsilon^{n} \tag{2-43}$$

式中:S 为真实应力;ε 为真实塑性应变;K 为强度系数;n 为形变强化指数。

可见材料的形变强化特征,主要反映在应变强化指数 n 值的大小上。当 n 等于 0 时,为理想的塑性材料。当 n 等于 1 时,应力与应变成线性关系,为理想的弹性材料。当 n 等于 0.5 时,真实应力-应变曲线为幂函数曲线。大多数金属材料的 n 值在 0.1~0.5,见表 2-7。

表 2-7　室温下各种金属的 n 和 K 值

金属材料	条件	n	K/MPa
0.05%C 碳钢	退火	0.26	530.9
40CrNiMo	退火	0.15	641.2
0.6%C 碳钢	淬火 +540 ℃回火	0.10	1572.0
0.6%C 碳钢	淬火 +704 ℃回火	0.19	1 227.3
铜	退火	0.54	317.2
70/30 黄铜	退火	0.49	896.3

形变强化指数 n 的大小,表示材料的应变强化能力或对进一步塑性变形的抗力,是一个很有意义的性能指标。n 与应变硬化速率 $\mathrm{d}S/\mathrm{d}\varepsilon$ 并不完全等同。按定义

$$n=\frac{\mathrm{dln}\ S}{\mathrm{dln}\ \varepsilon}=\frac{\varepsilon\ \mathrm{d}S}{S\ \mathrm{d}\varepsilon}$$

即

$$\frac{\mathrm{d}S}{\mathrm{d}\varepsilon}=n\cdot\frac{S}{\varepsilon} \tag{2-44}$$

可见在 S/ε 相同的条件下,n 值大时 $\mathrm{d}S/\mathrm{d}\varepsilon$ 也大,应力 - 应变曲线越陡。但对于 n 值较小的材料,当 S/ε 较大时,也可以有较高的形变强化速率 $\mathrm{d}S/\mathrm{d}\varepsilon$。

3. 形变强化的实际意义

形变强化是金属材料最重要的性质之一,在工程实际中已获得了广泛应用。首先,形变强化可使金属零件具有抵抗偶然过载的能力,保证安全。机件工作过程中,难免遇到偶然过载或局部应力超过材料屈服强度的情况。此时如果材料不具备形变强化能力,超载将引起塑性变形并因变形继续发展而断裂。但由于材料本身具有的形变强化性能,可以阻止塑性变形的继续发展。因此形变强化是材料具有的一种安全因素,而形变强化指数是衡量这种安全性的定量指标。其次,形变强化是工程上强化材料的重要手段,尤其对于不能进行热处理强化的材料如变形铝合金和奥氏体不锈钢等,形变强化成为提高其强度的非常重要的手段。如 18 - 8 型不锈钢,变形前 $\sigma_{0.2}=196$ MPa,经 40%冷轧后 $\sigma_{0.2}=780\sim980$ MPa,屈服强度提高了 3 ~4 倍。喷丸和表面滚压也属于表面形变强化工艺,可以有效地提高零件表面强度和疲劳抗力。第三,形变强化性能可以保证某些冷成形工艺,如冷拔线材和深冲成形等的顺利进行。

4. 颈缩条件分析

应力 - 应变曲线上应力达到最大值时,开始出现颈缩。颈缩前,试样的变形在整个试样长度上是均匀分布的,颈缩开始后变形便集中于颈部地区。在应力 - 应变曲线的最高点处有

$$\mathrm{d}P=S\mathrm{d}A+A\mathrm{d}S=0 \tag{2-45}$$

上式表明,在拉伸过程中,一方面试样截面面积不断减小,使 $\mathrm{d}A<0$,$S\mathrm{d}A$ 表示试样承载能力的下降;另一方面,材料在形变强化,使 $\mathrm{d}S>0$,$A\mathrm{d}S$ 表示试样承载能力的升高;在开始颈缩的时刻,这两个相互矛盾的方面达到平衡。在颈缩前的均匀形变阶段,$A\mathrm{d}S>-S\mathrm{d}A$,$\mathrm{d}P>0$,这时的变形特征为因形变强化导致的承载能力提高大于承载能力的下降,即材料的形变强化对变形过程起主导作用。于是,什么地方有较大的塑性变形,那里的形变强化足以补偿变

形引起的承载能力的下降，将进一步的塑性变形转移到其他地方，实现整个试样的均匀变形。但颈缩开始以后，随应变量增加材料的形变强化趋势逐渐减小，出现了 $AdS < -SdA$，$dP < 0$ 的情况；这时变形的特征为塑性变形导致的承载能力下降超过了形变强化引起的承载能力提高，即削弱承载能力的上升为控制变形过程的因素。此时尽管材料仍在形变强化，但这种强化趋势已不足以转移进一步的塑性变形，于是塑性变形量较大的局部地区应力水平增高，进一步的变形继续在该地区发展，即形成颈缩。由 $dP = 0$ 可得

$$\frac{dS}{S} = -\frac{dA}{A} = d\varepsilon$$

所以

$$\frac{dS}{d\varepsilon} = S \tag{2-46}$$

这就是颈缩判据，即颈缩开始于应变强化速率 $dS/d\varepsilon$ 与真实应力相等的时刻，如图 2-23 所示。

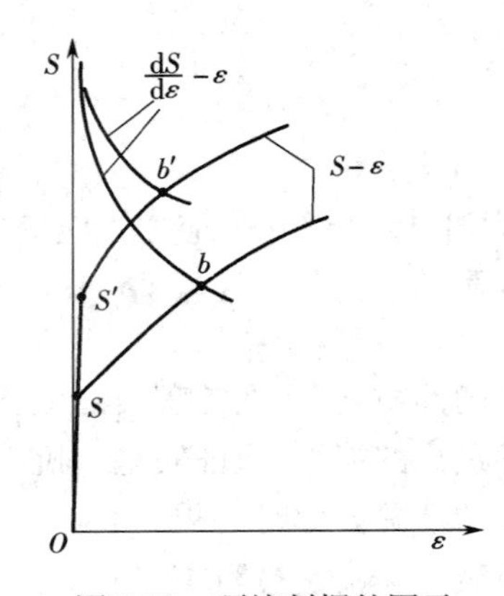

图 2-23 颈缩判据的图示

由形变强化指数 n 的定义得出

$$\frac{dS}{d\varepsilon} = n\frac{S}{\varepsilon}$$

将颈缩条件$\frac{dS}{d\varepsilon} = S$ 代入上式，得

$$n = \varepsilon_b \tag{2-47}$$

说明在颈缩开始时的真实应变，在数值上与应变强化指数 n 相等。利用这一关系，可以大致估计材料的均匀变形能力。对于冷成形用材料来说，总是希望获得尽量大的均匀塑性变形量 ε_b，从而可避免冷变形过程中发生塑性失稳乃至断裂。但事实上材料的均匀塑性变形能力不可能很大，在数值上大致与应变强化指数相等。

颈缩前的变形是在单向应力条件下进行的；颈缩开始以后颈部的应力状态由单向应力变为三向应力，除轴向应力 S_1 外，还有径向应力 S_r 和切向应力 S_t。这里要说明的是，颈部形状这种几何特点导致的三向应力状态，使变形来得困难；按真实应力计算式计算得到的真实应力比实际的真实应力来得高，随着颈缩过程的发展，三向应力状态加剧，计算真实应力的误差越来越大，这就是图 2-22 中真实应力 - 应变曲线尾部上翘的原因。为了扣除这种几何因素造成的影响，对颈缩后的真实应力应引入颈缩修正。

5. 韧性的概念及静力韧性

韧性是指材料在断裂前吸收塑性变形功和断裂功的能力。通常将静载拉伸条件下应力－应变曲线下包围的面积减去试样断裂前吸收的弹性功，定义为静力韧性。如利用真实应变曲线，静力韧性 W 可由下式计算：

$$W = \int_{0}^{\varepsilon_f} S \mathrm{d}\varepsilon \tag{2-48}$$

式中：ε_f 为材料发生断裂时的应变量。由式(2-48)和图 2-24 可以看出，对高强度、低塑性或低强度、高塑性的材料，其静力韧性不高；只有在强度和塑性有较好的配合时，材料才具有较好的韧性。也就是说，过分强调强度而忽视塑性或片面追求塑性而不兼顾强度的情况下，均不会得到高韧性，即没有强度和塑性的较佳配合，不会有良好的综合力学性能，这是选材时应注意的基本原则。

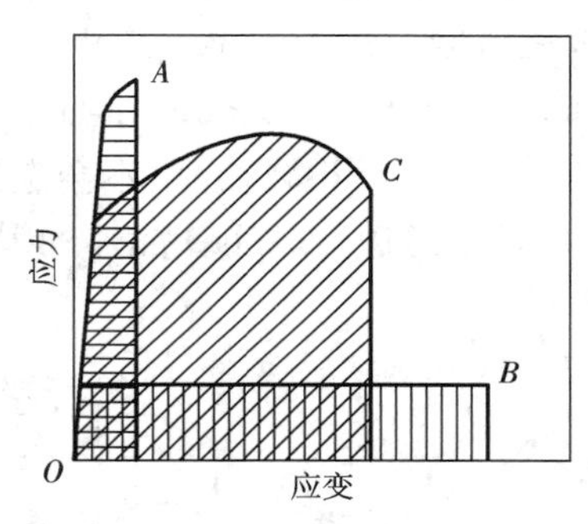

图 2-24　强度与塑性的配合

A—高强度，低塑性，低韧性；B—高塑性，低强度，低韧性；
C—中等强度，中等塑性，高韧性

为了进一步说明强度、塑性和静力韧性之间的关系，可用简化的真实应力－应变曲线来表征材料的静力韧性，如图 2-25 所示。将应力－应变曲线中的弹性变形部分省略，形变强化从 $\sigma_{0.2}$ 开始至 S_k 断裂，对应的真应变为 ε_k，应力－应变曲线的斜率为形变硬化模量 $D = \tan\alpha$，材料的静力韧性可用下式计算：

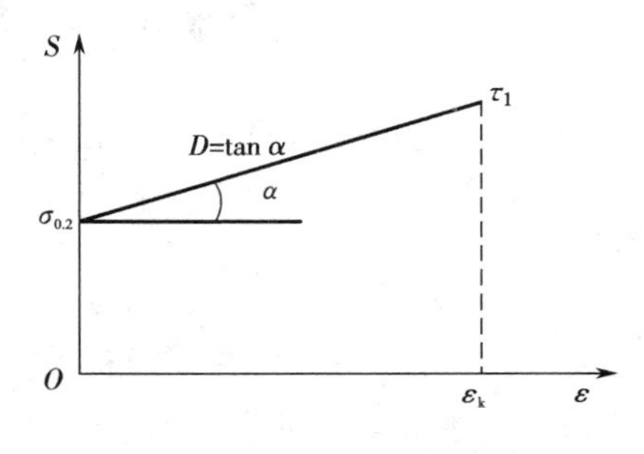

图 2-25　简化的真实应力－应变曲线

$$W = \frac{\sigma_{0.2} + S_k}{2}\varepsilon_k \tag{2-49}$$

$$\varepsilon_k = \frac{S_k - \sigma_{0.2}}{D} \tag{2-50}$$

将式(2-50)带入式(2-49)得

$$W = \frac{S_k^2 - \sigma_{0.2}^2}{2D} \tag{2-51}$$

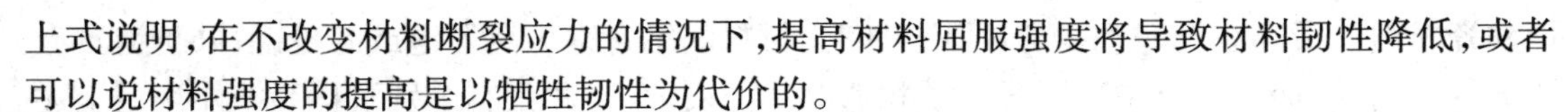
上式说明，在不改变材料断裂应力的情况下，提高材料屈服强度将导致材料韧性降低，或者可以说材料强度的提高是以牺牲韧性为代价的。

2.3.4 陶瓷材料的塑性变形

1. 陶瓷材料的塑性变形能力分析

常温下,大多数陶瓷不能产生塑性变形而呈现脆性的主要原因在于陶瓷的滑移系统非常少。下面从陶瓷的化学键性质、晶体结构两方面来分析陶瓷材料滑移系统少的原因。

1)晶体中的滑移系统和滑移条件

晶体滑移是在切应力作用下在一定的滑移系统上进行的,需要具备以下条件。

(1)滑移的几何条件　晶体中的滑移通常在主要晶面和主要晶向上发生。在这样的晶面和晶向上,原子密度大(即原子间的距离 b 较小),只需滑移较小距离就能使晶体结构复原;滑移面和滑移方向组成晶体的一个滑移系统。

(2)滑移的静电作用条件　在滑移过程中,离子间的静电作用不应阻碍滑移。

图 2-26 是 MgO 晶体的滑移示意图。从图中可以看出,若从几何因素考虑,在(110)面沿[110]方向滑移时,同号离子间距离 b 较小($b<b'$),因而只要滑动较小距离就能使晶体结构复原;而从静电作用因素考虑,在上述滑移过程中不会遇到同号离子的巨大斥力,因此在(110)面上沿[110]方向滑移比较容易进行。MgO 晶体的滑移系统,通常是{110}面族和 <110> 晶向族。

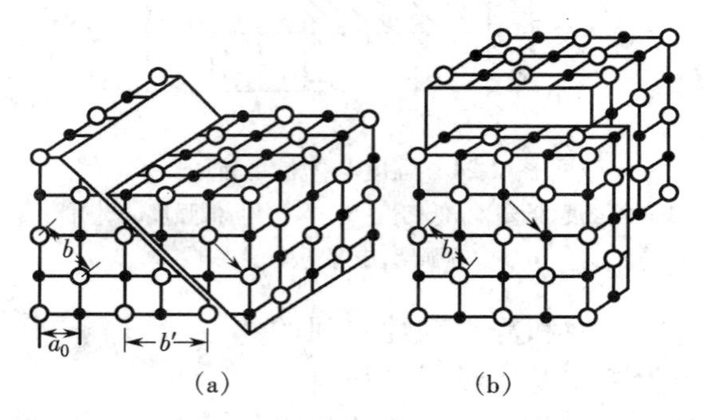

图 2-26　MgO 晶体滑移示意图

(a)在{110}面族上　(b)在{100}面族上

(3)滑移的应力条件　滑移是在切应力作用下在一定滑移系统上进行的。根据滑移的临界切应力定律,当外力在某滑移系上的分切应力值达到了临界分切应力 τ 时,滑移便沿该滑移系统发生。对于如图 2-27 所示的截面为 A 的圆柱形单晶受拉力 F 作用的情况,根据滑移的临界切应力定律,滑移的起始条件可表示为

$$\tau=\frac{F\cos\varphi\cos\lambda}{A}\geqslant\tau_c\quad(\text{临界分切应力})\tag{2-52}$$

式中:φ 为外力轴与滑移面法线之夹角;λ 为外力轴与滑移方向之夹角。

如果晶体的滑移系统很少,则产生滑移的机会就很小。若滑移系统很多,则满足滑移条件产生滑移的机会就较多。金属易于滑移而产生塑性变形,就是因为金属滑移系统很多。而陶瓷材料的滑移系统非常少,其原因是陶瓷材料的结合键为离子键或共价键;共价键具有明显的方向性,而离子键中当同号离子相遇时斥力极大,因此只有个别滑移系统能满足上述的几何条件和静电作用条件。

晶体结构越复杂,就越难满足这些条件。只有少数具有简单晶体结构的陶瓷材料如

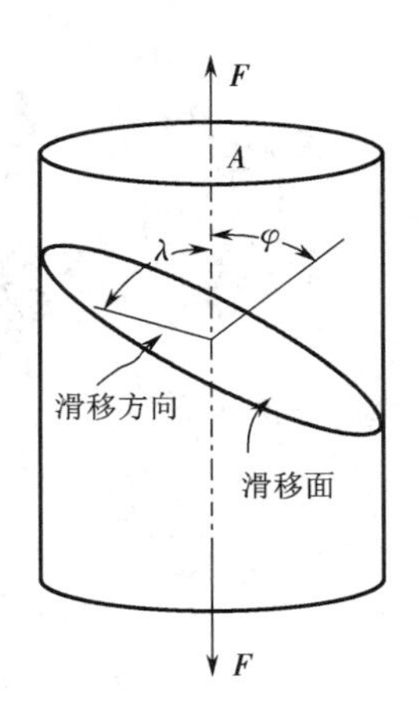

图 2-27　滑移面滑移方向上的分切应力

MgO、KCl 等,在室温下具有塑性,而一般陶瓷材料由于晶体结构复杂,在室温下塑性变形能力很差。此外,陶瓷材料一般呈多晶状态,多晶体比单晶体更不容易滑移。因为在多晶体中晶粒在空间随机分布,不同取向的晶粒在其滑移面上的切应力差别很大。即使个别晶粒的某个滑移系统由于处于有利的位置而产生了滑移,但由于受到周围晶粒和晶界的限制,滑移也难以继续进行。

2)滑移的固有阻力

宏观上的塑性变形,是微观上大量位错运动的结果。因此要进一步说明陶瓷材料塑性变形困难的原因,还需对位错滑移的难易程度进行分析。

位错在晶体中滑移时会遇到多种阻力,其中最基本的阻力是来自晶体点阵的固有阻力。由于克服点阵阻力,使位错开始滑移所需的最小切应力 $\tau_{P-N}=\dfrac{2E}{1-v}e^{-2\pi a/[b(1-v)]}$。由于陶瓷材料的弹性模量 E 和点阵常数值一般较大,因此位错运动的阻力一般比金属高得多,使位错滑移所需的切应力也比金属大得多。所以室温下陶瓷材料中位错运动十分困难。

对于多晶陶瓷,由于相邻晶粒取向不同以及晶界结构和晶内相差较大,致使位错不易向周围晶粒传播。但位错较易在晶界处塞积而引起应力集中,有可能产生裂纹而导致脆性断裂。

2. 陶瓷材料的塑性变形

因陶瓷是晶体,其塑性变形也是位错运动的结果;但陶瓷的晶体结构非常复杂,还不能像金属和合金那样利用位错理论清楚地描述其塑性变形行为,这方面的研究工作也比较少。下面简要地介绍陶瓷塑性变形的一些实验结果。

1)NaCl 型结构陶瓷晶体的塑性变形

NaCl 型陶瓷的晶体结构,如图 2-28 所示。这种结构叫岩盐(Rock Salt)结构,Na^+ 占据 Cl^- 所构成的 fcc 结构的八面体间隙中。在离子晶体中产生一个位错时,必须维持阳—阴离子的位置比例。因此在(110)面形成[111]刃型位错,需要移去一个分子面(两个原于面),其柏氏矢量大小 b 大于基本正负离子间距。为使晶体回到正常结构,必须移去原子对,如图 2-29 所示。

在 NaCl 结构的离子型晶体中,低温时滑移最容易在(110)面上的[$1\bar{1}0$]方向上发生。在离子型晶体中,几何条件及静电作用都使滑移受到限制。在 NaCl 型晶体中,[$1\bar{1}0$]是晶

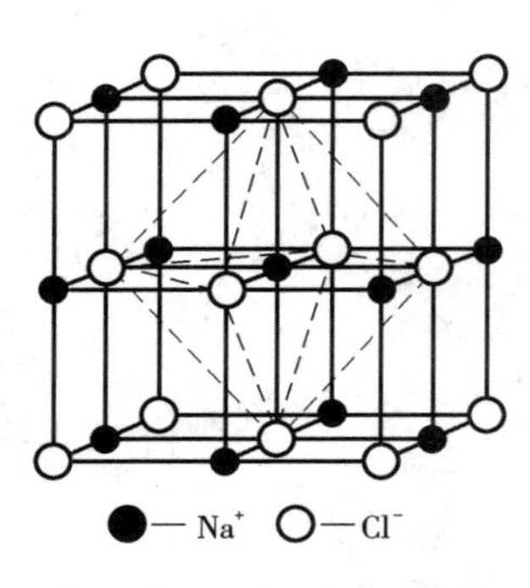

图 2-28 NaCl 型晶体结构

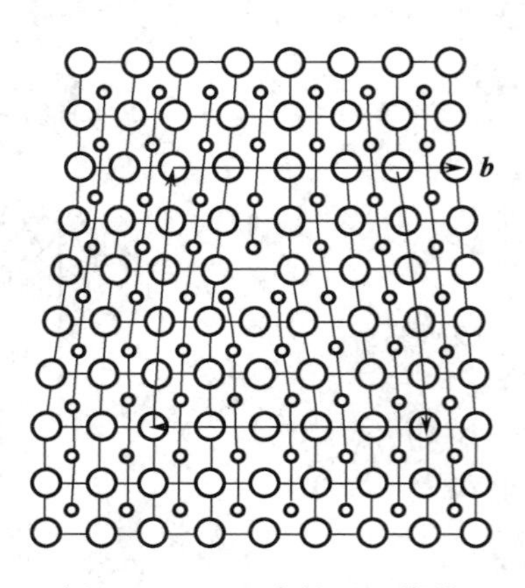

图 2-29 MgO 中的刃型位错

体结构最短的平移矢量方向，而且在滑移过程中沿$[1\bar{1}0]$方向平移不需要最近邻的同性离子变成并列位置，没有大的静电斥力形成。所以 NaCl 和 MgO 这类强离子型晶体择优沿$[1\bar{1}0]$方面滑移。在高温下，可观察到这些强离子型晶体的(110)$[1\bar{1}0]$滑移系。

陶瓷材料中的位错运动，也受晶格中杂质（溶质）原子影响。具有相同化合价不同原子半径的置换式溶质原子，由于其周围伴生的应变场而提高屈服强度，即固溶强化。由辐照引起的晶格缺陷（空位与间隙原子），同样也会增加材料的屈服强度。

除固溶强化外，还有第二相析出沉淀强化。溶质可以形成第二相颗粒在基体上析出，阻碍位错运动。沉淀强化通常比固溶强化效果显著。图 2-30 表示出 MnO 的加入量对 MgO 单晶的强化效果。

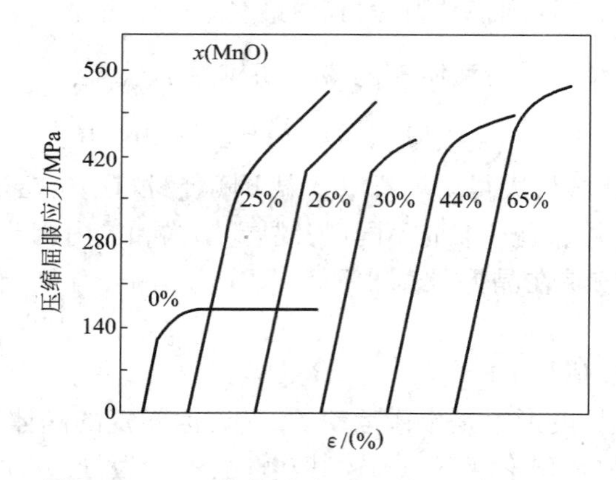

图 2-30 MnO 掺杂量对 MgO 单晶的强化效果

2）$A1_2O_3$ 晶体的塑性变形

$A1_2O_3$ 是一种广泛使用的陶瓷材料，所以其塑性变形特性有特别重要的意义。

$A1_2O_3$ 的晶体为刚玉结构，属三方晶系，单胞很大，结构很复杂，用原子层的排列结构和各层堆积次序来描述较易理解。如图 2-31 所示，O^{2-} 按最紧密排列，第二层 2/3 的空隙被 $A1^{3+}$ 占据，其余位置是空的。

在 900 ℃以上，$A1_2O_3$ 单晶可在(0001)$[11\bar{2}0]$滑移系上产生滑移；而在更高温度时，滑移可在棱柱面$(11\bar{2}0)$上沿$[10\bar{1}1]$方向以及在角锥面(1102)上沿[0111]和(1011)上沿

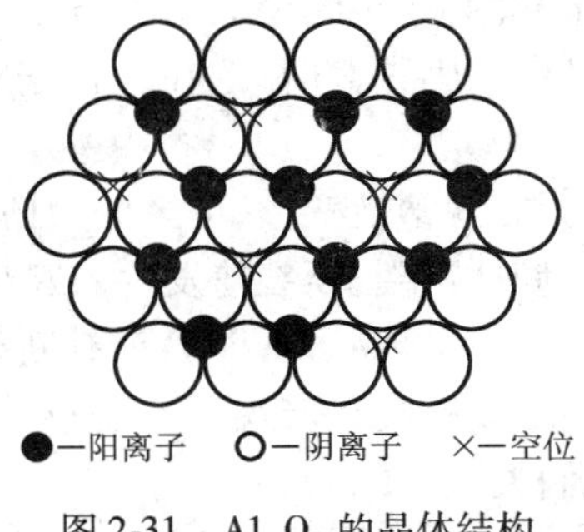

图 2-31　Al_2O_3 的晶体结构

[0111]发生,这些非基面滑移也能在较低温度及很高的应力下发生。即使在 1 700 ℃,产生非基面滑移的应力是产生基面滑移的 10 倍。

Al_2O_3 单晶的屈服应力强烈地依赖于温度和应变速率,而且随温度的增加近似以指数规律下降,如图 2-32 所示,图中记号×表示在屈服前发生断裂。

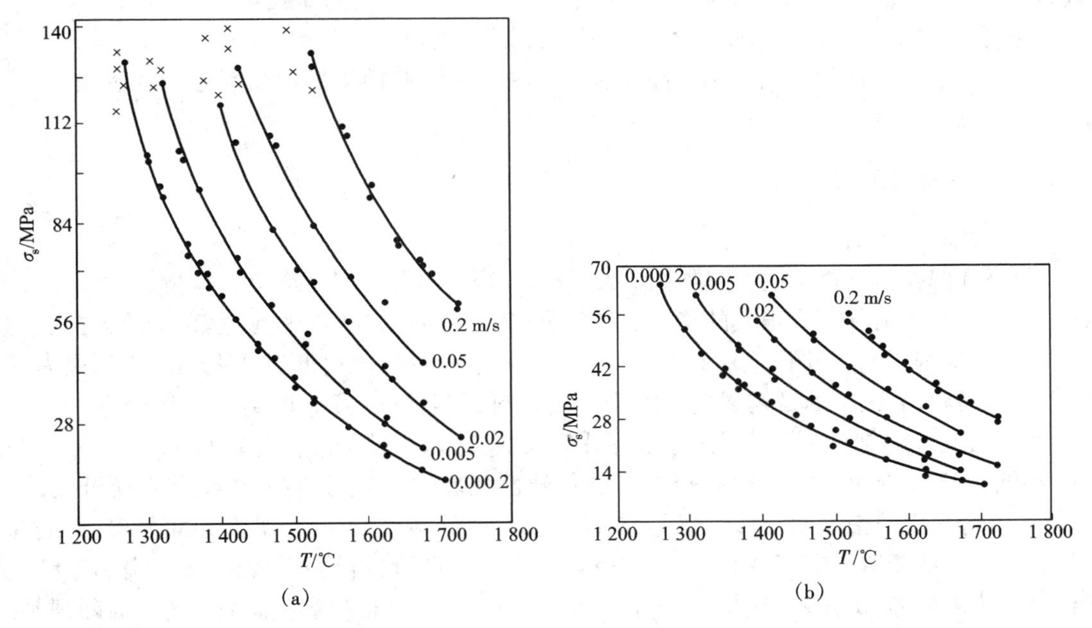

图 2-32　Al_2O_3 单晶的屈服应力与温度和应变速率的依赖性

(a)上屈服应力　(b)下屈服应力

2.4　材料的断裂

断裂是工程材料的主要失效形式之一。工程结构或机件的断裂会造成重大的经济损失,甚至人员伤亡。因此,如何提高材料的断裂抗力、防止断裂事故发生,一直是人们普遍关注的课题。由 2.3 节的讨论可知,在材料塑性变形过程中,也在产生位错等微观损伤。微观损伤的产生与发展即损伤的累积,会导致材料中微裂纹的形成与长大,即连续性的不断丧失。这种损伤达到临界状态时,裂纹失稳扩展,实现最终的断裂。可以说,任何断裂过程都是由裂纹形成和扩展两个过程组成的，而裂纹形成则是塑性变形的结果。对断裂的研究，主要关注的是断裂过程的机理及其影响因素，其目的在于根据对断裂过程的认识制定合理的措施，实现有效的断裂控制。

对材料的断裂，按断裂前有无宏观塑性变形，可区分为韧性断裂和脆性断裂两大类。断裂前表现有宏观塑性变形者称为韧性断裂；断裂前发生的宏观塑性变形，必然导致结构或零件的形状、尺寸及相对位置改变，工作出现异常，即表现有断裂的预兆，可能被及时发现，一般不会造成严重的后果。而脆性断裂前没有宏观塑性变形的脆性断裂，往往会造成严重后果，这也是脆性断裂特别受到人们关注的原因。

按断裂前不发生宏观塑性变形来定义脆性断裂，意味着断裂应力低于材料屈服强度。这是对脆性断裂的广义理解，包括低应力脆断、环境脆断和疲劳断裂等。显然这种分类方法稍嫌粗放有余，理性不足。习惯上，将环境介质作用下的脆性断裂和变动载荷作用下的疲劳断裂按其断裂过程特点单独讨论。一般情况下，所说的脆性断裂仅指低应力脆断，即在弹性应力范围内一次加载引起的脆断；主要包括与材料冶金质量有关的低温脆性、回火脆性和蓝脆等，与结构特点有关的如缺口敏感性等以及与加载速率有关的动载脆性等。

对材料的断裂，比较合理的分类方法是按照断裂机理进行分类，可分为切离、微孔聚集型断裂、解理断裂、准解理断裂和沿晶断裂。这种分类法有助于揭示断裂过程的本质，理解断裂过程的影响因素和寻找提高断裂抗力的方法。

2.4.1 金属材料的断裂

1. 静拉伸的断口

材料在静拉伸条件下的断口如图 2-33 所示。当材料塑性很低或只有少量的均匀变形，或者个别情况下材料可有很大的均匀变形（图 2-2（c））时，其断口平齐、垂直于最大拉应力方向，称为宏观正断，如图 2-33（a）和图 2-33（b）所示；铸铁、淬火低温回火的高碳钢及高锰钢等个别材料，它们的断裂均属此种类型。当材料的塑性（如很纯的纯金属像金、铅等）很好，试样断面可减细到近于一尖刃，然后沿最大切应力方向断开，称为宏观切断，如图 2-33（e）和图 2-33（f）所示；对单晶体试样，在拉伸塑性变形时，如果只有一个滑移系统开动，如密排六方金属中只沿基面滑移的情况，滑移无限发展的结果，试样将沿滑移面分离，称之为切离，形成刃状断口（图 2-33（f））。如果材料的塑性变形可进行多系滑移，多个滑移系统同时动作、协调变形，试样将经过均匀变形和颈缩等阶段，变形至颈部截面面积为零时断裂，形成尖锥状断口，如图 2-33（e）所示。

多数金属材料在静拉伸时都会出现颈缩，只是颈缩的程度各有不同，试样先在中心开裂，然后向外延伸，接近试样表面时沿最大切应力方向的斜面断开，断口形如杯口状，又叫杯锥状断口，如图 2-33（c）和图 2-33（d）所示。

力学上常将断裂分成正断和切断，断面垂直于最大正应力者叫正断，如图 2-33（a）所示；而沿着最大切应力方向断开的叫切断（或剪切断裂），如图 2-33（f）所示；而图 2-33（c）和图 2-33（d）所示的断口，中心部分大致为正断，两侧部分为切断，称为混合型断口。工程上常按断裂前有无明显的塑性变形，将断裂分成脆断和韧断，这是就宏观而言的。注意这两种分类方法是从不同角度来讨论断裂的，其间并没有什么必然的联系。正断不一定就是脆断，正断也可以有明显的塑性变形。切断是韧断，但反过来韧断就不一定是切断了，所以切断和韧断也并非是同义语。

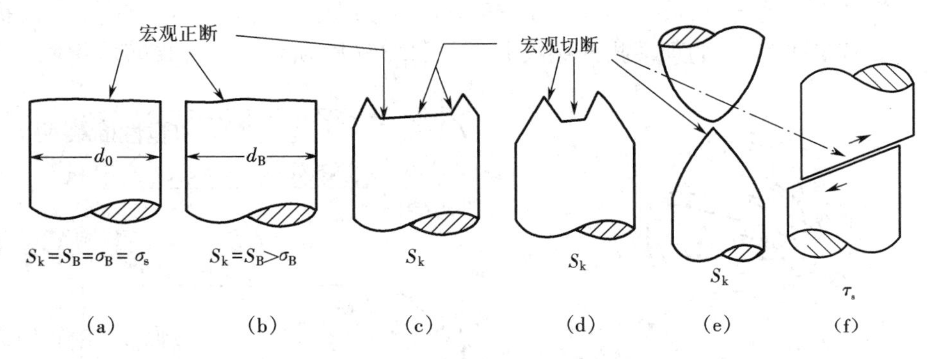

图 2-33　金属材料的静拉伸断口

(a)(b)平断口　(c)(d)杯锥状断口　(e)尖刃断口　(f)刃状断口

对拉伸试样的宏观断口观察进行分析发现，多数情况下宏观断口存在三个区域。第一个区域在试样的中心位置，叫作纤维区，如图 2-34(a)所示；裂纹首先在该区形成，该区颜色灰暗，表面有较大的起伏，如山脊状，表明裂纹在该区扩展时伴有较大的塑性变形，裂纹扩展也较慢。第二个区域为放射区，表面较光亮平坦，有较细的放射状条纹，裂纹在该区扩展较快。接近试样边缘时，应力状态改变了(平面应力状态)，最后沿着与拉力轴向成 40° ~ 50° 剪切断裂，表面粗糙发深灰色，故第三个区域称为剪切唇。

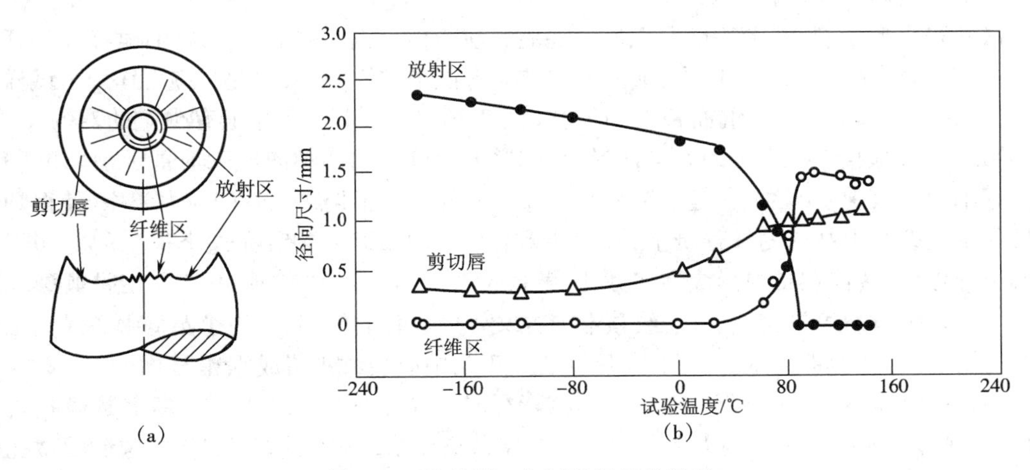

图 2-34　拉伸断口与试验温度的关系

(a)拉伸断口的三个区域　(b)拉伸断口三个区域随温度的变化

试样塑性的好坏，由这三个区域的比例而定。如放射区较大，则材料的塑性低，因为这个区域是裂纹快速扩展部分，伴随的塑性变形也小。反之，塑性好的材料，必然表现为纤维区和剪切唇占很大比例，甚至中间的放射区可以消失。影响这三个区域比例的主要因素是材料强度和试验温度。对高强度材料，如经热处理后硬度为 HRC46 的 40CrNiMo 钢，在低温和室温下的拉伸断口几乎都由放射区构成，纤维状区消失了，试样边缘只有很少的剪切唇。但如试验温度增高至 80 ℃以上，纤维区急剧增加，这时材料表现出明显的韧断特征，如图 2-34(b)所示。

如果材料的硬度和强度很高又处于低温环境，拉伸断口对圆形试样就变成如图 2-35(a)所示的形貌，断面上有许多放射状条纹，这些条纹汇聚于一个中心，这个中心区域就是裂纹源。断口表面越光滑，放射条纹越细，这是典型的脆断形貌。如拉伸试样为板状试样，断裂呈人字形花样，人字的顶端指向裂纹源，如图 2-35(b)所示。

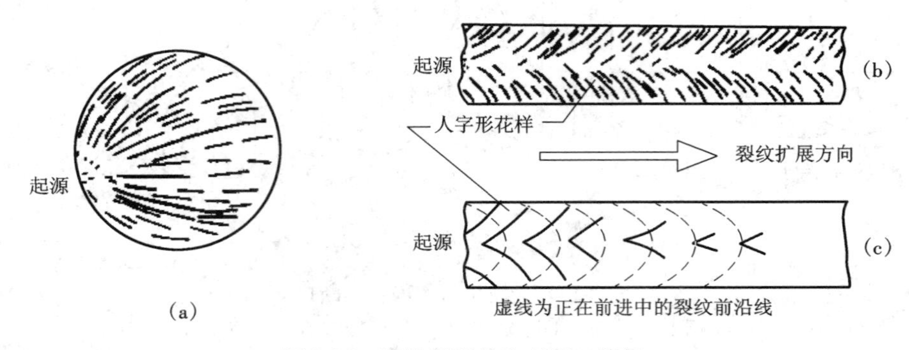

图 2-35　脆性断裂的宏观断口特征

(a)放射状花样　(b)人字形花样　(c)断裂源位置

由上可见，将断裂按照断裂时有无宏观的塑性变形分为脆断和韧断两种类型，这种宏观上的区分作为对断裂的初步了解是有用的和必要的，但并不十分准确，也不能提供更多的断裂细节。随着扫描电子显微镜的普遍使用和深入观察，逐渐形成了电子断口金相学，使得从微观上区分材料的断裂机制成为可能。

2. 韧断机制——微孔聚合

微孔聚合型断裂，在多数情况下与宏观上的韧断相对应。在上一节谈到，试样拉伸开始出现颈缩后就产生了三向拉应力，最大轴向拉应力位于试样中心，在此拉应力作用下试样开始产生微孔(图 2-36(a))，继而长大和聚合(图 2-36(b))，形成一中心裂纹(图 2-36(c))。中心裂纹沿着垂直于拉力轴的方向伸展，到试样边缘以大约和轴向成 45°的平面剪切断开。如更仔细地观察中心裂纹，它是以锯齿状向前扩展的。由于裂纹顶端的应力集中，使得塑性变形集中在裂纹顶端前的滑移带上，滑移带和拉伸轴成 30° ~ 40°，在这个很薄的剪切带内变形十分强烈，致使在带内形成许多微孔，微孔聚合后引起裂纹扩展，并把剪切带撕裂成两半。当剪切带被裂纹贯穿之后，裂纹顶端前方又要形成新的剪切带，为了保持中心最大轴向应力的影响，新剪切带又重新折回原横断面上，于是中心裂纹扩展成锯齿形。

在扫描电镜下，微孔聚合型断裂的形貌特征是一个个韧窝(即凹坑)，韧窝是微孔长大的结果(图 2-37(a))，韧窝内大多包含着一个夹杂物或第二相(图 2-27(b))，这证明微孔多萌生于夹杂物或第二相与基体的界面上。微孔的萌生可以发生在颈缩之前，也可以发生在颈缩之后，这取决于第二相与基体的结合强度。如对铁素体 + 马氏体的双相钢，马氏体成岛状分布于铁素体基体上；扫描电镜观察拉伸变形时，在马氏体、铁素体界面上较早产生微孔并形成于颈缩之前；而调质钢的碳化物因细小均匀，与基体结合的强度高，大量的微孔萌生是在颈缩之后；如果是马氏体时效钢，因析出的金属间化合物比钢中碳化物的尺寸小一个数量级，微孔更难萌生，微孔萌生成为控制其断裂过程的主要环节。

一般情况下，微孔多萌生于夹杂物和第二相处，但这并不意味着在没有夹杂物和第二相时，便不能形成微孔。纯金属或单相合金变形后期也可产生许多微孔，微孔可产生于晶界或孪晶带等处，只是相对地说微孔萌生较迟些。正因为如此，就不难理解当第二相数量(也要考虑形状)逐渐增多时，材料的断裂塑性相应地减小了。微孔的萌生有时并不单纯取决于拉应力，还要看具体的组织而定。如在研究珠光体断裂时，是拉应力和切应力的联合作用产

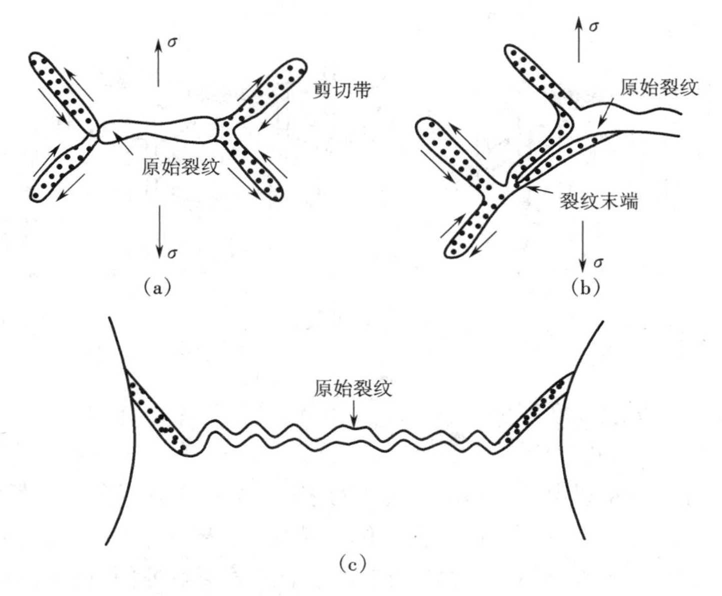

图 2-36　颈缩试样锯齿状拉伸断口的形成过程示意图
(a)微孔形成　(b)微孔长大　(c)形成中心裂纹

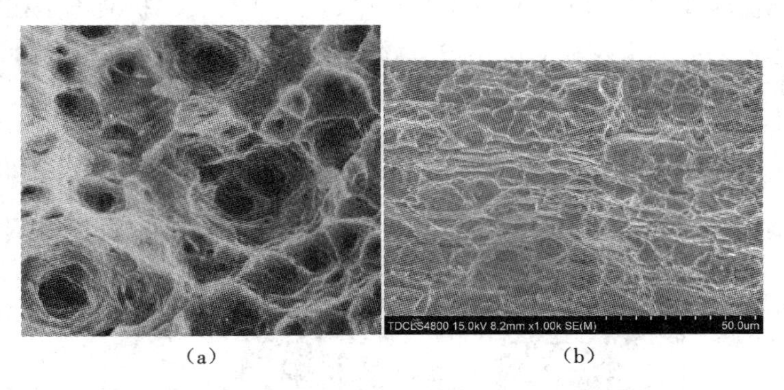

图 2-37　微孔聚集型断裂的形貌特征
(a)大而深的韧窝　(b)含第二相的韧窝

生了微孔,如图 2-38 所示。在拉伸过程中,首先是平行于拉应力方向的碳化物开裂,继而是与拉应力轴成约 50°的剪切区使相邻的碳化物片开裂,微孔长大和聚合,最后引起断裂。碳化物呈片状时,与呈球状相比更易开裂,因为铁素体基体中的位错不易交滑移,造成了位错塞积后的应力集中;同时片状碳化物与基体的接触面积大,产生的拉应力也就大些,因此片状碳化物较球状碳化物的断裂塑性也小些。

由于应力状态或加载方式的不同,微孔聚合型断裂所形成的韧窝会呈现不同的形状,如在拉伸应力下会形成等轴状韧窝;而在剪切应力与拉伸撕裂状态下易形成伸长形韧窝。此外,韧窝的大小和深浅取决于第二相的数量分布以及基体的塑性变形能力。如第二相较少、均匀分布以及基体的塑性变形能力强,则韧窝大而深;如基体的加工硬化能力很强,则得到大而浅的韧窝。

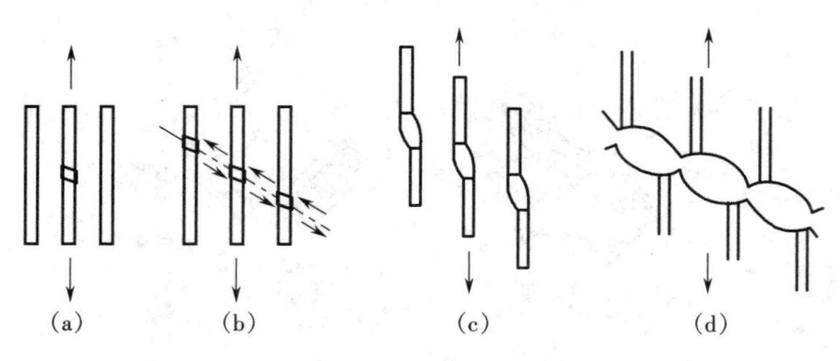

图 2-38 珠光体钢的韧性断裂机制

(a)微孔形成 (b)碳化物开裂 (c)微孔长大、聚合 (d)断裂

3. 穿晶断裂——解理和准解理

1)解理断裂

穿晶断裂中的解理断裂常见于体心立方和密排六方金属中。当处于低温,或者应变速率较高,或者是有三向拉应力状态,都能促使解理断裂,在宏观上表现为脆性断裂。

解理断裂是沿着一定的结晶学平面发生的,这个平面叫解理面,例如体心立方金属的解理面为(100)。解理断裂的断口形貌表现为河流状花样,河流的流向(一些支流的汇合方向)即为裂纹扩展方向,裂纹多萌生于晶界或亚晶界。图 2-39 中所显示的裂纹萌生于扭转亚晶界。这些河流状花样实际上是许多解理台阶,它表明裂纹的扩展不是在单一的晶面上,而是在若干个平行的晶面上发展。解理台阶、河流花样,还有舌状花样是解理断裂的基本微观特征。

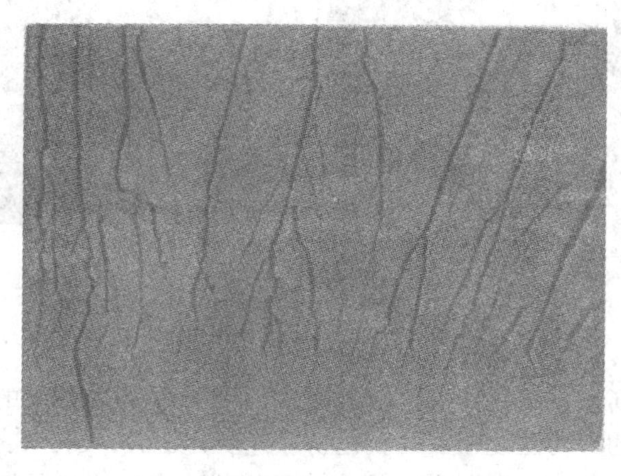

图 2-39 解理断口上的河流花样

解理台阶,是沿两个高度不同的平行解理面上扩展的解理裂纹相交时形成的。其形成过程有两种方式,一是通过解理裂纹与螺型位错相交形成的;二是通过二次解理或撕裂形成的。

设晶体内有一螺型位错,并设想解理裂纹为一刃型位错。当解理裂纹与螺型位错相遇时,便形成一个高度为 b 的台阶(图 2-40)。裂纹继续向前扩展,与很多螺型位错相交截便形成为数众多的台阶,它们沿裂纹前端滑动而相互汇合。同号台阶相互汇合长大,异号台阶汇合互相抵消。当汇合台阶高度足够大时,便成为在电镜下可以观察到的河流花样(图 2-39 和图 2-41),因而河流花样是判断是否为解理断裂的重要微观依据。“河流”的流向与裂纹扩展方向一致,所以可以根据"河流"流向确定在微观范围内解理裂纹的扩展方向,而按"河流"反方向去寻找断裂源。

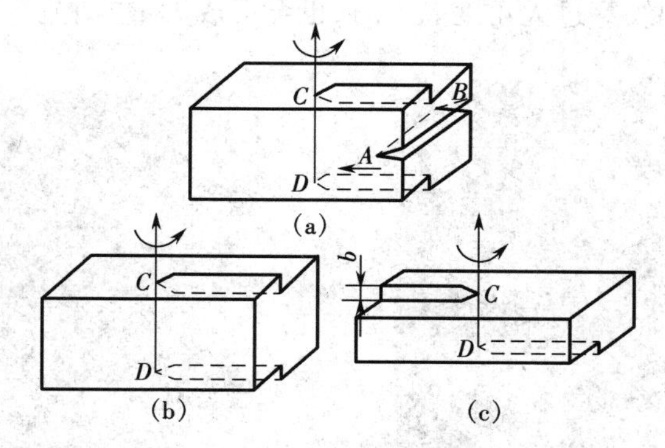

图2-40 解理裂纹与螺型位错相交形成解理台阶

(a)*AB* 为解理裂纹,沿箭头方向扩展 (b)*CD* 为螺型位错

(c)解理裂纹 *AB* 与螺型位错 *CD* 相遇后形成台阶

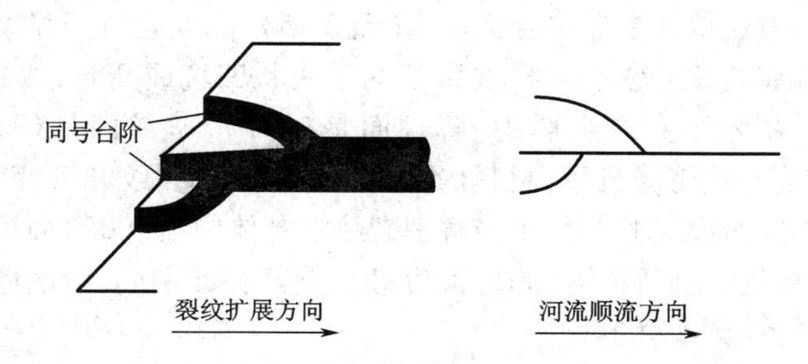

图2-41 河流花样的形成示意图

解理台阶,也可通过二次解理或撕裂方式形成,如图2-42所示。二次解理,是在解理裂纹扩展的两个相互平行解理面间距较小时产生的,但若解理裂纹扩展的上下两个解理面的间距远大于一个原子间距时,两解理裂纹之间的金属会产生较大塑性变形,结果借塑性撕裂而形成台阶。如此形成的台阶称为撕裂棱,它使解理断口呈现更复杂的形态。

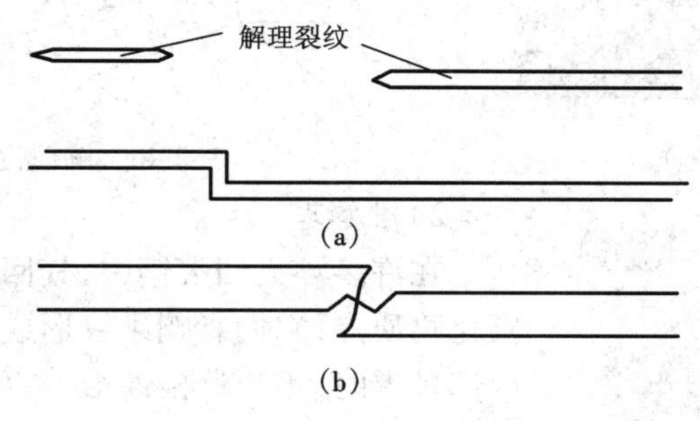

图2-42 二次裂纹和撕裂形成台阶

(a)沿二次裂纹解理面解理形成台阶 (b)通过撕裂形成台阶(撕裂棱)

当解理裂纹通过小角度倾斜晶界时,因小角度晶界是由刃型位错垂直排列而成,其两侧晶体仅相互倾斜一较小角度,且有公共交截线。当解理裂纹与倾斜晶界相交截时,裂纹能越过晶界,"河流"也延续到相邻晶粒内(图2-43)。当解理裂纹通过扭转晶界时,因晶界两侧

晶体以边界为公共面转动一小角度,使两侧解理面存在位向差,故裂纹不能直接越过晶界而必须重新形核。裂纹将沿若干组新的相互平行的解理面扩展而使台阶激增,形成为数众多的“河流”(图 2-44)。裂纹穿过大角度晶界时,也会形成大量“河流”。

图 2-43 “河流”通过倾斜晶界

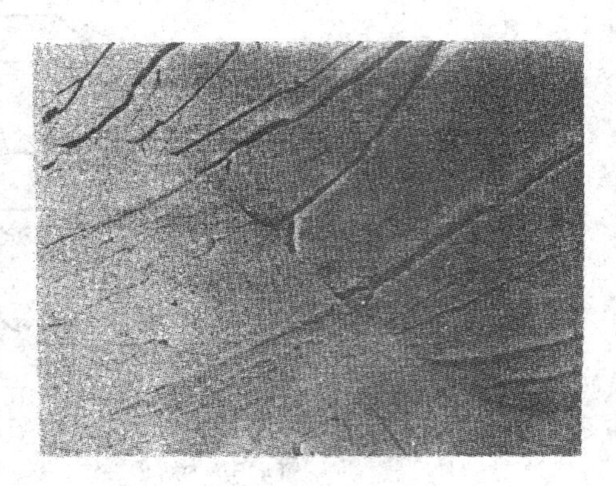

图 2-44 “河流”通过扭转晶界

解理断裂的另一微观特征是存在舌状花样(图 2-45),因其在电子显微镜下类似于人舌而得名。它是由于解理裂纹沿孪晶界扩展留下的舌头状凹坑或凸台,故在匹配断口上“舌头”为黑白对应的。在体心立方金属中,解理面是(001),孪晶面是(112),孪生方向是(111)。如在低温或高速变形条件下,材料内部同时存在解理裂纹和形变孪晶(孪晶可能是裂纹高速扩展前沿诱发而形成的)时,则当解理裂纹在基体中沿(001)面扩展而遇到孪晶面时就沿孪晶面扩展,越过孪晶后再沿(001)面继续扩展。在此期间,沿基体与孪晶界面产生局部断裂而形成解理舌(图 2-46)。

图 2-45 舌状花样

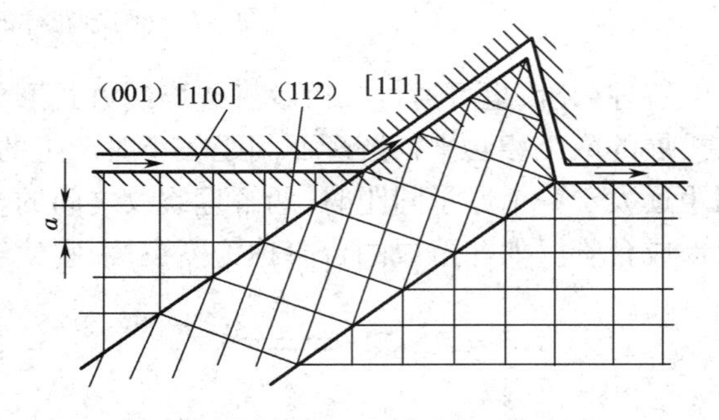

图 2-46 解理舌的形成示意图

2)准解理

在许多淬火回火钢中,其回火产物中有弥散细小的碳化物质点,它们影响裂纹形成与扩展。当裂纹在晶粒内部扩展时,难于严格地沿一定晶体学平面扩展。断裂路径不再与晶粒位向有关,而主要与细小碳化物质点有关。由于断裂的微观形态特征似解理河流但又非真正解理,故称准解理(图 2-47)。准解理与解理的共同点是,都属于穿晶断裂,有小解理刻面,有台阶或撕裂棱及河流花样。它们的区别是:①准解理小刻面不是晶体学

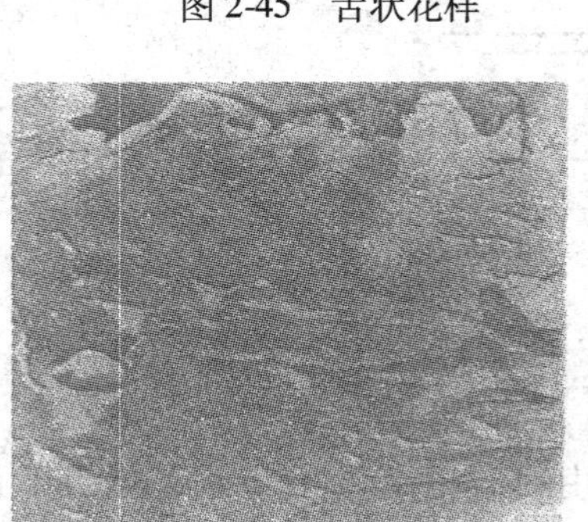

图 2-47 准解理断口

解理面;②真正解理裂纹常源于晶界,而准解理裂纹则源于晶内硬质点,形成从晶内某点发源的放射状河流花样。准解理不是一种独立的断裂机制,而是解理断裂的变种。

4. 沿晶断裂

沿晶断裂,是指裂纹在晶界上形成并沿晶界扩展的断裂形式。在多晶体变形中,晶界起协调相邻晶粒变形的作用,但当晶界受到损伤后其变形能力被削弱,不足以协调相邻晶粒的变形时,便形成晶界开裂。由于裂纹扩展总是沿阻力最小的路径发展,于是材料的断裂表现为沿晶断裂。沿晶断裂的断口形貌,如图2-48所示。

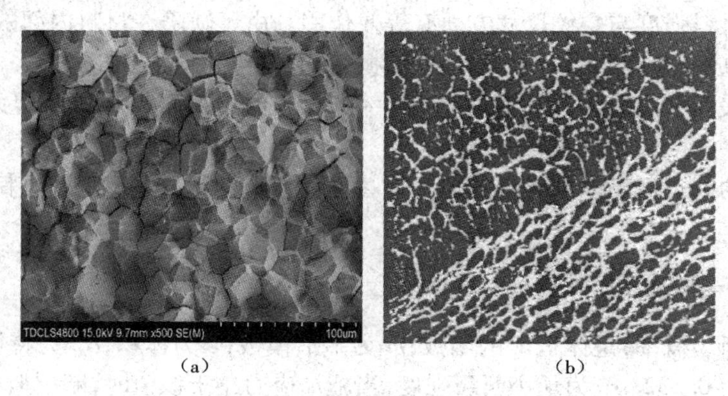

（a）　　　　（b）

图2-48　沿晶断裂断口形貌

(a)脆性沿晶断裂(冰糖块状断口)　(b)微孔型沿晶断裂(石状断口)

对金属材料的晶界损伤,如晶界有脆性相析出并呈连续分布,这种连续脆性相形成的空间骨架严重损伤了晶界变形能力,如过共析钢二次渗碳体析出即属此类。另一种情况是材料在热加工过程中,因加热温度过高造成晶界熔化即过烧,从而严重减弱了晶界结合力和晶界处的强度,使得材料在受载时产生早期的低应力沿晶断裂。第三种情况是某些有害元素沿晶界富集,降低了晶界处表面能,使脆性转变温度向高温推移,如合金钢的回火脆性就是由于As,Sn,Sb和P等元素在晶界富集,明显提高了材料对温度和加载速率的敏感性,在低温或动载条件下发生沿晶脆断。第四种情况是晶界上有弥散相析出,如奥氏体高锰钢固溶处理后,当材料再次被加热时沿晶界析出非常细小的碳化物,从而改变了晶界层材料的性质。这也属于晶界受损伤的情况,虽尚有一定的塑性变形能力,但经一定变形后沿晶界形成微孔型开裂。除上述冶金因素引起的晶界脆化以外,材料在腐蚀性环境中也可因与介质互相作用导致晶界脆化。

沿晶断裂过程,包括裂纹的形成与扩展。晶界受损的材料受力变形时,晶内的运动位错受阻于晶界,在晶界处造成应力集中;当集中应力达到晶界强度时,便将晶界挤裂。这个集中应力与位错塞积群中的位错数目和滑移带长度有关,因此沿晶断裂应力与晶粒尺寸符合Hall-Petch关系。

沿晶断裂的性质,取决于晶界断裂强度σ_g与屈服强度σ_s的相对大小。当$\sigma_g<\sigma_s$时,晶界开裂发生于宏观屈服之前,断裂呈宏观脆性,称为脆性沿晶断裂,断口呈冰糖块状(图2-48(a)),在晶界上有脆性相连续分布时的断裂即属此类。当$\sigma_g>\sigma_s$时,材料先发生宏观屈服变形及形变强化,在完成一定的变形量后再发生微孔型沿晶断裂(也称为石状断口,如图2-48(b)所示);当晶界上有弥散相析出时的断裂即属此类。由于弥散相析出,改变了晶界区的材料成分,虽然开始时晶界强度比晶内高,晶界具有协调变形的能力,但因晶界区形变强化能力受到损伤而很快耗尽，在晶界强度低于晶内时便丧失了协调变形的能力，遂在晶界弯折及三晶交叉处等有应力集中的地方按微孔聚集型断裂机制形成微孔并沿晶界扩展，形成韧窝型断口，但韧窝很细小而且沿晶界分布。这种沿晶断裂属于延性断裂范畴，材料的塑性、韧性水平决定于晶界受损的程度。

2.4.2 陶瓷材料的断裂

陶瓷材料的断裂过程，都是以其内部或表面存在的缺陷为起点而发生的，晶粒和气孔尺寸在决定陶瓷材料强度与裂纹尺寸方面有等效作用。由于缺陷在材料内部的存在是概率性的，当内部缺陷成为断裂原因时，缺陷存在的概率随试样体积的增加而增大，从而使材料的强度下降。当表面缺陷成为断裂源时，缺陷存在概率也随表面积增加而增大，材料强度也下降。

陶瓷材料的断裂概率以最弱环节理论为基础，材料的断裂概率可通过韦伯分布函数来表示：

$$F(\sigma)=1-\exp\left[-\int_V\left(\frac{\sigma-\sigma_u}{\sigma_0}\right)^m \mathrm{d}V\right] \tag{2-53}$$

式中：$F(\sigma)$为断裂概率，是体积 V 的函数；m 为韦伯模数；V 为体积；σ_0 为特征应力，在该应力下断裂概率为 0.632；σ_u 为最小断裂强度，当施加应力小于该值时，断裂概率为 0。

对陶瓷材料，常令 $\sigma_u=0$。于是式(2-53)变为

$$F(\sigma)=1-\exp\left[-\left(\frac{\sigma}{\sigma_0}\right)^m\int_V\left(\frac{\sigma'}{\sigma}\right)\mathrm{d}V\right] \tag{2-54}$$

式中：σ'及 σ 为试样内各部位的应力及它们的最大值。

对同一组陶瓷材料试样，其韦伯模数是固定值。陶瓷材料在考虑其平均强度同时，用韦伯模数 m 度量其强度均匀性。若两种陶瓷材料平均强度相同，则在一定的断裂应力下，m 值大的材料比 m 值小的材料发生断裂的可能性要小。

从断裂机理看，陶瓷材料的断裂常表现为解理断裂，而且很容易从穿晶解理转变成沿晶断裂。陶瓷材料的断裂是以各种缺陷为裂纹源，在一定拉伸应力作用下，其最薄弱环节处的微小裂纹扩展，当裂纹尺寸达到临界值时陶瓷瞬时脆断。

2.4.3 高分子材料的断裂

1. 断面形貌的基本模式及分析测试方法

在高分子材料的断裂试验中，断口的外观形状与试样的应力状态、断裂过程中的屈服和塑性形变等因素有关。静载拉伸试样的应力状态和断口表面的几种典型外观形状，如图 2-49 所示。

由于材料内部是不均质的，裂纹的扩展碰到任何障碍都会使其改变扩展方向，向另外的薄弱处继续扩展，至材料最后断裂。试验证明，在一般情况下，可将断面分为起裂区、裂纹扩展区及瞬时断裂区三个区域。与金属材料类比，它们构成了高分子材料的断面三要素。高分子材料断面的三要素，如图 2-50 所示。

起裂区(断裂源)是裂纹萌生的区域，提供了材料断裂起因的信息。断裂源一般位于断面的边缘，但材料内部缺陷会使断裂源位于断面的内部位。裂纹扩展区是裂纹不断扩展增大的区域，提供了材料内部的断裂扩展方向和路径以及扩展过程中的塑性形变特征等信息。

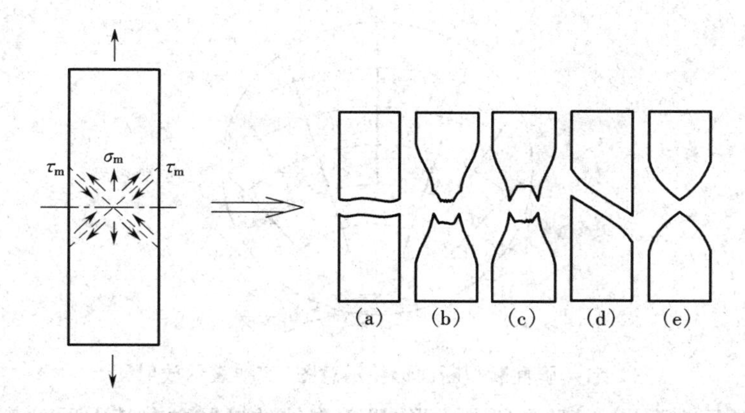

图 2-49　简单拉伸试样的应力状态和断裂表面的几种典型外观形状示意
(a)脆性断裂的断面形状　(b)杯-锥形　(c)双杯形
(d)倾斜滑移形　(e)双刃滑移形

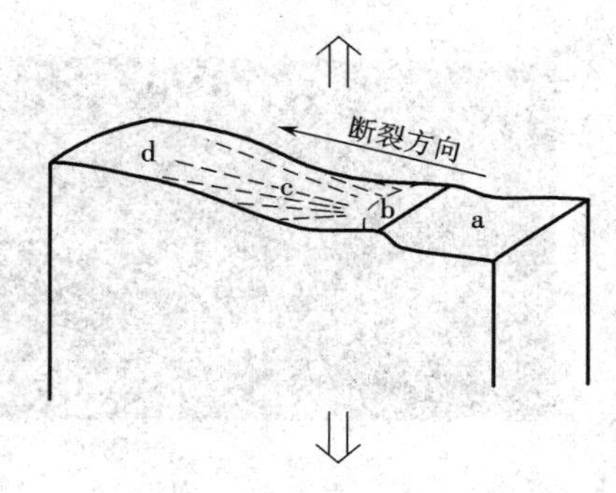

图 2-50　断面三要素示意
a—试样预加的切口;b—起裂区;c—裂纹扩展区;d—瞬时断裂区

瞬时断裂区是材料的最后破断区,提供了材料边界部位对断裂影响的信息。

高分子材料的断面,常利用扫描电子显微镜进行低倍或高倍的观察,并可将其结果与工作条件和状态相结合加以分析比较。低倍观察(放大几十倍)反映了断面的总体形貌特征,而高倍观察反映出断面局部的细观形貌特征。低倍观察与高倍观察相辅相成,互相补充。

利用扫描电子显微镜(SEM)观察断面形貌,要求观察前对试样断面予以小心保护,免遭污染或损伤;若断面有污染,还需要利用超声波等无损技术进行去污处理。然后对试样断面喷金,并置于扫描电子显微镜下进行观测和拍照。最后,可采用工具显微镜和计算机图像分析仪,对断面的特征参量(如断面粗糙度参数等)进行定量与定性测试和分析。

影响断面形貌特征的外在因素,主要是试验速率和温度。所以在对断面进行分析比较时,应该注明试验条件。

2. 脆性断裂的断面形貌特征

高分子材料的脆性断裂,几乎没有塑性形变发生,裂纹产生后急速扩展至破坏。

1)低倍观察的断面形貌

材料发生脆性破坏时,其断面的起裂区往往呈平滑的、近似半圆的镜面谱形,边缘的亮点是断裂源;裂纹扩展区呈现放射状;瞬间断裂区往往是极端的凹凸粗糙区,看不出明显的形貌特征。脆性断裂断面的形貌示意图,如图 2-51 所示。

放射元的断续、长短、曲直、交汇与交叉,表征着不同断裂速度和环境温度时材料的力学

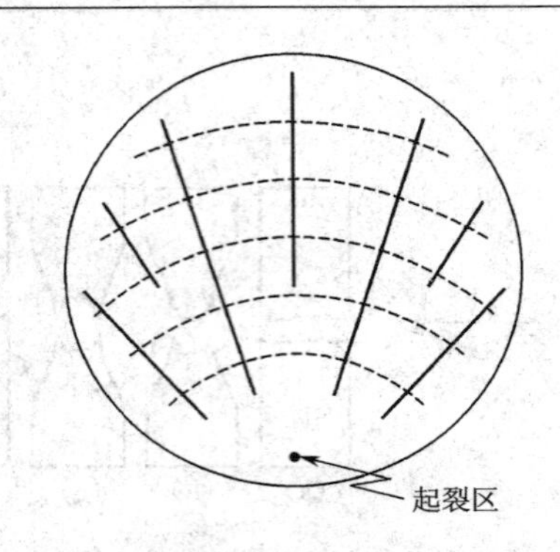

图 2-51　脆性断裂断面形貌示意图(实线表示放射元)

性质。放射元常见有两种:一种是所谓山形,沿着裂纹的扩展方向其山顶对着断裂源呈放射状分布;另一种是所谓条状,也称菊花状,其放射条痕与起裂区的半圆镜面呈垂直分布。聚酯塑料的脆性断面形貌,是具有代表性的脆性断裂的断面形貌,如图 2-52 所示。

(a)

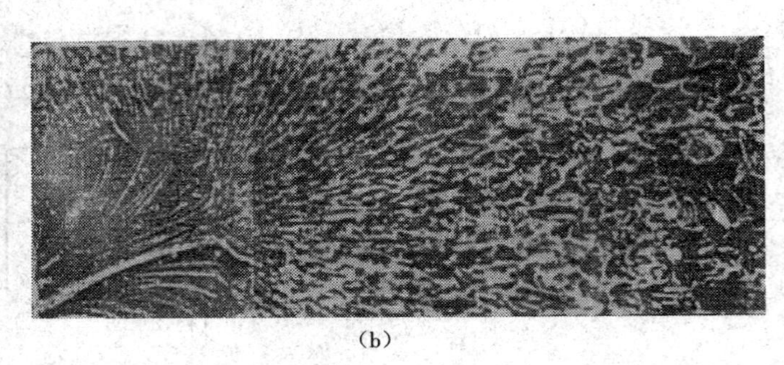
(b)

图 2-52　聚酯塑料的脆性断面形貌(×25 倍)
(a)山形发射元　(b)条状发射元

2)高倍观察的断面形貌

在高倍观察的脆性断面形貌上,在裂纹扩展区常见的有河流形、抛物线形、碎石块形、肋形和波浪形等。图 2-53 展示了几种高倍观察的脆性断面形貌。从图中可以看出,河流形是由几个不相接的裂纹合体而成的;肋形是在较平滑的断面上出现的与裂纹扩展方向趋于平行的谱形;抛物线形一般认为在裂纹扩展方向存在着强度上的弱点,并以该点为基准向周围产生放射状破坏,其交汇点形成抛物线。

3. 延性断裂的断面形貌特征

由于在高分子材料发生延性断裂前,材料有明显的屈服和塑性形变,因此在试样的断面形貌上具有黏弹性破坏特征。

1)低倍观察的断面形貌

按高分子材料塑性程度的不同,低倍观察的断面形貌主要呈杯 - 锥形断面和滑移形断面两种。聚甲醛的杯 - 锥形断面,如图 2-54 所示;聚碳酸酯的滑移形断面如图 2-55 所示。

天然橡胶拉伸破坏的断面形貌示意图,如图 2-56 所示。起裂区呈平滑的镜面形貌,扩展区呈肋状或抛物线状形貌,瞬时断裂区呈粗糙形貌。

2)高倍观察的断面形貌

在高倍观察的延性断面形貌上,在裂纹扩展区常见的有针孔形、纤维形、肋形、杉叶形以及铸铁状粗糙形等。几种高倍观察的延性断面形貌,如图 2-57 所示。

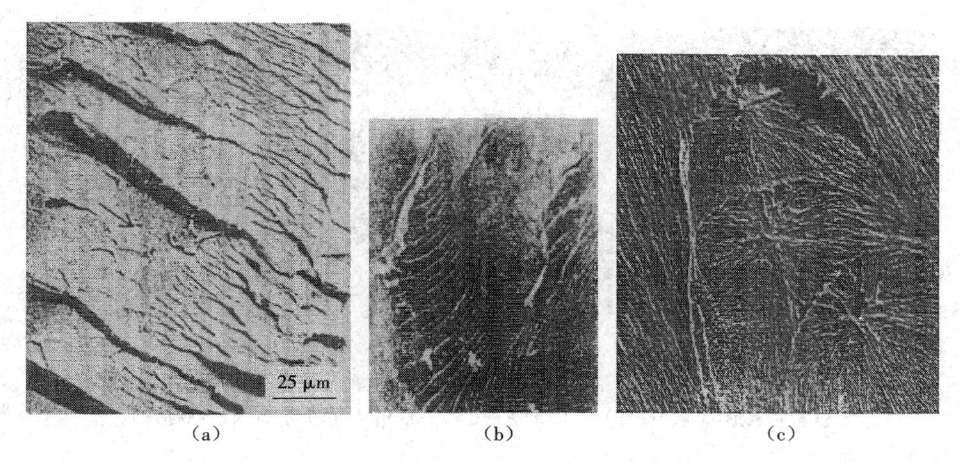

图 2-53　几种高倍观察的脆性断面形貌

(a)河流形　(b)肋形(×350 倍)　(c)抛物线形(×2 500 倍)

图 2-54　聚甲醛的杯－锥形断面(×50 倍)

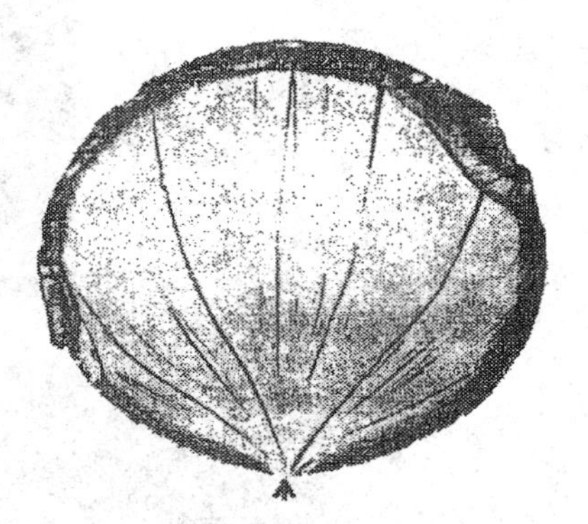

图 2-55　聚碳酸酯的滑移形断面

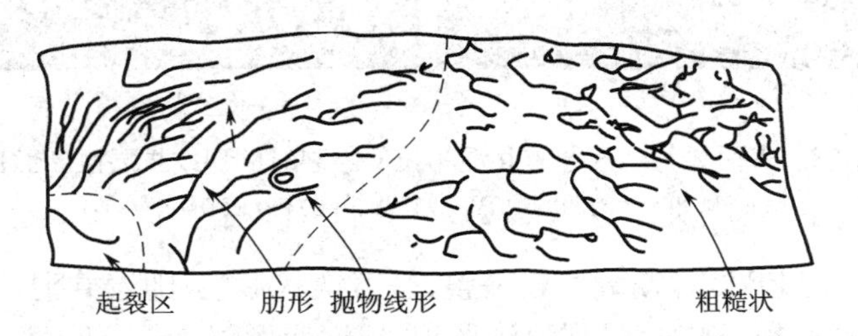

图 2-56　天然橡胶拉伸破坏的断面形貌示意图

针孔形貌是由于塑性变形中材料内的异物(包括多种填料等)而形成众多的微小空隙，这些空隙进一步连接、合并而成。肋形和纤维形形貌，均是由不相连接的裂纹在扩展中合并而形成的。

图 2-58 和图 2-59 分别是聚丙烯(PP)与乙丙橡胶(EPDM)共混物拉伸断裂的裂纹扩展区断面形貌和瞬时断裂区的断面形貌。在裂纹扩展区，纯 PP 试样出现与裂纹扩展一致的肋状形貌，显示了这种聚丙烯存在有限的韧性。当共混比为 75∶25 时，由于弹塑性形变扩展区内密布着长度超过几十微米的纤维束；当 EPDM 增加到 60 份时，则呈现大幅度的弹塑性

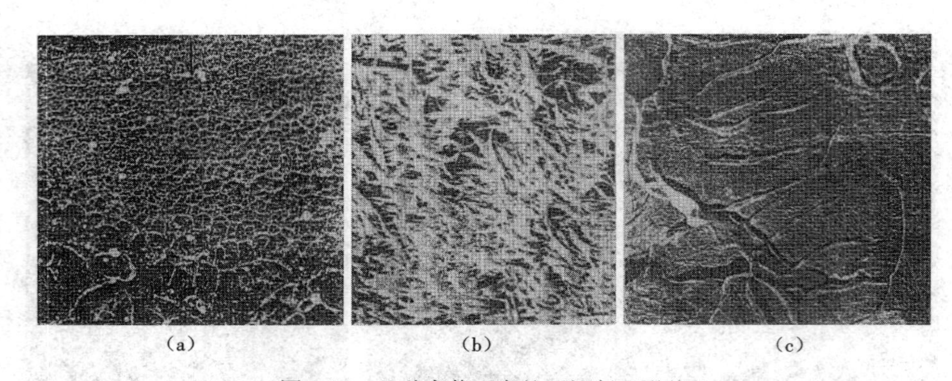

图 2-57　几种高倍观察的延性断面形貌
(a)针孔形(×2 100 倍)　(b)纤维形(×1 000 倍)　(c)肋形(×2 500 倍)

形变，从而形成更加粗糙的纤维束形貌。

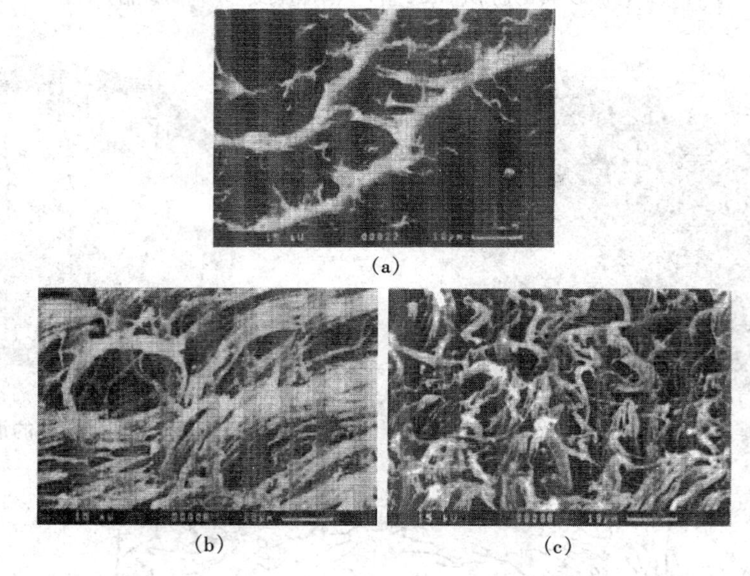

图 2-58　聚丙烯与乙丙橡胶共混物拉伸断裂时的裂纹扩展区断面形貌
(a)纯 PP　(b)PP: EPDM = 75: 25　(c)PP: EPDM = 40: 60

在瞬时断裂区，纯 PP 试样断裂面较平整，呈铸铁状形貌；随着共混比的变化，断面形貌愈加粗糙，当共混比为 40: 60 时，呈现浪涛形貌，塑性变形痕迹十分明显。

复习思考题

1. 工程金属材料的应力－应变曲线有几种典型形式？其主要特征如何？各为什么材料所特有？

2. 高分子材料的应力－应变曲线分为几种类型？每种类型的主要特征是什么？

3. 比较比例极限、弹性极限和屈服强度之异同。说明这几个强度指标的实际意义。

4. 说明强度指标和塑性指标在机械设计中的作用。

5. 为什么材料的塑性要以伸长率和断面收缩率这两个指标来度量？它们在工程上各有

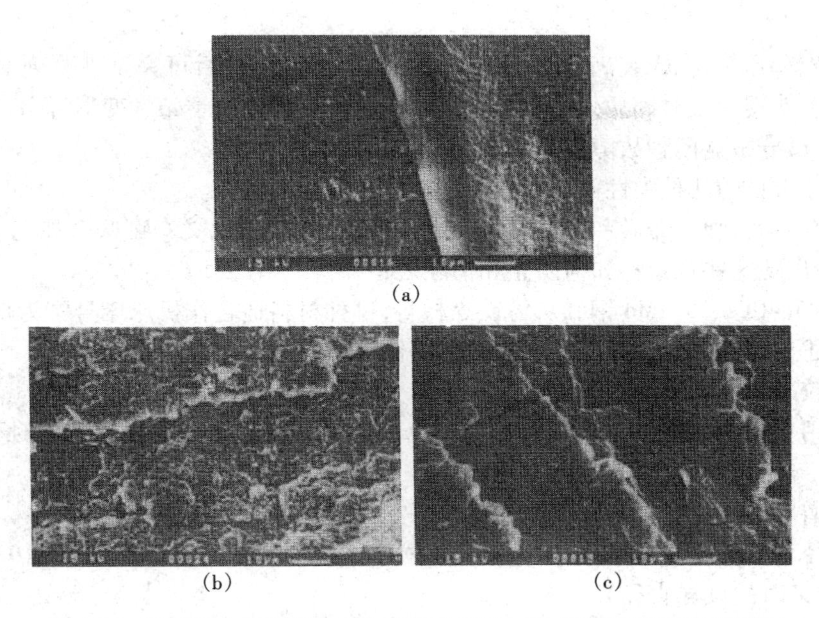

图 2-59　聚丙烯与乙丙橡胶共混物拉伸断裂时的瞬时断裂区断面形貌
(a)纯 PP　(b)PP: EPDM = 75: 25　(c)PP: EPDM = 40: 60

什么实际意义?

6. 测定断后伸长率 δ 通常应指明是 δ_5 还是 δ_{10},为什么? 两者间有什么关系。

7. 通过静载拉伸试验可以测定哪些力学性能? 对拉伸试件有什么基本要求?

8. 说明弹性变形的主要特征。

9. 金属的弹性模量主要取决于什么? 为什么说它是一个对结构不敏感的力学性能指标? 陶瓷和聚合物的弹性模量决定于哪些因素? 和金属相比较,为什么说陶瓷和聚合物的弹性模量是一个结构敏感的力学性能指标?

10. 弹性模量 $E = 200$ GPa 的试样,其应力 - 应变曲线如下图所示,其中 A 点为屈服点,屈服极限 $\sigma_s = 240$ MPa。当拉伸到 B 点时,在试样标距中测得的纵向线应变为 3×10^{-3}。试求从 B 点卸载到应力为 140 MPa 时试样标距的纵向线应变。

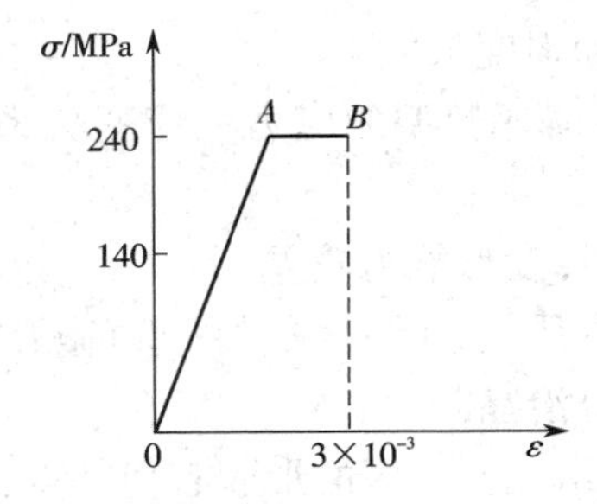

11. 减轻汽车重量对降低燃油消耗有很重要的作用。汽车车身或底盘约占汽车总重量的 60%。底盘的主要尺寸是按比刚度 $E^{1/3}/\rho$ 来确定的,铝合金的比刚度比钢(低合金高强度钢)大,为什么汽车车身一般用钢而不用铝合金,除了生产成本之外,还有什么必须考虑的重要因素?

12. 什么叫刚度,试举 1 ~ 2 种要求刚度设计的零件实例。当刚度不足时,可采取哪些手段来改进。

13. 某汽车弹簧，在未装满载时，已变形到最大位置，卸载后可完全恢复到原来状态；另一汽车弹簧，使用一段时间后，发现弹簧弓形越来越小，即产生了塑性变形，而且塑性变形量越来越大。试分析这两种故障的本质及改进措施。

14. 描述常见的几种弹性不完整现象的特征及产生的条件。

15. 弹性后效、弹性滞后和 Bauschinger 效应各有何实用意义？哪些金属与合金在什么情况下最易出现这些现象？如何防止和消除之？

16. 对 45、40Cr、35CrMo 钢和灰铸铁等材料，哪种材料适合作机床床身？为什么？

17. 简述金属晶体的塑性变形机制和多晶体材料的塑性变形特点。

18. 比较条件应力－应变和真实应力－应变的异同。

19. 利用 Hollomon 公式 $S=K\varepsilon^n$，推导应力－应变曲线上应力达到最大值时开始产生颈缩的条件。

20. 何谓形变强化现象？其规律如何表征？其工程意义如何？

21. 直径为 10 mm 的正火态 60 Mn 钢在拉伸试验时测得的数据如下（$d=9.9$ mm 为屈服平台刚结束时的试样直径）：

P/kN	39.5	43.5	47.6	52.9	55.4	54.0	52.4	48.0	43.1
d/mm	9.91	9.87	9.81	9.65	9.21	8.61	8.21	7.41	6.78

（1）试画出未修正和修正的真应力－真应变曲线；（2）求 σ_s、σ_b、S_k、δ_k、ψ_k；（3）求材料的形变强化指数 n 和强度系数 K。

22. 某材料制成长 50 mm、直径 5 mm 的圆柱拉伸试样，试验测得塑性变形阶段的载荷 P 与长度增量 Δl 分别为：

P/kN	6.0	8.0	10.0	12.0	14.0
Δl/mm	1.0	2.5	4.5	7.5	11.5

试求该材料的形变强化指数 n 和强度系数 K。

23. 如果材料遵从 Hollomon 幂函数型的应力－应变关系，试推导拉伸试样断裂时吸收能量的表达式。

24. 为何室温下陶瓷材料塑性变形能力较差？

25. 比较下列概念、过程和本质：（1）韧性断裂；（2）微孔聚集型断裂；（3）低应力脆断；（4）解理断裂；（5）穿晶断裂；（6）沿晶断裂。

26. 延性断口由哪几个区域组成？各区的形貌有何特点？

27. 宏观脆性断口的主要特征是什么？如何寻找断裂源？

28. 拉伸断口的三要素是什么？影响宏观拉伸断口状态的因素有哪些？

29. 剪切断裂与解理断裂都是穿晶断裂，为什么断裂性质完全不同。

30. 在什么条件下易出现沿晶断裂？怎样才能减小沿晶断裂的倾向？

第3章　材料在其他载荷下的力学性能

在第2章中，讨论了不同材质的光滑试样在常温（室温）、轴向拉伸、缓慢加载（加载速率为$10^{-5} \sim 10^{-2} s^{-1}$）试验条件下的力学响应及材料在弹性变形、塑性变形和断裂过程的基本规律和力学性能指标。这些基本规律和力学性能指标，对揭示材料在外加载荷下的变形机理、评价材料的力学性能及工业生产中结构件的静强度设计都具有重要的理论和应用价值。

而在生产实际中，机械和工程结构中的材料或零件常承受压缩、弯曲、扭转或剪切的作用，或其上有螺纹、孔洞、台阶、缺口等引起应力集中的部位。它们与光滑试样静拉伸引起的应力状态不同，因此需要测定材料在压缩、弯曲、扭转、剪切等不同加载方式及带有螺纹、油孔、键槽等缺口情况下的力学性能，以作为这些零件设计、材料选用的依据。因为不同的加载方式在试样中将产生不同的应力状态，而材料在不同应力状态下所表现出的弹性变形、塑性变形和断裂行为也不完全相同。因此，若不考虑零件服役时的力学状态，采用不恰当的力学性能来评价材料，就很有可能造成材料选用得不合理，以致发生零件的早期失效。为了说明这个问题，本章首先介绍应力状态系数的概念，然后介绍扭转、弯曲、压缩、剪切和缺口试样等试验方法的特点、应用范围及其所测定的力学性能指标，以期揭示那些光滑试样在静拉伸条件下不能反映的力学性能。

硬度是衡量材料软硬程度的一种性能指标。材料的硬度试验方法在工业生产及材料研究中的应用极为广泛，但硬度并不是一个确定的力学性能指标，其物理意义随硬度试验方法的不同而不同。由于最常用的布氏硬度、洛氏硬度和维氏硬度等试验方法属于静载压入试验，因此本章将硬度试验也作为一种静载试验方法，一并加以介绍。

另外，生产中很多机件、工具和模具经常受到冲击载荷的作用，如火箭的发射、飞机的起飞和降落、行驶的汽车通过道路上的凹坑以及材料的压力加工（锻造、冲裁、模锻）等。为了评定材料在高速加载或承受冲击载荷下的性能，就需要进行材料在高速加载或冲击载荷下的力学性能试验。当然，在工程上还有许多机件和构件都是在变动或循环载荷下工作的，如曲轴、连杆、齿轮、弹簧、辊子、叶片及桥梁等，其失效形式主要是疲劳断裂，对这些内容的讲授将在后面的第5章进行，本章不予涉及。

此外，随着能源开发、海洋工程、交通运输等近代工业的发展，人类的生产活动扩大到寒冷地带，大量的野外作业机械和工程结构由于冬季低温而发生早期的低温脆性断裂事故，造成重大的经济损失和人员伤亡。而断裂时的工作应力往往只有材料屈服强度的1/4 ~ 1/2，于是就需要评价材料在低温条件下的力学行为，并进行材料的抗低温脆断设计。

3.1 应力状态系数和力学状态图

对材料单向静拉伸试验的分析研究表明,材料的塑性变形和断裂方式(韧性或脆性断裂)除与材料本身的性质有关外,主要与应力状态有关。切应力主要引起材料的塑性变形和韧性断裂,而正应力容易导致材料的脆性断裂。

对不同的应力状态下,材料所受的最大正应力 σ_{max} 与最大切应力 τ_{max} 的相对大小是不一样的。因此,对材料的变形和断裂性质将产生不同的影响。为此,需要知道在不同的静加载方式下试样中 σ_{max} 和 τ_{max} 的计算方法及其相对大小的表示方法。

3.1.1 应力状态系数

由材料力学理论可知,任何复杂应力状态都可用三个主应力 σ_1、σ_2 和 σ_3($\sigma_1>\sigma_2>\sigma_3$)来表示。材料承受的最大切应力 τ_{max} 可按"最大切应力理论(第三强度理论)"进行计算,即

$$\tau_{max}=(\sigma_1-\sigma_3)/2 \tag{3-1}$$

材料承受的最大正应力 σ_{max} 可按"最大正应力理论(第二强度理论)"进行计算,即

$$\sigma_{max}=\sigma_1-\nu(\sigma_2+\sigma_3) \tag{3-2}$$

式中:ν 为泊松比。为比较 τ_{max} 与 σ_{max} 的相对大小,将 τ_{max} 与 σ_{max} 的比值定义为应力状态系数,记为 α,于是有

$$\alpha=\frac{\tau_{max}}{\sigma_{max}}=\frac{\sigma_1-\sigma_3}{2\sigma_1-2\nu(\sigma_2+\sigma_3)} \tag{3-3}$$

对于金属材料,如取 ν 为 0.25,则有

$$\alpha=\frac{\tau_{max}}{\sigma_{max}}=\frac{\sigma_1-\sigma_3}{2\sigma_1-0.5(\sigma_2+\sigma_3)} \tag{3-4}$$

由式(3-4)可见,α 值越大表明材料所受的最大切应力分量越大,材料越易于产生塑性变形和韧性断裂,即应力状态越"软"。反之,α 值越小表明材料所受的最大正应力分量越大,材料越不易产生塑性变形而易于产生脆性断裂,即应力状态越"硬"。

对第 2 章中的单向拉伸试验,在 3 个主应力中只有 σ_1 不为零,而 $\sigma_2=\sigma_3=0$,代入式(3-4)后可得 $\alpha=0.5$,即单向拉伸条件下的应力状态系数为 0.5。几种典型加载方式的应力状态系数 α,见表 3-1。

表 3-1 不同加载方式的应力状态系数 α($\nu=0.25$)

加载方式	主应力			应力状态系数 α
	σ_1	σ_2	σ_3	
三向等拉伸	σ	σ	σ	0
三向不等拉伸	σ	$(8/9)\sigma$	$(8/9)\sigma$	0.1
单向拉伸	σ	0	0	0.5
扭转	σ	0	$-\sigma$	0.8
二向等压缩	0	$-\sigma$	$-\sigma$	1.0
单向压缩	0	0	$-\sigma$	2.0
三向不等压缩	$-\sigma$	$-(7/3)\sigma$	$-(7/3)\sigma$	4.0

续表

加载方式	主应力			应力状态系数 α
	σ_1	σ_2	σ_3	
	$-\sigma$	-2σ	-2σ	∞

注:表中三向不等拉伸和三向不等压缩中的 σ_2、σ_3 值是假定的。

由表(3-1)可见,三向等拉伸时因切应力分量为零,其应力状态系数为 0,即应力状态最硬,在这种应力状态下,材料最容易发生脆性断裂。因此对于塑性较好的金属材料,往往采用应力状态硬的三向不等拉伸的加载方法,以考察其脆性倾向。单向静拉伸试验的应力状态系数为 0.5,表明其正应力分量较大、切应力分量较小,应力状态较硬,一般适用于那些塑性变形抗力与切断抗力较低的所谓塑性材料的试验。扭转和单向压缩时的应力状态系数分别为 0.8 和 2.0,应力状态较软,材料易产生塑性变形,一般适用于那些在单向拉伸时容易发生脆断而不能反映其塑性性能的所谓脆性材料(如淬火高碳钢、灰铸铁及陶瓷材料),以充分揭示它们客观存在的塑性性能。材料的硬度试验是在工件表面施加压力,其应力状态相当于三向不等压缩应力,应力状态非常软,因此硬度试验可在各种材料上进行。

3.1.2　力学状态图

影响材料变形与断裂的内在因素是材料自身的性能,如材料的屈服强度和断裂强度;而影响材料断裂的外在因素是应力状态、温度和加载速度等。通过构建力学状态图,可将这几个影响因素综合起来放到一个图中,从而由力学状态图来定性地判断材料发生断裂的形式,这对预测工程材料的破坏方式有着重要的意义。

力学状态图以联合强度理论为基础,即以第二强度理论和第三强度理论两者的联合为基础,图中的纵坐标是按第三强度理论计算的最大切应力,横坐标是按第二强度理论计算的最大正应力。在力学状态图中,应力状态系数 α 则用过原点的射线表示;不同斜率的射线表示不同的应力状态,如图 3-1 所示。

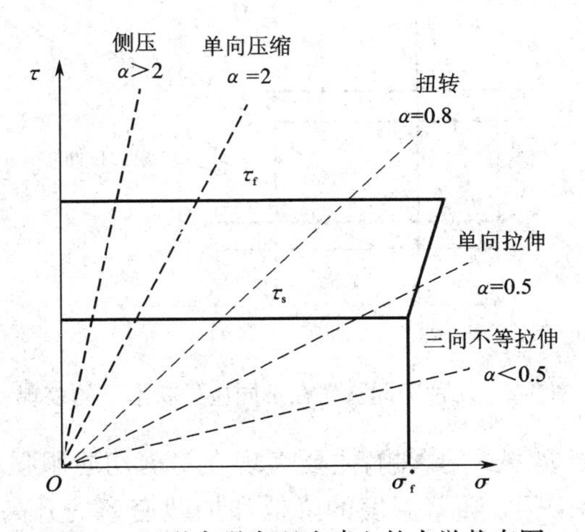

图 3-1　以联合强度理论建立的力学状态图

材料的性能在力学状态图上用三个指标来表示,即剪切屈服强度 τ_s,切断强度 τ_f 和断裂强度 σ_f^*(为避免与断裂真实应力 σ_f 混淆,此处以 σ_f^* 表示)。材料的剪切屈服强度 τ_s 和

切断强度 τ_f 可用3.2 节中的静扭转试验求得。材料的断裂强度 σ_f^* 要求材料不发生塑性变形,故这一指标只能用缺口试样在低温下用弯曲试验(本章 3.4 节)求得。对于给定的材料,其 τ_s,τ_f 和 σ_f^* 均为定值,在图 3-1 中分别以水平线和垂直线表示。

由图 3-1 可以看出,图中所示的材料在压缩和扭转载荷下最终以切断形式发生破坏;在三向不等拉伸(如试样上开缺口,$\alpha < 0.5$)情况下,材料未经屈服(直线未与 τ_s 水平线相交)就先达到了材料的断裂强度 σ_f^*,因此表现为脆断或者说是完全由正应力引起的脆断。在单向拉伸($\alpha = 0.5$)条件下,该材料先经剪切屈服(直线 $\alpha = 0.5$ 先与 τ_s 相交)随后被拉断,但其最终的拉断抗力并不是 σ_f^*,而是拉伸曲线上的断裂真应力,即断裂载荷除以最终的横截面面积。由于塑性变形过程中的形变强化效应,断裂真实应力随变形量而增加,于是在图中以一斜线连接于 σ_f^* 和 τ_f。凡是先达到 τ_s 最后达到断裂真实应力线的应力状态,其断裂形式均为正断 + 切断的混合型断裂。因此,依据材料所受应力状态的不同,同一材料可发生切断、正断和混合断等三种不同形式的断裂。

三种典型材料在不同应力状态下的力学状态图,如图 3-2 所示。射线 1 表示三向不等压缩(如硬度试验的应力状态),射线 2 表示单向压缩,射线 3 表示扭转,射线 4 表示单向拉伸。如把易于引起拉断的应力状态叫作硬性应力状态;易于引起剪断的应力状态叫作软性应力状态,则应力状态从射线 1 到射线 4 是从软到硬。图 3-2 中材料 A 的抗剪能力强而抗拉能力弱,如陶瓷材料;材料 C 的抗剪能力弱而抗拉能力强,如金属材料;材料 B 介于两者之间。如把易于拉断的材料叫作硬性材料,把易于剪断的材料叫作软性材料,则材料从 A 到 C 是由硬到软。由图 3-2 可见,对材料 A 进行三向不等压缩试验可引起剪断,而进行单向压缩试验时已不能引起 A 材料的屈服而直接脆断了。对材料 B 进行单向压缩可引起剪断,而进行扭转试验时就表现为由正应力引起的脆断。

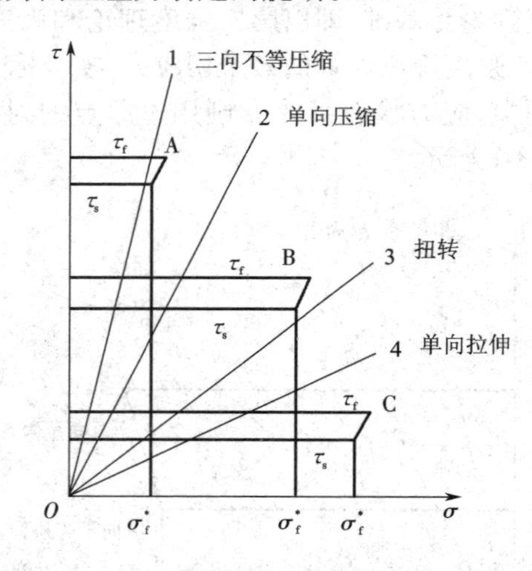

图 3-2 几种不同材料在不同应力状态下的表现

温度和载荷速度对断裂方式的影响,主要表现在对剪切屈服强度 τ_s 和断裂强度 σ_f^* 相对位置的影响上。一般情况下,随着温度的降低和加载速率的升高,剪切屈服强度 τ_s 升高较快而断裂强度 σ_f^* 变化不大,因而增加了材料(如对体心立方和密排六方金属材料)的脆断倾向。在力学状态图中,各种试验加载方式所引起的应力状态是固定不变的,但事实上,材料在经过屈服变形之后应力状态会发生变化。例如材料在单向拉伸产生颈缩后,会造成三向拉应力；而在颈缩试样的中心裂纹发展到试样边缘时又接近单向拉伸状态，从而产生剪断。

由上可见，材料的脆性或塑性只是一个相对的概念，它是材料性质与应力状态相互作用的结果。如引入系数 $\beta_1=\tau_s/\sigma_f^*$ 和 $\beta_2=\tau_f/\sigma_f^*$ 来表征材料发生塑性变形和塑性断裂的难易程度，则当 $\alpha<\beta_1$ 时材料呈脆性，而当 $\alpha>\beta_2$ 时材料呈塑性。

力学状态图不仅可以定性地判断材料的相对脆性或塑性，还可以为材料的性能评定选择合适的试验方法，以获得尽可能多的信息。此外，对一定的服役条件，还可根据应力状态的软硬程度，选择合适的材料。

3.2　材料的扭转、弯曲、压缩和剪切

3.2.1　材料的扭转

1. 应力－应变分析

扭转试验是重要的力学性能试验方法之一。当一等直径的圆柱试样受到扭矩 T 作用时，试样表面的应力状态如图 3-3(a) 所示。材料的应力状态为纯剪切，切应力分布在纵向与横向两个垂直的截面上。在横截面上无正应力，最大与最小的正应力分布在与试样轴线呈 45°的两个斜截面上，σ_1 为拉应力（$\sigma_1=\sigma$），σ_3 为等值的压应力（$\sigma_3=-\sigma$），$\sigma_2=0$。在与试样轴线平行和垂直的截面上，作用着最大的切应力 τ。切应力的最大值与最大的正应力相等，即

$$\tau_{\max}=\frac{\sigma_1-\sigma_3}{2}=\frac{\sigma+\sigma}{2}=\sigma \tag{3-5}$$

于是，在扭转加载情况下的应力状态系数为

$$\alpha=\frac{\sigma_1-\sigma_3}{2\sigma_1-0.5(\sigma_2+\sigma_3)}=\frac{\sigma+\sigma}{2\sigma-0.5(0-\sigma)}=0.8 \tag{3-6}$$

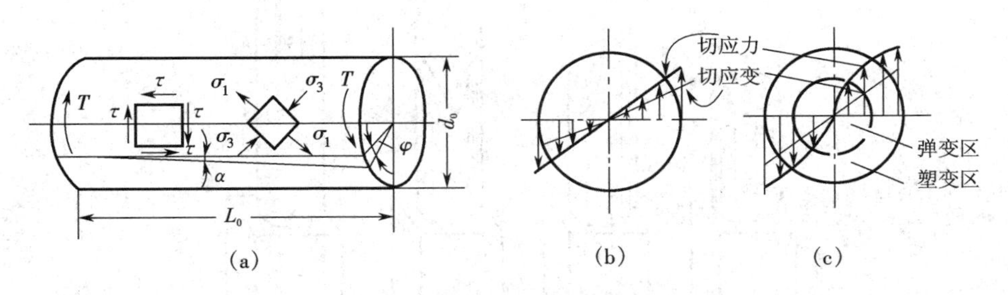

图 3-3　扭转试样中的应力与应变

(a) 试样表面应力状态　(b) 弹性变形阶段横截面上的切应力与切应变分布

(c) 弹塑性变形阶段横截面上切应力与切应变的分布

在弹性变形阶段，试样横截面上的切应力和切应变沿半径方向呈线性分布，中心处切应力为零，表面处最大，如图 3-3(b) 所示。表层产生塑性变形后，切应变的分布仍保持线性关系，但切应力因塑性变形而有所降低，不再呈线性分布，如图 3-3(c) 所示。随着扭转试验的进行，试样最终会发生断裂。如扭转沿横截面断裂，则为切应力作用下的切断；如扭转断口与轴线成 45°角，则为最大正应力作用下的脆断。

2. 扭转试验的特点与应用

通过上述的应力、应变分析可以看出,扭转试验具有如下的特点。

①扭转的应力状态系数 $\alpha=0.8$,比拉伸的应力状态系数($\alpha=0.5$)大,故可用来测定那些在拉伸时呈现脆性或低塑性材料(如淬火低碳钢、工具钢、灰铸铁和球墨铸铁等)的强度和塑性。

②进行扭转试验时,试样截面的应力分布不均匀,表面最大,越往心部越小。因此,扭转试验能较敏感地反映出材料表面缺陷及表面硬化层的性能。利用这一特性,可对表面强化工艺进行研究并对机件热处理的表面质量进行检验。

③圆柱形试样扭转时,整个试样长度上的塑性变形是均匀的,试样的标距长度和截面面积基本保持不变,不会出现静拉伸时试样上发生的颈缩现象。所以,可用扭转试验精确评定那些拉伸时出现颈缩的、高塑性的变形能力和变形抗力,而这在单向拉伸或压缩试验时是难以做到的。

④扭转时试样中的最大正应力与最大切应力在数值上大体相等,而生产实际上所使用的大部分金属材料的正断强度大于切断强度,所以扭转试验是测定这些材料切断强度的最可靠方法。

⑤根据扭转试样的宏观断口特征,可明确区分材料的最终断裂方式是正断还是切断。由扭转试验的应力状态分析可知,塑性材料的断裂面与试样轴线垂直,断口平整,有回旋状塑性变形痕迹(图3-4(a)),这是由切应力造成的切断;脆性材料的断裂面与试样轴线成45°角,呈螺旋状(图3-4(b)),这是在正应力作用下产生的正断。此外,材料进行扭转试验时还可能出现木纹状断口(图3-4(c)),这是因为金属材料中存在较多的非金属夹杂物或偏析,并在轧制过程中使其沿轴向分布,降低了试样的轴向切断强度,从而使其断裂面顺着试样轴线形成纵向剥层或裂纹,于是产生了纵向和横向的组合切断断口。因此,可以根据断口宏观特征来判断承受扭矩而断裂的材料或构件的性能。

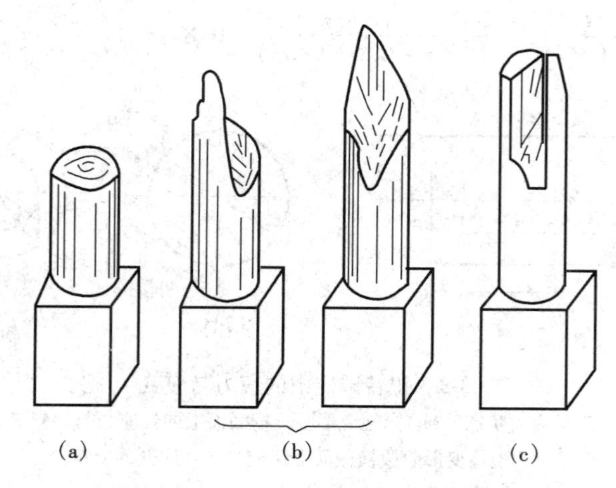

图3-4 扭转试样断口的宏观特征
(a)切断断口 (b)正断断口 (c)木纹状断口

扭转试验虽然能够用于测定塑性材料和脆性材料产生剪切变形和断裂时的力学性能,但扭转试验的特点和优点在某些情况下也会变为缺点。如由于扭转试件中表面的切应力最大,越往材料心部其切应力越小,于是当材料表层发生塑性变形时,心部仍处于弹性状态

（图 3-3(c)）。因此很难精确地测定试样表层何时开始塑性变形，因而用扭转试验也难以精确地测定材料的微小塑性变形抗力。

3. 扭转试验方法及其力学性能指标

扭转试验主要采用直径为 $d_0=10$ mm、标距长度 L_0 分别为 50 mm 或 100 mm 的圆柱形（实心或空心）试样（图 3-5），在扭转试验机上进行。关于扭转试验方法的技术规定，可参阅国家标准《金属材料 室温扭转试验方法》（GB/T 10128—2007）。

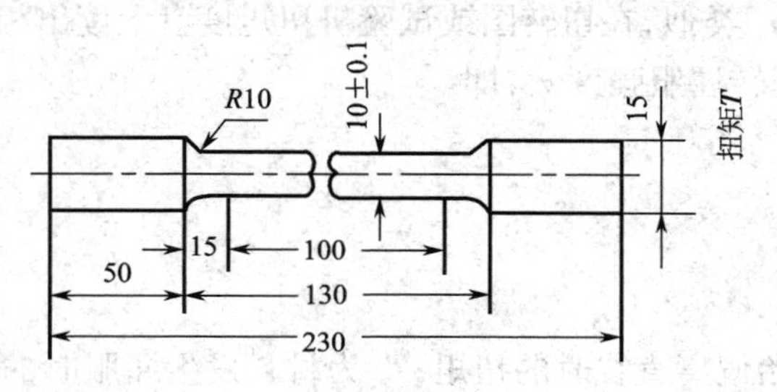

图 3-5 扭转试样的尺寸

试验时，对试样施加扭矩 T，随着扭矩的增加，试样标距 L_0 间的两个横截面不断产生相对转动，其相对扭角以 φ（单位为 rad）表示。利用试验机的绘图或记录装置可得出扭矩－扭角（$T-\varphi$）曲线，如图 3-6 所示，称为扭转图。扭转曲线与拉伸试验测定的真实应力－应变曲线相似，这是因为在扭转时试样的形状不变，其变形始终是均匀的，即使进入塑性变形阶段，扭矩随变形的增大而增加，直至试样断裂。

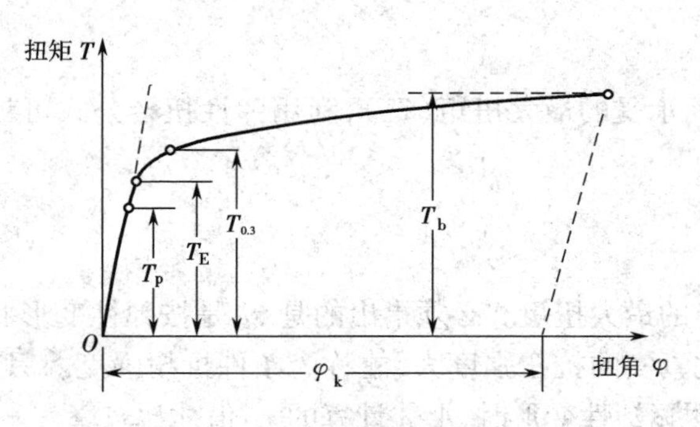

图 3-6 扭转曲线示意图

在弹性变形范围内，由材料力学理论可知试样表面的切应力

$$\tau=T/W \tag{3-7}$$

式中：T 为扭矩；W 为试样的截面系数。对于实心圆杆，$W=\pi d_0^3/16$；对于空心圆杆，$W=\pi d_0^3(1-d_1^4/d_0^4)/16$，其中 d_0 为外径，d_1 为内径。

因切应力作用而在圆杆表面产生的切应变

$$\gamma=\tan\theta=\frac{\varphi d_0}{2L_0}\times 100\% \tag{3-8}$$

式中：θ 为圆杆表面任一平行于轴线的直线因切应力 τ 的作用而转动的角度（图 3-3(a)）；φ 为扭转角；L_0 为杆的长度。

通过扭转试验测定的扭转图以及式(3-7)和式(3-8)，可得到材料的下列主要力学性能指标。

1)切变模量 G

在弹性范围内,切应力与切应变之比称为切变模量 G。对实心圆杆试样有

$$G=\frac{\tau}{\gamma}=32TL_0/(\pi\varphi d_0^4) \tag{3-9}$$

2)扭转比例极限 τ_p 和扭转屈服强度 τ_s

在扭转试验时,具有明显物理屈服现象的材料(如低碳钢)也同样会呈现屈服现象。与静载拉伸试验中的 σ_p、σ_s 类似,在扭转图或试验机扭矩度盘上读出相应的扭矩 T,就可计算出扭转比例极限 τ_p 和扭转屈服强度 τ_s,即

$$\tau_p=\frac{T_p}{W} \tag{3-10}$$

$$\tau_s=\frac{T_s}{W} \tag{3-11}$$

式中:T_p 为扭转曲线开始偏离直线时的扭矩;T_s 为材料发生屈服时的扭矩。确定 T_p 的方法是,用曲线上某点的切线与纵坐标轴夹角的正切值较直线部分与纵坐标夹角的正切值大50%,则该点所对应的扭矩即为 T_p。倘若扭转图上不存在明显的扭转屈服,可通过规定残余切应变(如0.3%)或非比例切应变的方法定义屈服扭矩 $T_{0.3}$,进而计算出扭转屈服强度 $\tau_{0.3}=\frac{T_{0.3}}{W}$。确定扭转屈服强度时的残余切应变取0.3%,是为了与确定拉伸屈服强度时的残余变形值0.2%相当。倘若扭转屈服时扭转有波动现象,则需要测定上屈服点和下屈服点。

3)抗扭强度

根据试样在扭断前承受的最大扭矩(T_b),利用弹性扭转公式可计算材料的抗扭强度,即

$$\tau_b=\frac{T_b}{W} \tag{3-12}$$

式中:T_b 为试件断裂前的最大扭矩。必须指出的是 τ_b 是按弹性变形状态下的公式计算的,由图3-3(c)可知,它比真实的抗扭强度大,故称为条件抗扭强度。只有陶瓷等很脆的材料在进行扭转试验没有明显塑性变形时,上述计算的 τ_b 值才比较真实。为了求得塑性材料的真实扭转强度极限,可运用塑性力学理论按圆柱形试样在大塑性变形下的扭转真应力计算。其计算方法,详见有关的参考文献。

3.2.2 材料的弯曲

1.弯曲试验方法及其力学性能指标

弯曲试验常采用圆柱形或矩形试样。圆柱形试样的直径 d 为5~45 mm,矩形试样的 h(高度)×b(宽度)为5 mm×7.5 mm(或5 mm×5 mm)至30 mm×40 mm(或30 mm×30 mm),试样的跨距 L_s 为直径 d 或高度 h 的16倍。对弯曲试样,常要求有一定的加工精度,但对铸铁试样其表面可不加工。金属、工程陶瓷和塑料的弯曲试验,可按《金属弯曲力学性能试验方法》(YB/T 5349—2006)、《精细陶瓷弯曲强度试验方法》(GB/T 6569—2006),《塑料 弯曲性能的测定》(GB/T 9341—2008)进行。

进行弯曲试验时,将圆柱形或矩形试样放置在一定跨距 L 的支座上,进行三点弯曲(图

3-7(a))或四点弯曲(图3-7(b))加载。采用四点弯曲时，在两加载点之间试件受到等弯矩的作用，因此试样通常在两加载点间、具有组织缺陷处发生断裂，故能较好地反映材料的缺陷性质，而且试验结果也较精确。但四点弯曲试验时，必须注意加载的均衡。三点弯曲试验时，试样总是在最大弯矩附近处发生断裂。由于三点弯曲试验的方法较简单，故常采用。

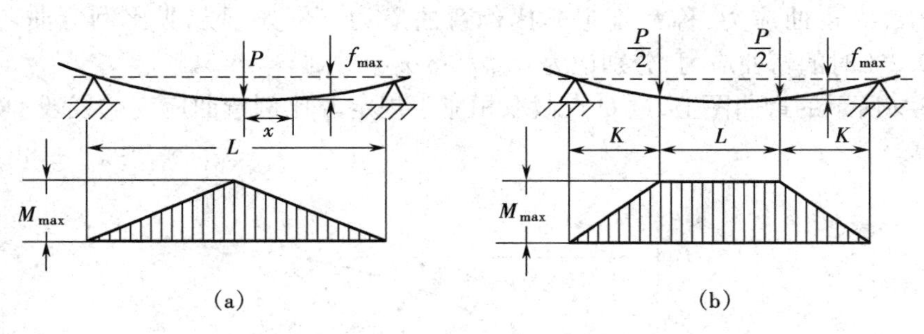

图3-7　弯曲试验加载方式

(a)三点弯曲加载　(b)四点弯曲加载

在弯曲试验中，通常用弯曲试样最大载荷对应的挠度f_{max}来表征材料的变形性能。进行弯曲试验时，在试样跨距的中心处安装百分表或挠度计测定其挠度，从而通过记录弯曲载荷P和试样挠度f_{max}之间的关系绘制出$P-f_{max}$关系曲线(称为弯曲图，如图3-8所示)，并以此弯曲图来确定材料在弯曲作用下的力学性能。

对高塑性材料，弯曲试验不能使试件发生断裂，其曲线的最后部分可延伸很长，如图3-8(a)所示。因此弯曲试验难以测得塑性材料的强度，而且试验结果的分析也很复杂，故塑性材料的力学性能常由拉伸试验测定，而不采用弯曲试验测定。

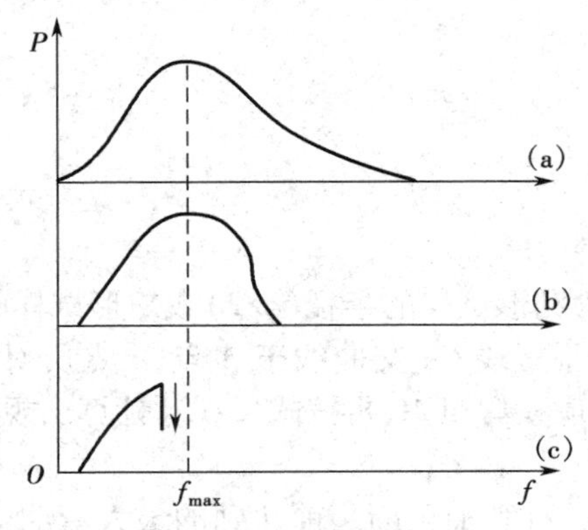

图3-8　典型材料的弯曲图

(a)塑性材料　(b)中等塑性材料　(c)脆性材料

对脆性材料，根据图3-8(b)和图3-8(c)的弯曲图，在弹性范围内弯曲时试样受拉侧表面的最大弯曲应力σ按下式计算：

$$\sigma=\frac{M}{W} \tag{3-13}$$

式中：M为最大弯矩，对三点弯曲加载，$M=\frac{PL}{4}$，对四点弯曲加载，$M=\frac{PK}{2}$；W为试样的抗弯截面系数，对于直径为d的圆柱试样，$W=(\pi d^3)/32$，对宽度为b、高度为h的矩形试样，$W=$

$(bh^2)/6$。

通过弯曲试验，可测定脆性或低塑性材料的主要力学性能指标如下。

1）规定非比例弯曲应力 σ_{pb}

试样弯曲过程中，外侧表面上的非比例弯曲应变（ε_{pb}）达到规定值时，按弹性弯曲应力公式计算的最大弯曲应力，称为规定非比例弯曲应力。例如规定非比例弯曲应变 ε_{pb} 为 0.01%或0.2%时的弯曲应力，分别记为 $\sigma_{pb0.01}$ 或 $\sigma_{pb0.2}$。

在图3-9所示的弯曲图上，过 O 点截取相应于规定非比例弯曲应变的线段 OC，其长度按下式计算。

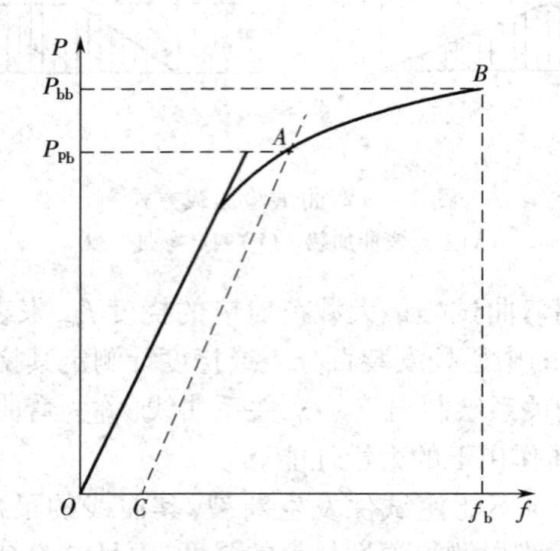

图3-9　弯曲力－挠度曲线及 P_{pb} 和 P_{bb} 的确定方法

对三点弯曲加载

$$OC = \frac{nL^2}{12Y}\varepsilon_{pb}$$

对四点弯曲加载

$$OC = \frac{n(3L_s^2 - 4L^2)}{24Y}\varepsilon_{pb}$$

式中：n 为挠度放大倍数；Y 为圆形试样的半径（$d/2$）或矩形试样的半高（$h/2$）；$L_s = L + 2K$。

过 C 点作弹性直线段的平行线 CA 交曲线于 A 点，A 点所对应的力值为所测的规定非比例弯曲力 P_{pb}，然后计算出最大弯矩 M，再按式（3-13）计算出规定非比例弯曲应力 σ_{pb}。

2）抗弯强度 σ_{bb}

按弹性弯曲公式计算的试样弯曲至断裂前达到的最大弯曲力，称为抗弯强度。从图3-9所示的曲线上 B 点读取相应的最大弯曲力 P_{bb}，或从试验机测力度盘上直接读出 P_{bb}，然后计算出断裂前的最大弯矩，进而计算出抗弯强度。

3）弯曲模量 E_b

对矩形试样，弯曲模量

$$E_b = \frac{mL^3}{4bh^3} \tag{3-14}$$

式中：m 为弯曲图上 $P-f$ 直线段的斜率；L 为试样的跨距。

2. 弯曲试验的特点

杆状试样承受弯矩作用后，其内部应力主要为正应力，与单向拉伸时产生的应力类似。

但由于杆件截面上的应力分布不均匀，表面最大，中心为零，且应力方向发生变化，因此材料在弯曲加载下所表现的力学行为与单纯拉应力作用下的力学行为不完全相同。于是对于承受弯曲载荷的机件如轴、板状弹簧等，常用弯曲试验测定其力学性能，以作为设计或选材的依据。

与拉伸、扭转试验相比，弯曲试验有以下两个方面的特点。

(1)弯曲试验的试样形状简单、操作方便，不存在拉伸试验时的试样偏斜(力的作用线不能准确通过拉伸试样的轴线而产生附加弯曲应力)对试验结果的影响，并可用试样弯曲的挠度显示材料的塑性。因此，弯曲试验方法常用于测定铸铁、铸造合金、工具钢、硬质合金及陶瓷材料等脆性与低塑性材料的强度和塑性的差别。

(2)与扭转试验类似，弯曲试样的表面应力最大，故可较灵敏地反映材料的表面缺陷。因此，常用来比较和鉴别渗碳层和表面淬火层等表面热处理机件的质量和性能。

3. 弯曲试验的应用

由以上的弯曲试验特点可以看出，弯曲试验常用于铸铁、硬质合金及陶瓷材料等的力学性能测试。

1)用于测定灰铸铁的抗弯强度

灰铸铁的弯曲试件，一般采用铸态毛坯圆柱试件。试验时加载速度不大于0.1 mm/s。若试件的断裂位置不在跨距的中点，而在距中点 x 处(图3-7)，则抗弯强度可按下式计算：

$$\sigma_{bb}=8P_b(L-2x)/(\pi d_0^3) \tag{3-15}$$

2)用于测定硬质合金的抗弯强度

由于硬度高，硬质合金难以加工成拉伸试件，故常用弯曲试验以评价其性能和质量。但由于硬质合金价格昂贵，故常采用方形或矩形截面的小尺寸试件，常用的规格是5 mm×5 mm×30 mm，跨距为24 mm。

3)用于陶瓷材料的抗弯强度测定

由于陶瓷材料脆性大，测定其抗拉强度很困难，且难以得到精确的结果，故目前主要是测定其抗弯强度作为评价其性能的指标。陶瓷材料的弯曲试验，常采用方形或矩形截面的试样。应当指出，试样的表面粗糙度对陶瓷材料的抗弯强度有很大的影响，表面越粗糙，抗弯强度越低。另外，若磨削方向与试件表面的拉应力垂直，也会较大幅度地降低陶瓷材料的抗弯强度。

3.2.3 材料的压缩

1. 压缩试验的特点

①单向压缩试验的应力状态系数 $\alpha=2$，比拉伸、扭转、弯曲的应力状态都软。因此压缩试验主要用于拉伸载荷下呈现脆性断裂材料(例如灰铸铁、轴承合金、水泥和砖块等)的力学性能测定，以显示这类材料在塑性状态的力学行为，如图3-10所示。若对脆性材料施加多向不等压缩载荷，由于应力状态系数 $\alpha>2$，材料也会产生塑性变形。

②拉伸时塑性很好的材料在压缩时只发生压缩而不会断裂，因此塑性材料很少进行压缩试验。脆性材料在拉伸时常产生垂直于载荷轴线的正断，塑性变形量几乎为零；而在压缩试验时，则能产生一定的塑性变形，并能沿与轴线呈45°方向产生切断。灰铸铁和一些高强度低塑性材料在压缩断裂时，就具有这种类型的断口。另外，陶瓷材料在轴向压缩时，还会出现断口表面与压力轴线垂直的现象。

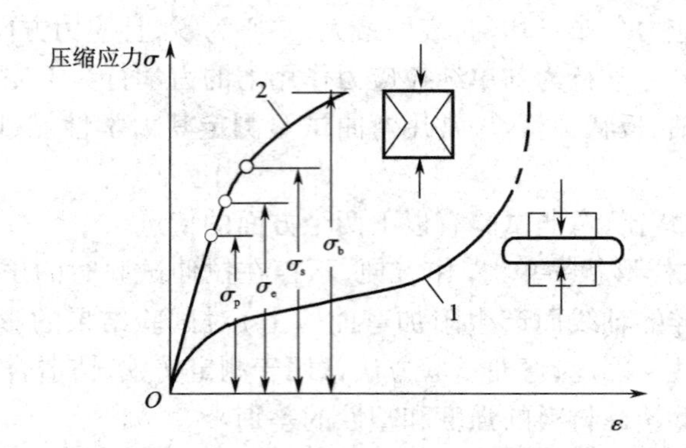

图 3-10 材料的压缩应力 - 应变曲线
1—高塑性材料;2—低塑性材料

③压缩可以看作是反向拉伸,只不过压缩时试样不是伸长而是缩短,横截面不是缩小而是胀大。

④脆性材料的压缩强度一般高于其抗拉强度,尤其是陶瓷材料的压缩强度约高于其抗拉强度一个数量级。如烧结致密氧化铝多晶体的拉伸强度为 280 MPa,而其压缩强度高达 2 100 MPa。这是由于陶瓷中总是存在裂纹,拉伸时裂纹达到临界尺寸就失稳扩展发生断裂;而在压缩时裂纹会闭合或呈稳态缓慢扩展,使压缩强度提高。

2. 压缩试验方法及其力学性能指标

在压缩试验中,试样的横截面常为圆形、正方形或棱柱体,试样长度 L_0 或高度 h_0,一般为其直径或边长 d_0 的 2.5~3.5 倍。L_0/d_0 或 h_0/d_0 对试验结果有很大的影响;L_0/d_0 或 h_0/d_0 越大,测得的材料抗压强度越低。为使抗压强度的试验结果能互相比较,一般规定 $h_0/\sqrt{A_0}$ 为定值。在有侧向约束装置以防试样屈服的条件下,也可采用板状试样。金属、陶瓷、塑料、橡胶的压缩试验,可按《金属材料 室温压缩试验方法》(GB/T 7314—2017)、《精细陶瓷压缩强度试验方法》(GB/T 8489—2006)、《塑料 压缩性能的测定》(GB/T 1041—2008)和《硫化橡胶短时间静压缩试验方法》(HG/T 3843—2006)进行。

进行压缩试验时,在上下压头与试样端面之间存在很大的摩擦力,这不仅影响试验结果,而且还会改变断裂的形式。为减小摩擦阻力的影响,试样的两端面必须光滑平整,相互平行,并涂润滑油或石墨粉进行润滑。

材料在压缩试验时的压缩载荷 - 变形曲线,如图 3-11 所示。通过压缩试验可测定下列主要的压缩性能指标。

1)规定非比例压缩应力 σ_{pc}

试样的非比例压缩变形达到规定原始标距百分比时的应力,称为规定非比例压缩应力。例如 $\sigma_{pc0.01}$、$\sigma_{pc0.2}$ 分别表示规定非比例压缩应变 $\varepsilon_{pc0.01}$ 为 0.01%、0.2%时的压缩应力。

在图 3-11 所示的压缩载荷 - 变形曲线上,自 O 点起截取一段相当于规定非比例压缩变形的距离 OC,使 $OC=n\varepsilon_{pc}h_0$(h_0 为试样原始标距,n 为变形放大倍数),过 C 点作平行于弹性直线段的直线 CA 交曲线于 A 点,其对应的载荷值 P_{pc} 为所测规定非比例压缩力。规定非比例压缩应力按下式计算:

$$\sigma_{pc}=P_{pc}/A_0$$

式中:A_0 为试样的原始横截面面积。

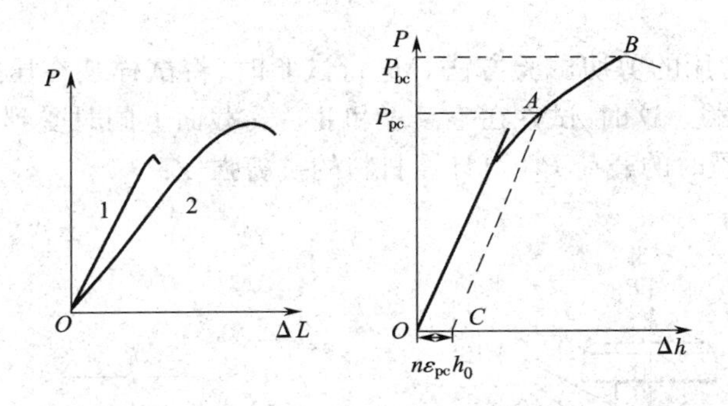

图 3-11　脆性金属材料在拉伸和压缩载荷下的力学行为

1—拉伸力 - 伸长曲线；2—压缩曲线

2）抗压强度 σ_{bc}

试样压至破坏过程中的最大应力，称为抗压强度。这可从图 3-11 的压缩载荷 - 变形曲线上确定最大压缩力 P_{bc}（或直接从试验机的测力度盘上读出），然后按下式计算抗压强度：

$$\sigma_{bc}=P_{bc}/A_0 \tag{3-16}$$

3）相对压缩率 δ_{ck} 和相对断面扩胀率 ψ_{ck}

与拉伸试验中的伸长率和断面收缩率类似，在压缩试验中可定义相对压缩率 δ_{ck} 和相对断面扩胀率 ψ_{ck} 可用下式计算：

$$\delta_{ck}=[(h_0-h_k)/h_0]\times 100\% \tag{3-17}$$

$$\psi_{ck}=[(A_k-A_0)/A_0]\times 100\% \tag{3-18}$$

通过压缩试验，也可测定材料的压缩弹性模量 E；对在压缩时产生明显屈服现象的材料，还可测定材料的压缩屈服强度 σ_{sc}。此外，在压缩试验过程中还可通过最大变形量比较材料的塑性性能。

材料的多向不等压缩试验方法，可根据机件的形状用自行设计的装置进行试验。

3.2.4　材料的剪切

制造承受剪切构件的材料，通常要进行剪切试验，以模拟实际服役条件，并提供材料的抗剪强度数据作为其设计的依据。这对诸如铆钉、销子之类的零件尤为重要。常用的剪切试验方法，有单剪试验、双剪试验和冲孔式剪切试验等三种。

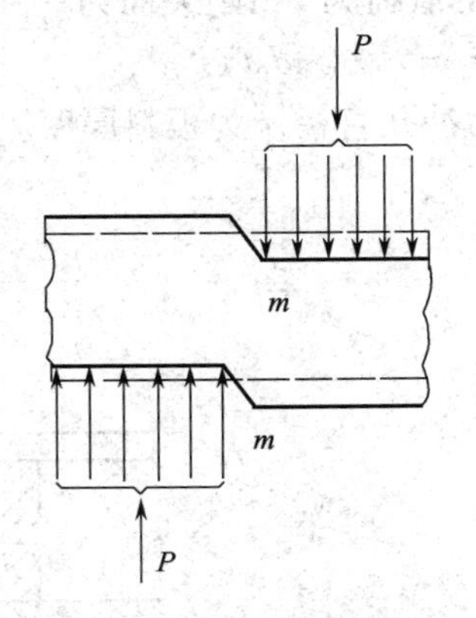

图 3-12　试件在单剪试验时受力和变形示意图

1. 单剪试验

单剪试验主要用于板材和线材的抗剪强度测量，故剪切试件常取自板材或线材。进行试验时，将试样固定在底座上，然后对上压模加压直至试样沿剪切面 $m-m$ 剪断（图 3-12）。根据试样被剪断时的最大载荷 P_b 和试件的原始截面面积 A_0，计算剪切面上的最大切应力，即材料的抗剪强度：

$$\tau_b=P_b/A_0 \tag{3-19}$$

2. 双剪试验

双剪试验是最常用的剪切试验方法。进行试验时,将试样装在压式或拉式剪切器(图3-13(a))内,然后加载。这时,试件在Ⅰ-Ⅰ和Ⅱ-Ⅱ截面上同时受到剪力的作用(图3-13(b))。根据试样断裂时的载荷 P_b,可计算材料的抗剪强度:

$$\tau_b = P_b/2A_0 \tag{3-20}$$

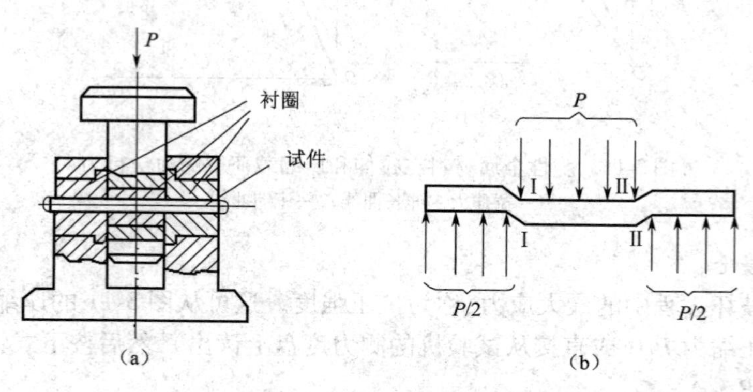

图 3-13 双剪试验装置

(a)压式剪切器 (b)试件受剪情况

双剪试验用的试样为圆柱体,其被剪部分长度不能太长。因为在剪切过程中,除了两个剪切面受到剪切外,试样还受到弯曲作用。为了减小弯曲的影响,被剪部分的长度与试样直径之比不要超过1.5。

剪切试验加载速度一般规定为1 mm/min,最快不得超10 mm/min。剪断后,如试样发生明显的弯曲变形,则试验结果无效。

3. 冲孔式剪切试验

薄板的抗剪强度,也可用冲孔式剪切试验法测定,试验装置如图3-14所示。如试样剪切断裂时的载荷为 P_b,断裂面为一圆柱面,则材料的抗剪强度:

$$\tau_b = P_b/(\pi d_0 t) \tag{3-21}$$

式中:d_0 为冲孔直径;t 为板料厚度。

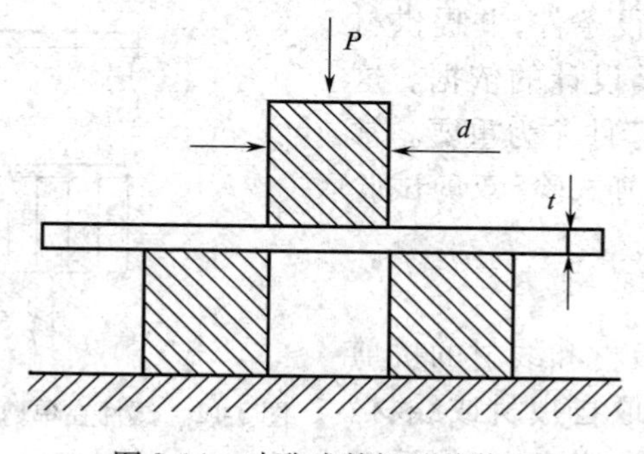

图 3-14 冲孔式剪切试验装置

3.2.5 几种静载试验方法的比较

不同静载力学性能试验方法的应力分布、应力状态系数、技术指标和脆性材料的载荷-

变形曲线，见表 3-2。由表 3-2 和本节的内容，可见每种试验方法的特点、适用材料和主要的力学性能指标。

表 3-2　几种静载试验方法的比较（对脆性材料）

试验方法		拉伸	压缩	弯曲	扭转
横截面上的应力分布		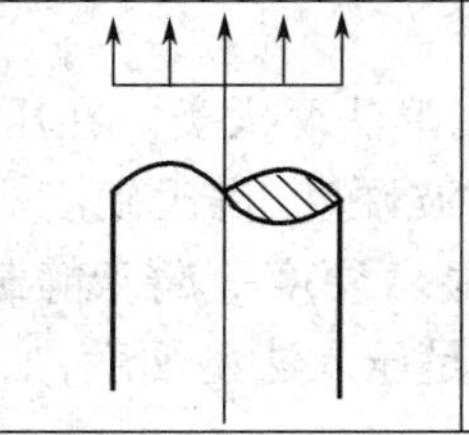	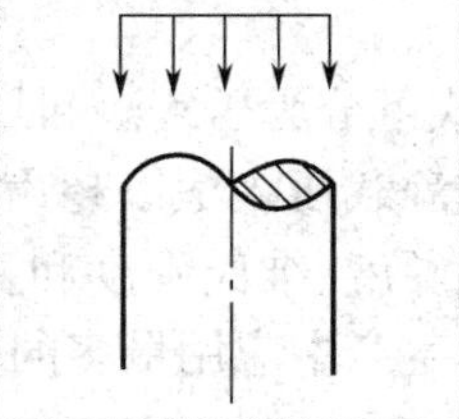	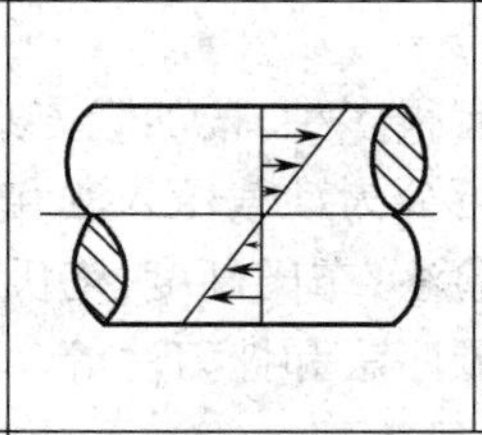	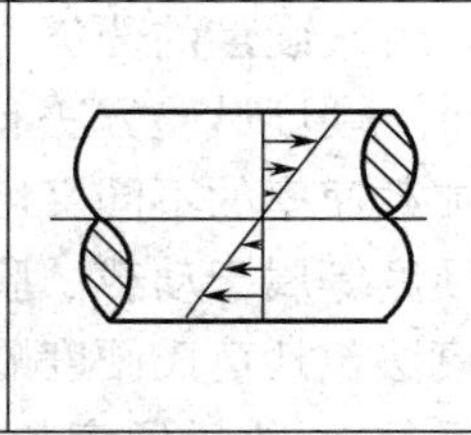
		均匀分布		不均匀分布，最大应力出现在表面层	
应力状态系数		0.5	2		0.8
主要的技术指标	模量	弹性模量 E	压缩弹性模量 E	弯曲模量 E_b	切变模量 G
	强度	σ_p 比例极限 $\sigma_{0.2}$ 屈服强度 σ_b 抗拉强度	σ_{bc} 抗压强度	σ_{bb} 抗弯强度	τ_p 扭转比例极限 $\tau_{0.3}$ 扭转屈服极限 τ_b 抗扭强度
	塑性	δ 伸长率 ψ 断面收缩率	ε_c 相对压缩率 ψ_c 断面扩张率	f 最大桡度	γ 扭转相对残余应变
淬火钢的载荷—变形曲线		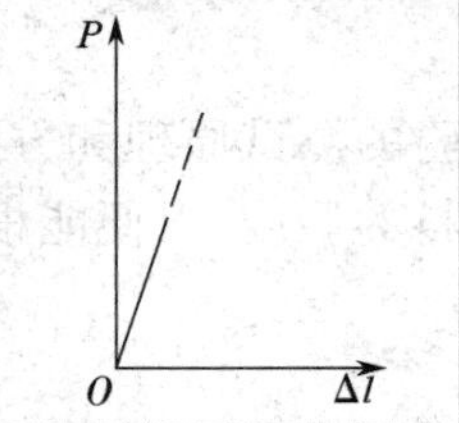 P, O, Δl	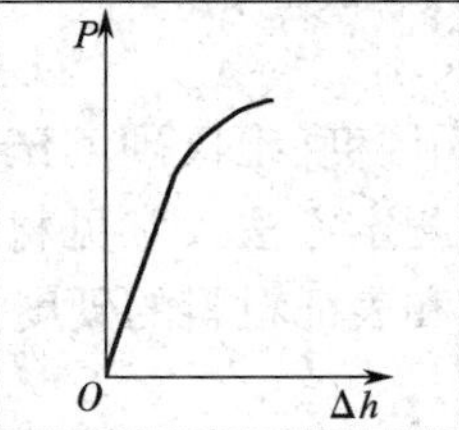 P, O, Δh	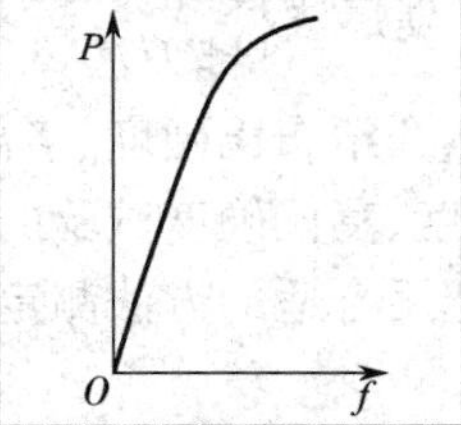 P, O, f	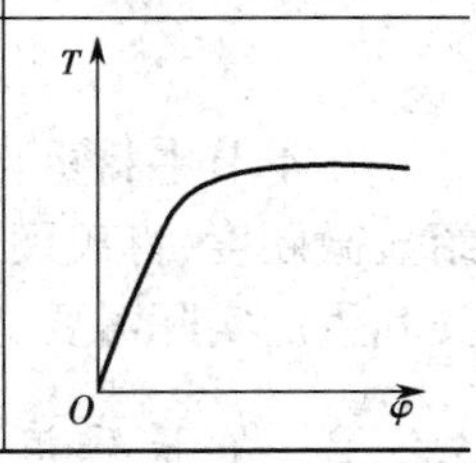 T, O, φ

3.3　材料的硬度

3.3.1　硬度的概念与分类

1. 硬度的概念

硬度是衡量材料软硬程度的一种力学性能指标，其定义是在给定的载荷条件下材料对形成表面压痕（刻痕）的抵抗能力。与静拉伸试验一样，材料的硬度试验方法在工业生产及材料研究中的应用极为广泛。但硬度只是一种技术指标，并不是一个确定的力学性能指标，其物理意义随硬度试验方法的不同而不同。例如，压入法的硬度值是材料表面抵抗另一物体局部压入时所引起的塑性变形能力；划痕法的硬度值表征材料表面对局部切断破坏的抗力。因此，硬度值实际上是表征材料的弹性、塑性、形变强化、强度和韧性等一系列不同力学性能的综合性能指标。一般情况下可以认为，硬度是指材料表面上较小体积内抵抗变形或破裂的能力。

在压入法硬度试验中，其应力状态系数 $\alpha>2$，应力状态最软，最大切应力远大于最大正应力。所以，在此应力状态下几乎所有材料（无论是塑性材料，还是脆性材料）都会产生塑性变形,即几乎所有材料都可以进行硬度试验。

硬度试验所用设备简单,操作方便快捷;硬度试验仅在材料表面局部区域内造成很小的压痕,基本上属于“无损”或微损检测,可对大多数构件成品直接进行检验,无须专门加工试样。此外,材料的硬度与强度间还存在一定的经验关系,因而硬度试验作为材料、半成品和零件的质量检验方法,在生产实际和材料工艺研究中得到了广泛的应用。

2. 硬度的分类

硬度试验方法有很多种,按加载方式可分为压入法和划痕法两大类。在压入法中,根据加载速率的不同又可分为动载压入法和静载压入法。超声波硬度、肖氏硬度和锤击式布氏硬度等属于动载试验法;布氏硬度、洛氏硬度、维氏硬度和显微硬度等属于静载压入法。划痕法包括莫氏硬度顺序法和挫刀法等。生产中应用最多的是压入法型硬度,如布氏硬度、洛氏硬度、维氏硬度和显微硬度等。

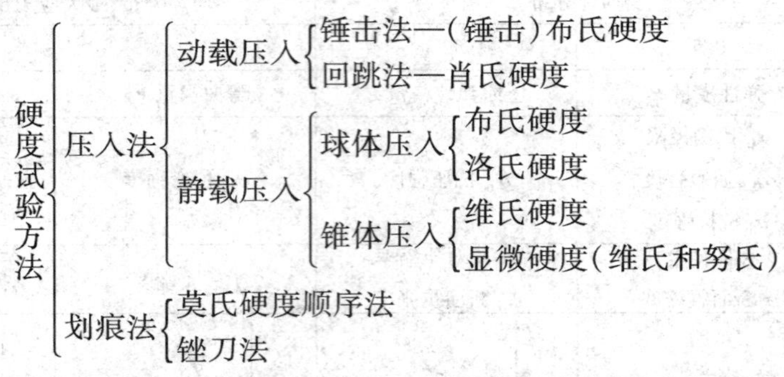

在本节中将重点介绍布氏硬度、洛氏硬度、维氏硬度试验的测试原理和方法,同时还介绍显微硬度、肖氏硬度、莫氏硬度试验的测定方法及常见材料的硬度,以便能根据材料的种类和生产实际需要选用合适的方法测定和表征材料的硬度。

3.3.2 布氏硬度

1. 布氏硬度(Brinell Hardness)试验的基本原理

布氏硬度试验,是由瑞典工程师 J. B. Brinell 于 1900 年提出的,是应用得最久、最广泛的压入法硬度试验之一。布氏硬度试验的测定原理是:用一定大小的载荷 P(kgf),将直径为 D(mm)的淬火钢球或硬质合金球压入试样表面(图 3-15(a)),保持规定的时间后卸除载荷,于是在试样表面留下压痕(图 3-15(b))。测量试样表面残留压痕的直径 d(mm),计算出压痕的表面积 A(mm^2)。将单位压痕面积承受的平均压力定义为布氏硬度,用符号 HB 表示。

$$\mathrm{HB} = \frac{P}{A} = \frac{P}{\pi D h} = \frac{2P}{\pi D\left(D - \sqrt{D^2 - d^2}\right)} \tag{3-22}$$

式中:h 为压痕凹陷的深度;πDh 为压痕的表面积。布氏硬度的单位为 kgf/mm^2,但一般不标注单位。如载荷的单位用牛顿(N),则布氏硬度的单位变为 MPa,式(3-22)的右端应乘以 0. 102。

由式(3-22)可知,当压力和压头直径一定时,压痕直径越大,则其布氏硬度值越低,即材料的变形抗力越小;反之,布氏硬度值越高,材料的变形抗力越高。

压头材料不同,表示布氏硬度值的符号也不同。当压头为硬质合金球时,用符号 HBW 表示,适用于测量布氏硬度值为 450 ~ 650 的材料。当压头为淬火钢球时,用符号 HBS 表示，适用于测量布氏硬度值低于 450 的材料。

布氏硬度值的表示方法，一般记为“数字 + 硬度符号（HBW 或 HBS） + 数字/数字/数字”的形式；硬度符号前面的数字为硬度值，符号后面的数字依次表示压头直径、载荷大小及载荷保持时间等试验条件。例如，当用 10 mm 的淬火钢球，在 3 000 kgf 载荷作用下保持 30 s 时测得的硬度值为 280，则记为 280 HBS10/3 000/30。当保持时间为 10～15 s 时，布氏硬度值表示方法中的保持时间可不做标注。又如 500 HBW5/750，表示用直径为 5 mm 的硬质合金球，在 750 kgf 载荷作用下保持 10～15 s，测得的布氏硬度值为 500。

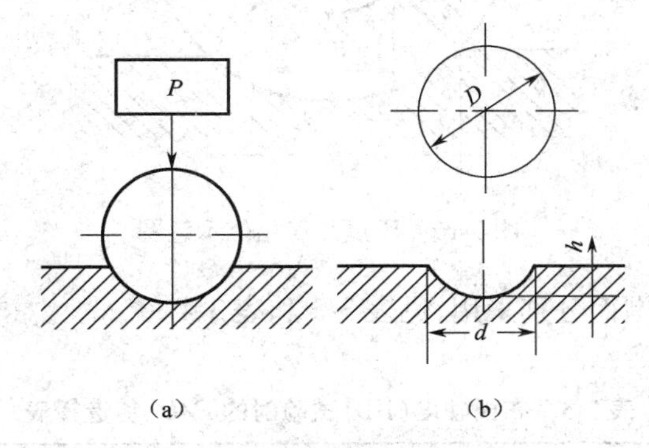

图 3-15　布氏硬度试验的原理图

(a)压头压入试样表面　(b)卸载后测定压痕直径 d

2. 布氏硬度试验规程

布氏硬度试验的基本条件是必须事先确定压入载荷 P 和压头直径 D，只有这样所得的数据才能进行相互比较。但由于材料有硬有软，试样有厚有薄，如果只采用一个标准的载荷 P（如 3 000 kgf）和压头直径 D（如 10 mm）时，则对于硬的合金材料（如钢）虽然适合，但对于软的合金材料（如铅、锡）就不适合了，此时整个钢球都会陷入材料中。同样，这个载荷和压头直径可能对厚的工件虽然适合，对于薄的工件（如厚度小于 2 mm）就不适合了，这时工件就有可能被压透。

此外，压痕直径 d 和压头直径 D 的比值也不能太大或太小，否则所测得的 HB 值就会失真。只有两者的比值在一定范围（$0.24D < d < 0.60D$）内时，才能得到可靠的数据。因此在进行布氏硬度试验时，就要求采用不同的载荷 P 和压头直径 D 的搭配。可问题是如果采用不同的 P 和 D 的搭配进行试验时，对 P 和 D 应该采取什么样的规定条件才能保证同一材料得到同样的布氏硬度值。为了解决这个问题，就需要运用压痕形状的相似性原理。

图 3-16 表示采用两个不同直径的压头 D_1 和 D_2、在不同载荷 P_1 和 P_2 的作用下压入试样表面的情况。由该图可知，想要得到相同的布氏硬度值，就必须使两者的压入角 φ 相等，这就是确定 P 和 D 规定条件的依据。从图 3-16 中可看出，φ 和 d 的关系是 $d = D\sin\frac{\varphi}{2}$，代入式(3-22)后得

$$HB = \frac{P}{D^2} \frac{2}{\pi(1 - \sqrt{1 - \sin^2\varphi/2})} \tag{3-23}$$

由式(3-23)可知，要保证所得的压入角 φ 相等，必须使 P/D^2 为一常数，只有这样才能保证对同一材料得到相同的 HB 值，这就是对 P 和 D 必须规定的条件。生产上常用的 P/D^2 值规定，有 30、15、10、5、2.5、1.25 和 1 七种。进行布氏硬度测试时，可根据材料种类、厚度

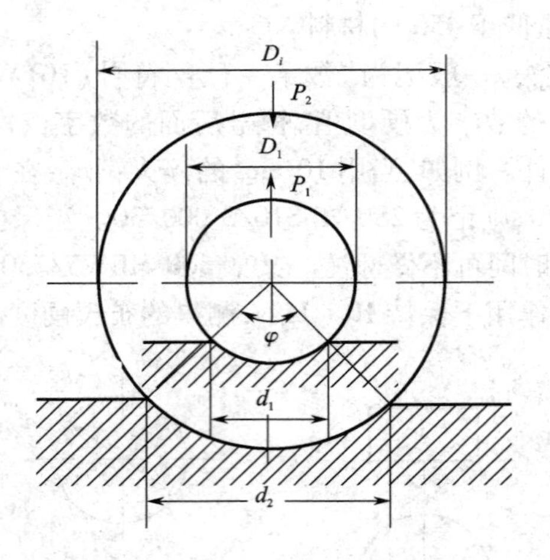

图 3-16 压痕几何相似示意图

的不同及布氏硬度的范围而分别采用,见表 3-3 和表 3-4。

表 3-3 布氏硬度(HB)试验时的 P/D^2 值选择表

材料	布氏硬度范围	P/D^2	材料	布氏硬度范围	P/D^2
钢及铸铁	<140	10	轻金属及合金	<35	2.5(1.25)
				35~80	10(5 或 15)
	≥140	30		>80	10(15)
铜及铜合金	<35	5	铅、锡		1.25(1)
	35~130	10			
	>130	30			

表 3-4 P/D^2 及试样厚度选用表

材料类型	布氏硬度值/HB	试样厚度/mm	载荷 P 与压直径头 D 的相互关系	压头直径 D/mm	载荷 P/kgf	载荷保持时间/s
黑色金属	140~450	6~3	$P=30D^2$	10	3 000	10
		4~2		5	750	
		<2		2.5	187.5	
	<140	>6	$P=10D^2$	10	1 000	10
		6~3		5	250	
		<3		2.5	62.5	
有色金属	>130	6~3	$P=30D^2$	10	3 000	30
		4~2		5	750	
		<2		2.5	187.5	
	36~130	9~3	$P=10D^2$	10	1 000	30
		6~2		5	250	
		<3		2.5	62.5	
	8~35	>6	$P=2.5D^2$	10	250	60
		6~3		5	62.5	
		<3		2.5	15.6	

此外，进行布氏硬度试验测试前，应根据试件的厚度选定压头直径。试件的厚度应大于压痕深度的10倍；在试件厚度足够时，应尽可能选用10 mm直径的压头。然后再根据材料种类及其硬度范围，参照表3-4选择 P/D^2 值，从而计算出试验需用的压力 P。应当指出，压痕直径 d 应在 $(0.24D<d<0.60D)$ 范围内，所测硬度方为有效；若 d 值超出上述范围，则应另选 P/D^2 值，重做试验。

最后，在布氏硬度测试过程中，对压力作用下的保持时间也有规定。对黑色金属，载荷保持时间常为10 s；对有色金属，载荷保持时间常为30 s；对 HB<35 的材料，载荷保持时间常为60 s。这是因为测定较软材料的硬度时，会产生较大的塑性变形，因而需要较长的保持时间。但也不能保持得太长，如铅、锡等在室温下即有显著冷蠕变现象，变形会随着时间的延长而一直增大。所以要得到可资比较的数据，必须对载荷保持时间作出恰当的规定。布氏硬度的试验方法和技术条件，在国家标准《金属材料 布氏硬度试验 第1部：试验方法》(GB/T 231.1—2009)中都有明确的规定。

3. 布氏硬度试验的优缺点和适用范围

由于测定布氏硬度时常采用较大直径的压头和较高的压入载荷，因而压痕面积大，能反映出较大体积范围内材料各组成相的综合平均性能，而不受个别相和微区不均匀性的影响。故布氏硬度特别适宜于测定灰铸铁、轴承合金等具有粗大晶粒或粗大组成相的材料硬度，且试验数据稳定、分散性小及重复性好。

另外，试验证明在一定的条件下布氏硬度与抗拉强度 σ_b 存在如下的经验关系：

$$\sigma_b = k\ \mathrm{HB} \tag{3-24}$$

式中：k 为经验常数，随材料不同而异。表3-5列出了常见金属材料的抗拉强度 σ_b(MPa)与HB($\mathrm{kgf/mm^2}$)的比例常数。因此只要测定了布氏硬度，便可估算出材料的抗拉强度。

表3-5　金属材料不同状态下HB与 σ_b 的关系表

材料	HB范围	σ_b/HB	材料	HB范围	σ_b/HB
退火、正火碳钢	125~175	3.4	退火黄铜及黄铜	—	5.5
	>175	3.6	加工青铜及黄铜	—	4.0
淬火碳钢	<250	3.4	冷作青铜	—	3.6
淬火合金钢	240~250	3.3	软铝	—	4.1
常用镍铬钢	—	3.5	硬铝	—	3.7
锻轧钢材	—	3.6	其他铝合金	—	3.3
锌合金	—	0.9			

由于测定布氏硬度时压痕较大，故不宜在零件表面上测定布氏硬度，也不能测定薄壁件或表面硬化层的布氏硬度。其次，布氏硬度测量中需要测量压痕直径 d，操作和测量时间较长，故在要求迅速检定大量成品时需要耗费大量的人力。当前正在研究布氏硬度测定的自动化，以提高测量精度和效率。此外，在试验前需要根据材料的厚度和材料软硬程度，反复试验更换压头的直径和所需的载荷。

当使用淬火钢球作压头时，只能用于测定 HB<450 的材料的硬度；使用硬质合金球作压头时，测定的硬度可达650 HB。但当 HB>450 时，应测定材料的洛氏硬度为宜。因为测定硬材料的布氏硬度时，可能会因所加载荷过大而损坏压头。

与布氏硬度的试验原理一样，如将压痕的表面积改用压痕的投影面积，则可得到Meyer

硬度值 HM,即

$$HM = \frac{4P}{\pi d^2}$$

对于不会发生加工硬化的延性材料,当 HM 和 σ_s 的单位均用 MPa 时可以证明 HM 约等于 $3\sigma_s$,其中 σ_s 为材料的单轴屈服强度。由此可见,当采用同一单位时材料的硬度值大于其屈服强度,这是因为在压痕形成之前压头下方的所有材料都必须发生屈服。

3.3.3 洛氏硬度

鉴于布氏硬度存在以上缺点,美国的 S. P. Rockwell 和 M. Rockwell 于 1919 年提出了直接用压痕深度大小作为标志硬度值高低的洛氏硬度试验。洛氏硬度(Rockwell Hardness),也是目前最常用的硬度试验方法之一。

1. 洛氏硬度的试验原理和方法

洛氏硬度是以一定的压力将压头压入试样表面,以残留于表面的压痕深度来表示材料的硬度。

洛氏硬度的压头有两种,一种是顶角为 120°的金刚石圆锥体,适于测定淬火钢材等较硬的材料;另一种是直径为 1/16"(1.587 5 mm)~1/2"(12.70 mm)的钢球,适于测定退火钢、有色金属等较软材料的硬度。

测定洛氏硬度时,先加 100 N 的预压力,然后再施加主压力,所加总压力的大小视被测材料的软硬程度而定。采用不同的压头并施加不同的压力,可组成十五种不同的洛氏硬度标尺,见表 3-6。生产上常用的洛氏硬度有 A、B 和 C 三种标尺,其中又以 C 标尺用得最普遍。用这三种标尺的洛氏硬度,分别记为 HRA、HRB 和 HRC。

表 3-6 洛氏硬度的试验规范及应用

标尺	压头类型	初始试验力/N	主试验力/N	总试验力/N	常数 K	硬度范围	应用举例
A	金刚石圆锥体	100	500	600	100	60~85	高硬度薄件及硬质合金等
B	ϕ1.588 mm 钢球		900	1 000	130	25~100	有色金属、可锻铸铁等
C	金刚石圆锥体		1 400	1 500	100	20~67	热处理结构钢、工具钢
D	金刚石圆锥体		900	1 000	100	40~77	表面淬火钢
E	ϕ3.175 mm 钢球		900	1000	130	70~100	塑料
F	ϕ1.588 mm 钢球		500	600	130	40~100	有色金属
G	ϕ1.588 mm 钢球		1 400	1 500	130	31~94	珠光体钢、铜、镍、锌合金
H	ϕ3.175 mm 钢球		500	600	130	—	退火铜合金
K	ϕ3.175 mm 钢球		1 400	1 500	130	40~100	有色金属、塑料
L	ϕ6.350 mm 钢球		500	600	130	—	
M	ϕ6.350 mm 钢球		900	1 000	130	—	
P	ϕ6.350 mm 钢球		1 400	1 500	130	—	
R	ϕ12.70 mm 钢球		500	600	130	—	软金属、非金属软材料
S	ϕ12.70 mm 钢球		900	1 000	130	—	
V	ϕ12.70 mm 钢球		1 400	1 500	130	—	

洛氏硬度的试验原理和过程，如图3-17所示。测定HRC时，采用金刚石压头，先施加100 N的预载荷，压入材料表面的深度为h_0，此时表盘上的指针指向零点（图3-17（a））。然后再加上1 400 N的主载荷，压头压入表面的深度为h_1，表盘上的指针逆时针方向转到相应的刻度（图3-17（b））。在主载荷的作用下，材料表面的变形包括弹性变形和塑性变形两部分；卸除主载荷后，表面变形中的弹性部分将回复，压头将回升一段距离，即(h_1-e)，表盘上的指针将相应地回转（图3-17（c））。最后，在试件表面留下的残余压痕深度为e。于是可以人为地规定，取$e=0$时的HRC＝100；取$e=0.2$ mm时的HRC＝0；压痕深度每增加0.002 mm，HRC降低1个单位，于是有

$$\mathrm{HRC}=(0.2-e)/0.002=100-e/0.002 \tag{3-25}$$

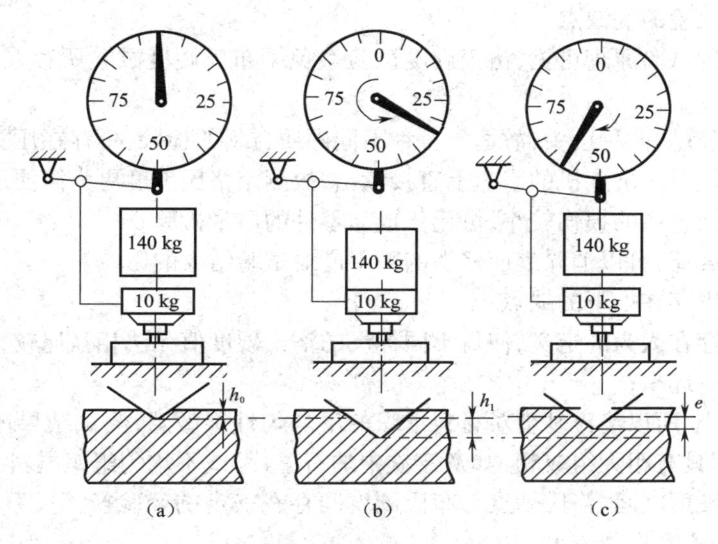

图3-17　洛氏硬度试验原理与测试过程示意图

（a）加预载荷　（b）加主载荷　（c）卸主载荷

洛氏硬度HRC这样的定义与人们的思维习惯是一致的：即材料越硬，压痕的深度越小；反之，材料越软，压痕深度越大。按式（3-25）可以方便地表示HRC与压痕深度e之间的线性关系，并制成洛氏硬度读数表，安装在洛氏硬度试验机上，在主载荷卸除后即可由读数表直接读出材料的HRC值。

测定HRB时，采用1/16英寸的钢球为压头，主载荷选择为900 N，测定方法与测定HRC相同，但HRB的定义方法为

$$\mathrm{HRB}=(0.26-e)/0.002=130-e/0.002 \tag{3-26}$$

总之，洛氏硬度可统一用下式来定义

$$\mathrm{HRA(B,C,D)}=K-e/0.002 \tag{3-27}$$

式中：K为常数，采用金刚石圆锥体压头时为100，采用钢球压头时为130（表3-6）。

由式（3-25）和式（3-26）可见，HRC测定的硬度值有效范围为20～70（相当于HB230～700），HRB的硬度值有效范围为20～100（相当于HB60～230）。这是由于在上述的硬度值有效范围以外，不是压头压入过浅，就是压头压入过深，都将使测得的材料硬度值不准确。

进行洛氏硬度测试时，试件表面一般情况下应为平面。但当在圆柱面或球面上测定洛氏硬度时，测得的硬度值比材料的真实硬度要低，应加以修正。修正量ΔHRC可按下式

计算：

对圆柱面

$$\Delta HRC = 0.06(100 - HRC')^2 / D' \tag{3-28}$$

对球面

$$\Delta HRC = 0.012(100 - HRC')^2 / D' \tag{3-29}$$

式中：HRC′为在圆柱面或球面上测得的硬度；D'为圆柱体或球体的直径。对于其他标尺的洛氏硬度，其修正量可在有关的文献中查到。洛氏硬度试验的详细技术规定，可参阅国家标准《金属材料 洛氏硬度试验 第1部：试验方法（A、B、C、D、E、F、G、H、K、N、T标尺）》（GB/T 2301—2009）。

2. 洛氏硬度试验的优缺点

由洛氏硬度的试验原理可见，洛氏硬度试验避免了布氏硬度试验所存在的缺点。它的优点是：

①因有硬质、软质两种压头，故适于各种不同硬质材料的检验，不存在压头变形问题；

②因为硬度值可从硬度机的表盘上直接读出，故测定洛氏硬度更为简便迅速、工效高；

③对试件表面造成的损伤较小，可用于成品零件的质量检验；

④因加有预载荷，可以消除表面轻微的不平度对试验结果的影响。

但洛氏硬度也存在如下的缺点：

①洛氏硬度存在人为的定义，使得不同标尺的洛氏硬度值无法相互比较，不像布氏硬度可以从小到大统一起来；

②由于压痕小，所以洛氏硬度对材料组织的不均匀性很敏感，测试结果比较分散，重复性差，因而不适用具有粗大组成相（如灰铸铁中的石墨片）或不均匀组织材料的硬度测定。

在各种洛氏硬度之间、洛氏硬度与布氏硬度间存在一定的经验换算关系。对于钢铁材料，大致有下列的关系式：

$$HRC = 2\ HRA - 104$$

$$HB = 10\ HRC (HRC = 40 \sim 60)$$

$$HB = 2\ HRB$$

3. 表面洛氏硬度

上述的洛氏硬度试验方法，因施加的压力大，不宜用于测定极薄工件和表面硬化层（如氮化层及金属镀层等）的硬度。为满足这些试件的硬度测定需要，又发展出表面洛氏硬度试验。

表面洛氏硬度，又称轻载荷洛氏硬度，其试验原理与洛氏硬度试验完全相同，但与普通洛氏硬度相比，表面洛氏硬度如下特点是：①预载荷为30 N，总载荷比较小，分别为150 N、300 N和450 N；②取$e=0.1$ mm时的表面洛氏硬度为零，取$e=0$时的表面洛氏硬度为100，深度每增大0.001 mm，表面洛氏硬度降低1个单位；③无论是金刚石圆锥体压头，还是钢球压头，表面洛氏硬度的满刻度均为100，即 HR15N 或 HR30T $= (0.1 - e)/0.001 = 100 - e/0.001$。

表面洛氏硬度的表示方法，是在HR后面加注标尺符号（如15 N、30 T等），而硬度值放在HR之前。如45HR30N表示用金刚石圆锥体压头、载荷为300 N时测得的表面洛氏硬度为45。60HR45T表示用ϕ1.588 mm钢球压头、载荷为450 N时测得的表面洛氏硬度为60。表面洛氏硬度的标尺、试验规范及用途，见表3-7。

表 3-7 表面洛氏硬度的试验规范及应用

标尺	压头类型	初始试验力/N	主试验力/N	总试验力/N	硬度范围	应用举例
HR15N	金刚石圆锥体	30	120	150	70 ~ 94	渗碳钢、渗氮钢、刀具、薄钢板等
HR30N			270	300	42 ~ 83	
HR45N			420	450	20 ~ 70	
HR15T	ϕ1. 588 mm 钢球		120	150	67 ~ 93	低碳钢、铜合金、铝合金等薄板
HR30T			270	300	29 ~ 82	
HR45T			420	450	7 ~ 72	

4. 洛氏硬度试验方法的选择

在洛氏硬度试验中,不仅有各种标尺的洛氏硬度,而且还有表面洛氏硬度。为保证洛氏硬度试验结果的正确性,就必须依据材料种类和各标尺允许测试的硬度范围正确地选择合适的硬度标尺。洛氏硬度试验方法的选择依据如下。

①与布氏硬度试验一样,洛氏硬度试验方法也可测定软硬不同及厚薄不一试样的硬度,但其所测硬度范围应在该方法所允许的范围内。如用洛氏硬度 C 标尺所测硬度范围应在 HRC20 ~ 67;若材料硬度小于 HRC20,则应选用 B 标尺;若大于 HRC67,则应选用 A 标尺。对于较小较薄的试样,应选用表面洛氏硬度法试验。

②从材料角度看,淬火后经不同温度回火的钢材、各种工模具钢及渗层厚度大于 0. 5 mm 的渗碳层等较硬的材料,常采用洛氏硬度 C 标尺法;对于硬质合金之类的很硬材料,常采用洛氏硬度 A 标尺法;当零件或工模具的渗层较浅时,如氮化层,渗硼层,可选用表面洛氏硬度法。

3.3.4 维氏硬度

维氏硬度(Vickers Hardness)试验法是由英国 R. L. Smith 和 G. E. Sandland 于 1925 年提出的,第一台按照此方法制作的硬度计是由英国的 Vickers 公司研制成功的,于是称之为维氏硬度试验法。

1. 维氏硬度的试验原理和方法

维氏硬度的试验原理与布氏硬度相同,也是根据单位压痕单位面积上承受的载荷来计算硬度值。所不同的是,维氏硬度试验采用锥面夹角为 136°的四方金刚石角锥体压头。

采用四方角锥压头,是针对布氏硬度的载荷 P 和压头直径 D 之间必须遵循 P/D^2 为定值这一制约关系的缺点而提出来的。采用了四方角锥压头,当载荷改变时压入角不变,因此载荷可以任意选择,这是维氏硬度试验最主要的特点,也是最大的优点。

四方角锥体之所以选取 136°,是为了所测数据与 HB 值能得到最好的配合。因为在进行布氏硬度试验时,压痕直径 d 多半在 $0.25D \sim 0.50D$,当 $d=\dfrac{0.25D+0.5D}{2}=0.375D$ 时,通过此压痕直径作压球的切线,切线的夹角正好等于 136°,如图 3-18 所示。所以通过维氏硬度试验所得到的硬度值与通过布氏硬度试验所得到的硬度值完全相等,这是维氏硬度试验的第二个特点。

此外,采用四方角锥后,压痕为一具有清晰轮廓的正方形。在测量压痕对角线长度 d 时的误差小(参看图 3-19),这比用布氏硬度测量圆形的压痕直径 d 要方便得多。另外,采用

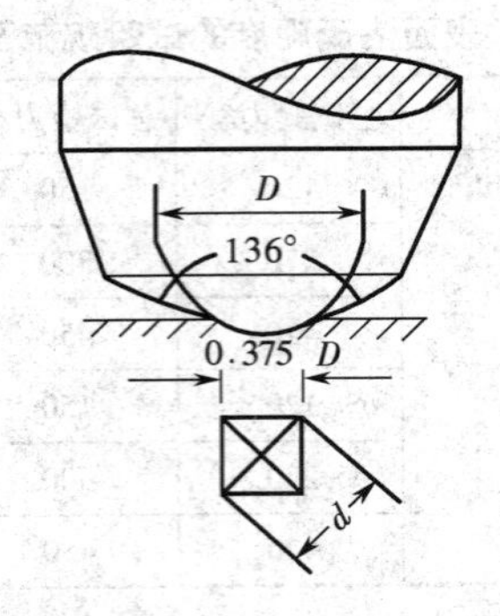

图 3-18　维氏硬度四方金刚石角锥压头锥面夹角的确定

金刚石压头可适用于试验任何硬质材料的硬度测量。

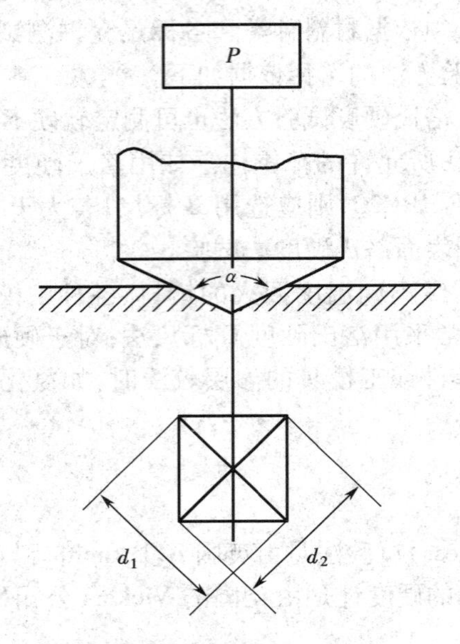

图 3-19　维氏硬度试验原理图

进行维氏硬度试验时，也是以一定的压力将压头压入试样表面，保持一定时间后卸除压力，于是在试样表面上留下压痕，如图 3-19 所示。测量压痕两对角线的长度后取平均值 d，由于压痕面积 $A = d^2/2\sin(136/2)^0 = d^2/1.854$，所以维氏硬度值可用下式计算：

$$\mathrm{HV} = P/A = 1.854P/d^2 \tag{3-30}$$

进行维氏硬度试验时，所加的载荷可选择 50 N、100 N、200 N、300 N、500 N 和 1 000 N 等六种。当载荷一定时，即可根据 d 值算出维氏硬度。试验时，只要测量压痕两对角线长度的平均值，即可查表求得维氏硬度值。维氏硬度的表示方法与布氏硬度的相同，例如 640HV30/20 表示在 30 kgf(300 N)的载荷下、保持时间为 20 s 时测得的维氏硬度值为 640。维氏硬度的单位为 $\mathrm{kgf/mm^2}$，但一般不标注单位。

维氏硬度试验特别适用于表面硬化层和薄片材料的硬度测定，选择载荷时应使硬化层或试样的厚度大于 $1.5d$。若不知待测试样硬化层的厚度，则可在不同的载荷下按从小到大的顺序进行试验。若载荷增加时，材料的硬度明显降低，则必须采用较小的载荷直至两相邻载荷得出相同结果时为止。当待测试样厚度较大时，应尽可能选用较大的载荷，以减小对角线测量的相对误差和试样表面层的影响，提高维氏硬度测定的精度。但对于 HV >500 的材料，试验时不宜采用 500 N 以上的载荷，以免损坏金刚石压头。有关维氏硬度试验的一些规定，可参看国家标准《金属材料 维氏硬度试验 第 1 部分：试验方法》(GB/T 4340. 1—2009)。

2. 维氏硬度的特点和应用

与布氏、洛氏硬度试验比较起来，维氏硬度试验具有许多优点：

①由于维氏硬度试验采用了四方金刚石角锥体压头，在各种载荷作用下所得的压痕几何相似，因此载荷大小可以任意选择，所得硬度值均相同，不受布氏硬度法那种载荷 P 和压头直径 D 规定条件的约束，也不存在压头变形问题；

②维氏硬度试验法测量范围较宽，软硬材料都可测试，又不存在洛氏硬度法那种不同标尺的硬度无法统一的问题，并且比洛氏硬度法能更好地测定薄件或薄层的硬度，因而常用来测定表面硬化层以及仪表零件等的硬度；

③由于维氏硬度的压痕为一轮廓清晰的正方形，其对角线长度易于精确测量，故精度较布氏硬度法高；

④当材料的硬度小于 450 *HV* 时，维氏硬度值与布氏硬度值大致相同。

维氏硬度试验的缺点是需要通过测量对角线后才能计算(或查表)出来，因此生产效率没有洛氏硬度高，但随着自动维氏硬度机的发展，这一缺点将不复存在。

3.3.5 显微硬度

前面介绍的布氏硬度、洛氏硬度及维氏硬度等三种试验法由于施加的载荷较大，只能测得材料组织的平均硬度值。但是如果要测定材料在极小范围内的组织如某个晶粒、某个组成相或夹杂物的硬度，或者需要研究扩散层组织、偏析相、硬化层深度以及极薄板等的硬度时，这三种硬度法就难以适用了。此外，上述三种硬度试验法也不能测定像陶瓷等脆性材料的硬度，因为在如此大的载荷作用下陶瓷材料容易发生破裂。

显微硬度试验，一般是指测试载荷小于 2 *N* 的硬度试验。常用的显微硬度，有显微维氏硬度和显微努氏硬度等两种。

1. 显微维氏硬度

显微维氏硬度试验，实质上就是小载荷下的维氏硬度试验，其测试原理和维氏硬度试验相同，故硬度值仍可用式(3-30)计算。但由于测试的载荷小，载荷与压痕之间的关系就不一定像维氏硬度试验那样符合几何相似原理。因此测试结果必须注明载荷大小，以便能进行有效地比较。如 340*HV*0. 1 表示用 1 *N* 载荷测得的显微维氏硬度值为 340；而 560*HV*0. 05 则表示用 0. 5 *N* 载荷测得的显微维氏硬度值为 560。

2. 显微努氏硬度

努氏硬度(Knoop Hardness)试验是维氏硬度试验方法的发展，属于低载荷压入硬度试验的范畴。努氏硬度的试验原理与维氏硬度相同，所不同的是四角棱锥金刚石压头的两个对面角不相等(图 3-20)，纵向的金刚石锥体顶角为 172°30′，横向的金刚石锥体顶角为 130°。对金刚石四角棱锥做这样设计的目的，是在试样上得到长对角线长度为短对角线长度 7. 11 倍的菱形压痕。测量菱形压痕长对角线的长度 l，按单位压痕投影面积上承受的载荷计算材料的努氏硬度值，即

$$\mathrm{HK}=\frac{P}{A}=\frac{14.22P}{l^2} \tag{3-31}$$

式中:A 为压痕的投影面积,而不是压痕表面积。测试所用的载荷,通常为 1 ~ 50 N。

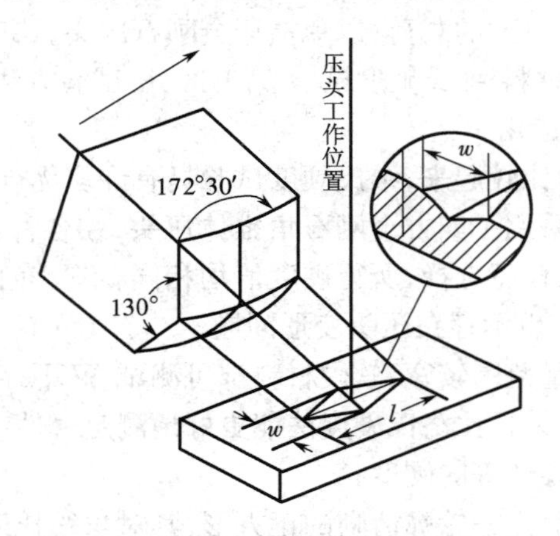

图 3-20　努氏硬度试验的压头与压痕图

努氏硬度试验法的压痕细长,而且只测量长对角线的长度,因而测量的精确度较高,特别适合极薄层(表面淬火或化学热处理渗层、镀层)、极薄零件、丝、带等细长零件以及硬而脆的材料(如玻璃、玛瑙、陶瓷等)的硬度测量。有关金属努氏硬度试验的一些规定,可参看《金属材料 努氏硬度试验 第 1 部分:试验方法》(GB/T 18449. 1—2009)。

3. 显微硬度试验的特点及应用

显微硬度试验的最大特点是载荷小,因而产生的压痕极小,几乎不损坏试件,便于测定材料在微小区域内的硬度值。显微硬度试验的另一特点是灵敏度高,故显微硬度试验特别适合于评定细线材料的加工硬化程度,研究材料由于摩擦、磨损或辐照、磁场和环境介质而引起的表面层性质变化,检查材料化学和组织结构上的不均匀性等。

3.3.6　肖氏硬度

与上述各种静载压入硬度试验法不同,肖氏硬度(Shore Hardness)试验是一种动载荷试验法。其测定原理是将一定重量的具有金刚石圆头或钢球的标准冲头(重锤)从一定高度 h_0 自由下落到试件表面,然后由于试样的弹性变形使其回跳到某一高度 h,用这两个高度的比值来计算材料的肖氏硬度值(HS),因此肖氏硬度又叫回跳硬度。

$$\mathrm{HS} = K(h/h_0) \tag{3-32}$$

式中:HS 为肖氏硬度;K 为肖氏硬度系数,对于 C 型肖氏硬度计,$K = 10^4/65$,对于 D 型肖氏硬度计,K 取 140。

由式(3-32)可见,冲头回跳高度越高,则试样的硬度越高。当冲头从一定高度落下,以一定的能量冲击试样表面,使其产生弹性和塑性变形。冲头的冲击能一部分消耗于试样的塑性变形上,另一部分则转变为弹性变形功储存在试样中。当弹性变形恢复时,弹性能量就释放出来使冲头回跳到一定的高度。消耗于试样的塑性变形功越小,则储存于试样的弹性能就越大,冲头回跳高度就越高。这说明肖氏硬度值的大小,取决于材料的弹性性质。因此弹性模量不同的材料,其结果不能相互比较,例如钢和橡胶的肖氏硬度值就不能比较。

肖氏硬度试验法具有操作简便、测量迅速、压痕小、携带方便的优点,可在现场测量大件金属制品的硬度,如大型冷轧辊的验收标准就是肖氏硬度值。但其缺点是测定结果受人为因素影响较大,精确度较低。有关金属肖氏硬度试验的一些规定,可参看国家标准《金属材料·肖氏硬度试验·第1部分:试验方法》(GB/T 4341.1—2014)。

3.3.7 莫氏硬度

陶瓷及矿物材料常用的划痕硬度,称为莫氏硬度(Moh's Hardness)。莫氏硬度只表示硬度从小到大的顺序,不表示材料的软硬程度,后面的材料可以划破前面材料的表面。起初,莫氏硬度为分 10 级,后来因为出现了一些人工合成的高硬度材料,又将莫氏硬度细分为 15 级,见表 3-8。

表 3-8　莫氏硬度顺序表

顺序	材料	顺序	材料
1	滑石	1	滑石
2	石膏	2	石膏
3	方解石	3	方解石
4	萤石	4	萤石
5	磷灰石	5	磷灰石
6	正长石	6	正长石
7	石英	7	SiO_2玻璃
8	黄玉	8	石英
9	刚玉	9	黄玉
10	金刚石	10	石榴石
—		11	熔融氧化锆
—		12	刚玉
—		13	碳化硅
—		14	碳化硼
—		15	金刚石

3.3.8 常用材料的硬度

硬度是材料的一种重要力学性能,在材料科学研究和生产实际应用中具有十分重要的意义。加之硬度试验方法迅速、简便,人们对材料的硬度进行了大量的分析与测量,一些常用材料的硬度见表 3-9。从表 3-9 可以看出,金属材料、陶瓷材料和高分子材料在硬度上的巨大差异,而这种差异主要是由材料的组成和结构决定的。

表 3-9　一些常用材料的硬度

材料	条件	硬度/(kgf/mm^2)
金属材料		
99.5%铝	退火	20
	冷轧	40
铝合金(Al-Zn-Mg-Cu)	退火	60
	沉淀硬化	170

续表

材料	条件	硬度/(kgf/mm^2)
软钢(0.2%C)	正火	120
	冷轧	200
轴承钢	正火	200
	淬火(830 ℃)	900
	回火(150 ℃)	750
陶瓷材料		
WC	烧结	1 500 ~ 2 400
金属陶瓷(WC - 6% Co)	20 ℃	1 500
	750 ℃	1 000
Al_2O_3		~1 500
B_4C		2 500 ~ 3 700
BN(立方)		7 500
金刚石		6 000 ~ 10 000
玻璃		
硅石		700 ~ 750
钠钙玻璃		540 ~ 580
光学玻璃		550 ~ 600
高分子聚合物		
高压聚乙烯		40 ~ 70
酚醛塑料(填料)		30
聚苯乙烯		17
有机玻璃		16
聚氯乙烯		14 ~ 17
ABS		8 ~ 10
聚碳酸酯		9 ~ 10
聚甲醛		10 ~ 11
聚四氟乙烯		10 ~ 13
聚砜		10 ~ 13

从化学键角度看,化学键强的材料,其硬度一般就高。对于一价键的材料,其硬度按如下顺序依次下降:共价键≥离子键>金属键>氢键>范氏键。显然,完全由共价键组成的材料,其硬度最高。从聚集态结构角度看,结构越密、分子间作用力越强的材料,其硬度越高,如具有高度交联网状结构的热固性塑料的硬度比未交联的塑料要高得多。另外,温度对高分子材料的硬度也有较大影响,距玻璃化转变温度越远,高分子材料的硬度越高。

3.3.9 硬度与其他力学性能指标的关系

在第2章和本章前两节中,我们学习了材料的弹性极限、屈服、抗拉强度及抗扭强度、抗剪强度、抗压强度等力学性能指标。测定这些力学性能指标,不仅需要制备特定形状的试样,而且对试样也是破坏性的。但材料的硬度试验方法,简便迅速、无须专门加工试样,且对试样的损伤较小。因此人们一直以来都在探讨如何通过所测定的硬度值来评定材料的其他力学性能指标。可遗憾的是,至今没有从理论上确定材料的硬度与其他力学性能指标的内在联系,只是根据大量试验确定了硬度与某些力学性能指标之间的经验对应关系。

试验证明,材料的布氏硬度与其抗拉强度间成正比关系,即式(3-24)所示的经验关系 $\sigma_b = k$ HB。对不同的金属材料而言,其 k 值是不同的;对同一金属材料,尽管经不同热处理后强度和硬度都发生了变化，但其 k 值基本保持不变。但是如果材料是靠冷变形提高了硬度后，其 k 值就不再维持恒定了。

此外，还有人总结出硬度与疲劳极限之间的近似定量关系，试图通过测定材料的硬度 HB 估算材料的疲劳极限 σ_{-1}。对于钢铁材料，因 $\sigma_{-1}=0.4\sim0.6\sigma_b$，而 σ_b 约为 HB 的 3.3 倍，于是 $\sigma_{-1}\approx1.6$ HB。表 3-10 列出了某些退火金属的 HB、σ_b、σ_{-1}的试验数据。由该表可见，黑色金属材料基本上满足上述的经验关系。

表 3-10　退火金属的 HB、σ_b、σ_{-1}的关系

金属及合金名称		HB	σ_b/MPa	$k(\sigma_b/HB)$	σ_{-1}/MPa	$\alpha(\sigma_{-1}/HB)$
有色金属	铜	47	220.30	4.68	68.40	1.45
	铝合金	138	455.70	3.30	162.68	1.18
	硬铝	116	454.23	3.91	144.45	1.24
黑色金属	工业纯铁	87	300.76	3.45	159.54	1.83
	20 钢	141	478.53	3.39	212.66	1.50
	45 钢	182	637.98	3.50	278.02	1.52
	T8 钢	211	753.42	3.57	264.30	1.25
	T12 钢	224	792.91	3.53	338.78	1.51
	1Cr18Ni9	175	902.28	5.15	364.56	2.08
	2Cr13	194	660.81	3.40	318.99	1.64

除此之外，还有人利用硬度试验间接地测定材料的屈服强度、评价钢的冷脆倾向，以及借助特殊硬度试样近似地建立真实应力－应变曲线等。

3.4　缺口试样的力学性能

3.4.1　缺口效应

由弹性力学可知，物体受载变形后，必须仍保持其整体性和连续性，即变形的协调性。从数学的观点说，要求其位移函数在其定义域内为单值连续函数。这样为保持物体的整体性和连续性，各应变分量之间必须要有一定的关系，即变形应满足一定的变形协调条件。

但在机械零件或构件上，不可避免地存在着各种类型的缺口，例如键槽、台阶、螺纹、油孔、刀痕、铸造或焊接所带来的孔洞、砂眼以及裂纹等等。这些缺口有的是结构设计上所必需的，有的是原材料或制造工艺过程中所不可避免的。由于缺口的存在，会在构件受载后使缺口处产生应力集中、应变集中，并且形成双向（平面应力时）或三向（平面应变时）应力状态，增加了材料的脆化趋势。因此，必须考虑缺口对材料性能的影响。

1. 应力集中

具有单边缺口的平板在受纵向均匀拉伸应力时的受力情况，如图 3-21 所示。由于缺口的存在，破坏了位于缺口两侧面相对应原子对之间的键合，使这些原子对不能承担外力。所以缺口两边的外力，需要传递到缺口的前方区域来承担。但在缺口的正前方、远离缺口处的

原子对 PQ,可认为基本上不承担额外的外力,这一原子对之间的相对位移基本上不受缺口存在的影响,其位移量相当于该平板上没有开缺口时的情况。由于应变协调性的要求,在缺口正前方的原子对 AB、CD、EF…之间的相对位移量必将由大到小地连续地过渡到 PQ 对之间的相对位移量。缺口根部表面的原子对 AB 之间的相对移动距离最大,相应在该处的纵向应力 σ_y 最大。在缺口的正前方随着距缺口根部距离的增加,原子对之间的应变逐渐减小,从而纵向应力 σ_y 也逐渐减小,一直减小到某一恒定数值,这时缺口的影响便消失了,如图 3-22 所示。

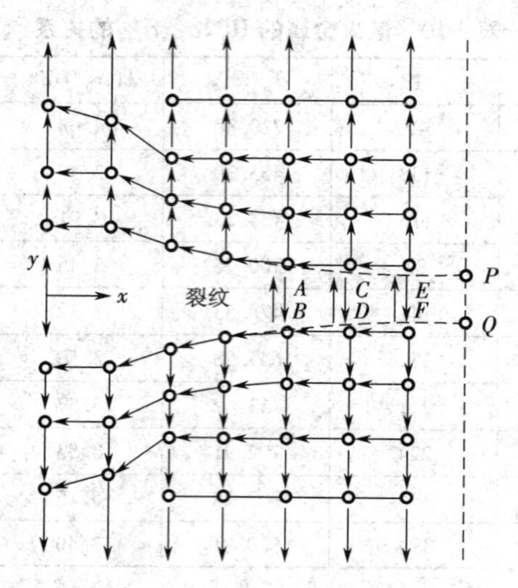

图 3-21 应力集中形成原因示意图

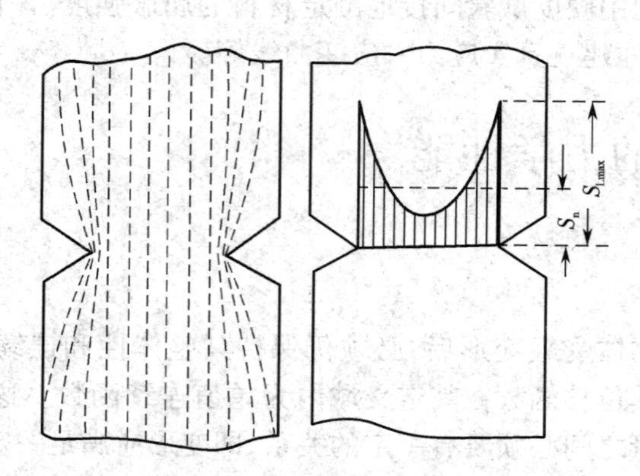

图 3-22 缺口试样的力线分布、应力集中现象

把这种由于缺口所造成的局部应力增大的现象,称为应力集中。用应力集中系数 K_t 来表示缺口产生的应力集中影响,即 $K_t = S_{Lmax}/S_n$,其中 S_{Lmax} 为缺口根部的最大应力,S_n 为净截面上的名义应力。在弹性范围内,K_t 的数值决定于缺口的几何形状与尺寸。对给定的缺口形状,可通过公式计算或有图表可查。例如对椭圆形的缺口,其缺口处的最大应力

$$S_{Lmax} = S_n(1 + 2a/b)$$

即

$$K_t = (1 + 2a/b) \tag{3-33}$$

式中，a 和 b 分别为椭圆形缺口长短轴的半径。显然，对圆形缺口 $K_t=3$，椭圆形缺口越窄即 b 越小，产生的应力集中程度就会越大。

2. 双向或三向应力状态

除造成应力集中外，缺口的存在还会引起双向或三向应力状态，如图 3-23 所示。设想从缺口根部沿 x 轴方向把材料分割为 $a,b,c,d,\cdots,p,q$ 等小块，每一小块所承受的纵向平均拉伸应力分别以 $\bar{\sigma}_y(a),\bar{\sigma}_y(b),\cdots$ 表示。由于 σ_y 是沿着 x 轴的方向迅速下降的，最后趋近于材料的均匀拉伸应力 σ，于是有：

$$\bar{\sigma}_y(a)>\bar{\sigma}_y(b)>\cdots>\bar{\sigma}_y(p)>\bar{\sigma}_y(q)\approx\sigma$$

根据胡克定律，缺口根部 $a,b,c,d,\cdots,p,q$ 等小块在 y 轴方向有应变有

$$\bar{\varepsilon}_y(a)>\bar{\varepsilon}_y(b)>\cdots>\bar{\varepsilon}_y(p)>\bar{\varepsilon}_y(q)\approx\frac{\sigma}{E}\tag{3-34}$$

根据泊松关系，当每一小块在 y 轴方向有应变 ε_y 时，在 x 轴方向则有横向的应变 ε_x，且 $\varepsilon_x=-\nu\varepsilon_y$，其中 ν 为泊松比。这样各小块在 x 轴方向平均横向收缩 $\bar{\varepsilon}_x$ 的绝对值之间就有：

$$|\bar{\varepsilon}_x(a)|>|\bar{\varepsilon}_x(b)|>\cdots>|\bar{\varepsilon}_x(p)|>|\bar{\varepsilon}_x(q)|\approx|\bar{\varepsilon}_x|\tag{3-35}$$

由于缺口根部各小块在 x 轴方向收缩的不均匀性，就必然使 $a/b,b/c,c/d$ 等块间的界面发生脱开。事实上，各小块之间是不可能脱开的。为了维持缺口根部材料的整体性，使界面处不至于分离，在 x 轴方向上就需要施加一个应力 σ_x，施加的 σ_x 应力，刚好足以保持材料的整体连续性。

对于薄板，由于沿厚度方向（z 轴方向）的几何尺寸很小，缺口附近材料对缺口处材料沿 z 轴方向变形的约束很小，可以认为在 z 轴方向能自由变形。于是在 z 轴方向无应力存在，应力仅在 x 和 y 轴方向存在，这种应力状态称为平面应力状态。在平面应力状态下缺口处的应力分布，如图 3-23（b）所示。在缺口根部（$x=0$）的自由表面，由于无几何约束可以自由地侧向收缩，因此该处 $\sigma_x=0$；而在 x 轴方向远离缺口根部处，因相邻小块之间的横向收缩 ε_x 之差很小，所以 σ_x 的数值也很小。于是在 x 轴方向，应力 σ_x 随 x 的增大先由零迅速上升至极大值，然后再缓慢降低到零。

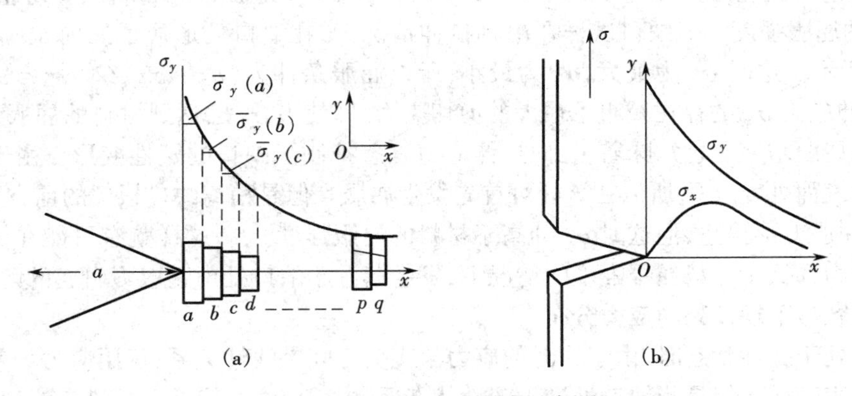

图 3-23　双向应力形成示意图

（a）缺口根部的 σ_y 分布　（b）因 σ_y 产生的 σ_x

对于厚板，即当板的厚度 B 相对于缺口或裂纹深度足够大时，在厚度方向的变形受到约束。只有在接近厚度 B 的两个自由表面范围内，变形才不受限制，$\sigma_z=0$，越是接近板厚中心，σ_z 越大（图 3-24（b）），即缺口在厚板内便产生了三向应力状态（图 3-24（a））。但由于

几何约束,在 z 轴方向上的应变 $\varepsilon_z=0$;而此时在 z 轴方向上存在应力,根据胡克定律有 $\varepsilon_z=\frac{1}{E}[\sigma_z-\nu(\sigma_x+\sigma_y)]=0$,于是可得 $\sigma_z=\nu(\sigma_x+\sigma_y)$。这种变形只发生在 xy 平面内,而在垂直于 xy 平面的方向没有变形的应力状态,称为平面应变状态。

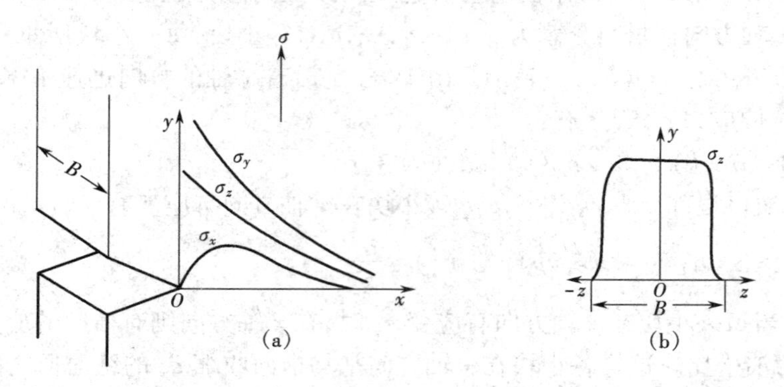

图 3-24 平面应变时缺口处的应力分布示意图

(a)沿 x 方向的应力分布 (b)沿 z 方向的应力分布

由上面的分析可见,当带缺口的厚板受一单轴拉伸载荷后,会在缺口处造成一个很高的弹性三向应力状态。随着板厚 B 的减小,σ_y 和 σ_x 均有所降低,σ_z 基本上完全取决于板厚 B。当 B 很小时 $\sigma_z=0$,即为平面应力状态。

由于应力集中和多向应力状态,会造成材料的脆化,其原因如下。①由于缺口的应力集中效应,缺口根部的正应力超过了材料的解理断裂强度,虽然这时整个受载物体上的平均名义应力仍低于材料的屈服强度,但弹性应力的峰值已超过了材料的解理断裂强度,造成脆性破坏。对于脆性很大的材料,往往属于这一类型的脆化。②由于多向应力状态的存在,抑制了材料的塑性变形。依据最大切应力理论,当单元体受到多向应力时其最大剪切应力 $\tau=(\sigma_1-\sigma_3)/2$,其中 σ_1 和 σ_3 分别为最大与最小主应力。对于光滑试样在单轴拉伸情况下,$\sigma_3=\sigma_2=0$,这时的屈服条件是 $\sigma_1/2>\tau_s=\sigma_s/2$ 即 $\sigma_1>\sigma_s$,其中 τ_s 为材料的剪切屈服强度,σ_s 为材料的屈服强度。但缺口试样在单轴拉伸情况下,在缺口处形成了三向拉应力状态,如图 3-24 所示。这时 σ_y 为最大,σ_x 为最小,所以屈服条件为 $(\sigma_y-\sigma_x)/2>\tau_s=\sigma_s/2$。显然,由于拉伸应力 σ_x 的存在减小了最大的剪切应力,即使当 σ_y 已达到材料的屈服强度 σ_s,材料仍不会屈服塑变。这意味着,三向拉伸应力状态抑制了缺口的塑性变形。由于在缺口根部的自由表面处 $\sigma_x=0$,所以在该处可首先发生屈服。但是稍离缺口根部的前方,σ_x 急剧增高,迫使屈服变形停止,但这时 σ_y 却高于材料的屈服强度 σ_s。这样就有可能在试样整体平均名义应力远低于材料屈服强度的情况下,发生起源于缺口处由正应力引起的解理断裂。

3. 屈服状态下缺口处的应力分布

当缺口处于弹性状态时,由于这时的应力与应变之间是线性关系,仅用应力场就可描述缺口附近的应变场。但是当缺口处进入塑性状态后,由于应力与应变不再维持线性关系,这时则需要同时用应力场、应变场才能描述缺口处各点的受力状态。

在平面应力状态下,在缺口处欲产生微量屈服,这时作用于 xOy 平面内的主应力为 σ_x 和 σ_y 必须满足屈服判据,即 $\frac{\sigma_{\max}-\sigma_{\min}}{2}=\frac{\sigma_y-0}{2}=\frac{\sigma_y}{2}\geqslant\tau_s=\frac{\sigma_s}{2}$,也就是 $\sigma_y\geqslant\sigma_s$,因为这时 $\sigma_{\max}=\sigma_y$、$\sigma_{\min}=\sigma_z=0$,其中 σ_s 为材料的拉伸屈服强度。这时塑性屈服区位于与 x 轴和 y 轴夹

角为 45°并与 zOy 平面相垂直的平面内，塑性区内的应力为 σ_s，如图 3-25 所示。当外力从零增加时，虽然板的整体仍在弹性范围内，但缺口根部能发生屈服的区域宽度在增加，其中 d_r 称为塑性区直径。

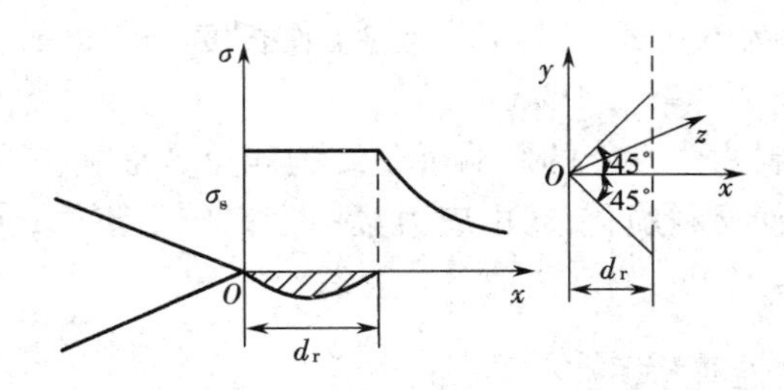

图 3-25　平面应力时塑性区的应力分布

在平面应变状态时，由于 $\varepsilon_z=0$，于是 $\sigma_z=\nu(\sigma_x+\sigma_y)\neq0$，且 σ_z 的数值介于 σ_y 和 σ_x 之间，如图 3-26 所示。这时最小主应力不是 σ_z，而是 σ_x，屈服将发生在 xOy 平面内。依屈服判据 $\sigma_y-\sigma_x=\sigma_s$，可得 $\sigma_y=\sigma_s+\sigma_x$。

在缺口根部表面即 $x=0$ 处，$\sigma_x=0$，所以此处的屈服条件是 $\sigma_y=\sigma_s$。当沿 x 轴方向 x 增大时，σ_x 不断增大，到最大值后又复减小(图 3-24)，所以得到图 3-26 所示的塑性区应力分布。由于在塑性变形时的泊松比 ν 约为 1/2，而在弹性变形时的 ν 约为 1/3，所以在塑性变形时由于纵向应力 σ_y 所引起的横向收缩要比在弹性变形时的大，因而在塑性变形时 σ_x 要比弹性变形时的 σ_x 要大一些，最大剪切应力要小一些。这样在图 3-26 上曲线的左半面(塑性区)的斜率，要比右半面(弹性区)的斜率要大。

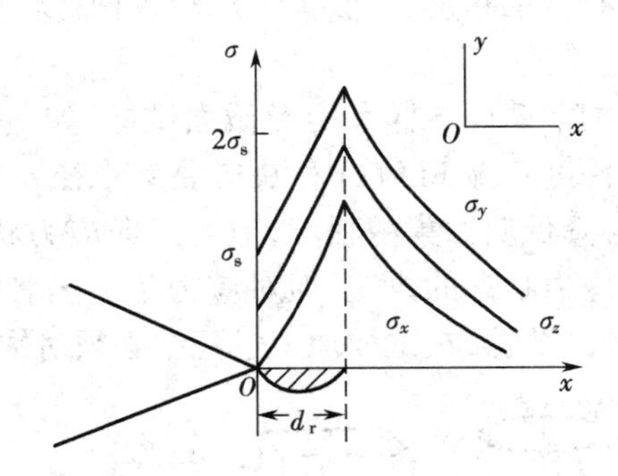

图 3-26　平面应变时塑性区的应力分布

4. 应变集中

由于缺口的应力集中效应，缺口处存在很高的应力梯度，这种高的应力梯度必然导致很大的应变梯度。虽然目前还没有精确的方法来确定应变硬化材料的局部应变分布，但牛伯(Neuber)提出了一个近似的决定应变集中系数的公式

$$K_\varepsilon\times K_\sigma=K_t^2 \tag{3-36}$$

式中：K_ε 为塑性应变集中系数，为缺口处的局部应变和名义应变之比；K_σ 为塑性应力集中系数，为缺口处的实际应力与名义应力之比；K_t 为弹性应力集中系数。应变集中带来的后果是导致裂纹的产生，由于缺口根部附近的应变硬化体积很小，所以应变集中引起的缺口根部开裂并不需要消耗很大的塑性功。

应变集中还会产生另外一个后果，就是使缺口附近的应变速率远高于平均的应变速率。

因试验机夹头移动速率 $v=\frac{\mathrm{d}l}{\mathrm{d}t}$,试样应变速率 $\dot{\varepsilon}=\frac{\mathrm{d}\varepsilon}{\mathrm{d}t}$,而 $\mathrm{d}\varepsilon=\mathrm{d}l/l$,因此有

$$\dot{\varepsilon}=\frac{\mathrm{d}\varepsilon}{\mathrm{d}t}=\frac{\mathrm{d}l/l}{\mathrm{d}t}=\frac{\mathrm{d}l}{\mathrm{d}t}\frac{1}{l}=\frac{v}{l} \tag{3-37}$$

如光滑试样的工作长度 l 为 100 mm,缺口附近的工作长度 $l=1$ mm,材料在缺口附近的应变速率就提高了两个数量级。

总的来说,缺口对材料力学性能的影响可归结为四个方面:①产生高的应力集中;②引起双向或三向应力状态,使材料脆化;③由应力集中带来应变集中;④使缺口附近的应变速率增高。

3.4.2 缺口试样力学性能试验

不论何种金属材料,缺口总使其塑性降低即脆性增大,因此缺口是一种脆化因素。金属材料因存在缺口造成三向应力状态和应力、应变集中而变脆的倾向,称为缺口敏感性。

为了评价不同材料的缺口敏感性,需要进行缺口敏感性试验,即缺口试样的力学性能试验。缺口试样的力学性能,又分静载荷下缺口试样的力学性能试验和冲击载荷下缺口的试样力学性能试验两种。这类试验的本质,就是在很硬的应力状态和有应力集中条件下考查材料的变脆倾向。常用的缺口试样静载力学性能试验方法,有缺口拉伸和缺口偏斜拉伸及缺口静弯曲等。压缩试验对缺口试样的意义不大,因为在没有拉应力条件下,缺口敏感性一般显示不出来。

1. 缺口静拉伸试验

由于不同材料对缺口敏感性的程度不同,为了比较各种材料对缺口敏感性的程度,常进行缺口静拉伸试验。

用于缺口静拉伸试验的圆形截面试样和矩形截面试样,如图 3-27(a)、(b)所示。表征缺口形状的主要参数有缺口深度 δ、缺口角 ω 和缺口曲率半径 ρ 等,如图 3-27(c)所示。试验表明,增大缺口曲率半径会降低应力集中程度,但对三向应力状态影响不大;改变缺口深度会在很大程度上引起三向应力状态的改变,但对应力集中的影响却较小。因此进行缺口拉伸试验时,为取得可资比较的数据,在试样加工过程中必须对缺口形状作出严格的规定。

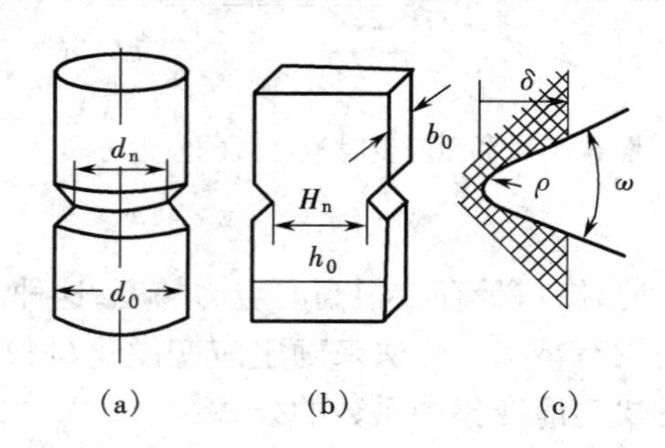

图 3-27 缺口的形状

(a)圆形截面试样 (b)矩形截面试样 (c)缺口形状参数

在进行缺口拉伸试验时,材料可出现以下三种情况。

①在缺口试样进行拉伸时,缺口根部只有弹性变形而失去了塑性变形能力,这时缺口截面上的应力分布如图 3-28 中的曲线 1 所示。只要弹性变形能继续维持,则在提高外加载荷

时，这种应力分布的特点不改变，只是应力随着外加载荷而增大，S_{Lmax}始终位于缺口顶端表面处。因此当平均应力 S_n 尚低时，缺口顶端的轴向集中应力 S_{Lmax}有可能达到材料的断裂抗力，从而引起过早的脆性断裂，其宏观断口如图 3-29(a)所示。这时缺口试样的断裂强度 σ_{bN}，低于同一材料光滑试样的断裂强度 σ_b。

②在缺口根部发生少量的塑性变形，这时最大轴向应力 S_{Lmax}已不在缺口顶端的表面处，而是位于塑性变形区和弹性区的交界处，如图 3-28 中的曲线 2、3 所示。当 S_{Lmax}达到了材料断裂抗力水平，则在塑性区与弹性区的交界处出现裂纹。其宏观特征表现为在断口上距表面一定深度范围内存在有纤维区，这是断裂的起源阶段，然后裂纹向中心弹性区扩展、呈放射状，最后破断区位于试样中心或偏于一侧，如图 3-29(b)所示。此时 σ_{bN}可以稍低于 σ_b也可略高于 σ_b，视塑性区的大小而定。

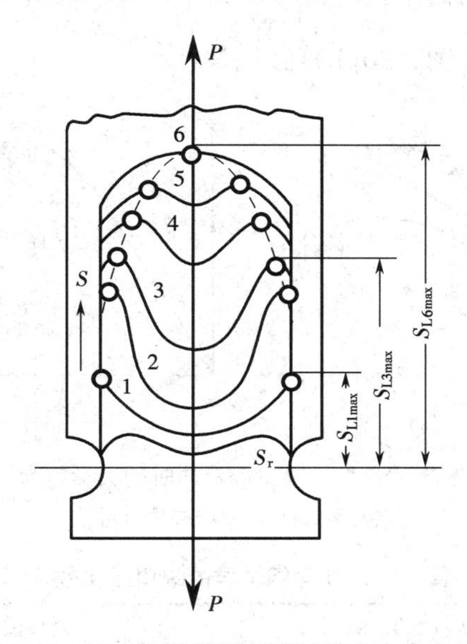

图 3-28　缺口试样塑性变形时的应力分布情况

③如果材料的断裂抗力远远高于其屈服强度，则随着外加的载荷增加，塑性区可以不断向试样中心扩展。位于弹塑性交界处的最大轴向应力 S_{Lmax}也相应地不断向中心移动，如塑性变形能扩展到试样中心，即出现沿缺口截面的全面屈服。此时 S_{Lmax}出现在试样中心位置，如图 3-28 中曲线 6 所示。试验表明，如果缺口理论集中系数 K_t 不大($K_t<2$)即钝缺口，则可形成如颈缩时所观察到的裂纹源位于试样中心的杯状断口。如缺口很尖锐($K_t>6$)，将出现如图 3-29(c)所示的同心圆似的纤维层(环形剪切脊)，此时断裂是通过裂纹由外向内发展完成的。无论是钝缺口还是尖锐缺口，都是 $\sigma_{bN}>\sigma_b$。

缺口静拉伸试样的力学行为，可用图 3-30 表示。对塑性好的材料，缺口使材料的屈服强度或抗拉强度升高，但塑性降低，即缺口强化，如图 3-30(a)所示。但这种强化是以缺口净截面面积计算的并与同样截面的光滑试样相比较的结果；如果与包括缺口深度的原始总面积的光滑试样比较，断裂载荷总是较低的。表 3-11 给出了在 20 钢试样上开不同缺口深度时缺口强度的变化情况。需要指出的是对塑性材料，缺口强度的升高是有限制的，这就是塑性约束系数，其计算值约为 2. 57，即缺口试样的强度不会超过光滑试样强度的 3 倍。对于脆性材料，由于缺口造成的应力集中，不会因塑性变形而使应力重新分布，因此缺口试样

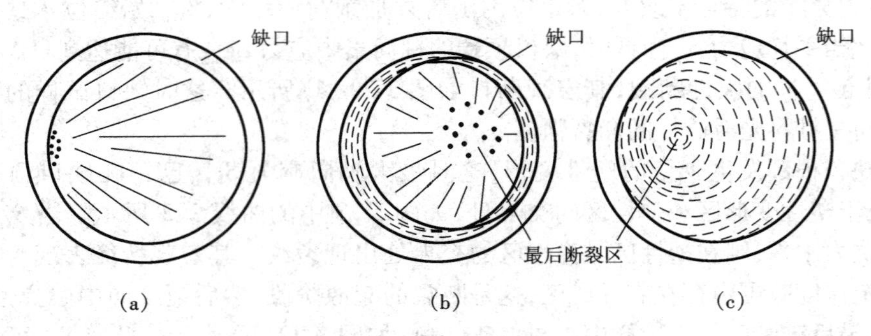

图 3-29　缺口试样的宏观断口特征

(a)无塑性变形　(b)少量塑性变形　(c)大塑性变形

的强度只会低于光滑试样，如图 3-30(b)所示。

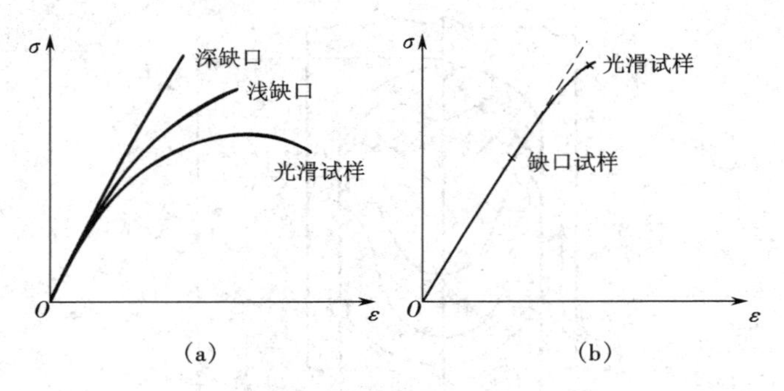

图 3-30　材料缺口静拉伸时的力学行为

(a)塑性材料　(b)脆性材料

表 3-11　20 号钢试样的缺口强化效果

缺口试样截面面积的减少/(%)	缺口试样的屈服强度比
0	1.00
20	1.22
30	1.36
40	1.45
50	1.64
60	1.85
70	2.00

对缺口试样的静拉伸试验，常用缺口试样的抗抗强度 σ_{bN} 与等截面尺寸光滑试样的抗拉强度 σ_b 的比值作为材料的缺口敏感性指标，并称为缺口敏感度，用 q_e 或 NSR(Notch Sensitivity Ratio)表示：

$$q_e(\text{NSR})=\sigma_{bN}/\sigma_b \tag{3-38}$$

比值 q_e 越大，缺口敏感性越小。对于脆性材料如铸铁和高碳工具钢，q_e 永远小于 1，表明缺口处尚未发生明显塑性变形时就已经脆性断裂。高强度材料的 q_e，一般情况下也小于 1。对于塑性材料，若缺口不太尖锐有可能产生塑性变形时 q_e 将会大于 1。

金属材料的缺口敏感性，除与材料本身性能、应力状态(加载方式)有关外，还与缺口形状和尺寸、试验温度有关。缺口顶端曲率半径越小、缺口越深，材料对缺口的敏感性也越大。

缺口类型相同,增加试样截面尺寸,缺口敏感性也增大,这是由于尺寸较大试样的弹性能储存较高所致。降低温度,尤其对 bcc 金属,因 σ_s 显著增高,塑性储存下降,故缺口敏感性也会急剧增大。

对缺口拉伸试验,目前尚无统一的标准。常用的缺口试样形状,如图 3-31 所示。缺口张角 ω 满足 $45° \leqslant \omega \leqslant 60°$,一般取 60°;缺口根部的截面直径 d_n 满足 10 mm $\leqslant d_n \leqslant$ 20 mm;缺口根部的曲率半径 $\rho \leqslant 0.1$ mm,一般取 0.025 mm;缺口截面面积与光滑试样截面面积比满足 $(d_0^2 - d_n^2)/d_0^2 = 50\%$,测试相应光滑试样 σ_b 时,其直径取 d_n。进行缺口拉伸试验时,必须严格注意试样装夹中的对中性,防止因试样偏斜引起测试值的降低。

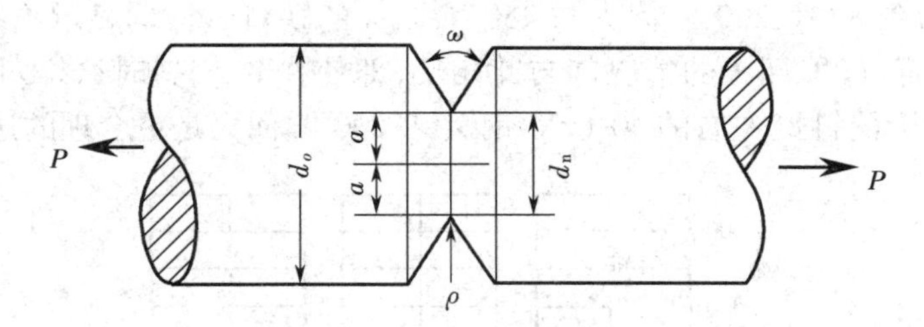

图 3-31 缺口拉伸试样示意图

缺口试样静拉伸试验,广泛用于研究高强度钢的力学性能、钢和钛的氢脆以及用于研究高温合金的缺口敏感性等。试验所得的缺口敏感度 q_e 如同材料的塑性指标一样,也是安全性能指标。在选材时,只能根据使用经验确定对 q_e 的要求,不能进行定量计算。

2. 缺口偏斜拉伸试验

工程实际中有些零部件如连接螺钉等,本身就存在着严重的应力集中,在装配中又不可避免地会出现偏心,为模拟这种类型的工况,就需要进行缺口偏斜拉伸试验。

缺口偏斜拉伸装置如图 3-32 所示,在试样螺母夹头 4 和试验机上夹头 2 内支座之间放上垫圈 3,垫圈的倾角 θ 可取 0°、4°、8°或 12°等。当试验机上夹头向上运动时,通过垫圈传递到试样螺母夹头的作用力 P 与试样进行非均匀接触,从而使试样的工作部分倾斜,其倾斜角度等于垫圈的角度。在这种偏斜拉伸作用下,缺口截面上的应力极不均匀,更易于导致早期断裂,所以能更灵敏地反映出材料的缺口敏感度。

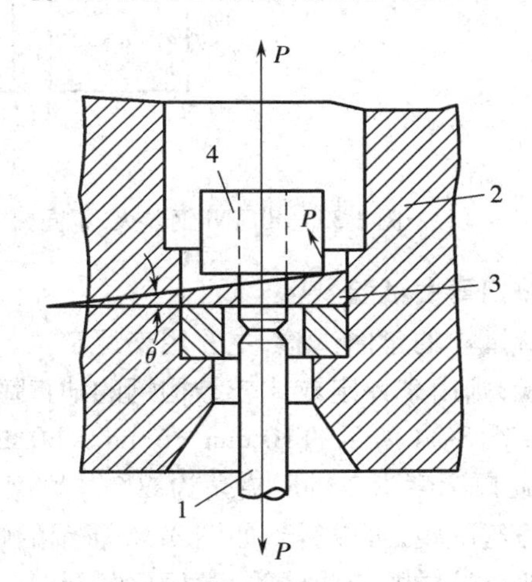

图 3-32 缺口偏斜拉伸试验装置

1—试样;2—试验机上夹头;3—垫圈;4—试样螺母夹头

如果只作无偏斜的缺口拉伸试验,且以 σ_{bN}/σ_b 来度量缺口敏感度的话,往往显示不出材料组织与合金元素的影响,因为只要很小的缺口塑性 $\left(\psi_N = 1 - \dfrac{d_n^2}{d_0^2}, d_0\right.$ 为缺口试样拉伸前缺口处直径,d_n 为拉断后试样缺口处的直径$\left.\right)$ 就能保证 NSR > 1。试验表明,缺口塑性 ψ_N 只要大于 1% ~2% 试样就可被认为是对缺口不敏感的。但是，这样的试验不能保证带尖锐缺口的零件如高强度螺栓在实际使用中的安全可靠性。

不同回火温度、偏斜角度下 40 CrNi 钢螺钉的缺口偏斜拉伸试验结果如图 3-33 所示。图上阴影线标出了缺口试样抗抗强度 σ_{bN} 的波动范围，中间的实线标出其平均值。从图 3-33 可以清楚地看到，无论材料的冲击值 α_k、光滑试样的断面收缩率 ψ_k，还是无偏斜拉伸情况下的缺口敏感系数 NSR（三种状态均为 1.2 左右），都不能表明螺钉在三种不同回火温度下有什么显著的差异。200 ℃回火状态下，缺口试样的 σ_{bN} 高而且 NSR > 1，似乎是较理想的选择。但是 200 ℃回火状态下缺口试样的 σ_{bN} 随偏斜角度的增大而快速下降，且数据的分散性也很大；在偏斜 8°时，200 ℃回火与 450 ℃回火的缺口试样均显示出很大的缺口敏感性，且 NSR < 1。而 600℃回火的情况却与此相反，即使在 8°偏斜时试样对缺口仍不敏感、NSR > 1。所以对于偏斜 8°左右的 40 CrNi 钢螺钉，600 ℃回火是更合理的选择。

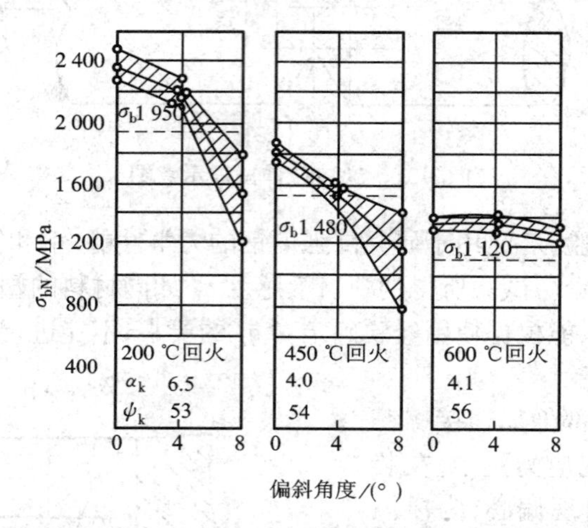

图 3-33　40CrNi 钢淬火、不同回火温度下的缺口偏斜拉伸试验结果

3. 缺口弯曲试验

光滑试样的弯曲试验，主要用来评定工具钢或一些脆性材料的力学性能；而缺口试样的弯曲试验，则用来评定或比较结构钢的缺口敏感度和裂纹敏感度。

采用图 3-34 所示的 10 mm × 6 mm × 60 mm 的 U 型缺口试样或尺寸为 10 mm × 10 mm × 55 mm、缺口深度为 2 mm、夹角为 60°的 V 型标准缺口冲击试样，在如图 3-35 所示的加载方式下作静弯试验，可以得到如图 3-36 所示的缺口静弯曲线。

对缺口试样的弯曲试验，常根据断裂时的残余挠度或弯曲破断点（裂纹出现）的位置评定材料的缺口敏感性。不同金属材料的缺口静弯曲曲线，如图 3-36 所示。其中材料 1 在曲线上升部分断裂，残余挠度很小，表示对缺口比较敏感；材料 2 在曲线下降部分断裂，残余挠度较大，表示缺口敏感度较低；材料 3 虽发生弯曲但不断裂，残余挠度值很大，表示材料对缺口不敏感。

另外，材料的缺口敏感性也可从缺口弯曲曲线的特征进行评价。缺口弯曲曲线下所包围的面积，表示缺口试样从变形到断裂的总功。总功由三部分组成。①只发生弹性变形的弹性功Ⅰ；②发生塑性变形的变形功Ⅱ。③在达到最大载荷 P_{max} 时试样即出现裂纹，如果裂纹是缓慢扩展至断裂，则静弯曲线沿图中虚线变化，如果裂纹到载荷 P 点时开始迅速扩展，则引起载荷急剧降低，随后相继有一些小的台阶出现，直至试样完全破断，这一部分功以面

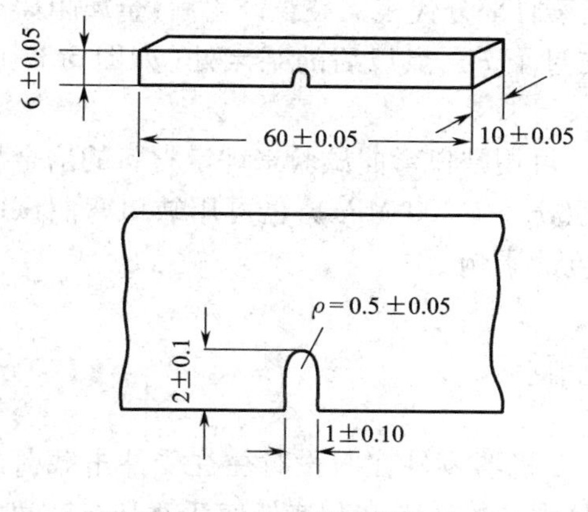

图3-34　缺口弯曲试样的尺寸

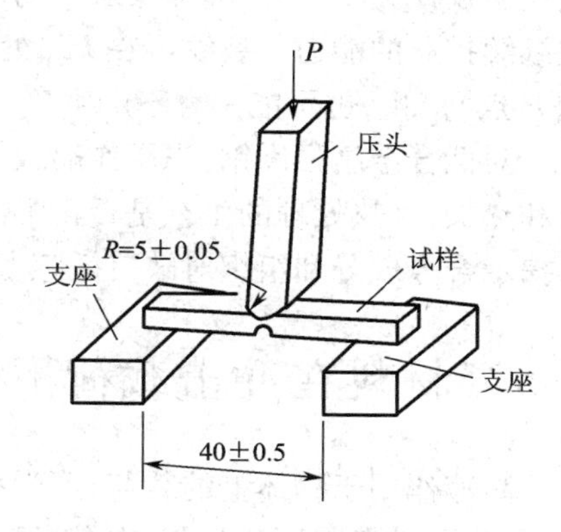

图3-35　缺口弯曲试验的加载方式

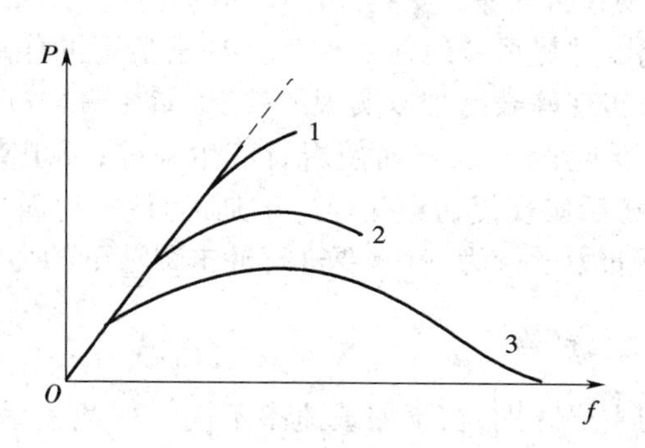

图3-36　不同金属材料的缺口静弯曲曲线

积Ⅲ表示，一般叫作撕裂功，如图3-37所示。在这三部分功中以撕裂功最为重要，通常以撕裂功的大小或者以P_{max}/P的大小（P点表示裂纹开始迅速扩展的载荷）来表示材料的裂纹敏感度。此值越大，说明材料断裂前塑性变形大，缺口敏感性小；若在P处突然脆性破坏，表示材料脆性趋势很大，缺口敏感性大。

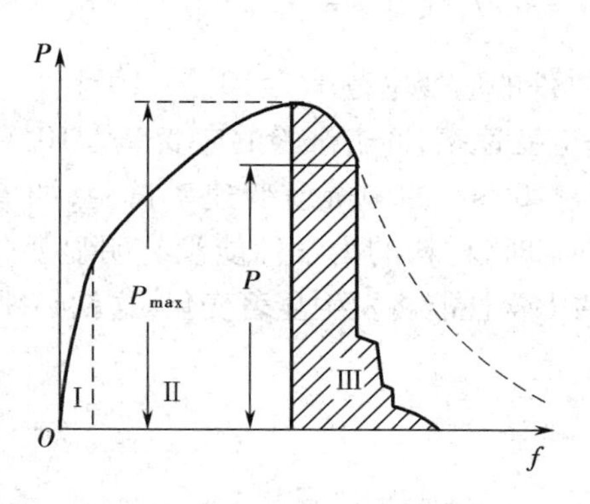

图3-37　典型的缺口静弯曲曲线

如果缺口弯曲曲线只由第Ⅰ部分组成而不存在第Ⅱ、Ⅲ部分，则说明此时金属已完全脆化。如果曲线有第Ⅰ、Ⅱ部分而无第Ⅲ部分，则说明此金属对缺口敏感，并且第Ⅱ部分面积越小，缺口敏感越严重；由于此时不存在第Ⅲ部分，说明金属对裂纹很敏感，一旦萌生裂纹，裂纹很快便失稳扩展,亦即其断裂韧性极低。曲线第Ⅲ部分代表当裂纹产生后,金属阻碍裂纹继续扩展的能力。裂纹可在 P_{max} 处产生,也可在过了 P_{max} 点以后的某点处(如图3-37中的 P 点)产生,也可能一直不产生(如虚线所示)。

对低合金高强度钢,当用作船板或压力容器时,可用缺口弯曲试验来评定材料的冶金质量和热加工、热处理的工艺是否正常。对高强度钢($\sigma_s > 1\ 200$ MPa),也可用缺口弯曲试验来揭示合金成分和组织对缺口敏感度和裂纹敏感度的影响。

3.5 材料在冲击载荷下的力学性能

高速作用于物体上的载荷,称为冲击载荷。许多机器零件在服役时往往受冲击载荷的作用,如飞机的起飞和降落,内燃机膨胀冲程中气体爆炸推动活塞和连杆使活塞和连杆间发生冲击;金属件的冲压和锻造加工等。受到冲击作用的零件往往发生过早地损坏,因此在机械设计中必须考虑冲击问题并尽可能地使零件不受冲击负荷的作用。当然,在实际生产上有时也要利用冲击载荷来实现静载荷难以实现的效果,如在凿岩机作业过程中,活塞以6~8 m/s的速度冲击钎杆并传递至钎头,从而使岩石产生破碎;反坦克武器的长杆穿甲弹,以1.5~2.0 km/s的速度着靶后实现侵切穿孔等。于是,为评定材料传递冲击载荷的能力,揭示材料在冲击载荷作用下的力学行为,就需要进行冲击载荷下的力学性能试验。

3.5.1 加载速率与应变速率

冲击载荷与静载荷的主要区别,在于加载速率不同。加载速率是指载荷施加于试样或机件时的速率,用单位时间内应力增加的数值表示。由于加载速率提高,变形速率也随之增加,因此可用变形速率间接地反映加载速率的变化。

变形速率是单位时间内的变形量。变形速率有两种表示方法:①变形速率 $v = \mathrm{d}l/\mathrm{d}t$,$l$ 是试样长度,t 是时间;②单位时间内应变的变化量,称为应变速率,用 $\dot{\varepsilon}$ 表示,其中 $\dot{\varepsilon} = \dfrac{\mathrm{d}\varepsilon}{\mathrm{d}t}$,$\varepsilon$ 为试样的真实应变。由于 $\mathrm{d}\varepsilon = \mathrm{d}l/l$,故有 $\dot{\varepsilon} = \dfrac{v}{l}$。

现代机器中,各种不同机件的应变率范围为 $10^{-6} \sim 10^{6}\ \mathrm{s}^{-1}$。如静拉伸试验的应变率为 $10^{-5} \sim 10^{-2}\ \mathrm{s}^{-1}$,称为准静态应变速率;冲击试验的应变率为 $10^{2} \sim 10^{4}\ \mathrm{s}^{-1}$,称为高应变速率。此外,还有应变率处于 $10^{-2} \sim 10^{2}\ \mathrm{s}^{-1}$ 的中等应变速率试验,如落锤、旋转飞轮等。实践表明,应变速率在 $10^{-4} \sim 10^{-2}\ \mathrm{s}^{-1}$ 时,材料的力学性能没有明显变化,可按静载荷处理。当应变率大于 $10^{-2}\ \mathrm{s}^{-1}$ 时,材料的力学性能将发生显著变化,这就必须考虑由于应变率增大而带来力学性能的一系列变化。

3.5.2 冲击载荷的能量性质

承受静载荷的材料或零件,进行强度计算是很方便的。但在冲击载荷下,由于施加的作用参量是冲击功,必须测量载荷作用的时间及载荷在作用瞬间的速率变化情况,才能按公式 $F\Delta t = m(v_2 - v_1)$ 计算出作用力 F。由于冲击载荷的作用时间短,作用力 F 是一个变力,因此总是把冲击载荷作为能量而不是作为力来处理,故冲击载荷具有能量的性质。所以,机件在冲击载荷下所受的应力,通常是假定冲击能全部转换成机件内的弹性能,再按能量守恒法进行计算。

静载下零件所受的应力，取决于载荷和零件的最小断面面积。而在冲击载荷下，由于冲击载荷的能量特性，故冲击应力不仅与零件的断面积有关，而且还与其形状和体积有关。若零件不含缺口，则冲击能量被零件的整个体积均匀地吸收，从而应力和应变也是均匀分布的；零件体积越大，单位体积吸收的能量越小，零件所受的应力和应变也越小。若零件含有缺口，则冲击能量大多由缺口根部的材料所吸收，从而使缺口局部的应变和应变速率大为升高，所以受冲击的零件要尽量避免断面尺寸的变化。

3.5.3　冲击载荷下材料的变形与断裂的特点

在冲击载荷作用下，零件的变形与破坏过程与静载荷一样，仍分弹性变形、塑性变形和断裂三个阶段。所不同的只是由于加载速率的不同，对这三个阶段产生了影响。

众所周知，弹性变形是以声速在介质中传播的。在金属材料中声速是相当大的，如在钢中为 4 982 m/s；而普通摆锤冲击试验时的绝对变形速率只有 5 ~ 5.5 m/s，即使高速冲击试验时的变形速率也在 10^3 m/s 以下。于是在这样的冲击载荷下，材料的弹性变形是总能紧跟上冲击外力的变化，因而应变率对金属材料的弹性行为及弹性模量几乎没有影响。

在塑性变形阶段，随着加载速率的增加，材料的变形增长比较缓慢，因而当加载速率很快时材料的塑性形变来不及充分进行，这就表现为弹性极限、屈服强度等微量塑性变形抗力的提高。同时，还发现在冲击载荷下材料的塑性变形相对集中在某些局部区域，这反映了塑性变形是极不均匀的。这种塑性变形的不均匀性进一步限制了塑性变形的发展，使塑性变形不能充分进行，导致屈服强度（和流变应力）、抗拉强度提高，且屈服强度提高得较多而抗拉强度提高得较少。

图 3-38 是纯铝和纯钛在扭转加载下的应力 - 应变曲线，图 3-39 是软钢在拉伸加载与纯铜在冲压载荷下的应力 - 应变曲线。尽管各种金属材料的晶格类型不同，铝和铜为面心立方金属，铁为体心立方金属，钛为密排立方金属，应变速率或加载速率在几个数量级范围内变化，且加载方式包括扭转、拉伸和冲压等，但共同的规律是材料的强度随应变率的增加而提高，且软钢的屈服强度可得到成倍的提高。

试验结果表明，低碳钢的下屈服点与应变速率之间有如下的半对数关系：

$$\sigma_0 = K_1 + K_2 \lg \dot{\varepsilon} \tag{3-39}$$

冲击载荷对塑性和韧性的影响比较复杂，当材料在冲击载荷下以正断方式断裂时，材料的塑性和韧性显著下降；而以切断方式断裂时，材料的塑性和韧性变化不大（图 3-40），有时甚至还会有所增加（图 3-41 和图 3-42）。因此变形速度增加时，材料的塑性和韧性不一定总是下降的。

3.5.4　缺口试样的冲击试验与冲击韧性

冲击韧性，是指材料在冲击载荷作用下吸收塑性变形功和断裂功的能力，常用标准试样的冲击吸收功 A_K 表示。为表征加载速率和缺口效应对材料韧性的影响，需要进行缺口试样的冲击弯曲试验，以测定材料的冲击韧性。

用于冲击试验的标准试样，常为尺寸为 10 mm × 10 mm × 55 mm 的 U 型或 V 型缺口试样，分别称为夏比（Charpy）U 型缺口试样和夏比 V 型缺口试样。习惯上前者又简称为梅氏试样，后者为夏氏试样。两种试样的尺寸及加工要求，如图 3-43 和图 3-44 所示。另外，对陶

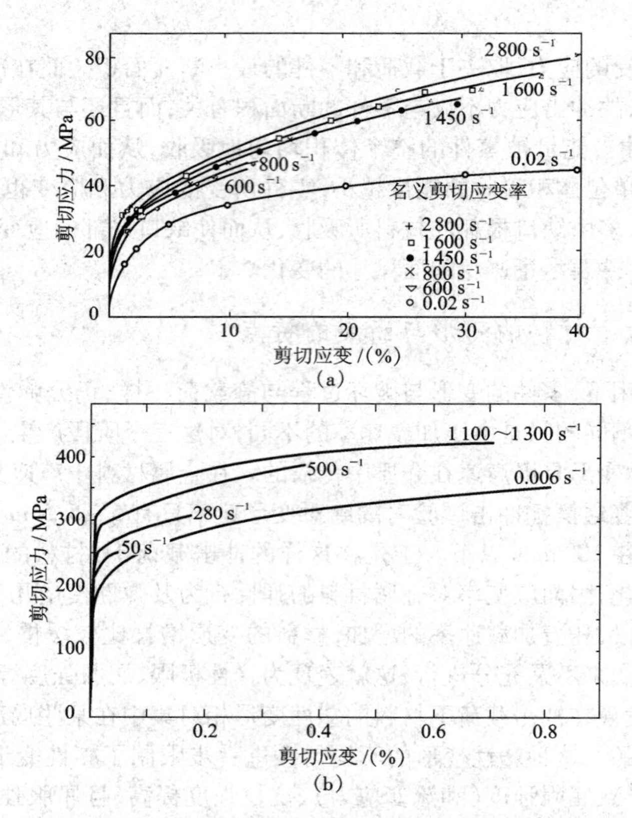

图 3-38 应变速率对铝和钛扭转应力-应变曲线的影响

(a)铝 (b)钛

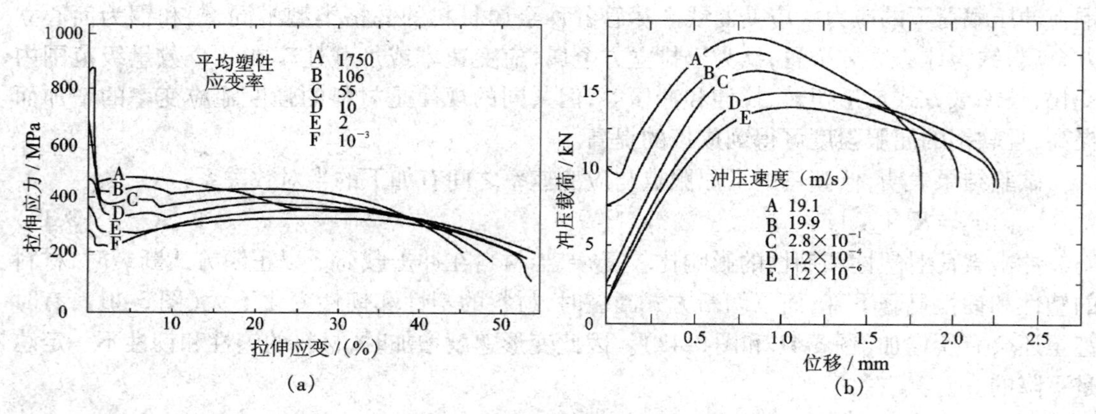

图 3-39 应变速率对软钢和铜应力-应变曲线的影响

(a)软钢的拉伸加载 (b)铜的冲压加载

瓷、铸铁或工具钢等脆性材料，冲击试验常采用 10 mm×10 mm×55 mm 的无缺口试样，详细规定见国家标准《金属材料夏比摆锤冲击试验方法》(GB/T 229—2007)。

试样开缺口的目的，是为了使试样在承受冲击时在缺口附近造成应力集中，使塑性变形局限在缺口附近不大的体积范围内，并保证试样一次就被冲断且使断裂就发生在缺口处。缺口越深、越尖锐，冲击吸收功越低，材料的脆化倾向越严重。

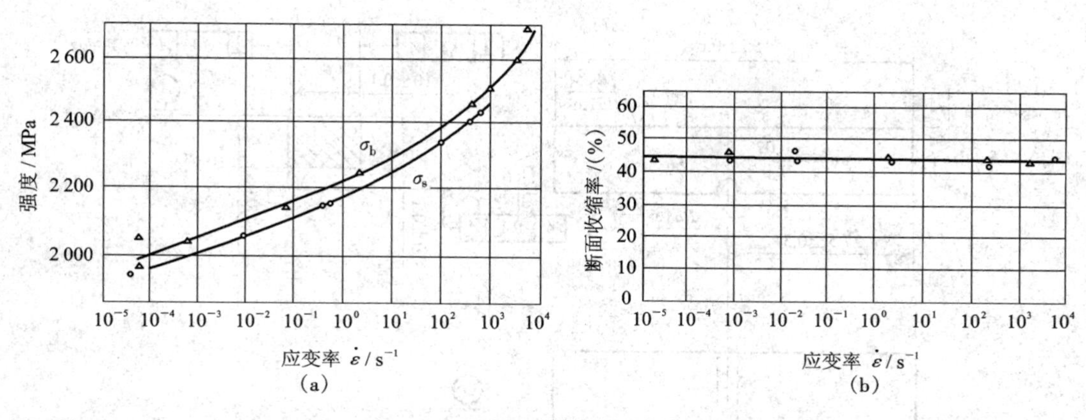

图 3-40　应变速率对 18Ni 马氏体时效钢的强度和塑性的影响

(a)屈服强度和抗拉强度　(b)断面收缩率

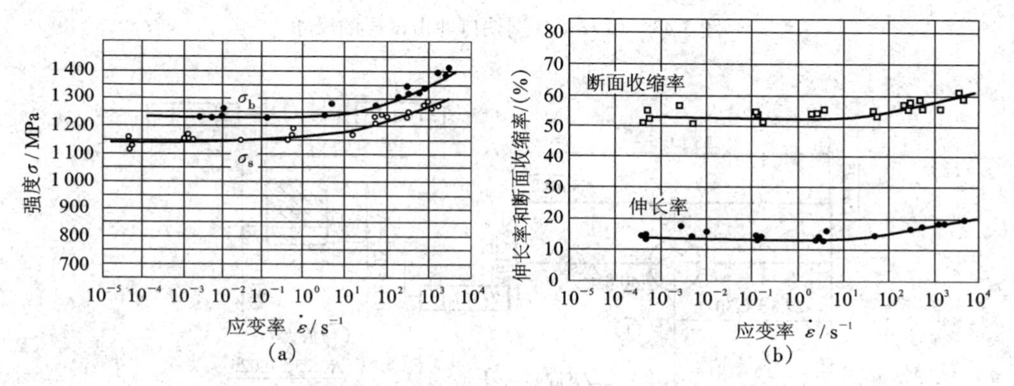

图 3-41　应变速率对淬火回火 35GrNiMoV 钢强度和塑性的影响

(a)屈服强度和抗拉强度　(b)伸长率和断面收缩率

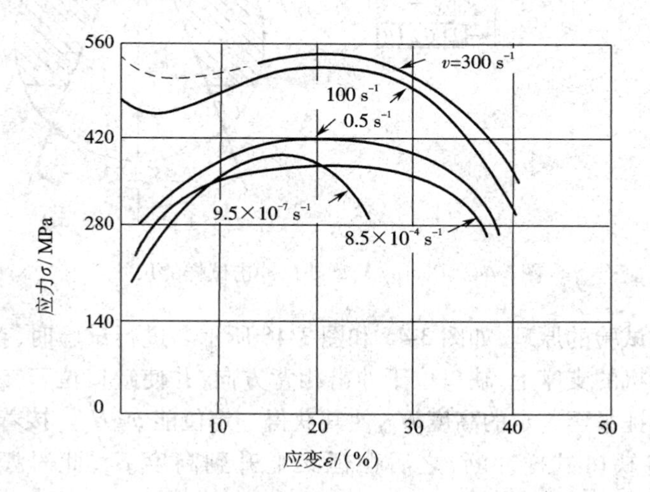

图 3-42　室温下软钢在不同应变速率下的拉伸曲线

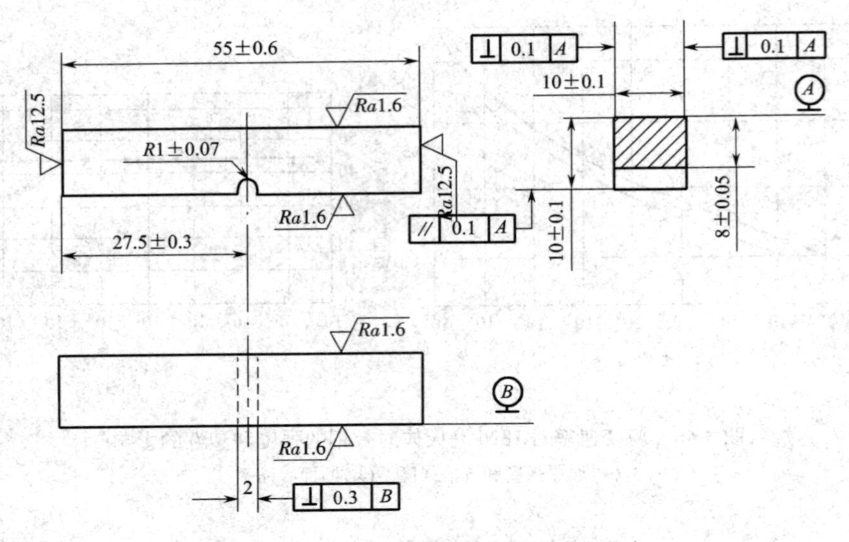

图 3-43　Charpy U 型缺口冲击试样的尺寸

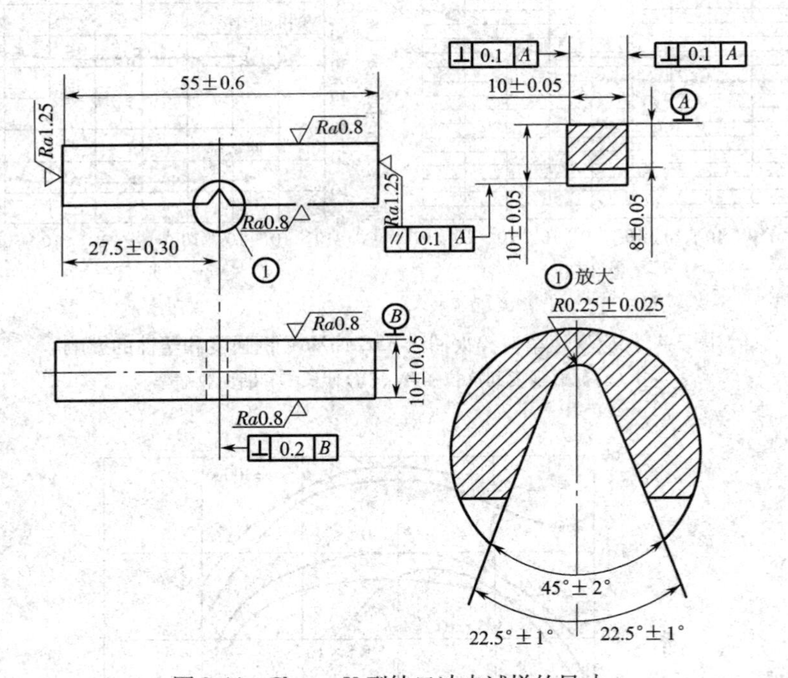

图 3-44　Charpy V 型缺口冲击试样的尺寸

缺口冲击弯曲试验的原理,如图 3-45 和图 3-46 所示。进行试验时,首先将试样水平放在摆锤式冲击试验机的支座上,缺口位于冲击相背方向,并使缺口位于支座中间。然后,将具有一定重量的摆锤举至一定的高度 H_1,使其获得一定位能 mgH_1。接着释放摆锤,在摆下落至最低位置处将缺口试样冲断,之后摆锤又上升到高度 H_2,此时摆锤的剩余能量为 mgH_2,则摆锤在冲断试样过程中失去的势能为 mgH_1-mgH_2,这就是试样变形和断裂所消耗的功,称为冲击吸收功 A_K,单位为 J。根据试样缺口形状不同,冲击功分别为 A_{KU} 和 A_{KV}。A_{KV} 也可用 CVN 或 C_V 表示。

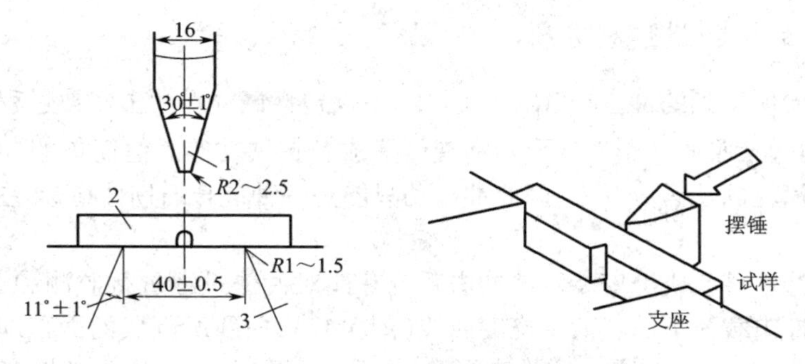

图 3-45　冲击试样的安放

1—摆锤;2—试样;3—支座

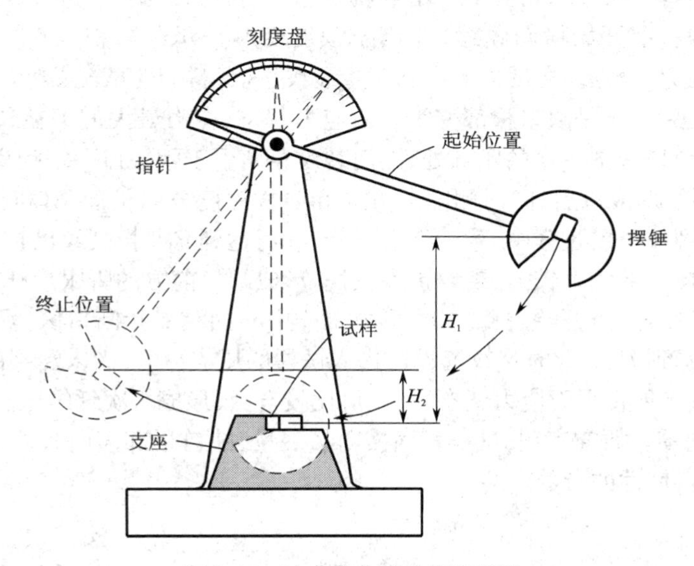

图 3-46　冲击弯曲试验的原理图

用试样缺口处的截面面积 S_N(cm^2)去除 A_{KV}(A_{KU}),即可得到试样的冲击韧性或冲击值 α_{KV}(α_{KU}):

$$\alpha_{KV}(\alpha_{KU})=\frac{A_{KV}(A_{KU})}{S_N} \tag{3-40}$$

由冲击试验过程分析可见,α_{KV}(α_{KU})是一个综合性的力学性能指标,它不仅与材料的强度和塑性有关,而且试样的形状、尺寸、缺口形式等都会对 α_K 值产生很大的影响。因此 α_K 只是材料抗冲击断裂的一个参考性指标,只能在规定条件下进行相互比较,而不能代换到具体零件上进行定量计算,其单位为 J/cm^2。

长期以来,人们一直将 α_{KV}(α_{KU})视为材料抵抗冲击载荷作用的力学性能指标,用来评定材料的韧脆程度,作为保证机件安全设计的指标。但 α_{KV}(α_{KU})表示单位面积的平均冲击功值,是一个数学平均量。实际上,缺口冲击试样承受弯曲载荷时,缺口截面上的应力应变分布是极不均匀的,塑性变形和试样所吸收的功主要集中在缺口附近,故取平均值是毫无物理意义的。

3.5.5 冲击试样断裂过程分析

在冲击试验所得到的冲击功 A_{KU} 和 A_{KV} 中，不仅包括试样在冲击断裂过程中吸收的弹性变形功，而且也包括吸收的塑性变形功和裂纹形成及扩展功等。但简单的冲击试验不能将这些不同阶段消耗的功区分开来，因此冲击功只能是一种混合的韧性指标，在设计中不能定量使用。

如在夏比冲击试验机上安装示波冲击系统等能对冲击过程进行监测和记录的系统，就可测得材料在冲击载荷下的载荷－挠度曲线（图3-47），曲线所围成的面积即冲击功。在冲击载荷－挠度曲线上，P_C 之前为弹性变形阶段；从 P_C 开始，试样进入塑性变形和形变强化阶段。由于缺口的存在，塑性变形只发生于缺口根部附近的局部范围，而且缺口越尖锐、参与塑性变形的材料体积越小，得到的冲击功就越低。当载荷达到 P_{max} 时，塑性变形已贯穿整个缺口截面，缺口根部开始横向收缩（相当于颈缩变形），承载面积减小，试样承载能力降低，载荷下降。在 P_{max} 附近，在试样的内部萌生裂纹，视材料韧性情况，裂纹可能萌生于 P_{max} 之前，也可能在之后。于是缺口根部变为三向应力状态，应力最大值不在缺口根部表面，而是在试样内部距缺口根部一定的距离处，因而裂纹会萌生于距缺口一定距离的试样内部，如图3-48所示。裂纹形成以后，向两侧宽度方向和前方深度方向扩展，其机制遵循微孔聚集型断裂规律。在裂纹扩展过程中，载荷继续下降，载荷达到 P_F 时，裂纹已扩展到缺口根部的整个宽度。因试样中部约束较强，裂纹扩展较快，形成缺口前方的脚跟形纤维区。随着裂纹尺寸的增大，裂纹在 P_F 点开始失稳扩展，形成试样中心的结晶状断口区，呈放射状特征；与此对应的载荷陡降到 P_D。此时裂纹前沿已进入试样的压应力区，尚未断裂的截面面积已比较小，与两侧一样已处在平面应力状态下，变形比较自由，形成二次纤维区和剪切唇，相应的载荷由 P_D 降低到零。研究表明，试样背面横向扩展量、缺口根部横向收缩量以及剪切唇的厚度都是衡量材料韧性的参数。

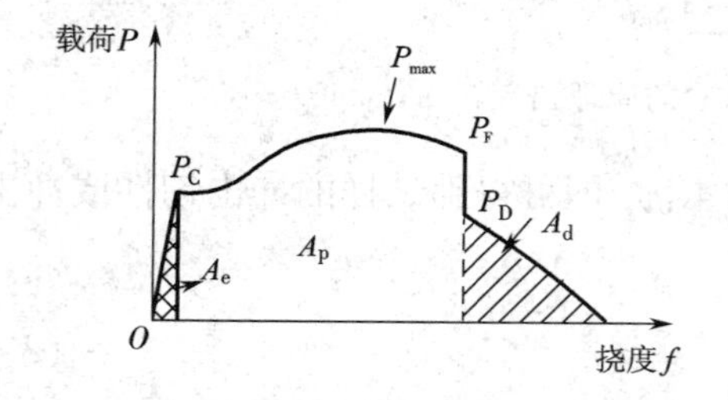

图3-47 缺口冲击试样的载荷－挠度曲线

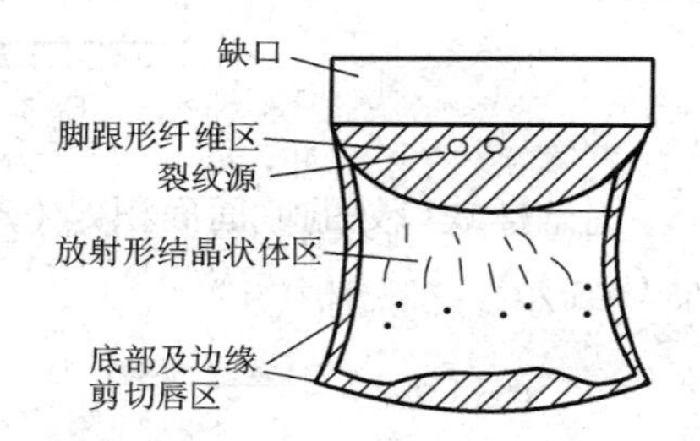

图3-48 韧性材料的冲击试样断口

按照断裂过程的特点，可将试样的冲击功分为弹性变形功 A_e，塑性变形、形变强化以及裂纹形成等过程吸收的功 A_p 及裂纹扩展功 A_d。材料不同、试样形状不同，载荷－挠度曲线中冲击功各部分所占的比例也不同。

不同的材料虽然可能具有相同的冲击值，但冲击过程中各阶段吸收功的相对比例不同，其物理意义就相差很大。图3-49列出了三种典型材料的载荷－挠度曲线，它们在冲击曲线下包围的面积相等，但材料A的强度高、塑性低、无裂纹扩展功部分，说明这种材料裂纹难以形成但裂纹却极易失稳扩展；材料B的强度较高，裂纹较难形成，且具有一定的抵抗裂纹扩展的能力；材料C的强度低并具有较大的抵御裂纹扩展的能力。因此，相同冲击值的不同材料，其冲击值所反映的物理意义可以相差很大。于是在机械设计选材中，最好将冲击值与材料的冲击载荷－挠度曲线结合起来综合加以考虑。

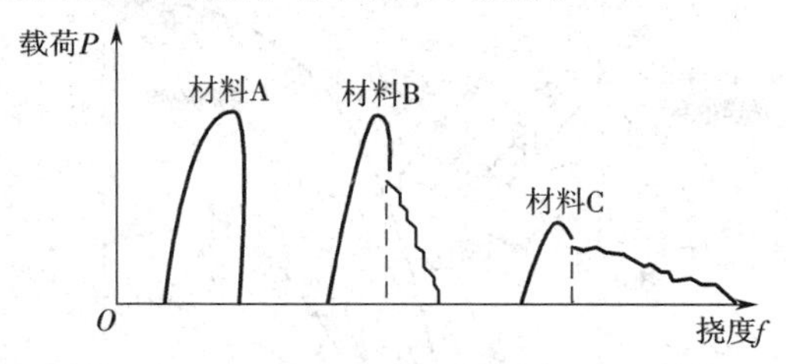

图 3-49　三种典型材料的冲击载荷－挠度曲线

另外，缺口的形式也对冲击功数值有很大的影响，见表 3-12。缺口越尖锐（如预制裂纹），试样的冲击功越小。因此，进行缺口冲击试验时应根据材料的韧性情况，选择合适的缺口形式。如对韧性很高的材料，应选用尖锐缺口试样；而对于韧性低的材料，可选用钝缺口试样甚至不开缺口。

表 3-12　缺口形式对某低合金钢冲击功的影响

缺口形式	U 型缺口	V 型缺口	预制裂纹
冲击韧性/(J/cm^2)	68	28	10

3.5.6　冲击试验的应用

虽然冲击吸收功并不能真正代表材料的韧脆程度，但由于它们对材料内部组织变化十分敏感，而且冲击弯曲试验方法测量迅速简便，所以仍被广泛采用，并将材料的冲击功 A_K 或冲击韧性 α_K 与 σ_s、σ_b、δ、ψ 等一起称为材料的五大常规力学性能指标。

缺口冲击弯曲试验的主要用途，是揭示材料的变脆倾向、评定材料在复杂受载条件下的寿命与可靠性。具体来说，冲击试验主要用在以下四个方面。

①用于控制材料的冶金质量和铸造、锻造、焊接及热处理等热加工工艺的质量。通过测量冲击吸收功和对冲击试样进行断口分析，可揭示原材料中的夹渣、气泡、严重分层、偏析以及夹杂物等冶金缺陷，检查过热、过烧、回火脆性等锻造或热处理缺陷。

例如在沸腾钢中，由于钢中高的含氧量，其脆性转化温度高于室温，而用 Si 和 Al 脱氧的全镇静钢其脆性转化温度（其确切含义将在 3.6 节中讲到）将降低到 －20 ℃左右；钢中的夹杂物严重时，会使纵向（LB、LH）和横向（BH）取样的冲击韧性值差别很大，如图 3-50 所示。锻造或热处理过热和热处理不当造成的回火脆性，都将使材料的冲击韧性大幅度降低。

②根据系列冲击试验（低温冲击试验）评定材料的冷脆倾向，供选材时参考或用于抗脆断设计。设计时，要求机件的服役温度高于材料的韧脆转变温度。评定脆断倾向的标准，常常是与材料的具体服役条件相联系的。在这种情况下所提出的材料冲击韧性值要求，虽然不是一个直接的服役性能，但可以理解为和具体服役条件有关的性能指标。

③对于 σ_s 大致相同的材料，用 A_{KV}（A_{KU}）可以评定材料对大能量一次冲击载荷下破坏的缺口敏感性。

对一些特殊条件下服役的零件（如炮弹、装甲板等）均承受较大能量的冲击，这时 A_K 值就是一个重要的抗力指标。对于一些承受大能量冲击的机件，A_K 值也可作为一个结构性能指标以防发生脆断。例如，美国在第二次世界大战期间及战后的几年中，共有 250 多艘海船

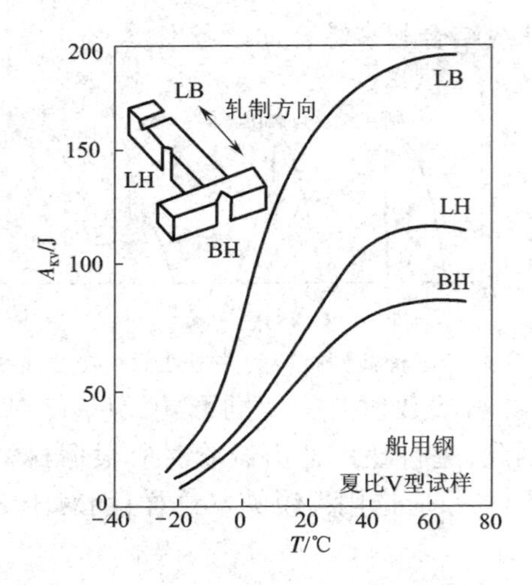

图 3-50 轧制方向对船用钢冲击功的影响

发生了脆断事故，为了查清产生事故的原因，曾进行了大量的研究。研究结果表明，发生事故时的温度大多数均在 4.4 ℃左右，此温度下发生裂纹的船用钢板的冲击功(CVN)大部分均低于 10 ft · lbf(13.6 J)，而且裂纹源都在应力集中处，如结构拐弯处、焊接缺陷及意外损伤所引起的缺口处。综合上述分析，认为船用钢板冲击功的高低是引起脆断的重要原因。于是，后来规定在工作温度下船用钢板的冲击功不应低于 15 ft · lbf(20.3 J)，从而杜绝了脆断事故的发生。

④利用 Charpy V 型缺口冲击试验试样尺寸小、加工方便、操作容易、试验快捷等优点，通过建立冲击功与其他力学性能指标间的联系，代替较复杂的试验。如用材料的冲击功来估算材料的断裂韧性 K_{IC}，以代替断裂韧性试验(见第 4 章)；用预制裂纹试样的示波冲击试验，测定材料在冲击加载条件的断裂韧性 K_{Id} 等。

3.6 材料的低温脆性

随着能源开发、海洋工程、交通运输等近代工业的发展，人类的生产活动扩大到寒冷地带，大量的野外作业机械和工程结构由于冬季低温而发生早期的低温脆性断裂事故，造成了重大的经济损失和人员伤亡。据统计，在历年来发生的断裂事故中，30% ~40% 是由于低温的影响。目前，机械和结构正朝着大型化和轻量化方向发展，对材料的强度要求日益增高，高强度材料的低温脆性显得更加突出。

3.6.1 低温脆性的现象

因温度的降低，材料由韧性断裂转变为脆性断裂，冲击吸收功明显下降，断裂机理由微孔聚集型变为穿晶解理，断口特征由纤维状变为结晶状的现象，称为低温脆性或冷脆。发生低温脆性的转变温度 T_K，称为韧脆转变温度、脆性转变临界温度或冷脆转变温度。低温脆性现象，对压力容器、桥梁和船舶结构以及在低温下服役的机件是非常重要的。

从材料角度看，可将材料的冷脆倾向归结为三种类型，如图 3-51 所示。第一种是面心立方金属及其合金如铜和铝等，它们的冲击韧性很高，温度降低时其冲击韧性的变化不大，不会导致脆性破坏,于是一般情况下可以认为这类材料没有低温脆性现象。但也有试验证明,在 4.2 ~20 K 的极低温度下,奥氏体钢及铝合金也有冷脆性。第二种是高强度的体心立方合金如高强度钢、超高强度钢、高强度铝合金和钛合金等,它们在室温下的冲击韧性就很低,当材料内有裂纹存在时可以在任何温度和应变速率时发生脆性破坏,即这种类型材料本身就是较脆的,韧脆转变的现象也不明显。第三种是低、中强度的体心立方金属以及铍、锌等合金,这些材料的冲击韧性对温度是很敏感的,如低碳钢或低合金高强度钢在室温以上时韧性很好,但温度降低至 -20 ~ -40 ℃时就变为脆性状态,于是这些材料常称为冷脆材料,如图 3-51(a)所示。

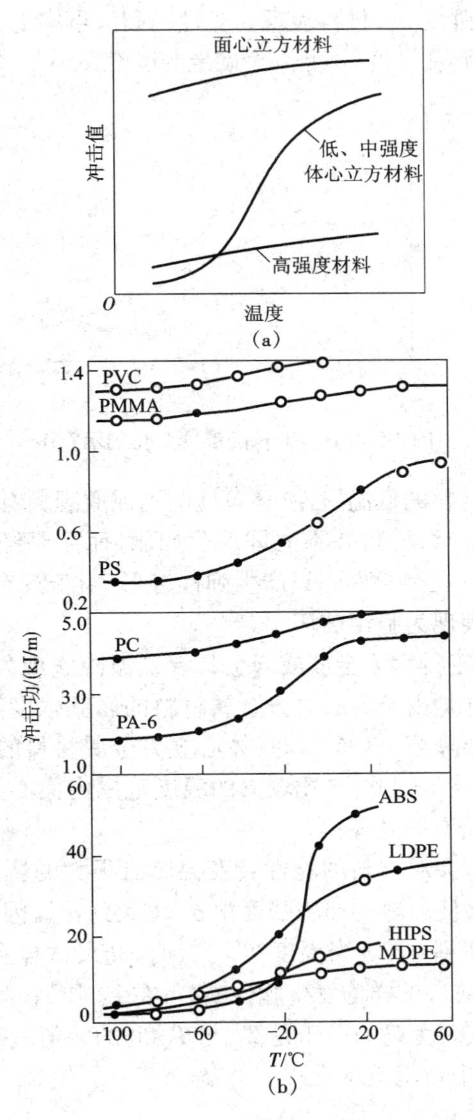

图 3-51　不同材料的冷脆倾向

(a)金属材料　(b)高分子材料

与金属材料一样,许多高分子材料如 PVC(聚氯乙烯)、PS(聚苯乙烯)、ABS(丙烯腈 - 丁二烯 - 苯乙烯)、LDPE(低密度聚乙烯)、PA - 6(聚己内酰胺)等也会出现随使用温度的降低冲击功明显减小、由韧性转变为脆性的现象,如图 3-51(b)所示。

3.6.2 低温脆性的本质

试验结果证明,低温脆性是材料屈服强度随温度下降急剧增加的结果。材料在低温下的韧—脆转变过程,由材料的屈服强度 σ_s 和断裂强度 σ_f 控制;材料的屈服强度 σ_s 随温度下降升高较快(图 3-52),但材料的断裂强度 σ_f 却随温度的变化较小,因为热激活对裂纹扩展的力学条件没有显著作用。于是屈服强度 σ_s 和断裂强度 σ_f 两条曲线相交于一点,交点对应的温度即为 T_K。当温度大于 T_K 时,$\sigma_f > \sigma_s$,材料受载后先屈服再断裂,材料为韧性断裂;当温度低于 T_K 时,应力先达到断裂强度 σ_f,材料表现为脆性断裂。事实上,由于材料化学成分的统计性,韧脆转变温度(或脆性转变温度)不是一个确定的温度,而是一个温度区间。

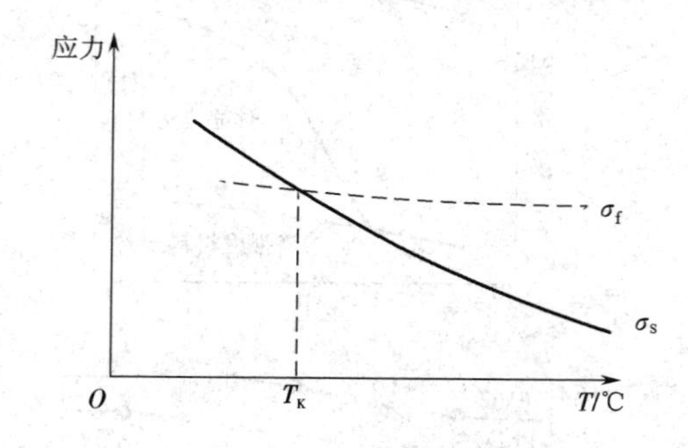

图 3-52 σ_s 和 σ_f 随温度变化的示意图

另外,体心立方金属材料的低温脆性,还可能与迟屈服现象有关。迟屈服即对低碳钢施加一高速载荷达到高于 σ_s 时,材料并不立即产生屈服,而需要经过一段孕育期(称为迟屈服时间)才开始塑性变形。在孕育期中只产生弹性变形,由于没有塑性变形消耗能量,故有利于裂纹的扩展,从而易表现为脆性破坏。

至于体心立方或某些密排六方金属或合金具有低温冷脆现象,而面心立方金属及其合金没有低温脆性的原因,这是由于面心立方金属材料的屈服强度随温度的变化比体心立方金属小得多:当温度从室温降至 −196 ℃时,体心立方金属材料的 σ_s 增加 3 ~8 倍,而面心立方金属材料只增加约 2 倍。因此,在比较大的温度范围内面心立方金属的断裂强度高于其屈服强度,故低温脆性现象不显著。

试样上有缺口存在时,会对材料的脆性转变温度有很大的影响,如图 3-53 所示。由缺口效应可知,缺口的存在会使材料的屈服强度由 σ_s 增大到 σ_{sN},因此缺口试样的脆性转变温度将由光滑试样的 T_K 升高到 T_{KN}。当温度 $T > T_{KN}$ 时,光滑试样和缺口试样均发生韧性断裂;$T < T_K$ 时,光滑试样和缺口试样均发生脆性断裂;在 T_K 和 T_{KN} 间进行试验时,光滑试样为韧性断裂,而缺口试样则表现为脆断。于是 T_K 与 T_{KN} 间的差值就表现为缺口对脆性转变温度的影响,缺口越尖锐,这个差值就越大。

3.6.3 低温脆性的评定

材料的低温脆性评定对于低温结构设计和选材是很关键的,是防止低温脆断的重要依据。温度、应力(包括残余应力)和应力集中是造成低温低应力脆断的条件。对于不同服役条件下的工程结构或机器零件,应有不同的指标作为低温脆性判据。这里,将简要介绍工程

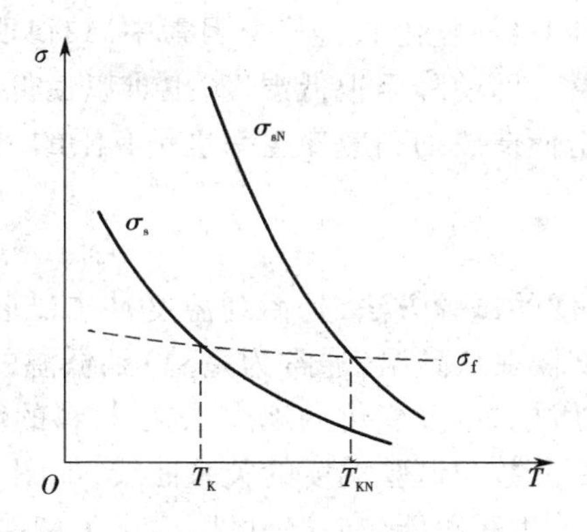

图3-53　缺口对冷脆转变温度的影响

上常用的冷脆性判据及不同服役条件下选用不同判据的原则。

1. 低温拉伸试验

不同试验温度下，正火态20钢和15MnMoVNRe钢光滑试样的拉伸载荷－位移曲线如图3-54所示。由图3-54可以看出，在光滑试样的拉伸试验中，只有在很低的温度下才出现$\sigma_f \approx \sigma_s$，韧脆转变温度分别为－196 ℃(20钢，图3-54(a))、－200 ℃以下(15MnMoVNRe钢，图3-54(b))。因此，这类钢材的脆性转变温度t_K远低于其在工程上使用的温度范围。

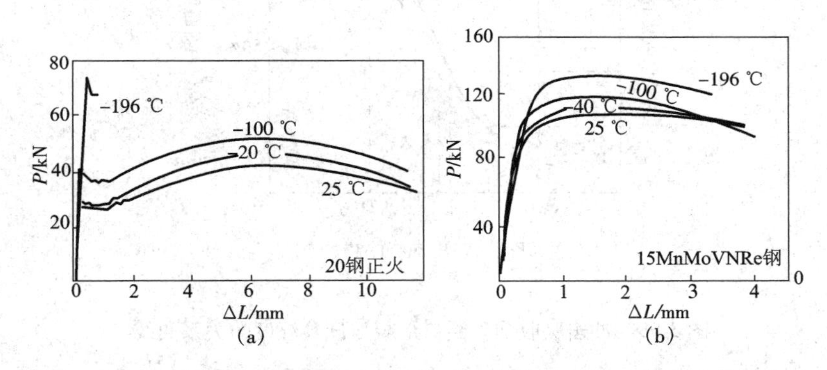

图3-54　20钢和15MnMoVNRe钢在不同温度下的$P-\Delta L$曲线
(a)20钢　(b)15MnMoVNRe钢

另外，光滑拉伸试样的断面收缩率和伸长率也对试验温度不敏感，在相当低的温度范围内ψ和δ基本上保持不变，某些情况下甚至略有升高，因此，国内外学术界普遍认为，光滑拉伸试样的塑性指标不能反映材料的低温脆性。

2. 低温冲击试验及脆性转变温度的确定

造成低温应力脆断的重要因素之一是应力集中；温度越低，材料对应力集中敏感性越高，越容易产生低应力脆断。实际构件的低温低应力脆断，经常是从构件自身存在的各种工艺缺陷如缺口，夹杂，铸、锻、焊等缺陷，或设计不当造成的严重应力集中而引起的，特别是在冲击载荷作用下应力集中造成的脆断倾向将更加明显。因此，材料的低温脆性倾向通常用缺口试样的系列冲击试验来测定。

低温缺口冲击韧性试验，综合运用了缺口、低温及高应变速率这三个因素对材料脆化的影响，使材料由原来的韧性状态变为脆性状态，这样可用来显示和比较材料因成分和组织改变所产生的脆断倾向。在影响材料脆化的这三个因素中,缺口所造成的脆化是主要的。如果不用缺口试样而用光滑试样,即使降至很低温度,也难以使低中强度钢发生脆断。同样,在规定的试验方法中,由冲击而造成的高应变速率也是有限的,它只在试样有缺口的前提下促进了材料的脆化。

1)系列温度冲击试验

评定材料低温脆性最简便的试验方法,是系列温度冲击试验。该试验采用标准 Charpy V 型缺口冲击试样,将冲击试样在从高温(通常为室温)到低温的一系列温度下进行冲击试验,以测定材料冲击吸收功随试验温度变化的规律,揭示材料的低温脆性倾向。典型缺口试样的冲击吸收功、解理断口百分数与试验温度的关系曲线,如图 3-55 所示。在温度较高时,冲击功较高,存在一上平台,称为高阶能,在这一区间表现为韧性断裂。在低温下,冲击功很低,表现为脆性的解理断裂,冲击功的下平台称为低阶能。在高阶能和低阶能之间,存在一很陡的过渡区,该区的冲击功变化较大、数据较分散。可见,冲击功随试验温度的降低由高阶能转变为低阶能,材料由韧性断裂过渡为脆性断裂;相应地,断口形式也由纤维状断口经过混合断口过渡为结晶状断口,断裂性质由微孔聚集型断裂过渡为解理断裂。

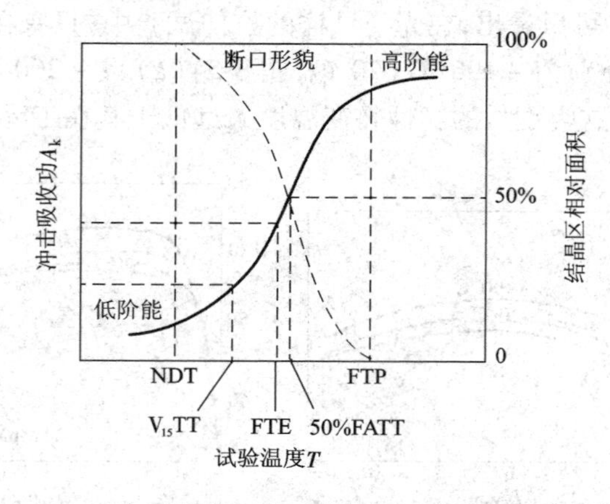

图 3-55　冲击吸收功和断口形貌与试验温度的关系曲线

2)冷脆转变温度的确定

针对系列温度冲击试验的结果,工程上希望确定一个材料的冷脆转化温度。当构件的使用温度高于这一温度时,只要名义应力还处于弹性范围,材料就不会发生脆性破坏。但由于材料由韧性断裂到脆性断裂的转化并非在一个温度点,而是在一个温度范围内完成的,因而当冷脆转化温度的评定准则不同时,就会有不同的冷脆转变温度。需要注意的是,当比较两种材料的脆断倾向或进行选材时,需使用同一个标准。脆性转化温度评定的准则,大体有如下三种类型。

(1)能量准则　针对冲击吸收功随试验温度的变化曲线,能量准则由如下的 4 个评价标准组成。

①对应于冲击吸收功曲线的上平台(高阶能)和 100% 纤维状断裂的下限温度,称为塑性断裂转变温度 FTP(Fracture Transition Plastic)。低于 FTP 温度时,开始产生脆性破坏;而高于 FTP 温度时,不会产生脆性破坏。显然,这是一种最保守的准则。

②对应于冲击吸收功曲线的下平台(低阶能)和 100% 解理断裂的上限温度,称为无塑性或零塑性转变温度 NDT(Nil Ductility Temperature)。这是无预先塑性变形断裂时对应的

温度，是最易确定和最苛刻的判据。在 NDT 以下，断裂前无塑性变形，完全处于脆性状态即不会发生韧断，断口由 100% 结晶区（解理区）组成。

③与低阶能和高阶能的算术平均值对应的温度，称为韧脆转变温度 FTE（Fracture Transition Elastic）或 FTT（Fracture Transition Temperature）。

④与某一固定的能量如 $A_{KV}=15$ ft · lb(20.3 J) 对应的温度，记为 $V_{15}TT$，这个规定是根据大量实践经验总结出来的。实践表明，低碳钢船用钢板服役时若冲击韧性大于 15 ft · lb 或在 $V_{15}TT$ 以上温度工作时就不至于发生脆性断裂。但是这一能量标准的提出仅仅是针对船用钢板的脆性破坏而言，对其他构件的破坏将失去意义，而且这是 20 世纪 50 年代提出的指标。随着低合金高强度钢逐渐代替低碳钢，即由于材料强度的提高，能量标准值也在相应提高如 20 ft · lb(27 J) 甚至 30 ft · lb(40 J) 等。

(2) 断口形貌准则　断口形貌准则，是 20 世纪 50 年代美国在对汽轮机发电机转子飞裂事故分析的基础上提出的，主要用于正火或调质态钢材的评定。同拉伸试样的断口一样，冲击试样的断口也由纤维区、放射区（结晶区）和剪切唇区等三部分组成，如图 3-56 所示。但在不同试验温度下，三个区之间的相对面积是不同的；温度下降，纤维区面积不断减少，结晶区面积不断增大，材料由韧变脆。通常取断口上出现 50% 纤维状韧性断口和 50% 结晶状脆性断口时对应的温度，作为断口形貌转变温度 50% FATT（Fracture Appearance Transition Temperature）或 $FATT_{50}$。

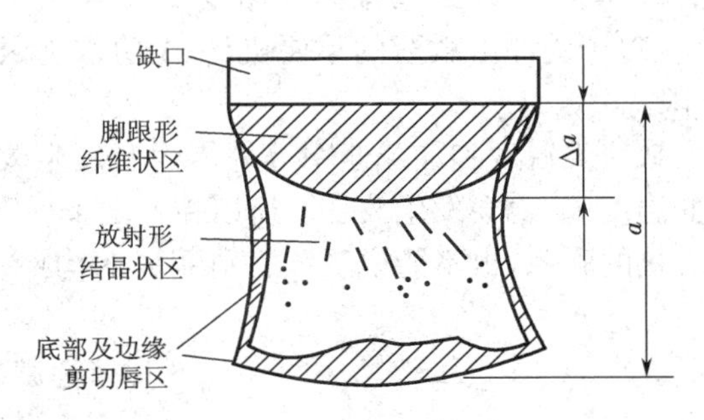

图 3-56　冲击断口形貌示意图

(3) 断口变形特征准则　试样冲断后，常会出现缺口根部收缩、背面膨胀的现象。于是，可规定试样表面相对收缩或膨胀为某一定值（1% 或 3.8%）或膨胀与收缩部分的边长差值为 0.38 mm 时的温度为脆性转变温度。

用不同评价准则定义的脆性转变温度，如图 3-55 所示。显然，由于不同评价准则的物理意义不同，确定的脆性转变温度也不一致，甚至相差很大。不同评价准则下三种常见试验用钢的脆性转变温度，见表 3-13。由该表可见，以 20.3 J 和 0.38 mm 准则所确定的脆性转变温度比较接近，但总低于断口形貌准则确定的 50% FATT 值。因此在评定材料的脆性转变温度，一定要注意按同一准则的脆性转变温度进行对比。

表 3-13　试验用钢的脆性转变温度

材料	σ_s/MPa	20.3 J 准则/℃	0.38 mm 准则/℃	50% 纤维断口准则/℃
热轧 C-Mn	210	27	17	46
热轧低合金钢	385	−24	−22	12
淬火回火钢	618	−71	−67	−54

脆性转变温度 T_K 反映了温度对材料韧脆性的影响，它与 δ、ψ、A_K、NSR 一样也是安全性

指标。T_K 是从韧性角度选材的重要依据之一,可用于材料的抗脆断设计。图 3-57 是两种典型钢材的冲击吸收功 - 温度转变曲线,其中 A 钢在室温以上的冲击性能优于 B 钢,但它的脆性转变温度高于 B 钢。在这种情况下,对实际服役的工件而言最好选用 B 钢而不选 A 钢。

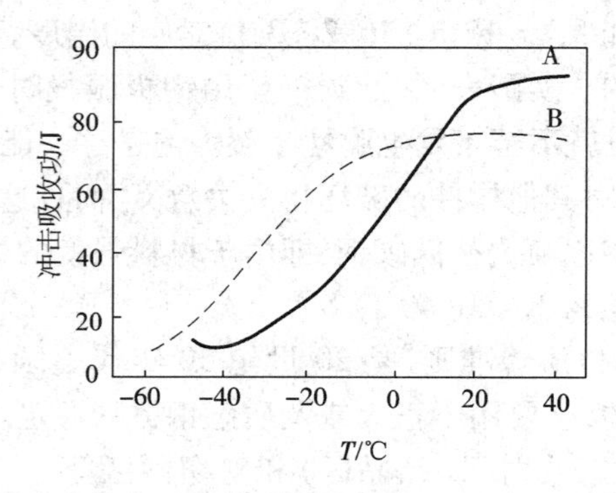

图 3-57　两种钢材的冲击吸收功 - 温度转变曲线

另外,对于在低温服役的构件,依据材料的 T_K 值可以直接或间接地估计它们的最低使用温度。显然,构件的最低使用温度必须高于 T_K,使用温度与脆性转变 T_K 间的差别越大越安全。为此,选用的材料应该具有一定的韧性温度储备 Δ($\Delta = T_0 - T_K$,T_0 为材料的使用温度),Δ 值常取 20 ~ 60 ℃。对于受冲击载荷的重要机件,Δ 值取上限;不受冲击载荷作用的非重要机件,Δ 值可取下限。

最后,当材料的尺寸、缺口尖锐度和加载速率等外界因素发生改变时,即使通过同一种评价准则定义的脆性转变温度 T_K 也会发生改变。所以在一定条件下用试样测得的 t_K,由于与实际结构工况之间无直接的联系,也不能说明该材料制成的构件一定会在该温度下发生脆性断裂。

3. 落锤试验和断裂分析图

系列温度冲击试验虽然测量简单方便,试验成本也低,大家乐于采用,但其确定的脆性转变温度(无论是哪一种准则)在一般情况下(而不是特定的场合)并不能代表实物构件的脆性转变温度。试验结果发现,系列温度冲击试验所确定的脆性转变温度往往总是偏低。这主要是因为缺口冲击试样的尺寸小,其几何约束要比厚、宽的实物构件小,由于变形的几何约束小带来的脆化程度也相应地小一些。图 3-58 是 Charpy V 型缺口冲击试样(夏比试样)与厚板实物构件脆性转变温度的比较,当夏比试样的冲击值还很高时,实物的韧性就已经很低了,这样就导致了用夏比冲击试样所确定的脆性转变温度不是安全可靠的。

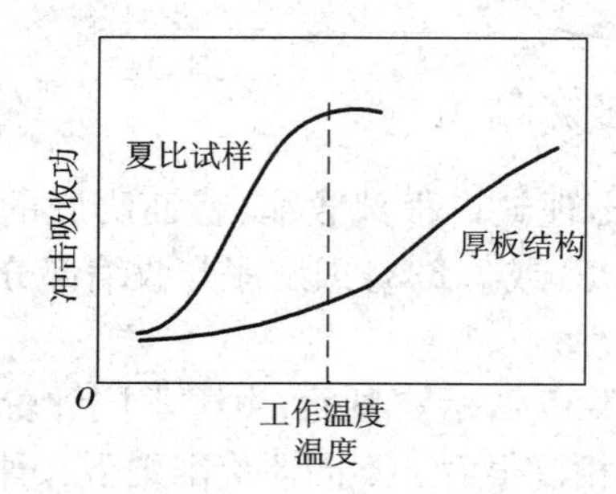

图 3-58　夏比冲击试样和厚板实物构件脆性转化温度的比较

为此,美国海军研究所的派林尼(W. S. Pellini)等于 20 世纪 50 年代初发展出落锤试验方法,用于测定全厚钢板的 NDT(无塑性转变温度),以作为评定材料的性能指标。所用的试样厚度与实际工件的板厚相同,其典型尺寸为 25 mm × 90 mm × 350 mm、19 mm × 50 mm × 125 mm 或 16 mm × 50 mm × 125 mm。因试样较大,试验时需要较大的冲击能量,一般的摆锤式冲击试验机就不能满足要求了,必须要用落锤试验机。

1)落锤试验

落锤试验机由垂直导轨(支承重锤)、能自由落下的重锤和砧座等组成,如图 3-59(a)所示。落锤锤头是一个半径为 25 mm 的钢制圆柱,硬度不小于 50 HRC。重锤能升到不同高度,以获得 340 ~ 1 650 J 的能量。砧座上除了两端的支承块外,中心部分还有一挠度终止块,以限制试样产生过大的塑性变形。落锤具有的能量、支承块的跨距和挠度终止块的厚度,应根据材料的屈服强度与板厚进行选择。在试样宽度的中点沿长度方向堆焊一层脆性合金(长 64 mm、宽约 15 mm、厚约 4 mm),焊块中用薄片砂轮或手锯割开一个缺口,其宽度小于 1. 5 mm,深度为焊道厚度的一半,缺口的方向与试验的拉力方向相垂直,用以诱发裂纹,如图 3-59(b)所示。

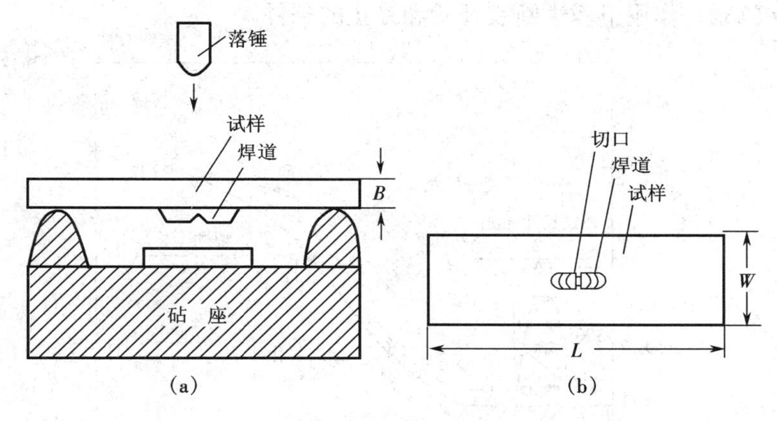

图 3-59 落锤试验示意图

(a)落锤试验装置 (b)试样平面图

进行试验前,将试样在所选的低温条件下保温 30 ~ 45 min,然后迅速将其移至支座上,使有焊道的面向下处于受拉侧,然后落下重锤进行打击。根据试验温度的不同,试板的力学行为按温度由高到低依次发生如下的变化:

①试板只发生塑性变形,不开裂;

②试板拉伸面靠缺口附近出现裂纹,但裂纹只在缺口附近的塑性变形区内,未扩展到两侧边;

③裂纹发展到试板一侧边或两侧边;

④试件完全碎裂。

一般规定裂纹能扩展到试板一侧边或横贯板宽的最高温度为无塑性转变温度,用 NDT 表示。NDT 的含义是:当 $T < \text{NDT}$ 时,钢板碎裂;当 $T > \text{NDT}$ 时,含有大裂纹的试板不会碎裂。因此,可以把落锤试样看做是大尺寸的 Charpy 试样。

2)NDT 判据

在落锤试验测得的无塑性转变温度 NDT 和大量同类试验的基础上,Pellini 等对低强度铁素体钢 NDT 的应用提出了四个防断裂设计的参考判据。

①$T_{工作} \geqslant \text{NDT}$,由于 NDT 表示小裂纹可作为裂纹源引起脆裂的临界温度,因此工作温度

必须限制在 NDT 以上，允许的应力水平限制在 35 ~ 56 MPa。

②$T_{工作} \geqslant$ NDT + 17 ℃，允许 $\sigma_{工作} < \sigma_s/2$，即名义应力低于 $\sigma_s/2$，且温度高于 NDT + 17 ℃时，裂纹不会扩展，该参考判据提供了 $\sigma < \sigma_s/2$ 时的止裂温度界限。

③$T_{工作} \geqslant$ NDT + 33 ℃，允许 $\sigma_{工作} < \sigma_s$，即名义应力小于 σ_s，裂纹可在弹性区扩展的最高温度为 NDT + 33 ℃时，该临界温度称为弹性开裂转变温度(FTE)。当 $T >$ FTE 时，只发生塑性撕裂。因此，FTE 是应力等于 σ_s 时的脆性裂纹止裂温度。

④$T_{工作} \geqslant$ NDT + 67 ℃，$\sigma_{工作}$达到 σ_b 时发生韧性断裂。该温度称为塑性开裂转变温度(FTP)。当 $T >$ FTP 时，断裂应力达到材料的极限强度：当 $T <$ FTP 时，裂纹可在塑性范围扩展，断裂应力在 σ_s 和 σ_b 之间。

3) 断裂分析图(Fracture Analysis Diagram, FAD)

Pellini 等在上述 NDT 判据基础上，又建立了断裂分析图，如图 3-60 所示。断裂分析图表示许用应力、缺陷(裂纹)和温度之间的综合关系，它明确提供了低强度钢构件在温度、应力和缺陷(裂纹)联合作用下脆性断裂开始和终止的条件。

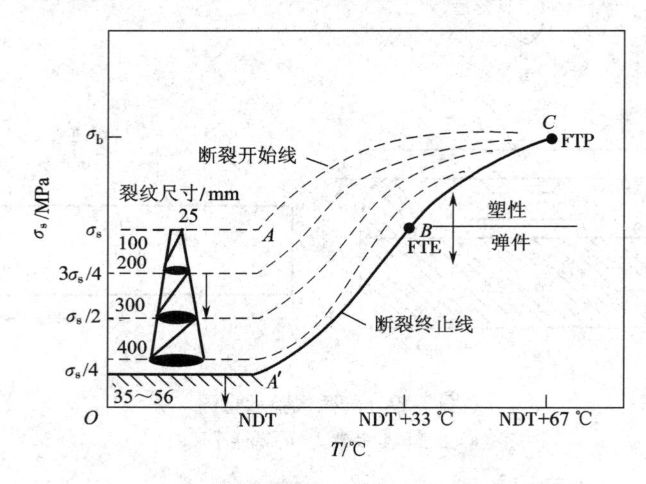

图 3-60 断裂分析图(FAD)

FAD 的纵坐标为应力，横坐标为温度。图中左侧在 NDT 附近，为对压力容器断裂事故分析和有关试验得出的，不同裂纹尺寸对应的断裂应力 σ_c。由图可见，随裂纹长度的增加，材料的断裂应力 σ_c 下降；在裂纹很长时，σ_c 仅为 35 ~ 56 MPa。外加应力低于该值，则不发生脆性破坏，故该应力为脆性破坏的最低应力。图 3-60 中各条曲线(包括虚线)是对应于不同裂纹尺寸的 $\sigma_c - T$ 曲线：AC 线是小裂纹的 $\sigma_c - T$ 曲线，位于材料的 σ_s 线以上；BC 线为长裂纹的 $\sigma_c - T$ 曲线，与材料的 σ_s 相交于 B 点，其对应的温度即为 FTE，C 点对应的坐标则为 σ_b 和 FTP。因为在 NDT 附近有一不发生脆性破坏的最低应力，于是可得到 A' 点。连接 $A'BC$ 线，该曲线亦称断裂终止线(CAT)，表示不同应力水平线下脆性裂纹扩展的终止温度。

由图 3-60 可见，在 NDT 以上，$A'BC$ 线以左、σ_s 以下的区域中，根据不同尺寸裂纹及应力水平的组合，裂纹可能快速扩展而致脆性断裂，但裂纹也可能不发生脆性扩展。在此区域内，当温度一定时，随裂纹长度的增加，断裂应力下降；而在相同应力水平下，小尺寸裂纹不发生脆性扩展，而大裂纹会发生扩展。

在断裂终止线以右，脆性裂纹不产生扩展。在 σ_s 以上，AC 线与 BC 线之间区域内，解理断裂之前先产生塑性变形。温度高于 *FTP* 时,不论裂纹尺寸如何,断裂全部为剪切型,且 $\sigma_s=\sigma_b$。

由于 NDT 与 FTE、FTP 之间有一定关系,因此测出 NDT 便可估算 FTE、FTP,从而能建立断裂分析图。

由上述分析可见,断裂分析图为低强度钢构件防止脆断设计和选择材料提供了一个有效的方法。此外,还可用来分析脆性断裂事故、积累防止脆性断裂的有关数据。但 FAD 图也有其一定的局限性,它没有考虑板厚产生的约束因素;FAD 图是在 25 mm 厚钢板的试验基础上建立起来的,并对大量试验结果进行对比分析后得到的 FTE = NDT + 33 ℃、FTP = NDT + 67 ℃。对 75 mm 以上的厚板,公式应修正为:FTE = NDT + 72 ℃、FTP = NDT + 94 ℃。其次是,FAD 图没有考虑加载速率的影响。此外,在考虑应力、温度和缺陷联合作用时,对同样强度水平的不同等级钢板进行了同样的处理,而忽视了不同等级钢板之间的韧性差异等。

3.6.4 低温脆性的影响因素

1. 材料因素

1)晶体结构

低、中强度的体心立方金属及其合金(如低碳钢)和密排六方金属(如锌、铍及其合金),具有明显的冷脆现象;而面心立方金属(如奥氏体钢、镍、铝、铜等),一般情况下可认为无冷脆现象。高强度的体心立方金属,如高强度及超高强度钢,由于其在很宽的温度范围内冲击值均较低,冷脆转变现象不明显。

2)化学成分

在体心立方金属 α-Fe 中,加入能形成间隙固溶体的元素如碳、氮、氢等,会使冲击韧性减小,冷脆转变温度提高,且含量越大影响也越大。这是因为间隙溶质元素溶入铁素体基体中,偏聚于位错线附近,阻碍位错运动,从而使钢的 σ_s 升高,韧脆转变温度提高(图 3-61(a))。

α-Fe 中加入能形成置换固溶体的元素,一般也会不同程度地提高和扩大其冷脆转变温度和范围,但在 α-Fe 中加入镍和锰,能显著地降低脆性转变温度并提高韧断区的冲击值(图 3-61(b))。

杂质元素 S、P、Pb、Sn、As 等的加入,常会降低钢的韧性。这是由于它们偏聚于晶界,降低晶界表面能,使钢容易发生沿晶脆性断裂,并同时降低了脆断应力所致。

3)晶粒尺寸

理论分析和试验结果均表明,细化晶粒能使材料的韧性增加,韧脆转变温度降低。在含 0.02%C 的纯铁中,当晶粒度处于 1~6 级(16~512 晶粒/毫米^2)范围内时,冷脆转变温度与晶粒度的关系是线性的,如图 3-62 所示。每增加 1 级晶粒度,脆性转变温度会降低 17 ℃。所以,细化晶粒尺寸是降低脆性转变温度很有效的措施之一。

对低碳铁素体-珠光体钢和低合金高强钢的研究发现,铁素体的晶粒直径 d 与其脆性转变温度 T_K 间存在如下的关系:

$$\beta T_K=\ln B-\ln C-\ln d^{-1/2} \tag{3-41}$$

其中,β、B、C 为常数;d 为铁素体的晶粒直径。

另外研究还发现,不仅铁素体晶粒的大小和脆性转变温度之间呈线性关系,而且马氏体板条束宽度、上贝氏体铁素体板条束、原始奥氏体晶粒尺寸与脆性转变温度之间也呈线性关系。如低碳马氏体钢中马氏体板条束宽度 d_P 与脆性转变温度间就呈现明显的线性关系,如

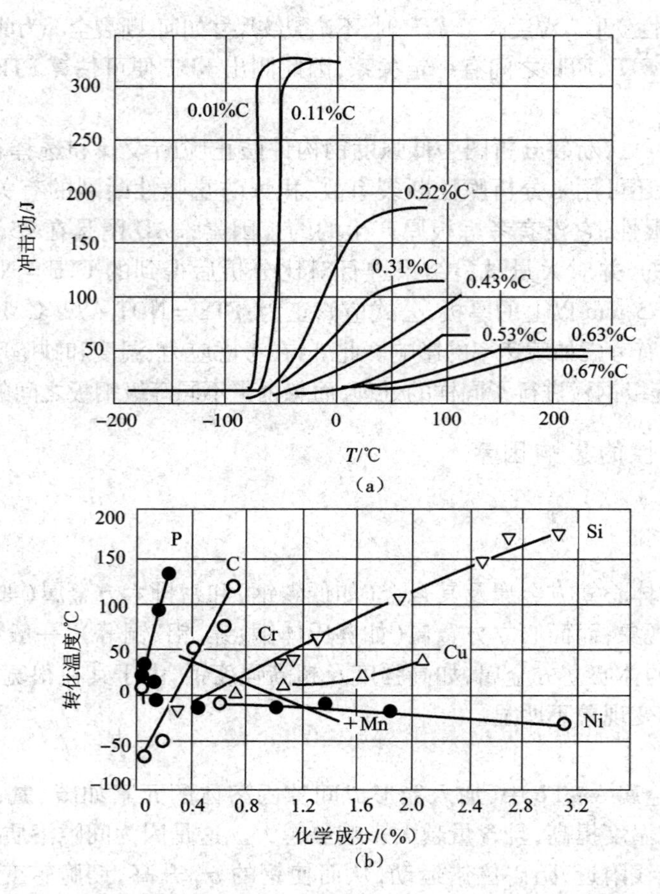

图 3-61 合金元素对脆性转变温度的影响(试样均为夏比 V 型缺口)

(a)碳含量 (b)化学成分

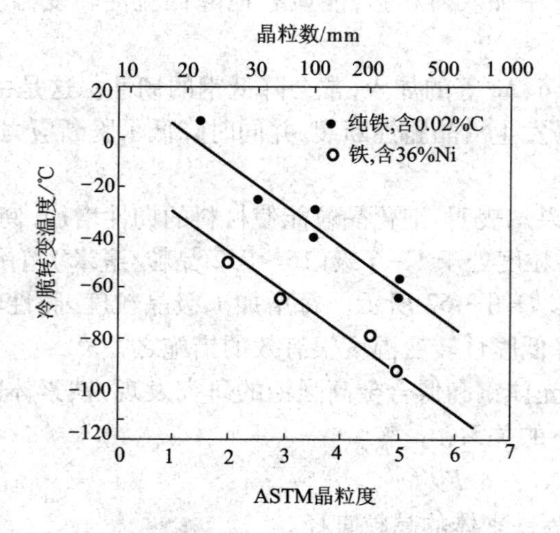

图 3-62 铁素体晶粒尺寸对脆性转变温度的影响

图 3-63 所示。

细化晶粒提高韧性的原因在于:晶界是裂纹扩展的阻力;晶界前塞积的位错数减少,有

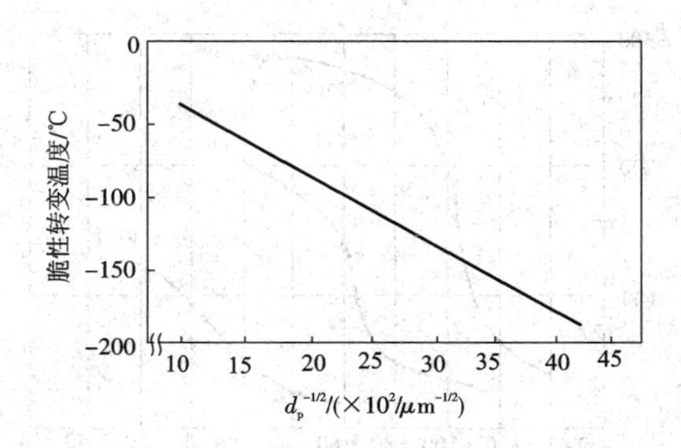

图 3-63　马氏体板条束的宽度与脆性转变温度之间的关系

利于降低应力集中；晶界总面积增加，使晶界上杂质浓度减少，避免产生沿晶脆性断裂。

4）金相组织

在较低强度水平时，对强度相同而组织不同的钢，其冲击吸收功和脆性转变温度以回火索氏体最佳，贝氏体回火组织次之，片状珠光体组织最差。此外，球化处理能改善钢的韧性。

在较高强度水平时，中、高碳钢经等温淬火获得的下贝氏体组织，其冲击吸收功和脆性转变温度优于同强度的淬火马氏体并回火的组织。在相同强度水平时，典型上贝氏体的脆性转变温度高于下贝氏体的脆性转变温度。但低碳钢低温上贝氏体的韧性却高于回火马氏体的韧性，这是由于在低温上贝氏体中渗碳体沿奥氏体晶界的析出受到抑制，减少了晶界裂纹所致。

在低碳合金钢中，经不完全等温处理获得的贝氏体和马氏体混合组织，其韧性比单一马氏体或单一贝氏体组织要好。这是因为贝氏体先于马氏体形成，优先将奥氏体晶粒分割成几部分，使随后形成的马氏体限制在较小的范围内，从而获得了极为细小的混合组织。裂纹在此种组织内扩展时要多次改变方向，消耗能量较大，故钢的韧性较高。关于中碳合金钢马氏体 - 贝氏体混合组织的韧性，要看钢在奥氏体化后的冷却过程中贝氏体和马氏体的形成顺序而定，只有贝氏体先于马氏体形成韧性才可以改善。

当马氏体钢中存在稳定残余奥氏体时，可以抑制解理断裂，从而显著改善钢的韧性。另外，马氏体板条间的残余奥氏体，也有类似的作用。

钢中碳化物及夹杂物等第二相对钢脆性的影响程度，取决于第二相质点的大小、形状、分布、第二相性质及其与基体的结合力等因素。一般情况下，第二相尺寸增加，材料的韧性下降，脆性转化温度升高。第二相的形状对材料脆性也有影响，球状第二相材料的韧性较好。

另外，钢的热处理对钢的脆性转变温度也有很大的影响，如图 3-64 所示。以轧制态、正火态和调质态的顺序，脆性转变温度降低。

2. 外在因素

1）缺口尖锐度

冲击试样缺口根部的曲率半径，对所测得冲击功大小有很大的影响。缺口尖锐度直接影响到缺口根部的应力、应变状态；缺口越尖锐，则三向应力状态越严重，裂纹形成之前的塑性变形区域就越小，塑性变形量也越小。这样，就显著地减少了试样断裂前吸收的能量，特别是裂纹萌生前所吸收的能量，导致脆性转变温度的升高，如图 3-65 所示。

2）尺寸因素

试样尺寸增大，材料的韧性下降，断口中纤维区减少，脆性转变温度升高。这是因为：

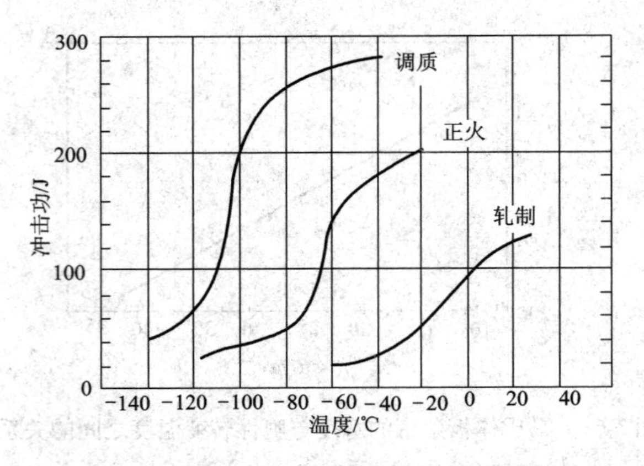

图 3-64 热处理方式对钢的脆性转变温度的影响

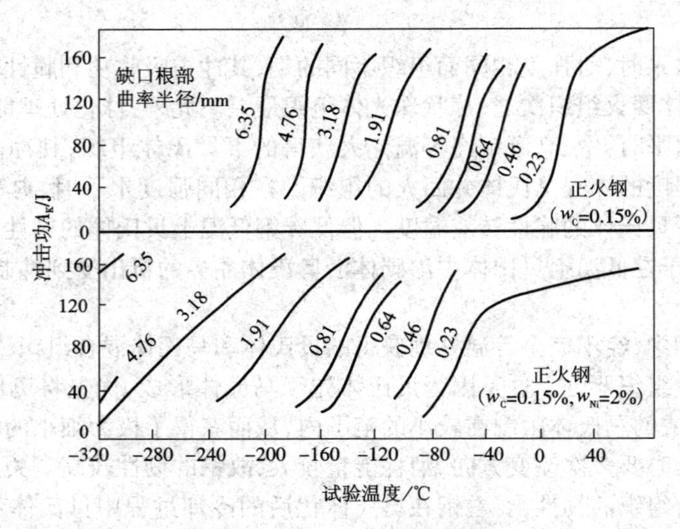

图 3-65 夏比 V 型试样根部曲率半径对钢冲击功的影响

①尺寸增大,增加了材料的内部缺陷出现的几率;②加大了三向应力状态程度,也即提高了其平面应变的程度。在小尺寸时可以是平面应力状态,而在大尺寸时已达到平面应变状态,这些都是促进材料脆化的因素。当试样各部分尺寸按比例地增加后(表 3-14),脆性转变温度升高(图 3-66);如不改变缺口形式,只增加试样宽度时,脆性转化温度也升高(图 3-66)。

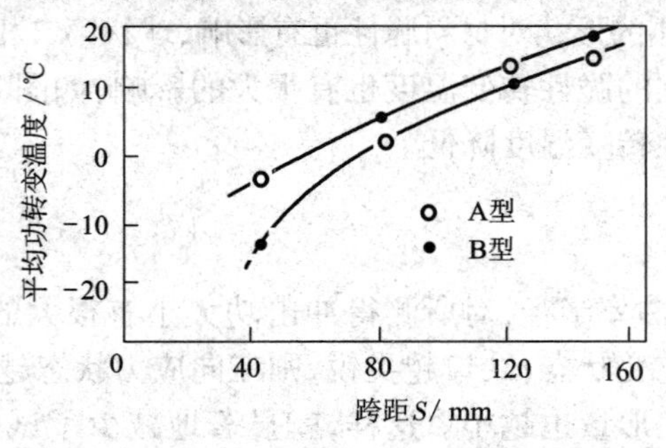

图 3-66 试样尺寸对脆性转变温度的影响

表 3-14　图 3-66 中试样的尺寸

形式	跨距 S/mm	宽度 t、高度 h/mm	缺口深度 P/mm	缺口曲率半径 r/mm	r/t
A－1	40	10	2	0.25	0.25
A－2	80	20	4	0.50	0.25
A－3	120	30	6	0.75	0.25
A－4	160	40	8	1.00	
B－1	40	10	2	0.50	0.05
B－2	80	20	4	1.00	0.05
B－3	120	30	6	1.50	0.05
B－4	160	40	8	2.00	0.05

3）加载速率

外加载荷速率的增加，使缺口处塑性变形的应变速率提高，促进了材料的脆化，使脆性转变温度提高。对于光滑或钝缺口试样，在临界冲击速率以下进行冲击时，应变速率的变化对其冲击值的影响不大。但在尖锐缺口的情况下，由于缺口根部的塑性应变集中，可使其应变速率很高，因而局部达到临界脆性速率，冲击功急剧下降，脆性转变温度升高，如图 3-67 所示。应变速率与脆性转变温度之间有以下的关系：

$$\lg v = B - \frac{Q}{RT_K} \tag{3-42}$$

式中：v 为应变速率；T_K 为脆性转化温度；B 为常数；Q 为激活能；R 为理想气体常数。

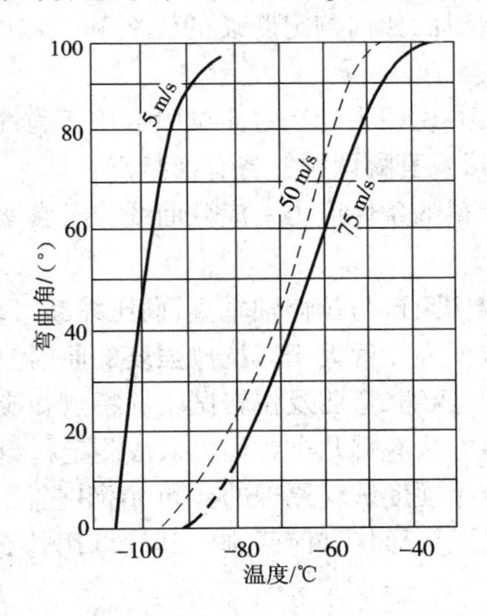

图 3-67　冲击速率对 5 号钢脆性转变温度的影响

加载速率对钢脆性的影响，与钢的强度水平有关。一般情况下，中、低强度钢的脆性转变温度对加载速率比较敏感，而高强度钢和超高强度钢的脆性转变温度对加载速率的敏感性较小。

复习思考题

1. 解释下列名词：

(1)应力状态系数；(2)布氏硬度；(3)洛氏硬度；(4)维氏硬度；(5)努氏硬度；(6)肖氏硬度；(7)缺口效应；(8)缺口敏感性；(9)冲击吸收功；(10)冲击韧性；(11)低温脆性；(12)脆性转变温度。

2. 说明下列性能指标的意义：(1)τ_p；(2)τ_s；(3)τ_b；(4)σ_{bb}；(5)σ_{pc}；(6)σ_{bc}；(7)σ_{bN}；(8)HBS；(9)HBW；(10)HM；(11)HRA；(12)HRB；(13)HRC；(14)HR15T；(15)HR15N；(16)HV；(17)HK；(18)HS；(19)K_t；(20)q_e(NSR)；(21)A_{KV}；(22)A_{KU}；(23)α_{KV}；(24)T_K；(25)T_{KN}；(26)NDT；(27)FTP；(28)FTE；(29)$V_{15}TT$；(30)$FATT_{50}$。

3. 试从力学状态图出发，分析金属材料和陶瓷材料在拉伸和压缩条件下的断裂行为，并阐述各自材料的应用范围。

4. 为反映脆性材料的塑性行为，应该采用哪些试验方法？为什么？

5. 扭转试验可测得材料的哪些力学性能指标？同一材料的扭转图与拉伸图在形态上会有什么区别？

6. 在测试扭转的屈服强度时为什么采用$\tau_{0.3}$，而不是像测拉伸屈服强度$\sigma_{0.2}$那样去测$\tau_{0.2}$？

7. 根据扭转试样的断口特征，如何判定断裂的性质和引起断裂的应力？与拉伸试样的断裂性质有什么区别？

8. 论述弯曲试验的特点，并说明为什么弯曲试验常用于脆性材料的性能测试？

9. 材料弯曲试验的加载形式有哪两种？各有何特点？

10. 为什么拉伸试验时所得的条件应力-应变曲线位于真实应力-应变曲线之下，而压缩试验时恰恰相反？

11. 为什么灰口铸铁的拉伸断口与拉伸轴垂直，而压缩断口却与压缩轴成45°角？

12. 试解释陶瓷材料的抗压强度远大于其抗拉强度的原因。·

13. 试综合比较单向拉伸、压缩、弯曲及扭转试验的特点和应用范围。

14. 测定材料硬度的试验方法有哪几类？用压入法测定材料硬度的物理意义是什么？

15. 试比较布氏、洛氏、维氏硬度试验原理的异同，说明它们的优缺点和应用范围。

16. 布氏、洛氏、维氏硬度压头形状有何区别？其硬度用什么符号表示？并说明其符号的意义。

17. 试说明布氏硬度试验时，为什么要对不同材料选用不同的P/D^2、适当的钢球或硬质合金球直径D(或载荷P)及不同的载荷保持时间？

18. 维氏硬度和努氏硬度的压头形状、定义有何异同？并阐述显微硬度在材料研究中的应用。

19. 简述肖氏硬度和莫氏硬度试验方法的原理和用途。

20. 随着材料抗拉强度的升高，其布氏硬度、洛氏硬度、维氏硬度值是否也升高？硬度与抗拉强度、疲劳强度间是否也存在线性关系？为什么？

21. 今有如下零件和材料需要测定硬度，试说明选用何种硬度试验方法为宜。

(1)渗碳层的硬度分布；(2)淬火钢；(3)灰铸铁；(4)鉴别钢中的隐晶马氏体与残余奥

氏体；(5)仪表小黄铜齿轮；(6)龙门刨床导轨；(7)陶瓷涂层；(8)高速钢刀具；(9)退火态低碳钢；(10)硬质合金。

22. 缺口的存在会引起哪些力学响应？

23. 试说明塑性较好的材料在外加拉伸载荷增大的过程中，缺口截面上的弹性应力分布是如何逐步转变为弹塑性应力分布的。在平面应力与平面应变状态下，缺口截面上的应力分布有何区别？

24. 如何评定材料的缺口敏感性？并综合比较光滑试样轴向拉伸、缺口试样轴向拉伸和偏斜拉伸试验的特点。

25. 为什么低强度高塑性材料的缺口敏感度小，高强度塑性材料的缺口敏感度大，而脆性材料是完全缺口敏感的？

26. 简述冲击载荷作用下材料变形与断裂的机理与过程。

27. 什么是冲击韧性？用于测定冲击韧性的试样有哪两种主要形式？测定的冲击韧性如何表示？两种缺口的冲击韧性是否具有可比性？

28. 缺口冲击韧性被列为材料的五大常规性能指标之一，如何理解冲击韧性的物理意义？冲击韧性值在工程中有什么实用价值？

29. 现需检验以下材料的冲击韧性，问哪几种材料要开缺口？哪几种材料不要开缺口？W18Cr4V，Cr12MoV，3Cr2W8V，40CrNiMo，30CrMnSi，20CrMnTi，铸铁。

30. 在韧性材料的冲击试样断口上，为什么裂纹会在距缺口一定距离的试样内部萌生，而不是在缺口根部？

31. 什么是低温脆性？在哪些材料中容易发生低温脆性？低温脆性的物理本质是什么？

32. 用光滑试样的静拉伸试验也可能观察到金属材料的冷脆现象，但为什么在评定 T_K 中都采用缺口试样的冲击试验？光滑试样和缺口试样的韧脆转变温度有何关系？

33. 在 A_K-T 曲线图中，T_K 可以用多种特征温度来定义，试列举其中主要的三种定义。对大型工件为什么要用落锤试验和 FAD 图进行分析？

34. 简述影响冲击韧性和脆性转变温度的内在与外在因素及其变化规律。

第4章 材料的断裂强度与断裂韧性

断裂是工程构件最危险的一种失效方式,尤其是脆性断裂,由于它是突发性的破坏且在断裂前没有明显的征兆,因而常常引起灾难性的破坏事故。自20世纪四五十年代之后,随着工业的高速发展,工程构件的尺寸越来越大、应用材料的强度也越来越高,尤其是焊接工艺在大型结构建造中的应用,因脆性断裂而引发的事故如列车出轨、桥梁断塌、飞机坠毁等明显增加了。例如,美国在第二次世界大战期间有5 000艘全焊接"自由轮"(标准船),其中238艘完全破坏,有的甚至断成两截。发生破坏的自由轮,其断裂源多半在焊接缺陷处,在气温降至 -3 ℃,水温降至 -4 ℃,破坏处的冲击韧性也较低。又如美国于20世纪50年代发射的北极星导弹,其固体燃料发动机客体采用了超高强度钢D6AC(屈服强度为1 400 MPa);按照传统的强度设计于验收时,其各项性能指标包括强度和韧性都符合要求且设计时的工作应力远低于材料的屈服强度,但发射点火不久就发生了爆炸。这些重大的破坏事故引起了世界各国科学家的震惊,因为这是传统力学设计所无法解释的。

在材料的传统力学设计中,只要求工作应力 σ 小于许用应力 $[\sigma]=\sigma_s/n$ 就认为是安全的,其中 σ_s 和 n 分别为材料的屈服强度和设计安全系数($n=1.2\sim1.5$)。这种传统力学设计思想的出发点是保证工程构件断面上承受的应力不超过材料的屈服强度,也就是说工程构件不会产生塑性变形,在正常使用条件下(不超载、不发生腐蚀等)也不会发生断裂。然而传统材料力学的基本假设是材料为均匀连续、各向同性、没有缺陷和裂纹的理想固体,但是实际的工程材料和构件在制备、加工及使用过程中都会产生各种的宏观缺陷乃至宏观裂纹。如对全焊接的自由轮,经事后事故分析发现在焊接处存在微裂纹;在北极星导弹的破坏处也有小于1 mm的裂纹出现。这些事实都说明,低应力脆性破坏总是与材料内部含有一定尺寸的裂纹相联系的,当裂纹在给定的作用应力下扩展到临界尺寸时,材料就会发生突然破裂。

由上可见,传统的力学设计思想没有考虑实际材料不可避免存在宏观裂纹的事实,显然与工程结构的实际情况不相符合。为了保证工程结构的安全工作、防止脆断事故的发生,就必须研究带裂纹物体的力学行为。在这样的背景下,一门新的力学分支——断裂力学就应运而生了。断裂力学就是研究带裂纹体的力学,它给出裂纹体的断裂判据,并提出一个材料的固有性能指标——断裂韧性,并用它来比较各种材料的抗断裂能力。

4.1 断裂强度

断裂是材料的主要失效形式之一,而表征材料发生断裂时的临界应力称为断裂强度。于是研究材料的断裂强度对探明材料的抗断裂能力、预防断裂事故的发生具有重要的意义。本节首先对完整晶体材料的理论断裂强度进行了推导计算,在此基础上分析宏观缺陷对材料断裂强度的影响，最后从 Griffith 断裂理论出发研究了含裂纹材料的实际断裂强度。

4.1.1　理论断裂强度

完整晶体的理论断裂强度，是指将晶体原子分开所需要的最大应力，因此理论断裂强度也可称为最高理论结合强度。从物理本质看，晶体的理论断裂强度与晶体的弹性模量一样均反映了原子间结合力的大小，只不过弹性模量仅表示晶体产生弹性变形时原子间的结合力大小，而理论断裂强度则代表原子间结合力的最大值。

要确定晶体的理论断裂强度，首先必须建立原子间结合力的计算模型。以下介绍两种常见的理论断裂强度计算方法。

1. 解析模型

晶体内部的两个原子，会同时受到斥力和引力的作用，于是两原子间的结合力 σ 随原子间距 r 的变化，可用下式和图 4-1 表示：

$$\sigma = \frac{A}{r^2} - \frac{B}{r^4} \tag{4-1}$$

式中：第一项为引力；第二项为斥力；A 和 B 分别为与原子本性和晶格类型有关的常数。

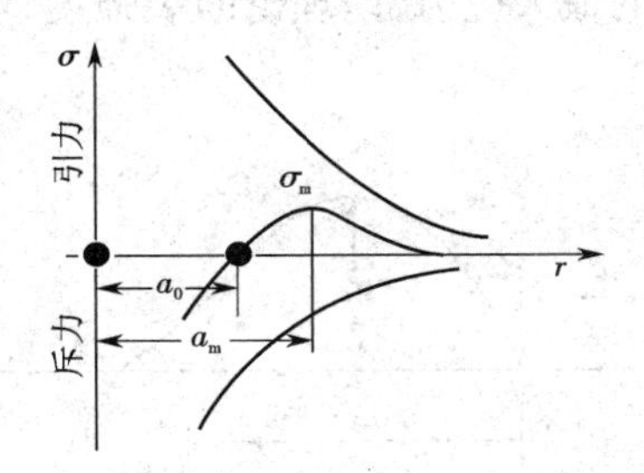

图 4-1　原子间作用力随原子间距变化的曲线

要使晶体材料发生断裂，就必须克服原子间的最大引力 σ_m，于是 σ_m 就是晶体的理论断裂强度。对式(4-1)进行极值分析，可得引力的最大值 σ_m 满足如下关系：

$$\sigma'(a_m) = -\frac{2A}{a_m^3} + \frac{4B}{a_m^5} = 0$$

经计算可得

$$a_m = \sqrt{2}\sqrt{\frac{B}{A}} \tag{4-2}$$

将式(4-2)代入到式(4-1)中得

$$\sigma_m = \frac{A^2}{4B} \tag{4-3}$$

由于在平衡位置 a_0 处，原子间的引力与斥力相等，即 $\sigma(a_0) = 0$，于是有

$$\sigma(a_0) = \frac{A}{a_0^2} - \frac{B}{a_0^4} = 0$$

$$a_0 = (B/A)^{1/2} = \sqrt{\frac{B}{A}} \tag{4-4}$$

如果把两原子列之间的固体看作初始长度为 a_0 的拉伸试样，当试样变形量 Δr 很小时，试样仅发生弹性变形；而对弹性变形，试样受到的应力与应变间满足胡克定律。利用数学级

数将式(4-1)在平衡位置 a_0 附近展开并利用式(4-4)可得到

$$\sigma = \frac{2A^2}{B} \times \frac{\Delta r}{a_0} \tag{4-5}$$

考虑到试样的应变为 $\Delta r/a_0$,由胡克定律可得

$$E = \frac{2A^2}{B} \tag{4-6}$$

将式(4-6)代入到式(4-3)中得

$$\sigma_{\mathrm{m}} = \frac{E}{8} \tag{4-7}$$

于是在弹性正断条件下,完整晶体的理论断裂强度为其弹性模量的1/8。

2. **正弦函数近似模型**

对图4-1中的原子间作用力,可将 a_0 与 $a_0 + \lambda/2$ 之间的作用力近似为正弦函数如图4-2,其中 λ 为虚拟正弦函数的波长,则原子间的作用力可表示为

$$\sigma = \sigma_{\mathrm{m}} \sin\frac{2\pi x}{\lambda} \tag{4-8}$$

式中:σ_{m} 为使原子分开时所需的最大应力,即理论断裂强度;x 为两原子间相对平衡位置的距离。

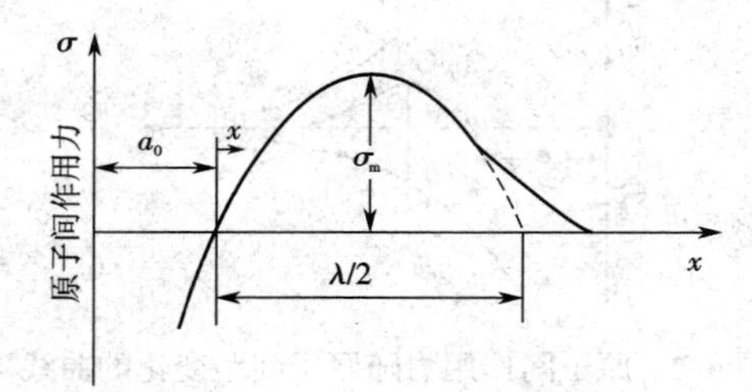

图4-2 原子间作用力的正弦函数近似模型

考虑到在平衡位置 a_0,当变形量 x 很小时,应力与应变间符合胡克定律,有

$$\sigma = \frac{Ex}{a_0} \tag{4-9}$$

式中:E 为晶体的弹性模量。同时,当 x 很小时,$\sin x \approx x$,于是式(4-8)可简化为

$$\sigma = \sigma_{\mathrm{m}} \sin\frac{2\pi x}{\lambda} = \frac{2\pi x \sigma_{\mathrm{m}}}{\lambda} \tag{4-10}$$

联立式(4-9)和式(4-10)得

$$\frac{2\pi\sigma_{\mathrm{m}}}{\lambda} = \frac{E}{a_0} \tag{4-11}$$

如用式(4-2)和式(4-4)中的 a_{m} 和 a_0 推导虚拟波的波长 λ,则有

$$\lambda = 4 \times (a_{\mathrm{m}} - a_0) = 4(\sqrt{2} - 1)a_0 \tag{4-12}$$

于是联立式(4-11)与式(4-12)有

$$\sigma_{\mathrm{m}} = \frac{4(\sqrt{2} - 1)E}{2\pi} \approx \frac{E}{1.22\pi} \tag{4-13}$$

即晶体的理论断裂强度,在形式上与最高理论屈服强度 $\tau_{\mathrm{m}} \approx G/2\pi$ 是很相似的,其中 G 为晶体的切变模量。

由于材料的断裂是在拉应力作用下沿与拉应力垂直的原子面被拉开并产生两个新表面的过程,因此从能量角度看为使晶体产生断裂,外界作用力所做的功必须克服产生新表面所需的能量。断裂过程中外力所做的功,可由图 4-2 中正弦曲线下的面积求得

$$\int_0^{\lambda/2} \sigma_m \sin \frac{2\pi x}{\lambda} dx = \frac{\lambda \sigma_m}{\pi} \tag{4-14}$$

如令晶体的比表面能为 γ_s,则断裂后产生两个新表面所需的能量为 $2\gamma_s$,即有

$$\frac{\lambda \sigma_m}{\pi} = 2\gamma_s \tag{4-15}$$

将式(4-15)代入式(4-11)中,并消去 λ 得

$$\sigma_m = \sqrt{\frac{E\gamma_s}{a_0}} \tag{4-16}$$

可见晶体的理论断裂强度,只与其弹性模量、表面能和晶格间距等材料的常数有关。需要说明的是,由于在推导过程中并未涉及原子间的具体结合力和原子结构,因此式(4-16)对完整晶体材料具有一定的普适性。

将钢的性能数据 $E = 2.07 \times 10^{11}$ Pa,$\gamma_s = 1$ J/m^2 和 $a_0 = 2.5 \times 10^{-10}$ m 代入式(4-16)中,计算得到材料的理论断裂强度 $\sigma_m = 2.88 \times 10^4$ MPa。如按式(4-7)和式(4-13)计算可得,材料的理论断裂强度 σ_m 分别 2.59×10^4 MPa 和 2.73×10^4 MPa。可见,利用不同计算方法求得的理论断裂强度在同一个数量级。

部分晶体材料的理论断裂强度与其弹性模量、表面能与原子间距的值,列于表 4-1 中。从表 4-1 的数据中可以看出,这些晶体材料的理论断裂强度与式(4-7)、式(4-13)和式(4-16)求得的理论断裂强度值是比较接近的。

表 4-1　部分晶体材料的理论断裂强度与其弹性模量、表面能与原子间距的关系

材料	E/GPa	γ_s/(J/m^2)	a_0/nm	σ_m/GPa	E/σ_m
α-铁	210	1.00	0.25	28.8	7.2
石英玻璃	70	0.58	0.26	15.9	4.4
NaCl	43	1.20	0.28	13.6	3.2
MgO	240	1.59	0.21	42.6	5.6
Al_2O_3	380	1.06	0.19	46.0	8.3

但是,目前工程实际使用钢材的最高断裂强度仅为 4 500 MPa 左右;大量工程实验结果表明,实际材料的断裂强度往往仅为理论断裂强度的 1/100 ~ 1/1 000,两者相差悬殊。造成这一差别的原因,是计算理论断裂强度时所采用的基本假设不符合工程实际情况。即计算理论断裂强度时利用的双原子模型认为,晶体材料是理想的完整晶体,外力达到断裂面上所有原子间作用力的总和时才能断裂;但实际上,材料中总存在各种缺陷和裂纹等不连续因素,缺陷引起的应力集中对断裂的影响是不能忽视的。

4.1.2　宏观缺陷的影响

依据工程实际材料中常存在各种缺陷的现实情况,如假设在无限大板上含有椭圆形的缺陷,椭圆孔的长径为 $2a$,短径为 $2b$,如图 4-3 所示。当垂直于孔的长径方向作用着均匀分布的拉伸应力 σ 时,由于缺陷的应力集中效应,C. E. Inglis 根据应力函数导出椭圆形孔长

径端部的局部应力为

$$\sigma_{\max}=\sigma\left(1+\frac{2a}{b}\right) \tag{4-17}$$

其中，$(1+2a/b)$是以椭圆孔尺寸表示的应力集中系数。

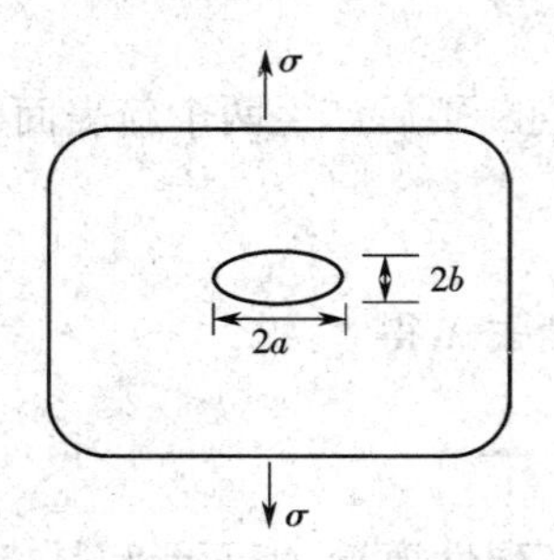

图 4-3　无限大板上的椭圆孔缺陷

考虑到椭圆形孔长径端部的曲率半径$\rho=b^2/a$，因此式(4-17)变为

$$\sigma_{\max}=\sigma\left(1+2\sqrt{\frac{a}{\rho}}\right) \tag{4-18}$$

由于曲率半径ρ越小，孔端部的应力集中效应越明显，因此尖锐型缺陷在材料断裂中起着主导作用。对尖锐型缺陷，$\rho \ll a$，于是式(4-18)可进一步改写为

$$\sigma_{\max}=\sigma\left(1+2\sqrt{\frac{a}{\rho}}\right)\approx 2\sigma\sqrt{\frac{a}{\rho}} \tag{4-19}$$

当孔端部的最大应力$\sigma_{\max}$达到理论断裂强度σ_{m}时，孔端部的原子面发生分离从而引起材料的开裂。将式(4-19)与式(4-16)进行比较可得

$$2\sigma\sqrt{\frac{a}{\rho}}=\sqrt{\frac{E\gamma_{s}}{a_0}}$$

于是含缺陷材料的断裂强度

$$\sigma_{c}=\sqrt{\frac{E\gamma_{s}\rho}{4a_0 a}} \tag{4-20}$$

由上式可以看出，因缺陷端部的应力集中效应，含缺陷材料的断裂强度σ_{c}远小于材料的理论断裂强度σ_{m}，即缺陷的存在使材料的抗断裂能力降低了。

4.1.3　Griffith 断裂理论

对材料的理论断裂强度与其实际断裂强度相差悬殊的问题，很长一个时期未能得到满意的解释。A. A. Griffith 于 1921 年提出了断裂强度的裂纹理论，认为材料的实际断裂强度低于理论断裂强度的根本原因是材料中存在裂纹。在拉伸应力作用下，裂纹顶端附近产生应力集中，当局部应力超过材料的理论断裂强度时就引起裂纹的扩展直至发生断裂。

Griffith 从能量平衡的观点出发，首先研究了含裂纹的陶瓷、玻璃等脆性材料的断裂强度。假定在单位板厚的无限大板中心有一个椭圆形的穿透裂纹，裂纹长度为$2a$；在垂直裂纹面方向上受到均匀的拉伸应力σ，之后将大板两端固定，如图 4-4(a)所示。此时受力板可视为隔离系统，与外界无能量交换。随施加拉伸应力σ的增大，裂纹开始扩展，原来贮存在系统内部的弹性能得到释放用以克服裂纹表面积和表面能的增加。当弹性应变能的释放率大于等于表面能的增加率时，裂纹便会失稳扩展，发生断裂，这就是 Griffith 判据。

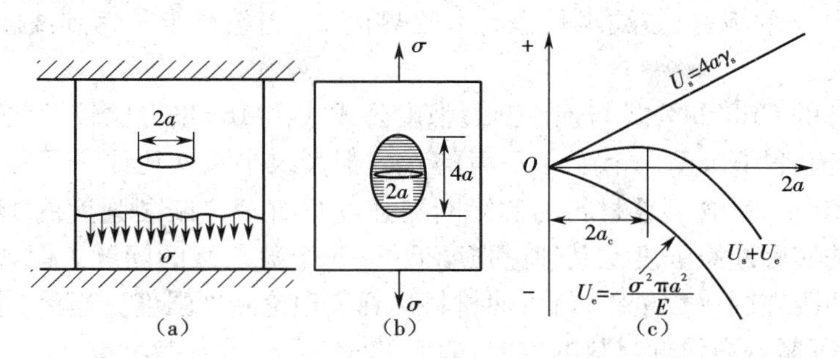

图 4-4　无限宽板中的中心穿透裂纹、弹性能释放区及能量平衡

(a)中心穿透裂纹　(b)弹性能释放区　(c)能量平衡

从能量角度看，在薄板内形成一椭圆形裂纹时，系统的总能量变化包括释放的弹性应变能 U_e 和形成裂纹表面所需的能量 U_s 两部分。对弹性应变能，根据式(2-33)可知板内单位体积储存的弹性能为 $\sigma\varepsilon/2=\sigma^2/(2E)$。Inglis 依据椭圆形孔长轴端部附近的应力分布，应用弹性理论确定了平面应力条件下裂纹扩展时平板所释放的弹性应变能

$$U_e=-\frac{\sigma^2\pi a^2}{E}\quad（平面应力）\tag{4-21}$$

对此弹性应变能的释放量，可以理解为：由于裂纹的应力集中效应，在长度为 $2a$ 的裂纹附近、短轴(裂纹面方向)为 $2a$、长轴(外加应力方向)为 $4a$ 的椭圆内均不能存储弹性应变能(图 4-4(b)中的阴影部分)，即原来存储在此椭圆体内的弹性应变能因形成长度为 $2a$ 的裂纹而释放出来。由于椭圆的面积为 $\pi 2a(a)=2\pi a^2$，于是释放的弹性应变能为

$$U_e=-2\pi a^2\times\frac{\sigma^2}{2E}=-\frac{\sigma^2\pi a^2}{E}\tag{4-22}$$

由于裂纹存在上下两个表面，如裂纹单位面积的表面能为 γ_s，则形成长度为 $2a$ 的裂纹时增加的表面能 U_s 为

$$U_s=2\times 2a\times\gamma_s=4\gamma_s a\tag{4-23}$$

于是整个系统的能量变化为

$$U=4\gamma_s a-\frac{\sigma^2\pi a^2}{E}\tag{4-24}$$

系统总能量随裂纹长度的变化，如图 4-4(c)所示。由图 4-4(c)可见，系统总能量的变化存在一个极值；裂纹长度增长到 $2a_c$(临界裂纹尺寸)后，如裂纹长度继续增大，则系统的总能量下降，裂纹将会自动扩展。临界裂纹尺寸满足的条件是

$$\frac{\mathrm{d}U}{\mathrm{d}(2a)}=2\gamma_s-\frac{\sigma^2\pi a}{E}=0\tag{4-25}$$

经推导可知临界裂纹半长

$$a_c=\frac{2E\gamma_s}{\pi\sigma^2}\tag{4-26}$$

于是裂纹失稳扩展的临界应力

$$\sigma_c=\sqrt{\frac{2E\gamma_s}{\pi a}}\tag{4-27}$$

这就是著名的 Griffith 公式。σ_c 就是含裂纹板材的实际断裂强度，它与裂纹半长的平方根

成反比;对于一定的裂纹半长 a,当外加应力达到 σ_c 时裂纹就发生失稳扩展而引起断裂。对承受拉伸应力 σ 的板材,裂纹半长也有一临界值 a_c,当裂纹半长达到或超过这个临界值时就会自动扩展。

将式(4-27)的 Griffith 公式与理论断裂强度公式式(4-16)进行比较发现,两者在形式上是相同的,只是前者用$(\pi/2)a$ 代替了后者的 a_0。但裂纹半长 a 比原子间距 a_0 要大几个数量级,如取 $a=10^4a_0$,则含裂纹材料的实际断裂强度只有理论断裂强度的1/100,从而解释了为什么材料的实际断裂强度比其理论强度低1~3个数量级的问题。但如果能够控制裂纹长度和原子间距在同一数量级,就可使材料达到其理论断裂强度。当然,这在实际上很难做到,但已指出了制备高强度材料的方向,即 E 和 γ_s 要大,裂纹尺寸要小。

同理,对平面应变条件下含裂纹长度为 $2a$ 穿透裂纹的无限大平板,裂纹扩展时平板所释放的弹性应变能

$$U_e=-\frac{(1-\nu^2)\sigma^2\pi a^2}{E}\quad(\text{平面应变})\tag{4-28}$$

重复上述的推导过程可得平面应变条件下裂纹失稳扩展的临界应力

$$\sigma_c=\sqrt{\frac{2E\gamma_s}{(1-\nu^2)\pi a}}\quad(\text{平面应变})\tag{4-29}$$

式中:ν 为材料的泊松比($\nu=0.25\sim0.30$)。对比式(4-27)和式(4-29)可以发现,平面应力条件下脆性材料的实际断裂强度略低于平面应变条件下的断裂强度,但差别不大。

为验证微裂纹理论在脆性材料断裂中的作用,Griffith 用刚拉制的玻璃棒做试验,玻璃棒的弯曲强度为6 GPa,在空气中放置几小时后强度下降成0.4 GPa,造成玻璃棒强度下降的原因是由于其在大气腐蚀中形成表面裂纹。约飞等用温水溶去氯化钠表面的缺陷后,其强度即由5 MPa 提高到 1.6×10^3 MPa,提高了300多倍,可见表面缺陷对断裂强度的影响很大。还有人把石英玻璃纤维分割成几段不同的长度,测其强度时发现长度为12 cm 时强度为275 MPa;长度缩短为0.6 cm 后,其强度可达760 MPa。这是由于试件长,含有危险裂纹的几率高而造成的。

4.1.4 Orowan 修正

Griffith 理论虽然成功地解释了玻璃等脆性材料的实际断裂强度远低于理论强度的原因,但用于金属和非晶体聚合物时遇到了问题。实验得出金属和聚合物的断裂强度值比按式(4-27)算出的大得多,因此 Griffith 理论当时在金属材料中的应用并未引起重视。直到20世纪40年代之后,随着金属强度的不断提高、大型金属工程构件不断应用、金属的脆性断裂事故不断发生,于是人们又重新开始审视 Griffith 断裂理论。

对于大多数金属材料,裂纹顶端由于应力集中的作用,局部应力很高,但是一旦超过材料的屈服强度,就会发生塑性变形。在裂纹顶端有一塑性区,材料的塑性越好强度越低,产生的塑性区尺寸就越大。于是1949年 E. Orowan 指出延性材料在受力时的裂纹扩展必须首先通过塑性区,裂纹扩展功不仅要用于裂纹表面积和表面能的增加,更主要的是耗费在塑性变形功上,这就是延性金属材料和陶瓷等脆性的断裂过程的主要区别。由此,Orowan 认为可以在形成裂纹表面所需的能量 U_s 中引入单位面积裂纹扩展所需的塑性变形功 γ_p 来描述延性材料的断裂,于是有

$$U_s=2\times2a\times(\gamma_s+\gamma_p)=4(\gamma_s+\gamma_p)a\tag{4-30}$$

Orowan 将 Griffith 公式修正为

$$\sigma_c=\sqrt{\frac{2E(\gamma_s+\gamma_p)}{\pi a}}=\sqrt{\frac{2E\gamma_s}{\pi a}\left(1+\frac{\gamma_p}{\gamma_s}\right)} \tag{4-31}$$

由于 $\gamma_p >> \gamma_s$，如高强度钢的塑性变形功 γ_p 大约是表面能的 1 000 倍，于是 Orowan 修正公式变为

$$\sigma_c=\sqrt{\frac{2E\gamma_p}{\pi a}} \tag{4-32}$$

对含裂纹长度 $a=1\ \mu m$ 的陶瓷材料，将 $E=3\times10^{11}$ Pa、$\gamma_s=1\ J/m^2$ 代入式(4-27)中计算可得其断裂强度为 $\sigma_c=4\times10^8$ Pa。而对高强度钢，假定 E 值相同，由于 $\gamma_p\approx10^3\gamma_s=10^3$ J/m^2，则相同断裂强度 $\sigma_c=4\times10^8$ Pa 下对应的裂纹长度可达 1.25 mm，比陶瓷材料的允许裂纹尺寸大了三个数量级。由此可见，陶瓷材料存在微观尺寸裂纹时便会导致在低于理论强度的应力下而发生断裂，但金属材料则需要有宏观尺寸的裂纹才能在低应力下断裂。因此，塑性是阻止裂纹扩展的一个重要因素。

4.1.5　Griffith 裂纹

在 4.1.2 节以椭圆形孔缺陷为例，推导了含宏观缺陷材料的断裂强度，并讨论了曲率半径 ρ 的影响。在 4.1.3 节和 4.1.4 节又分析了裂纹对脆性和延性材料断裂强度的影响。那什么是缺陷？什么是裂纹？缺陷与裂纹的区别与联系在哪里呢？

其实，裂纹也是一种特殊形状的缺陷，是缺口端部曲率半径 ρ 很小的扁平状缺陷。从数学上说，当 $\rho\to0$ 时，缺口便是裂纹；从物理上说，ρ 不会趋近于 0，当 ρ 等于一个很小的平衡值 ρ_0 时，缺口便是裂纹。

对脆性材料，缺陷变成裂纹的条件就是令式(4-20)与式(4-27)的右边相等，于是得到

$$\sqrt{\frac{E\gamma_s\rho}{4a_0a}}=\sqrt{\frac{2E\gamma_s}{\pi a}} \tag{4-33}$$

经计算整理可得

$$\rho_0=\frac{8}{\pi}a_0 \tag{4-34}$$

由此可知，当缺陷端部的曲率半径 ρ 的取值在

$$0\leqslant\rho\leqslant\frac{8}{\pi}a_0 \tag{4-35}$$

范围时的缺陷，称为 Griffith 裂纹。而对曲率半径 $\rho>(8/\pi)a_0$ 的缺陷，不能称之为裂纹。

对延性材料，令式(4-20)与式(4-30)的右边相等，于是得到

$$\sqrt{\frac{E\gamma_s\rho}{4a_0a}}=\sqrt{\frac{2E\gamma_s}{\pi a}\left(1+\frac{\gamma_p}{\gamma_s}\right)} \tag{4-36}$$

经整理计算可得

$$\rho=\frac{8}{\pi}a_0\left(1+\frac{\gamma_p}{\gamma_s}\right) \tag{4-37}$$

由式(4-37)可见，延性材料中缺陷的曲率半径 ρ 随塑性变形功 γ_p 的增加而增大，即塑性变形使缺口顶端变钝。不过虽然 Orowan 修正公式式(4-32)和式(4-37)中引入了 γ_p 和 ρ 两个参数表示裂纹扩展时延性材料塑性变形的大小，但要确定 γ_p 和 ρ 是比较困难的，因此 Orowan 修正公式的实用性并不高。

另外，如将式(4-26)与式(4-30)右边的分母移到左边，可得

$$\sigma_c\sqrt{\pi a}=\sqrt{2E\gamma_s} \tag{4-38}$$

$$\sigma_c\sqrt{\pi a}=\sqrt{2E(\gamma_s+\gamma_p)} \tag{4-39}$$

由于材料的弹性模量 E、表面能 γ_s 和塑性变形功 γ_p 均为材料的固有性能，因此 Griffith 理论的另一个重要结果就是

$$\sigma_c\sqrt{\pi a}=\text{常数} \tag{4-40}$$

这个结果，已从玻璃丝的抗拉试验、玻璃球的爆破试验以及大型金属材料的抗拉试验中得到了证实。这就为理解 4.3 节中应力场强度因子和 4.5 节中断裂韧性的来源和物理意义提供了依据。

4.2 裂纹及其顶端的应力场

4.2.1 裂纹的来源及分类

裂纹，通常是指材料在应力或环境(或两者同时)作用下产生的裂隙。裂纹的产生，既可源于材料的制备过程如钢的浇铸、轧制、热处理、焊接和酸洗等以及陶瓷材料的烧结等，也可在使用过程中形成如疲劳裂纹、氢致裂纹、蠕变裂纹等。

另外，对实际的工程构件中常存在的其他缺陷如冶炼中产生的夹渣、气孔，加工中引起的刀痕、刻槽，焊接中的气泡、未焊透等，也常把这些缺陷简化为裂纹，并统称为裂纹。

由于裂纹的形状和形成原因各异，为数学处理和叙述的方便，常对裂纹进行如下分类。

1. 按裂纹在工程结构中的存在位置

按裂纹在工程结构中的存在位置，可分为穿透裂纹、表面裂纹和深埋裂纹，如图 4-5 所示。穿透裂纹是指裂纹贯穿整个工程构件厚度的裂纹；表面裂纹是指裂纹位于构件表面或裂纹深度相对于构件厚度比较小的裂纹，数学上常简化为半椭圆片状裂纹；而深埋裂纹是指裂纹位于构件内部的裂纹，数学上常简化为椭圆片状裂纹或圆片状裂纹。

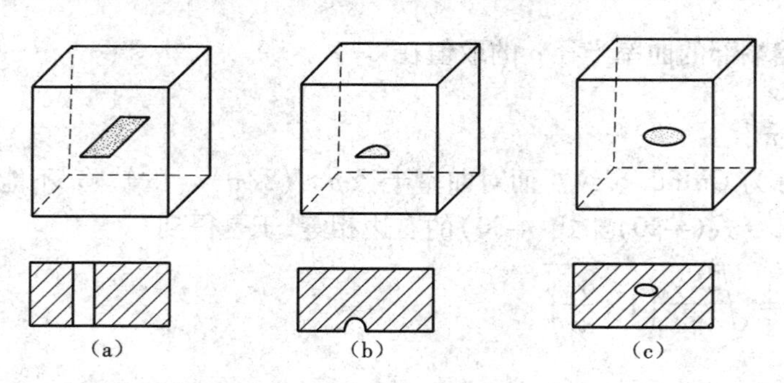

图 4-5 裂纹在构件中的存在位置

(a)穿透裂纹 (b)表面裂纹 (c)深埋裂纹

2. 按裂纹面与外加应力的取向关系

按裂纹面与外加应力的取向关系，可分为张开型裂纹、滑开型裂纹和撕开型裂纹三类。

张开型裂纹是指在垂直于裂纹面方向上受到拉伸应力 σ，在此拉伸应力作用下裂纹顶

端张开，且裂纹扩展方向与正应力垂直，如图 4-6(a)所示。这种张开型裂纹，也可称为拉伸型裂纹或Ⅰ型裂纹。Griffith 理论中的中心穿透裂纹(图 4-6(b))和压力筒中的轴向裂纹(图 4-6(c))，就属于此类张开型裂纹。

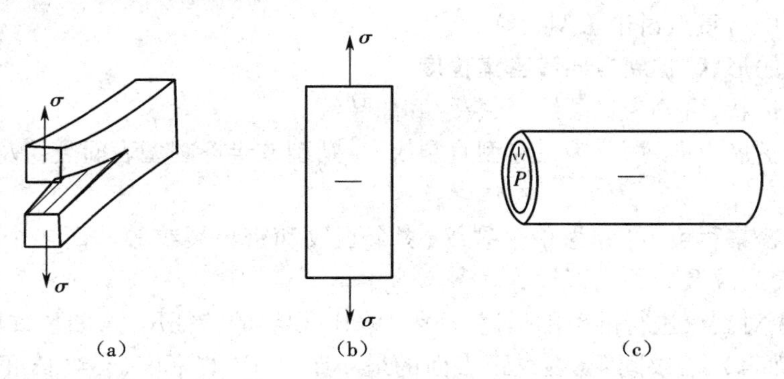

图 4-6　张开型裂纹示意图

(a)拉伸型裂纹　(b)中心穿透裂纹　(c)压力筒中的轴向裂纹

滑开型裂纹，也称为剪切型裂纹或Ⅱ型裂纹，是指在平行于裂纹面且垂直于裂纹顶端线的方向受到剪切应力 τ 的作用，裂纹沿裂纹面相对滑开扩展，如图 4-7(a)所示。例如轮齿或花键根部沿切线方向的裂纹或者受扭转的薄壁圆筒上的环形裂纹都属于滑开型裂纹，如图 4-7(b)和图 4-7(c)所示。

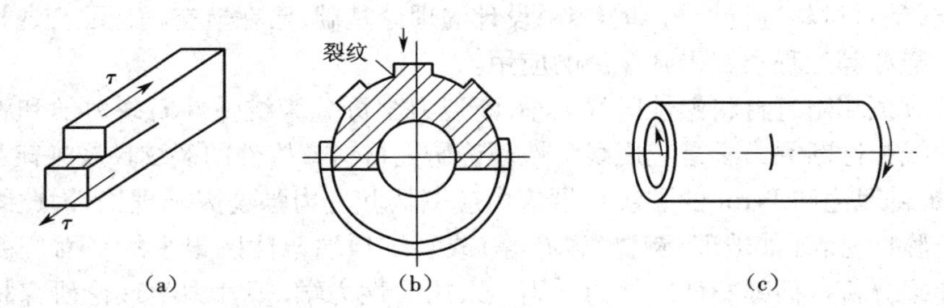

图 4-7　滑开型裂纹示意图

(a)滑开型裂纹　(b)轮齿根部裂纹　(c)圆筒上的环形裂纹

撕开型裂纹，也称为Ⅲ型裂纹，是指在平行于裂纹面和裂纹顶端线的方向上受到切应力 τ 的作用，使裂纹面产生向裂纹面外的相对滑动脱开，如同撕布一样，如图 4-8 所示。例如圆轴上有一环形切槽，受到扭转作用引起的断裂，就属于因撕开型裂纹引起的断裂。

除上述三种典型的裂纹面与外加应力取向关系外，还存在裂纹面与外加应力方向呈任

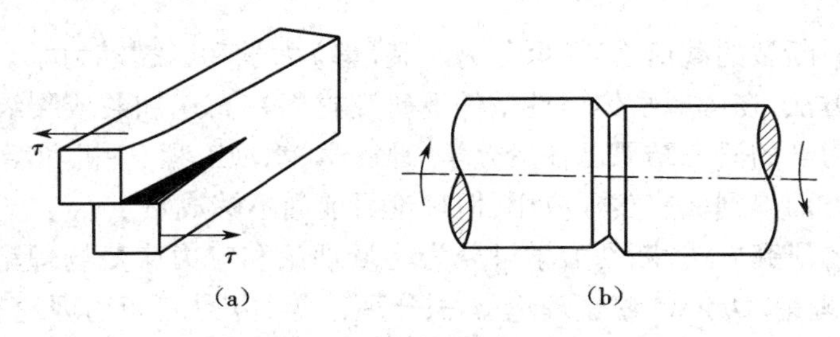

图 4-8　撕开型裂纹示意图

(a)撕开型裂纹　(b)圆轴上的环形裂纹

意角度的复杂裂纹。因外加应力可按上述三种取向进行分解，于是复杂裂纹可分解为Ⅰ-Ⅱ、Ⅰ-Ⅲ、Ⅱ-Ⅲ或Ⅰ-Ⅱ-Ⅲ等的复合型裂纹。但由于在实际工程构件中的裂纹形式大多属于Ⅰ型裂纹，且Ⅰ型裂纹也是最危险的一种裂纹形式，也最容易引起低应力脆断，因此在以后的章节中将重点讨论Ⅰ型裂纹。

3. 按裂纹的形状、扩展方向和密集程度

按裂纹的形状，可分为直裂纹、斜裂纹和曲裂纹。

按裂纹的扩展方向，可分为贯穿型直裂纹、半圆型或半椭圆型表面裂纹及圆型或椭圆型深埋裂纹等。

按裂纹的密集程度，可分为单个裂纹、多个裂纹和密集裂纹等。而多个裂纹与密集裂纹，又分为共面裂纹及非共面裂纹等。

另外，要想对裂纹进行准确的描述，还需要知道裂纹的特征尺寸，如裂纹长度、裂纹深度（对表面裂纹而言）、裂纹间距、裂纹距表面的最小距离、裂纹密度、裂纹长度的统计分布特征等参数。

4.2.2 裂纹体理论概述

对裂纹体的研究，起源于20世纪20年代Griffith对含裂纹脆性材料的断裂强度分析，之后经过G. R. Iwrin、A. A. Wells、J. R. Rice等的不断发展，逐渐形成了一门研究含裂纹物体强度和裂纹扩展规律的学科，称之为裂纹力学或断裂力学。断裂力学是固体力学的一个新的分支，是对材料进行结构损伤容限设计的理论基础，已在航空、航天、交通运输、化工、机械、材料、能源等工程领域得到广泛的应用。

根据裂纹顶端附近材料塑性区的大小，断裂力学可分为线弹性断裂力学和弹塑性断裂力学。其中线弹性断裂力学是应用线弹性理论研究材料或构件的裂纹扩展规律和断裂准则如Griffith断裂理论和Iwrin的裂纹顶端应力应变场和应力强度因子理论，因此线弹性断裂力学适用于脆性材料（如玻璃、陶瓷、岩石等）或裂纹顶端塑性区很小的平面应变条件下大型构件的断裂分析。而弹塑性断裂力学则是采用弹性力学、塑性力学理论研究材料或构件的裂纹扩展规律和断裂准则，适用于裂纹体内裂纹顶端附近有较大范围塑性区的情况。由于直接求裂纹顶端附近塑性区断裂问题的解析解十分困难，因此多采用J积分（裂纹顶端周围区域的应力、应变和位移所组成的围线积分，或外加载荷通过施力点位移对裂纹体所做的形变功率）法、COD（Crack Opening Displacement的缩写，即裂纹张开位移，是指裂纹体受载后裂纹顶端附近存在的塑性区将导致裂纹顶端表面张开的量）法、R（阻力）曲线法等近似或实验方法进行分析。弹塑性断裂力学的理论迄今仍不成熟，弹塑性裂纹的扩展规律还有待进一步研究。

根据引起材料断裂的载荷性质，可分为断裂（静）力学和断裂动力学。断裂动力学是采用连续介质力学方法，在考虑物体惯性条件下研究材料在高速加载或裂纹高速扩展下的断裂规律。断裂动力学的研究结果已在冶金学、地震学、水坝工程、飞机和船舶设计、核动力装置和武器装备等方面得到一些实际应用，但理论目前尚不够成熟。

根据裂纹体的研究方法，断裂力学可分为能量理论和应力应变场理论。断裂力学的能量理论有Griffith理论、Orowan修正理论、J积分理论等，应力应变场理论有Iwrin的裂纹顶端应力场理论和COD理论等。

在本教材中，将从线弹性断裂力学的裂纹顶端应力场理论入手，引入应力强度因子和断裂韧性的概念，进而在建立断裂准则和断裂韧性测量技术的基础上判断材料或构件在给定外力作用下发生断裂的可能性，从而提出提高材料断裂韧性的途径以保证工程构件的使用安全。而弹塑性断裂力学的内容，将放在研究生课程中进行讲述。

4.2.3　裂纹顶端的应力场

在线弹性断裂力学中，将裂纹体视为线弹性材料，利用弹性力学的方法去分析裂纹顶端的应力场、应变场和位移场以及与裂纹扩展有关的能量关系，并由此找出控制裂纹扩展的物理量。

鉴于穿透裂纹在断裂事故中的危害及其在数学处理上的便利，以下仅讲授Ⅰ、Ⅱ和Ⅲ型穿透裂纹顶端附近的应力应变场。关于表面裂纹和深埋裂纹的应力场强度分析，可见有关参考书。

1. Ⅰ型穿透裂纹

在一无限大平板中心有一长为 $2a$ 的穿透裂纹，该板在 x、y 方向受到均匀的双向拉伸应力 σ 作用，如图 4-9(a)所示。因为该物体为板状，所以是一个平面问题。若板很厚，就是平面应变问题；若板很薄，就是平面应力问题。

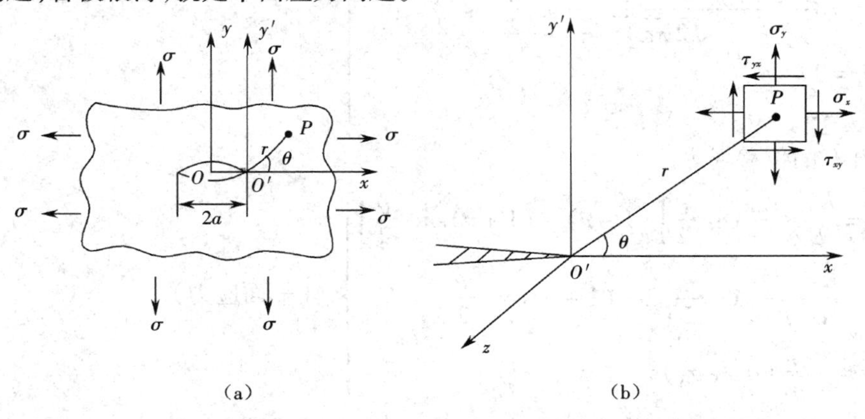

图 4-9　双向拉伸作用下Ⅰ型穿透裂纹顶端附近的应力场
(a)双向拉伸作用下Ⅰ型穿透裂纹　(b)裂纹顶端附近 P 处的应力分析

为求解裂纹顶端附件的应力、应变和位移，首先将以裂纹中心 O 为原点的坐标系 xOy 移动到裂纹顶端 O' 点，并建立起 $xO'y'$ 坐标系(图 4-9(b))。对该双向拉伸作用的Ⅰ型穿透裂纹，1957 年 Irwin 应用 Westergaard 函数方法，推导出裂纹顶端附近 P 点 (r,θ) 的应力场为

$$\left.\begin{aligned}
\sigma_x &= \frac{K_{\mathrm{I}}}{\sqrt{2\pi r}}\cos\frac{\theta}{2}\left(1-\sin\frac{\theta}{2}\sin\frac{3\theta}{2}\right)\\
\sigma_y &= \frac{K_{\mathrm{I}}}{\sqrt{2\pi r}}\cos\frac{\theta}{2}\left(1+\sin\frac{\theta}{2}\sin\frac{3\theta}{2}\right)\\
\tau_{xy} &= \frac{K_{\mathrm{I}}}{\sqrt{2\pi r}}\sin\frac{\theta}{2}\cos\frac{\theta}{2}\cos\frac{3\theta}{2}\\
\sigma_z &= 0 \quad (\text{平面应力})\\
\sigma_z &= \nu(\sigma_x+\sigma_y) \quad (\text{平面应变})\\
\tau_{xz} &= \tau_{yz} = 0
\end{aligned}\right\} \tag{4-41}$$

P 点的应变场为

$$\left.\begin{aligned}
\varepsilon_x &= \frac{1}{E}\frac{K_{\mathrm{I}}}{\sqrt{2\pi r}}\cos\frac{\theta}{2}\left[(1-\nu)-(1+\nu)\sin\frac{\theta}{2}\sin\frac{3\theta}{2}\right]\\
\varepsilon_y &= \frac{1}{E}\frac{K_{\mathrm{I}}}{\sqrt{2\pi r}}\cos\frac{\theta}{2}\left[(1-\nu)+(1+\nu)\sin\frac{\theta}{2}\sin\frac{3\theta}{2}\right]\\
\gamma_{xy} &= \frac{2(1+\nu)}{E}\frac{K_{\mathrm{I}}}{\sqrt{2\pi r}}\sin\frac{\theta}{2}\cos\frac{\theta}{2}\cos\frac{3\theta}{2}\\
\varepsilon_z &= \frac{\nu}{E}(\sigma_x+\sigma_y)\\
\gamma_{xz} &= \gamma_{yz}=0
\end{aligned}\right\}\text{(平面应力)}\qquad(4\text{-}42)$$

$$\left.\begin{aligned}
\varepsilon_x &= \frac{1+\nu}{E}\frac{K_{\mathrm{I}}}{\sqrt{2\pi r}}\cos\frac{\theta}{2}\left[1-2\nu-\sin\frac{\theta}{2}\sin\frac{3\theta}{2}\right]\\
\varepsilon_y &= \frac{1+\nu}{E}\frac{K_{\mathrm{I}}}{\sqrt{2\pi r}}\cos\frac{\theta}{2}\left[1-2\nu+\sin\frac{\theta}{2}\sin\frac{3\theta}{2}\right]\\
\gamma_{xy} &= \frac{2(1+\nu)}{E}\frac{K_{\mathrm{I}}}{\sqrt{2\pi r}}\sin\frac{\theta}{2}\cos\frac{\theta}{2}\cos\frac{3\theta}{2}\\
\varepsilon_z &= 0\\
\gamma_{xz} &= \gamma_{yz}=0
\end{aligned}\right\}\text{(平面应变)}\qquad(4\text{-}43)$$

于是可得出 P 的位移场为

$$\left.\begin{aligned}
u &= \frac{K_{\mathrm{I}}}{E}\sqrt{\frac{2r}{\pi}}\cos\frac{\theta}{2}\left[(1-\nu)-(1+\nu)\sin^2\frac{\theta}{2}\right]\\
v &= \frac{K_{\mathrm{I}}}{E}\sqrt{\frac{2r}{\pi}}\sin\frac{\theta}{2}\left[2-(1+\nu)\cos^2\frac{\theta}{2}\right]\\
w &= -\frac{\nu}{E}(\sigma_x+\sigma_y)z
\end{aligned}\right\}\text{(平面应力)}\qquad(4\text{-}44)$$

$$\left.\begin{aligned}
u &= \frac{(1+\nu)K_{\mathrm{I}}}{E}\sqrt{\frac{2r}{\pi}}\cos\frac{\theta}{2}\left[1-2\nu+\sin^2\frac{\theta}{2}\right]\\
v &= \frac{(1+\nu)K_{\mathrm{I}}}{E}\sqrt{\frac{2r}{\pi}}\sin\frac{\theta}{2}\left[2(1-\nu)-\cos^2\frac{\theta}{2}\right]\\
w &= 0
\end{aligned}\right\}\text{(平面应变)}\qquad(4\text{-}45)$$

式中:$K_{\mathrm{I}}=\sigma\sqrt{\pi a}$;$E$ 为弹性模量;ν 为泊松比。应当注意的是,在上述各公式的推导过程中应用了 $r \ll a$ 的条件,因此上述计算表达式仅是裂纹顶端附近应力应变场的近似表达式,只有满足 $r \ll a$ 时上述计算结果才是足够准确的。

在裂纹延长线上(即 x 轴上),$\theta=0^0$,故式(4-41)可简化为

$$\left.\begin{aligned}
\sigma_y &= \sigma_x=\frac{K_{\mathrm{I}}}{\sqrt{2\pi r}}\\
\tau_{xy} &= \tau_{xz}=\tau_{yz}=0
\end{aligned}\right\}\qquad(4\text{-}46)$$

即在裂纹延长线平面上,切应力为零而拉伸正应力最大,因此裂纹最容易沿该平面进行扩展。

另一个特例是在裂纹内表面上,$\theta=180^0$,故式(4-41)可简化为

$$\left.\begin{aligned}\sigma_x=\sigma_y=\sigma_z=0\\ \tau_{xy}=\tau_{xz}=\tau_{yz}=0\end{aligned}\right\}\tag{4-47}$$

即在裂纹内表面上，所有正应力和切应力均为零，这与裂纹内表面不受力的边界条件是一致的。

上述的应力应变场，只有在裂纹顶端曲率半径为零的窄裂纹情况下才是正确的。如裂纹顶端的曲率半径为 ρ（图 4-10），则裂纹顶端附近的应力场变为

$$\left.\begin{aligned}&\sigma_x=\frac{K_{\mathrm{I}}}{\sqrt{2\pi r}}\cos\frac{\theta}{2}\left(1-\sin\frac{\theta}{2}\sin\frac{3\theta}{2}\right)-\frac{K_{\mathrm{I}}}{\sqrt{2\pi r}}\frac{\rho}{2r}\cos\frac{3\theta}{2}\\&\sigma_y=\frac{K_{\mathrm{I}}}{\sqrt{2\pi r}}\cos\frac{\theta}{2}\left(1+\sin\frac{\theta}{2}\sin\frac{3\theta}{2}\right)+\frac{K_{\mathrm{I}}}{\sqrt{2\pi r}}\frac{\rho}{2r}\cos\frac{3\theta}{2}\\&\tau_{xy}=\frac{K_{\mathrm{I}}}{\sqrt{2\pi r}}\sin\frac{\theta}{2}\cos\frac{\theta}{2}\cos\frac{3\theta}{2}--\frac{K_{\mathrm{I}}}{\sqrt{2\pi r}}\frac{\rho}{2r}\sin\frac{3\theta}{2}\\&\sigma_z=0\quad(\text{平面应力})\\&\sigma_z=\nu(\sigma_x+\sigma_y)\quad(\text{平面应变})\\&\tau_{xz}=\tau_{yz}=0\end{aligned}\right\}\tag{4-48}$$

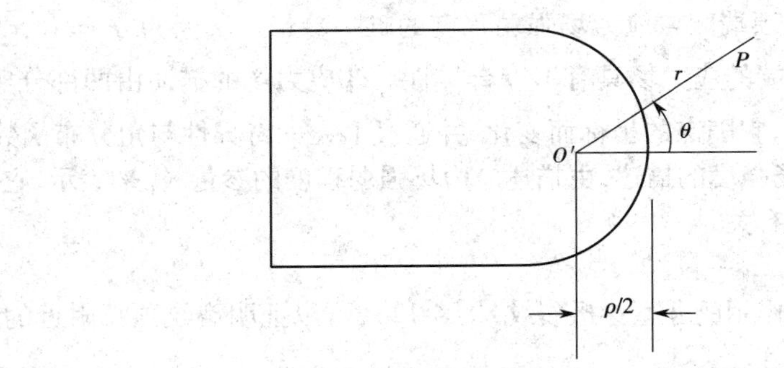

图 4-10　顶端曲率半径为 ρ 的裂纹

Ⅰ型穿透裂纹的另一种情况是，具有中心穿透裂纹的无限大板穿透裂纹仅受单向拉伸应力 σ 的作用，如图 4-11 所示。对此单向拉伸作用下的Ⅰ型穿透裂纹，可用校正的 Westergaard 函数求解裂纹顶端附件的应力场，推导结果为

$$\left.\begin{aligned}&\sigma_x=\frac{K_{\mathrm{I}}}{\sqrt{2\pi r}}\cos\frac{\theta}{2}\left(1-\sin\frac{\theta}{2}\sin\frac{3\theta}{2}\right)-\sigma\\&\sigma_y=\frac{K_{\mathrm{I}}}{\sqrt{2\pi r}}\cos\frac{\theta}{2}\left(1+\sin\frac{\theta}{2}\sin\frac{3\theta}{2}\right)\\&\tau_{xy}=\frac{K_{\mathrm{I}}}{\sqrt{2\pi r}}\sin\frac{\theta}{2}\cos\frac{\theta}{2}\cos\frac{3\theta}{2}\\&\sigma_z=0\quad(\text{平面应力})\\&\sigma_z=\nu(\sigma_x+\sigma_y)\quad(\text{平面应变})\\&\tau_{xz}=\tau_{yz}=0\end{aligned}\right\}\tag{4-49}$$

对比单向拉伸与双向拉伸条件下的应力场公式（即式(4-49)与式(4-41)）可以看出，两种应力条件下，仅在单向拉伸条件下的 σ_x 中多了一个常数项（$-\sigma$），其余应力均相同。考

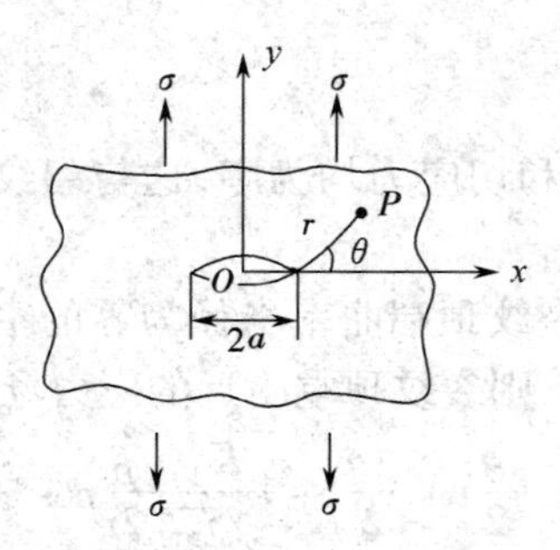

图 4-11　单向拉伸作用下的Ⅰ型穿透裂纹

虑到当 r 很小时，σ_x 中的第一项（奇异项）比常数项（$-\sigma$）大很多，所以在很多情况下就使用双向拉伸条件下的应力应变场公式近似地表示单向拉伸时的应力应变场。

如用张量形式标记Ⅰ型裂纹顶端的应力场，则有

$$\sigma_{ij}=\frac{K_{\mathrm{I}}}{\sqrt{2\pi r}}f_{ij}(\theta) \tag{4-50}$$

由式(4-50)可以看出：①对裂纹顶端附近区域的某一点(r,θ)，其应力场的大小取决于 K_{I}。因此，K_{I} 是表征裂纹顶端区域应力场强弱程度的唯一参量。②因为 $\sigma_{ij}\propto 1/\sqrt{r}$，故当 $r\to 0$ 时，$\sigma_{ij}\to\infty$，即裂纹顶端的应力场具有 $1/\sqrt{r}$ 奇异性。③应力场的描述由两部分实现，一部分是关于场分布的描述，它随点的坐标而变化，并通过 $1/\sqrt{r}$ 的奇异性与角分布函数 $f_{ij}(\theta)$ 来体现；另一部分是关于场强度的描述，由描述应力场强弱程度的参量 K_{I} 来表示，它与裂纹体的几何尺寸和外加载荷有关。

2. Ⅱ型穿透裂纹

对受均匀剪切应力 τ 作用的Ⅱ型穿透裂纹（图 4-12），可以证明裂纹顶端附近的应力场和位移场分别为

$$\left.\begin{aligned}
\sigma_x&=\frac{-K_{\mathrm{II}}}{\sqrt{2\pi r}}\sin\frac{\theta}{2}\left(2+\cos\frac{\theta}{2}\cos\frac{3\theta}{2}\right)\\
\sigma_y&=\frac{K_{\mathrm{II}}}{\sqrt{2\pi r}}\sin\frac{\theta}{2}\cos\frac{\theta}{2}\cos\frac{3\theta}{2}\\
\tau_{xy}&=\frac{K_{\mathrm{II}}}{\sqrt{2\pi r}}\cos\frac{\theta}{2}\left(1-\sin\frac{\theta}{2}\sin\frac{3\theta}{2}\right)\\
\sigma_z&=0\quad（平面应力）\\
\sigma_z&=\nu(\sigma_x+\sigma_y)\quad（平面应变）\\
\tau_{xz}&=\tau_{yz}=0
\end{aligned}\right\} \tag{4-51}$$

$$\left.\begin{aligned}
u&=\frac{K_{\mathrm{I}}}{E}\sqrt{\frac{2r}{\pi}}\cos\frac{\theta}{2}\left[2-(1+\nu)\cos^2\frac{\theta}{2}\right]\\
v&=\frac{K_{\mathrm{I}}}{E}\sqrt{\frac{2r}{\pi}}\sin\frac{\theta}{2}\left[(-1+\nu)+(1+\nu)\sin^2\frac{\theta}{2}\right]\\
w&=-\frac{\nu}{E}(\sigma_x+\sigma_y)z
\end{aligned}\right\}（平面应力） \tag{4-52}$$

$$\left.\begin{aligned} u &= \frac{(1+\nu)K_{\mathrm{II}}}{E}\sqrt{\frac{2r}{\pi}}\sin\frac{\theta}{2}\left[2-2\nu+\cos^2\frac{\theta}{2}\right] \\ v &= \frac{(1+\nu)K_{\mathrm{II}}}{E}\sqrt{\frac{2r}{\pi}}\sin\frac{\theta}{2}\left[-1+2\nu+\sin^2\frac{\theta}{2}\right] \\ w &= 0 \end{aligned}\right\} \text{（平面应变）} \tag{4-53}$$

式中：$K_{\mathrm{II}}=\tau\sqrt{\pi a}$；$E$ 为弹性模量；ν 为泊松比。

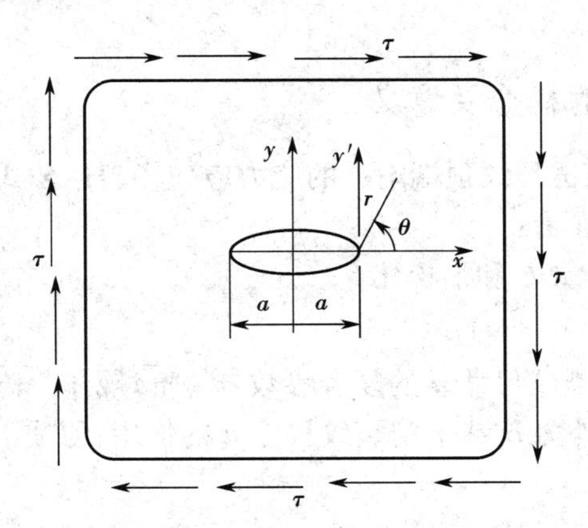

图 4-12　均匀剪切应力 τ 作用下的Ⅱ型穿透裂纹

3. Ⅲ型穿透裂纹

对受到垂直平面方向均匀剪切应力 τ 作用的Ⅲ型穿透裂纹（图 4-13），可以证明裂纹顶端附件的应力场和位移场分别为

$$\left.\begin{aligned} \tau_{xz} &= \frac{-K_{\mathrm{III}}}{\sqrt{2\pi r}}\sin\frac{\theta}{2} \\ \tau_{yz} &= \frac{K_{\mathrm{III}}}{\sqrt{2\pi r}}\cos\frac{\theta}{2} \\ \tau_{xy} &= 0 \\ \sigma_x &= \sigma_y = \sigma_z = 0 \end{aligned}\right\} \tag{4-54}$$

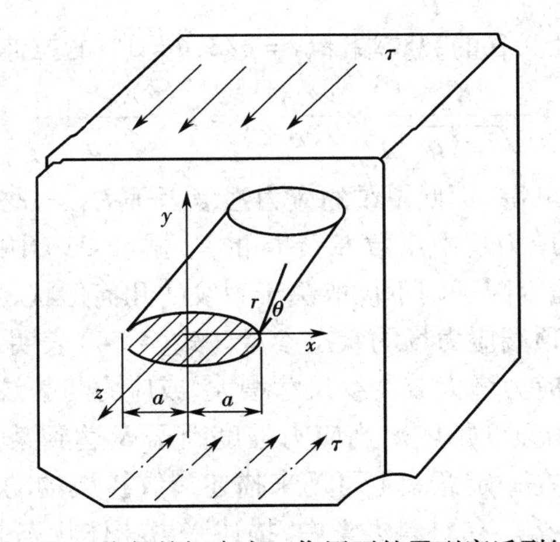

图 4-13　均匀剪切应力 τ 作用下的Ⅲ型穿透裂纹

$$\left.\begin{aligned} w &= \frac{K_{\mathrm{III}}}{E}\sqrt{\frac{2r}{\pi}}\left[2(1+\nu)\sin\frac{\theta}{2}\right] \\ u &= v = 0 \end{aligned}\right\} \tag{4-55}$$

式中：$K_{\mathrm{III}}=\tau\sqrt{\pi a}$；$E$ 为弹性模量；ν 为泊松比。

4.3 应力强度因子

4.3.1 应力强度因子的概念及意义

由上述Ⅰ、Ⅱ和Ⅲ型穿透裂纹顶端附近的应力应变场表达公式可以看出，这些表达式的共性是都含有如下的三类参量：

①材料常数，如弹性模量 E 和泊松比 ν；

②位置坐标，如 r,θ,z；

③外加应力 σ 或 τ 与裂纹尺寸 a 的复合参数 $\sigma\sqrt{\pi a}$ 或 $\tau\sqrt{\pi a}$。

为简便和综合地表示外力 σ 或 τ 与裂纹尺寸 a 的作用，习惯上采用如下定义：

$$K=\sigma\sqrt{\pi a} \tag{4-56}$$

或

$$K=\tau\sqrt{\pi a} \tag{4-57}$$

并用脚注Ⅰ、Ⅱ及Ⅲ分别表示Ⅰ、Ⅱ及Ⅲ型裂纹的复合参数 K。于是当裂纹顶端附近区域的位置点(r,θ,z)一定时，该点的应力、应变及位移场就唯一地取决于复合参数 K。K 值大时，裂纹顶端各点的应力场就大；K 值小时，裂纹顶端各点的应力场就小，即 K 值是当裂纹体受到外力时在裂纹顶端产生效果的综合体现，是决定应力场强度的主要因素。因此，K 称为应力场强度因子或应力强度因子，单位是 $\mathrm{MPa}\sqrt{\mathrm{m}}$ 或 $\mathrm{kgf/mm^{3/2}}$。

应力强度因子的概念，还可从对式(4-19)中尖锐型缺陷端部的最大应力与式(4-48)中有限曲率半径裂纹顶端的应力场进行对比来理解。对式(4-19)进行变换得

$$\sigma_{\max}=2\sigma\sqrt{\frac{a}{\rho}}=2\times\frac{\sigma\sqrt{\pi a}}{\sqrt{\pi\rho}} \tag{4-58}$$

由式(4-48)可得，曲率半径为 ρ 的裂纹端部($r=\rho/2,\theta=0^0$)的拉伸正应力

$$\sigma_y=\frac{K_{\mathrm{I}}}{\sqrt{2\pi(\rho/2)}}+\frac{K_{\mathrm{I}}}{\sqrt{2\pi(\rho/2)}}\times\frac{\rho}{2(\rho/2)}=2\times\frac{K_{\mathrm{I}}}{\sqrt{\pi\rho}} \tag{4-59}$$

比较式(4-58)与式(4-59)可得，Ⅰ型裂纹的应力强度因子 $K_{\mathrm{I}}=\sigma\sqrt{\pi a}$。

但应力强度因子 K 与应力集中系数 K_t 不同的是，式(3-33)中的应力集中系数只取决于裂纹的几何形状；而应力强度因子则不仅取决于裂纹的几何形状，是在裂纹几何形状与外加应力环境联合作用下裂纹顶端应力场的状态参量。式(4-54)表明，应力 σ 和裂纹尺寸 a 都是加剧应力场的因素。在应力增大或裂纹尺寸增大、或应力与裂纹尺寸同时增大时，应力强度因子 K 都增高，即应力场强度加剧。当应力强度因子 K 达到某一临界值时，裂纹开始扩展。因此应力强度因子 K 在一定意义上可用来描述裂纹扩展的动力，如同在单向拉伸时应力 σ 是材料屈服的动力一样。在材料力学中，描述受力物体状态的参量有应力、应变、能量等，用这种状态参量可以建立相应的材料破坏准则；同样，也可以用应力场强度因子 K 这个

状态参量来建立裂纹体的破坏准则。

4.3.2　常见裂纹的应力强度因子

由 4.2 节可知，对含中心穿透裂纹的无限大板，Ⅰ、Ⅱ和Ⅲ型裂纹的应力强度因子分别为 $K_{\mathrm{I}}=\sigma\sqrt{\pi a}$、$K_{\mathrm{II}}=\tau\sqrt{\pi a}$ 和 $K_{\mathrm{III}}=\tau\sqrt{\pi a}$。但由于应力强度因子不仅取决于裂纹体的外加工作应力，而且还与裂纹的形状和位置密切相关。因此，不同的荷载施加方式、裂纹的形状与位置，其应力强度因子的表达式也会有所不同。于是应力强度因子可统一表达为

$$K=Y\sigma\sqrt{\pi a} \tag{4-60}$$

式中：Y 为几何形状因子，是一个无量纲的系数，其值随裂纹形态、试样形状与加载方式的不同而变化。

①在无限大平板的一侧有单边穿透裂纹，并受单向的均匀拉伸应力 σ 作用，如图 4-14 所示。

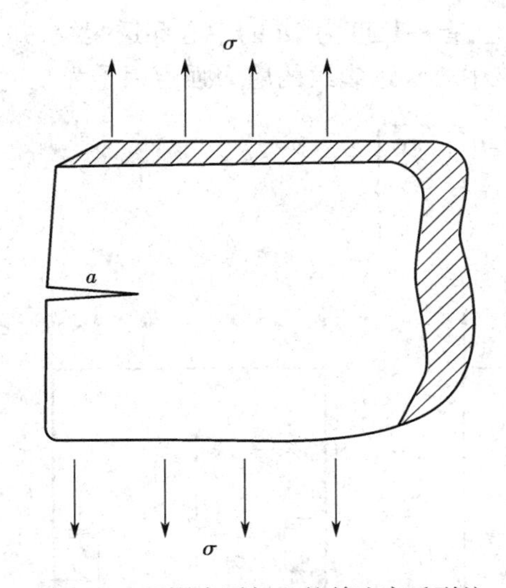

图 4-14　无限大平板上的单边穿透裂纹

无限大平板的单边穿透裂纹，可看成由含中心穿透裂纹的无限大平板沿裂纹中心线切开而形成的。经计算，无限大平板单边穿透裂纹的应力强度因子为

$$\left.\begin{aligned} K_{\mathrm{I}}&=1.12\sigma\sqrt{\pi a}\\ Y&=1.12 \end{aligned}\right\} \tag{4-61}$$

②在受双向均匀拉伸应力 σ 作用的无限大平板内，具有一系列长度为 $2a$ 的穿透裂纹，裂纹中心间的距离为 $2b$，如图 4-15 所示。该周期性穿透裂纹的应力强度因子为

$$\left.\begin{aligned} K_{\mathrm{I}}&=\left[\frac{2b}{\pi a}\tan\frac{\pi a}{2b}\right]^{1/2}\sigma\sqrt{\pi a}\\ Y&=\left[\frac{2b}{\pi a}\tan\frac{\pi a}{2b}\right]^{1/2} \end{aligned}\right\} \tag{4-62}$$

当相邻两个裂纹之间的距离 $2b$ 相对于裂纹长度 $2a$ 足够大即 $\pi a/(2b)$ 很小时，可将式(4-62)按级数展开，从而得到 $Y=1$、$K_{\mathrm{I}}=\sigma\sqrt{\pi a}$。这说明当裂纹之间的距离足够大时，对每个裂纹可按无限大平板内的Ⅰ型中心穿透裂纹进行对待。

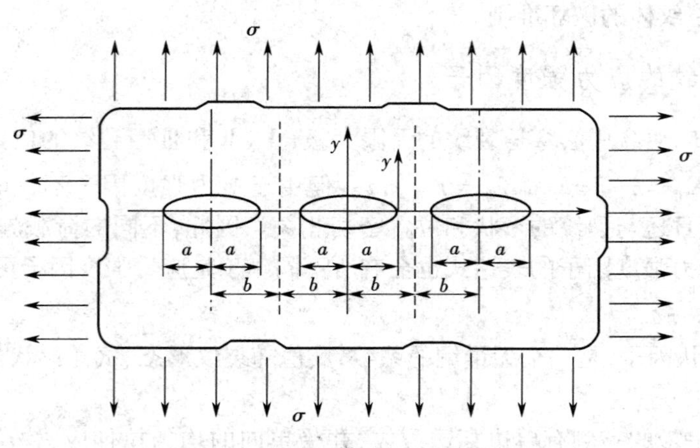

图 4-15　无限大平板内的周期性裂纹

③在宽度为 $2b$ 的平板上，有一长度为 $2a$ 的中心穿透裂纹，并受单向的均匀拉伸应力 σ 作用，如图 4-16(a)所示。该中心穿透裂纹的应力强度因子为

$$\left.\begin{aligned} K_{\mathrm{I}} &= \left[\frac{2b}{\pi a}\tan\frac{\pi a}{2b}\right]^{1/2}\sigma\sqrt{\pi a} \\ Y &= \left[\frac{2b}{\pi a}\tan\frac{\pi a}{2b}\right]^{1/2} \end{aligned}\right\} \tag{4-63}$$

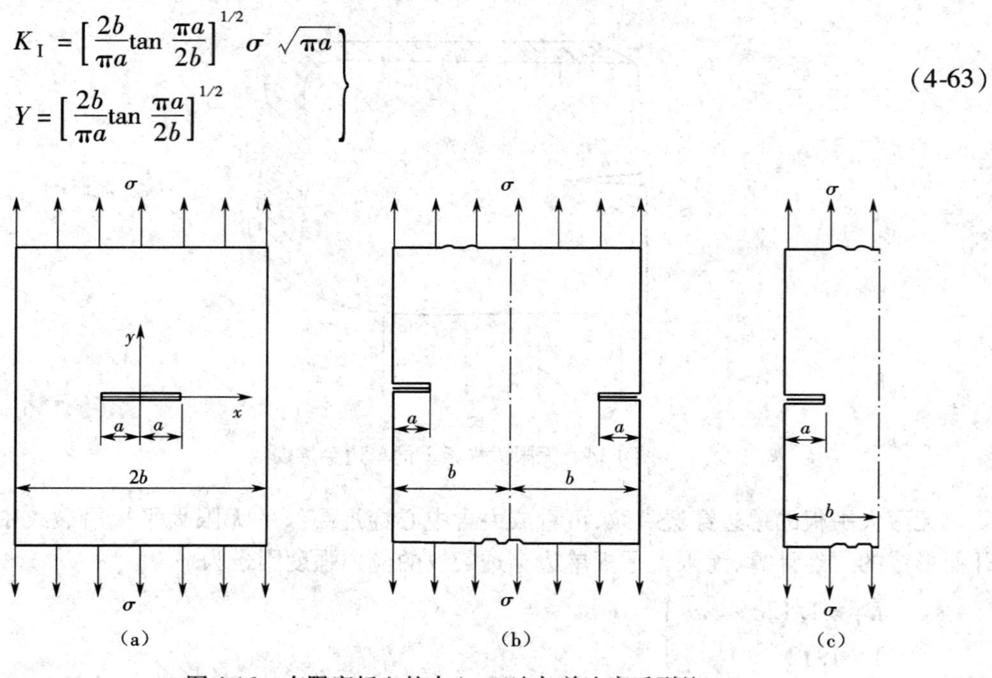

图 4-16　有限宽板上的中心、双边与单边穿透裂纹
(a)中心穿透裂纹　(b)双边穿透裂纹　(c)单边穿透裂纹

④在宽度为 $2b$ 的平板上，双边分别具有长度为 a 的穿透裂纹，并受单向的均匀拉伸应力 σ 作用，如图 4-16(b)所示。该双边穿透裂纹的应力强度因子为

$$\left.\begin{aligned} K_{\mathrm{I}} &= \left[\frac{2b}{\pi a}\tan\frac{\pi a}{2b}\right]^{1/2}\sigma\sqrt{\pi a} \\ Y &= \left[\frac{2b}{\pi a}\tan\frac{\pi a}{2b}\right]^{1/2} \end{aligned}\right\} \tag{4-64}$$

⑤在宽度为 b 的平板上，单边具有长度为 a 的穿透裂纹，并受单向的均匀拉伸应力 σ 作

用，如图 4-16(c)所示。该单边穿透裂纹，可看成由图 4-16(b)的双边穿透裂纹沿平板中心线切开而形成。单边穿透裂纹的应力强度因子可近似表达为

$$\left.\begin{aligned} K_{\mathrm{I}} &= F \times \left[\frac{2b}{\pi a}\tan\frac{\pi a}{2b}\right]^{1/2} \sigma\sqrt{\pi a} \\ Y &= F \times \left[\frac{2b}{\pi a}\tan\frac{\pi a}{2b}\right]^{1/2} \end{aligned}\right\} \tag{4-65}$$

其中，$K_{\mathrm{I}} = \dfrac{0.752 + 2.02\left(\dfrac{a}{b}\right) + 0.37\left(1 - \sin\dfrac{\pi a}{2b}\right)^2}{\cos\dfrac{\pi a}{2b}}$。

⑥对三点弯曲试样，其在缺口前端预制有疲劳裂纹，如图 4-17 所示。试样的厚度为 B、宽度或高度为 W、裂纹长度(缺口长度和预制裂纹长度之和)为 a。当试样受到的外加载荷为 P 时，该裂纹的应力强度因子

$$K_{\mathrm{I}} = \frac{PS}{BW^{3/2}} f\left(\frac{a}{W}\right) \tag{4-66}$$

其中

$$f\left(\frac{a}{W}\right) = \frac{3\left(\dfrac{a}{W}\right)^{1/2}\left[1.99 - \left(\dfrac{a}{W}\right)\left(1 - \dfrac{a}{W}\right)\left(2.15 - 3.93\dfrac{a}{W} + 2.7\left(\dfrac{a}{W}\right)\right)^2\right]}{2\left(1 + \dfrac{2a}{W}\right)\left(1 - \dfrac{a}{W}\right)^{3/2}}$$

或

$$K_{\mathrm{I}} = \frac{PS}{BW^{3/2}}\left[2.9\left(\frac{a}{W}\right)^{1/2} - 4.6\left(\frac{a}{W}\right)^{3/2} + 21.8\left(\frac{a}{W}\right)^{5/2} - 37.6\left(\frac{a}{W}\right)^{7/2} + 38.7\left(\frac{a}{W}\right)^{9/2}\right] \tag{4-67}$$

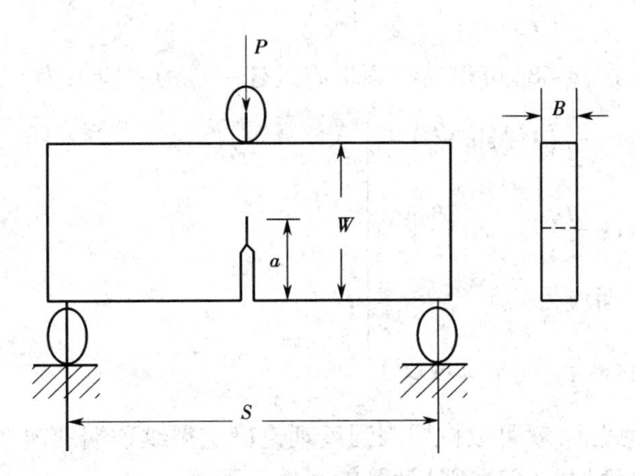

图 4-17 三点弯曲试样

对其他类型的裂纹，如无限大体内的深埋椭圆片状裂纹、半无限体的表面半椭圆片状裂纹、有限厚板表面的半椭圆片状裂纹、圆柱杆的周边裂纹、圆柱杆的圆片状裂纹、复合型裂纹等，其应力强度因子的计算方法可查阅有关的参考书或应力强度因子手册。

4.4 应力强度因子的塑性区修正

由 4.2 节中裂纹顶端附近的应力场公式可以看出,在裂纹顶端存在着应力奇异性,即当无限接近裂纹顶端($r\to 0$)时,应力趋向无限大($\sigma_{ij}\to\infty$)。然而,对一般的金属材料,即使是超高强度的材料,当裂纹顶端附近的应力超过材料的屈服强度时,材料就会发生塑性变形从而使裂纹顶端出现塑性区。

但在 4.2 节中研究裂纹顶端应力强度因子时,使用的线弹性断裂力学理论和方法是假定材料处于完全弹性状态而建立的,从原则上讲是不适用于裂纹体顶端存在塑性区情况的。然而,如果裂纹顶端的塑性区尺寸远小于裂纹长度即所谓的“小范围屈服”时,塑性区周围的大部分区域仍是弹性区,于是经过适当的修正,线弹性断裂力学的结论仍可近似地推广使用。

下面将以 Ⅰ 型裂纹为例确定裂纹顶端塑性区的大小,进而分析塑性区对应力强度因子的影响,这将有助于利用线弹性断裂力学理论指导实际金属材料的强度设计。

4.4.1 裂纹顶端的塑性区

由材料力学可知,由式(4-41)求主应力的计算公式为

$$\left.\begin{aligned}&\sigma_1=\frac{\sigma_x+\sigma_y}{2}+\sqrt{\left(\frac{\sigma_x+\sigma_y}{2}\right)^2+\tau_{xy}^2}\\&\sigma_2=\frac{\sigma_x+\sigma_y}{2}-\sqrt{\left(\frac{\sigma_x+\sigma_y}{2}\right)^2+\tau_{xy}^2}\\&\sigma_3=0\quad(\text{平面应力})\\&\sigma_3=\nu(\sigma_1+\sigma_2)\quad(\text{平面应变})\end{aligned}\right\}\tag{4-68}$$

将式(4-41)代入式(4-68)可得裂纹顶端附近任一点的主应力为

$$\left.\begin{aligned}&\sigma_1=\frac{K_{\mathrm{I}}}{\sqrt{2\pi r}}\cos\frac{\theta}{2}\left(1+\sin\frac{\theta}{2}\right)\\&\sigma_2=\frac{K_{\mathrm{I}}}{\sqrt{2\pi r}}\cos\frac{\theta}{2}\left(1-\sin\frac{\theta}{2}\right)\\&\sigma_3=0\quad(\text{平面应力})\\&\sigma_3=\frac{2\nu K_{\mathrm{I}}}{\sqrt{2\pi r}}\cos\frac{\theta}{2}\quad(\text{平面应变})\end{aligned}\right\}\tag{4-69}$$

知道了主应力的表达式后,就可以按屈服强度理论确定裂纹顶端的塑性区形状和尺寸了。

1. 按第三强度理论(Tresca 准则)计算的塑性区形状

将式(4-68)代入到 Tresca 准则 $\sigma_1-\sigma_3=\sigma_s$ 中,经计算可得

$$\left.\begin{aligned}&r(\theta)=\frac{1}{2\pi}\left(\frac{K_{\mathrm{I}}}{\sigma_s}\right)^2\cos^2\frac{\theta}{2}\left(1+\sin\frac{\theta}{2}\right)^2\quad(\text{平面应力})\\&r(\theta)=\frac{1}{2\pi}\left(\frac{K_{\mathrm{I}}}{\sigma_s}\right)^2\cos^2\frac{\theta}{2}\left(1-2\nu+\sin\frac{\theta}{2}\right)^2\quad(\text{平面应变})\end{aligned}\right\}\tag{4-70}$$

如定义 $r_p=\frac{1}{2\pi}\left(\frac{K_{\mathrm{I}}}{\sigma_s}\right)^2$，则按 Tresca 准则计算的 I 型裂纹顶端塑性区边界方程为

$$\left.\begin{aligned}\frac{r(\theta)}{r_p}&=\cos^2\frac{\theta}{2}\left(1+\sin\frac{\theta}{2}\right)^2 \quad (\text{平面应力})\\ \frac{r(\theta)}{r_p}&=\cos^2\frac{\theta}{2}\left(1-2\nu+\sin\frac{\theta}{2}\right)^2 \quad (\text{平面应变})\end{aligned}\right\} \tag{4-71}$$

图 4-18 就是按式(4-71)绘出的塑性区边界曲线，其中在平面应变条件的边界方程中取 $\nu=0.33$。

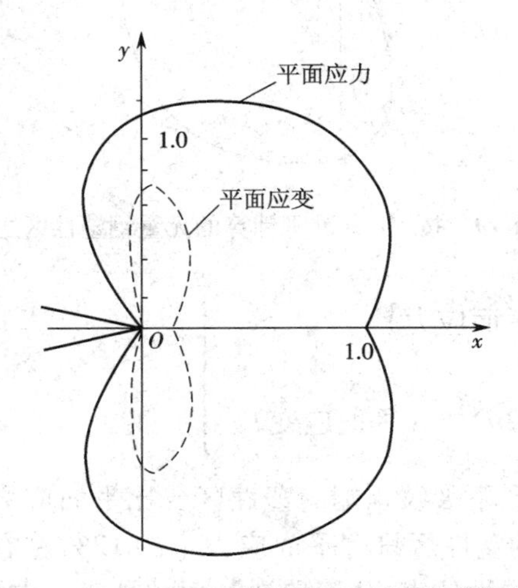

图 4-18　按 Tresca 准则计算的无量纲塑性区边界

2. 按第四强度理论(Mises 准则)计算的塑性区形状

将式(4-69)代入到 Mises 准则 $[(\sigma_1-\sigma_2)^2+(\sigma_2-\sigma_3)^2+(\sigma_3-\sigma_1)^2]=2\sigma_s^2$ 中，经计算可得

$$\left.\begin{aligned}r(\theta)&=\frac{1}{2\pi}\left(\frac{K_{\mathrm{I}}}{\sigma_s}\right)^2\left[\cos^2\frac{\theta}{2}\left(1+3\sin^2\frac{\theta}{2}\right)\right] \quad (\text{平面应力})\\ r(\theta)&=\frac{1}{2\pi}\left(\frac{K_{\mathrm{I}}}{\sigma_s}\right)^2\cos^2\frac{\theta}{2}\left[(1-2\nu)^2+3\sin^2\frac{\theta}{2}\right] \quad (\text{平面应变})\end{aligned}\right\} \tag{4-72}$$

于是按 Mises 准则计算的 I 型裂纹顶端塑性区边界方程为

$$\left.\begin{aligned}\frac{r(\theta)}{r_p}&=\cos^2\frac{\theta}{2}\left(1+3\sin^2\frac{\theta}{2}\right) \quad (\text{平面应力})\\ \frac{r(\theta)}{r_p}&=\cos^2\frac{\theta}{2}\left[(1-2\nu)^2+3\sin^2\frac{\theta}{2}\right] \quad (\text{平面应变})\end{aligned}\right\} \tag{4-73}$$

图 4-19 就是按式(4-73)绘出的塑性区边界曲线，其中在平面应变条件的边界方程中取 $\nu=0.33$。

裂纹顶端塑性区的大小，一般常用塑性区在裂纹延长线上($\theta=0°$)的特征尺寸 r_0 表示，由式(4-70)和式(4-72)可知：

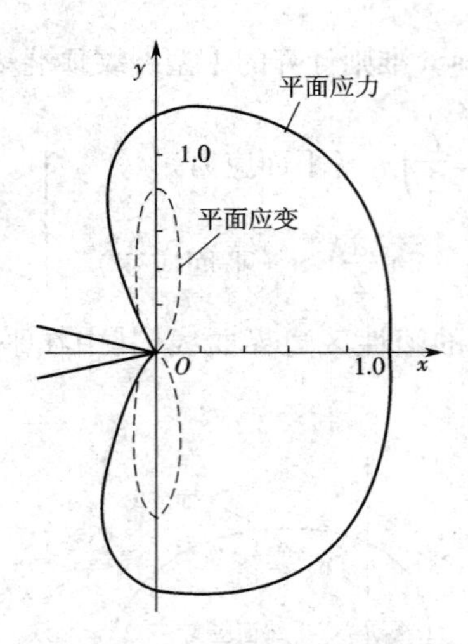

图 4-19 按 Mises 准则计算的无量纲塑性区边界

$$\left.\begin{aligned} r_0 &= \frac{1}{2\pi}\left(\frac{K_{\mathrm{I}}}{\sigma_s}\right)^2 \quad (平面应力) \\ r_0 &= \frac{1}{2\pi}\left(\frac{K_{\mathrm{I}}}{\sigma_s}\right)^2 (1-2\nu)^2 \quad (平面应变) \end{aligned}\right\} \tag{4-74}$$

由此可见,平面应变情况下裂纹顶端的塑性区要比平面应力下的塑性区小得多。如按 $\nu=0.33$ 计算,平面应变下的塑性区只有平面应力下的 12% 左右。这是因为在平面应变状态下,沿板厚方向有较强的弹性约束,从而使裂纹顶端处于三向拉伸状态,此时材料不易发生塑性变形。

以上是平面应力和平面应变状态下,裂纹顶端塑性区的大小和形状。而对一般常用的板材而言,在板厚中间部分的裂纹顶端处于平面应变状态,塑性区较小;而在接近板材的表面时,由于弹性约束减小则逐渐过渡为平面应力状态于是塑性区随着扩大。整个塑性区沿板厚方向的变化情况,大体如图 4-20 所示。这实际上反映了这两种不同的应力状态,在裂纹顶端屈服强度的不同。

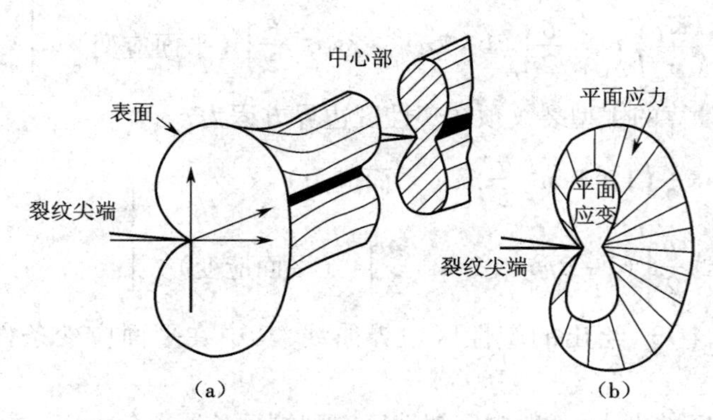

图 4-20 实际板材试样中塑性区的形状
(a)立体图 (b)侧面图

4.4.2 有效屈服应力与塑性约束系数

通常将引起塑性变形的最大主应力,称为有效屈服应力,用σ_{ys}表示;而有效屈服强度与单向拉伸屈服强度之比,称为塑性约束系数,用C表示,即$C=\sigma_{ys}/\sigma_s$。

在裂纹的延长线上,将$\theta=0°$代入式(4-68)中,可得裂纹延长线上各点的主应力为

$$\left.\begin{aligned}&\sigma_1=\sigma_2=\frac{K_{\mathrm{I}}}{\sqrt{2\pi r}}\\&\sigma_3=0\quad(\text{平面应力})\\&\sigma_3=\frac{2\nu K_{\mathrm{I}}}{\sqrt{2\pi r}}\quad(\text{平面应变})\end{aligned}\right\}\tag{4-75}$$

将式(4-75)代入到第三强度理论(Tresca 准则)$\sigma_1-\sigma_3=\sigma_s$中可得

$$\left.\begin{aligned}&\text{对平面应力}:\sigma_1-0=\sigma_s,\text{故}\ \sigma_1=\sigma_s\\&\text{对平面应变}:\sigma_1-2\nu\sigma_1=\sigma_s,\text{故有}\ \sigma_1=\sigma_s/(1-2\nu)\end{aligned}\right\}\tag{4-76}$$

如按有效屈服应力的定义,有$\sigma_1=\sigma_{ys}$。于是式(4-76)变为

$$\left.\begin{aligned}&\text{对平面应力}:\sigma_{ys}=\sigma_1,C=1\\&\text{对平面应变}:\sigma_{ys}=\sigma_s/(1-2\nu),C=1/(1-2\nu)\text{或}\ C=3(\nu=1/3)\end{aligned}\right\}\tag{4-77}$$

可见,在平面应变状态下,沿板厚z方向的弹性约束使裂纹顶端材料受到三向拉应力作用,此时不易发生塑性变形,使得有效屈服应力σ_{ys}约为单向拉伸屈服应力σ_s的3倍。

但环状切口试样拉伸试验的结果表明,材料在三向拉伸情况下的有效屈服应力为

$$\left.\begin{aligned}&\sigma_{ys}=\sqrt{2\sqrt{2}}\,\sigma_s\approx1.7\sigma_s\\&C=\sqrt{2\sqrt{2}}\approx1.7\end{aligned}\right\}\tag{4-78}$$

即在平面应变情况下的塑性约束系数C比3要小,介于1.5和2之间,其原因是由于试样表面总是处于平面应力状态以及裂纹的钝化效应等因素所造成的。因此,Irwin 建议把$C=\sqrt{2\sqrt{2}}\approx1.7$规定为平面应变情况下的塑性约束系数。于是式(4-74)中的裂纹顶端特征塑性区尺寸可以表示为

$$\left.\begin{aligned}&r_0=\frac{1}{2\pi}\left(\frac{K_{\mathrm{I}}}{\sigma_s}\right)^2\quad(\text{平面应力})\\&r_0=\frac{1}{4\sqrt{2}\,\pi}\left(\frac{K_{\mathrm{I}}}{\sigma_s}\right)^2\quad(\text{平面应变})\end{aligned}\right\}\tag{4-79}$$

或统一表示为

$$r_0=\frac{1}{2\pi}\left(\frac{K_{\mathrm{I}}}{\sigma_{ys}}\right)^2\tag{4-80}$$

4.4.3 应力松弛对塑性区的影响

由式(4-46)可知,在裂纹延长线上$\theta=0°$,裂纹顶端的拉伸应力

$$\sigma_y=\frac{K_{\mathrm{I}}}{\sqrt{2\pi r}}\tag{4-81}$$

其沿x轴方向的分布,如图4-21中的ABC曲线。其中OG段对应的特征塑性区尺寸r_0就是

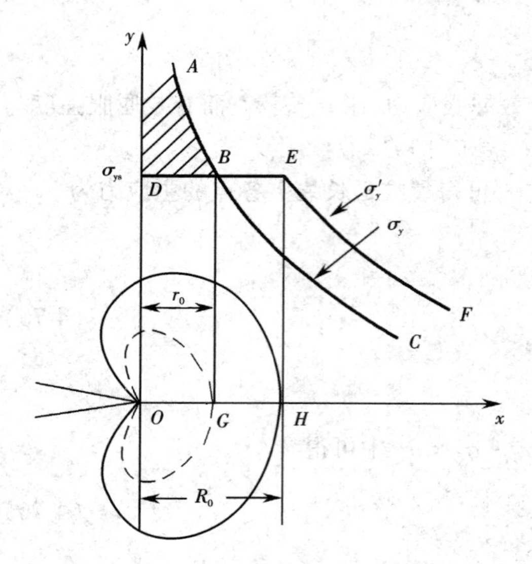

图 4-21 应力松弛对塑性区的影响

利用 $\sigma_y=\sigma_{ys}$ 而求出的。在此塑性区内，由塑性区边界（G 点处）向裂纹顶端（O 点处）接近时，应力 σ_y 是逐渐升高的（由曲线上的 B 点向 A 点处增大）。但这种情况实际上是不可能的，这是因为当裂纹顶端的应力达到 σ_{ys} 以后，材料便会发生塑性变形。如假定材料为理想塑性材料即塑性变形不发生形变强化效应，塑性变形的结果将使曲线 ABC 上高于 σ_{ys} 部分的应力发生松弛，并使应力维持在 σ_{ys} 的水平即曲线上的 AB 段将下降到 DB 的水平。与此同时，这部分被松弛的应力将向塑性区外传递，从而使 BC 段的应力水平相应地得到提高；其中 GH 段的应力将升高到有效屈服应力 σ_{ys}，故裂纹顶端的塑性区扩大至 H 点。于是裂纹顶端的应力分布变为 $DBEF$，塑性区尺寸由 OG 段（r_0）扩大为 OH 段（R_0）。

从能量角度考虑，曲线 ABC 下的面积应等于曲线 $DBEF$ 下的面积；再考虑到 EF 和 BC 两段曲线均为弹性应力场的应力变化规律，可以认为它们曲线的形状相同、曲线下的面积也近似相等，于是曲线 AB 下的面积应等于直线 DBE 下的面积，即

$$\int_0^{r_0}\frac{K_{\mathrm{I}}}{\sqrt{2\pi r}}\mathrm{d}r=\sigma_{ys}R_0 \tag{4-82}$$

对上式进行积分，并将式(4-80)代入上式可得

$$R_0=2\times\frac{1}{2\pi}\left(\frac{K_{\mathrm{I}}}{\sigma_{ys}}\right)^2=2r_0 \tag{4-83}$$

由此可见，无论是对平面应力状态还是平面应变状态，考虑应力松弛后塑性区的尺寸在 x 轴上均扩大了一倍。于是，应力松弛后平面应力与平面应变状态下的塑性区尺寸为

$$\left.\begin{aligned}R_0&=\frac{1}{\pi}\left(\frac{K_{\mathrm{I}}}{\sigma_s}\right)^2\quad(\text{平面应力})\\R_0&=\frac{1}{2\sqrt{2}\pi}\left(\frac{K_{\mathrm{I}}}{\sigma_s}\right)^2\quad(\text{平面应变})\end{aligned}\right\} \tag{4-84}$$

但需要注意的是，以上对裂纹顶端附近塑性区形状和尺寸的讨论，是基于“假定材料为理想弹塑性材料”，即材料发生屈服不发生形变强化而进行的。而对工程实际中常用的金属材料，因常会有形变强化现象存在，于是实际材料裂纹顶端的塑性区尺寸比通过式(4-84)计算所得的结果要小。

4.4.4 应力强度因子的塑性区修正

当裂纹顶端出现塑性区后，应力的分布由原来的 ABC 曲线变为现在的 $DBEF$ 曲线，不再是完全的弹性应力场了。因此严格地说，当裂纹顶端附近出现塑区时，建立在线弹性理论基础上的线弹性断裂理论就不能适用了。但试验结果表明，如果塑性区尺寸很小，即“小范围屈服”时，裂纹顶端塑性区周围仍被广大的弹性区所包围，此时只要对应力强度因子 K_{I}

进行修正，裂纹顶端附近的应力应变场仍可用修正后的 K_{I} 来计算，即仍可用线弹性断裂力学理论进行分析。

为此，Irwin 提出了一个简便适用的“有效裂纹长度”法，用它对应力强度因子 K_{I} 来进行修正，并得到“有效应力强度因子”，进而作为对塑性区影响的修正。

我们知道，有两种方式可以引起材料中应力场的松弛，一种是通过塑性变形，如前面讨论的裂纹顶端塑性变形引起的应力松弛；另一种是通过裂纹扩展，当裂纹扩展了一小段距离后，同样可使裂纹顶端的应力集中得到松弛。于是可以假设裂纹顶端因塑性变形引起的应力松弛等效于一定裂纹长度的裂纹扩展，只要裂纹扩展引起的应力松弛与塑性变形引起的应力松弛相当即可。

现假设裂纹顶端由 O 点移动到 O' 点，如图 4-22 所示。则裂纹长度增加了 r_y，于是有效裂纹长度为

$$a' = a + r_y \tag{4-85}$$

使用有效裂纹长度 a' 后，不再考虑塑性变形的影响，所以裂纹顶端延长线上应力由式(4-81)变为

$$\sigma_y = \frac{K_{\mathrm{I}}'}{\sqrt{2\pi r}} = \frac{\sigma\sqrt{\pi(a + r_y)}}{\sqrt{2\pi r}} \tag{4-86}$$

式中：K_{I}' 为修正后的有效应力强度因子，且为

$$K_{\mathrm{I}}' = \sigma\sqrt{\pi(a + r_y)} \tag{4-87}$$

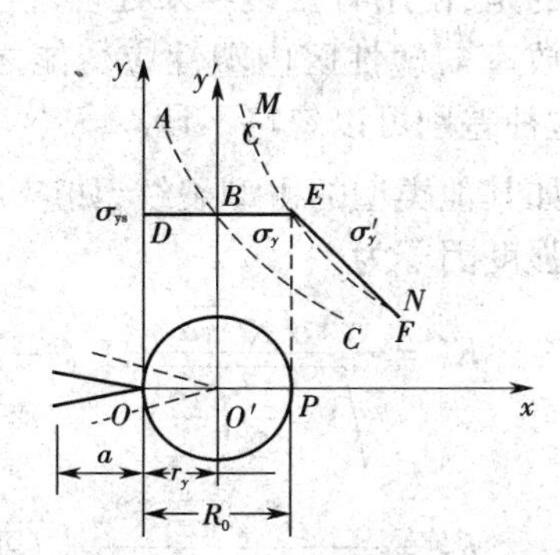

图 4-22　应力强度因子的塑性区修正

对裂纹顶端塑性区与弹性区交界的 P 点，在以 O' 点为原点的新坐标系中 $r = R_0 - r_y$，此点的拉伸应力

$$\sigma_y = \frac{\sigma\sqrt{\pi(a + r_y)}}{\sqrt{2\pi(R_0 - r_y)}} \tag{4-88}$$

欲使因裂纹扩展引起的应力松弛与因塑性变形引起的应力松弛相当，则在 P 点的应力等于塑性变形后的有效屈服应力 σ_{ys}，故有

$$\frac{\sigma\sqrt{\pi(a + r_y)}}{\sqrt{2\pi(R_0 - r_y)}} = \sigma_{ys} \tag{4-89}$$

注意到小范围屈服条件下，$r_y \ll a$，因此 $K_{\mathrm{I}}' = \sigma\sqrt{\pi(a + r_y)} \approx \sigma\sqrt{\pi a}$，于是式(4-89)变为

$$r_y = R_0 - \frac{K_{\mathrm{I}}^2}{2\pi\sigma_{ys}^2}$$

将式(4-80)代入上式，并考虑平面应力与平面应变条件可得

$$\left.\begin{aligned} r_y &= \frac{1}{2\pi}\left(\frac{K_{\mathrm{I}}}{\sigma_s}\right)^2 \quad (\text{平面应力}) \\ r_y &= \frac{1}{4\sqrt{2}\pi}\left(\frac{K_{\mathrm{I}}}{\sigma_s}\right)^2 \quad (\text{平面应变}) \end{aligned}\right\} \tag{4-90}$$

对比式(4-90)与式(4-84)有

$$r_y = \frac{1}{2}R_0 \tag{4-91}$$

即有效裂纹长度的修正值 r_y 正好是应力松弛后塑性区宽度 R_0 的一半。

将式(4-89)与代入到(4-86)中，并考虑到 r_y 与 K_{I}' 间的相互嵌套关系，经推导后得

$$\left.\begin{aligned} K_{\mathrm{I}}' &= \frac{\sigma\sqrt{\pi a}}{\sqrt{1-\dfrac{1}{2}\left(\dfrac{\sigma}{\sigma_s}\right)^2}} \quad (\text{平面应力}) \\ K_{\mathrm{I}}' &= \frac{\sigma\sqrt{\pi a}}{\sqrt{1-\dfrac{1}{4\sqrt{2}}\left(\dfrac{\sigma}{\sigma_s}\right)^2}} \quad (\text{平面应变}) \end{aligned}\right\} \tag{4-92}$$

由此，在对具有小范围屈服的断裂力学问题进行求解时，只要利用式(4-91)修正后的有效应力强度因子 K_{I}' 代替原来的 K_{I}，线弹性断裂力学的所有应力应变场公式仍然适用。但应当说明的是，使用有效裂纹来处理塑性变形的断裂问题时忽略了材料产生裂纹时弹性应变能的释放率与塑性区内塑性应变能之间的差别，所以这种处理方法是粗略的，当塑性区很小时，这种差别可以忽略不计。

如其他类型的Ⅰ型裂纹，如应力强度因子表达式为 $K_{\mathrm{I}} = Y\sigma\sqrt{\pi a}$，则塑性区修正后的应力强度因子为

$$\left.\begin{aligned} K_{\mathrm{I}}' &= \frac{Y\sigma\sqrt{\pi a}}{\sqrt{1-\dfrac{Y^2}{2}\left(\dfrac{\sigma}{\sigma_s}\right)^2}} \quad (\text{平面应力}) \\ K_{\mathrm{I}}' &= \frac{\sigma\sqrt{\pi a}}{\sqrt{1-\dfrac{Y^2}{4\sqrt{2}}\left(\dfrac{\sigma}{\sigma_s}\right)^2}} \quad (\text{平面应变}) \end{aligned}\right\} \tag{4-93}$$

4.4.5 小范围屈服与线弹性断裂力学的适用范围

由式(4-80)可知，在裂纹延长线上 $\theta = 0°$，裂纹顶端的拉伸应力

$$\sigma_y = \frac{K_{\mathrm{I}}}{\sqrt{2\pi r}} = \frac{\sigma\sqrt{\pi a}}{\sqrt{2\pi r}} = \frac{\sigma a}{\sqrt{2ar}} \tag{4-94}$$

于是当裂纹的长度由 a 增加为 $a' = a + r$ 后，裂纹顶端的拉伸应力 σ_y' 改变为

$$\sigma_y' = \frac{\sigma(a+r)}{\sqrt{2ar + r^2}} \tag{4-95}$$

裂纹顶端的拉伸应力因裂纹长度变化而产生的相对误差为

$$\Delta = \frac{\sigma_y - \sigma_y'}{\sigma_y'} = \frac{\sqrt{1+\dfrac{r}{2a}}}{1+\dfrac{r}{a}} - 1 \tag{4-96}$$

当 $r/a = 1/5$ 时，拉伸应力的相对误差 Δ 为 -13%；而当 $r/a = 1/10$ 时，相对误差 Δ 为 -7%。可见，只有 $r/a \leqslant 1/10$ 时，计算出的应力场才能给出工程上满意精度的结果。于是，满足线弹性断裂力学应力场计算精确度的上限为 $r/a \leqslant 1/10$。

在应力强度因子的塑性区修正中，Iwrin 引入了有效裂纹长度($a' = a + r_y$)的概念，考虑到线弹性断裂力学的有效性，因塑性应力松弛带来的裂纹增加量需要满足：

$$\frac{r_y}{a} \leqslant \frac{1}{10} \tag{4-97}$$

于是，把满足式(4-97)条件的裂纹顶端塑性屈服区称为小范围屈服。

将式(4-97)代入到式(4-90)中,并利用 $K_{\mathrm{I}}=\sigma\sqrt{\pi a}$ 可得

$$\left.\begin{aligned}&\frac{1}{2\pi}\left(\frac{\sigma\sqrt{\pi a}}{\sigma_{s}}\right)^{2}/a\leqslant\frac{1}{10}\quad(\text{平面应力})\\&\frac{1}{4\sqrt{2}\pi}\left(\frac{\sigma\sqrt{\pi a}}{\sigma_{s}}\right)^{2}/a\leqslant\frac{1}{10}\quad(\text{平面应变})\end{aligned}\right\}$$

于是可得线弹性断裂力学的适用范围为

$$\left.\begin{aligned}&\frac{\sigma}{\sigma_{s}}\leqslant0.45\quad(\text{平面应力})\\&\frac{\sigma}{\sigma_{s}}\leqslant0.75\quad(\text{平面应变})\end{aligned}\right\}\tag{4-98}$$

因此在实际工程构件的应力强度因子计算中,对平面应变条件的工程构件常做如下的设定:①当 $\sigma/\sigma_{s}<0.5$ 时,因塑性区的影响很小,不需要进行应力强度因子的修正,仍可按 $K_{\mathrm{I}}=\sigma\sqrt{\pi a}$ 进行计算;②当 $\sigma/\sigma_{s}=0.5\sim0.75$ 时,需要按式(4-92)对应力强度因子进行修正;③当 $\sigma/\sigma_{s}>0.75$ 后,因此时的 $r_{y}/a>1/10$,已不满足式(4-96)小范围屈服的条件,即使对应力强度因子做出修正,也会对裂纹顶端附近的应力场带来很大的误差。在这种条件下,线弹性断裂力学已不再适用了,而需要采用弹塑性断裂力学的方法和理论对其断裂性能进行分析。

4.5　应力强度因子断裂准则

4.5.1　断裂准则与断裂韧性

由 4.2 节和 4.3 节可知,应力强度因子 K 是描述裂纹顶端附近应力场强弱程度的参量。裂纹是否会发生失稳扩展取决于 K 值的大小,当工作应力 σ 或裂纹尺寸 a 增大时,K 因子不断增大。当 K 因子增大到临界值 K_{C} 时,裂纹开始失稳扩展。因此可用 K 因子建立断裂准则(亦称 K 准则),即 $K=K_{C}$,其含意是当含裂纹的弹性体在外加载荷作用下,裂纹顶端的 K 因子达到裂纹发生失稳扩展时材料的临界值 K_{C} 时,裂纹就发生失稳扩展而导致裂纹体的断裂。

对Ⅰ型裂纹,应力强度因子断裂准则为

$$K_{\mathrm{I}}=K_{\mathrm{IC}}\tag{4-99}$$

式中:K_{I} 为Ⅰ型裂纹的应力强度因子;K_{IC} 为裂纹发生断裂时 K_{I} 的临界值,是材料对裂纹扩展的阻力。结合式(4-38)和式(4-39)可见,K_{IC} 是材料的固有常数,称为材料的断裂韧性或断裂韧度,可以通过试验方法加以测定。这正像材料力学中外加工作应力 σ 是不断变化的,而材料的屈服强度 σ_{s} 或抗拉强度 σ_{b} 是由实验测定的材料常数一样。

但对Ⅰ型裂纹,正如 4.2 节讨论的那样还可区分为平面应力状态与平面应变状态两种情况。而由式(4-84)可知,平面应变状态下裂纹顶端的塑性区尺寸远小于平面应力情况,于是按式(4-39)可知平面应变条件下的 K_{IC} 明显低于平面应力条件下的 K_{IC}。

考虑到实际工程构件多为大型厚板零件,属于平面应变状态,因此常将平面应变条件下的 K_{IC} 简称为 K_{IC},称为材料的平面应变断裂韧性;而平面应力状态的 K_{IC} 简化为 K_{C}。于是后面提到的断裂韧性,均是指材料的平面应变断裂韧性。

4.5.2 应用举例

建立了断裂准则后，就可以解决常规强度设计中不能解决的、带裂纹构件的断裂问题。但需要指出的是在应用断裂准则做断裂分析时，首先要用无损探伤技术如超声波探伤、磁粉探伤和荧光探伤等技术，把缺陷的位置、形状、尺寸搞清楚，然后把缺陷简化成分析计算的裂纹模型。如果是进行构件的设计，还需要估计可能出现的最大裂纹尺寸，以此作为计算应力强度因子 K_{I} 的依据。另一方面，还要准确可靠地测出材料的断裂韧性 K_{IC}。

于是利用应力强度因子准则，可解决如下的实际问题。

①确定带裂纹构件的临界载荷。若已知构件的几何因素、裂纹尺寸和断裂韧性值，就可运用 K 准则确定带裂纹构件的临界载荷。

如在某大型厚板的中心具有裂纹长度 $2a=80$ mm 的穿透裂纹（平面应变状态），厚板远端承受均匀的拉伸应力作用。已知板的材质为高强铝合金，其断裂韧性 $K_{\mathrm{IC}}=38$ $\mathrm{MPa\cdot m^{1/2}}$，试计算此厚板的临界载荷。

解：已知裂纹体为大型厚板结构，属于平面应变状态。

中心裂纹长度 $2a=80$ mm，于是 $a=0.04$ m。

对无限大板中的Ⅰ型中心穿透裂纹，由式(4-41)可知，应力强度因子为 $K_{\mathrm{I}}=\sigma\sqrt{\pi a}$。

对于临界状态，即 $K_{\mathrm{I}}=K_{\mathrm{IC}}$，有

$$\sigma\sqrt{\pi a}=K_{\mathrm{IC}}$$

由于在临界状态下所作用的应力即为构件的临界载荷，于是该厚板的临界载荷为

$$\sigma_{\mathrm{c}}=\frac{K_{\mathrm{IC}}}{\sqrt{\pi a}}=\frac{38}{\sqrt{3.14\times0.04}}=107.22\ \mathrm{MPa}$$

即在题目给定的条件下，当厚板承受的拉伸应力达到 107.22 MPa 时，裂纹就会发生失稳扩展。

②确定裂纹容限尺寸。当给定载荷、材料的断裂韧性值以及裂纹体的几何形状以后，就可运用 K 准则确定裂纹的容限尺寸，即裂纹失稳扩展时对应的裂纹尺寸。

如对某种合金钢，在进行不同的回火温度处理后测得的力学性能如下：

375 ℃回火，$\sigma_{\mathrm{s}}=1\,780$ MPa，$K_{\mathrm{IC}}=52\ \mathrm{MPa\cdot m^{1/2}}$

600 ℃回火，$\sigma_{\mathrm{s}}=1\,500$ MPa，$K_{\mathrm{IC}}=100\ \mathrm{MPa\cdot m^{1/2}}$

假定该裂纹体的应力强度因子为 $K_{\mathrm{I}}=1.12\sigma\sqrt{\pi a}$，且裂纹体承受的工作应力为 $\sigma=0.5\sigma_{\mathrm{s}}$，试求这两种回火温度下构件的容限裂纹尺寸。

解：当 $K_{\mathrm{I}}=K_{\mathrm{IC}}$时，对应的裂纹尺寸即为容限裂纹 a_{c}。由 $K_{\mathrm{I}}=1.12\sigma\sqrt{\pi a}$可得

$$a_{\mathrm{c}}=\frac{1}{\pi}\left(\frac{K_{\mathrm{IC}}}{1.12\sigma}\right)^2$$

对 275 ℃回火，$a_{\mathrm{c}}=\dfrac{1}{\pi}\left(\dfrac{52}{1.12\times0.5\times1\,780}\right)^2=0.000\,9\ \mathrm{m}=0.9\ \mathrm{mm}$

对 600 ℃回火，$a_{\mathrm{c}}=\dfrac{1}{\pi}\left(\dfrac{100}{1.12\times0.5\times1\,500}\right)^2=0.004\,5\ \mathrm{m}=4.5\ \mathrm{mm}$

由以上的材料力学性能指标可以看出，如仅从强度指标看，275 ℃回火条件下合金钢的强度高于 600 ℃回火；但从断裂韧性指看，275 ℃回火条件下合金钢的断裂韧性比 600 ℃回

火条件低得多。于是，275 ℃回火条件下合金钢的容限裂纹尺寸(0.9 mm)远低于 600 ℃回火条件(4.5 mm)。考虑到构件中存在很小的裂纹是难以避免的，因此从全面考虑，构件应该选用 600 ℃回火温度下的合金钢来制造。

③确定带裂纹构件的安全度。

如某汽轮发电机转子，在其中心孔部位经表面探伤发现沿轴向存在一表面裂纹，其长度为 2.5 mm，在该裂纹所在位置处于最恶劣工况下的当地拉应力为 $\sigma=326$ MPa(按均匀应力计算)，转子材料的断裂韧性为 $K_{IC}=125\ \text{MPa}\cdot\text{m}^{1/2}$，屈服强度为 $\sigma_s=540$ MPa，试计算在考虑裂纹顶端塑性区影响后转子发生低应力脆断的安全系数。

解：如将该问题作为无限大板单边穿透裂纹来处理，则由式(4-61)可知该裂纹体的应力强度因子为 $K_I=1.12\sigma\sqrt{\pi a}$。

如考虑到塑性区修正，则由式(4-95)可知在表面裂纹最深处的应力强度因子为

$$K_I=\frac{1.12\sigma\sqrt{\pi a}}{\sqrt{1-\frac{1.12^2}{4\sqrt{2}}\left(\frac{\sigma}{\sigma_s}\right)^2}}$$

将当地应力 $\sigma=326$ MPa，屈服强度 $\sigma_s=540$ MPa，裂纹尺寸 $a=2.5\ \text{mm}=0.002\ 5$ m 代入上式，即可得该表面裂纹最深点的应力强度因子

$$K_I=\frac{1.12\times326\times\sqrt{3.14\times0.002\ 5}}{\sqrt{1-\frac{1.12^2}{4\sqrt{2}}\left(\frac{326}{540}\right)^2}}=33.74\ \text{MPa}$$

将上式求出的 K_I 与转子材料的断裂韧性 $K_{IC}=125\ \text{MPa}\cdot\text{m}^{1/2}$ 进行比较，可得安全系数为

$$n=\frac{K_{IC}}{K_I}=\frac{125}{33.74}=3.70$$

④选择与评定材料。按照传统的设计思想，选择与评定材料主要依据其屈服极限 σ_s 或强度极限 σ_b。但按断裂力学理论，应选用高 K_{IC} 的材料。一般情况下，材料的 σ_s 越高，K_{IC} 反而越低，所以选择与评定材料应该两者兼顾，全面考虑。

如现要设计一高强度材料的大型厚板构件，设计的许用应力 $[\sigma]=1\ 200$ MPa，构件中允许存在的中心穿透裂纹长度为 2 mm。现有以下两种材料可供选择：

材料 A　$\sigma_s=1\ 950$ MPa，$K_{IC}=45\ \text{MPa}\cdot\text{m}^{1/2}$

材料 B　$\sigma_s=1\ 600$ MPa，$K_{IC}=75\ \text{MPa}\cdot\text{m}^{1/2}$

试从传统强度设计观点和断裂力学观点出发，应选择何种材料为佳？

解：从传统强度设计观点分析，材料 A 的强度储备为

$$n_A=\frac{(\sigma_s)_A}{[\sigma]}=\frac{1\ 950}{1\ 200}=1.625$$

材料 B 的强度储备为

$$n_B=\frac{(\sigma_s)_B}{[\sigma]}=\frac{1\ 600}{1\ 200}=1.333$$

两种材料均满足强度要求，但材料 A 的强度储备高于材料 B。

从断裂力学观点分析，无限大厚板中 Ⅰ 型中心穿透裂纹的应力强度因子为 $K_I=\sigma\sqrt{\pi a}$。如考虑到金属材料裂纹顶端的塑性区修正，由式(4-92)得

$$K_{\mathrm{I}}=\frac{\sigma\sqrt{\pi a}}{\sqrt{1-\frac{1}{4\sqrt{2}}\left(\frac{\sigma}{\sigma_{s}}\right)^{2}}}$$

将设计的工作应力$[\sigma]$，材料的屈服强度σ_s，裂纹尺寸$a=1\ \mathrm{mm}=0.001\ \mathrm{m}$代入上式，即可得到裂纹顶端的$K_{\mathrm{I}}$为

$$(K_{\mathrm{I}})_{\mathrm{A}}=\frac{1\,200\times\sqrt{3.14\times0.001}}{\sqrt{1-\frac{1}{4\sqrt{2}}\left(\frac{1\,200}{1\,950}\right)^{2}}}=69.614\ \mathrm{MPa}>(K_{\mathrm{IC}})_{\mathrm{A}}$$

$$(K_{\mathrm{I}})_{\mathrm{B}}=\frac{1\,200\times\sqrt{3.14\times0.001}}{\sqrt{1-\frac{1}{4\sqrt{2}}\left(\frac{1\,200}{1\,600}\right)^{2}}}=73.357\ \mathrm{MPa}<(K_{\mathrm{IC}})_{\mathrm{B}}$$

即按断裂力学观点，采用材料A进行制造是不安全的，而选择材料B是安全的。由此可见，按照断裂力学观点进行设计，既安全可靠，又能充分发挥材料的强度。而按传统观点，片面追求高强度，将会导致工程构件发生低应力脆断。

4.6 断裂韧性的测试

由4.5节可见，K_{IC}是指当裂纹体处于平面应变和小范围屈服条件下，Ⅰ型裂纹发生失稳扩展时的临界应力强度因子；它表征了在线弹性范围内含裂纹构件抵抗断裂的能力，是材料固有的一种力学性能指标，通常称为材料的平面应变断裂韧性。

用于材料断裂韧性K_{IC}测试的方法有很多种，视具体的试样材质、尺寸和测定方法而不同。下面主要介绍常用于金属材料和陶瓷材料K_{IC}测试的技术要求和测试原理。

4.6.1 金属材料的平面应变断裂韧性

用于平面应变断裂韧性测试的金属材料试样，有四种标准试样：三点弯曲试样（图4-23）、紧凑拉伸试样（图4-24）、C型拉伸试样和圆形紧凑拉伸试样等。其中三点弯曲试样具有易于加工和便于加载的优点，紧凑拉伸试样具有节省材料的好处，C型拉伸试样和圆形紧凑拉伸试样分别适用于管材和棒材的试验。

1. 标准试样尺寸与K_{I}的表达式

1）三点弯曲试样

图4-23中三点弯曲试样的尺寸为：高度为W，厚度$B=0.5W$，跨度$S=4W$，裂纹长度$a=(0.45\sim0.55)W$。标准三点弯曲试样的应力强度因子表达式为

$$K_{\mathrm{I}}=\frac{PS}{BW^{3/2}}f\left(\frac{a}{W}\right) \tag{4-100}$$

其中，$f\left(\frac{a}{W}\right)=\dfrac{3\left(\frac{a}{W}\right)^{1/2}\left[1.99-\left(\frac{a}{W}\right)\left(1-\frac{a}{W}\right)\left(2.15-3.93\frac{a}{W}+2.7\left(\frac{a}{W}\right)^{2}\right]}{2\left(1+\frac{2a}{W}\right)\left(1-\frac{a}{W}\right)^{3/2}}$。

2）紧凑拉伸试样

图4-25中紧凑拉伸试样的尺寸为：宽度为W，厚度$B=0.5W$，高度$2H=1.2W$，裂纹长度

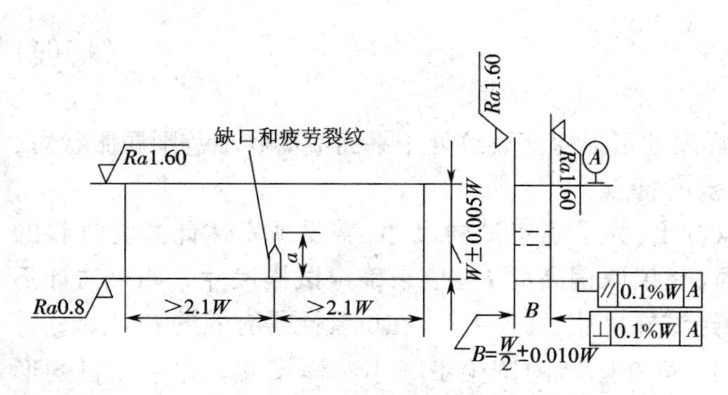

图 4-23　三点弯曲试样的形状与尺寸

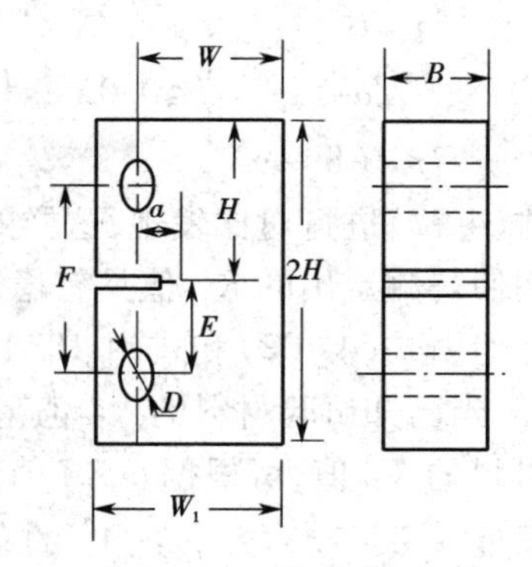

图 4-24　紧凑拉伸试样的形状与尺寸

$a=(0.45\sim0.55)W$，拉伸孔间距 $F=2E=0.55W$，拉伸孔直径 $D=0.25W$，$W_1=1.25W$。紧凑拉伸试样的应力强度因子表达式为

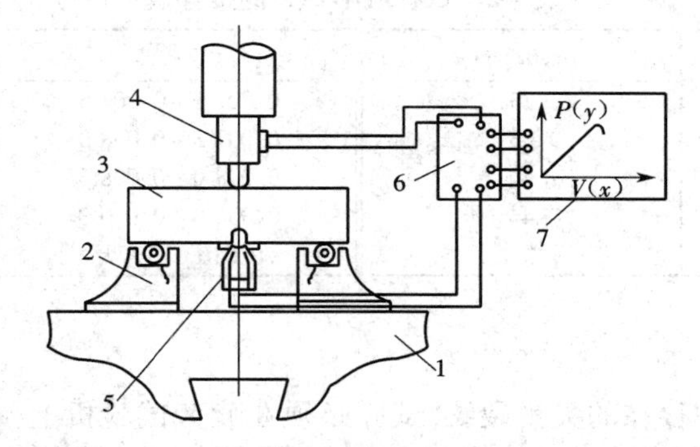

图 4-25　三点弯曲试样的 K_{IC} 测试装置示意图

1—活动横梁；2—支座；3—三点弯曲试样；
4—载荷传感器；5—引伸仪；6—应变仪；7—记录仪

$$K_I=\frac{P}{BW^{1/2}}f\left(\frac{a}{W}\right) \tag{4-101}$$

其中，$f\left(\frac{a}{W}\right)=\frac{\left(2+\frac{a}{W}\right)\left[0.886+4.64\frac{a}{W}-13.32\left(\frac{a}{W}\right)^2+14.72\left(\frac{a}{W}\right)^3-5.6\left(\frac{a}{W}\right)^4\right]}{\left(1-\frac{a}{W}\right)^{3/2}}$。

2. 试样尺寸要求

由式(4-84)可知，平面应变条件下裂纹发生失稳扩展前的最大塑性区宽度

$$R_0=\frac{1}{2\sqrt{2}\pi}\left(\frac{K_{IC}}{\sigma_s}\right)^2\approx0.11\left(\frac{K_{IC}}{\sigma_s}\right)^2 \tag{4-102}$$

于是为满足平面应变和小范围屈服条件下平面应变断裂韧性 K_{IC} 的测试，并鉴于标准试样的尺寸特点，需要对试样的厚度 B、裂纹长度 a 及韧带尺寸 $(W-a)$ 做如下要求：

$$\left.\begin{matrix}B\\a\\(W-a)\end{matrix}\right\}\geqslant2.5\left(\frac{K_{IC}}{\sigma_s}\right)^2 \tag{4-103}$$

由式(4-91)，并联立式(4-102)与式(4-103)可以得到

$$\left.\begin{array}{l} r_y/B \\ r_y/a \\ r_y/(W-a) \end{array}\right\} \leqslant 0.02 \tag{4-104}$$

与式(4-97)进行对比发现,这样的试样尺寸可以保证裂纹处于平面应变和小范围屈服状态,从而使得测定出的 K_{IC} 值具有稳定有效的特点。

但由式(4-102)和式(4-103)可以看出,为了确定试样尺寸,需要预先估计试验材料的 K_{IC}。当已知试验材料的 K_{IC} 值范围时,建议取偏高的 K_{IC} 值来确定试样尺寸。如果估计不出材料的 K_{IC} 值,可根据 σ_s/E 值来预选试样尺寸,见表4-2。在试验测得有效的 K_{IC} 结果后,在保证 a、$B \geqslant 2.5(K_{\mathrm{IC}}/\sigma_s)^2$ 的条件下,可在随后的试验中减小试样尺寸。如果坯料的形状、大小不可能提供厚度 B 和裂纹长度 a 都大于 $2.5(K_{\mathrm{IC}}/\sigma_s)^2$ 的试样,则不能用标准方法进行有效 K_{IC} 的测量。

表 4-2 试样最小 a、B 的推荐值

σ_s/E 值	a、B/mm	σ_s/E 值	a、B/mm
0.005 0 ~ 0.005 7	75	0.007 1 ~ 0.007 5	32
0.005 7 ~ 0.006 2	63	0.007 5 ~ 0.008 0	25
0.006 2 ~ 0.006 5	50	0.008 0 ~ 0.008 5	20
0.006 5 ~ 0.006 8	44	0.008 5 ~ 0.010 0	12.5
0.006 8 ~ 0.007 1	38	0.010 0 ~ 更大	6.5

3. 裂纹制备

为模拟实际构件中存在的尖锐裂纹,试样必须在疲劳试验机上预制疲劳裂纹。其方法是先用线切割机在试样上切割机械切口,然后在疲劳试验机上使试样承受循环变应力,引发尖锐的疲劳裂纹。预制疲劳裂纹开始时,最大疲劳载荷应使应力强度因子的最大值不超过材料 K_{IC} 的 80%。当裂纹逐渐扩展时,疲劳载荷要相应减小。

4. 试验装置与测试步骤

三点弯曲试样的 K_{IC} 测试装置,如图 4-25 所示。测试 K_{IC} 前,首先测量预制疲劳裂纹试样的尺寸,接着在裂纹嘴的两侧装好夹式引伸仪 5,然后在试验机活动横梁 1 上装上专用支座 2,用辊子支承试样 3,两者保持滚动接触,经过对中,再将夹式引伸仪 5 和载荷传感器 4 的输出端接到动态应变仪 6 上,进而将信号放大后传送到记录仪 7 中。

为消除机件之间存在的间隙,正式试验前应在弹性范围内反复加载和卸载,确认试验机和仪器的工作状况正常以后,才开始正式试验。对试样进行缓慢加载,随着载荷 P 及裂纹嘴张开位移 V 的增加,记录仪可自动绘出 $P-V$ 曲线;试验进行到不能承受更大的载荷为止。试样断裂后,利用体视显微镜或工具显微镜测量裂纹的长度。

紧凑拉伸试样的 K_{IC} 测试装置,与三点弯曲试样的测试装置基本一致,只不过紧凑拉伸试样的加载方式是缓慢拉伸,而三点弯曲试样是弯曲加载。

5. 试验结果处理

1)临界载荷 P_Q 的确定

从式(4-100)的 K_{I} 表达式可以看出,当试样的类型和尺寸确定后,只要能找出临界载荷即裂纹开始失稳扩展的载荷,即可计算出试样的 K_{IC} 值。因此,如何根据试验得到的 $P-V$

曲线确定临界载荷是测试 K_{IC} 的关键。

如果材料很脆或试样尺寸很大，则裂纹一开始扩展试样就断裂，即断裂前无明显的亚临界扩展。这时的最大断裂载荷 P_{max}，就是裂纹失稳扩展的临界载荷。但是在一般情况下，试样断裂前裂纹都有不同程度的缓慢扩展，且失稳扩展没有明显的标志，所以最大载荷不再是裂纹开始失稳时的临界载荷。在 K_{IC} 测试标准中规定，把裂纹扩展量 Δa（包括裂纹的真实扩展量和等效扩展量在内）达到裂纹原始长度 a 的2%（即 $\Delta a/a = 2\%$）时的载荷作为临界载荷，称为条件临界载荷，用 P_Q 表示。

对标准三点弯曲试样，经标定试验表明，裂纹扩展过程中裂纹嘴张开位移的相对增量 $\Delta V/V = 5\%$ 与裂纹长度的相对扩展量 $\Delta a/a = 2\%$ 相对应。于是只要在在 $P-V$ 曲线上找出实际测试时绘出的是 $P-V$ 曲线，而不是 $P-\Delta a$ 曲线，因此，要在 $P-V$ 曲线上找出 $\Delta V/V=$ 5%的点，便可获得条件临界载荷的数值。

三点弯曲试样 K_{IC} 测试过程中典型的 $P-V$ 曲线，如图4-26所示。确定临界载荷 P_Q 的方法如下：首先过 $P-V$ 曲线的线性段作直线 OA，并通过 O 点作一条斜率比 OA 斜率小5%的割线，它与 $P-V$ 曲线的交点记作 P_5。如果在 P_5 之前，$P-V$ 曲线上的每一点的载荷都低于 P_5，则取 $P_Q = P_5$，如图4-26中的曲线Ⅲ；如果在 P_5 之前还有一个超过 P_5 的最大载荷，则取最大载荷为 $P_Q = P_{max}$，如图4-26中的曲线Ⅰ和曲线Ⅱ。

2）裂纹长度 a 的确定

在预制疲劳裂纹时，裂纹长度 a 只能估计一个大概数值，它的准确数值要等到试样断裂后从断口上去实际测量。

在一般情况下，预制疲劳裂纹的前缘不是平直的，按测量标准规定，需在厚度的0、$B/4$、$B/2$、$3B/4$、B 位置上测五个裂纹长度 a_1、a_2、a_3、a_4、a_5（图4-27），并取平均裂纹长度

$$\bar{a} = \frac{1}{3}(a_2 + a_3 + a_4) \tag{4-105}$$

作为有效裂纹长度计算材料的 K_{IC} 值。

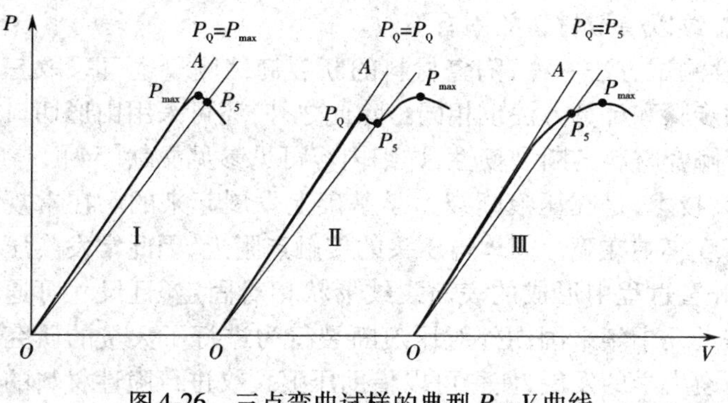

图4-26　三点弯曲试样的典型 $P-V$ 曲线

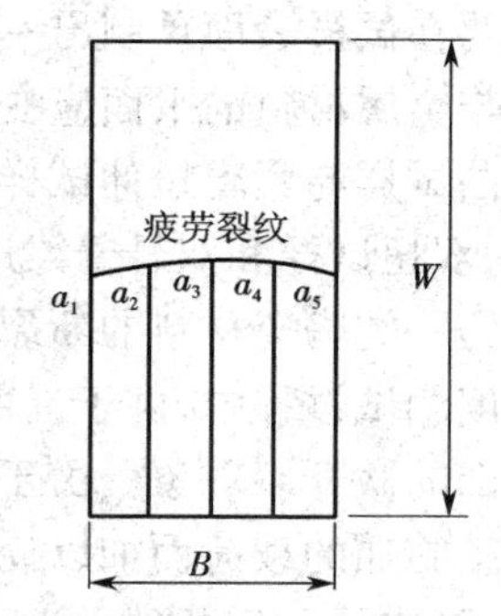

图4-27　裂纹长度测量示意图

3）有效性判断

将上述确定的临界载荷 P_Q 和裂纹长度 a 代入式(4-100)中进行计算，可得到 K_I 的条件值，记为 K_Q。材料的条件断裂韧性 K_Q 是否可作为平面应变状态下的有效 K_{IC} 值，还需要检验是否满足以下两个条件，即

$$\left.\begin{aligned}&P_{max}/P_Q \leqslant 1.10\\&B \geqslant 2.5(K_Q/\sigma_y)^2\end{aligned}\right\} \tag{4-106}$$

如果以上两个条件都能满足,则 K_Q 就是材料平面应变断裂韧性的有效值 K_{IC},即 $K_{IC}=K_Q$,否则试验结果无效。当两个条件中有一个或者两个都不满足时,则应该用较大试样(尺寸至少为原试样的1.5倍)重新进行试验,直至上述两个条件都得到满足,才能确定为 K_{IC} 的有效值。

4.6.2 陶瓷材料的平面应变断裂韧性

上面讲述了金属材料平面应变断裂韧性的测试技术,然而把适用于金属材料断裂韧性的试验技术原封不动地套用于陶瓷材料是行不通的,因为陶瓷材料的同类测试存在一些独特的问题,这些问题主要有如下几个。

①由于陶瓷材料塑性有限,大多数陶瓷材料的 $2.5(K_{IC}/\sigma_s)^2$ 是一个很小的量,所以测定断裂韧性 K_{IC} 所需要的试样尺寸限制条件几乎不存在什么问题。如对 $\sigma_s=350$ MPa,$K_{IC}=5.0$ MPa·m$^{1/2}$ 的典型氧化铝陶瓷材料,试样的厚度要求为 $B\geqslant 2.5(5/350)^2=5.10\times10^{-4}$ m $=0.51$ mm;而对 $\sigma_s=1\ 600$ MPa,$K_{IC}=120$ MPa·m$^{1/2}$ 的钢材,试样厚度的要求为 $B\geqslant 2.5(120/1\ 600)^2=0.014$ m $=14$ mm。即测定陶瓷材料平面应变断裂韧性的试样可以比金属试样小得多。

②陶瓷材料有限的塑性使得 $P-V$ 曲线几乎不会偏离直线关系,也没有突然的变化,一般可以用断裂的最大载荷代替开裂点的载荷来进行 K_{IC} 的计算。

③陶瓷材料的许多应用,尤其是在结构部件上的应用,都是在高温下进行的,因此一种较为理想的断裂韧性测试技术应该在从室温到1 000 ℃(甚至是1 400 ℃)这一宽阔的温度区内均能有效地得到应用。

④由于陶瓷材料中固有裂纹的尺寸较小,通常只有几十微米,加之其分布又是随机的,因此即使采用无损检测技术也难以准确确定材料内部最危险裂纹的位置及尺寸。于是,通常需要在试样表面预制出一条人工裂纹以模拟材料的固有裂纹。

与金属材料的平面应变断裂韧性测试方法一样,陶瓷材料的断裂韧性测量也可采取三点弯曲试样与紧凑拉伸试样,测试的步骤和计算方法也相同。除此之外,还可采用山形切口试样、双扭试样和双悬臂梁试样测定陶瓷材料的断裂韧性,详细内容可见参见文献[54]。

另一类陶瓷材料的断裂韧性测试技术,是在压痕断裂力学基础上发展起来的。在常规的硬度测试过程中,由于局部应力高度集中在脆性固体与压头的接触点附近,因此常发生压痕根部的微开裂现象。由于压痕微开裂过程中形成的表面裂纹形状相对固定,且尺寸可通过调整施加的载荷而加以控制,于是近几十年来国内外对压痕断裂行为进行了大量的研究工作,形成了压痕断裂力学。压痕断裂力学的发展,使得可以借助压痕裂纹进行脆性材料的断裂韧性测试。由于引入裂纹容易和试样制备简单等特点,压痕法测断裂韧性在陶瓷材料领域被广泛使用。

在维氏硬度试样机上,在适当载荷下,用维氏金刚石四方角锥体压头在经抛光的陶瓷材料试样上压出压痕。由于陶瓷材料很脆,于是在正方形压痕(对角线长度为 $2a$)的四角处会出现沿辐射线方向的裂纹,如图4-28所示。若选用的载荷适当,可在压痕对角线方向的断面上出现直径为 $2c$ 的半圆形压痕裂纹(一般要求 $c\geqslant 2.5a$)。

根据压痕断裂力学理论,压痕开裂过程中压痕裂纹扩展的唯一驱动力是压痕附近材料

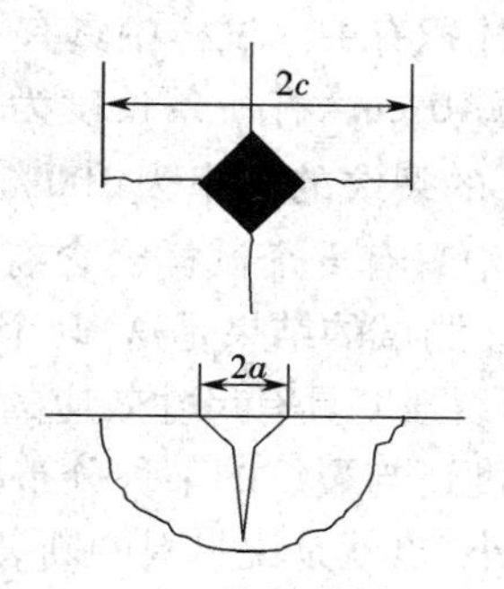

图4-28 维氏压痕及裂纹示意图

弹/塑变形失配所产生的残余应力，处于平衡状态的压痕裂纹顶端的残余应力强度因子在数值上等于材料的断裂韧性。根据这一理论，Evans 等对一系列不同的材料进行了测试，总结出压痕对角线尺寸 a 和压痕裂纹尺寸 c 间的关系为

$$\frac{K_{IC}\Phi}{HV}\cdot\left(\frac{HV}{E\Phi}\right)^{0.4}=0.129\left(\frac{c}{a}\right)^{-3/2} \tag{4-107}$$

式中：HV、E、a、c 分别为材料的维氏硬度、弹性模量、压痕对角线与压痕裂纹的长度；Φ 为约束因子（≈3）。

应用压痕法测定陶瓷材料断裂韧性的具体步骤是，首先选择与构件的成分、工艺相同的材料，制备直接法测 K_{IC} 值的试样。接着，测得材料的 HV、E 等性能参数值。然后，在维氏硬度计上通过压痕法测定施加不同载荷下的压痕对角线与压痕裂纹长度 a 与 c 值。按式(4-106)的通式

$$\frac{K_{IC}\Phi}{HV}\cdot\left(\frac{HV}{E\Phi}\right)^{0.4}=u(c/a)^{V} \tag{4-108}$$

以 $\ln a$ 和 $\ln c$ 为变量，对试验数据进行拟合，求得 u、V 值。最后，应用所得的 u、V 值于待测同类材料上，将再次测得的 a、c 值与已知的 HV 和 E 值代入式(4-108)中，即可求得该材料的断裂韧性 K_{IC}。

部分材料的平面应变断裂韧性值，见附录3。可以看出，金属材料的平面应变断裂韧性相对较高，为 22～276 MPa · $m^{1/2}$；而陶瓷材料的断裂韧性较低，为 0.7～13 MPa · $m^{1/2}$。

4.7 断裂强度的统计性质

4.7.1 断裂强度波动的分析

根据 Griffith 断裂理论，断裂起源于材料中存在的最危险裂纹。材料的断裂韧性、断裂应力（或临界应力）与特定受拉应力区中最长一条裂纹的裂纹长度有如下关系：

$$K_{IC}=Y\sigma_c\sqrt{\pi a} \tag{4-109}$$

由于材料的断裂韧性 K_{IC} 是材料的本征参数，几何形状因子 Y 在给定试验方法后也是常数，于是材料的临界应力 σ_c 只与材料中的最大裂纹长度 a 有关。

由于裂纹长度在材料内的分布是随机的，有大有小，所以临界应力也有大有小，具有分散的统计性，因此在材料抽样试验时有些试样的 σ_c 大而有些试样的 σ_c 小。

材料的断裂强度，还与试样的体积有关。试样中具有一定长度 a 的裂纹的几率，与试样的体积成正比。假定材料中平均每 10 cm^3 有一条长度为 a_c（最长裂纹）的裂纹，如果试样的体积为 10 cm^3，则出现长度为 a_c 的裂纹的几率为 100%，其平均断裂强度为 σ_c。如果试样的体积为 1 cm^3，于是 10 个试样中只有 1 个试样会含有一条长度为 a_c 的裂纹，其余 9 个试样中仅含有长度小于 a_c 的裂纹。测试的结果是这 10 个试样的平均断裂强度值必然大于大试样的 σ_c，这就是陶瓷材料的断裂强度具有尺寸效应的原因。

此外，通常测得的材料断裂强度还与裂纹的某种分布函数有关。裂纹的大小、疏密使得试样有的地方 σ_c 大，有的地方 σ_c 小，也就是说材料的断裂强度分布也与断裂应力的分布有密切关系。另外，试样的断裂强度还与其受力方式有关。例如对同一种材料，其抗弯强度比抗拉强度高，这是因为前者的应力分布不均匀，提高了断裂强度。平面应变状态下试样的断裂强度，比平面应力状态下的断裂强度为高。

4.7.2 断裂强度的统计分析

将一体积为 V 的试样，分为若干个体积为 ΔV 的单元，而每个单元中都随机地存在裂纹。经断裂试验，测得的断裂强度分别为 $\sigma_{c0}, \sigma_{ci}, \cdots, \sigma_{cn}$，然后按断裂强度的大小排队分成组，以每组的单元数为纵坐标作图，如图 4-29 所示。

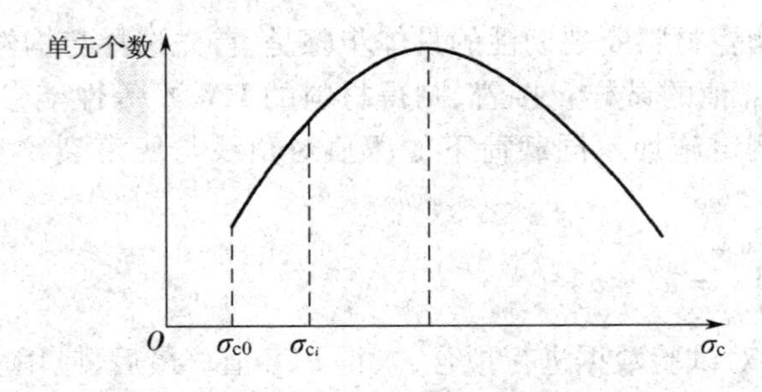

图 4-29 断裂强度的分布图

在图 4-29 中，任取一单元，如其断裂强度为 σ_{ci}，则在 σ_{c0} 至 σ_{ci} 区间曲线下包围的面积占曲线总面积的分数即为断裂强度 σ_{ci} 的断裂几率。因为对断裂强度等于和小于 σ_{ci} 的所有单元，如果经受 σ_{ci} 的应力将全部断裂。于是这一部分的分数即为试样在 σ_{ci} 作用下发生断裂的几率为

$$P_{\Delta V} = \Delta V n(\sigma) \tag{4-110}$$

式中应力分布函数 $n(\sigma)$ 为 σ_{c0} 至 σ_{ci} 区间的总面积。于是断裂强度为 σ_{ci} 的单元，在 σ_{ci} 应力下不发生断裂的几率为

$$1 - P_{\Delta V} = 1 - [\Delta V n(\sigma)] = Q_{\Delta V} \tag{4-111}$$

如假设整个试样中有 r 个单元，即 $V = r\Delta V$，则整个试件在 σ_{ci} 应力下不发生断裂的几率为

$$Q_V = (Q_{\Delta V})^r = [1 - \Delta V n(\sigma)]^r = [1 - Vn(\sigma)/r]^r \tag{4-112}$$

此处不能用断裂几率来统计，因为只要有一个 ΔV_i 断裂，整个试件就断裂。因此，必须用不断裂几率来统计。

当 $r \to \infty$ 时

$$Q_V = \lim_{r\to\infty}[1 - Vn(\sigma)/r]^r = e^{-Vn(\sigma)} \tag{4-113}$$

上式中的 V 应理解为归一化体积，即有效体积与单位体积的比值，无量纲。

推而广之，如有一批试件共计 N 个，进行断裂试验后得到的断裂强度 $\sigma_1, \sigma_2, \cdots, \sigma_N$，并按断裂强度的数值，由小到大排列。设 S 为断裂强度在 σ_1 至 σ_n 间的试样所占的百分数，也可以说 S 为断裂强度小于 σ_n 的试样断裂几率，则

$$S = (n - 0.5)/N \tag{4-114}$$

或

$$S = n/(N+1) \tag{4-115}$$

如对 $N=7, n=4$，则 $S=3.5/7=50\%$。对每一个试验值 σ_i 都可算出相应的断裂几率，图 4-30 为多晶氧化铝试样在不同断裂强度下的断裂几率。

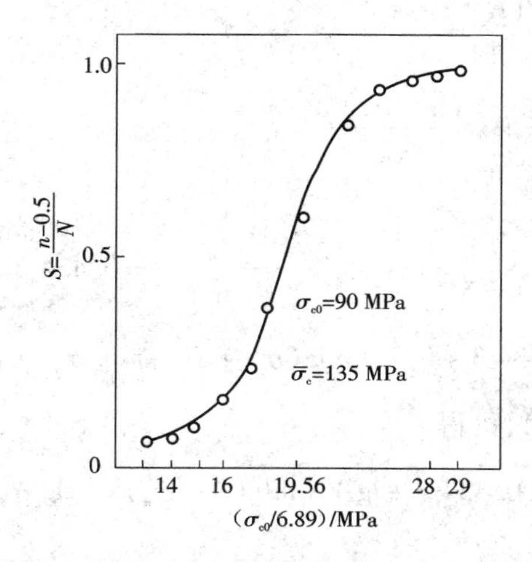

图 4-30　多晶氧化铝试样不同断裂强度下的断裂几率

4.7.3　应力函数的求法及韦伯函数分布

如果选取的试样具有代表性，则单个试样与整批试样的断裂几率相等：

$$P_V = S = 1 - Q_V = 1 - e^{-Vn(\sigma)} \tag{4-116}$$

$$1 - S = e^{-Vn(\sigma)}$$

$$\frac{1}{1-S} = e^{Vn(\sigma)}$$

$$\ln \frac{1}{1-S} = Vn(\sigma)$$

于是可得到应力分布函数为

$$n(\sigma) = \frac{1}{V}\ln \frac{1}{1-S} \tag{4-117}$$

如果应力函数不是均匀分布，则

$$Q_V = e^{-\int Vn(\sigma)\mathrm{d}V} \tag{4-118}$$

由于求解 $n(\sigma)$ 比较复杂，韦伯提出了一个半经验公式：

$$n(\sigma) = \left(\frac{\sigma - \sigma_u}{\sigma_0}\right)^m \tag{4-119}$$

这就是著名的韦伯函数，它是一种偏态分布函数。式中：σ 为作用应力，相当于 σ_{ci}；σ_u 为试样的最小断裂强度，当作用应力小于此值时，$Q_V=1, P_V=0$，相当于 σ_{c0}；m 为表征材料均一

性的常数,称为韦伯模数,m 越大,材料越均匀,材料的强度分散性越小;σ_0 为经验常数。

4.7.4 韦伯函数中 m 及 σ_0 的求法

韦伯函数中的几个常数,可根据实测断裂强度的数据求得。由式(4-105)可得

$$1-S=1-\frac{n}{N+1}=\frac{n}{N+1}$$

所以有

$$\lg\lg\left(\frac{1}{1-S}\right)=\lg\lg\left(\frac{N+1}{N+1-n}\right) \tag{4-120}$$

将式(4-119)代入式(4-117)得

$$\ln\frac{1}{1-S}=Vn(\sigma)=V\times\frac{(\sigma-\sigma_u)^m}{\sigma_0^m} \tag{4-121}$$

改为常用对数后可得

$$\lg\frac{1}{1-S}=\lg e\times\ln\frac{1}{1-S}=\lg e\times V\times\frac{(\sigma-\sigma_u)^m}{\sigma_0^m}=0.434\ 3\times V\times\frac{(\sigma-\sigma_u)^m}{\sigma_0^m} \tag{4-122}$$

$$\lg\lg\frac{1}{1-S}=\lg 0.434\ 3+\lg V+m\lg(\sigma-\sigma_u)-m\lg\sigma_0 \tag{4-123}$$

联立式(4-122)和式(4-123),可得

$$\lg\lg\frac{N+1}{N+1-n}=\lg 0.434\ 3+\lg V+m\lg(\sigma-\sigma_u)-m\lg\sigma_0 \tag{4-124}$$

分析式(4-124)可知,如果试样断裂强度的最小值 σ_u 选定后,则 $\lg\lg\frac{N+1}{N+1-n}$ 与 $\lg(\sigma-\sigma_u)$ 成直线关系;该直线的斜率为 m,与 y 轴的截距为 $\lg 0.434\ 3+\lg V-m\lg\sigma_0$。

根据实测的 σ_i 及 n_i 作 $\lg(\sigma-\sigma_u)$—$\lg\lg\frac{N+1}{N+1-n}$ 图,得一直线,即可求出 m 及 σ_0。于是该批试样的断裂几率,可根据下式算出:

$$S=1-e^{\frac{-V(\sigma-\sigma_u)^m}{\sigma_0^m}} \tag{4-129}$$

4.7.5 有效体积的计算

式(4-125)中 V 系指试样的有效体积,即试样中可能开裂的那部分体积。如果是三点弯曲试样,真正可能出现开裂的体积仅指位于跨度中点,且占很小部分的受拉应力区域。另外,这个区域的大小,还与材料的韦伯模数 m 有关。当然在实际计算 V 时,所选用的 m 值只是估计值,待整个问题解决之后,再以求得的 m 值加以修正。

对三点弯曲试样,有效体积 $V=\frac{V_T}{2(m+1)^2}$;四点弯曲试样,有效体积 $V=\frac{V_T(m+2)}{4(m+1)^2}$。式中 V_T 为试样的整个体积。如当 $m=10$ 时,前者为 $0.004V_T$,后者为 $0.025V_T$。

4.7.6 韦伯统计的应用与实例

如实际中要求试样不发生断裂的几率为95%,试样应选用多大的使用应力?因 $P_V=95\%$,则 $S=1-0.95=5\%$,代入式(4-123)中可求得试样的使用应力 σ。

如果 σ_u 事先选得不合适，比如试验时未出现 σ_u 或者最小的断裂强度值不代表 σ_u，则画出的 $\lg(\sigma-\sigma_u)$—$\lg\lg\frac{N+1}{N+1-n}$ 直线有弯曲。遇到这种情况，应该用试算法，先假设一个 σ_u 值，画出不太直的直线；再改变 σ_u 值，画直线。如此多次试探，最后可得满意的直线，同时也得到合适的 σ_u。用计算机进行运算时也要用试算法，按照直线拟合的相关系数最大值来选取 σ_u。

今有一组热压 Al_2O_3 陶瓷试样的断裂强度数据，见表 4-3。试样的体积为 5 cm^3，问经过统计处理后如果保证率（不断裂的几率）为 95%，选用的断裂强度是多少？

表 4-3　韦伯模数计算表

顺序号 n	断裂几率 $S=n/(N+1)$	断裂强度 $\sigma\times10^{-8}$/Pa	$\frac{N+1}{N+1-n}$	$\lg\lg\frac{N+1}{N+1-n}$	$(\sigma-\sigma_u)\times10^{-8}$/Pa	$\lg(\sigma-\sigma_u)$
1	0.125	4.5	1.14	−1.236 6	0.5	−0.301 0
2	0.25	4.7	1.33	−0.903 3	0.7	−0.154 9
3	0.375	4.8	1.60	−0.690 1	0.8	−0.097
4	0.5	5.0	2.00	−0.521 4	1.0	0
5	0.625	5.2	2.67	−0.370 6	1.2	0.079 0
6	0.75	5.2	4.00	−0.220 4	1.2	0.079 0
7	0.875	5.6	8.00	−0.044 3	1.6	0.204 0

注：$N=7$，选得 $=4.0\times10^8$ Pa

根据表 4-3 的 $\lg\lg\frac{N+1}{N+1-n}$ 和 $\lg(\sigma-\sigma_u)$ 作图，可得到如图 4-31 所示的直线。如果不是直线，则改变 σ_u 值使之成为直线。进而求出直线的斜率为 $m=2.432$ 及截距为 -0.505。

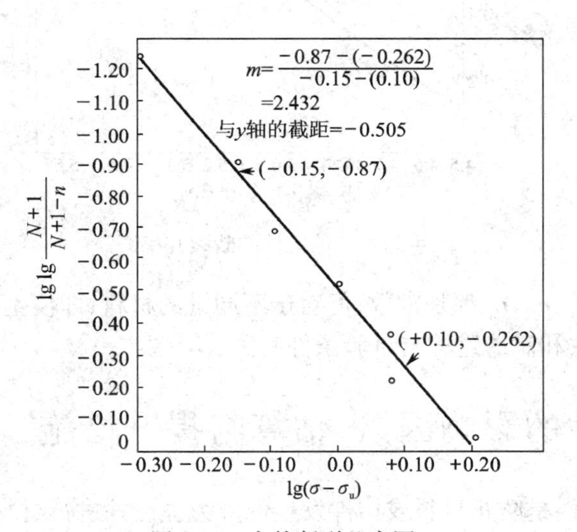

图 4-31　韦伯断裂几率图

根据式(4-124)，可得

$$-0.505=\lg 0.434\,3+\lg V-2.432\lg\sigma_0$$

设 $m=2.5$，于是有 $V=\frac{5}{2(2.5+1)^2}=0.204$，解上式可得

$$\sigma_0=0.595\,4$$

将 σ_0 代入式(4-125)可得

$$S = 1 - e^{-0.204 \times \left(\frac{\sigma - 4.0}{0.5954}\right)^{2.432}} \tag{4-126}$$

将测得的断裂强度 σ 分别代入式(4-126),可求得试样的断裂几率,见表4-4。断裂几率与断裂强度的关系,如图4-32所示。如保证率 =95%,即 $S=0.05$,代入式(4-126)中,可求得 $\sigma=4.34\times10^{8}$ Pa =434 MPa。

表4-4　不同断裂强度下试样的断裂几率

断裂强度 $\sigma\times10^{-8}$/Pa	$(\sigma-4)\times10^{-8}$/Pa	$-0.204\times\left(\frac{\sigma-4.0}{0.5954}\right)^{2.432}$	S
4.5	0.5	-0.1334	0.1248
4.7	0.7	-0.3024	0.2609
4.8	0.8	-0.4184	0.3419
5.0	1.0	-0.7199	0.5123
5.2	1.2	-1.1216	0.6742
5.2	1.2	-1.1216	0.6742
5.6	1.6	-2.2578	0.8954

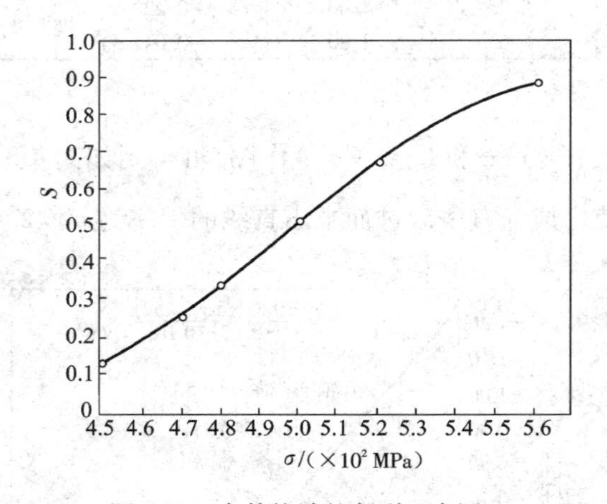

图4-32　韦伯统计的断裂几率图

对同一批试件,σ_u、m、σ_0 都是常数;但对于不同批的材料,即使生产条件一样,σ_u、m、σ_0 也有差别,即这些常数和制造过程与试验条件有关。

4.8 断裂韧性的影响因素、估算与提升措施

平面应变断裂韧性是防止材料或构件发生低应力脆性并进行材料损伤容限设计的重要力学性能指标。因此,为了理解断裂过程的本质,提高材料的断裂抗力或合理地使用材料,必须了解影响材料断裂韧性的因素,弄清其与其他力学性能指标间的关系,进而提出提高材料断裂韧性的方法和措施。

4.8.1 断裂韧性的影响因素

与其他力学性能指标一样,材料的断裂韧性也受材料化学成分、组织结构等内在因素及温度、应变速率等外界条件的影响。

1. 外界条件

1）厚度

随板材厚度或构件截面尺寸的增加，材料的临界应力强度因子逐渐减小，最终趋于一个稳定的最低值，即平面应变断裂韧度 K_{IC}，如图 4-33 所示。

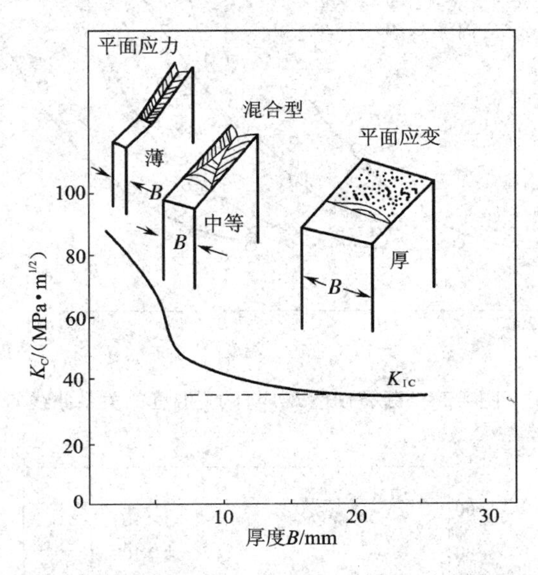

图 4-33　试样厚度对临界应力强度因子和断口形貌的影响

板材厚度对断裂韧性的影响，实际上反映了板厚对裂纹顶端塑性变形约束的影响，随板厚增加，应力状态变硬，试样由平面应力状态向平面应变状态过渡。从断口形态看，对薄板情况，由于其处于平面应力状态，发生断裂时常形成斜断口；而对于厚板，由于处于平面应变状态，变形约束充分大，故容易形成平断口；对介于上述两者之间的板材，常形成混合断口，如图 4-33 所示。断口形态反映了材料的断裂过程特点和韧性水平，斜断口占断口总面积的比例越高，断裂过程中吸收的塑性变形功越多，材料的韧性水平越高，只有在全部形成平断口时，才能得到平面应变断裂韧度 K_{IC}。

2）试验温度

温度对断裂韧性 K_{IC}的影响，与对冲击功的影响相似，如图 4-34 所示。随着试验温度的降低，材料的断裂韧性有一急剧降低的温度范围（一般在 －200 ~ 200 ℃），低于此温度范围后，材料的断裂韧度保持在一个稳定的水平（下平台）。

从各种结构钢测得的数据表明，K_{IC}随试验温度降低而减小的这种温度转变特性，与试样几何尺寸无关，是材料的固有特性。试验结果表明，断裂韧性转变温度与裂纹顶端的微观断裂形貌有关；在接近下平台时，断裂表现为解理断口，宏观塑性变形量很小；而在转变温度上端，断裂表现为延性断口形式，宏观变形量也很大。因此可将随试验温度降低，材料断裂韧性减小、脆性倾向增加的特性称为平面应变转变。

3）应变速率

应变速率对断裂韧性的影响，与试验温度的影响相似。增加应变速率和降低温度都会增加材料的脆化倾向，如图 4-35 所示。不过需要指出的是，低中强度钢的断裂韧性对应变速率敏感，而高强度钢的断裂韧性对应变速率不敏感。

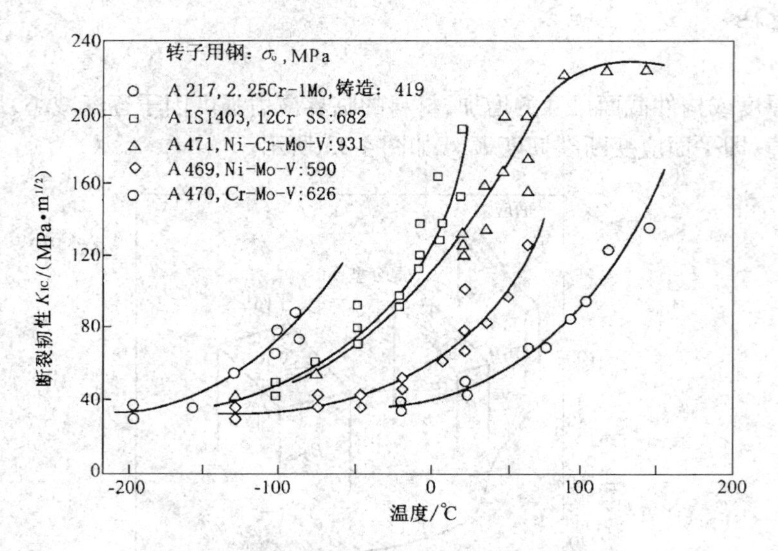

图 4-34　断裂韧性 K_{IC}与试验温度的关系曲线

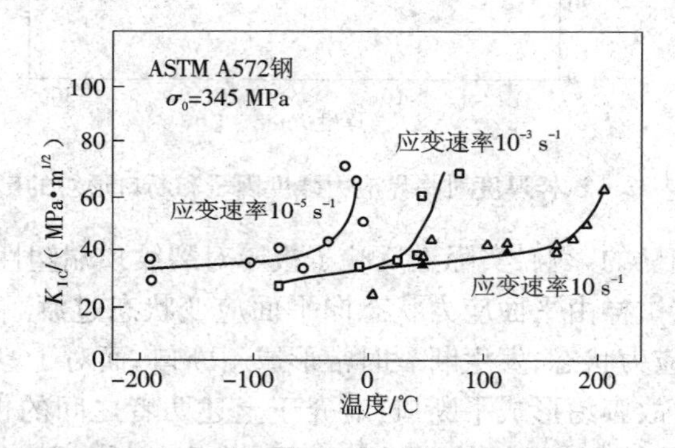

图 4-35　应变速率和试验温度对材料断裂韧性的影响

2. 内在因素

1）晶粒尺寸

在多晶体材料中，由于晶界两边晶粒取向不同，晶界成为原子排列紊乱的地区；当塑性变形由一个晶粒穿过晶界进入另一个晶粒时，由于晶界阻力大，穿过晶界困难。另外，穿过晶界后滑移方向需要改变，因此穿过晶界的变形需要消耗更多的能量，即穿过晶界所需的塑性变形能 γ_p 增加。晶粒愈细，晶界总面积愈大，裂纹顶端附近从产生一定尺寸的塑性区到裂纹扩展所消耗的能量也愈大，结合式(4-39)和式(4-99)可知材料的 K_{IC}也愈高。另外，由 3.6 节可知，细化晶粒还有强化作用并使冷脆转变温度降低。所以，一般来说，细化晶粒是使强度和韧性同时提高的有效手段。例如对 En24 钢，当奥氏体晶粒度从 5 ~ 6 级细化到 12 ~ 13 级时，可以使 K_{IC}由 74 MPa · m$^{1/2}$提高到 266 MPa · m$^{1/2}$。

但是在某些情况下，粗晶粒钢的 K_{IC}反而较高。如 40CrNiMo 钢经 1 200 ℃超高温淬火后的晶粒度为 0 ~ 1 级，K_{IC}值为 56 MPa · m$^{1/2}$；而 870 ℃正常淬火后的晶粒度较细为 7 ~ 8 级，但 K_{IC}值为 36 MPa · m$^{1/2}$。因此，晶粒大小对 K_{IC}的影响与对常规力学性能的影响不一定相同。

2）夹杂和第二相

钢中的夹杂物，如硫化物、氧化物等往往偏析于晶界，导致晶界弱化，增大材料沿晶断裂的倾向性；而在晶内分布的夹杂物则常常起着缺陷源的作用，所有这些夹杂物都会使材料的 K_{IC} 值下降。

对脆性第二相，如钢中的渗碳体，确实起着强化相的作用。但是从材料韧性角度考虑，随碳含量的增加，渗碳体增多，强度提高，但 K_{IC} 值急剧下降。所以，目前发展的强韧钢都趋向于降低碳含量，代以其他金属间化合物的沉淀强化作用来提高强度和保持较高的韧性。马氏体时效钢，就属于此类钢材。

对韧性第二相，如分布于马氏体中的残余奥氏体，可以松弛裂纹顶端的应力场，增大裂纹扩展的阻力，从而提高钢的 K_{IC} 值。如沉淀硬化不锈钢可通过不同的淬火工艺获得不同含量的残余奥氏体，当残余奥氏体含量为 15% 时 K_{IC} 值可提高 2 ~ 3 倍。在陶瓷材料中，也常利用第二相在基体中形成吸收裂纹扩展能量的机制进行材料设计，从而提高陶瓷材料的断裂韧性。

夹杂物和第二相的形状对 K_{IC} 值也有很大影响。如球状渗碳体就比片状渗碳体的韧性高；硫化物夹杂一般呈长条状分布，使横向韧性下降，加入 Zr 和稀土元素可使片状硫化物球化而大大提高钢的横向韧性。

因此，夹杂和第二相对材料断裂韧性的作用，常与具体的材料体系及其工艺因素有关。

3）裂纹长度

一般情况下，材料的断裂韧性对裂纹长度不敏感，这一点与材料的断裂强度存在很大不同。图 4-36 给出了两个取自同种材料的测试试样，分别对试样 A 和试样 B 进行断裂强度 σ_c 和 K_{IC} 测试。试验结果表明，试样 A 首先沿裂纹最长的 *bb* 面发生断裂，断裂强度为 $\sigma_c(bb)$；其次是沿裂纹次长的 *cc* 面发生断裂，断裂强度为 $\sigma_c(cc)$；随后是沿裂纹更短的 *dd* 面断裂，断裂强度为 $\sigma_c(dd)$；最后，是沿裂纹最短的 *ee* 面断裂，断裂强度为 $\sigma_c(ee)$。经过对比发现，$\sigma_c(bb) < \sigma_c(cc) < \sigma_c(dd) < \sigma_c(ee)$。然而，以试样 B 测定的 K_{IC} 值却得到与 A 试样相当的结果。也就是说，断裂强度是材料内部最大缺陷所控制的材料性质参数，对试件的形状和尺寸相当敏感；而材料的断裂韧性是与试样内部裂纹长度无关的材料特征参数。

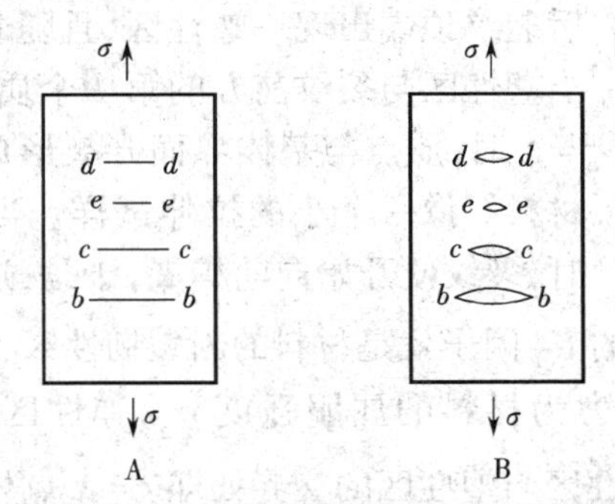

图 4-36　不同裂纹长度下材料的断裂韧性与断裂强度测试

4）组织结构

一般合金钢在淬火后得到马氏体，再回火得到回火马氏体；在不出现回火脆性的情况下，随着回火温度的提高，钢的强度逐渐下降，塑性、韧性和断裂韧性逐渐升高。如把马氏体高温回火到强度和珠光体组织一样，则它的 K_{IC} 值要比等强度级别的珠光体高得多。因此，通过淬火、回火获得回火马氏体组织的综合力学性能最好，即 σ_s 和 K_{IC} 值都高。从细观结构上看，马氏体又分为孪晶马氏体和板条状马氏体，而孪晶马氏体组织的 K_{IC}低于板条马氏体组织的 K_{IC}。

贝氏体一般可分为无碳贝氏体、上贝氏体和下贝氏体。无碳贝氏体也叫作针状铁素体。当先共析铁素体由等轴形状变为针状时，韧性下降。调整成分和工艺，使针状铁素体细化就可使其韧性提高。上贝氏体中在铁素体片层之间有碳化物析出，其断裂韧性要比回火马氏体或等温马氏体差。下贝氏体的碳化物是在铁素体内部析出的，形貌类似于回火马氏体，所以其 K_{IC}值比上贝氏体高，甚至高于孪晶马氏体，并可与板条马氏体相比。

奥氏体的韧性比马氏体高，所以在马氏体基体上有少量残余奥氏体，就相当于存在韧性相，使材料的断裂韧性升高。当钢中含有大量 Ni、Cr、Mn 等合金元素时，可使钢在室温下全部是奥氏体，通过室温加工，产生大量位错和沉淀相使强度大大提高。这种奥氏体钢在应力作用下，能使裂纹顶端区域因应力集中使奥氏体切变而形成马氏体，在此过程中要消耗较多能量而使 K_{IC}值提高；与此同时，形成的马氏体对裂纹扩展的阻力小于奥氏体对裂纹扩展的阻力，使 K_{IC}值下降。不过，前者的效果较大，所以应力诱发相变的总效果仍使断裂韧性明显提高。这类钢就是所谓相变诱发塑性钢（TRⅠP 钢），其 σ_b 可达 1 650 MPa，K_{IC}值可达 560 MPa · m$^{1/2}$，即使在 −196 ℃时，K_{IC}值可达 146 MPa · m$^{1/2}$，它是目前断裂韧性最好的超高强度钢。

4.8.2 断裂韧性的估算

平面应变断裂韧性是防止构件低应力脆断，进行断裂控制设计的一个重要指标，然而由 4.6 节可见 K_{IC}的测定技术比较复杂。于是，如果能够事先根据材料的常规力学性能估算 K_{IC}的大小，就可优化 K_{IC}的测试步骤，并且对新型高韧性材料的开发也具有一定的实际指导作用。

1. K_{IC}与静载力学性能指标的关系

基于材料的形变强化特性和第二相质点间距对材料韧性的影响，Krafft 提出了如图 4-37 所示的模型。模型假定材料为含有均布第二相质点的两相合金，质点间距为 λ；材料受力后裂纹顶端出现一塑性区，且随着外力的增加，塑性区增大。当塑性区与裂纹前方的第一个质点相遇时，即塑性区尺寸 $r_0 = \lambda$ 时，质点与基体界面开裂形成孔洞。孔洞与裂纹之间的材料好像一个小的拉伸试样。当这个小拉伸试样发生断裂时，裂纹便开始向前扩展，于是，这个小拉伸试样的断裂条件就是裂纹扩展的条件。这时的 K_I 因子就是材料的断裂韧性 K_{IC}。

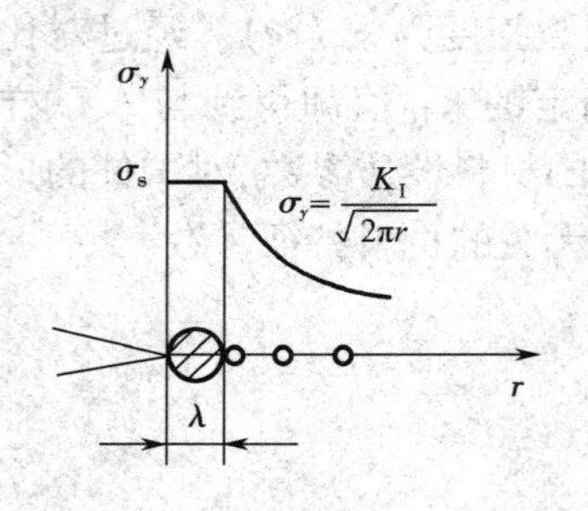

图 4-37 Krafft 断裂模型示意图

裂纹顶端塑性区内的应力为材料的屈服强度 σ_s，弹性区内的应力分布为 $\sigma_y = K_I / \sqrt{2\pi r}$。根据胡克定律，在弹性区与塑性区的交界处即 $r = \lambda$ 点处的应变

$$\varepsilon_y = \frac{\sigma_y}{E} = \frac{K_I}{E\sqrt{2\pi\lambda}} \tag{4-127}$$

假定裂纹顶端与孔洞之间小试样的断裂条件，与单向拉伸时的断裂条件相同。当塑性区内的应变达到单向拉伸颈缩时的应变即最大的均匀真应变 ε_b 时，小试样便出现塑性失稳，此后无须增加载荷小试样便可断裂。于是，裂纹扩展的临界条件就是塑性区的应变 ε_y

达到该材料的最大均匀真应变 ε_b。而由式(2-47)可知 $\varepsilon_b = n$(n 为应变强化指数)。因此，裂纹扩展的临界条件为

$$n = \frac{K_{IC}}{E\sqrt{2\pi\lambda}} \tag{4-128}$$

所以，微孔集聚型断裂的断裂韧性为

$$K_{IC} = En\sqrt{2\pi\lambda} \tag{4-129}$$

式中：E、n 和 λ 分别为材料的基本性能指标和组织状态参量。由此可知，对于微孔聚集型断裂，材料的断裂韧性决定于其弹性模量、应变强化指数和第二相质点间距。由于第二相质点间距与材料的强度直接相关，而应变强化指数是表示材料变形能力的参量，所以材料的断裂韧性是依赖于强度和塑性的一种性能。单纯地提高强度和塑性都不可能得到高的断裂韧性，必须使强度和塑性达到良好配合，方可得到高的断裂韧性。

应当指出的是，在 Krafft 模型中，还使用了一个潜在的假设，将胡克定律外延到塑性变形阶段，即在推导过程中认为当应变 ε_y 达到最大均匀真应变 ε_b 时仍然遵守胡克定律，这显然是一种近似做法。根据上述简化或近似而得到的关系，虽然不能表示各参量之间的定量关系，但为定性建立某些参量之间的相关性提供了参考。

后来 Hahn 和 Bosenfield 将裂纹顶端在受载时塑性应变区达到断裂应变 ε_f 作为裂纹体失稳的临界状态，导出如下关系：

$$K_{IC} \approx 5n\left(\frac{2}{3}\varepsilon_f E\sigma_s\right)^{1/2} \tag{4-130}$$

比较式(4-127)和式(4-128)，可以看出两者非常相似，Hahn-Bosenfield 模型用 $\sqrt{E\varepsilon_s}$ 代替了 Krafft 模型中的 E，并用 $\sqrt{\varepsilon_f}$ 代替了 $\sqrt{\lambda}$。

此外，还有一些其他模型，企图建立起 K_{IC} 与其他力学性能指标和材料组织因素的关系。但研究表明，要定量计算 K_{IC} 是相当困难的。因为任何一种组织因素对断裂过程的影响都是在其他组织因素的制约下起作用的，因此任何一个单一的组织因素的改变，都将引起其他影响因素的变化，从而构成对断裂过程的复杂影响。

2. K_{IC} 与冲击吸收功 A_{KV} 间的关系

对冲击试样的应力应变分析表明，冲击试样断裂时的应力状态为平面应变状态，试样的最大横向收缩应力接近于最大塑性约束产生的结果。虽然冲击吸收功 A_{KV} 是缺口试样在冲击条件下测得的冲击吸收功，而断裂韧性是裂纹试样在缓慢加载条件下测得的裂纹起裂时的应力场强度因子临界值，但两者反映的都是材料的韧性。冲击功高的材料，其断裂韧性也高，且冲击功中也包含一部分裂纹扩展功。

基于上述考虑，Barsom、Rolfe 和 Novak 在研究了 11 种中高强钢($\sigma_s = 758 \sim 1\ 696$ MPa，$K_{IC} = 95.6 \sim 270$ MPa · m$^{1/2}$，$A_{KV} = 21.7 \sim 120.6$ J)进行了试验，结果发现$(K_{IC}/\sigma_s)^2$ 与(A_{KV}/σ_s)间呈线性关系，并总结出如下的经验公式：

$$\left(\frac{K_{IC}}{\sigma_s}\right)^2 = \frac{5}{\sigma_s}\left(A_{KV} - \frac{\sigma_s}{20}\right) \quad \text{（英制单位）} \tag{4-131}$$

若转化为国际单位，则有

$$K_{IC} = 0.79\left[\sigma_s(A_{KV} - 0.01\sigma_s)^{1/2}\right] \tag{4-132}$$

上述关系式只是在一定条件下的试验结果，缺乏可靠的理论根据，因此尚不能普遍推广

使用。

4.8.3 断裂韧性的提升措施

与金属材料相比,陶瓷材料的抗拉屈服强度并不存在很大差异,但其断裂韧性 K_{IC}值比金属材料小1~2个数量级。因此,对陶瓷材料而言,改善断裂韧性对其应用十分重要。于是,下面将就常用的提高陶瓷材料断裂韧性的方法和措施进行简要地讲述。

1. 氧化锆相变增韧

ZrO_2 晶体具有单斜相(m)、四方相(t)和立方相(c)三种晶型。材料冷却时发生四方相(t)向单斜相(m)的转变,属于马氏体相变,伴随约8%的剪切应变和3%~5%的体积膨胀。通过控制组成和制备工艺,可使材料中的 ZrO_2能以四方相的形式在室温下亚稳存在。当材料受到外力作用时,裂纹扩展到亚稳的 t-ZrO_2 粒子时,裂纹顶端的应力集中使基体对 t-ZrO_2 的压抑作用首先在裂纹顶端得到松弛,促使发生 t-ZrO_2→m-ZrO_2 的相变,产生体积膨胀形成相变区。由此产生的相变应力又反作用于裂纹顶端,降低了裂纹顶端的应力集中程度,发生所谓的钝化反应,减缓或完全抑制了裂纹的扩展,从而提高断裂韧性。图4-38 表示含有亚稳 t-ZrO_2 中裂纹扩展时,其顶端附近由应力应变诱发 t→m 相变的示意图。在应力作用下,裂纹顶端形成过程区,过程区内的 t-ZrO_2会发生 t→m 相变。由于相变时的体积膨胀而吸收能量,同时还因过程内 t→m 相变粒子的体积膨胀而对裂纹产生压应力。这两者均会阻止裂纹扩展,从而增加了材料的断裂韧性,起到了增韧的效果。

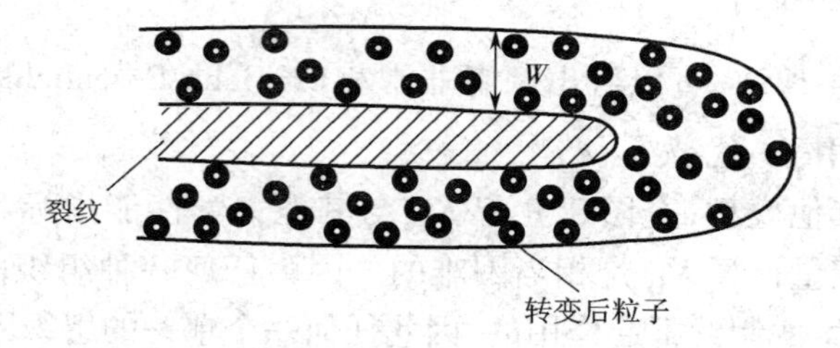

图4-38 裂纹顶端应力诱发 t→m 相变的增韧机理

2. 微裂纹增韧

在陶瓷基体相和分散相之间,由于温度变化引起的热膨胀差或相变引起的体积差,会产生弥散均布的微裂纹(如图4-39(a))。当导致断裂的主裂纹扩展时,这些均布的微裂纹会促使主裂纹分叉(如图4-39(b)),主裂纹的扩展路径将曲折前进,增加了扩展过程中的表面能,从而使裂纹快速扩展受到阻碍,增加了材料的韧性。

3. 裂纹偏转增韧

裂纹在扩展过程中遇到晶界、第二相颗粒或残余应力场时,将偏离原来的扩展方向而产生非平面型裂纹,称之为裂纹偏转。这时,裂纹平面在垂直于施加张应力方向上重新取向。这种方向上的变化意味着裂纹扩展路径将被增长,同时由于裂纹平面不再垂直于张应力方向而使得裂纹顶端的应力强度降低,因而裂纹偏转将增大材料的韧性。裂纹的偏转主要有两种形式,一种是平行于裂纹前沿轴的裂纹平面的倾斜,称为裂纹倾斜,如图4-40(a)所示;另一种是垂直于裂纹前沿轴的裂纹平面的扭转,称为裂纹扭转,如图4-40(b)所示。

4. 裂纹弯曲增韧

裂纹弯曲,是由于裂纹扩展过程中遇到障碍而形成的。裂纹障碍是指由于基体相中存

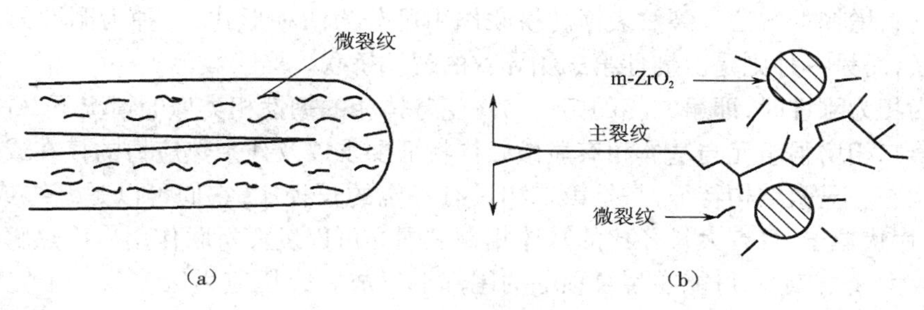

图 4-39　微裂纹增韧示意图
(a)主裂纹周围的微裂纹　(b)主裂纹的分岔扩展

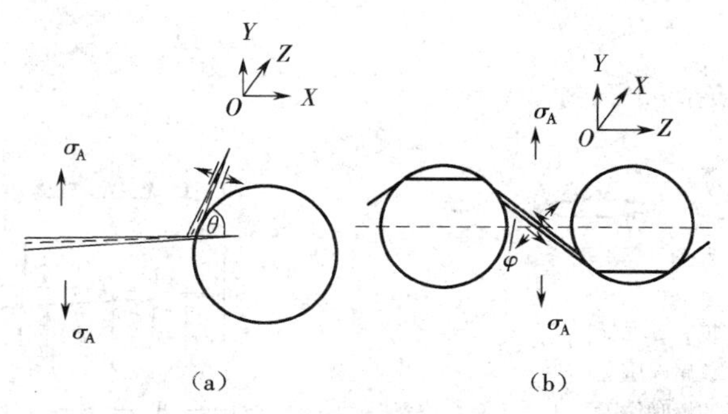

图 4-40　典型的裂纹偏转示意图
(a)裂纹倾斜 θ 角　(b)裂纹扭转 φ 角

在断裂能更大的第二相增强剂如颗粒、晶须时，裂纹在扩展过程被其阻止的情况。而裂纹障碍的主要形式，就是裂纹前沿的扩展已越过第二障碍相而形成裂纹弯曲。与前面所讨论的裂纹偏转机制不同，裂纹弯曲是在障碍相的作用下产生非线性裂纹前沿，如图 4-41 所示，其中 d 为粒子间距。

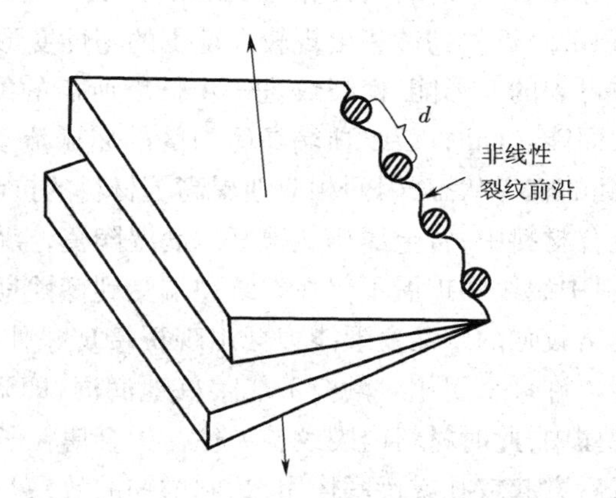

图 4-41　裂纹弯曲的线张力增韧示意图

5. 裂纹桥联增韧

前面讨论的微裂纹增韧、裂纹偏转增韧和裂纹弯曲增韧机制，都是发生在裂纹顶端一定区域内的能量耗散行为，而裂纹桥联增韧机制，则是发生在裂纹顶端后部较大范围之内的能量耗散行为。所谓桥联增韧，是指由增强元连接扩展裂纹的两表面形成裂纹闭合力而导致脆性基体材料增韧的方法。裂纹表面的桥联作用可分为两种形式，一种为刚性第二相导致的裂纹桥联，而另一种则是由韧性第二相导致的裂纹桥联。

当桥联相为刚性时，即第二相的韧性与陶瓷基体相的韧性相类似的情况下，桥联增韧的发生需要第二相增强组元与基体相有显微结构特征要求以及残余热应力的存在或适当的相界面结合状态。显微结构特征，是指第二相具有一定的长径比，它们可以是纤维或者晶须、柱状粒子、片状粒子，具有大长径比的基体相颗粒同样可以发挥桥联作用。由热膨胀性能失配引起的较大残余应力，可能在裂纹顶端的尾部上形成一个压应力区作为一个完整的韧带存在，如图 4-42 所示。而弱的界面结合，可以通过界面滑动、解离甚至第二相拔出来形成裂纹表面桥联作用而增韧，如图 4-43 所示。通过桥联相的拔出效应，通常可以极大地强化裂纹的桥联增韧过程。

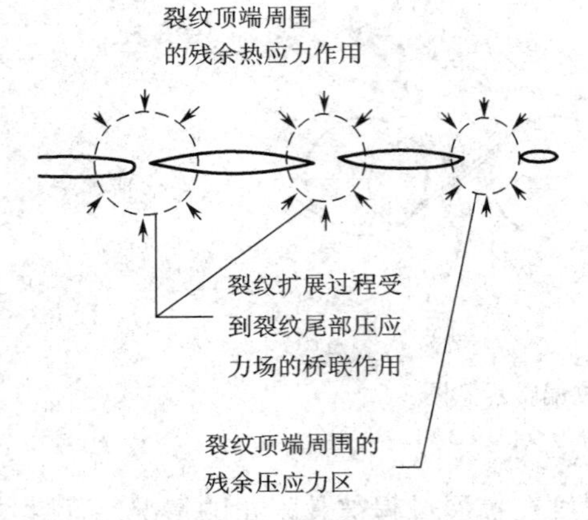

图 4-42　由残余应力形成的桥联韧带

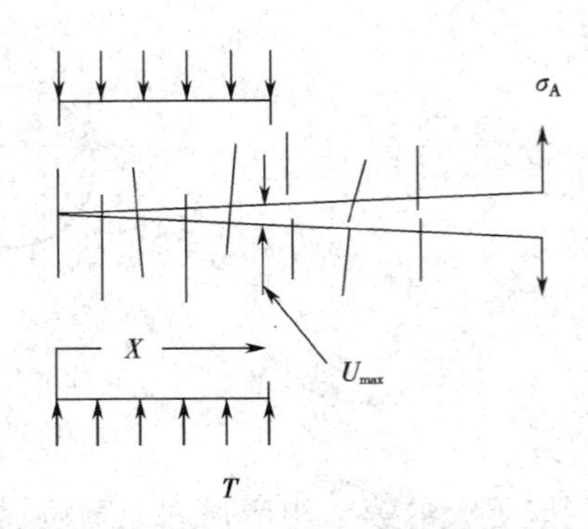

图 4-43　由非连续刚性第二相形成的桥联力

6. 韧性相增韧

如果在陶瓷材料中分布着韧性相，韧性相会在裂纹扩展中起附加吸收能量的作用。按能量平衡观点，当裂纹顶端附近的韧性相出现较大范围的塑性变形时，就有不可逆的原子重排并以塑性功形式吸收可观的变形能，使裂纹进一步扩展所需的能量远远超过生成新裂纹表面所需的净热力学表面能。同时，裂纹顶端高应力区的屈服流动使应力集中得以部分消除，抑制了原先所能达到的临界状态，因而相应地提高了材料的抗断裂能力。

在金属与陶瓷的复合材料中，若金属相能很好地润湿陶瓷，金属相可构成交错的网状结构。在这种情况下，材料中裂纹的扩展不仅在裂纹顶端受到韧性良好金属材料的屏蔽，而且在裂纹面上由于金属网络较强的塑性变形能力会出现桥接现象使裂纹有闭合趋势，可大大提高材料的强度和韧性。许多金属相对陶瓷不能很好地润湿，即陶瓷成连续相而金属仅作为粒子相分散于陶瓷基体中，此时材料内裂纹扩展往往因金属粒子而产生偏转增韧，金属粒子也可在裂纹的前方或后方起钉扎或桥联作用，达到增韧的效果。

7. 纤维、晶须增韧

纤维或晶须具有高弹性和高强度，当它作为第二相弥散于陶瓷基体构成复合材料时，纤维或晶须能为基体分担大部分外加应力而产生强化。当有裂纹时，裂纹为避开纤维或晶须，沿着基体与纤维或晶须界面传播，使裂纹扩展途径出现弯曲从而使断裂能增加而增韧。在裂纹顶端附近由于应力集中，纤维或晶须也可能从基体中拔出。拔出时以拔出功的形式消耗部分能量，同时在接近顶端后部，部分未拔出或末断裂的纤维或晶须桥接上下裂纹面，降低了应力集中，从而提高了材料的韧性。在裂纹顶端，由于应力集中可使基体和纤维或晶须间发生脱粘，脱粘大幅度降低裂纹顶端的应力集中，使材料韧性得到提高。控制纤维或晶须与基体之间保持适中的结合强度，使纤维或晶须既可承担大部分的应力，又能在断裂过程中以"拔出功"等形式消耗能量，可获得补强和增韧两者的较佳配合。

8. 表面残余压应力增韧

陶瓷材料的强韧化，还可以通过引入残余压应力而增高。由于陶瓷断裂往往起始于表面裂纹，而表面残余压应力阻止了表面裂纹的扩展，因而会起到增韧作用。

获得这类残余压应力的方法有：①机械研磨、表面喷砂或利用机械应力诱发表层 t→m 相变；②采用化学方法，使近表面的 t 相质点失稳发生相变；③通过快速低温处理，只使表面发生 t→m 相变等。

对金属材料，可通过控制熔炼铸造工艺减少夹杂物含量，采取轧制、形变处理等控制晶粒尺寸，或通过淬火、回火与时效等热处理工艺改变基体的组织结构、韧性相的含量或脆性相的大小、形状与分布等措施，以达到提高材料断裂韧性的目的。

对聚合物材料，可通过改变高分子链的结构如化学结构、分子量、交联度等及聚集态的结构（如结晶度、取向、加入增塑剂与填料、共聚与共混处理等方式），提高材料的强度和韧性。

复习思考题

1. 解释下列名词：

（1）低应力脆断；（2）理论断裂强度；（3）实际断裂强度；（4）张开型裂纹；（5）应力场和应变场；（6）应力强度因子；（7）小范围屈服；（8）塑性区；（9）有效屈服应力；（10）有效裂纹长度；（11）裂纹扩展 K 判据；（12）平面应变断裂韧性。

2. 试述低应力脆断的原因及其防止方法。

3. 随着结构的大型化、设计应力水平的提高、高强度材料的应用、焊接工艺的普遍采用以及服役条件的严酷化，试说明在传统强度设计的基础上，还应进行断裂力学设计的原因。

4. 若纯铁的表面能 $\gamma_s = 2\ \mathrm{J/m^2}$，弹性模量 $E = 2 \times 10^5\ \mathrm{MPa}$，原子间距 $a_0 = 2.5 \times 10^{-8}\ \mathrm{cm}$，试求其理论断裂强度。

5. 论述 Griffith 断裂强度裂纹理论分析问题的思路，推导 Griffith 方程并指出该理论的局限性。

6. 设有一材料 $E = 2 \times 10^{11}\ \mathrm{N/m^2}$，$\gamma_s = 8\ \mathrm{N/m}$。试计算在 $7 \times 10^7\ \mathrm{N/m^2}$ 的拉伸应力作用下，该材料中能扩展的最小裂纹长度。

7. 断裂强度与抗拉强度有何区别？

8. 什么是 Griffith 裂纹？并推导其成立条件。

9. 对材料或构件中的裂纹，常是如何进行分类的？并说明各裂纹的特点。

10. 在多数情况下，裂纹的存在对材料或构件的设计和应用常是有害的。试以日常生活的 1 ~ 2 则事例，说明裂纹的有益作用或对人们有利的一面。

11. 试述应力强度因子的意义及典型裂纹应力强度因子的表达式，并分析其与理论应力集中系数的区别。

12. 试述裂纹顶端塑性区产生的原因及其影响因素。

13. 计算Ⅰ型裂纹顶端处于平面应力和平面应变状态时的应力状态系数，进而说明Ⅰ型裂纹处于哪种状态时的脆性倾向较大？

14. 试利用第二强度理论推导Ⅰ型裂纹顶端塑性区的形状方程和特征尺寸。

15. 试述影响裂纹顶端塑性区尺寸的因素，并讨论在什么条件下需要考虑塑性区对应力强度因子 K_{I} 的影响？如何对 K_{I} 进行修正？修正结果如何？

16. 试述 K 判据的意义及用途。

17. 为什么研究裂纹扩展的力学条件时不用应力判据而要用 K 判据？

18. 一块含有长为16 mm中心穿透裂纹的钢板，受到350 MPa垂直于裂纹平面的应力作用。(1)如果材料的屈服强度是1 400 MPa，求塑性区尺寸和裂纹顶端有效应力场强度因子值；(2)如果材料的屈服强度为500 MPa，求塑性区尺寸和裂纹顶端有效应力场强度因子值；(3)试比较和讨论上述两种情况下，对应力场强度因子进行塑性修正的意义。

19. 有一大型板件，材料的 $\sigma_s=1\ 200$ MPa、$K_{\mathrm{IC}}=115$ MPa · $m^{1/2}$，探伤发现有20 mm的横向穿透裂纹，若在平均轴向拉应力900 MPa下工作，试计算其应力强度因子 K_{I} 及塑性区宽度 R_0，并判断该板件是否安全？

20. 设有屈服强度为415 MPa，断裂韧性 $K_{\mathrm{IC}}=132$ MPa · $m^{1/2}$，厚度分别为100 mm和260 mm的两块很宽的合金钢板。如果板都受300 MPa的拉应力作用，并设板内有长为46 mm的中心穿透裂纹，试问此两板内裂纹是否都扩展。

21. 已知一构件的工作应力 $\sigma=800$ MPa，裂纹长 $2a=4$ mm，应力场强度因子 $K_{\mathrm{I}}=\sigma(\pi a)^{1/2}$，钢材 K_{IC} 随 σ_s 增加而下降，其变化如下表所示：

σ_s/MPa	1 100	1 200	1 300	1 400	1 500
K_{IC}/(MPa · $m^{1/2}$)	108.5	85.5	69.8	54.3	46.5

若按屈服强度计算的安全系数为 $n=1.4$，试找出既保证材料强度储备又不发生脆性断裂的钢材。当 $n=1.7$ 时，上述材料是否能满足要求？

22. 有一大型厚板构件在制造时，出现了中心穿透裂纹，若 $2a=2$ mm，在工作应力 $\sigma=1\ 000$ MPa下工作，应该选什么材料的 σ_s 与 K_{IC} 配合比较合适？已知构件材料经不同热处理后的 σ_s 与 K_{IC} 值列于下表：

σ_s/MPa	1 100	1 200	1 300	1 400	1 500
K_{IC}/(MPa · $m^{1/2}$)	110	95	75	60	55

23. 已知由某种钢材制作的大型厚板结构，承受的工作应力 $\sigma=560$ MPa，板中心有一穿透裂纹，裂纹的长度 $2a=6$ mm，钢料的性能指标随环境工作温度的变化如下表所示：

温度/℃	σ_s/MPa	K_{IC}/(MPa · $m^{1/2}$)
-50	1 000	30
-30	900	50
0	800	90
50	750	150

试求:(1)该构件在哪个温度点使用时是安全的?(2)该构件在 0 ℃和 50 ℃时的塑性区大小 R_0。(3)用作图法求出该材料的低温脆性转变温度 T_K。

24. 某陶瓷零件上有一垂直于拉应力的单边裂纹,如此材料的断裂韧性为 1.62 MPa · $m^{1/2}$。试求单边裂纹长度分别为 2 mm、0.049 mm 和 2 μm 条件下陶瓷零件的临界断裂应力。

25. 试述平面应变断裂韧性 K_{IC}的测试原理及其对试样的基本要求,并分析如何测得有效的 K_{IC}值?

26. 用三点弯曲试样测定平面应变断裂韧性 K_{IC}时,所用材料的屈服强度 $\sigma_s = 1\ 340$ MPa,试样尺寸为 $B = 30$ mm,$W = 60$ mm,$S = 240$ mm,预制疲劳裂纹(包括机械缺口)的深度 $a = 32$ mm,$P_5 = 56$ kN,$P_{max} = 60.5$ kN,试计算条件断裂韧性 K_Q,并检查 K_Q值是否有效。

27. 试述影响 K_{IC}的因素及提升措施。

28. 试述 K_{IC}与材料强度、塑性之间的关系。

29. 试比较材料的冲击韧性和断裂韧性这两个性能指标,它们有哪些相似的地方?为什么它们之间有定性的变化关系?在工程应用上断裂韧性是否可以完全代替冲击韧性,还是两者有互补作用,因而需同时采用它们?

30. 为什么陶瓷材料的弹性模量和屈服强度很高,而断裂韧性很低?提高陶瓷材料韧性的根本途径是什么?用什么方法测定陶瓷材料的断裂韧性较好?

第 5 章　材料在变动载荷下的力学性能

工程材料或构件在变动应力或应变长期作用下，由于累积损伤而引起的断裂现象称为疲劳。统计分析显示，在机械失效总数中，疲劳破坏约占 80% 以上；由于疲劳断裂大多是在没有征兆的情况下突然发生的，难以检测和预防，因此其危害性很大。例如火车和汽车等交通工具的车轴、曲轴、连杆，各类机械的齿轮、弹簧等及轧辊、叶片及桥梁等构件都是在变动载荷下长期工作的，其主要的失效形式就是疲劳破坏。

由此可见，研究材料在变动载荷作用下的力学响应、裂纹萌生和扩展特性，对于评定工程材料的疲劳抗力，进而为工程结构部件的抗疲劳设计、评估构件的疲劳寿命以及寻求改善工程材料的疲劳抗力的途径等都是非常重要的。

5.1　变动载荷（应力）和疲劳破坏的特征

5.1.1　变动载荷（应力）及其描述参量

材料或构件承受的变动载荷（应力），是指载荷大小或大小和方向随时间按一定规律呈周期性变化或无规则随机变化的载荷，如图 5-1 所示；前者称为周期变动载荷（应力）或循环载荷（应力），后者称为随机变动载荷。实际机器部件承受的载荷，一般多属后者。

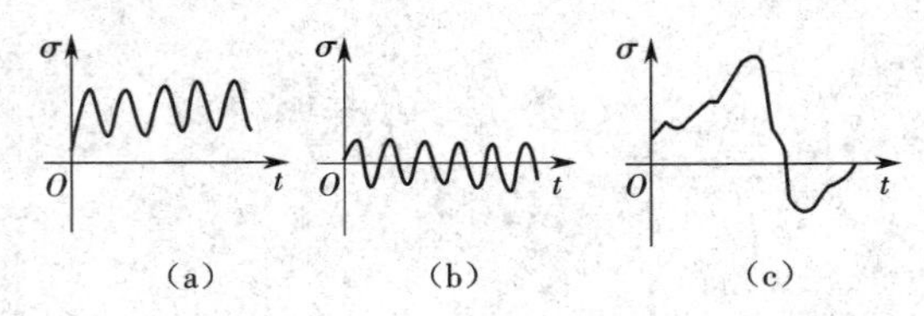

图 5-1　变动应力示意图

(a)应力大小变化　(b)应力大小与方向都变化

(c)应力大小与方向随机变化

但就工程材料的疲劳特性分析和评定而言，为便于简化及实验室试验的模拟，研究较多的还是循环载荷（应力）。所以，本章主要涉及材料（以金属材料为主）在循环载荷作用下的行为特征、损伤规律及评定。

典型循环载荷下的应力－时间关系，如图 5-2 所示，其特征和描述参量如下。

(1)波形　循环应力的波形通常以正弦波曲线为主，其他的还有三角形波、梯形波、矩形波等。

(2)应力参量　循环应力可用最大应力 σ_{max}、最小应力 σ_{min}、平均应力 σ_m、应力半幅 σ_a、应力比 R（表征循环载荷的不对称程度）等参量表示，它们之间的关系如下：

$$\sigma_m = \frac{\sigma_{max} + \sigma_{min}}{2} \tag{5-1}$$

$$\sigma_a = \frac{\sigma_{max} - \sigma_{min}}{2} \tag{5-2}$$

$$R = \sigma_{min} / \sigma_{max} \tag{5-3}$$

(3)载荷频率　单位时间内循环载荷变换的次数,单位为 Hz。频率低于 30 Hz 的循环载荷称为低频疲劳载荷,频率在 30 ~ 100 Hz 的称为中频疲劳载荷,频率在 100 ~ 300 Hz 的称为高频疲劳载荷,300 Hz 以上的称为超高频疲劳载荷。在超声疲劳试验中,载荷频率甚至可达 15 ~ 20 kHz。

常见的循环载荷(应力)有以下几种。

(1)对称循环应力　是指 $\sigma_m = 0$、$R = -1$ 的循环应力,如图 5-2(a)所示。大多数旋转轴类零件的循环载荷就是这种情况,如火车轴的弯曲对称交变应力、曲轴的扭转交变应力等。

(2)脉动应力　是指 $\sigma_{max} = 0$ 或 $\sigma_{min} = 0$ 的循环应力。对 $\sigma_{min} = 0$ 的情况,有 $\sigma_m = \sigma_a = \sigma_{max}/2 > 0$、$R = -1$,如齿轮齿根受到的循环弯曲应力,如图 5-2(b)所示。对 $\sigma_{max} = 0$ 的情况,有 $\sigma_m = -\sigma_a = \sigma_{min}/2 < 0$、$R = -\infty$,如滚动轴承受到的循环压缩应力,如图 5-2(c)所示。

(3)波动应力　是指 $\sigma_m > \sigma_a$,$0 < R < 1$ 的循环应力,如图 5-2(d)所示。飞机机翼下翼面、钢梁的下翼缘以及预紧螺栓等,均承受这种循环应力的作用。

(4)不对称交变应力　是指 $R < 0$ 的循环应力,如图 5-2(e)所示。发动机连杆受到的循环载荷就是如此。不对称交变应力又可细分为大拉小压应力和大压小拉循环应力(图 5-2(e))等两种。

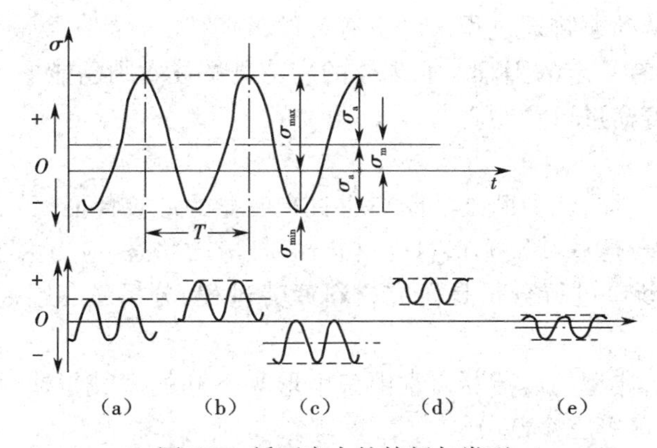

图 5-2　循环应力的特征与类型

(a)对称循环应力　(b)、(c)脉动应力　(d)波动应力　(e)不对称交变应力

当然,也可用与应力参量相对应的应变参量如最大应变 ε_{max}、最小应变 ε_{min}、平均应变 ε_m,应变幅 ε_a 和应变循环特性 R_ε 等来描述循环载荷的特征,各应变参量的定义方法与式(5-1)、式(5-2)和式(5-3)相似。

5.1.2　疲劳的分类、特点及断口特征

1. 分类

由于疲劳是材料或构件在变动应力或应变的长期作用下而引起的断裂,于是疲劳可按

应力状态、试验环境、应力高低或寿命长短等进行分类。

按循环应力状态的不同，疲劳可分为弯曲疲劳、扭转疲劳、拉压疲劳及复合疲劳；按试验环境和接触情况的不同，疲劳可分为大气疲劳、腐蚀疲劳、高温疲劳、热疲劳、冲击疲劳和接触疲劳等；按应力高低和断裂寿命的不同，疲劳可分为高周疲劳和低周疲劳，这是最基本的疲劳分类方法。高周疲劳的断裂寿命较长，一般常高于 10^5 周次；但断裂应力水平较低，一般情况下低于材料的屈服强度 σ_s，因而高周疲劳也称低应力疲劳；常见轴类材料的疲劳多属于高周疲劳。低周疲劳的断裂寿命较短，为 $10^2 \sim 10^5$ 周次；而断裂应力水平较高，常大于材料的屈服强度 σ_s，因而疲劳过程中往往有塑性应变发生，故低周疲劳也称应变疲劳。

2. 特点

与静载荷或一次冲击加载下的失效破坏相比，疲劳破坏具有以下特点。

①疲劳破坏是循环延时断裂，即具有寿命的断裂。疲劳断裂的寿命随应力的高低而变化，应力高时则寿命短，应力低时则寿命长。当应力低于某一临界值后，疲劳寿命可达无限长。

②疲劳破坏是脆性断裂。断裂前无明显的宏观塑性变形，也没有明显的预兆，而是突发性的断裂。由于发生疲劳破坏的应力水平一般比屈服强度低，所以不论是韧性材料还是脆性材料，在疲劳断裂时均不会发生塑性变形及形变预兆；而是在长期累积损伤过程中，经裂纹萌生和缓慢亚稳扩展到临界尺寸时才突然发生的。

③疲劳破坏对缺陷（缺口、裂纹及组织缺陷）十分敏感。由于疲劳破坏常是从局部薄弱地区开始的，这些地区的应力集中很高，这可能是由于缺口或裂纹造成的应力集中，或者是由于材料的内部缺陷造成的。因此，疲劳破坏对缺陷具有高度的选择性。

④疲劳破坏能清楚地显示出裂纹的发生、扩展和最后断裂三个组成部分。虽然静载、冲击荷载引起的破坏，从断裂物理过程来说也有裂纹的萌生、发展直至最后断裂阶段，但在阶段区分及寿命计算上有一定的困难。而现今的疲劳测试技术则已能揭示疲劳裂纹扩展的不同阶段，并可对疲劳寿命进行预测。

3. 断口特征

与其他断裂方式一样，疲劳断裂的断口也具有明显的形貌特征，保留了整个断裂过程的所有痕迹和信息。由于这些特征和信息受材料性质、应力状态、应力大小及试验环境等因素的影响，因而对疲劳断口进行分析是研究材料疲劳过程、分析疲劳断裂原因的重要方法和途径。

经断口分析发现，典型的疲劳断口常由三个形貌不同的区域组成，即疲劳源区、疲劳裂纹扩展区和瞬时断裂区等三个部分。

1）*疲劳源区*

疲劳源区是疲劳裂纹萌生的地方，常处于试样或构件的表面或缺口、裂纹、刀痕、蚀坑等缺陷处，或构件截面尺寸不连续的区域，这里的应力集中会引发疲劳裂纹。但是当材料内部存在严重的冶金缺陷（夹杂、缩孔、偏析、白点）时，因材料局部强度的降低，也会在其内部产生疲劳源。

从断口形貌看，疲劳源区的光亮度最大。这是由于裂纹在亚稳扩展过程中断面不断发生摩擦挤压，且有加工硬化发生所致的。在疲劳断口上，视构件应力状态及应力大小的不同，疲劳源可以有一个或几个不等。当断口中同时存在几个疲劳源时，可依据源区的光亮度、相邻疲劳裂纹扩展区的大小与贝纹线的密度来确定疲劳源产生的先后顺序。源区光亮度大、相邻疲劳裂纹扩展区越大、贝纹线密度越大,疲劳源就是越先产生的;反之,则疲劳源越是后期产生的。

2)疲劳裂纹扩展区

疲劳裂纹扩展区是疲劳裂纹亚稳扩展所形成的断口区域,是判断构件是否属于疲劳断裂的重要特征。

疲劳裂纹扩展区的宏观特征,是断口比较光滑并分布有贝纹线(海滩花样),有时还有裂纹扩展台阶。贝纹线是疲劳裂纹扩展区的最大特征,它是由于构件中的裂纹在载荷变动过程中的多次张开与闭合、表面相互摩擦而留下的一条条光亮的弧线标记,即裂纹的前沿线。疲劳裂纹扩展区的贝纹线好像一簇以疲劳源为圆心的平行弧线,凹侧指向疲劳源,凸侧指向裂纹扩展方向,或者是相反的情况,这主要取决于裂纹扩展时裂纹前沿线各点的前进速度。此外,贝纹线的间距也随裂纹扩展的进程而不同,在疲劳源附近,线条细密,扩展较慢;而在远离疲劳源处,线条稀疏,扩展较快。

3)瞬时断裂区

瞬时断裂区,是裂纹最后失稳快速扩展形成的断口区域。瞬时断裂区的断口比疲劳裂纹扩展区粗糙,其宏观特征与材料静载断口的特征一样随材料特性而改变,脆性材料一般为结晶状断口,而塑性材料的断口呈纤维状。

瞬时断裂区的位置,一般情况下常在疲劳源的对侧。但对于旋转弯曲疲劳,当名义应力较低时,瞬时断裂区的位置会沿逆时针旋转方向偏转一定角度,这主要是由于疲劳裂纹在扩展过程中沿逆时针旋转方向的扩展速度大而造成的。但是当名义应力较高时,因疲劳源个数较多,疲劳裂纹会从表面同时向材料内部扩展,最后的瞬时断裂区将位于试样的中心处。另外,瞬时断裂区的大小与构件所受的应力大小和材料特性有关。名义应力较高、材料韧性较差时,瞬时断裂区就较大;反之,瞬时断裂区就较小。

旋转弯曲疲劳条件下轴类零件的典型疲劳断口形貌,如图5-3所示。当承受低名义应力时,对于应力集中较小的构件,疲劳裂纹扩展区占的面积相对较大,而且瞬时断裂区并不正好位于疲劳源的对侧,而是以逆旋转方向偏离一个位置(图5-3(a))。对于应力集中较大的构件,不仅扩展区减小,而且最终断裂区已不在轴的表面,渐渐移向中心(图5-3(c))。但当在承受高名义应力时,即使对应力集中小的轴,表面的疲劳源已有多处,裂纹扩展形成棘

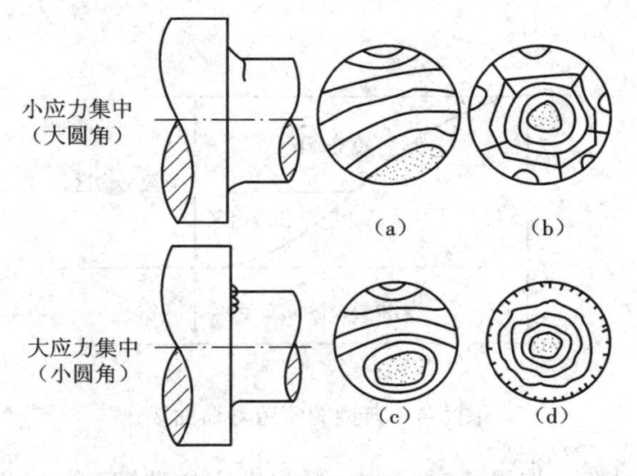

图5-3　应力集中和名义应力对旋转弯曲疲劳断口形貌的影响

(a)小应力集中、低名义应力　(b)小应力集中、高名义应力

(c)大应力集中、低名义应力　(d)大应力集中、高名义应力

轮形,最终断裂区位于轴的中心(图5-3(b))。而对高应力集中的轴,表面的疲劳源更多(图5-3(d))。因此就可根据瞬时断裂区的位置来判断轴的受力情况,如最终断裂区在轴的中心,说明该轴是在高的名义应力和大的应力集中下断裂的;如果瞬时断裂区接近轴的表面,就可推知该轴所受的应力不大。

5.2 高周疲劳

高周疲劳是指小型试样在进行变动载荷(应力)试验时,疲劳断裂寿命≥10^5周次的疲劳过程。一般的机械零件如传动轴、汽车弹簧和齿轮等,在使用过程中的失效都属于高周疲劳的情况。

由于在高周疲劳中所施加的变动应力水平常处于弹性变形范围内,所以从理论上讲,试验中既可以控制应力,也可以控制应变,但在试验方法上控制应力要比控制应变容易得多。因此,高周疲劳试验都是在控制应力条件下进行的,于是高周疲劳也常称作应力疲劳。

5.2.1 疲劳曲线和疲劳极限

1.疲劳曲线的概念与特征

由于高周疲劳试验通常是在控制应力条件下进行的,因此材料的高周疲劳常用疲劳曲线(习惯上称作$S-N$曲线)即疲劳应力(循环应力中的最大应力σ_{max}或应力幅度σ_a)与疲劳断裂寿命N的关系曲线来描述。疲劳曲线的概念,是1860年维勒(Wöhler)在分析解决火车轴的疲劳断裂时提出的,因此疲劳曲线又称为维勒曲线。

典型的材料疲劳曲线,如图5-4所示。可以看出,$S-N$曲线由高应力段(或短寿命区)、低应力段(或长寿命区)及低于某一临界应力下的无限寿命区或安全寿命区组成;在高应力段,由于循环应力超出材料的弹性极限,疲劳断裂寿命较短,于是可称作短寿命疲劳。在低应力段,由于循环应力低于材料的弹性极限,材料的疲劳断裂寿命增加,且其断裂寿命随应力水平的下降而大大延长,于是可称作高循环疲劳、高周疲劳或长寿命疲劳。不论是在高应力段还是在低应力段,材料的寿命总是有限的,因此短寿命区和长寿命区可合称为有限寿命区。

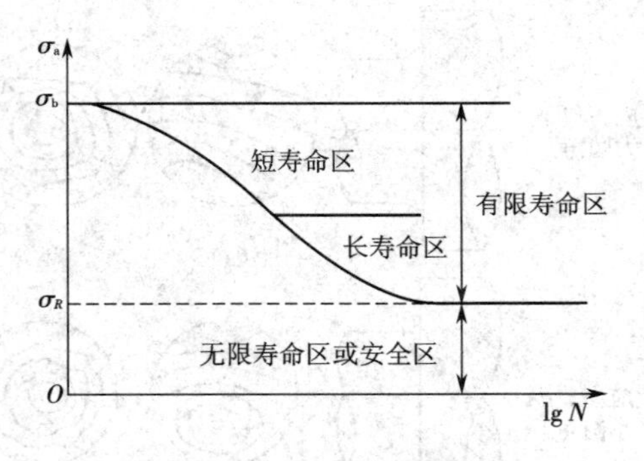

图5-4 典型的疲劳寿命曲线

当循环应力降低到某一临界值时,对中、低强度钢如碳钢、合金结构钢、球墨铸铁等材料而言,$S-N$曲线变为水平线段(图5-5(a)),表明试样可承受无限次应力循环而不发生疲劳断裂,因而将水平线段对应的应力称为疲劳极限σ_R(在对称循环应力下常记为σ_{-1},因应力

比 $R=-1$)。不过实际测试时,不可能做到无限次应力循环。试验结果表明,对这类材料如果在应力循环 10^7 周次不发生断裂,则可认定承受无限次应力循环也不会断裂。所以对这类材料常用 10^7 周次作为测定疲劳极限的基数,从这个意义上讲无限寿命疲劳极限也是有条件的。但对高强度钢、不锈钢、大多数非铁金属如钛合金、铝合金以及钢铁材料在腐蚀介质中的疲劳而言,在 $S-N$ 曲线上不会出现水平部分,疲劳寿命只是随应力的降低而不断增大,不存在无限寿命(图 5-5(b))。在这种情况下,常根据实际需要给出一定循环周次(10^8 或 5×10^7 周次)下不发生疲劳的应力作为材料的"条件疲劳极限",记作 $\sigma_R(N)$。

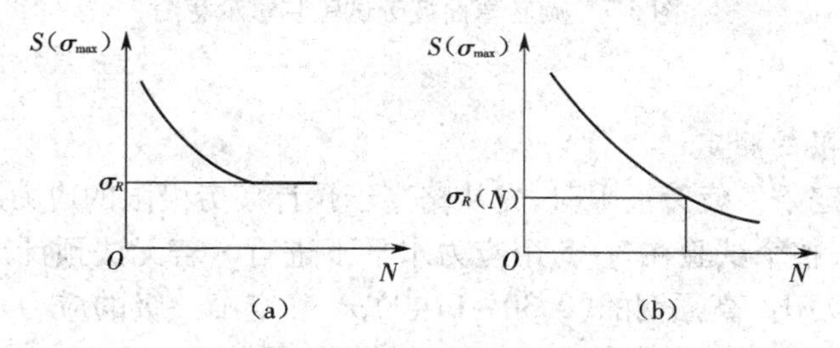

图 5-5　典型 $S-N$ 曲线示意图

(a)存在水平部分　(b)无水平部分

在 $S-N$ 曲线上除了可得到材料的疲劳极限外,还可从 $S-N$ 曲线的有限寿命段上反映出材料的抗疲劳过载能力,即当循环应力超过疲劳极限时材料发生疲劳断裂的应力循环周次,称为过载持久值或有限疲劳寿命。疲劳曲线有限寿命段越陡,则持久值越高,说明在相同过载荷下材料能经受的应力循环周次越多。由图 5-6 可以看出,在相同的过载应力 σ 下,$S-N$ 曲线有限寿命段斜率大的材料 1 比有限寿命段斜率小的材料 2 的寿命长($N_1>N_2$),因而材料 1 具有较大的抗过载能力。

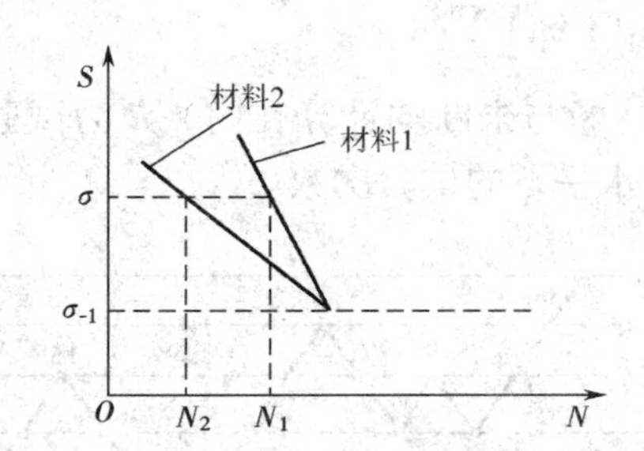

图 5-6　不同抗过载能力材料的 $S-N$ 曲线

2. 疲劳曲线的测定

由于材料的疲劳曲线与循环载荷的应力状态(如拉伸、弯曲、扭转等)和应力比都有关系,所以原则上疲劳曲线应按材料的服役条件并选择适当的标准测试方法进行测定。在已有的高周疲劳特性数据中,以旋转弯曲疲劳试验的数据最为丰富。旋转弯曲疲劳试验机的结构,如图 5-7 所示。该试验机具有结构简单、操作方便,能够实现对称循环(应力比 $R=-1$)和恒定应力幅的要求,并且与大多数轴类零件的服役条件是很接近的。

鉴于材料的疲劳曲线由高应力段(有限寿命)和疲劳极限或条件疲劳极限附近的低应力段(长寿命段)两部分组成,因此试验时常采用升降法测定材料的疲劳极限或条件疲劳极限,进而用成组试验法测定疲劳曲线的高应力段,然后将上述两部分试验数据整理并拟合出

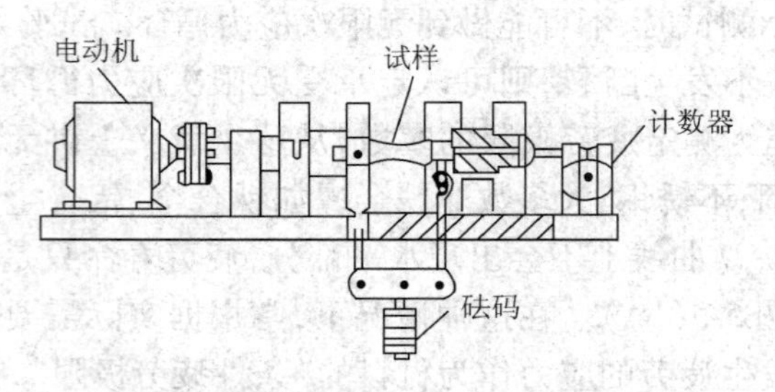

图 5-7 旋转弯曲疲劳试验装置示意图

整个疲劳曲线。

1)条件疲劳极限的测定

采用升降法测定条件疲劳极限时,先从略高于预计疲劳极限的应力水平开始试验,然后逐渐降低应力水平;整个试验在 3 ~5 个应力水平下进行。若无法预计疲劳极限,可按一般材料的(0.45 ~0.50)σ_b、高强钢的(0.30 ~0.40)σ_b 确定第一级的应力水平;各级应力水平的增量一般为预计条件疲劳极限的3% ~5%(对钢材可取 $0.015\sigma_b \sim 0.025\sigma_b$)。

升降法的测试历程,如图 5-8 所示。其试验原则是:凡前一个试样不到规定循环周次 $N_0(=10^7)$就发生断裂,用符号"×"表示,则后一个试样就在低一级应力水平下进行试验;相反,若前一个试样在规定循环周次 N_0 下仍然未断,用符号"○"表示,则随后一个试样就在高一级应力水平下进行。照此方法,直至得到 13 个以上有效数据为止。需要注意的是在处理试验结果时,将出现第一对相反结果以前的数据均舍去,如图 5-8 中第 3 点和第 4 点是第一对出现相反结果的点,因此点 1 和点 2 的数据应舍去,余下的数据点均为有效试验数据。于是条件疲劳极限 $\sigma_R(N)$可用下式计算:

$$\sigma_R(N) = \sigma_R(10^7) = (1/m)\sum_{i=1}^{n} V_i\sigma_i \tag{5-4}$$

式中:m 为有效试验的总次数(断与未断均计算在内);n 为试验的应力水平级数;σ_i 为第 i 级应力水平;V_i 为第 i 级应力水平下的试验次数。

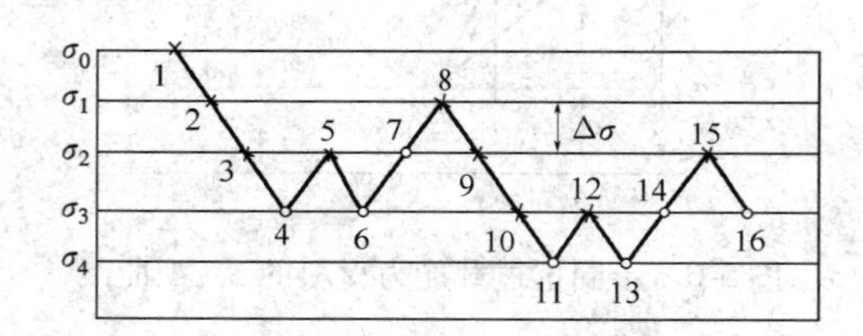

图 5-8 升降法测定条件疲劳极限示意图

$\Delta\sigma$—应力增量;×—试样断裂;○—试样未断

图 5-9 为利用升降法测得的 40CrNiMo 钢调质处理试样的试验结果,将图中的数据代入式(5-1)计算可得该材料的条件疲劳极限

$$\sigma_R(10^7) = (2\times546.7+5\times519.4+5\times492.1+464.8)/13 = 508.9\ \text{MPa}$$

2)有限寿命 $S-N$ 曲线的测定

高应力段(有限寿命)的 $S-N$ 曲线,通常用 4 ~5 级应力水平下的常规成组疲劳试验方法进行测定。所谓成组试验法,就是在每级应力水平下测 3 ~5 个试样的疲劳寿命试验数据,然后计算出中值(即存活率为 50%)疲劳寿命,最后再将测定的试验结果标在应力 - 寿

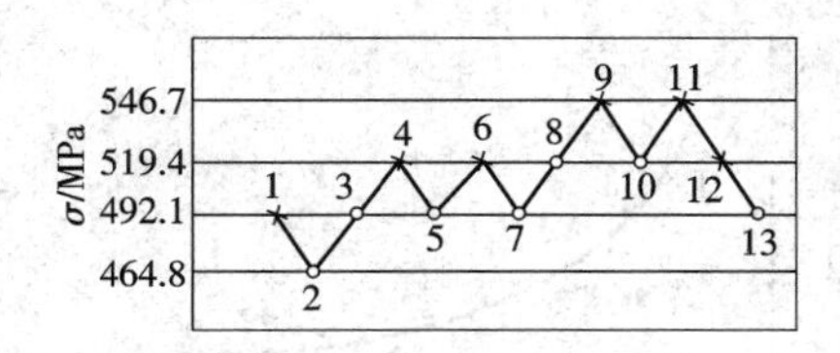

图5-9　利用升降法测定40CrNiMo钢条件疲劳极限的试验数据图

试验条件：$\sigma_b = 1\ 000$ MPa；光滑圆柱试样；旋转弯曲（$R = -1$）

规定循环周次：$N_0 = 10^7$ 周次

命坐标系中拟合成 $S-N$ 曲线。

在测定有限寿命 $S-N$ 曲线时，需要注意以下两点。

①确定各组应力水平。4～5级应力水平中的第一级应力水平 σ_1，对光滑圆试样可取 $0.6\sigma_b \sim 0.7\sigma_b$；对缺口试样可取 $0.3\sigma_b \sim 0.4\sigma_b$。而第二级应力水平 σ_2 比 σ_1 减少20～40 MPa，以后各级应力水平依次减少。

②每一级应力水平下的中值疲劳寿命 N_{50}，是将每一级应力水平下测得的疲劳寿命 N_1、N_2、N_3、N_4、N_5 求平均值而获得的，即

$$N_{50} = (N_1 + N_2 + N_3 + N_4 + N_5)/5 \tag{5-5}$$

如果在某一级应力水平下的各个疲劳寿命中，出现越出情况（即大于规定的 10^7 周次），则这一组试样的 N_{50} 不按式（5-5）计算，而取这一组疲劳寿命排列的中值作为 N_{50}。例如在某一级应力水平下测得5个试样的疲劳寿命，依寿命大小的次序见表5-1。从表中可见，其中第五个数值出现越出。因为这一组测试总数为5是奇数，则其中值就是中间的第三个疲劳寿命值，即 $N_{50} = 4\ 350 \times 10^3$ 周次。若测试总数为偶数，则中值取中间两个数值的平均值作为 N_{50}。

表5-1　某一应力水平下试样的疲劳寿命

次序	1	2	3	4	5
$N/(\times 10^3$ 周次)	983	1 146	4 350	7 871	12 522

3）$S-N$ 曲线的绘制

把上述成组试验法测得的各组应力水平下的 N_{50} 或 $\lg N_{50}$ 数据点，标在 $\sigma - N$ 或 $\sigma - \lg N$ 坐标系中，拟合成 $S-N$ 曲线。这条曲线就是具有50%存活率的中值 $S-N$ 曲线；$S-N$ 曲线的拟合可采用以下两种基本方法。

（1）逐点描绘法　用曲线板把各数据点连接起来，使曲线两侧的数据点与曲线的偏离程度大致相等，如图5-10所示。在用逐点描绘法绘制 $S-N$ 曲线时，按升降法测得的条件疲劳极限（图5-10中的点⑥）也可以与成组试验数据点（图5-10中的点①～⑤）合并在一起，绘制成从有限寿命到长寿命的完整的 $S-N$ 曲线。其中，图5-10就是某铝合金在应力比 $R=0.1$ 条件下测得的典型 $S-N$ 曲线。

（2）直线拟合法　由于疲劳设计上的需要，对成组试验法获得的试验数据可采用最小二乘法进行直线拟合。如对表5-2中30CrMnSi钢的疲劳试验数据进行线性拟合，可得到如下的直线方程：

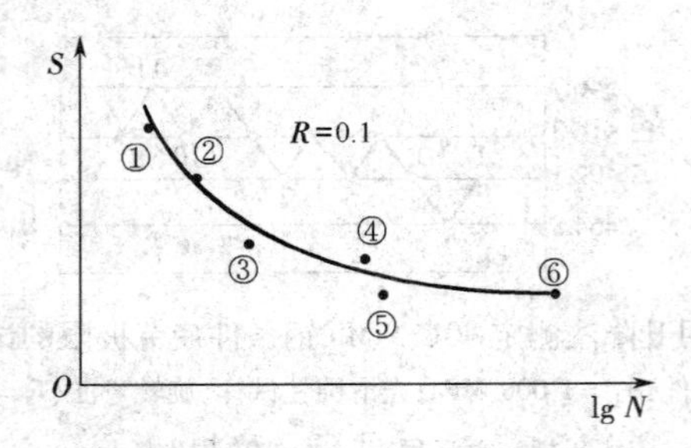

图 5-10 某铝合金在应力比 $R=0.1$ 下测得的 $S-N$ 曲线

$$\lg N=9.52-0.00617\sigma \tag{5-6}$$

表 5-2 30CrMnSi 钢的成组试验疲劳数据

序数 i	σ_i/MPa	$N_i=N_{50}$/($\times10^3$ 周次)	$\lg N_i$
1	700	159	5.201 4
2	660	274	5.437 8
3	630	428	5.631 4
4	610	639	5.805 5
5	590	709	5.850 6

按式(5-6)求出直线上任意两点的坐标，便可画出这条直线。设当 $\sigma_1=700$ 时，$\lg N_1=9.52-0.00617\times700=5.20$；当 $\sigma_2=600$ 时，$\lg N_2=9.52-0.00617\times600=5.82$。在 $\sigma-\lg N$ 坐标中标出(700，5.20)及(600，5.82)两点，然后用直线连接这两点，这就是最佳拟合的直线。当用直线拟合 $S-N$ 曲线时，一般仅对有限寿命区进行拟合。于是整个 $S-N$ 曲线由式(5-6)的有限寿命 $S-N$ 直线和长寿命的水平线两部分组成（该材料的疲劳极限 $\sigma_{-1}=582.5$ MPa），并在两直线相交处用圆角进行过渡，如图 5-11 所示。

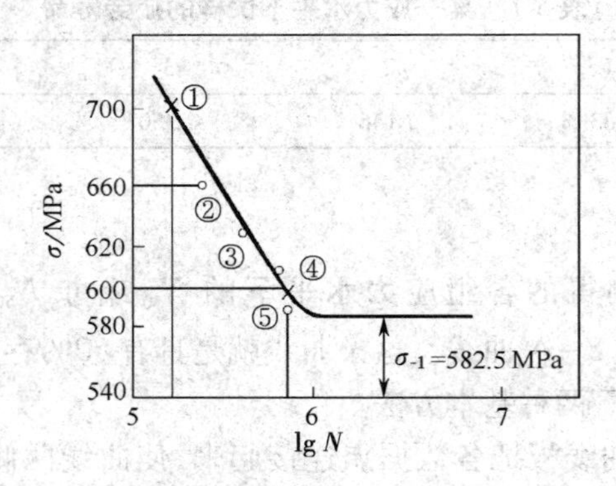

图 5-11 利用直线拟合法绘制的 30CrMnSi 钢 $S-N$ 曲线

4）疲劳试验数据的分散性和 $P-S-N$ 曲线

在进行疲劳试验时，载荷波动、试样装夹精度、试样表面状态以及材料本身的不均匀性或缺陷等因素都会对疲劳试验的结果造成影响，从而给疲劳试验数据带来很大的分散性。研究表明，在测定疲劳极限时，名义应力在试验允许的范围内波动 30% 所引起的疲劳寿命误差约为 60%，严重者可达 120%。材料中的非金属夹杂物含量及其形态也对疲劳试验结果有重要影响。图 5-12 为某一铝合金的疲劳试验结果,可见疲劳试验数据分布在相当广的分散带内,且疲劳分散带随应力水平的降低而加宽,随材料强度水平的提高而加宽。

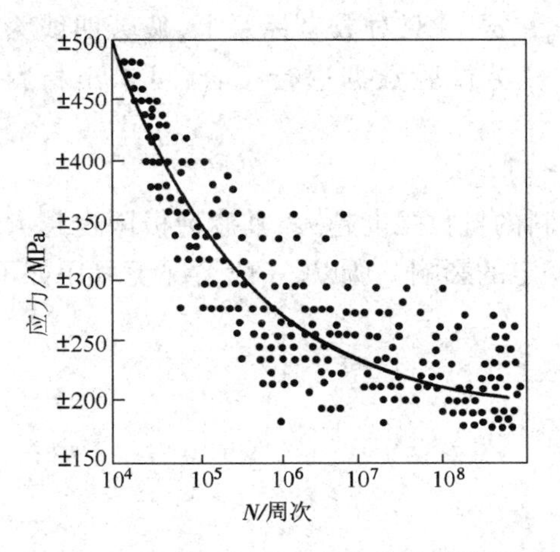

图 5-12　某一铝合金的疲劳试验数据

对图 5-11 中的疲劳试验数据,如果以上述常规成组试验法测定的存活率为 50% 的 $S-N$ 曲线作为设计依据的话,意味着将有 50% 的材料在达到预期寿命之前会出现早期破坏。在工程实践中,对一些重要场合就需要严格控制失效概率,因此作为设计依据的 $S-N$ 曲线上就需要同时标明失效概率 P($P=1-$存活率)以作出 $P-S-N$ 曲线。如失效概率 $P=0.1\%$ 的 $S-N$ 曲线给出的寿命 N,表示 1 000 个产品中只可能有一个出现早期失效。在图 5-13 的 $P-S-N$ 曲线上,标明了三个不同应力水平下的疲劳试验数据和相应的失效概率分布,其中曲线 AB 为失效概率 $P=50\%$ 的 $S-N$ 曲线;CD 为 $P=0.01\%$ 的 $S-N$ 曲线;EF 为 $P=0.1\%$ 的 $S-N$ 曲线。

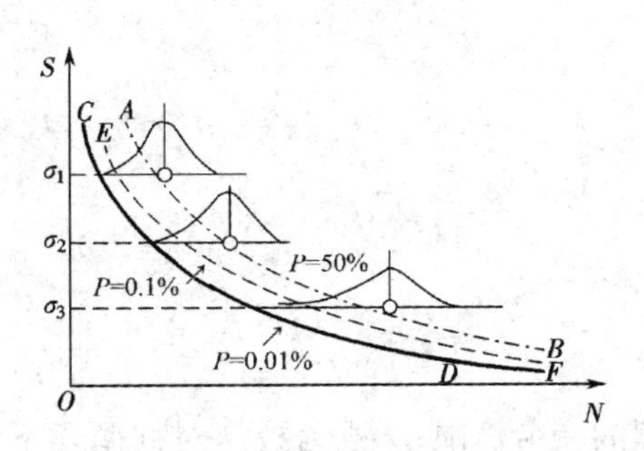

图 5-13　典型的 $P-S-N$ 曲线

5)疲劳寿命曲线的数学表达

由上可见,利用疲劳试验数据虽然可以通过直线拟合获得式(5-6)所示的疲劳经验方程,但如果能够提取出疲劳寿命曲线的数学表达式,那对结构件的疲劳寿命估算和抗疲劳设计将是十分必要和有用的。对对称循环应力下的高周疲劳(不包括短寿命区),有人提出疲劳寿命与应力幅度 σ_a 间的关系,可表示为

$$N=A'(\sigma_a-\sigma_{-1})^{-2} \tag{5-7}$$

式中:A'为疲劳抗力系数,是与材料拉伸性能有关的常数;σ_{-1}为疲劳极限。当 $\sigma_a \leqslant \sigma_{-1}$ 时,$N \to \infty$,从而表明了疲劳极限的存在。

对式(5-7)两边取对数,可得

$$\lg N = \lg A' - 2\lg(\sigma_a - \sigma_{-1}) \tag{5-8}$$

式(5-8)表明在 $\lg N - \lg(\sigma_a - \sigma_{-1})$ 双对数坐标系上,疲劳曲线为一条斜率为 -2 的直线。利用式(5-8)对表 5-2 中的疲劳试验数据进行拟合,可求出材料常数 A' 和疲劳极限 σ_{-1} 的值。

6)疲劳极限与静强度间的关系

试验结果表明,金属材料的抗拉强度越大,其疲劳极限也越大。另外,材料的屈强比对光滑试样的疲劳极限也有一定的影响。所以,一般情况下可用如下的经验公式估算对称循环载荷下材料的疲劳极限。

结构钢:

$$\sigma_{-1} = 0.27(\sigma_s + \sigma_b) \tag{5-9}$$

或

$$\sigma_{-1} = 0.5\sigma_b \tag{5-10}$$

铸铁:

$$\sigma_{-1} = 0.45\sigma_b \tag{5-11}$$

铝合金:

$$\sigma_{-1} = \sigma_b/6 - 7.5\ \text{MPa} \tag{5-12}$$

青铜:

$$\sigma_{-1} = 0.21\sigma_b \tag{5-13}$$

以上公式是旋转弯曲条件下材料的疲劳极限。对同一材料,不同应力状态下的疲劳应力-寿命曲线也不同,相应的疲劳极限也不会相等。不同应力状态下,材料的疲劳极限间有如下的经验关系:

钢:

$$\sigma_{-1p} = 0.85\sigma_{-1} \tag{5-14}$$

铸铁:

$$\sigma_{-1p} = 0.65\sigma_{-1} \tag{5-15}$$

$$\tau_{-1} = 0.80\sigma_{-1} \tag{5-16}$$

铜及轻合金:

$$\tau_{-1} = 0.55\sigma_{-1} \tag{5-17}$$

式中:σ_{-1}为旋转弯曲载荷下的疲劳极限;σ_{-1p}为拉压对称循环下的疲劳极限;τ_{-1}为扭转对称循环下的疲劳极限。这些经验关系尽管有相当的误差(10% ~30%),但在工程设计中是非常有用的。

5.2.2 不对称循环应力下的 $S-N$ 曲线和疲劳极限

除轴类零件的对称循环疲劳以外,大多数机械和工程结构的零件都是在非对称循环应力下服役的(图 5-2(b) ~图 5-2(e))。因此还需要研究材料或构件的不对称循环疲劳曲线和疲劳极限,以适应这类零件的设计和选材的需要。

由式(5-1)、式(5-2)和式(5-3)可见,研究非对称循环应力下的疲劳实际上就是研究平均应力 σ_m或应力比 R 对疲劳寿命曲线和疲劳极限的影响。

1. **平均应力对疲劳寿命曲线的影响**

平均应力对 $S-N$ 曲线的影响，可细分为 σ_{max} 相同和 σ_a 相同两种情况。图5-14为相同 σ_{max}、三种不同循环应力幅度 σ_a 下的应力循环特征和疲劳曲线。在这三种循环应力下，平均应力 σ_m 及相应的应力比 R 之间的关系为

$$\left.\begin{aligned}&\sigma_{m3}>\sigma_{m2}>\sigma_{m1}(=0)\\&R_3>R_2(=0)>R_1(=-1)\end{aligned}\right\}\tag{5-18}$$

在这三种循环应力下，随平均应力的升高循环应力的不对称程度加大，每一循环中的交变应力幅占循环应力的分数越来越小（图5-14(a)），造成的损伤也越来越小，因而使 $S-N$ 曲线向上移动、疲劳极限增加（图5-14(b)）。平均应力不断升高的极限情况是 $\sigma_m=\sigma_{max}=\sigma_{min}$，相应地有 $\sigma_a=0$，这种情况相当于材料的静拉伸试验。

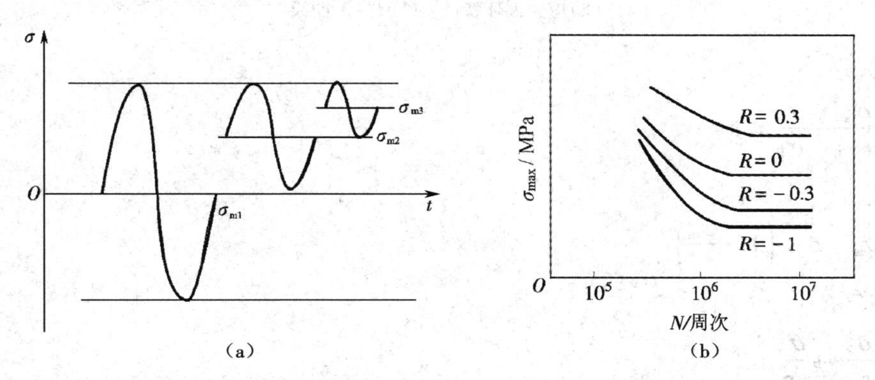

图5-14　σ_{max} 相同情况下平均应力 σ_m 对 $S-N$ 曲线的影响

(a)应力循环特征　(b)$S-N$ 曲线

相同 σ_a、三种不同 σ_{max} 下的应力循环特征和疲劳曲线，如图5-15。在这三种循环应力下，平均应力 σ_m 及相应的应力比 R 之间的关系为

$$\left.\begin{aligned}&\sigma_{m3}>\sigma_{m2}>\sigma_{m1}(=0)\\&R_3>R_2(=0)>R_1(=-1)\end{aligned}\right\}\tag{5-19}$$

在这三种循环应力下，随着平均应力的升高，循环应力的不对称程度越来越严重，且作用在等体积材料中的应力水平越来越高（图5-15(a)），因而对材料的疲劳损伤程度不断加剧，从而使 $S-N$ 曲线向下移动、疲劳极限不断降低（图5-15(b)）。由此可见，虽然两类情况下平均应力 σ_m 和应力比 R 的变化趋势是相同的，但因具体循环应力特征的不同，因而对 $S-N$ 曲线的影响是相反的。于是在分析不对称循环应力对疲劳过程的影响时，必须具体情况具体分析。

2. **平均应力对疲劳极限的影响**

平均应力对疲劳极限的影响，在工程设计中常通过如下的经验公式进行计算。

Gerber 关系：

$$\frac{\sigma_a}{\sigma_{-1}}+\left(\frac{\sigma_m}{\sigma_b}\right)^2=1\tag{5-20}$$

或

$$\sigma_a=\sigma_{-1}\left[1-\left(\frac{\sigma_m}{\sigma_b}\right)^2\right]\tag{5-21}$$

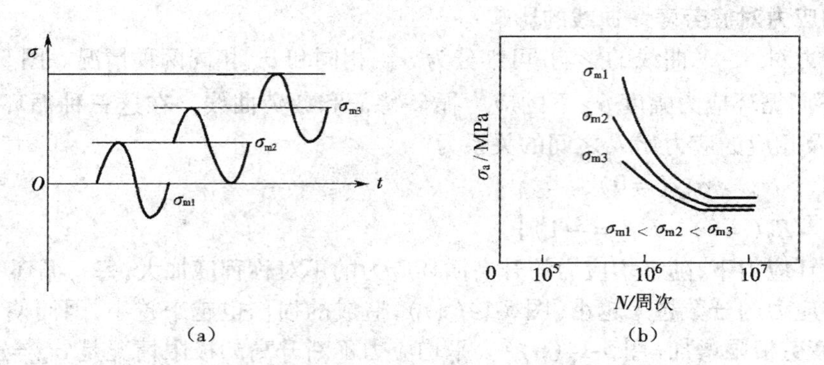

图 5-15 σ_a 相同情况下平均应力 σ_m 对 $S-N$ 曲线的影响

(a)应力循环特征 (b)$S-N$ 曲线

Goodman 关系:

$$\frac{\sigma_a}{\sigma_{-1}}+\frac{\sigma_m}{\sigma_b}=1 \tag{5-22}$$

或

$$\sigma_a=\sigma_{-1}\left(1-\frac{\sigma_m}{\sigma_b}\right) \tag{5-23}$$

Soderbery 关系:

$$\frac{\sigma_a}{\sigma_{-1}}+\frac{\sigma_m}{\sigma_s}=1 \tag{5-24}$$

或

$$\sigma_a=\sigma_{-1}\left(1-\frac{\sigma_m}{\sigma_s}\right) \tag{5-25}$$

式中:σ_s 为材料的屈服强度;σ_b 为材料的抗拉强度。

式(5-20)~式(5-25)的关系,也可用图 5-16 中的曲线表示,其中横坐标为平均应力 σ_m,纵坐标为给定平均应力和疲劳寿命时材料所能承受的应力幅度 σ_a。需要说明的是图 5-16 中给出的曲线是等寿命曲线,也就是说如测定材料在对称循环应力下的疲劳极限 σ_{-1} 时指定的疲劳寿命为 10^7 周次,则图中曲线上任意一点的坐标表示材料疲劳寿命为 10^7 周次时所能承受的非对称循环条件下的平均应力 σ_m 和应力幅 σ_a。

由图 5-16 可以看出,随着平均应力的升高,用应力幅表示的疲劳极限值不断下降;且不同的经验关系给出的应力幅是不同的,Gerber 关系给出的应力幅最高,Soderbery 关系给出的值最小,Goodman 关系给出的值居中。即 Gerber 关系对大多数工程合金而言比较保守;Soderbery 关系比较适合于塑性材料;而 Goodman 关系与常见结构钢的疲劳试验结果吻合得较好。故在机械设计中,常采用 Goodman 关系进行非对称循环条件下疲劳极限的估算。不过应当指出的是,按式(5-20)~式(5-25)计算出的应力幅 σ_a 与平均应力 σ_m 之和不应超过材料的屈服强度。

5.2.3 疲劳缺口敏感度

由于使用的需要,在实际零件上常常带有台阶、拐角、键槽、油孔、螺纹等几何形状上的变化,其作用类似于缺口作用,从而会改变应力状态并造成应力集中。因此,有必要考虑缺

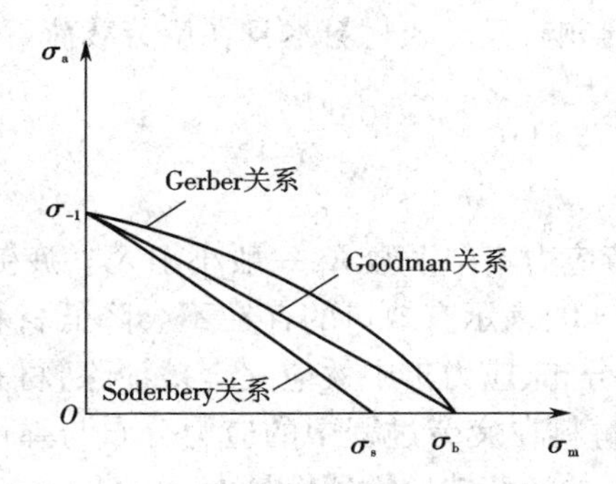

图 5-16 平均应力对疲劳极限的影响

口引起的应力集中对材料疲劳极限的影响。

对同一种材料,利用缺口试样和光滑试样测出的 $S-N$ 曲线,如图 5-17 所示。显然,缺口试样的疲劳极限 $\sigma_{-1}(K)$,要比光滑试样的疲劳极限 σ_{-1}低。

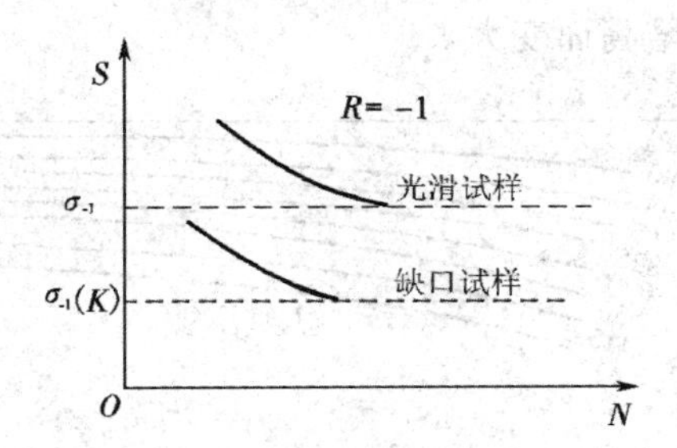

图 5-17 缺口对材料疲劳曲线的影响

不同理论应力集中系数 K_t 下 40Cr 钢的疲劳极限 σ_{-1},如图 5-18 所示。由图可见,缺口越尖锐,疲劳极限的值越低。

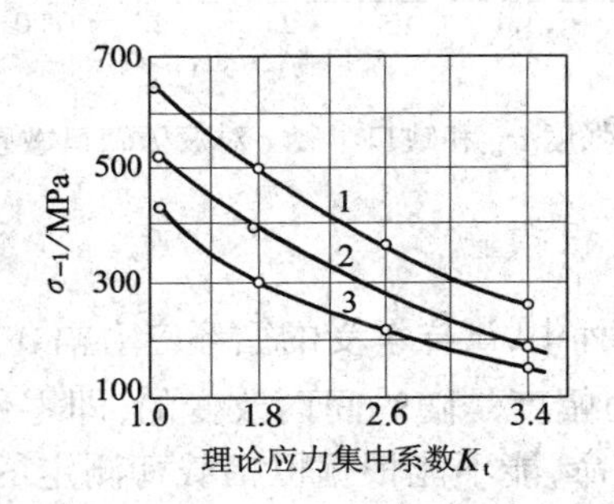

图 5-18 应力集中系数 K_t 对 40Cr 钢的疲劳极限 σ_{-1} 的影响

1—200 ℃;2—390 ℃;3—550 ℃

为了度量和比较不同材料和工艺状态下缺口对材料疲劳强度的影响,通常引入疲劳应力集中系数(又叫作有效应力集中系数)K_f 的概念:

$$K_f = \sigma_{-1}/\sigma_{-1N} \tag{5-26}$$

式中:σ_{-1N}为缺口试样的疲劳极限;σ_{-1}是光滑试样的疲劳极限。

由式(5-26)可见,由于 σ_{-1N}低于 σ_{-1},故 K_f 值大于 1;具体的数值与缺口尖锐度和材料特性等因素有关。

为消除缺口几何因素的影响，只反映材料本身在疲劳载荷下的缺口敏感性，常用如下的疲劳缺口敏感性 q 来评定：

$$q=\frac{K_f-1}{K_t-1} \tag{5-27}$$

q 值一般在 0～1，这表明疲劳应力集中系数 K_f 一般小于 K_t。疲劳缺口敏感性的两种极限情况是：① $\sigma_{-1N}=\sigma_{-1}$，$K_f=1$，$q=0$，表示有缺口的存在不会降低材料的疲劳极限，说明疲劳过程中应力产生了很大的重新分布、应力集中效应完全被消除，材料的疲劳缺口敏感性最小；② $K_f=K_t$，$q=1$，表示有缺口材料在疲劳过程中的应力分布与弹性状态完全一样，缺口会严重降低材料的疲劳极限，材料的疲劳缺口敏感性最大。

试验结果证明，缺口形状和材料的抗拉强度对 q 值有一定的影响，如图 5-19 所示。缺口根部曲率半径较小时，缺口越尖锐，q 值越低；这是因为 K_f 和 K_t 都随缺口尖锐度的增加而提高，但 K_t 的增高比 K_f 来得快。当缺口根部的曲率半径足够大时，缺口尖锐度对 q 值的影响明显减小。材料的强度级别越高，缺口顶端变形和钝化的能力越有限，所以一般情况下疲劳缺口敏感度随抗拉强度的增高而变大。

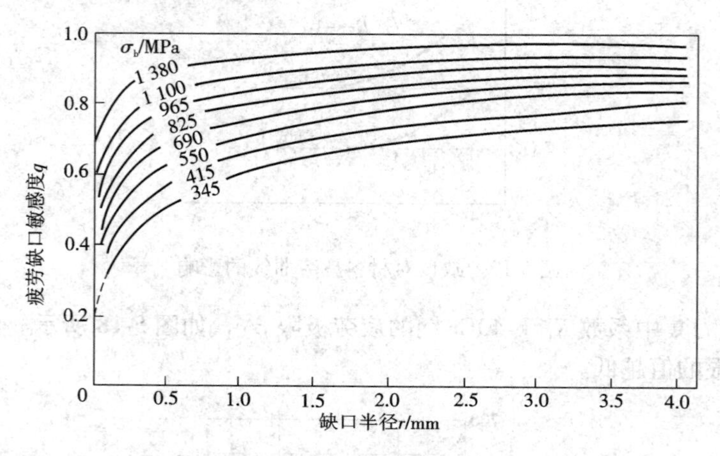

图 5-19 抗拉强度 σ_b 和缺口半径 r 对疲劳缺口敏感度 q 的影响

5.2.4 变幅应力与疲劳累积损伤

在 5.2.1 节的疲劳试验过程中，试样承受的循环应力幅 σ_a 是不变的。但是很多零件在服役过程中所承受的循环应力幅度是随时间而改变的，即零件受到的是变幅载荷的作用。变幅应力作用下零件的疲劳寿命，能不能根据恒幅载荷测定的 $S-N$ 曲线与疲劳极限进行估算呢？如果仅根据零件服役时出现次数较少的高载荷进行估算，零件的估算疲劳寿命将远低于其实际疲劳寿命；但倘若不考虑高载荷幅度的作用影响，零件就有可能在估算的疲劳寿命之前发生疲劳破坏。

对于疲劳破坏的循环延时特性，在过去几十年中曾提出过许多关于疲劳累积损伤的理论，其基本思想都认为材料在承受变动载荷时，随着循环周次的增加，材质劣化、材料内部发生损伤；当损伤积累到某一数值时，材料固有的寿命或塑性耗尽，便导致材料的破坏。

常用的疲劳累积损伤理论，是 Palmgrem-Miner 线性疲劳累积损伤规则，简称 Miner 规则。该规则认为在某一循环应力水平下每一循环周次对材料内部造成的损伤是相同的。如材料在循环应力幅 σ_{a1} 作用下循环 n_1 周次，之后再在循环应力幅 σ_{a2} 作用下循环 n_2 周次后发生断裂，如图 5-20 所示。线性疲劳累积损伤规则认为，在 σ_{a1} 应力幅作用下循环 n_1 周次造成的损伤为 n_1/N_1，其中 N_1 为应力幅 σ_{a1} 作用下材料的疲劳断裂寿命；同样，在 σ_{a2} 应力幅作用下循环 n_2 周次造成的损伤为 n_2/N_2，其中 N_2 为应力幅 σ_{a2} 作用下材料的疲劳断裂寿命。于是，循环周次 n_1 与 n_2 间满足如下关系：

$$\frac{n_1}{N_1}+\frac{n_2}{N_2}=1 \tag{5-28}$$

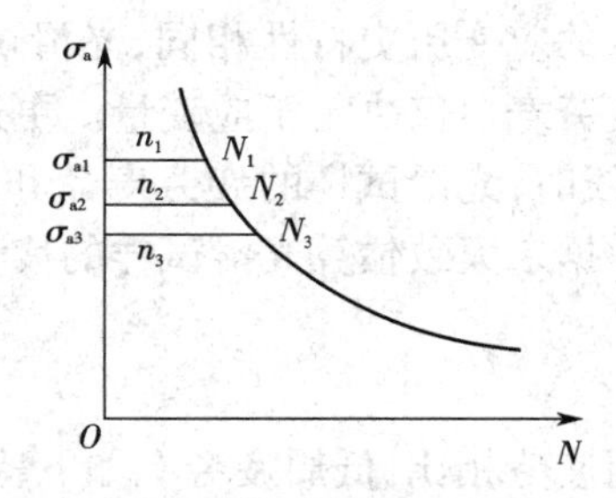

图 5-20　疲劳损伤线性累积示意图

将式(5-28)推广到一般情况，则线性疲劳累积损伤的表达式为

$$\sum_i \frac{n_i}{N_i}=1 \tag{5-29}$$

式中：N_i 为 i 级应力单独作用时所对应的疲劳断裂寿命；n_i 为 i 级应力下疲劳循环的周次。

显然，线性疲劳累积损伤规则认为在任一给定应力水平上，损伤的累积速率与原先的载荷历史，即与载荷幅的先后次序无关。但由于疲劳寿命是由形成显微裂纹并扩展成宏观裂纹，与宏观裂纹再扩展到最终断裂两部分寿命之和组成，因而它会受加载次序的影响。如对光滑试样，先加低载荷后再转加高载荷，则 $\sum_i \frac{n_i}{N_i}$ 值趋向大于 1；这是因为有低载荷下的“次载锻炼”效应，使裂纹的形成时间推迟。相反，如先加高载荷后再转加低载荷，$\sum_i \frac{n_i}{N_i}$ 值将小于 1；这是因为先施加的高载荷缩短了裂纹的形核阶段（即过载损伤），促进了裂纹的形成。

5.3　低周疲劳、热疲劳与冲击疲劳

在低应力长寿命（高周疲劳）条件下，材料的疲劳行为主要受控于其所受的名义应力水平，并可借助 $S-N$ 曲线进行描述；相应地，零件或结构的设计则依据疲劳极限或过载持久值。但是，工程上经常有下列一些情况。①有些机器的零部件或结构如飞机起落架、燃气涡轮发动机、高压容器、核反应堆外壳等，所受的交变应力水平较高，疲劳破坏寿命较短。如飞机的起落架，其寿命只有几千次；而储罐，若按每天充放料一次，在 50 年内才经受 18 000 多次载荷循环。②大多数工程构件常都带有缺口、圆孔、拐角等，当其受到变动载荷时，虽然整体上尚处在弹性变形范围，但在应力集中部位的材料已进入塑性变形状态，这时控制材料疲劳行为的已不是名义应力，而是局部塑性变形区的循环塑性应变。

于是，把材料在变动载荷作用下疲劳寿命为 $10^2 \sim 10^5$ 周次的疲劳断裂称为低周疲劳。由于在低周疲劳条件下的交变应力水平较高，往往接近或超过材料的屈服强度，因而把这种在塑性应变循环作用下引起的疲劳断裂，称为应变疲劳或塑性疲劳。

对材料低周疲劳行为的研究，常采用控制应变条件的疲劳试验，对试验结果的描述则借助于应变-寿命($\varepsilon-N$)曲线。采用控制应变的方法研究低周疲劳的目的是可以用光滑试样的疲劳数据来预测缺口零件的疲劳寿命，这是因为零件缺口处的实际应力不容易计算，而缺口处的真实应变是可以测量的。同时，缺口处的塑性变形总是受周围广大弹性区约束，假如能找到一种方法或规则建立起缺口处的应力和应变的相互关系，就能预测缺口处的失效或破坏周次。而要想从光滑试样的疲劳性能推算缺口试样的疲劳寿命，就是要模拟缺口处的应变随时间的变化，只要两者的应变历史特性相同，光滑试样和缺口试样的寿命就相同，因为在受应变控制的条件下，疲劳寿命仅决定于应变量。更进一步的研究还可以得知，当用应变控制法得出应变-寿命曲线时，光滑试样的疲劳寿命和材料的静强度可建立一定的关系，因而可以用材料的静强度数据来大致估算光滑试样的疲劳寿命。

5.3.1 低周疲劳的特点

与低应力、长寿命下的高周疲劳相比，低周疲劳有如下特点。

①低周疲劳时，因材料或构件所受的循环应力较高或局部区域存在应力集中效应，材料会产生宏观塑性变形，于是循环应力与应变之间不再呈直线关系，而是形成如图5-21所示的滞后回线或滞后环。滞后环内的面积代表材料所吸收的塑性变形功，其中一部分以塑性变形能的形式储存在材料中，或用以改变材料中结构的排列(如高聚物分子链的重新排列，并引起熵的变化)，剩下的部分则以热的形式向周围环境扩散。

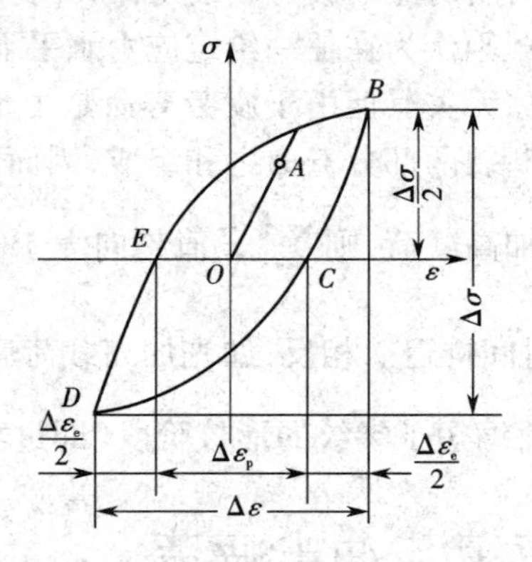

图5-21 低周疲劳时的应力-应变滞后回线

开始加载时，曲线沿OAB进行，卸载时沿BC进行；反向加载时沿CD进行，从D点卸载时沿DE进行，再次加载时沿BE进行，从而形成滞后回线。其中$\Delta\varepsilon$为总应变范围，$\Delta\varepsilon_p$为塑性应变范围，$\Delta\varepsilon_e$为弹性应变范围，且$\Delta\varepsilon=\Delta\varepsilon_p+\Delta\varepsilon_e$。

②低周疲劳试验常通过控制总应变范围$\Delta\varepsilon$或塑性应变范围$\Delta\varepsilon_p$进行，并测定在给定总应变范围$\Delta\varepsilon$或塑性应变范围$\Delta\varepsilon_p$下的疲劳寿命；低周疲劳的试验结果常用$\Delta\varepsilon/2-2N_f$或$\Delta\varepsilon_p/2-2N_f$曲线来描述材料的疲劳规律，其中$\Delta\varepsilon/2$和$\Delta\varepsilon_p/2$即分别为总应变幅和塑性应变幅。材料的低周疲劳寿命取决于总应变幅或塑性应变幅。

③低周疲劳破坏常有几个裂纹源，这是由于循环应力较高，裂纹容易形核，形核时间短，只占总寿命的10%。低周疲劳的疲劳条带较粗，间距较宽并且常常不连续。在许多合金中，特别是在超高强度钢中还可能不出现条带。

5.3.2　循环硬化和循环软化

在进行低周疲劳试验时发现,循环加载初期的应力 – 应变滞后回线是不封闭的,只有经过一定循环周次后才能形成封闭的滞后回线。材料对循环加载的响应由开始时的不稳定状态向稳定状态的过渡过程,与其在循环应变作用下的形变抗力变化有关。这种形变抗力变化,可分为循环硬化和循环软化两种情况。对恒定应变幅循环作用的低周疲劳试验,如材料受到的应力(形变抗力)随循环周次的增加而不断增大(1→2→3→4→5→6→…),即为循环硬化,如图 5-22(a)所示;如材料的形变抗力随循环过程的进行而逐渐减小(1→2→3→4→5→6→…),则为循环软化,如图 5-22(b)所示。恒应变幅条件下循环硬化与循环软化材料的应力 – 时间变化,可用图 5-23 表示。如低周疲劳试验改为恒应力控制,则循环硬化与循环软化作用下材料的应变 – 时间曲线如图 5-24 所示。

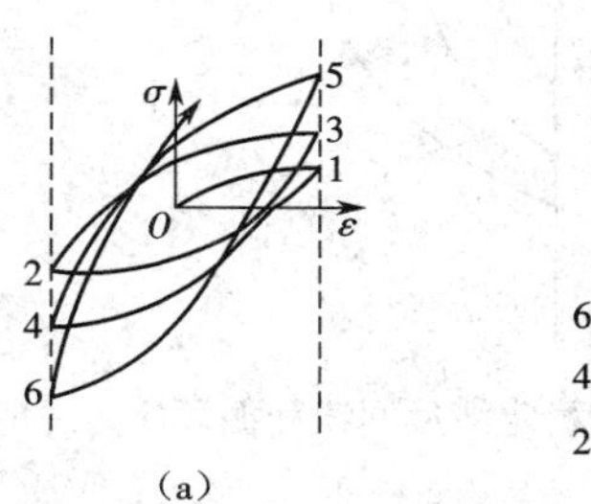

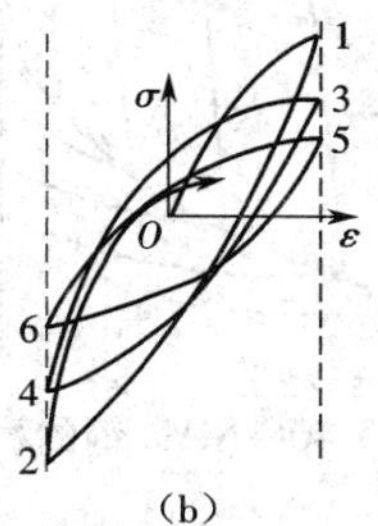

图 5-22　恒应变幅条件下的滞后回线形状
(a)循环硬化　(b)循环软化

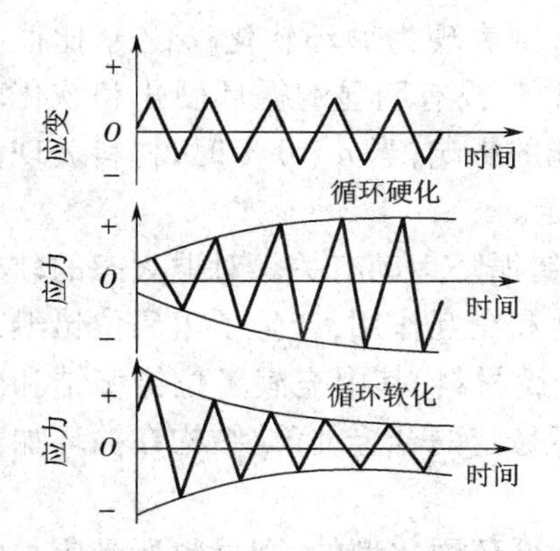

图 5-23　恒应变幅条件下的材料循环特征

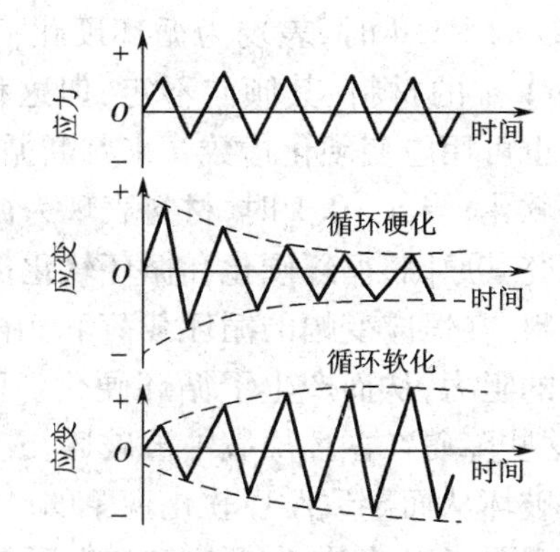

图 5-24　恒应力幅条件下的材料循环特性

但不论是产生循环硬化的材料还是产生循环软化的材料,只有在循环加载达到一定周次(通常不超过 100 周次)后它们的应力 – 应变滞后回线才是闭合的,即达到循环稳定状态。

对于每一个固定的应变幅,都能得到相应的稳定滞后回线。将不同应变幅下稳定滞后回线的顶点连接起来,便可得到一条如图 5-25 所示的循环应力 – 应变曲线。比较图中的循环应力 – 应变曲线与单次应力 – 应变曲线,可以判断循环应变对材料性能的影响。对 40CrNiMo 钢而言,其循环应力 – 应变曲线低于它的单次应力 – 应变曲线,表明这种钢具有循环软化特性。相反,如材料的循环应力 – 应变曲线高于其单次应力 – 应变曲线,则表明材料具有循环硬化特性。

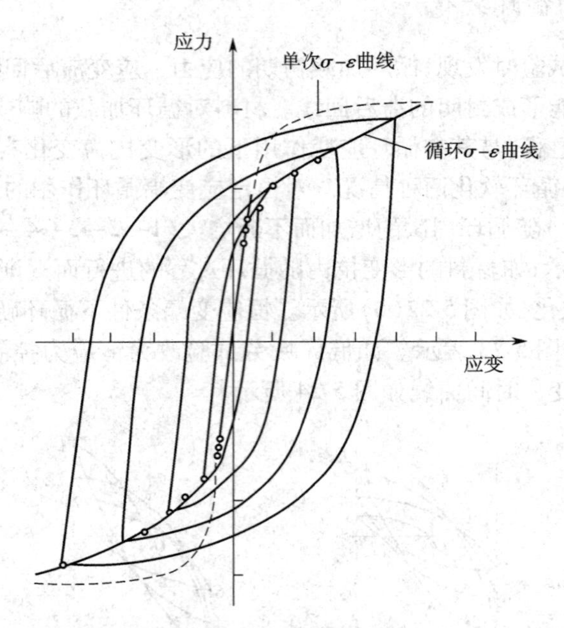

图 5-25 40CrNiMo 钢的稳定滞后回线和循环应力 - 应变曲线

材料在低周疲劳过程中是产生循环硬化还是循环软化，主要取决于其初始状态、结构特征以及应变幅和试验温度等因素。退火状态的塑性材料，往往表现为循环硬化；而加工硬化的材料则往往是循环软化。试验还发现，循环应变特性与材料的 σ_b/σ_s 比值有关。如材料的 $\sigma_b/\sigma_s > 1.4$ 时，表现为循环硬化；而 $\sigma_b/\sigma_s < 1.2$ 时，则表现为循环软化；σ_b/σ_s 比值在 1.2 ~ 1.4 的材料，其倾向不定，但这种材料一般比较稳定，没有明显的循环硬化和软化现象。也可用应变硬化指数 n 来判断循环应变对材料性能的影响，当 $n < 0.1$ 时，材料表现为循环软化；当 $n > 0.1$ 时，材料表现为循环硬化或循环稳定。

究其原因，循环硬化和循环软化现象与材料中的位错循环运动有关。对退火态的软金属材料，在恒应变幅的循环载荷下，由于位错的往复运动和交互作用，产生了阻碍位错继续运动的阻力，从而产生了循环硬化。而对冷加工后的金属材料，其中充满了位错缠结和障碍，这些障碍在循环加载中被破坏；或对一些沉淀强化不稳定的合金，沉淀结构在循环加载中被破坏从而导致循环软化现象的产生。

需要指出的是，在恒应变幅循环条件下，如果材料是循环硬化型的，则材料所受应力幅越来越高，从而会引起受载构件的早期断裂。而在恒应力幅循环加载条件下，材料发生循环软化是危险的，因为此时材料的应变幅将连续增大，从而引起受载构件的过早断裂。

5.3.3 循环应力 - 应变曲线与应变 - 寿命曲线

材料的低周疲劳特性，可用循环应力 - 应变曲线和应变 - 寿命曲线进行描述。对图 5-22 中的循环应力 - 应变曲线，可用类似静拉伸流变曲线的 Hollomon 关系来描写：

$$\frac{\Delta\sigma}{2} = K'\left(\frac{\Delta\varepsilon_p}{2}\right)^{n'} \tag{5-30}$$

式中：K'为循环强度系数；n'为循环应变硬化指数。对大多数金属材料，$n' = 0.1 \sim 0.2$。与

Hollomon 关系相似，用总应变幅给出的循环应力－应变曲线可写为

$$\frac{\Delta\varepsilon}{2}=\frac{\Delta\varepsilon_e}{2}+\frac{\Delta\varepsilon_p}{2}=\frac{\Delta\sigma}{2E}+\left(\frac{\Delta\sigma}{2K'}\right)^{\frac{1}{n'}} \tag{5-31}$$

低周疲劳的应变－寿命($\Delta\varepsilon-N_f$)曲线，通常用总应变幅($\Delta\varepsilon/2$)和循环变向次数($2N_f$)在双对数坐标上表示(图 5-26)。经验表明，把总应变幅($\Delta\varepsilon$)分解为弹性应变幅($\Delta\varepsilon_e/2$)和塑性应变幅($\Delta\varepsilon_p/2$)时，两者与循环反向次数($2N_f$)的关系都可近似用直线表示。不过需要注意的是，材料的低周疲劳寿命 N_f 可以有不同的规定，如试样发生断裂时，或者稳定载荷幅值下降到一定百分比(如 5% 或 10%)时，或出现某种可测长度裂纹时对应的循环周次。所以，在对比不同材料的疲劳寿命特性时，应注意所采取的疲劳寿命规定的一致性。

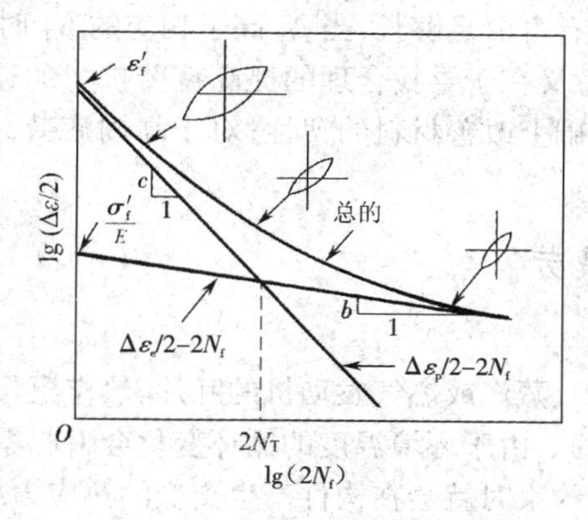

图 5-26　应变幅－疲劳寿命曲线

对弹性应变幅，$\Delta\varepsilon_e/2-2N_f$ 的关系可近似用下式给出：

$$\Delta\varepsilon_e/2=(\sigma_f'/E)(2N_f)^b \tag{5-32}$$

式中：σ_f'/E 为 $2N_f=1$ 时直线的截距，称为疲劳强度系数。由于 $2N_f=1$ 相当于一次加载，所以可粗略地取 $\sigma_f'=\sigma_f$(静拉伸的断裂应力)。b 为直线的斜率，称为疲劳强度指数，通常情况下，$b\approx-0.15\sim-0.07$。

对塑性应变幅，$\Delta\varepsilon_p/2-2N_f$ 的关系一般用 Manson-Coffin 经验方程表示：

$$\Delta\varepsilon_p/2=\varepsilon_f'(2N_f)^c \tag{5-33}$$

式中：ε_f' 为 $2N_f=1$ 时直线的截距，称为疲劳塑性系数，同理，也可取 $\varepsilon_f'=\varepsilon_f$(静拉伸的断裂应变)；$c$ 为直线的斜率，称为疲劳塑性指数，通常情况下，$c\approx-0.5\sim-0.7$。

于是，低周疲劳的应变－寿命曲线可表示为

$$\frac{\Delta\varepsilon}{2}=\frac{\Delta\varepsilon_e}{2}+\frac{\Delta\varepsilon_p}{2}=\frac{\sigma_f'}{E}(2N_f)^b+\varepsilon_f'(2N_f)^c \tag{5-34}$$

上式可看成是 $S-N$ 曲线和 Manson-Coffin 曲线的叠加(图 5-26)，既反映了长寿命的弹性应变－寿命关系，又反映出短寿命的塑性应变－寿命关系。当 $N_f\approx10^6$ 周次时，塑性应变幅 $\Delta\varepsilon_p/2$ 趋于零，总应变幅 $\Delta\varepsilon/2$ 也很小，难以进行控制应变的低周疲劳试验，因而一般在长寿命区实际上是控制应力的高周疲劳试验结果。

在图 5-26 中，曲线 $\Delta\varepsilon_e/2-2N_f$ 与 $\Delta\varepsilon_p/2-2N_f$ 相交，交点所对应的寿命称为过渡疲劳寿命 $2N_T$。此时，$\Delta\varepsilon_e=\Delta\varepsilon_p$，即可以认为在 $2N_T$ 时弹性应变幅造成的损伤(或对疲劳的贡献)与塑性应变幅造成的损伤(或对疲劳的贡献)相等。当寿命 $N_f<N_T$ 时，$\Delta\varepsilon_p/2>\Delta\varepsilon_e/2$，

即塑性应变幅在疲劳过程中起主导作用；若 $\Delta\varepsilon_p/2 >> \Delta\varepsilon_e/2$，则 $\Delta\varepsilon_e/2$ 可以略去不计，于是式(5-34)就可简化成式(5-33)。这说明，对于 $N_f < N_T$ 的低周疲劳，疲劳抗力主要取决于材料的塑性。对 $N_f > N_T$ 的情况，$\Delta\varepsilon_p/2 < \Delta\varepsilon_e/2$，弹性应变幅在疲劳过程中起主导作用，在这一寿命范围内材料的疲劳抗力主要取决于材料的强度。有人曾以 N_T 作为划分高周疲劳与低周疲劳的界限，$N_f > N_T$ 时为高周疲劳，$N_f < N_T$ 时为低周疲劳。

过渡疲劳寿命 N_T，也是评定材料疲劳行为的一项重要性能指标，在设计与选材方面具有重要的意义。研究表明，N_T 是与材料强度密切相关的性能。在硬度很高时，N_T 很低，N_T 仅为几十至几百周次；这意味着对于高强度状态的材料，即使寿命并不很长，也已具有高周疲劳的性质。相反，对于低硬度高塑性材料，N_T 可达 $10^4 \sim 10^5$ 周次，对于多数调质状态的钢材就是这种情况；此时只有寿命足够长，当 N_f 高于相应的 N_T 时才属于高周疲劳。从性质上区分高周或低周疲劳的意义在于寻找合理的提高疲劳抗力的途径，如对于抗低周疲劳设计，应在保持一定强度的基础上改善材料的塑性；对于高周疲劳，则应主要考虑提高材料的强度。

5.3.4 热疲劳与冲击疲劳

1. 热疲劳

有些零件或构件如锅炉、蒸汽或燃气发动机的叶片、热作模具、热轧辊等，都是在温度循环变化的环境中进行工作的。由于环境温度的循环变化会引起零件或构件的自由膨胀和收缩，当这种膨胀和收缩受到约束时就会在构件产生交变的热应力或热应变，由这种交变热应力或热应变引起的破坏称为热疲劳。除由温度循环变化引起的热应力外，零件还受到外加循环载荷的作用，这种由温度循环和机械应力循环叠加而引起的疲劳称为热机械疲劳。

由热疲劳的定义可见，产生热疲劳的原因必须有两个条件，即温度变化和机械约束。机械约束可以来自外部，如管道温度升高时的热膨胀会受到管道刚性支承的约束；也可以来自材料的内部，如构件不同截面存在的温度差或非均匀材质（如焊接接头等）的不同膨胀系数等。

在温度 T_0 下，将自由长度为 L_0 的杆两端固定，如图 5-27 所示。其后，该杆在从 $T_0 - \Delta T$ 到 $T_0 + \Delta T$ 的温度循环变化条件下工作。若杆的线膨胀系数为 α，当杆两端自由时，温度升高过程中杆的伸长量

$$\Delta l = \alpha \Delta T L_0 \tag{5-35}$$

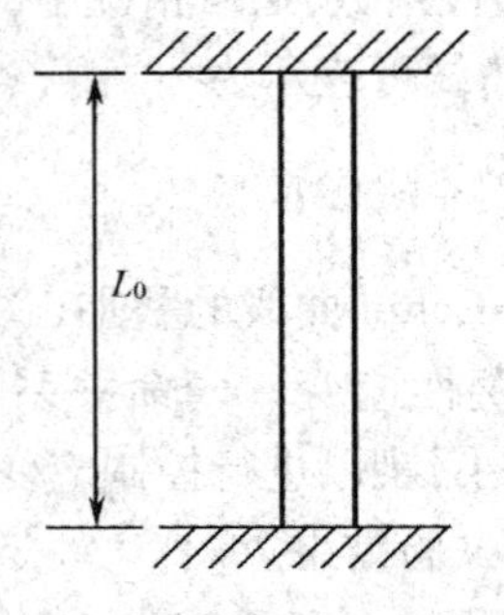

图 5-27 两端固定限制变形的杆

但由于杆两端固定、不能自由伸长，故杆的伸长将变为杆的压缩变形，其压缩应变为

$$\varepsilon = -\frac{\Delta l}{L_0} = -\alpha\Delta T \tag{5-36}$$

如杆材料的弹性模量为 E，则杆在温度升高过程中产生的最大压应力

$$\sigma_{\min} = E\varepsilon = -\alpha\Delta TE \tag{5-37}$$

此时即使没有加外力，杆中也存在压应力，这种应力称为热应力。

同理，在降温过程中，在杆中产生的最大拉应力

$$\sigma_{\max} = \alpha\Delta TE \tag{5-38}$$

于是在 $T_0-\Delta T$ 到 $T_0+\Delta T$ 温度循环变化中服役的热疲劳，就如同工作在 $-\alpha\Delta TE \sim \alpha\Delta TE$ 循环载荷下的机械疲劳一样。当最大热应力超过材料在高温下的弹性极限时，杆将发生局部塑性变形。经过一定的温度循环次数后，热应变就会引起疲劳裂纹。可见，热疲劳也是塑性应变积累损伤的结果，基本上服从低周疲劳的规律。Coffin 在研究一些材料的热疲劳行为时，发现塑性应变范围 $\Delta\varepsilon_{\mathrm{p}}$ 与寿命 N_{f} 间存在如下的关系：

$$\Delta\varepsilon_{\mathrm{p}} N_{\mathrm{f}}^{1/2} = 0.5\varepsilon_{\mathrm{f}} \tag{5-39}$$

式中，ε_{f}为温度循环平均温度下材料的静拉伸真实断裂应变。对比式(5-39)与式(5-33)发现，热疲劳具有与低周疲劳一样的应变－寿命规律。

当一个零件或构件反复经受温度不均匀分布的变化时，可以观察到因热疲劳而出现的裂纹。热疲劳裂纹往往是沿表面热应变最大的区域形成的，也常从应力集中处萌生。裂纹源一般有几个，在热循环过程中，有些裂纹发展形成主裂纹。裂纹扩展方向垂直于表面，并向纵深扩展而导致断裂。

材料的抗热疲劳性能，不但与材料的热传导、比热容等热学性质有关，而且还与弹性模量、屈服强度等力学性能及密度、几何因素等有关。一般情况下，脆性材料导热性差，热应力得不到及时的塑性松弛，因此热疲劳危险性较高；而塑性好的材料，则具有较高的热疲劳寿命。

2. 冲击疲劳

工程中有许多机件是在重复冲击载荷下工作的，如凿岩机活塞、钎尾、钎杆、锻锤杆、锻模等。试验结果表明，即使是承受剧烈冲击载荷的机件也很少有只经受一次或几次冲击就发生断裂的，大多数情况下都是承受较小能量的多次冲击才会断裂。当材料破坏前承受的冲击次数较少(500～1 000 次)时，材料的断裂与一次冲击断裂的原因相同；而当冲击次数大于 10^5 次时，冲击破坏具有典型的疲劳断口，属于疲劳断裂，称为冲击疲劳。

材料的冲击疲劳试验，常在多次冲击试验机上进行的，并用冲击疲劳曲线即冲击吸收功 A－冲断次数 N 曲线来表示。试验结果表明，与一般疲劳曲线相似，随冲击吸收功 A 的减少、冲断次数 N_{f} 不断增加，并可通过冲击疲劳曲线确定材料的冲击疲劳极限。在冲击能量高时，材料的冲击疲劳抗力主要取决于其塑性；而冲击能量低时，则主要取决于其强度。

5.4　疲劳裂纹扩展

由第 4 章的断裂准则可知，当构件中存在裂纹并且外加应力达到临界值时，就会发生裂纹的失稳扩展，从而造成结构件的破坏。不过，在绝大多数情况下，这种宏观的临界裂纹都是零件在服役过程中由萌生的小裂纹(如由缺口处)逐渐长大而成的，即亚临界(稳态)裂纹的扩展。因此对含有原始裂纹或缺陷的零件，从预防发生破坏角度看，更为重要的是对裂纹

的亚稳态扩展进行研究。这是因为如果零件中有一个大到足以在服役载荷下立即破坏的裂纹或类似缺陷,则这类缺陷完全可能被无损检测手段发现,从而在破坏前就被修理或报废。

从疲劳断口分析可知,疲劳破坏过程常由裂纹萌生、亚稳态扩展及最后失稳扩展等三个阶段所组成。虽然工程结构的疲劳寿命大部分消耗在裂纹很小甚至检查不出来的初期扩展阶段,但在给定载荷下含裂纹构件的裂纹扩展速率会越来越大,因此研究疲劳裂纹的扩展规律、扩展速率及其影响因素,对延长疲劳寿命、预测构件的剩余疲劳寿命均具有重要意义。

5.4.1 疲劳裂纹扩展试验

疲劳裂纹扩展试验,一般常采用三点弯曲试样、中心裂纹拉伸试样或紧凑拉伸试样。试样先用电火花、铣切或钻孔等方法开缺口,然后利用高频疲劳试验机预制疲劳裂纹。随后,在疲劳试验机上进行固定应力比 R 和应力范围 $\Delta\sigma$ 条件下的循环加载试验,同时利用读数显微镜、电位法、涡流法或声发射法观察并记录裂纹长度 a 随循环周次 N 的变化情况,从而作出疲劳裂纹扩展曲线($a-N$ 曲线),如图 5-28 所示。与此同时,曲线上给定裂纹长度对应点的斜率 $\mathrm{d}a/\mathrm{d}N$ 即为该点的裂纹扩展速率。

由图 5-28 可见,在疲劳试验的初期,裂纹长度随循环次数的变化很小,裂纹扩展速率几乎为零。但随着裂纹长度的增加,疲劳裂纹的扩展速率越来越大;且应力水平越高,裂纹扩展速率也越高。最后裂纹扩展速率 $\mathrm{d}a/\mathrm{d}N$ 增大到无限大,裂纹发生失稳扩展。于是,裂纹扩展速率 $\mathrm{d}a/\mathrm{d}N$ 可表示应力范围 $\Delta\sigma$ 和裂纹长度 a 的函数,即

$$\frac{\mathrm{d}a}{\mathrm{d}N}=f(\Delta\sigma,a) \tag{5-40}$$

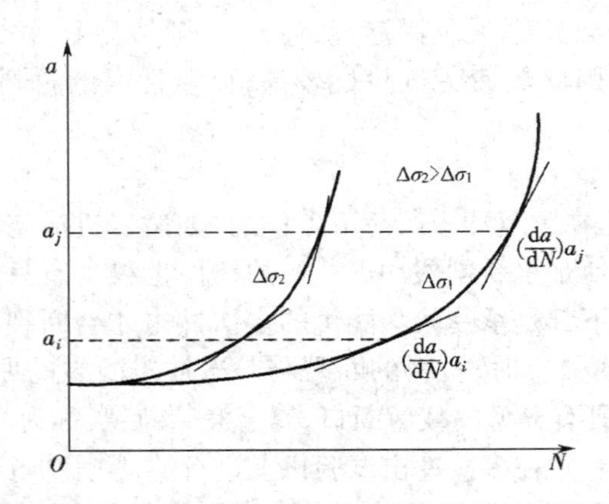

图 5-28 疲劳裂纹长度与加载循环次数的关系示意图

为综合应力范围 $\Delta\sigma$ 和裂纹长度 a 对裂纹扩展速率 $\mathrm{d}a/\mathrm{d}N$ 的影响,Paris 将断裂力学理论引入到疲劳裂纹扩展过程(将裂纹扩展的每一微小过程看成是裂纹体小区域的断裂过程)的研究中,并提出裂纹顶端应力强度因子的幅度 $\Delta K(K_{\max}-K_{\min})$ 是决定疲劳裂纹扩展速率的主要力学参量。考虑到式(4-60)的应力强度因子 $K=Y\sigma\sqrt{\pi a}$,应力强度因子的幅度 ΔK 可表示为

$$\Delta K=K_{\max}-K_{\min}=Y\sigma_{\max}\sqrt{\pi a}-Y\sigma_{\min}\sqrt{\pi a}=Y\Delta\sigma\sqrt{\pi a} \tag{5-41}$$

于是,式(5-40)改写为

$$\frac{da}{dN}=f(\Delta K) \tag{5-42}$$

即裂纹扩展速率是由裂纹顶端的应力强度因子幅度 ΔK 所决定的。Paris 的这一里程碑式的发现，在随后的重复试验中得到了证实，从而从力学上了阐明了疲劳裂纹扩展的本质并为在工程应用上利用 ΔK 估算工程构件的疲劳寿命奠定了基础。

5.4.2　疲劳裂纹扩展速率

利用图 5-28 的疲劳裂纹扩展曲线，分别计算出不同裂纹长度下的裂纹扩展速率 da/dN 与应力强度因子幅度 ΔK，接着作出 $\lg(da/dN)-\lg \Delta K$ 的关系曲线，如图 5-29 所示。由该图可见，疲劳裂纹扩展速率曲线可分为Ⅰ、Ⅱ、Ⅲ三个区段。在Ⅰ、Ⅲ区，ΔK 对 da/dN 的影响很大；在Ⅱ区，ΔK 与 da/dN 在双对数坐标上呈直线关系。

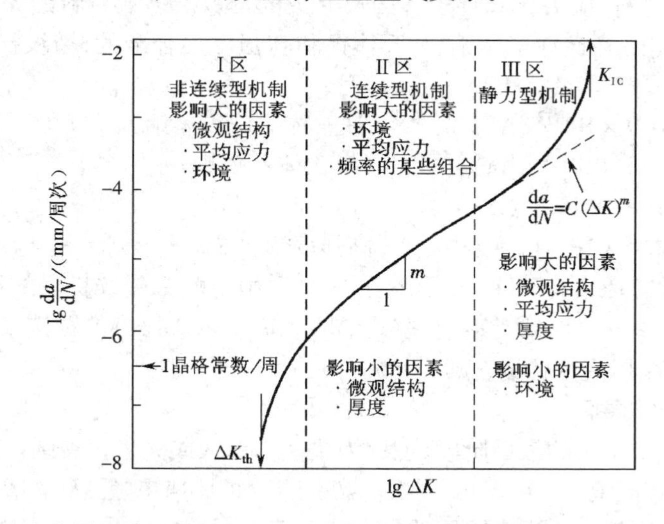

图 5-29　疲劳裂纹扩展速率 $\lg da/\lg dN$ 与应力强度因子幅度 $\lg \Delta K$ 的关系曲线

1. Ⅰ区或近门槛区

Ⅰ区为疲劳裂纹扩展的初始阶段，当 $\Delta K \leqslant \Delta K_{th}$ 时，$da/dN=0$，表示裂纹不扩展；当 $\Delta K>\Delta K_{th}$ 时，$da/dN>0$，疲劳裂纹才开始扩展。因此，ΔK_{th} 是疲劳裂纹不发生扩展的 ΔK 临界值，于是称为疲劳裂纹扩展门槛值。由于Ⅰ区接近于 ΔK_{th}，故Ⅰ区又可称为近门槛区。

ΔK_{th} 的物理意义表示材料阻止疲劳裂纹开始扩展的性能，也是材料的力学性能指标，其值越大，表明阻止疲劳裂纹开始扩展的能力就越强。ΔK_{th} 与疲劳极限 σ_{-1} 有些相似，都是表示无限寿命的疲劳性能，也都受材料成分和组织、载荷条件及环境因素的影响。但 σ_{-1} 是光滑试样的无限寿命疲劳强度，用于传统的疲劳强度设计和校核；而 ΔK_{th} 是裂纹试样的无限寿命疲劳性能，适用于裂纹件的设计和校核。因此可根据 ΔK_{th} 的定义建立裂纹试件不发生疲劳断裂（无限寿命）的校核公式：

$$\Delta K=Y\Delta\sigma\sqrt{\pi a}\leqslant \Delta K_{th} \tag{5-43}$$

于是可在已知裂纹件的裂纹尺寸 a 或疲劳载荷范围 $\Delta\sigma$ 及材料的疲劳裂纹扩展门槛值 ΔK_{th} 条件下，根据式(5-43)计算裂纹件不发生疲劳断裂时的承载能力或允许的裂纹尺寸。

但在实际测定材料的 ΔK_{th} 值时，很难做到 $da/dN=0$ 的情况。于是在试验时，常规定在平面应变条件下对应于 $da/dN=2.5\times10^{-10}$ m/周次（即每循环一个周次，裂纹只扩展一个间距)的 ΔK 为 ΔK_{th},称为工程(或条件)疲劳裂纹扩展门槛值。工程金属材料的 ΔK_{th}很小,约为 K_{IC}的5%～10%。如钢的 ΔK_{th}通常小于9 MPa·m$^{1/2}$,而铝合金的 ΔK_{th}通常小于4 MPa·m$^{1/2}$。

2. Ⅱ区或稳态扩展区

Ⅱ区是疲劳裂纹扩展的主要阶段,占据了亚稳扩展的绝大部分,决定了疲劳裂纹扩展寿命的主要部分,也称为稳态扩展区。该区的疲劳裂纹扩展速率 da/dN 较大,为 10^{-8}～10^{-6} m/周次。

在Ⅱ区,裂纹扩展速率在 $\lg(da/dN)-\lg\Delta K$ 双对数坐标上呈一直线关系。于是 Paris 提出了疲劳裂纹扩展速率的著名经验公式:

$$da/dN = C(\Delta K)^m \tag{5-44}$$

式中:C、m 均为与材料、应力比和环境等因素有关的常数。多数材料的 m 值在2～4变化。如铁素体-珠光体钢、奥氏体不锈钢、马氏体钢和高强度铝合金的,裂纹扩展速率的经验公式分别为

$$da/dN = 6.9\times10^{-12}(\Delta K)^{3.0} \quad \text{(铁素体-珠光体钢)}$$

$$da/dN = 5.6\times10^{-12}(\Delta K)^{3.25} \quad \text{(奥氏体不锈钢)}$$

$$da/dN = 1.35\times10^{-10}(\Delta K)^{2.25} \quad \text{(马氏体钢)}$$

$$da/dN = 1.6\times10^{-1}(\Delta K)^{3.0} \quad \text{(高强度铝合金)}$$

不过需要注意的是,式(5-44)的 Paris 公式只适用于疲劳裂纹扩展的第Ⅱ阶段,且仅适用于低应力($\sigma_s > \sigma \geqslant \sigma_{-1}$)、低扩展速率($da/dN < 10^{-5}$ m/周次)的范围及较长的疲劳寿命($N_f > 10^4$ 周次)即高周疲劳的场合。

3. Ⅲ区或快速扩展区

Ⅲ区是疲劳裂纹扩展的最后阶段,也称为快速扩展区或失稳扩展区。在该区域,裂纹扩展速率 da/dN 常大于 10^{-6}～10^{-5} m/周次。疲劳裂纹扩展速率随 ΔK 的增大而迅速升高,只需循环很少周次就可使应力强度因子的最大值 $K_{max}=\sigma_{max}(\pi a)^{1/2}$达到材料的断裂韧性 K_{IC},从而使试件或零件发生失稳断裂。

从疲劳裂纹扩展的微观机理和断口特征看,在Ⅰ区的疲劳断口上常看到非连续的、解理小平面特征;在Ⅱ区的断口上主要呈连续发展的疲劳条带特征;而在Ⅲ区的断口上会出现大量的韧窝特征,属于静载断裂机制。

5.4.3 疲劳裂纹扩展速率的影响因素

实验研究表明,疲劳裂纹扩展速率除与应力场强度因子幅度 ΔK 有关外,还会受到材料显微组织、应力比和环境等内外因素的影响。从材料看,影响 da/dN 的因素主要有夹杂物、脆性相、基体组织以及表面强化处理等。从力学条件看,影响因素主要有平均应力(或应力比)、过载峰等。

1. 应力比 R(平均应力 σ_m)的影响

由于 $\sigma_m=\sigma_{min}+\sigma_a=\dfrac{1+R}{1-R}\sigma_a$,于是在 σ_a 一定的条件下 σ_m 随应力比 R 的增大而增高,因此平均应力 σ_m 和应力比 R 具有等效性。

由于压应力使裂纹闭合而不会使裂纹扩展,所以应力比 R 对 da/dN 的影响都是在 $R>0$ 的情况下进行的。

应力比对疲劳裂纹扩展速率曲线的影响，如图5-30所示。由图可见，随应力比的增加，扩展速率曲线向左上方移动，使 $\mathrm{d}a/\mathrm{d}N$ 升高，而且对曲线上Ⅰ、Ⅲ区的影响比对Ⅱ区的影响大。在Ⅰ区，ΔK_{th} 值随应力比的升高而下降，其影响规律为

$$\Delta K_{th}=\left(\frac{1-R}{1+R}\right)^{1/2}\Delta K_{th0} \tag{5-45}$$

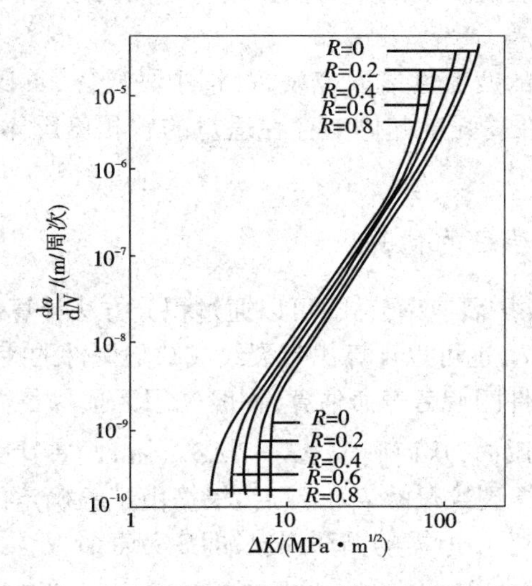

图5-30　应力比对疲劳裂纹扩展速率的影响

式中：ΔK_{th0} 是脉动循环（$R=0$）下的疲劳裂纹扩展门槛值。

Forman考虑了应力比和断裂韧性对 $\mathrm{d}a/\mathrm{d}N$ 的影响，对Paris公式做出了如下修正

$$\frac{\mathrm{d}a}{\mathrm{d}N}=\frac{C(\Delta K)^m}{(1-R)K_{\mathrm{IC}}-\Delta K} \tag{5-46}$$

对式(5-46)的分母进行变换，可得

$$(1-R)K_{\mathrm{IC}}-\Delta K=\frac{\Delta K}{K_{max}}K_{\mathrm{IC}}-\Delta K=\frac{\Delta K}{K_{max}}(K_{\mathrm{IC}}-\mathrm{K}_{max}) \tag{5-47}$$

可见，当 K_{max} 达到材料的断裂韧性 K_{IC} 时，式(5-46)的分母为零，$\mathrm{d}a/\mathrm{d}N$ 趋于无穷大，裂纹发生失稳扩展至断裂，即可确定出Ⅲ区的上限。若进一步考虑Ⅰ区的门槛值 ΔK_{th}，式(5-46)可进一步改写为

$$\frac{\mathrm{d}a}{\mathrm{d}N}=\frac{C[(\Delta K)^m-(\Delta K_{th})^m]}{(1-R)K_{\mathrm{IC}}-\Delta K} \tag{5-48}$$

显然，当 ΔK 趋近于 ΔK_{th} 时，$\mathrm{d}a/\mathrm{d}N$ 趋于零。于是式(5-46)和式(5-48)的Forman公式很好地描述了应力比对裂纹扩展速率的影响。

当工件内部存在残余应力时，残余应力可与外加的循环应力叠加从而改变实际循环载荷的应力比，所以也会影响裂纹扩展速率 $\mathrm{d}a/\mathrm{d}N$ 和门槛值 ΔK_{th}。残余压应力的存在会使应力比 R 减小，从而使 $\mathrm{d}a/\mathrm{d}N$ 降低、门槛值 ΔK_{th} 升高，因此有利于工件疲劳寿命的提高；相反，残余拉应力会使应力比 R 增大，使 $\mathrm{d}a/\mathrm{d}N$ 升高、门槛值 ΔK_{th} 降低，从而不利于疲劳寿命的提高。于是在实际生产中，总是采用喷丸、滚压等表面强化处理工艺使工件表面形成残余压应力，以便降低工件的疲劳裂纹扩展速率，提高其疲劳寿命。

2. 材料组织的影响

在疲劳裂纹扩展过程中，材料组织对Ⅰ、Ⅲ区的 $\mathrm{d}a/\mathrm{d}N$ 影响比较明显，而对Ⅱ区的 $\mathrm{d}a/$

dN 影响不太明显。

由于Ⅰ区的裂纹扩展对构件的疲劳安全性更为重要，所以有很多研究侧重材料组织对疲劳裂纹扩展门槛值 ΔK_{th} 的影响。如晶粒越粗大，材料的 ΔK_{th} 越大，da/dN 越低。这个规律正好与晶粒对屈服强度的影响规律相反，因此在选用材料、控制材料晶粒度时，提高疲劳裂纹萌生抗力与提高疲劳裂纹扩展抗力间存在截然不同的途径。实际中常采用折中方法，或抓主要矛盾来处理问题。

对等温淬火高强度钢的疲劳性能研究发现，钢中马氏体、贝氏体和残余奥氏体对 ΔK_{th} 的贡献比例为1∶4∶7。即在高强度基体上存在适量的软相奥氏体，可以抑制裂纹在Ⅰ区扩展，使其 ΔK_{th} 提升。

5.4.4 疲劳裂纹扩展寿命的估算

根据 Paris 的疲劳裂纹扩展速率公式，可以通过积分方法计算出构件的疲劳裂纹扩展寿命(crack propagation life) N_f，也可以计算出带裂纹或缺陷构件的疲劳寿命 N_f。

对于带裂纹或缺陷构件的疲劳寿命估算，一般先用无损探伤方法确定构件的初始裂纹尺寸 a_0 及其形状、位置和取向，从而确定 $\Delta K = Y\Delta\sigma\sqrt{\pi a}$ 的表达式。再根据材料的断裂韧性 K_{IC} 及工作应力确定临界裂纹尺寸 a_c。然后，根据由试验确定的疲劳裂纹扩展速率表达式，用积分方法计算从 a_0 到 a_c 所需的循环周次，即疲劳寿命 N_f。

在选择疲劳裂纹扩展速率表达式时，常选用 Paris 公式。若取 $\Delta K = Y\Delta\sigma\sqrt{\pi a}$，则有

$$\frac{da}{dN} = C(Y\Delta\sigma\sqrt{\pi a})^m \tag{5-49}$$

对式(5-49)进行变换得

$$dN = \frac{da}{CY^m \pi^{m/2} (\Delta\sigma)^m a^{m/2}} \tag{5-50}$$

当 $m \neq 2$ 时，对式(5-50)进行积分可得

$$N_f = \int_0^{N_f} dN = \int_{a_0}^{a_c} \frac{da}{CY^m \pi^{m/2} (\Delta\sigma)^m a^{m/2}} = \frac{a_c^{1-\frac{m}{2}} - a_0^{1-\frac{m}{2}}}{\left(1-\frac{m}{2}\right) CY^m \pi^{m/2} (\Delta\sigma)^m} \tag{5-51}$$

当 $m = 2$ 时，对式(5-50)进行积分可得

$$N_f = \frac{\ln \frac{a_c}{a_0}}{CY^2 \pi (\Delta\sigma)^2} \tag{5-52}$$

假定有一很宽的 SAE1020(相当于国产 20 钢)冷轧钢板受到恒幅轴向变动载荷作用，变动载荷中 $\sigma_{max} = 200$ MPa，$\sigma_{min} = -50$ MPa。已知这种钢的静强度 $\sigma_s = 630$ MPa，$\sigma_b = 670$ MPa，$E = 207$ GPa，$K_{IC} = 104$ MPa·m$^{1/2}$，如钢板的原始裂纹不大于0.5 mm，试问该钢板的疲劳寿命是多少？

在解答这个问题以前，有几个问题要搞清楚：①对这种零件和载荷，可用的应力强度因子表达式是什么？②用什么方程表达裂纹的扩展规律？③如何积分这个方程？④多大的 ΔK 值会引起断裂？⑤腐蚀和温度的影响如何？

现在首先假定不涉及腐蚀环境，钢板主要在室温下工作，裂纹扩展速率暂用 Paris 方程。因裂纹很短，可将钢板视为无限宽平板；单边缺口轴向拉伸条件下裂纹的应力强度因子幅度

$$\Delta K = Y\Delta\sigma(\pi a)^{1/2}$$

其中 $Y = 1.12$。

在 ΔK 的计算过程中，当 $R > 0$ 时，$\Delta K = K_{max} - K_{min}$；当 $R \leqslant 0$ 时，$\Delta K = K_{max}$。这是由于在压应力作用下裂纹面是闭合的，裂纹不会发生扩展。在本问题中 $\sigma_{min} = -50$ MPa，$\sigma_{max} = 200$ MPa，起始裂纹长度 $a_0 = 0.5$ mm，则裂纹的初始应力强度因子幅度

$$\Delta K_0 = K_{max} - 0 = 1.12 \times 200 \times [\pi(0.005)]^{1/2} = 9\ \text{MPa} \cdot \text{m}^{1/2}$$

因为 $\Delta K_0 > \Delta K_{th}$，所以 Paris 公式是可用的。

临界裂纹长度 a_c，可利用 $K_{max} = K_{IC}$ 经计算求得

$$a_c = \frac{1}{\pi}\left(\frac{K_{IC}}{\sigma_{max} Y}\right)^2 = \frac{1}{\pi}\left(\frac{104}{200 \times 1.12}\right)^2 = 0.068\ \text{m} = 68\ \text{mm}$$

将 $\Delta K = Y\Delta\sigma(\pi a)^{1/2}$ 代入到 Paris 公式可

$$\frac{da}{dN} = C(\Delta K)^m = C[Y\Delta\sigma(\pi a)^{1/2}]^m = CY^m(\Delta\sigma)^m(\pi a)^{m/2}$$

对上式进行积分可得

$$N_f = \int_0^{N_f} dN = \int_{a_0}^{a_c} \frac{da}{CY^m(\Delta\sigma)^m(\pi a)^{m/2}} = \frac{1}{CY^m(\Delta\sigma)^m \pi^{m/2}} \int_{a_0}^{a_c} \frac{da}{a^{m/2}}$$

如 $m \neq 2$，则

$$N_f = \frac{a_c^{1-\frac{m}{2}} - a_0^{1-\frac{m}{2}}}{\left(1 - \frac{m}{2}\right) CY^m (\Delta\sigma)^m \pi^{m/2}}$$

如取铁素体 - 珠光体钢的裂纹扩展速率经验方程即 $C = 6.9 \times 10^{-12}$，$m = 3$；同时考虑到 $\Delta\sigma = 200 - 0 = 200$ MPa。将数据代入上式可得

$$N_f = \frac{(0.068)^{-\frac{3}{2}+1} - (0.000\ 5)^{-\frac{3}{2}+1}}{\left(-\frac{3}{2} + 1\right) \times (6.9 \times 10^{-12}) \times (1.12)^3 \times (200)^3 \pi^{3/2}} = 189\ 000\ \text{周次}$$

如假定材料的 K_{IC} 增加到二倍或减小到二分之一，即 $K_{IC} = 208$ MPa · m$^{1/2}$ 或 $K_{IC} = 52$ MPa · m$^{1/2}$，经上述计算可知临界裂纹长度分别为 $a_{c1} = 270$ mm，$a_{c2} = 17$ mm；疲劳寿命 $N_{f1} = 198\ 000$ 周次，$N_{f2} = 171\ 000$ 周次。由此可以看出，当材料的 K_{IC} 增加到二倍或减小到二分之一时，临界裂纹长度将增加到四倍或减小到四分之一，然而构件的疲劳寿命却只改变不到 10%。

另外，如果假定钢板中的原始裂纹长度增至 2.5 mm，则疲劳寿命将仅为 75 000 周次。这说明构件的初始裂纹长度对疲劳寿命的影响很大，而断裂韧性即使有显著改变，对疲劳寿命的影响也不大。不过在疲劳设计中，仍希望选用断裂韧性较高的材料，因为断裂前有较大的临界裂纹长度使得容易检查和监测。

在实际构件的疲劳裂纹扩展寿命估算中，还需要考虑到构件的工作环境介质、温度、循环加载频率、应力变化谱、材质不均匀性等因素的影响，以便更准确地计算构件的疲劳寿命。

5.5　疲劳裂纹的萌生与扩展机理

在 5.4 节中讨论了在构件中已存在宏观裂纹时的疲劳裂纹扩展问题；然而对于宏观均

匀的材料，构件中的疲劳裂纹都是经由微观裂纹的形核或裂纹萌生、微(短)裂纹的扩展而逐渐发展成为长裂纹的。并且在开始不存在长裂纹的构件中，疲劳裂纹萌生及短裂纹扩展的寿命在疲劳总寿命占有很大的份额。于是研究裂纹的萌生与扩展机制，对认识疲劳本质、分析疲劳原因进而采取强韧化措施延长构件的疲劳寿命具有重要的意义。

5.5.1 疲劳裂纹的萌生

宏观疲劳裂纹都是由微观裂纹的形成、长大及连接而成的。但是，要严格区分疲劳裂纹的萌生与扩展，目前尚没有统一的裂纹尺度标准。于是常将疲劳裂纹核的临界尺寸定为0.05～0.1 mm，并由此确定疲劳裂纹萌生期。

试验研究表明，微观疲劳裂纹都是由不均匀的局部滑移和显微开裂引起的，主要方式有表面滑移带开裂、第二相或夹杂物本身的断裂或与基体相界面开裂以及晶界或亚晶界开裂等。

1. 滑移带开裂产生裂纹

大量试验表明，在循环载荷($\sigma > \sigma_R$)长期作用下，即使循环应力低于材料的屈服强度，也会发生循环滑移并形成循环滑移带。与静载荷下的均匀滑移带(图5-31)相比，变动载荷下的循环滑移带是极不均匀的，总是分布在某些局部薄弱区域(图5-31)。滑移开始时，每一周次下的滑移变形量很小，且变形是可逆的；然而在经过许多次变形后，滑移就变成不可逆的了。滑移产生的表面凸起(台阶)经过表面抛光后虽能暂时去除，但对试样重新循环加载时循环滑移带又会在原处出现。这种永留或再现的循环滑移带称为驻留滑移带，驻留滑移带的出现标志着疲劳损伤已经开始。

随着加载循环次数的增加，驻留滑移带会不断地加宽，并且会出现挤出脊和侵入沟(图5-31)。侵入沟就像尖锐的缺口，应力集中很高，于是经过一定循环后疲劳裂纹就会在此处萌生。挤出脊和侵入沟的形成，可用提出柯垂尔(A. H. Cottrell)和赫尔(D. Hull)的交叉滑移模型来说明，如图5-32所示。在拉应力的半周期内，先在取向最有利的滑移面上位错源S_1被激活，当它增殖的位错滑动到表面时，便在P处留下一个滑移台阶，如图5-32(a)所示。在同一半周期内，随着拉应力增大，在另一个滑移面上的位错源S_2也被激活，当它增殖的位错滑动到表面时，在Q处留下一个滑移台阶；与此同时，后一个滑移面上位错运动使第一个滑移面错开造成位错源S_1与滑移台阶P不再处于同一个平面内，如图5-32(b)所示。在压应力的半周期内，位错源S_1又被激活，位错沿相反方向滑动，在晶体表面留下一个反向滑移台阶P'，于是P处形成一个侵入沟；与此同时，也造成位错源S_2与滑移台阶Q不再处于一个平面内，如图5-32(c)所示。同一个半周期内，随着压应力增加，位错源S_2又被激活，位错沿相反方向运动，滑出表面后留下一个反向的滑移台阶Q'，于是在此处形成一个挤出脊，如图5-32(d)所示。经过一次载荷循环后，位错源S_1回到原来位置，与滑移台阶P处于一个平面内。若载荷如此不断循环下去，挤出脊高度和侵入沟深度将不断增加，而宽度不变。

由上可见，交叉滑移模型从几何和能量上看是可能的，但它所产生的挤出脊和侵入沟是分别出现在两个滑移系统中，这与实际情况不大一致，因为试验中看到的挤出脊和侵入沟常常在同一滑移系统的相邻部位上(图5-31)。

不过许多试验证实，疲劳裂纹的形成和位错交滑移的难易程度有关。容易交滑移的单相合金，容易形成疲劳裂纹。所以只要能提高材料的滑移抗力(如采用固溶强化、细晶强化等手段)，均可以阻止疲劳裂纹的萌生，提高材料的疲劳强度。

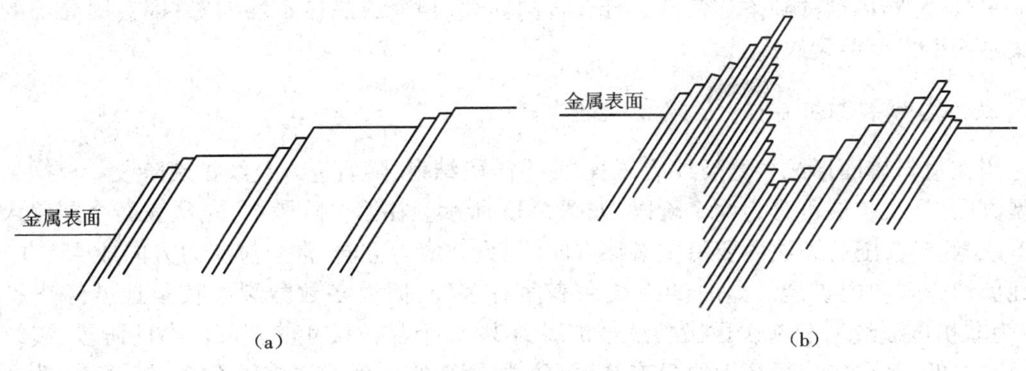

图 5-31　延性金属中外载荷造成的滑移

(a)静应力　(b)循环应力

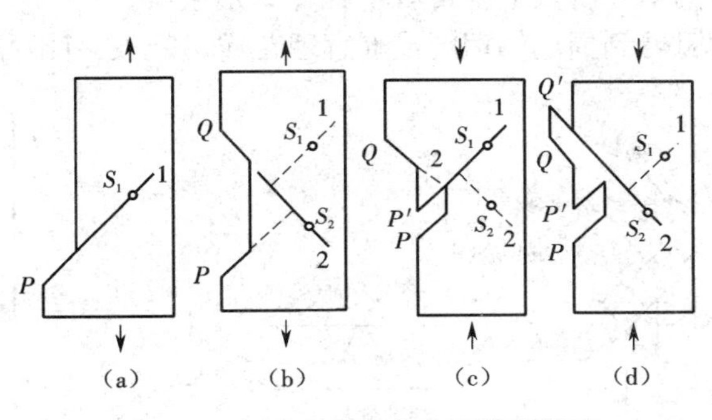

图 5-32　柯垂尔 – 赫尔交叉滑移模型

(a)拉应力下位错源 S_1 被激活，留下台阶 P　(b)拉应力下位错源 S_2 被激活，留下台阶 Q

(c)压应力下位错源 S_1 又被激活，形成侵入沟　(d)压应力下位错源 S_2 又被激活，形成挤出脊

2. 相界面开裂产生裂纹

在疲劳失效分析中，常常发现很多疲劳源都是由材料中的第二相或夹杂物引起的，这是由于塑性变形过程中第二相（或夹杂物）质点本身破裂或第二相（或夹杂物）与基体界面脱离造成的。因此，疲劳裂纹的萌生也可由第二相、夹杂物本身的开裂或第二相、夹杂物与基体界面的开裂而形成。

从第二相或夹杂物可引发疲劳裂纹的机制来看，只要能降低第二相或夹杂物的脆性，提高相界面强度，控制第二相或夹杂物的数量、形态、大小和分布，使之呈现“少、圆、小、匀”状态，均可抑制或延缓疲劳裂纹在第二相或夹杂物附近的萌生，提高材料的疲劳强度。

3. 晶界开裂产生裂纹

对多晶体材料，由于材料内部晶界的存在及相邻晶粒取向的不同，位错在某一晶粒内运动时会受到晶界的阻碍作用，从而在晶界处发生位错塞积和应力集中现象。在循环应力的作用下，由于晶界处的应力集中得不到松弛，应力集中程度越来越高，当超过晶界强度时就会在晶界处产生裂纹。

从晶界萌生疲劳裂纹机制看，凡使晶界弱化和晶粒粗化的因素如晶界有低熔点夹杂物等有害元素、成分偏析、晶界析氢及晶粒粗化等，均易使晶界产生开裂、降低材料的疲劳强度；反之，凡使晶界强化、净化和细化晶粒的因素均能抑制晶界裂纹的形成，提高其疲劳强度。

另外,材料内部的缺陷如气孔、分层、各向异性、相变或晶粒不均匀等,都会因局部的应力集中而引发疲劳裂纹。

5.5.2 疲劳裂纹扩展的方式和机理

当在材料表面形成显微裂纹后,裂纹萌生阶段结束,随后进入裂纹扩展阶段。根据裂纹扩展方向,裂纹扩展可分为两个阶段,如图 5-33 所示。在第一阶段中,先从表面个别侵入沟处形成微裂纹,随后裂纹主要沿主滑移方向(最大切应力方向,常与拉应力方向成 45°方向)以纯剪切方式向内扩展。这时的裂纹在表面有多处,但大多数微裂纹较早地就停止扩展(成为非扩展裂纹),只有少数微裂纹会扩展到 2 ~ 3 个晶粒尺寸的范围。在此阶段,裂纹扩展速率很低,每一应力循环大约只有 0.1 μm 数量级的扩展。许多铁合金、铝合金、钛合金中都可观察到第一阶段的裂纹扩展;但对缺口试样,第一阶段的裂纹扩展很短甚至不出现。从断口看,在裂纹扩展的第一阶段上常常看不到什么形貌特征,只有一些擦伤的痕迹;但在一些强化材料中,有时可看到周期解理的或准解理花样,甚至还有沿晶开裂的冰糖状花样。

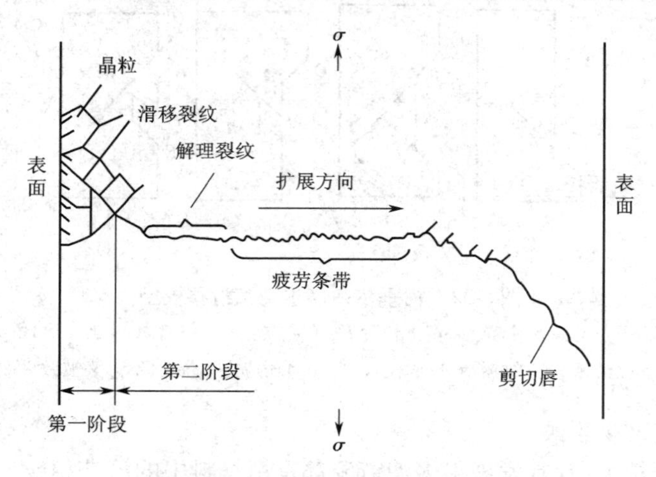

图 5-33 疲劳裂纹扩展的两个阶段

当第一阶段裂纹扩展时,由于晶界的阻碍作用,裂纹扩展逐渐转向垂直于拉应力的方向,从而进入第二阶段扩展。在第二阶段中,通常只有一个裂纹扩展,裂纹的扩展速率为 $10^{-8} \sim 10^{-6}$ m/次,正好与图 5-29 所示的Ⅱ区相对应,所以第二阶段应是疲劳裂纹亚稳扩展的主要部分。从断口特征看,第二阶段的断口略显弯曲且相互平行的沟槽花样,称为疲劳条带(条纹)。它是裂纹扩展时留下的微观痕迹,每一条带可以视为一次应力循环的扩展痕迹,裂纹的扩展方向与条带垂直。因此在疲劳失效分析中,常利用疲劳条带的间宽与 ΔK 的关系来分析疲劳破坏时构件承受的实际应力水平。

不过应当指出,疲劳条带与 5.1 节提到的宏观疲劳断口中的贝纹线并不是一回事,疲劳条带是疲劳断口的微观特征,而贝纹线是疲劳断口的宏观特征,在相邻贝纹线之间可能有成千上万的疲劳条带。在疲劳断口上两者可以同时出现,即宏观上既可以看到贝纹线,微观上又可看到疲劳条带;两者也可以不同时出现,即在宏观上有贝纹线而在微观上却看不到疲劳条带,或者宏观上看不到贝纹线而在微观上却看到疲劳条带。这种不完全对应的现象,在进行疲劳断口分析时特别值得注意,千万不可因此而做出片面的结论。

对第二阶段疲劳裂纹扩展中形成的疲劳条带,可用 Laird 的塑性钝化模型来说明(图 5-

34)。当交变应力为零时,裂纹处于闭合的状态(图 5-34(a))。当拉应力增加时,裂纹张开,且顶端沿最大切应力方向产生滑移(图 5-34(b))。当应力继续增至最大值时,裂纹张开最大,相应的塑性变形范围也随之扩大。由于塑性变形,裂纹顶端钝化,应力集中减少(图 5-34(c))。当应力反向时,滑移方向也改变,裂纹表面被压拢(图 5-34(d))。当压应力为最大值时,裂纹便完全闭合,并恢复到原始状态,但裂纹却扩展了一个相当于裂纹扩展速率数值的增量(图 5-34(e))。由此可见,应力循环一个周期,裂纹向前扩展一个条带的距离,在断口就留下一条疲劳条带。如此反复进行,裂纹不断地向前扩展,在断口上便不断形成新的条带;裂纹扩展越快,疲劳条带就越宽。

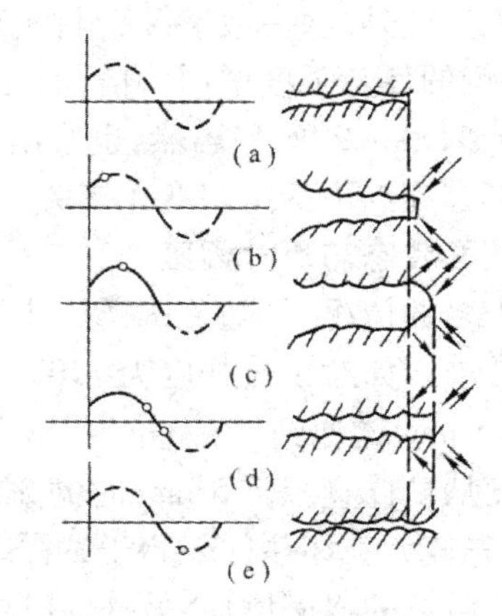

图 5-34　Laird 疲劳裂纹扩展模型

(a)裂纹处于闭合状态　(b)裂纹张开、产生滑移
(c)裂纹张开最大　(d)裂纹表面被压拢
(e)裂纹完全闭合

5.6　疲劳强度的影响因素与改善措施

由疲劳裂纹的萌生和扩展机制及疲劳断口的特征可以看出,疲劳断裂一般是从材料表面的应力集中处或材料缺陷处发生的,有时也从材料内部缺陷处开始的。因而材料的疲劳极限不仅对材料的成分、组织结构等内部因素很敏感,而且对工作条件、加工处理条件等外部因素很敏感。

5.6.1　疲劳强度的影响因素

大量试验结果研究表明,影响材料疲劳极限的主要因素可分为外在因素和内在因素两类。外在因素有载荷特性(应力状态、应力循环对称系数、过载持久值、过载损伤、次载锻炼)、载荷谱、交变频率、试验温度和环境介质等工作条件及尺寸因素、表面光洁度、加工工艺、残余应力、表面处理等表面状态与尺寸因素。内在因素主要有化学成分、金相组织、内部缺陷等。

1. 工作条件

交变频率对疲劳极限的影响,主要与材料在每一循环周期内的塑性变形量即所受的疲劳损伤有关。当交变频率高时,材料所受的总损伤较少,所以疲劳极限提高;而频率过低时,除影响材料所受的疲劳损伤外,还与空气中腐蚀时间较长有关,因而疲劳极限将会降低。

材料在低于或接近于疲劳极限的应力下运转一定循环次数后疲劳极限出现提高的现象,称为次载锻炼;反之,在超过材料疲劳极限的应力下运转一定循环次数后出现疲劳极限降低的现象,则称为过载损伤。不过,次载锻炼与过载损伤的效果与材料本身性能及加载应力和运转次数有关。通常认为,当次载锻炼周次一定时,塑性大的材料,次载锻炼的下限应力值要高些;而强度高塑性低的材料(如低温回火状态)只需要较少的锻炼周次,但调质状态的钢却需要较长的锻炼周次。

试验温度升高，一般情况下材料的疲劳强度会下降。如温度由 20 ℃下降到 -180 ℃时，结构钢的疲劳强度增加一倍；而当温度升高到 300 ℃以上后，每升高 100 ℃钢的疲劳强度将降低 15% ~20%。当然，也会出现温度升高，材料疲劳强度增加的反常现象，这可能与材料内部在高温下的组织变化有关。

2. 表面状态与尺寸因素

在大多数情况下，随着试样尺寸的增加，材料的疲劳极限降低，这便是所谓的尺寸因素或尺寸效应。如对抗拉强度为 740 MPa 的某合金钢做旋转弯曲疲劳试验时发现，当试样直径从 12.5 mm 增加到 230 mm 时，疲劳极限则从 400 MPa 降低到 265 MPa；普通正火碳钢的疲劳强度从试样直径 7.5 mm 时的 50 MPa 降低到试样直径为 150 mm 时的 150 MPa。究其原因，首先疲劳破坏往往起始于试样表面，试样尺寸增加时，材料的表面积增加，这就使材料产生疲劳破坏的概率增加；另外，在试样表面拉应力相同情况下大试样从表面到中心的应力梯度小，处于高应力区的表层体积大，因而在变动载荷下受到损伤的区域大，于是材料的疲劳极限会下降。

表面状态对材料的疲劳极限有着极大的影响，这主要是由于在变动载荷下材料的不均匀滑移只要集中在材料表面，疲劳裂纹也常常产生于试样表面。因此，材料表面的擦痕、刀痕、磨痕等都可能会像微小而锋利的缺口一样引起应力集中，从而使疲劳极限降低。表面光洁度越高，材料的疲劳极限越高；相反地，材料表面加工得越粗糙，其疲劳极限越低。材料强度越高，表面光洁度对疲劳极限的影响越显著。因此，用高强度材料制造的在变动载荷下服役的构件，其表面必须经过仔细的加工，不允许有碰伤或者大的缺陷，否则会使疲劳极限显著降低。

另外，除表面光洁度外，材料的表面状态还包括表层机械性能和应力状态等。通过表面淬火、渗碳、碳氮共渗、氮化等表面热处理及喷丸、滚压等表面变形处理，可提高材料的表面硬度、消除材料的表面缺陷并在材料表面引入残余压应力，从而会大大提高材料的疲劳极限。如经软氮化处理的 QT60 -2 球墨铸铁曲轴的疲劳极限相比未经软氮化的曲轴提高了 45%以上；55SiMn 弹簧钢的疲劳极限为 484 MPa，而经喷丸处理后其疲劳极限提高到 921 MPa。

关于材料化学成分和金相组织对疲劳极限的影响，可参见相关的参考书。

5.6.2 疲劳强度的改善措施

由于疲劳过程的复杂性，目前还很难给出提高材料疲劳抗力的普遍适用原则。不过，从疲劳的分类（高周疲劳、低周疲劳）及疲劳裂纹的形成与扩展等角度，提出提高材料疲劳强度的有效措施。

如果材料或构件承受的应力幅或应变幅很小，交变过程中主要发生的弹性变形，要求材料具有很高的疲劳寿命，则可通过提高材料表面强度的表面处理方法来提高材料对疲劳裂纹形成的抗力，以改善材料的疲劳寿命。表面处理的方法，主要有喷丸、冷滚压、研磨和抛光等机械表面强化方法，火焰和感应加热淬火等表面热处理方法及渗碳、氮化和碳氮共渗等表面化学处理方法等。另外，减少材料内部的夹杂物含量、细化晶粒尺寸、改变显微组织等都可以提高材料的疲劳极限。

对低周疲劳而言，由于加载时的应变幅或应力幅较大，交变过程中会产生塑性变形而使材料中的应力得到松弛，因而使材料表面产生残余压应力的喷丸、滚压和表面化学热处理等对改善高周疲劳性能有效的方法不太适用于低周疲劳。减少材料中夹杂物的含量和分布状态，虽可阻碍裂纹的萌生、一定程度上改善材料的低周疲劳寿命，但其对低周疲劳寿命的影响远小于高周疲劳。原因在于在高周疲劳中，裂纹的萌生占整个疲劳寿命的很大部分；而低周疲劳的寿命主要由裂纹扩展阶段所构成。不过鉴于低周疲劳的特点，提高低周疲劳寿命的根本就是提高材料的塑性或选择塑性较好的材料。

5.7　聚合物的疲劳

与金属材料相比，聚合物的疲劳破坏不仅有由于疲劳裂纹形成和扩展至最后断裂的机械疲劳，还有由大范围滞后发热使聚合物变软的疲劳热破坏现象发生。

5.7.1　聚合物的 $S-N$ 曲线和疲劳热破坏

聚合物的疲劳性能，也可用 $S-N$ 曲线表示。图 5-35 是聚苯乙烯在拉 - 压应力作用下的典型 $S-N$ 曲线，曲线可分为高应力区（I 区）、中应力区（II 区）和低应力区（III 区）等三个阶段。

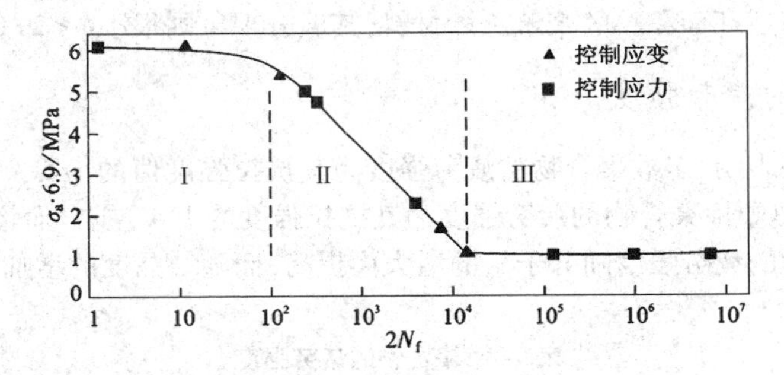

图 5-35　聚苯乙烯拉 - 压疲劳时的 $S-N$ 曲线

在高应力区，外加应力 σ_a 超过了材料的银纹引发应力，因此在疲劳初期试样上便会产生根纹，随之银纹破坏变成裂纹，裂纹快速扩展直至疲劳断裂。在这种情况下，材料的疲劳寿命很短，$S-N$ 曲线相当平坦，断口呈现镜面特征。

在中应力区，此时外加应力 σ_a 为静拉伸强度或屈服应力的 1/2 ~ 1/4。$S-N$ 曲线基本上呈线性下降。在中应力区，材料产生银纹，银纹转变为裂纹及裂纹扩展的速度都比 I 区低。

在低应力区，此时外加应力 σ_a 难以引发银纹。在变动应力作用下，聚合物产生损伤积累及微观结构变化，会形成微孔洞和微裂纹，$S-N$ 曲线接近水平状态。

以上是容易产生银纹的非晶态聚合物（聚苯乙烯）的疲劳过程。对于低应力下易产生银纹的结晶态聚合物的疲劳过程，常出现以下现象：

①疲劳应变软化而不出现应变硬化；

②分子链间剪切滑移，分子链断裂，晶体精细结构发生变化；

③产生显微孔洞（Micro Void）；

④微孔洞复合成微裂纹，进而微裂纹扩展成宏观裂纹。

但是一般刚性聚合物的 $S-N$ 曲线并不出现上图所示的三个阶段，而是如图 5-36 所示。

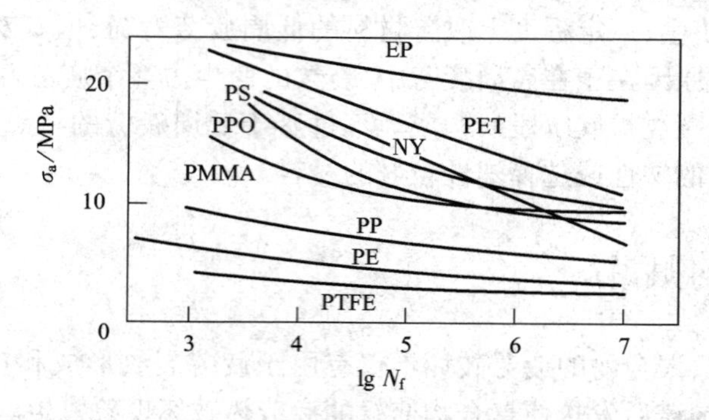

图 5-36　几种刚性聚合物的 $S-N$ 曲线

由于聚合物是滞弹性材料，在变动载荷下具有较大面积的滞后环，这部分能量将会转化为热量；但因聚合物导热性差，致使试样本身温度很快上升，直至高于熔点温度或高于玻璃化转变温度。因此，与金属材料不同的是，热疲劳往往是聚合物疲劳的主要失效机理。例如聚甲基丙烯酸甲酯材料在频率为 30 Hz 和 $\sigma_{max}=15$ MPa 条件下进行疲劳试验时，试样会很快熔化。而对于滞后环面积小的聚苯乙烯材料，其温升现象则很小(<2 ℃)。

5.7.2　聚合物的疲劳强度

大量试验结果表明，多数聚合物的疲劳强度为其抗拉强度值的 1/5 ~ 1/2，见表 5-3。由表 5-3 可以看出，热塑性聚合物的疲劳强度为其抗拉强度的 1/4 左右，而增强热固性的疲劳强度较高。聚合物的疲劳强度随分子量的增大而提高，而随结晶度的增加而降低。

表 5-3　聚合物的疲劳强度

材料	静拉伸强度 σ_b/MPa	疲劳强度 σ_R/MPa	σ_R/σ_b
热塑性聚合物			
醋酸纤维素(CA)	34.5	6.9	0.20
聚苯乙烯(PS)	40.0	8.6	0.21
聚碳酸酯(PC)	68.9	13.7	0.20
聚苯醚(PPO)	72.4	13.7	0.19
聚甲基丙烯酸甲酯(PMMA)	72.4	13.7	0.19
尼龙 -66(PA66)	77.2	23.4	0.30
聚甲醛(POM)	68.9	34.5	0.50
聚四氟乙烯(PTFE)			
40 Hz	20.7	4.1	0.20
30 Hz	20.7	6.2	0.30
20 Hz	20.7	9.6	0.47
热固性聚合物			
玻璃纤维增强环氧树脂(纤维方向随机分布)	186.1	82.8	0.45

5.7.3　聚合物的疲劳裂纹扩展

聚合物的疲劳过程，一般为疲劳应力引发银纹，然后转变为裂纹，裂纹扩展导致疲劳破坏。

聚合物的疲劳裂纹扩展试验结果表明，一般也符合式(5-44)的 Paris 公式 $da/dN = C(\Delta K)^m$。部分聚合物的 $da/dN - \Delta K$ 曲线，如图 5-37 所示。可以看出，聚合物的疲劳裂纹行为与金属材料不同，一般不会出现图 5-29 所示的三个阶段，往往仅出现一个阶段(相当于金属材料的第二阶段)。

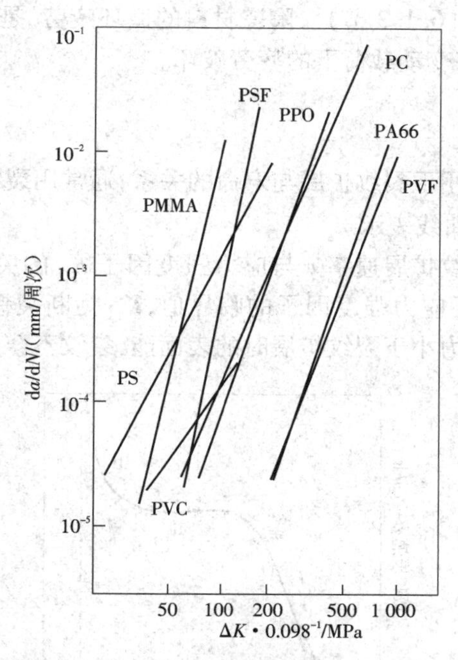

图 5-37　部分聚合物的疲劳裂纹扩展速率 da/dN 与 ΔK 的关系

PVC—聚氯乙烯；PS—聚苯乙烯；PMMA—有机玻璃；PSF—聚砜；

PPO—聚苯醚；PC—聚碳酸酯；PA66—尼龙－66；PVF—聚氟乙烯

在聚合物的疲劳断口上，常有两种条纹特征。一种是疲劳辉纹，它对应于每一周期交变应力作用下疲劳裂纹扩展值。其形成过程为疲劳开始时裂纹顶端的银纹根部破裂，随后裂端银纹张开位移达到极大值，裂纹钝化，此时银纹根部伸长量最大，银纹质最容易断裂。在每次应力周期中，当应力达到最大值时，疲劳裂纹端部向前扩展一定距离(疲劳条纹间距)，从而形成疲劳辉纹。另一种称为斑纹，它对应的疲劳裂纹不是连续的，而呈跳跃式扩展。其扩展过程为经历一定的变动载荷循环后裂纹向前跃迁一次，然后停顿下来。当交变应力周期数再次累积到一定次数后，裂纹再次向前跃进。每次跃进，在断面上形成一条斑纹。需要注意的是跃迁的循环周次不是常数，它受材料结构、循环应力频率、应力强度因子幅度 ΔK 等因素的影响。

由于聚合物结构与力学性能的复杂性，聚合物的疲劳破坏与疲劳裂纹机理，目前还不很清楚，有待进一步深入研究。

5.8　陶瓷材料的疲劳

随着工程结构陶瓷的迅猛发展及在工程应用中的日益扩大，作为陶瓷工程构件的疲劳行为和可靠性已成为陶瓷工程应用的重要课题。

与金属材料的疲劳有所不同,陶瓷材料疲劳的含义更广泛,可分为静态疲劳、动态疲劳和循环疲劳等三类。陶瓷材料的静疲劳是指在持久载荷作用下发生的失效断裂,对应于材料中的应力腐蚀(见第6章)和高温蠕变(见第7章)。陶瓷材料的动态疲劳,是指以恒定的速率加载,研究材料的失效断裂对加载速率的敏感性,类似于材料应力腐蚀研究中的慢应变速率拉伸试验(见第6章的6.1.3节)。陶瓷材料的循环疲劳,是指在循环应力作用下发生的失效断裂,对应于材料在变动载荷下的疲劳破坏。

5.8.1 静疲劳

陶瓷材料在静疲劳作用下裂纹扩展与寿命的关系,通常用裂纹顶端的应力强度因子K_{I}与裂纹扩展速率$\mathrm{d}a/\mathrm{d}t$的曲线表示。

室温下典型玻璃的裂纹扩展速率v与应力强度因子K_{I}的关系,如图5-38所示。图中K_{I0}为静疲劳(应力腐蚀)下应力强度因子的临界值,K_{IC}为断裂韧性。当在$K_{\mathrm{I}} < K_{\mathrm{IC}}$时,外加应力使裂纹扩展的驱动力小于裂纹扩展时的表面能,裂纹不会发生扩展。

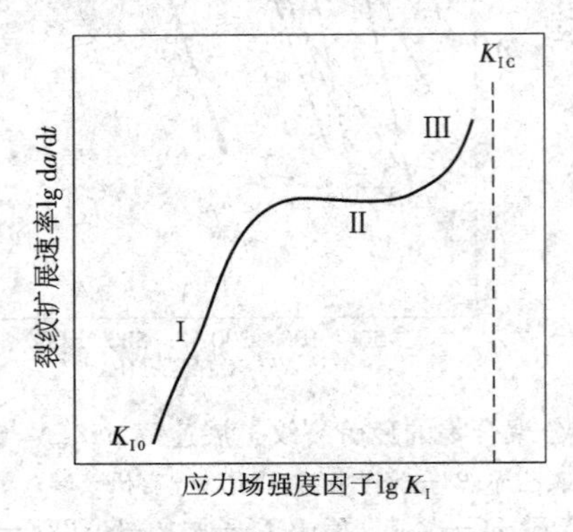

图5-38 陶瓷材料的$\mathrm{d}a/\mathrm{d}t-K_{\mathrm{I}}$曲线

在区域Ⅰ,裂纹开始扩展;在此区域内裂纹顶端的水蒸气引起Si-O结合,这种应力腐蚀速度控制了裂纹的扩展速度。在该区域中,裂纹扩展速率与应力强度因子K_{I}的关系可用下式表示:

$$\mathrm{d}a/\mathrm{d}t = AK_{\mathrm{I}}^{n} \tag{5-53}$$

式中:A,n为材料常数;n又称为应力腐蚀指数。

陶瓷材料的n值分布范围很宽,可以从玻璃的10~20到非氧化物陶瓷的100以上,远高于金属材料的n值(2~7)。

在区域Ⅱ,裂纹顶端水分的扩散速度跟上了应力腐蚀的速度,由于水分的扩散速度控制了裂纹的扩展速度,所以裂纹扩展速度变成了与K_{I}无关的恒定值。

在区域Ⅲ,腐蚀反应时由于材料内部缺陷等原因,使裂纹快速扩展,当裂纹顶端应力强度因子K_{I}达到材料的断裂韧性K_{IC}时,材料发生突然断裂。

但对于大多数陶瓷材料而言,很难观测到$\mathrm{d}a/\mathrm{d}t-K_{\mathrm{I}}$曲线中明显的三个扩展区域。不过通常情况下,$\mathrm{d}a/\mathrm{d}t-K_{\mathrm{I}}$曲线在双对数坐标中可以表示为直线,即式(5-53)的关系,对绝大多数陶瓷材料总是成立的。

若利用试验测得了陶瓷材料的静疲劳裂纹扩展规律,即测得了式(5-53)中的材料常数A与n,则可通过积分运算得出陶瓷材料的静疲劳寿命。

5.8.2　循环应力疲劳

对于陶瓷材料是否存在真正的循环应力疲劳效应，曾经有过不同看法。有些学者认为金属材料的疲劳效应主要是由于裂尖存在塑性区而引起的，而陶瓷材料裂纹顶端塑性区并不存在或极小，因此不存在循环应力疲劳效应。大量的研究结果表明，循环载荷会对陶瓷材料造成附加损伤。对 Al_2O_3、MgO、Si_3N_4、SiC 等非相变增韧陶瓷而言，这种附加损伤较小。而对相变增韧 ZrO_2 陶瓷，由于循环应力引起的附加损伤比较严重，故存在明显的循环应力疲劳效应。

此外，陶瓷材料在循环载荷下的疲劳裂纹扩展区速率曲线也与图 5-28 中金属材料的裂纹扩展规律一样，存在近门槛区、稳态扩展区和快速扩展区。只不过由于陶瓷材料本身的结构特点和低的断裂韧性 K_{IC}，陶瓷材料的疲劳行为有如下的特征。

①陶瓷材料对变动载荷不敏感，疲劳裂纹扩展速率强烈依赖于最大应力强度因子 K_{Imax}，而应力强度因子幅度 ΔK_I 的影响较小。

②在陶瓷材料断口中，不易观测到疲劳条纹(包括宏观贝壳条纹和微观条带)。

③在金属材料疲劳裂纹扩展中，Paris 公式中的 m 值一般在 2 ~ 4 很窄的范围内变化；而陶瓷材料的 m 值不仅数值高(10 以上)，而且范围很宽(10 至数百)，即陶瓷材料的裂纹扩展曲线非常陡峭。

④陶瓷材料不存在真正的疲劳极限，只有条件疲劳极限，并且陶瓷材料中疲劳强度的分散性远大于金属材料。这与陶瓷材料显微结构中缺陷和裂纹难以控制与预测有关。

⑤金属材料中疲劳裂纹扩展的门槛值 $\Delta K_{th} << K_{IC}$，ΔK_{th} 值通常只有 K_{IC} 的 5% ~ 15%。而陶瓷材料中 ΔK_{th} 与 K_{IC} 的差别要小得多，一般属同一数量级，这是因为陶瓷材料的 m 值很大(10 ~ 数百)，疲劳裂纹扩展速率很高。

⑥陶瓷材料 $\Delta K_{th} \sim K_{IC}$ 的范围很窄，可以进行疲劳裂纹扩展试验的应力强度因子范围很窄(只有几个 $MPa \cdot m^{1/2}$)，即裂纹一旦开始扩展，则扩展速率非常快。因此与金属材料的疲劳裂纹扩展试验相比，研究陶瓷材料的疲劳裂纹扩展行为要困难得多。

复习思考题

1. 常用哪几个参数表示应力的循环特性？$R=0$，$R=-1$，$\sigma_a=\sigma_{max}$，$\Delta\sigma=\sigma_{max}$，$\sigma_m=\sigma_a$，$\sigma_m=0$ 各表示怎样的应力循环？

2. 恒幅应力循环的应力幅值为 20 MPa，环绕一个 60 MPa 的应力做水平振动。问下列哪种描述是正确的？若不正确，应如何改正。

(1) $\sigma_a=20$ MPa，$\sigma_m=60$ MPa；(2) $\sigma_{max}=80$ MPa，$R=0.33$；(3) $\Delta\sigma=40$ MPa，$R=0.5$；(4) $\sigma_{max}=80$ MPa，$\sigma_{min}=40$ MPa；(5) $\sigma_a=20$ MPa，$R=0.5$

3. 简述疲劳破坏的基本特征。

4. 简述疲劳断口的特征及其形成过程。

5. 什么是低周疲劳、高周疲劳？什么是应力疲劳、应变疲劳？为什么高周疲劳多用应力控制，低周疲劳多用应变控制？

6. 叙述疲劳曲线($S-N$)及疲劳极限的测试方法？在工程中如何定义疲劳极限？工程疲劳设计中为什么要用 $P-S-N$ 曲线来代替 $S-N$ 曲线？

7. 循环应力比或平均应力对疲劳寿命和疲劳极限有何影响？如何定量地表示应力比对疲劳寿命和理论疲劳极限的影响？

8. 应力集中对疲劳寿命和疲劳极限有何影响？疲劳切口敏感度如何评估？

9. 变幅载荷下的疲劳累积损伤如何计算？尚有什么问题需要研究解决？

10. 疲劳失效过程可分为哪几个阶段？并简述各阶段的机制。

11. 试说明疲劳裂纹扩展曲线的三个区域的特点和影响因素。

12. 疲劳裂纹扩展速率如何测定？简述其过程和数据处理方法。

13. 什么是疲劳裂纹门槛值，哪些因素影响其大小？它有什么实用价值？

14. 试述疲劳裂纹扩展寿命和剩余寿命的估算方法与步骤。

15. 试述低周疲劳的规律及 Manson-Coffin 关系。

16. 试述金属材料循环硬化和循环软化现象及产生条件。

17. 什么是循环应力－应变曲线？如何测定？用什么公式表示？

18. 什么是热疲劳？什么是冲击疲劳？说明其特点。

19. 试述疲劳裂纹的形成机理及阻止疲劳裂纹萌生的一般方法。

20. 试述影响疲劳裂纹扩展速率的主要因素，并和疲劳裂纹萌生的影响因素进行对比分析。

21. 试述疲劳微观断口的主要特征及其形成模型。

22. 疲劳宏观断口上的贝纹线与微观断口上的条带有什么区别？

23. 提高零件的疲劳寿命有哪些方法？试就每种方法各举一应用实例，并对这种方法具体分析，其在抑制疲劳裂纹的萌生中起有益作用，还是在阻碍疲劳裂纹扩展中有良好的效果？

24. 从材料的强度和塑性出发，分析应如何提高材料的抗疲劳性能？

25. 与金属相比，陶瓷与聚合物的疲劳裂纹扩展有何特点？

26. 在无限大厚板的中心有一穿透裂纹 $2a=0.2$ mm，设板受垂直于裂纹的脉动应力 $\Delta\sigma=180$ MPa 的作用。已知板材的 $K_{IC}=54\ \mathrm{MPa\cdot m^{1/2}}$，Paris 公式中参数 $C=4\times10^{-27}$，而且 $da/dN\propto(r_y)^2$（r_y 为塑性区尺寸），试估算中心裂纹板的循环寿命。

27. 在无限大厚板的中心有一穿透裂纹 $2a=2.0$ mm，设板受垂直于裂纹的交变应力，其中最大应力 $\sigma_{max}=210$ MPa，最小应力 $\sigma_{min}=-50$ MPa。已知板材的 $K_{IC}=60\ \mathrm{MPa\cdot m^{1/2}}$，$\Delta K_{th}=6.0\ \mathrm{MPa\cdot m^{1/2}}$；Paris 公式中参数 $C=4\times10^{-12}$，$\Delta K=\Delta\sigma(\pi a)^{1/2}$，且 $da/dN\propto(r_y)^{1/2}$（r_y 为塑性区的尺寸）。试计算该中心裂纹板的剩余疲劳寿命。

28. 一块很宽的冷轧钢板，边缘有一个长度为 0.5 mm 的初始穿透裂纹，承受恒幅脉冲拉伸循环载荷的作用，其最大拉应力 $\sigma_{max}=200$ MPa，最小拉应力 $\sigma_{min}=0$，试求其疲劳寿命。已知这种钢板的 $\sigma_b=670$ MPa，$\sigma_s=630$ MPa，$E=207\times10^3$ MPa，$K_{IC}=104\ \mathrm{MPa\cdot m^{1/2}}$。具有单边裂纹无限板 K_I 表达式中的裂纹形状系数 $Y=1.12$。对某些铁素体－珠光体钢，Paris 公式中的参数 $C=6.9\times10^{-12}$，$m=3.0$。

第6章　材料在环境条件下的力学性能

前面几章主要介绍了材料在外加载荷作用下的力学行为和机理，而实际工程结构和零件总是在外加载荷和环境介质的联合条件下工作的。环境条件，如温度（低温、高温）、射线和介质（水、水蒸气、潮湿空气、腐蚀性溶液、有机溶剂、高温液（固）态金属）等对材料的力学性能往往有着重要的影响。将环境因素对材料力学性能的影响称为环境效应，把由环境效应造成的破坏称为环境断裂。

由于环境条件与应力的协同作用可以相互促进，加速材料的损伤，促使裂纹早期形成并加速扩展，因此在环境与应力共同作用下材料发生的破坏，常比它们单独作用或者两者简单的叠加更为严重。于是把材料在应力和环境条件（化学介质、辐照等）的共同作用下引起材料力学性能下降、发生的过早脆性断裂现象称为材料的环境诱发断裂或环境敏感断裂（Environmentally Induced Cracking，EIC 或 Environmentally Assisted Cracking，EAC）。

由于工程结构的受力状态是多种多样的（如拉伸应力、交变应力、摩擦力、振动力等），于是不同状态的应力与介质的协同作用所造成的环境敏感断裂形式也不相同。根据构件受力的状态，环境敏感断裂可分为应力腐蚀断裂（Stress Corrosion Cracking，SCC）、腐蚀疲劳断裂（Corrosion Fatigue Cracking，CFC）、腐蚀磨损（Corrosive Wear，CW）和微动腐蚀（Fretting Corrosion）等。从破坏机理看，可分为裂纹顶端阳极溶解引起的应力腐蚀断裂、阴极析氢引起的氢脆或氢致断裂（Hydrogen Embrittlement, HE 或 Hydrogen Induced Cracking, HIC）等。此外，还有因高速电子、中子、离子流辐射下引起的辐照损伤（Radiation Damage）及在高温下与液态或固态金属接触时引起的液态或固态金属脆性（Liquid or Solid Metal Embrittlement, LME or SME）等。从材料种类看，既有金属材料的环境敏感断裂，也有玻璃、陶瓷和聚合物的环境敏感断裂；从环境介质的状态看，可以气态（如潮湿空气）、液态（水溶液、有机溶剂和高温液态金属等），也可以是固态（如低熔点的涂层等）等。

随着近代工业，特别是航空、航天、海洋、原子能、石油、化工等工业的迅速发展，对材料力学性能的要求越来越高，而构件所接触的温度和环境介质条件更加苛刻。但是，强度高、耐腐蚀性好的材料常常对环境断裂更为敏感，所以近年来环境敏感断裂的事故频繁发生。由于环境断裂的涉及面广（力学、冶金学、电化学和材料学等）、机理较复杂且尚不甚清楚，加之其发生往往是没有预兆的，因此环境敏感断裂可能是最致命的损伤失效形式之一，日益受到设计人员和材料科学工作者的重视。

本章将首先阐述材料在腐蚀介质中的应力腐蚀断裂、氢致断裂、腐蚀疲劳断裂和腐蚀磨损脆性的特征、破坏机制和评价指标，然后再介绍辐照损伤、液（固）态金属脆性以及玻璃、陶瓷和聚合物的环境脆性等。材料在不同温度下的力学行为已在3.6节（低温脆性）中介绍过或将在第7章（材料在高温条件下的力学性能）中进行讨论，于是本章不予过多地涉及。

6.1 应力腐蚀断裂

6.1.1 应力腐蚀断裂的特征

材料或零件在应力和腐蚀环境的共同作用下引起的脆性断裂现象,称为应力腐蚀断裂。这里需强调的是应力和腐蚀的共同作用,并不是应力和腐蚀介质两个因素分别对材料性能损伤的简单叠加。因为仅就产生应力腐蚀的介质来说,一般都不算是腐蚀性的,至多也只是轻微腐蚀性的。如果没有任何应力存在,大多数材料在这种环境中都可认为是耐蚀的。另一方面,如单独考虑应力的影响时,会发现产生腐蚀破坏的应力通常是很小的。在腐蚀介质不存在的条件下,这样小的应力是不会使材料和零件发生机械破坏的。应力腐蚀的危险性正在于它常发生在相当缓和的介质和不大的应力状态下,而且往往事先没有明显的预兆,故常造成灾难性的事故。

应力腐蚀断裂最早是在黄铜弹壳中发现的,因其易发生在夏季,被称为季裂(Season Cracking)。随后查明这是一种应力腐蚀,介质是铵离子 NH_4^+,应力是冷加工后的残余应力。19 世纪 20 年代,又发现蒸汽机锅炉用碳钢的"碱脆",这是低碳钢在高温浓碱溶液中的应力腐蚀。20 世纪初期发现了低碳钢在硝酸盐中的应力腐蚀以及铝合金在湿空气中的应力腐蚀;30 年代初发现了不锈钢在沸腾氯化物溶液及镁合金在湿空气中的应力腐蚀。到 50 年代,随着高强度钢的广泛应用,又出现了超高强度钢在水介质中的应力腐蚀断裂事故,自此应力腐蚀受到了广泛的重视。与此同时,随着钛合金在宇航工业中的应用,它们在热盐、甲醇等介质中的应力腐蚀也相继发现。

对这些现象的深入研究发现,应力腐蚀断裂常具有以下的特征。

①造成应力腐蚀破坏的是静应力,远低于材料的屈服强度,且一般是拉伸应力。拉伸应力越大,断裂所需的时间越短。最近的研究结果表明,在压应力作用下,在不锈钢、铝合金、铜合金中也会发生应力腐蚀断裂,但裂纹形核的孕育期要比拉应力腐蚀高 1 ~ 2 个数量级,且断口的形貌也与拉伸应力下不同。需要注意的是应力可以是外加应力,也可以是焊接、冷加工、热处理或装配过程中产生的残余应力。最早发现的冷加工黄铜子弹壳在含有潮湿氨气介质中的腐蚀破坏,就是由于冷加工造成的残余拉应力的结果。

②应力腐蚀造成的破坏是脆性断裂,没有明显的塑性变形。

③对每一种金属或合金,只有在特定的介质中才会发生应力腐蚀。例如 α 黄铜只有在氨溶液中才会腐蚀破坏;而 β 黄铜在水中就能破裂。又如奥氏体不锈钢在氯化物溶液中具有很高的应力腐蚀断裂敏感性(通常称为氯脆),而铁素体不锈钢对氯化物溶液却不敏感。对应力腐蚀断裂敏感的材料 - 介质组合,见表 6-1。

表 6-1 对应力腐蚀断裂敏感的材料 - 介质组合

材 料	介 质
碳钢、低合金钢	NaOH,硝酸盐水溶液,碳酸盐水溶液,液体氨,H_2S 水溶液等
高强度钢	水介质,海水,H_2S 水溶液,HCN 溶液等
奥氏体不锈钢	氯化物水溶液,高温水,海水,H_2S 溶液,NaOH 溶液等
马氏体不锈钢	海水,NaCl 水溶液,NaOH 溶液,NH_3 溶液,H_2SO_4,H_2S 溶液等

续表

材　料	介　质
铝合金	湿空气，海水，NaCl 水溶液，高纯水等
钛和钛合金	海水，甲醇，液态 N_2O_4，发烟硝酸，有机酸，NaCl 水溶液、熔盐等
镁和镁合金	湿空气，高纯水，$KCl + K_2CrO_4$ 水溶液等
铜和铜合金	含氨或铵离子的溶液，$NaNO_2$，醋酸钠，酒石酸，甲酸钠溶液等
镍和镍合金	高温水，热盐溶液，NaOH 溶液等
锆和锆合金	热盐溶液，含 I^-、Br^-、Cl^- 的甲酸，CCl_4，$CHCl_3$，卤素蒸气等

④应力腐蚀的裂纹扩展速率一般在 $10^{-9} \sim 10^{-6}$ m/s，是缓慢渐进的。它远大于没有应力作用时的腐蚀速度，但远小于单纯力学因素引起的断裂速度。

⑤应力腐蚀的裂纹多起源于表面蚀坑处，而裂纹的传播途径常垂直于拉力的方向。

⑥应力腐蚀破坏的断口，其颜色灰暗，表面常有腐蚀产物；而疲劳断口的表面，如果是新鲜断口，常常较光滑，有光泽。

⑦应力腐蚀的主裂纹扩展时，常有分枝(图 6-1)。

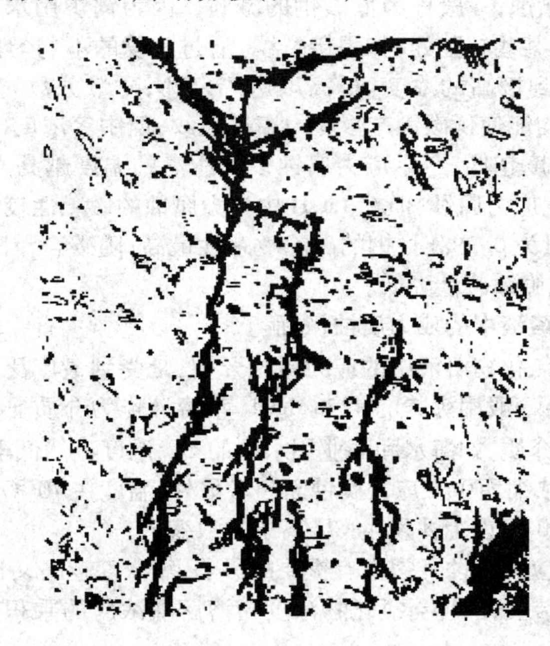

图 6-1　18－8 不锈钢应力腐蚀裂纹扩展时的分枝现象

⑧应力腐蚀引起的断裂可以是穿晶断裂，也可以是沿晶断裂，甚至是兼有这两种形式的混合断裂。如果是穿晶断裂，其断口是解理或准解理的，其裂纹有似人字形或羽毛状的标记。

由上可见，应力、环境和材料三者共存是产生应力腐蚀断裂的必要条件，如图 6-2 所示。有时虽然开始不满足图 6-2 所示的三个因素共存的条件，但在服役过程中可能产生必要的介质/合金组合及拉应力。例如，锅炉水在通常条件下并不引发碳钢的应力腐蚀开裂；但使用过程中水的反复蒸发和凝聚过程中使某些结构缝隙中锅炉水的碱浓度提高，从而引发了应力腐蚀开裂。

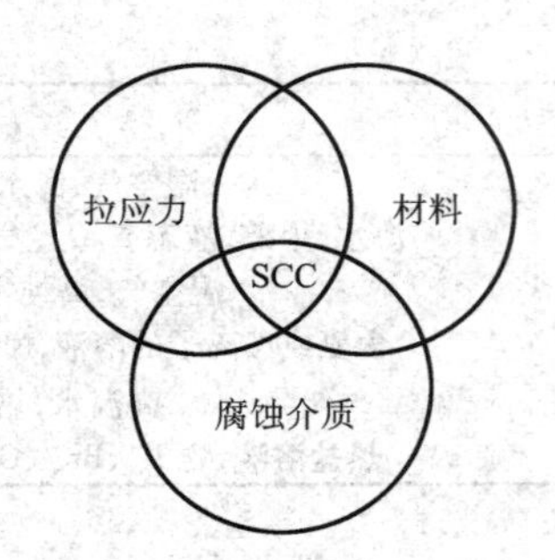

图 6-2 应力腐蚀断裂的条件

6.1.2 典型材料的应力腐蚀

1. 低碳钢在热碱溶液中的应力腐蚀(碱脆)

锅炉在运行过程中的低应力脆断导致了多次锅炉爆炸事故,其本质是低碳钢在热碱(NaOH)溶液中的应力腐蚀,一般称为低碳钢的碱脆。因为锅炉用水要进行软化处理从而会残留微量的 NaOH,在某些缺陷处(如焊接裂纹)通过反复的不均匀蒸发(因水温较高)可使这些部位的 NaOH 达到极高的浓度(最高可达 77.5%,质量分数)。试验表明,当 NaOH 的浓度为 4% ~75%时均能使低碳钢产生应力腐蚀裂纹,但中等浓度(如质量分数为 35%)时最为敏感;NaOH 的浓度越低,产生应力腐蚀裂纹所需的温度越高。除 NaOH 外,低碳钢在 KOH 溶液中也能产生应力腐蚀,但在 LiOH 中应力腐蚀的敏感性较低。

一般认为,当碳含量为 0.2%时,钢的碱脆敏感性最高;随碳含量降低(C <0.2%)或升高(C >0.2%)均使其碱脆敏感性降低。

2. 不锈钢在氯化物溶液中的应力腐蚀(氯脆)

奥氏体不锈钢在热氯化物溶液中的应力腐蚀开裂,是受到最广泛注意的典型应力腐蚀断裂实例。在实验室中,一般用沸腾的 42% $MgCl_2$ 水溶液作为介质研究奥氏体不锈钢的应力腐蚀。而实际工程的介质,如海水和工业用水中的 Cl^- 浓度虽然低得多,但局部沸腾或局部高温会导致 Cl^- 浓度浓缩而引发应力腐蚀断裂。另外,温度在 70 ℃以上时才发生应力腐蚀断裂,这是因为只有 70 ℃以上才发生 Cl^- 离子的浓缩。

介质中氧的浓度对应力腐蚀开裂也有重要的影响,氧浓度越高,引发应力腐蚀断裂所需的 Cl^- 浓度越低。试验结果表明,当氯化物浓度与溶解氧浓度的乘积达到 10^{-12}时,会发生应力腐蚀断裂。

而铁素体不锈钢,一般在对奥氏体不锈钢应力腐蚀敏感的大多数介质中不发生应力腐蚀断裂。铁素体不锈钢的这种抗应力腐蚀敏感性与合金中 Ni 的质量分数有关。当 Ni 的质量分数为 8%(相当于 18 -8 奥氏体不锈钢的 Ni 含量)时,应力腐蚀断裂的时间最短、敏感性最高(图 6-3);而合金中 Ni 的质量分数远离 8%时,合金对应力腐蚀断裂的敏感性降低。铁素体不锈钢不含 Ni,故比奥氏体不锈钢耐应力腐蚀断裂。

3. 铜合金在含氨水溶液中的应力腐蚀(氨脆)

应力腐蚀断裂在历史上最早是在黄铜弹壳中发现的,当时冷加工造成残余应力和热带夏季环境作用下产生裂纹的现象称作季裂。进一步研究查明,引起季裂的主要腐蚀介质是潮湿空气中的 NH_4^+、水和氨的混合物。在形成表面氧化膜的溶液中,黄铜的应力腐蚀是沿晶断裂;在不形成表面氧化膜的条件下或者强烈冷变形的情况下可能发生穿晶断裂。黄铜

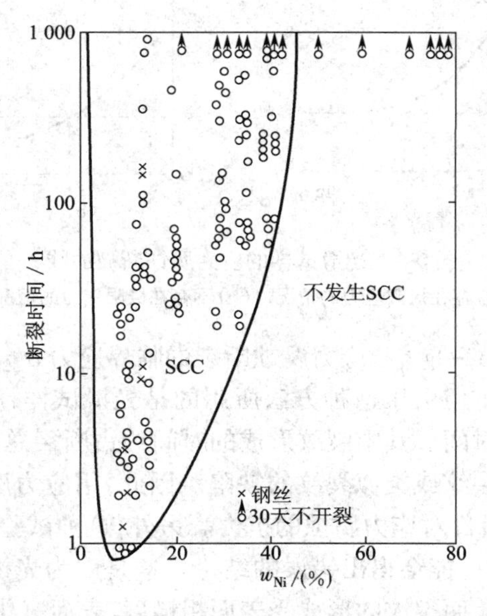

图 6-3　Ni 含量对不锈钢应力腐蚀断裂敏感性的影响

中 Zn 的质量分数低于 15% 时，对应力腐蚀断裂不敏感。

引发黄铜应力腐蚀断裂的另一种常见的情况是，农村中有机肥或氮肥经分解和溶解的水溶液以及被氮的氧化物污染的潮湿空气，在这些环境中，极少量的 NH_4^+ 就足以引发黄铜的应力腐蚀断裂。

6.1.3　应力腐蚀断裂的测试方法与评价指标

1. 光滑试样的测试方法与评价指标

早期对应力腐蚀断裂的研究，通常采用光滑试样在拉应力和化学介质共同作用下，依据发生断裂的持续时间来评定材料的抗应力腐蚀性能。

根据施加应力的方法不同，可分为恒载荷试验和恒应变试验。最简单的恒载荷试验，就是在腐蚀的光滑平板或圆棒拉伸试件下端悬挂砝码或通过杠杆、液压系统、弹簧等施加拉伸应力。在恒应变试验中，试件通过塑性变形至预定的形态，应力来自加工变形产生的残余应力。这种方法使用的试件形状和手段很多，有环形、U 形、叉形和弯梁试件等。其优点是较符合实际情况，且试样和夹具简单而便宜，因此在工厂实验室中用得较多。

进行试验时，采用一组相同的试样，在不同的应力水平作用下测定其断裂时间 t_f，作出 $\sigma - \lg t_f$ 曲线（图 6-4）。断裂时间 t_f，随着外加拉伸应力的降低而增加。当外加应力低于某一定值时，应力腐蚀断裂时间 t_f 趋于无限长（图 6-4(a)），此应力称为不发生应力腐蚀的临界应力 σ_{SCC}。若断裂时间 t_f 随外加应力的降低而持续不断地缓慢增长，则把规定时间下发生应力腐蚀断裂的应力作为条件临界应力 σ_{SCC}（图 6-4(b)）。据此临界应力的大小，来研究合金元素、组织结构及化学介质对材料应力腐蚀敏感性的影响。

此外，也可采用介质影响系数 β 来表示应力腐蚀的敏感性。

$$\beta = \frac{\psi_{空气} - \psi_{介质}}{\psi_{空气}} \times 100\% \tag{6-1}$$

式中：$\psi_{空气}$ 和 $\psi_{介质}$ 分别为试样在空气和介质中试验时的断面收缩率。

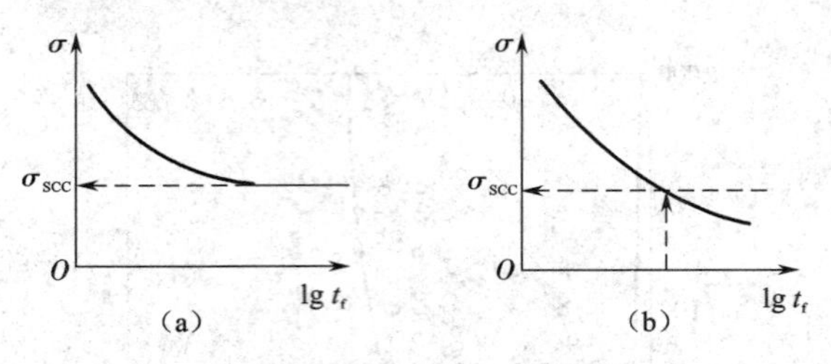

图 6-4 光滑试样的应力腐蚀断裂曲线
(a)存在极限应力的情况 (b)不存在极限应力的情况

用应力腐蚀断裂曲线 $\sigma - \lg t_f$ 和应力腐蚀断裂的临界应力 σ_{SCC}，虽然能够较好地表示材料的应力腐蚀断裂敏感性。但由于这种方法所用的是光滑试样，所测定的断裂总时间 t_f 包括裂纹形成与裂纹扩展的时间。其中裂纹形成的时间约占断裂总时间的 90%，而实际机件一般都不可避免地存在着裂纹或类似裂纹的缺陷。因此，用应力腐蚀断裂的临界应力指标 σ_{SCC} 不能客观地反映裂纹机件对应力腐蚀的抗力。另外，这种试验方法还存在如下的不足。

①试验数据分散，有时可能会得出错误的结论。这是因为光滑试样的破坏包括了裂纹形成和裂纹扩展两个过程。而裂纹的形成受表面粗糙度、表面氧化膜等因素的影响很大，使得到的试验数据非常分散，甚至有时给人以假象。如美国海军研究实验室曾对高强度钛合金 Ti－8Al－1Mo－1V 进行了应力腐蚀性能的研究。当用光滑试样在 3.5% NaCl 水溶液中进行应力腐蚀试验时，由于表面有一层致密的氧化膜，裂纹很难形成，断裂时间很长，以致人们认为这种合金将是潜艇外壳的新一代材料。可是当改用带裂纹的试样试验时，则在很短的时间内就断裂了。可见，这种材料对 3.5% NaCl 水溶液实际上是很敏感的。

②不能正确得出裂纹扩展速率的变化规律。因为这种传统的方法是以名义应力作为裂纹扩展驱动力的，它不能反映裂纹顶端的应力状态。只有把断裂力学引入应力腐蚀断裂的研究中后，这一问题才能得到解决。

③费时，且不能用于工程设计。

2. 裂纹试样的评价指标

1)临界应力强度因子 K_{ISCC}

将含裂纹的试样放在一定介质中，在恒定载荷或恒位移下，测定由于裂纹扩展引起的应力强度因子 K_I 随断裂时间 t_f 的变化关系，据此得出材料的抗应力腐蚀特性。断裂时间 t_f 随着应力强度因子 K_I 的降低而增加，当 K_I 值降低到某一临界值时，应力腐蚀断裂实际上就不发生了。这时的 K_I 值称为应力腐蚀断裂的门槛值，以 K_{ISCC} 表示，如图 6-5 所示。

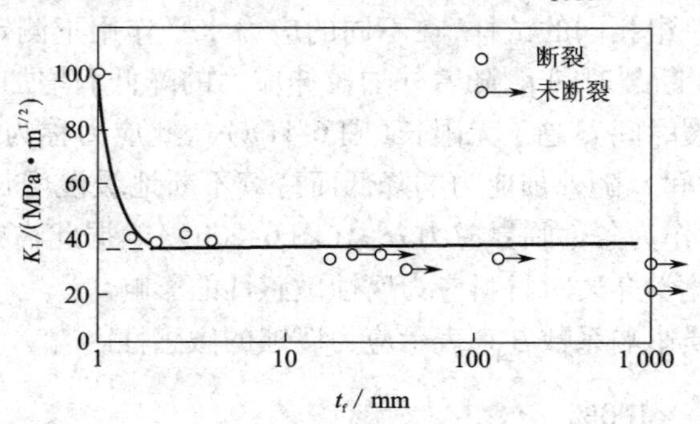

图 6-5 应力腐蚀断裂时间 t_f 与 K_I 的关系曲线

对 Ti－8A1－1Mo－lV 合金在3.5%溶液中的应力腐蚀，其 $K_{IC}=100\ MPa\cdot m^{1/2}$。当初始 K_I 值为40 $MPa\cdot m^{1/2}$ 时，仅几分钟试样就破坏了。但如果将值 K_I 稍微降低，则破坏时间会大大推迟。在此材料－介质体系中，$K_{ISCC}=38\ MPa\cdot m^{1/2}$。

于是，通过对比可以发现：

①当 $K_I<K_{ISCC}$ 时，在应力作用下材料或零件可以长期在腐蚀环境中安全使用而不发生破坏。

②当 $K_{ISCC}<K_I<K_{IC}$ 时，在腐蚀性环境和应力共同作用下，裂纹呈亚临界扩展；随着裂纹不断增长，裂纹顶端的 K_I 值不断增大，达到 K_{IC} 时即发生断裂；

③当 $K_I>K_{IC}$ 时，加上初始载荷后试样立即断裂。

对于大多数的金属材料，如高强度钢和钛合金等，在特定的化学介质中都有一定的门槛值 K_{ISCC}。但有些材料如铝合金，却没有明显的门槛值。此时，门槛值可用规定试验时间内不发生腐蚀断裂的上限 K_I 值来定义。一般认为对于这类试验的时间至少要1 000 h，在使用这类 K_{ISCC} 数据时必须十分小心。特别是如果所设计的工程构件在腐蚀性环境中应用的时间比产生 K_{ISCC} 的试验时间长时，更要小心。

2）SCC 裂纹扩展速率

由上可见，当应力腐蚀裂纹顶端的 $K_I>K_{ISCC}$ 时，裂纹就会不断扩展。单位时间内裂纹的扩展量称为应力腐蚀裂纹扩展速率，常用 da/dt 表示。

实验证明，da/dt 与 K_I 有关。在 $\lg(da/dt)\sim\lg K_I$ 的坐标图上，其关系曲线如图6-6所示。曲线可分为三个阶段：在第Ⅰ阶段，当 K_I 刚超过 K_{ISCC} 时，裂纹经过一段孕育期后突然加速扩展，$da/dt-K_I$ 曲线几乎与纵坐标轴平行。对于某些材料，这部分曲线很陡。低于 K_{ISCC} 值时，da/dt 可以忽略不计。对铝合金来说，并不出现真正的门槛值，其第Ⅰ阶段的斜率也较小。在第Ⅱ阶段，曲线出现水平线段，da/dt 基本上和应力强度因子 K_I 无关，因为这时裂纹顶端发生分叉现象，裂纹扩展主要受电化学过程控制。到达第Ⅲ阶段时，裂纹长度已接近临界尺寸，da/dt 又随 K_I 值的增加而急剧增大，这时材料进入失稳扩展的过渡区。当 K_I 达到 K_{IC} 时，裂纹便失稳扩展至断裂。

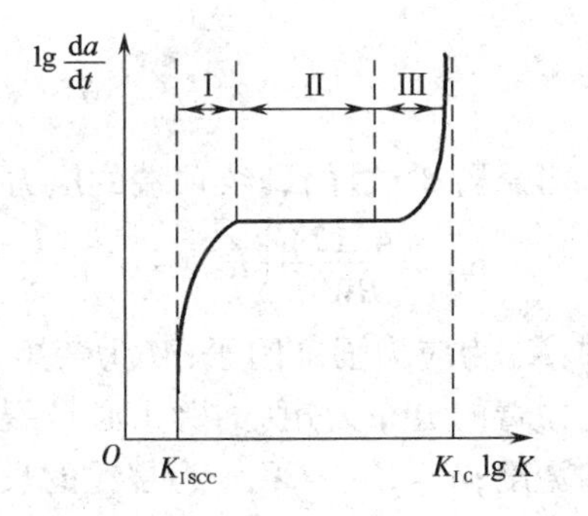

图6-6　裂纹扩展速度 da/dt 与 K_I 的关系

3）SCC 裂纹构件的使用寿命

根据 K_{ISCC} 和裂纹扩展速度 da/dt，能够评估构件的安全性和寿命。由于 $K_I<K_{ISCC}$ 时，构件是安全的，所以可以利用 K_{ISCC} 计算出临界裂纹的尺寸 a_0^*。如果构件中的初始裂纹长度 $a_0<a_0^*$，则裂纹不扩展，可以不考虑应力腐蚀问题；如 $a_0>a_0^*$，则在工作应力作用下裂纹会因应力腐蚀而不断扩展。此时，可以根据裂纹扩展速率来预测构件的使用寿命。

构件的寿命主要由 $da/dt-K_I$ 曲线上第Ⅱ阶段决定；在第Ⅱ阶段，da/dt 近似为常数，即

$$\frac{da}{dt}=A \tag{6-2}$$

裂纹由初始裂纹长度 a_0 扩展到第Ⅱ阶段终止时的裂纹长度 a_2 所需的时间

$$t_f=\frac{a_2-a_0}{A} \tag{6-3}$$

其中 a_2 可用第Ⅱ阶段终止时的应力强度因子 $K_{I2}=Y\sigma\sqrt{\pi a_2}$ 来计算，即

$$a_2=\left(\frac{K_{I2}}{Y\sigma}\right)^2 \tag{6-4}$$

将计算出的 a_2 代入式(6-3)，可计算出构件的寿命。由于未考虑裂纹扩展的第Ⅰ阶段和第Ⅲ阶段，这样算出的寿命是偏于安全的保守值。

3. 裂纹试样的测试方法

1)恒载荷法

目前测量 K_{ISCC} 最简单、最常用的是恒载荷悬臂梁弯曲试验，试验装置如图 6-7 所示，所用试样，与预制裂纹的三点弯曲试样类似(可略长些)。将试样一端固定在机架上，另一端与一个力臂相连，力臂的另一端通过砝码进行加载，在预制裂纹的试样周围放置所研究的腐蚀介质。裂纹扩展时，因外加弯矩保持恒定，故 K_I 增大。

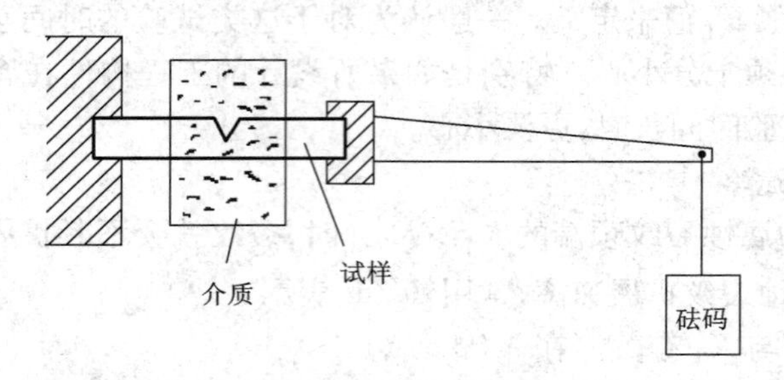

图 6-7　悬臂梁弯曲试验装置示意图

对悬臂梁试样，裂纹顶端的应力强度因子可用下式表达：

$$K_I=\frac{4.12M}{BW^{3/2}}[\alpha^{-3}-\alpha^2]^{\frac{1}{2}} \tag{6-5}$$

式中：K_I 为应力强度因子；M 为弯矩，等于裂纹至加载点距离和载荷(砝码质量)的乘积，并加上力臂的分布力矩(力臂重心至裂纹处的距离乘上力臂的重量)；B 和 W 分别为试样的厚度和宽度；$\alpha=1-a/W$，a 为裂纹的长度。

进行 K_{ISCC} 试验时，测定数值是否有效，取决于试样的尺寸和试验时间。试样尺寸也要像 K_{IC} 试样一样满足平面应变要求。为此，要求：

$$a_{min}=B_{min}=(W-a)_{min}=\frac{W_{min}}{2}=2.5\left(\frac{K_I}{\sigma_s}\right)^2 \tag{6-6}$$

式中：a_{min} 为最小裂纹长度；B_{min} 为最小试样厚度；W_{min} 为最小试样宽度；σ_s 为材料的屈服强度。另外，测定材料 K_{ISCC} 的试验时间不能太短，否则该数据没有参考价值。表 6-2 是屈服强度为 1 241 MPa 的高合金钢在室温模拟海水中的试验结果。所以为得到可参考的 K_{ISCC}，对钛合金、钢和铝合金的试验时间应分别为 100、1 000 和 10 000 h。

表 6-2　试验时间对悬臂梁弯曲试样 K_{ISCC} 的影响

持续时间/h	表观的 K_{ISCC}/(MPa · $m^{1/2}$)
100	186.83
1 000	126.38
10 000	27.47

试验时，保持一个恒定载荷直至试样断裂，记下断裂时间 t_f 并利用式(6-5)计算出初始应力强度因子 K_I。用若干个试样在不同的载荷下重复上述试验，得到一系列的 t_f 和相应的 K_I，画出如图 6-5 所示的 $K_I - t_f$ 曲线，对应无限长断裂时间的 K_I 就是 K_{ISCC}。实际测试中，可以规定一个较长的截止时间(一般为 100 ~ 300 h)作为确定 K_{ISCC} 的基准。另外，利用悬臂梁弯曲试验，也可同时测出 $da/dt - K_I$ 曲线。

2)恒位移法

用螺栓对紧凑拉伸试样进行加载，如图 6-8 所示。与试样上半部啮合的螺杆顶在裂纹的下表面上，这样就产生了一个对应某个初始载荷的裂纹张开位移。用这种方法对试样进行加载，可使得在整个试验过程中保持位移恒定。

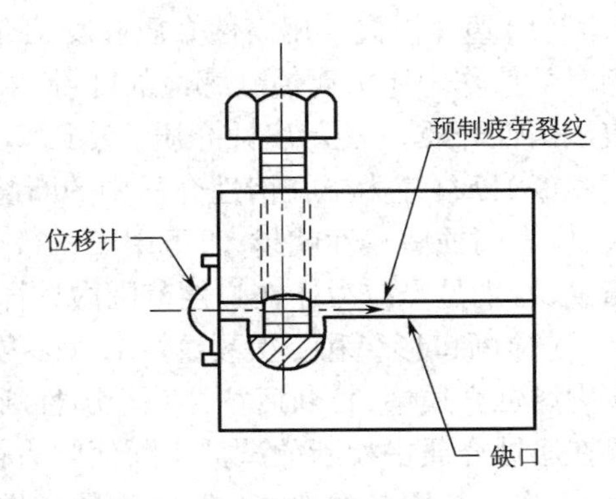

图 6-8　恒位移试验方法

当裂纹扩展时，载荷逐渐下降。由于载荷下降对 K_I 的影响大于裂纹增大的影响，因而使 K_I 不断减小，da/dt 相应减小，最终将导致裂纹停止扩展(或 $da/dt \leqslant 10^{-7}$ mm/s)，此时的 K_I 就是 K_{ISCC}。

对恒位移试样，裂纹顶端的应力强度因子

$$K_I = \frac{Pf(a/W)}{B\sqrt{W}} \tag{6-7}$$

式中：P 为施加载荷；a 为裂纹长度，即从加载螺钉中心线至裂纹顶端的距离；B 和 W 为试样的厚度和宽度；$f(a/W)$ 为形状因子函数。

$$f\left(\frac{a}{W}\right) = 30.96\left(\frac{a}{W}\right)^{1/2} - 195.8\left(\frac{a}{W}\right)^{3/2} + 730.96\left(\frac{a}{W}\right)^{1/2} - 1\ 186.3\left(\frac{a}{W}\right)^{7/2} + 754.6\left(\frac{a}{W}\right)^{9/2} \tag{6-8}$$

试验时，先用螺钉加载到所需的位移 δ，然后放入到特定的介质中，定期测量试样表面的裂纹长度，由此获得 $a - t$ 曲线，作 $a - t$ 曲线的切线，就得 da/dt。同时把这个 a 值代入式(6-7)中就可获得相应的 K_I 值，这样即可绘制出 $da/dt - K_I$ 曲线。待裂纹完全停止扩展后，取出试样，并精确地测出止裂后的裂纹长度 a_c，代入式(6-7)就可得到临界应力场强度因子 K_{ISCC}。

恒载荷的悬臂梁法与恒位移法，各有其优缺点。用悬臂梁弯曲方法可得到完整的 $K_{I初始}$ - 断裂时间曲线，能较准确地确定 K_{ISCC}，但所需试样的数量较多。恒位移法无需特殊试验机便于现场测试，原则上用一个试样即可测定 K_{ISCC}，但其缺点是裂纹扩展趋向停止的时间很长，且当停止试验时扩展的裂纹前沿有时不太规整，在判定裂纹的长度时会发生困难，因此计算的 K_{ISCC} 有一定的误差。

4. 慢应变速率拉伸试验及其评价方法

慢应变速率拉伸试验(Slow Strain Rate Testing，SSRT)，是在恒载荷拉伸试验方法的基础上发展而来的。由于试样承受的恒载荷被缓慢恒定的延伸速率(塑性变形)所取代，加速了材料表面膜的破坏，使应力腐蚀过程得以充分发展，因而试验的周期较短，常用于应力腐蚀断裂的快速筛选试验。典型的拉伸应变速率为 $10^{-6} \sim 10^{-4}$/s，试样可用光滑试样，也可用缺口和裂纹试样。

试验时,将试样放入不同温度、电极电位、溶液 pH 值的化学介质中,在慢应变速率拉伸试验机上以给定的应变速率进行动态拉伸试验,并同时连续记录载荷(应力)和时间(应变)的变化曲线,直到试样被缓慢拉断。试验完成后,可根据下述指标来评定材料在特定介质中应力腐蚀敏感性。

(1)塑性损失　用惰性介质和腐蚀介质中伸长率 δ、断面收缩率 ψ(或断裂真应变 ε_f)的相对差值作为应力腐蚀敏感性的度量,即 $I_\delta=(\delta_a-\delta_c)/\delta_a$ 或 $I_\psi=(\psi_a-\psi_c)/\psi_a$,其中下标 a 表示惰性介质,c 表示腐蚀介质。$I_\delta$ 或 I_ψ 越大,应力腐蚀就越敏感。

(2)断裂应力　在惰性介质中的断裂应力 σ_a 与腐蚀介质中断裂应力 σ_c 的相对差值越大,应力腐蚀敏感性就越大,可用 $I_\sigma=(\sigma_a-\sigma_c)/\sigma_a$ 表示。对脆性材料,往往用这个指标来衡量,特别是当应力还在弹性范围内试样就已滞后断裂时,用断裂应力作判据就更为合适。

(3)断口形貌和二次裂纹　对大多数材料,在惰性介质中拉断后将获得韧窝断口,但在应力腐蚀介质中,拉断后往往获得脆性断口。脆性断口比例越高,则对应力腐蚀越敏感。如果在腐蚀介质中拉断的试样主断面侧边存在二次裂纹,则表明此材料对应力腐蚀是敏感的。因此,也往往用二次裂纹的长度和数量作为衡量应力腐蚀敏感性的参量。

(4)吸收的能量　应力-应变曲线下的面积(W)代表试样断裂前所吸收的能量,惰性介质和腐蚀介质中吸收能的差别越大,则应力腐蚀敏感性也就越大。可用 $I_W=(W_a-W_c)/W_a$ 表示,其中 W_a、W_c 分别为惰性介质和腐蚀介质中应力-应变曲线下的面积。

(5)断裂时间　应变速率相同时,在腐蚀介质和惰性介质中断裂时间 t_f 的差别越大,应力腐蚀敏感性就越大。可用 $I_t=(t_{fa}-t_{fc})/t_{fa}$表示,其中 t_{fa}、t_{fc}分别为惰性介质和腐蚀介质中的断裂时间。

有关应力腐蚀试验的方法,可参见 GB/T 15970《金属和合金的腐蚀·应力腐蚀试验》。

6.1.4　应力腐蚀断裂的影响因素

1. 材料因素

1)材料成分的影响

纯金属虽然也有应力腐蚀断裂倾向,但与同种金属基的合金相,它比对应力腐蚀断裂的敏感性要小。如纯铜在慢应变速率应力腐蚀断裂试验中会产生裂纹,但产生裂纹的条件相当苛刻,而铜合金则比纯铜对应力腐蚀断裂的敏感性高得多。

低碳钢常会在 NH_4NO_3,$Ca(NO_3)_2$,KNO_3 等硝酸盐中产生应力腐蚀,但当钢的碳含量很低(<0.001%)或碳含量高于 0.18%时均不出现应力腐蚀断裂。

2)材料组织的影响

对同一金属,晶粒越细,应力腐蚀的抗力越高。这个规律,无论是沿晶还是穿晶裂纹扩展都是正确的。

单相黄铜在水中是不开裂的,而两相黄铜则会在水中引起应力腐蚀。奥氏体不锈钢在氯化物溶液中易发生应力腐蚀断裂,而铁素体不锈钢则有很高的应力腐蚀抗力。

从裂纹扩展的途径来看,铝合金、α 黄铜和低碳钢的应力腐蚀常表现为晶间断裂,奥氏体不锈钢的应力腐蚀一般为穿晶断裂,而马氏体不锈钢则一般表现为晶间断裂。

3)材料强度的影响

在钢中,降低材料的强度是提高应力腐蚀抗力的一个重要手段。一般说来,钢的 K_{IC}和

K_{ISCC}都是随材料强度的提高而降低的，如图 6-9 所示。但是，需要强调的是，对沉淀强化的铝合金，其应力腐蚀抗力与材料强度之间并没有明显的规律，只是当时效强化达到峰值时，其应力腐蚀抗力也最低。

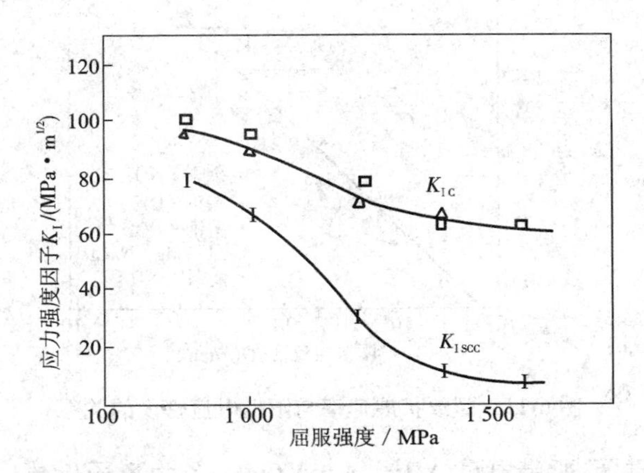

图 6-9　40CrNiMo 钢在流动海水中的应力腐蚀断裂敏感性与材料强度的关系

2. 环境因素

经固溶处理或退火状态的奥氏体不锈钢在 200 ℃的水溶液中，只要含有 2×10^{-6} g/L 的氯化物就可以造成开裂。沿晶间析出碳化物的不锈钢，在室温下只要有 100×10^{-6} g/L 的氯化物或 2×10^{-6} g/L 的氟化物也足以造成开裂。

奥氏体不锈钢在沸腾的 $MgCl_2$ 溶液中，只有氮浓度超过 500×10^{-6} g/L 才会产生应力腐蚀破裂；而当氮浓度小于 500×10^{-6} g/L 时，则不发生应力腐蚀。

溶液的 pH 值，对应力腐蚀的敏感性也有很大的影响。如黄铜在含氨的硫酸铜溶液中，当 pH 值近于中性时最易开裂，而且是沿晶间断裂；但当 pH 值为酸性或碱性时，则发生穿晶断裂；当 pH <4 时，不会产生开裂现象。

3. 电化学因素

电化学因素对应力腐蚀断裂具有决定性的作用。从电位看，应力腐蚀破坏常发生在钝化区与孔蚀区（Ⅰ区）、钝化区与活化区（Ⅱ区）的交界处（图 6-10）。这表明材料的应力腐蚀与钝化膜的破坏有关，因为在上述两个电位区中的钝化膜都是不稳定的。如奥氏体不锈钢在 $MgCl_2$ 溶液中发生的是典型的Ⅰ区应力腐蚀断裂，而碳钢在热碳酸盐中发生的则是典型的Ⅱ区应力腐蚀断裂。

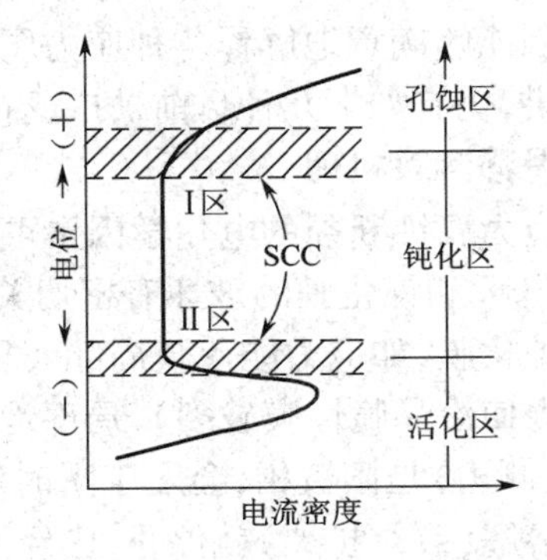

图 6-10　材料的应力腐蚀断裂与电位的关系

另外，试验还表明应力腐蚀试验中裂纹扩展速率与施加的阳极溶解电流成良好的正比关系，如图 6-11 所示。这表明电化学阳极溶解在应力腐蚀断裂中起着重要的作用。

究其原因，对应力腐蚀极为敏感的溶液如沸腾 $MgCl_2$、沸腾 NaOH 等，在裂纹扩展的第Ⅱ阶段中钝化膜破裂速率大于其再钝化速率，因而裂纹顶端通过金属的溶解向前扩展。裂纹扩展 da，溶解掉的金属质量为 $\rho A da$，ρ 为密度，A 为裂纹侧面积，溶解掉的离子数为

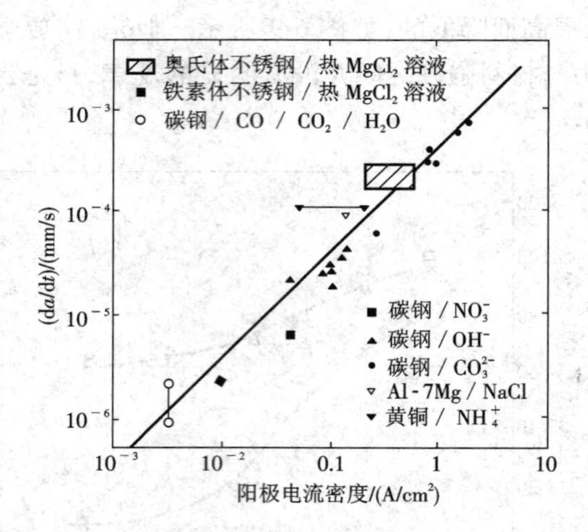

图 6-11　裂纹扩展速率与阳极电流密度的关系

$\rho A\mathrm{d}aN/M$，M 为摩尔质量，所带电量 $\Delta Q=\rho A\mathrm{d}aNZe/M$，$Z$ 为离子价数，$\Delta I=\Delta Q/A=\rho \mathrm{d}aNZe/M$，于是有

$$i_{\mathrm{a}}=\frac{\mathrm{d}I}{\mathrm{d}t}=\frac{ZF\rho}{M}\cdot\frac{\mathrm{d}a}{\mathrm{d}t} \tag{6-9}$$

或

$$\frac{\mathrm{d}a}{\mathrm{d}t}=\frac{M}{ZF\rho}i_{\mathrm{a}} \tag{6-10}$$

其中：$F=Ne$ 为法拉第常数，等于 96 500 C。由式(6-9)可见，应力腐蚀裂纹的扩展速率与阳极电流密度成正比。

6.1.5　应力腐蚀断裂的机理

经过多年的试验研究和理论分析，虽然已对应力腐蚀断裂提出了许多机制，但迄今没有一种机制能够满意地解释各种应力腐蚀断裂现象。尽管如此，从材料和环境介质相互作用的观点讲，仍有如下几种目前被广泛接受的模型。

1. 滑移溶解机理

由应力腐蚀断裂的电化学因素可知，应力腐蚀断裂常在钝化膜不稳定的电位区中发生，这表明 SCC 和钝化膜的破坏有密切关系。该机理认为：金属或合金在腐蚀介质中可能会形成一层钝化膜，如应力能使膜局部破裂（如位错滑出产生滑移台阶使膜破裂，蠕变使膜破裂或拉应力使沿晶脆性膜破裂），局部地区（如裂尖）露出无膜的金属，它相对膜未破裂的部位（如裂纹侧边）是阳极相，会发生瞬时溶解。新鲜金属在溶液中会发生再钝化，钝化膜重新形成后溶解（裂纹扩展）就停止，已经溶解的区域（如裂尖或蚀坑底部）由于存在应力集中，因而使该处的再钝化膜再一次破裂，又发生瞬时溶解，这种膜破裂（通过滑移、蠕变或脆断）、金属溶解、再钝化过程的循环重复，就导致应力腐蚀裂纹的形核和扩展。

滑移溶解是最流行的阳极溶解型应力腐蚀机理，它能解释很多试验现象。但也有很多试验现象无法解释，如无钝化膜的应力腐蚀、裂纹形核的不连续性、裂纹不一定沿滑移面扩展和断口的匹配性及解理花样等。

2. 择优溶解机理

Dix 针对铝合金提出了沿晶择优溶解模型，认为第二相沿晶界析出，它可能是阳极相

(如7075铝合金的η相),或第二相附近(仍然沿晶界)的溶质贫化区(无沉淀区)是阳极相(如2024铝合金)。晶界阳极相择优溶解,应力一方面使溶解形成的裂纹张开,使其他沿晶阳极相进一步溶解;另一方面,应力可使各个被溶解阳极相之间的孤立基体“桥”撕裂或使它的电极电位下降而被溶解。

另一个择优溶解机理是隧道腐蚀模型,该模型认为在平面排列的位错露头处或新形成的滑移台阶位置,处于高应变状态的原子发生择优溶解,它沿位错线向纵深发展,形成一个个隧道孔洞。在应力作用下,隧道孔洞之间的金属产生机械撕裂,当机械撕裂停止后,又重新开始隧道腐蚀。这个过程的反复就导致了裂纹的不断扩展,直到金属不能承受载荷而发生过载断裂。

3. 介质导致解理机理

该理论认为应力腐蚀的本质是脆性裂纹不连续形核和扩展的过程,腐蚀介质的作用只是使材料由韧变脆。其原因分为两类,一类认为应力作用下特殊离子(如Cl^-)的吸附能降低表面能,从而导致脆断(应力吸附脆断理论);另一类认为表面钝化膜或疏松层能阻碍位错的发射,从而使材料由韧变脆。

4. 氢致开裂机理

如果应力腐蚀的阴极过程是析氢反应 $H^+ + e = H$,原子氢进入金属并富集到足够程度后可能引发脆性断裂。这实际上是在应力腐蚀条件下发生的氢致开裂。但是,在某些低强度的延性合金中还观察到析氢反应能抑制应力腐蚀断裂。所以,氢致开裂机理可能是高强度合金应力腐蚀断裂的控制因素,而对低强度合金则氢不是主要因素。

5. 闭塞电池机理

闭塞电池理论认为,①在应力和腐蚀介质的共同作用下,金属表面的缺陷处形成微蚀孔或裂纹源。②微蚀孔和裂纹源的通道非常窄小,孔隙内外溶液不容易对流和扩散,形成所谓的“闭塞区”。③由于阳极反应与阴极反应共存,一方面金属原子变成离子进入溶液($Me \rightarrow Me^{2+} + 2e$);另一方面电子和溶液中的氧结合形成氢氧根离子($1/2O_2 + H_2O + 2e \rightarrow 2OH^-$)。但在闭塞区,氧迅速耗尽,得不到补充,最后只能进行阳极反应。④缝内金属离子水解产生H^+离子($Me^{2+} + 2H_2O + 2e \rightarrow Me(OH)_2 + 2H^+$),使pH值下降。由于缝内金属离子和氢离子增多,为了维持电中性,缝外的Cl^-阴离子可移至缝内,形成腐蚀性极强的盐酸,使缝内腐蚀以自催化方式加速进行。

有人用冷冻法使试样降温,当缝内溶液凝固后,打断试样,取得缝内的溶液,并检验其pH值,证实缝内溶液确实变酸。闭塞电池理论很好地说明了一些耐蚀性强的合金如不锈钢、铝合金和钛合金等在海水中为什么不耐蚀,并能说明氯化物易使金属产生点蚀和应力腐蚀的问题。

6. 局部表面塑性模型(LSP模型)

腐蚀环境中的蠕变试验表明,随着试样中阳极电流的增加蠕变速率加快。这意味着,蠕变第一阶段的加工硬化因阳极电流而软化。腐蚀导致应变硬化的软化现象表明,腐蚀对合金的金属学特性有重要影响,应力腐蚀开裂可能和裂纹顶端缺陷结构及局部塑性变形有关。基于这一点,Jones提出了局部表面塑性(Localized Surface Plasticity,LSP)模型。

LSP模型认为,合金表面钝化膜破裂后露出的“新鲜”金属和周围钝化膜之间构成微电池。由于电位差很大,无钝化膜的活性表面产生很大的阳极电流。在钝化膜比较弱的电位区,膜破裂后不能立即形成新的钝化膜。因阳极电流而软化的区域很小,软化区域的塑性变形受到周围加工硬化(未软化)区域的约束。在裂纹顶端区域的微变形受到周围区域约束时,该微小区域产生三向应力状态(平面应变条件),变形被抑制而处于脆性状态。当继续受到应力作用时脆性裂纹就会形成并扩展。

最近有人对 LSP 模型提出了疑义,并提出了“应力腐蚀新机理”。这个机理认为,腐蚀介质中金属穿过表面钝化膜进入溶液而不断溶解,与此同时在膜和基体界面上产生很大的附加拉应力。附加拉应力和外应力叠加促进局部塑性变形,导致应力集中。当应力集中达到原子键合力时,键合断开、产生了应力腐蚀裂纹。

6.1.6 应力腐蚀断裂的防护措施

由于应力腐蚀是材料与环境介质、力学因素等三个方面协同作用的结果,因此预防和降低材料的应力腐蚀断裂倾向,也应当从这三个方面采取措施和对策。

1. 降低或消除应力

(1)改进结构设计,避免或减少局部应力集中 应力腐蚀事故分析表明,由残余应力引起的比例最大,因此在加工、制造、装配中应尽量避免产生较大的残余应力。结构设计应尽量避免缝隙和可能造成腐蚀液残留的死角,防止有害物质(如 Cl^-,OH^-)的浓缩。

(2)进行消除应力处理 减少残余应力可采取热处理退火、过变形法、喷丸处理等。其中消除应力退火是减少残余应力的最重要手段,特别是对焊接件,退火处理尤为重要。

(3)按照断裂力学进行结构设计 由于构件中不可避免地存在着宏观或微观裂纹和缺陷,因此用断裂力学进行设计比用传统力学方法具有更高的可靠性。在腐蚀环境下,预先确定材料的 K_{ISCC} 和 da/dt 等参数,根据使用条件确定构件允许的临界裂纹尺寸 a_c 具有重要的实际意义。

2. 控制环境

(1)改善材料使用条件 每种合金都有其应力腐蚀敏感介质。减少和控制这些有害介质量是十分必要的,如通过水净化处理,降低冷却水与蒸汽中的氯离子含量,对预防奥氏体不锈钢的氯脆十分有效。由于应力腐蚀与温度有很大关系,故应控制环境温度,在条件允许时应降低温度。减少内外温差、避免反复加热、冷却,可防止热应力带来的危害。介质的 pH 值和氧含量对不同材料 - 环境体系都存着一定的影响。一般说来,降低氧含量、升高 pH 值是有益的。

(2)加入缓蚀剂 每种材料 - 环境体系都有某些能抑制或减缓应力腐蚀的物质,这些物质由于改变电位、促进成膜、阻止氢的侵入或有害物质的吸附、影响电化学反应动力学等原因而起到缓蚀作用,因而可防止或减缓应力腐蚀。如为了防止锅炉钢的碱脆,可采用硝酸盐或亚硫酸盐纸浆作缓蚀剂。

(3)保护涂层 使用有机涂层可使材料表面与环境隔离,或使用对环境不敏感的金属作为敏感材料的镀层,都可减少材料的应力腐蚀敏感性。

(4)电化学保护 由于应力腐蚀容易发生在特定的敏感电位区间,因此理论上可通过控制电位进行阴极保护或牺牲阳极保护,使金属在介质中的电位远离敏感的电位区域,从而达到防止应力腐蚀的目的。但要针对不同的体系进行具体的分析。如对高强度钢和其他氢脆敏感的材料,就不能采用阴极保护法。

3. 改善材质

①正确选材:尽量选择在给定环境中尚未发生过应力腐蚀断裂的材料,或对现有可供选

择的材料进行试验筛选，择优使用。如铜对氨的应力腐蚀敏感性很高，因此接触氨的零件应避免使用铜合金。如在高浓度氯化物介质中，一般可选用不含镍、铜或仅含微量镍、铜的低碳高铬铁素体不锈钢，或含硅较高的铬镍不锈钢，也可选用镍基和铁－镍基耐蚀合金。

②开发耐应力腐蚀或K_{ISCC}较高的新材料。

③采用冶金新工艺，减少材料中的杂质，提高纯度；通过热处理改变组织、消除有害物质的偏析、细化晶粒等，均会减少材料的应力腐蚀敏感性。

6.2 氢致断裂

由于氢原子很小，氢很容易在各种金属与合金的晶格中移动。氢的渗入对金属与合金的性能产生许多有害的影响，因此金属中的氢是一种有害元素，只需极少量的氢（如质量分数0.000 1%）即可导致金属变脆。

在氢和应力的共同作用下导致材料产生脆性断裂的现象，称为氢致断裂或氢脆（Hydrogen Embrittlement，HE或Hydrogen Induced Cracking，HIC）。上节谈到应力腐蚀断裂的一种机制便是氢脆，然而决不能认为氢脆只是应力腐蚀的一种情况。引起氢脆的应力可以是外加应力，也可以是残余应力；金属中的氢，可能是本来就存在于其内部的，也可能是由表面吸附而进入其中的。

6.2.1 金属中的氢

金属中氢的来源，可分为“内含的”和“外来的”两种。前者是指材料在冶炼、热加工、热处理、焊接、电镀、酸洗等制造过程中吸收的氢；后者则是指材料原先不含氢或含氢量极少，但在有氢的环境中服役时从含氢环境介质中吸收的氢。如有些机件在高温和高氢气氛中运行时容易吸氢，也有的机件与H_2S气氛和溶液接触，或暴露在潮湿的海洋性或工业大气中，表面覆盖一层中性或酸性电解质溶液，因产生如下的阴极反应而吸氢：

$$H^+ + e \rightarrow H$$

$$2H \rightarrow H_2$$

在金属材料中，氢可以有几种不同的存在形式。在一般情况下，氢以间隙原子状态固溶在金属中形成固溶体，且氢的溶解度会随温度的降低而降低。在室温下氢在一般金属中的溶解度很低，为$10^{-10} \sim 10^{-9}$。在某些能够形成氢化物的金属（如V、Nb、Ti、Zr、Hf）中，氢的浓度可达10^{-4}的量级。氢在金属中也可通过扩散聚集在较大的缺陷（如空洞、气泡、裂纹等）处，以氢分子状态存在，形成内部空洞或表面“白点”。

氢在固溶体中的分布是不均匀的，晶体中的各种缺陷，如空位、位错、晶界等，可以与氢发生交互作用，从而将氢吸引到这些缺陷处，使这些缺陷成为氢陷阱。材料中存在不均匀应力场时，氢向高拉应力区富集，这与应力作用下空位扩散类似。裂纹顶端存在应力集中，因此氢会向裂尖集中。计算表明，最大氢富集可达200倍。但是由于金属材料的裂纹顶端总是存在塑性区，塑性区中$\sigma_{max} \leqslant (5 \sim 6)\sigma_s$，因此氢富集不会超过平均浓度的10倍。

此外，氢还可能和一些过渡族、稀土或碱土金属元素作用生成氢化物，或与金属中的第二相作用生成气体产物，如钢中的氢可以与渗碳体中的碳原子作用形成甲烷等。

6.2.2 氢致断裂的类型和特征

氢溶解在材料中会引起材料的脆化，称为氢脆。由于氢在材料中存在的状态不同及其与金属交互作用性质的不同,氢可经由不同的机制使材料脆化,因而氢脆也有多种表现形式。

1. 氢气压力引起的开裂

当钢中含有过量的氢时,随着冷却过程中温度的降低,因氢在钢中溶解度的减小而过饱和,并从固溶体中析出。如果过饱和的氢来不及扩散逸出,便在钢中的缺陷处聚集并结合成氢分子。此时氢的体积发生急剧膨胀,局部压力逐渐增高,将钢局部撕裂而形成微裂纹。这种微裂纹的断面呈圆形或椭圆形斑点,颜色为银白色,故称为白点。在钢的纵向剖面上,白点呈发纹状,所以又称为发裂。这种白点在 Cr-Ni 结构钢的大锻件中最为严重,历史上曾因此造成许多重大事故。

钢的化学成分和组织结构,对白点的形成有很大的影响。奥氏体钢对白点不敏感,而在合金结构钢和合金工具钢中容易形成白点。钢中存在内应力时,会加剧白点倾向。钢中含氢量是产生白点的决定性因素,于是防止白点最根本的方法是降低钢中的含氢量。

焊接件冷却后,有时也能观察到氢致裂纹。焊接是局部冶炼过程,潮湿的焊条及大气中的水分会促使氢进入焊接熔池,随后冷却时可能在焊缝金属中析出气态 H_2,导致微裂纹。

对这种由氢气压力引起的开裂,可通过精炼除气、锻后缓冷、等温退火或焊前烘烤焊条等工艺方法以及在钢中加入稀土或其他微量元素使之减弱或消除。

2. 氢蚀

在高温高压下,氢与钢中的固溶体或渗碳体发生如下的反应:

$$C_{(Fe)} + 4H \rightarrow CH_4 \quad 或 \quad Fe_3C \rightarrow 3Fe + C, C + 2H_2 \rightarrow CH_4$$

反应所生成的甲烷气体,也可以在钢中形成高压,并导致钢材的塑性大幅度降低,这种现象称为氢蚀。在合成氨、石油工业中的加氢裂化装置中,常发生氢蚀问题。

CH_4 气泡的形成,必须依附于钢中夹杂物或第二相质点,而这些第二相质点往往存在于晶界上,如在用 Al 脱氧的钢中晶界上分布着很多细小的夹杂物质点,因此氢蚀脆化裂纹往往沿晶界发展并形成晶粒状断口。CH_4 的形成和聚集到一定的量,需要一定的时间,因此氢蚀过程存在孕育期,并且温度越高,孕育期越短。钢发生氢蚀的温度为 300 ~ 500 ℃,低于 200 ℃时不发生氢蚀。

为了减缓氢蚀,可降低钢中的含碳量,以减少形成 CH_4 中的碳供应。或者加入铬、钼、钛或钒等碳化物形成元素,使其形成的稳定碳化物不易分解,可以延长氢蚀的孕育期。另外,球化处理和消除冷加工应力也能降低钢的氢蚀倾向,

3. 氢化物脆性

对于ⅣB 或ⅤB 族金属与合金(如纯钛、α - 钛合金、镍、钒、锆、铌及其合金),由于它们与氢有较大的亲和力,极易生成脆性氢化物,使材料的塑性、韧性降低,产生脆化。如在室温下,氢在 α - 钛中的溶解度较小,钛与氢又具有较大的化学亲和力,因此容易形成氢化钛(TiHx)而产生氢脆。而 β - 钛合金中氢的溶解度较高,故很少遇到这种脆性。

根据氢化物生成过程的不同,氢化物脆性又分为两种情况:一种情况是当熔融金属冷凝时,由于溶解度的降低,氢自固溶体中析出,并与基体金属化合生成了氢化物。这类由于预先存在氢化物所引起的脆性属于第一类氢脆。另一种情况是合金中原有的氢含量较低,不足以形成氢化物,但当受到应力作用时,氢将向拉应力区或裂纹前沿聚集,一旦达到足够浓度,过饱和氢将从固溶体中析出并形成氢化物,这种由于应力感生氢化物所引起的脆化,属于第二类氢脆,这类脆性是不可逆的。这两种氢化物脆性虽然过程不一样,但本质相同。

金属材料对氢化物造成的氢脆敏感性,随温度降低及试样缺口的尖锐程度增加而增加。裂纹常沿氢化物与基体的界面发生,因此在断口上常可以发现氢化物。另外,氢化物的形状和分布对脆性也有明显的影响。若合金晶粒粗大,氢化物在晶界呈薄片状,极易产生较大的应力集中,危害很大;若晶粒较细,氢化物多呈块状不连续分布,对金属的危害不太大。

4. 氢致滞后断裂

当高强度钢或钛合金受到低于屈服强度的静载荷作用时,材料中原来存在的或从环境介质中吸收的原子氢将向拉应力高的部位扩散形成氢的富集区。经过一段孕育期后,当氢的富集达到临界值时,会在金属内部,特别是在三向拉应力区形成裂纹,裂纹逐步扩展,最后突然发生脆性断裂。由于氢的扩散需要一定的时间,加载后要经过一定时间才断裂,所以称为氢致滞后断裂。氢致滞后断裂是可逆的,除去材料中的氢后就不会发生滞后断裂。工程上所说的氢脆,大多数是指这类氢脆而言的。这类氢脆的特点如下。

①只在一定温度范围内出现,如高强度钢在室温下最敏感。

②提高应变速率,材料对氢脆的敏感性降低。因此只有在慢速加载试验中,才能显示这类脆性。

③此类氢脆能显著降低金属材料的断后伸长率,但含氢量超过一定数值后,断后伸长率不再变化,而断面收缩率则随含氢量的增加不断下降,且材料强度越高,下降越剧烈。

④高强度钢的氢致滞后断裂具有可逆性,即钢材经低应力慢速应变后,由于氢脆使塑性降低。如果卸除载荷,停留一段时间再进行高速加载,则钢的塑性可以得到恢复,氢脆现象消除。

高强度钢氢致延滞断裂断口的宏观形貌,与一般脆性断口相似;其微观形貌大多为沿原奥氏体晶界的沿晶断裂,且晶界面上常有许多撕裂棱。但在实际断口上,并不一定都是沿晶断裂,有时还出现穿晶断裂甚至是单一的穿晶断裂。对 40CrNiMo 钢的试验表明,当钢的纯度提高时,氢脆的断口形貌就从沿晶断裂转变为穿晶断裂,同时断裂的临界应力也大大提高。这表明氢脆沿晶断口的出现,除力学因素外,更主要的是与杂质偏聚的晶界吸附了较多的氢使晶界强度削弱有关。另外,当应力强度因子 K_I 较高时,断裂为穿晶韧窝型;K_I 为中等大小时,断裂为准解理与微孔混合型;K_I 较低时,断裂呈沿晶型。

6.2.3　氢致滞后断裂的机理

氢致滞后断裂过程,可分为三个阶段,即孕育阶段、裂纹亚稳扩展阶段及失稳扩展阶段。

钢表面单纯吸附氢原子是不会产生氢脆的,氢必须进入 α - Fe 晶格中并偏聚到一定浓度后才能形成裂纹。因此,由环境介质中的氢引起氢致滞后断裂必须经过三个步骤,即氢原子进入钢中、氢在钢中迁移和氢的偏聚,这三个步骤都需要时间,这就是氢致滞后断裂的孕育阶段。

钢中的氢一般固溶于 α - Fe 晶格中,使晶格产生膨胀性弹性畸变。当有刃型位错的应力场存在时,氢原子便与位错产生交互作用,迁移到位错线附近的拉应力区,形成氢气团。显然,在位错线密度较高的区域,其氢的浓度也较高。

在外加应力作用下,当应变速率较低而温度较高时,氢气团的运动速率与位错运动速率相适应,此时气团随位错运动,但又落后一定距离。因此气团对位错起“钉扎”作用,产生局部应变硬化。当运动着的位错与氢气团遇到障碍(如晶界)时,便产生位错塞积,同时造成氢原子在塞积区聚集。若应力足够大,则在位错塞积的端部形成较大的应力集中,由于不能通过塑性变形使应力松弛，于是便形成裂纹。该处聚集的氢原子，不仅使裂纹易于形成，而且使裂纹容易扩展。

由于氢使 α－Fe 晶格膨胀，所以拉应力将促进氢的溶解。在外加应力作用下，金属中已形成裂纹的顶端是三向拉应力区，因而氢原子易于通过位错运动向裂纹顶端区域聚集，氢原子一般偏聚在裂纹顶端塑性区与弹性区的交界面上。当氢的偏聚再次达到临界浓度时，便使这个区域明显脆化而形成新裂纹，新裂纹与原裂纹的顶端相汇合，裂纹便扩展一段距离，随后又停止，如图 6-12(a)所示。以后是再孕育、再扩展，最后当裂纹经亚稳扩展达到临界尺寸时便失稳扩展而断裂。因此，氢致裂纹的扩展方式是步进式，这与应力腐蚀裂纹渐进式的扩展方式不同。氢致裂纹步进式的扩展过程，可通过图 6-12(b)所示裂纹扩展过程中电阻的变化来证实。

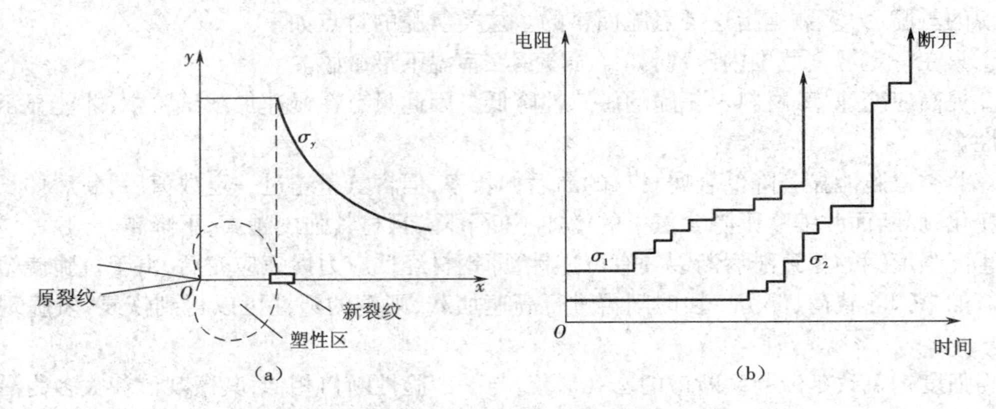

图 6-12　氢致裂纹的扩展过程和扩展方式

(a)氢致裂纹的扩展过程　(b)裂纹扩展过程中电阻的变化

高强度材料氢脆对特别敏感，这是因为随着材料强度的提高，其断裂韧性和裂纹顶端塑性区尺寸都相应减小，当氢原子向裂纹顶端富集后，很容易使这部分区域脆化，形成裂纹并产生断裂。

另外，氢脆只发生在一定的温度范围和慢的形变速率情况下。当温度太低时，氢原子的扩散速率太慢，能与位错结合形成气团的机会甚少；反之，当温度太高时，氢原子扩散速率太快，热激活作用相强，氢原子很难固定在位错下方，位错能自由运动，因此也不易产生氢脆。对钢来说，对氢脆最敏感的温度就在室温附近。同样，可以理解形变速率的影响。当形变速率太高时，位错运动太快，氢原子的扩散跟不上位错的运动，因而显示不出脆性。

6.2.4　氢致断裂与应力腐蚀断裂的关系

应力腐蚀与氢致延滞断裂都是由于应力和化学介质共同作用而产生的延滞断裂现象，两者具有很强的关联性。图 6-13 是钢在特定化学介质中产生应力腐蚀与氢致滞后断裂的电化学原理图。由图可见，与应力腐蚀相比，氢致断裂有如下特点。

①产生应力腐蚀时总是伴随有氢的析出，析出的氢又易于形成氢致延滞断裂。两者区别在于应力腐蚀为阳极溶解过程(图 6-13(a))，形成阳极活性通道而使金属开裂，而氢致滞后断裂为阴极吸氢过程(图 6-13(b))。在区分某一具体合金化学介质系统的延滞断裂究竟属于哪种断裂类型时，一般可采用极化试验方法，即利用外加电流对静载下产生裂纹的时间或裂纹扩展速率的影响来判断。外加小的阳极电流而缩短产生裂纹时间的是应力腐蚀(图

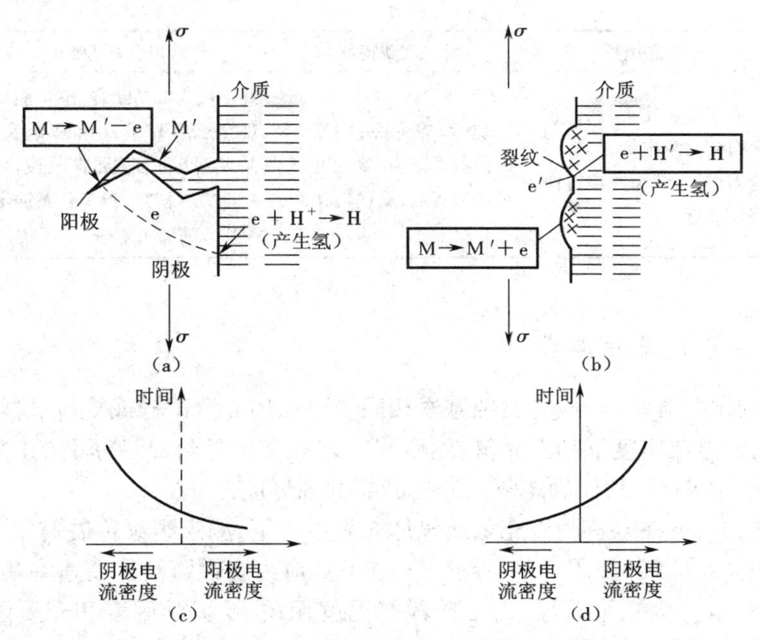

图 6-13　应力腐蚀与氢致滞后断裂电化学原理的比较

（a）、（c）应力腐蚀断裂　（b）、（d）氢致滞后断裂

6-13（c））；外加小的阴极电流而缩短产生裂纹时间的是氢致延滞断裂（图 6-13（d））。

②在强度较低的材料中或者虽为高强度材料但受力不大时，氢致断裂的断裂源不在表面，而是在表面以下的某一深度处。

③氢致断裂的主裂纹没有分枝，这与应力腐蚀裂纹是截然不同的（表 6-3）。氢致断裂可以是穿晶的也可以是沿晶的，或者从一种裂纹扩展形式转变成另一种形式。但就具体的材料－环境组合来说，氢脆有特定的裂纹形态。如在淬火回火钢中氢脆常沿着原奥氏体晶界扩展；而在钛合金中容易形成氢化物，裂纹是沿着氢化物与基体金属的界面上发展。

④氢脆断口一般较光亮，没有腐蚀产物或腐蚀产物的量很少。

⑤大多数的氢致断裂（氢化物型氢脆除外）都表现出对温度和变形速率有强烈的依赖关系。氢脆只在一定的温度范围内出现，出现氢脆的温度区间取决于合金的化学成分和形变速率。形变速度越大，氢脆的敏感性越小；当形变速率大于某一临界值后，氢脆完全消失。氢脆对材料的屈服强度影响较小，但对断面收缩率则影响较大。

表 6-3　钢的应力腐蚀与氢致滞后断裂断口形貌的比较

类型	断裂源位置	断口宏观特征	断口微观特征	二次裂纹
应力腐蚀	肯定在表面，无一例外，且常在尖角、划痕、点蚀坑等拉应力集中处	脆性、颜色较暗，甚至呈黑色，与最后静断区有明显界限，断裂源区颜色最深	一般为沿晶断裂，也有穿晶解理断裂。有较多腐蚀产物，且有特殊的离子如氯、硫等。断裂源区腐蚀产物最多	较多或很多

续表

类型	断裂源位置	断口宏观特征	断口微观特征	二次裂纹
氢致滞后断裂	大多在表皮下,偶尔在表面应力集中处,且随外应力增加,断裂源位置向表面靠近	脆性,较光亮,刚断开时没有腐蚀,在腐蚀性环境中放置后,受均匀腐蚀	多数为沿晶断裂,也可能出现穿晶解理或准解理断裂。晶界面上常有大量撕裂棱,个别地方有韧窝,若未在腐蚀环境中放置,一般无腐蚀产物	没有或极少

6.2.5 氢致断裂的测试与评价

研究氢脆的试验方法,与应力腐蚀基本相同。可以用光滑试样或缺口试样,加上一定的应力,并在相同的电流密度下动态充氢,然后测定试样发生氢致滞后断裂的时间,建立类似图 6-4 那样的 $\sigma - t$ 曲线,从而确定氢致滞后断裂的临界应力 σ_c。

对预裂纹试样,可在电解阴极充氢或气体充氢条件下,测定裂纹扩展速率 da/dt 与应力强度因子 K_I 的关系曲线,如图 6-14 所示。与图 6-6 应力腐蚀裂纹扩展速率相似,氢致滞后断裂的裂纹扩展也分为三个阶段:第Ⅰ阶段与温度无关,受力学因素和介质因素的影响较大。将第Ⅰ阶段外延,可得到氢致断裂的门槛值 K_{IHE};第Ⅱ阶段与 K_I 无关,da/dt 保持为常数,主要决定于氢原子在基体中的扩散速率;第Ⅲ阶段,裂纹已进入非稳定扩展阶段,受力学因素及温度的影响较大。裂纹体在环境介质作用下的服役时间,可由第Ⅱ阶段的 da/dt 进行计算。

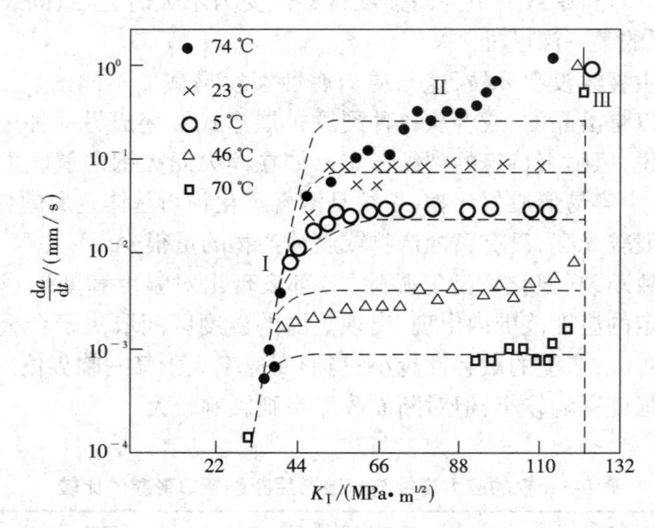

图 6-14 温度对钛合金裂纹扩展速率的影响

另外,材料的氢脆敏感性也可用光滑试样充氢前后拉伸试验中断面收缩率的变化来表示:

$$I = \frac{\psi_0 - \psi_H}{\psi_0} \times 100\% \tag{6-11}$$

其中:ψ_0 和 ψ_H 分别为不含氢和含氢试样的断面收缩率。此外,也有人提出用充氢前后试样断裂比功(即真应力 - 应变曲线下的面积)的变化来反映材料的氢脆敏感性。

6.2.6　氢致断裂的防护措施

各种类型氢脆的产生原因不同,其预防和控制的方法也不一样。关于第一类氢脆的预防和控制,已结合其具体类型在氢致断裂的类型中介绍过。这里的论述仅限于第二类氢脆即氢致滞后断裂。由于这类脆性是在应力作用下氢与金属相互作用的结果,因此对氢脆一方面要阻止氢自环境介质进入金属和除去金属中已含有的氢,另一方面是要改变材料对氢脆的敏感性。

1. 环境因素

阻止氢进入金属中的途径,或者控制这条途径上的某个关键环节,延缓在这个环节上的反应速度,使氢不进入或少进入金属中。如采用表面涂(镀)层,使机件表面与环境介质中的氢隔离;还可在含氢的介质中加入抑制剂,如在3% NaCl 水溶液中加入浓度为 10^{-3} mol/L 的N－椰子素、β－氨基丙酸等,便可降低钢中的含氢量,延长高强度钢的断裂时间。又如在100%干燥 H_2 中加入质量分数为0.6%的 O_2,可抑制裂纹的扩展。这主要是由于加入氧后,氧原子在裂纹顶端优先吸附,生成具有保护性的氧化膜,因而阻止了氢原于向金属内部的扩散。

对内部含氢的材料,要从严格执行工艺规定着手。如像汽轮发电机之类的大锻件,要实行真空浇铸,并进行长时间的去氢退火;对于焊接构件,要采用低氢焊条、焊前预热、焊后去应力退火;对电镀零件,电镀后要经烘烤除氢。

2. 材料因素

含碳量较低且硫、磷含量较少的钢,对氢脆的敏感性较低。铬、钼、钨、钛、钒和铌等碳化物形成元素,能细化晶粒,提高钢的塑性,对降低钢的氢脆敏感性是有利的。钙或稀土元素的加入,由于使钢中 MnS 夹杂物形状圆滑、颗粒细化、分布均匀,从而降低钢的氢脆倾向。

钢的强度等级越高,对氢脆的敏感性越高。如4340 钢在3.5% NaCl 溶液中,当硬度由HRC43 升高到 HRC53 时,其氢脆裂纹扩展速率的应力强度因子大为降低。因此,对在含氢介质服役高强度钢的强度应有所限制。

钢的显微组织对氢脆敏感性也有较大的影响,一般按下列顺序递增:球状珠光体、片状珠光体、回火马氏体或贝氏体、未回火马氏体。晶粒度对抗氢脆能力的影响比较复杂,因为晶界既可吸附氢,又可作为氢扩散的通道,总的倾向是细化晶粒可提高抗氢脆能力。因此,合理选材与正确制定冷、热加工工艺,对防止材料的氢脆是十分重要的。

3. 力学因素

在机件设计和加工过程中,应尽量排除各种产生残余拉应力的因素。相反,采用表面处理使表面获得残余压应力层,对防止氢致延滞断裂有良好的作用。

金属材料抗氢脆的力学性能指标,与抗应力腐蚀性能指标的作用是一样的。因此对裂纹试样设计时,应力求使零件服役时的 K_I 值小于氢致断裂的门槛值 K_{IHE}。

6.3　腐蚀疲劳断裂

6.3.1　腐蚀疲劳断裂的特点

材料或零件在交变应力和腐蚀介质的共同作用下造成的破坏,称作腐蚀疲劳断裂(Corrosion Fatigue Cracking, CFC)。腐蚀疲劳是工业生产中经常遇到的问题,如船舶的推进器、海洋平台的构架、压缩机和燃气轮机叶片、化工的泵轴、油田开采设备等部件的破坏形式主要是腐蚀疲劳。

腐蚀疲劳破坏中的腐蚀介质,可以是包含空气在内的气体介质,也可以是包含水在内的液体介质。环境介质不同,材料的疲劳寿命也有很大的差异,如图 6-15 所示。由于许多疲劳试验结果都是在普通大气介质中获得的,因此常把在真空、惰性气体或普通大气介质中的疲劳称为纯机械疲劳或大气疲劳。与纯机械疲劳相比,在水介质中的腐蚀疲劳具有以下的特点。

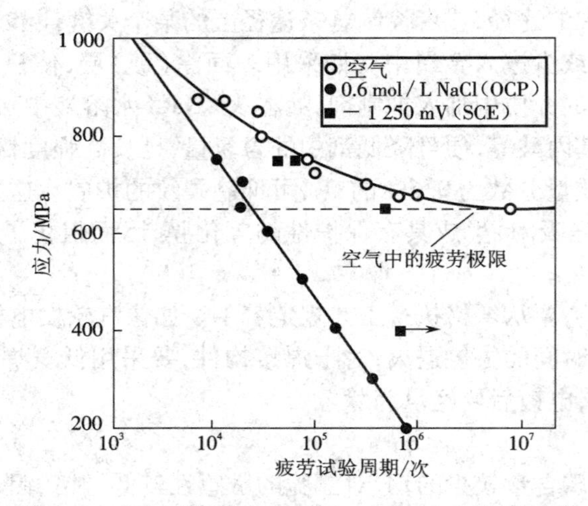

图 6-15 高强度钢在空气、0.6 mol/L NaCl 溶液开路电位(OCP)和 -1 250 mV(SCE)下的 $S-N$ 曲线

①在腐蚀疲劳的 $S-N$ 曲线上,没有像大气疲劳那样具有水平线段,即不存在无限寿命的疲劳极限值。即使交变应力很低,只要循环次数足够大,材料总会发生断裂。一般用规定循环周次(如 10^7 次)下的循环应力为材料的条件疲劳极限。

②腐蚀疲劳极限与静强度之间没有直接的关系。试验表明,抗拉强度在 275 ~ 1 720 MPa 的碳钢、低合金钢和铬钢在空气中的弯曲疲劳强度随钢的抗拉强度增高而连续增加,但碳钢与低合金钢在新鲜水溶液中的疲劳强度几乎与抗拉强度无关(图 6-16)。这表明,提高材料的静强度对材料在腐蚀介质中疲劳抗力的贡献较小。

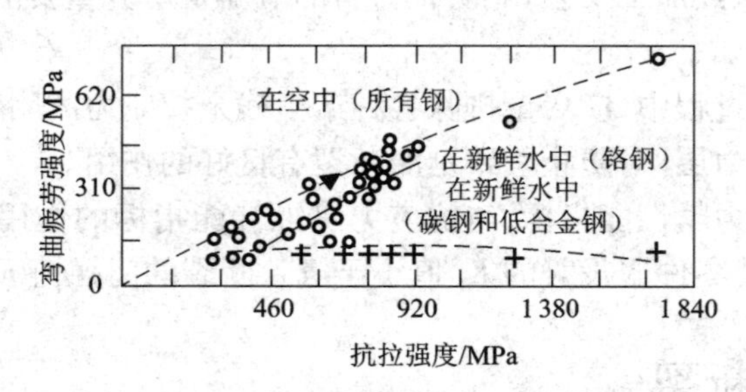

图 6-16 钢在空气和新鲜水中的弯曲疲劳强度

③在大气环境中,当加载频率小于 1 000 Hz 时,频率对疲劳极限基本上无影响。但腐蚀疲劳对加载频率十分敏感,频率越低,疲劳强度与寿命也越低。

④腐蚀疲劳条件下裂纹极易萌生,故裂纹扩展是疲劳寿命的主要组成部分。而大气环

境下，光滑试样的裂纹萌生是疲劳寿命的主要部分。

从作用的应力看，虽然腐蚀疲劳和应力腐蚀都是在应力和腐蚀介质联合作用下的失效方式，但应力腐蚀中的应力是静应力，而且主要是拉应力，因此也叫静疲劳(static fatigue)。而腐蚀疲劳中的应力，是交变(循环)应力。腐蚀疲劳与应力腐蚀相比，主要具有以下的特点。

①应力腐蚀是在特定的材料与介质组合下才发生的，而腐蚀疲劳却没有这个限制，它在任何介质中均会出现。只要环境介质对材料有腐蚀作用，在变动载荷下就可产生腐蚀疲劳，即腐蚀疲劳更具有普遍性。

②在应力腐蚀中，材料存在临界应力强度因子 K_{ISCC}。当外加应力强度因子 $K_I < K_{ISCC}$ 时，材料不会发生应力腐蚀裂纹扩展；但对腐蚀疲劳，即使 $K_{max} < K_{ISCC}$，疲劳裂纹仍会扩展。

③应力腐蚀破坏时，只有一两个主裂纹，且主裂纹上有分支裂纹；而在腐蚀疲劳断口上，有多处裂纹源，裂纹很少或没有分叉情况。

④在一定的介质中，应力腐蚀裂纹顶端的溶液酸度是较高的，总是高于整体环境的平均值。而在腐蚀疲劳的交变应力作用下，裂纹能不断地张开与闭合，促使介质的流动，所以裂纹顶端溶液的酸度与周围环境的平均值差别不大。

6.3.2　腐蚀疲劳断裂的机制

对腐蚀疲劳断裂，虽然提出了许多模型，但由于腐蚀疲劳现象的复杂性，至今尚未得到统一的解释。目前广为接受的腐蚀疲劳机理主要有如下几个。

1. 阳极滑移溶解机制

这种机制认为，循环的交变应力会导致金属变形的不均匀性。在变形区发生强烈的滑移，出现了滑移台阶。在交变应力上升的过程中，由于滑移台阶露出了新鲜表面，此新鲜表面的原子比内部原子具有较高的活性，因而在腐蚀介质中将被优先溶解。在交变应力下降的过程中，金属将发生反向滑移。但由于在应力增大过程中暴露于腐蚀介质的滑移台阶已被优先溶解，因而不能闭合。这样在反复变动载荷作用下，滑移台阶的不断溶解，促进了腐蚀疲劳裂纹的形成和发展(图 6-17)。

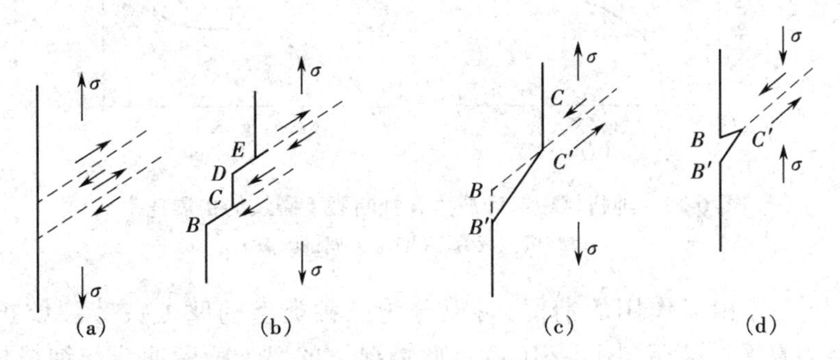

图 6-17　腐蚀疲劳的阳极滑移溶解示意图

(a)局部应变区　(b)生成滑移台阶　(c)滑移台阶溶解生成新表面　(d)形成裂纹

2. 孔蚀形成裂纹机理

金属在腐蚀介质的作用下在表面形成点蚀坑，由于蚀坑的缺口效应使坑底成为腐蚀疲劳的起裂点。这个机制很好地说明了腐蚀疲劳具有多源的特点，但人们发现在不产生孔蚀的介质中，腐蚀疲劳仍然可能发生；同时发现在有些发生孔蚀的情况下，而对腐蚀疲劳寿命却没有明显的影响。这些现象说明孔蚀虽然会促进腐蚀疲劳的发展，但并不是腐蚀疲劳的唯一决定原因。

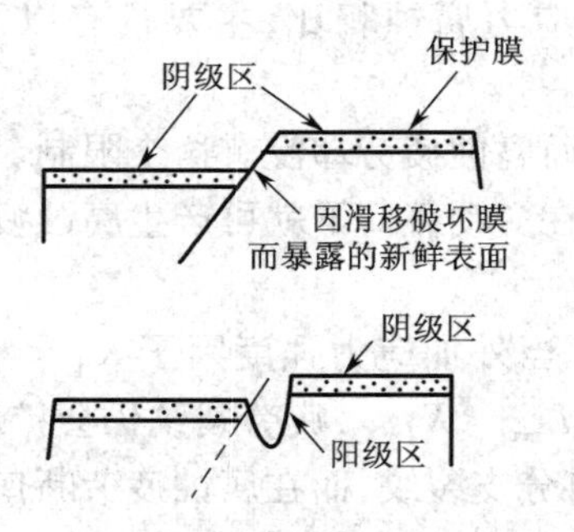

图 6-18 表面膜破裂形成裂纹的示意图

3. 表面膜破坏机理

当材料表面暴露在腐蚀介质中时，其表面将形成一层保护膜。由于保护膜与金属基体力学性能的差别，因而在膜与基体材料之间存在内应力。在外加循环变动载荷的作用下，表面膜会发生破裂。在膜的破裂处将暴露出新鲜的材料表面而成为微阳极，但其周围则为氧化膜覆盖的阴极区，从而产生电化学溶解，于是在变动载荷和介质的共同作用下，导致腐蚀疲劳裂纹的形成和扩展，如图 6-18 所示。

4. 化学吸附机制

在金属与介质接触交界处，由于吸附了表面活性物质，使金属表面的键合强度削弱。于是在变动载荷作用下，表面滑移带的产生和微裂纹的扩展均变得非常容易，由此导致了腐蚀疲劳现象。如果吸附的物质是氢原子，氢原子进入金属，从而将引起材料的氢致腐蚀疲劳断裂。

6.3.3 腐蚀疲劳裂纹的扩展速率

由于腐蚀疲劳断裂的特点是裂纹萌生较快，而裂纹扩展期相对较长（约占疲劳寿命的90%），因此研究疲劳裂纹的扩展规律是非常重要的。

鉴于腐蚀疲劳与纯机械疲劳、应力腐蚀断裂的关系，腐蚀疲劳裂纹的扩展速率可通过与纯机械疲劳、应力腐蚀断裂下裂纹扩展速率的对比来描述，如图 6-19 所示。

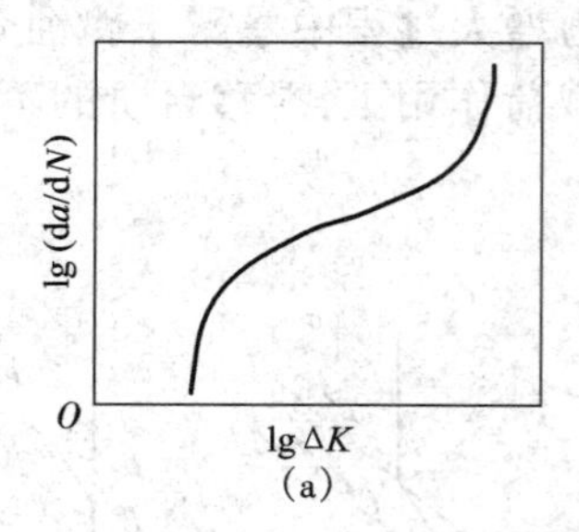

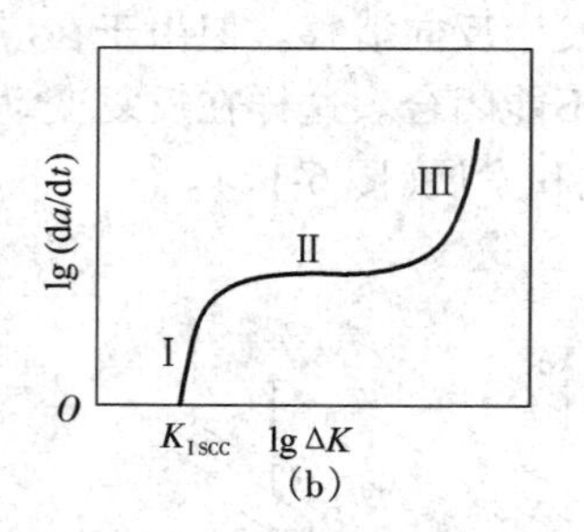

图 6-19 纯机械疲劳和应力腐蚀断裂下裂纹的扩展速率

（a）纯机械疲劳 （b）应力腐蚀断裂

根据腐蚀与疲劳相互作用的情况，可以分为三种类型的腐蚀疲劳裂纹扩展行为（图6-20）。第一类为真腐蚀疲劳（图 6-20（a）），此情况下的腐蚀疲劳曲线与纯机械疲劳类似，腐蚀介质的作用使门槛值 ΔK_{th}减小，裂纹扩展速率增大。当 K_{max} 接近 K_{IC}时，介质的影响减小。当腐蚀环境不满足引起应力腐蚀破坏的合金 - 介质组合时，腐蚀疲劳可能表现为第一类腐蚀疲劳，即应力腐蚀的作用可以忽略。第二类是应力腐蚀型的疲劳行为，它是机械疲劳和应力腐蚀开裂的简单叠加（图6-20（b））。当 $K_I < K_{ISCC}$时，介质的作用可以忽略；而当 $K_I > K_{ISCC}$时发生应力腐蚀，裂纹扩展速率急剧增加，并显示出与应力腐蚀类似的水平台阶或

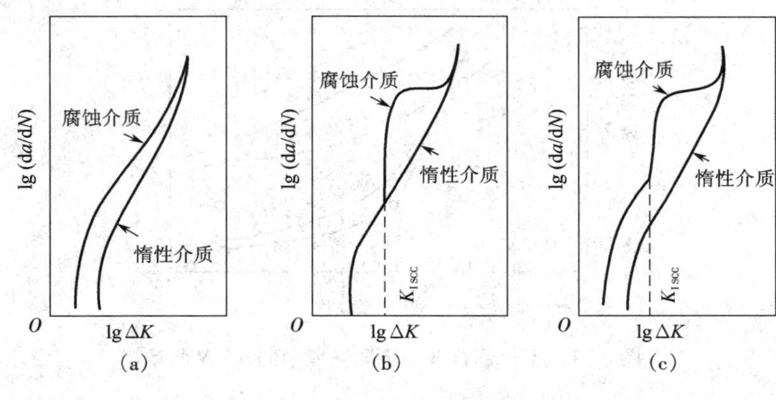

图6-20 腐蚀疲劳裂纹扩展速率的基本类型

(a)真腐蚀疲劳型 (b)应力腐蚀疲劳型 (c)混合型腐蚀疲劳型

裂纹扩展渐趋平缓。钢在氢介质中的腐蚀疲劳即属此类。第三类是由真腐蚀疲劳和应力腐蚀疲劳结合起来产生的混合型腐蚀疲劳,如图6-20(c)所示。这是腐蚀疲劳裂纹扩展最一般的形式,大多数工程合金与环境介质组合条件下的腐蚀疲劳就属于第三类腐蚀疲劳。

由于腐蚀疲劳试验的复杂性,人们常希望利用纯机械疲劳与应力腐蚀试验的结果,并通过某种模型来定量计算腐蚀疲劳裂纹的扩展速率,进而预测其腐蚀疲劳寿命。目前主要有两种模型,即R. P. Wei提出的线性叠加模型和竞争模型。

线性叠加模型认为,腐蚀疲劳裂纹扩展是纯机械疲劳(在惰性环境中)和应力腐蚀断裂两个过程的线性叠加,即

$$(\mathrm{d}a/\mathrm{d}N)_{\mathrm{CF}}=(\mathrm{d}a/\mathrm{d}N)_{\mathrm{SCC}}+(\mathrm{d}a/\mathrm{d}N)_{\mathrm{F}} \tag{6-12}$$

式中:$(\mathrm{d}a/\mathrm{d}N)_{\mathrm{CF}}$为腐蚀疲劳裂纹的扩展速率;$(\mathrm{d}a/\mathrm{d}N)_{\mathrm{F}}$为纯机械疲劳裂纹的扩展速率;$(\mathrm{d}a/\mathrm{d}N)_{\mathrm{SCC}}$为一次应力循环下应力腐蚀裂纹的扩展量,如循环一次的时间周期为τ($\tau=1/f$,f为疲劳试验的频率)则有

$$(\mathrm{d}a/\mathrm{d}N)_{\mathrm{SCC}}=\int_{\tau}(\mathrm{d}a/\mathrm{d}t)_{\mathrm{SCC}}\mathrm{d}t \tag{6-13}$$

Wei曾利用上述线性叠加模型估算过高强度钢在干氢、蒸馏水和水蒸气等介质及钛合金在盐溶液中的疲劳裂纹扩展,当$K_{\max}>K_{\mathrm{ISCC}}$时其结果还是令人满意的。但这一模型没有考虑应力和介质的交互作用,且只能适用于腐蚀疲劳和应力腐蚀受相同机理控制的情况。

竞争模型认为,腐蚀疲劳裂纹扩展是疲劳和应力腐蚀裂纹扩展相互竞争的结果。腐蚀疲劳裂纹扩展速率等于两者中裂纹扩展速率高的那个,而不是它们的线性叠加。这一模型虽然也有一些试验结果的支持,但也有不尽完善之处。

6.3.4 腐蚀疲劳的影响因素

1. 环境因素

在空气介质中,氧和水蒸气是引起腐蚀的主要成分,因而能在很大程度上降低材料的腐蚀疲劳强度。对于铜、黄铜和碳钢等韧性材料,起腐蚀作用的主要是氧(图6-21)。而对高强度钢、高强度铝合金等对应力腐蚀敏感的材料,水蒸气对裂纹扩展速率有很大影响。其原因可能是水蒸气与金属表面反应,生成了金属氧化物和氢,而氢扩散到裂纹顶端产生了氢脆。

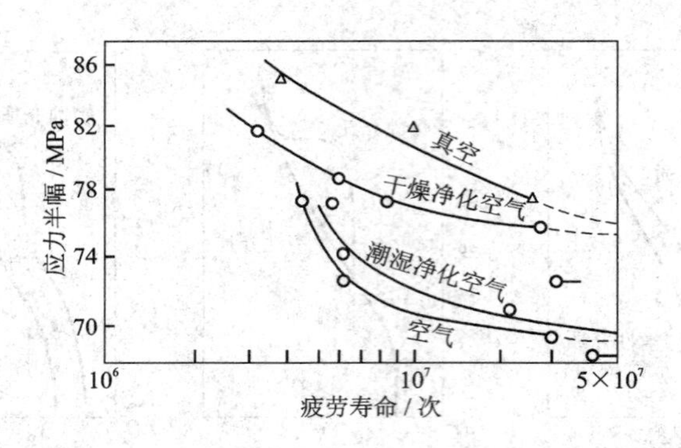

图 6-21 退火铜合金在不同环境中的 $S-N$ 曲线

另外,溶液的温度、氧含量和 pH 值等,都会对腐蚀疲劳裂纹的扩展速率有很大的影响。如碳钢在海水中,当温度从 15 ℃升高到 45 ℃时,钢的疲劳强度会降低一半。溶液中的卤族元素离子有很强的腐蚀性,能加速疲劳裂纹的形成和发展。溶液的 pH 值越小,腐蚀性越强。pH 值在 4 以下时,腐蚀疲劳寿命明显降低;pH 值在 4 ~ 10 保持恒定;pH 值在 10 ~ 12 时,腐蚀疲劳寿命显著增加。

2. 电化学因素

一般来说,金属的腐蚀电位 E_{corr} 随应力循环次数的增加向负方向移动,而且应力幅或应变幅度越大,应变速度越慢(频率越低),腐蚀电位也越负。在弹性范围内也能观察到上述变化,但塑性应变,尤其是塑性拉应变对腐蚀电位向负方向移动的影响更大,如图 6-22 所示。

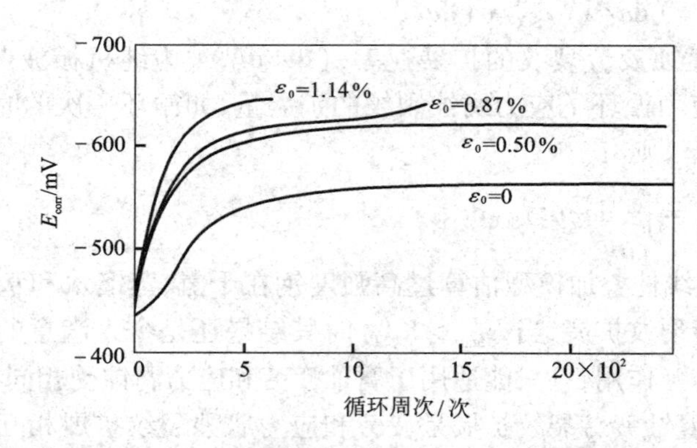

图 6-22 高强度钢在 1% NaCl 溶液的腐蚀电位 E_{corr} 随应力循环次数的变化曲线

循环次数对腐蚀的阳极反应和阴极反应的影响有所不同。试验表明,除接近断裂时外,阴极极化曲线几乎与循环次数无关;而阳极极化曲线的斜率随循环次数的增加而显著增加,这与阳极反应(Fe→Fe + 2e)平衡电位的降低有关。这表明,采取阴极保护时用静态腐蚀的保护电位不能完全防止在腐蚀疲劳条件下材料的腐蚀。

3. 力学因素

腐蚀疲劳试验中的力学参量,如平均应力、频率、波形和过载等,都会对腐蚀疲劳的裂纹扩展产生重要的影响,其中频率的影响可能是最主要的。在分析频率的影响时,要区分真腐蚀疲劳和应力腐蚀疲劳。图 6-23 是 12Ni - 5Cr - 3Mo 马氏体时效钢在不同加载频率下的疲劳裂纹扩展速率,在试验中保持 $\Delta K < K_{ISCC}$(60 MPa · $m^{1/2}$),为真腐蚀疲劳。当频率由 10 Hz 降低到 0.1 Hz 时,da/dN 呈平行的直线方式向左上方移动。而对应力腐蚀型的疲劳,频率对裂纹扩展速率的影响要比真腐蚀疲劳大得多(图 6-24)。

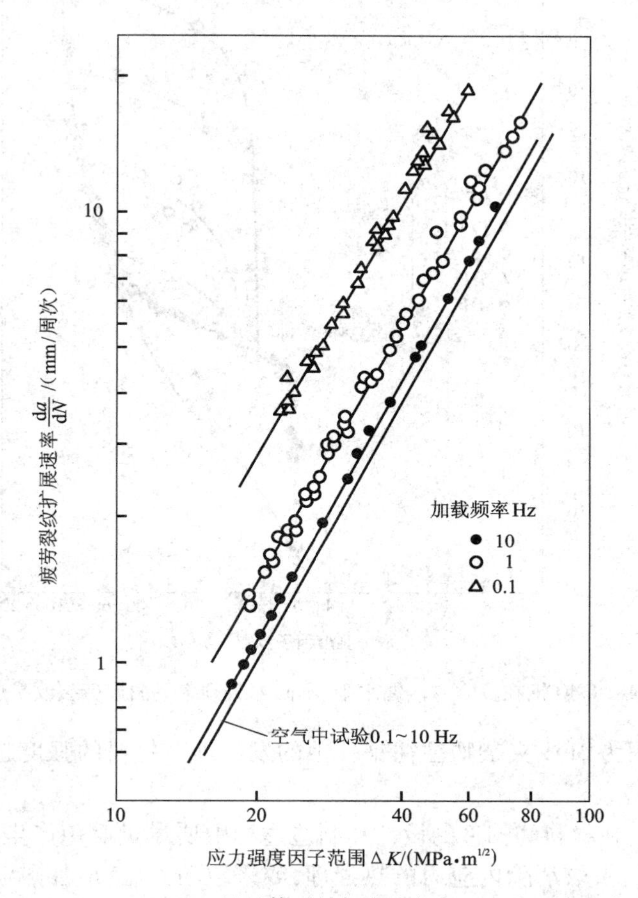

图 6-23　12Ni－5Cr－3Mo 马氏体时效钢在空气与 3% NaCl 溶液中,不同加载频率下的疲劳裂纹扩展速率

在循环频率保持不变的条件下,应力波形对腐蚀疲劳断裂行为也有很大的影响。用 0.1 Hz 频率在 3% NaCl 溶液中对 12Ni－5Cr－3Mo 钢进行疲劳试验的结果表明,当应力波形为方波或负锯齿波时,与室温大气中(各种波形)的数据相比,氯化钠溶液环境对裂纹扩展的影响可以忽略。与此相反,当其他力学因素保持不变时,如应力波形为三角波、正弦波和正锯齿波三种波形时,腐蚀介质的存在可使疲劳裂纹扩展速率明显增大。这是因为方波和负锯齿波的加载是瞬间完成的,使环境的作用无法充分发挥出来而造成的。

6.3.5　腐蚀疲劳的防护措施

与应力腐蚀、氢脆一样,腐蚀疲劳也是在应力和环境介质共同作用下发生的失效破坏。因而对腐蚀疲劳的控制,也像应力腐蚀、氢脆一样要从材料、环境和力学等三个方面进行考虑和设计。

从材料方面看,一般说来,抗孔蚀性能好的材料,其腐蚀疲劳强度也较高;而对应力腐蚀敏感的材料,其腐蚀疲劳强度也较低。钢中的夹杂物,尤其是硫化锰(MnS)对腐蚀疲劳裂纹

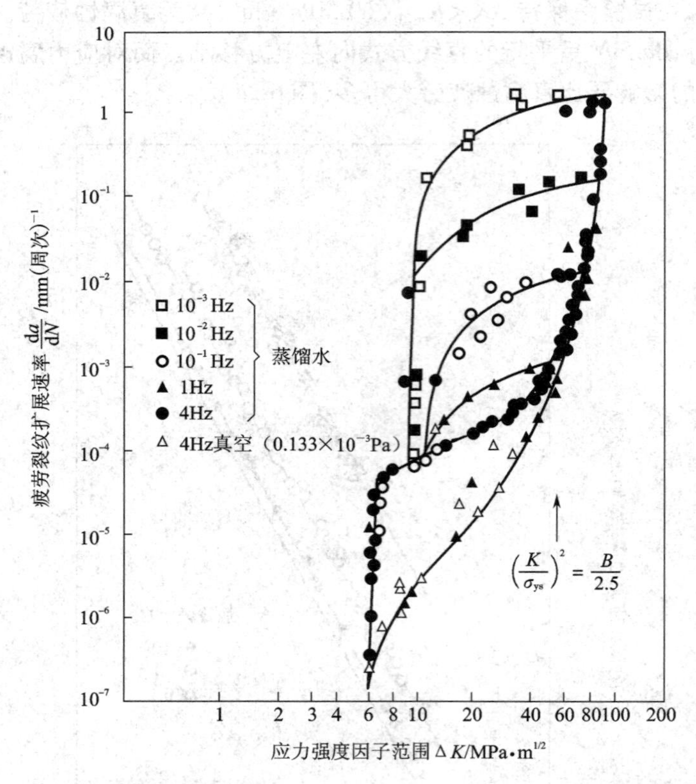

图 6-24 4340 钢在真空与蒸馏水中、不同加载频率下的疲劳裂纹扩展速率

形成的影响很大,因为 MnS 夹杂物往往是孔蚀的发源地。材料的强度越高,腐蚀疲劳裂纹的扩展速率也越快。

从力学方面看,在材料和构件的设计和制造过程中要尽量避免产生高度应力集中和缝隙腐蚀的几何构形;采取消除内应力的热处理,或采取喷丸、感应加热淬火、氮化等表面处理,使零件表层处于残余压应力状态,都可有效地抑制腐蚀疲劳破坏的发生。激光表面合金化和离子注入处理,也能明显地提高零件的腐蚀疲劳抗力。

从环境介质看,对工作介质进行处理,如除去水溶液中的氧、添加 $Na_2Cr_2O_7$ 或 $NaNO_2$ 等缓蚀剂均可延长钢材的腐蚀疲劳寿命。

另外,对结构或零件进行表面保护,如零件表面镀锌、镀镉等阳极镀层,也可改善零件的腐蚀疲劳抗力;其他的表面保护,如涂漆、涂油或用塑料、陶瓷形成保护层,只要它在使用中不破坏,则对减少腐蚀疲劳断裂都是有利的。

6.4 腐蚀磨损脆性

6.4.1 腐蚀磨损脆性的现象和特点

腐蚀磨损脆性(Corrosive Wear,CW)又称磨蚀或磨耗腐蚀,是指在腐蚀性介质中摩擦表面与介质发生化学或电化学反应而加速材料流失的现象。与应力腐蚀、氢脆或腐蚀疲劳现象一样,腐蚀磨损脆性也是在应力和化学介质协同作用下材料的过早失效现象;所不同的是在应力腐蚀、氢脆或腐蚀疲劳中的应力为正应力，而腐蚀磨损中的应力为表面切应力。对材料的应力腐蚀、氢脆或腐蚀疲劳破坏，因其危险性大、危害严重而受到人们的广泛关注，并进行了大量的研究工作；但对表面剪切力作用下的材料腐蚀磨损研究，由于问题复杂、影响因素众多、材料为逐渐流失而起步较晚。

腐蚀磨损，又可称为腐蚀机械磨损。考虑到腐蚀介质绝大多数是流体（液体或气体），由它携带的固体粒子（或气泡）对固体靶材冲击造成的材料表面流失在腐蚀磨损事件中占有极大的份额。故腐蚀磨损常指金属材料在承受摩擦力（即表面剪切应力）的同时，还与环境介质发生化学或电化学反应而出现在表面上的材料流失现象，它包括摩擦副的腐蚀磨损、腐蚀性料浆冲蚀、高温腐蚀性气体中的冲蚀和腐蚀液流中的气蚀等类型。

腐蚀磨损现象广泛存在于石油、化工化纤、煤矿和电力等工业领域的机械设备中，如水轮机，泵、阀、管道、喷嘴等部件以及腐蚀介质中服役的摩擦副（如动密封面及轴承等零部件）等。研究分析表明这些过流设备和部件失效损坏的主要原因是腐蚀磨损。据统计，在石油化工、能源交通、农机、建材、矿山、煤的燃烧和选洗以及冶金、水利电力等行业的机械设备中，腐蚀磨损造成的损失占总腐蚀量的 9%、磨损量的 5%。

在腐蚀磨损过程中，部件既有腐蚀又有磨损，但往往又与单独的腐蚀或磨损作用有较大的不同。这是因为材料在腐蚀磨损条件下，一方面由于介质的腐蚀作用，使材料表面性能恶化，增加了材料的机械磨损；另一方面在机械磨损条件下，又会使腐蚀速度大为增大，即在腐蚀磨损过程中既有机械因素又有电化学因素，同时还有两者的交互作用，而这种交互作用对材料的破坏往往比单纯腐蚀与单纯磨损之和大得多，从而会加速材料的过早破坏与流失。

6.4.2　腐蚀磨损脆性的机制

试验结果表明，对单纯的腐蚀作用，其失重与腐蚀时间的关系通常是凹曲线；而一般干磨损（在空气中磨损）中的材料流失量与载荷（速度）大多呈线性关系。但同时发现，腐蚀磨损造成的材料流失量不仅是单纯腐蚀与干磨损的失重之和，而是远远大于它们之和，即腐蚀与磨损之间还存在交互（协同）作用。据此 Zelder 提出腐蚀磨损过程中存在交互作用，即腐蚀可以加速磨损，磨损也可以加速腐蚀。自发现腐蚀磨损存在交互作用以来，国内外已有不少学者致力于这方面的研究。为能定量描述腐蚀磨损与腐蚀、磨损的关系，通常将腐蚀磨损造成的材料流失量表示为

$$W_{\mathrm{Total}} = W_{\mathrm{Corr}} + W_{\mathrm{Wear}} + \Delta W \tag{6-14}$$

$$\Delta W = \Delta W_{\mathrm{Corr}} + \Delta W_{\mathrm{Wear}} \tag{6-15}$$

式中：W_{Total}是腐蚀磨损造成材料的总流失量，常用称量法或表面形貌法测定；W_{Corr}是单纯的腐蚀失重（静态下腐蚀），常由腐蚀失重法（浸泡）或电化学方法中腐蚀电流密度换算求得；W_{Wear}是单纯的磨损失重，常用空气中的干磨损或在腐蚀介质中阴极保护电位下的磨损量进行计算；ΔW 是腐蚀与磨损间的交互作用量，由（$W_{\mathrm{Total}} - W_{\mathrm{Corr}} - W_{\mathrm{Wear}}$）求得；$\Delta W_{\mathrm{Corr}}$为磨损对腐蚀的加速量，常由在磨损条件下电化学方法测定的腐蚀电流密度换算求得；ΔW_{Wear}为腐蚀对磨损的加速量，常由（$W_{\mathrm{Total}} - W_{\mathrm{Corr}} - W_{\mathrm{Wear}} - \Delta W_{\mathrm{Corr}}$）求得。

腐蚀磨损的交互作用，通常都表现为彼此间的相互加速。如 Madsen 研究了几种金属材料的冲刷腐蚀，并定量给出了交互作用的数据：一般低合金钢的交互作用占腐蚀磨损总流失量的 23% ~33%；而 316 不锈钢则占 55% ~62%，即总的磨蚀损失中有 1/3 ~2/3 为腐蚀磨损的交互作用量。岳钟英等研究了高铬铸铁在稀硫酸砂浆介质的冲刷腐蚀，腐蚀磨损的交

互作用与介质 pH 值的变化关系见表 6-4。介质的 pH 值低时,总失重量主要是由磨损造成的,这时交互作用大,而且主要是腐蚀对磨损增量的贡献,即腐蚀对磨损的加速作用;当介质的 pH 值增加后,单纯磨损失重(干磨损)的比例增大,但交互作用明显减小。

表 6-4　铸铁在稀硫酸和沙粒混合溶液中的腐蚀磨损交互作用

pH	W_{Wear}/W_{Total}	W_{Corr}/W_{Total}	$\Delta W/W_{Total}$	$\Delta W_{Wear}/W_{Total}$	$\Delta W_{Corr}/W_{Total}$
2.2	8.6	5.1	86.3	63.3	23.0
4.7	64.5	3.2	32.3	15.7	16.6

当然,在试验中也发现,在某些情况下,材料腐蚀磨损的总流失量比空气中的干磨损量还小。如 Ti－6Al－4V 在 0.5 mol/L H_2SO_4 溶液、1Cr18Ni9Ti 与 1Cr28Ni32 不锈钢在 0.5 mol/L H_2SO_4 溶液中的腐蚀磨损量比空气中的干磨损量还小。出现这种现象主要是因腐蚀介质的腐蚀性较弱,材料的流失量以磨损为主;与空气中的磨损失重相比,介质改变了摩擦副间的表面状态(起到润滑作用),从而降低了摩擦系数,减少了磨损失重所致。

由式(6-14)和式(6-15)可见,腐蚀与磨损的交互作用由磨损加速腐蚀与腐蚀加速磨损两种作用构成。磨损对腐蚀的加速作用,在于以下两个方面。①在腐蚀介质中,摩擦力破坏了材料表面的钝化膜,腐蚀电位负移,腐蚀倾向加大;如腐蚀介质的再钝化能力来不及修复破损的钝化膜,则露出新鲜的活性金属表面,从而使磨痕内外构成腐蚀原电池,加速材料的腐蚀。②在不存在表面膜的体系中,摩擦会除去腐蚀产物而露出新金属表面,而且还会使表层发生塑性变形、位错聚集或诱发微裂纹等,使之处于高能区,在腐蚀原电池中成为阳极区,从而加速材料的腐蚀。

腐蚀对磨损的加速作用,在于以下三个方面。①腐蚀会增加金属表面的粗糙度。②由于金属组织结构的不均匀性,腐蚀会破坏材料的晶界或其他组织的完整性,降低材料的结合强度,当磨头滑过时,很容易使材料剥落而增加磨损量。③在形成钝化膜的体系中,表面剪切力的存在会使钝化膜开裂、成片撕裂,从而产生脆性剥落,加速材料的流失。在这种情况下,由于材料不再是逐渐地被磨去,而是因在腐蚀介质中材料本身或表面膜的脆化,使得材料成片地开裂、剥落,因此材料的磨损量成倍地增加。

由 6.1 节可知,在拉应力和腐蚀环境协同作用下会发生低应力脆断现象即应力腐蚀断裂,而且发生应力腐蚀断裂的化学介质具有特定性,如低碳钢、低合金钢及镍基合金在碱性溶液中的“碱脆”和在硝酸盐溶液中的“硝脆”,不锈钢在含有氯离子溶液中的“氯脆”,铜合金在氨或铵离子介质中的“氨脆”等。这些化学介质一般都是弱腐蚀性的,如果材料不承受应力,材料是耐蚀的;当然如果没有化学介质的协同作用,材料会在更高的应力下长期服役而不致断裂。对比上述腐蚀与磨损间的交互作用,可以看出:与应力腐蚀断裂中的低应力脆断相类似,在腐蚀磨损过程中也存在因腐蚀因素而使材料的磨损量成倍增加的过早失效现象。于是把这种腐蚀严重加速磨损(ΔW_{Wear})的现象,称之为腐蚀磨损中材料的环境脆性。

6.4.3　典型材料的腐蚀磨损脆性

经过大量的研究工作发现,与应力腐蚀破裂中的“碱脆”“氯脆”“氨脆”等一样,在腐蚀磨损过程中也存在不锈钢的“氯脆”、低合金高强钢和钛合金的“氢脆”、化学镀镍层的“碱脆”、铜合金的“氨脆”和“硫脆”等。正是由于这些环境脆性,腐蚀磨损过程中的材料流失量明显增大。

1. 不锈钢在氯化物溶液中的“氯脆”

304 不锈钢在 3.5% NaCl 溶液中的腐蚀磨损是最简单的“氯脆”体系。试验结果表明，304 不锈钢腐蚀磨损的交互作用量随磨损载荷的增加而增大，且磨损对腐蚀的加速作用远小于腐蚀对磨损的加速作用。在 5 N 和 8 N 载荷下，腐蚀对磨损的加速量分别占腐蚀磨损交互作用总量的 92% 和 95%，而磨损对腐蚀的加速量则只占腐蚀磨损交互作用总量的 8% 和 5%，即材料的流失主要是由于腐蚀对磨损的加速作用。

不锈钢与含氯离子的酸性介质体系，是化学工业中常见的、易产生应力腐蚀破裂的材料－介质组合。双相不锈钢在 0.5 mol/L H_2SO_4 + 3.5% NaCl 溶液、3 N 载荷下的腐蚀磨损交互作用量，见表 6-5。氯离子的存在使不锈钢腐蚀磨损的交互作用量明显增加，其中以腐蚀加速磨损的作用为主。在 95 N 载荷下，双相不锈钢与 69% H_3PO_4 + Cl^- 体系中，当 Cl^- 浓度由 0 增加到 1.0 g/L、5.0 g/L 时，腐蚀磨损的总量分别为 0.74 mm^3、0.86 mm^3、1.14 mm^3，其中腐蚀对磨损的加速量相应为 0.37 mm^3、0.43 mm^3、0.65 mm^3，而磨损对腐蚀的加速量仅有 0.09 mm^3、0.13 mm^3、0.19 mm^3。即随 Cl^- 浓度的增加，材料的腐蚀磨损量及腐蚀磨损的交互作用量显著增大（图 6-25（a）），且腐蚀对磨损的加速量比磨损对腐蚀的加速量大得多（图 6-25（b））。

表 6-5　双相不锈钢在硫酸、硫酸 + 3.5% NaCl 溶液中的腐蚀磨损交互作用

腐蚀介质	$\Delta W/W_{Total}$	$\Delta W_{Corr}/W_{Total}$	$\Delta W_{Wear}/W_{Total}$
0.5 mol/L H_2SO_4	52.7	3.1	49.6
0.5 mol/L H_2SO_4 + 3.5% NaCl	72.2	3.9	68.3

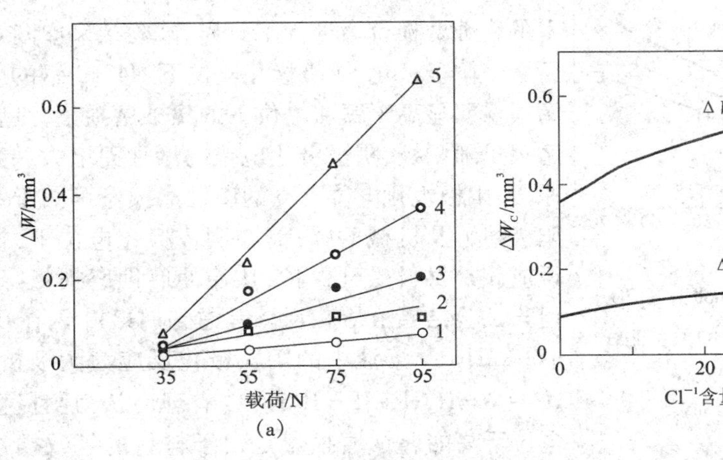

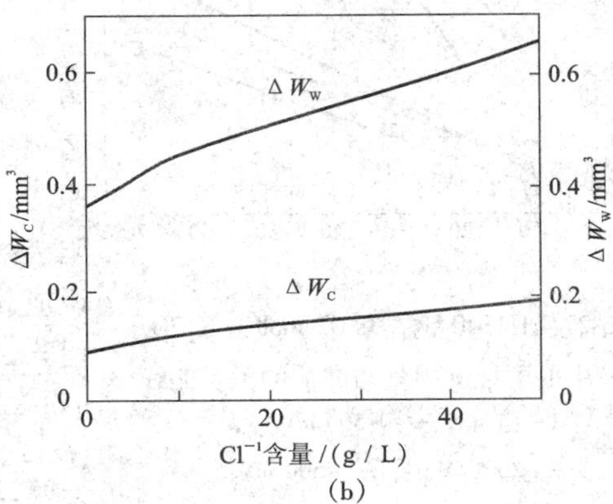

图 6-25　双相不锈钢的腐蚀磨损增量与载荷、Cl^- 浓度的关系

（a）载荷　（b）Cl^- 浓度

1—69% H_3PO_4；2—69% H_3PO_4 + 0.25 g/L Cl^-；3—69% H_3PO_4 + 0.5 g/L Cl^-；

4—69% H_3PO_4 + 1.0 g/L Cl^-；5—69% H_3PO_4 + 5.0 g/L Cl^-

腐蚀磨损后，对磨痕与磨屑的分析表明，当硫酸或磷酸溶液中不含氯离子时，磨痕为沿摩擦方向的犁沟，磨屑呈弯曲的细条状（图 6-26（a））；而有氯离子存在时，磨痕沿摩擦方向出现横向裂纹，磨屑呈脆性剥落的块状（图 6-26（b））。说明在含 Cl^- 的溶液中，不锈钢腐蚀对磨损的加速是由氯致脆性引起的。

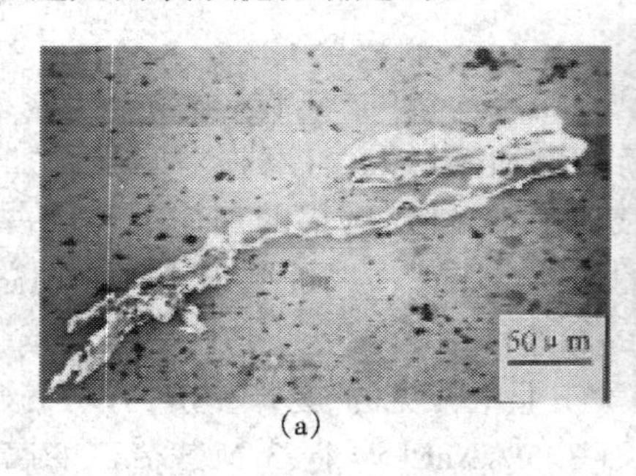

(a)

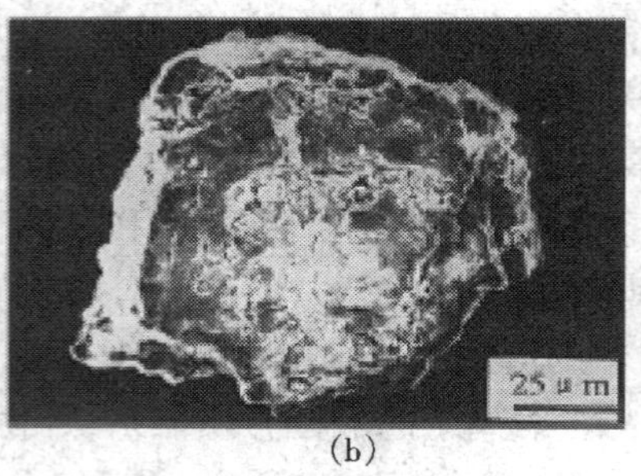

(b)

图 6-26 双相不锈钢在磷酸和磷酸 + 3.5% NaCl 溶液中的磨屑形貌

(a) 69% H_3PO_4 (b) 69% H_3PO_4 + 5.0 g/L Cl^-

氯致脆性的产生,不仅与溶液中氯离子的浓度有关,而且与磨损载荷的大小有关。Cl^- 对腐蚀磨损的影响存在一临界载荷,低于此载荷时表面剪切应力不足以使钝化膜破裂,反而会因钝化膜或腐蚀产物膜的润滑作用,使得不锈钢的腐蚀磨损率随 Cl^- 浓度的增加而略有降低,即不出现环境脆性;大于此载荷后,在表面剪切力和 Cl^- 的作用下,可使不锈钢的钝化膜破裂、表面脆化,从而造成材料的脆性剥落,加速材料的腐蚀磨损,表现出环境脆性。另外,氯致脆性的产生还与不锈钢的微观结构、腐蚀磨损中施加的极化电位等因素有关。

2. 低合金高强钢与钛合金在酸性介质中的"氢脆"

H4340 钢在 0.02 mol/L H_2SO_4 溶液中的腐蚀电位为 $-500\ mV_{SCE}$(相对于饱和甘汞电极),因此在从 $-1\ 800\ mV_{SCE}$ 到 $200\ mV_{SCE}$ 不同的极化电位下对 H4340 钢在 0.02 mol/L H_2SO_4 溶液、50 N 载荷下的腐蚀磨损行为进行了研究,试验结果如图 6-27 所示。阳极极化、阴极极化电位下 H4340 钢的腐蚀磨损量明显高于腐蚀电位下的腐蚀磨损量,且腐蚀磨损量随阳极、阴极极化电位的增加而增大。究其原因,阳极极化电位下高的腐蚀磨损量可归于钢的阳极溶解及机械磨损;而在阴极极化电位下,按理说应该是材料受到保护,从而使腐蚀磨损量降低,但与试验结果恰恰相反。考虑到 H4340 钢在 0.02 mol/L H_2SO_4 溶液中的阴极极化反应为阴极析氢:$H^+ + e = H, H + H = H_2$,所以有理由认为阴极极化电位下高的腐蚀磨损量是由于材料的氢致损伤与机械磨损造成的。

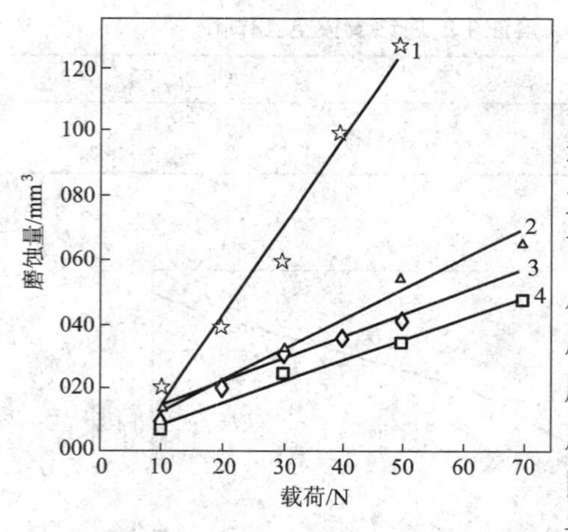

图 6-27 H4340 钢在 0.02 mol/L H_2SO_4 溶液中的磨蚀磨损量与载荷的关系曲线

1—空气;2— $-1\ 500\ mV_{SCE}$;3— $+200\ mV_{SCE}$;4— $-500\ mV_{SCE}$

为验证这种观点,对 H4340 钢在阴极为氧去极化过程的 0.2 mol/L Na_2SO_4 溶液中进行了腐蚀磨损行为研究,如图 6-28 所示。试验表明,阴极极化电位下的腐蚀磨损量与腐蚀电位下的腐蚀磨损量相当。即在氧去极化条件下,H4340 钢不出现脆化现象。另外,二次离子质谱的试验结果显示:经 0.02 mol/L H_2SO_4 溶液、50 N 载荷、1 h 磨损后,H4340 钢磨痕中的氢含量成倍地增加,且氢含量随阴极极化电位的负移而升高。从而证明低合金高强钢的腐蚀磨损与氢参与材料的脆化过程有关,即氢致脆性。

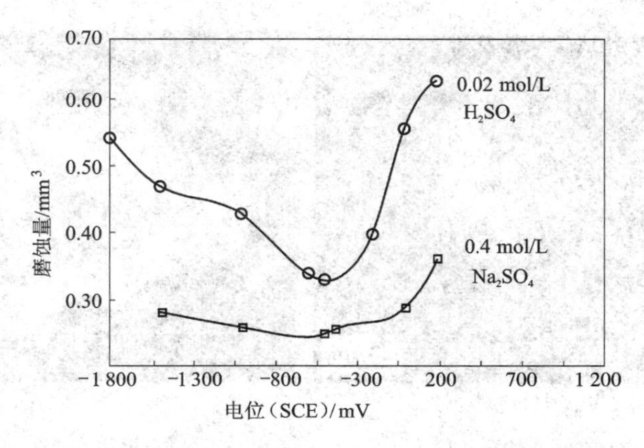

图 6-28　H4340 钢在 0.02 mol/L H_2SO_4 和 0.4 mol/L Na_2SO_4 中的腐蚀磨损量与电位的关系

对 Ti－6Al－4V 合金与 0.5 mol/L H_2SO_4 溶液体系，在 15 N 载荷、开路电位（－800 mV_{SCE}）和阴极析氢（－1 200 mV_{SCE}）条件下进行了腐蚀磨损试验。在阴极充氢 1 h 后，试样表面的氢含量为开路电位下的 2 倍，腐蚀磨损量也明显大于开路电位下的磨损量（图6-29）。在开路电位下，Ti－6Al－4V 合金的磨屑为典型的切削型金属屑片（图 6-30（a））；而阴极充氢后，磨痕呈典型的脆性剥落特征，磨屑为具有明显棱角的粒片状（图 6-30（b））。究其原因，在磨损过程中氢原子会在试样表面富集，以至于形成金属氢化物。而这种金属氢化物是脆性的，会在表面剪切力的作用下开裂、剥落，从而使得阴极析氢条件下钛合金的腐蚀磨损率剧增。

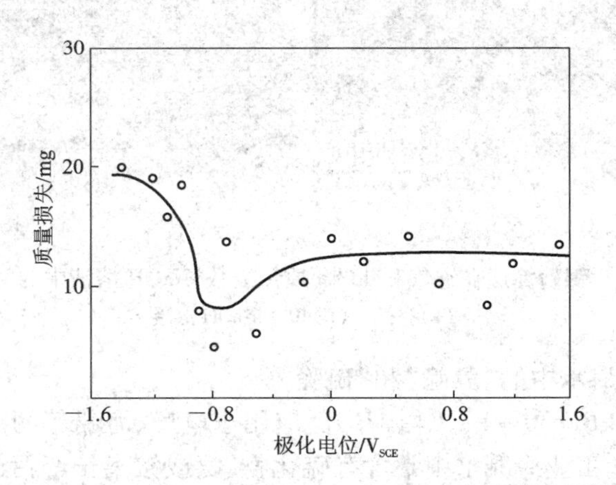

图 6-29　Ti－6A1－4V 在 0.5 mol/L H_2SO_4 中的腐蚀磨损量与施加电位的关系曲线

3. 化学镀镍－磷层在 NaOH 溶液中的“碱脆”

利用化学镀技术在 45 号钢基体表面涂镀了三种不同磷含量的 Ni-P 镀层。对 3.4%P、7.8%P、11.5%P 三种低、中、高磷含量的 Ni-P 镀层，在 40% 的 NaOH 溶液、5N 至 35N 的载荷下进行了腐蚀磨损试验。在碱性介质中，中、高磷含量的 Ni-P 镀层有很高的腐蚀磨损率，且在磨痕中观察到大量垂直于摩擦方向的脆性裂纹（图 6-31（b））；而同种镀层在空气中进行单纯磨损时，磨痕仅由平行于摩擦方向的犁沟组成，并未发现裂纹（图 6-31（a））。对 Ni-P

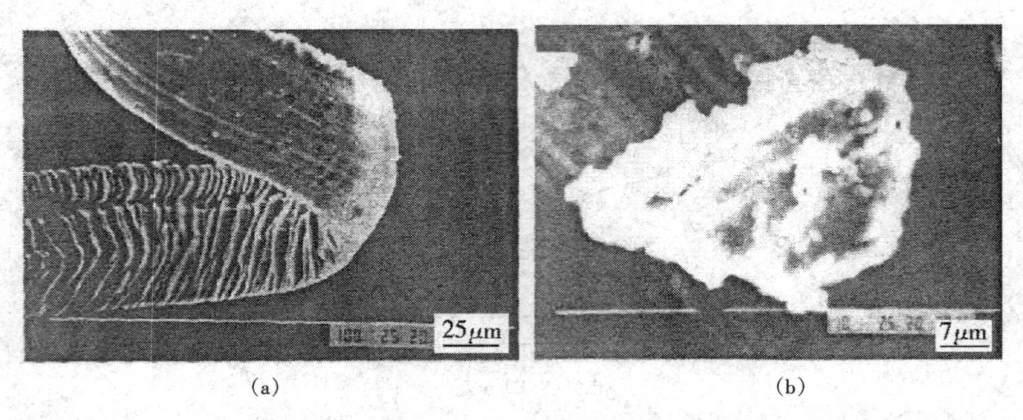

(a) (b)

图 6-30 Ti-6A1-4V 在 0.5 mol/L H_2SO_4体系、开路电位和阴极析氢下的磨屑形貌
(a)开路电位 (b)阴极析氢

镀层在 400 ℃进行去应力退火后，仍在磨痕中发现了许多脆性裂纹。由此表明，Ni-P 镀层在碱性介质中对表面剪切力十分敏感。在表面剪切力和腐蚀介质的作用下，镀层会产生层片状的剥落即碱脆，加速材料的流失。

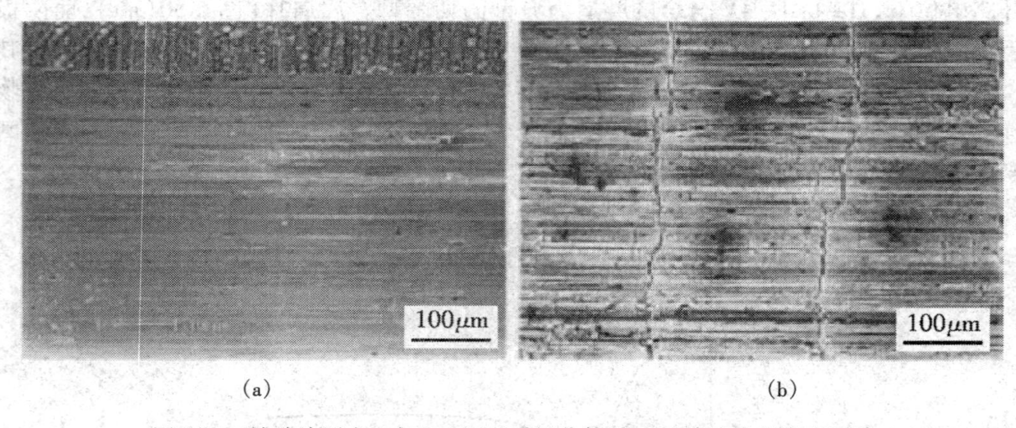

(a) (b)

图 6-31 镍磷涂层在空气和 40%(质量分数)NaOH 溶液中的磨痕形貌
(a)空气 (b)40% NaOH 溶液

4. 铜合金在污染海水中的“氨脆”和“硫脆”

HAl77-2 黄铜和 BFe30-1-1 白铜广泛应用于电厂、海船等的冷凝管和其他耐蚀、耐磨蚀部件中，而海水和工业冷凝水中常含有硫化物、氨或铵离子等污染物。因此，研究铜合金在污染海水和工业水中的腐蚀磨损行为显得尤为必要。另外，氨或铵离子也是铜合金发生应力腐蚀破裂的敏感介质。

对 HAl77-2 黄铜和 BFe30-1-1 白铜在 3.5% NaCl + S^{2-}、NH_3(NH_4^+)溶液中的腐蚀磨损行为表明，溶液中 S^{2-}、NH_3(NH_4^+)的存在，加速了铜合金的腐蚀磨损量，尤其是腐蚀磨损的交互作用量。腐蚀磨损的交互作用量随载荷和溶液中 S^{2-}、NH_3(NH_4^+)含量的增加而成倍地增大(图 6-32)。高 S^{2-}、NH_3(NH_4^+)浓度下，在铜合金的磨痕中还出现了许多平行和垂直于滑动方向的裂纹(图 6-33)。表明在腐蚀磨损过程中，铜合金因溶液中 S^{2-}、NH_3(NH_4^+)等污染物离子的存在而发生表面脆化、剥落，从而加速了材料的腐蚀磨损。

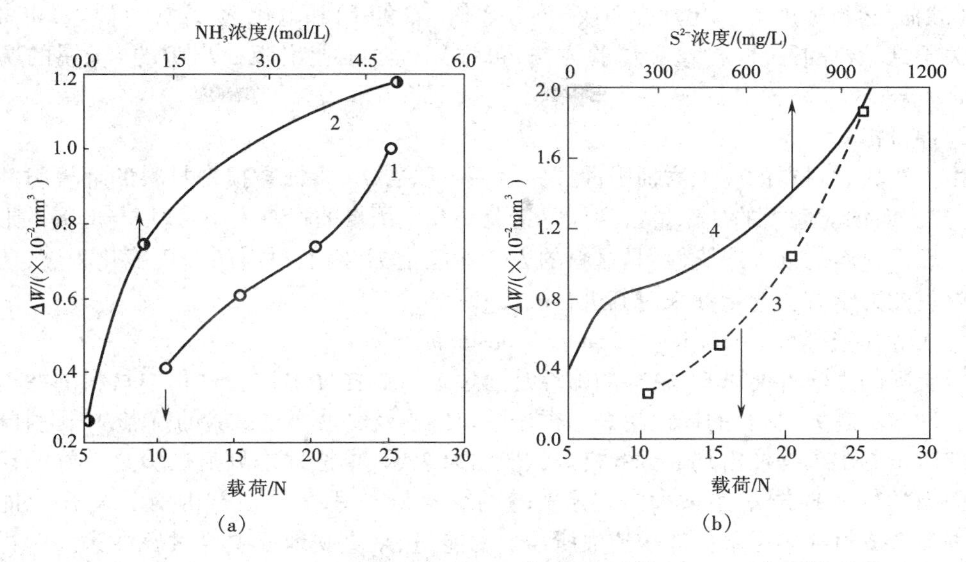

图6-32 BFe30-1-1合金腐蚀磨损的交互作用量与载荷、NH_3和S^{2-}浓度的关系

(a)NaCl+NH_3溶液 (b)NaCl+S^{2-}溶液中

1—3.5%NaCl+1 mol/L NH_3;2—载荷25 N;3—3.5%NaCl+0.1 g/L S^{2-};4—载荷20 N

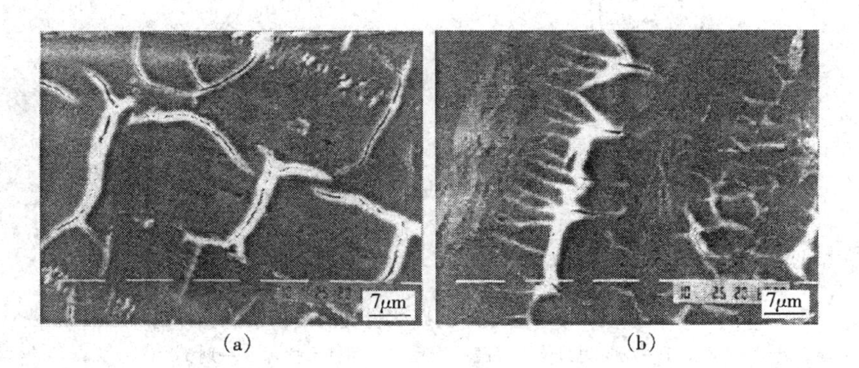

图6-33 BFe30-1-1合金在3.5%NaCl+S^{2-}和3.5%NaCl+1 mol/L NH_3溶液中的磨痕形貌

(a)3.5%NaCl溶液+S^{2-} (b)3.5%NaCl+1 mol/L NH_3溶液

6.4.4 腐蚀磨损脆性的测试方法与评价指标

1.测试方法

由于腐蚀磨损主要发生在过流部件和腐蚀介质中的摩擦副间,因此腐蚀磨损脆性的试验和测试方法应尽可能地与实际工况接近。试验参数如摩擦副的接触形式(点、线或面接触)、运动方式(滑、滚或振动)、承受载荷或压力的方式(平稳或脉动)和数值、运行速度等磨损参数及介质的种类(酸、碱、盐或自然界存在的介质)、浓度、温度等腐蚀参数,应该能模拟材料的服役表现。

鉴于过流部件和摩擦副的实际工况种类繁多,因而也就出现各种各样的腐蚀磨损试验机。常用的典型腐蚀磨损试验机,可分为稳态腐蚀磨损试验机、料浆冲蚀试验机、暂态腐蚀磨损试验机等。但由于目前尚缺乏腐蚀磨损试验的国家或国际标准,因而试样的形状、力学参数(载荷、运行速度等)、化学介质(温度、pH 值、浓度等)和电化学参数(电位等)也各不相同。关于试验机的原理、构造和试验方法,可详见化学工业出版社出版的《金属的腐蚀磨损》等专著。

2. 评价指标

由上述典型材料的腐蚀磨损脆性试验结果可以看出,腐蚀磨损中材料的环境脆性化程度,主要由腐蚀对磨损的加速量占磨损总量及交互作用量的相对大小、磨痕与磨屑的形貌来确定。然而材料的韧性或脆性,是材料的力学性能指标,因而材料的环境脆化程度,还需要通过材料的力学方法与指标来对其进行表征和评价。

1)表面比能耗(specific impact energy consumption)

由材料的力学性能可知,材料的脆性常通过缺口试样冲击试验过程中材料的冲击功来表示。冲击功越大,材料的韧性越好。根据缺口冲击及腐蚀磨损试验的特点,中国科学院金属研究所研制出单摆冲击划痕试验机。试验结果表明,单摆冲击划痕试验是较好的评价材料表面力学行为的方法,单摆冲击划痕实验的结构和原理,如图 6-34 所示。可用比能耗即冲击划痕造成材料表层单位体积流失所需要的能量,来直观地反映经过腐蚀磨损后材料表层性能的变化情况。

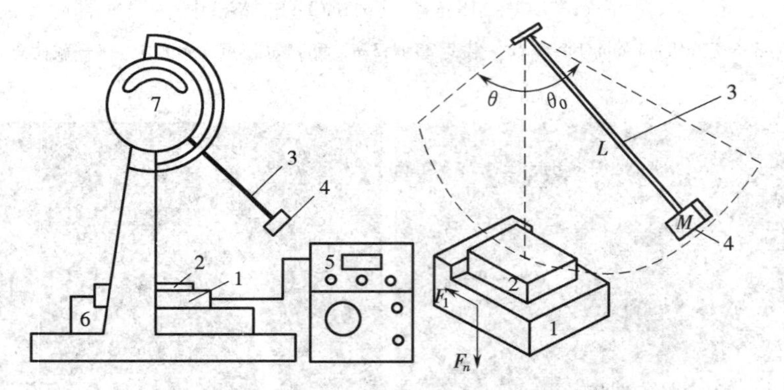

图 6-34 单摆冲击划痕试验机的结构示意图

1—双向测力仪;2—试验样品;3—摆杆和摆锤;4—划头

5—双向力放大动态记录装置;6—试样台升降调节装置;7—光电测能量损耗装置

研究发现,腐蚀磨损前 304 不锈钢的比能耗为 16.8 J/mm^3;而经 10 N、1 mol/L H_2SO_4、1 mol/L H_2SO_4 +0.5 g/L Cl^-、1 mol/L H_2SO_4 +2.0 g/L Cl^-、1 mol/L H_2SO_4 +4.0 g/L Cl^- 溶液腐蚀磨损后不锈钢的比能耗分别降低为 12.7 J/mm^3、11.0 J/mm^3、10.2 J/mm^3、9.2 J/mm^3。由此可以看出,随 Cl^- 浓度的增加,材料的比能耗明显降低,材料变脆。

图 6-35 是 H4340 钢在 0.02 mol/L 和 0.05 mol/L 的 H_2SO_4 介质中腐蚀磨损后表面的比能耗与划痕体积关系曲线。由图可见,H4340 钢在酸性介质中腐蚀磨损后的比能耗随试验载荷和硫酸浓度的增加而下降,即脆性增大。BFe30 - 1 - 1 铜合金在 3.5% NaCl 和 3.5% NaCl + S^{2-} 溶液腐蚀磨损后表面的比能耗与划痕体积关系曲线,如图 6-36 所示。在相同划痕体积下,含 S^{2-} 的 NaCl 溶液中浸泡样品的比能耗值均小于 NaCl 溶液中浸泡的样品,说明 S^{2-} 的存在会使铜合金在腐蚀磨损过程产生明显的脆化。对经在 40% NaOH 溶液腐蚀磨损后的 Ni-P 镀层及对经在 3.5% NaCl + NH_3(NH_4^+)溶液中腐蚀磨损后铜合金的单摆冲击划痕试验,也可得出相同的结论。

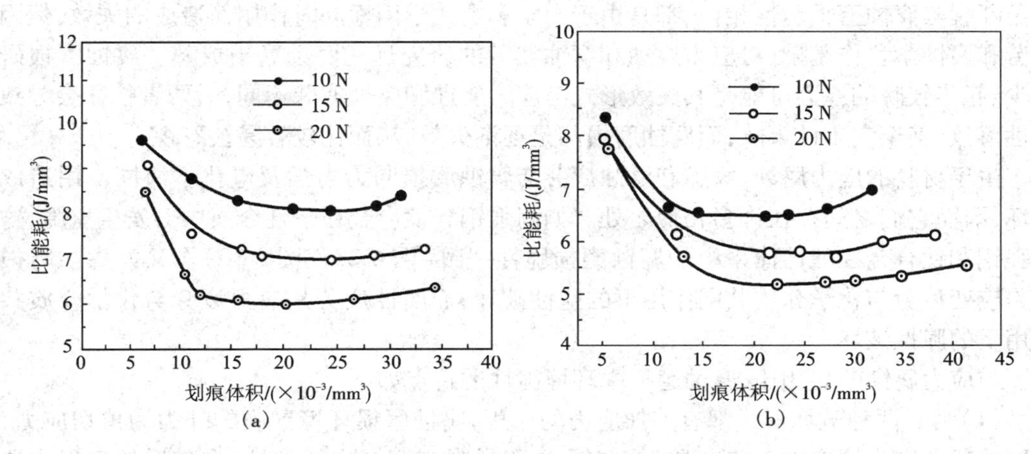

图6-35　H4340钢在 H_2SO_4 溶液中腐蚀磨损后表面的比能耗与划痕体积的关系曲线

(a)0.02 mol/L H_2SO_4　(b)0.05 mol/L H_2SO_4

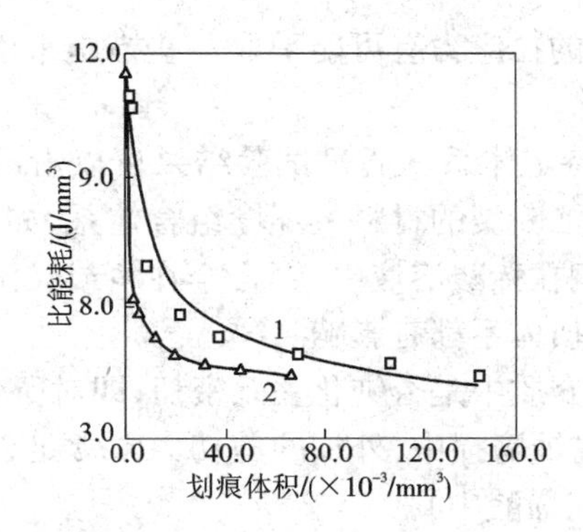

图6-36　BFe30-1-1铜合金在3.5%NaCl和3.5%NaCl+S^{2-}溶液腐蚀磨损后表面的比能耗与划痕体积的关系

1—3.5%NaCl溶液;2—3.5%NaCl+S^{2-}溶液

2)磨痕硬度

材料的硬度,与材料的韧性或脆性密切相关。一般情况下,材料的硬度越高,脆性往往越大。双相不锈钢未磨损表面的硬度为360 HV;经95 N、69% H_3PO_4、69% H_3PO_4 +1.0 g/L Cl^-、69% H_3PO_4 +5.0 g/L Cl^-溶液腐蚀磨损后磨痕的显微硬度分别增加为560 HV、610 HV、670 HV;经50 N、0.5 mol/L H_2SO_4、0.5 mol/L H_2SO_4 +3.5%NaCl溶液腐蚀磨损后磨痕的显微硬度分别增加为440 HV、550 HV。304不锈钢经10 N、1 mol/L H_2SO_4、1 mol/L H_2SO_4 +0.5 g/L Cl^-、1 mol/L H_2SO_4 +2.0 g/L Cl^-、1 mol/L H_2SO_4 +4.0 g/L Cl^-溶液腐蚀磨损后,磨痕的硬度分别为227 HV、272 HV、298 HV、337 HV。完全相同的磨损条件下,磨痕的硬度随Cl^-浓度的增加而增加,即Cl^-促进了磨损表面的硬化,会加速材料的脆性剥落。这是Cl^-参与表面脆性剥落的又一证明。对H4340钢、Ti-6Al-4V合金在稀硫酸溶液中腐蚀磨损后的磨痕硬度测试结果,也可得出材料表面变硬、变脆的结论。

6.4.5　腐蚀磨损脆性与应力腐蚀、氢脆、腐蚀疲劳的关系

断裂、腐蚀和磨损是材料失效的三种主要形式。虽然材料的应力腐蚀断裂、氢脆和腐蚀

疲劳断裂与腐蚀磨损脆性相似,都是由于力学和电化学因素同时作用而造成的失效,但因有疲劳和腐蚀学科作基础,对应力腐蚀和腐蚀疲劳的研究远比腐蚀磨损成熟。腐蚀磨损研究较少、起步较晚的原因可能是其失效形式与应力腐蚀和腐蚀疲劳不同,后两者往往会导致突发性事故,甚至灾难性事故,而腐蚀磨损却是逐渐失效,从而比较容易被忽视。

由于材料的应力腐蚀、氢脆和腐蚀疲劳与腐蚀磨损同为力学及电化学协同作用造成的破坏,因而它们之间存在许多相似之处。如高强钢和钛合金在酸性介质中会发生氢脆,这与高强钢和钛合金在酸性体系中的腐蚀磨损脆性一致(图 6-28 ~ 图 6-30)。又如腐蚀磨损致脆是应变疲劳与化学介质共同作用下的脆性破坏,而腐蚀疲劳是应力疲劳与化学介质共同作用下的脆性破坏。

与应力腐蚀断裂相比,腐蚀磨损中环境脆性的特点如下。

(1)力　两种破坏形式都有外加应力的作用,腐蚀磨损环境致脆的外力为剪切应力,应力腐蚀断裂则为拉应力。前者是剪切应力导致材料表面产生微裂纹,在随后的磨损中造成表层材料剥落,使材料流失加剧;后者是拉应力使金属表面出现裂纹,裂纹向内部扩展并最终使材料发生断裂报废。

造成材料应力腐蚀断裂的拉应力有可能采取一些措施来消除,而腐蚀磨损中的剪切力是服役中存在的,不可能消除。

(2)材料和介质配合的特定体系　通过试验结果可以看出,腐蚀磨损中的环境致脆体系均是可以导致材料应力腐蚀断裂的材料 - 环境组合体系,如奥氏体不锈钢在含氯离子的酸性溶液中、高强度低合金钢在稀酸溶液中、铜合金在氨或铵溶液中等。此外,介质浓度对应力腐蚀断裂体系和腐蚀磨损体系都有影响。

应力腐蚀断裂与材料在介质中是否钝化关系密切,即对所处的电位区敏感,尤其是不锈钢的应力腐蚀断裂行为;但腐蚀磨损中,外加的剪切力常常足以使表面膜破裂,而有的体系则根本无膜存在(如高强钢在稀酸中)。

(3)失效形式　应力腐蚀断裂的破坏形式为脆性断裂,一旦发生断裂将造成突发事故,导致工件报废。腐蚀磨损致脆是应变疲劳与化学介质共同作用下造成的材料表面破坏,磨损使材料表面产生裂纹,腐蚀加速裂纹的扩展,材料流失主要是表面脆性剥落,缩短工件寿命,失效速度低于应力腐蚀断裂。

(4)门槛值问题　腐蚀磨损环境致脆体系中具有临界载荷和浓度门槛值,大于门槛值后,随载荷、浓度的增加,材料流失率增加。如镍磷镀层在较高浓度(大于 10 mol/L)碱液中,高磷镀层的临界载荷为 15 N,低磷镀层的临界载荷为 10 N 等。与应力腐蚀断裂中的临界应力 σ_{SCC}类似,低于该临界值 σ_{SCC}时,就不会发生应力腐蚀断裂。

6.4.6　腐蚀磨损脆性的防护措施

由于材料的腐蚀磨损性能不是材料固有的特性,而是其在使用条件下的一个系统特性,因此对材料的腐蚀磨损,可从材料、环境介质和电化学保护等方面加以控制和防止。

1. 材料方面

根据材料在使用工况中力学因素与电化学因素相对强弱程度的高低,选择合适的材料。对弱力学 - 弱腐蚀作用环境,一般的材料即可胜任,无须特殊要求。对强力学 - 弱腐蚀作用环境,机械磨损是材料流失的主要原因,因此材料应具备良好的耐磨性,同时兼有一定的耐蚀性,如高铬铸铁在中性介质中的成功应用。对弱力学 - 强腐蚀作用环境,材料必须具有优良的耐蚀性能以抵抗环境剧烈的腐蚀作用，如加 Mo 的 316 不锈钢耐海水腐蚀磨损的能力比 304 不锈钢好。对强力学－强腐蚀作用环境，可通过高合金化、适当热处理使组织尽量均匀化、不含强阴极性第二相、晶粒细化等手段提高材料的耐蚀性；耐磨性的提高以形变强化最为有效，弱阴极性第二相强化也可适当应用。

2. 环境介质

在腐蚀磨损的环境介质中加入阳极成膜型缓蚀剂如铬酸盐、亚硝酸盐、正磷酸盐、硅酸盐及苯甲酸盐等，可大大降低材料的腐蚀磨损流失量。如在 1% NaCl 溶液中加入 5% $NaNO_2$、0.1% $CaCl_2$、3% Na_2HPO_4 等缓蚀剂，可不同程度地降低纯铁的腐蚀磨损量（图6-37）。

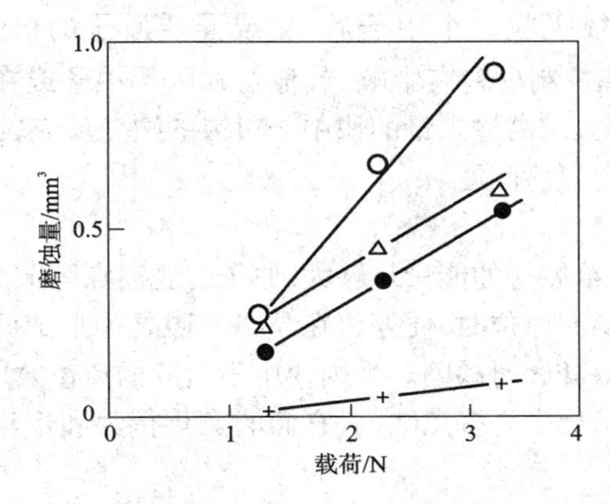

图 6-37　纯铁在不同缓蚀剂溶液中的磨损失重－载荷曲线

（○）—1% NaCl；（●）—1% NaCl + 0.1% $CaCl_2$；

（+）—1% NaCl + 3% Na_2HPO_4；（△）—1% NaCl + 5% $NaNO_2$

3. 电化学保护

对非氢敏感的材料－环境组合，如普通碳钢、铸铁在海水体系中等，可采用阴极保护措施，提高材料的腐蚀磨损抗力。

4. 表面处理

对材料进行表面处理，如化学镀 Ni-P、刷镀 Ni-P/SiC、碳氮共渗、气相沉积 TiN 超硬膜等，也可改善材料的抗腐蚀磨损性能。

6.5　辐照脆性

从 20 世纪 60 年代以来，原子反应堆技术得到了迅速的发展，其中反应堆压力容器须在一定温度、压力和严重的中子辐照下工作。钢在中子辐照下会导致金属内空洞成核和长大、氦气泡等辐照损失，从而使材料脆化。为确保原子反应堆的安全性，避免反应堆压力容器脆性断裂的发生，需要对钢及合金中子辐照损伤机理、辐照脆化影响因素、辐照脆化评定标准等进行大量的研究，以便为材料选择和防止原子能反应堆压力容器脆性断裂设计提供依据。

6.5.1　辐照损伤

辐照损伤，是指材料受载能粒子轰击后产生的点缺陷和缺陷团及其演化的离位峰、层错、位错环、贫原子区和微空洞以及析出的新相等。

反应堆中射线的种类很多,也很强。但对金属材料而言,主要影响来自快中子,而 β 和 γ 的影响则较小。结构材料在反应堆内受中子辐照后,主要产生以下几种效应。

1. 电离效应

电离效应是指反应堆内产生的带电粒子和快中子撞出的高能离位原子与靶原子轨道上的电子发生碰撞,而使其跳离轨道的电离现象。从金属键特征可知,电离时原子外层轨道上丢失的电子,很快被金属中共有的电子所补充,所以电离效应对金属性能影响不大。但对高分子材料,电离破坏了它的分子键,故对其性能变化的影响较大。

2. 嬗变

嬗变是指受撞原子核吸收一个中子后,变成异质原子的核反应。例如$^{10}_{5}B+^{1}_{0}n\rightarrow^{7}_{3}Li+^{4}_{2}He$ 的嬗变反应对含硼控制材料有影响,其他材料因热中子或在低注入量下引起的嬗变反应较少,对性能影响不大。高注入量的快中子对镍的嬗变反应较明显,因此快堆燃料元件包壳用的奥氏体不锈钢有氦脆问题。

3. 离位效应

碰撞时,若中子传递给原子的能量足够大,原子将脱离点阵节点而留下一个空位。当离位原子停止运动而不能跳回原位时,便停留在晶格间隙之中形成间隙原子。此间隙原子和它留下的空位,合称为 Frenkel 对缺陷。堆内快中子引起的离位效应会产生大量初级离位原子,随之又产生级联碰撞,伴生许多点缺陷,它们的变化行为和聚集形态是引起结构材料辐照效应的主要原因。

4. 离位峰中的相变

在辐照过程中,有序合金会转变为无序相或非晶态相(原子排列混乱、无特定点阵间隙的密集聚合体)。这是由于在高能快中子或高能离子辐照下,有序合金中产生液态离位峰快速冷却的结果。无序或非晶态区被局部淬火保存下来,随着注入量增加,这样的区域逐渐扩大,直到整个样品成为无序或非晶态。

6.5.2 辐照效应

由辐照损伤缺陷引起的材料性能变化,称为辐照效应。辐照效应因危及反应堆安全,深受反应堆设计、制造和运行人员的关注,因而是反应堆材料研究的重要内容。辐照效应包含了冶金与辐照的双重影响,即在原有的成分、组织和工艺对材料性能影响的基础上又增加了辐照产生的缺陷影响,所以是一个涉及面比较广的多学科问题。其理论比较复杂,模型和假设也比较多。其中有的已得到证实,有的尚处于假设、推论和研究阶段。

低合金高强钢、奥氏体不锈钢、耐热钢、铝合金、镁合金、锆合金和高温合金,是目前反应堆中使用最多的材料。虽然材料的种类、结构和性能有很大的差异,但大量试验表明,受快中子照射后,材料的辐照行为存在许多的共同点,如强度升高、塑性下降(辐照硬化)、韧性降低、脆性转变温度提高(辐照脆化)、蠕变速度增大(辐照蠕变)和几何尺寸变化、密度减小(辐照生长、辐照肿胀)等。在本节里,只介绍与力学性能变化有关的辐照硬化和辐照脆性效应。

1. 辐照硬化

低碳钢被快中子轰击后,静载拉伸应力－应变曲线如图 6-38 所示;辐照前后奥氏体不锈钢的应力－应变曲线,如图 6-39 所示。这些曲线说明,经过一定剂量中子辐照之后,金属强度有明显的增加,其中屈服强度可提高一倍以上;而加工硬化率却下降,即抗拉强度虽然也增加，但不如屈服强度敏感。在大剂量（如 $10^{20}/cm^2$）照射之后，将出现屈服之后立即发生颈缩，没有均匀硬化阶段，这时屈服强度就是最大强度。同时均匀伸长率明显降低，严重时可达到均匀伸长为零的情况。

对不同的材料进行研究后发现，强度上升、塑性下降几乎是所有材料受辐照后的普遍规律，见表 6-6。另外，还发现原来变形时具有明显屈服点的一些金属材料（如体心立方结构的铁、钼、铌和低碳钢等）经照射后，屈服现象往往变得不明显甚至会消失；但一般没有屈服平台效应的面心立方金属（如多晶体铝、镍、铜及合金以及奥氏体不锈钢等）被照射后却发现了屈服点（图 6-39）。这说明，在不同金属中点缺陷对位错钉扎的情况在辐照后发生了不同的变化。

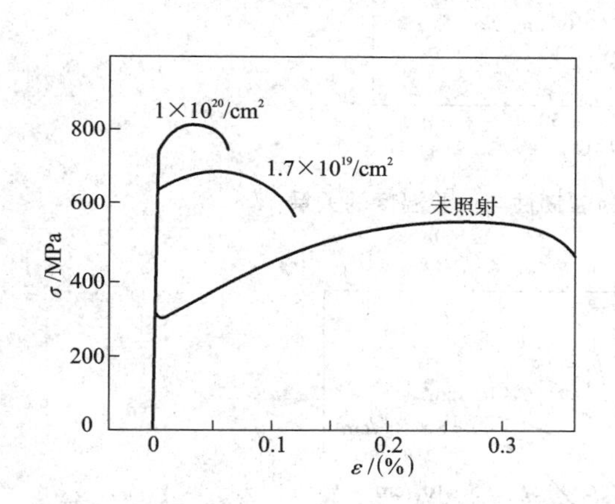

图 6-38　中子辐照前后低碳钢的应力 - 应变曲线

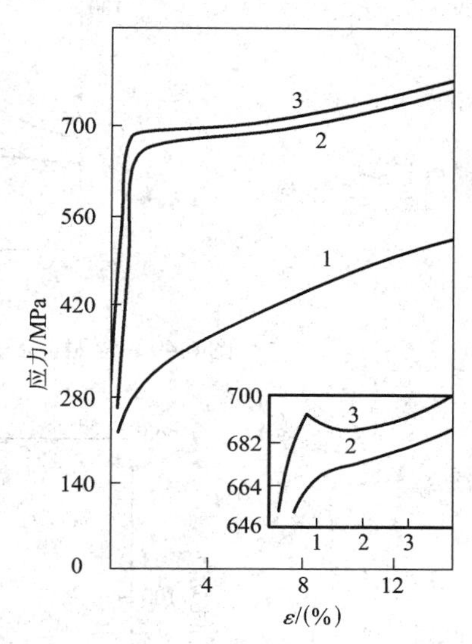

图 6-39　中子辐照前后奥氏体不锈钢的应力 - 应变曲线

1—未辐照；2—95 ℃辐照，变形速度 0.01/min；3—95 ℃辐照，变形速度 0.05/min

表 6-6　中子辐照对材料力学性能的影响

材料	辐照剂量 /cm⁻²	屈服强度/MPa		抗拉强度/MPa		伸长率/(%)	
		辐照前	辐照后	辐照前	辐照后	辐照前	辐照后
Mo	5×10^{19}	643	682	587	716	24	22
Cu	5×10^{19}	58	208	186	233	42	27
Ni	5×10^{19}	247	426	405	432	34	23
Hastelly-X	2.5×10^{20}	339	730	769	899	52	42
Inconel-X	1.6×10^{20}	708	1 089	1 107	1 168	28	14

2. 辐照脆性

在高速电子、中子、离子流的辐射下，结构材料发生的脆化称为辐照脆化。辐照前后某容器钢的断裂韧性，如图 6-40 所示。可见经中子辐照后，容器用钢的韧性明显降低，即发生了脆化。

对于体心立方晶格的铁素体钢，辐照脆性常以其脆性转变温度行为来衡量。经中子辐

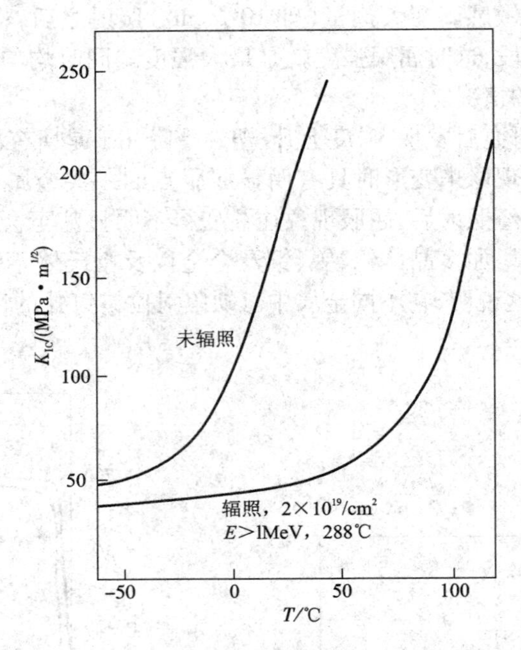

图 6-40 辐照前后某容器钢的断裂韧性与试验温度的关系

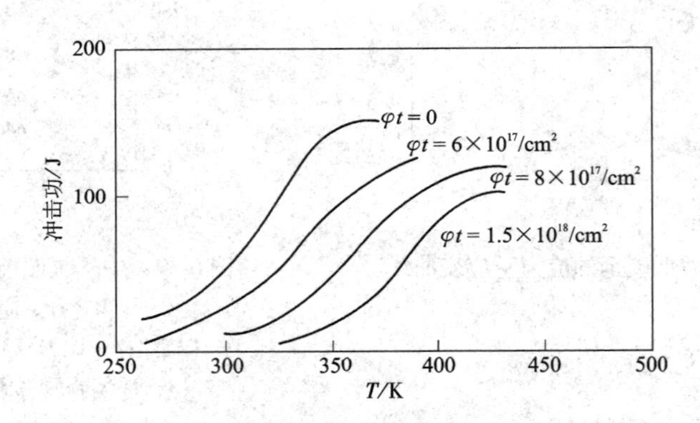

图 6-41 中子辐照剂量对钢的冲击功－试验温度曲线的影响

照后，随辐照剂量的增加，钢的冲击功－试验温度曲线右移、脆性转变温度提高（图 6-41）。对面心立方晶格的奥氏体不锈钢，其辐照脆性常以钢的塑性降低作为衡量标准。

一般情况下，辐照对体心立方晶格铁素体钢冲击功与试验温度关系的影响，如图 6-42 所示。由图可以看出，辐照脆性有如下特点。

①完全韧性断裂的冲击功绝对值降低，即辐照后冲击温度曲线上限的水平段下降了 ΔE。

②辐照后脆性转变温度提高了 ΔT。现广泛接受的评价标准，是 40.68 J 冲击功所对应的温度作为脆性转变温度。在辐照脆性评定中，ΔE 和 ΔT 是两个重要的性能指标。许多文献根据钢材经辐照后测定的 ΔE 和 ΔT 值，建立起由辐照剂量来推断 ΔE、ΔT 的经验公式。如 Carpenter 对 A302B 和 A212B 钢经辐照后脆性转变温度的变化详细研究后，提出如下的经验公式：

$$\Delta T = a + b\lg(\varphi t) + c[\lg(\varphi t)]^2 \tag{6-16}$$

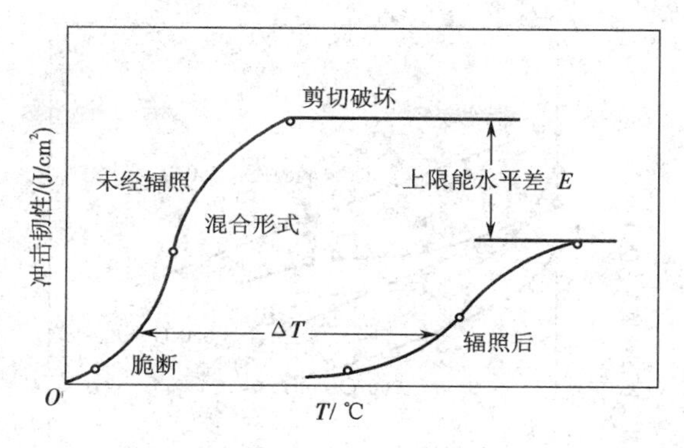

图 6-42　辐照对铁素体钢 Charpy-V 冲击韧性与试验温度的影响

式中：a、b、c 是常数；φt 为辐照剂量（cm^{-2}）。A302B 钢在不同热处理状态和辐照后不退火条件下的试验结果如图 6-43 所示。图中上、下限的 ΔT 与 φt 的经验关系为

$$\Delta T = 11\ 097 + 1\ 333.9\lg(\varphi t) + 40.06[\lg(\varphi t)]^2 \tag{6-17}$$

$$\Delta T = 9\ 228 + 1\ 065.3\lg(\varphi t) + 30.58[\lg(\varphi t)]^2 \tag{6-19}$$

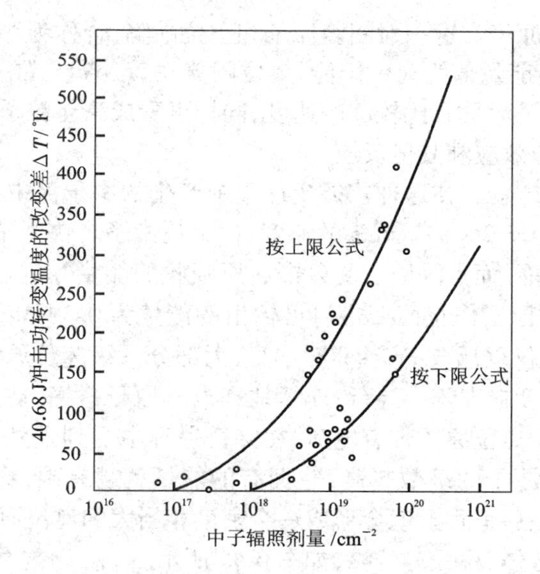

图 6-43　辐照对 A302 钢 ΔT 的影响

需要指出的是，经验公式只适用于试验的钢种。事实上，辐照后材料的脆性升高并不单纯取决于辐照剂量，还取决于辐照温度、钢材的成分、相结构及其他因素。由于辐照使低碳钢脆化温度升高，因而往往使钢在室温下呈脆性状态。

对面心立方晶格的奥氏体钢，其辐照脆性常由塑性的降低来衡量（图 6-44）。无论试验温度如何，奥氏体不锈钢的辐照脆性随中子辐照剂量增加而增加，而且辐照脆性对温度是敏感的。

6.5.3　辐照致脆机理

高能粒子与固体内部原子碰撞时，会把原子撞离平衡位置而成为离位原子，原来的地方就成空位。由于离位原子是正离子，倘若它接受的能量不够大，离子很快停止运动，停留在

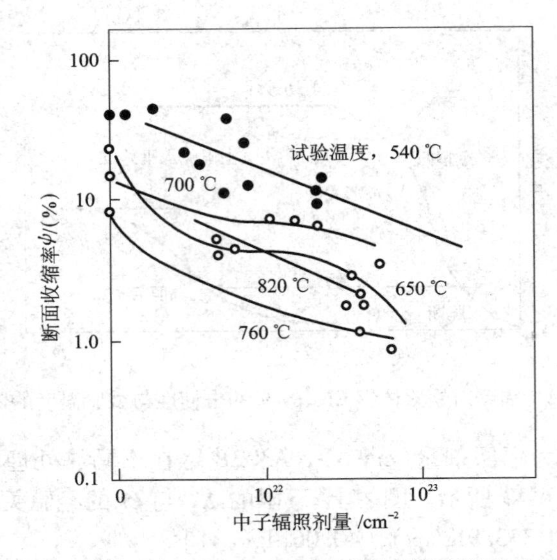

图 6-44　快中子辐照对 AISI316 奥氏体不锈钢塑性的影响

点阵的间隙上成为间隙原子。这一对间隙原子和空位缺陷,合称为 Frenkel 对。为形成一个 Frenkel 对所需要的临界能量值为离位阈能,离位阈能在 25 eV 左右。假如离位原子从碰撞粒子中吸取了很大的能量而具有比较高的速度,同样可看成高能粒子,它在物体内部运动中也会产生电离效应、离位效应和其他反应。

中子流是核反应的产物。在这种核裂变过程中产生的中子流中,各个中子平均拥有的能量大约是 2 MeV,相当于 2×10^9 cm/s 的速度,称为快中子。快中子所具有的能量远远大于使原子离位所需要的能,而点阵原子受轰击后所吸收的能量亦远远大于其离位阈能。一个 2 MeV 的中子在与铁原子作正面撞击时可输出的能量为 0. 14 MeV,而离位阈能只要 25 eV。于是碰撞的结果不仅仅形成 Frenkel 对本身,大部分一级离位原子还具有很大的能量,它们能够以相当高的速度在点阵中穿行,连续地和点阵原子碰撞,造成二级、三级至更高级的离位原子。然而,由于离位原子带有电荷,在穿行过程中受到强烈的电学作用,只能通过很短的一段距离。离位原子的级数越高,它拥有的能量就越有限,穿行的距离就越短。因此,在离位原子碰撞的最后里程上就会形成一个密度相当大的离位原子和空位密集区域,是一群 Frenkel 缺陷的集合体,称为离位峰,如图 6-45 所示。

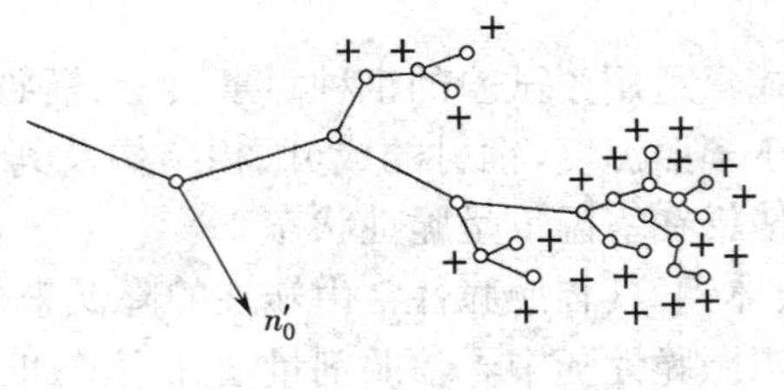

图 6-45　离位效应

○—空位;+—间隙原子

与离位峰对应的,还有热峰。中子、离位原子或被激发的电子在物质内部运动时还会与原子多次侧面碰撞,它不一定造成点阵原子离位,但却能使点阵原子热振动加剧。在离位峰区域,离位原子最后把本身能量转化为热能,由于这个区域内的离位原子非常密集,因此转化成的热能可使该地区被加热到相当高的温度。

离位峰中空位群可聚集成空洞,而间隙原子可形成位错环。因此,钢在高的中子剂量辐照下,会产生空洞和位错环等缺陷。这些缺陷会引起晶格畸变,对位错起到钉扎作用,使位错在滑移面上启动困难,从而增加解除位错钉扎所需的应力。另外,位错启动后滑移面上的辐照缺陷如同障碍物,对位错运动有阻碍作用,即增加了位错运动所需的应力。从而使材料硬化、塑性和韧性下降,并使冲击功减小、脆性转变温度升高。

金属辐照致脆的另一种机制是辐照可在金属内部产生气态裂变产物。这些反应生成物常扩散到晶体缺陷处,并在那里聚集成气泡,当气泡压力足够大时可能引起内部开裂。例如奥氏体钢辐照后可产生氦泡,氦泡易于在空洞处形成,或空位流入氦泡而长大,并且相互连接成较大的晶界裂纹。

另外,辐照时局部受热造成晶体局部膨胀,有些晶体热膨胀的各向异性程度可能比较严重,这将在取向混乱的多晶体内产生内应力。

6.5.4 辐照损伤的回复与控制

受到辐照损伤的材料当所处的环境温度有利时,间隙原子或空位会在热激活的作用下迁移使 Frenkel 对复合,从而使因辐照而形成的缺陷消失一部分甚至全部;随着内部缺陷的消失,材料的物理、化学、力学性能也不断得到恢复,这种现象称为辐照损伤的退火效应。

由于辐照损伤和损伤回复是两个相反的动态过程,这个过程在材料受辐照之中同时存在着,因而回复过程在相当低的温度下就能发生,甚至在液氮温度(-210 ℃)下也能表现出来,只不过辐照缺陷的完全恢复需要在相当高的温度下才能实现。经辐照后低碳钢在退火过程中,明显的回复是从 350 ℃开始,在 500 ℃左右时回复率可达 100%(图 6-46)。

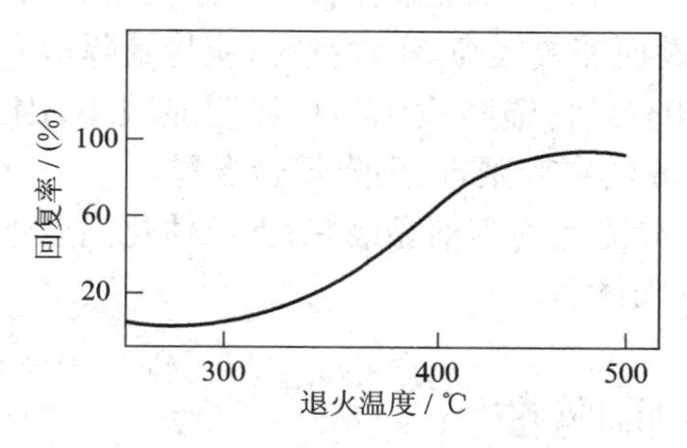

图 6-46 受辐照后低碳钢的力学性能随退火温度的变化曲线

辐照温度 150 ℃,剂量 $4\times10^{18}/\text{cm}^2$,退火时间 1 h。回复率系指 σ_s、σ_b 或 δ 的回复程度)

至于辐照损伤退火温度,可以设想,若离位原子穿行的距离相当于快中子和点阵原子相互作用而引起的位错环半径(约 2.5×10^{-7} cm),则由辐照损伤产生的缺陷将会消失,材料的性能得到恢复。对多数常用的反应堆材料,设每个中子平均产生 400 个离位原子,且注意到其扩散系数频率因子 $D_0=1\ \text{cm}^2/\text{s}$,则辐照损伤退火温度 T 可按下式计算:

$$T=Q\times10^3/296.5 \tag{6-19}$$

式中:Q 为自扩散激活能。利用式(6-19)计算的辐照损伤退火温度与其试验值的比较,见表 6-7。

表 6-7 典型材料的辐照损伤退火温度

材料	自扩散激活能 Q /(J/mol)	退火温度/K	
		计算值	试验值
0Cr18Ni9Ti	270	910	800 ~ 900
20 钢	240	810	750 ~ 830
铍	158	530	623 ~ 700
铝	142	480	423
石墨	680	2 300	2 200 ~ 2 300
锆-2	92.1	604 *	550 ~ 770
铜	205	690	600
镁	134	450	470

注：* —锆 -2 的扩散系数频率因子 $D_0 = 3 \times 10^{-8}$ cm²/s。

从材料方面看，反应堆材料除应具有足够的力学性能、耐蚀和热强性外，还应具备抗辐照的特点，即要求辐照损伤引起的性能变化小。通过大量的国内外实践发现，需要从以下几方面采取措施来提高钢的韧性，减小辐照效应的影响。

①冶炼前，严格控制原料中天然有害杂质（痕迹元素）和辐照敏感元素（Cu，P）的含量。

②尽量减少钢中非合金化元素，尤其是硅的含量。

③真空除气要充分，尽量减少气体含量尤其是氧和氮，以便减少非金属夹杂物，提高钢的纯洁度。

④在满足韧性要求下，Ni 含量不宜过高，取中上限为宜；在满足强度要求下，碳取中限较好。当为了改善钢的韧性而需要提高 Ni 含量时，应尽量降低 Cu、P 含量。

⑤当铜含量不超过 0.03% 时，辐照脆化的趋势明显减小，因此在可能的情况下应尽量降低 Cu 和 P 含量。若降 Cu 实在有困难，则降低磷含量。

⑥锻压比尽可能地高，如能达到等轴晶最好；奥氏体化温度不宜过高，应保证晶粒度≥5 级；热处理组织最好是下贝氏体。

6.6 液（固）态金属脆性

6.6.1 金属脆性的现象和特征

当低熔点金属与高熔点的金属接触时，在一定的温度和拉应力作用下，在高熔点金属中发生的脆性断裂现象，称为金属脆性（Metal Embrittlement，ME）。其中的低熔点金属可以是固相，也可以是液相，但液态金属脆性（Liquid Metal Embrittlement，LME）的危害和裂纹扩展速率比固态金属脆性（Solid Metal Embrittlement，SME）高得多。

金属脆性现象，虽然不如应力腐蚀、氢致开裂、腐蚀疲劳和腐蚀磨损现象普遍，但实际工程中也频有发生。如工业镀锌过程中，镀槽材料和设备发生的脆性断裂；航天工业中，镀镉的钛合金、高强钢、铝合金等常发生的金属脆化等。容易发生金属脆化的材料组合，见表 6-8。

表 6-8 易发生金属脆性的金属－金属组合体系

环境脆性金属	Al 合金	Cu 合金	钢	Mg 合金	Ni 合金	Ti 合金	Zr 合金
Bi		L					
Cd			L,S			L,S	L,S
Ga	L	L	L				
Hg	L	L,S	L		L	L	
In	L,S	L	L,S				
Li		L	L		L		
Na	L,S	L		L	L		
Pb		L	L,S				
Sn	L	L	S				
Zn	L		L,S	L			

注:L 指液态金属脆性;S 指固态金属脆性。

由上可见,金属脆性是一个与材料组合、温度、应力(应变)速率、冶金和化学因素等相关的综合过程。通过大量的研究发现,由于金属脆性引起的破坏,常具有以下的特点。

①必须有拉应力存在,拉应力可以是工作应力,也可以是残余应力。

②只有在特定的金属－金属组合体系中,才会产生金属脆性(表 6-8),如镀镉钢板的金属脆性等。

③金属脆性,只会在特定的温度和应力(应变)速率下发生。低于或高于此温度区间,金属脆化程度将会降低甚至消失;改变应力(应变)的速率,此温度区间将发生移动。

④低熔点金属必须能润湿高熔点金属,但一般情况下两者间相互不熔,且不形成金属间化合物。当然,也会有例外,如 Zn 和 Sn 均能使钢发生脆化等。

⑤金属脆性的裂纹,通常是多枝裂纹或与主裂纹相连接的网状裂纹。在断口上,多为沿晶断口,也有穿晶解理断口,并常在断口表面上含有低熔点的金属。这是判断金属脆性断裂的主要依据。

6.6.2 典型材料的金属脆性

1. 钢的金属脆性

由表 6-8 可见,在液态或固态金属镉、钠、汞、锡、铅、铋、锌、铟、锂和碲等环境中,钢均会产生金属脆化现象。

由于镉对钢制零件具有较好的电化学保护作用,因而在生产实际中常在钢制零件表面镀镉。H4340 钢制螺栓镀镉后在 90 N · m 外加扭矩下脆性裂纹的长度与试验温度的关系,如图 6-47 所示。由图可见,H4340 钢的脆性裂纹长度与试验温度呈良好的指数关系,试验温度越高,裂纹长度越大。另外,H4340 钢的强度水平对其金属脆性也有较大的影响,当钢的强度在 950 ~ 1 250 MPa 时,钢对金属脆性断裂不敏感,而在强度大于 1 250 MPa 后,发生金属脆性的敏感性明显增大,如图 6-48 所示。

如将图 6-47 和图 6-48 中 H4340 钢的脆性裂纹扩展速率与应力强度因子 K 作图,则有如图 6-49 所示的 $da/dt - K$ 曲线。与应力腐蚀破裂的裂纹扩展速度 $da/dt - K_{\mathrm{I}}$ 的关系类似(图 6-6),在金属脆性的裂纹扩展速率 $da/dt - K$ 曲线上也存在三个区域:在Ⅰ区,当 $K < K_{\mathrm{IME}}$ 时,金属脆性裂纹不发生扩展;但 K 超过 K_{IME} 后,脆性裂纹开始迅速扩展。因此把 K_{IME} 称为发生金属脆性破裂的门槛值。在Ⅱ区,da/dt 为常数,与 K 无关,仅受到脆化物质传输

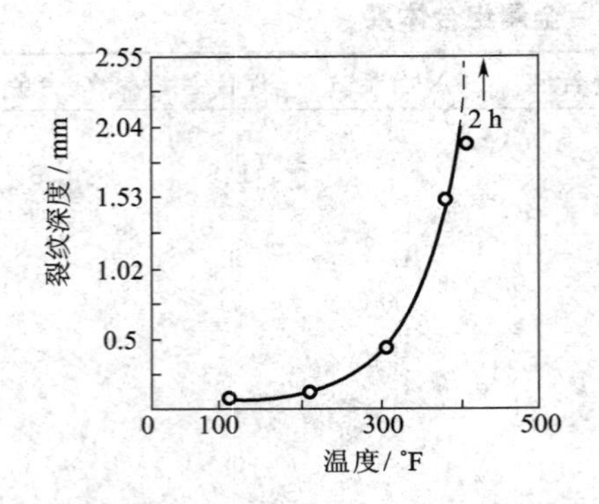

图 6-47 温度对 H4340 钢镉脆裂纹长度的影响
（压力板螺栓的外加扭矩为 90 N · m，
应力为该温度下合金 σ_s 的 90%）

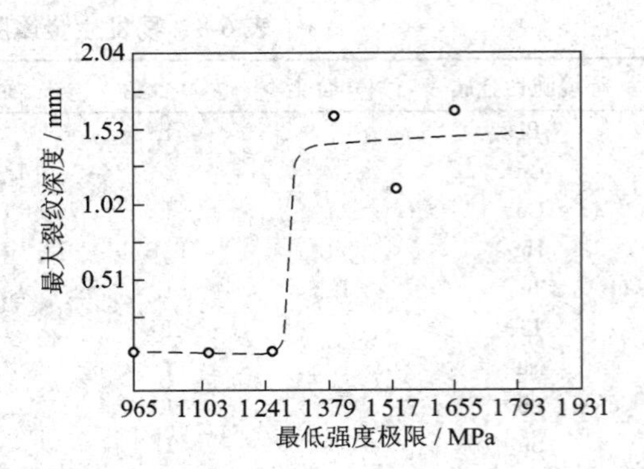

图 6-48 镀镉 H4340 钢的开裂敏感性与热处理强度水平的关系
（压力板螺栓的外加扭矩为 90N · m，
应力为该温度下合金 σ_s 的 90%）

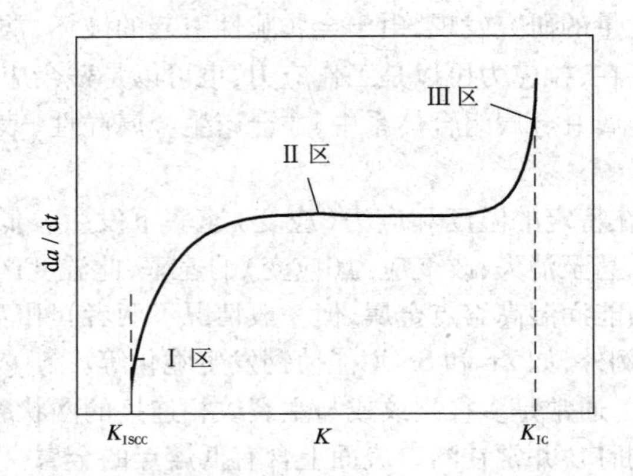

图 6-49 金属脆性裂纹的扩展速率 da/dt 与应力强度因子 K 的关系

到裂纹顶端速率的影响。在Ⅲ区，因金属脆性裂纹的应力强度因子 K 接近材料的 K_{IC}，裂纹扩展速率急剧增大。

除镉外，其他低熔点的金属如铅和汞等，也能使钢发生金属脆化。不同温度下，铅对 4145 高强钢断面收缩率的影响，如图 6-50 所示。在 Pb 的熔点（600 K）附近，含 Pb 钢的断面收缩率明显降低，且存在一个易发生金属脆性的温度敏感区间。低于此温度区间时，Pb 的活动性较小，不足以及时达到裂纹顶端，金属脆性的敏感性很小；高于此温度区间后，塑性因温度较高而得以回复，脆性降低。增大应变速率，此温度区间将向温度升高的方向移动。另外，增大材料的晶粒尺寸和屈服强度，都会提高钢的金属脆性倾向。

多晶 Fe-Al 合金在液态 Hg-In 涂层中的室温拉伸应力 - 应变曲线，如图 6-51 所示。虽然 Fe-Al 合金拉伸应力 - 应变曲线的形状并未受到液态 Hg 的影响，但与 Hg-In 涂层接触后，合金（尤其是含 8% Al 和 17% Al 的合金）的伸长率和断面收缩率明显下降。

2. 铝合金的金属脆性

对高强铝合金，能发生金属脆化的环境介质主要有汞、镓、钠、铟、锡和锌等。2024 铝合金在 373 K、镀汞条件下的静态疲劳（滞后断裂）曲线，如图 6-52 所示。与光滑试样的应力腐蚀断裂曲线（图 6-4）类似，在金属脆性滞后断裂的曲线上也存在一个临界应力 σ_{ME}，当外加应力低于此临界应力 σ_{ME} 时，金属脆性的断裂时间 t_f 趋于无限长。2024 铝合金在 373 K、

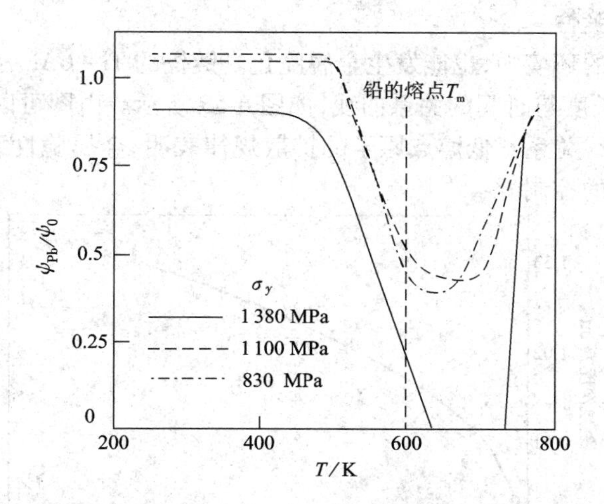

图 6-50　铅对不同强度 4145 钢相对断面收缩率的影响

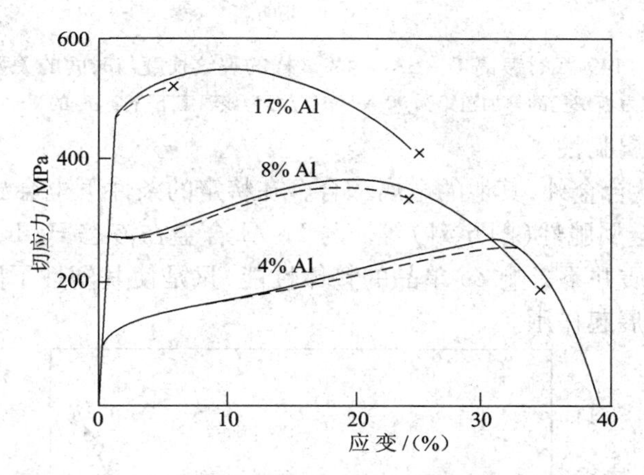

图 6-51　液态 Hg-In 涂层对 Fe-Al 多晶体拉伸应力－应变曲线的影响

（实线无 Hg-In 涂层，虚线有 Hg-In 涂层）

镀汞条件下的临界应力 σ_{ME}，约为屈服强度的 30%（图 6-52）。

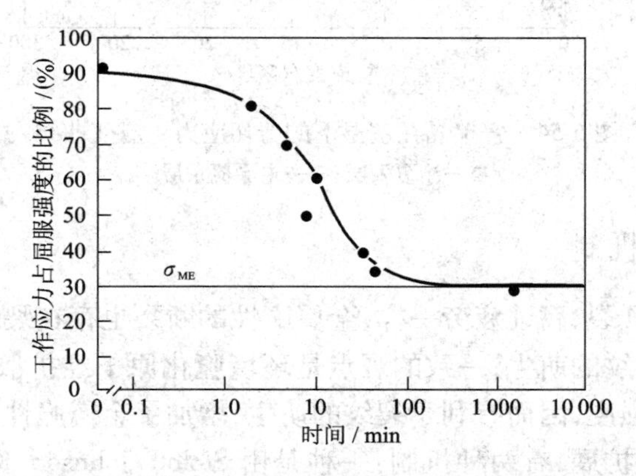

图 6-52　2024 铝合金的滞后断裂应力与时间的关系曲线

3. 钛合金的金属脆性

钛合金在镉和汞的环境中,也能发生金属脆化。镀镉的 Ti-6Al-4V 合金在 149 ℃、90 N·m 扭矩下的裂纹长度与时间的关系曲线,如图 6-53 所示。由图可以看出,脆性裂纹的长度与试验时间成抛物线关系。低熔点原子的扩散规律表明,金属脆性裂纹的扩展受到低熔点金属原子扩散速率的控制。

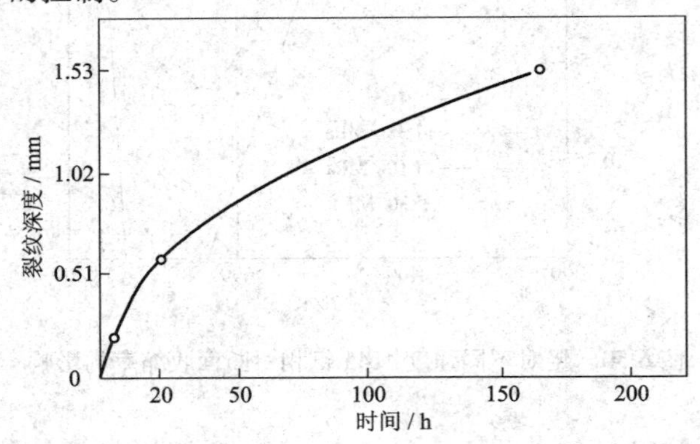

图 6-53 149 ℃时镀镉 Ti-6Al-4V 试样的裂纹长度与时间的关系曲线
(压力板螺栓的外加扭矩为 90 N·m,应力为该温度下合金 σ_s 的 90%)

4. 其他材料的金属脆性

除钢、铝合金和钛合金外,其他的金属和合金在特定的条件下也会出现金属脆性,如 Zn 单晶在液态 Hg 中的金属脆性(图 6-54)等。与 Fe-Al 合金在液态 Hg-In 中的应力-应变曲线类似,Hg 等脆化介质并不影响 Zn 单晶的整体性能,只是使其塑性下降,即只对小范围内的局部裂纹萌生和扩展起作用。

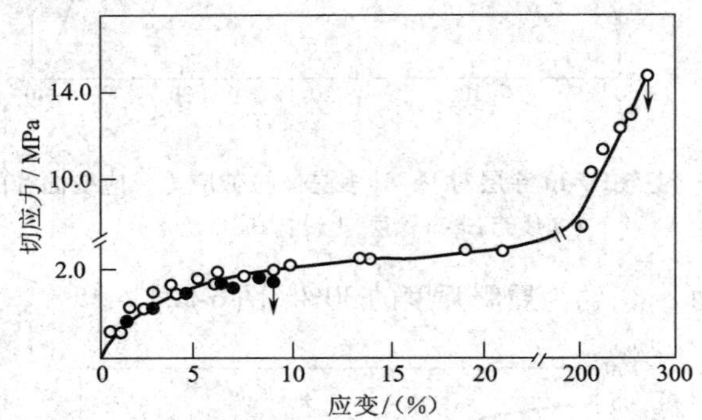

图 6-54 锌单晶在室温下的剪切应力-应变曲线
●—涂覆汞层;○—未涂覆汞层

6.6.3 金属脆性的机制

与应力腐蚀、氢致开裂、腐蚀疲劳一样,金属脆性的断裂也存在裂纹的萌生、扩展和断裂的过程。对金属脆性裂纹的萌生,一致的观点是环境脆化原子经扩散进入材料表面形成薄膜,提高了材料的流变强度,因而有利于裂纹的萌生,增加了金属脆性的敏感性。

对金属脆性裂纹的扩展,有两种机制:一种是由 Stoloff, Johnson, Kamdar 和 Westwood 提出的吸收环境脆化粒子降低内聚能模型(SJKW 模型)。该模型认为,环境吸附粒子被裂纹顶端所吸收(图 6-55),从而降低了材料原子间的结合能和键合力(图 6-56(a)),从而使材

料的断裂强度 σ_f 降低(图 6-56(b))。这种模型,与断口上的解理断裂特征相符合。

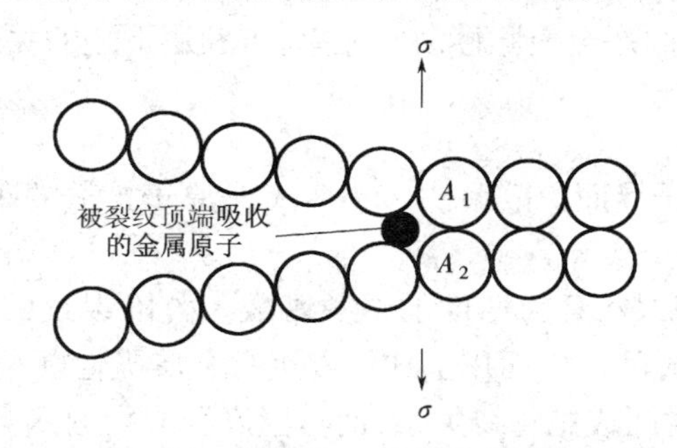

图 6-55 裂纹顶端吸收脆性粒子降低内聚能模型示意图

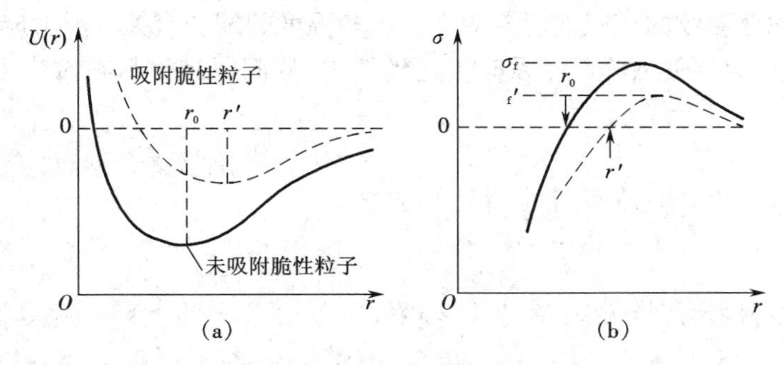

图 6-56 裂纹顶端吸收脆性粒子前后的结合能、结合强度与原子间距的关系曲线
(a)结合能 (b)结合强度

为解释某些金属脆性破坏中的韧性特征,Lynch 提出了环境脆化粒子吸附降低塑性流变阻力模型(Lynch 模型)。该模型认为,环境吸附离子吸附在裂纹顶端(图 6-57),降低了材料的塑性流变阻力,从而使裂纹顶端的剪切应力增大,裂纹更容易与裂纹后端的孔洞(第二相与基体界面间的开裂)连接,加速了裂纹的扩展。

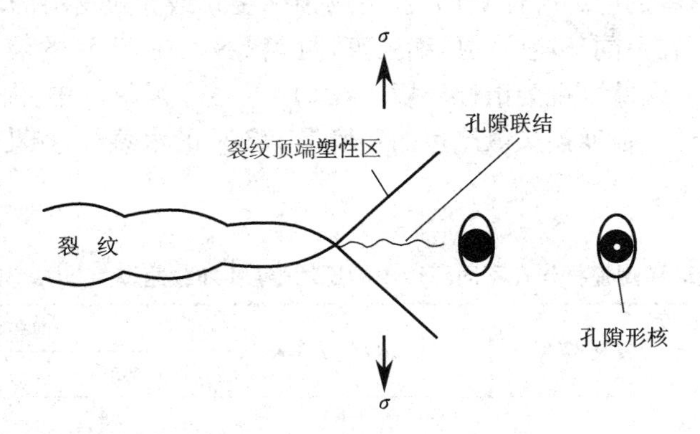

图 6-57 液态金属脆性中的化学吸附增加裂级顶端滑移示意图

不管是 SJKW 模型还是 Lynch 模型,发生金属脆性破坏的必要条件是环境致脆粒子到达并吸附在裂纹顶端。如致脆粒子为液态时(液态金属脆性),因液态金属的黏度低、流动性好,粒子可通过流动的方式到达裂纹顶端。于是液态金属脆性具有较高的裂纹扩展速率,有时竟高达 0.1 m/s。当致脆粒子为固态时,可通过固态物质的升华或表面扩散达到裂尖,

因而固态金属脆性的裂纹扩展速率与物质的升华热和表面扩散激活能有关。

对由表面扩散控制的固态金属脆性裂纹速率,可利用下述的关系进行计算:

$$D_s \approx \frac{x^2}{2t} \tag{6-20}$$

式中:D_s 为低熔点金属原子界面扩散系数,cm^2/s;x 是原子扩散的距离,cm;t 是原子扩散的时间,s。

当温度一定时,D_s 为常数,且为温度的指数函数。若以裂纹的起裂至断裂的长度定为 x,则 t 即为起裂至断裂的时间。因而用上式可以进行金属脆性断裂寿命的估算。同时从上式可以看出,裂纹长度与时间成抛物线关系,而与温度则成指数函数关系,这与图 6-47 和图 6-53 的试验结果一致。

另外,金属脆性裂纹的敏感性还与应变速率和温度的配合有关。增大应变速率时,就需要提高环境的温度以便使致脆粒子及时传送到裂尖,从而促进材料在拉应力下产生金属脆性破坏。

6.7 无机材料的环境脆性

6.7.1 无机材料环境脆性的现象和特点

无机非金属材料如玻璃、陶瓷、耐火材料、建筑材料等,是工程材料的重要构成部分,它的性能不仅与材料本身的性质有关,而且会随环境作用状态的改变而变化。因此研究无机材料在环境作用下的力学行为,对无机材料的设计、生产和应用具有重要的意义。

大量试验表明,当无机材料长期置于腐蚀性环境如潮湿气体(空气、氮气、水蒸气等)、水性溶液(氨水、NaOH 等)、有机溶剂(甲苯、甲醇、乙醇、甲酸酰胺等)等中使用并受到外部机械载荷的影响时,材料的强度会随时间的延长而降低,或材料内部的裂纹将缓慢扩展。把这种现象称为无机材料的应力腐蚀破坏(应力腐蚀断裂),或无机材料的环境脆性。

玻璃和陶瓷材料在不同环境中的压缩强度,见表 6-9。在 77 K 的液氮中,由于温度低、材料的扩散系数很小,因此可视为惰性环境。在 513 K 的干燥氮气中,由于气体中杂质的存在而使材料的强度下降;强度损失最严重的环境是 513 K 的水蒸气,如花岗岩的强度比在液氮中降低了 85%。

表 6-9 玻璃和陶瓷材料在不同环境中的压缩强度(加载速率为 2.1×10^{-6} m/s) (MPa)

环境	液氮 77 K	干燥氮气 513 K	饱和水蒸气	
			298 K	513 K
熔凝硅玻璃	453	445	384	253
花岗岩	258	136	162	41
巴西玻璃	563	440	360	247
MgO 晶体	210	184	98	55
Al_2O_3 晶体	1 050	804	759	471

除强度损失外,无机材料的环境脆性或应力腐蚀的另一个特征是材料内部裂纹的缓慢扩展。钠钙玻璃在湿度为 50% 空气中的裂纹扩展行为,如图 6-58 所示。可以看出,玻璃试

样的断裂是在外力作用一段时间之后发生的；在断裂破坏之前，试样中的裂纹已经发生了一定程度的扩展。

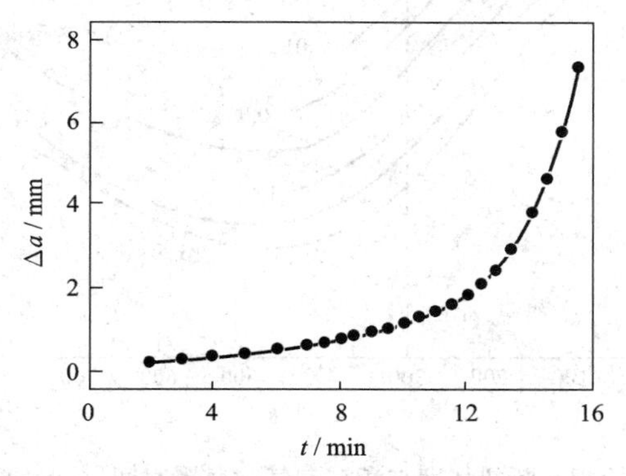

图6-58 钠钙玻璃在湿度为50%空气中的裂纹扩展行为

6.7.2 玻璃和陶瓷材料的环境脆性

1. 玻璃

与应力腐蚀破裂一样，无机材料的环境脆性常用静态疲劳试验进行测定和表征。硼硅酸玻璃在干、湿空气中的静态疲劳曲线，如图6-59所示。在潮湿的空气环境中，硼硅酸玻璃的静态疲劳曲线下移；同样断裂时间下，潮湿空气中材料的强度约为干燥空气的40%。

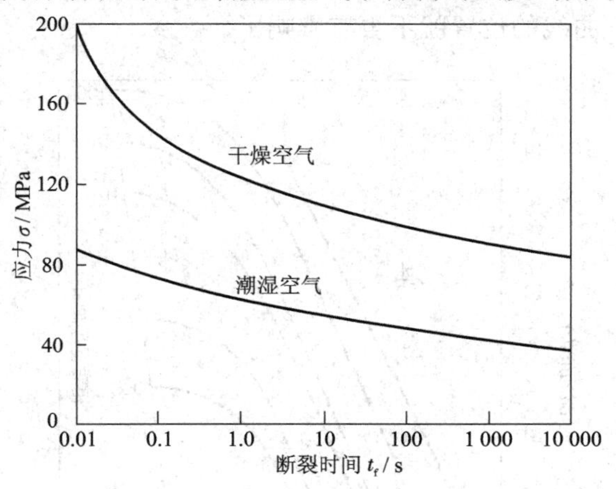

图6-59 硼硅酸玻璃在干燥和潮湿空气中的静载疲劳曲线

玻璃的强度除与空气的湿度有关外，还与环境的试验温度有关。在材料的断裂强度与试验温度曲线上，存在一个强度明显降低的温度敏感区间（图6-60）。当温度低于此温度区间下限时，由于原子的活性小，空气中的 H_2O 分子扩散到裂纹顶端的速度较低，因而裂纹顶端的腐蚀速率较小。于是在此条件下，即使暴露时间延长也不会产生环境脆性。而当高于此温度区间后，由于材料表面水蒸气吸附能力的下降及高温下裂纹顶端塑性变形能力的增加，材料发生脆化的程度也较低。

根据图6-58的 Δa 与 t 的关系曲线，可确定材料的裂纹扩展速率 $\mathrm{d}a/\mathrm{d}t$；结合裂纹顶端的应力强度因子 K_I，可建立如图6-61所示的裂纹扩展速率曲线 $\mathrm{d}a/\mathrm{d}t - K_\mathrm{I}$。由图可以看出，在相对湿度一定的前提下，玻璃中裂纹的缓慢扩展一般都经历了三个阶段，即 $\mathrm{d}a/\mathrm{d}t$ -

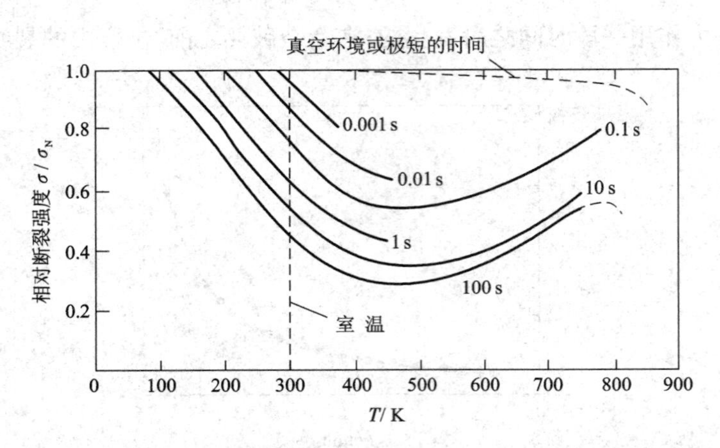

图 6-60 玻璃的相对断裂强度与潮湿空气中暴露时间、试验温度的关系曲线
（σ_N 是在液氮介质中的断裂强度）

K_I 曲线可以分为三个区域。在应力强度因子较小的Ⅰ区，也存在应力强度因子的门槛值 K_{th}，此门槛值随空气湿度的增加而降低。当 $K_I > K_{th}$ 后，裂纹扩展速率随应力场强度因子 K_I 的增大而增大，且与环境介质中的水汽含量密切相关；在相同的应力场强度水平下，裂纹扩展速率随相对湿度的增大而提高。在曲线的平台即Ⅱ区域，裂纹扩展速率几乎与外加应力场强度因子 K_I 无关，只是仍然明显地依赖于环境介质中的水汽含量。当应力场强度因子 K_I 继续增大时，裂纹扩展速率又随应力场强度因子 K_I 的增大而增大，但此时环境介质中的水汽含量对 $da/dt - K_I$ 曲线的位置就不再有影响了。

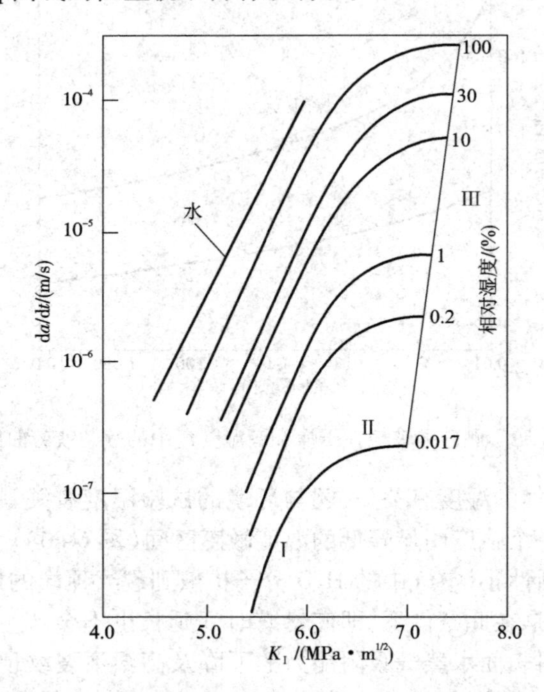

图 6-61 不同湿度下碱石灰－硅酸盐玻璃的裂纹扩展速率 da/dt 与 K_I 的关系曲线

2. 陶瓷材料

除玻璃外，大多数单晶或多晶陶瓷材料如氧化铝、氧化锆、碳化硅、氮化硅等在特定的环

境条件如潮湿气体（空气、氮气、水蒸气等）、水性溶液（氨水、NaOH 等）、有机溶剂（甲苯、甲醇、乙醇、甲酸酰胺等）等介质中使用时，也会表现出强度损失和裂纹缓慢扩展的行为，从而产生环境脆性断裂。如莫来石陶瓷（$3Al_2O_3 \cdot 2SiO_2$）在水（pH = 7）和 NaOH 溶液（pH = 10）中进行静态疲劳试验时，也存在强度损伤和延滞断裂的现象（图 6-62）；又如 Al_2O_3 晶体在潮湿空气中的缓慢裂纹扩展行为，与图 6-61 中玻璃的裂纹扩展曲线相类似（图 6-63）等。

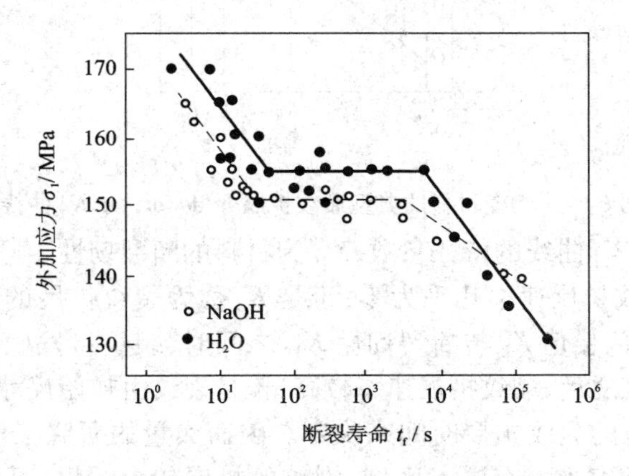

图 6-62　莫来石陶瓷在不同环境介质中的静态疲劳曲线

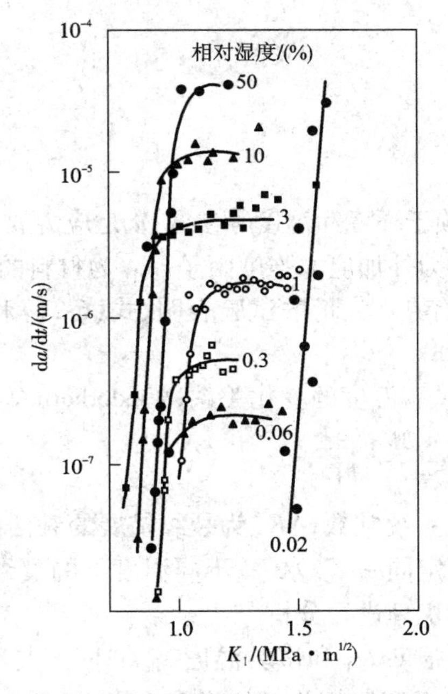

图 6-63　氧化铝晶体的裂纹扩展速率 da/dt 与 K_I、相对湿度的关系曲线

6.7.3　无机材料环境脆性的裂纹扩展速率

玻璃和陶瓷材料中的裂纹扩展无论以什么机理发生，其扩展速率 da/dt 与裂纹顶端的应力场强度 K_I 之间的关系都大致表现为如图 6-64 所示的形式。

根据裂纹顶端应力场强度的 K_I 大小，da/dt − K_I 可近似地划分为四个特征区域：$K_I < K_{th}$ 为 0 区；$K_{th} < K_I < K_{If}$ 为 Ⅰ 区；$K_{If} < K_I < K_{Id}$ 为 Ⅱ 区；$K_{Id} < K_I < K_{IC}$ 为 Ⅲ 区；其中 K_{th}、K_{If}、

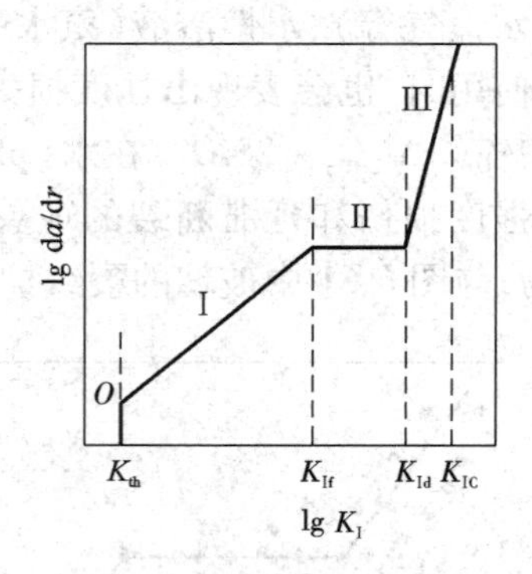

图 6-64 陶瓷材料的典型裂纹扩展 lg da/dt - lg K_I 曲线

K_{Id}及 K_{IC}称为 da/dt - K_I 曲线的特征参数，K_{IC}为材料的断裂韧性。

当 $K_I < K_{th}$时，裂纹扩展速率几乎为零，于是 K_{th} 称为裂纹扩展的门槛值。当裂纹顶端的应力场强度 K_I 处于门槛值 K_{th}与断裂韧性 K_{IC}之间时，裂纹将发生缓慢的扩展。一般认为，由于进入到Ⅱ、Ⅲ区之后，裂纹扩展速率较高，于是裂纹由初始尺寸扩展到临界状态所需的时间基本上可由Ⅰ区的裂纹扩展时间来决定。因而大量的研究工作，主要集中在对 da/dt - K_I 曲线上Ⅰ区的研究上。在这一区域，裂纹的扩展较为缓慢，可用下述的经验关系表示：

$$\frac{\mathrm{d}a}{\mathrm{d}t} = AK_I^n \tag{6-21}$$

或

$$\frac{\mathrm{d}a}{\mathrm{d}t} = A(K_I/K_{IC})^n \tag{6-22}$$

式中：A 是材料常数，强烈依赖于环境和温度等参数；n 是应力腐蚀敏感参数（较少依赖于环境）或裂纹缓慢扩展系数；K_I 为外加应力强度因子；K_{IC}为材料的断裂韧性。随温度的升高，A 和 n 分别呈增大和降低的趋势。大量的试验表明，式(6-21)和式(6-22)能够很好地描述陶瓷材料裂纹缓慢扩展的规律。

为表述裂纹扩展速率随试验温度的变化关系，Wiederhorn 等提出了如下的经验公式：

$$\frac{\mathrm{d}a}{\mathrm{d}t} = \nu_0 \exp\left[-\left(\frac{\Delta E^* + bK_I}{RT}\right)\right] \tag{6-23}$$

式中：ν_0 和 b 均为材料 - 环境系统常数；ΔE^* 为裂纹扩展的激活能；R 为气体常数；T 为试验温度。由式(6-23)，可通过测定同一 K_I 水平、不同温度下的裂纹扩展速率以获得裂纹扩展的激活能，进而对裂纹扩展的机理进行分析。

裂纹扩展速率，除与应力强度 K_I 和试验温度有关外，还与材料的成分和环境介质（如潮湿空气中的相对湿度）等因素密切相关。如将图 6-61 和图 6-63 中玻璃和氧化铝的裂纹扩展速率与相对湿度在双对数坐标上作图发现，同一湿度下玻璃的裂纹扩展速率高于氧化铝的扩展速率；但不论是玻璃还是氧化铝材料的裂纹扩展速率均与相对湿度呈良好的线性关系，且具有几乎相同的斜率（图 6-65）。

$$\mathrm{d}a/\mathrm{d}t \propto (\text{相对湿度})^{0.81} \quad (\text{玻璃}) \tag{6-24}$$

$$\mathrm{d}a/\mathrm{d}t \propto (\text{相对湿度})^{0.82} \quad (\text{氧化铝}) \tag{6-25}$$

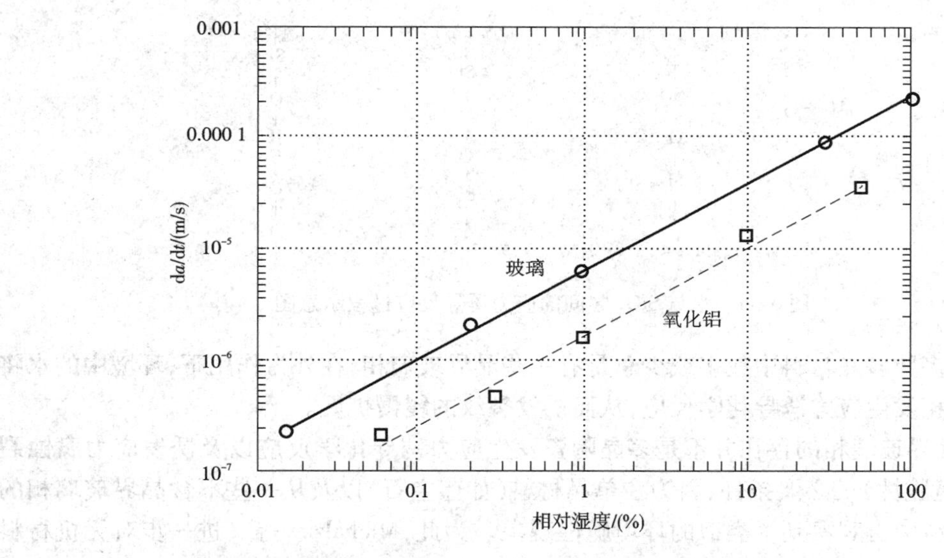

图 6-65　玻璃和氧化铝的裂纹扩展速率 da/dt 与相对湿度的关系曲线

6.7.4　无机材料的环境脆性机制

由上述试验结果可以看出,环境中存在较少的水汽就会明显地降低玻璃和陶瓷材料的强度,并使其中的裂纹发生缓慢的扩展,从而使无机材料产生应力腐蚀破裂或环境脆性。

与金属的环境脆性一样,无机玻璃的环境脆性也可以解释为裂纹顶端的优先溶解。但由于在一般情况下水与玻璃之间是不会发全化学反应的,因此玻璃的裂纹缓慢扩展过程中发生的水与玻璃之间的化学反应显然应该与裂纹顶端处原子键受力而处于高能状态有关。即在外加应力作用下,使得原本为惰性的低浓度反应物——水得以与玻璃在一个特定的局部区域——裂纹顶端处发生应力诱导的化学反应,从而促进裂纹的缓慢扩展。

基于此种考虑,1981 年 Michalske 和 Freiman 提出了水与 SiO_2 中裂纹缓慢扩展的作用机理。该机理为:处于应变状态的 Si—O—Si 键可以与进入裂纹顶端的环境介质发生反应。在变形状态下,Si—O 键长增加,围绕 Si 原子四面体的对称性受到破坏,从而使得 Si 呈现出较强的亲碱性,而桥氧则相应呈现较强的亲酸性。因此在具有一定湿度的环境中,水分子中 H 原子就可能与桥氧形成氢键,而水中的氢原子则与 Si 原子发生相互作用;水中的 H 原子转移到 SiO_2 的桥氧上,而 O 原子中的电子则转移到 Si 原子上,从而形成两个新键:一个连接水中 H 原子与 SiO_2 中的桥氧,另一个则连接水中的 O 原子与 SiO_2 键中的 Si 原子。于是 SiO_2 中 O 的架桥键破裂,最后桥氧与已转移的 H 原子之间的氢键破裂。通过这一反应,原有的 Si—O—Si 裂纹顶端消失,在新的裂纹顶端附近的两个新鲜表面上形成了两个 Si—O—H,这样就导致了裂纹的向前扩展。结合图 6-64 的分区裂纹扩展规律,Ⅰ区的裂纹扩展受到裂纹顶端化学反应速率的限制,而Ⅱ区的裂纹扩展则受到了环境介质向裂纹顶端迁移速率的限制。

按照 Michalske-Freiman 模型可以说明,任何一种环境介质,只要它具有与水相似的结构和键合特征即可以提供一个质子,并且与质子成键的另一个原子有未成对轨道,就可能诱发 SiO_2 中裂纹的缓慢扩展。

多晶陶瓷材料在室温下发生的裂纹缓慢扩展,也可利用 Michalske-Freiman 模型进行解

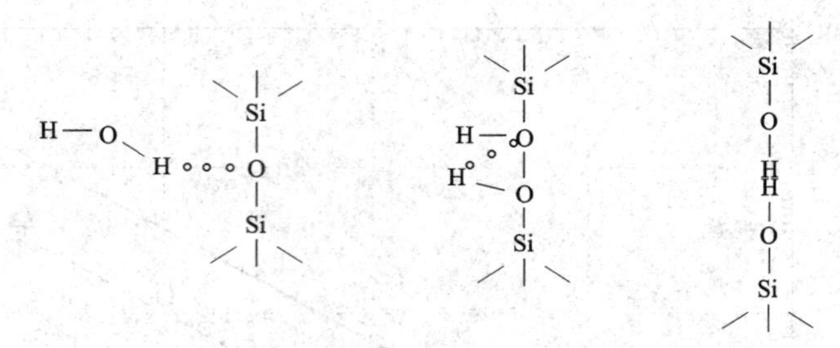

图 6-66　水与 SiO_2 之间的应力诱导反应过程示意图

释。因为大多数多晶材料中或多或少总是有一些晶界玻璃相，在外力作用下，环境中的水将与这些玻璃相发生应力诱导化学反应，从而诱发裂纹的缓慢扩展。

当然，晶界玻璃相的存在并不是多晶陶瓷发生应力诱导化学反应以及诱发应力腐蚀裂纹扩展（环境脆性）的必要条件，因为在单晶材料（如蓝宝石）以及从一些不含晶界玻璃相的多晶陶瓷材料中也观察到了类似的环境脆性现象。为此，Michalske 等又进一步对无机材料的应力腐蚀理论进行了拓展，认为只要材料中具有与 SiO_2 相似的离子与共价混合键特性，就能发生类似化学吸附的反应（如在蓝宝石中），或环境中的腐蚀性介质能中和材料中离子键的静电作用力（如 MgF_2），从而就能使陶瓷材料发生应力腐蚀断裂（环境脆性）。

6.8　聚合物的环境脆性

当聚合物暴露在特定的环境中时，往往发现聚合物的强度和伸长率将会明显减小，或在特定的环境介质中使用时，由于环境介质和应力的共同作用会加速聚合物的开裂。把这种现象，称为聚合物的环境脆性（Polymer Embrittlement，PE）或聚合物的环境应力开裂（Environmental Stress Crazing or Cracking，ESC）。

使聚合物产生环境脆性或开裂的环境介质很多，可以是氧、水或水蒸气等，也可以是阳光中的紫外线辐照。另外，如各种酸和有机溶剂也会使聚合物的性能降低，从而产生过早的失效。

6.8.1　水性介质中聚合物的环境脆性

潮湿空气、水、水蒸气、NaOH 溶液等，是使聚合物发生脆化的主要环境介质。尼龙在不同环境中的弹性模量和屈服强度，见表 6-10。可见环境中水分的存在，使尼龙的弹性模量和屈服强度明显降低。

表 6-10　不同环境中尼龙的弹性模量和屈服强度　（MPa）

环境介质	干燥空气	潮湿空气	水
弹性模量	3 800	2 750	1 400
屈服强度	80	64	32

除水分外，聚合物在环境介质中的强度损失还与介质的种类和接触时间有关。试验发现，与空气中的断裂强度相比，在水中短时浸泡后尼龙 -66 纤维的强度降低了约 5%；在水

中浸泡 3 h 后，其强度又降低了 3%。在 pH 为 0 ~ 2 的盐酸溶液中浸泡后，尼龙 -66 纤维的强度将会降低 20%。

另外，环境介质中的水分，还能使玻璃态聚合物引发银纹所需的应力或应变大为降低（环境银纹效应）。银纹的生成，是玻璃态高聚物发生脆性断裂的先兆；银纹中物质的破裂往往造成裂纹的引发和生成，以至于最后发生断裂现象。有机玻璃吸水后，引发银纹的临界应力 σ_c 逐渐下降（图 6-67）；与干燥试样相比，吸水率仅为 0.3% 的有机玻璃的临界应力 σ_c 值就降低了 40%，且银纹变得又细又密。

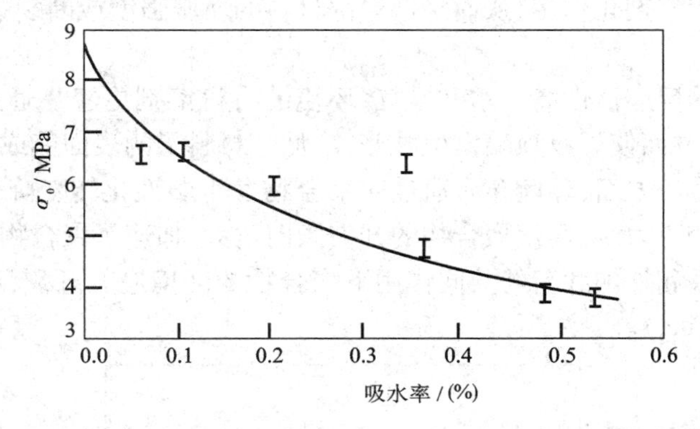

图 6-67　有机玻璃（PMMA）的临界应力 σ_c 随吸水率的变化关系

聚合物的环境脆性，也可用静态疲劳曲线来表征。聚酯在不同温度和介质中的静态疲劳曲线，如图 6-68 所示。在 298 K、相对湿度 100% 的环境中，聚酯的延迟断裂强度随时间的增加而直线下降；但同一工作应力下，聚酯在 323 K、水环境中的延迟断裂寿命更短，即脆性增大。

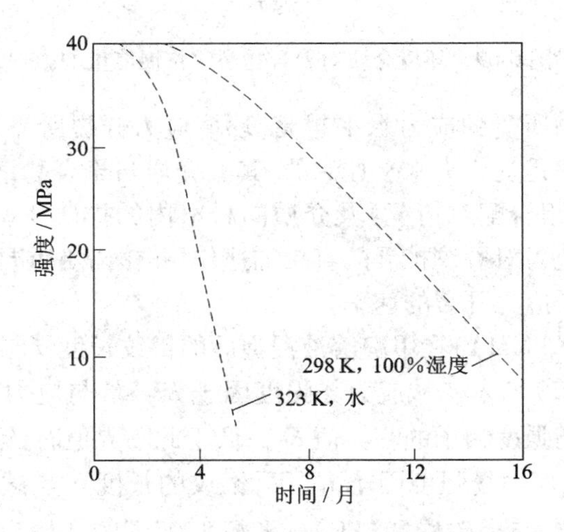

图 6-68　聚酯在不同环境中的静态疲劳曲线

究其原因，水和水蒸气会使聚合物链发生断裂或交联。聚合物链的断裂，使聚合物的强度降低；而聚合物的交联，会使聚合物的刚度增大、塑性降低。如暴露在空气中的橡胶会因氧化而发生交联，增大了橡胶的体积，使橡胶变脆。

6.8.2 有机溶剂体系中聚合物的环境应力开裂

引起聚合物材料发生环境应力开裂的介质，主要是有机溶剂、水、某些表面活性剂和臭氧等，如有机玻璃在苯、丙酮、甲醇、乙醇、乙酸乙酯和石油醚中，聚烯烃在洗涤剂和醇类溶液中及聚碳酸酯在四氯化碳中的环境应力开裂；水和表面活性剂容易引起聚乙烯发生环境应力开裂；臭氧容易使不饱和碳链高聚物，尤其是不饱和碳链橡胶发生环境应力开裂；天然橡胶只要在微量臭氧和5%的应变条件下就能开裂等。介质对聚合物的作用是促进聚合物的降解或对聚合物产生溶剂化作用，从而降低局部材料的屈服强度或断裂强度，促使材料产生银纹或裂纹。

由于有机溶剂的反应活性高于水和空气，环境的有机溶剂更容易通过扩散进入聚合物内部及裂纹顶端，一方面使裂纹顶端发生肿胀，降低了材料了的表面能或裂纹扩展所需要的能量 G_c（图 6-69）；另一方面，环境介质通过使聚合物发生塑性化转变降低了聚合物开裂所需的临界应变和流变应力，从而使聚合物的开裂倾向增大，加速了聚合物的应力开裂。因此常把在有机溶剂体系和外加载荷的共同作用下聚合物的环境应力开裂，称为溶剂应力开裂（Solvent Stress Cracking）。

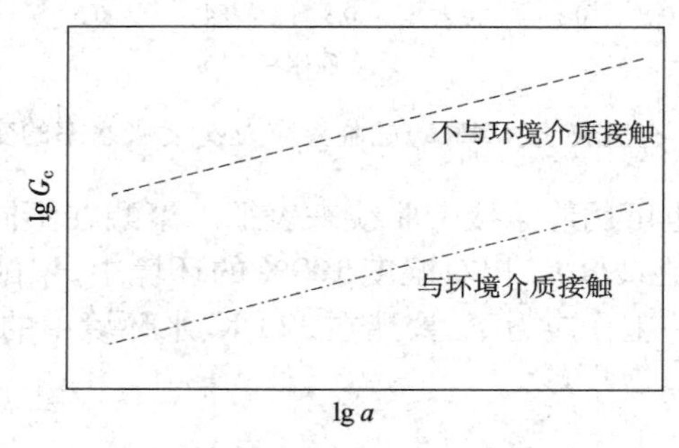

图 6-69 环境介质对聚合物裂纹扩展能量的影响

一般情况下，聚合物所受的应力水平越高，环境应力开裂所需要的时间越短。表面看来，环境应力开裂的速率是受应力水平控制的，其实介质与聚合物溶解度参数的差异（反映出高聚物与环境介质的组合配对情况）及介质向材料内的扩散速率也是重要的控制因素。应力水平提高时，除了应力对裂纹扩展的直接加速作用之外，更重要的是促进介质向材料内的扩散速率，从而加快了应力开裂的速率。

聚甲基丙烯酸甲酯（PMMA）在甲醇溶液浸泡后的银纹长度 a 与试验时间 t、应力场强度因子 K_{I} 的关系，如图 6-70 所示。从应力场强度因子 K_{I} 看，与应力腐蚀、氢致开裂、金属脆性等一样，也存在应力场强度因子的临界值 K_{Im}；低于此临界值时，银纹不发生扩展。当 $K_{\mathrm{Im}} < K_{\mathrm{I}} < K_{\mathrm{In}}$时，在给定的应力场强度因子 K_{I} 下，银纹的长度 a 与试验时间 t 的平方根成正比，即 $a \propto t^{1/2}$。这一规律，与聚碳酸酯（PC）在乙醇溶液中的环境应力开裂行为一致（图 6-71）。表明在此过程中，裂纹的扩展受到溶剂粒子向裂纹顶端扩散的控制。

结合银纹长度 a 与应力场强度因子 K_{I} 的线性变化规律（图 6-72），可得出如下的关系：

$$a = \sqrt{2C_e\bar{p}}K_{\mathrm{I}}t^{1/2} \tag{6-26}$$

其中：C_e 是与聚合物种类和环境有关的常数；$\bar{p}$ 为流体的压力。此外，银纹的长度还与溶剂的黏度 $\eta^{-1/2}$成正比。

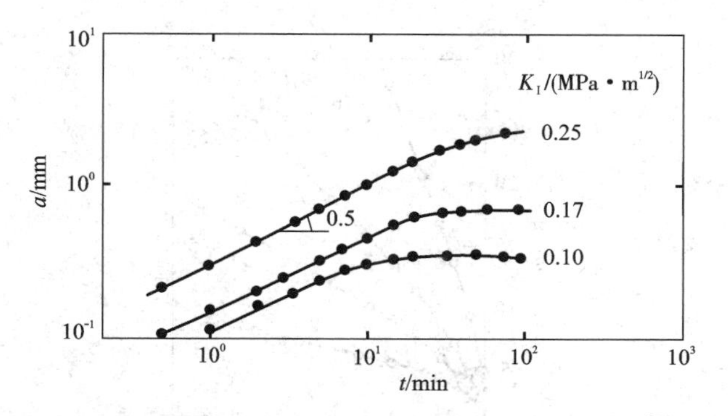

图 6-70　聚甲基丙烯酸甲酯（PMMA）在甲醇溶液浸泡时银纹长度 a 与时间 t 的关系

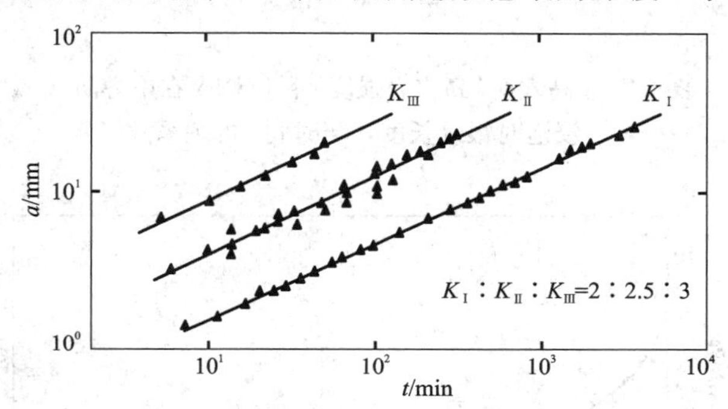

图 6-71　聚碳酸酯（PC）在乙醇溶液浸泡时银纹长度 a 与时间 t、应力场强度因子 K_I 的关系

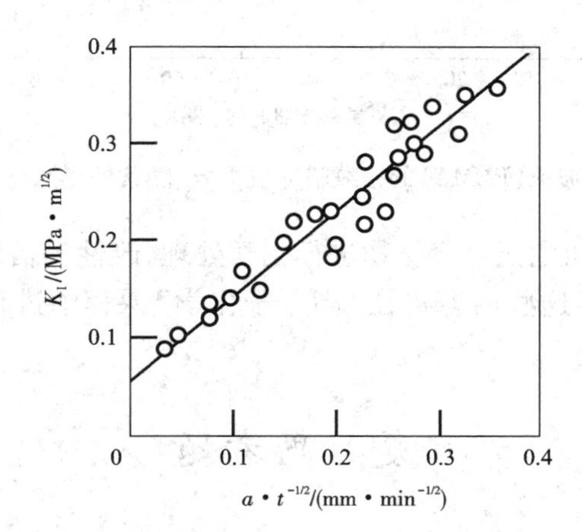

图 6-72　聚甲基丙烯酸甲酯（PMMA）在甲醇中浸泡时
银纹长度 a 与应力场强度因子 K_I 的关系

当 $K_I > K_{In}$后，银纹先快速扩展张大，而后逐渐减慢到匀速扩展直至断裂，如图 6-73 所示。对这一过程，试验发现 K_{In}随试样厚度的增加而增大；如果将试样侧面密封起来而不与溶剂接触，则银纹的扩展速率会明显降低。因而证实了在此过程中，银纹的扩展与溶剂从试样侧面向银纹顶端的流动有关。

紫外线辐照，也会使聚合物的主分子链发生断裂，抗银纹能力降低，从而产生脆性断裂。如有机玻璃的银纹临界抗力 σ_c 随紫外辐射时间的增加而逐渐下降，最后趋于一平衡值，如图 6-74 所示。

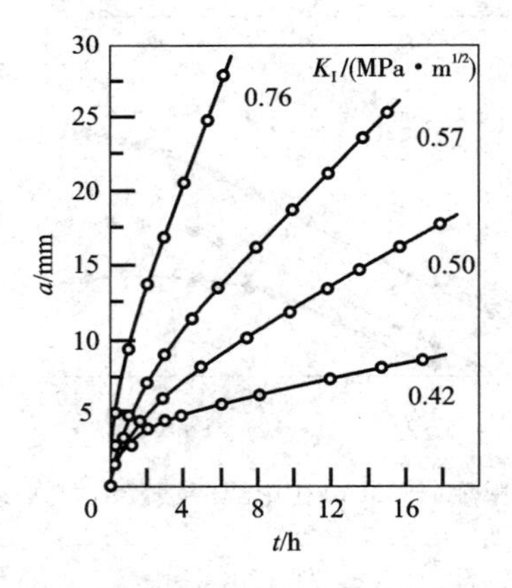

图 6-73 高载荷(高应力强度)下 PMMA 在甲醇溶液浸泡时银纹长度 a 与时间 t 的关系

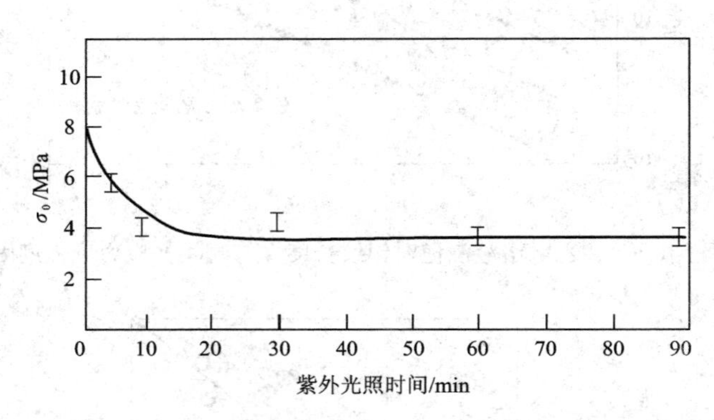

图 6-74 有机玻璃(PMMA)的银纹临界抗力 σ_c 随紫外光照时间的变化关系

聚合物的环境脆性,可通过对聚合物进行化学处理、改性等措施,增强其抗氧化和抗环境腐蚀能力来加以消除。这些内容将在"高分子化学"课程中进行学习,在此不做更多的讨论。

复习思考题

1. 解释下列名词:

(1)应力腐蚀;(2)氢致开裂;(3)腐蚀疲劳;(4)腐蚀磨损脆性;(5)辐照脆性;(6)液(固)态金属脆性。

2. 说明下列力学性能指标的意义:

(1)σ_{SCC};(2)σ_{ME};(3)K_{ISCC};(4)K_{IHE};(5)K_{IME};(6)da/dt;(7)ΔW_{Wear};(8)ΔW_{Corr}。

3. 在环境条件下,材料受应力作用时会发生哪些形式的损伤和失效?对材料的环境力学行为,通常如何进行分类?

4. 为什么说应力腐蚀断坏是一种脆性破坏?其破坏特征是什么?

5. 试简述金属材料发生应力腐蚀断裂的条件和机理。碳钢、不锈钢、黄铜最容易产生应力腐蚀的敏感介质各有哪些?

6. 在应力腐蚀断裂的初始应力强度因子－断裂时间（$K_I - t_f$）曲线中，在 K_{IC} 与 K_{ISCC} 区间通常有哪两个阶段，试分别阐述其物理含义。

7. 在应力腐蚀裂纹的扩展曲线 $da/dt - K_I$ 上，可分为哪三个阶段，并叙述每个阶段的特点。

8. 测量材料应力腐蚀敏感性有哪些常用的试验方法？相应的评定指标是什么？

9. 影响应力腐蚀的主要因素有哪些？如何预防和降低材料的应力腐蚀断裂倾向？

10. 某高强度钢的 σ_s 为 1 400 MPa，K_{IC} 为 77.5 MPa·m$^{1/2}$。在腐蚀介质中的工作应力 $\sigma = 400$ MPa，如材料在该腐蚀介质中的 K_{ISCC} 为 21.3 MPa·m$^{1/2}$，试估算可不考虑应力腐蚀问题的初始裂纹尺寸（按半圆表面裂纹 $a/c = 1$ 考虑）。如果取第Ⅱ阶段平台裂纹扩展速率的开始和终止的应力强度因子分别为 $K_{I(1\sim2)} = 30$ MPa·m$^{1/2}$ 和 $K_{I(2\sim3)} = 61.9$ MPa·m$^{1/2}$，且已知Ⅱ阶段平台的裂纹扩展速率 $(da/dt)_{II} = 2 \times 10^{-5}$ mm/s，试估算有初始半圆裂纹尺寸 $a_0 = 4$ mm（$a/c = 1$）构件的剩余寿命。

11. 对一开有单边缺口的大试件，在持久载荷作用下的裂纹扩展速率进行了观察，发现材料在腐蚀介质加速下裂纹扩展呈第Ⅰ阶段和Ⅱ阶段而无第Ⅲ阶段。当预制裂纹深度 a 为 3 mm 时，在 50 MPa 载荷作用下裂纹刚好扩展，当裂纹扩展至 5 mm 深时，进入第Ⅱ阶段，其 $da/dt = 2 \times 10^{-4}$ mm/s，试问裂纹在第Ⅱ阶段扩展能经历多长时间？已知材料的 $K_{IC} = 20$ MPa·m$^{1/2}$。

12. 金属中的氢是如何来的？以什么形式存在？对金属的性能有什么影响？

13. 氢脆可分为哪几类？各自的产生机制是什么？如何预防金属材料的氢脆现象？

14. 什么是氢致延滞断裂？为什么高强度钢的氢致延滞断裂总是在一定的应变速率和一定的温度范围内出现？

15. 氢脆与应力腐蚀有何关系？试述区分高强度钢应力腐蚀与氢致延滞断裂的方法。

16. 什么是腐蚀疲劳断裂？与纯机械疲劳和应力腐蚀断裂相比，腐蚀疲劳断裂有何特点？

17. 材料的腐蚀疲劳裂纹扩展曲线，有哪些典型的形式？并与机械疲劳、应力腐蚀裂纹扩展速率曲线进行比较。

18. 影响腐蚀疲劳断裂的主要因素有哪些？并给出提高材料抗腐蚀疲劳性能的主要技术措施。

19. 试分析应力腐蚀、氢致开裂、腐蚀疲劳之间的关系与各自的特点。

20. 什么是腐蚀磨损脆性？产生腐蚀磨损脆性的机制是什么？

21. 试阐述在腐蚀磨损过程中，腐蚀是如何加速磨损，磨损是如何加速腐蚀的？

22. 评价材料的腐蚀磨损脆性有哪些指标？各自的物理意义是什么？

23. 与应力腐蚀破裂相比，腐蚀磨损脆性有什么特点？

24. 试从力学因素和电化学因素的相对强弱出发，分析提高材料抗腐蚀磨损脆性的技术措施。

25. 什么是辐照损伤？材料经辐照后，会产生哪些辐照效应？

26. 低碳钢和奥氏体不锈钢经辐照后的力学性能变化规律有何异同？为什么？

27. 试阐述材料产生辐照脆化的机制，并说明如何使辐照损伤得以回复？

28. 材料的液（固）态金属脆性破坏有哪些特点？并与应力腐蚀、氢致开裂的产生条件进行对比。

29. 发生金属脆性的物理机制是什么？金属脆性裂纹的扩展受哪些因素的影响？规律如何？

30. 无机材料产生环境脆性的特征是什么？如何测定和表征无机材料的环境脆性？

31. 无机材料在环境中的裂纹扩展速率与应力强度因子的关系可分为哪几个特征区域？各区域的特点是什么？

32. 试论述无机材料产生环境敏感破裂的机制。

33. 聚合物产生环境脆性的特征是什么？如何测定和表征聚合物的环境脆性？

34. 聚合物在有机溶剂体系中的银纹扩展速率与应力强度因子、试验时间的规律是什么？

第 7 章　材料在高温条件下的力学性能

在高压蒸汽锅炉、汽轮机、燃气轮机、柴油机、化工炼油设备以及航空发动机中，很多机械结构件都是长期在高温条件下工作的。对于这些结构件的性能要求，就不能以常温下的力学性能来衡量，因为材料在高温条件下的力学性能明显地不同于室温。因此研究与正确评价材料的高温力学性能，使之满足机械中高温结构件的服役要求，成为上述工业发展和材料科学研究的重要任务和关键所在。

7.1　高温与高温力学性能的特点

7.1.1　高温的概念

虽然高温条件是相对于前面所讲的常温与低温工作条件而提出的，但这里所说的高温是相对于材料的熔点而言的。因此，常用约比温度（T/T_m）的大小来表示工作高温的高低，其中 T 为试验温度，T_m 为材料的熔点，且都用热力学温度（单位为 K）计算。这是因为试验结果表明在同样的约比温度下，不同的材料具有大致相仿的高温力学行为。

一般来讲，对金属材料，当 $T/T_m>0.3$ 时就是高温，反之则为低温；此温度与金属材料的再结晶温度 $T_{再}$（$0.4T_m$）相当。对陶瓷材料，高温条件常指约比温度 $T/T_m>0.4$；而对高分子材料，常把高于其玻璃化转变温度 T_g 作为高温条件。

7.1.2　高温力学性能的特点

在常温与低温工作条件下，材料的强度只是应变的函数，与时间无关。然而，由于材料在高温条件下的原子扩散与组织转变，其高温强度不仅与所承受的应变有关，而且也与载荷的作用时间密切相关。因此在高温条件下，材料将会呈现出与常温与低温条件不同的力学行为。

首先，材料在高温条件下工作时，即使所承受的应力小于该温度下材料的屈服强度，在长期使用过程中也会产生缓慢而连续的塑性变形，把这种现象称为蠕变。材料在较低温度下的蠕变现象极不明显，当温度升高至 $0.3T_m$ 以上后，材料的蠕变现象才会变得越来越明显。如工作温度超过 300 ℃的碳素钢及 350 ℃的合金钢，都将发生明显的蠕变；而对低熔点的金属如铅、锡及高聚物材料，在室温下就会发生蠕变。

其次，由于蠕变的产生，高温下材料的强度会随载荷作用时间的延长而降低。如试验结果表明，Q235 钢在 450 ℃时的短时抗拉强度为 320 MPa；而当试样承受 225 MPa 的应力时，持续 300 h 便断裂了；如将应力降低至 115 MPa 左右，载荷持续 10 000 h 试样也能发生断裂。因此我们就不能笼统地说材料在某一高温下的强度是多少，材料的高温强度与时间这一因素有关。这与常温下材料的强度是不考虑时间因素所不同的，除非试验时加载的应变速率非常高。

另外，在高温条件下工作时，不仅材料的强度会降低，而且其塑性也会明显降低。应变速率越低、载荷作用时间越长，材料的塑性降低得越显著。一个在常温下具有很好塑性的材料，在高温长时间作用下甚至会出现脆性断裂。如随试验温度升高，金属材料的断裂由常温下常见的穿晶断裂过渡为沿晶断裂。这是因为温度升高时晶粒强度和晶界强度都要降低，但由于晶界上原子排列不规则，扩散容易通过晶界进行，因此晶界的强度下降较快。晶粒与晶界两者强度相等的温度称为"等强温度"，用 T_E 表示（图 7-1(a)）。金属材料的等温强度不是固定不变的，变形速率对它有较大影响。由于晶界强度对形变速率敏感性要比晶粒大得多，因此等强温度随变形速度的增加而升高，如图 7-1(b)所示。

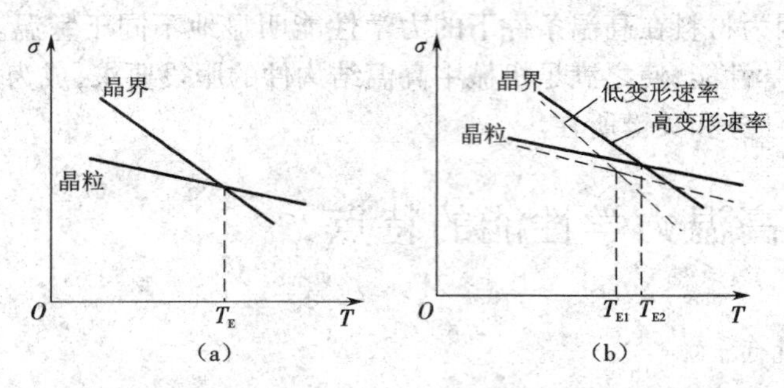

图 7-1 温度和变形速率对断裂路径的影响
(a)等强温度 T_E (b)变形速度对 T_E 的影响

此外，在高温下工作的构件，在总应变恒定的条件下其内部的应力会随时间延长而降低，把这种现象称为应力松弛。如高温条件下工作的紧固螺栓和弹簧等，都会发生应力松弛的现象。

对陶瓷材料，在常温下一般不发生或仅有微量的塑性变形而脆性断裂。但随着温度的升高和时间的延长，陶瓷材料在室温下塑性差的致命弱点会有所改善，而在高温时具有良好的耐热性和化学稳定性。因此研究陶瓷材料的高温性能，特别是高温下的塑性变形行为是十分重要的。

高分子材料的力学性能，也会随着温度的变化而发生明显的改变，呈现出不同的力学状态，并具有显著的黏弹性行为。

因此，研究材料的高温力学性能，不能只简单地用常温下短时拉伸的应力－应变曲线来评定，还必须加入温度与时间两个因素。只有这样，才能正确地评价材料的高温力学性能指标、探明材料在高温长时载荷作用下变形与断裂机理、得出提高材料高温力学性能的途径。

7.2 材料的蠕变

蠕变是指材料在高温和恒定应力的长期作用下，发生的缓慢塑性变形现象。材料在较低温度的蠕变现象极不明显，当温度升高到 $0.3T_m$ 以上时，蠕变现象变得愈来愈明显。

7.2.1 蠕变曲线

材料的蠕变试验是在蠕变试验机上进行的，其原理如图 7-2 所示。试验期间，试件的温度和所受的应力保持恒定。随着试验时间的延长，试件逐渐伸长。试件标距内的伸长量通过引伸计测定后，输入到记录系统中，自动记录试样的应变 ε（伸长量/标距）和时间 t 的关系曲线即蠕变曲线，如图 7-3 所示。金属材料的拉伸蠕变及持久试验方法，可参见国家标准《金属材料 单轴拉伸蠕变试验方法》（GB/T 2039—2012）。

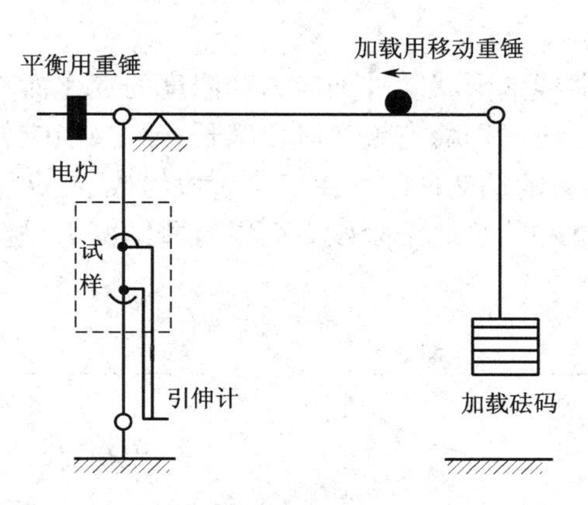

图 7-2　拉伸蠕变试验的原理图

在图 7-3 的蠕变曲线中，ε_0 是试样刚加上载荷后所产生的瞬时应变，这部分变形不能算作蠕变。真正的蠕变变形是从 a 点开始产生的应变，即曲线中的 $abcd$ 段。曲线即为蠕变曲线。蠕变曲线上任何一点的斜率，表示该点的蠕变速率（$\dot{\varepsilon} = \mathrm{d}\varepsilon/\mathrm{d}t$），按蠕变速率的变化情况，蠕变过程可分为如下三个阶段。

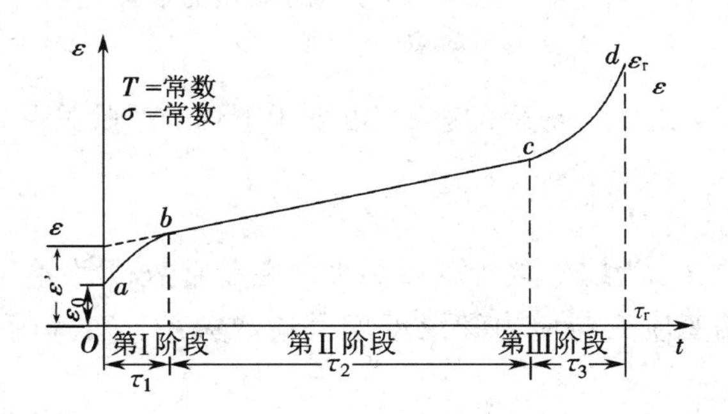

图 7-3　材料的典型蠕变曲线

第Ⅰ阶段即 ab 段，称为减速蠕变阶段，因为在此阶段中材料的蠕变速率随时间的增长而下降。对减速蠕变阶段，蠕变应变 ε 和蠕变速率 $\dot{\varepsilon}$ 可用如下公式表示：

$$\varepsilon = At^n \tag{7-1}$$

$$\dot{\varepsilon} = Ant^{n-1} \tag{7-2}$$

式中：A、n 皆为常数，且 $0 < n \leqslant 1$。

第Ⅱ阶段即 bc 段，称为稳态蠕变或恒速蠕变阶段，因为在此阶段中蠕变速率最小，且基本保持不变。对此阶段，材料的蠕变应变和蠕变速率可表示为

$$\varepsilon = \alpha t \tag{7-3}$$

$$\dot{\varepsilon} = \alpha \tag{7-4}$$

式中：α 是与材料、温度和应力有关的常数，其物理意义表示第Ⅱ阶段的蠕变速率。

第Ⅲ阶段即 cd 段，称为加速蠕变阶段。在此阶段，蠕变速率随时间的增长又逐渐升高，

最后导致试件在 d 点发生断裂。蠕变的断裂时间及总变形量为 $t_r(\tau_1+\tau_2+\tau_3)$ 和 ε_r，分别称之为持久断裂时间和持久断裂塑性。

于是整个蠕变曲线可用如下公式来描述：

$$\varepsilon=\varepsilon_0+At^n+\alpha t \tag{7-5}$$

$$\dot{\varepsilon}=Ant^{n-1}+\alpha \tag{7-6}$$

对同一种材料，蠕变曲线的形状随外加应力和温度的变化而变化，如图 7-4 所示。当温度很低和应力很小时，第Ⅱ阶段即稳态蠕变阶段很长；反之，当应力较大或温度较高时，则第Ⅱ阶段缩短。然而并非所有的蠕变曲线均由三个阶段组成，在高温或高应力下，材料的蠕变没有第Ⅰ阶段，而只有第Ⅱ和第Ⅲ两个阶段。而在有些情况下，材料的蠕变只有第Ⅰ和第Ⅱ阶段，随后即发生断裂。

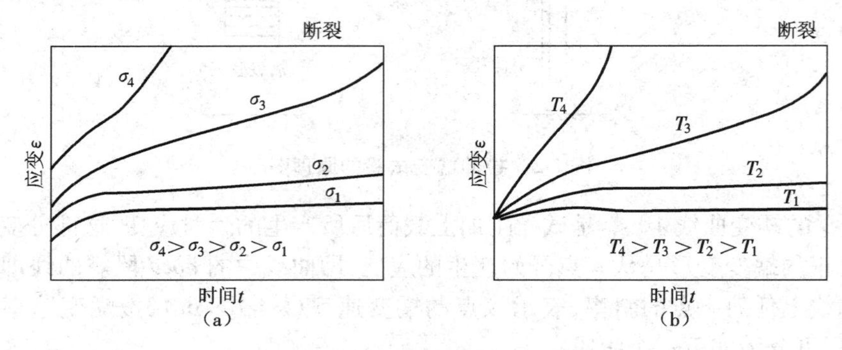

图 7-4 应力和温度对蠕变曲线的影响

(a)温度恒定 (b)应力恒定

为了反映温度和应力对蠕变应变的影响，可采用下列的经验关系式表示：

$$\varepsilon=A'\sigma^m\left[t\exp\left(-\frac{Q_c}{kT}\right)\right]^{n'} \tag{7-7}$$

式中：A'、m、n' 均为常数；Q_c 为蠕变激活能；k 为玻尔兹曼常数；T 为绝对温度。

由式(7-7)可知，蠕变应变与应力和温度均呈指数关系。对式(7-7)中的时间 t 求导，可得

$$\dot{\varepsilon}=A'n'\sigma^m t^{n'-1}\left[\exp\left(-\frac{Q_c}{kT}\right)\right]^{n'} \tag{7-8}$$

如仅考虑稳态蠕变，当应力不太大时，稳态蠕变速率可表示为

$$\dot{\varepsilon}=A''\sigma^m\exp\left(-\frac{Q_c}{kT}\right) \tag{7-9}$$

式中：$\dot{\varepsilon}$ 为稳态蠕变速率；A'' 是常数；m 为应力指数。应力指数 m 的数值，对于许多纯金属和某些合金，在 4 ~ 5；也有一些合金的 $m=3$。在极低应力和极高温度（接近熔点）下，$m=1$。应力指数 m 的这三种不同数值，其实反映了不同的蠕变机制即位错攀移（$m=4\sim5$）、位错黏滞运动（$m=3$）和空位定向扩散（$m=1$）。

当温度较低时，应力的影响主要反映在激活能中，蠕变速率可表示为

$$\dot{\varepsilon}=C\exp\left(-\frac{Q_c-\sigma\Omega}{kT}\right) \tag{7-10}$$

式中：C 是常数；Ω 为激活体积。说明在较低温度下，材料的蠕变机制是应力帮助下的热激

活过程。

由上述的蠕变曲线可以看出,第Ⅱ阶段的稳态蠕变速度 $\dot{\varepsilon}$、持久断裂时间 τ_r 及持久断裂塑性 ε_r 是表示材料高温力学性能的重要指标。

由于高分子材料的黏性特性,使其具有与金属、陶瓷材料不同的蠕变特征,如图 7-5 所示。当高分子材料受到外力作用时,首先是分子链内部的键长和键角发生变化,这种形变量很小,是普通的弹性变形(第Ⅰ阶段,如图 7-5 中的 *AB* 段),卸载后恢复原状。第Ⅱ阶段,即 *BC* 段,为推迟的弹性变形阶段,也称为高弹性变形发展阶段。在此阶段,分子链通过链段运动而逐渐伸展;外力除去后,高弹性变形会逐渐回复。在第Ⅲ阶段,即 *CD* 段,分子间会产生相对的滑动(称为黏性流动),以较小的恒定应变速率产生变形,且为不可逆变形;随着变形量的增大,材料产生颈缩,发生蠕变断裂。对弹性变形引起的蠕变,当载荷去除后,可以发生回复(*DF* 段),称为蠕变回复,这是高分子材料蠕变与其他材料的不同之处。因此,高分子材料受到外力作用时,总变形为

$$\varepsilon(t)=\varepsilon_1+\varepsilon_2+\varepsilon_3=\frac{\sigma}{E_1}+\frac{\sigma}{E_2}(1-e^{-t/\tau})+\frac{\sigma}{\eta_3}t \tag{7-11}$$

式中:σ 是应力;ε_1、ε_2、ε_3 分别为普通弹性变形量、高弹性变形量和黏性变形量;E_1 为普通弹性变形模量;E_2 为高弹性变形模量;η_3 是本体黏度;τ 是与链段运黏度 η_2 有关的松弛时间($\tau=\eta_2/E_2$)。

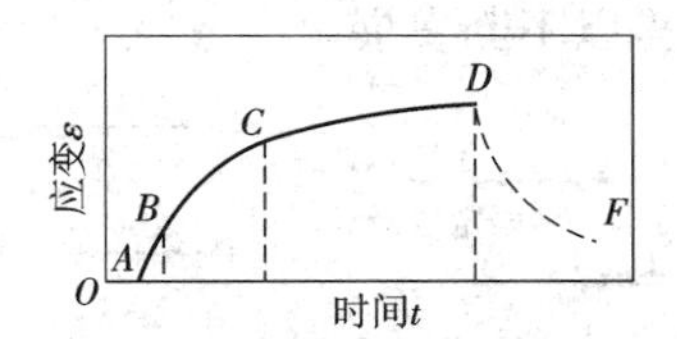

图 7-5　高分子材料的蠕变曲线

7.2.2　蠕变机制

要了解材料的蠕变过程,必须对蠕变过程中材料的组织结构变化和变形与断裂机制进行深入的研究。

1. 组织结构变化

不同的材料在蠕变过程中的组织结构变化是不同的。金属材料,在蠕变过程中的结构变化包括位错滑移、亚结构的形成与晶界的滑动与迁移等。

高温蠕变中的滑移变形与室温下的滑移基本相同,但在高温下会出现新的滑移系。如在高温下 Al 中会出现(100)[100]和(211)[110]滑移,Mg 和 Zn 中出现非基面的滑移等。需要说明的是,高温蠕变中的滑移变形不像室温那样均匀分布,有些晶粒中的变形较大,而另一些晶粒的变形较小。

其次,在高温变形过程中,在材料内部还会有亚结构的形成,有时还会出现回复现象。在减速蠕变阶段能观察到亚结构的形成;进入稳态蠕变阶段后,亚结构逐渐变得完整,尺寸有所增加,其大小达到一定尺寸后一直保持到加速蠕变阶段。一般情况下,亚结构的尺寸随应力减小和温度升高而增加。按蠕变期间是否发生回复再结晶,将蠕变分为低温蠕变和高温蠕变两类。在低温蠕变下,蠕变期间不发生回复和再结晶;而在高温蠕变下,回复和再结晶会同时发生。发生蠕变再结晶的温度,比通常的再结晶温度要低,并且不一定要等回复完

成再开始再结晶。

此外，金属材料在蠕变过程中，还会出现晶界的滑动与迁移、新相的析出等变化。如镍基高温合金在高温工作一段时间后，碳化物会沿滑移线聚集，γ'强化相粗化，在基体中析出针状 η 相、σ 相和 μ 相等。

2. 蠕变变形机制

材料的蠕变变形，主要是通过位错滑移、扩散蠕变和晶界滑动等方式进行的。各种变形方式对蠕变变形的影响，随温度和应力的变化而有所不同。

1）位错滑移蠕变

在蠕变过程中，滑移仍然是一种重要的变形方式。若滑移面上的位错运动受阻产生塞积，滑移便不能继续进行，只有外界施加更大的应力，才能引起位错重新运动和继续变形，这就出现了硬化。在高温下，受恒应力作用的位错可借助于外界提供的热激活能和空位扩散来克服某些短程障碍，从而使变形不断产生，出现软化。

位错热激活的方式有多种，如螺位错交滑移、刃位错攀移、带割阶位错靠空位和原子扩散运动等。高温下，位错热激活过程主要是刃型位错的攀移。图 7-6 为刃型位错攀移克服障碍的几种模型。由图 7-6 可见，塞积在某种障碍前的位错通过热激活可以在新的滑移面上运动，或者与异号位错相遇而对消，或者形成亚晶界，或者被晶界所吸收。当塞积群中某一个位错被激活而发生攀移时，位错源便可能再次开动而放出一个位错，从而形成动态回复过程。这一过程不断进行，蠕变得以不断发展。

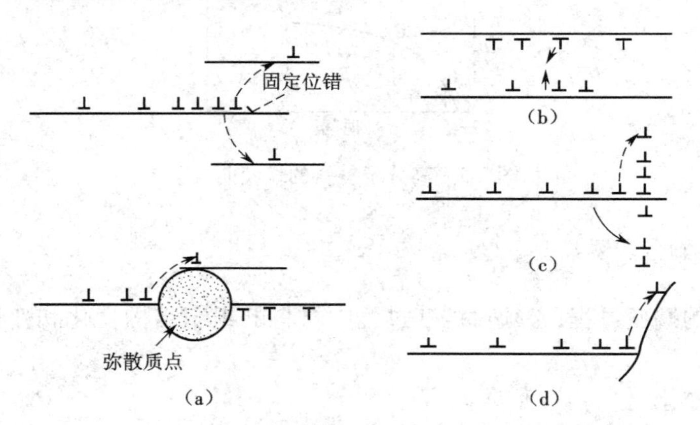

图 7-6 刃型位错攀移克服障碍的模型

(a)越过固定位错与弥散质点在新滑移面上运动 (b)与邻近滑移面上异号位错相消
(c)形成小角度晶界 (d)消失于大角度晶界

综合图 7-3 的蠕变曲线，在第Ⅰ阶段，由于蠕变变形逐渐产生应变硬化，位错源开动及位错运动的阻力逐渐增大，导致蠕变速率不断降低，表现为减速蠕变。在第Ⅱ阶段，由于应变硬化的发展促进了动态回复的进行，致使金属不断软化。当应变硬化与应变软化达到平衡时，蠕变速率遂变为一常数，呈现稳态蠕变。在蠕变的第Ⅲ阶段，由于裂纹迅速扩展，蠕变速率加快，当裂纹达到临界尺寸时便产生蠕变断裂。

2）扩散蠕变

扩散蠕变，是在较高温度（约比温度大大超过 0.5）、低应力条件下发生的以大量原子和空位定向移动为特征的蠕变变形现象。在不受外力的情况下，原子和空位的移动没有方向性，因而宏观上不表现出塑性变形。但当金属两端有拉应力 σ 作用时，在多晶体内部产生不均匀的应力场，如图 7-7 所示。对承受拉应力的晶界（如 A、B 晶界），空位浓度增加；而对承受压应力的晶界（如 C、D 晶界），空位浓度较小。因而在晶体内部空位将从受拉晶界向受压晶界迁移，原子则朝相反方向流动，致使晶体逐渐产生伸长并发生蠕变。

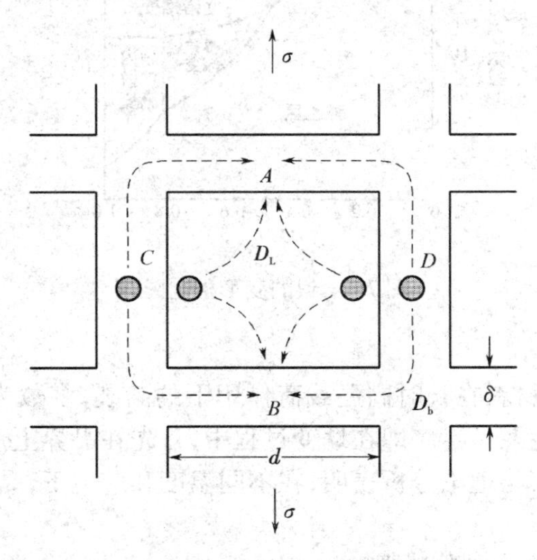

图 7-7　晶体内部不扩散蠕变示意图

D_L—晶格扩散率；D_b—晶界扩散率；δ—晶界宽度；d—晶粒尺寸

根据扩散路径的不同，扩散蠕变机理又可细分为通过晶粒内部扩散（体扩散）的 Nabarro-Herring 蠕变机理和通过晶界扩散的 Coble 蠕变机理两种。

3）晶界滑动蠕变

常温下，晶界滑动极不明显，可以忽略。但在高温条件下，由于晶界上的原子容易扩散，受力后易产生滑动，故而可促进蠕变的进行。随试验温度提高、应力减小或材料晶粒尺寸减小等，晶界滑动对蠕变变形的影响增大。但总体来说，晶界滑动在总蠕变中所占比例不大，一般在 10% 左右。

晶界滑动的方式有两种：一种是晶界两边的晶界沿晶界相错动；另一种是晶界沿其法线方向迁移。因而晶界滑动不是独立的蠕变机理，晶界的滑动一定要与晶内滑移变形配合进行，否则就不能维持晶界的连续性，会导致晶界上产生裂纹。

4）变形机制图

在蠕变过程中，试验温度、应变速率和外加应力的不同，控制蠕变变形的机制不同。为了确定在各种特定条件下的蠕变变形机制，Ashby 等在前人的研究基础上建立了变形机制图，如图 7-8 所示。若已知应力、温度，就可以从图中获知蠕变的变形机制。应力较高、温度较低的条件下，发生低温蠕变（回复难以发生）；应力和温度都较高时，产生高温蠕变（回复得以进行）；应力和温度都很低时，主要以晶界扩散方式产生蠕变；而在应力和应变速率很低、温度很高的条件下，产生以晶内体扩散为主的扩散蠕变。

工程实际中，可根据材料的高温服役环境、高温试验的具体温度和应力范围，在变形机制图上确定对蠕变过程起主导作用的机制以及温度和应力的变化引起的蠕变机制相应变化。据此可寻求提高材料蠕变抗力的措施。

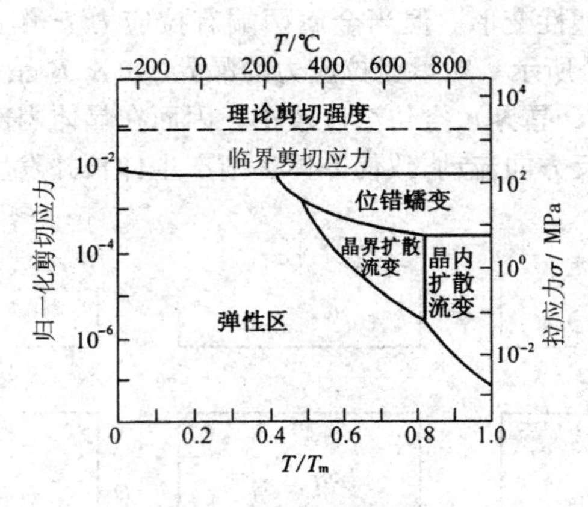

图 7-8 银的变形机制图

3. 蠕变断裂机制

试验结果表明,金属材料在长时高温载荷作用下的断裂,多数为沿晶断裂。由此推断,蠕变造成的损伤主要产生在晶界。即在蠕变过程中,首先在晶界上形成裂纹,裂纹逐渐扩展引起蠕变断裂。试验观察与理论分析表明,在不同温度和应力下,晶界裂纹的形成方式主要由如下两种。

1)在三晶界交汇处形成楔形裂纹

这种裂纹,常出现在高应力较低温度的工作条件下。当晶界滑动与晶内变形不协调时,在晶界附近形成能量较高的畸变区,使晶界滑动受阻。这种畸变在高温下可以通过原子扩散及位错攀移等方式消除,但在低温高应力下,变形不能协调,于是便产生了楔形裂纹,如图 7-9 所示。

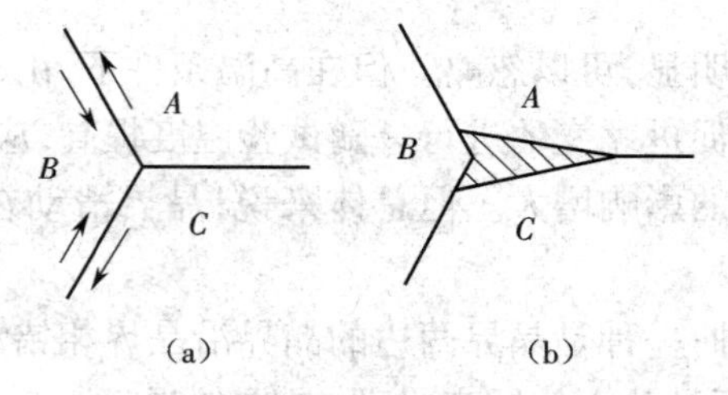

图 7-9 楔形裂纹形成示意图
(a)晶界滑动 (b)楔形裂纹形成

2)在晶界上由空洞连接形成晶界裂纹

这种裂纹,常出现在较低应力较高温度的工作条件下,形成位置往往处于与外加拉应力垂直的晶界上,如图 7-10 所示。空洞的形成,或者起源于晶界滑动与晶内滑移带在晶界上的交割处,或者处于晶界上的第二相质点附近。空洞形成后,逐渐长大并连接起来,从而形成晶界裂纹。裂纹形成后,进一步依靠晶界滑动、空位扩散和空洞连接而扩展,最终导致材料的沿晶断裂。

由于蠕变断裂主要在晶界上产生,因此晶界的形态,晶界上析出物的形态、大小、分布和数量级,杂质偏聚,晶粒大小及均匀性都会对蠕变断裂产生很大的影响。

蠕变断裂断口的宏观特征,一是在断口附近产生塑性变形,在变形区域附近有很多裂纹,使断裂试件表面出现龟裂现象;二是由于高温氧化,断口表面往往被一层氧化膜所覆盖。

蠕变断裂的微观断口特征，主要为冰糖状花样的沿晶断裂形貌。

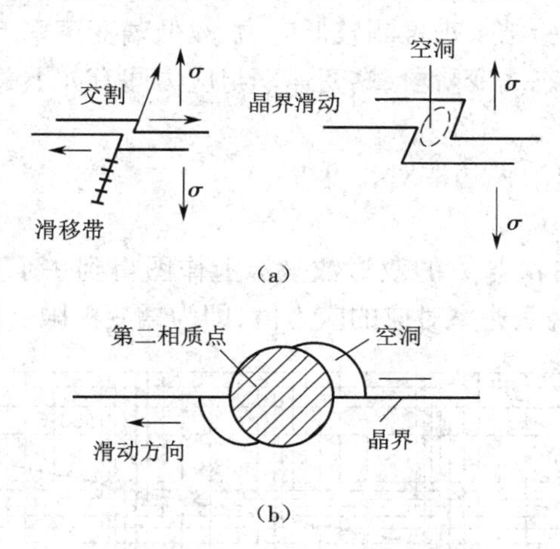

图 7-10 晶界滑动形成空洞示意图

(a)晶界滑动与晶内滑移带交割 (b)晶界上存在第二相质点

7.2.3 蠕变极限

高温服役的构件，在服役期间不允许产生过量的蠕变变形，否则会过早地失效。比如，蒸汽轮机叶片高温时如发生过量蠕变，汽轮机转子将不能在定子中正常运行。蠕变极限表示材料在高温长期载荷作用下对蠕变变形的抗力指标，是选择高温材料、设计高温构件的主要依据。

材料蠕变极限中所指定的温度和时间，一般由机件的具体服役条件而定，如12.5万kW蒸汽轮机叶片的工作温度最高为550 ℃；30万kW汽轮机叶片最高工作温度为580 ℃；锅炉－汽轮机组大修期的寿命为10万h，于是必须限定应力在此温度和时间下不发生过量蠕变。因此，蠕变极限和常温下机件设计选用屈服强度σ_s是相似的。

蠕变极限，一般有两种表示方式。一种方式是在规定温度(T)下，使试样产生规定的稳态蠕变速率($\dot{\varepsilon}$)的最大应力值，以符号$\sigma_{\dot{\varepsilon}}^{T}$(MPa)表示，其中$\dot{\varepsilon}$为第二阶段的蠕变速率，单位是%/h。在电站锅炉、汽轮和燃气轮机制造中，常规定的稳态蠕变速率为1×10^{-5}%/h或1×10^{-4}%/h。例如，$\sigma_{1\times10^{-5}}^{600}=600$ MPa表示温度在600 ℃的条件下，第Ⅱ阶段的蠕变速率为1×10^{-5}%/h时的蠕变极限为600 MPa。另一种方式是在规定温度(T)和规定的试验时间t(h)内，使试样产生规定总应变量δ(%)的最大应力值，以符号$\sigma_{\delta/t}^{T}$表示。例如，$\sigma_{1/10^5}^{600}=100$ MPa就表示在600 ℃温度下，使材料在10万h内产生1%伸长率时的蠕变极限为100 MPa。

以上的两种蠕变极限，都需要试验到第Ⅱ阶段蠕变若干时间后才能确定，且都与伸长率之间有一定的关系。例如，以稳态蠕变速率确定蠕变极限时，稳态蠕变速率为1×10^{-5}%/h就相当于100 000 h的伸长率为1%；这与以伸长率确定蠕变极限时100 000 h下伸长率1%相比仅相差$\varepsilon'-\varepsilon_0$(图7-3)，其差值甚小，可忽略不计。因此，就可认为两者所确定的伸长率相等。同样，蠕变速率为1×10^{-4}%/h，就相当于10 000 h的伸长率为1%。在使用上，选用哪种表示方法应视蠕变速率与服役时间而定。若蠕变速率大服役时间短时，可选用前一种表示方法($\sigma_{\dot{\varepsilon}}^{T}$)；反之，服役时间长时，则取后一种表示方法($\sigma_{\delta/t}^{T}$)。

由于实际高温构件的寿命要求较长(几万甚至几十万小时以上)，而进行蠕变试验的时间又不能太长,常为几百至几千小时。因而在一定的试验温度下,就需要利用应力较高、蠕变速率较高的短时蠕变试验结果来推测较低应力、较低蠕变速率下长时蠕变时的蠕变极限。

由式(7-9)可知,在稳态蠕变阶段,蠕变速率与应力间有如下关系:

$$\dot{\varepsilon} = B\sigma^{m} \tag{7-12}$$

式中:B 为常数。对式(7-12)两边取对数可得

$$\lg \dot{\varepsilon} = \lg B + m\lg \sigma \tag{7-13}$$

若取几组应力对应的 $\dot{\varepsilon}$,在 σ 与 $\dot{\varepsilon}$ 的双对数坐标上作图得到一个直线(图 7-11),将直线外推到规定的蠕变速率,该蠕变速率对应的应力值,即为蠕变极限。

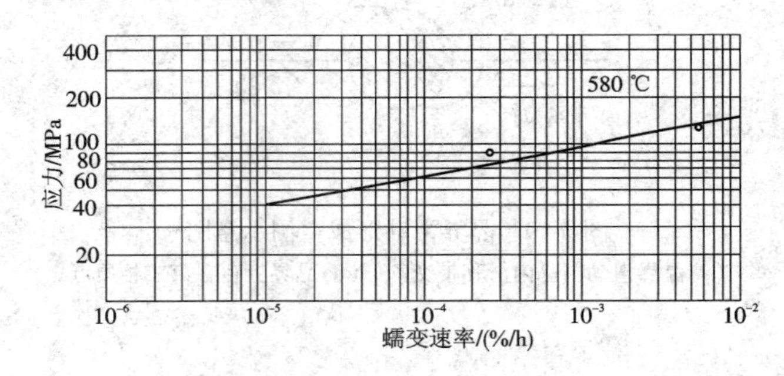

图 7-11 12CrMoV 钢的 $\sigma - \dot{\varepsilon}$ 曲线

但在试验和分析过程中,需要注意以下两点。

①在同一温度下,必须至少用四个不同的应力进行蠕变试验,试验时间必须到达蠕变第Ⅱ阶段,且所选的最高应力和最低应力所产生的蠕变变速率要相差一个数量级。

②外推法求出的蠕变极限,其蠕变速率只能比试验点的数据低一个量级。如欲求蠕变速率为 1×10^{-6}%/h 的蠕变极限,必须有蠕变速率为 1×10^{-5}%/h 的试验数据。如试验数据和外推数据相差过大,则外推值不可靠。这是因为在高温长时间作用下会产生组织的不稳定如第二相的沉淀、长大或溶解等,会使得 $\lg \dot{\varepsilon} - \lg \sigma$ 图并非严格是一条直线,有可能有转折点存在。

7.2.4 持久强度与持久塑性

材料的持久强度,是在给定温度(T)和规定的持续时间(t)内引起断裂的最大应力值,以 σ_t^T(MPa)来表示。例如某材料在 700 ℃温度下承受 300 MPa 的应力作用,经 1 000 h 后发生了断裂,则这种材料在 700 ℃、1 000 h 下的持久强度为 300 MPa,写成 $\sigma_{1\times10^3}^{700} = 300$ MPa。这里所指的规定时间,常以机组的设计寿命为依据的。

由以上的定义可以看出,持久强度是材料在高温工作条件下的断裂抗力指标,而蠕变极限是材料在高温条件下的变形抗力指标。对于锅炉中过热蒸汽管等高温零件,其对蠕变变形的要求并不严格,主要是要求在使用期间不发生爆破即可。因此,对过热蒸汽管的主要性能要求为持久强度,在设计时主要以持久强度作为依据,而蠕变极限作为校核使用。对那些严格限制其蠕变变形的高温零件如蒸汽轮机和燃汽轮机叶片,虽然在设计时以材料的蠕变极限作为主要参考,但也必须要有持久强度的数据,以便用它来衡量材料使用中的安全可靠程度。蠕变极限与持久强度的关系,与常温条件下材料的屈服强度 σ_s 与抗拉强度 σ_b 的关系是一样的。

金属材料的持久强度是通过高温拉伸持久试验测定的，不过在持久试验中不需要测定试样的伸长量，只要测定试样在给定温度和一定应力作用下的断裂时间即可。但持久强度试验的时间通常比蠕变试验要长得多；根据试件设计要求，持久强度试验最长可达几万甚至几十万小时。具体试验方法，可参见国家标准《金属材料 单轴拉伸蠕变试验方法》（GB/T 2039—2012）的金属材料的拉伸蠕变及持久试验方法。

Monkman，Grant 指出，材料的稳态蠕变速率 $\dot{\varepsilon}$ 与蠕变断裂时间 t_f 之间存在反比的经验关系，即 Monkman-Grant（孟客曼－格朗特）关系

$$t_f \propto 1/\dot{\varepsilon} \tag{7-14}$$

联合式（7-12）与式（7-14）可得

$$t_f = B'\sigma^{-m} \tag{7-15}$$

式中 $B' = 1/B$。对式（7-15）两边取对数可得

$$\lg t_f = \lg B' - m\lg \sigma \tag{7-16}$$

将式（7-16）与式（7-13）进行对比可知，与蠕变极限的求法一样，长时间条件下材料的持久强度也可由应力较大、断裂时间较短（数百至数千小时）的试验数据，在 $\sigma - t_f$ 的双对数坐标上作图，再经直线外推法求得，如图 7-12 所示。由图 7-12 可见，试验最长时间为几千小时（实线部分），但用外推法（虚线部分）可得到一万至十万小时的持久强度值。经外推计算可得 12Cr1MoV 钢在 580 ℃、10 000 h 的持久强度为 $\sigma_{1\times10^4}^{580} = 97.8$ MPa。

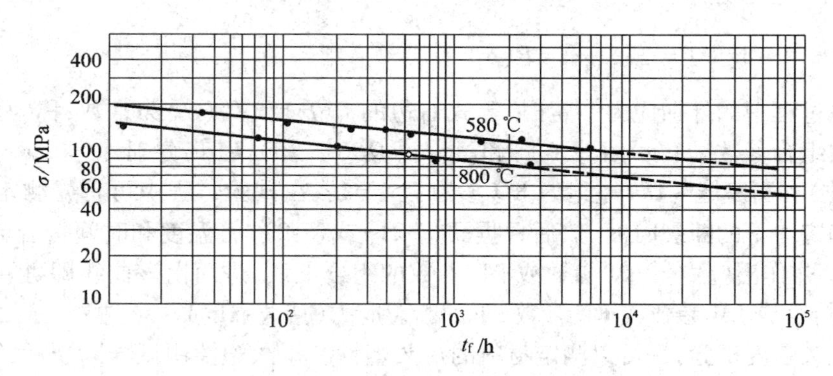

图 7-12　12Cr1MoV 钢的 $\sigma - t_f$ 曲线

但高温长时加载条件下，材料的组织结构会发生变化。因此在 $\sigma - t_f$ 双对数坐标中试验结果往往并不是一条直线，而是两段直线组成的折线，如图 7-13 所示。其中，折点的位置和曲线的形状随材料在高温下的组织稳定性和试验温度高低等而不同。因此，试验过程中最好是先测出折点的位置，然后再根据 $\sigma - t_f$ 双对数坐标中的线性关系进行外推。一般情况下，外推时间不超过一个数量级，以使外推的结果不致有太大的误差。

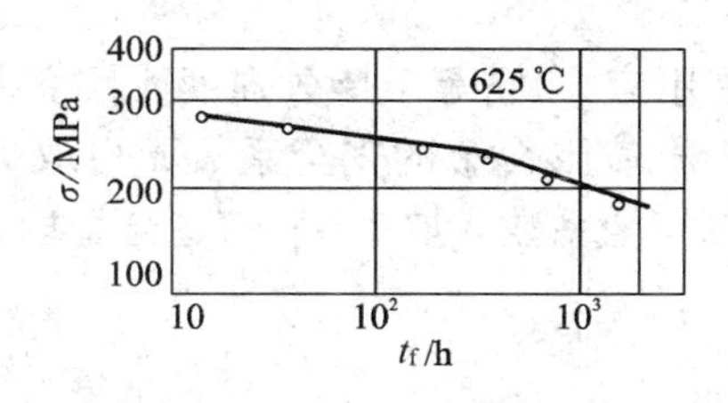

图 7-13　某种钢持久强度曲线的转折现象

以上是在恒定温度下,由短时的断裂应力外推长时间作用下持久强度的试验方法。同样地,可在恒定的应力下由较高温度下的短期蠕变试验数据来推断在较低温度下的长期蠕变数据。由式(7-9)或式(7-10)的稳态蠕变速率及式(7-14)的蠕变断裂时间 t_f 可得

$$t_f=(A''\sigma^m)^{-1}\exp\left(\frac{Q_c}{kT}\right) \tag{7-17}$$

$$t_f=C^{-1}\exp\left(\frac{Q_c-\sigma\Omega}{kT}\right) \tag{7-18}$$

两边取对数可得

$$\lg t_f=-\lg A''-m\lg\sigma+\frac{Q_c}{2.303kT} \tag{7-19}$$

$$\lg t_f=-\lg C+\frac{Q_c-\sigma\Omega}{2.303kT} \tag{7-20}$$

式(7-19)或式(7-20)表明,$\lg t_f$ 与 T^{-1} 呈直线关系。即在给定的应力下,通过提高试验温度作出 $\lg t_f-T^{-1}$ 图,然后由直线外推法求出较低温度下材料的断裂时间。

如综合考虑温度和时间的影响,即想通过高温短时的蠕变断裂数据推测低温长时条件下的持久强度,可对式(7-19)和式(7-20)做如下变换

$$\lg t_f-\frac{Q_c}{2.303kT}=-\lg A''-m\lg\sigma=P'(\sigma) \tag{7-21}$$

$$T(\lg t_f+\lg C)=\frac{Q_c-\sigma\Omega}{2.303k}=P(\sigma) \tag{7-22}$$

当试验过程中的外加应力一定时,等式右边的 $P(\sigma)$ 和 $P'(\sigma)$ 为常数,称为热强参数。等式左边的组合参数[$T(\lg t_f+\lg C)$]和[$\lg t_f-Q_c/(2.303kT)$],分别称作 Larson-Miller 参数(LM 参数)和葛庭燧 - Dorn 参数(KD 参数)。于是,在试验过程中可首先测定出材料在不同温度和应力下的断裂时间,然后根据式(7-21)或(7-22)将温度和时间折合成 LM 参数或 KD 参数,并作出应力与 LM 参数或 KD 参数的组合曲线,进而由该曲线即可求出任何温度和时间(折合成 LM 参数或 KD 参数)下的断裂应力(持久强度)。

通过持久强度试验,还可以测定材料的持久塑性。持久塑性用试样断裂后的伸长率和断面收缩率表示,它反映出材料在高温长时间作用下的塑性性能,是衡量材料蠕变脆性的一个重要指标。很多材料在高温长时工作后,其伸长率降低,往往发生脆性破坏,如汽轮机中螺栓的断裂、锅炉中导管的脆性破坏等。对于高温合金持久塑性指标的要求,目前还没有统一规定。用于制造汽轮机、燃气轮机紧固件的低合金铬钼钢,一般希望持久塑性 δ 不小于 3% ~5%,以防止蠕变脆断。

传统的高温零件设计是建立在经典强度理论基础上的,设计依据为

$$\sigma\leqslant[\sigma] \tag{7-23}$$

式中:σ 为设计应力;$[\sigma]$ 为许用应力,它等于持久强度或蠕变极限除以安全系数 n。对 10^5 h 蠕变变形为 1%时的蠕变极限,变形合金的安全系数 n 可取 1.25,铸造合金可取 1.5。对 10^5 h 的持久强度,变形合金的安全系数 n 取 1.65,铸造合金取 2.0。

7.2.5 蠕变的影响因素

1. 金属材料

由蠕变变形和断裂机理可知,要降低金属材料的蠕变速率、提高其蠕变极限,必须控制

材料中位错攀移的速率;要提高断裂抗力,即提高持久强度,必须抑制晶界的滑动和空位扩散,也就是说要控制晶内和晶界的扩散过程。这种扩散过程主要取决于合金的化学成分,但又与冶炼工艺、热处理工艺等因素密切相关。

1)合金化学成分的影响

耐热钢及合金的基体材料,一般选用熔点高、自扩散激活能大或层错能低的金属及合金。这是因为在一定温度下,熔点越高的金属自扩散激活能越大,因而自扩散越慢;如果熔点相同但晶体结构不同,则自扩散激活能越高者,扩散越慢;堆垛层错能越低者越易产生扩展位错,使位错难以产生割阶、交滑移及攀移。这些都有利于降低蠕变速度。大多数面心立方结构金属的高温强度比体心立方结构的高,就是这个原因。

在基体金属中加入铬、钼、钨、铌等合金元素形成单相固溶体,除产生固溶强化作用外,还因合金元素使层错能降低、易形成扩散位错以及溶质原子与溶剂原子的结合力较强,增大了扩散激活能,从而提高蠕变极限。一般来说,固溶元素的熔点越高,其原子半径与溶剂相差越大,对提高材料的热强性越有利。

合金中如果含有弥散相,由于它能强烈阻碍位错的滑移,因而是提高高温强度的有效方法。弥散相粒子硬度高、弥散度大、稳定性高,则强化作用愈大。对于时效强化合金,通常在基体中加入相同原子百分数合金元素的情况下,多种元素要比单一元素的效果好。

在合金中添加能增加晶界扩散激活能的元素(如硼及稀土等),则既能阻碍晶界滑动,又增大晶界裂纹的表面能,因而对提高蠕变极限,特别是持久强度是很有效的。

2)冶炼工艺的影响

各种耐热钢及合金的冶炼工艺要求较高,因为钢中的夹杂物和某些冶金缺陷会使材料的持久强度降低。高温合金对杂质元素和气体含量要求更加严格,常见杂质除硫、磷外,还有铅、锡、锑、铋等,即使含量只有十万分之几,当杂质在晶界偏聚后,会导致晶界严重弱化,而使热强性急剧降低、持久塑性变差。例如,某些镍基合金的试验结果表明,经过真空冶炼后,由于铅的含量由百万分之五降至百万分之二以下,其持久强度增长了一倍。

由于高温合金在使用中通常在垂直于应力方向的横向晶界上容易产生裂纹,因此采用定向凝固工艺使柱状晶沿受力方向生长,减少横向晶界,可以大大提高其持久寿命。例如,有一种镍基合金采用定向凝固工艺后,在 760 ℃、645 MPa 应力作用下的断裂寿命可提高 4 ~5 倍。

3)热处理工艺的影响

珠光体耐热钢,一般采用正火加高温回火工艺。正火温度应较高,以促使碳化物较充分而均匀地溶于奥氏体中。回火温度应高于使用温度 100 ~150 ℃,以提高其在使用温度下的组织稳定性。

奥氏体耐热钢或合金一般进行固溶处理和时效,使之得到适当的晶粒度,并改善强化相的分布状态。有的合金在固溶处理后再进行一次中间处理(二次固溶处理或中间时效),使碳化物沿晶界呈断续链状析出,可使持久强度和持久塑性进一步提高。

采用形变热处理改变晶界形状(形成锯齿状),并在晶内形成多边化的亚晶界,则可使合金进一步强化,如 GH38、GH78 型铁基合金采用高温形变热处理后,在 550 ℃和 630 ℃的 100 h 持久强度分别提高了 25% 和 20% 左右,而且还具有较高的持久塑性。

4)晶粒度的影响

晶体大小对金属材料的高温性能影响很大。当使用温度低于等强温度时,细晶粒钢有较高的强度;当使用温度高于等强温度时,粗晶粒钢及合金有较高的蠕变极限与持久强度。但是,晶粒太大会使持久塑性和冲击韧性降低。为此,热处理时应考虑采用适当的加热温度,以满足晶粒度的要求。对于耐热钢及合金来说,随合金成分及工作条件不同有一最佳晶粒度范围。例如,奥氏体耐热钢及镍基合金,一般以 2 ~4 级晶粒度较好。

在耐热钢及合金中,晶粒度不均匀会显著降低其高温性能。这是由于在大小晶粒交界处出现应力集中,裂纹就易于在此产生而引起过早的断裂。

2. 陶瓷材料

影响陶瓷材料蠕变的因素很多,主要有晶体结构、晶粒尺寸、气孔率和温度等。

1)晶体结构

对 Al_2O_3、ZrO_2、TuO_2 和 MgO 等陶瓷氧化物的抗扭蠕变性试验表明,六方结构 Al_2O_3 和立方结构 ZrO_2 的蠕变变形量很小,因为它们仅有一个滑移系;而体心立方结构的 MgO 由于有多个滑移面,并有两个滑移方向,因而其蠕变变形量最大。

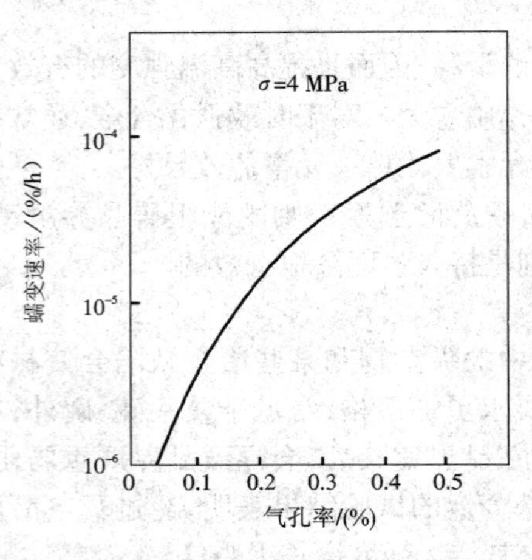

图 7-14 气孔率对多晶 Al_2O_3 蠕变速率的影响

2)显微结构

陶瓷材料的蠕变对显微结构比较敏感,气孔、晶粒尺寸、玻璃相等都对蠕变有着很大影响。气孔率对 Al_2O_3 蠕变速率的影响,如图 7-14 所示。从图中可以看出,蠕变速率随气孔率的增加而增大。这一方面是因为气孔减少了有效承载面积,另一方面是当晶界发生黏性流动时,气孔中可以容纳晶粒所发生的变形。

晶粒尺寸对蠕变速率有很大的影响,晶粒越小,蠕变速率越大。这是因为晶粒越小,晶界比例就越大,晶界扩散及晶界流动对蠕变的贡献就越大。

玻璃相对蠕变的影响也很大。当温度升高时,玻璃相的黏度降低,因而蠕变速率增大。玻璃相对蠕变的影响,还与玻璃相对晶相的湿润程度有关。如果玻璃相不能湿润晶粒(图 7-15(a)),则在晶界处为晶粒与晶粒的结合,抗蠕变性能就好;如果玻璃相能完全湿润晶体相(图 7-15(b)),则玻璃相包围晶粒,其抗蠕变性能最弱。其他湿润程度处在以上二者之间。

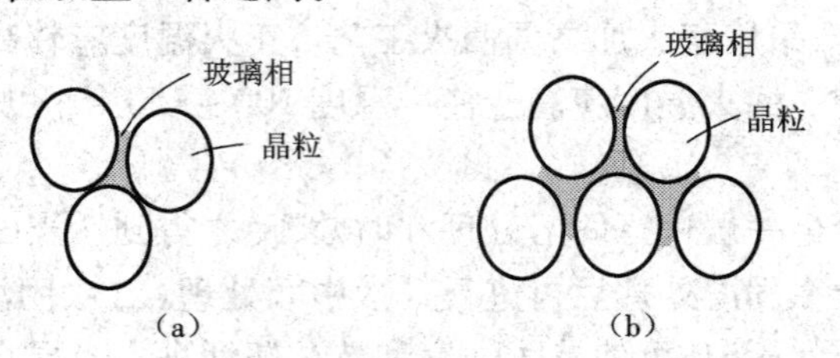

图 7-15 玻璃相对晶粒的湿润情况
(a)不润湿 (b)完全润湿

3)温度

随着温度升高,位错运动和晶界滑动速度加快,扩散系数增大,因此,当温度升高时,蠕变速率增大。

3. 高分子材料

1）温度和应力的影响

高分子材料的蠕变行为，与温度高低和外力大小密切相关，如图7-16所示。当温度过低、外力太小时，材料的蠕变变形量很小而且很慢，在短时间内不易觉察；当温度过高、外力过大时，蠕变变形发展过快，也感觉不出蠕变现象；只有在适当的外力作用下、在高分子材料玻璃化转变温度 T_g 以上不远时，高分子链段在外力作用下可以运动，但运动时受到的内摩擦力又较大，只能缓慢运动，于是可观察到较明显的蠕变现象。

2）材料种类的影响

各种高分子材料在室温时的蠕变现象很不相同，了解这种差别，对于材料的实际应用非常重要。几种典型高分子材料在23 ℃时的蠕变曲线，如图7-17所示。由图可以看出，主链含芳杂环的刚性链高聚物如聚砜、聚碳酸酯等，具有较好的抗蠕变性能，因此成为广泛应用的工程塑料，可用来代替金属材料加工成机械零件。

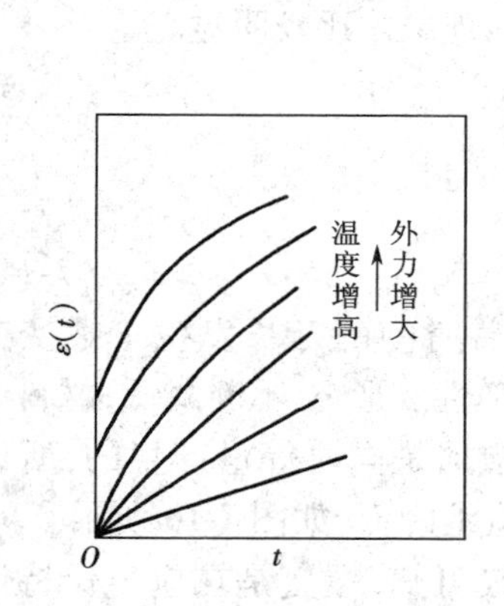

图7-16　高分子材料的蠕变曲线与温度和外力关系图

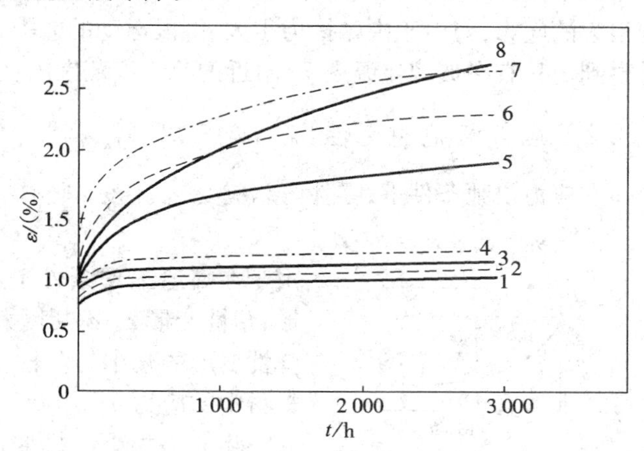

图7-17　几种高分子材料在23 ℃时的蠕变行为比较
1—聚砜；2—聚苯醚；3—聚碳酸酯；4－改性聚苯醚；
5—ABS（耐热级）；6—聚甲醛；7—尼龙‘8—ABS

对于蠕变比较严重的材料如硬聚氯乙烯，虽然其有良好的抗腐蚀性能，可以用于化工管道、容器或塔等设备，但它容易蠕变，使用时必须增加支架以防止蠕变。

蠕变断裂在未增强的聚氯乙烯的水管管道中以及聚乙烯的天然气管道中是个重要问题，设计者需考虑管壁在压力作用下在设计寿命范围内不发生破裂，这一要求就相当于金属材料的持久强度指标一样。一般管道的设计寿命为50年，照此要求，一般的低密度和高密度聚乙烯都不适合作天然气管道。现发展出了中密度聚乙烯，它控制了支化，降低了结晶程度，提高了韧性，比高密度聚乙烯有更好的蠕变抗力，因而被选作天然气管道材料。

7.3　应力松弛

7.3.1　应力松弛现象

在高温工作条件下，零件或材料在总应变保持不变时，其中的应力随着时间自行降低的现象，叫作应力松弛。例如，汽轮机和燃气轮机组合转子或法兰盘上的紧固螺栓、高温下使用的弹簧、热压部件等，在长期的工作中会发现，虽然构件的总变形量不变，但其中的拉应力却逐渐地自行减小，即产生了应力松弛现象。

金属材料的应力松弛现象，在常温不明显，但在高温下，却不可忽略。因此，蒸汽管道的接头螺栓必须定期拧紧一次，以免产生漏水、漏气现象。

高分子材料在合适的工作温度下也会发生明显的应力松弛现象，如拉伸一块未交联的橡胶到一定长度并保持不变时，橡胶的回弹力会随着时间的增长而逐渐减小，甚至可以减小到零，因此就不能用未交联的橡胶来作传动带。又如用含有增塑剂的聚氯乙烯丝来捆绑物品时，开始扎得很紧，后来会变得越来越松。究其原因，当高分子材料开始被拉长时，其中的分子处于不平衡的构象；随时间的不断延长，分子要逐渐过渡到平衡的构象，也就是分子链段顺着外力的方向运动以减少或消除内部应力。如果工作温度很高（远远超过 T_g，像常温下的橡胶），分子链段运动时受到的内摩擦力很小，应力很快就松弛掉了，甚至可以快到几乎觉察不到的地步。如果工作温度太低（比 T_g 低得多，如常温下的塑料），虽然分子链段受到很大的应力，但由于内摩擦力很大、链段运动的能力很弱，所以应力松弛极慢，也就不容易觉察到。只有在玻璃化温度 T_g 附近的几十度范围内，应力松弛现象才比较明显。

7.3.2 应力松弛稳定性

在应力松弛条件下，零件的总应变 ε_0 不变，即

$$\varepsilon_0 = \varepsilon_e + \varepsilon_p = 常数 \tag{7-24}$$

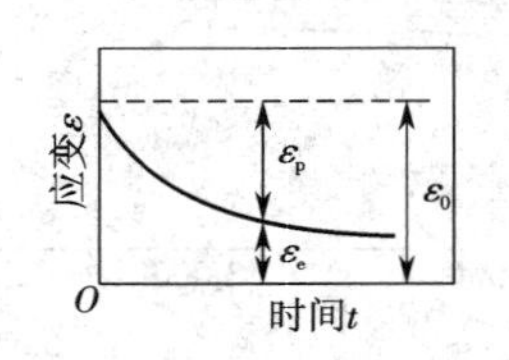

图 7-18 松弛过程中弹性与塑性变形量的变化曲线

由于在高温工作条件下材料随着时间的延长发生了蠕变变形，塑性变形 ε_p 不断增大，因而弹性变形 ε_e 不断降低；材料中弹性变形的减小与塑性变形的增加是同时等量产生的，所以材料中的应力 $\sigma(\sigma = E\varepsilon_e)$ 也相应地降低，如图 7-18 所示。

将应力松弛与蠕变进行比较可知，蠕变是在应力保持恒定的条件下，材料不断产生塑性变形的过程；而松弛是在总变形保持不变的条件下，材料的弹性应变不断转化为塑性应变，从而使其中的应力不断减小的过程。因此，可将松弛现象看作是应力不断降低条件下的“多级”蠕变。虽然松弛与蠕变的表现形式不同，但本质是相同的。

应力松弛曲线是在给定温度和总应变条件下，测定的应力随着时间的变化曲线，如图 7-19 所示。加在试件上的初始应力 σ_0 在开始阶段下降很快，称为松弛第Ⅰ阶段。以后应力下降逐渐减缓，称为松弛第Ⅱ阶段。最后曲线趋向于与时间轴平行，此时的应力称为松弛极限 σ_r。它表示在一定的初应力和温度下，不再继续发生松弛的剩余应力。目前对应力松弛机制还理解得不够，但一般认为在应力松弛第Ⅰ阶段中，由于应力在各晶粒间分布不均匀，促使晶界扩散产生塑性变形；而应力松弛第Ⅱ阶段主要发生在晶内，亚晶的转动和移动引起应力松弛。

材料抵抗应力松弛的性能，称为松弛稳定性。松弛稳定性，常用材料在一定温度 T 和初始应力 σ_0 作用下经规定时间 t 后的“剩余应力”σ 的大小来评定。在相同试验温度和初始应力下，经时间 t 后剩余应力值越高，说明料的松弛稳定性越好。制造汽轮机、燃气轮机紧固件用 20Cr1Mo1VNbB、25Cr2MoV 两种钢材的应力松弛曲线，如图 7-20 所示。由图可见，与 25Cr2MoV 钢相比，20Cr1Mo1VNbB 钢具有较好的松弛稳定性。

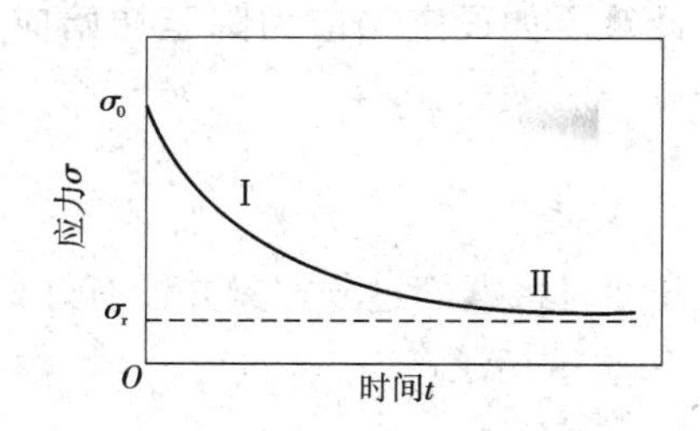

图 7-19　典型的应力松弛曲线

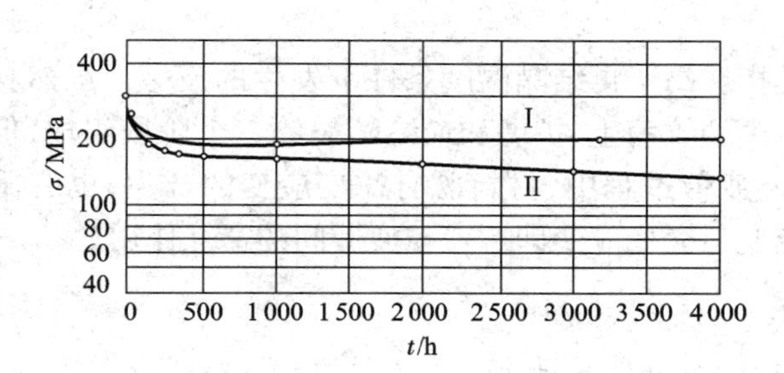

图 7-20　两种典型钢材的应力松弛曲线

Ⅰ—20Cr1Mo1VNbB；Ⅱ—25Cr2MoV

此外，松弛稳定性还可通过应力松弛曲线来评定。注意到松弛过程总应变 ε_0 为常量，而 ε_e 和 ε_p 为变量，将式(7-24)对 t 求导，并经整理可得

$$\frac{\mathrm{d}\varepsilon_p}{\mathrm{d}t}=-\frac{\mathrm{d}\varepsilon_e}{\mathrm{d}t}=-\frac{1}{E}\times\frac{\mathrm{d}\sigma}{\mathrm{d}t} \tag{7-25}$$

其中，$\frac{\mathrm{d}\varepsilon_p}{\mathrm{d}t}=\dot{\varepsilon}_p$ 是由弹性应变转化为蠕变应变的速率。如利用式(7-7)表示材料的蠕变速率，代入上式并经简化处理后可得

$$K\sigma^m t^{n'-1}=-\frac{1}{E}\times\frac{\mathrm{d}\sigma}{\mathrm{d}t} \tag{7-26}$$

其中 $K=A'n'\left[\exp\left(-\frac{Q_c}{kT}\right)\right]^{n'}$。应力松弛开始时 $t=0$，初始应力为 σ_0；而时间为 t 时，应力为 σ。整理式(7-26)可得

$$-\frac{1}{E}\int_{\sigma_0}^{\sigma}\frac{\mathrm{d}\sigma}{\sigma^m}=K\int_0^t t^{n'-1}\mathrm{d}t \tag{7-27}$$

积分上式，当 $m=1$ 时可得

$$\ln\frac{\sigma_0}{\sigma}=\frac{KE}{n'}t^{n'} \tag{7-28}$$

当 $m\neq1$ 时可得

$$\frac{\sigma}{\sigma_0}=\left[1-K'E(1-m)t^{n'}\sigma_0^{1-m}\right]^{\frac{1}{1-m}} \tag{7-29}$$

式中 $K'=\frac{K}{n'}$。于是可用式(7-28)和式(7-29)来描述松弛曲线，因而也可用 m 和 n'值的大小来评定松弛稳定性。

对螺栓等紧固零件，因发生应力松弛，需要间隔一段时间进行重新紧固。重新紧固的时

间间隔,可根据式(7-29)进行计算。如设定当应力降至初始应力一半时即需紧固,即 $\sigma = 0.5\sigma_0$,可得紧固时间为

$$t = \frac{2^{m-1} - 1}{(m-1)K'E\sigma_0^{m-1}} \tag{7-30}$$

从式(7-30)的计算结果可知,开始时将螺栓过分拧紧并没有好处,因为初始应力 σ_0 越大时,需要的紧固时间间隔越短。

7.4 高温疲劳及疲劳与蠕变的交互作用

高温疲劳,通常是指在高于再结晶温度条件下发生的疲劳。虽然材料的高温疲劳与室温下的疲劳相类似,也由裂纹萌生、扩展和最终断裂等三个阶段组成,但高温疲劳还存在自身的一些特点。在高温疲劳过程中,材料既有蠕变应变的产生,也有循环作用下的交变应变,而且还存在蠕变应变与交变应变即蠕变与疲劳间的交互作用。

7.4.1 基本加载方式和 $\sigma-\varepsilon$ 曲线

高温疲劳试验通常采用控制应力和控制应变两种加载方式,有时在最大拉应力下保持一定的时间,简称为保时,或在保时过程中叠加高频波以模拟实际使用条件。图 7-21 为控制应变加载方式时记录的各种曲线,图中 $\Delta\sigma$ 表示保时过程中松弛的应力,$\Delta\varepsilon_c$ 是松弛过程中产生的非弹性应变。由图 7-21(c1)可得

$$\Delta\varepsilon_t = \Delta\varepsilon_e + \Delta\varepsilon_p \tag{7-31}$$

而由图 7-21(c2)有

$$\Delta\varepsilon_t = \Delta\varepsilon'_e + \Delta\varepsilon_p + \Delta\varepsilon_t \tag{7-32}$$

对比以上两式可得

$$\Delta\varepsilon_e - \Delta\varepsilon'_e = \Delta\sigma/E \tag{7-33}$$

在图 7-21(a1)所示的控制应变加载曲线下记录的滞后回线随循环周次的变化过程,如图 7-22 所示。由图 7-22 可以看出,循环周次为 35 000 时的滞后回线已经表明试件上出现了裂纹,因为出现裂纹后压缩载荷增加很少就使得相应的变形量很大,表现在滞后环的下部出现了凹陷现象。

在控制应变的试验条件下,疲劳寿命常以循环进入稳定时的应力下降 5% 来定义(也可用 10% 来定义),即相当于图 7-21(d)中的 f 点。

控制应力加载及记录的各种曲线,如图 7-23 所示。无论是控制应力或引入保时(图 7-23(a2)),试验机的记录系统均可以表示为如图 7-23(d)所示的 $\varepsilon-N$ 曲线。显然,该曲线与蠕变曲线极为相似。这种在变动载荷条件下应变量随时间而缓慢增加的现象称为动态蠕变,简称动蠕变。而把通常在恒定载荷下的蠕变,叫作静蠕变。控制应力加载条件下的疲劳寿命 N_f,与室温疲劳的定义方法相同。

7.4.2 高温疲劳的一般规律

对材料的高温疲劳,由于需要考虑到温度、时间、环境气氛和疲劳过程中材料组织变化等的综合因素,因此它比常温疲劳要复杂得多。但无论光滑试件或缺口试件,总的趋势是试

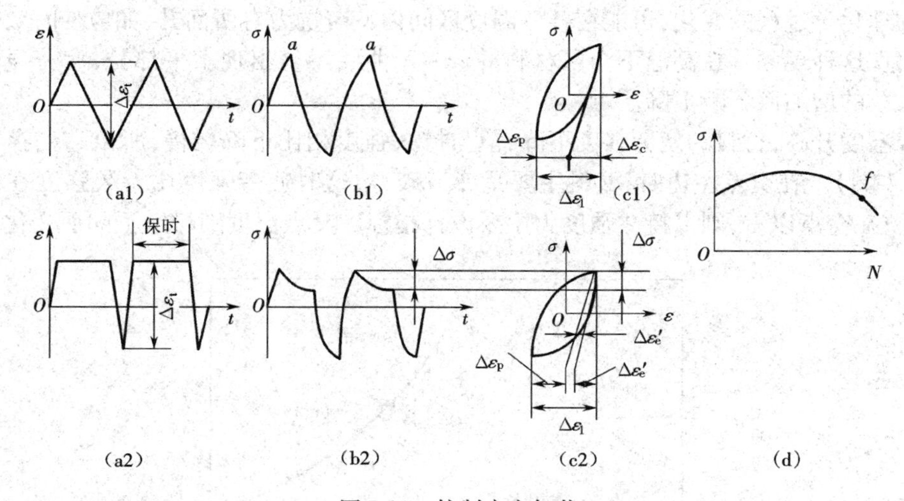

图7-21　控制应变加载

(a1),(b1),(c1),(d)为控制应变无保时加载的记录曲线

(a2),(b2),(c2),(d)为控制应变有保时加载的记录曲线

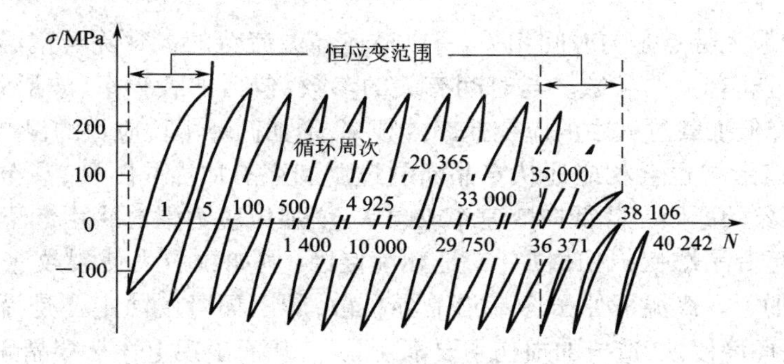

图7-22　滞后回线随循环周次的变化

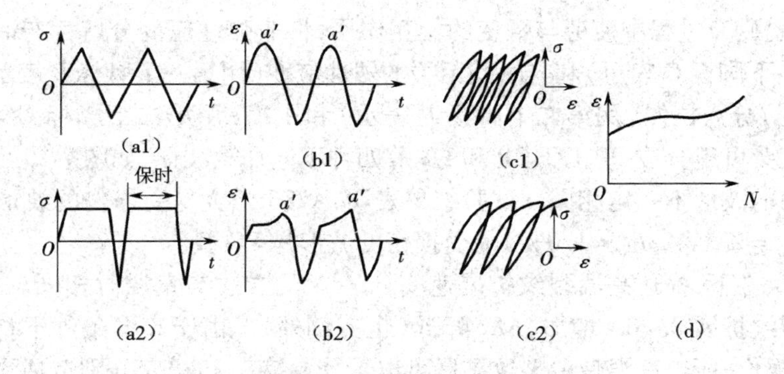

图7-23　控制应力加载

(a1),(b1),(c1),(d)为控制应力无保时加载的记录曲线

(a2),(b2),(c2),(d)为控制应力有保时加载的记录曲线

验温度提高,高温疲劳强度降低。据统计,当温度上升到300 ℃以上时,每升高100 ℃,钢的疲劳抗力下降15%~20%。而耐热合金则每升高100 ℃,疲劳抗力下降5%~10%。某些

合金因物理化学过程的变化，可能在某一温度区间内疲劳抗力有所回升，如应变时效合金有时就会出现这种现象。在高温下金属材料的 $\sigma-N$ 曲线不易出现水平部分，疲劳强度会随着循环次数的增加而不断下降。

随着温度升高，材料的疲劳强度下降，但与持久强度相比下降较慢，所以它们存在一个交点（图 7-24）。在交点左边时，材料主要是疲劳破坏，这时疲劳强度比持久强度在设计中更为重要；在交点以右，则以持久强度为主要设计指标。交点温度随材料不同而变化。

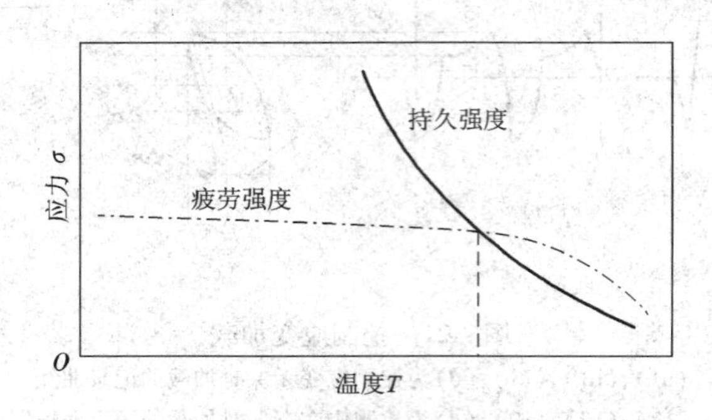

图 7-24 疲劳强度、持久强度与温度的关系

高温疲劳的最大特点是与时间相关，所以描述高温疲劳的参数除与室温疲劳相同的以外，还需增添与时间有关的参数。与时间有关的参数，包括加载频率、波形和应变速率等。试验结果表明，降低加载过程中的应变速率或频率、增加循环中拉应力的保持时间都会缩短疲劳寿命，而断口形貌也会相应地从穿晶断裂过渡到穿晶加沿晶断裂，甚至是完全沿晶断裂。造成上述现象的原因是降低应变速率或频率、增加拉应力保时将引起下面两种损伤过程加剧：一是引起沿晶蠕变损伤增加；二是环境侵蚀（例如拉应力使裂纹张开后的氧化侵蚀）的时间也增加了。高温下原子容易沿晶界扩散，所以环境侵蚀主要是沿晶发展。因此无论是蠕变或是环境侵蚀，造成的损伤主要都在晶界，从而出现上述从穿晶断裂到沿晶断裂的变化过程。两种损伤在整个损伤中所占的比例大小，因试验条件和材料的不同而有所差异。

考虑到高温疲劳过程中疲劳与蠕变的相互作用，将非弹性应变分解为与时间有关的蠕变应变（用第一下脚标 C 表示）和与时间无关的塑性应变（用第一下脚标 P 表示）两部分；交变应力（或应变）分为拉伸（用第二下脚标 P 表示）和压缩（用第二下脚标 C 表示）两个方向，于是高温疲劳可组合成 PP、CC、CP 和 PC 等四种不同加载波形，如图 7-25 所示。不同的材料，易受损伤的波形不一定相同。试验结果表明，A286 合金易受损伤的波形为 CP 型，而 Cr-Mo 材料（$\omega_{Cr}=2.5\%$，$\omega_{Mo}=1.0\%$）易受损伤的波形是 PC 型。

在线弹性条件下，描述高温裂纹扩展速率 da/dN 的方法与室温时相同。通常，随温度的升高，疲劳裂纹扩展 da/dN 增加，ΔK_{th} 降低（也有例外）。由于高温条件下材料不可避免地存在着蠕变损伤，所以高温疲劳裂纹扩展可以看作是疲劳和蠕变分别造成裂纹扩展量的叠加。两部分相对量的大小与许多因素有关，其中与载荷的关系为：在低载荷时，蠕变裂纹扩展速率较低，以疲劳对裂纹扩展的贡献为主；而在较高载荷时，情况相反，以蠕变对裂纹扩展的贡献为主。同一材料在最大载荷相同的条件下，动蠕变速率和静蠕变速率相对大小是不同的。在应力循环过程中，材料出现循环软化时，静蠕变速率小于动蠕变速率；反之，材料循环硬化时，则动蠕变速率小于静蠕变速率，所以对循环软化材料，设计中应主要考虑材料

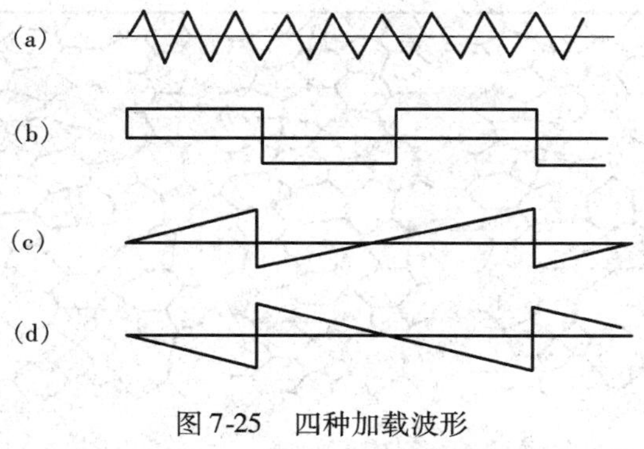

图7-25　四种加载波形
(a)PP型　(b)CC型　(c)CP型　(d)PC型

的静蠕变性能。前者出现在如Al,Cu,Pb和部分高温合金中,后者出现在如Cd,Zn,Ni合金,Cu合金及部分高温合金中。

7.4.3　疲劳与蠕变的交互作用

由前面的介绍可知,高温疲劳过程中同时存在疲劳损伤和蠕变损伤两个部分。研究结果表明,在一定条件下两种损伤过程不是各自独立发展,而是存在交互作用。交互作用的结果可能会加剧损伤过程,使疲劳寿命大大减小。

根据损伤的造成原因,把蠕变疲劳的交互作用大致分为两类:一类叫瞬时交互作用(Simultaneous Interactions);另一类叫顺序交互作用(Sequential Interactions)。交互作用的方式,是一个加载历程对以后的加载历程产生影响。

在顺序交互作用中,疲劳硬化造成一定损伤后影响着以后的蠕变行为。如对1CrMoV钢循环产生软化后再经受高应力蠕变时,由于存在很强的交互作用,使随后的蠕变寿命减小,第Ⅱ阶段蠕变的速率增加了一个数量级;产生类似的疲劳损伤以后在经受随后的低应力蠕变时,则交互作用较小或不存在。若材料是循环硬化的,通常比循环软化材料对随后的蠕变造成的危害程度减小。

在瞬时交互作用中,一般认为拉应力停时留造成的危害大,因为在拉伸保持期内晶界空洞成核多,生长快;而在同一循环的随后压缩保持期内空洞不易成核,在某种情况下甚至会使拉保期内造成的损伤愈合。所以加入压缩保时,会延长疲劳寿命(仅少数合金例外)。通常情况下,压缩保时增加有一个饱和效应,即超过一个保时临界值时,进一步增加保时产生的效果趋向于恒定。

蠕变－疲劳的损伤破坏模式,如图7-26所示,其中用N_f,N_{If},N_{Ic}分别表示失效循环次数、疲劳裂纹出现时的循环次数、蠕变空位形成时的循环次数。由于蠕变损伤和疲劳损伤在机理上的差异,这两种损伤之间的耦合在损伤发展的早期不会出现。在损伤发展的后期阶段,蠕变损伤会促进疲劳损伤的发展,而疲劳损伤对于蠕变损伤的影响则较小。另外,疲劳裂纹的存在会加速裂纹前端晶粒间蠕变空位的形成,这是由于裂纹前端应力集中的结果。

另外,交互作用的大小还与材料的持久塑性有关。试验结果表明,材料的持久塑性越好,则交互作用的程度越小。反之,材料持久塑性越差,则交互作用的程度越大。此外,交互作用还与试验条件有关,如循环的应变幅值、拉压保时的长短(影响$\Delta\varepsilon_c$的大小)、温度等,如图7-27所示。

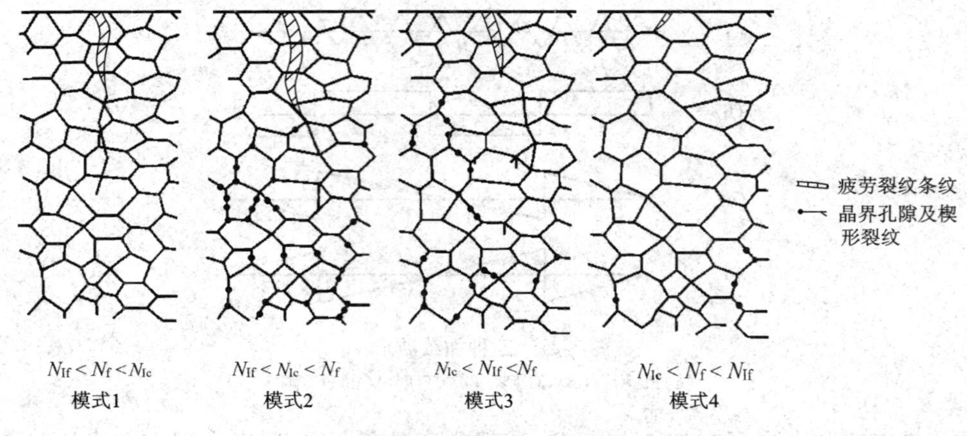

图 7-26 四种可能的蠕变－疲劳损伤破坏模式

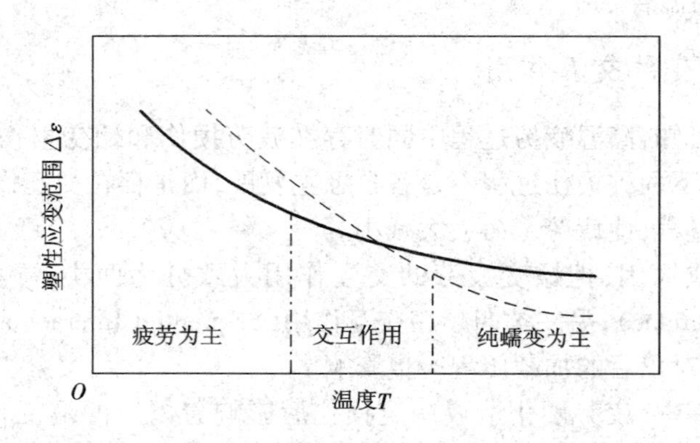

图 7-27 蠕变与疲劳的交互作用与应变、温度的关系

在工程中广泛利用线性累积损伤法则来进行疲劳蠕变损伤寿命的预测，即

$$\sum \frac{n_i}{N_{\mathrm{f}}} + \sum \frac{t_i}{T_{\mathrm{r}}} = 1 \tag{7-34}$$

式中：n_i 为某循环波形下的循环周次；N_{f} 为相同应力不带保时的对称循环即纯疲劳条件下的疲劳寿命；n_i/N_f 是在某波形条件下的疲劳损伤分数；t_i 是某循环波形下的保持时间；T_r 是相同应力下的持久断裂时间；t_i/T_r 是蠕变损伤分数。

采用线形累积损伤法则进行预测时，忽视了疲劳和蠕变的交互作用，即疲劳和蠕变不是平行发展的，而是相互促进的。因此，线形累积损伤法则预测寿命不够准确。紧接着又出现了非线形累积损伤法则，典型的有 *Lagneborg* 计算法，即

$$\sum \frac{n_i}{N_{\mathrm{f}}} + B\sum \left(\frac{n_i}{N_{\mathrm{f}}} \times \frac{t_i}{T_{\mathrm{r}}}\right)^{\frac{1}{2}} + \sum \frac{t_i}{T_{\mathrm{r}}} = 1 \tag{7-35}$$

式中当交互作用系数 $B>0$ 时，是正交互；当 $B<0$ 时，是负交互。我国学者提出的计算公式如下：

$$\sum \frac{n_i}{N_{\mathrm{f}}} + B\sum \left(\frac{n_i}{N_{\mathrm{f}}}\right)^m \left(\frac{t_i}{T_{\mathrm{r}}}\right)^n + \sum \frac{t_i}{T_{\mathrm{r}}} = 1 \tag{7-36}$$

式中 $m+n=1$。这些疲劳和蠕变交互作用下的寿命预测公式都是在一定条件下成立的，但

需要进一步的发展。

7.5 高温热暴露

热暴露(Thermal Exposure)又称为高温浸润,是指材料在不受力的高温条件下长时间工作后所产生的力学性能发生变化现象。如各类加热马弗炉的炉罩、炉底板、加热用元器件等,就经常在高温热暴露的环境中工作。

经高温热暴露后,材料的室温和高温强度下降、脆性增加的现象,称为热暴露效应。其原因是材料的组织发生变化、环境中的氧化和腐蚀,从而导致了材料力学性能的变化。因此,热暴露效应不仅与材料有关(因为组织、结构和性质不同),还与温度和环境有关。在航空(如飞机发动机结构件)、航天、能源、石化工业和冶金构件的设计中,对高温热暴露现象必须要非常重视。

7.5.1 热暴露评定指标

评定材料的热暴露效应,可采用如下方法:经暴露温度 T、t h 热暴露后,测定材料的室温拉伸强度$(\sigma_b)_{T/t}$及高温瞬时拉伸强度$(\sigma_b^T)_{T/t}$,然后再将$(\sigma_b)_{T/t}$、$(\sigma_b^T)_{T/t}$与材料的常温拉伸强度 σ_b 进行比较。

高温瞬时拉伸强度 σ_b^T 是将材料在空气介质中升温到 T(℃),保温0.5 h后作拉伸试验测得的抗拉强度值,所以高温瞬时拉伸强度也就是热暴露时间 t 为0.5 h 的热暴露强度值$(\sigma_b^T)_{T/0.5}$。显然,热暴露强度不同于温度和应力同时施加到试样上得出的持久强度和蠕变极限。

高温瞬时拉伸强度通常以室温拉伸强度 σ_b 的百分数表示,即

$$\sigma_b^T=\frac{\sigma_b^T}{\sigma_b}\times\sigma_b=A\sigma_b^T\times\sigma_b \tag{7-37}$$

式中:$A\sigma_b^T=\sigma_b^T/\sigma_b$ 为在 T(℃)下的高温瞬时拉伸强度降低系数。

同样,热暴露后的室温强度为

$$(\sigma_b)_{T/t}=(A\sigma_b)_{T/t}\times\sigma_b \tag{7-38}$$

式中:$(A\sigma_b)_{T/t}=(\sigma_b)_{T/t}/\sigma_b$ 为热暴露温度 T、t h后的室温强度降低系数。

热暴露后的高温强度为

$$(\sigma_b^T)_{T/t}=(A\sigma_b^T)_{T/t}\times\sigma_b \tag{7-39}$$

式中:$(A\sigma_b^T)_{T/t}=(\sigma_b^T)_{T/t}/\sigma_b$ 为热暴露温度 T、t h后的高温强度降低系数。

热暴露后其他强度值的表达形式,可依此类推。通常以强度降低系数 A 为纵坐标,T 为横坐标,给出对应不同热暴露时间的室温强度、高温热暴露强度曲线,如图7-28所示。

7.5.2 热暴露的特点

材料的热暴露效应,常具有以下的特点。

①热暴露效应存在一个起始温度,在该温度以下高温热暴露对材料的强度几乎没有影响,个别材料甚至强度还略有提高。只有超过起始温度才会对材料的强度有显著影响,一般会使强度降低。例如LC4铝合金若热暴露时间为10 000 h,热暴露起始温度为80 ℃;热暴露时间为1 000 h,热暴露起始温度为100 ℃;热暴露时间为100 h,热暴露起始温度为125

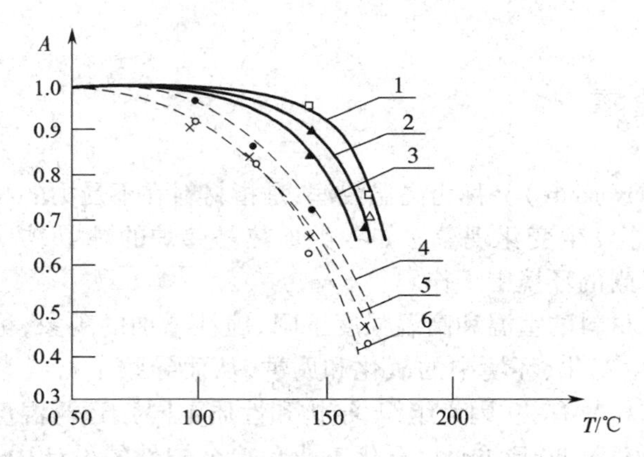

图 7-28 LC9 铝合金热暴露后的室温强度、高温强度降低系数曲线

1—$(A\sigma_b)_{T/50}$:50 h 热暴露后的室温强度降低曲线;

2—$(A\sigma_b)_{T/100}$:100 h 热暴露后的室温强度降低曲线;

3—$(A\sigma_b)_{T/1\,000}$:1 000 h 热暴露后的室温强度降低曲线;

4—$(A\sigma_b^T)_{T/50}$:50 h 暴露后的高温强度降低曲线;

5—$(A\sigma_b^T)_{T/100}$:100 h 热暴露后的高温强度降低曲线;

6—$(A\sigma_b^T)_{T/1\,000}$:1 000 h 热暴露后的高温强度降低曲线

℃。对于 LY16 铝合金若热暴露时间为 100 h,热暴露起始温度为 150 ℃。

②热暴露效应存在一个最高的终止温度。在此温度以上,材料已接近退火状态,热暴露时间的长短不再影响材料的强度性能,其性能与退火性能相当。

③在热暴露起始温度和终止温度之间,任意给定热暴露温度,在该温度下暴露时间越长,则材料的强度下降越多、脆性越大,但不是线性关系。热暴露在最初的 30 h 强度下降最大;最初的约 100 ℃范围内,材料对热暴露最敏感。在同样的热暴露时间内,热暴露温度越高,则其强度下降越大,试验数据分散性也越大。

7.5.3 热暴露的影响因素

热暴露效应,随材料的成分、热处理状态和加工工艺过程而异。一般高温强度差的材料,其热暴露强度也差。反之,高温强度好的材料,其热暴露强度也好。用淬火大幅度提高强度的材料,热暴露中强度降低的幅度也大。有些材料经过冷作硬化提高室温强度的同时,也提高了热暴露强度;但有些材料用冷作硬化提高室温强度的同时,却降低了热暴露强度。铸造铝合金的热暴露强度相对降低,大致与变形铝合金相似。Ti-6Al-4V 在热暴露保持 100 h 条件下热暴露起始温度为 400 ℃,强度降低仅为 1%;在 400 ℃保持 500 h,强度降低为 7%左右;暴露温度为 550 ℃时强度降低甚微。对合金钢,大约从 426 ℃开始有较轻微的热暴露强度降低。

热暴露后并非所有的力学性能都下降,例如 Ti60 高温合金及该合金的几种带涂层样品在 600 ℃热暴露后,其断裂强度 σ_b 和屈服强度 σ_s 并无明显变化,但试件的伸长率有较大变化。其中 Ti60 的伸长率大大低于毛坯暴露条件下的伸长率,这是因为试件表面氧化和氧脆所致:一方面 Ti60 高温合金形成的 TiO_2 膜保护性甚差,另一方面氧原子渗透到基体中与 Ti 形成固溶体。在 α-Ti 中的氧原子分数高达 34%,而当氧含量高于 1.5%时合金塑性即明显下降。虽然脆性区仅位于表面薄区,但表面出现裂纹引起应力集中,在很小应变下就出现开裂,使塑性明显下降。带涂层的样品热暴露后的伸长率均高于无涂层样品,涂层效果依次为 Al_2O_3 > TiAl > NiCrAl > Al。涂层首先有效地阻止了合金的氧化和氧脆,提高了合金的热稳定性;其次,涂层和基材之间存在互扩散,特别是 Al 和 NiCrAl 涂层,A1 和 Ni 向基体扩散形成脆性的扩散区,同样影响基材的塑性。因氧脆及涂层基材扩散区均位于表面薄区,故对试件的 σ_b 和 σ_s 无明显影响。

镍铬不锈钢(如 17-7PH,A-286)的热暴露,一般会提高其强度值。当热暴露温度超过其实际使用的温度后,才表现出较大的强度降低。有些非金属材料也存在热暴露效应,例如 $MoSi_2$ 在 500 ℃左右热暴露时,材料出现表面崩裂现象,强度大幅度下降,称之为疫病(PEST)现象。$MoSi_2$ 在单晶状态或密度大于 98% 及无裂纹和孔隙时,不会出现疫病现象。疫病现象的出现是氧化造成的。该材料在 900~1 000 ℃以下热暴露后易显示脆性,但高于 900~1 000 ℃却是韧性的,并具有良好的抗氧化性,其韧脆转变温度约为 950 ℃。

7.5.4 热暴露机理

热暴露的机理是环境侵蚀,主要是氧化。除少数贵重金属外,几乎所有的金属都会发生氧化反应。实用金属材料在室温下的氧化较缓慢,但热暴露加剧了材料的氧化行为并具有破坏性。

在高温环境中,多数合金与氧反应生成氧化膜,称之为外氧化。材料力学性能的变化与氧化膜的性质(例如致密性)、结构、氧化膜的内应力及与基体的结合强度有关,但多数情况下使材料的力学性能下降。

此外,氧还会溶解到合金相中并在合金内扩散,当氧的浓度超过其在合金的固溶度时,合金中较活泼的元素与氧反应生成氧化物,这一过程叫内氧化。氧元素扩散到金属内部致脆的主要几种观点为:氧降低了裂纹前沿原子键的结合能,这是目前流行的弱键理论;或因吸附氧导致裂纹表面能下降;或因为氧促进位错运动以及生成氧化物等。氧原子沿晶界扩散速率比晶内大得多,因此内氧化往往发生在晶界,使晶界结合减弱,合金强度下降,脆性增加。相当多的合金在外氧化的同时伴随着内氧化。若有外加应力和残余张应力时,其影响机制如下。①在张应力的作用下,氧化膜和合金内平衡的缺陷浓度增大,主要是空位浓度增大,通过氧化膜扩散的离子浓度增大。②应力足够高时,金属应变速率很高,氧化膜不能充分随之变形而开裂,氧化速度加快。③改变了氧化膜的显微结构,从而加快了离子传输速度和氧化速度。因为金属基体沿张力方向伸长,氧化膜沿与张力垂直方向生长,导致显微结构发生变化。④外应力影响氧化膜内应力(通常为压应力)状态,影响了氧化膜的破裂行为。⑤外力对合金内元素的化学位有影响,从而改变了合金元素的选择性氧化。

氧脆的发生,与形变速率和温度等因素密切相关。由于氧脆是氧与裂纹顶端和侧表面发生氧化反应引起的,因此当应变速率高时引起动态脆性的氧化反应来不及进行,于是发生韧断;当应变速率较低时,因塑性应变引起的合金表面裸露的速度低于裸露表面再氧化的速度,此时仍发生韧断。只有当氧化膜的破坏速度略大于修复速度时,使裂纹两端不能保持致密的氧化膜,裂纹顶端会持续被氧化,从而产生动态脆化。

7.6 陶瓷材料的抗热震性

高温下服役的构件常伴有急剧加热和冷却的情况,在这种条件下使用的高温结构陶瓷,要求其具有优良的抗热震性能。抗热震性能,是指材料承受温度骤变而不破坏的能力。陶瓷材料的抗热震性能是其力学性能和热学性能的综合表现,不仅受几何因素、环境介质的影响,而且也取决于材料的强度和断裂韧性。

由于陶瓷材料的塑性较小,加之其导热性差,因此温度变化引起的热应力常会导致陶瓷构件的失效,称为热震失效或热冲击失效。陶瓷材料的热震失效,可分为热震断裂和热震损伤两大类。

7.6.1 热震断裂

热震断裂是指当材料的固有强度不足以抵抗热冲击温度差 ΔT 引起的热应力时,而产生的瞬时断裂现象。

热震断裂是以热弹性理论为基础,当热应力 σ_H 和材料的固有强度 σ_f 之间达到平衡时作为热震断裂的依据,即

$$\sigma_H \geqslant \sigma_f \tag{7-40}$$

对不受任何边界约束的平面薄板,热应力的产生是由于试件表面和内部温度场瞬态不均匀分布造成的。当试件受到一个急冷温差 ΔT 时,在初始瞬间,表面收缩率 $\alpha \propto \Delta T$,而内层还未冷却收缩,于是表面层就会受到一个来自内层的拉应力,而内层受到来自表面的压应力。经弹性力学分析可知,由于急剧冷却而产生于材料表面的拉应力

$$\sigma_H = \frac{E\alpha}{1-\nu}\Delta T \tag{7-41}$$

式中:E、α、ν 分别为材料的弹性模量、热膨胀系数和泊松比。

由于试件内外的温差会随着时间的增加而变小,表面热应力的数值也随之减小,所以式(7-41)代表的是热应力的瞬态峰值。相反地,若试件受到急剧加热的作用时,表面层则受到瞬态压应力,而内层受到拉应力。由于脆性材料表面受拉应力比受压应力更容易引起破坏,所以对陶瓷材料而言急冷比急热更危险。

如将表面热应力达到材料的固有强度 σ_f 作为临界状态,用临界温差 ΔT_c 表示抗热震断裂系数 R,则联立式(7-40)和式(7-41)可得

$$R = \Delta T_c = \frac{(1-\nu)\sigma_f}{E\alpha} \tag{7-42}$$

对于缓慢受热和冷却的陶瓷材料,考虑到热导率 λ 对热应力的影响,材料的抗热震断裂系数可修正为

$$R' = \Delta T_c = \frac{\lambda(1-\nu)\sigma_f}{E\alpha} = \lambda R \tag{7-43}$$

对其他非平面的薄板状陶瓷材料,其抗热震断裂系数可用下式表示

$$R = \Delta T_c = \frac{S(1-\nu)\sigma_f}{E\alpha} \tag{7-44}$$

式中:S 为试件的形状因子。

由式(7-42)、式(7-43)和式(7-44)可以看出,陶瓷材料的热震断裂抗力可通过提高材料的断裂强度或降低材料的弹性模量与热膨胀系数得以实现。几种典型陶瓷材料的抗热震断裂参数,见表 7-1。

表 7-1　几种典型陶瓷材料的抗热震断裂参数

材料	弹性模量 E/GPa	热膨胀系数 $\alpha/(\times 10^6\ K^{-1})$	泊松比 ν	$\lambda/(W \cdot m^{-1} \cdot K^{-1})$	断裂强度 σ_f/MPa	R/K	R'/(kW/m)
热压 Si_3N_4	310	3.2	0.27	17	850	625	11.0
反应烧结 Si_3N_4	220	3.2	0.27	15	240	250	3.7
反应烧结 SiC	410	4.3	0.24	84	500	215	18.0
烧结 Al_2O_3	400	9.0	0.27	8	500	100	0.8
热压 BeO	400	8.5	0.34	63	200	40	2.4
烧结 WC(6%Co)	600	4.9	0.27	86	1 400	350	30.0

7.6.2　热震损伤

材料的热震损伤是指在热冲击循环作用下，材料先出现开裂、剥落，然后碎裂直至整体断裂的过程。

热震损伤理论是基于断裂力学理论而提出的，通过分析材料在稳定度变化条件下的裂纹成核、扩展及抑制等的动态过程，以热弹性应变能 W 和材料的断裂能 U 之间的平衡条件作为热震损伤的判据：

$$W \geqslant U \tag{7-45}$$

当热应力导致的储存于材料中的应变能 W 足以支付裂纹成核和扩展而新生表面所得的能量 U 时，裂纹就形成和扩展。

根据上述判据，经过热弹性应变能和断裂表面能计算，可以得到以单位截面面积上裂纹表面积的倒数即（材料截面面积/裂纹面积）表示的热震损伤参数 R''的表达式为

$$R'' = \frac{E\gamma_s}{(1-\nu)\sigma_f^2} \tag{7-46}$$

式中：γ_s 为新生裂纹的断裂表面能；E、σ_f、ν 分别为材料的弹性模量、断裂强度和泊松比。由式(7-46)可以看出，抗热震损伤性能好的材料应该具有尽可能高的弹性模量、断裂表面能和尽可能低的强度。但这些要求正好与式(7-42)中高热震断裂抗力的要求相反。

在工程应用中，对陶瓷构件的失效进行正确地分析是十分重要的。如果陶瓷材料的失效主要是热震断裂，例如对高强、微密的精密陶瓷，则裂纹的萌生起主导作用；为了防止热震失效、提高热震断裂抗力，就需要提高材料的强度，并降低它的弹性模量和膨胀系数。若导致热震失效的主要因素是热震损伤，例如工业 SiC 窑具、陶瓷蓄热器、陶瓷高温过滤器等非致密性陶瓷件，这时裂纹的扩展起主要作用，此时应当设法提高它的断裂韧性（因断裂韧性 $K_{IC} = (2E\gamma_s)^{1/2}$），并降低其强度。

7.6.3　热震寿命

陶瓷材料的另一个重要用途，是作为热障涂层的外表面层对基体金属起到隔热保护作用。然而，陶瓷材料的线膨胀系数要比基体金属的低得多，因此在高温工作条件下，会在陶瓷涂层和基体金属中引起较大的热应力。加热时，在陶瓷涂层中引起拉伸应力，而基体金属中则引起压缩应力；冷却时，则正好相反。在反复加热和冷却的服役条件下，则在陶瓷涂层和基体金属之间引起交变热应力，以致引起陶瓷涂层的热震（Thermal Shock）失效或热疲劳失效。

1. 循环热应力

热疲劳试验结果表明,陶瓷涂层的剥落发生在陶瓷与黏结层的界面处。涂层剥落时,首先是在陶瓷与黏结层处产生裂纹,然后裂纹扩展导致涂层剥落。这是由于金属与陶瓷热膨胀量不匹配,在涂层内产生热应力,进而在涂层内引发裂纹。陶瓷涂层中的热应力,可按下式计算:

$$\sigma_{\Delta T} = S\Delta T\Delta\alpha \frac{E}{1-\nu} \tag{7-47}$$

式中:$\sigma_{\Delta T}$为由温度变化引起的热应力;ΔT 为最高加热温度与试样冷却后温度(即室温)之差;$\Delta\alpha$ 为金属与陶瓷材料的热膨胀系数之差;E 为陶瓷材料的弹性模量;ν 为陶瓷材料的泊松比;S 为试件的几何形状因子。

由式(7-47)可见,在陶瓷材料确定的前提下,涂层中的热应力仅与 ΔT 有关。当带有陶瓷涂层的试样加热到温度 T 随后再冷却到室温时,则陶瓷涂层中的热应力也将发生周期性的变化,其变化幅度可表示为

$$\Delta\sigma_{\Delta T} = \gamma\sigma_{\Delta T} = \gamma S\Delta T\Delta\alpha \frac{E}{1-v} \tag{7-48}$$

式中:γ 为常数,可能与试件的结构和热循环波形相关。

当试件的加热温度低于某一临界值 ΔT_c 时,陶瓷涂层中的热应力变化范围 $\Delta\sigma_{\Delta T}$低于或等于疲劳极限,则陶瓷层内不会发生裂纹而引起失效。此时,临界的热应力幅度$(\Delta\sigma_{\Delta T})_c$可表示为

$$(\Delta\sigma_{\Delta T})_c = \gamma S\Delta T_c\Delta\alpha \frac{E}{1-v} \tag{7-49}$$

2. 热震失效寿命

热震试验是在某一恒定温差下进行急冷急热的重复试验,直至涂层失效即出现宏观裂纹或剥落。因此热震试验时,由于陶瓷涂层温度的周期性变化,致使涂层中的热应力呈现周期性变化,即涂层经受循环热应力的作用。所以,涂层的热震失效寿命 N_f 与循环热应力的大小有关,也就是与热震试验时加热温度与室温之差 ΔT 有关。于是热震试验条件下的疲劳寿命,可用下式表示:

$$N_f = A'(\Delta\sigma - \Delta\sigma_c)^{-2} \tag{7-50}$$

式中:$\Delta\sigma$ 是循环热应力的范围;$\Delta\sigma_c$ 是应力范围表示的理论疲劳极限。

将式(7-48)和式(7-49)代入式(7-50)中,可得涂层热震失效寿命 N_f 的计算公式:

$$N_f = \beta(\Delta T - \Delta T_c)^{-2} \tag{7-51}$$

式中:β 是陶瓷涂层的热疲劳抗力系数;ΔT_c 是用临界温差范围表示的热震极限温差。

由式(7-51)可见,β 是与材料的物理性能和涂层结构相关的常数。在低于 ΔT_c 的温差下进行加热和冷却,涂层不会发生热震失效,即当 $\Delta T < \Delta T_c$ 时,$N_f \to \infty$。对涂覆 ZrO_2 - 8wt% Y_2O_3/Co - 32Ni - 21Cr - 8Al - 0.5Y 双层热障涂层的侵蚀棒状试件和叶片形试件进行了五个温差下的热震试验,经回归分析可得其热震失效寿命为

叶片形试件:

$$N_f = 2.078 \times 10^5 (\Delta T - 979.9)^{-2} \tag{7-52}$$

侵蚀棒状试件:

$$N_f = 5.705 \times 10^4 (\Delta T - 874.2)^{-2} \tag{7-53}$$

即叶片形试件上的热障涂层具有较长的热震失效寿命和较高的理论热震失效极限。

复习思考题

1. 解释下列名词:

(1)等强温度;(2)约比温度;(3)蠕变;(4)蠕变极限;(5)持久塑性;(6)蠕变脆性;(7)过渡蠕变;(8)稳态蠕变;(9)晶界滑动蠕变;(10)扩散蠕变;(11)应力松弛;(12)松弛稳定性;(13)热暴露;(14)外氧化;(15)内氧化;(16)氧脆;(17)热震失效;(18)热震断裂;(19)热震损伤。

2. 说明下列力学性能指标的意义:

(1)σ_{ε}^{T};(2)$\sigma_{\delta/t}^{T}$;(3)σ_{t}^{T};(4)$(\sigma_{b})_{T/t}$;(5)$(\sigma_{b}^{T})_{T/t}$

3. 和常温下力学性能相比,金属材料在高温下的力学行为有哪些特点? 造成这种差别的原因何在?

4. 试说明高温下金属蠕变变形的机理与常温下金属塑性变形的机理有何不同?

5. 讨论稳态蠕变阶段的变形机制以及温度和应力的影响。

6. 透平燃气发动机在恒速下运行时,沿工作叶片的离心力为 40 MPa。100 mm 长的叶片工作中最大只允许伸长 1 mm。叶片材料的稳态蠕变速率如下:40 MPa 应力,在 800 ℃下,$\dot{\varepsilon}=7.3\times10^{-2}$%/s;在 950 ℃下 $\dot{\varepsilon}=1.29\times10^{-1}$%/s。请计算 750 ℃下工作时叶片的工作寿命。

7. 试说明金属蠕变断裂的裂纹形成机理与常温下金属断裂的裂纹形成机理有何不同?由此得到什么启发?

8. 用短时蠕变和持久强度数据外推长时数据时要注意什么问题。

9. 什么是 Larson-Miller 参数,它有何用处?

10. Cr-Ni 奥氏体不锈钢高温拉伸持久试验的数据列于下表:

温度/℃	应力/MPa	断裂时间/h	温度/℃	应力/MPa	断裂时间/h
540	480	1 670	650	345	95
	550	435		375	64
	620	112		410	25
	700	23			
600	345	3 210	730	120	17 002
	410	268		135	9 534
	480	112		270	802
	515	45		195	344
	550	24		235	61
650	170	43 895	810	70	15 343
	205	12 011		88	5 073
	240	2 248		105	1 358
	275	762		120	722
	310	198		135	268
				170	28

(1)画出应力与持久时间的关系曲线。

(2)求出 810 ℃下经受 2 100 h 的许用强度极限。

(3)求出 600 ℃下 20 000 h 的许用应力(设安全系数 $n=3$)。

11. 提高材料的蠕变抗力有哪些途径?

12. 试分析晶粒大小对金属材料高温力学性能的影响。

13. 影响陶瓷材料高温蠕变的主要因素有哪些?

14. 什么是聚合物的黏弹性?为什么多数聚合物在室温下就会产生明显的蠕变现象?

15. 试述高温蠕变与应力松弛的异同点。如何计算一紧固螺栓产生应力松弛的时间。

16. 试验表明,螺栓材料在 550 ℃和 30 MPa 应力下蠕变速率为 $\dot{\varepsilon}=4.0\times10^{-6}\%/\text{h}$,应力指数 $m=3.8$,指数 $n'=0.1$,弹性模量 $E=200$ GPa(近似认为不随温度改变)。若螺栓在 550 ℃下将两个钢板连接时所承受的起始固紧应力为 70 MPa,请计算连续工作一年后螺栓中的应力大小。

17. 为什么许多在高温下工作的零件要考虑蠕变与疲劳的交互作用?试验上如何研究这种交互作用?应变范围分配法如何预测疲劳-蠕变交互作用下的损伤?

18. 陶瓷材料的热震损伤与哪些基本参量有关?

第 8 章　材料的摩擦与磨损性能

材料的摩擦与磨损，是研究具有相对运动、相互作用的材料表面间有关理论与实践的一门学科。摩擦（Friction）是两个相互接触的物体在外力作用下，发生相对运动（或有相对运动趋势）时产生切向运动阻力的物理现象；磨损（Wear）是因材料表面间的摩擦而产生的材料转移与损耗过程；润滑（Lubrication）则是降低摩擦和减少磨损的重要措施。于是将有关摩擦、磨损与润滑的科学，总称为摩擦学（Tribology）。

凡相互作用、相对运动的两表面之间，都有摩擦与磨损存在。无论是飞机、汽车、火箭还是人体的关节，都是两个物体相互接触和相对运动的组合，否则人类就不能生存，社会也不会存在。

虽然摩擦和磨损现象有有利的一面，如人和车辆在陆地行走就是利用摩擦的原理，人们还用磨粒磨损原理进行研磨加工等。但随着工业生产的不断发展，人们越来越深刻地认识到摩擦与磨损的危害。材料间的摩擦消耗了大量的能量，有人估计，全世界有 1/3 ~ 1/2 的能量消耗在摩擦上。而摩擦导致的磨损（表面损坏和材料流失）是机械设备失效的主要原因，大约有 80% 的零件损坏是由于各种形式的磨损引起的。因此，控制摩擦、减少磨损、改善润滑性能，已成为节约能源和原材料、缩短维修时间的重要措施。同时，摩擦学对于提高产品质量、延长机械设备的使用寿命和增加可靠性也具有重要的作用。由于摩擦学对工农业生产和人民生活的巨大影响，因而引起了世界各国的普遍重视，成为近四十年来迅速发展的技术学科之一，并得到日益广泛的应用。

由于材料的摩擦和磨损都是表面现象，且必须先有表面接触，故本章将先从材料的表面特性和接触入手，然后再重点讨论材料摩擦与磨损的基本理论及摩擦磨损的试验方法和控制措施。

8.1　材料的表面形态与接触

8.1.1　表面形貌参数

任何固体的表面都不是绝对平整光滑的，即使经过精密加工的机械零件表面也存在许多肉眼很难看到的凸起和凹谷。在显微镜下观察到的零件表面，如同大地上的峡谷、山峰和丘陵一样（图 8-1）。这是因为在加工过程中机床 - 刀具 - 工件系统的振动、切屑分离时的塑性变形以及加工刀痕，都会造成实际工件表面与理想表面存在一定的几何形状误差。这些误差可归纳为三类，即宏观几何形状误差（平面度、圆度和圆柱度）、中等几何形状误差（表面波纹度）和微观几何形状误差（表面结构参数）。

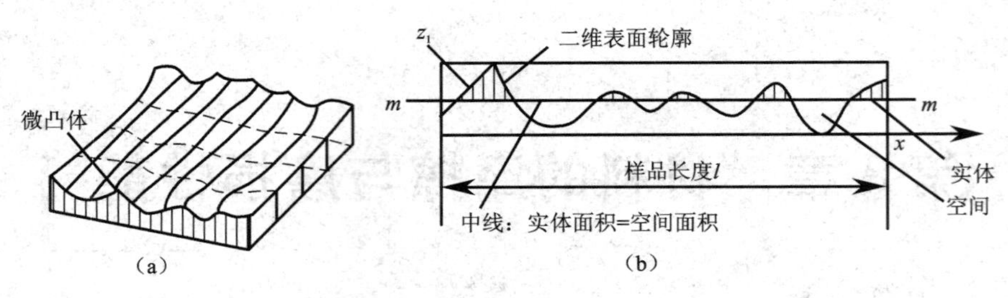

图 8-1 材料的表面形貌

(a) 表面形貌(三维) (b)高度分布曲线

1. **平面度、圆度和圆柱度**

与摩擦磨损有关的宏观几何形状误差,主要有平面度、圆度和圆柱度。

平面度是指实际平面不平的程度。平面度误差可用包容该平面的一对距离最小的理想平面之间的距离 H 来表示(图 8-2(a))。

圆度是指一个柱面在同一横截面内实际轮廓的不圆程度,实际轮廓往往可用无数组同心的理想圆来包容,而其中必有一组同心圆的半径差最小,此最小半径差 r 就是该横截面的圆度误差(图 8-2(b))。

圆柱度,是控制圆柱面的横截面和纵截面形状误差的综合性指标。一个实际圆柱面可以用无数组同轴圆柱面包容,其中必有一组同轴圆柱面的半径差最小,此最小半径差 r 即为该圆柱面的圆柱度误差(图 8-2(c))。

宏观几何形状误差的特点在于,它是与名义几何形状不同的、连续的、不重复的表面形状偏差,它对零件的使用性能影响很大。

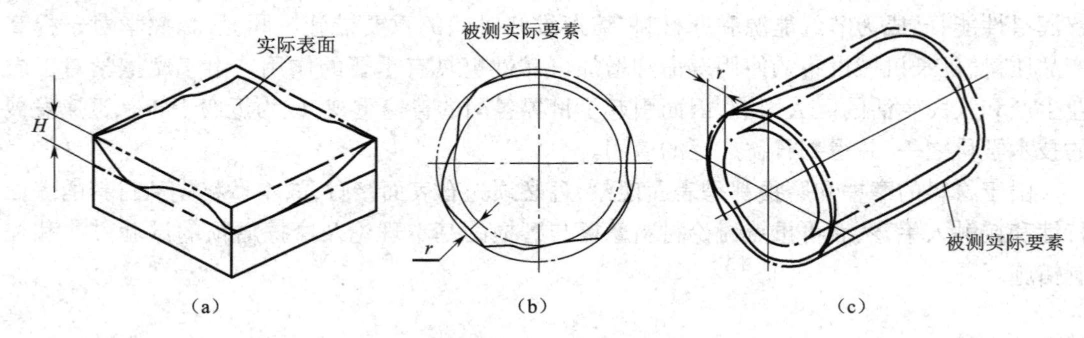

图 8-2 平面度、圆度和圆柱度误差示意图

(a)平面度 (b)圆度 (c)圆柱度

2. **波纹度**

表面波纹度是零件表面周期性重复出现的一种中等几何形状误差,如图 8-3 所示。波纹度有两个重要参数,即波高 h 和波距 s。波高 h 表示波峰与波谷之间的距离,波距 s 则表示相邻两波形对应点的距离。

表面波纹度会减少零件的实际支承表面面积,在动配合中会引起零件磨损的加剧。

3. **表面结构参数** (Surface Texture Parameter)

微观几何形状误差,常以表面结构参数来表示。该参数有一维形貌参数,也有二维和三维形貌参数。

1）一维形貌参数

一维形貌参数通常用表面轮廓曲线的高度参数来表示，如图 8-4 所示。选择轮廓的平均高度线亦即中心线为 x 轴，使轮廓曲线在 x 轴上下两侧的面积相等。一维形貌参数种类繁多，最常用的有以下几种。

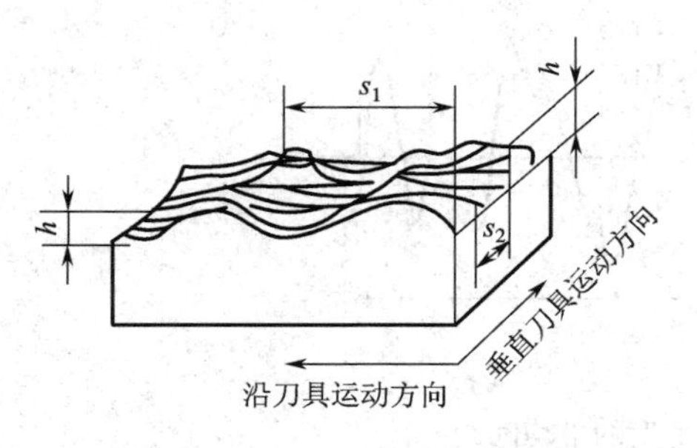

图 8-3　表面波纹度示意图

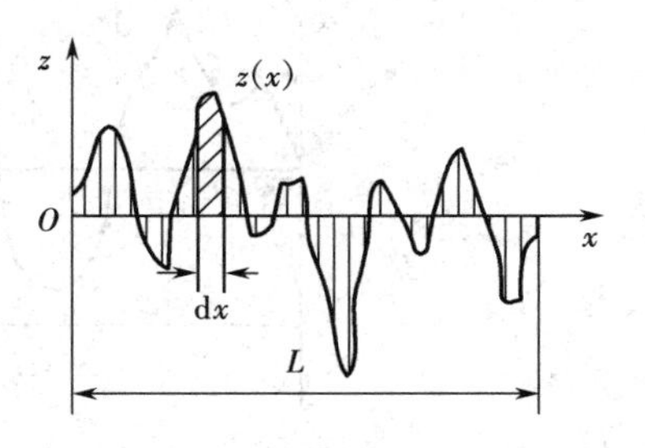

图 8-4　表面形貌轮廓曲线

（1）轮廓算术平均偏差 R_a　它是指轮廓上各点高度在测量长度 L 范围内的算术平均值，即

$$R_a = \frac{\int_0^L |z(x)| \mathrm{d}x}{L} = \frac{1}{n}\sum_{i=1}^{n} |z_i| \tag{8-1}$$

式中：$z(x)$ 为各点轮廓高度；L 为测量长度；n 为测量点数；z_i 为各测量点的轮廓高度。

（2）轮廓均方根偏差 R_q　它是指取样长度 L 内轮廓偏距的均方根值，即

$$R_q = \sqrt{\frac{\int_0^L [z(x)]^2 \mathrm{d}x}{L}} = \sqrt{\frac{1}{n}\sum_{i=1}^{n} z_i^2} \tag{8-2}$$

（3）最大峰谷距 R_{max}　它是指在测量长度内最高峰与最低谷之间的高度差，它表示表面结构参数的最大起伏量。

2）二维、三维形貌参数

虽然上述三种参数反映了表面高度方向的结构参数，但它们并没有反映表面峰、谷轮廓的斜度、形状和其出现的频率等情况。所以，对于表面形貌不相同的表面，甚至可以测得相同的 R_a、R_q 或 R_{max} 值。为了克服这一缺点，可采用表面轮廓在水平方向的参数及二维和三维参数来补充评定表面的形貌。这些参数主要有以下几种。

（1）轮廓微观不平度的平均间距 S_m　它是指在取样长度 L 内轮廓在中线 mm 上含一个轮廓峰和相邻轮廓谷的中线长度的算术平均值（图 8-5），即

$$S_m = \frac{1}{n}\sum_{i=1}^{n} p_{mi} \tag{8-3}$$

（2）轮廓单峰平均间距 S　它是指在取样长度 L 内轮廓单峰间距 P_i 的平均值（图 8-6），即

$$S = \frac{1}{n}\sum_{i=1}^{n} P_i \tag{8-4}$$

（3）轮廓支承长度率 t_p　它是指在取样长度 L 内，平行于中线的线与轮廓相截后得到的各段截线长度之和与取样长度 L 之比（图 8-7）。图中 p_i 为轮廓最高峰点至截线间的距离。于是，轮廓支承长度率为

$$t_p = \frac{a+b+c+d+\cdots}{L} \tag{8-5}$$

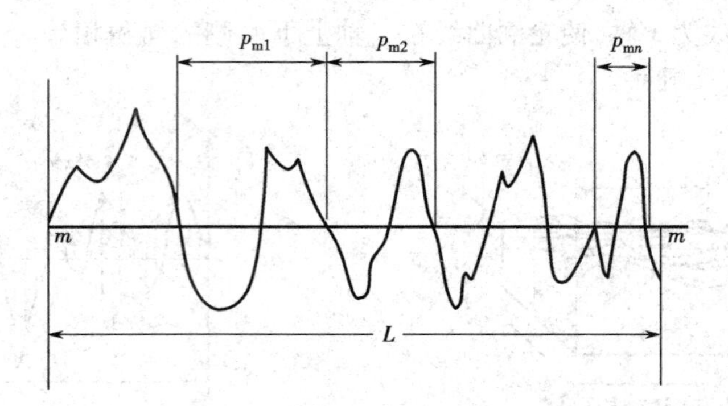

图 8-5 轮廓微观不平度的平均间距

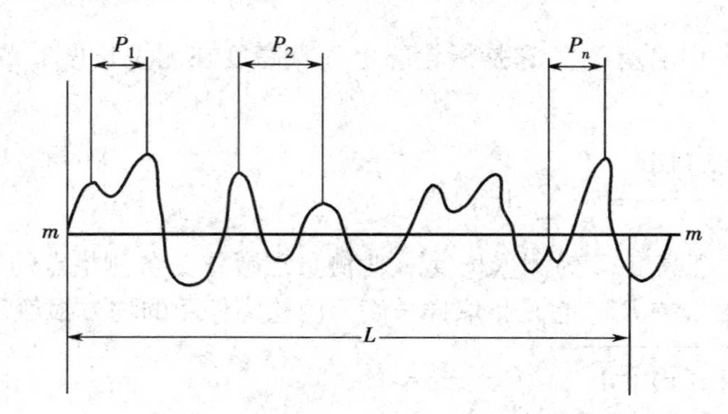

图 8-6 轮廓单峰平均间距

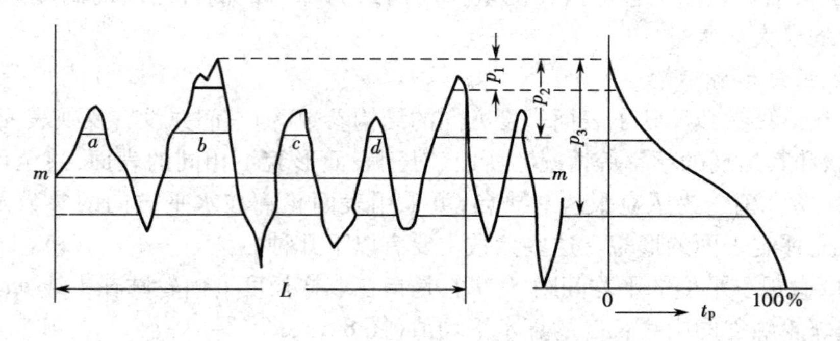

图 8-7 轮廓支承长度曲线

(4)幅度分布 在取样长度 L 内离中线 z 处作两条相距为 Δz 并平行于中线的线，在两平行线内轮廓线段的水平方向长度为 a、b、c、d、…。a、b、c、d、…的总和 L_z 与取样长度 L 的百分比

$$\frac{L_z}{L} \times 100\% = \frac{a+b+c+d+\cdots}{L} \times 100\% \tag{8-6}$$

称为该轮廓线在 z 处的幅度密度。整个轮廓线的幅度密度分布可以用幅度密度和 z 的函数曲线表示(图 8-8)。该函数就是统计数学中的概率密度函数，其曲线称为幅度分布曲线。

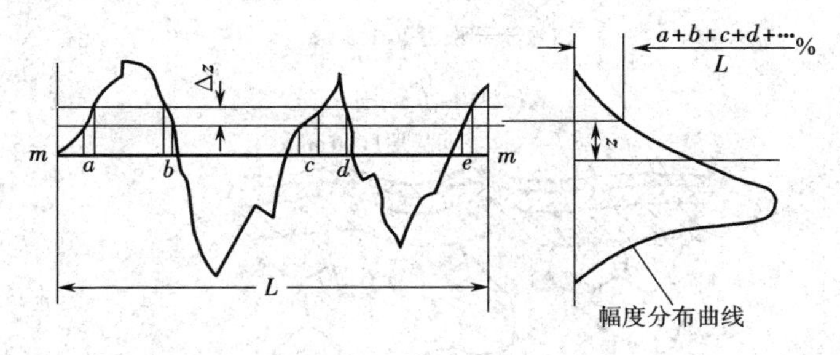

图 8-8　幅度分布曲线

(5)微凸体的坡度 $\dot{z}_a$、$\dot{z}_q$ 和峰顶曲率 C_a、C_q　二维形貌参数 $\dot{z}_a$ 和 $\dot{z}_q$ 是指表面轮廓曲线上各点坡度即斜率 $\dot{z}=\mathrm{d}z/\mathrm{d}x$ 绝对值的算术平均值和均方根值，C_a 和 C_q 是指各粗糙峰顶曲率的算术平均值和均方根值。

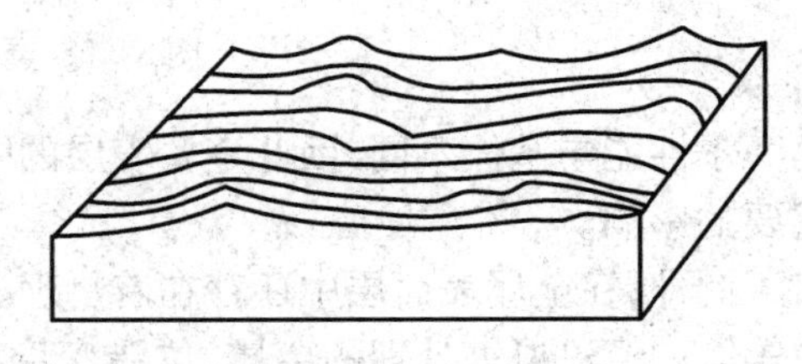

图 8-9　二维轮廓曲线族

(6)二维轮廓曲线族和等高线图　二维轮廓曲线族是通过一组间隔很密的二维轮廓曲线来表示的三维形貌变化，如图 8-9 所示；等高线图是用表面形貌的等高线来表示表面的起伏变化，如图 8-10 所示。

除上述给出的表面形貌参数外，还有表面轮廓的自相关函数、功率谱密度等。

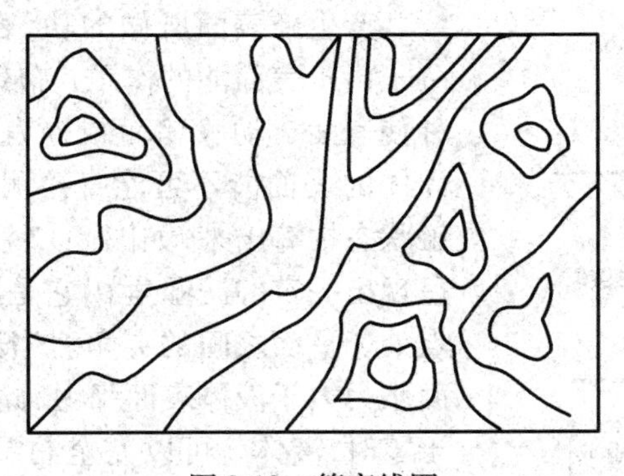

图 8-10　等高线图

8.1.2　材料的表面结构和表面性质

材料的摩擦磨损性能，除直接受到表面形貌的影响外，还与材料表面的物理化学状态密切相关。

金属表面在切削加工过程中，表层的组织结构将发生变化，从而使表面层由若干层次组成，如图 8-11 所示。金属基体之上是变形层，它是材料的加工强化层，总厚度为数十微米，由重变形层逐渐过渡到轻变形层。变形层之上是贝氏层(Bielby Layer)，它是由于切削加工中表层熔化、流动，随后骤冷而形成的非晶或者微晶质层。氧化层是由于表面与大气接触经化学作用而形成的，它的组织结构与氧化程度有关。而最外层，则是环境中气体或液体极性分子与表面形成的吸附膜或污染膜。

需要指出的是，金属表层的组织结构随着加工工艺条件的不同而变化。同时，由于表层

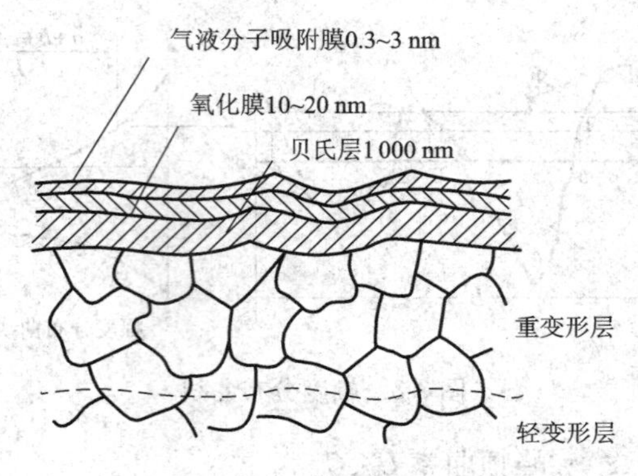

图 8-11 金属表层的结构示意图

的力学性能与基体不同，因此金属表层的强化程度、硬度和残余应力等对于摩擦磨损均起着重要的影响。

此外，在金属表面层中还存在着物理、化学缺陷。物理缺陷，有金属结晶中的位错和空位等。如经过退火处理的金属，位错密度为 $10^5 \sim 10^8 \text{cm}^{-2}$；而经过摩擦或冷加工后可增大到 10^{12}cm^{-2}。化学缺陷，有金属夹杂物以及金属结晶格中的间隙原子等。上述缺陷，均可以成为产生磨损的应力集中源。

在各种表面性质中，与摩擦学密切相关还有表面能、吸附效应、表面氧化膜和化学反应膜等。

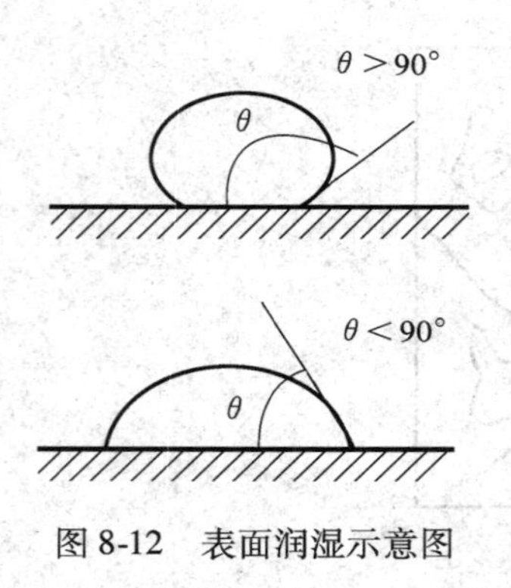

图 8-12 表面润湿示意图

产生新表面所做的功，表现为表面能。液体表面分子由于表面能的作用，有从表面进入内部的趋势，这种使表面自动收缩而减少表面积的力称为表面张力。固体的表面能不可能直接测量，但可通过与液体的接触状态推算出来，如图 8-12 所示。液滴在材料表面上呈现出一定的润湿角 θ，它是固液界面与液体表面在交点处切平面之间的夹角。当润湿角 $\theta < 90°$时，固体表面张力大于液体表面张力，此时将发生润湿；当 θ 接近于零时，液体就可以完全润湿固体表面；而当润湿角 $\theta > 90°$时，将不能润湿表面。显然，润湿程度的大小，对摩擦面上的吸附具有很大的影响，吸附的强弱将影响到材料的摩擦性能。

在加工成形过程中形成的晶格缺陷，使表面的原子处于不饱和或不稳定状态。由于界面上的吸引力，环境中的极性气体或液体分子将与材料表面形成物理吸附和化学吸附膜。如硬脂酸和氧化铁及水相互作用所生成的硬脂酸铁皂化学吸附膜具有理想的剪切性能，其熔点高达 120 ℃（硬脂酸的熔点为 69 ℃），且能在中速、中载的摩擦工作状态下存在。

氧化膜，是指金属在与任何含氧气氛相接触时生成的一种表面膜。在铁的表面可以生成几种铁的氧化物，通常由表至里依次是 Fe_2O_3、Fe_3O_4和 FeO（图 8-13）。表面上 Fe_2O_3的存在会加剧磨损，而 Fe_3O_4和 FeO 的存在会减少磨损。氧化膜的存在虽然可以阻止摩擦表面的冷焊，但当膜厚太大时会由于膜的脆性而加剧磨损。钢材的材质不同，生成的氧化膜也不同。氧化膜的比容比基体金属小且膜厚不连续时，易开裂脱落；但比容过大，则会增加膜层开裂的倾向。

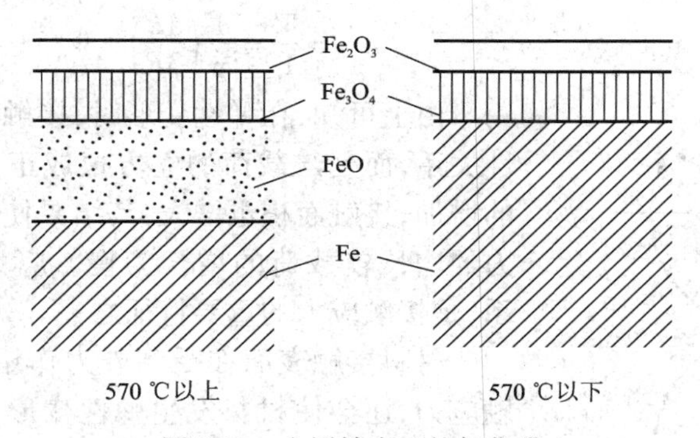

图 8-13　金属铁表面的氧化膜

另外,金属表面与润滑油添加剂中的硫、磷、氯等元素在高温下发生化学反应形成的化学反应膜,也会影响材料的摩擦磨损性能。这种化学反应膜,比较适合用于重载荷、高速率的摩擦工作状态。

此外,在摩擦过程中,由于力和热的作用,材料的摩擦表面将发生一系列的变化,如表层材料的相变、再结晶、各种表面膜的破裂、再生和转移等,也会对材料的摩擦磨损性能产生重大的影响。

8.1.3　粗糙表面的接触

当两个材料表面接触时,由于表面粗糙,使实际接触只发生在表观面积($A_n = a \times b$)的极小部分上(如图 8-14 中黑点小圈的面积之和 A_r),实际接触面积的大小和分布,对于摩擦磨损起着决定性的影响。

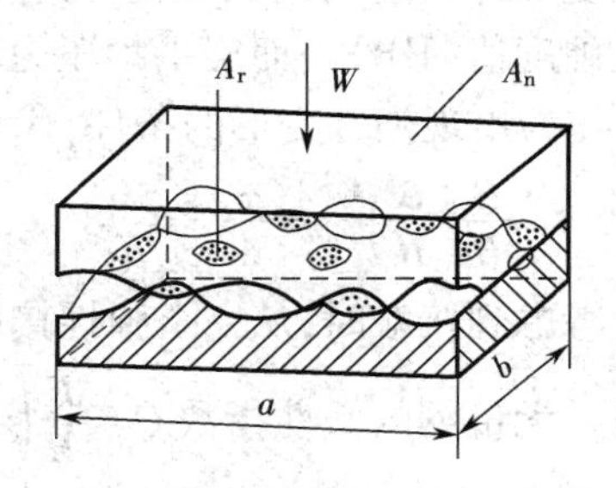

图 8-14　表观面积和接触面积的关系

实际表面上粗糙峰顶的形状通常是椭圆体,由于椭圆体的接触尺寸远小于本身的曲率半径,因而粗糙峰可以近似地视为球体;两个平面的接触可视为一系列高低不齐的球体相接触。

1. 单峰接触

将两个粗糙峰的接触简化为半径、弹性模量和泊松比分别为 R_1、E_1、ν_1 和 R_2、E_2、ν_2 的两个球体,在压力 W 下的接触,如图 8-15 所示。在载荷 W 作用下,如两球体的法向变形量为 δ,则两球体间形成一个半径为 a 的圆形接触面。根据弹性力学赫兹(Hertz)公式可得

$$a = \left(\frac{3WR}{4E}\right)^{1/3} \tag{8-7}$$

$$\delta = \left(\frac{9W^2}{16E^2R}\right)^{\frac{1}{3}} \tag{8-8}$$

$$W = \frac{4}{3}ER^{1/2}\delta^{3/2} \tag{8-9}$$

式中:$R = \left(\frac{1}{R_1} + \frac{1}{R_2}\right)^{-1}$ 和 $E = \left(\frac{1-\nu_1^2}{E_1} + \frac{1-\nu_2^2}{E_2}\right)^{-1}$ 分别为当量曲率半径和当量弹性模量。

由式(8-7)和式(8-8)可得:$a^2 = R\delta$。于是实际接触面积 A_r和平均接触应力 σ_m为

$$A_r = \pi a^2 = \pi R\delta \tag{8-10}$$

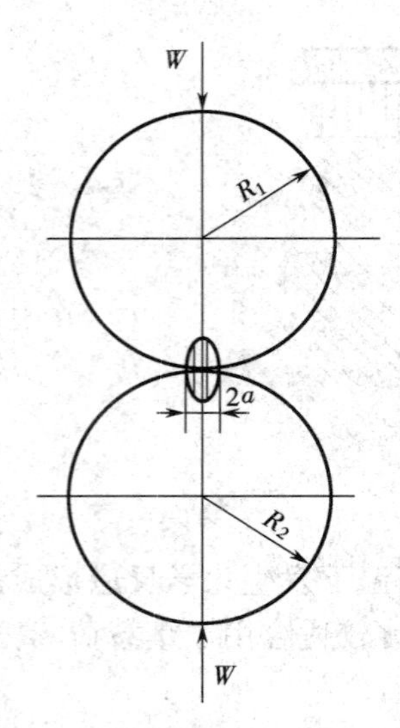

图 8-15 单峰接触示意图

$$\sigma_{\mathrm{m}}=\frac{W}{A_{\mathrm{r}}}=\frac{1}{\pi}\left(\frac{4E}{3R}\right)^{2/3}W^{1/3} \tag{8-11}$$

由上可知,在弹性变形时,接触压应力与载荷不成线性关系,而是与载荷的立方根成正比。这是因为随载荷的增加,接触面积也增大,其结果使接触面上的最大压应力的增长较载荷的增长为慢。应力与载荷成非线性关系,是接触应力的重要特征之一。

材料接触表面在受到外力作用时,不但产生表面接触应力,还会使材料发生弹性变形和塑性变形。由宏观来看,作用于接触材料上的外力使材料呈弹性状态,而从微观上来分析,由于实际接触发生在表面极小部分的微凸体处,故将产生局部的塑性变形。

变换式(8-11),可得

$$\sigma_{\mathrm{m}}=\frac{W}{A_{\mathrm{r}}}=\frac{\frac{4}{3}ER^{1/2}\delta^{1/2}}{\pi R\delta}=\frac{4}{3\pi}E\left(\frac{\delta}{R}\right)^{1/2} \tag{8-12}$$

塑性变形计算表明,当平均压力达到 $H/3$ 时,开始在表层内出现塑性变形,其中 H 是材料的布氏硬度值(HB)。而当平均压力增到 H 时,塑性变形达到肉眼可见的程度。如选取 $\sigma_{\mathrm{m}}=H/3$ 作为出现塑性变形的条件,代入式(8-12)可得

$$\frac{E}{H}\left(\frac{\delta}{R}\right)^{1/2}=\frac{\pi}{4}=0.78 \tag{8-13}$$

考虑到接触时,从完全弹性接触过渡到完全塑性接触并非瞬时完成,需要有一个过程,可引入无量纲的塑性指数 $Q=\frac{E}{H}\left(\frac{\delta}{R}\right)^{1/2}$,并认为当塑性指数 $Q<0.6$(选择 0.6 而不是 0.78,是因为接触面上的应力分布 $\sigma_{\mathrm{r}}=\sigma_{\max}[1-(r/a)^2]^{1/2}$,其最大接触应力 $\sigma_{\max}$ 是接触面上平均应力 σ_{m} 的 1.5 倍)时,属于弹性接触状态;当 $Q=1$ 时,即便是极轻的载荷也有一部分峰点处于塑性变形状态;而当 $1\leqslant Q\leqslant 10$ 时,弹性变形与塑性变形混合存在。Q 值越高,塑性变形所占的比例越大。

在接触的两球中,如其中一球的半径趋于无穷大($R_2=\infty$),则两球的接触就成为球体与平面的接触,此时 $R=R_1$,上述的结论依然成立。

另外,需要特别指出的是,单个粗糙峰弹性接触时的实际接触面积 $A_{\mathrm{r}}=\pi a^2=\pi R\delta$。而法向距离为 δ 时,球体接触的名义表面积为 $A_0=2\pi R\delta$,即粗糙峰弹性接触时的实际接触面积为其几何(名义)接触面积的一半。

2. 理想粗糙表面的接触

理想粗糙表面,是指把粗糙表面等效为许多排列整齐的曲率半径和高度相同的球面弓形体。当其与一光滑平面接触时,各峰承受的载荷和变形完全一样,如图 8-16 所示。

粗糙峰在基面以上的最大高度为 z,在载荷的作用下产生法向的变形量为 $(z-d)$,刚性光滑平面与粗糙面基面之间的距离为 d。如表面上共有 n 个粗糙峰,每个粗糙峰承受相同的载荷 W_i,则由式(8-9)可得总载荷

$$W=nW_i=\frac{4}{3}nER^{1/2}(z-d)^{3/2} \tag{8-14}$$

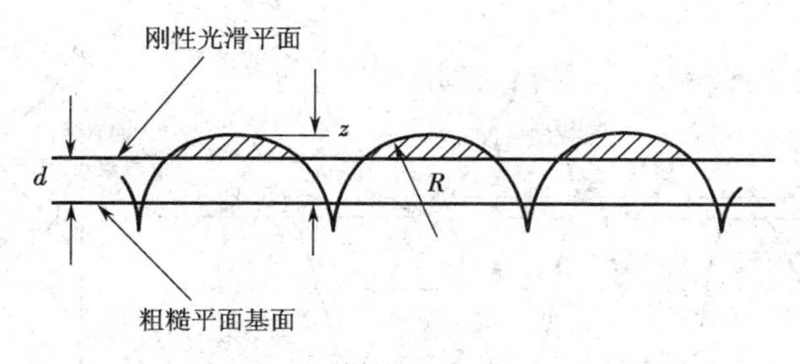

图 8-16　理想粗糙表面的接触

实际的接触面积为各粗糙峰实际接触面积 A_i 的总和,即

$$A = nA_i = n\pi R(z-d) \tag{8-15}$$

式(8-14)和式(8-15)消去($z-d$)可得

$$W = \frac{4E}{3\pi^{\frac{3}{2}} n^{\frac{1}{2}} R} A^{\frac{3}{2}} \tag{8-16}$$

由此可知,对于弹性接触状态,实际接触面积与载荷的 2/3 次方成正比。

随着接触应力的增大,当表面处于塑性接触状态时,各个粗糙峰接触表面上受到均匀分布的屈服应力 σ_s。假设材料法向变形时不产生横向扩展,于是各粗糙峰的接触面积将为各名义接触面积($A_i' = 2\pi R(z-d)$)之和,即

$$A = nA_i' = 2n\pi R(z-d)$$

则有

$$W = nW_i = n\sigma_s A_i' = \sigma_s A \tag{8-17}$$

式(8-17)表明,对于塑性接触状态,实际接触面积与载荷成正比。

3. 实际粗糙表面的接触

实际表面的粗糙峰高度是按照概率密度函数分布的,因而接触的峰点数也应根据概率计算。对如图 8-17(a)所示的两个粗糙表面,如两表面粗糙度的均方根值分别为 R_{a1} 和 R_{a2},中心线间的距离为 h,可将它们的接触情况转换为一个光滑的刚性表面和另一个具有均方根值 $R_a = \sqrt{R_{a1}^2 + R_{a2}^2}$ 的粗糙表面相接触(图 8-17(b))。

由于只有轮廓高度 $z>h$ 的部分才发生接触,于是在概率密度分布曲线中 $z>h$ 部分的面积就是表面接触的概率,即

$$z>h\text{ 的概率} = \int_h^\infty \psi(z)\,\mathrm{d}z \tag{8-18}$$

如粗糙峰的点数为 n,则接触峰的点数

$$m = n\int_h^\infty \psi(z)\,\mathrm{d}z$$

按式(8-14)和式(8-15),可求得总承载量和实际接触面积分别为

$$W = \frac{4}{3} mER^{1/2}(z-h)^{3/2} = \frac{4}{3} nER^{1/2}\int_h^\infty (z-h)^{3/2}\psi(z)\,\mathrm{d}z \tag{8-20}$$

$$A = m\pi R(z-d) = n\pi R\int_h^\infty (z-h)\psi(z)\,\mathrm{d}z \tag{8-19}$$

此时,如果概率密度分布为指数形式,可以证明:两个粗糙表面在弹性接触状态下的实际接触面积和接触峰点数目都与载荷呈线性关系。

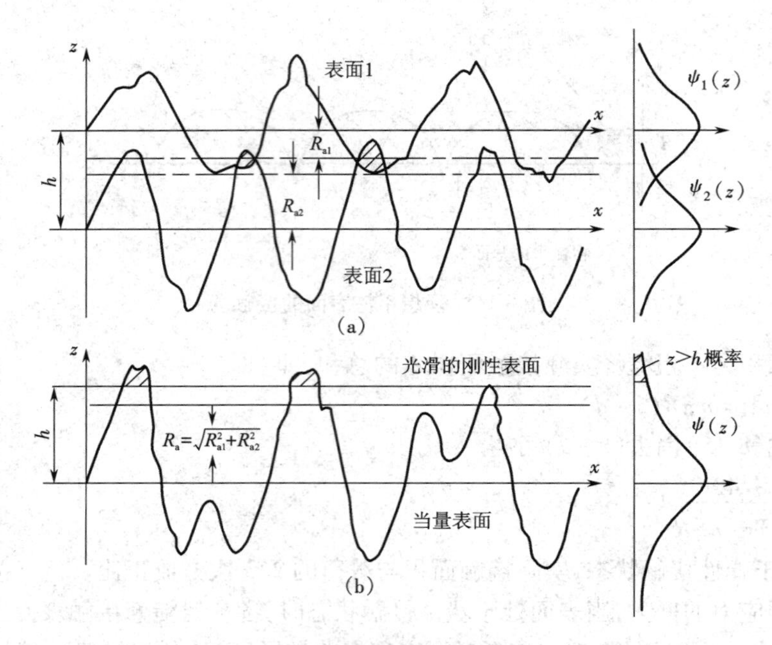

图 8-17　两粗糙表面的接触

(a)实际表面接触　(b)等效表面接触

当两表面处于塑性接触状态时,实际接触面积与总载荷分别为

$$A = 2n\pi R\int_{h}^{\infty}(z-h)\psi(z)\mathrm{d}z \tag{8-21}$$

$$W = \sigma_s A = 2\pi nR\sigma_s\int_{h}^{\infty}(z-h)\psi(z)\mathrm{d}z \tag{8-22}$$

即实际接触面积与载荷呈线性关系。

综上所述,实际接触面积与载荷的关系取决于表面轮廓曲线和接触状态。当粗糙峰为塑性接触时,不论高度分布曲线如何,实际接触面积都与载荷呈线性关系。而在弹性接触状态下,大多数表面的轮廓高度接近于 Gauss 分布,其实际接触面积与载荷间也呈线性关系。

8.2　材料的摩擦

8.2.1　摩擦的概念与分类

两个相互接触的物体在外力作用下发生相对运动或具有相对运动趋势时,接触面上会产生阻止相对运动或相对运动趋势的作用,这种现象称为摩擦,所产生的切向阻力称为摩擦力。摩擦力的方向永远与物体运动的方向相反,其作用是阻止物体的相对运动。

摩擦,是自然界存在的一种普遍现象。史前时期的原始人类就已懂得"摩擦生热",这是人类对摩擦最早的应用。摩擦轮传动、皮带轮传动、各种车辆和飞机的制动器、摩擦切削等,都是利用摩擦为人类服务的例子。在人们的日常生活和生产实际中,存在着各种各样的摩擦现象。按其功用、作用方式和润滑状况,常做如下的分类。

1. 按摩擦副的运动状态分类

(1)静摩擦　一个物体沿另一个物体表面有相对运动趋势时产生的摩擦,叫作静摩擦。

这种摩擦力称为静摩擦力,静摩擦力随作用于物体上的外力变化而变化。当外力大到足以克服了最大静摩擦力时,物体才开始宏观运动。

(2)动摩擦　一个物体沿另一个物体表面相对运动时产生的摩擦,叫作动摩擦。其阻碍物体运动的切向力,称为动摩擦力。动摩擦力通常小于静摩擦力。

2. 按摩擦副的运动形式分类

(1)滑动摩擦　物体接触表面相对滑动时的摩擦,称为滑动摩擦。

(2)滚动摩擦　在力矩作用下,物体沿接触表面滚动时的摩擦,称为滚动摩擦。

3. 按摩擦副表面的润滑状况分类

(1)纯净摩擦　摩擦表面没有任何吸附膜或化合物存在时的摩擦,称为纯净摩擦。这种摩擦只有在接触表面产生塑性变形(表面膜破坏)或在真空中摩擦时,才会发生。

(2)干摩擦　在大气条件下,摩擦表面间名义上没有润滑剂存在时的摩擦,称为干摩擦。

(3)流体摩擦　相对运动的两物体表面完全被流体隔开时的摩擦,称为流体摩擦。流体可以是液体或气体。当流体为液体时,称作液体摩擦;流体为气体时,称作气体摩擦。流体摩擦时,摩擦发生在流体内部。

(4)边界摩擦　摩擦表面间有一层极薄的润滑膜存在时的摩擦,称为边界摩擦。这层膜称作边界膜,其厚度大约为 0.01 μm 或更薄。

(5)混合摩擦　这种类型的摩擦属于过渡状态的摩擦,如半干摩擦和半流体摩擦。半干摩擦,是指同时有边界摩擦和干摩擦的情况;半流体摩擦,是指同时有流体摩擦和边界摩擦的情况。

另外,随着科学技术的迅速发展,现代机器设备中的摩擦副不少是处于高速、高温、低温、真空、辐照、空间、腐蚀介质等特殊环境条件下工作,其摩擦磨损性能也各具特点。因此,又可将摩擦分为正常工况条件下的摩擦和特殊工况(极端)条件下的摩擦等。

8.2.2　经典摩擦理论

1508 年意大利科学家达·芬奇(Leonardo da Vinci,1452—1519 年),首先对固体的摩擦进行了研究,第一个提出“物体要滑动时,便产生叫作摩擦力的阻力;并指出摩擦力与物体的重量成正比,与法向接触面积无关”。1699 年法国工程师阿蒙顿(G. Amontons,1663—1705 年)进行了摩擦试验,并建立了摩擦的基本公式。随后,1785 年法国科学家库仑(C. A. Coulomb,1736—1806 年)发展了阿蒙顿的工作,完成了如下的经典摩擦定律。

第一定律:摩擦力与作用于摩擦面间的法向载荷成正比,即

$$F = fW \tag{8-23}$$

式中:F 为摩擦力;W 为法向载荷;f 为摩擦系数。摩擦系数是评定摩擦性能的重要参数。此公式,常称为库仑定律。

第二定律:摩擦力的大小与名义接触面积无关。

第三定律:静摩擦力大于动摩擦力。

第四定律:摩擦力的大小与滑动速度无关。

第五定律:摩擦力的方向总是与接触表面间相对运动速度的方向相反。

经典摩擦定律是试验中总结出的规律,它揭示了摩擦的性质。几百年来,它被认为是合理的,并广泛地应用于工程计算中。但是,随着对摩擦现象的深入研究,发现上述定律与实

际情况有许多不符的地方。

(1)对第一定律　当法向载荷不大时,对于普通材料,摩擦力与法向载荷成正比,即摩擦系数为常数。但实际上,摩擦系数不仅与摩擦副材料的性质有关,而且还与许多其他的因素有关,如温度、粗糙度和表面污染情况等。另外,当法向载荷较大时,对于某些极硬材料(如金刚石)或软材料(如聚四氯乙烯)的摩擦力与法向载荷也不再表现出线性比例关系。因此,摩擦系数是一个与材料和环境条件有关的综合系数。

(2)对第二定律　只对有一定屈服点的材料(如金属材料)才能成立。而对于弹性材料(如橡胶)或黏弹性材料(如某些聚合物),摩擦力与名义接触面积的大小则存在着某种关系。对于很洁净、很光滑的表面或承受载荷很大时,由于在接触面间出现强烈的分子吸引力,故摩擦力与名义接触面积成正比。

(3)对第三定律　不适用于黏弹性材料。黏弹性材料的静摩擦系数不一定大于其动摩擦系数。

(4)对第四定律　对于很多材料而言,摩擦系数都与滑动速度有关。

自经典摩擦定律提出后,经过200多年的研究和发展,科学家们对摩擦现象和机理提出了许多理论来解释摩擦的现象和本质,但目前尚未形成统一的理论。这些理论大致可分为两类,第一类理论认为摩擦是由于表面接触点上分子间相互作用而产生的,简称为分子理论。第二类理论则认为,摩擦是由于表面高低不平的微峰间的机械作用和材料的变形所引起的,简称为机械理论。另外,还有将分子理论和机械理论结合起来的分子-机械理论和黏着摩擦理论,这些理论奠定了现代材料摩擦学的理论基础。

8.2.3　分子-机械摩擦理论

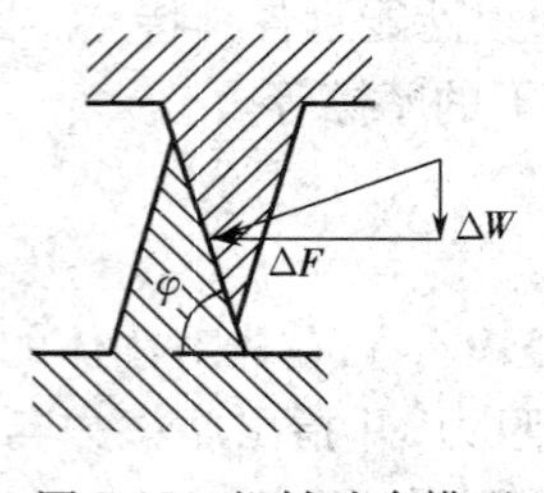

图8-18　机械啮合模型

1. 机械啮合理论

18世纪以前,许多研究者都认为摩擦表面是凹凸不平的,当两个凹凸不平的表面接触时,凹凸部分彼此交错啮合。在发生相对运动时,互相交错啮合的凹凸部分就要阻碍物体的运动。摩擦力就是所有这些啮合点的切向阻力的总和,如图8-18所示。

对此,Amontons提出了简单的摩擦模型:摩擦力 $F=\sum\Delta F=\tan\varphi\sum\Delta W$,按 $F=fW$,于是摩擦系数

$$f=\tan\varphi \tag{8-24}$$

即摩擦系数为粗糙斜角的正切,表面越粗糙,摩擦系数越大。

虽然此理论可解释一般情况下粗糙表面比光滑表面的摩擦力大这一现象,但对超精加工表面间的摩擦系数反而剧增的现象,此理论就不适用了。如1919年哈迪(Hardy)对经过研磨达到凸透镜程度的光洁表面和粗糙加工的表面进行摩擦试验,发现经充分研磨的表面摩擦力反而大,而且摩擦伤痕较宽,表面破坏严重。另外,当表面吸附一层极性分子后,其厚度不及抛光粗糙高度的十分之一,却能明显地减小摩擦力。这些都说明,机械啮合作用并非产生摩擦力的唯一因素。

2. 分子作用理论

1734年英国的德萨古利埃(J. T. Desaguliers)提出,产生摩擦的主要原因在于两摩擦表面间的分子吸引力。1929年托姆林森(Tomlinson)提出,分子间电荷力所产生的能量损耗是

摩擦的起因,进而推导出摩擦公式中的摩擦系数。

当两个粗糙峰表面相对滑动时,在微峰接触点上分子间的距离很小,可以产生分子间的斥力,而有些接触点上则产生引力。如果作用在摩擦表面上的正压力为 W,分子间的斥力和为 $\sum P_i$,引力和为 $\sum P_p$,则有

$$W + \sum P_p = \sum P_i \tag{8-25}$$

在多数情况下,分子间的引力 $\sum P_p$ 很小,可以略去不计。若接触分子数为 n,每个分子的平均斥力为 P,因而有

$$W = \sum P_i = nP \tag{8-26}$$

在滑动过程中,接触的分子连续转换,即接触的分子分离,同时形成新的接触分子(图 8-19(a));而分子间的作用力会阻止这种运动而形成摩擦力。接触分子转换所引起的能量损耗(kQ)应当等于摩擦力所做的功(fWx),即

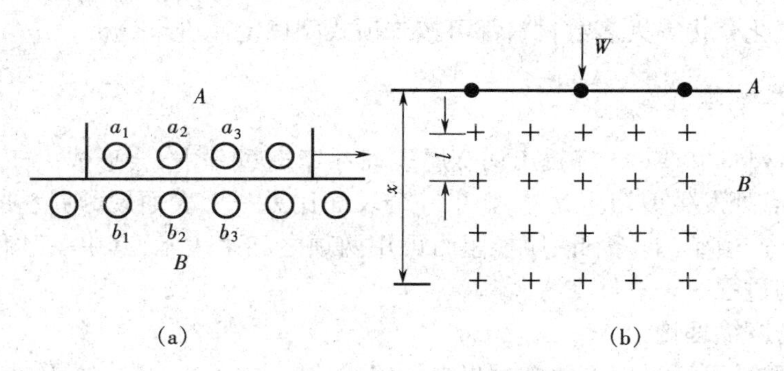

图 8-19　分子作用理论模型
(a)摩擦表面间的分子接触　(b)摩擦表面的相对滑动

$$kQ = fWx \tag{8-27}$$

式中:x 为滑动位移(图 8-19(b)),Q 为转换分子的平均损耗功;k 为转换的分子数,且

$$k = qn\frac{x}{l} \tag{8-28}$$

这里,l 为分子间的距离(图 8-19(b));q 为考虑滑动方向与晶格不平行的系数。

将式(8-27)和式(8-28)联立,可以推出摩擦系数

$$f = \frac{qQ}{Pl} \tag{8-29}$$

Tomlinson 理论虽然明确指出了分子作用对于摩擦力的影响,但不能解释摩擦现象。因为根据分子作用理论应得出这样的结论,即表面越粗糙、实际接触面积越小,摩擦系数就越小。显然,这种分析除重载荷条件外,是不符合实际情况的。

3. 分子机械理论

1939 年,克拉盖尔斯基提出了分子 - 机械摩擦理论。他认为,摩擦力不仅取决于两个接触面间的分子作用力,而且还取决于表面粗糙峰间的机械啮合作用,因而摩擦力为机械和分子作用阻力之和,即

$$F = \alpha A + \beta W \tag{8-30}$$

式中:α 为与表面分子特性有关的参数;β 为与表面机械特性有关的参数;A 为实际接触面

积;W为法向载荷;F为摩擦力。于是摩擦系数

$$f=\frac{F}{W}=\frac{\alpha A}{W}+\beta \tag{8-31}$$

式(8-30)和式(8-31)就是表示摩擦力的二项式定律公式,它既考虑了机械作用,又注意了分子间的作用。另外,也可以看出摩擦系数并不是一个常量,它随$\frac{A}{W}$比值而变化,这与试验结果是相符合的。

对于由塑性材料组成的摩擦副,当表面处于塑性接触状态时,实际接触面积A与法向载荷W呈线性关系(式(8-17)和式(8-22)),因而式(8-31)中的摩擦系数f与载荷W的大小无关,这符合经典摩擦定律。但对于弹性摩擦副而言,由于表面接触处于弹性变形状态,实际接触面积与法向载荷的2/3次方成正比(式(8-16)),因而式(8-31)的摩擦系数随载荷的增加而减小。

由上可见,分子机械摩擦理论比较符合试验的结果。在干摩擦和边界摩擦时,对于金属、聚合物、碳氢化合物等大多数材料都可按二项式摩擦定律进行分析。

8.2.4 黏着摩擦理论

1945年,Bowden和Tabor等提出两金属表面在摩擦过程中,会形成大于分子量级的金属接点,并在接点处发生剪切。此外,如果一个表面比另一个表面硬,则较硬表面的凸点会在较软的表面上产生犁沟。因此,摩擦阻力可用两项之和来表示,其中一项代表剪切过程,另一项代表犁沟过程。

1. 简单黏着摩擦理论

简单黏着理论,可通过以下两个过程进行阐述。

1)摩擦表面处于塑性接触状态

当材料表面相互接触时,它们仅在微凸体顶端相接触。由于实际接触面积只占名义(表观)接触面积的很小部分,在载荷作用下凸峰接触点的应力很高,足以达到材料的压缩屈服极限σ_s而产生塑性变形。此后接触点的应力不再改变,只能依靠扩大接触面积来承受继续增加的载荷。

由于接触点的应力值为摩擦副中软材料的屈服极限σ_s,而实际接触面积为A,则有

$$W=A\sigma_s \tag{8-32}$$

或

$$A=\frac{W}{\sigma_s} \tag{8-33}$$

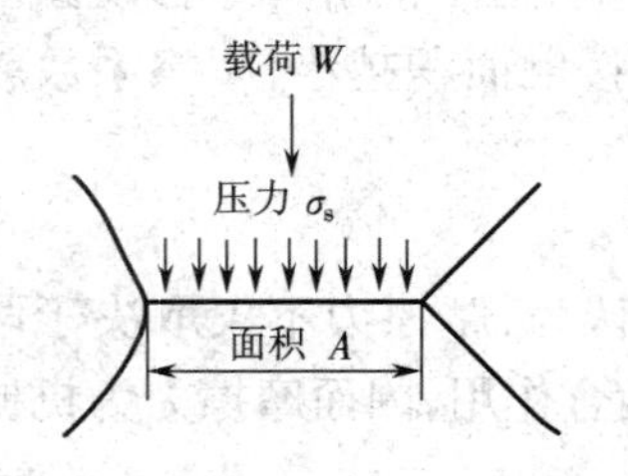

图8-20 单个微凸体的接触模型

2)滑动摩擦是黏着与滑动交替发生的跃动过程

由于接触点的金属处于塑性流动状态,在摩擦中接触点还可能产生瞬时高温,因而使两金属产生黏着,甚至发生"冷焊",黏着结点具有很强的黏着力。随后,在摩擦力的作用下,黏着结点被剪切而产生滑动。滑动摩擦就是黏着结点的形成和剪切交替发生的过程。

若τ_b为剪断结点所需的单位面积上的力,则摩擦力可表示为

$$F = A\tau_b \tag{8-34}$$

联立式(8-32)和(8-34),可得

$$f = \frac{F}{W} = \frac{A\tau_b}{A\sigma_s} = \frac{\tau_b}{\sigma_s} \tag{8-35}$$

此式就是简单黏着摩擦理论的数学表达式。式(8-34)和式(8-35)表明,摩擦力等于实际接触面积与结点材料剪切强度的乘积;摩擦系数为结点材料剪切强度与其屈服强度的比值。简单黏着摩擦理论表明:摩擦力与表观接触面积无关;摩擦力与法向载荷成正比。这与经典摩擦定律的第一和第二定律一致。

在上面的分析中,认为材料是理想的弹塑性体,并忽略了加工硬化的影响。因此,可取 τ_b 等于临界剪切应力 τ_0,而 σ_s 与 τ_0 均为两种材料中的较软者。对金属摩擦副,通常 τ_0/σ_s 的比值相差不多。这也正是为什么大多数金属的力学性能(如硬度)变化很大而彼此间摩擦系数却相差不大的原因。如两个硬的金属接触时,σ_s 大,接触面积 A 小,τ_0 大;而对于两个软的金属接触时,σ_s 小,接触面积 A 大,τ_0 也小。所以它们的比值 τ_0/σ_s 相差不会太大。对于大多数金属,$\tau_0 = 0.2\sigma_s$,即黏着摩擦理论计算出的摩擦系数大约为 0.2。

如能在硬的金属上镀覆一层软金属,此时载荷由本体母材承担,而剪切发生在镀覆的软金属层中,即式(8-35)中的 τ_b 为软金属的临界剪切应力,σ_s 为硬金属的屈服强度,便可降低摩擦系数。

事实上,许多金属摩擦副在空气中的摩擦系数大于 0.5,在真空中的摩擦系数则更高,见表 8-1。因此,必须对简单黏着理论进行修正。

表 8-1　金属摩擦副在空气和真空中的摩擦系数

金属配合	摩擦系数	
	空气中	真空中
镍 - 钨	0.3	0.6
镍 - 镍	0.6	4.6
铜 - 铜	0.5	4.8
金 - 金	0.6	4.5

2. 修正黏着摩擦理论

1)黏着结点长大

在简单黏着摩擦理论中,分析实际接触面积时只考虑受压屈服极限 σ_s,而计算摩擦力时又只考虑剪切强度极限 τ_b,这对静摩擦状态是合理的。但对于滑动摩擦状态,由于存在切向力,实际接触面积和接触点的变形条件都取决于法向载荷产生的压应力 σ 和切向力产生的剪应力 τ 的联合作用。当切应力 τ 逐渐加大到剪切屈服强度 τ_s 时,黏着结点发生塑性流动,这种流动使接触面积增大,产生结点增大现象(图 8-21)。

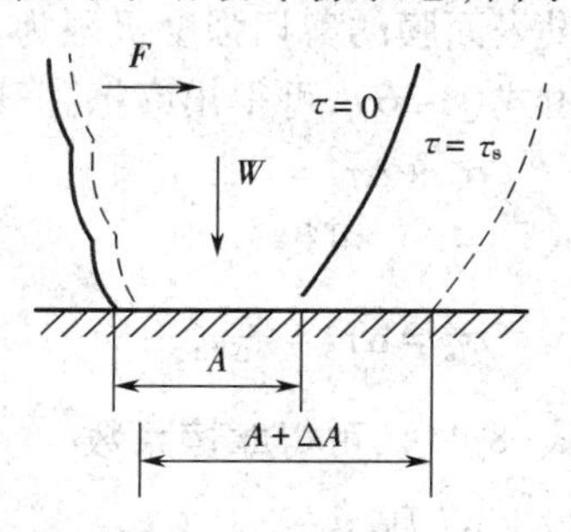

图 8-21　黏着结点增大

因为接触峰点处的应力状态复杂,不易求得三维解,于是根据强度理论的一般规律,假设当量应力的形式为

$$\sigma^2 + \alpha\tau^2 = k^2 \tag{8-36}$$

式中：α 为待定常数，$\alpha > l$；k 为当量应力。α 和 k 的数值，可以根据极端情况来确定。一种极端情况是 $\tau = 0$，即静摩擦状态。此时接触点的应力为 σ_s，所以 $\sigma_s^2 = k^2$，式(8-36)可写成

$$\sigma^2 + \alpha\tau^2 = \sigma_s^2 \tag{8-37}$$

即

$$\left(\frac{W}{A}\right)^2 + \alpha\left(\frac{F}{A}\right)^2 = \sigma_s^2 \tag{8-38}$$

或

$$A^2 = \left(\frac{W}{\sigma_s}\right)^2 + \alpha\left(\frac{F}{\sigma_s}\right)^2 \tag{8-39}$$

另一种极端情况是，使切向力 F 不断增大，由式(8-37)可知实际接触面积 A 也相应增加。这样，相对于 $\frac{F}{A}$ 而言，$\frac{W}{A}$ 的数值甚小，于是有

$$\alpha\tau_b^2 \approx \sigma_s^2$$

即

$$\alpha = \sigma_s^2/\tau_b^2 \tag{8-40}$$

由前面可知，对大多数金属材料满足 $\tau_b = 0.2\sigma_s$，可求得 $\alpha = 25$。然而试验证明，$\alpha < 25$，Bowden 等取 $\alpha = 9$。

由式(8-39)可知，$\frac{W}{\sigma_s}$ 表示在法向载荷 W 下处于静摩擦状态时的接触面积，而 $\frac{F}{\tau_b}$ $\left(或 \alpha^{1/2}\frac{F}{\sigma_s}\right)$ 反映了切向力即摩擦力 F 引起的接触面积增加。因此，由修正黏着摩擦理论推导出的接触面积显著增加，于是可得到比简单黏着摩擦理论大得多的摩擦系数值，也更接近于实际情况。

如前所述，对于洁净的金属表面(即在高真空中的金属)，接点可能大幅度地增长，从而产生很高的摩擦系数(表 8-1)。在空气中，金属表面自然生成的氧化膜或其他污染膜会使摩擦系数显著降低；有时为了降低摩擦系数，常在硬金属表面上涂覆一层薄的软材料表面膜，这些现象也可以应用修正黏着理论加以解释。

2）表面污染膜的影响

具有软材料表面膜的摩擦副滑动时，黏着点的剪切发生在膜内，其剪切强度较低。又由于表面膜很薄，实际接触面积由硬基体材料的受压屈服极限来决定，实际接触面积又不大，所以薄而软的表面膜可以降低摩擦系数。

设表面膜的剪切强度极限为 τ_f，且 $\tau_f = c\tau_b$，系数 c 小于 1；τ_b 是基体材料的剪切强度极限。由式(8-36)，可得出摩擦副开始滑动时的条件为

$$\sigma^2 + \alpha\tau_f^2 = k^2 \tag{8-41}$$

根据式(8-40)，可得

$$\sigma_s^2 = \alpha\tau_b^2 = \frac{\alpha}{c^2}\tau_f^2$$

代入式(8-41)，可得摩擦系数

$$f = \frac{\tau_b}{\sigma} = \frac{c}{[\alpha(1-c^2)]^{1/2}} \tag{8-42}$$

摩擦系数 f 与 c 的关系，如图 8-22 所示。当 c 趋近于 1 时，f 趋近于 ∞，这说明纯净金属表面在真空中产生极高的摩擦系数；f 值随 c 的减小而迅速下降，这表明材料上的表面膜具有减摩作用。当 c 值很小时，式(8-42)可变为

$$f=\frac{\tau_b}{\sigma_s}=\frac{\text{软表面膜的剪切强度极限}}{\text{硬基体材料受压屈服极限}} \tag{8-43}$$

这与按简单黏着理论得出的结果一致。因此，这是一种较符合实际的理论。

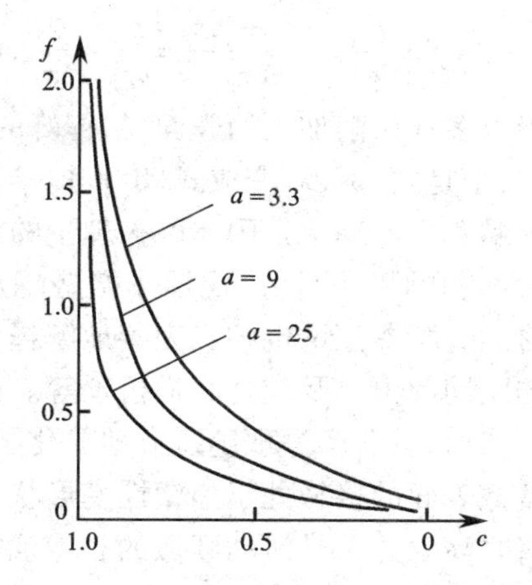

图 8-22 摩擦系数 f 与 c 的关系曲线

3. 犁沟效应

犁沟效应是硬金属的粗糙峰嵌入软金属后，在滑动中推挤软金属，使之塑性流动并犁出一条沟槽。如在磨粒磨损过程中，犁沟效应是摩擦力的主要分量。当黏着效应很小如对充分润滑的表面，犁沟效应的阻力也是摩擦力的重要组成部分。

假设硬金属表面的粗糙峰由许多半角为 θ 的圆锥体组成(图 8-23)，在法向载荷作用下，硬峰嵌入软金属的深度为 h。滑动摩擦时，只有圆锥体的前表面与软金属材料相接触，接触表面在水平面上的投影面积 $A=\frac{\pi d^2}{8}$，在垂直面上的投影面积为 $S=dh/2$。

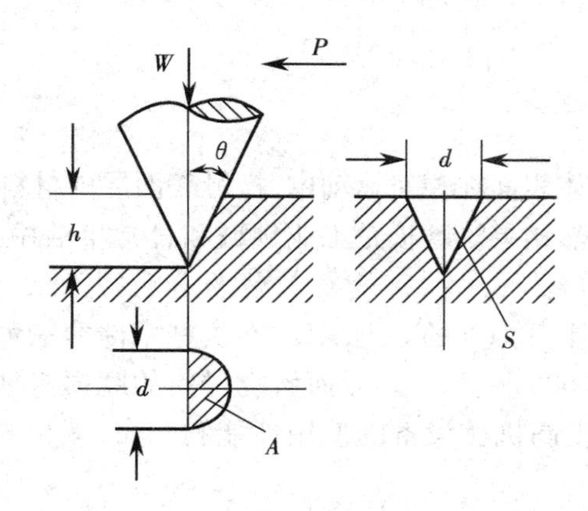

图 8-23 硬的锥形微凸体在软表面上的犁沟效应

如软金属的塑性屈服性能各向同性，屈服极限为 σ_s，于是法向载荷 W、犁沟力 P 分别为

$$W=A\sigma_s=\frac{\pi d^2}{8}\sigma_s$$

$$P=S\sigma_s=dh\sigma_s/2$$

于是由犁沟效应产生的摩擦系数

$$f=\frac{P}{W}=\frac{4h}{\pi d}=\frac{2}{\pi}\cot\theta \tag{8-44}$$

如同时考虑黏着效应和犁沟效应，摩擦力包括剪切力和犁沟力，即

$$F=A\tau_b+S\sigma_s$$

则摩擦系数

$$f=\frac{F}{W}=\frac{A\tau_b+S\sigma_s}{A\sigma_s}=\frac{\tau_b}{\sigma_s}+\frac{2}{\pi}\cot\theta \tag{8-45}$$

对于大多数切削加工的表面,粗糙峰的 θ 角较大,式(8-45)中的第二项很小,犁沟效应可以忽略,于是式(8-45)变成式(8-35)。当粗糙峰的 θ 角较小时,犁沟项将很大,不可忽略。

黏着摩擦理论是固体摩擦理论的重大发展,因为它首先指出了实际接触面积只占名义接触面积的极小部分,揭示了接触峰点的塑性流动和瞬时高温对于形成黏着结点的作用。同时黏着摩擦理论也相当完善地解释了许多滑动摩擦现象,如表面膜的减摩作用、滑动摩擦中的跃动现象以及胶合磨损机理等。

然而,黏着摩擦理论过分地简化了摩擦中的复杂现象,因而还有一些不完善之处。如实际摩擦表面的接触处于弹塑性变形状态,因而摩擦系数会随法向载荷而变化。又如接触点的瞬时高温并不是滑动摩擦的必然现象,也不是形成黏着结点的必要条件。虽然接触点达到塑性变形时形成黏着,然而对于极软或极光滑的表面,在不大的法向载荷作用下也发生黏着现象。

以上介绍的是有关摩擦的主要理论,当然随着摩擦工况和条件的不同,摩擦的作用机制也可能略有不同。此时的摩擦作用机制,可通过研究摩擦系数的变化及其影响因素如摩擦副配对性质、法向载荷的大小和加载速度、滑动速度、温度、表面特性及介质的化学作用等加以综合分析而得出。

8.3 材料的磨损

8.3.1 磨损的概念与分类

磨损是相互作用的固体表面在相对运动中,接触表面层内材料发生转移和损耗的过程,它是伴随摩擦而产生的必然结果。磨损是工业领域和日常生活中的常见现象,是造成材料和能源损失的一个重要原因。

磨损所造成的损失是十分惊人的。据统计,在机械零件的三种主要失效方式(磨损、断裂和腐蚀)中,磨损失效占60%~80%。因而研究材料的磨损机理、提高材料的耐磨性,对有效地节约材料和能量、提高机械设备的使用性能和寿命、减少维修费用具有重大的经济意义。

材料表面的磨损不是简单的力学过程,而是物理过程、力学过程和化学过程的复杂综合。要了解磨损现象、研究磨损机制和磨损规律,必须首先对磨损进行分类。

磨损分类方法表达了人们对磨损机理的认识,不同的学者提出了不同的分类观点,至今还没有普遍公认的统一的磨损分类方法。按表面接触性质,可将磨损分为金属-磨粒磨损、金属-金属磨损、金属-流体磨损三类;按环境和介质,可将磨损分为干磨损、湿磨损和流体磨损三类。根据摩擦表面的作用,可将磨损分为由摩擦表面机械作用产生的机械磨损(包括磨粒磨损、表面塑性变形、脆性剥落等),由分子力作用形成表面黏着结点、再经机械作用使黏着结点剪切所产生的分子-机械磨损(黏着磨损)和由机械与介质共同作用引起的腐蚀-机械磨损(如氧化磨损和化学腐蚀磨损)等。根据表面破坏的方式,可将磨损分为擦伤、点蚀、剥落、胶合、凿削、咬死等类型。根据磨损的程度,可将磨损分为轻微磨损和严重磨损等。

根据近年来对磨损的研究和认识,普遍认为按照不同的磨损机理进行分类是比较恰当的。目前,比较常见的磨损分类方法就是按照磨损机理来进行分类的,它将磨损分为 6 种基本类型。

①黏着磨损(Adhesive Wear),即接触表面相互运动时,由于固相焊合作用使材料从一个表面脱落或转移到另一表面而形成的磨损。

②磨粒磨损(Abrasive Wear),即由于摩擦表面间硬颗粒或硬突起,使材料产生脱落而形成的磨损。

③疲劳磨损(Fatigue Wear),即由于摩擦表面间循环交变应力引起表面疲劳,导致摩擦表面材料脱落而形成的磨损。

④腐蚀磨损(Corrosive Wear),即在摩擦过程中,由于固体界面上的材料与周围介质发生化学反应导致材料损耗而形成的磨损。

⑤微动磨损(Fretting Wear),即在两物体接触面间,由于振幅很小(1 mm 以下)的相对振动引起的磨损。

⑥冲蚀磨损(Erosion 或 Erosive wear),即含有固体颗粒的流体介质冲刷固体表面,使表面造成材料损失的磨损,又称为湿磨粒磨损。

在实际的磨损现象中,通常是几种形式的磨损同时存在,而且一种磨损发生后往往诱发其他形式的磨损。例如疲劳磨损的磨屑会导致磨粒磨损,而磨粒磨损所形成的新净表面又将引起腐蚀或黏着磨损。微动磨损就是一种典型的复合磨损,在微动磨损过程中,可能出现黏着磨损、氧化磨损、磨粒磨损和疲劳磨损等多种磨损类型。

另外,磨损类型还随工况条件的变化而转化。如对钢与钢的磨损,当滑动速度很低时,摩擦是在表面氧化膜之间进行,所产生的磨损为氧化磨损,磨损量小。随着滑动速度增加,磨屑增大,表面出现金属光泽且变得粗糙,此时已转化为黏着磨损,磨损量也增大。当滑动速率再增高,由于温度升高,表面重新生成氧化膜,又转化为氧化磨损,磨损量又变小。若滑动速率继续增高,再次转化为黏着磨损,磨损剧烈而导致失效(图 8-24(a))。当滑动速率保持恒定,载荷较小时会产生氧化磨损,磨屑主要是 Fe_2O_3;当载荷达到 W_0后,磨屑是 FeO、Fe_2O_3和 Fe_3O_4的混合物;载荷超过 W_c以后,便转入危害性的黏着磨损(图 8-24(b))。

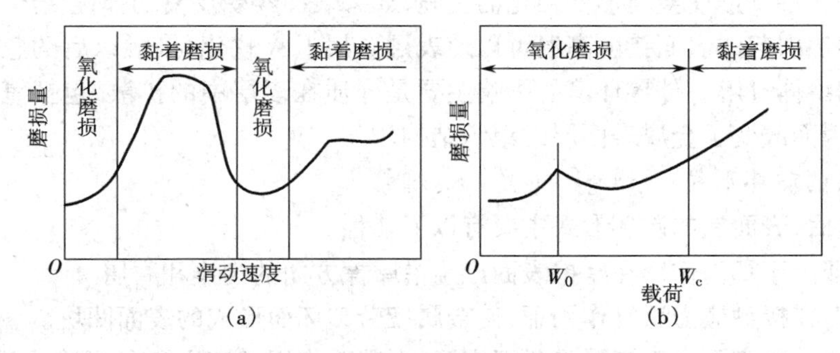

图 8-24　磨损形式随滑动速度和载荷的变化

(a)滑动速度　(b)载荷

8.3.2　磨损过程

1. 磨损过程的划分

根据磨损的定义和分类,可将磨损划分为三个过程,如图 8-25 所示。磨损的三个过程依次如下。

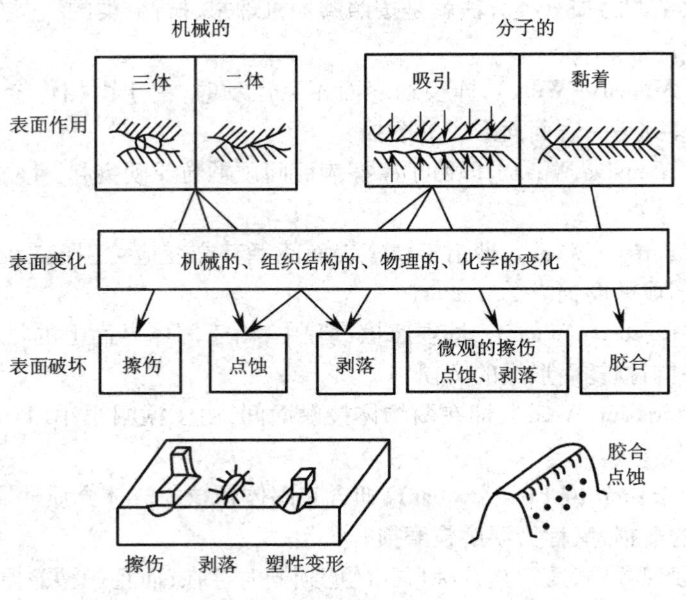

图 8-25 磨损过程分类图

1)表面的相互作用

两个摩擦表面的相互作用,可以是机械的或分子的两类;机械作用包括弹性变形、塑性变形和犁沟效应,它可以是由两个表面的粗糙峰直接啮合引起的,也可以是三体摩擦中夹在两表面间的外界磨粒造成的。而表面分子作用包括相互吸引和黏着效应两种,前者的作用力小而后者的作用力较大。

2)表面层的变化

在摩擦表面的相互作用下,表面层将发生机械的、组织结构的、物理的和化学的变化,这是由于表面变形、滑动速度、摩擦温度和环境介质等因素的影响造成的。

表面层的塑性变形使金属形变强化而变脆,如果表面经受反复的弹性变形,则将产生疲劳破坏。摩擦热引起的表面接触高温可以使表层金属退火软化,接触以后的急剧冷却将导致再结晶或固溶体分解。外界环境的影响主要是介质在表层中的扩散,包括氧化和其他化学腐蚀作用,因而改变了金属表面层的组织结构。

3)表面层的破坏形式

经过磨损后,表面层的破坏形式主要有以下几种。

①擦伤,即由于犁沟作用在摩擦表面产生沿摩擦方向的沟痕和磨屑。

②点蚀,即在接触应力反复作用下,使金属疲劳破坏而形成的表面凹坑。

③剥落,即金属表面由于变形强化而变脆,在载荷作用下产生微裂纹随后剥落。

④胶合,即由黏着效应形成的表面黏结点具有较高的连接强度,使剪切破坏发生在表层内一定深度,因而导致严重磨损。

2. 磨损过程曲线

与磨损的三个过程相对应,典型的磨损曲线也可分为三个阶段,如图 8-26 所示。

1)磨合磨损阶段

磨合是磨损过程的非均匀阶段,在整个磨损过程中所占比例很小,其特征是磨损率(单位时间的磨损量，即图 8-26 曲线的斜率）随时间的增加而降低（如图 8-26 中的 Ⅰ 区）。

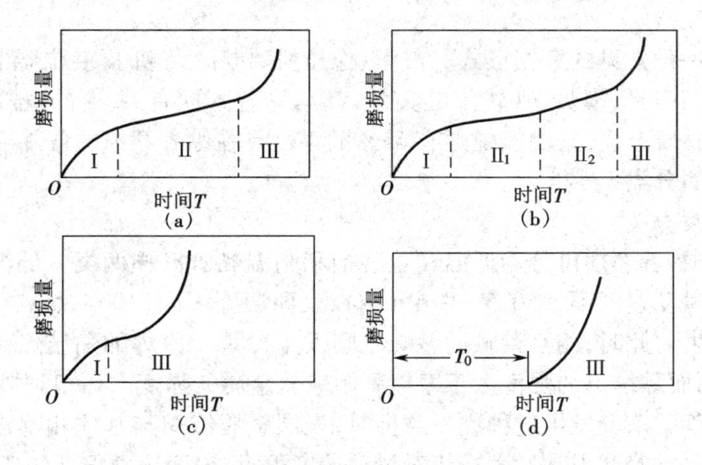

图 8-26　磨损过程曲线

(a) 典型磨损过程　(b) 两个稳定磨损过程　(c) 恶劣磨损过程　(d) 接触疲劳磨损过程

磨合磨损出现在摩擦副开始运行时期，由于加工装配后新摩擦副表面的真实接触面积很小，应力很高，磨损很快。在良好的工作条件下，经过一段时间或经过一定摩擦路程以后，表面逐渐磨平，表面粗糙度减小，使摩擦系数和磨损率随之降低，逐渐过渡到稳定磨损阶段。磨合过程是一个有利的过程，其结果为以后机械的正常运转创造了条件。磨合过程是机械设备必经的过程，选择合适的磨合规范和润滑剂等措施，可以缩短磨合过程，提高机器的使用寿命。

2）稳定磨损阶段

摩擦表面经磨合后达到稳定状态，实际接触面积始终不变，磨损率保持不变（如图 8-26 中的 Ⅱ 区），这是摩擦副正常的工作时期。该阶段在整个磨损过程中所占比例越大，则表明设备的寿命越长。

3）剧烈磨损阶段

在稳定工作达到一定时间后，由于磨损量的积累或者由于外来因素（工况变化）的影响，使摩擦副的摩擦系数增大，磨损率随时间而迅速增加（如图 8-26 中的 Ⅲ 区），使工作条件急剧恶化而导致完全失效。

在不同的摩擦副中，上述三个阶段在整个摩擦过程中所占的比例不完全相同，任何摩擦副都要经过上述三个过程，只是程度上和经历的时间上有所区别。图 8-26（a）是典型的磨损过程曲线，整个磨损过程由三个阶段组成。图 8-26（b）的曲线表示磨合期后，摩擦副经历了两个磨损工况条件，因而有两个稳定磨损阶段。在这两个阶段中，虽然磨损率不同，但都保持不变，属于正常工作状态。图 8-26（c）是恶劣工况条件下的磨损曲线，在磨合磨损之后直接发生剧烈磨损，不能建立正常的工作条件。图 8-26（d）属于接触疲劳磨损过程，正常工作到接触疲劳寿命 T_0 时开始出现疲劳磨损，并迅速发展引起失效。

8.3.3　黏着磨损

1. 黏着磨损的概念与分类

当摩擦副表面相对滑动时，由于黏着效应所形成的黏着结点发生剪切断裂，被剪切的材料或脱落成磨屑，或由一个表面迁移到另一个表面，此类磨损统称为黏着磨损（Adhesive Wear）。

黏着磨损是一种常见的磨损形式。汽车、拖拉机、机床、飞机及宇航器中的许多零件都会发生黏着磨损。刀具、模具、铁轨等的失效，都与黏着磨损有关。如在航空发动机中，有30%的零件发生黏着磨损，柴油机中则有65%的零件是在黏着磨损的条件下工作。

2. 黏着磨损的分类

1）按工作温度分类

按工作温度，黏着磨损可分为低温黏着磨损和高温黏着磨损两类。低温黏着磨损常在摩擦面间的相对滑动速度不大（0.5～0.6 m/s）、表面温度不高（100～150 ℃）、表面间压强很高的情况下发生。此时，相互接触的微峰之间发生冷焊。冷焊的黏结点由于塑性流动产生明显的硬化，因而黏结点的强度大于摩擦副中较软金属的强度。在相对滑动时，软的金属可能从基体上脱落下来。发生这种黏着磨损时，表层金属组织与基体相都没有明显的相变和成分变化。高温黏着磨损常发生在相对滑动速度很大、表面压力很高的条件下，这时微峰接触点上的瞬时温度很高，仅在表面很薄的一层金属上发生软化，被软化的金属转移到另一个金属表面。在磨损的表面上，沿着滑动方向形成交替的裂口、凹穴，且表层的金相组织和化学成分均有明显变化。高温黏着磨损的磨屑，呈薄带状，其厚度小于低温黏着磨损的磨屑。

2）按黏结点的强度和磨损程度分类

按黏结点的强度和磨损程度，黏着磨损可分为如下5种。

（1）涂抹　当较软金属的剪切强度小于界面强度时，剪切断裂发生在较软金属的浅表层内，材料从软金属表面上脱落，又黏附（涂敷）在硬金属的表面上，称为涂抹。如铜基轴瓦和钢轴颈相互摩擦时，就会出现涂抹型的黏着磨损。

（2）擦伤　当界面强度大于两摩擦材料基体的强度时，剪切断裂发生在软材料的亚表层内，附在硬金属表面的黏着物，在摩擦表面的滑动方向上将软材料的表面划伤，形成细而浅的划痕，使摩擦表面破坏即为擦伤。如铝与钢对磨时，就会出现擦伤型的黏着磨损。

（3）刮伤　当界面强度大于两摩擦材料基体的强度时，摩擦表面上形成的黏着物使另一摩擦表面沿滑动方向产生较深的划痕，称为刮伤。这种磨损破坏程度比擦伤严重，但与擦伤并没有明显的定量界限。

（4）胶合　在摩擦力和摩擦热的作用下，摩擦表面出现较深的划痕和凹坑的磨损，称为胶合。胶合是擦伤和撕脱联合作用的结果。当摩擦表面温度出现瞬时高温而发生局部熔化，形成固相热焊，在切向力作用下使较软材料从表面撕裂，形成凹坑。以塑性变形冷焊引起的黏着磨损为第一类胶合，以表面高温造成热焊引起的黏着磨损为第二类胶合。前者与刮伤相似，又称为机械破坏磨损；后者也称为热黏着，又称为熔化磨损。在滑动速度低（<0.5 m/s）、表面应力大于屈服极限、表面温度低（<100～150 ℃）、表面塑性变形大的条件下，常发生第一类胶合。在滑动速度高、表面应力低、温升明显的条件下，常发生第二类胶合。

（5）咬死　当摩擦表面形成牢固的焊接结点时，外力克服不了结点界面上的结合力，也不能使摩擦面双方剪切破坏时，使摩擦副双方没有相对滑动，称为咬死。

对不同的黏着磨损，虽然它们的磨损形式、摩擦系数和磨损度不同，但共同的特征是出现材料迁移以及沿滑动方向形成程度不同的划痕。

3. 黏着磨损的模型与机理

对于黏着磨损起因的认识有几种不同的观点，有人认为黏着磨损是由于接触峰点的塑性变形和瞬时高温使材料熔化或软化而产生的焊合引起的;有人认为磨损是冷焊引起的,即在未达到熔化温度时就可能形成黏着结点;又有人认为原子或离子的能量如果超过了一定的能级,就会发生黏着。上述各种观点从不同角度解释了黏着磨损的机理,构成了黏着磨损的理论基础。

通常,摩擦表面的实际接触面积只有名义面积的 $10^{-4}\sim10^{-2}$,接触点的压力有时高达 500 MPa,并产生 1 000 ℃以上的瞬时温度,其接触持续时间很短(只有 $10^{-4}\sim10^{-3}$ s)。由于峰点上的结点体积比接触峰的体积小得多,这样当覆盖在峰上的表面膜遭到破坏后,峰顶便产生黏着,随后的滑动使接触点分离,结点被剪断。这种黏着、剪切、再黏着的交替过程就形成了黏着磨损,如图 8-27 所示。

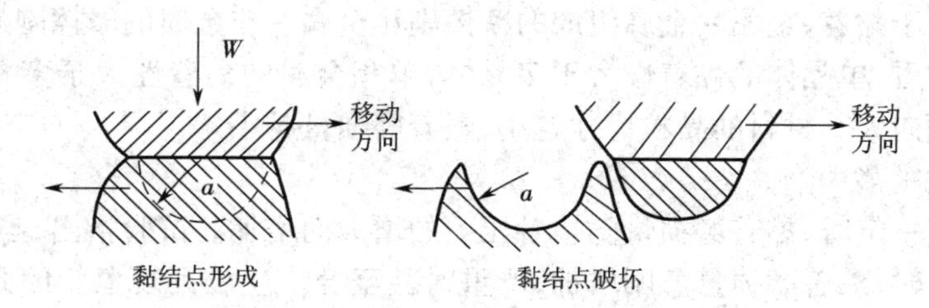

图 8-27　黏着磨损模型

针对这种机制,1953 年阿查得(Archard)提出,假设单位面积上有 n 个凸起,在压力 W 的作用下发生黏着,每个黏着点的半径为 a,并假定黏着点处的材料处于屈服状态,其压缩屈服极限为 σ_s,则承受的总载荷

$$W=n\pi a^2\sigma_s \tag{8-46}$$

由于相对运动使黏着点分离时,一部分黏着点从软方材料中拉出半径为 a 的半球,其磨损体积为 $\frac{2}{3}\pi a^3$。考虑到并非所有的黏结点都能发生破坏形成磨屑,特引入黏结点发生迁移破坏的几率(或黏着磨损常数)为 k。于是当滑动位移为 $2a$ 时,单位位移产生的体积磨损量

$$\frac{\Delta V}{\Delta l}=k\times n\times\frac{2}{3}\pi a^3\times\frac{1}{2a}=\frac{1}{3}kn\pi a^2 \tag{8-47}$$

将式(8-46)代入式(8-47)中,并假定屈服极限 σ_s 与材料的硬度 H 相等,则有滑动行程为 L 时的黏着磨损体积

$$V=k\frac{WL}{3H} \tag{8-48}$$

由式(8-48)不难看出,材料的黏着磨损量与所加法向载荷、摩擦距离成正比,与材料的硬度或强度成反比,而与接触面积大小无关。

另外,实验发现式(8-47) 和式(8-48)中的几率 k 值远小于 1,见表 8-2。这说明在所有的黏着结点中只有极少数发生磨损,而大部分黏结点不产生磨屑。

表 8-2　几种材料的黏着磨损常数 k

摩擦副材料	摩擦系数	黏着磨损常数 k
软钢 - 软钢	0.60	10^{-2}
硬质合金 - 淬硬钢	0.60	5×10^{-5}
聚乙烯 - 淬硬钢	0.65	10^{-7}

4. 黏着磨损的影响因素

黏着磨损的影响因素很多,又十分复杂。总结起来可归结为两大类:第一类为材料本身的组织与性能,称为内因;第二类为摩擦副的工作环境,称为外因,二者相互影响,不可忽视。

1)材料组织与性能的影响

从点阵结构看,体心立方和面心立方结构的金属发生黏着磨损的倾向高于密排六方结构。

从材料的互溶性看,摩擦副材料的互溶性越大,黏着倾向越大。如相同材料,或相同晶格类型、晶格间距、电子密度和电化学性能相近的材料,互溶性大,容易黏着;反之,互溶性小的材料,如异种金属或晶格特征不相近的材料所组成的摩擦副,发生黏着的倾向小。塑性材料比脆性材料易于黏着,金属 - 金属组成的摩擦副比金属 - 非金属的摩擦副易于黏着。

从组织结构看,单晶体的黏着性大于多晶体,单相金属的黏着性大于多相合金;固溶体比化合物黏着倾向大。材料的晶粒尺寸越小,黏着磨损量越小。

2)工作环境的影响

在摩擦速度一定时,黏着磨损量随接触压力的增大而增加。试验指出,当接触压力超过材料硬度的1/3时,黏着磨损量急剧增加,严重时甚至会产生咬死现象。因此,设计中选择的许用压力必须低于材料硬度的1/3,才不致产生严重的黏着磨损。

在接触压力一定的情况下,黏着磨损量随滑动速度的增加而增加,但达到某一极大值后,又随滑动速度的增加而减小。

摩擦副表面的结构参数、摩擦表面温度以及润滑状态等,也对黏着磨损量有较大的影响。降低表面粗糙度,将增加抗黏着磨损能力;但粗糙度过低,反因润滑剂难于储存在摩擦面内而促进黏着。温度和滑动速度的影响是一致的。这里所说的温度是环境温度或摩擦副体积平均温度,它不同于摩擦副的表面平均温度,更不同于摩擦副接触区的温度。在接触区,因摩擦热的影响,其温度很高,甚至可能使材料达到熔化状态。提高温度能促进黏着磨损产生;良好的润滑状态能显著降低黏着磨损。

5. 提高抗黏着磨损能力的措施

①首先要注意摩擦副配对材料的选择,其基本原则是配对材料的黏着倾向应比较小,如选用互溶性小的材料配对;选用表面易形成化合物的材料配对;金属与非金属材料配对,如金属与高分子材料配对以及选用淬硬钢与灰铸铁配对等都有明显的效果。

②采用表面处理工艺,如表面氮化、渗碳、渗硫、磷化、电镀或采用非金属涂层,可提高摩擦表面的抗黏着能力,有效地阻止材料的黏着。

③控制摩擦滑动速率和接触压应力,可使黏着磨损大为减轻。

8.3.4 磨粒磨损

1. 磨粒磨损的概念与分类

1)磨粒磨损的概念

磨粒磨损(Abrasive Wear)是指硬的磨(颗)粒或硬的凸出物在与摩擦表面相互接触运动过程中,使表面材料发生损耗的一种现象或过程。硬颗粒或凸出物一般为非金属材料,如石英砂、矿石等,也可能是金属,像落入齿轮间的金属屑等。

磨粒磨损时,作用在质点上的力分为垂直分力和水平分力,前者使硬质点压入材料表面,而后者使硬质点与表面之间产生相对位移。硬质点与材料相互作用的结果,使被磨损表面产生犁皱或切屑，形成磨屑或在表面留下沟槽。

磨粒磨损是一种常见的磨损形式，也是最重要的磨损类型。在工业领域中，磨粒磨损约占零件磨损失效的50%。仅据冶金、电力、建筑、煤炭和农机五个部门的不完全统计，我国每年因磨粒磨损所消耗的钢材达百万吨以上。

2）磨粒磨损的分类

磨粒磨损的分类方法很多，常见的有以下几种。

Ⅰ.按接触条件或磨损表面数量分类

① 两体磨粒磨损，磨粒直接作用于被磨材料的表面，磨粒与材料表面各为一物体（图 8-28（a）），如犁铧。

②三体磨粒磨损，磨粒介于两材料表面之间，如图 8-28（b）所示。磨粒为一物体，两材料为两物体，磨粒可以在两表面间滑动，也可以滚动，如滑动轴承、活塞与汽缸、齿轮间落入磨粒等。

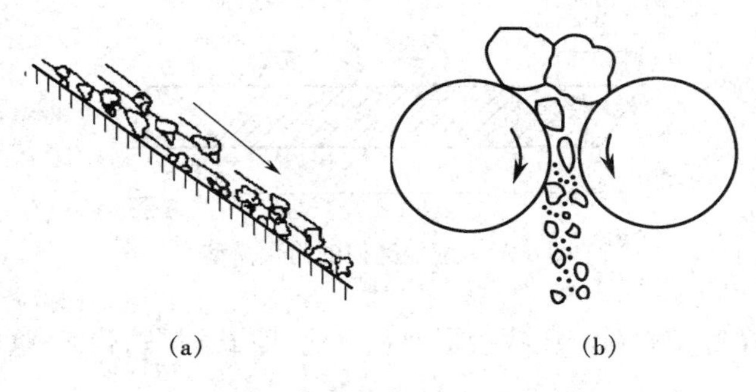

（a）　　（b）

图 8-28　两体和三体磨粒磨损示意图

（a）两体磨粒磨损　（b）三体磨粒磨损

Ⅱ.按力的作用特点分类

①低应力划伤式磨粒磨损，磨粒作用于表面的应力不超过磨粒的压碎强度，材料表面为轻微划伤，如农机具的磨损，洗煤设备的磨损，运输过程的溜槽、料仓、漏斗、料车等的磨损。

②高应力碾碎式磨粒磨损，磨粒与材料表面接触处的最大压应力大于磨粒的压碎强度，磨粒不断被碾碎，如球磨机衬板与磨球等的磨损。

③凿削式磨粒磨损，磨粒对材料表面有高应力冲击式的运动，从材料表面上凿下较大颗粒的磨屑，如挖掘机斗齿、破碎机锤头等的磨损。

Ⅲ.按材料的相对硬度分类

①软磨粒磨损，材料硬度与磨粒硬度之比大于 0.8。

②硬磨粒磨损，材料硬度与磨粒硬度之比小于 0.8。

Ⅳ.按工作环境分类

①普通型磨粒磨损，即一般正常条件下的磨粒磨损。

②腐蚀磨粒磨损，在腐蚀介质中的磨粒磨损，腐蚀加速了磨损的速度，如在含硫介质中工作的煤矿机械等。

③高温磨粒磨损，在高温下的磨粒磨损，高温和氧化加速了磨损，如燃烧炉中的炉壁、沸腾炉中的管壁等。

2. 磨粒磨损的模型与机理

1)磨粒磨损简化模型

1966 年,拉宾诺维奇(Rabinowicz)以两体磨粒磨损为例,估算出以切削作用为主的磨粒磨损量。该简化模型假设:①磨粒磨损中的颗粒为圆锥体;②被磨材料为不产生任何变形的刚体;③磨损过程为滑动过程。磨粒在载荷 W 的作用下,被压入较软的金属材料中,并在切向力作用下沿较软的金属表面滑动距离为 L,犁出一条沟,其深度为 x(图 8-29)。于是经磨粒磨损后磨损掉的材料体积,即被迁移的沟槽体积(阴影部分),用下式可以计算:

$$V=\frac{1}{2}\times 2r\times x\times L=rxL=r^2L\tan\theta \tag{8-49}$$

式中:V 为磨损掉的体积;r 为磨粒圆锥体的半径;x 为颗粒压入材料的深度;L 为滑动距离;θ 为磨粒圆锥体的夹角。

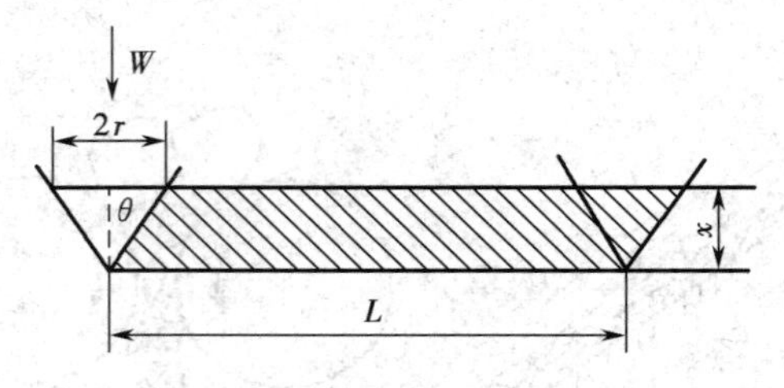

图 8-29 磨粒磨损的简化模型

若材料的硬度 H 等于载荷与压痕投影面积之比,即 $H=\frac{W}{\pi r^2}$,代入式(8-49)后可得

$$V=\frac{WL\tan\theta}{\pi H} \tag{8-50}$$

式中:W 为法向载荷;H 为金属材料的硬度。

此式表明,在一定的磨粒条件下,磨损体积与所加的载荷成正比,而与材料的硬度成反比。它与式(8-48)的黏着磨损量相似,即磨损量与载荷和滑动距离成正比,而与被磨材料的硬度成反比。

2)磨粒磨损机理

材料的磨粒磨损机理,可大致分为以下四类。

(1)微观切削磨损机理　磨粒在材料表面的作用力,可分解为法向力和切向力两个分力。法向力使磨粒压入表面,切向力使磨粒向前推进。当磨粒形状与运动方向适当时,磨粒如同刀具一样,在表面进行切削而形成切屑。但由于这种切屑的宽度和深度都很小,因此切削也很小,称之为微观切削。在显微镜下观察,这些微观切屑仍具有机床上切屑的那些特点,即一面较光滑,另一面则有滑动的台阶,有些还发生卷曲的现象。微观切削磨损是经常见到的一种磨损,特别是在固定磨粒磨损和凿削式磨损中,它是材料表面磨损的主要机理。

(2)多次塑性变形磨损机理　在磨粒磨损中,当磨粒滑过被磨材料表面时,除了切削以外,大部分把材料推向两边或前缘,这些材料的塑性变形很大,但却没能脱离母体。在沟底及沟槽附近的材料也有较大的变形。犁沟时可能有一部分材料被切削而形成切屑,一部分则未被切削而在塑性变形后被推向两侧和前缘。若在犁沟时全部沟槽中的体积都被推向两侧和前缘而不产生切屑,则称为犁皱。犁沟或犁皱后堆积在两侧和前缘的材料以及沟槽中的材料,在受到随后的磨粒作用时,可能把已堆积的材料压平,也可能使已变形的沟底材料遇到再一次的犁皱变形,如此反复塑变,导致材料产生加工硬化或其他强化作用最终剥落而成为磨屑。这种形式的磨粒磨损,可在球磨机的磨球和衬板、颚式破碎机的齿板以及圆锥式破碎机的壁上所造成的磨损中发现。

(3)微观断裂(剥落)磨损机理　磨粒与脆性材料表面接触时,材料表层因受到磨粒的压入而形成裂纹,当裂纹互相交叉或扩展到表面上时就发生剥落形成磨屑。微观断裂磨损机理造成的材料损失率最大。

(4)疲劳磨损机理　摩擦表面在磨粒产生的循环接触应力作用下,使表面材料因疲劳而剥落。

在实际磨粒磨损过程中,往往有几种机制同时存在,但以某一种机制为主。当工作条件发生变化时,磨损机制也会随之变化。

3. 磨粒磨损的影响因素

由于磨粒磨损过程是一个复杂的、多种因素综合作用的摩擦学系统,因而材料性能、磨粒性能及工作条件都对磨粒磨损有重要的影响。

1)材料性能的影响

(1)硬度　硬度是表征材料抗磨粒磨损性能的主要参数。一般情况下,材料硬度越高,其抗磨粒磨损能力也越高。

①对纯金属和各种成分未经热处理的钢,耐磨性与材料的硬度成正比关系,且直线通过原点,如图 8-30(a)所示。通常认为,退火状态下钢的硬度与钢的含碳量成正比。由此可知,钢在磨粒磨损下的耐磨性与含碳量按线性关系增加。

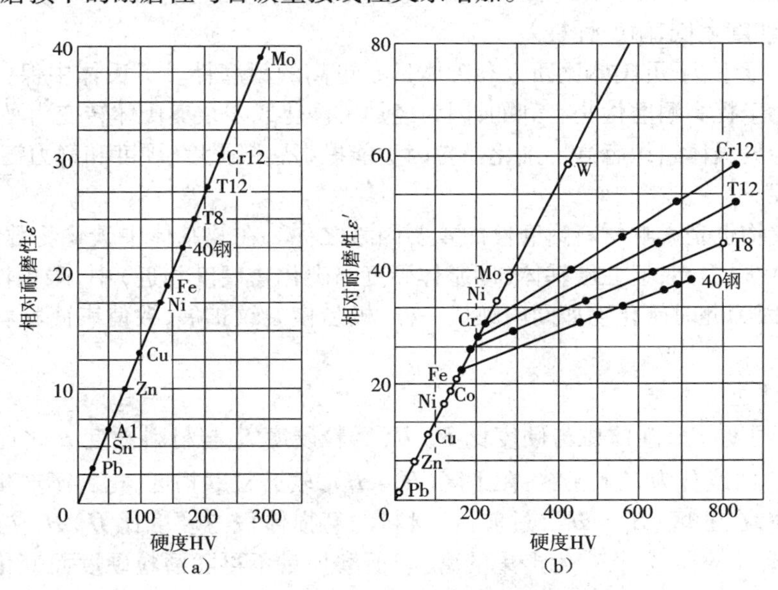

图 8-30　磨粒磨损中的相对耐磨性与材料硬度的关系

(a) 纯金属和未热处理钢　(b)热处理钢

②对经过热处理的钢,其耐磨性也与硬度呈线性关系,但直线的斜率比纯金属为小(图 8-30(b))。这表明,在相同硬度下比较时,经过热处理的钢,其抗磨粒磨损能力反不及纯金属。含碳量越高,直线的斜率越大;而直线的交点表示该钢材未经热处理时的耐磨性。

③通过塑性变形虽能使钢材加工硬化、提高钢的硬度,但不能改善其抗磨粒磨损的能

力。磨粒磨损的耐磨性与加工硬化的硬度无关,是因为磨粒磨损中的犁沟作用本身就是强烈的加工硬化过程。磨损中的硬化程度要比原始硬化大得多,而材料耐磨性实际上取决于材料在最大硬化状态下的性质,所以原始的冷作硬化对磨粒磨损无影响。此外,用热处理方法提高材料硬度一部分是因加工硬化得来的,这部分硬度的提高对改善耐磨性的作用不大,因此用热处理提高耐磨性的效果不很显著。

(2)断裂韧性　断裂韧性也会影响材料的磨粒磨损性能,如图 8-31 所示。在Ⅰ区,磨损受断裂过程控制,故耐磨性随断裂韧性提高而增加;在Ⅱ区,当硬度与断裂韧性配合最佳时,耐磨性最高;在Ⅲ区,耐磨性随硬度降低而下降,磨损过程受塑性变形所控制。可见,磨粒磨损抗力并不唯一地决定于硬度,还与材料的韧性有关。

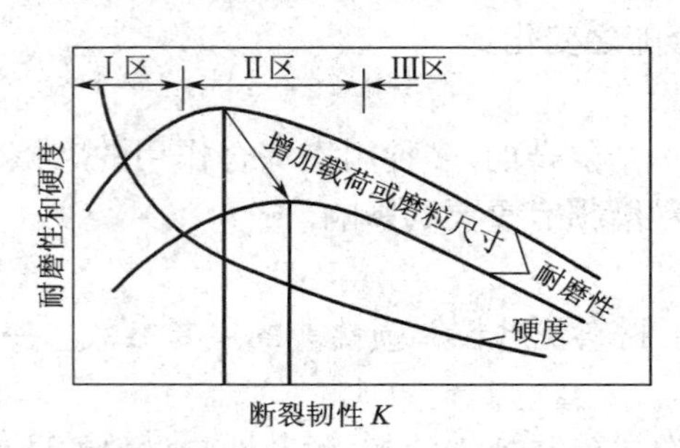

图 8-31　耐磨性、硬度和断裂韧性的关系示意图

(3)显微组织　钢的显微组织对材料的抗磨粒磨损能力也有影响。马氏体的耐磨性最好,铁素体因硬度太低,耐磨性最差。

在相同硬度下,下贝氏体比回火马氏体具有更高的耐磨性。贝氏体中保留一定数量的残余奥氏体对于提高耐磨性是有利的,因为经加工硬化或残余奥氏体转变为马氏体后,基体硬度较完全为贝氏体组织者高。细化晶粒因为能提高屈服强度、硬度和静力韧性,所以也会提高其耐磨性。

钢中碳化物也是影响材料耐磨性的重要因素之一。在软基体中碳化物数量增加,弥散度增加,耐磨性也提高;但在硬基体(即基体硬度与碳化物硬度相近)中,碳化物反而损害材料的耐磨性,因为此时碳化物如同内缺口一样,极易使裂纹扩展,致使表面材料通过切削过程而被除去。

2) 磨粒性能的影响

(1)磨粒硬度　磨损体积与硬度比 H_0/H(磨粒硬度 H_0 与材料硬度 H 之比)的关系,如图 8-32 所示。曲线分为三个区域:在Ⅰ区($H_0<H$),软磨粒磨损区,材料不产生磨粒磨损或产生轻微磨损;在Ⅱ区($H_0 \approx H$),过渡区,材料的磨损体积与硬度比 H_0/H 成正比;在Ⅲ区($H_0>H$),硬磨粒磨损区,将产生严重的磨损,但磨损量不再随磨粒硬度而变化。图中有两个转折点 A 与 B,对应的 H_0/H 分别为 0.7～1.1 和 1.3～1.7。

由图 8-32 可见,如能增加材料的硬度,使 H_0/H 下降,则磨损体积不断减小。进入Ⅰ区时,再增加材料硬度,磨损量变化已不显著了。当 $H_0/H \geqslant 1.3$～1.7 后再增加材料的硬度 H,磨损量也不再变化。因此,要降低磨粒磨损速率,必须使材料的硬度高于磨粒硬度的 1.3 倍,这是获得低磨损速率的判据。

在磨粒硬度较高的Ⅲ区,材料的磨损是通过磨粒嵌入表面形成沟槽而发生的。此时,材料硬度是控制因素。在磨粒硬度较低的Ⅰ区,材料的磨损是通过表面严重变形、疲劳而发生

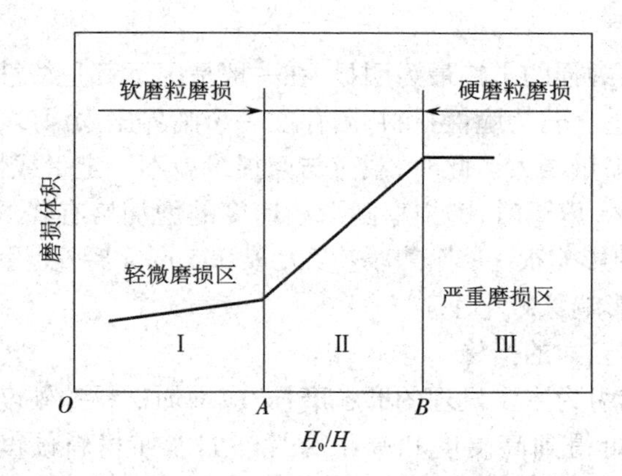

图 8-32　磨损体积与磨粒/材料硬度比(H_0/H)的关系

的。此时，材料硬度是次要因素。这表明，在软磨粒磨损情况下，提高材料的硬度对提高耐磨性的作用不大。

(2)磨粒尺寸　在磨粒磨损过程中，磨粒大小对耐磨性的影响存在一个临界尺寸。当磨粒的大小在临界尺寸以下时，磨损量随磨粒尺寸的增大而按比例增加；但当磨粒尺寸超过临界尺寸后，磨损体积增加的幅度明显降低。不同材料的磨损率不同，临界尺寸也有区别，如图 8-33 所示。

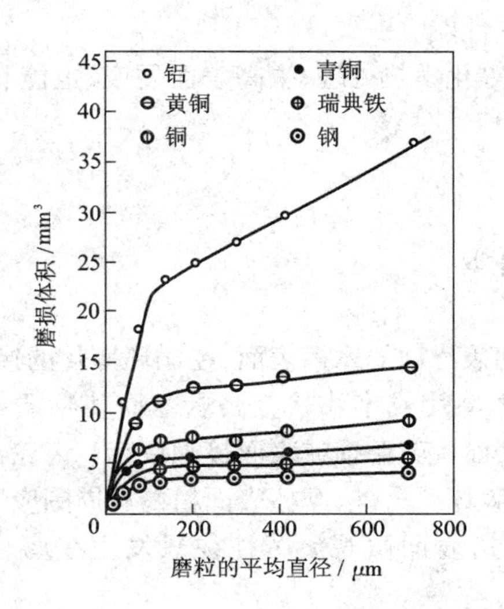

8-33　磨粒尺寸对不同材料磨粒磨损体积的影响

(3)磨粒形状　磨粒的几何形状对磨损率也有较大的影响，尖锐磨粒造成的磨损量高于同样条件下的多角形和圆形磨粒产生的磨损量，见表 8-3。

表 8-3　磨粒形状对材料相对磨损率的影响

磨粒形状类型	相对磨损率			
	1018 碳素退火钢	1045 碳素正火钢	硬铸铁(3.5%C，3.5%Ni，2.5%Cr)	白口铸铁(3%C，26%Cr)
尖锐的人工破碎石英砂	3.40	3.60	0.85	0.30
多角形砂	—	1.60	0.25	0.14
圆形干砂	1.00	0.96	0.26	0.30

3)工作条件的影响

载荷和滑动距离对磨损的影响最为明显,在一般情况下都呈线性关系。载荷越高,滑动距离越长,磨损就越严重。若为脆性材料,因存在一个临界压入深度,超过此深度后,则裂纹容易形成与扩展,使磨损量增大。此时,载荷与磨损量就不一定呈线性关系了。

滑动速度在0.1 m/s以下时,磨损率随滑动速度的增加略有降低;当滑动速率在0.1~0.5 m/s时,滑动速度的影响很小;当滑动速度大于0.5 m/s后,随滑速增大,磨损量先略有增加,达到一定值后其影响又减小了。

4.改善抗磨粒磨损能力的措施

①对于以切削作用力为主要机理的磨粒磨损,应增加材料的硬度,如用含碳较高的钢淬火获得马氏体组织,即可得到高硬度和高耐磨性。如能使材料硬度与磨粒硬度之比达到0.9~1.4,可使磨损量明显减小。但如果磨粒磨损机理是塑性变形,或塑性变形后疲劳破坏(低周疲劳)、脆性断裂,则提高材料韧性(如用等温淬火获得下贝氏体、消除基体中的初生碳化物,并使二次碳化物均匀弥散分布以及含适量残余奥氏体等)能改善材料的抗磨粒磨损能力。

②根据机件服役条件,合理地选择耐磨材料。如在高应力冲击载荷下(颚式破碎机齿板),可选用高锰钢,利用其高韧性和高加工硬化能力,获得高耐磨性。在冲击载荷不大的低应力磨损场合(水泥球磨机衬板、拖拉机履带板等),用中碳低合金钢并经淬火回火处理,可以得到适中的耐磨粒磨损性能。

③采用渗碳、碳氮共渗等化学热处理,提高表面硬度,也能有效地改善材料的抗磨粒磨损性能。

8.3.5 疲劳磨损

1.疲劳磨损的概念与分类

1)疲劳磨损的概念

两个相互滚动或者滚动兼滑动的摩擦表面,在循环变化的接触应力作用下,材料表面因疲劳损伤导致局部区域产生小片或小块状金属剥落而使物质损失的现象,称为疲劳磨损(Fatigue Wear),又可称为表面疲劳磨损或表面接触疲劳。齿轮传动、滚动轴承、钢轨与轮箍的表面,经常出现接触疲劳破坏。另外,摩擦表面粗糙峰周围应力场变化所引起的微观疲劳现象也属于此类磨损。不过,表面微观疲劳往往只发生在磨合阶段,因而是非发展性的磨损。

接触疲劳破坏的宏观形态特征,是在接触表面上出现许多小针状或痘状凹坑,有时凹坑很深,呈贝壳状,有疲劳裂纹扩展线的痕迹。

2)疲劳磨损的分类

疲劳磨损,通常根据剥落裂纹的起始位置及形态,可分为麻点剥落(点蚀)、浅层剥落和深层剥落(表面压碎)三类。深度在0.2 mm以下的小块剥落叫麻点剥落,呈针状或痘状凹坑,截面呈不对称V形。浅层剥落的深度一般为0.2~0.4 mm,剥块底部大致和表面平行,裂纹走向与表面成锐角和垂直。深层剥落的深度与表面强化层深度相当,裂纹走向与表面垂直。

接触疲劳与一般疲劳一样,也分为裂纹形成和扩展两个阶段;但通常认为裂纹形成过程时间长,而扩展阶段只占总破坏时间很小一部分。接触疲劳曲线(最大接触压应力-循环周次曲线)也有两种,一种是有明显的接触疲劳极限;另一种是对于硬度较高的钢,最大接触压应力随循环周次增加连续下降,无明显接触疲劳极限。

2. 表面接触情况分析

由于接触疲劳是在接触压应力长期作用下的结果,因此有必要了解疲劳磨损过程中的接触应力情况。两物体相互接触时,在表面上产生的局部压应力称为接触应力,也叫赫兹应力。受接触应力作用的机件,按接触面初始几何条件不同,可分为线接触与点接触两类。如齿轮间的接触为线接触,滚珠轴承间的接触为点接触。

根据赫兹接触理论可知,滚动接触时,不论两接触物体是球体的点接触还是圆柱体的线接触,接触面均为椭圆,最大压应力都发生在表面上,而最大剪应力 τ_{max} 发生在离表面一定距离处。点接触时,接触圆半径 $b = 1.11\sqrt{\frac{WR}{E}}$,最大压应力 $\sigma_{max} = 0.388\sqrt[3]{\frac{WE^2}{R^2}}$,$\tau_{max} = 0.32\sigma_{max}$ 存在于次表面 $Z = 0.786b$ 处。线接触时,$b = 1.52\sqrt{\frac{WR}{El}}$,$\sigma_{max} = 0.418\sqrt{\frac{WE}{Rl}}$,$\tau_{max} = (0.30 \sim 0.33)\sigma_{max}$ 位于次表面 $Z = 0.786b$ 处。其中,b 为接触圆半径,W 为法向压力,$R = \left(\frac{1}{R_1} + \frac{1}{R_2}\right)^{-1}$ 为接触体的有效接触半径,E 为弹性模量,l 为线接触宽度。

实际机件接触时,往往还伴有滑动摩擦,表面还有摩擦力作用,它与 τ_{max} 叠加构成了接触摩擦条件下的最大综合切应力分布曲线。滑动摩擦系数越大,表面摩擦力也越大。此时,最大综合切应力分布曲线的最大值会从 $Z = 0.786b$ 处向表面移动。当摩擦系数大于 0.2 时,最大综合切应力曲线的最大值将会移至工件表面,如图 8-34 所示。

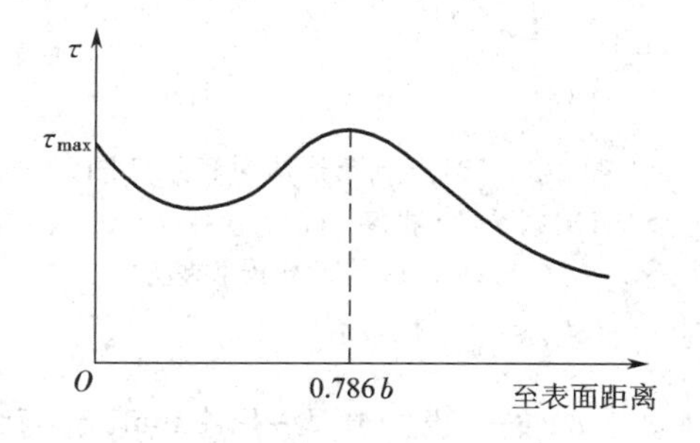

图 8-34　综合切应力沿深度分布示意图

滚动接触应力为交变应力,对于接触面上某一位置而言,当两物体相互接触并承受法向力时,在其接触面下深度 $Z = 0.786b$ 处就建立起 τ_{max} 来;两物体脱离接触时,τ_{max} 降为零。因而对于接触面上某一位置,其亚表层受 $0 \sim \tau_{max}$ 重复循环应力作用,应力半幅为 $0.5\tau_{max}$,即为 $(0.15 \sim 0.16)\sigma_{max}$。

在交变剪应力的影响下,裂纹容易在最大剪应力处成核,并扩展到表面而产生剥落,在零件表面形成针状或豆状凹坑,造成疲劳磨损。

3. 疲劳磨损机理

1)麻点剥落(又称点蚀)

裂纹起源于表面,剥落层深度在 0.1 ~ 0.2 mm,从表面看麻点是针状和豆状凹坑,截面呈不对称的 V 形(图 8-35)。在滚动接触过程中,由于表面最大综合切应力反复作用在表层局部区域，若材料的抗剪屈服强度较低，则将在该处产生塑性变形，同时还伴有形变强化。由于损伤逐步累积，直到表面最大综合切应力超过材料的抗剪强度时，就在表层形成裂纹。裂纹形成后，润滑油挤入裂纹。在连续滚动接触过程中，润滑油反复压入裂纹并被封闭。封闭在裂纹内的高压油，以较高的压力作用于裂纹内壁（实际上是使裂纹张开的应力），使裂纹沿与滚动方向成小于45°倾角向前扩展。在纯滚动条件下，裂纹扩展方向与 τ_{max} 方向一致；有滑动摩擦时，倾角减小。摩擦力越大，倾角越小。当裂纹扩展到一定程度后，因顶端有应力集中，故在该处产生二次裂纹。二次裂纹与初始裂纹垂直，其中也有润滑油。二次裂纹也受高压油作用而不断向表面扩展。当二次裂纹扩展到表面时，就剥落下一块金属而形成一凹坑。

实践表明，表面接触应力较小、摩擦力较大或表面质量较差（如表面有脱碳、烧伤、淬火不足、夹杂物等）时，易产生麻点剥落。前者（摩擦力较大）是因为表面最大综合切应力较高，后者（材料表面质量较差）则是材料抗剪强度较低所致。

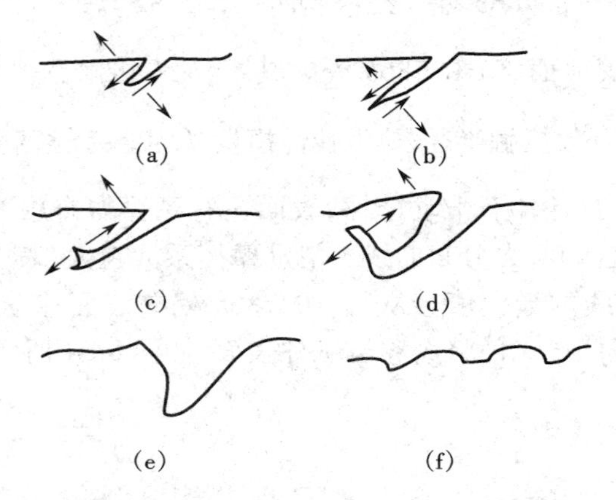

图 8-35 麻点剥落形成过程示意图

(a)初始裂纹形成 (b)初始裂纹扩展 (c)二次裂纹形成 (d)二次裂纹扩展 (e)形成磨屑 (f)锯齿形表面

2）浅层剥落

裂纹起源于亚表面，剥落层深度一般为 0.2～0.4 mm，它与最大剪应力 τ_{max} 所在深度 0.786b 相当，其底部大致和表面平行，而其侧面的一侧与表面约成45°，另一侧垂直于表面（图 8-36）。

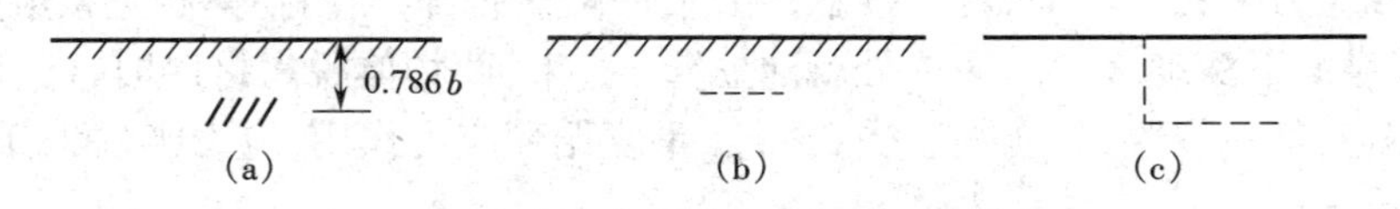

图 8-36 浅层剥落过程示意图

(a)在 0.786b 处形成交变塑性区 (b)形成裂纹 (c)裂纹扩展剥落

在 0.786b 处，切应力最大，塑性变形最剧烈。在接触应力反复作用下，塑性变形反复进行，使材料局部弱化，遂在该处形成裂纹。裂纹常出现在非金属夹杂物附近，故裂纹开始沿非金属夹杂物平行于表面扩展，而后在滚动及摩擦力作用下又产生与表面成一倾角的二次裂纹。二次裂纹扩展到表面时，则形成悬臂梁，因反复弯曲发生弯断，从而形成浅层剥落。

这种剥落常发生在机件表面粗糙度低、相对摩擦力小的场合。此时,表面最大综合切应力不为零,其最大值在 0.786b 处。当此力超过材料的塑性变形抗力时,该处产生疲劳裂纹。

3)深层剥落(硬化层剥落或压碎性剥落)

经表面强化处理的零件(如表面淬火、渗碳及其他渗层等),其疲劳磨损裂纹往往起源于硬化层与心部的交界处。当硬化层深度不足、心部强度过低以及过渡区存在不利的残余应力时,都易在过渡区产生裂纹(图 8-37)。裂纹形成后,先平行表面扩展,即沿过渡区扩展,而后垂直于表面扩展,最后形成较深的剥落坑。

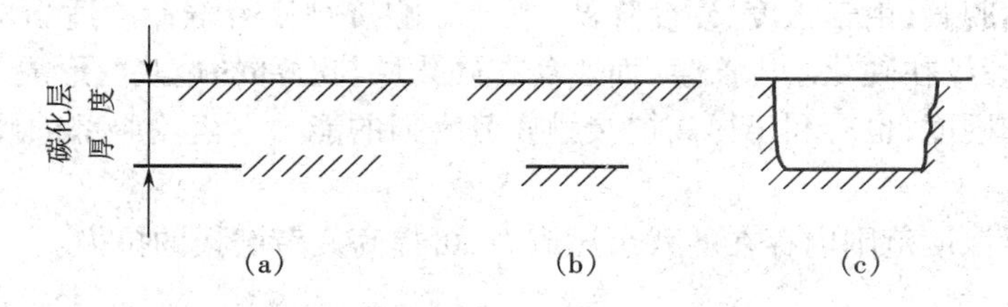

图 8-37　深层剥落过程示意图

(a) 在过渡区形成塑性变形　(b) 在过渡区产生裂纹　(c)形成大块剥落

4. 疲劳磨损的影响因素

接触疲劳磨损的失效过程,首先是在滚动元件上形成疲劳裂纹源以及裂纹源的扩展,致使接触元件表面出现点蚀和剥落,最后导致大面积剥落而失效。因而凡是影响裂纹源形成和裂纹源扩展的因素,都会对接触疲劳磨损产生影响。

应该指出的是,接触疲劳磨损的评定指标,一般不是磨损失重或体积迁移量,而是在某一定接触应力下,接触元件的循环周次,即疲劳寿命。

1)工作条件

(1)载荷　影响滚动元件寿命的主要因素之一是载荷。一般认为,轴承的寿命与载荷的立方成反比,即 NW^3 = 常数,式中 N 为轴承的寿命(循环次数),W 是外加载荷。

(2)温度　温度升高,将使润滑剂的黏度降低,油膜厚度减小,导致接触疲劳磨损加剧。

(3)环境　在有腐蚀介质的环境中或者矿物油中含有水分,都会加速接触疲劳磨损的进行。

2)材料性能

(1)冶金质量　钢材的冶炼质量,对零件的接触疲劳磨损寿命有明显的影响。轴承钢的接触疲劳寿命与夹杂物的类型、形态和数量有很大的关系,其中 Al_2O_3、TiN 等氧化物、氮化物和硅酸盐的影响最大。夹杂物尺寸愈大、分布愈不均匀,危害愈大,特别是位于接触面表层(大约 1 mm)的夹杂物影响更大。实际生产过程中,应尽量减少钢中的非金属夹杂物。

(2)表面结构参数　接触疲劳磨损产生于滚动元件接触表面,所以表面状态对接触疲劳寿命有很大的影响。粗糙的表面容易出现点蚀,降低表面的粗糙度可以有效地增加接触疲劳寿命。接触应力大小不同,对表面粗糙度的要求也不同。接触应力低时,表面粗糙度对疲劳磨损寿命影响较大;接触应力高时,表面粗糙度的影响较小。

(3)材料的硬度匹配　在一定的硬度范围内,疲劳磨损抗力随硬度的升高而增大,但也不能盲目追求高硬度。一般来说,当表面硬度在 HRC58 ~ 64 时,有较高的抗疲劳磨损能力。与此同时,承受接触应力的机件,必须有适当的心部强度。另外,两个接触滚动体的硬度匹配恰当与否,会直接影响疲劳磨损寿命。一般情况下,当滚道和滚动元件的硬度相近或者滚动元件的硬度比滚道高10%时，疲劳寿命最高。

(4)热处理组织　滚动元件的热处理和组织状态，对接触疲劳寿命也有很大的影响。滚动轴承钢淬火及低温回火后的显微组织是隐针(晶)马氏体和细粒状碳化物，马氏体的碳浓度以0.5%左右最好。固溶体的碳浓度过高，易形成粗针状马氏体，脆性较大，而且残余奥氏体量增多，接触疲劳寿命降低。马氏体中的碳浓度过低，则基体的强度、硬度降低，也影响接触疲劳寿命。轴承钢中的未溶碳化物，以小、匀、少、圆为好。

对于用渗碳钢制作的滚动元件，也要求渗碳层中的马氏体和碳化物细小，且均匀分布。若渗碳元件表面脱碳，由于强度、硬度降低，也会影响接触疲劳寿命。适当增加渗碳层的厚度，可以使疲劳裂纹在硬化层内产生，而避免在硬化层与心部的过渡区形成。适当提高渗碳件心部的强度和硬度，也有利于提高抗接触疲劳磨损的能力。齿轮心部的硬度在HRC35～45左右较好。

在一定表层深度范围内存在的残余压应力，可提高疲劳磨损的抗力。

8.3.6　腐蚀磨损

1. 腐蚀磨损的概念

摩擦过程中，金属与周围介质发生化学或电化学反应而产生的表面损伤，称为腐蚀磨损(Corrosive Wear)。

腐蚀磨损是一种极为复杂又常见的磨损形式，它是材料受腐蚀和磨损综合作用的磨损过程。腐蚀磨损对环境、温度、介质、滑动速度、载荷大小及润滑条件等极为敏感，稍有变化就可能使腐蚀磨损发生很大变化。当腐蚀成为主要原因时，通常都有几种磨损机理存在，各种机理之间还存在着复杂的相互作用。像金属与金属之间的磨损，开始可能是黏着磨损，但因磨损产物又都具有磨粒的特性，因此会出现磨粒磨损或其他磨损机理。因此在腐蚀磨损过程中，既不能忽视腐蚀的作用，也不能忽视磨损的作用，甚至还要考虑到其他磨损形式存在的综合作用。

2. 腐蚀磨损的分类

腐蚀磨损，通常可分为化学腐蚀磨损和电化学腐蚀磨损。化学腐蚀磨损又可分为氧化磨损和特殊介质腐蚀磨损两类。

1)化学腐蚀磨损

(1)氧化磨损　当金属摩擦副在氧化性介质中工作时，表面所生成的氧化膜被磨掉以后，又很快形成新的氧化膜，所以氧化磨损是化学氧化和机械磨损两种作用相继进行的过程。

氧化磨损的大小，取决于氧化膜与基体的结合强度和氧化速率。当材料的表面氧化膜是脆性时，由于其与基体结合强度较差，很容易在摩擦过程中被除去；或者由于氧化膜的生成速率低于磨损率时，所以它们的磨损量较大。而当氧化膜的韧性较高时，由于其与基体的结合强度高或者氧化速率高于磨损率，此时氧化膜能起减摩耐磨作用，氧化磨损量较小。

对于钢材摩擦副而言，氧化反应与表面接触变形状态有关。表面塑性变形促使空气中的氧扩散到变形层，而氧化扩散又可以增进塑性变形。依据载荷、速度和温度的不同，可以形成氧和铁的固溶体、粒状氧化物和固溶体的共晶，或者不同形式的氧化物，如FeO、Fe_2O_3和Fe_3O_4等。

对钢的氧化磨损，磨屑呈暗色的片状或丝状，片状磨屑是红褐色的Fe_2O_3，而丝状磨屑

是灰黑色的 Fe_3O_4。在轻载荷下，氧化磨损磨屑的主要成分是 Fe 和 FeO；而在重载荷下，磨屑主要是 Fe_2O_3 和 Fe_3O_4。低速摩擦时，钢表面主要成分是氧铁固溶体以及粒状氧化物和固溶体的共晶，其磨损量随滑动速度的升高而增加。当滑动速度较高时，表面主要成分是各种氧化物，磨损量略有降低。而当滑动速度更高时，由于摩擦热的影响，将由氧化磨损转变为黏着磨损，磨损量剧增。

(2)特殊介质中的化学腐蚀磨损　特殊介质中的化学腐蚀磨损，是指摩擦副工作在除氧以外的其他介质(如酸、碱、盐等)中，并与它们发生作用形成各种不同的产物，又在摩擦中被除去的过程。它的磨损过程和氧化磨损过程十分相似，腐蚀与磨损相互加速，从而使材料的磨损速率较大(图8-38)。但若在某种介质中使金属形成一层致密的并与基体结合强度高的保护膜时，则可使腐蚀磨损速度减小。

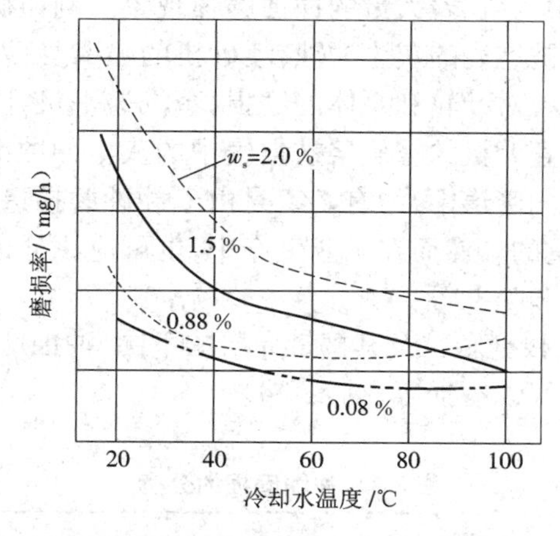

图8-38　柴油机中燃料的含硫量、冷却水温度对活塞环磨损的影响

2)电化学腐蚀磨损

在电化学腐蚀磨损过程中，按材料腐蚀磨损产物被机械或腐蚀去除的特点可分为如下两种类型。

(1)均匀腐蚀条件下的腐蚀磨损　金属材料在特定介质作用下，首先产生均匀的腐蚀膜产物，之后腐蚀产物又被磨粒或硬质点的机械作用局部去除，使之裸露出金属基体，随即又形成新的腐蚀产物。经过反复的作用，此处材料的流失速度比被腐蚀膜覆盖处快得多，腐蚀磨损严重。

(2)非均匀腐蚀条件下的腐蚀磨损　在多相材料中，尤其含有碳化物的耐磨材料，由于碳化物与基体之间存在较大的电位差而形成腐蚀电池，产生相间腐蚀，极大地削弱了碳化物与基体的结合力，在磨粒或硬质点的作用下，碳化物很容易从基体脱落或发生断裂。又如在腐蚀磨损过程中，由于磨粒的磨损作用，金属材料表面产生不均匀的塑性变形。在塑性变形强烈的部位成为阳极，首先受到腐蚀破坏，然后在磨粒的继续作用下很容易被去除形成二次磨损。另外，具有电活性的磨粒与金属材料接触时，会形成磨粒与金属材料间的电偶腐蚀电池，加速材料的腐蚀磨损。

腐蚀磨损是由于腐蚀与磨损二者的综合作用而产生的，因而其影响因素既多又复杂，其中主要是来自于环境(介质的 pH 值、浓度、温度、载荷、滑动速度等)和材料(成分、组织和性能等)等两个方面。环境和材料的性质不同，腐蚀磨损量也会有较大的区别。对这些因素的影响，这里不做过多的论述，可参见《金属的腐蚀磨损》等专著和有关的文献资料。

8.3.7 冲蚀磨损与微动磨损

1. 冲蚀磨损

1）冲蚀磨损的概念与分类

（1）冲蚀磨损的概念　冲蚀磨损或冲蚀（Erosive Wear 或 Erosion），是指流体或固体颗粒以一定的速度和角度对材料表面进行冲击所造成的磨损。冲蚀磨损的颗粒一般小于1 000 μm，冲击速度在550 m/s以内，超过这个范围出现的破坏通常称为外来物损伤，不属于冲蚀磨损的内容。造成冲击磨损的粒子，一般都比被冲击材料的硬度高；但流动速度很高时，软粒子甚至水滴也能造成冲蚀。

在自然界和工业生产中，存在着大量的冲蚀磨损现象。例如矿山的气动输送管道中物料对管道的磨损，锅炉管道被燃烧的灰尘冲蚀，喷砂机的喷嘴受砂粒的冲蚀，抛丸机叶片被钢丸冲蚀，各种排料泵中磨粒对叶轮和泵体的磨损，蒸汽透平机叶片被凝结水滴撞击，水轮机叶轮被水中的砂粒撞击，直升机的螺旋桨被空气中的灰尘冲蚀等等。对锅炉管道的失效分析表明，在所有发生事故的管道中，约有1/3是由于冲蚀磨损造成的。由此可见，冲蚀磨损造成的损失和危害是严重的。然而在工业生产中，也可应用冲蚀磨损原理对机器零件表面进行清理和强化，如喷砂和喷丸等。

（2）冲蚀磨损的分类　根据颗粒及其携带介质的不同，冲蚀磨损可分为气固冲蚀磨损、流体冲蚀磨损、液滴冲蚀和气蚀磨损等，见表8-4。

表8-4　冲蚀磨损的分类

冲蚀类型	介质	第二相	破坏实例
气固冲蚀磨损	气体	固体粒子	燃气轮机、锅炉管道
液滴冲蚀磨损	气体	液滴（雨滴、水滴）	高速飞行器、汽轮机叶片
流体冲蚀磨损	液体	固体粒子	水轮机叶片、泥浆泵轮
气 蚀 磨 损	液体	气泡	水轮机叶片、高压阀门密封面

2）冲蚀磨损的机理和影响因素

（1）冲蚀磨损的机理　许多研究者对冲蚀磨损进行了研究，提出了各种理论和模型，其中影响较大的有切削磨损理论、断裂磨损理论、变形磨损理论、绝热剪切与变形局部化磨损理论和薄片剥落磨损理论等。

延性材料的切削磨损理论认为，磨粒就如一把微型刀具，当它划过材料表面时将材料切除而产生磨损。材料的磨损体积与磨粒的质量和速率的平方（磨粒的动能）成正比，与材料的流变应力成反比，与冲角成一定的函数关系。

脆性材料的断裂磨损理论认为，脆性材料在磨粒冲击下几乎不产生变形，但会在材料表面存在缺陷的地方产生裂纹，裂纹不断扩展而形成碎片，发生剥落。

变形磨损理论认为，在磨粒的反复冲击下，材料发生加工硬化、提高了材料的弹性极限，直到应力超过材料的强度形成裂纹，并很容易地被随后冲击的磨粒冲掉。

薄片剥落磨损理论认为，不论是大冲角（例如90°冲角）还是小冲角的冲蚀磨损，由于磨粒的不断冲击，使材料的表面不断受到前推后挤的作用，于是产生小的、薄的、高度变形的薄片。形成薄片的大应变出现在很薄的表面层中，该表面层由于绝热剪切变形而被加热到

(或接近于)金属的退火温度,形成一个软的表面层。在这个软表面层的下面,有一个由于材料塑性变形而产生的加工硬化区。这个硬的次表层一旦形成,将会对表面层薄片的形成起促进作用。在反复的冲击和挤压变形作用下,这一薄片将从材料表面剥落下来。

(2)冲蚀磨损的影响因素　影响冲蚀磨损的主要因素,有磨粒特性(硬度、形状和尺寸等)、冲蚀速率、冲角、温度和材料的性质等。

①磨粒特性。冲蚀试验中所用的磨粒一般为 SiO_2、Al_2O_3 和 SiC,有时也选用玻璃球和钢球。一般情况下,磨粒越硬,冲蚀磨损量越大,并与磨粒硬度 $H^{2.3}$ 成正比。在相同的 45°冲击角下,多角形磨粒比圆形磨粒的磨损率大 4 倍。磨粒尺寸在 20 ~ 200 μm 时,材料的磨损率随磨粒尺寸的增大而上升,但磨粒尺寸增加到某一临界值时材料磨损率几乎不变或变化很缓慢。

②冲蚀速率。因冲蚀磨损率与磨粒的动能有直接的关系,因而冲蚀磨损率约与磨粒速率的 2 ~ 3 次方成正比。

③冲角。冲角(攻角或入射角),是磨粒入射轨迹与靶材表面的夹角。试验证明,对塑性材料的冲蚀磨损开始时随冲角的增大而增加,在 20° ~ 30°时达到最大值,继续增大冲角时,磨损率反而减少;而脆性材料的磨损率随冲角的增大而增加,在近 90° 时达最大值。

④温度。有些零件是在一定温度下经受冲蚀磨损的,例如燃气轮机的叶片等。温度对冲蚀磨损的影响,有两种完全不同的结论。一类试验结果表明,随着环境温度的升高,冲蚀磨损加剧,如 310 不锈钢在 975 ℃时的冲蚀磨损量比其在室温(25 ℃)时大得多。而另一些试验结果表明,随着环境温度升高,冲蚀磨损量减小。其原因可能是由于在高温下这些材料的塑性提高,而延性材料随着塑性的提高,耐磨性也有所提高;或是材料在高温下形成了表面氧化膜,对冲蚀磨损产生了一定的影响,如温度对纯铝冲蚀磨损的影响就是如此。

⑤材料的硬度。一般情况下,材料的硬度,尤其是加工硬化后的硬度越高,材料抗冲蚀磨损的性能越好。

⑥材料的组织。在低冲角(如 20°)时,相同成分的碳钢,马氏体组织比回火索氏体和珠光体更耐冲蚀磨损。当组织相同时,含碳量高的钢比含碳量低的钢耐磨性高,如中碳马氏体比低碳马氏体更耐磨。大角度(如冲角 90°)下,冲蚀磨损的情况相反,即硬度高的组织比硬度低的磨损加剧。如淬火马氏体比回火索氏体、中碳马氏体比低碳马氏体相对失重大;容易产生加工硬化的组织(如奥氏体组织的高锰钢)比原始硬度相同的其他组织(如回火索氏体等)的相对失重大。

2. 微动磨损

1)微动磨损的概念与特点

在机械设备中,常常由于机械振动引起一些紧密配合的零件接触表面间产生很小振幅的相对振动,由此而产生的磨损称为微动磨损(Fretting Wear)。在微动磨损过程中,如表面之间有不同程度的化学反应造成腐蚀,可称为微动腐蚀磨损。

与往复式滑动磨损相比,微动磨损的振幅小,滑动的相对速率较低,因而磨损也是轻微的。由于微动磨损的振幅小,微动表面绝大部分总是保持接触状态,磨屑逸出的机会很少,于是磨屑的存在会影响微动磨损的过程。另外,在局部往复运动过程中,微动表面大都处于高应力状态,表面和亚表面的变形与裂纹萌生要严重得多。

微动磨损是一种复合形式的磨损,其磨损过程为在接触压力的作用下,摩擦副表面的微凸体产生塑性变形和黏着;在外界较小振幅振动的作用下,黏着点剪切、黏着物脱落,剪切表面被氧化。当两摩擦表面紧密配合时,磨屑不易排出,这些磨屑起着磨粒的作用,加速了微动磨损的发展。这样循环反复,最终导致零件表面破坏。当振动应力足够大时,微动磨损处会成为疲劳裂纹的核心,导致早期疲劳断裂。

微动磨损,通常发生在紧配合的轴颈,汽轮机及压气机叶片的配合处,发动机固定处,受振动影响的花键、键、螺栓、螺钉以及铆钉等连接件接合面等处。因微动磨损引起的破坏,主要表现为擦伤、金属黏附、凹坑或麻点(通常由粉末状的腐蚀产物所填满)、局部磨损条纹或沟槽以及表面微裂纹。于是微动磨损的主要特征是摩擦表面存在带色的斑点,其内集结着已压合的氧化物。对于钢铁零件,氧化物以 Fe_2O_3 为主,磨屑呈红褐色。若摩擦副间有润滑油,则流出红褐色的胶状物质。

微动磨损不仅改变零件的形状、恶化表面层质量,而且使尺寸精度降低、紧配合件变松,还会引起应力集中,形成微观裂纹,导致零件疲劳断裂。如果微动磨损产物难于从接触区排走,且腐蚀产物体积往往膨胀,使局部接触压力增大,则可能导致机件胶合、甚至咬死。

2)微动磨损的机理和影响因素

(1)微动磨损的机理　早期研究认为,随循环次数的变化,微动磨损分为四个阶段。①黏着磨损阶段。由于粗糙微凸体的黏着作用,而使金属从一个表面迁移到另一表面上去,在

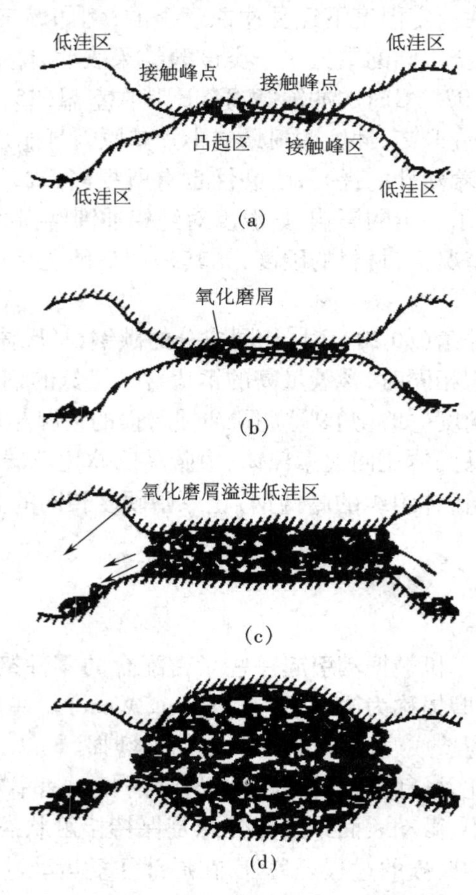

图 8-39　微动磨损的发生与发展过程

(a)微凸体黏着,磨屑产生并积存　(b)由黏着变成磨粒磨损,磨损面积扩大

(c)磨屑溢出到邻近低洼区　(d)在中心区形成弧形凹坑

接触表面产生磨损碎屑,并沉积在相邻近的凹谷内,如图 8-39(a)所示。②磨粒磨损阶段。由黏着作用而发生断裂并形成松散磨粒转变成磨粒磨损,被加工硬化了的磨粒磨蚀周围的金属,使磨损区横向扩展,磨损面积扩大,如图 8-39(b)所示。③加工硬化阶段。由于被磨表面被加工硬化,磨粒磨损的速率下降。经过大量磨蚀后,被磨损下的过多磨损颗粒已不能容纳在原来范围内而溢向低洼区,如图 8-39(c)所示。④稳定磨损阶段。此时产生磨损碎屑的速率基本保持不变,由于磨损使表面加工硬化后的接触呈弹性状态,最大应力出现在接触区的中心处。这是一种微观点蚀,它逐渐向邻近发展,继续振动时,这些微观点蚀将聚合成更大更深的磨蚀,如图 8-39(d)所示。但上述模型在许多情况下不适用,如有些氧化物颗粒增多时磨损并不加剧,甚至可能起有益的润滑作用。

哈立克(Hurricks)认为,微动磨损是黏合、磨粒、腐蚀和表面疲劳的复合磨损过程。微动磨损包括三个阶段:金属之间的黏着和转移,由于力学和化学作用产生磨屑,由于疲劳而持续不断地产生磨屑。

沃特豪斯(Waterhouse)利用表面轮廓仪测定了微动磨损过程中的形貌变化,如图 8-40。试验结果表明在微动磨损的早期材料表面会发生黏着和焊合,导致材料被拔起并凸出于原来的表面。在随后的磨损过程中,凸起的材料又被抹平,使表面变得光滑,被抹平的材料因剥层而被磨去,形成被氧化物所覆盖着的金属片状磨粒。在接触区的磨屑不断地被压实,使交变剪切应力穿过界面,导致剥层不断地进行。

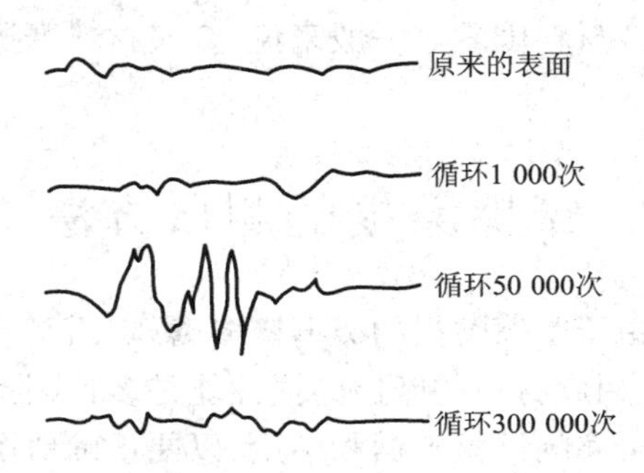

图 8-40　软钢微动磨损表面的轮廓变化

此外,Uhlig 理论认为微动磨损通常是由两种因素导致的,一种是化学性质的,一种是机械性质的。由于相对运动的两表面上凸峰点的摩擦,将氧化层和吸附的气体刮掉,露出了清洁活泼的新鲜金属表面,这是机械因素。摩擦后,凸峰点的新鲜金属将迅速吸附大气中的氧并发生反应,以形成接近化合比例的氧化物,这就是化学作用。机械和化学作用交替造成材料损失,因此氧化膜越厚则磨损量越大。在同样的材料和环境下,氧化物的厚度与新鲜金属暴露的时间即振动频率 Uhlig 有关。利用图 8-41 所示的模型,给出了微动磨损质量损失的表达式:

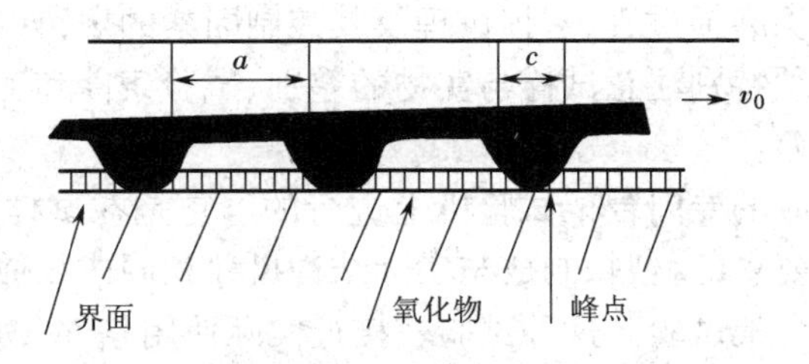

图 8-41　微动磨损的理想化模型

$$W=(k_0P^{1/2}-k_1P)\frac{N}{f}+k_2bPN \tag{8-51}$$

式中:W 为微动磨损的质量损失;P 为法向接触应力;b 为滑动距离;N 为总循环数;f 为振动

频率;k_0、k_1、k_2为常数。式中前两项为化学因素,第三项为机械因素。表明微动磨损的质量损失是频率的双曲线函数,是载荷的抛物线函数,并与循环数或振幅呈线性关系。当微动在惰性气氛或真空中发生时,属于化学因素的前两项消失,频率的影响也就不存在了。

(2)微动磨损的影响因素　由微动磨损的机制可见,微动磨损与磨损过程中的力学因素(振幅、载荷、频率)、环境因素(气氛、温度)和材料因素有关。

①力学因素。通常认为振幅大于 70 μm 时,磨损量与滑动振幅大小成正比,但在某些情况下也有呈抛物线关系的。在空气中,通常随振动频率的增大,微动磨损减小到某一定值,然后趋于稳定状态;在氮气中,磨损与振动频率无关。当振幅一定时,频率越小,金属表面氧化膜两次破裂和形成的时间间隔增长,故磨损相应增大。

②环境因素。微动磨损的程度取决于介质的腐蚀性,且金属的化学活性越大,依赖程度也越大。空气中的磨损,较之真空、氮气、氢气和氦气中为大;而在氧中又比在空气中大。另外,湿度和润滑状况也会对微动磨损程度有较大的影响。

③材料因素。一般来说,金属材料摩擦副的抗黏着磨损能力大时,抗微动磨损的能力也较强。

8.4 摩擦磨损的测试方法

由于摩擦磨损的类型繁多、影响因素涉及材料学、物理学、化学、电化学、力学等学科的内容,因此材料的摩擦磨损性能是多种因素影响的综合表现,需要通过严格控制试验条件以获得可靠的试验数据和结论,以便正确地揭示材料的摩擦磨损机理,合理地进行摩擦副材料的选择和结构设计。

8.4.1 摩擦磨损测试仪器

1. 摩擦磨损试验的类型

摩擦磨损试验,一般分为实验室试验和实物试验两大类;实验室试验,又可细分为试样试验和台架试验。

1)实验室试验

①试样试验是将所要研究的摩擦件制成试样,在通用或专用的摩擦磨损试验机上进行试验。其特点是试验周期短,影响因素容易控制,容易实现加速试验,费用低。广泛用于研究不同材料摩擦副的摩擦磨损过程、磨损机理及其控制因素的规律以及选择耐磨材料、工艺和润滑剂等方面。但必须特别注意试样与实物的差别、试验条件和工况条件的模拟性,否则试验数据的可靠性就较差。

②台架试验是在相应的专门台架试验机上进行的。它是在试样试验基础上,优选出能基本满足摩擦磨损性能要求的材料,制成与实际结构尺寸相同或相似的摩擦副,进一步在模拟实际使用条件下进行台架试验。这种试验较接近实际使用条件,缩短试验周期,并可严格控制试验条件以改善数据的分散性,增加可靠性。

2)实物试验

实物试验是在实际运转条件下的试验,它是在上述两种试验的基础上,以实际零件在使用条件下进行磨损试验,所得到数据的真实性和可靠性较好。但试验周期长,费用较高,并且由于试验结果是多因素的综合影响,不易进行单因素的考察。

试验表明，摩擦磨损试验方法和条件不同，试验结果会有很大的差别。所以在实验室进行摩擦磨损试验时，要求试验的重现性好，试验误差小，鉴别率高（即在影响因素微小变化的情形下，能观察或测试到性能参数的变化）；实验室试验条件接近机器零件的实际使用条件，产生的磨损类型、磨屑形式（磨损机理）与实际使用条件下的一致。

另外，在进行摩擦磨损试验前，需要特别考虑以下影响试验结果的因素，如试样表面性质（化学成分、性能和试样表面结构）、试样形状和尺寸、摩擦副的接触方式、相对运动形式、速度、温度、压力、环境和介质、磨粒特性（种类、性质）、润滑方式、试验时间等。

2. 摩擦磨损试验设备

自 20 世纪 20 年代以来，相继开发出各种各样的摩擦磨损试验设备。经过长期的使用和改进，有的试验设备已经形成定型产品。

按试验条件，摩擦磨损试验机可分为磨粒磨损试验机，橡胶轮干砂、湿砂磨损试验机，快速磨损试验机，高温或低温、高速或低速、定速磨损试验机，真空磨损试验机，黏滑磨损试验机，黏着润滑与磨损试验机，导轨摩擦磨损试验机，滑动或滚动轴承磨损试验机，动压或静压轴承试验机，齿轮疲劳磨损试验机，制动摩擦磨损试验机，冲蚀磨损试验机，腐蚀磨损试验机，微动磨损试验机，气蚀试验装置等。

按摩擦副的接触形式和运动形式来分，摩擦副试件可为球形、圆柱形、圆盘形、环形、锥形、平面块状或其他形状。接触形式可分为点、线、面接触，运动形式有滑动、滚动、滚滑运动、自旋、往复运动、冲击等。

不同形状试件的配对、不同接触形式与运动形式的组合，可构成多种磨损试验方式，如图 8-42 所示。

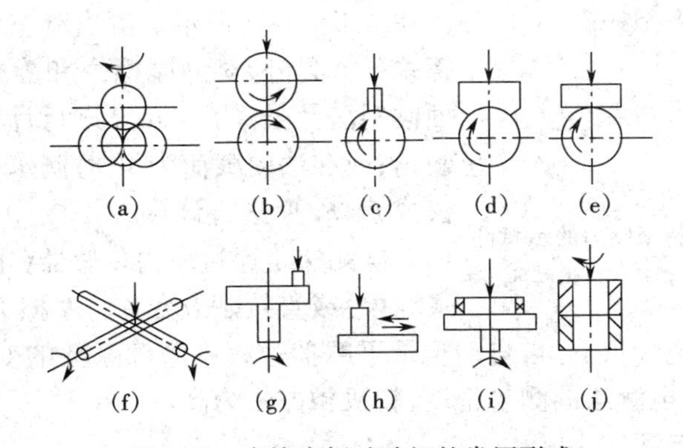

图 8-42　摩擦磨损试验机的常用形式

(a)四球式　(b)双环式　(c)杆筒式　(d)瓦块－圆盘式　(e)环－块式
(f)圆柱交叉式　(g)销盘式　(h)往复式　(i)环盘式　(j)环－环式

常用的典型摩擦磨损试验机，有以下几种类型。

(1)四球式试验机　试样为四个大小相同的钢球，如图 8-42(a)所示。该试验机主要用于评定润滑油添加剂的性能，也能测定摩擦副的疲劳磨损寿命。

(2)双环式（又称滚子式）试验机　上、下试样均为圆环形，如图 8-42(b)所示。该试验机主要用来测定金属和非金属材料在滑动摩擦、滚动摩擦、滑动和滚动复合摩擦或间歇摩擦情况下的磨损率，以比较各种材料的耐磨性能。

(3)环块式试验机　上试样为平面块状，下试样为环形，如图 8-42(e)所示。该试验机主要用来做各种润滑油和润滑脂在滑动摩擦状态下的承荷能力和摩擦特性的试验;也可以用来做各种金属材料以及非金属材料(尼龙、塑料等)在滑动状态下的耐磨性能试验;同时也可以测定摩擦力,并推算出摩擦系数。

(4)销盘式试验机　上试样为销,下试样为旋转的圆盘,如图8-42(g)所示。该试验机主要用于与矿石、砂石、泥沙等固体发生磨损情况下金属材料的耐磨性能试验,并能进行磨粒磨损机理的研究,广泛用于筛选材料和处理工艺的对比试验。

(5)往复式试验机　上试样在下试样上做往复运动,如图8-42(h)。该试验机主要用于评定往复运动机件如导轨、缸套与活塞环等摩擦副的耐磨性,评定材料及工艺与润滑材料的摩擦磨损性能。

目前,已有许多新型的多功能通用摩擦磨损试验机,试样的接触形式、环境介质和力学条件均可改变,以完成多种不同类型的试验或组合试验。有关金属磨损的试验方法,可参看《金属材料 磨损试验方法 试环-试块滑动磨损试验》(GB/T 12444.2—2006)和《金属材料 滚动接触疲劳试验方法》(YB/T 5345—2014)等。

8.4.2 摩擦磨损的测量与评定

1. 摩擦力和摩擦系数的测量

摩擦力和摩擦系数,是表征摩擦特性的主要参数。一般情况下,摩擦力和摩擦系数可由机械法和电测法等两种方法进行测量。

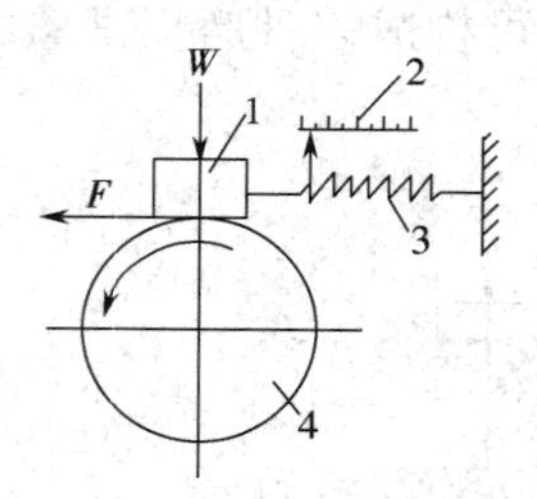

图8-43　弹簧力平衡法测摩擦力的示意图
1—试块;2—刻度表;3—弹簧;4—试样环

典型的机械方法,有重力平衡法、弹簧力平衡法和杠杆平衡法等。利用弹簧力平衡法测定摩擦力的方法,如图8-43所示。测出摩擦力后,可进而计算摩擦系数。另外,对静摩擦力和静摩擦系数,可利用斜面倾斜法及公式$f=\tan\theta$进行计算,其中θ为斜面倾斜角;或在法向载荷为W时测牵引力F,用牵引法及公式$f=F/W$进行计算。

电测法是通过应力传感器(电容、电阻、电感等形式均可)或直接贴应变片将摩擦力或摩擦力矩转换为电信号,输入到测量、记录仪器上,自动记录下摩擦过程中摩擦系数的变化。一般测动摩擦系数时,常用此方法。电测法的测量精度,较机械方法为高。

2. 磨损量的测量与评定

1)磨损量的表示方法

材料和机械构件的磨损量,目前还没有统一的标准,常用尺寸损失、质量损失和体积损失来表示。

①线磨损量V_L(μm或mm),即磨损表面法线方向的尺寸变化值。

②质量磨损量V_M(mg或g),即磨损试样的质量变化值。

③体积磨损量V_V(μm^3或mm^3),即磨损试样的体积变化值。

以上三种磨损量,都是利用试件磨损前后的尺寸、质量、体积的差值来表示的,并没有考虑磨程和摩擦磨损时间等因素的影响。

为便于不同材料和试验条件下的比较,目前较广泛采用的是磨损率,即单位磨程的磨损量(dV_L/dL、dV_M/dL、dV_V/dL),单位时间的磨损量(dV_L/dt、dV_M/dt、dV_V/dt)或总磨程和测试时间下的平均磨损率等。

2）耐磨性

材料的耐磨性，是指材料在一定的摩擦条件下抵抗磨损的能力。通常以磨损率的倒数表示，即

$$\varepsilon' = V^{-1} \tag{8-52}$$

式中：ε'为材料的耐磨性；V为材料在单位时间或运动距离内产生的磨损量。

相对耐磨性，是试验材料 A 与“标准或（参考）”材料 B 在同一工况条件下的耐磨性之比，即

$$\varepsilon'_{相} = \frac{\varepsilon'_A}{\varepsilon'_B} = \frac{1/V_A}{1/V_B} = \frac{V_B}{V_A} \tag{8-53}$$

式中：V_B和 V_A分别为“标准（参考）”试样和试验试样的磨损率；$\varepsilon'_{相}$为相对耐磨性，是一个无量纲的参数。

材料的磨损量、耐磨性并不是材料的固有特性，而是与磨损过程中的工作条件（如载荷、速度、温度、润滑等）、材料本身性能及相互作用等因素有关的系统特性。不同试验条件和工况下的磨损量和耐磨性，是没有可比性的。

3）磨损量的测定方法

磨损量的测定，主要有失重法、尺寸变化法、表面形貌测定法、刻痕法、放射性同位素法和铁谱法等。

（1）失重法　通常利用精密分析天平称量试样试验前后的质量变化来确定磨损量。测量精度为 0.1 mg，称量前需对试样进行清洗和干燥。由于测量范围的限制，称重法适用于小试件，对于微量磨损的摩擦副需要很长的试验周期。如果摩擦过程中试件表层产生较大的塑性变形，试件的形状虽然变化但质量损失不大，此时称重法不能反映表面磨损的真实情况。另外，可将质量损失换算为体积损失来评定磨损结果。此方法简单实用。

（2）尺寸变化法　采用测微卡尺、螺旋测微仪、工具显微镜或其他非接触式测微仪，测定零件某个部位磨损尺寸（长度、厚度和直径）的变化量来确定磨损量。这种方法虽然能测量磨损的分布情况，但是存在误差。如测量数据包含了因变形所造成的尺寸变化，且接触式测量仪器的测量值会受接触情况和温度变化的影响。

（3）表面形貌测定法　利用触针式或非接触式的表面形貌测量仪可以测出磨损前后表面结构参数的变化。主要用于磨损量非常小的超硬材料磨损或轻微磨损情况。

接触式表面形貌仪的原理，如图 8-44 所示。当驱动箱驱动传感器以一定速度滑过被测

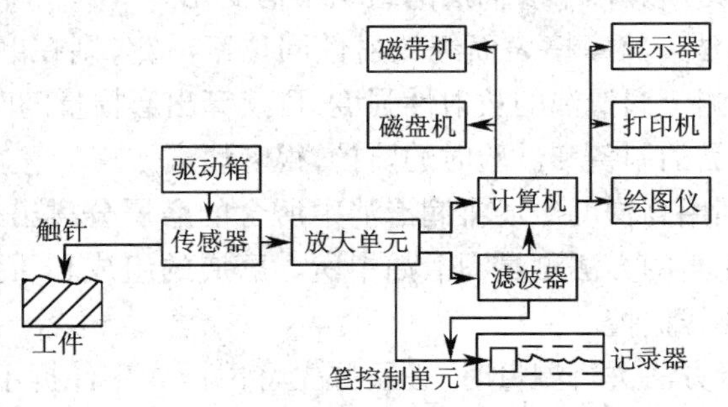

图 8-44　表面形貌仪的原理图

表面时，触针（头）在不平表面上产生的振动使得与触针（头）相连接的电感线圈的电感量发生变化。这个变化与一个由等幅波振荡器所发生的高频等幅波信号一同加在一个 RL 电桥的两端并被调制为调幅波。高频调幅波经放大单元放大后进入解调器，还原为原来的轮廓信息（图 8-45）。或利用计算机采集卡输送到计算机中，进而通过计算机程序分析和计算磨损表面的轮廓、磨损深度、磨痕面积等参数。

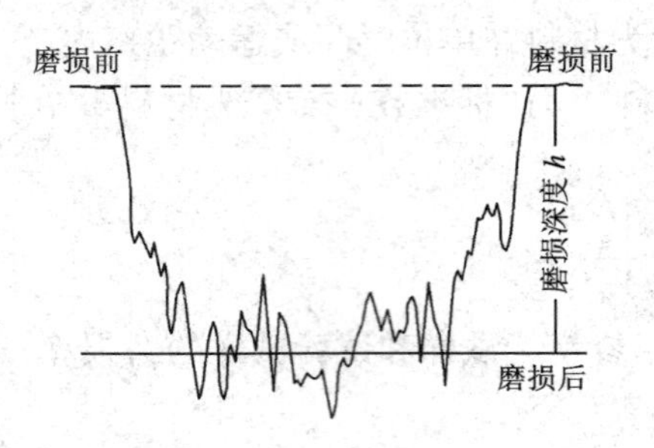

图 8-45 磨损前后材料的表面轮廓

（4）压痕法 采用专门的金刚石压头在将经受磨损的零件或试样表面上预先刻上压痕，测量磨损前后刻痕尺寸的变化来确定磨损量。如能在摩擦表面上不同部位刻上压痕，就可测定不同部位磨损量的分布。

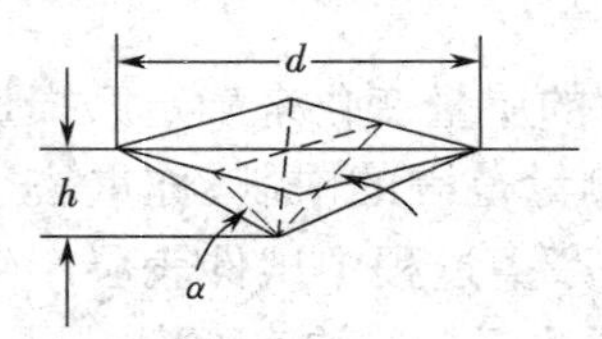

图 8-46 磨损量测量中的压痕法示意图

压痕法通常采用维氏硬度计中夹角 α 为 136°的四方金刚石角锥体压头，在摩擦表面压出如图 8-46 所示的压痕。对四方角锥形压痕，其对角线的长度 d 和压痕深度 h 满足下列关系：

$$h=\frac{d}{2\sqrt{2}\tan\dfrac{\alpha}{2}}=\frac{d}{2\sqrt{2}\tan\dfrac{136^\circ}{2}} \tag{8-54}$$

材料表面经磨损后，通过测量对角线的长度变化可计算磨痕的深度。如磨损前后对角线的长度由 d 变为 d_1，则磨损深度 δ 可按下式计算：

$$\delta=h-h_1=\frac{d-d_1}{2\sqrt{2}\tan\dfrac{136^\circ}{2}} \tag{8-55}$$

压痕法只适用于磨损量不大而表面光滑的试件。由于这种方法会局部破坏试件的表层，因而不能用于研究磨损过程中表面层的组织结构变化。

（5）放射性同位素法 将摩擦表面经放射性同位素活化，则在磨损过程中放射性的磨屑落入润滑油中，定期测量润滑油的放射性强度，可换算出磨损量随时间的变化。该法灵敏度高，但具有放射性样品的制备和试验时的防护，很麻烦。

（6）铁谱方法 利用高梯度磁场将润滑油中所含的磨屑分离出来，再用称重法测量磨屑质量。或利用分析化学的方法测量润滑油中所含磨屑的组成和质量，以便对机器的磨损部位和运转状态进行在线监控。

在利用前四种测量方法进行测量时，必须首先将试样或零件拆下，所以操作较为复杂，而且磨损工况条件会因每次拆装而有所改变。而放射性同位素测定法和铁谱方法，可以避免前四种测量方法的缺点。

8.5 摩擦磨损的控制

研究摩擦与磨损的目的，在于控制摩擦、减小磨损，提高材料或机械零件的使用寿命。根据摩擦磨损的定义和特点，大致可通过在摩擦副间加入润滑剂、选择合理的摩擦副材料和材料的表面强化与改性等三种方法来控制材料和机械零件的摩擦磨损。

8.5.1 润滑剂的使用

润滑是摩擦学的重要组成部分，其目的就是在相对运动的摩擦接触面之间加入润滑剂，使两接触表面之间形成润滑膜，变干摩擦为润滑剂内部分子间的内摩擦，减少摩擦表面的摩擦，降低材料的磨损、延长机械设备的使用寿命。

1. 润滑剂的分类

根据润滑剂的物理状态，润滑剂可分成四类，即气体、液体、半固体和固体润滑剂。

1）液体润滑剂

液体润滑剂是用量最大、品种最多的一类润滑材料，包括矿物油、合成油（酯类油、硅油、合成烃等）、植物油（菜油、蓖麻油和花生油等）和水基液体（水、乳化液和水乙二醇等）等。由于液体润滑剂有较宽的黏度范围，对不同的负荷、速度和温度条件下工作的运动部件提供了较宽的选择余地。液体润滑剂可提供低的、稳定的摩擦系数，低的可压缩性，能有效地从摩擦表面带走热量，保证相对运动部件的尺寸稳定和设备精度，而且多数是价廉产品，因而获得了广泛的应用。其中，矿物油是目前用量最大的一种液体润滑剂。

2）半固体润滑剂

半固体润滑剂，在常温、常压下呈半流体状态，并且有胶体结构的润滑材料，故又称为润滑脂。一般分为皂基脂（锂基脂、钙基脂、钠基脂和铝基脂等）、烃基脂（工业凡士林等）、无机脂（硼润土脂、硅胶脂等）、有机脂（酰胺脂、聚脲脂等）四种。它们除具有抗摩、减磨性能外，还能起密封、减震等作用，并使润滑系统简单、维护管理方便、节省操作费用，从而获得了广泛使用。其缺点是流动性小，散热性差，高温下易产生相变、分解等。润滑脂产量占整个润滑剂总产量的比例虽然不大（约2%），但在润滑领域中所起的作用却很大。据统计，大约90%的滚动轴承是用脂进行润滑的。

3）固体润滑剂

固体润滑剂，包括软金属（Pb、Sn、Zn、Ag、Au 等）、金属化合物（氧化铅、氟化钙、二硫化钼、二硫化钨等）、无机物（石墨、氮化硼、滑石等）和有机物（聚四氟乙烯、酚醛树脂）四类。固体润滑材料的历史虽然不长，但其经济效果好，适应范围广，发展速度快，能够适应高温、高压、低速、高真空、强辐射等特殊使用工况，特别适合于给油不方便、装拆困难的场合。

按形状，固体润滑剂可分为固体粉末、薄膜和自润滑复合材料三种。固体粉末可分散在气体、液体及胶体中使用，薄膜有喷涂、真空沉积、火焰喷镀、离子喷镀、电泳、烧结等多种，自润滑复合材料可以是固体润滑剂与各类材料的复合。

4）气体润滑剂

气体可以像油一样地成为润滑剂，常用气体润滑剂有空气、氯气、氮气、氢气等。气体动力润滑膜的阻力较小，承载能力很低，但应用不广。

2. 润滑方式

按润滑状态,润滑方式可分为流体静力润滑、流体动力润滑、边界润滑、混合润滑、固体润滑和气体润滑等。

流体静力润滑又称外供压润滑,是利用外部的供油装置,将具有一定压力的润滑剂输送到摩擦副表面,使运动件浮起,因此运动件从静止状态直至在很高的速度范围内都能承受外力作用。流体静力润滑已在许多机床,特别是重型机床、精密机床、高效率机床和数控机床中得到日益广泛的应用。

流体动力润滑是借滑动表面的形状和相对运动形成流体膜,使相对运动两固体表面隔开的润滑。摩擦系数一般在0.007~0.04。

弹性流体动力润滑,是指相对运动两表面之间的摩擦和流体润滑剂膜的厚度取决于摩擦表面材料的弹性以及润滑剂在接触表面区的流变特性的润滑。在弹性流体动力润滑状态下,其摩擦系数仍保持在0.007~0.04。

边界润滑是指相对运动两表面被极薄的润滑膜隔开,而润滑膜不遵从流体动力学定律,且两表面之间的摩擦和磨损不是取决于润滑剂的黏度,而是取决于两表面的特性和润滑剂的特性。摩擦系数可保持在0.07~0.3。

混合润滑是指运动副只有一部分的流体动力润滑膜起作用,另一部分表面微凸体直接发生接触。摩擦系数应在0.007~0.1。

固体膜润滑是指用固体润滑剂的润滑,其膜厚可以是10^{-3}~100 μm,摩擦系数可以是0.01~0.3,其磨损可在大范围内变动,关键是如何选用固体润滑剂及其应用方式。

与液体润滑相同,气体润滑也有动力润滑和静力润滑两类。以气体主要是空气作为润滑剂的轴承可以实现极高速率,并可获得极低的摩擦系数和发热,如高低温工作环境、核工业以及纺织工业等中的轴承,特别适宜采用气体润滑。由于气体动力润滑所得到的承载量极低,目前主要使用气体静压轴承。

8.5.2 摩擦副材料的选择

材料的摩擦磨损性能,除与摩擦的具体工况(载荷、速率、温度、介质等)有关外,还与材料的性能密不可分。因此,针对不同的使用条件,选择合理的摩擦副材料也可以达到降低机器零部件摩擦磨损的目的。

对农业机械、电力机械、矿山机械中机械零件的磨粒磨损或冲击磨损,要求摩擦副材料应有较高的耐磨性,并具有一定的使用寿命。对轴承、机床导轨、活塞油缸等机械设备,为保证设备的精度、减少摩擦能量损失和磨损,要求摩擦副材料具有较低的摩擦系数和较高的耐磨性。而对汽车、火车、飞机的制动器、离合器和摩擦传动装置中的摩擦副材料,应具有高而稳定的摩擦系数和耐磨性。于是按工况条件和使用要求的不同,摩擦副材料大致可分为耐磨材料、减摩材料和摩阻材料等三大类。

1. 减摩材料

减摩材料具有低而稳定的摩擦系数、较高的耐磨性和承载能力,特别适合制作轴承等机械零件。常用的减摩材料有轴承合金、粉末冶金减摩材料、金属塑料减摩材料、金属纤维减摩材料、化学渗减摩层和非金属减摩材料等。

轴承合金,常由软硬两种相构成,如软基体上均匀分布硬相质点的巴氏合金(其中SnSb固溶体为软相,SnSb化合物为硬相),或硬基体上分布软相质点的铜基和铝基轴承合金(铜、铝基体为硬相,铅、锡为软相)等。粉末冶金减摩材料是由金属粉末(铁粉、铜粉等)和固体润滑粉末(石墨粉、二硫化钼等)经混合、压制、烧结而成的。金属塑料减摩材料和金属纤维减摩材料是以金属或金属纤维为骨架并浸渍不同的润滑剂而制成的。化学渗减摩层是在钢和铸铁的表面进行渗硫、硫氮共渗等,使其在表面形成摩擦系数较低的减摩薄层。非金属减摩材料,主要是指聚四氟乙烯、尼龙等高分子材料。

2. 摩阻材料

摩阻材料应有足够而稳定的摩擦系数,良好的导热性和耐磨性,且不易划伤摩擦配偶件的表面。摩阻材料可分为金属型(铸铁、粉末冶金摩阻材料)、非金属型(石棉、橡胶)及半金属型三类。

如粉末冶金摩阻材料是以金属(铜和铁)为基体,加入润滑减摩组分(如低熔点金属铅、层片状结构的石墨、MoS_2、氮化硼等)和增摩组分(Al_2O_3、TiN、TiC、SiO_2和 SiC 等)经均匀混合、压制、烧结而成。调整减摩和增摩组分的种类和含量,可使材料获得高而稳定的摩擦系数和耐磨性。

3. 耐磨材料

由于耐磨性不是材料的固有属性,因此耐磨材料的选择与实际使用条件密切相关。常用的金属耐磨材料,主要有高锰钢、低合金耐磨钢和白口铸铁等。

以磨粒磨损为例,对经受较大冲击作用的凿削式磨粒磨损,宜选用韧性高、加工硬化能力强的高锰钢;而对低应力的擦伤磨损,宜选用硬度最高的白口铸铁。

其他的耐磨材料,还有硬质合金、金属陶瓷、工程陶瓷材料等。

8.5.3　材料的表面改性与强化处理

材料或机器零件的磨损都发生在表面,因此表面改性和强化技术是提高材料表面耐磨性的一个重要方面。表面改性与强化技术,是利用各种物理的、化学的或机械的工艺手段使材料表面获得特殊的成分、组织结构与性能,以提高材料的耐磨性能,延长机械零件的使用寿命。

按工艺过程的特点,常用的表面改性与强化技术有四类,即机械加工强化处理、表面热处理、扩散处理和表面覆盖处理。

1. 机械加工强化处理

机械加工强化处理方法不改变表面的化学成分,而是通过加工过程改变材料表面的组织结构、力学性能或几何形貌来达到强化的目的。常用的机械加工强化方法,有喷丸、滚压和挤压等。如喷丸法是将高速的弹丸流喷射到工件表面上,在弹丸的冲击下,表层晶粒的形状、尺寸和方位发生变化,造成晶格畸变,产生塑性变形和亚晶粒细化,形成微细的镶嵌组织,并在表层形成硬化层。如对 40Cr 调质钢,喷丸后试样的磨损量仅为不喷丸的 67%。

几种不同机械加工强化方法的效果,见表 8-5。由表 8-5 可见,几种机械加工强化处理都使材料的表面硬度提高,而且在不同的方法下强化层的硬度、深度和表面层的残余压应力也不同。

表 8-5　不同机械加工方法的表面强化效果

机械加工方法	表面硬度提高量/(%)	表层中的残余应力/MPa	强化层深度/mm
喷丸	20~40	4~8	0.4~1.0
滚压(球)	20~50	6~8	0.3~5.0
滚压(柱)	20~50	6~8	1.0~20.0
挤压	10~15	1~2	0.05~0.1
金刚石挤压	30~60	3~7	0.01~0.2
滚筒抛光	10~15	1~2	0.05~0.3
超声波强化加压	50~90	8~10	0.1~0.9

2. 表面热处理

表面热处理(淬火)是利用快速加热使零件表面迅速升至奥氏体化温度以上,然后快速冷却获得马氏体组织,使零件获得高硬度及良好耐磨性的表面,而心部仍为韧性较高的原始组织。

根据加热方法不同,表面淬火可分为火焰加热表面淬火、感应加热表面淬火和高能束(激光束、电子束和等离子束)表面淬火。

火馅加热表面淬火的设备简单、淬火费用低,适合于各种形状和尺寸的工件。但其缺点是火焰温度调节困难,易使工件过热,且测量温度困难,质量难于控制。

感应加热表面淬火的加热速率快,处理时间短,工件变形小,表面氧化脱碳倾向小。但设备昂贵,不适合形状复杂零件的表面淬火。

高能束表面淬火的变形小、节省能源、有较高的灵活性与重复性,对形状复杂或具有非对称几何形状的零件局部表面淬火具有极大的优越性,淬火后的工件表面清洁,与常规淬火和感应加热表面淬火相比具有更高的硬度和耐磨性。但设备价格昂贵,工业性生产的经验还不多。

3. 扩散处理

扩散处理强化是依靠渗入或注入某些元素的方法来改变表面的化学成分,从而使表面得以强化。常用的扩散处理强化方法,有表面化学热处理和离子注入等。

表面化学热处理是将工件放在某种活性介质中,在一定温度下使一种或几种元素渗入到工件表面,通过改变工件表面的化学成分和组织,从而提高工件表面的硬度和耐磨性,而心部仍保持原有的成分。其基本过程包括化学介质的分解、活性原子被金属表面吸收、渗入元素向金属内部扩散等步骤。

常见的表面化学热处理方法,有渗碳、渗氮、碳氮共渗、渗硫、渗硼、渗金属(铝、锌、铬、钒等)及二元和多元共渗等。

离子注入是通过把选定的离子(如碳、氮、硼、钛、铌等金属和非金属元素)注入工件的表面,从而改变工件表面的成分、结构和性能,提高零件表面抗黏着、摩擦和磨损性能。如在AISI D3 工具钢中注入 Zr 离子后,其表面硬度提高了近 5 倍;在 H13 钢中注入 W 元素后,钢的耐磨性提高了 2 倍左右。

4. 表面涂覆(涂层)处理

表面涂覆处理是直接在材料表面进行镀、涂,或利用物理、化学方法在材料表面上形成一层强化层。按涂层的软硬程度,涂层可分为软涂层(如 Au、MoS_2、Teflon 等)、硬涂层(如 TiN、BN、Si_3N_4等)和复合涂层(如 MoS_2/TiN、Teflon /Si_3N_4等)。

常用的表面涂覆方法，有电镀（包括复合电镀、电刷镀）、化学镀、气相沉积（化学气相沉积和物理气相沉积）、热喷涂（火焰喷涂、电弧喷涂和等离子喷涂）、堆焊（电弧堆焊、埋弧堆焊、等离子堆焊等）、激光熔敷、浆液涂层和胶黏涂层等。

对上述表面强化方法的效果，可用 f/f_0、$\varepsilon'/\varepsilon_0'$ 等参数来衡量，其中 f_0 与 f 分别代表强化处理前后材料的摩擦系数，ε_0' 与 ε' 分别代表强化处理前后材料的耐磨性。各种化学热处理方法的强化效果，见表 8-6。

表 8-6　常用化学热处理方法的强化效果

化学热处理方法	处理材料	f/f_0	$\varepsilon'/\varepsilon_0'$
渗碳	碳素钢和合金钢	0.8～1.0	2～3
渗氮	合金钢	0.8～1.0	2～4
碳氮共渗	碳素调质钢、合金钢	0.7～0.8	2～5
氰化	碳素调质钢、合金钢	0.7～0.8	2～5
渗硼	中碳钢、合金钢	—	2～5
硫氰共渗	碳素钢、合金钢、不锈钢	0.5～0.6	2～5
渗　硫	碳素钢、铸铁	0.4～0.5	1.5～3
碘－镉浴处理	钛合金	0.5～0.6	—

复习思考题

1. 实际工件表面的几何误差，可分为哪几类？

2. 表征表面结构的特征参数有哪些？并说明其意义？

3. 弹性接触条件下，两粗糙表面的实际接触面积与载荷的关系如何？随载荷的增加，当粗糙表面处于塑性接触时，其接触面积与载荷的关系会如何变化？

4. 什么是摩擦？举例说明摩擦的危害和有益作用。

5. 摩擦有哪些类型？如何对摩擦进行分类？

6. 叙述经典摩擦定律的内容，并说明其在实际应用中的局限性。

7. 分析机械啮合理论、分子作用理论和分子－机械理论的理论要点和发展过程。

8. 简单黏着摩擦理论的出发点是什么？

9. 为什么在硬材料的表面镀覆一层软金属或形成一层软的表面氧化膜，可以降低摩擦副的摩擦系数？

10. 摩擦力的二项式定律是什么？并说明每一项的作用。

11. 试述摩擦与磨损现象的区别与联系。

12. 磨损有哪些类型？如何对磨损进行分类？

13. 机件正常运行时，磨损过程可分为哪三个阶段？每个阶段的特点是什么？

14. 试阐述黏着磨损产生的条件和机理。影响黏着磨损的因素有哪些？如何提高材料或零件的抗黏着磨损能力？

15. 磨粒磨损有几种类型？试各举一实例说明。针对不同的磨粒磨损类型，如何提高材料或零件的磨粒磨损抗力？

16. 试述磨粒磨损产生的条件和机理。材料的硬度、韧性及磨粒硬度等因素对磨粒磨损性能有什么影响？

17. 表面疲劳磨损有几种形式？是如何产生的？应如何提高材料或零件的疲劳磨损抗力？

18. 在接触疲劳分析中特别关注切应力的大小和分布，试说明它对几种类型接触疲劳形态的影响。

19. 腐蚀磨损可分为哪几类？影响腐蚀磨损的因素有哪些？

20. 冲蚀磨损可分为哪几类？影响冲蚀磨损的因素有哪些？

22. 微动磨损的基本特征如何？并阐述微动磨损的产生条件、机理和影响因素。

23. 比较黏着磨损、磨粒磨损和微动磨损摩擦面的形貌特征。

24. 载荷和滑动速率对钢与钢的磨损类型有什么影响？

25. 提高材料耐磨性的途径有哪些？

26. 摩擦磨损测试方法有哪些？是如何进行分类的？

27. 磨损量或耐磨性通常有哪几类测量方法？试说明其表示方法。

28. 按润滑剂的物理状态和润滑方式，润滑可分为哪几类？试说明其各自的润滑特点。

29. 试论述减摩材料、摩阻材料和耐磨材料的区别与联系，并分析其在降低摩擦、减少磨损中的作用机理。

30. 提高摩擦副耐磨性的表面改性与强化技术，可分为哪几类？每类的特点和强化效果如何？

第 9 章　材料在纳米尺度下的力学性能

纳米(Nanometer),是一个长度单位;1 纳米(nm) = 10^{-3}微米(μm) = 10^{-6}毫米(mm) = 10^{-9}米(m)。英文单词 nanometer 一词中的 nano 源于希腊文,原意是“矮人(Dwarf)”。在自然界中,人头发丝的直径为 20 ~ 50 μm,细菌的直径约为 1 μm,病毒的尺度约为数百纳米,蛋白质分子的尺度为数十纳米,DNA(脱氧核糖核酸)的分子直径为 2 nm,金属原子和非金属原子的直径分别为 0.3 ~ 0.4 nm 与 0.08 ~ 0.2 nm,最小的氢原子直径为 0.08 nm。2001 年,Intel 公司制造的计算机芯片的最小线宽为 0.13μm,2016 年,已经降低到 12 nm;预计到 2020 年,最小线宽将降低到 5 nm。

当材料或器件的尺寸减小到纳米尺度时,由于尺寸效应、量子效应、体积效应与界面效应,从而使材料的力、热、光、电、磁、声、超导、吸附、催化等性能与宏观材料有着显著的不同,一些宏观的物理量如弹性模量、密度等就可能要求重新定义。

本章从纳米科技的概念与内涵出发,首先讲授纳米力学的测试技术,接着是纳米材料的力学性能,最后讲授纳米器件加工所需的纳米摩擦、磨损与加工等方面的内容。

9.1　纳米科技概述

9.1.1　纳米科技的概念

纳米科学与技术(Nano Science and Technology),是在纳米尺度(0.1 ~ 100 nm)下研究自然界现象中原子、分子行为和相互作用规律及材料和结构的设计方法、组成与特性,并利用这些特性开发新产品的学科。纳米科学与技术是现代科学(包括量子力学、介观物理、混沌物理、分子生物学等)与先进技术(包括微电子技术、电子计算机、扫描隧道显微技术等)相结合的产物,它使得人类在认识和改造自然方面进入了一个新的层次,能够进一步开发出物质的潜在能力,因此它的发展将深刻影响国民经济和现代科学技术的未来。

纳米科技的起源可追溯到 1959 年,美国物理学家理查德·费曼(R. P. Feynman)提出的设想:如果人类能够用常规的机器制造出比其体积小的机器,而较小的机器又可以制造更小的机器,这样一步步逐级缩小生产装置,最后应该可以实现按人的意志排布原子,这种技术将对人类生活产生重大的影响。1974 年日本的谷口纪男(N. Taniguch)最早使用纳米技术(nano technology)一词来描述精微机械加工;1977 年美国麻省理工学院的学者认为费曼的设想可从模拟活细胞中生物分子的研究开始,并定义为纳米技术。1982 年 IBM 公司苏黎世实验室的宾尼(G. Binnig)和罗雷尔(H. Rohrer)发明了扫描隧道显微镜(Scanning Tunneling Microscope, STM),使人类第一次能够实时地观察到单个原子在物质表面的排列状态和与表面电子行为有关的物理、化学性质,为表面物理、化学、生命科学和新材料研究提供了一种全新的研究方法和工具。1986 年,美国斯坦福大学的宾尼(G. Binnig)、奎特(C. Quate)和格伯(C. Gerber)为弥补 STM 不能直接观察非导电样品的缺憾,共同发明了原子力显微镜(Atomic Force Microscope, AFM),它能够实现原子级分辨率的非导体材料和软物质材料试件的表面微观形貌检测,并能在液体中进行检测。STM 和 AFM 的发明,使人类研究纳米世界有了有力的工具,有了"眼"(检测)和"手"(原子级加工),从而促进并促成了 20 世纪后期的纳米科技以及整个科技领域的大发展。

基于 STM 和 AFM 的基本原理,后来又发明了一系列新的高分辨率扫描探针显微镜(Scanning Probe Microscope, SPM),如摩擦力显微镜、磁力显微镜、静电力显微镜、化学力显微镜、扫描近场光学显微镜等。这些显微技术为探测表面或界面在纳米尺度上的物理性质和化学性质起到了重要的促进作用。

1990 年 7 月,第 1 届国际纳米科学技术会议与第 5 届国际扫描隧道显微学术会议同时在美国的巴尔的摩召开,并随之出版了国际刊物 *Nanotechnology*(《纳米技术》)和 *Nanobiology*(《纳米生物学》),标志着纳米科技的正式诞生。此后,纳米科技得到了全面飞速的发展,世界各国都对纳米科技的研发投入了大量的人力、物力和财力,试图抢占这一 21 世纪的科技战略制高点。

9.1.2 纳米科技的内涵

从研究对象和工作性质看,纳米科技可分为纳米材料、纳米检测与表征、纳米器件与加工等三类不同功能的领域。其中纳米材料是纳米科技发展的物质基础,纳米检测与表征是纳米科技研究与发展的试验基础和必要条件,纳米器件是纳米科技应用水平的重要标志。

从与纳米科技相关的学科看,纳米科技主要包括纳米材料学、纳米物理学、纳米化学、纳米测量学、纳米电子学、纳米机械学、纳米生物学等。

1. 纳米材料学

纳米材料,是指至少有一个维度的材料尺寸小于 100 nm 或由小于 100 nm 的基本单元(building blocks)组成的材料。纳米材料可由晶体、准晶、非晶组成;纳米材料的基本单元或组成单元可由原子团簇、纳米颗粒、纳米线或纳米膜组成。

按组成材料的不同,纳米材料可以分为纳米金属材料、纳米无机非金属材料(包括纳米陶瓷材料和纳米碳材料)、有机高分子纳米材料以及由不同种类的物质或不同结构的同一种物质所构成的纳米复合材料。按照功能或应用领域的不同,纳米材料又可分为纳米结构材料、纳米光学材料、纳米电子材料、纳米磁性材料、纳米生物材料等。按照维度的不同,纳米材料可分为 0 维纳米材料(如原子团簇、纳米微粒等)、1 维纳米材料(如纳米线、纳米纤维等)、2 维纳米材料(如纳米薄膜等)和 3 维纳米材料(纳米块体材料)。0 维纳米材料通常又称为量子点,因其尺寸在 3 个维度上与电子的德布罗意波的波长或电子的平均自由程相当或更小,因而电子或载流子在三个方向上都受到约束,不能自由运动,即电子在 3 个维度上的能量都已量子化。1 维纳米材料称为量子线,电子在两个维度或方向上的运动受约束,仅能在一个方向上自由运动。2 维纳米材料称为量子面,电子在一个方向上的运动受约束,能在其余的两个方向上自由运动。0 维、1 维和 2 维材料又称为低维材料。对于 2 维和 3 维纳米材料,当其组成单元或组元的成分不同时,即构成纳米复合材料。例如将纳米粒子和纳米线弥散分布到不同成分的 3 维纳米或非纳米材料中时,即构成 0 - 3 型、1 - 3 型的纳米复合材料。将两种纳米膜交替复合可得到 2 - 2 维纳米复合材料。此外,还有一类广义的 2 维纳米材料,即2维的纳米结构仅局限于3维固体材料的表面。例如采用等离子体气相沉积、化学气相沉积、离子注入、激光表面处理等方法在块体材料表面获得纳米结构,以增加硬度,改善抗腐蚀性能或其他性能等。又如在半导体材料表面采用电子束、X射线平版印刷等技术实现图案转移,在材料表面形成所需要的纳米结构或图案等。

目前,纳米材料的研究主要集中在纳米材料的制备、纳米材料的特性与纳米材料的应用等三个方面。

2. 纳米化学

纳米化学,是以纳米粒子或团簇的合成、表征及其化学性质为主要研究对象,着重研究不发生团聚的纳米产品的制备措施,改善纳米材料与其他物质相容性的方法,超大分子合成和自组装技术以及纳米材料的催化性能等。此外,纳米陶瓷材料、纳米润滑材料、纳米磁性材料、纳米复合材料等还存在大量需要解决的化学问题,也是纳米化学所关注的要点。

3. 纳米机械学

纳米机械学,是集纳米技术、微电子技术、机械制造技术为一体,以制作纳米机械装置(又称微型机械或微机电系统)为目的的学科,主要包括微机构学、纳米加工、纳米摩擦学和纳米系统技术等内容。

纳米机械或纳米器件的制作,常采用"自下而上(Bottom Up)"和"自上而下(Top Down)"两种技术路线。"自下而上"是指以原子、分子为基本单元,根据人们的意愿进行设计和组装,从而构筑具有特定功能的产品。而"自上而下"是指通过微加工或固态加工技术,不断在尺寸上将人类创造的功能产品微型化。这两种技术路线的发展水平,是进入纳米时代的重要标志。

4. 纳米生物学

纳米生物学是基于纳米技术的生物学,它包括两层含义,一个是应用纳米技术这一新工具、新技术来促进对生物系统的理解;另一个是如何在纳米水平上微观地、定量地研究生物问题。纳米生物学,主要包括纳米医学、纳米生物技术和纳米生物材料等内容。

5. 纳米电子学

纳米电子学,是1~100 nm尺度的纳米结构(量电子)内单个量子或量子波的运动规律或对其进行探测、识别、控制以及单个原子、分子人工组装和自组装技术的学科,主要包括纳米电子学理论、纳米电子器件和纳米电子材料及其组装技术等内容。

由上可见,纳米科学与技术已成为全世界材料、物理、化学、生物、力学等多学科的研究热点及前沿之一,是21世纪科技发展的重点研究领域。因此,理解并掌握材料在纳米尺度下的力学性能对开发新型纳米材料、实现材料或器件的纳米级加工具有重要的意义。

9.2　纳米力学测试技术

为了在纳米尺度上研究材料和器件的结构与性能,必须建立纳米尺度的检测与表征手段。扫描隧道显微镜、原子力显微镜、摩擦力显微镜等扫描探针显微技术的出现,标志着人类对微观尺度的探索进入到一个全新的阶段。

9.2.1　扫描隧道显微镜

宾尼(G. Binnig)和罗雷尔(H. Rohrer)发明的扫描隧道显微镜,其检测原理是基于量子力学的隧道效应。由于电子具有波动性，在金属中的电子并非仅存在于表面边界以内。也就是说，电子密度并不是在表面边界上突然降低为零，而是在表面边界以外按指数衰减，衰减长度约为 1 nm。这样，如果两块金属表面相互靠近到间隙小于 1 nm 时，它们的表面电子云将发生重叠。如果将极细的原子尺度针尖与被测试样表面作为两个电极，当探针与试样表面的距离接近到 1 nm 以内时，在外加电场作用下，电子就会穿过两个电极之间的绝缘层而流向另一电极，形成隧道电流。隧道电流是电子波函数重叠的量度，它与两金属电极间的距离及衰减常数有关。

典型扫描隧道显微镜的结构，如图 9-1 所示。扫描隧道显微镜的组成，主要包括：①探针与试样的逼近装置；②保持隧道电流恒定的反馈系统及显示探针 z 方向变化的显示器；③操纵探针沿试样表面 x 方向和 y 方向运动的压电陶瓷扫描控制器及位置显示器；④数据采集和图像处理系统等。

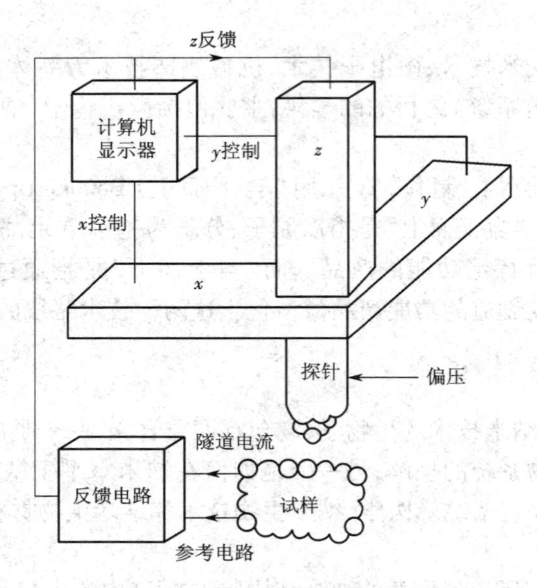

图 9-1　扫描隧道显微镜结构示意图

扫描隧道显微镜的工作模式，包括恒定电流模式和恒定高度模式两种，如图 9-2 所示。在恒电流模式下，图像扫描时隧道电流保持恒定即使用反馈电路驱动探针使探针与试样表面间的距离（隧道间隙）保持不变，这时探针将随试样表面的高低起伏而跟踪起伏，从而得到试样表面的形貌信息，如图 9-2(a)所示。由于在恒电流模式下探针是随试样表面形貌的起伏而上下移动，探针不会因为表面形貌起伏太大而碰撞到试样表面，因而恒电流模式可以用于表面形貌起伏较大的试样。在恒高度模式下，探针以恒定高度在试样表面扫描，隧道电流随试样表面起伏而变化，因此测量隧道电流的变化就能得到试样表面的形貌信息，如图 9-2(b)所示。但恒高度模式只能用于表面起伏很小（小于 1 nm）的试样，不适合用于观察表面起伏较大的试样。

与其他表面微观分析技术相比，扫描隧道显微镜具有许多独特的优点。首先，它具有原子量级的极高分辨率，其垂直和平行于表面方向的分辨率分别为 0.01 nm 和 0.1 nm，即能够分辨出单个原子。其次，扫描隧道显微镜可以在不同的环境条件（包括真空、大气、低温、水或电解液中）下工作，并能实时地得到表面的三维图像。此外，试验过程中对试样几乎无

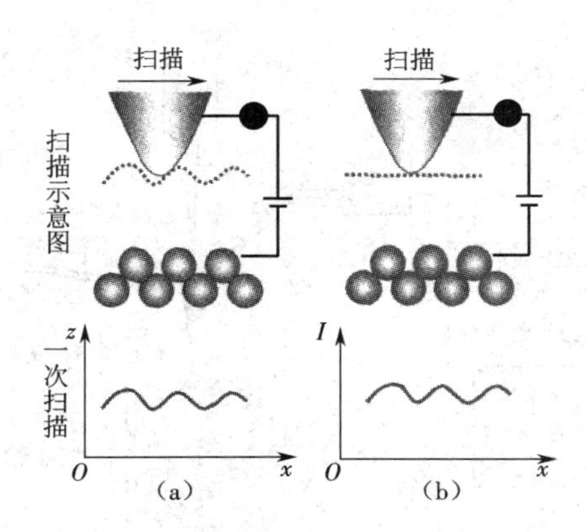

图 9-2　扫描隧道显微镜的工作模式
(a)恒电流模式　(b)恒高度模式

损伤,不要求特别的试样制备技术,而且试样的需求量很小。另外,通过扫描隧道显微镜的探针还可以操纵和移动单个原子或分子,实现对表面纳米尺度的加工。但其不足之处在于,被检测的试样必须是导体或半导体。

9.2.2　原子力显微镜

为弥补扫描隧道显微镜不能直接观察与研究绝缘及有较厚氧化层试样的不足,1986 年宾尼(G. Binnig)、奎特(C. Quate)和格伯(C. Gerber)共同发明了原子力显微镜。原子力显微镜的工作原理与扫描隧道显微镜极为相似,只是原子力显微镜检测的是探针与试样表面原子间的相互作用力,而扫描隧道显微镜检测的是探针与试样表面原子间的隧道电流。

原子力显微镜的工作原理,如图 9-3 所示。将探针装在一个对微弱力极敏感的弹性微悬臂上,使探针的针尖与试样表面仅有轻微的接触,通过与试样相连的压电陶瓷扫描管,控制试样(或探针)在 x 和 y 方向进行扫描运动,使探针针尖在试样表面上的相对位置发生变化。由于试样表面的高低变化,使微悬臂自由端上的针尖也将随之有上下的运动,通过激光束的反射可在检测器上检测出微悬臂自由端在试样垂直方向的变化和位移情况,从而得到试样表面的形貌图像。同时,根据微悬臂的弹性常数可实现对探针顶端原子与试样表面原子间作用力的测量。

测量微悬臂受力时弯曲位移的方法,主要有隧道电流法、电容检测法和光学检测法等。隧道电流法,基本上与扫描隧道显微镜的检测类似,灵敏度可达到纳米级;但当微悬臂上产生隧道电流的部位被污染后将降低其测量精度。电容检测法,是将微悬臂与电容极板相连,微悬臂产生的位移变化使电容器的极板距离发生改变,从而通过检测电容值的变化测定出微悬臂的纳米级位移量。光学检测法,主要是利用光干涉法或激光束反射法使光束射到微悬臂的背面,当探针针尖与试样表面产生了位移和变形时,反射光要偏转,进而由四象限光电二极管检测器测量出微悬臂的位移和变形。

原子力显微镜在检测试样表面的微观形貌时,常采用接触模式、非接触模式和轻敲模式等三种扫描成像模式,如图 9-4 所示。

与扫描隧道显微镜相比,原子力显微镜在工作过程中无须施加电场,且不受试样导电性的限制,因此具有更为广阔的应用范围。除可以研究材料的表面结构外,原子力显微镜还可以研究材料的硬度、弹性、塑性等力学性能以及表面微区的摩擦磨损性质,也可以用于操纵

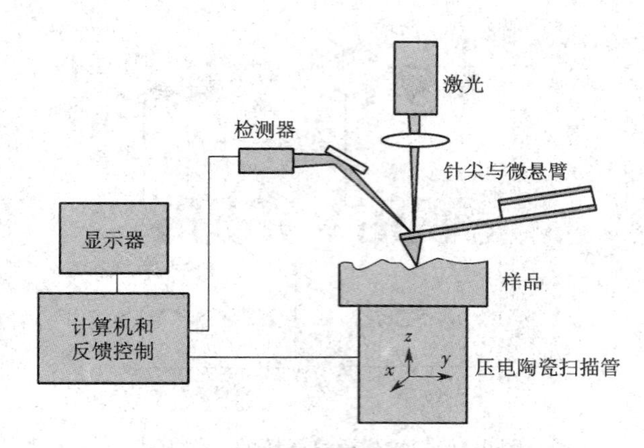

图 9-3　原子力显微镜原理示意图

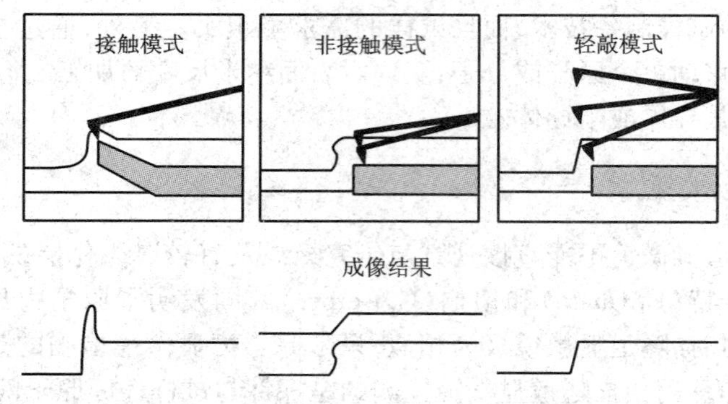

图 9-4　原子力显微镜的扫描成像模式

分子、原子,并可进行纳米尺度的结构加工和超高密度信息存储。

9.2.3　扫描探针显微镜

由图 9-3 的工作原理可以看出,用于原子力显微镜信号检测与扫描成像的是探针针尖与试样表面原子间的相互作用力(相互吸引的范德华力和相互排斥的库仑力)。但探针针尖与试样表面原子间的作用力,不仅有相互吸引的范德华力和相互排斥的库仑力,同时还存在摩擦力、磁力、静电力、化学力、毛细管力等。于是类似于利用探针 - 试样表面原子间相互吸引范德华力与相互排斥库仑力的原子力显微镜,又发展出利用探针 - 试样表面原子间摩擦力、磁力、静电力、化学力等的摩擦力显微镜(Friction Force Microscope,FFM)、磁力显微镜(Mahnetic Force Microscope,MFM)、静电力显微镜(Electrostatic Force Microscope,EFM)、化学力显微镜(Chemical Force Microscope,CFM)等。由于这些显微镜都具有扫描工作的探针,且检测的是探针与试样表面原子间的相互作用力,因此这些显微镜统称为扫描力显微镜(Scanning Force Microscope,SFM)或扫描探针显微镜(Scanning Probe Microscope,SPM)。

摩擦力显微镜,是在原子力显微镜检测探针 - 试样表面相互作用力的 z 向(纵向)力外,又增加了一套用于测量针尖横向力(x 方向)的装置和软件而研制成功的。摩擦力显微镜的发展和应用,对研究界面的摩擦磨损行为和机理有着重要的作用,促进了纳米摩擦学的迅速发展。

磁力显微镜,是利用磁性材料制成的针尖检测磁性材料试样间的磁力而研制成功的。

磁力显微镜的发展和应用,对磁性材料的磁性能检测以及磁记录材料和磁记录技术的发展有着积极的推动作用。

化学力显微镜,是利用针尖与试样原子间的化学键力作为检测信号而工作的。化学力显微镜的发展和应用,对化学变化机理的研究将会发挥重要的作用。

这些扫描探针显微镜,除探针 - 微悬臂所测力的原理及扫描模式有所不同外,显微镜的其他部分包括探针的力检测系统、扫描运动系统、探针 - 试样间的粗调和微调系统、电路控制系统、检测信号的处理系统等,都是基本相同的。目前的多功能扫描探针显微镜,只需要更测换量头和部分部件就能当做不同功能的扫描力显微镜使用了。

9.2.4　纳米硬度计

纳米硬度计(Nano Hardness Tester)或纳米压痕仪(Nano Indenter),是通过以纳牛顿(nN,$1\text{nN}=10^{-9}\text{N}$)和纳米量级分辨率连续控制和测量压入过程的载荷及位移,从而可测定材料一系列力学性能的纳米测试技术。利用纳米压入试验获得的载荷 - 位移曲线,不仅可以计算得到材料的纳米硬度和弹性模量,还可以得到材料的断裂韧性、蠕变应力指数等力学性能。作为近年来发展起来的新型测试技术,纳米压痕技术已经广泛用于物理学、材料学和医学等多个学科领域,以测定各种金属、聚合物等传统材料及薄膜、生物等表面功能材料的力学性能。

纳米压痕仪的结构原理,如图 9-5 所示。装有金刚石三棱锥形压头(Berkovich tip,玻氏压头)的压杆,与铁磁线圈装置相连;施加在压头上的准静态载荷由加在线圈上缓慢变化的电流所控制。而压杆发生的位移由平行板电容器进行测量,其运动被严格限制在垂直方向一个自由度上。其中,金刚石三棱锥形压头棱面与中心线的夹角为 65.3°,棱边与中心线的夹角为 77.05°,针顶端部的曲率半径为 40 nm,从而在试样表面上留下底面边长为 l、深度为 h 的三棱锥状压痕。底面边长 l 与深度为 h 的比值为 7.531 5,接触表面积 $A_s=3\times(2\sqrt{3}h\tan 63.5°)^2/(4\sqrt{3}\sin 63.5°)=27.05h^2$,接触投影面积 $A_p=3\sqrt{3}(h\tan 63.5°)^2=24.56h^2$。

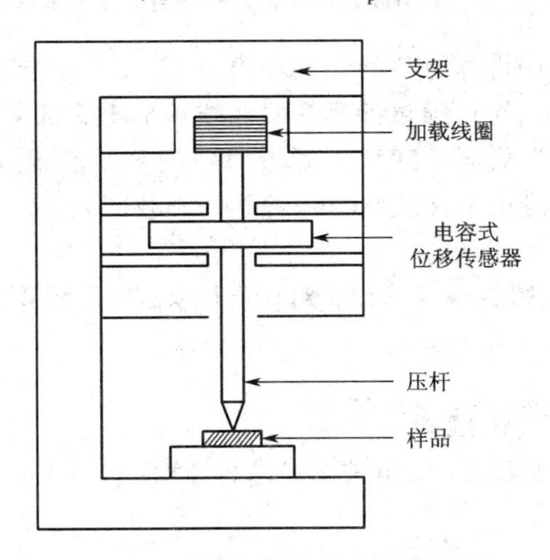

图 9-5　纳米压痕仪的结构原理图

加载 - 卸载过程中材料的载荷 - 位移曲线,如图 9-6 所示。在加载过程中,被测试样在压头压入过程中会发生弹塑性变形,卸载时只有弹性变形部分能够回复。图中 P_{max} 为最大载荷，h_{max}为最大深度；h_f为完全卸载后的残余压痕深度。加载－卸载过程中压头的剖面变化，如图9-7所示。考虑到压头压入过程中压头周围材料的凹陷变形（凹陷深度为h_s），压头的实际接触深度仅为h_c。

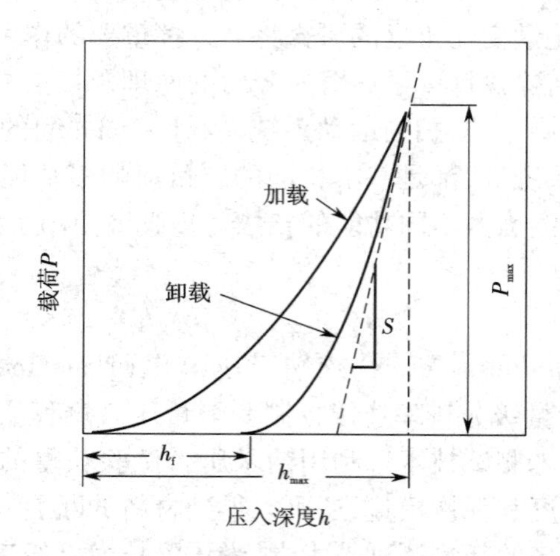

图9-6 纳米压痕试验过程中的载荷－位移曲线

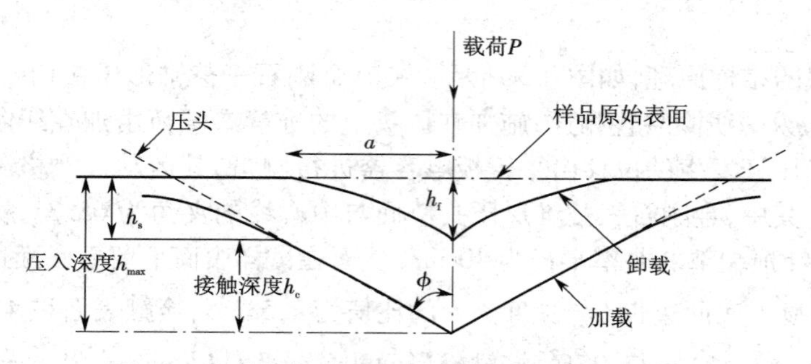

图9-7 加载与卸载过程中试样表面的变形示意图

为从载荷－位移曲线中计算材料的硬度和模量，首先必须准确地测量弹性接触刚度S和接触面积A。接触刚度S，可以通过计算卸载曲线顶部1/5部分的斜率（dP/dh）得到，如图9-6所示。或者通过建立载荷－卸载深度（位移）的关系曲线，进而经微分计算后获得。如采用幂函数的形式拟合载荷－深度（位移）曲线的卸载部分，有

$$P = \alpha (h - h_f)^m \tag{9-1}$$

其中α和m是通过测试获得的拟合参数。对玻氏压头，根据测试经验观察m约为1.5。于是经微分计算可得接触刚度

$$S = \left(\frac{dP}{dh}\right)_{h=h_{max}} = \alpha m (h_{max} - h_f)^{m-1} \tag{9-2}$$

压入过程中的实际接触深度h_c，可按下式进行计算：

$$h_c = h_{max} - k\frac{P_{max}}{S} \tag{9-3}$$

式中：k为与压头形状有关的常数，对玻氏压头，根据测试经验观察k约为0.75。

于是，对理想的玻氏压头，压入过程中压头的接触面积

$$A = 24.56h_c^2 \tag{9-4}$$

材料的纳米硬度,定义为材料对接触载荷承受能力的量度指标。

$$H=\frac{P_{\max}}{A}=\frac{P_{\max}}{24.56h_{c}^{2}} \tag{9-5}$$

材料的复合弹性模量,可按下式求得:

$$E_{r}=\frac{\sqrt{\pi}}{2\beta}\cdot\frac{S}{\sqrt{A}} \tag{9-6}$$

式中:β 为与压头形状有关的常数。对玻氏压头,β 为 1.034。试样材料的压入模量,可依据下式计算获得:

$$\frac{1}{E_{r}}=\frac{1-\nu^{2}}{E}+\frac{1-\nu_{i}^{2}}{E_{i}} \tag{9-7}$$

式中:E、ν 分别为被测试样材料的弹性模量和泊松比;E_i、ν_i 分别为压头材料的弹性模量和泊松比。对金刚石压头,E_i = 1 141 GPa,ν_i = 0.07。大多数工程材料的泊松比一般在 0.15 ~ 0.35,即当 ν = 0.25 ± 0.1 时,压入模量 E 仅会产生 5.3% 的不确定度。所以,在不知道试样材料泊松比 ν 的情况下,可取中间值 ν = 0.25。

另外,利用纳米压痕仪也可计算材料的断裂韧性 K_c 和蠕变应变指数 n,可参见有关的参考文献。

在纳米压痕仪基础上,如能控制载有样品的试验台向某一个方向匀速运动,并配置切向力传感器,便可研制出纳米划痕仪,如图 9-8 所示。通过纳米划痕仪,可以测定样品表面的结构参数、法向载荷、划痕深度、摩擦系数等参数,并可对样品表面进行纳米级的加工。

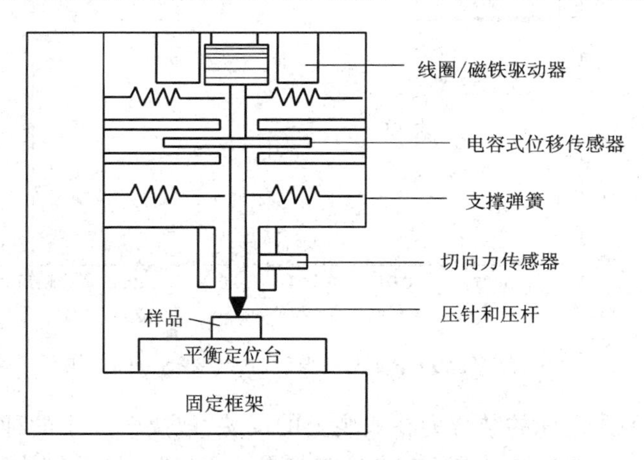

图 9-8 纳米划痕仪的结构原理图

9.3 纳米材料的力学性能

9.3.1 概述

自从 1984 年 Gleiter 在实验室人工合成出 Pd、Cu 等纳米晶块材料以来,人们对纳米材料的力学性能产生了极大的兴趣。在以后的十多年里,报道了大量的研究结果。1996—1998 年,美国世界技术评估中心组织了 8 位专家对全世界纳米科技的研究现状和发展趋势进行了考察和评估后，于 1999 年和 2000 年在 whitehouse. gov 网站了发表了 *Nanotechnology: shaping the world atom by atom*, *National nanotechnology initiative-leading to the next industrial revolution*, *Nanostructured science and technology: a worldwide study*, *IWGN workshop report: nanotechnology research directions* 等 4 份研究报告。其中 Coch 等对前期关于纳米材料力学性能的研究进行了总结，得出以下 4 条与常规晶粒材料不同的结果：

①纳米材料的弹性模量较常规晶粒材料的弹性模量降低了 30% ~50%；

②纳米纯金属的硬度或强度是大晶粒(>1 μm)金属硬度或强度的 2 ~7 倍；

③纳米材料可具有负的 Hall-Petch 关系，即随着晶粒尺寸的减小，材料的强度降低；

④在较低的温度下，如室温附近脆性的陶瓷或金属间化合物在具有纳米晶时，由于扩散的相变机制而具有塑性或超塑性。

前期关于纳米材料的弹性模量大幅度降低的试验依据，主要是纳米 Pd、CaF_2块体的弹性模量 E 大幅度降低。20 世纪 90 年代后期的研究工作表明，纳米材料的弹性模量降低了 30% ~50%的结论是不能成立的。不能成立的理由是前期制备的样品具有高孔隙度和低密度及制样过程中所产生的缺陷，从而造成的弹性模量的不正常降低。图 9-9 表明纳米晶 Pd、Cu 的空隙度对弹性模量的影响，图中虚线和实线为回归直线，圆点和三角形为试验值。空隙度很低时，纳米 Pd、Cu 的弹性模量 E 接近理论值；随着空隙度的增加，弹性模量 E 大幅降低。

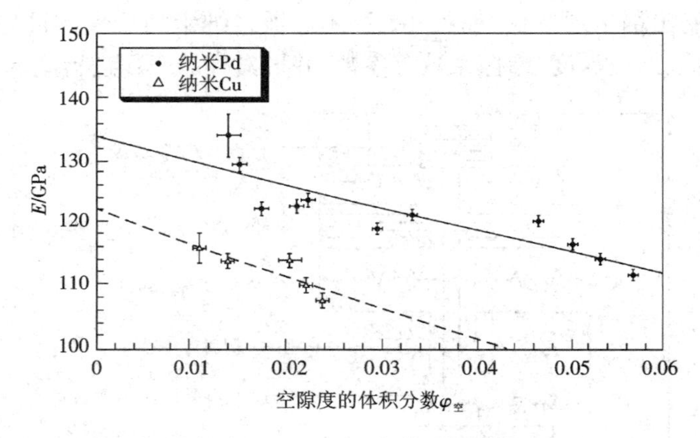

图 9-9　纳米晶 *Pd*、*Cu* 的空隙度对弹性模量 E 的影响

弹性模量 E 是原子之间的结合力在宏观上的反映，取决于原子的种类及其结构，对组织的变化不敏感。由于纳米材料中存在大量的晶界，而晶界的原子结构和排列不同于晶粒内部，且原子间间距较大，因此，纳米晶的弹性模量受晶粒大小的影响，晶粒越细，所受影响越大，E 的下降越大。

图 9-10 为用高能球磨纳米 Fe、Ni、Cu-Ni 等粉末固化后块体材料的规一化的弹性模量 E 和切变模量 G 与晶粒大小之间的关系，图中虚线和实线分别代表晶界厚度为 0. 5 nm 和 1. 0 nm 时弹性模量 E 的计算值，圆点表示实测值。当晶粒小于 20 nm 时，规一化模量才开始下降；在 10 nm 时，模量 E 相当于粗晶模量 E_0的 0. 95；只有当晶粒小于 5 nm 时，弹性模量才大幅度下降。对接近理论密度纳米金(26 ~60 nm)的研究表明，其相对弹性模量大于 0. 95，晶界和晶粒的弹性模量之比 $E_{gb}/E_{crys}\approx 0.7 \sim 0.8$。表 9-1 为用不同方法测量的 Au、Ag、Cu、Pd 纳米晶样品在不同温度下的弹性模量与粗晶样品的比较。由表可知，1997 年以前关于 Ag、

Cu、Pd 纳米晶样品的弹性模量值明显偏低，其主要原因是材料的密度偏低引起的。

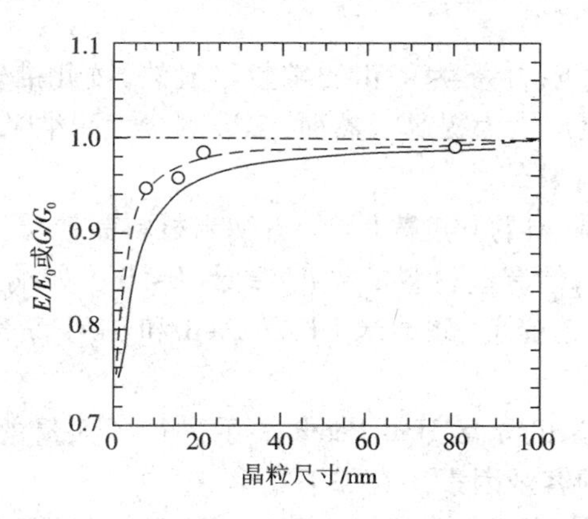

图 9-10　纳米材料的相对弹性模量与晶粒大小的关系

表 9-1　纳米晶与粗晶金属的弹性模量、切变模量比较

材料	纳米晶试样			粗晶试样		参考文献
	晶粒尺寸/nm	E/GPa	E/GPa	E/GPa	E/GPa	
Au	60	78.5 ±2(80 K)	—	82.9(80 K)	—	Sakai,1999
	26 ~ 40	76.5 ±2(80 K)	—	—	—	Sakai,1999
	60	79.0 ±4(20 K)	—	84(20 K)	—	Sakai,1999
Ag	60	≈0.8E_b	—	(E_b =82.7)	—	Kobelev,1993
Cu	10 ~ 22	106 ±2(RT)①	—	124(RT)	—	Sander,1997
	10 ~ 22	112 ±4(RT)①	41.2 ±1.5(RT)	131(RT)	48.5(RT)	Sander,1997
	26	107	—	—	—	Shen,1995
	15 ~ 61	45 ±9(RT)	—	130(RT)	—	Nieman,1989
Pd	36,47	129,119(RT)②	—	132(RT)	—	Sander,1997
	16 ~ 54	123 ±6(RT)②	44.7 ±2(RT)	132(RT)	47.5(RT)	Sander,1997
	12	82 ±4(RT)	—	—	—	Sander,1995
	5 ~ 15	44 ±22(RT)	—	121(RT)	—	Nieman,1992
	—	88(RT)	32(RT)	123(RT)	43(RT)	Korn,1988
	6	—	35(RT)	—	43(RT)	Weller,1991

①采用外推法得出无孔隙纳米 Cu 的 E = (121 ±2) GPa，其中 RT 表法室温，下同。

②纳米 Pd 的 E = (130 ±1) GPa。

前期制备的高空隙度和低密度材料的试验结果，还使人们产生了许多美好的预想或幻想。例如，Karch 等在 1987 年观察到纳米 CaF_2 在 80 ℃和 TiO_2 在 180 ℃下压缩时具有明显的塑性，并用 Coble 关于晶界扩散蠕变模型进行了解释后，使那些为陶瓷增韧奋斗了将近一个世纪的材料科学界看到了希望，认为纳米陶瓷是解决陶瓷脆性的战略途径。然而，Coch 指出 CaF_2、TiO_2 的这些试验结果是不能重复的，试样的多空隙性造成了这些材料具有明显的塑性；在远低于 0.5T_m（熔点）的温度下，脆性陶瓷和金属间化合物因扩散蠕变而产生的塑性是不能实现的。迄今为止尚未获得纳米材料室温超塑性的实例。

普通多晶材料的屈服强度随晶粒尺寸 d 的变化通常服从 Hall-Petch 关系，即

$$\sigma_s = \sigma_0 + kd^{-1/2} \tag{9-8}$$

其中：σ_0为位错运动的摩擦阻力，k 为一正的常数。显然，按此推理当材料的晶粒由微米级降为纳米级时，材料的强度应大大提高。然而，多数测量表明纳米材料的强度在晶粒很小时远低于 Hall-Petch 公式的计算值。

前期测试的一些纳米材料的硬度表明，随着纳米材料晶粒尺寸的减小，许多材料的硬度升高（$k>0$），如纳米 Fe 等；但有些材料的硬度降低（$k<0$），如纳米 Ni-P 合金等；还有些是硬度先升高后降低，k 值由正变负，如纳米 Ni、Fe-Si-B 和 TiAl 等合金；也有些纳米材料的 $k=0$。

人们对纳米材料表现出的异常 Hall-Petch 关系进行了大量的研究，总结出除了晶粒大小外，影响纳米材料强度的客观因素还有如下几个。

①试样的制备和处理方法不同。这必将影响试样的原子结构特别是界面原子结构和吉布斯自由能的不同，从而导致试验结果的不同。特别是前期研究中试样空隙度较大、密度低、试样中的缺陷多，造成了一些试验结果的不确定性和无可比性。

②试验和测量方法所造成的误差。前期研究多用在小块体试样上测量出的显微硬度值（HV）来代替大块体试样的 σ_s，很少有真正的拉伸试验结果。这种替代本身就具有很大的不确定性，而且显微硬度值的测量误差较大。同时，对晶粒尺寸的测量和评价中的变数较大而引起较大的误差。

除了上述客观影响因素外，有人从变形机制上来解释反常的 Hall-Petch 关系，例如在纳米材料的晶界上存在大量的旋错，晶粒越细，旋错越多。旋错的运动会导致晶界的软化甚至使晶粒发生滑动或旋转，使纳米晶材料的整体延展性增加，因而使 k 值变为负值。

为了使 Hall-Petch 公式能适用于晶粒细小的纳米材料，有人提出了位错在晶界堆积或形成网络的模型，如图 9-11 所示。在发生形变时，由于材料弹性的各向异性，导致晶界处的应力集中，因而在晶界形成如图 9-11 所示的位错网络。该位错网络类似于第二相强化相，因而材料的屈服强度不仅与 $d^{-1/2}$有关，而且与 d^{-1}有关，即在 Hall-Petch 关系式中应该加入一项 d^{-1}。该项在晶粒尺寸小于 10 nm 时将起重要的作用。然而，这些模型中皆沿用 σ_0，即位错运动时的摩擦阻力。在缺乏位错行为的纳米材料中，σ_0可能根本就不存在，这是这类模型所无法处理的问题。

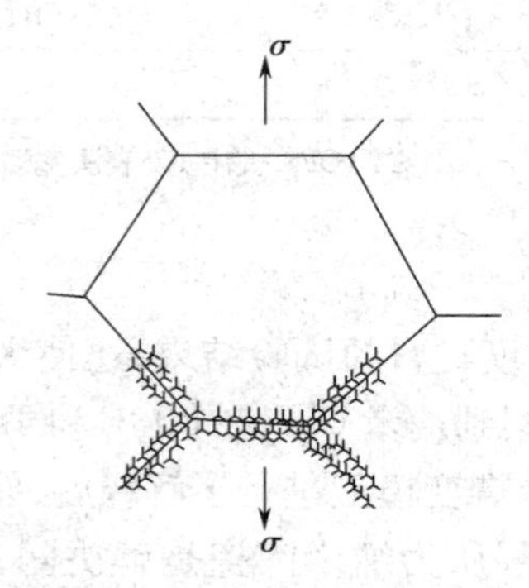

图 9-11　变形时位错在晶界形成的强化网络模型

Gleiter 等提出在给定温度下纳米材料存在一个临界尺寸，当晶粒大小大于临界尺寸时

k 是正值;晶粒小于临界尺寸时 k 是负值,即反映出反常的 Hall-Petch 关系。Gryaznov 等计算了纳米晶中存在稳定位错和位错堆积的临界尺寸,认为当纳米金属的晶粒小于 15 nm 时,位错的堆积就不稳定。这些计算结果量化了 Gleiter 的临界尺寸。Coch 认为当纳米晶材料晶粒尺寸很小时(小于 30 nm),材料中缺少可动位错。因此,建立在位错基础上的变形理论就不能起作用。

尽管位错堆积的临界尺寸的长度有差异,如小于 15 nm 或 30 nm,这些临界尺寸也都大于前期一些具有反常 k 值材料的晶粒。可以认为产生反常 Hall-Petch 关系的机制或本质,是当纳米晶粒小于位错产生稳定堆积或位错稳定的临界尺寸时,建立在位错理论上的变形机制不能成立。而 Hall-Petch 公式是建立在粗晶材料上的经验公式,是以位错理论为基础的。在位错堆积不稳定或位错不稳定的条件下,Hall-Petch 公式本身就不能成立。

9.3.2 纳米金属材料的力学性能

1. 纳米金属材料的强度

纳米材料的硬度和强度大于相同成分的粗晶材料的硬度和强度,已经成为共识。纳米 Pd、Cu 等块体试样的硬度测试表明,纳米材料的硬度一般为同成分粗晶材料硬度的 2 ~ 7 倍。由纳米 Pd、Cu、Au 等的拉伸试验表明,其屈服强度和断裂强度均高于同成分的粗晶金属。碳含量为 1.8% 的纳米 Fe 的断裂强度为 6 000 MPa,远高于微米晶的 500 MPa。用超细粉末冷压合成制备的 25 ~ 50 nm Cu 的屈服强度高达 350 MPa,而冷轧态的粗晶 Cu 的屈服强度为 260 MPa,退火态粗晶 Cu 的屈服强度仅为 70 MPa。然而,上述结果大多是用微型样品测得的。众所周知,微型样品测得的数据往往高于常规宏观样品测得的数据,且两者之间还存在可比性问题。从直径为 80 mm,厚 5 mm 的纳米 Cu 块(36 nm),切取长 6 mm、宽 2 mm、厚 1.5 mm 试样的拉伸结果表明,纳米晶 Cu 的弹性模量、屈服强度、断裂强度、伸长率分别为 84 GPa、118 GPa、237 GPa、6%,是同成分粗晶 Cu 的 0.65、1.42、1.82、0.15 倍。随着样品尺寸的增加,纳米 Cu 的强度与粗晶 Cu 的强度比减小,已不到 2 倍。纳米晶 Cu 的弹性模量值远低于理论值(为理论值的 0.65)的主要原因是该材料的密度太低,仅为理论值的 0.943,这与前期对弹性模量 E 研究值明显偏低的原因是一样的。该研究还表明,杂质对纳米晶 Cu 的性能的影响十分巨大,造成强度和塑性性能指标的明显下降,如图 9-12 所示。同时,试验结果还表明,纳米晶和粗晶 Cu 之间的维氏硬度差别(相差 6 倍)并不能真实地代表这两种材料之间的强度差别(不到 2 倍)。

目前,有关纳米材料强度的试验数据非常有限,缺乏拉伸特别是大试样拉伸的试验数据。然而,更为重要的是缺乏关于纳米材料强化机制的研究。究竟是什么机制使纳米材料的屈服强度远高于微米晶材料的屈服强度,目前还缺乏合理的解释。对于微米晶金属材料已有明确的强度机制,即固溶强化、位错强化、细晶强化和第二相强化,这些强化机制都是建立在位错理论基础上的。应变强化能使材料在变形过程中硬度升高,是普通多晶金属材料的主要强化途径之一。应变强化的机理源于位错运动塞积(位错强化)和晶粒或亚结构细化所产生的强化。由应力(σ) - 应变(ε)曲线上可计算出应变强化因子 $n = \partial \ln \sigma / \partial \ln \varepsilon$ 表明,n 越大,应变强化效果越高。用超细粉末冷压成型的 Cu(25 nm)试样的拉伸试验表明,其 $n = 0.15$,远低于普通粗晶 Cu 的 $n = 0.30 \sim 0.35$。用电解沉积制备的纳米 Cu(30 nm)的 $n = 0.22$。这说明虽然纳米 Cu 的应变强化效果很弱,但仍存在一些位错行为,也可能与实际样品中存在有较大晶粒有关。用分子动力学计算的理想纳米 Cu 的 $\sigma - \varepsilon$ 曲线显示,应变

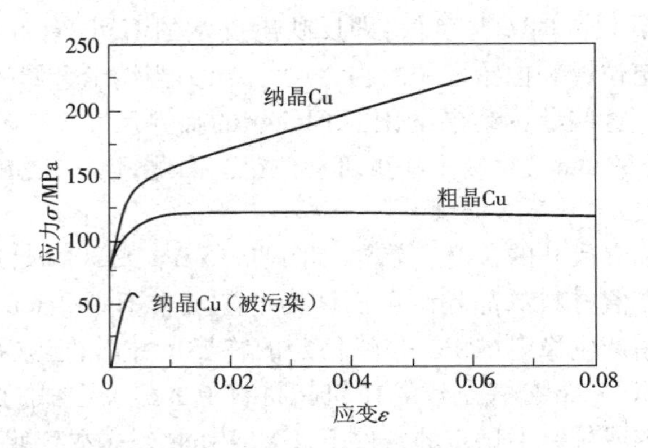

图 9-12　纳米晶 Cu 的应力－应变曲线

强化几乎不存在。一些模拟计算的结果亦显示纳米材料变形时无位错行为，这表明适用于微米晶金属的强化机制可能在纳米材料中不起作用或作用非常有限。因此，有关纳米材料的强化机理应是一个重要的研究课题。

2. 纳米金属材料的塑性

在拉伸和压缩两种不同的应力状态下，纳米金属材料的塑性和韧性显示出不同的特点。

在拉应力作用下，与同成分的粗晶金属相比，纳米晶金属的塑、韧性大幅下降，即使是粗晶时显示良好塑性的 fcc 金属，在纳米晶条件下拉伸时塑性也很低，常呈现脆性断口。如图 9-12 所示，纳米 Cu 的拉伸伸长率仅为 6%，是同成分粗晶伸长率的 20%。图 9-13 给出了 1997 年以前一些研究者测定的纳米晶 Ag、Cu、Pd 和 Al 合金的伸长率与晶粒大小的关系，图中括号内的数字表明年份。由图可知，在晶粒小于 100 nm 的范围内，大多数伸长率小于 5%，并且随着晶粒的减小伸长率急剧降低，晶粒小于 30 nm 的金属基本上是脆性断裂。这表明在拉应力状态下纳米金属表现出与粗晶金属完全不同的塑性行为。

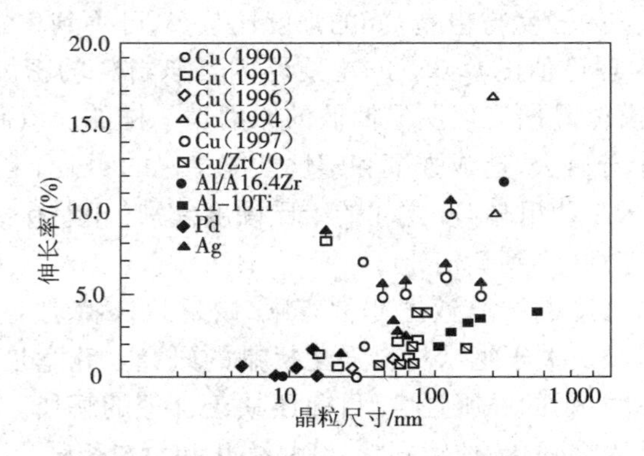

图 9-13　纳米金属材料的晶粒尺寸与伸长率的关系

粗晶金属的塑性随着晶粒尺寸的减小而增大，是由于晶粒的细化使晶界增多，而晶界的增多能够有效地阻止裂纹的扩展所致；而纳米晶的晶界似乎不能阻止裂纹的扩展。导致纳米晶金属在拉应力下塑性很低的主要原因有以下几点。

①纳米晶金属屈服强度的大幅度提高使拉伸时的断裂应力小于屈服应力，因而在拉伸过程中试样来不及充分变形就产生断裂。

②纳米晶金属的密度低，内部含有较多的空隙等缺陷，而纳米晶金属由于屈服强度高，

因而在拉应力状态下对这些内部缺陷以及金属的表面状态特别敏感。

③纳米晶金属中的杂质元素含量较高，从而损伤了纳米金属的塑性，如图9-12所示。而对用电解沉积法制备的全致密、无污染的纳米晶Cu(30 nm)，其伸长率可提高到30%以上。

④纳米晶金属在拉伸时缺乏可移动的位错，不能释放裂纹顶端的应力。

此外，试样的表面状态对塑性和强度也有很大的影响。图9-14是纳米晶Pd试样(晶粒大小大致相同)未经过抛光及经过0.25 μm和5 μm金刚石膏抛光试样的应力-应变曲线。未抛光试样的强度及塑性均很低，经5 μm抛光试样的塑性最高，而经过0.25 μm抛光过的试样断裂应力最高。

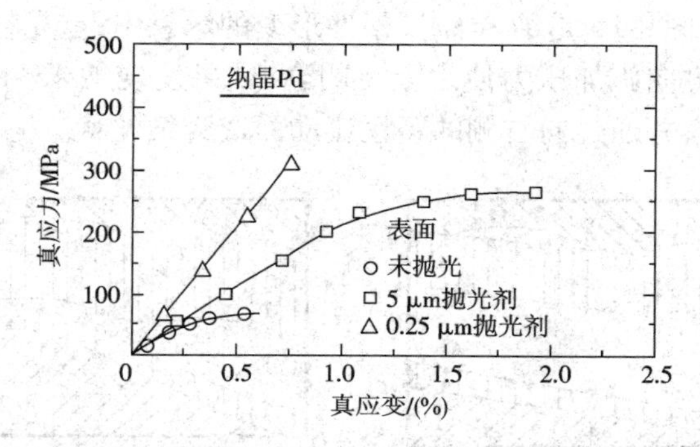

图9-14　试样表面状态对纳米晶Pd拉伸时应力-真实应变曲线的影响

在压应力状态下，纳米晶金属表现出很高的塑性和韧性。例如纳米Cu在压应力下的屈服强度比拉应力下的屈服强度高两倍，但仍显示出很好的塑性。纳米Pd、Fe试样的压缩试验也表明，其屈服强度高达GPa水平，断裂应变可达20%，这说明纳米晶金属具有良好的压缩塑性。其原因可能是在压应力作用下金属内部的缺陷得到修复、密度提高，或纳米晶金属在压应力状态下对内部的缺陷或表面状态不敏感所致。卢柯等用电解沉积技术制备出晶粒为30 nm的全致密无污染Cu块样品，在室温轧制时获得高达5 100%的伸长率，而且在超塑性延伸过程中也没有出现明显的加工硬化现象，如图9-15所示。通过对超塑性材料变形后的样品进行分析的结果表明，在整个变形过程中Cu的晶粒基本上没有变化，在20~40 nm。在变形初期(ε<1 000%)，变形由位错的行为所控制，导致缺陷密度和晶界能有相当大的增加。但在变形后期(ε>1 000%)，缺陷和晶界能趋于饱和，此时形变由晶界的行为所控制。

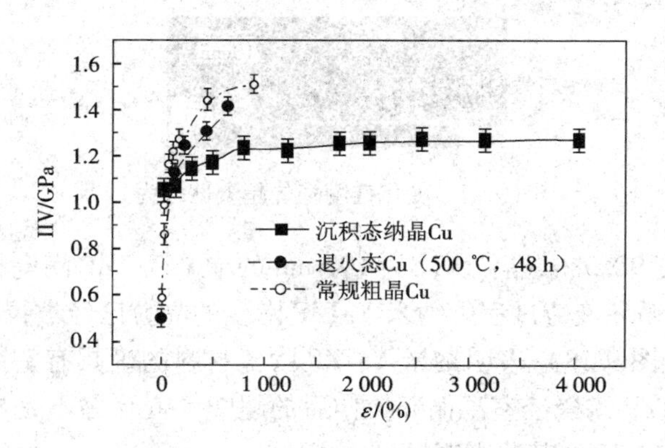

图9-15　纳米晶Cu的冷轧变形行为

总之，在位错机制不起作用的情况下，在纳米晶金属的变形过程中少有甚至没有位错行为。此时晶界的行为可能起主要作用，这包括晶界的滑动、与旋错有关的转动，同时可能伴随有短程扩散引起的自愈合现象。此外，机械孪生也可能在纳米材料变形过程中起到很大的作用。因此，要弄清纳米材料的变形和断裂机制，人们还需要做大量的探索和研究。

9.3.3 纳米陶瓷材料的力学性能

陶瓷材料具有耐磨损、耐腐蚀、耐高温高压、硬度大、不易老化等优点，但其脆性大、难加工的问题在很大程度上限制了陶瓷材料应用范围。纳米陶瓷材料的出现，为人们解决上述问题提供了一种新的思路。1987 年，德国 Karch 等首次报道了所研制的纳米陶瓷具有高韧性与低温超塑性行为。图 9-16 是纳米 CaF_2 塑性形变的示意图；首先将平展的方形样品置于两块铝箔之间，沿箭头方向施加压力使之上下闭合，结果发现纳米 CaF_2 因塑性变形导致样品的形状发生正弦弯曲，并通过向右侧的塑性流动而成为细丝状。

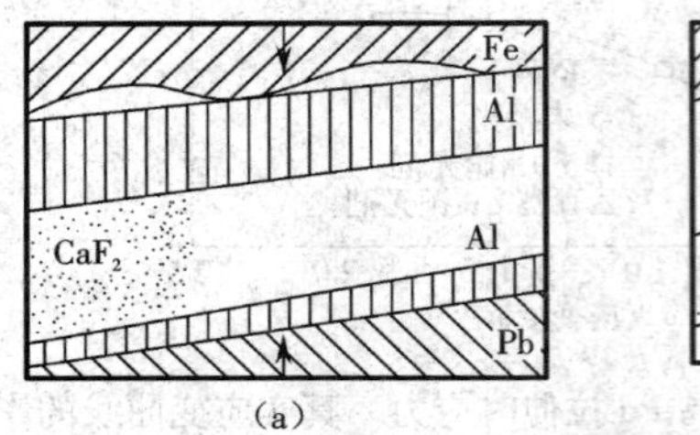

(a)

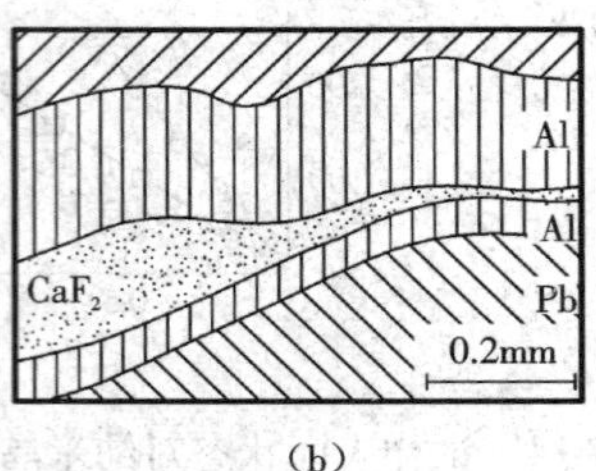

(b)

图 9-16 纳米 CaF_2 的超塑性形变行为

(a)施加载荷前 (b)施加载荷后

此外，Karch 等还将平均粒径约 8 nm 的 TiO_2 纳米粒子真空压制得到的非致密纳米陶瓷置于特制的模具中，在 180 ℃下加载 1 s，结果平板状试样弯曲了 180°而不发生裂纹扩展。这些研究结果第一次向人们展示了纳米陶瓷潜在的优异性能，为解决长期困扰人们的陶瓷材料脆性问题提供了一条新的思路。

1986 年，日本的 Wakai 首先发现并报道了多晶陶瓷的拉伸超塑性，他们发现 3Y-TZP 陶瓷能产生大于 120% 的均匀拉伸形变。此后人们发现很多陶瓷如氮化硅、羟基磷灰石等也具有超塑性，如图 9-17 所示。

图 9-17 氮化硅陶瓷的超塑性行为

另外，对相对密度 98.5%、晶粒大小为 100 nm 的纳米 Y-TZP 陶瓷材料进行了循环疲劳试验。试验结果表明循环疲劳过程中纳米 Y-TZP 陶瓷的晶粒已经被拉成“香蕉”状，长径至少为短径的 3 ~5 倍(图 9-18)，表明纳米 Y-TZP 陶瓷材料的确具有室温超塑性行为。不过研究还发现，纳米 Y-TZP 陶瓷经室温循环拉伸后的超塑性变形并不是出现在陶瓷体中所有区域，而是发生在断口表面的某些微观区域。

与纳米陶瓷形成强烈对照的是，在同一条件下制备的粉体，经更高温度烧结所获得的亚微米尺寸(350 nm)的 Y-TZP 陶瓷，经室温循环拉伸后其断口表面的晶粒仍保持等轴的晶粒

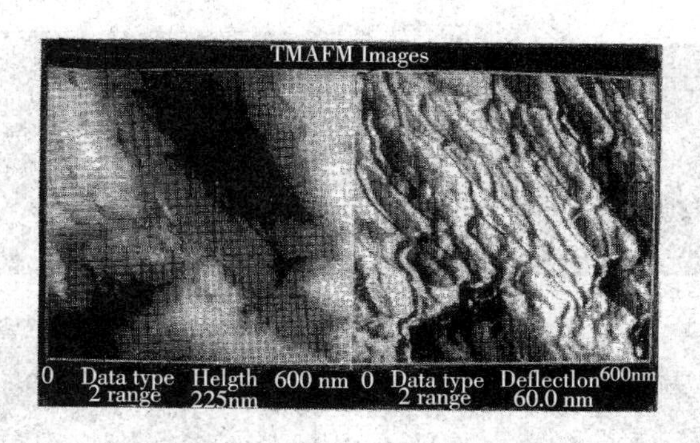

图 9-18　纳米 Y-TZP 陶瓷微区的超塑性形变现象

形状，如图 9-19 所示。这表明室温超塑性行为是纳米陶瓷所特有的性质。

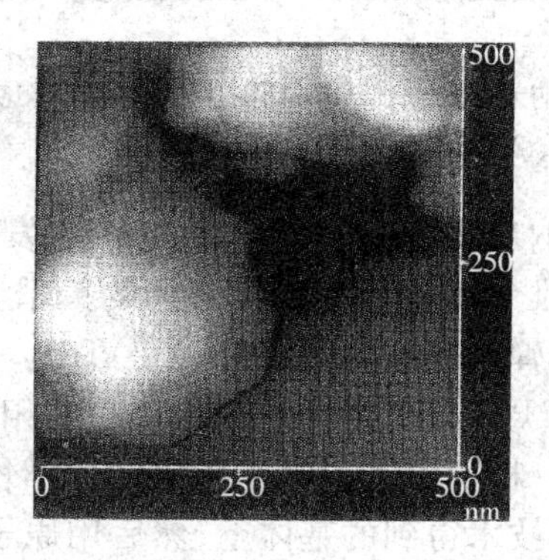

图 9-19　亚微米 Y-TZP 陶瓷经室温循环拉伸后断口的显微结构

9.3.4　纳米碳管的力学性能

纳米碳管(Carbon Nanotube)，是由碳原子形成的石墨烯片层卷成的无缝、中空的封闭管状结构。纳米碳管的直径很小、长径比大，故可视为准一维纳米材料。1991 年，日本筑波 NEC 实验室的饭岛(S. Iijima)首次用高分辨电镜观察到纳米碳管，这些纳米碳管是多层同轴管，即多壁碳纳米管。单壁碳纳米管是由美国加利福尼亚 IBM Almaden 公司实验室 Bethune 等首次发现的。

纳米碳管的结构为完整的石墨烯网络，而石墨烯平面中的碳碳键是自然界中已知最强的化学键之一。因此纳米碳管的理论强度接近于碳—碳键的强度，大约为钢的 100 倍，但是其密度只有钢的六分之一，并且具有很好的柔韧性(图 9-20)。因此纳米碳管被称为超级纤维，可用作高级复合材料的增强填料，来制备重量轻、超高强度的新型航天材料。

1. 轴向模量

Treacy 等利用一端固定、另一端自由振动的纳米碳管，基于其热振动振幅是温度的函数方法来测量其弹性模量。在透射电子显微镜下，测定了多壁纳米碳管和单壁纳米碳管从室温到 800 ℃时平均振动振幅的大小，根据振动的频率、纳米碳管直径以及伸长等计算出弹性模量。试验结果表明，多壁纳米碳管的弹性模量为 0. 4 ~ 4. 15 TPa、平均值为 1. 8 TPa；单壁纳米碳管弹性模量的平均值为 1. 25 TPa。这一结果基本与石墨烯平面的模量相一致，但数据比较离散，甚至出现大于石墨烯片层的模量结果，原因可能是纳米碳管中出现了部分 sp^3

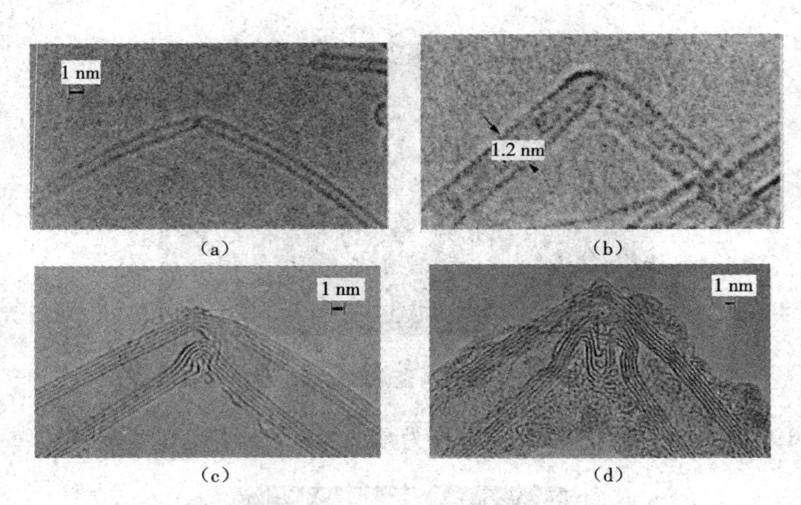

图 9-20 在应力下纳米碳管发生弯曲和扭曲的高分辨透射电子显微镜形貌
(a)、(b)单壁纳米碳管 (c)、(d)多壁纳米碳管

杂化的状态。同时,根据多壁纳米碳管直径与模量的关系,发现其直径越小模量越大;而单壁纳米碳管数据比较离散,很难看出直径和强度之间的关系。经拟合处理,长度为 36 nm、直径为 1.5 nm 的纳米碳管,其弹性模量为(1.33 ±0.2)TPa。

通过原子力显微镜探针针尖与纳米碳管的互相接触和相对运动,可对纳米碳管的位置和形状进行控制,也可利用这一特点来进行纳米碳管的力学性能测试。最初,Wong 等首先把纳米碳管分散在用普通光刻技术得到的基体上,然后用原子力显微镜探针的针尖将多壁纳米碳管慢慢压弯,根据探针在不同位置所需力的大小,通过一定的模型处理计算得到其弹性模量。试验中测量了直径 26 ~ 76 nm 的多壁纳米碳管,它们的平均弹性模量为(1.28 ± 0.59)TPa。试验的具体过程,是把经超声分散在甲苯或乙醇溶液中的纳米碳管滴在 CoS_2 基体上,然后采用原子力显微镜的探针针尖划过伸出的纳米碳管端头(图 9-21(a)),然后根据一端固定另一端自由时的模型计算其模量(图 9-21(b))。图 9-22(a)是直径为 4.4 nm 的多壁纳米碳管在氧化硅基体上弯曲前的照片,可以看出纳米碳管从左边平衡位置的基体上伸出;然后纳米碳管与其探针接触后发生了弯曲(图 9-22(b)),可根据纳米碳管和探针针尖之间的距离以及应力之间的关系来计算纳米碳管的弹性模量。采用这种方法不仅可以测量纳米碳管的弹性模量,而且还可以测量 SiC 纳米棒等纳米线性结构材料的弹性模量。

图 9-21 一端固定、另一端自由纳米碳管的弹性模量测量模型
(a)一端固定纳米碳管与针尖的相互作用 (b)一端固定纳米碳管的受力分析

Salvetat 等采用原子力显微镜探针针尖直接使单壁纳米碳管束弯曲的方法,来测量其弹性模量。首先将单壁纳米碳管束随机分散于抛光的氧化铝多孔膜上,在氧化铝膜中找到搭在小孔上的管束,如图 9-23(a)所示;然后采用原子力显微镜的探针针尖压迫管束上部,管

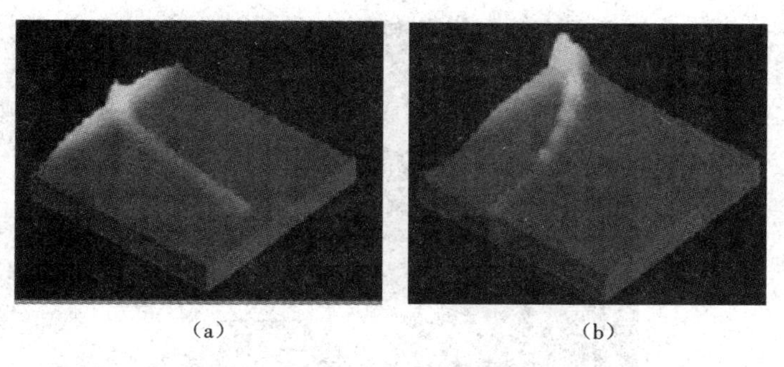

图 9-22　原子力显微镜针尖与纳米碳管接触前后的形貌
(a)与纳米碳管接触前　(b)与纳米碳管接触后

束被压弯,如图 9-23(b)所示。假定管束两端和多孔膜结合十分紧密,则在原子力显微镜探针针尖和管束之间受力大小、碳管束长度以及产生的弯曲程度,可以计算得到单壁纳米碳管束的模量,然后根据管束和单根单壁纳米碳管之间的关系(图 9-24),得到其弹性模量和剪切模量分别为 1 TPa 和 1 GPa。如果管束剪切模量准确,可能会对其作为增强材料产生不利的影响。然而采用这一方法测量的剪切模量并不是单壁纳米碳管本身的剪切强度,而是测量单壁纳米碳管束之间发生相对滑移的强度。此外,由于在计算时假定了单壁纳米碳管束和氧化铝多孔膜结合十分紧密,但实际情况可能不是如此,因此结果会存在一定的偏差。

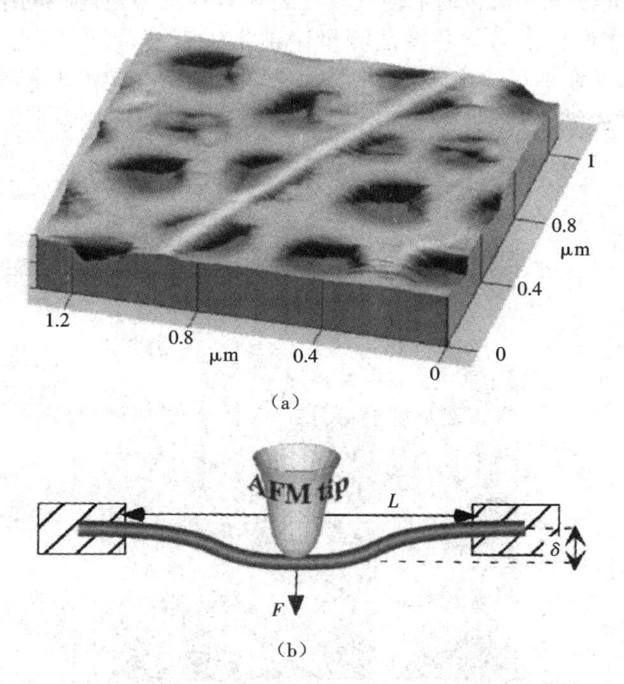

图 9-23　单壁纳米碳管束在多孔材料上的观察和计算模型
(a)附着在氧化铝多孔膜上单壁纳米碳管束的原子力显微镜形貌
(b)原子力显微镜针尖与纳米碳管作用以及计算模型

Volodin 等通过热解烃类的方法制备出螺旋状多壁纳米碳管,然后将它们分散在硅基片上,再通过原子力显微镜观察其螺旋结构。对于较大直径螺旋结构的多壁纳米碳管,可用原子力显微镜测量它们的局部弹性性质。结果表明螺旋结构对其弹性模量的影响较小,最终

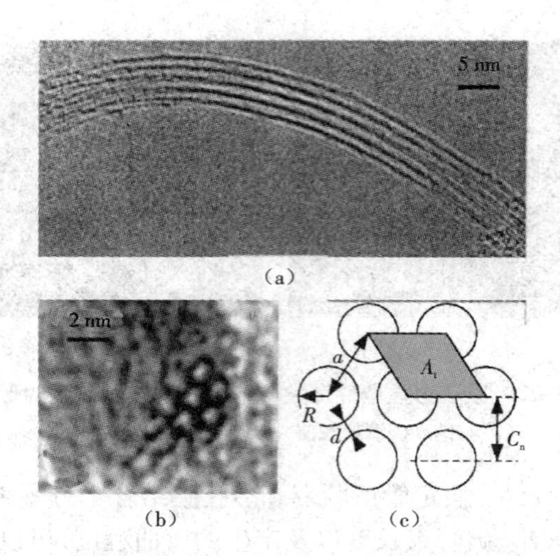

(a)

(b) (c)

图 9-24 单壁纳米碳管束的观察和结构计算

(a)单壁纳米碳管束侧面 (b)端面的高分辨透射电子显微镜形貌 (c)单壁纳米碳管束的结构

得到其弹性模量在 0. 17 TPa。这个结果和前述方法相比要小,原因可能是螺旋状纳米碳管的直径一般都比较大,在 100 nm 左右;且螺旋结构中包含较多的缺陷等因素影响了其弹性模量值。这与其他试验中发现的纳米碳管直径越大其弹性模量越小的结果是一致的。

Poncharal 等采用原位电力学共振法测量了纳米碳管模量。在透射电子显微镜下观察纳米碳管时发现,如果在单根纳米碳管中引入一个电场后,会使纳米碳管发生机械偏转。同时通过控制电场,可在纳米碳管本身固有的振动频率以及其倍频时发生强烈的共振现象

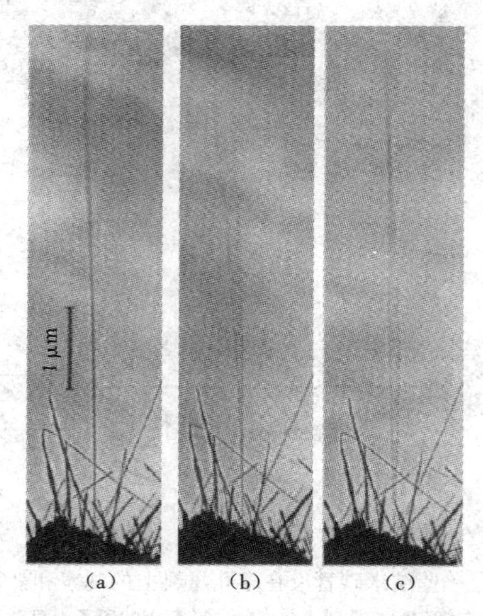

(a) (b) (c)

图 9-25 用透射电子显微镜观察改变电压后纳米碳管的共振频率变化情况

(a)未加电压的纳米碳管 (b)出现振动的纳米碳管 (c)出现共振的纳米碳管

(图 9-25),这种情况与弹性悬臂梁发生的共振相似。因此可以利用这一性质来得到纳米碳管的弹性模量。结果表明纳米碳管的弹性弯曲模量是其直径的函数,随着纳米碳管直径从

8 nm 增加到 40 nm,其弹性模量从 1 TPa 急剧下降到 0.1 TPa;而直径小于 8 nm 的多壁纳米碳管模量一般在 1.2 TPa 左右。有趣的是,原位观察中还发现在纳米碳管自由顶端上有小纳米颗粒存在(图 9-26),对纳米碳管施加电场以后,其振动频率发生变化。利用这一现象,可把纳米碳管一端固定另外一端放置一个微小质量物体(比如病毒),通过电子显微镜观察纳米碳管振动频率的变化,然后通过计算就可得到这一物体的质量,形成一个纳米碳管秤,它可称量质量为 $10^{-15} \sim 10^{-12}$ g 的物体,正好与一个病毒的质量相当。Gao 等采用同样的方法测量了催化热解法制备的多壁纳米碳管的弯曲模量,发现由于纳米碳管中存在缺陷,所以其强度大大降低,具有点缺陷纳米碳管的剪切模量为 30 GPa,具有体缺陷纳米碳管的剪切模量则为 2 ~3 GPa。

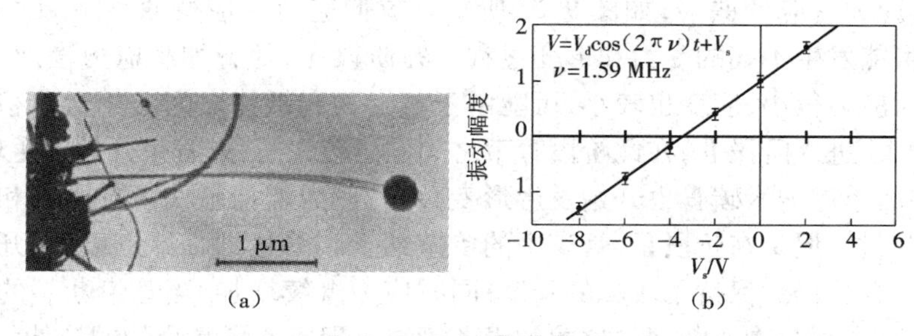

(a)　(b)

图 9-26　采用纳米碳管称量物体质量示意图

(a)一端悬挂有物体的纳米碳管　(b)根据振动频率可计算所悬挂物体的质量

试验结果表明,多壁纳米碳管的弹性模量与其直径密切相关,一般情况下直径越小其弹性模量越高。而单壁纳米碳管直径和弹性模量之间的关系不是特别明显,可能是由于大直径的多壁纳米碳管中缺陷增加使其模量下降,而单壁纳米碳管中相对缺陷较少,不同结构的单壁纳米碳管之间模量相差较小。此外,由于测量误差可能掩盖单壁纳米碳管模量之间的差别,所以很难从试验上判断单壁纳米碳管弹性模量与直径以及其结构之间的关系。

2. 径向模量

纳米碳管的轴向模量研究结果表明纳米碳管极硬，然而对其径向的研究结果发现纳米碳管又很软。理论分析指出，仅仅是单壁纳米碳管束中管与管之间的相互作用（范德华力）就可使纳米碳管从圆形变成六角形；此外，大直径纳米碳管的管壁比较软，容易发生变形。

Salvetat 等发现单壁纳米碳管束的剪切模量只有 1 GPa,通过对比试验也给出了这一趋势的定性结果。Tang 等采用原位同步 X 射线衍射技术测量了金刚石压砧中单壁纳米碳管束在室温高压下的弹性形变。通过管束结构参数的变化,证明在压力为 1 GPa 左右时,单壁纳米碳管径向开始出现形变,其形状由圆形转变为多边形;压力大于 5 GPa 后,管束的结构被破坏。同样,通过扫描探针显微镜探针针尖直接挤压纳米碳管管壁也发现纳米碳管的确比较软。Shen 等采用扫描探针显微镜测量了单根纳米碳管的径向压缩弹性模量,并估计了其径向压缩强度。试验中以弹性常数为 120 N/m 的金刚石针尖,采用压痕模式对多壁纳米碳管进行径向压缩,测定了纳米碳管形变以研究径向压力与压缩的关系。结果表明,在不同压力下径向弹性模量与压缩形变呈非线性关系。对于直径为 10 nm 的纳米管,当其直径压缩从 26% 增加到 46% 时,其径向压缩模量从 9.7 GPa 增加到 80.0 GPa。

3. 拉伸强度

拉伸强度是材料的又一重要力学参数。然而,纳米碳管的直径仅在 1 纳米到几十个纳米,所以很难制成标准样品进行拉伸试验,直接测量十分困难。同时,从理论上计算纳米碳管的拉伸强度也有一定难度。

Wong 等用原子力显微镜探针弯曲多壁纳米碳管的石墨烯片层得到其强度的初步结果为 28.5 GPa。Pan 等直接测量了超长多壁纳米碳管的弹性模量和拉伸强度,分别为 0.45 TPa 和 1.72 GPa。与理论计算结果相比,所得到的力学性能偏低,其原因主要是由于纳米碳管中存在大量缺陷以及拉伸过程中石墨层之间的相对滑动。

李峰、成会明等用催化热解烃类方法制备出绳状单壁纳米碳管,然后将单壁纳米碳管绳浸入聚氯乙烯四氢呋喃饱和溶液中,经浸泡、干燥后得到单壁纳米碳管绳 - 聚氯乙烯复合物,最后将单壁纳米碳管绳 - 聚氯乙烯复合物粘在一个矩形孔(10 mm × 3 mm)的硬纸片上测量了其拉伸应力 - 应变曲线,如图 9-27 所示。拉伸应力 - 应变曲线大致可分为 3 个阶段,不同阶段可能发生不同的受力和形变过程。在阶段Ⅰ,随着加载应力增加,复合材料被缓慢拉长,此时应力很小,应变也较小,可能由于复合物和纸片之间的相对滑移所致。随着应力进一步增大,进入阶段Ⅱ,在此阶段管束之间发生较大滑移,管束开始产生较大形变,同时部分管束中的单壁纳米碳管也开始发生形变,因此应力增加较快。阶段Ⅲ和阶段Ⅱ之间的区别不特别明显,但是在阶段Ⅲ,管束中的单壁纳米碳管达到临界点以后,开始引起管束断裂,但整个复合物仍然保持了较高的强度;同时应力继续增加,当管束断裂的数目迅速增加后就会导致整个复合物的断裂。单壁纳米碳管绳 - 聚氯乙烯复合物的拉伸强度与弹性模量,见表 9-2。从表 9-2 中可以看出,复合物的拉伸强度在(0.78 ± 0.1) ~ (6.8 ± 0.7) GPa,平均拉伸强度为(2.82 ± 0.2) GPa,弹性模量为(41.0 ± 4.0) ~ (220.0 ± 20.0) GPa,平均为(131.0 ± 13.0) GPa。

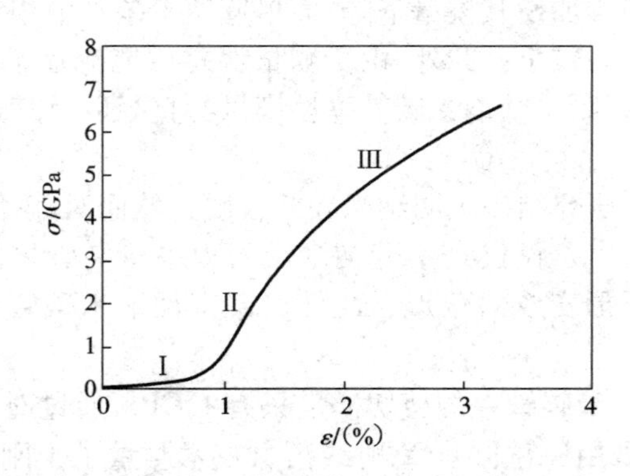

图 9-27 单壁纳米碳管绳 - 聚氯乙烯复合物的拉伸应力 - 应变曲线

表9-2　单壁纳米碳管绳-聚氯乙烯复合物的拉伸强度及计算出的单壁纳米碳管力学性能

序号	截面面积 / μm^2	拉力 / mN	伸长率 / (%)	复合材料强度/GPa	复合材料杨氏模量/GPa	管束强度 /GPa	管束杨氏模量/GPa	单管强度 /GPa	单管杨氏模量/GPa
1	214.5	261.6	2.98	1.22	41.0	2.54	85.4	3.91	131.4
2	114	191.4	0.88	1.68	192.0	3.50	400	5.38	615.4
3	25	165.4	3.01	6.62	220.0	13.79	458.3	21.22	705.1
4	165	189.2	1.06	1.15	109.0	2.40	227.1	3.69	349.4
5	225	174.4	0.95	0.78	82.0	1.63	170.8	2.51	262.8
6	110	235.8	1.35	2.14	159.0	4.46	331.3	6.86	509.6
7	54	235.3	3.17	4.38	138.0	9.13	287.5	14.05	442.3
8	96	194.4	1.82	2.03	111.0	4.23	231.3	6.51	355.8
9	121	286.8	2.39	2.37	99.0	4.94	206.3	7.60	317.3
10	154	319.6	1.69	2.08	123.0	4.33	256.3	6.66	394.2
11	186	360.8	1.24	1.94	157.0	4.04	327.1	6.22	503.2

为了推算单壁纳米碳管束和单壁纳米碳管的拉伸强度，假定复合物的强度服从混合法则。如果管束和聚氯乙烯以及碳管束之间是理想界面，可采用下述混合法则来计算复合材料的拉伸强度：

$$\sigma_c = \sigma_f V_f + \sigma_m (1 - V_f) \tag{9-9}$$

式中：σ_c为复合材料的拉伸强度，GPa；σ_f为纳米管纤维的拉伸强度，GPa；σ_m为基体的拉伸强度，GPa；V_f为复合材料中纤维的体积分数。

由于聚氯乙烯的拉伸强度σ_m相对于单壁纳米碳管而言很低，因此在计算中可忽略聚氯乙烯对拉伸强度的贡献，即复合物的拉伸强度可以认为完全是单壁纳米碳管纤维的贡献。根据扫描电子显微镜观察，可得到单壁纳米碳管束在单壁纳米碳管绳中的体积分数约为48%；于是应用混合法则可得到单壁纳米碳管束的拉伸强度在(1.63 ±0.2) ~ (14.2 ±1.4) GPa，管束弹性模量的平均值为272.9 GPa。由于单壁纳米碳管束是由呈六角排列的单壁纳米碳管组成，单壁纳米碳管之间的距离为0.315 nm，单壁纳米碳管的平均直径为1.69 nm，因此可计算得出管束中单壁纳米碳管的体积分数为65%。应用混合法则，可得到单壁纳米碳管的拉伸强度为(131.4 ±13.0) GPa、弹性模量为(705.1 ±70.0) GPa。

Yu等首先设计出可在扫描电子显微镜内进行应力加载的装置，再将单根的多壁纳米碳管检出并通过静电引力或范德华力将其两端分别“纳米焊接”在两个原子力显微镜探针的顶端，接着于纳米碳管的两端施加应力并进行扫描电子显微镜观察。结合透射电子显微镜对断口的观察，可以推断多壁纳米碳管的断裂是从最外层开始，并由外向内逐层断裂。同时由于层间相互作用很弱，因此剪切强度也较低。根据多壁纳米碳管的伸长量以及受到的拉力，可以得到其最外层的拉伸强度为11 ~ 63 GPa；而对其应力-应变曲线进行分析可得其最外层的弹性模量为270 ~ 950 GPa。利用相同方法，他们还研究了单壁纳米碳管束在拉力作用下发生断裂的过程，并且根据模型分析得到单壁纳米碳管的拉伸强度为13 ~ 52 GPa，平均为30 GPa，同时估算其杨氏模量为320 ~ 1 470 GPa，平均为1 002 GPa。在测量过程中，大部分单壁纳米碳管束在低于5.3%的形变下就发生断裂，这与理论模拟过程中在5%形变时出现的缺陷成核过程是一致的。

近来，李亚利等通过催化热解乙醇、乙二醇和已烷等碳氢化合物的方法，直接从气相纺出连续的纳米碳管纤维，并测定了连续纳米碳管纤维的应力-应变行为，如图9-28所示。由该图可以看出，即使对于强度最高的连续纤维，其拉伸强度也仅为1.46 GPa，这比前面所介绍的理论计算值和由单根纳米碳管所得到的结果要低很多。其中的主要原因是在连续纤维中纳米碳管的取向并不完全一致,且纳米碳管纤维并不是理想的“连续”,而是由许多几十微米甚至更长的纳米碳管纺在一起的。

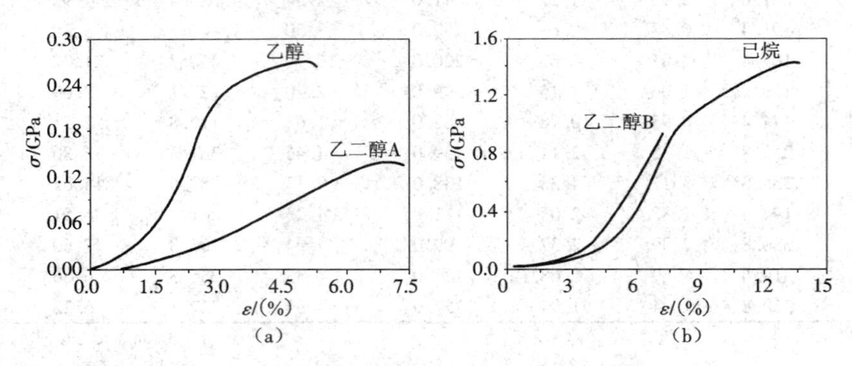

图 9-28 连续纳米碳管纤维的应力 - 应变曲线

(a)乙醇和乙二醇 A (b)已烷和乙二醇 B

4. 变形与断裂行为

Bower 等为复合材料中纳米碳管的变形行为,制备了定向多壁纳米碳管 - 聚合物复合材料。试验观察发现复合材料膜在拉伸过程中,具有较大弧度弯曲的纳米碳管在侧壁发生起皱现象,如图 9-29 所示。通过对大量弯曲纳米碳管的分析,在拉伸过程中纳米碳管开始出现起皱和断裂变形分别是在应变等于 4.7% 和大于 18% 时。纳米碳管起皱是一个可逆的过程,而且起皱的波长与纳米碳管的尺寸成正比,对断裂面的研究揭示了聚合物与纳米碳管的黏结强度,同时根据纳米碳管的断口和聚合物的结合情况,可看出其与聚合物浸润性很好。

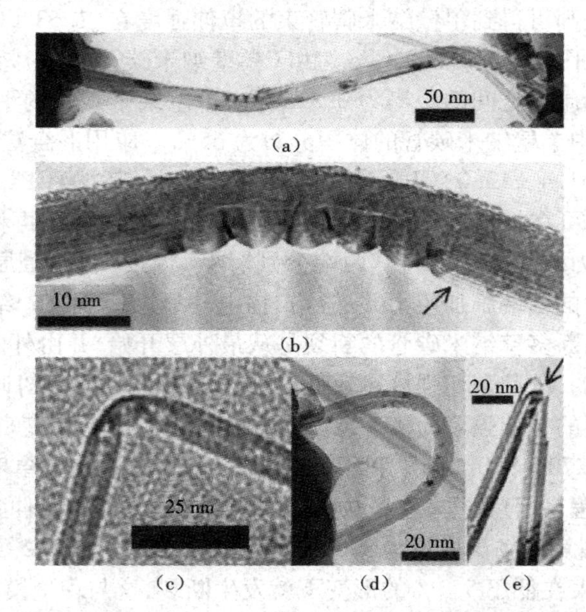

图 9-29 纳米碳管复合材料中出现起皱和断裂变形的透射电子显微镜形貌

(a)拉伸过程中的纳米碳管 (b)纳米碳管皱褶区域的放大形貌 (c)薄壁纳米管的单一皱褶

(d)拉伸应变为 18% 时弯曲纳米碳管 (e)多壁纳米碳管的断裂

为了研究纳米碳管 - 聚合物复合材料的断裂行为,Qian 等将多壁纳米碳管 - 聚苯乙烯复合材料薄膜置于透射电子显微镜下,原位观察到由于热应力所导致的裂纹引发和扩展,他们发现裂纹沿着强度较弱的纳米碳管－聚苯乙烯界面或纳米碳管密度较低的区域扩展,如图9-30所示。在裂纹扩展过程中,纳米碳管趋向于沿垂直于裂纹扩展的方向排列,并将裂纹扩展形成的界面连接起来,以阻止裂纹的扩展。最后,当裂纹开口位移超过800 nm后,纳米碳管开始断裂或从基体中拔出。

本节所引用的参考文献,可参见由王吉会、郑俊萍、刘家臣、黄定海编写的《材料力学性能》教材。

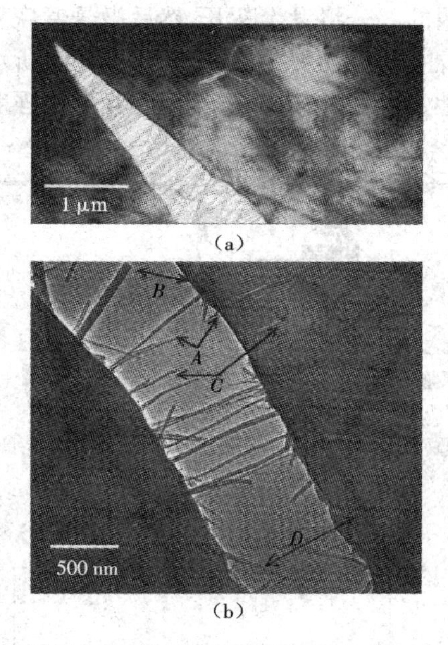

图9-30　透射电子显微镜下原位观察到的多壁纳米碳管－聚苯乙烯复合薄膜中由于热应力导致的裂纹引发和扩展

(a)裂纹的引发　(b)裂纹的扩展

9.3.5　聚合物单分子链的力学性能

聚合物的力学性质,既受单个高分子链弹性的影响,又受高分子链间相互作用的影响。因此,建立高分子链一级结构与单链弹性及高分子间相互作用与材料宏观性质之间的关联,对于设计高性能的高分子材料具有重要意义。利用传统的研究方法,只能给出聚合物材料宏观尺度的力学性质信息,包括不同高分子链之间的分子间相互作用和单个分子链对材料宏观性质的贡献,很难从这些复杂的信息中提取出某一个因素对材料力学性质的影响。尽管高分子物理学家们通过理论计算方法可以描述这种单个链或键的行为,但缺乏试验数据的支持。于是研究单个分子的结构与功能及其动态行为,将隐藏在平均效应中的重要信息提取出来变得举足轻重。

近年来,随着纳米技术的发展,可在纳米尺度进行精确操作与测量的单分子技术应运而生,如光学镊子技术、磁性珠技术、生物膜力学探测技术及基于原子力显微镜技术的单分子力谱等已用于研究单个分子的动态行为研究。其中,基于原子力显微镜的单分子力谱技术,由于操作简单且适用面广,在单分子研究领域得到了广泛的应用。

基于原子力显微镜的单分子力谱是在原子力显微镜基础上发展起来的，它是定量检测微小作用力的力学检测技术，是原子力显微镜成像功能的进一步延伸。其工作原理是将待测样品通过物理吸附或化学偶联方式固定在基片表面，形成很薄的一个单分子层；然后通过压电陶瓷管的运动，使原子力显微镜的探针针尖与样品表面靠近、接触，使基片底面的分子通过非共价（特异性相互作用或物理吸附）或共价作用吸附到原子力显微镜的探针上，如图9-31 所示。当探针随着压电陶瓷管远离基片时，高分子链将会受到拉伸，同时引起微悬臂的弯曲，其位移通过光学检测系统中的四象限光电二极管记录下来。当高分子链拉伸到一定程度时，整个体系中最薄弱的部分将发生断开，然后微悬臂恢复到原来的松弛状态。在这个过程中会得到一条分离力曲线（即拉伸力曲线），如图 9-32 所示。通过对拉伸力曲线的进行分析，可以得到单分子弹性、分子链内或分子链间相互作用强度等的信息。

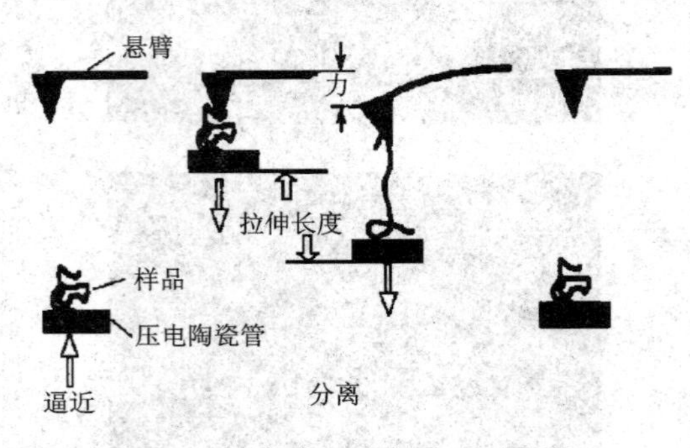

图 9-31　单分子力谱试验示意图

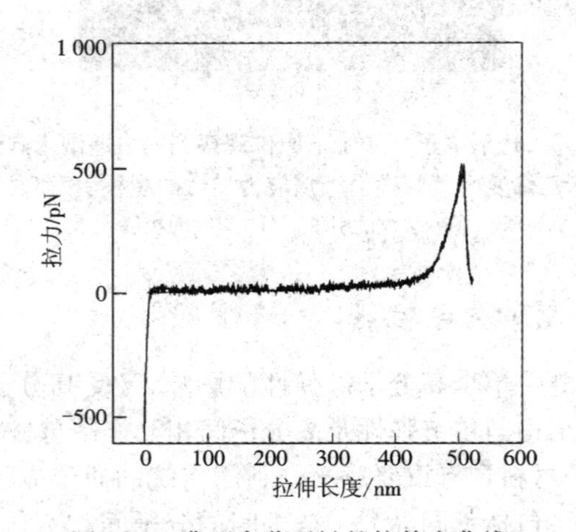

图 9-32　典型高分子链的拉伸力曲线

李宏斌等利用单分子力谱方法测定了不同长度聚丙烯酸链的拉伸力曲线，如图 9-33 所示。由图 9-33 可见，所有的力曲线都具有相似的特征，即力随着拉伸而呈现单调上升，拉伸到一定程度时拉力突然下降为零；拉力突然下降时的拉力值一般在 0.5 ~ 1.5 nN。经过分析可知，发生拉力下降有两种可能：一是聚丙烯酸链中的 C—C 键在拉力作用下发生断裂；二是聚丙烯酸从探针针尖或基片上脱附下来。由于引起 C—C 键断裂的力一般在 4 ~ 6 nN，因此拉伸力曲线中拉力下降只可能是由聚丙烯酸分子从探针针尖或基片脱落而引起的。因此，这一最大的拉伸力值反映了聚合物样品与基片或探针针尖表面间相互作用力的大小。

对拉伸长度进行归一化处理（拉伸长度除以聚合物的完全伸展长度再乘以聚合物的重

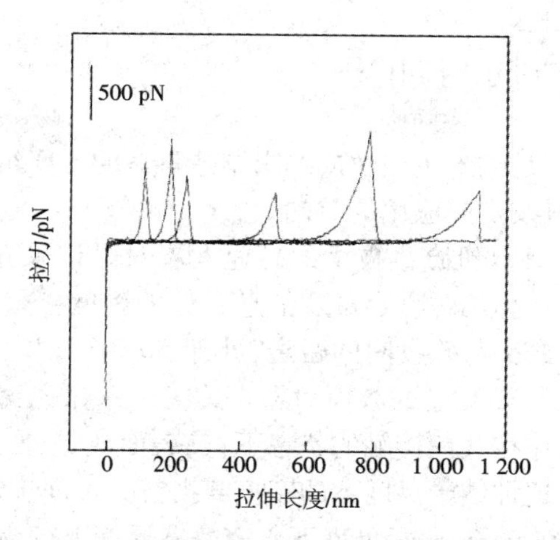

图 9-33　不同长度聚丙烯酸链的拉伸力曲线

复单元长度)后发现,所有的拉伸力曲线都很好地重叠在一起,不同拉伸长度的曲线间没有明显的差别(图 9-34),这表明聚丙烯酸链的弹性性质与它们的链长呈线性比例关系。由此可以说明,测定的拉伸力曲线反映的是聚丙烯酸单分子链的弹性行为。这是因为如果高分子链间的缠结和分子链之间的相互作用对聚合物的弹性性质有显著的贡献,聚合物的弹性性质与链长间将不具有线性成比例的特点。

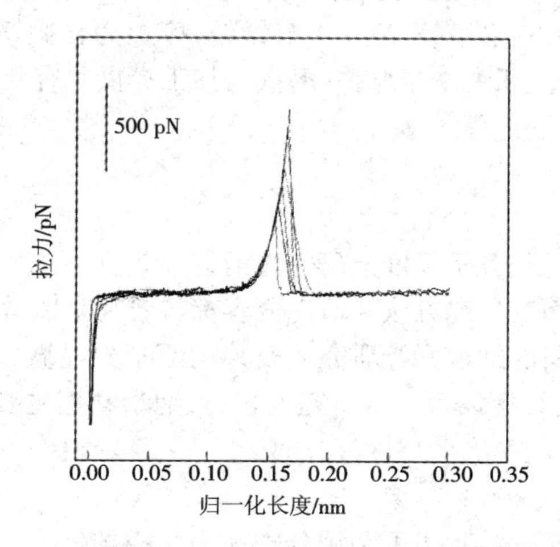

图 9-34　归一化处理后不同长度聚丙烯酸链的拉伸力曲线

经过对 30 条具有不同长度的聚丙烯酸链进行拟合发现,尽管这些聚合物链具有从 60 nm 到 1 μm 的不同长度,但它们却具有几乎完全一样的 Kuhn 长度(0.64 ±0.05)nm 和链段弹性系数(13 000 ±2 000)pN/nm。

此外,利用单分子力谱技术,张希、张文科等对一系列高分子链、生物大分子链的力学性质进行了研究。通过对 DNA、蛋白质等生物大分子链的拉伸力曲线特征进行分析,可建立起的 DNA、蛋白质等分子链的力学指纹谱,以便用于研究 DNA 结合试剂与 DNA 及蛋白质与配体间的相互作用。

9.4 纳米摩擦、磨损与加工

纳米摩擦、磨损与加工是纳米机械学或纳米制造科学的重要组成部分,是实现纳米器件的制造与加工、支撑纳米科技走向应用的基础。

20 世纪 80 年代以来,计算机磁盘技术的高速发展对磁记录介质的摩擦磨损问题提出了新的要求。如大大提高计算机磁盘容量及信息存储的密度,这就要求减少磁盘表面润滑层和保护层的厚度以降低磁头与磁盘间的距离(小于 50 nm),并且要求软磁盘的磨损小于一个原子层(0.1 ~ 0.3 nm),硬磁盘的磨损为零。其次,一些高精密机械特别是宇航中精密机械和微型机械的轴承工作在载荷接触的状态下,其表面或是处于纳米量级的薄膜润滑状态,或是处在无润滑状态,这种纳米尺度下的摩擦磨损行为不同于宏观的摩擦磨损。于是在 1986 年和 1990 年提出了在原子、分子尺度下研究摩擦界面上行为、损伤及对策的微观摩擦学和纳米摩擦学,旨在通过对材料纳米摩擦磨损行为和机制的研究达到降低摩擦磨损的目的。此外,随着微电子技术特别是特大规模集成电路技术的发展,元器件的集成度越来越高($10^7 \sim 10^9$个)、器件条宽越来越小(130 ~ 300 nm);如果采用纳米加工制成纳米器件,其厚度和线条宽度仅有十几或几十纳米,元件集成度可以大幅度提高,而且还具有响应速度快、能耗低和可靠性高等优点。据文献预计,利用纳米加工制造的高密度存储器,在芯片 1 cm^2 面积上可存储 100 000 亿 bit 的信息,这将是对微电子信息技术的重大变革。

另一方面,随着扫描隧道显微镜、原子力显微镜、摩擦力显微镜等纳米测试技术的相继问世,为从原子、分子水平上研究纳米摩擦、磨损与加工提供了有效可靠的手段,从而加速了纳米制造科学与技术的发展进程。

9.4.1 纳米摩擦

由于纳米摩擦是从原子、分子尺度上研究光滑固体表面在施加与不施加润滑介质条件下的摩擦特性与机理,因而其研究方法和研究内容都与宏观摩擦学略有不同。

从研究方法看,对材料的纳米摩擦研究主要采用原子力显微镜、摩擦力显微镜、点接触显微镜(PCM)和纳米硬度计等设备。从研究内容看,纳米摩擦主要集中在纳米摩擦过程中的微观接触和黏着及材料的微摩擦特性等方面。

1. 微观接触和黏着

对微观接触和黏着的研究,除了可利用分子动力学模拟针尖与基体接近和分离过程来进行研究外,还可通过原子力显微镜、摩擦力显微镜来实际测量材料的微观接触和黏着特性。

C. M. Mate 等通过估算,使一个金原子(硬度为 0.2 GPa)产生塑性屈服需要 6×10^{-12}N 的力,而使一个金刚石原子(硬度约为 100 GPa)屈服需要 3×10^{-9}N 的力。根据 Hertz 弹性接触理论,对球形针尖

$$a \propto R^{1/3}$$

$$F \propto W^{2/3} \tag{9-10}$$

对锥形针尖

$$F \propto W^{1/2} \tag{9-11}$$

在塑性接触情况下,有

$$F \propto W \tag{9-12}$$

式中：a 为接触半径；R 为针尖的曲率半径；F 为摩擦力；W 为外加载荷。经估算对曲率半径为 50 nm 的针尖，当施加的载荷为 10 nN 时，接触应力为 1 GPa。

J. Hu 等对 Si_3N_4 针尖(锥形)与云母的微摩擦试验发现，当载荷小于 10 nN 时，微摩擦力与载荷间的关系为 $F \propto W^{0.50 \pm 0.05}$，推断此时的接触为弹性接触；而当载荷大于 10 nN 时，$F \propto W$，为塑性接触。

在宏观摩擦学中，材料表面接触和黏着是由载荷作用下的体相相变形形成的，因此当法向负荷为零时，如果不考虑界面间的相互作用则摩擦力也为零，即零摩擦。但在纳米摩擦学中，摩擦力值取决于两个表面在多大程度上容易黏附的性质。Macllelland 等测量得出了不依赖法向负荷的摩擦力，且这个切变应力值非常大。

在原子力显微镜和摩擦力显微镜中，可通过测量驱使针尖与基体分离时所需要的作用力来确定材料的表面黏着力，如图 9-35 所示。按针尖与基体样品的位置，针尖与基体间的相互作用力曲线可分为非接触区、接触区和黏滞区等三个区域。在非接触区，针尖远离基体样品(位置 1)，它们之间的作用力可忽略不计，微悬臂不发生弯曲，于是非接触区的力曲线为一水平直线。随着针尖与样品的逐渐逼近，它们之间的范德华力将使微悬臂朝向样品表面弯曲。当二者逼近到某一点(位置 2)时，它们之间的引力随距离变化的斜率超过了微悬臂的弹性常数，于是针对与样品会突然接触到一起，从而进入接触区。在接触区，随着样品向针尖的继续移动，微悬臂将背向样品发生弯曲，且接触应力不断增大(位置 3)。当样品开始离开针尖时，微悬臂的弯曲程度随之逐渐减小。在位置 4 处，微悬臂的弯曲为零，但是由于针尖与样品间的黏附作用，二者仍黏在一起。随着样品继续向远离针尖方向移动，微悬臂由背向样品弯曲变为朝向样品弯曲，从而进入黏滞区。当微悬臂继续的弹力超过二者之间的黏着力时，针尖突然与样品离开(位置 5 到位置 6)，微悬臂回复到非弯曲状态，力曲线又重新进入非接触区。针尖与样品间的表面黏着力，可由位置 5 到位置 6 之间微悬臂弯曲量的差值乘以微悬臂的力常数来进行计算。

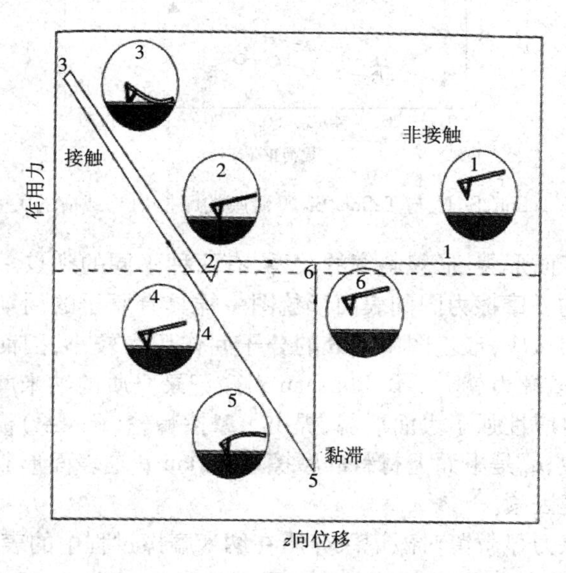

图 9-35　针尖与基体间的作用力曲线

G. S. Blackman、R. L. Alley、M. R. Houston 等通过试验发现材料表面的化学状态不同，表面黏着力会发生明显的变化。目前正在发展的边界润滑、LB 膜、自组装膜、分子沉积膜摩擦过程中的微观黏滑现象和机理，正是基于膜的表面黏附特性。通过选择、合成制备出承载能力强且表面黏着力小的分子膜，从而开发出新的润滑或超滑材料。

2. 微摩擦特性

同宏观摩擦学理论一样，微摩擦力与表面黏着力、载荷的关系可表达为

$$F = f(W_{\text{applied}} + F_{\text{adhesive}}) \tag{9-13}$$

通过测量材料的微摩擦力与载荷间的关系曲线，可计算材料的微观摩擦系数 f 及零载荷下材料的表面黏附特性。

B. Bhushan 等通过摩擦力显微镜的研究表明，微观摩擦系数远低于同样材料的宏观摩擦系数，这是由于微小范围内测得的硬度和弹性模量都高于宏观测量值，以至于微观摩擦中的犁沟效应极其微小的缘故。

纳米载荷下，Teflon、Si_3N_4 与 Teflon－Si_3N_4 薄膜的摩擦力 F 与载荷 W 的关系曲线如图 9-36 所示。经线性拟合可得

$$F = 0.171W + 9.97 \quad (Si_3N_4) \tag{9-14}$$

$$F = 0.115W + 1.68 \quad (\text{Teflon} - Si_3N_4) \tag{9-15}$$

$$F = 0.057W + 2.78 \quad (\text{Teflon}) \tag{9-16}$$

由式(9-14)至式(9-16)可以看出，Teflon 薄膜的微摩擦系数最小、Teflon－Si_3N_4 多层膜的微摩擦系数次之，Si_3N_4 薄膜的微摩擦系数最大。

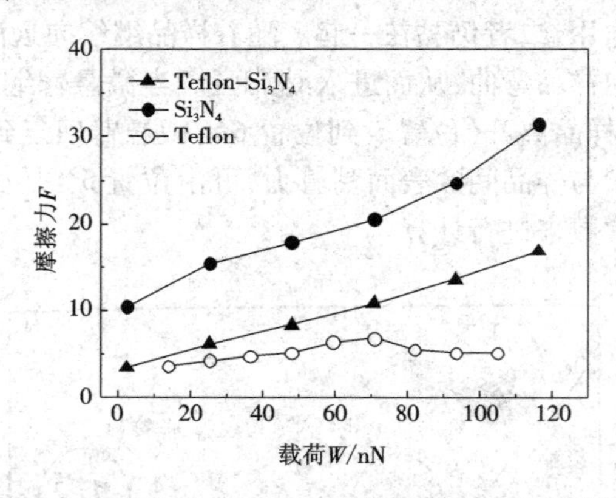

图 9-36　Teflon、Si_3N_4 与 Teflon/Si_3N_4 薄膜的摩擦力与载荷的关系曲线

关于微摩擦力与表面形貌、形貌斜率的关系，有两种不同的观点。C. M. Mate 等依据高定向热解石墨 HOPG 的微摩擦力图同表面形貌图一样具有原子的周期性等试验事实认为，微摩擦力与表面形貌相对应，形貌图中峰处的分子间作用力较小，因而摩擦力小；而谷处的分子间作用力大，因而摩擦力就大。B. Bhushan 对磁记录介质的纳米摩擦研究发现，微摩擦力与表面形貌斜率的对应性强于表面形貌，提出了摩擦棘轮(ratchet)模型：$\mu \approx \mu_0 + \tan\theta$，其中 μ 是局部的摩擦系数；μ_0是平面上材料的摩擦系数；$\tan\theta$ 是表面形貌的斜率，即粗糙峰的斜率是决定摩擦的关键因素。

王吉会等利用摩擦力显微镜对磁记录介质在纳米摩擦过程中的表面形貌和摩擦力形貌进行了测定，并通过微分方法计算出对应表面形貌的形貌斜率，如图 9-37 所示。通过图像对比可以看出，摩擦力图与表面形貌、形貌斜率图间均有较好的对应性，但三者间又略有差

异,尤其在磁粉颗粒的边界处，横向力图像有明显的灰度变化。

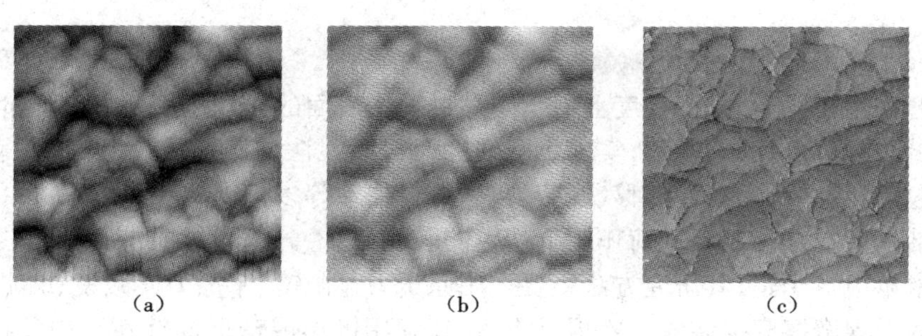

图 9-37　表面形貌、表面形貌斜率及横向力图像间的对应关系 (1 μm ×1 μm)
(a)表面形貌　(b)形貌斜率　(c)摩擦力

为详细研究三者间的关系,按图像灰度值的大小,分别画出了摩擦力 - 表面形貌、摩擦力 - 形貌斜率的相关图,如图 9-38 所示。由图 9-38 可以看出,摩擦力信号与形貌斜率信号有较好的线性对应关系;形貌斜率越大,摩擦力也越大。而与表面形貌信号虽有一定的对应性,但数据的分散性大,对应性较差。因此,可以表明微摩擦力与形貌斜率间有较强的对应关系。

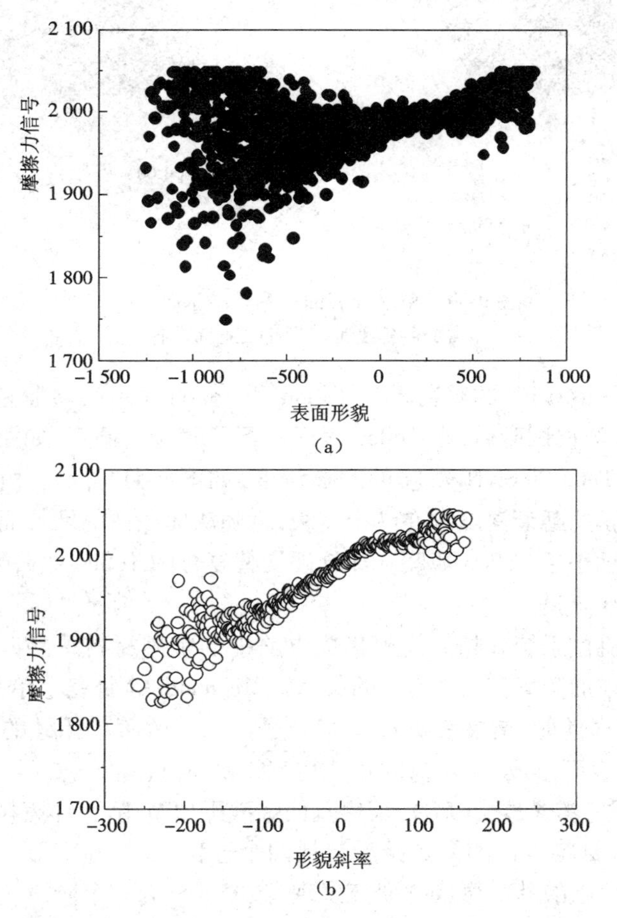

图 9-38　摩擦力与表面形貌、形貌斜率间的相关性曲线
(a)摩擦力 - 表面形貌　(b)摩擦力 - 形貌斜率

此外,材料的纳米摩擦特性还受到材料表面气体吸附、载荷、温度、摩擦速率、湿度和电

磁场等试验条件的影响。具体内容,可参见钱林茂、田煜、温诗铸撰写的《纳米摩擦学》专著。

9.4.2 纳米磨损

纳米磨损是在原子、分子尺度上揭示摩擦过程中表面的相互作用、物理化学性能变化及材料损伤,旨在减小材料的剥落,实现无磨损的摩擦。在法向载荷作用下,摩擦表面产生的微观损伤包括塑性变形、黏着转移、疲劳裂纹、材料去除等多种形式。

由于纳米磨损是在极轻载荷作用下产生的表面原子、分子层的损伤,因此其磨损深度也通常在纳米量级。于是,其研究方法主要采用原子力显微镜、摩擦力显微镜、纳米压痕仪、纳米划痕仪等微观摩擦磨损装置。磨损过程,大都利用锥形或球形探针在法向载荷下沿被测材料表面的滑动而实现的,滑动方式,包括由横向扫描形成的一维线划痕和由横向扫描与纵向步进组合构成的二维面划痕,如图 9-39 所示。

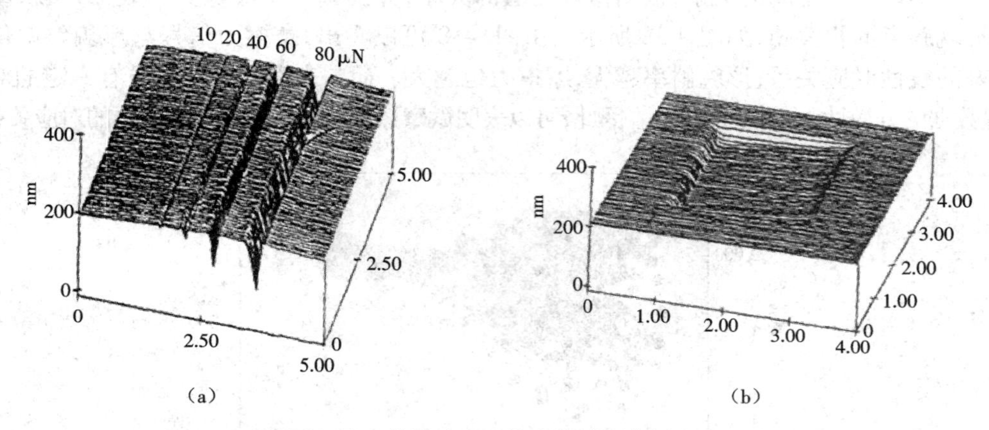

图 9-39 单晶硅表面的两种纳米磨损方式

(a)一维线划痕 (b)二维面划痕

王吉会等在 70 ~ 140 nN 的载荷下对 Teflon 和 Teflon - Si_3N_4 薄膜进行了二维面磨损试验。经 50 次的纳米磨损试验后,在 Teflon 表面留下了明显的磨痕,如图 9-40 所示。不同纳米载荷下 Teflon 和 Teflon - Si_3N_4 薄膜的磨痕深度,如图 9-41 所示。由图 9-41 可见,Teflon 和 Teflon - Si_3N_4 薄膜的磨痕深度均在纳米量级,且随法向载荷的增加而增大,但 Teflon - Si_3N_4 薄膜的磨痕深度远小于 Teflon 薄膜。即软硬交替复合的 Teflon - Si_3N_4 多层膜的耐磨性能优于单一的 Teflon 软薄膜。

针对微小电气机械系统和超大规模集成电路中的常用材料单晶硅,B. Bhushan 等研究了微观划痕深度与施加微载荷(μN 级)的关系。Miyamoto 等研究了单晶硅 Si 及 C^+、N^+ 离子注入 Si 的微观磨损性能,结果表明 C^+、N^+ 离子注入能改善单晶硅的抗磨损性能,其原因是在离子注入 Si 的表面形成了碳、氮的化合物 SiC 和 Si_3N_4。

R. Kaneko 在研究聚碳酸酯(PC)、聚甲基丙烯酸酯(PMMA)、环氧树脂(EP)和单晶硅的微摩擦磨损后指出,材料表面的微观接触包括四个过程,即弹性变形、塑性变形、犁削和材料的切变转移。对聚碳酸酯的微磨损研究发现,微磨损分为三个阶段:①由于摩擦过程中的塑性变形,形成台阶状的隆起(Upheaval),无磨损粒子产生;②进一步磨损形成突起(Projection),无磨损粒子产生;③表面被磨损并产生磨损粒子。聚甲基丙烯酸酯(PMMA)、环氧树脂(EP)及单晶硅的微磨损过程与聚碳酸酯(PC)略有不同,在有氧和水分存在的条件下,氧

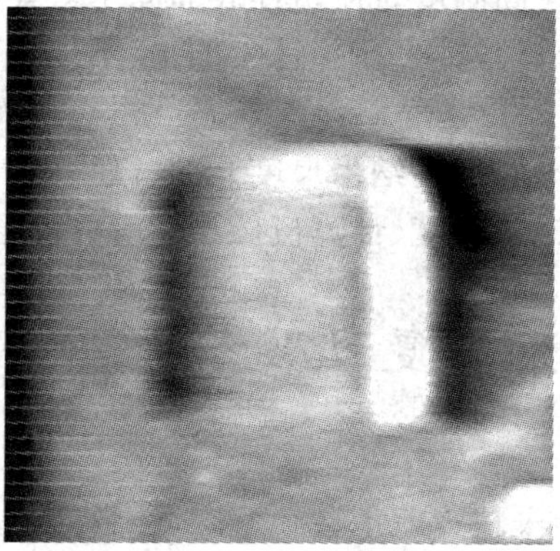

图 9-40　在 116 nN 载荷下磨损 50 次后 Teflon 薄膜的磨痕形貌（2 μm×2 μm）

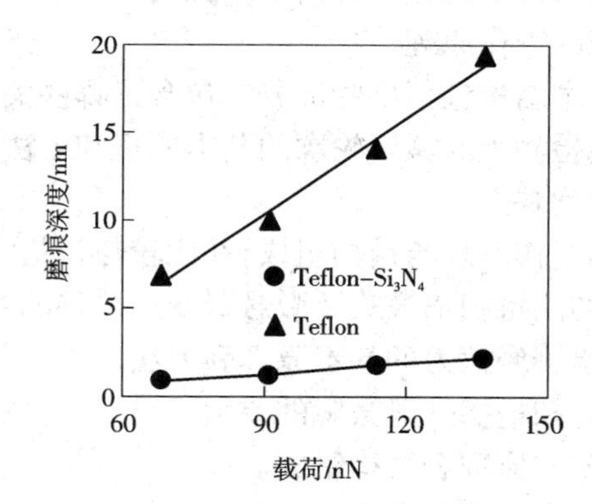

图 9-41　Teflon 和 Teflon/Si_3N_4 薄膜的磨痕深度与法向载荷的关系曲线（磨损 50 次）

还会与台阶隆起反应引起突起。

9.4.3　纳米加工

纳米加工，就是利用特定的加工技术和方法使材料表面实现原子、原子层的迁移，从而加工出特定形状的产品。虽然纳米加工与纳米磨损的研究目标不同，但研究对象都是同一个物理过程，即材料在极轻载荷下的运动转移规律。

纳米加工的方法，主要有机械加工、化学腐蚀、能量束加工、化学机械抛光、纳米压印、纳米铸造和扫描探针显微技术等。其中扫描探针显微技术既可进行原子级搬迁、去除和增添，又可进行纳米级微结构的加工，是实现纳米级精密加工的重要加工技术之一。

为实现材料或器件表面的纳米级精密加工，扫描探针显微技术有如下的工作原理和方法。

①利用探针针尖直接对试样表面进行雕刻加工。由于针尖的运动和作用力可以精确控制，并能进行精确的在线测量，因此这种方法可以加工出非常精细的精密机械结构。

②利用扫描探针的针尖连续操纵原子来加工微结构，例如连续在试样表面去除原子，加工出微沟槽；连续在试样表面放置原子，加工出纳米线。

③应用探针针尖处的电流或电场，使材料产生物理或化学反应，从而加工出微结构。例如用扫描隧道显微镜的针尖进行光刻加工，依靠局部阳极氧化法来加工微结构等。

④使用针尖处的电场，在较高温度时使试样表面原子聚集而成三维微型立体结构。

⑤使用多针尖的扫描探针显微镜进行多针尖加工，不仅提高了加工效率，而且加大了能加工的微结构尺寸。

纳米加工技术虽然刚刚开始，但在纳米尺度光栅、微小电气机械系统和大规模集成电路的制作、提高磁记录介质的磁记录密度、计算机微型化等方面已经显示出巨大的应用前景。

复习思考题

1. 说明纳米的物理意义。

2. 纳米技术有哪些主要技术特点？主要包括哪些科技领域？

3. 什么是纳米材料？怎样对纳米材料进行分类？

4. 何为纳米机械学？它与传统机械学有何本质区别？

5. 试述扫描隧道显微镜的工作原理。

6. 扫描隧道显微镜的基本结构包括哪些部分？包含了哪些关键技术？

7. 简述扫描隧道显微镜检测表面微观轮廓的基本原理和方法。

8. 扫描隧道显微镜有何优缺点？

9. 试述原子力显微镜的工作原理与结构组成，并比较与扫描隧道显微镜的异同。

10. 简述原子力显微镜的测量扫描模式及微悬臂变形位移的测量原理和方法。

11. 简述摩擦力显微镜检测摩擦力的基本原理和方法。

12. 简述原子力显微镜与扫描探针显微镜的差别。

13. 简述纳米硬度计的基本原理和结构组成。

14. 简述纳米划痕仪的基本原理和结构组成。

15. 纳米材料的弹性模量、强度和塑性有哪些不同于传统块体材料的特点？

16. 纳米材料的密度、缺陷、材料的表面状态以及试验条件对弹性模量、强度和塑性有什么影响？

17. 试讨论纳米材料的变形机制。

18. 简述纳米金属材料的力学性能特点。

19. 简述纳米陶瓷材料的超塑性变形特点。

20. 为什么纳米碳管纤维具有非常高的强度和弹性模量？

21. 利用扫描探针显微镜如何测量纳米碳管的强度和弹性模量？

22. 测定聚合物单分子链力学性能的意义是什么？如何测定聚合物单分子链的力学性质？

23. 简述纳米摩擦、磨损与加工的特征和研究意义。

24. 纳米摩擦的主要研究内容有哪些？有哪些主要研究方法和手段？

25. 纳米磨损的研究手段和滑动方式各有哪些？

26. 纳米加工的主要方法有哪些？如何利用扫描探针显微镜实现材料或器件的纳米级精密加工？

27. 查阅文献资料并简述近年来纳米科技的主要研究成果。

28. 调研纳米科技在我国的应用和产业化情况，阐述未来纳米科技的发展方向。

第 10 章　复合材料的力学性能

复合材料,与金属材料、无机非金属材料、高分子材料一样都是工程材料的重要组成部分,广泛用于化学化工、航空航天、机械、建筑、电气工程及医疗器械、体育用品等工业和日常生活领域。尤其是随着近年来材料合成与制备技术的不断发展,人们可以根据希望的性质来设计复合材料,从而使得复合材料的生产规模(数量、品种)和综合性能得到了迅速的发展和提高,因而在材料科学领域占据着越来越重要的地位。但由于复合材料中增强体的种类、形态、比例、分布等的不同,于是会表现出许多不同于金属、陶瓷和高分子材料的力学行为。本章首先简单地介绍复合材料的基本概念和结构特点,然后再详细讨论复合材料的力学行为和性能特点。

10.1　复合材料的概念与性能特点

复合材料是一种既古老又年轻的材料,如人类早在几千年前就开始使用了像竹子、木材、土坯砖(黏土和稻草混合而成)等的复合材料;但现代意义上的复合材料则是近几十年的事情,因此它又是年轻的材料。

10.1.1　复合材料的定义与分类

1. 复合材料的定义

复合材料,是由两种或两种以上物理和化学性质不同的物质组合起来而形成的多相固体材料。复合材料中的组分虽然存在明显的界面、保持各自的相对独立性,但复合材料的性能却不是组分材料性能的简单叠加。

从复合材料的组成与分布看,在复合材料中通常有一种相为连续相,称为基体;有一种或几种不连续相分布于基体中,且不连续相的强度、硬度通常比连续相高,称为增强体。增强体以独立的形态分布在基体中,二者之间存在相界面。

复合材料中的增强体,可以是纤维也可以是颗粒状填料。增强体在复合材料中主要用来承受载荷、提供刚度和强度、控制材料性能的作用,因此增强体的弹性模量常比基体高。而复合材料中的基体,可以采用金属、陶瓷或聚合物材料,主要起着黏结和连接作用以固定和黏附增强体,从而将复合材料所受的载荷传递并分布到增强体上。另外,复合材料中基体与增强体的界面在复合材料中也起着非常重要的作用。

2. 复合材料的分类

复合材料的品种繁多,可按以下几种方法对其进行分类。

(1)按增强体的种类和形态　可分为纤维(长纤维、短纤维)增强复合材料、颗粒增强复合材料、层叠增强复合材料(或称层状)及填充骨架型复合材料等,如图 10-1 所示。

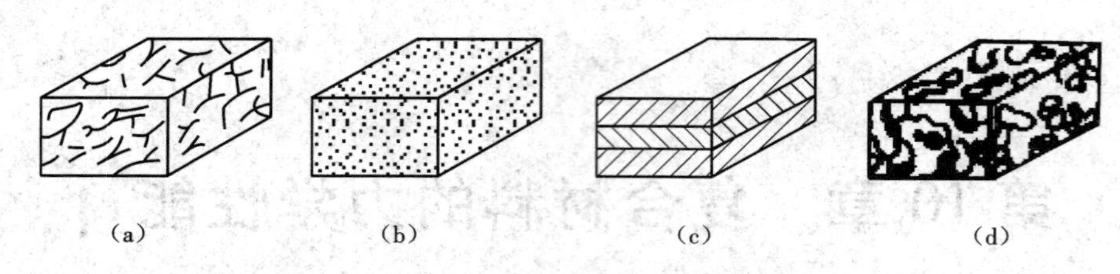

图 10-1 复合材料的形态示意图

(a)纤维复合材料 (b)颗粒增强复合材料 (c)层状复合材料 (d)填充骨架型复合材料

对纤维增强复合材料,按纤维的形状、尺寸可分为连续纤维、短纤维和纤维布增强复合材料。按构造形式,可细分为单层复合材料、叠层复合材料、短纤维复合材料和混杂复合材料等三类。单层复合材料(又称单层板)中的纤维可按一个方向整齐排列,也可按双向交织排列(图 10-2);叠层复合材料(又称层合板),是由多层的单层板材料构成,但各单层板中的纤维方向不同(如图 10-3 中的 $\alpha/0°/90°/-\alpha$);短纤维复合材料由随机取向或单向排列的短切纤维与基体组合构成(图 10-4);而混杂纤维复合材料,是由两种或多种纤维增强一种基体或组分不同的单层板组成的复合材料。

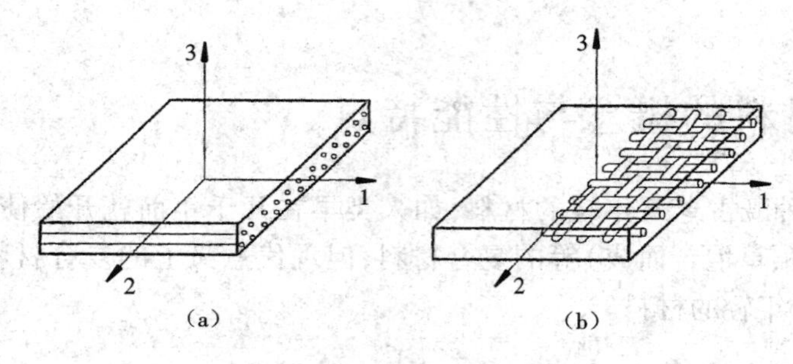

图 10-2 单层复合材料的构造形式

(a)单向纤维 (b)交织纤维

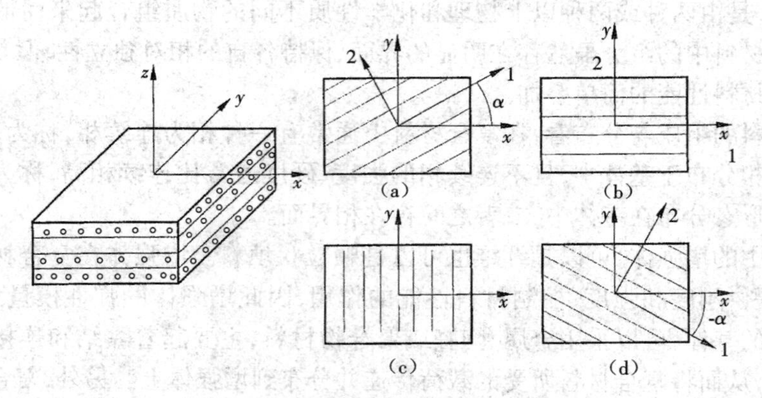

图 10-3 叠层复合材料的构造形式

(a)$\theta=\alpha$ (b)$\theta=0°$ (c)$\theta=90°$ (d)$\theta=-\alpha$

(2)按基体材料 可分为聚合物基(又称树脂基)复合材料(RMC)、金属基复合材料(MMC)、陶瓷基复合材料(CMC)、碳/碳基复合材料等。

(3)按材料的作用或用途 可分为结构复合材料和功能复合材料两大类。前者是用于

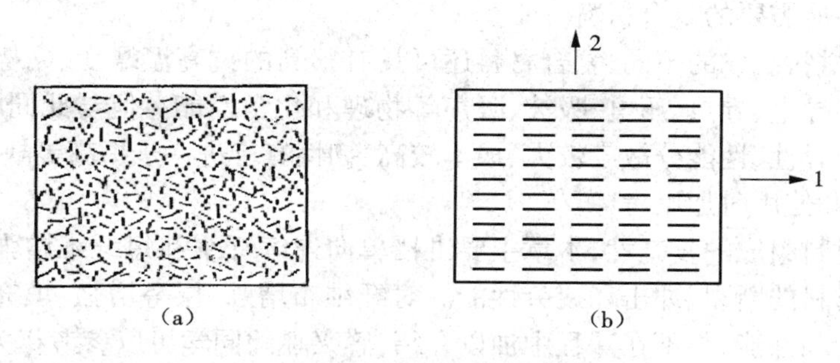

图 10-4　短纤维复合材料的两种构造形式

(a)随机取向　(b)单向排列

工程结构可承受外载荷的材料,主要使用其力学性能;后者则具有各种独特的物理性质,发挥其功能特性。

10.1.2　复合材料的性能特点

由于复合材料由基体和增强体等两种或两种组分以上组成的多相材料,因而其力学性能比一般金属材料复杂得多。复合材料的性能,有如下的特点。

(1)高比强度、比模量　复合材料有着比其他材料高得多的比强度和比模量。密度只有 1.80 g/cm³碳纤维的强度可达到 3 700 ~ 5 500 MPa;硼纤维、碳化硅纤维的密度为 2.50 ~ 3.40 g/cm³,而弹性模量为 350 ~ 450 GPa。因此在聚合物中加入高性能纤维后,复合材料的比强度、比模量可成倍地得到提高。如碳纤维增强环氧树脂的比强度是钢的 7 倍,比模量是钢的 3 倍,见表 10-1。

表 10-1　复合材料与常用金属材料的性能比较

材　料	密　度 /(g/cm³)	弹性模量 /GPa	抗拉强度 /MPa	比强度 /($\times 10^6$ cm)	比模量 /($\times 10^8$ cm)
碳纤维/环氧	1.6	128	1 800	11.3	8.0
芳纶/环氧	1.4	80	1 500	10.7	5.7
硼纤维/环氧	2.1	220	1 600	7.6	10.5
碳化硅/环氧	2.0	130	1 500	7.5	6.5
石墨纤维/铝	2.2	231	800	3.6	10.5
钢	7.8	210	1 400	1.4	2.7
铝合金	2.8	77	500	1.7	2.8

(2)抗疲劳性能好　材料的疲劳破坏常常是没有明显预兆的突发性破坏,而纤维增强复合材料中纤维和基体间的界面能够有效地阻止疲劳裂纹的扩展。大多数金属材料的疲劳极限为其抗拉强度的 40% ~50%,而碳纤维增强聚酯树脂的疲劳极限为其抗拉强度的 70% ~80%。

(3)减振性能好　由于构件的自振频率与材料比模量的平方根成正比,而复合材料的比模量大,因而它的自振频率很高,在通常加载速率下不容易出现因共振而快速脆断的现象。同时复合材料中存在大量纤维与基体的界面,由于界面对振动有反射和吸收作用,所以复合材料的振动阻尼强,即具有良好的减振性。

(4)可设计性强　通过改变增强体、基体的种类及相对含量、复合形式等,可设计出满足工程结构与性能需要的复合材料。

此外,根据材料组成的不同,复合材料还可具有很高的抗高温蠕变、摩擦磨损等的力学性能以及良好的导电、导热、压电、吸波、吸声等物理和化学性能。但与此同时,复合材料也存在严重的各向异性、性能分散度较大、成本较高、韧性有待进一步提高等缺点,需要在复合材料设计、制备和使用时加以考虑。

鉴于复合材料组成的复杂性,本章主要讲授单向连续纤维和短纤维增强复合材料的力学性能及复合材料的断裂、冲击和疲劳性能。对纤维布增强、层叠增强、填充骨架型等复合材料的力学行为和性能,将不在课程中加以介绍,感兴趣的同学可以参考相关的参考书和文献资料。

10.2 单向连续纤维复合材料的力学性能

单向连续纤维增强复合材料是连续纤维在基体中呈现单向平行排列的复合材料,如图10-5所示。一般来说,单向连续纤维复合材料呈现正交各向异性,并有三个对称平面:平行于纤维的方向称为纵向(1轴,方向 L),垂直于纤维方向叫作横向(在2-3平面中的任意一个方向)。在纵向上材料的性能不同于横向,而在横向上材料的性能近似相等。

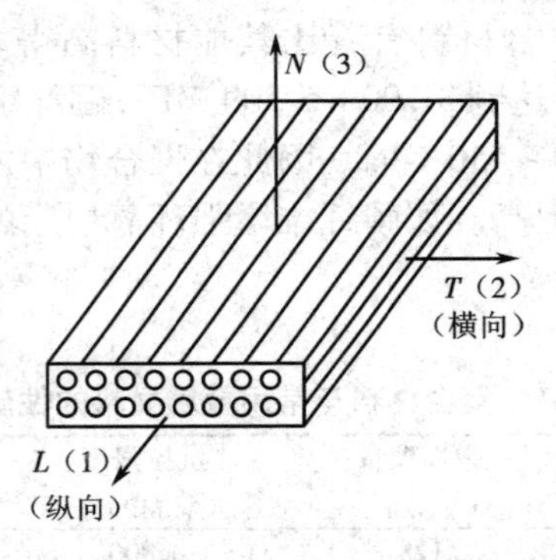

图10-5 单向连续纤维复合材料的铺层示意图

由于复合材料是各向异性的材料,因而其强度和刚度也随方向而改变。单向连续纤维复合材料有五个特征强度值,即纵向抗拉强度、横向抗拉强度、纵向抗压强度、横向抗压强度、面内抗剪强度,这些强度在宏观尺度上是彼此无关的。同样的,单向连续纤维复合材料有四个特征弹性常数,即纵向弹性模量、横向弹性模量、主泊松比、切变模量,这四个弹性常数也是彼此独立的。可见,单向连续纤维复合材料有九个基本性能指标。

10.2.1 单向连续纤维复合材料的弹性性能

1. 纵向弹性模量

将单向连续纤维复合材料中的纤维与基体看成两种弹性体的并联,且纤维连续、均匀、平行地排列于基体中,纤维与基体黏接牢固,且纤维、基体和复合材料有相同的拉伸应变,基体将拉伸力 F 通过界面完全传递给纤维,如图10-6所示。

根据力的平衡关系,有

$$F = F_f + F_m = \sigma_f A_f + \sigma_m A_m$$

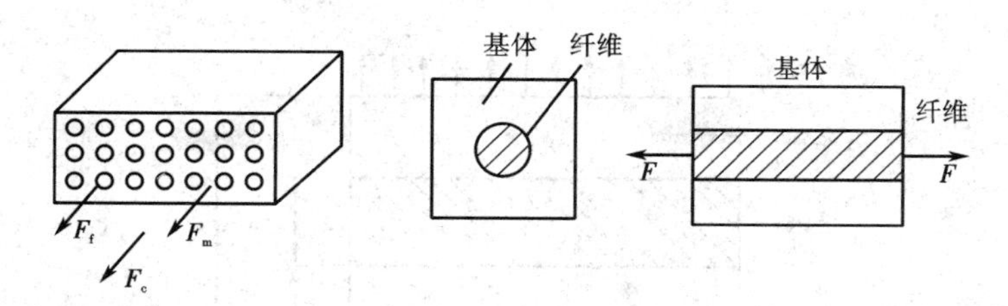

图 10-6　单向连续纤维复合材料的简化模型

$$A_c = A_f + A_m$$

$$V_f = A_f/A_c,\ V_m = A_m/A_c,\ V_f + V_m = 1$$

式中:A_c、A_f、A_m为复合材料、纤维和基体的截面面积;V_f、V_m为纤维、基体的体积分数;σ_f、σ_m为纤维和基体所受的应力。则复合材料所受的平均拉伸应力

$$\sigma_{cL} = F/A_c = \sigma_f V_f + \sigma_m V_m \tag{10-1}$$

因纤维和基体都处于弹性变形范围内,根据胡克定律有

$$\sigma_f = E_f\varepsilon_f,\ \sigma_m = E_m\varepsilon_m,\ \sigma_{cL} = E_{cL}\varepsilon_{cL}$$

式中:ε_{cL}、ε_f、ε_m为复合材料、纤维、基体的纵向应变;E_{cL}、E_f、E_m为复合材料、纤维、基体的弹性模量。根据等应变假设,$\varepsilon_{cL} = \varepsilon_f = \varepsilon_m$,所以有

$$E_{cL} = E_f V_f + E_m V_m = E_f V_f + E_m(1 - V_f) \tag{10-2}$$

这就是单向连续纤维复合材料纵向弹性模量的表达式,称作混合定律。混合定律表示,当纤维的体积分数 V_f由 0 变化到 1 时,纵向弹性模量 E_{cL}从 E_m线性增加到 E_f,如图 10-7 所示。

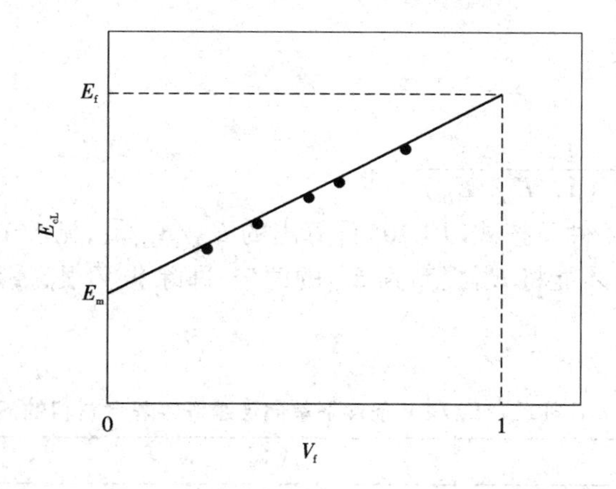

图 10-7　玻璃纤维/环氧复合材料的 E_{cL}随 V_f的变化曲线

2. 横向弹性模量

当单向连续纤维复合材料受到横向应力 σ_c时,常将复合材料简化为纤维(纤维含量较小时)和基体的串联(图 10-8),此时纤维与基体具有相同的应力,即 $\sigma_{fT} = \sigma_{mT} = \sigma_{cT}$。

根据串联模型,在横向载荷作用下,复合材料的横向伸长 ΔL_{cT}等于纤维和基体的横向伸长之和,即

$$\Delta L_{cT} = \Delta L_{fT} + \Delta L_{mT} \tag{10-3}$$

根据胡克定律,复合材料、纤维和基体的横向应力分别为

$$\sigma_{cT} = E_{cT}\varepsilon_{cT} = E_{cT}(\Delta L_{cT}/L_{cT}) \tag{10-4}$$

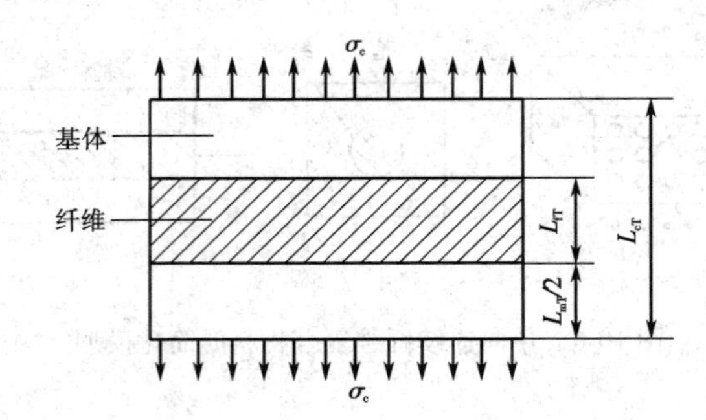

图 10-8 计算单向连续纤维复合材料横向性能的简化模型

$$\sigma_{fT}=E_{fT}\varepsilon_{fT}=E_{fT}(\Delta L_{fT}/L_{fT}) \tag{10-5}$$

$$\sigma_{mT}=E_{mT}\varepsilon_{mT}=E_{mT}(\Delta L_{mT}/L_{mT}) \tag{10-6}$$

将式(10-4)、式(10-5)和式(10-6)代入式(10-3)得

$$\frac{\sigma_{cT}L_{cT}}{E_{cT}}=\frac{\sigma_{fT}L_{fT}}{E_{fT}}+\frac{\sigma_{mT}L_{mT}}{E_{mT}} \tag{10-7}$$

如定义 $V_f=\frac{L_{fT}}{L_{cT}}, V_m=\frac{L_{mT}}{L_{cT}}$,则上式变为

$$\frac{\sigma_{cT}}{E_{cT}}=\frac{\sigma_{fT}V_f}{E_{fT}}+\frac{\sigma_{mT}V_m}{E_{mT}} \tag{10-8}$$

根据串联模型的等应力假设 $\sigma_{cT}=\sigma_{fT}=\sigma_{mT}$,所以有

$$\frac{1}{E_{cT}}=\frac{V_f}{E_{fT}}+\frac{V_m}{E_{mT}} \tag{10-9}$$

或

$$\frac{E_{cT}}{E_{mT}}=\frac{1}{(1-V_f)+V_f(E_{mT}/E_{fT})} \tag{10-10}$$

不同 E_{mT}/E_{fT} 和 V_f 条件下按式(10-10)计算出的 E_{cT}/E_{mT} 值,见表 10-8。可见,即使 $E_{fT}=10E_{mT}$,也需要 $V_f>50\%$ 才能将 E_{cT} 提高到 E_{mT} 的两倍;即除非 V_f 很高,否则纤维对 E_{cT} 的提高起不了多大作用。

表 10-2 不同 E_{mT}/E_{fT} 和 V_f 条件下单向连续纤维复合材料的 E_{cT}/E_{mT}

E_{mT}/E_{fT}	V_f											
	0	0.2	0.3	0.4	0.5	0.6	0.7	0.8	0.9	0.95	0.98	1
1	1	1	1	1	1	1	1	1	1	1	1	1
1/5	1	1.19	1.32	1.47	1.67	1.92	2.38	3.57	3.57	4.17	4.63	5
1/10	1	1.22	1.37	1.56	1.82	2.17	2.70	5.26	5.26	6.90	8.48	10
1/20	1	1.23	1.40	1.61	1.90	2.33	2.99	6.90	6.90	10.3	14.5	20
1/100	1	1.25	1.42	1.66	1.98	2.46	3.26	9.17	9.17	16.8	33.6	100

但实际上,在推导式(10-9)和式(10-10)时的假设并不完全合理,因为垂直于纤维和基体边界面上的位移应相等。因此按式(10-9)和式(10-10)计算出的横向弹性模量要比其试验值明显偏小,如图 10-9 所示。为此,当纤维含量较高时,单向连续纤维复合材料中的纤维呈束状分布,且纤维紧密接触,其间虽有基体材料,但极薄,可认为这部分基体的变形与纤维

一致（保证界面结合），纤维与基体有相同的应变，$\varepsilon_{fT}=\varepsilon_{m}=\varepsilon_{cT}$，即为并联模型（图 10-10）。

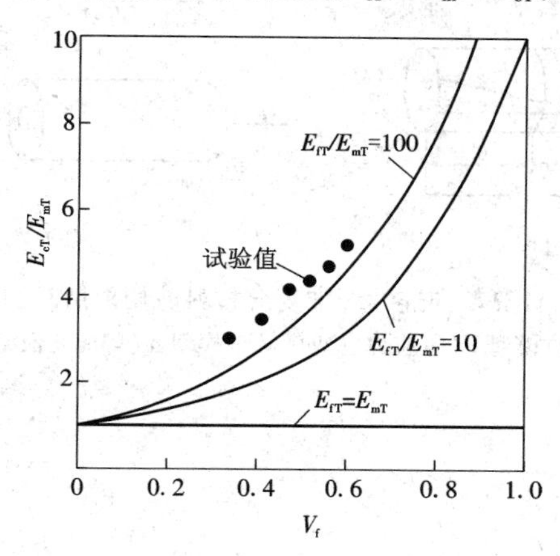

图 10-9　E_{cT}/E_{mT}与 V_f的关系曲线

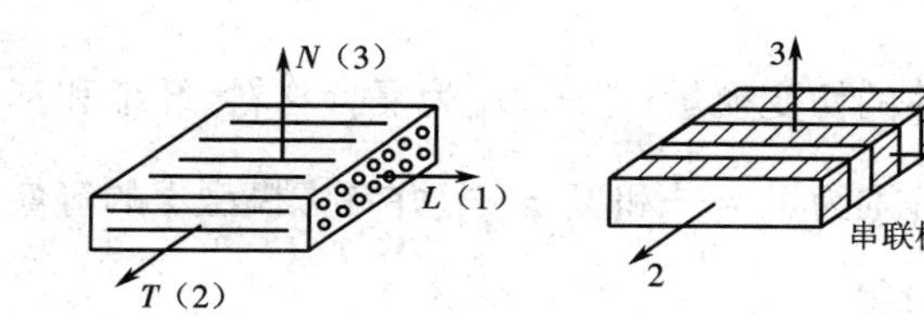

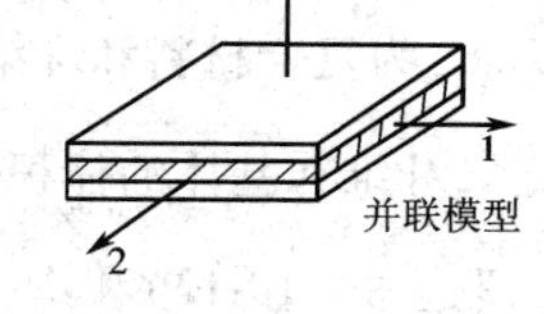

图 10－10　横向弹性模量计算时的串联和并联模型

由于计算横向弹性模量的并联模型与推导纵向弹性模量的模型相同，因此按并联模型计算时的横向弹性模量

$$E'_{cT}=E_{fT}V_f+E_{mT}V_m=E_{fT}V_f+E_{mT}(1-V_f) \tag{10-11}$$

式（10-10）和式（10-11）分别是在两种极端条件下单向连续纤维复合材料的横向弹性模量，其中 E_{cT}是纤维全部分散、独立时的横向弹性模量，是横向弹性模量的极小值；而 E'_{cT}是纤维全部互相接触、连通时的横向弹性模量，是横向弹性模量的极大值。单向连续纤维复合材料的实际横向弹性模量应介于两者之间，是 E_{cT}和 E'_{cT}的线性组合，即

$$E_{cT}(实)=(1-c)E_{cT}+cE'_{cT}$$

式中：c 为分配系数，与纤维体积含量有关，纤维体积含量越高，c 值越大。

3. 切变模量

与横向弹性模量类似，单向连续纤维复合材料的切变模量也可通过两种模型进行计算。模型Ⅰ是纤维和基体的轴向串联模型，在扭矩的作用下，圆筒受纯切应力，纤维和基体的切应力相同（故可称作等应力模型），但因剪切模量不同，切应变也不同，如图 10-11（a）所示。模型Ⅱ是纤维和基体的轴向并联模型，即纤维被基体包围，在扭矩的作用下纤维和基体产生相同的切应变（故可称作等应变模型），但切应力不同，如图 10-11（b）所示。

对模型Ⅰ，圆筒在扭矩的作用下产生切应变 γ，变形前圆筒的母线为 oa，变形后为 oa'，a 点的周向位移为纤维与基体位移之和，即

$$\gamma_c l_c=\gamma_f l_f+\gamma_m l_m \tag{10-12}$$

式中：γ_c、γ_f、γ_m为复合材料、纤维和基体的切应变；l_c、l_f、l_m为复合材料、纤维和基体的长度。

在弹性变形时，切应力与切应变间服从胡克定律：

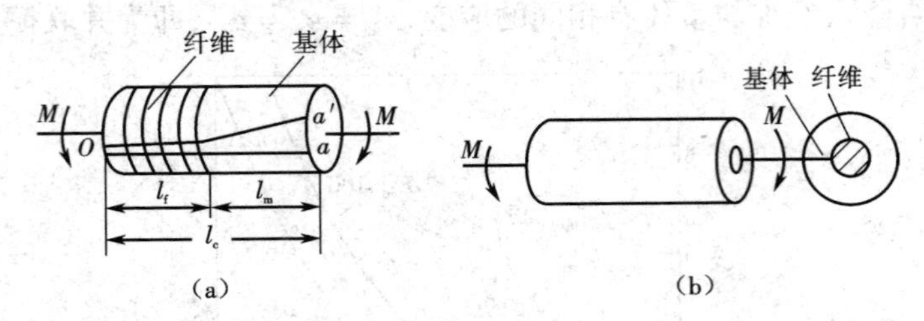

图 10-11 计算单向连续纤维复合材料剪切模量时的简化模型
(a)模型Ⅰ(等应力模型) (b)模型Ⅱ(等应变模型)

$$\left.\begin{aligned}\gamma_c&=\frac{\tau_c}{G_c^{\mathrm{I}}}\\\gamma_f&=\frac{\tau_f}{G_f}\\\gamma_m&=\frac{\tau_m}{G_m}\end{aligned}\right\}\tag{10-13}$$

式中:G_c^{I}、G_f、G_m为复合材料和纤维、基体的切变模量;τ_c、τ_f、τ_m为复合材料、纤维和基体的切应力。如定义纤维和基体的体积分数分别为$V_f=\frac{l_f}{l_c}$和$V_m=\frac{l_m}{l_c}$,并考虑模型Ⅰ的等应力假设$\tau_c=\tau_f=\tau_m$,联立式(10-12)和式(10-13)得

$$\frac{1}{G_c^{\mathrm{I}}}=\frac{V_f}{G_f}+\frac{V_m}{G_m}\tag{10-14}$$

对模型Ⅱ,在扭矩作用下,复合材料横截面上受到的总扭矩为

$$M_c=M_f+M_m\tag{10-15}$$

而总扭矩M_c可用截面上平均切应力τ_c及复合材料横截面面积A_c和半径R_c来计算:

$$M_c=\tau_c A_c R_c\tag{10-16}$$

同样的,纤维和基体的扭矩M_f和M_m分别为

$$M_f=\tau_f A_f R_f\tag{10-17}$$

$$M_m=\tau_m A_m R_m\tag{10-18}$$

式中:A_f、A_m、R_f、R_m分别为纤维和基体的横截面面积和半径。

由于在模型Ⅱ中,基体很薄,即$R_c\approx R_f\approx R_m$。联立式(10-15)、式(10-16)、式(10-17)和式(10-18)可得

$$\tau_f A_f+\tau_m A_m=\tau_c A_c\tag{10-19}$$

根据胡克定律$\tau_c=\gamma_c G_c^{\mathrm{II}}$、$\tau_f=\gamma_f G_f$、$\tau_m=\gamma_m G_m$及模型Ⅱ的等应变假设$\gamma_c=\gamma_f=\gamma_m$,并定义纤维和基体的体积分数为$V_f=\frac{A_f}{A_c}$和$V_m=\frac{A_m}{A_c}$,式(10-19)变为

$$G_c^{\mathrm{II}}=G_f V_f+G_m V_m\tag{10-20}$$

同样的,式(10-14)和式(10-11)也是两种极端条件下单向连续纤维复合材料的切变模量,其中模型Ⅰ导出的G_c^{I}是单向连续纤维复合材料切变模量的下限值;模型Ⅱ导出的G_c^{II}是其上限值。

4. 泊松比

由于单向连续纤维复合材料的正交各向异性,于是材料在纵、横两个方向呈现不同的泊

松效应，因而有两个泊松比。

当单向连续纤维复合材料沿纤维方向（L 方向）受到拉伸时，在横向（T 方向）要产生收缩（图 10－12）。纵向泊松比 ν_{LT} 定义为横向应变 ε_{cT} 与纵向应变 ε_{cL} 之比，即

$$\nu_{LT} = -\frac{\varepsilon_{cT}}{\varepsilon_{cL}} \tag{10-21}$$

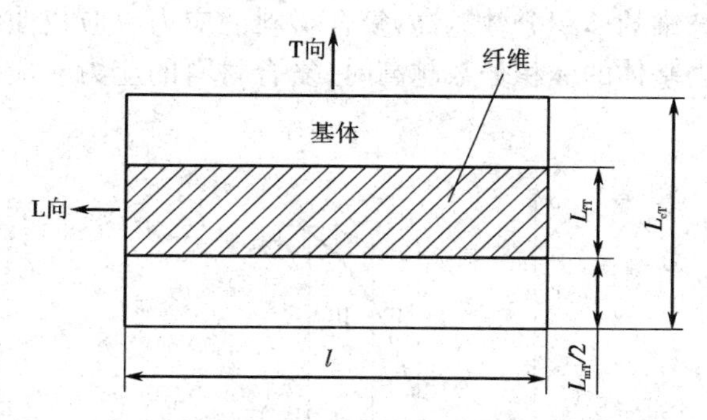

图 10-12　计算单向连续纤维复合材料泊松比的模型

对纵向变形，因等应变假设，有

$$\varepsilon_{cL} = \varepsilon_{fL} = \varepsilon_{mL} \tag{10-22}$$

而复合材料的横向变形是由纤维和基体的横向变形叠加构成，即

$$\varepsilon_{cT} L_{cT} = \varepsilon_{fT} L_{fT} + \varepsilon_{mT} L_{mT} \tag{10-23}$$

如定义 $V_f = \dfrac{L_{fT}}{L_{cT}}$ 和 $V_m = \dfrac{L_{mT}}{L_{cT}}$，则上式变为

$$\varepsilon_{cT} L_{cT} = \varepsilon_{fT} V_f + \varepsilon_{mT} V_m \tag{10-24}$$

将式（10-22）、式（10-24）代入式（10-21）得

$$\nu_{LT} = -\frac{\varepsilon_{fT}}{\varepsilon_{fL}} V_f - \frac{\varepsilon_{mT}}{\varepsilon_{mL}} V_m \tag{10-25}$$

考虑到纤维的泊松比和基体的泊松比分别为

$$\nu_f = -\frac{\varepsilon_{fT}}{\varepsilon_{fL}} \tag{10-26}$$

$$\nu_m = -\frac{\varepsilon_{mT}}{\varepsilon_{mL}} \tag{10-27}$$

于是式（10-25）变为

$$\nu_{LT} = \nu_f V_f + \nu_m V_m \tag{10-28}$$

当沿垂直纤维方向（T 方向）弹性拉伸时，其纵向应变 ε'_{cL} 与横向应变 ε'_{cT} 之比称为横向泊松比 ν_{TL}，即

$$\nu_{TL} = \frac{\varepsilon'_{cL}}{\varepsilon'_{cT}} \tag{10-29}$$

考虑到单向连续纤维复合材料属正交各向异性的弹性体，因此横向泊松比 ν_{TL} 可根据泊松比与弹性模量之间存在麦克斯韦尔定律即 $\nu_{TL} = \nu_{LT}\dfrac{E_{cT}}{E_{cL}}$ 求得，其中 E_{cL}、E_{cT} 分别为单向连续纤维复合材料的纵向和横向弹性模量。

10.2.2 单向连续纤维复合材料的强度

1. 纵向抗拉强度

基体、纤维和单向连续纤维复合材料的拉伸应力－应变曲线，如图10-13所示。可以看出，复合材料的应力－应变曲线处于基体和纤维的应力－应变曲线之间，且其位置取决于纤维的体积分数。如果纤维的体积分数越高，复合材料的应力－应变曲线越接近于纤维的应力－应变曲线；反之，当基体的体积分数越高时，复合材料的应力－应变曲线越接近于基体的应力－应变曲线。

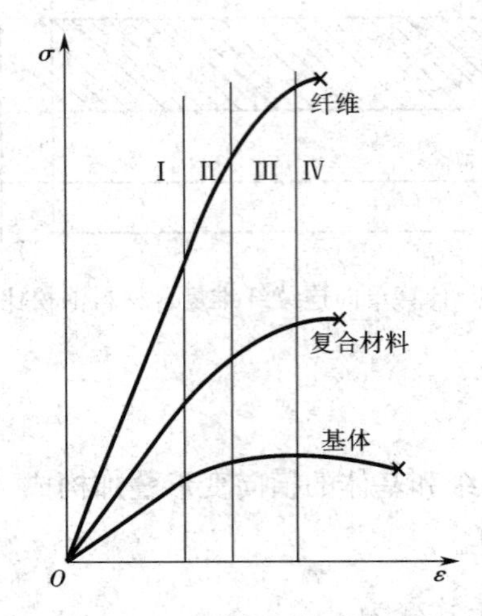

图10-13　基体、纤维和单向连续纤维复合材料的拉伸应力－应变曲线

单向连续纤维复合材料在拉伸载荷下的变形和断裂过程，可以分为四个阶段：在第Ⅰ阶段，纤维和基体都是弹性变形；在第Ⅱ阶段，基体发生了屈服，即为非弹性变形，但纤维仍处于弹性变形；在第Ⅲ阶段，纤维与基体均为非弹性变形；在第Ⅳ阶段，纤维发生断裂，随之复合材料也发生断裂。玻璃纤维、碳纤维、硼纤维和陶瓷纤维增强的热固性树脂基复合材料的应力－应变曲线只有第Ⅰ和第Ⅳ阶段；而金属基和热塑性树脂基复合材料，会出现第Ⅱ阶段。对于脆性纤维增强的复合材料，观察不到第Ⅲ阶段；但韧性纤维增强的复合材料，会出现第Ⅲ阶段。

在第Ⅰ阶段，纤维和基体均处于弹性变形状态，复合材料也处于弹性变形状态。根据纵向弹性模量的并联模型及式(10-1)、式(10-2)可得

$$\sigma_{cL} = E_f \varepsilon_f V_f + E_m \varepsilon_m (1 - V_f) \tag{10-30}$$

其中纤维与基体承担的载荷之比为

$$\frac{F_f}{F_m} = \frac{E_f \varepsilon_f V_f}{E_m \varepsilon_m (1 - V_f)} = \frac{E_f V_f}{E_m (1 - V_f)} \tag{10-31}$$

当纤维的体积含量V_f一定时，E_f/E_m比值越大，纤维承担的载荷越大，增强作用越强，因此复合材料常采用高强度、高模量的增强纤维。当E_f/E_m比一定时，V_f越大，则纤维的贡献越大（图10-14）；但实际上纤维的体积分数不可能达到100%。这是因为纤维的体积分数过高时，没有足够的基体浸润和浸透纤维束，导致基体与纤维结合不佳而使复合材料的强度反而降低。因此，复合材料，特别是金属基复合材料中增强纤维的体积分数不可能太高，一般在

30% ~60%。

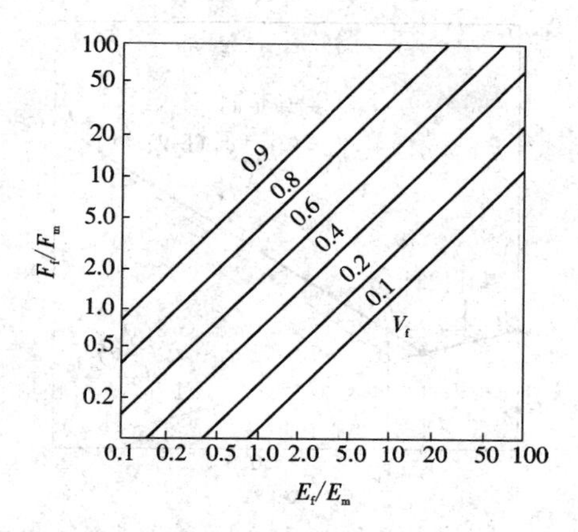

图 10-14　纤维和基体的载荷比与相应弹性模量比、纤维体积分数的关系

当变形进入第Ⅱ阶段后，纤维仍处于弹性状态，但基体已产生塑性变形，此时复合材料中的应力

$$\sigma_{cL}(\varepsilon)=\sigma_f(\varepsilon)V_f+\sigma_m(\varepsilon)V_m \tag{10-32}$$

由于纤维的断裂应变 ε_{fu} 小于基体的断裂应变 ε_{mu}，因此随变形的增加，纤维中的载荷增加较快。当达到纤维的抗拉强度 σ_{fu} 时，纤维破断（图 10-15），此时基体不能支持整个复合材料中的载荷，复合材料也随之破坏。复合材料的抗拉强度

$$\sigma_{cLu}=\sigma_{fu}V_f+\sigma_m^*(1-V_f) \tag{10-33}$$

式中：σ_m^* 为基体应变等于纤维断裂应变 ε_{fu} 时的基体应力。

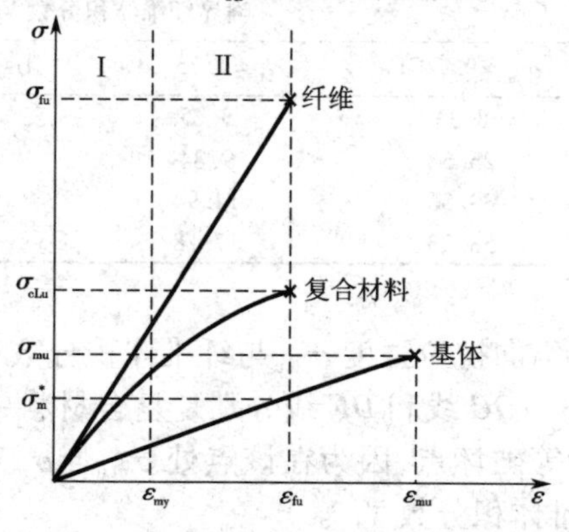

图 10-15　纤维、基体和复合材料的变形特性

由式（10-33）可以看出，当纤维的体积分数较低时，纤维承受不了很大的载荷就会发生断裂，而由基体承受载荷。然而由于纤维占去了一部分体积，此时复合材料的断裂强度反而比全部是基体材料时所承受的载荷为小（图 10-16）。

由于制备复合材料的目的是为了使复合材料的强度 σ_{cLu} 大于基体单独使用时的抗拉强度 σ_{mu}，即

$$\sigma_{cLu}=\sigma_{fu}V_f+\sigma_m^*(1-V_f)\geqslant\sigma_{mu} \tag{10-34}$$

由式（10-34）可计算出复合材料中的临界纤维体积分数 V_{fcr}。为了达到增强基体的效果，纤维的实际体积分数应大于 V_{fcr}。

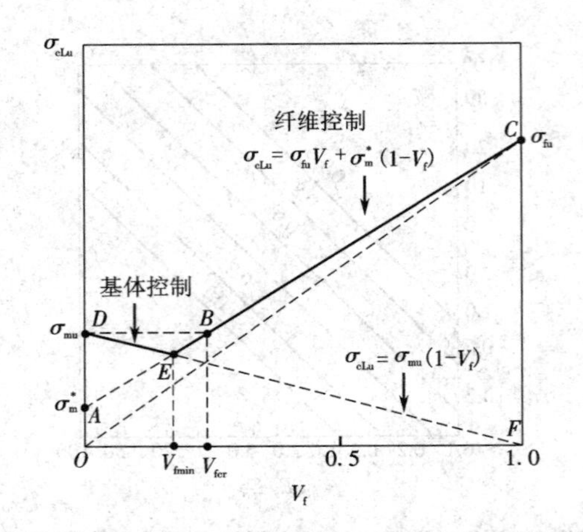

图 10-16 单向连续纤维复合材料的抗拉强度与纤维体积分数 V_f 的关系

$$V_{fcr}=\frac{\sigma_{mu}-\sigma_m^*}{\sigma_{fu}-\sigma_m^*} \tag{10-35}$$

可见，当纤维强度比基体强度大许多时（如纤维增强树脂基复合材料），V_{fcr} 就较小；而基体强度与纤维强度接近时，V_{fcr} 就较大。所以选用高强度纤维时，加入较少的纤维就有明显的增强效果；而选用强度比基体强度高出不多的纤维时，必须加入较多的纤维才能显示出强化效果，见表 10-3。

表 10-3 在韧性金属中加入不同强度纤维时的临界纤维体积分数 V_{fcr}

基体材料	σ_{mu} /MPa	σ_m^* /MPa	临界纤维体积分数 V_{fcr}/（%）			
			σ_{fu} = 0.7 GPa	σ_{fu} = 1.75 GPa	σ_{fu} = 3.5 GPa	σ_{fu} = 7 GPa
铝	84	28	8.33	3.25	1.61	0.80
铜	210	42	25.53	9.84	4.86	2.41
镍	315	63	39.56	14.94	7.33	3.63
不锈钢	455	175	53.33	17.78	8.42	4.10

单向连续纤维复合材料纵向抗拉强度 σ_{cLu} 与纤维体积分数 V_f 的关系，如图 10-16 所示。图中的 ABC 线即为式（10-33）；OC 线和 DF 线分别是复合材料中纤维和基体承受的载荷与 V_f 的关系。图中的 B 点称为等破坏点，因为在该点处 $\sigma_{cLu}=\sigma_{mu}$，相应的纤维体积分数就是由式（10-35）确定的临界纤维体积分数 V_{fcr}。

另外，在图 10-16 中 ABC 线与 DF 线相交于 E 点，对应的 V_f 称为最小纤维体积分数 V_{fmin}。当 $V_f < V_{fmin}$ 时，在按式（10-33）预测的应力下复合材料不会断裂。在这样的体积分数下，纤维对抑制基体的变形已无能为力，以致纤维迅速拉长达到断裂应变而先于基体破坏。全部纤维破坏后，剩余的基体仍能承受全部载荷而不会导致复合材料破坏。只有当应力增大为 $\sigma_{mu}V_m$ 或 $\sigma_{mu}(1-V_m)$ 时，复合材料才会发生断裂。即复合材料的断裂由基体控制，其抗拉强度

$$\sigma_{cLu}=\sigma_{mu}(1-V_f) \tag{10-36}$$

将式（10-33）与式（10-36）联立得

$$V_{fmin}=\frac{\sigma_{mu}-\sigma_m^*}{\sigma_{fu}+\sigma_{mu}-\sigma_m^*} \tag{10-37}$$

由图 10-16 可见，当 $V_f < V_{fmin}$ 时，复合材料的抗拉强度按式(10-36)计算，由基体材料控制(实线 DE 段)；当 $V_f > V_{fmin}$ 时，复合材料抗拉强度按式(10-33)计算，由纤维控制(实线 EBC 段)。

以上是脆性纤维的情况。而对韧性纤维，由于其在受力条件下能在基体内产生塑性变形，并可阻止其产生颈缩，于是纤维断裂时的应变会大于纤维本身的断裂应变，从而使复合材料的断裂应变高于纤维的断裂应变。因而复合材料的抗拉强度总是会高于按式(10-33)预测的强度，即韧性纤维的加入总是会增强基体材料的。

2. 纵向抗压强度

当单向连续纤维复合材料纵向受压时，可将连续纤维看作在弹性基体中的细长杆件而产生屈曲。屈曲的形式有两种。一是拉压型，纤维彼此间反向弯曲，使基体出现受拉部分和受压部分，如图 10-17(a)所示。当复合材料中的纤维体积分数很小即纤维间距离相当大时，这种屈曲模式才可能发生。二是剪切型，纤维之间彼此同向弯曲，在基体中产生剪切变形，如图 10-17(b)所示。此种屈曲模式较为常见，常发生在大多数的复合材料中。

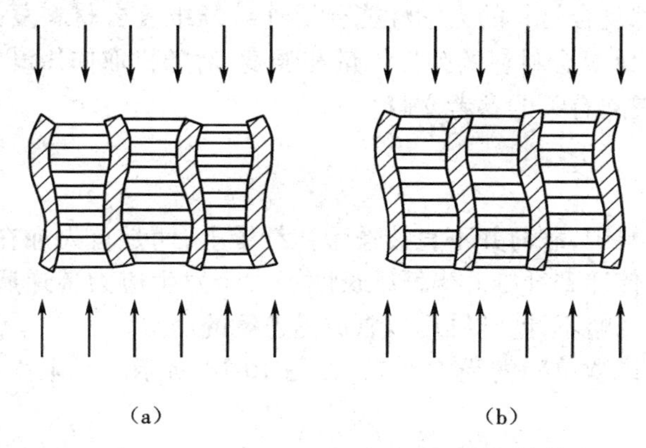

图 10-17　纵向压缩时单向连续纤维复合材料的破坏模型
(a)拉压型　(b)剪切型

如假设基体给予纤维横向支持，载荷由纤维均摊，则复合材料的抗压强度由纤维在基体内的微屈曲临界应力控制。将单向连续纤维复合材料简化成纤维和基体薄片相间粘接的纵向受压杆件，当外载荷增至一定值后，纤维开始失稳，产生屈曲。

在拉压型屈曲模型中，复合材料的纵向抗压强度

$$\bar{\sigma}_{cLu} = 2V_f\sqrt{\frac{E_m E_f V_f}{(1 - V_f)}} \tag{10-38}$$

在剪切型屈曲模型中，复合材料的纵向抗压强度

$$\bar{\sigma}_{cLu} = \frac{G_m}{1 - V_f} \tag{10-39}$$

式中：V_f、V_m 分别为纤维和基体的体积分数；E_f、E_m 分别为纤维和基体的弹性模量；G_m 为基体的切变模量。

由于实际纤维的平直度偏离理想状态使临界应力下降，或纤维在基体中的分布不均匀使弯折抗力下降等原因，会导致复合材料压缩时在小于按式(10-38)、式(10-39)计算出的抗压强度下过早地发生破坏。

对单向连续纤维复合材料的横向抗拉强度、横向抗压强度和面内抗剪强度等参数，目前的研究还很少，且缺乏系统性，有兴趣的同学可参看有关的文献资料。

10.3 短纤维复合材料的力学性能

由10.2节可见，单向连续纤维复合材料在纤维方向具有较高的强度和模量，但在横向的强度和模量较小。因此在工程使用中，如果零件或构件的应力状态可以准确确定，就可以采用单向连续纤维复合材料并使它与这个应力状态完全匹配，从而充分发挥单向连续纤维复合材料的优越性。但在应力状态无法预测以及各方向上应力相等，或应力水平要求不高的条件下，就不宜使用单向连续纤维复合材料。在这种情况下，虽然可用单向增强的层坯制成准各向同性的层板，但其生产工艺过程复杂，力学性能也有不足。

而短纤维增强复合材料是用随机取向或定向的短切纤维作为增强体，其制造工艺简单、生产效率高，且容易实现制造过程的自动化，从而得到了广泛的应用。但由于纤维的取向和长度的多样性，短纤维复合材料的力学性能要比连续纤维复合材料复杂得多。因而本节只介绍单向（定向）短纤维复合材料的弹性模量和强度，对随机取向短纤维复合材料的力学性能，有兴趣的同学可查阅有关的参考文献。

10.3.1 应力传递理论

在短纤维复合材料中，载荷并不直接作用在纤维上，而是首先加在基体材料上，然后通过纤维与基体的界面传递到纤维。当纤维长度远大于发生应力传递所需要的长度时，纤维末端的传递作用可以忽略不计，纤维可以看成是连续的。

复合材料中短纤维微单元的受力状态，如图10-18所示。无限小长度单元 dz 上，应力的平衡条件为

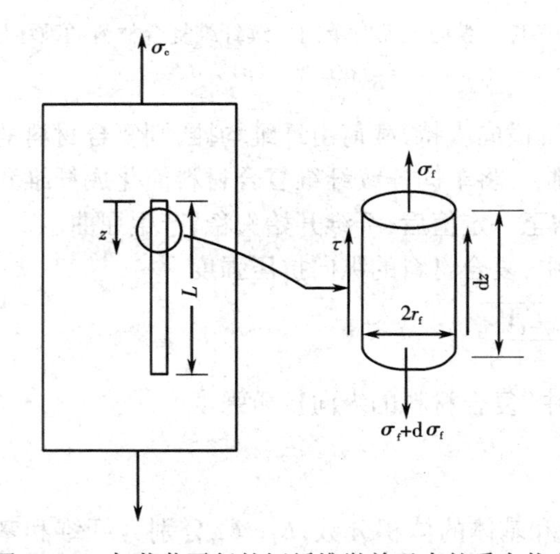

图10-18 与载荷平行的短纤维微单元中的受力状态

$$\pi r_f^2\sigma_f+2(\pi r_f dz)\tau=(\pi r_f^2)(\sigma_f+d\sigma_f) \tag{10-40}$$

对上式化简得

$$\frac{d\sigma_f}{dz}=\frac{2\tau}{r_f} \tag{10-41}$$

式中：σ_f为纤维的轴向应力；τ 为纤维 - 基体的界面切应力；r_f为纤维的半径。对粗细均匀的纤维，式(10-41)表明纤维中的应力沿 z 方向的增长率与界面上的切应力成正比。

对式(10-41)进行积分，可求得距离纤维末端 z 处纤维中的应力

$$\sigma_f=\sigma_{f_0}+\frac{2}{r_f}\int_0^z\tau dz \tag{10-42}$$

式中：σ_{f_0}为纤维末端的应力。由于应力集中效应使纤维末端附近的基体将屈服或使纤维末端与基体脱胶，故可忽略 σ_{f_0}，即 $\sigma_{f_0}=0$。于是式(10-42)简化为

$$\sigma_f=\frac{2}{r_f}\int_0^z\tau dz \tag{10-43}$$

若已知沿纤维长度方向的切应力分布规律，则可求得 σ_f。但实际上切应力的分布规律事先是不知道的。为了求解的需要，必须对纤维周围界面和末端材料的变形作如下假设：

①在纤维长度的中点处，由对称条件可得剪应力为零；

②纤维周围的基体是理想的刚塑性体，其应力 - 应变关系如图 10-19 所示。于是沿纤维长度方向的界面剪应力是常数，其值为基体的屈服应力 τ_s。对式(10-43)进行积分得

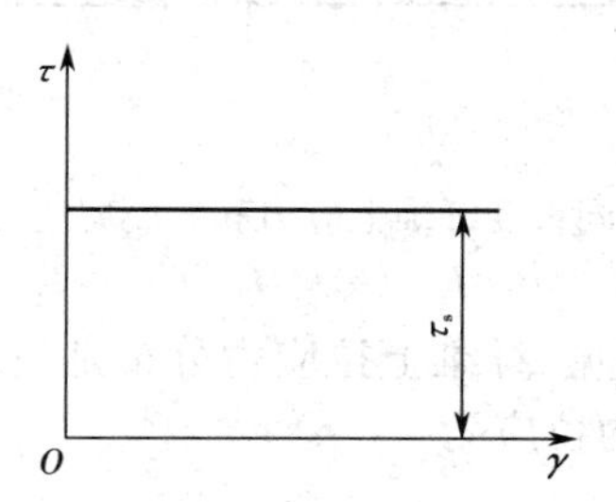

图 10-19　基体的剪应力 - 剪应变关系

$$\sigma_f=\frac{2\tau_s z}{r_f} \tag{10-44}$$

式(10-44)表明，纤维受到的拉应力随 z 的增加而线性增加。由于在纤维上的拉应力是由切应力从端部向中部积累的，所以端部的拉应力最小，中部(即 $z=L/2$，L 为纤维长度)最大。纤维中部的应力

$$\sigma_f=\frac{\tau_s L}{r_f} \tag{10-45}$$

随纤维长度的增加，纤维与基体界面的面积增大，中部的拉应力也增大。但纤维上承受的应力，不会超过同样外力下连续纤维复合材料中纤维上的应力值。如单向连续纤维复合材料和其中纤维的应变分别为 ε_c和 ε_f，弹性模量分别为 E_c和 E_f，根据等应变假设 $\varepsilon_c=\varepsilon_f=\varepsilon_m$，则纤维上的最大应力

$$\varepsilon_f=\frac{(\sigma_f)_{max}}{E_f}=\frac{\sigma_c}{E_c}=\varepsilon_c$$

$$(\sigma_f)_{max}=\frac{E_f}{E_c}\sigma_c \tag{10-46}$$

式中：σ_c为作用在复合材料上的应力。

将式(10-45)与式(10-46)联立，可定义出能达到最大纤维应力时的最小纤维长度 L_t，称

为载荷传递长度。L_t可按下式计算：

$$\frac{L_t}{d_f}=\frac{(\sigma_f)_{max}}{2\tau_s} \tag{10-47}$$

式中：$d_f=2r_f$是纤维的直径。由于$(\sigma_f)_{max}$是σ_c的函数，所以载荷传递长度L_t也是σ_c的函数。

由于纤维上的最大拉应力$(\sigma_f)_{max}$不会超过纤维的断裂强度σ_{fu}，因此载荷传递长度的最大值即纤维的临界长度

$$L_{cr}=\frac{\sigma_{fu}d_f}{2\tau_s} \tag{10-48}$$

显然，纤维的临界长度L_{cr}与材料的作用应力无关，它是材料的一个重要性能，故又称失效长度，因为在该长度上纤维承受的应力小于σ_{fu}。不同长度纤维上的应力和界面剪应力的分布，如图 10-20 所示。由图可见，当纤维长度远大于载荷传递长度L_t时，短纤维复合材料的性能就接近于连续纤维复合材料了。

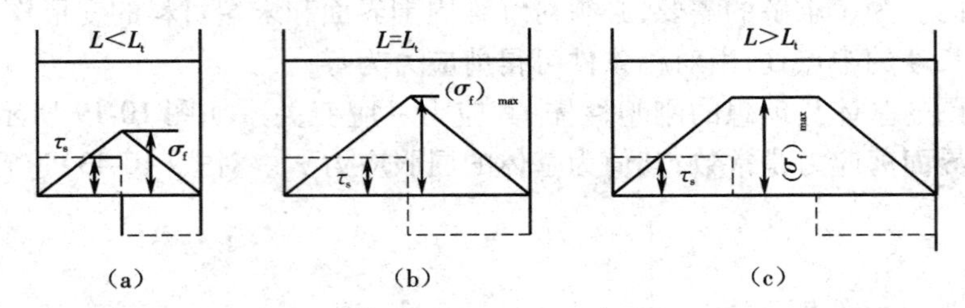

图 10-20　不同长度纤维上应力和界面剪应力的变化规律

(a) $L<L_t$　(b) $L=L_t$　(c) $L>L_t$

从上面的讨论和图 10-20 可见，纤维上拉应力分布是不均匀的，纤维端部的应力小于最大纤维应力$(\sigma_f)_{max}$。纤维的平均拉应力

$$\bar{\sigma}_f=\frac{1}{L}\int_0^L \sigma_f \mathrm{d}z \tag{10-49}$$

按图 10-20 中的应力分布，对式(10-49)进行积分，可得

$$\left.\begin{aligned}\bar{\sigma}_f&=\frac{1}{2}(\sigma_f)_{max}=\frac{\tau_s L}{d_f}\quad (L\leqslant L_t)\\ \bar{\sigma}_f&=(\sigma_f)_{max}\left(1-\frac{L_t}{2L}\right)\quad (L>L_t)\end{aligned}\right\} \tag{10-50}$$

按式(10-50)可预测不同纤维长度下的平均应力与最大应力的比值，见表 10-4。由表可见，当纤维长度是载荷传递长度的 10 倍时，纤维中的平均应力是纤维最大应力的 95%，与连续纤维复合材料的特性相类似。

表 10-4　不同长度纤维中的平均应力

L/L_t	$\bar{\sigma}_f/(\sigma_f)_{max}$
1	0.50
2	0.75
5	0.90
10	0.95
50	0.99
100	0.995

10.3.2　短纤维复合材料的弹性模量

对如图 10-21 所示的单向短纤维复合材料，其纵向弹性模量 E_{cL} 和横向弹性模量 E_{cT} 可用 Halpin-Tsai 方程进行估算：

$$\frac{E_{cL}}{E_m}=\frac{1+\frac{2L}{d_f}\eta_L V_f}{1-\eta_L V_f} \tag{10-51}$$

$$\frac{E_{cT}}{E_m}=\frac{1+2\eta_T V_f}{1-\eta_T V_f} \tag{10-52}$$

式中：$\eta_L=\frac{(E_f/E_m)-1}{E_f/E_m+2(L/d_f)}$，$\eta_T=\frac{(E_f/E_m)-1}{(E_f/E_m)+2}$；$E_f$、$E_m$ 分别是纤维和基体的弹性模量；L、d_f 分别是纤维的长度和直径；V_f 是复合材料中纤维的体积含量。

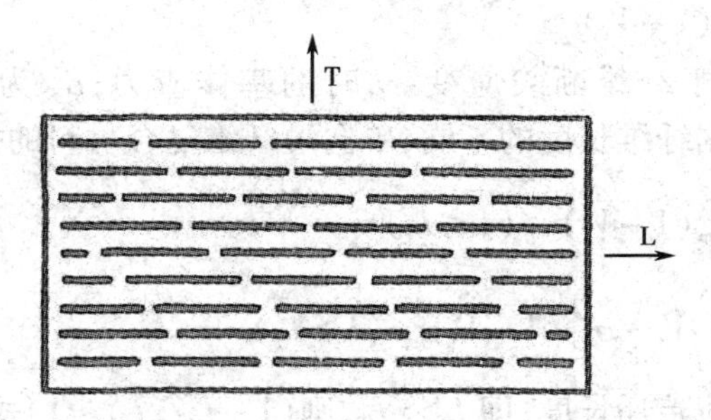

图 10-21　单向短纤维复合材料的模型

由式(10-51)和式(10-52)可见，单向短纤维复合材料的横向弹性模量与长径比(L/d_f)无关；但纵向弹性模量随纤维长径比的增大而提高(图 10-22)。

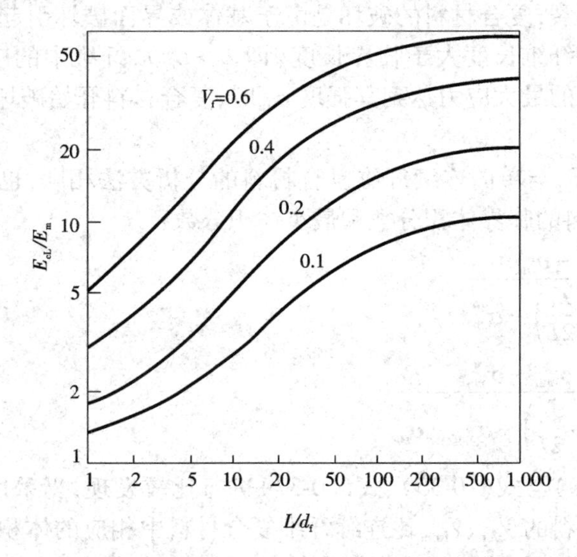

图 10-22　不同纤维体积含量下短纤维复合材料的纵向弹性模量与纤维长径比的关系($E_f/E_m=100$)

对随机取向的短纤维复合材料，在面内是各向同性的，其拉伸弹性模量 E_r 可按如下的经验公式进行预测：

$$E_r = \frac{3}{8}E_{cL} + \frac{5}{8}E_{cT} \tag{10-53}$$

式中：E_{cL}和E_{cT}分别表示具有相同纤维长细比和体积含量的单向短纤维复合材料的纵向和横向弹性，其值可用试验测定或用式(10-51)和式(10-52)进行计算。

面内随机取向短纤维复合材料的切变模量G_r，可近似地按如下公式进行预测：

$$G_r = \frac{1}{8}E_{cL} + \frac{1}{4}E_{cT} \tag{10-54}$$

10.3.3 短纤维复合材料的强度

与单向连续纤维复合材料的分析方法相同，单向短纤维复合材料的纵向强度也可按混合定律计算，但需用纤维平均应力代替式(10-33)中纤维的抗拉强度，即

$$\sigma_{cu} = \bar{\sigma}_f V_f + \sigma_m^*(1 - V_f) \tag{10-55}$$

式中：σ_m^* 为基体应变等于纤维断裂应变 ε_{fu}时的基体应力；$\bar{\sigma}_f$ 为纤维的平均应力，由式(10-50)决定。因此，根据纤维长度的不同，单向短纤维复合材料的抗拉强度

$$\sigma_{cu} = \frac{\tau_s L}{d_f}V_f + \sigma_{mu}(1 - V_f) \quad (L \leqslant L_t) \tag{10-56}$$

$$\sigma_{cu} = \sigma_{fu}\left(1 - \frac{L_t}{2L}\right)V_f + \sigma_m^*(1 - V_f) \quad (L > L_t) \tag{10-57}$$

如果纤维长度远大于载荷传递长度，即$L >> L_t$，则$(1 - L_t/2L) \approx 1$，式(10-57)可写为

$$\sigma_{cu} = \sigma_{fu}V_f + \sigma_m^*(1 - V_f) \tag{10-58}$$

与连续纤维复合材料的纵向抗拉强度相同。

于是，当纤维的长度小于临界长度(即$L < L_{cr}$)时，纤维中的最大应力达不到纤维的平均强度时，纤维都不会断裂；复合材料的破坏是由于基体或界面破坏引起的，复合材料强度按式(10-56)计算。如果纤维长度大于临界长度(即$L > L_{cr}$)，纤维中的应力可达到其平均强度；此时如果纤维所受的最大应力达到其强度σ_{fu}时，复合材料开始破坏，抗拉强度按式(10-57)、式(10-58)计算。

在$L > L_{cr}$的条件下，与单向连续纤维复合材料的分析方法相同，也可利用式(10-57)求得短纤维增强复合材料的临界体积分数和最小体积分数：

$$V_{fcr} = \frac{\sigma_{mu} - \sigma_m^*}{\sigma_{fu}\left(1 - \frac{L_t}{2L}\right) - \sigma_m^*} \tag{10-59}$$

$$V_{fmin} = \frac{\sigma_{mu} - \sigma_m^*}{\sigma_{fu}\left(1 - \frac{L_t}{2L}\right) + \sigma_{mu} - \sigma_m^*} \tag{10-60}$$

将式(10-59)、式(10-60)与式(10-35)、式(10-37)进行比较发现，当采用相同的纤维和基体材料时，短纤维复合材料的V_{fcr}、V_{fmin}比连续纤维复合材料中相应的体积分数要大，其原因是由于短纤维的增强作用不像连续纤维那样有效。但当纤维的长度远大于载荷传递长度时，纤维的平均应力趋近于纤维的最大应力，从而短纤维复合材料的V_{fcr}和V_{fmin}也就接近于单向连续纤维复合材料的相应指标了。

与单向连续纤维复合材料一样，当纤维的体积分数小于V_{fmin}时，则纤维全部断裂后复合

材料还不会失效,因为剩下的基体材料能够承受得住整个载荷。仅当基体破坏后,复合材料才失效,于是短纤维复合材料的抗拉强度

$$\sigma_{cu} = \sigma_{mu}(1 - V_f) \tag{10-61}$$

对单向短纤维复合材料的偏轴拉伸强度及随机取向短纤维复合材料的强度,目前的预测方法还很不完善,还有不少问题需要进行进一步的研究。

10.4　复合材料的断裂、冲击与疲劳性能

随着材料设计和制造技术的不断发展和完善,复合材料在航空、航天、汽车、动力、建筑、桥梁等领域得到了广泛的应用。在应用过程中,复合材料不可避免地要承受拉伸、冲击和交变等载荷的作用。因而研究复合材料的断裂机理、冲击和疲劳性能,对发展兼有较高拉伸性能和良好冲击与疲劳性能的新型复合材料具有重要的意义。

10.4.1　复合材料的断裂过程与能量分析

在前面两节中,复合材料被简化为均质的各向异性连续体,并在这个前提下分析了复合材料的应力 - 应变关系、弹性模量及强度。但实际上复合材料是一种非均质的多相材料,在材料内部总会存在局部的不均匀性和微观缺陷(孔隙、纤维端头、分层、纤维排列不规整)。由于存在各向异性、细观上的不均匀性和缺陷,材料受力后就有可能在应力集中、强度低或最为薄弱的环节发生局部的破坏,从而形成裂纹。有试验发现,当复合材料承受 60% 的极限载荷时就会有纤维发生断裂;继续升高载荷,纤维断裂的数量迅速增大,材料很快产生破坏,如图 10-23 所示。

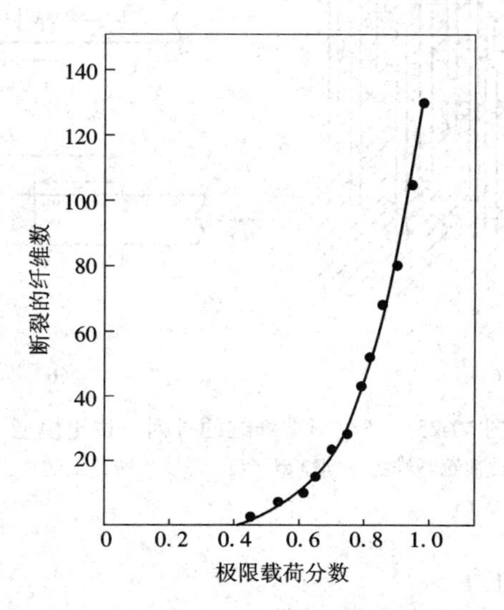

图 10-23　纤维断裂累积数目与载荷的关系

复合材料的断裂,不仅仅是纤维断裂,还包括纤维拔出、基体开裂、界面脱胶和分层等形式。于是复合材料受载后,在形成裂纹的顶端会与附近各种已有的损伤或新形成的损伤(如纤维断裂、基体变形和开裂、纤维与基体脱胶等)相遇(图 10-24),使损伤区加大,裂纹继续扩展,直到最终产生宏观断裂。因此,复合材料的断裂可视为损伤的累积过程,而且断裂

往往是多种类型损伤的综合累积结果。

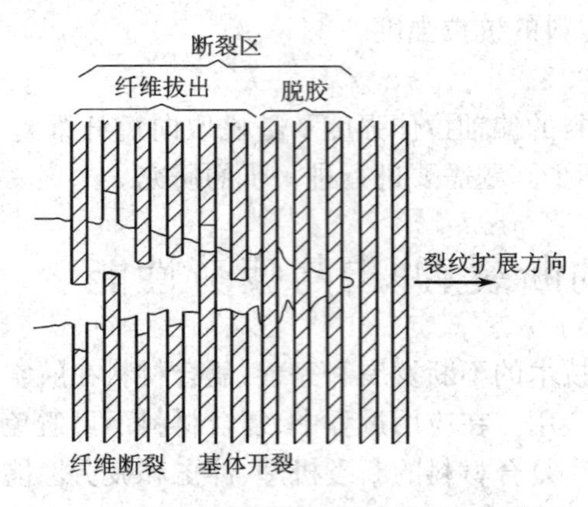

图 10-24 复合材料中裂纹顶端的破坏模式

1. 纤维拔出

假定裂纹顶端的纤维平行排列，且具有相同的长度和直径，如图 10-25 所示。在外加应力的作用下裂纹张开，并使纤维从两个裂纹面中拔出。如拔出过程中界面的剪应力 τ_s 不变，纤维埋入端的长度为 $L/2$（$L<L_{cr}$），拔出的阻力为 $\pi r_f L\tau_s$，拉应力为 $\pi r_f^2\sigma_f$。当拉应力等于拔出阻力时，纤维被拔出，拔出应力

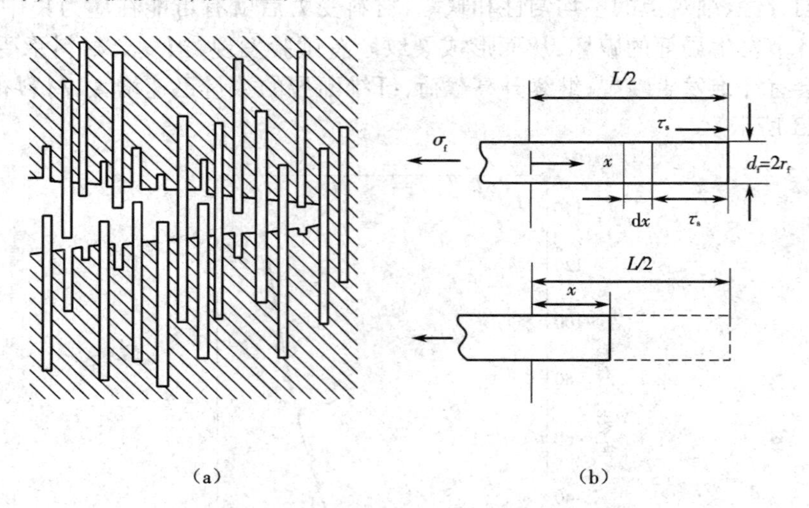

图 10-25 裂纹顶端纤维的排列与拔出模型

（a）裂纹顶端纤维的排列模型 （b）裂纹顶端纤维的拔出模型

$$\sigma_f = L\tau_s/r_f \tag{10-62}$$

于是拔出一根纤维所做的功为

$$U_f = \int_0^{L/2} 2\pi r_f x\tau_s \mathrm{d}x = \frac{1}{4}\pi r_f L^2 \tau_s \tag{10-63}$$

若单位裂纹表面有 N 根纤维，则裂纹一侧单位面积上埋入长度在 $L/2$ 到 $L/2+\mathrm{d}l$ 范围内的纤维数为 $2N\mathrm{d}l/L$。设裂纹一侧单位面积上纤维的拔出功为 $G_f/2$，考虑到裂纹有两个表面，因此有

$$\frac{G_{\mathrm{f}}}{2}=\int_{0}^{L/2}\frac{2NU_{\mathrm{f}}}{l}\mathrm{d}l=\frac{2N}{L}\int_{0}^{L/2}\frac{1}{4}\pi r_{\mathrm{f}}l^{2}\tau_{\mathrm{s}}\mathrm{d}l=\frac{N\pi r_{\mathrm{f}}}{48}L^{2}\tau_{\mathrm{s}}$$

由于纤维的体积分数 $V_{\mathrm{f}}=N\pi r_{\mathrm{f}}^{2}$，所以纤维的拔出功

$$G_{\mathrm{f}}=\frac{V_{\mathrm{f}}\tau_{\mathrm{s}}L^{2}}{24r_{\mathrm{f}}} \tag{10-64}$$

当 $L=L_{\mathrm{cr}}$ 时，G_{f} 最大，即

$$G_{\mathrm{f}}=\frac{V_{\mathrm{f}}\tau_{\mathrm{s}}L_{\mathrm{cr}}^{2}}{24r_{\mathrm{f}}}=\frac{V_{\mathrm{f}}d_{\mathrm{f}}\sigma_{\mathrm{fu}}^{2}}{48\tau_{\mathrm{s}}} \tag{10-65}$$

对碳纤维增强环氧树脂复合材料，如取 $\tau_{\mathrm{s}}=6\ \mathrm{MPa}$，$\sigma_{\mathrm{fu}}=2.3\ \mathrm{GPa}$，$V_{\mathrm{f}}=0.50$，$r_{\mathrm{f}}=4\ \mu\mathrm{m}$ 时，则拔出功为 150 $\mathrm{kJ/m^{2}}$。由此可见，纤维的拔出对断裂功的贡献最大。

2. 纤维断裂

对连续纤维增强复合材料，裂纹顶端的纤维在裂纹张开的过程中被拉长，并相对于没有屈服的基体产生错动，最后因纤维受力过大而发生断裂，断裂后纤维又缩回基体，错动消失，释放出弹性变形能。贮藏在长为 $\mathrm{d}x$ 一段纤维内的弹性势能为 $(\pi r_{\mathrm{f}}^{2}\mathrm{d}x)\left(\frac{\sigma_{\mathrm{f}}^{2}}{2E_{\mathrm{f}}}\right)$。由于纤维断裂可以发生在距离裂纹面的 $L_{\mathrm{cr}}/2$ 处（图 10-26），因此只需考虑这一段长度的弹性能和相对于弹性基体的错动。若 x 为纤维断裂时从纤维断面到裂纹表面的长度，即纤维伸出裂纹表面的长度，于是在计算 σ_{f} 时需要用 $L_{\mathrm{cr}}-2x$ 代替式（10-62）中的 L，而纤维元 $\mathrm{d}x$ 内贮存的弹性能

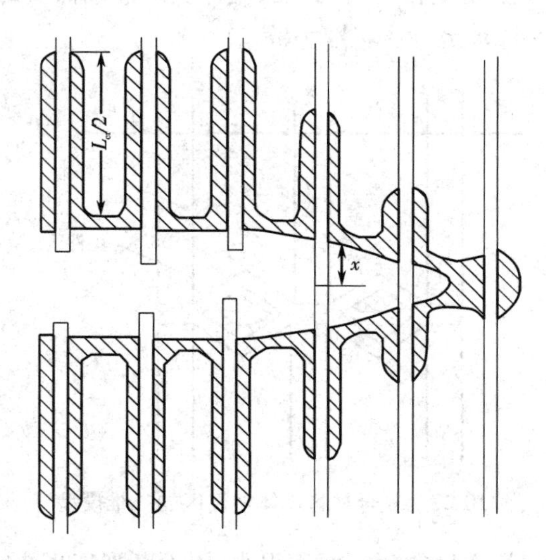

图 10-26　连续纤维在裂纹面处的破坏模型

$$\mathrm{d}U_{\mathrm{f}}=\frac{\pi r_{\mathrm{f}}^{2}\mathrm{d}x\sigma_{\mathrm{f}}^{2}}{2E_{\mathrm{f}}}=\frac{\pi\tau_{\mathrm{s}}^{2}(L_{\mathrm{cr}}-2x)^{2}\mathrm{d}x}{2E_{\mathrm{f}}} \tag{10-66}$$

这段纤维元相对于基体错动所做的功

$$\mathrm{d}U_{\mathrm{mf}}=2\pi r_{\mathrm{f}}\tau_{\mathrm{s}}u\mathrm{d}x \tag{10-67}$$

式中：u 为纤维元相对于基体的移动距离，即

$$u=\int_{x}^{L_{\mathrm{cr}}/2}\varepsilon_{\mathrm{f}}\mathrm{d}x \tag{10-68}$$

将 $\varepsilon_f=\sigma_f/E_f,\sigma_f=(L_{cr}-2x)\tau_s/r_f$ 代入式(10-68)并积分得

$$u=\frac{\tau_s\ (L_{cr}-2x)^2}{4r_fE_f} \tag{10-69}$$

将式(10-69)代入式(10-67)可得

$$\mathrm{d}U_{mf}=\frac{\pi\tau_s^2\ (L_{cr}-2x)^2\mathrm{d}x}{2E_f} \tag{10-70}$$

于是如单位面积上的纤维数为 N,则纤维断裂时的总断裂功 G_f 为

$$G_f=2N(U_f+U_{mf})=\frac{2N}{E_f}\int_0^{L_{cr}/2}\pi\tau_s^2\ (L_{cr}-2x)^2\mathrm{d}x$$

积分上式,并利用 $\sigma_{fu}d_f/(4\tau)_s=L_{cr}/2$、$V_f=N\pi r_f^2$ 得

$$G_f=\frac{V_fd_f\sigma_{fu}^3}{6E_f\tau_s}=\frac{V_fL_{cr}\sigma_{fu}^2}{3E_f} \tag{10-71}$$

对于上面给出的碳纤维增强环氧树脂复合材料,G_f 为 3.6 kJ/m²。虽然实际材料中很少采用临界长度的短纤维(其中 $L_{cr}=3.6$ mm),但可以看出纤维断裂吸收的能量比拔出吸收的能量小得多。

3. 基体变形与开裂

对如图 10-27 所示的复合材料基体的二维塑性区模型,由几何关系可得 $\lambda/V_m=d_f/V_f$。在塑性区中,如基体为理想塑性材料,则单位体积基体的变形能为 $\varepsilon_{mu}\sigma_m$(ε_{mu}、σ_m 是基体变形时的最大应变和应力)。于是复合材料因克服基体变形能而需要的断裂能

$$G_m=V_m\varepsilon_{mu}\sigma_m\lambda=V_m\varepsilon_{mu}\sigma_md_fV_m/V_f=d_f\varepsilon_{mu}V_m^2/V_f \tag{10-72}$$

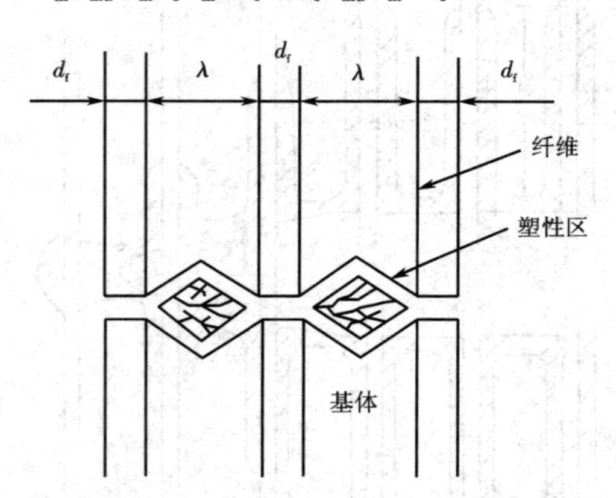

图 10-27 复合材料基体塑性区的二维模型

当裂纹仅沿一个方向扩展时,产生的新表面积很小,因而断裂能也小。但当基体裂纹碰到垂直于裂纹扩展方向的强纤维时,裂纹可能分叉而平行于纤维扩展,此时断裂过程中消耗的能量就会大大增加。

对于脆性的热固性树脂基体如环氧树脂,断裂前只发生很小的变形,虽然基体材料的变形和开裂都吸收能量,但这部分能量主要是弹性能和表面能。对以金属为基体的复合材料,在断裂前会产生大量的塑性变形,而塑性变形所要吸收的能量比弹性能和表面能之和大得多,于是金属基体对复合材料断裂能的贡献要比聚合物基体的大得多。

4. 纤维脱胶

在断裂过程中，当裂纹穿过基体而遇到纤维时，裂纹可能分叉，转向平行于纤维方向扩展。此时如纤维与基体间的界面结合较弱，则纤维可能与基体发生分离（纤维脱粘）。但裂纹扩展是沿界面还是沿基体进行，要取决于界面与基体的相对强度。由于在这两种情况下都会形成新表面，从而增加了断裂时所消耗的能量。

若断裂纤维一端的脱粘长度 L_d，由于纤维脱粘后不能再承载，因此脱粘能等于贮存在 L_d 段纤维内的弹性应变能，即

$$g_d = \frac{\sigma_{fu}^2}{2E_f} \times \frac{\pi d_f^2}{4} 2L_d \tag{10-73}$$

式中：d_f 为纤维的直径（$2r_f$）；L_d 为纤维一端的脱粘长度。

考虑到单位横截面上有 N 根纤维，$V_f = N\pi r_f^2$，则脱粘功：

$$G_d = \frac{\sigma_{fu}^2}{E_f} V_f L_d \tag{10-74}$$

对典型纤维 $\sigma_{fu} = 2\ 000$ MPa，$\varepsilon_{fu} = 1\%$，当复合材料中的纤维含量 $V_f = 50\%$，脱粘长 $L_d = 50$ μm 时，可计算出 $G_d \approx 0.5$ kJ/m^2。

5. 分层裂纹

分层开裂，是发生在层合板中的一种损伤形式。当裂纹穿过层合板的一个铺层扩展时，其裂纹顶端遇到相邻铺层的纤维，其裂纹扩展可能受到抑制。由于在裂纹顶端附近部位的基体中切应力很高，此时裂纹可能分支，开始在平行于铺层平面的界面上扩展。这样的裂纹称作分层裂纹。这种复合材料在断裂过程中能够吸收大量的断裂能。

由于复合材料组成或试验条件的不同，在复合材料的断裂过程中可能出现其中的一种或几种的断裂模式，且每种模式所占的比例也不同，因而复合材料的韧性也会有很大差距。通过对断裂过程的能量分析可见，复合材料的韧性通常可通过增加断裂过程中裂纹的路径和增大材料的变形能力来提高。

10.4.2　复合材料的冲击性能

与金属材料的冲击试验一样，复合材料的冲击性能也通过摆锤冲击试验（包括采用简支梁的夏比冲击试验和悬臂梁的艾氏冲击试验）和落锤冲击试验方法进行测定，并以冲击吸收功 A_k 和冲击韧性 α_{KU} 来表示。

在冲击试验过程中复合材料的载荷 - 形变曲线，如图 10-28 所示。图中 U_i 为断裂引发能，U_p 为断裂扩展能，两者之和 U_t 为总冲击能。根据 U_i、U_p 及 U_t，即可评价复合材料的冲击性能。

复合材料的冲击性能，不仅与增强纤维的类型、含量、排列方式有关，还与纤维与基体界面的结合强度有关。对层合板材料，还与铺层顺序、铺层角度和层间结合强度有关。如高模量碳/环氧复合材料虽然具有较高的强度，但其冲击韧性明显小于低模量的玻璃纤维/环氧复合材料。

对单向连续纤维复合材料，当纤维方向与受力方向垂直时冲击性能最高；随着纤维方向与受力方向夹角的增加，冲击性能连续下降，当纤维方向与受力方向平行时冲击性能最低。对层合板，复合材料的冲击能则与铺层的性质和纤维的方位有关。

另外，纤维与基体的结合强度也强烈地影响复合材料的破坏模式，从而影响材料的冲击

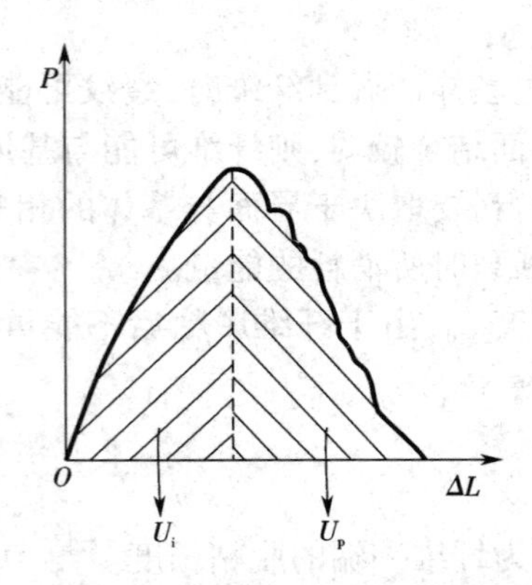

图 10-28 冲击过程中复合材料的载荷－形变曲线

性能。当界面结合强度在某一剪切强度之下时，冲击性能随剪切强度的增加而降低，材料的破坏模式为分层；但当结合强度在此值以上时，冲击性能随剪切强度的增加而增大，纤维断裂是主要的失效模式，如图 10-29 所示。

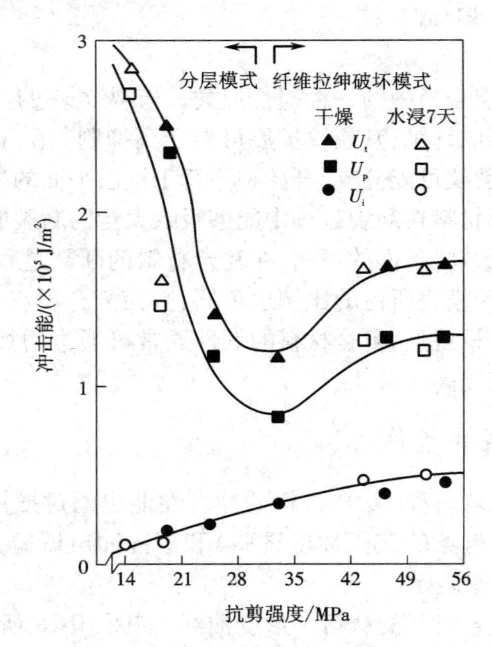

图 10-29 玻璃纤维/聚酯复合材料的界面强度对冲击性能的影响

10.4.3 复合材料的疲劳性能

由于复合材料的多相结构特性，复合材料在疲劳过程中往往会出现界面脱粘、基体开裂、纤维断裂、分层等多种损伤模式。而这些损伤模式会相互影响和组合，表现出非常复杂的疲劳破坏行为，且很少出现像金属材料那样由单一裂纹控制的破坏机理。

从损伤尺寸看，复合材料初始阶段的损伤尺寸比金属材料大，但多种损伤形式和增强纤维的牵制作用使复合材料具有良好的断裂韧性和低的缺口敏感性，因此其疲劳寿命比金属材料长，具有较大的临界损伤尺寸，如图 10-30 所示。另外，复合材料的疲劳损伤是累积的，有明显征兆;而金属材料的损伤累积是隐蔽的,破坏是突发性的。

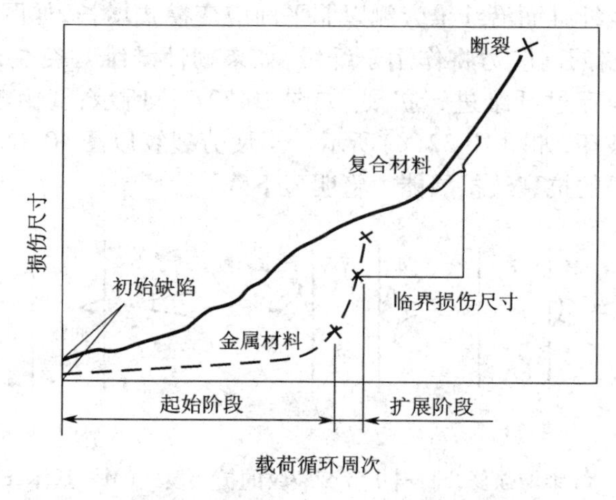

图 10-30 复合材料与金属材料的疲劳损伤尺寸比较

从评价方法看,复合材料的疲劳性能也可用 $S-N$ 曲线表示,如图 10-31 所示。复合材料的疲劳性能,除受到材料参数如基体和纤维的种类、纤维含量、取向、长度及界面性质等的影响外,还与试验参数如载荷形式、频率、环境温度等因素有关。如基体塑性好的复合材料比脆性基体复合材料的疲劳寿命长;在纤维方向进行疲劳试验时,复合材料表现出极好的疲劳性能,这是因为纤维是复合材料中的主要承载部分,而纤维的疲劳又较好的缘故。又如纤维的长度与直径之比在 200 以内时,复合材料的疲劳寿命随纤维长度的增加而延长等。

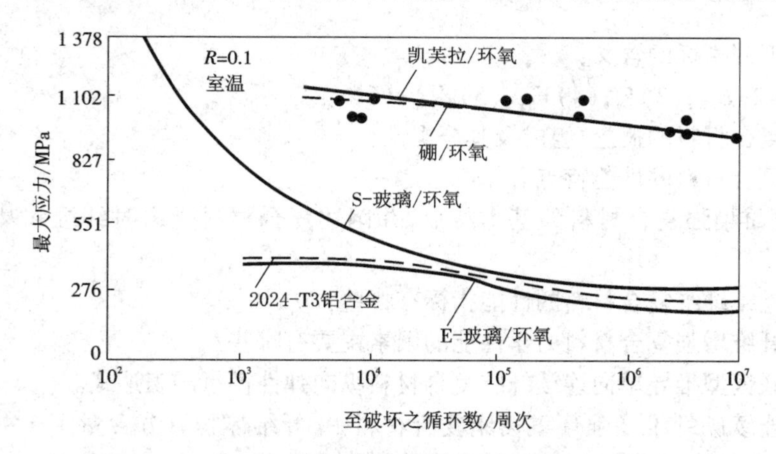

图 10-31 单向连续纤维复合材料及铝合金的 $S-N$ 曲线

从疲劳裂纹的扩展模式看,首先会由于纤维的断裂而产生疲劳裂纹。纤维断裂后,在纤维和基体界面产生很大的剪切应力,有利于剪切裂纹的扩展。根据界面强度和基体强度的相对大小,剪切裂纹可以在界面区扩展,或者在邻近的基体中扩展。当界面很弱时,界面上的拉伸开裂可能先于基体中的疲劳裂纹,如图 10-32(b)所示。由于界面较弱,产生的裂纹分支(如图 10-32(a))和拉伸开裂(如图 10-32(b))会使裂纹附近的应力集中有所减缓,从而提高了材料的疲劳寿命。在屈服应力低的基体中出现的塑性变形也可使裂纹顶端钝化,阻止裂纹的扩展。

当基体中的疲劳裂纹扩展至纤维时,裂纹可能有三种扩展方式:①在弱界面和强纤维的情况下,裂纹会避开强纤维而沿纤维旁侧以非平面应变模式增长,如图 10-32(c)所示;②当界面很强时,裂纹顶端的高应力将作用于纤维,如果韧性纤维对裂纹顶端的高应力特别敏感,疲劳裂纹会快速地穿过纤维进行扩展,如图 10-32(d)所示;③由于裂纹顶端的应力集中,使脆性纤维突然破坏,如图 10-32(e)所示。当疲劳裂纹以图 10-32(d)和图 10-32(c)的模式扩展时,复合材料的抗裂纹扩展能力将明显下降。

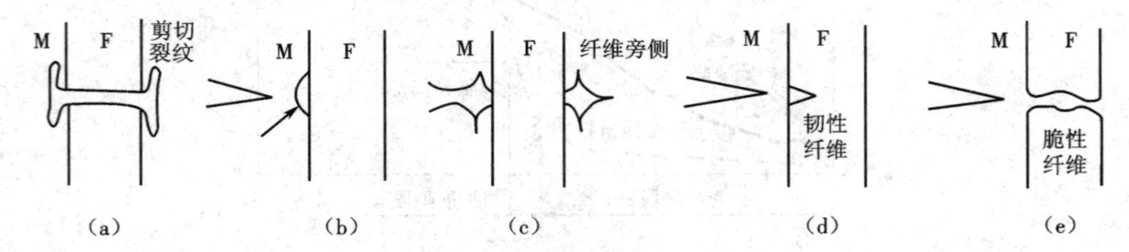

图 10-32 纤维增强复合材料中疲劳裂纹的扩展模式(M—基体;F—纤维)

(a)在纤维断裂处产生的剪切裂纹 (b)在基体裂纹前面的界面上产生的拉伸开裂

(c)强纤维旁侧的基体裂纹 (d)在基体裂纹前面韧性纤维中产生的裂纹

(e)在基体裂纹前面产生的脆性纤维断裂

以上只是对复合材料断裂、冲击与疲劳性能的简要概述,至于更深入的内容,可参看有关的文献资料和专著。

复习思考题

1. 说明下列指标的含义:

(1)E_{cL};(2)E_{cT};(3)V_f;(4)V_{fcr};(5)V_{fmin};(6)L_{cr}。

2. 简述复合材料的概念、组成及其分类。

3. 简述复合材料的性能特点。

4. 试述纤维增强复合材料的基本特点,并阐述复合材料受力时纤维和基体各起什么作用?

5. 单向连续纤维复合材料的性能指标有哪些?

6. 影响纤维增强复合材料力学性能的因素主要有哪些?

7. 按并联模型推导单向连续纤维复合材料纵向弹性模量的表达式。

8. 单向连续碳纤维增强环氧树脂复合材料中,纤维体积百分含量 $V_f = 40\%$,$E_f = 200$ GPa,$E_m = 3.2$ GPa,试预测该复合材料的纵向拉伸模量。

9. 按串联模型推导单向连续纤维复合材料横向弹性模量的表达式。

10. 推导单向连续纤维复合材料纵向抗拉强度的表达式,并分析其与纤维体积分数的关系。

11. 复合材料的性能常数在什么条件下符合并联混合律?什么条件下符合串联混合律?并联与串联混合律的形式有什么不同?

12. 已知玻璃纤维和环氧树脂基体的弹性模量分别为 72 GPa 和 3.6 GPa,求纤维体积分数为 60% 时单向玻璃纤维增强环氧树脂复合材料的纵向和横向弹性模量。

13. 推导短纤维复合材料中不同纤维长度下纤维上平均应力的表达式。

14. 短纤维复合材料的强度与哪些因素有关？为什么纤维越长，短纤维复合材料的强度越高？

15. 比较连续纤维和短纤维复合材料临界体积分数的大小，并说明其原因。

16. 随机玻璃短纤维－尼龙复合材料板的纤维体积分数为20%，$E_f = 72.4$ GPa，$E_m = 2.76$ GPa。已知纤维长度为3.2 mm，纤维直径是10 μm，估算此复合材料板的弹性模量。

17. 在复合材料断裂过程中，断裂功通常由哪几部分组成？并指出哪部分的断裂功最大？

18. 简述复合材料的疲劳性能特点。

第11章 材料力学性能实验

材料力学性能实验,是“材料力学性能”课程的重要组成部分。材料力学性能课程中的一些理论和公式都是建立在实验、观察、推理、假设的基础上,它们的正确性还须由实验来验证。

近年来,各学校“材料力学性能”课程的理论教学时数普遍减少;相反,为了提高学生的实验技能和工程实践能力、全面推进素质教育、建设创新型校园,材料力学性能实验课时不但没有减少,反而在逐渐增加,单独设课和开放实验室的学校在不断增加。学生通过做实验,用理论来解释、分析实验结果,又以实验结果来证明理论,互相印证,以达到巩固理论知识和学会实验方法的双重目的。

11.1 力学性能实验概述

1. 力学性能实验的目的

通过材料力学性能实验课程的教学,一方面经过对实验现象的观察、分析和对材料力学性能指标的测量,能使学生初步掌握材料力学性能实验的基本方法和基本技能,并能运用材料力学性能的原理解释材料的力学行为,加深对材料力学性能基本概念、基本理论的理解;另一方面,可以培养学生的科学实验能力,如观察能力、动手实践能力、分析能力、思维能力、创造能力、书写表达能力和组织实验的能力,并通过实验课激发同学们的创造兴趣和工作热情。

另外,通过实验课程的教学,还可培养学生实事求是、严谨的科学态度,认真负责、一丝不苟的工作作风,不怕困难、主动进取的探索精神,遵守操作规程、爱护公共财物以及在实验中相互协作、共同探索的思想品德,使之具备一个科学工作者应有的良好素质。

2. 力学性能实验的基本内容

材料的力学性能,是关于材料在外加载荷(外力)作用下或载荷和环境因素(温度、介质和加载速率等)联合作用下表现的变形、损伤与断裂的行为规律及其物理本质和评定方法的学科。由于载荷和环境(温度、介质)等外在条件多种多样,加之材料的性质和几何形状不一,因此材料力学性能实验的内容十分丰富,如拉伸、扭转、弯曲、压缩、剪切、硬度、冲击、断裂、疲劳、应力腐蚀、氢脆、腐蚀磨损、蠕变、应力松弛、摩擦磨损等实验。尤其是随着现代科学技术的飞跃发展,新材料(如各种特殊合金钢、陶瓷、高分子材料、复合材料和纳米材料等)不断出现,给材料力学性能实验提出了许多新课题和新任务;随之而来的各种先进仪器和设备的使用,使实验内容更加丰富多彩。但由于各学校实验设备和仪器、教学时数的限制,不可能将所有的材料力学性能实验逐一实施。

在本章中,根据力学性能实验的特点,将材料力学性能实验分为常规力学性能和研究性与工程型综合实验两大部分。常规力学性能实验是材料力学性能课程的基本实验内容,是深入理解材料力学性能的基本概念、了解材料力学性能的实验技术、培养学生的基本实验技能所必需的。该部分包括静载拉伸、弹性模量、扭转、弯曲、压缩、硬度、冲击、断裂韧性、疲劳、应力腐蚀、蠕变、摩擦与磨损等 12 个实验,每个实验约 2 学时。而综合实验是为了拓展学生的实验技能和研究兴趣而设计的,旨在培养学生的综合实验技能和实践能力及在实验中获取知识的创新能力。该部分包括碳化硅增强铝基复合材料的力学性能、材料失效案例分析、典型零件的材料选择、结构设计与应用等三个综合实验,各学校和同学们可根据实验设备情况、研究兴趣和学时数加以选择。

此外,同学们还可通过自学、阅读课外书籍等途径,掌握更多的材料力学性能实验技术。学有余力的同学可组成课外活动小组,自选课题,设计新的材料力学性能实验。对学生选定的实验项目,经可行性论证和认定后,实验室将尽量提供有关的实验环境和实验条件,并在指导教师的指导下自行设计实验方案和操作步骤,独立地加以完成。

3. 力学性能实验的要求

通过材料力学性能实验课的学习,同学们应达到如下的基本要求。

①掌握材料力学性能实验的基本知识,熟练掌握实验报告的书写方法,掌握实验数据处理及误差分析方法。

②了解实验设备、仪器的基本工作原理,掌握它们的操作方法。在大型设备和综合实验过程中,培养协作精神,逐步增强实践能力和动手能力。

③掌握材料力学性能参数的测试方法,并能对给定的材料选择合适的实验测试方法以表征其力学性能。

④初步具备对材料力学性能实验过程的设计能力,即能独立完成实验的全过程,具有一定的动手能力和思维判断能力。

总之,希望同学们在材料力学性能实验课中,能仔细研究每一个环节,认真做好每一项实验。

4. 实验注意事项

为了确保实验教学的顺利进行,以获得预期效果,同学们应注意以下几点。

(1)自觉遵守实验室规则　爱护实验仪器,保持实验室的安静与清洁,注意实验安全。

(2)及时做好实验前的准备工作　实验前的准备工作如下。①预习实验讲义,了解本次实验的有关原理,明确其实验目的、方法和步骤。做好实验前回答教师检查预习情况的提问准备。②阅读有关仪器设备的使用说明,了解其结构、工作原理及操作规程(可去实验室面对所使用的仪器设备进行该项预习)。③确定本次实验的方案,明确必须掌握的有关参数及其要测试的数据,事先做好有关的记录表格。④明确同一实验小组内各人的分工,并互相协调,使每人都有动手完成所有实验环节的机会。

(3)严肃认真地进行实验　具体要求如下。①实验前,要认真回答教师检查预习情况的提问。②注意听取教师对本次实验的有关讲解。③实验小组组长清点由小组掌握使用的有关设备、试件及器材,如有遗缺,应及时向指导教师提出。④认真、细致地按照实验教材中所要求的方法和步骤,并严格地遵照有关仪器的操作规程,逐步进行实验。对于可能出现设备或人身事故的实验,在正式开动仪器设备前,应请指导教师检查,通过之后方可开机进行实验。⑤在实验过程中,应密切注意观察实验现象,并记录下所需的全部测量数据及其相应的环境条件(如温度和湿度等)。对原始数据,不得任意修改。实验中若发现异常情况或故障,应及时向指导教师报告。⑥实验完毕后,应将实验数据交由指导教师检查并签字。否则,其所做的实验报告不予认可。⑦离开实验室前,应清理所用的仪器设备与试样(包括已被破坏的试样),并由组长负责归还借用的有关器材,做好室内清洁卫生。

(4)独立完成实验报告　实验报告是实验成果的总结。通过实验报告的书写,可以提高学生的观察能力、思维能力、分析能力、创造能力和撰写技术文件的能力。因此,每位学生应独立完成实验报告。在实验报告中,实验目的与测试条件应该明确,实验原理正确,实验方法及步骤清晰、有条理,实验数据完整,字迹工整,曲线图表齐全,数据处理及其计算准确无误,并要对本次实验做出定量或定性的误差分析。此外,还应该结合实验所得的结果,进行分析和讨论。在报告的最后,还应回答教师指定的思考题并注明参考文献。

(5)提交实验报告　各个实验项目的实验报告,均应在该项实验完成后的一周之内由班长或学习委员收齐,集中交实验室教师进行批改。实验报告不合格的学生,应重新撰写实验报告或重新补做实验。

11.2　常规力学性能实验

材料的常规力学性能实验,包括静载拉伸、弹性模量、扭转、弯曲、压缩、硬度、冲击、断裂韧性、疲劳、应力腐蚀、蠕变、摩擦与磨损等 12 个实验。各学校可根据实验设备、学时数、学生人数等情况,安排学生进行全部或部分的实验教学内容。

11.2.1　材料的静载拉伸实验

1. 实验目的

①观察低碳钢和聚丙烯在拉伸过程中的各种现象。

②测定低碳钢和聚丙烯的载荷 - 变形曲线($P-\Delta l$ 曲线)。

③测定低碳钢和聚丙烯的屈服强度 σ_s、抗拉强度 σ_b、伸长率 δ 和断面收缩率 ψ 等力学性能指标。

④观察低碳钢变形强化阶段的卸载规律。

⑤比较两种材料的拉伸力学性能。

2. 实验原理

在实验过程中,从电子万能试验机的微机显示屏幕上,可以看到记录的拉伸曲线,如图 11-1 所示。低碳钢的拉伸曲线可分为四个阶段,即弹性变形、屈服、形变强化和颈缩阶段,如图 11-1(a)所示。

聚丙烯的拉伸曲线,可分为三个阶段,如图 11-1(b)所示。在第一阶段,应力随应变线性地增加,试样被均匀地拉长,伸长率可达百分之几到百分之十几,到 Y 点后,试样的截面突然变得不均匀,出现一个或几个"细颈",由此开始进入第二阶段。在第二阶段,细颈与非细颈部分的截面面积分别维持不变,而细颈部分不断扩展,非细颈部分逐渐缩短,直至整个试样完全变细为止。第二阶段的应力 - 应变曲线表现为应力几乎不变,而应变不断增加。接着,第三阶段是成颈后的试样重新被均匀拉伸,应力又随应变的增加而增大,直到断裂点。结晶高聚物拉伸曲线上的转折点,是与细颈的突然出现及最后发展到整个试样而突然终止相关的。

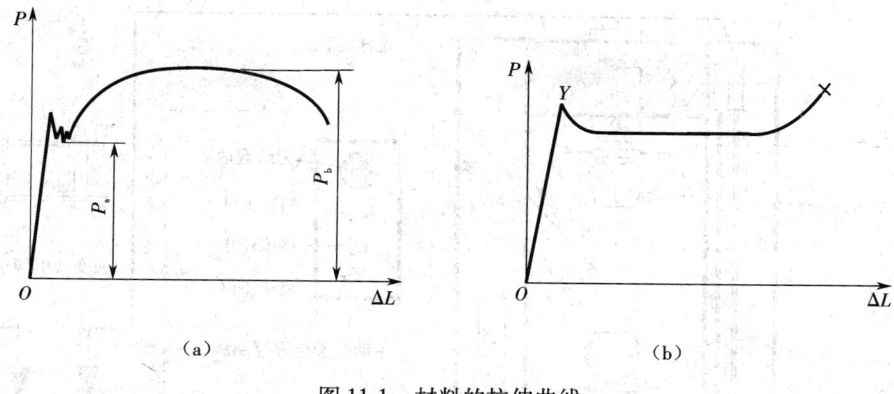

图 11-1　材料的拉伸曲线

(a)低碳钢　(b)聚丙烯

3. 实验材料与样品

低碳钢在实验中采用按国家标准制成的圆截面短比例试样,如图 11-2 所示。图中 d_0为试样的直径,L_0为试样的标距,且短比例试样要求 $L_0=5d_0$。聚丙烯为厚度为 a、宽度为 b、标距长度为 L_0的矩形试样,是通过注塑成型或机械加工制成的,如图 11-3 所示。

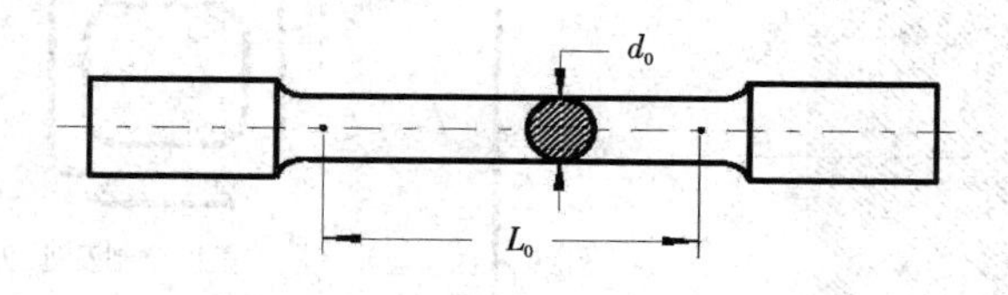

图 11-2　低碳钢样品示意图

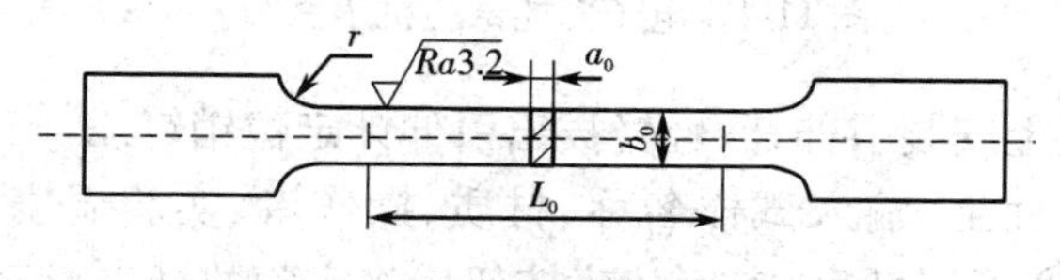

图 11-3　聚丙烯样品示意图

4. 实验仪器

电子万能试验机(图 11-4)、应变式引伸计、游标卡尺、钢板尺、两脚扎规等。

5. 实验步骤

①测量两种试样的尺寸。对低碳钢试样,在标距段内的两端和中间三处测量其直径,每处直径取两个相互垂直方向的平均值,做好记录。用最小直径计算试样的横截面面积。用扎规和钢板尺测量低碳钢试样的标距。对聚丙烯试样,用游标卡尺测量样品的厚度和宽度,每个样品测量三点,取算术平均值,并求出矩形试样垂直于拉伸方向的截面面积。用游标卡尺在样品上对称选取距离为 $L_0=50$ mm 的两条线,作为测量形变的标线。

②熟悉电子万能试验机的操作方法,在计算机上运行测试程序并开启控制器。

③在试验机上装卡低碳钢试样,先用上夹头卡紧试样一端,然后提升试验机活动横梁,使试样下端缓慢插入下夹头的 V 形卡板中,锁紧下夹头。

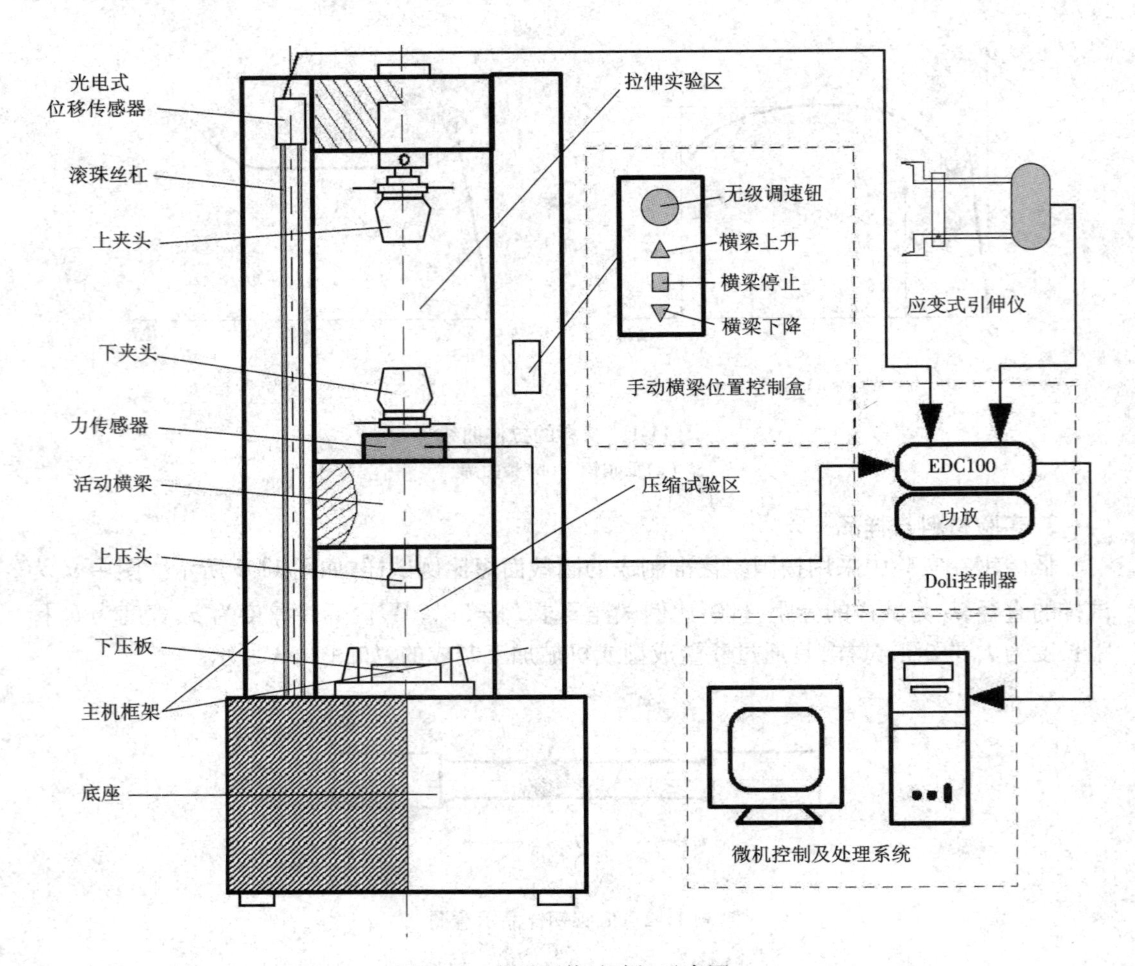

图 11-4 电子万能试验机示意图

④在试样的实验段上安装引伸计，轻轻拔出引伸计定位销钉。

⑤在计算机测试界面上，输入试样名称、材质、操作者、实验温度、试样类型(圆棒、矩形)、试样直径、标距长度等信息后，按“存储”按钮后将实验数据进行存盘。

⑥单击程序界面上的“实验开始”按钮，开始进行拉伸实验。

⑦当载荷－变形曲线进入强化阶段后，单击左侧“上升”按钮，进行卸载，当载荷卸至 1 kN 左右时再单击左侧“下降”按钮，重新加载，由此观察低碳钢的卸载规律。

⑧在试样拉伸实验过程中，注意观察试样的变形情况和颈缩现象，试样断裂后立即单击左侧“结束实验”按钮，停止实验。

⑨摘下引伸计，注意插好销钉。取下试样，将试样断裂部分仔细地配接在一起，使其轴线处于同一直线上，在确保试样断裂部分适当接触后测量试样断后标距的长度 L_1。在颈缩最小处相互垂直方向测量其直径 d_1，并取其算术平均值后计算最小横截面面积。

⑩在试验机上装卡聚丙烯试样，重复步骤(3)～步骤(9)的实验过程，并测量断裂后试样的标距长度 L_1、厚度 a_1 和宽度 b_1。

⑪在教师指导下读取实验数据，打印曲线。

⑫整理实验现场。

6. 数据处理

实验完毕,微机自动给出屈服载荷 P_s 和最大载荷 P_b。再测取低碳钢和聚丙烯试样断后直径(或厚度与宽度)及断后标距。进而可按以下计算公式计算材料的屈服强度 σ_s、抗拉强度 σ_b、伸长率 δ 和断面收缩率 ψ 等力学性能指标。

①屈服强度

$$\sigma_s = \frac{P_s}{A_0}$$

②抗拉强度

$$\sigma_b = \frac{P_b}{A_0}$$

③伸长率

$$\delta = \frac{L_1 - L_0}{L_0} \times 100\%$$

④断面收缩率

$$\psi = \frac{A_0 - A_1}{A_0} \times 100\%$$

式中:对低碳钢试样 $A_0 = \pi d_0^2/4$,$A_1 = \pi d_1^2/4$;对聚丙烯试样,$A_0 = a_0 b_0$,$A_1 = a_1 b_1$。

应当指出,上述所测定的性能指标都为名义值,在工程上使用较为方便。由于试样受力后其直径和标距都随载荷而改变,真实的应力和应变应当用试样瞬时的截面面积和瞬时的标距进行计算。在试样屈服以后,其直径和标距都有较大的改变,因此应力和应变的真实值与名义值之间会有较大的差别。

7. 思考题

①试根据低碳钢和聚丙烯的拉伸曲线,比较两种材料的力学性能。

②加载速度为什么不能太快?

③低碳钢拉伸实验为什么必须采用比例试样或定标距试样?

④什么是冷作硬化现象及卸载规律?

⑤聚合物的力学性能如刚性、回弹性、延性和韧性分别用何种力学参数来表征?

8. 注意事项

①为保证实验顺利进行,实验时要注意正确的实验条件,严禁随意改动计算机的软件配置。

②拆装引伸计时,要插好定位销钉,实验时要拔出销钉,以免损坏引伸计。

③聚丙烯的力学行为对温度的影响较敏感,因此要求严格控制实验温度。

11.2.2　材料的弹性模量实验

1. 实验目的

测定工程材料的弹性模量 E(杨氏模量)、切变模量 G 和泊松比 ν(横向变形系数)。

2. 实验原理

当一个连续弹性体由于外力激发(敲击)而产生振动时,可能出现许多固有频率(或主振型)值,而试样的固有频率完全取决于本身固有的物理性质,与任何外界的人为因素无关。若从能量的观点来看,由于各主振型之间不会产生能量的传递,因此可认为各主振型之间是相互独立的，其中以基频振动具有最大能量。根据能量与振幅的平方成正比的关系，显然在自由阻尼运动中，只有基频振动的振幅衰减时间最长。利用这一特点，在敲击法弹性模量测试中，在仪器中设计了自动延时线路，待各高次主振型的振幅衰减到很小或零时，便可方便而准确地对其基频振动进行计算分析。

根据外力激发方式和支撑方式的不同，试样将产生横振、纵振或扭振。横振较纵振容易被诱发产生共振，且共振现象明显。因此，在用敲击法测试弹性中常通过测量横振基频来求弹性模量 E，通过扭振基频求切变模量 G，从而计算出泊松比 ν。

3. 实验材料与样品

实验材料为95氧化铝陶瓷，样品尺寸为150 mm×25 mm×5 mm。

4. 实验仪器

实验所采用的仪器为JS－38－Ⅱ型数字动弹模量测定仪，工具为500 g托盘天平、三棱尺、250 mm游标卡尺等。

5. 实验步骤

（1）对试样的要求　试样要做成扁平长方棒状，边角要整齐，试样要平直光滑，其尺寸为150 mm×25 mm×5 mm。测量的精度要求：长度为±0.5 mm，宽和厚为±0.1 mm，质量为±0.05 g。

（2）支撑方式　在测量横振基频或扭振基频时，支撑点均应选在其基频振动的节点上，为测试方便，均可按两端自由的方式选择支撑点，即在测横振基频时，支撑点宜选在距试样两端的0.224L处；而在测扭振基频时，宜在L处。对于支撑材料，一般应选择有一定强度且有良好隔振效果的有机材料如硬橡胶、硬塑料等，同时支座应有足够的质量，其共振频率须远离试样的基频，以免支座与试件一起振动。为了减少试件与支座的摩擦阻尼，支座与试样的接触面应尽可能小。敲击点宜选在基频振动的最大振幅处，这样不仅可激发基频共振而且能抑制各偶次主振型的产生，有利于提高仪器的重复性精度。对于两端自由的杆件，在测横振基频时，敲击点可在试样的两端或$L/2$处；而在测扭振基频时，为防止横振基频的干扰，宜在0.224L处敲击边棱（图11-5）。

6. 数据处理

（1）弹性模量 E　弹性模量 E，可按如下公式进行计算：

$$E=\frac{mM}{bR^2}\quad(3<L/h\leqslant 24)$$

$$E=3.97\times 10^3\ \frac{mL}{bh^2R^2}\quad(L/h>24)$$

式中：m 为试样质量，g；L 为试样长度，mm；b 为试样宽度，mm；h 为试样厚度，mm；R 为仪器读数；M 为形状因数（查表）。

（2）切变模量 G　切变模量 G，可按如下公式进行计算：

$$G=16.3156\times 10^6\ \frac{mL}{bhR^2}T'$$

$$T'=\frac{h/b+B/h}{4\times\frac{h}{b}-2.52\left(\frac{h}{b}\right)^2+0.21\left(\frac{h}{b}\right)^3}$$

式中：T'为修正系数。

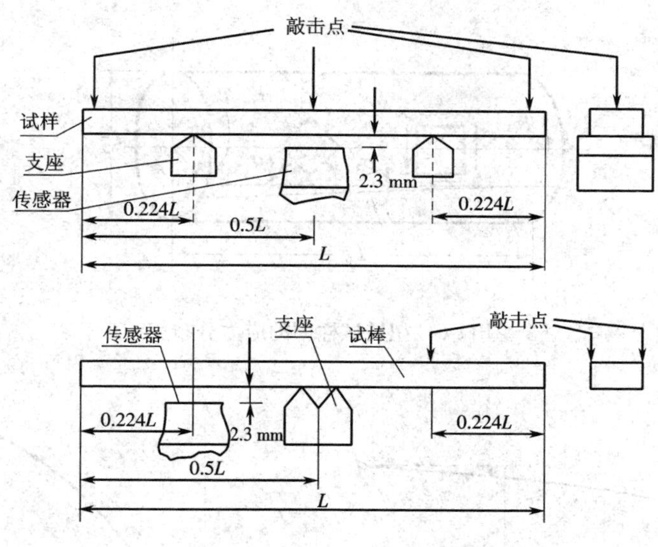

图 11-5 扭振基频测定示意图

(3)泊松比 ν

$$\nu=(E/2G)-1$$

7. 思考题

①弹性模量 E 的意义及用途是什么?

②金属、陶瓷和高分子材料的弹性模量有何异同?

8. 注意事项

①敲击试样时,应选择合适的敲击力。

②敲击的位置应该准确。

11.2.3 材料的扭转实验

1. 实验目的

①掌握材料扭转性能指标(切变模量 G、扭转屈服强度 τ_s、抗扭强度 τ_b)的测定方法。

②熟悉扭转试验机的结构、原理和操作方法。

③观察低碳钢和铸铁的扭转曲线和断口特征,并进行分析和比较。

2. 实验原理

扭转实验,是材料力学性能实验中的一种重要实验。对于某些承受切应力或扭转力的零件如传动主轴等,具有重要的实际意义。

扭转实验时,对试样施加扭矩 T,随着扭矩的增加,试样标距 L_0 间的两个横截面不断产生相对转动,其相对扭角以 φ(单位为 rad)表示,如图 11-6 所示。利用传感器和微机控制的扭转试验机,记录试样的扭矩 - 扭角曲线,如图 11-7 所示。

在弹性变形范围内,由材料力学理论可知试样表面的切应力 $\tau=T/W$,式中 T 为扭矩,W 为试样的截面系数。对实心圆杆,截面系数 $W=\pi d_0^3/16$。

因切应力作用而在圆杆表面产生的切应变

$$\gamma=\tan\theta=\frac{\varphi d_0}{2L_0}\times100\%$$

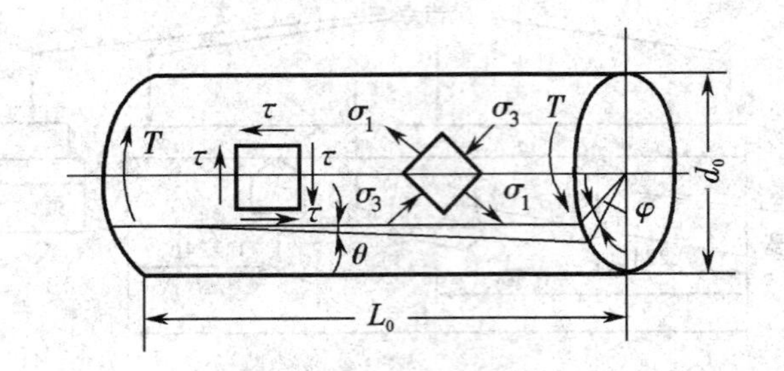

图 11-6 扭转试样中的应力分布

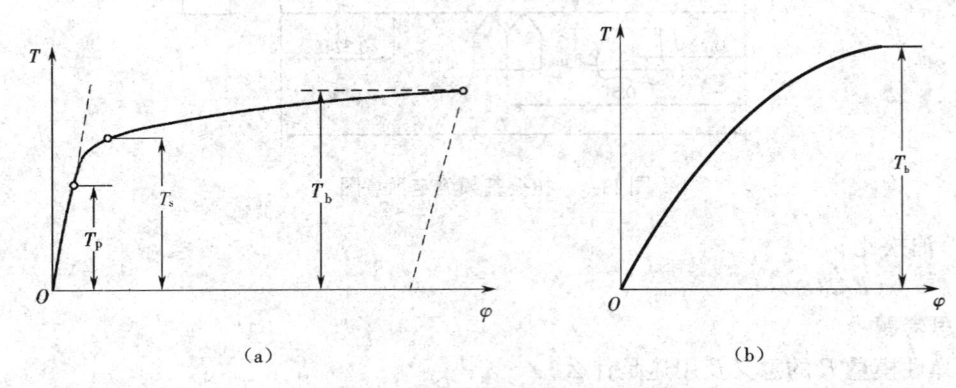

图 11-7 两种材料的扭矩 - 扭角曲线
(a) 低碳钢的扭转曲线 (b) 铸铁的扭转曲线

式中：θ 为圆杆表面任一平行于轴线的直线因 τ 的作用而转动的角度（图 11-6）；φ 为扭转角；L_0为试样的长度。

(1) 切变模量 G 在弹性范围内，切应力与切应变之比称为切变模量。对实心圆杆试样有

$$G=\frac{\tau}{\gamma}=32TL_0/(\pi\varphi d_0^4)$$

(2) 扭转屈服强度 τ_s 对低碳钢等具有明显物理屈服现象的材料（图 11-7(a)），在扭转曲线上读出相应的屈服扭矩 T_s，进而计算出扭转屈服强度 $\tau_s=T_s/W$。

(3) 抗扭强度 τ_b 根据试样在扭断前承受的最大扭矩 T_b，利用弹性扭转公式计算材料的抗扭强度 $\tau_b=T_b/W$。

3. 实验材料与样品

实验材料为低碳钢和铸铁试样。实验样品主要采用圆棒状试样，其形状和尺寸如图 11-8 所示。试样的直径 d_0为 10 mm，标距长度 L_0选择为 50 mm 或 100 mm，平行部分长度 L_c为 70 mm 或 120 mm。

由于扭转实验时试样外表面切应力最大，对于试样表面的缺陷比较敏感。因此，对试样的表面结构要求较高，一般为 $Ra\leqslant 0.4$ μm。

4. 实验仪器

扭转试验机一台（记录型号、量程、精度），游标卡尺一把（记录量程、精度）。

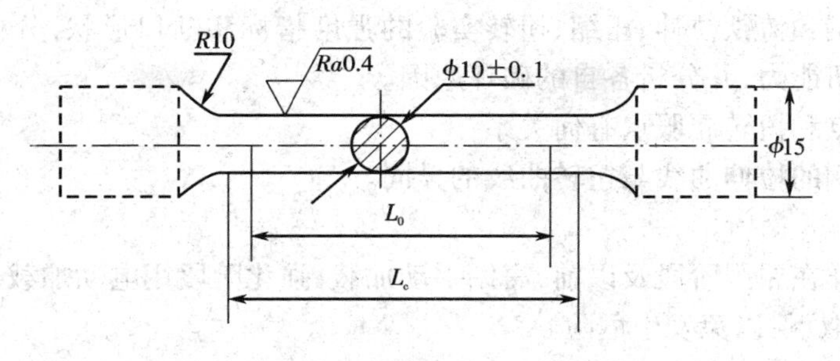

图11-8 扭转试样的形状和尺寸

5. 实验步骤

①打开计算机电源,启动计算机。双击"扭转实验"图标,启动实验程序。程序启动后,界面上方出现"扭矩"和"转角"的数字显示,点击旁边的"清零"按钮,执行清零操作,此时扭矩与转角显示均为零。

②打开试验机电源,并在实验程序中设定转速为60°~120°/min;

③测量低碳钢和铸铁试样的尺寸。在试样标距段内的两端和中间三处测取试样的直径,每处直径取两个相互垂直方向的平均值。

④调整扭转试验机,熟悉扭转试验机的构造原理和特性,学习操作规程和安全事项,掌握其操作方法。

⑤装卡试样。

⑥点击计算机屏幕上的"正转"按钮,开始实验。

⑦试样扭断后自动停机,取下试样,注意观察断口(图11-9);

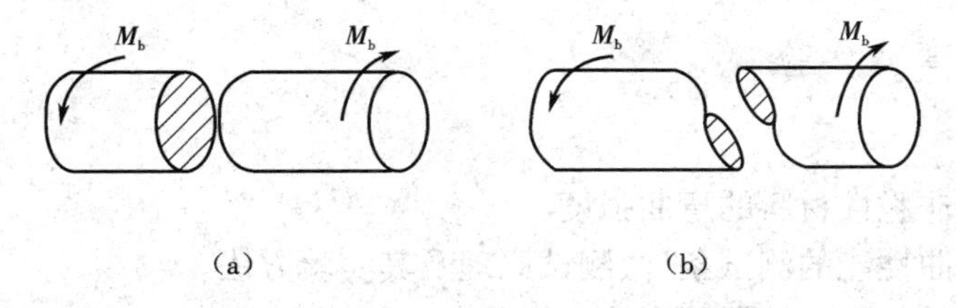

图11-9 扭转试样的断口形貌

(a)低碳钢扭转破坏的平齐断口 (b)铸铁扭转破坏的螺旋断口

⑧请指导教师检查原始记录并签字后,将试验机复位并整理现场。

6. 数据处理

按下列公式计算材料的切变模量、扭转屈服强度和抗扭强度:

①切变模量

$$G=\frac{\tau}{\gamma}=32TL_0/(\pi\varphi d_0^4)$$

②扭转屈服强度

$$\tau_s=T_s/W$$

③抗扭强度

$$\tau_b=T_b/W$$

7. 思考题

①为什么低碳钢试样的扭转破坏是平齐断口,而铸铁试样是45°螺旋形的断口?

②根据低碳钢和铸铁拉伸、压缩、扭转实验的强度指标和断口形状，分析总结两种材料的抗拉、抗压、抗扭能力，并分析各自的破坏原因。

③拉伸屈服点和扭转屈服点有何关系？

④总结低碳钢的拉伸曲线与扭转曲线的异同。

8. 注意事项

①低碳钢试样在屈服阶段及以前，需用手动加载，强化阶段用电动加载。换电动加载前一定要将"摇把"取下，以免发生危险。

②由于在弹性阶段时切应力在试样的圆截面上沿半径线性分布，当试样最外层进入屈服时，整个截面的绝大部分区域仍处于弹性范围。试验机测量出的屈服扭矩实际上是横截面上相当一部分区域屈服时的扭矩值（图 11-10）。所测到的破坏扭矩值也是这样。

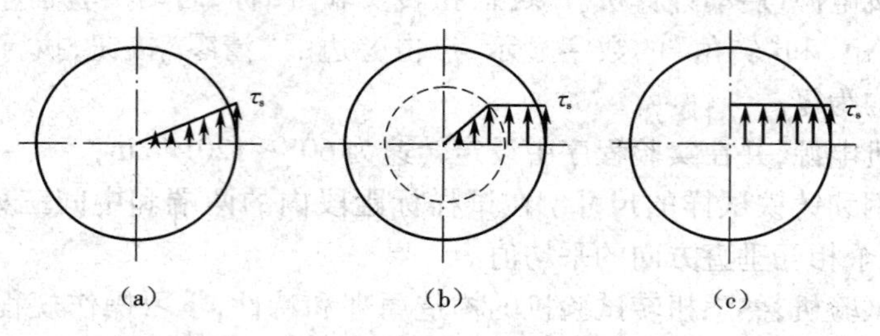

图 11-10　切应力在不同阶段的分布图

(a)弹性阶段　(b)部分屈服　(c)全面屈服

因此，按前面公式计算得到的扭转屈服点 τ_s 和抗扭强度 τ_b 均比实际值偏大。若按全面屈服考虑，可得到以下关系：$\tau_{s实际}=0.75\tau_s$（τ_s 为实心圆截面试样的测试值）。

11.2.4　材料的弯曲实验

1. 实验目的

①测定脆性与非脆性材料的弯曲强度。

②熟悉材料弯曲性能的测试条件、测试原理及其实验方法。

③了解测试条件对测定结果的影响。

2. 实验原理

弯曲性能测试主要用来检验材料在经受弯曲负荷作用时的性能，生产中常用弯曲实验来评定材料的弯曲强度和塑性变形的大小。弯曲强度是质量控制和应用设计的重要参考指标。

弯曲强度的测定，常常采用三点弯曲和四点弯曲法。将圆柱形或矩形试样放置在一定跨距 L 的支座上，进行三点弯曲（图 11-11(a)）或四点弯曲（图 11-11(b)）加载。同时记录弯曲力 P 和试样跨距中心的挠度 f_{max} 之间的关系曲线，绘成 $P-f_{max}$ 关系曲线，称为弯曲图（图 11-12）。

对塑性材料，弯曲实验不能使试件发生断裂，其曲线的最后部分可延伸很长，如图 11-12(a)所示。因此，塑性材料的弯曲强度可用当载荷达到某一值，材料的变形继续增加而载荷不增加时的强度来定义。对脆性材料，弯曲强度可根据其弯曲图（图 11-12(b) 和 11-12(c)）中的最大断裂载荷进行计算。

材料的弯曲强度 σ_{bb}，可按公式 $\sigma_{bb}=M/W$ 进行计算，式中 M 为最大弯矩，对三点弯曲加载，$M=\frac{PL}{4}$，对四点弯曲加载，$M=\frac{P(L-l)}{4}$；W 为试样抗弯截面系数；P 为最大的弯曲载荷。对于直径为 d 的圆柱试样，$W=(\pi d^3)/32$；对宽度为 b、高度为 h 的矩形试样，$W=(bh^2)/6$。

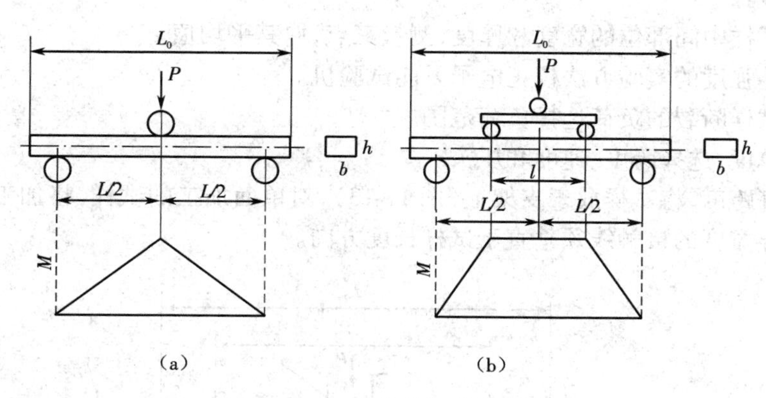

图 11-11　弯曲实验加载示意图

(a)三点弯曲加载　(b)四点弯曲加载

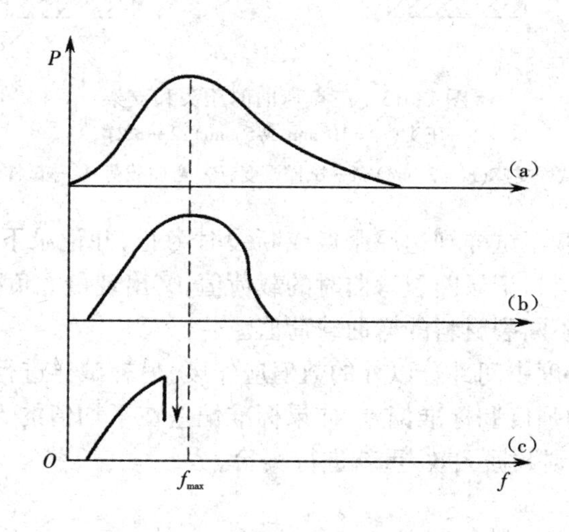

图 11-12　典型材料的弯曲图

(a)塑性材料　(b)中等塑性材料　(c)脆性材料

3. 实验材料与样品

实验材料，分为脆性材料和非脆性材料两类。脆性材料有铸铁、工程陶瓷和聚苯乙烯(PS)或酚醛等，非脆性材料有低碳钢和高压聚乙烯(PE)等。每种试样的数量，不少于5 个。

试样形状可以是圆柱形或者长方柱形，以长方柱形较常用。试样表面要经过磨平、抛光处理，横截面为对垂直度有一定要求的矩形，棱角应作倒角，长度应保证试样伸出两个支座之外均不少于 3 mm，横截面的尺寸 h(高度) × b(宽度)根据国标要求应为 5 mm × 7. 5 mm(或 5 mm × 5 mm)至 30 mm × 40 mm(或 30 mm × 30 mm)，试样的跨距 L_0为直径 d 或高度 h 的 16 倍。不过现在出现一种趋势，倾向于采用更小截面和非标准的试样，既节省材料，又便于加工。如对工程陶瓷和硬质合金样品，常采用 2. 5 mm × 5 mm × 30 mm 或 5 mm × 5 mm ×

30 mm。

4. **实验仪器**

电子万能试验机、游标卡尺。

5. **实验步骤**

①测量试样中间部位的宽度和厚度，测量三点，取其平均值。

②按拉伸强度的实验方法校正电子万能试验机。

③根据试样断裂的负荷选择负荷范围。

④根据厚度，选择跨度、速度和压头。

⑤调节好跨度，将试样放于支架上（图 11-13），对单面加工的试样，将加工面朝向压头，上压头与试样宽度的接触线须垂直于试样长度方向。

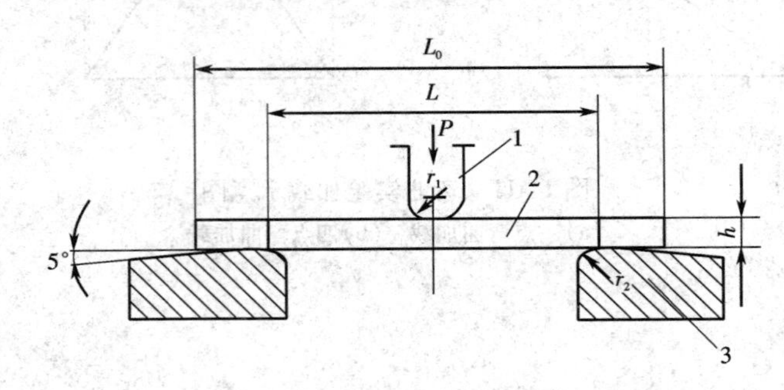

图 11-13 三点弯曲的压头和支架

1—压头（r_1 = 10 mm 或 5 mm）；2—试样；

3—试样支座（r_2 = 2 mm）；h—试样厚度；P—弯曲载荷；L_0—试样长度

⑥开动试验机，加载至试样到达屈服点或断裂时为止，并记录下列数值：①在规定挠度前或之时出现断裂的材料，记录断裂弯曲时的载荷值；②出现最大负荷时，记录最大载荷值；③在达到规定挠度时，不断裂材料的弯曲载荷值。

⑦凡断裂在试样跨度中间部分以外的数值应作废，另补试样进行实验。

⑧计算材料的弯曲强度和标准偏差，如果标准偏差在平均值的 10% 以内，则数据有效；如标准偏差超过 10%，则数据无效，重新进行实验。

6. **数据处理**

①记录实验的条件、温度、速度与试样跨度 L。

②测量试样的宽度 b、高度 h 和最大弯曲载荷 P，按 $\sigma_{bb}=\dfrac{3PL}{2bh^2}$（三点弯曲）或 $\sigma_{bb}=\dfrac{3P(L-l)}{2bh^2}$（四点弯曲）计算材料的弯曲强度。

③计算弯曲强度的平均值，并求弯曲强度的标准偏差。

④按 $E_b=\dfrac{mL^3}{4bh}$ 计算材料的弯曲弹性模量，m 为弯曲图上 $P-f$ 初始直线部分的斜率。

7. **思考题**

①三点弯曲法与四点弯曲法所测强度有什么区别？

②如何判断弯曲强度测试数据的有效性？

③跨度、实验速度对弯曲强度的测定结果有什么影响？

④为什么弯曲实验要规定试样的宽度和厚度?

8. 注意事项

①操作时要认真仔细,集中注意力。

②上下夹头放稳,将上夹头紧固后,方可开动试验机进行实验。

③实验速度的调节,一定要在机器运转时进行。

11.2.5　材料的压缩实验

1. 实验目的

①测定材料的压缩性能,确定材料的压缩强度(低碳钢的压缩屈服强度 σ_{sc}、铸铁的抗压强度 σ_{bc}),压缩应变和压缩模量。

②观察铸铁试样的断口,分析其破坏原因。

③掌握材料压缩性能的测试原理和实验方法。

2. 实验原理

压缩实验方法是在规定的实验温度、加载速率下,于试样上沿纵轴方向施加静态压缩载荷,以测定材料的压缩力学性能。

压缩实验是最常用的一种力学实验,压缩性能实验是把试样置于试验机的两压板之间,并在沿试样两个端面的主轴方向,以恒定速率施加一个可以测量的、大小相等而方向相反的力,使试样沿轴向缩短,而径向增大,产生压缩变形,直至试样破裂或形变达到预先规定的(例如 25%)数值为止。施加的压缩负荷由试验机上直接读取,并按下式计算其压缩应力:

$$\sigma = \frac{P}{A_0}$$

式中:σ 为压缩应力,MPa;P 为压缩载荷,N;A_0为试样的原始横截面面积,mm^2。

压缩应变

$$\varepsilon = \frac{h_0 - h}{h_0}$$

式中:h_0为试样的原始高度,mm;h 是压缩过程中任何时刻试样的高度,mm。

压缩模量,可用在应力－应变曲线中直线上两点的应力差与对应的应变之比来计算。

$$E = \frac{\sigma_2 - \sigma_1}{\varepsilon_2 - \varepsilon_1}$$

低碳钢试样压缩时,为了测取压缩屈服点,可在缓慢加载、测力计指针匀速转动的情况下,仔细观察测力计指针的短暂停顿或摆动,此阶段的最小载荷即为屈服载荷 P_s。试样屈服之后产生强化,由于试样变形,截面面积增大,载荷值一直上升,最后直至把试样压成饼状而不断裂(图 11-14(a)),因此无法测取其抗压强度,其压缩曲线如图 11-15(a)所示。

铸铁试样压缩时,随着载荷的增加,试样破坏前也会产生较大的塑性变形(图 11-15(b)),直至被压成一定鼓状才破坏,破坏的最大载荷为 P_b,破坏断口与试样轴线成 45°～55°(如图 11-14(b)),说明破坏主要是由切应力引起的。仔细观察试样断口的表面,可以清晰地看到材料受剪面上错动的痕迹。

3. 实验材料与样品

实验材料,采用低碳钢和铸铁试样。压缩试样,一般常做成圆柱形(图 11-16)、正方柱形或矩形柱体。试样各处的高度相差应不大于 0.1 mm,两端面与主轴必须垂直,否则会影

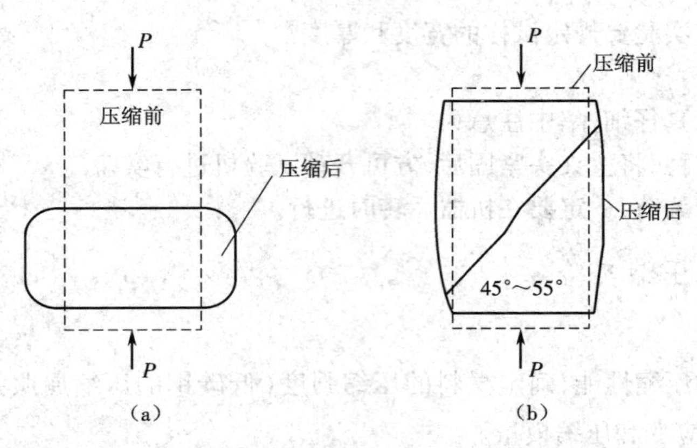

图 11-14　低碳钢和铸铁的压缩变形和断裂示意图
(a)低碳钢试样　(b)铸铁试样

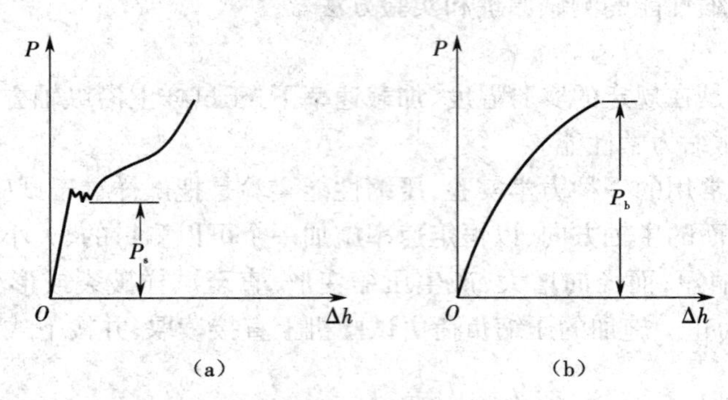

图 11-15　低碳钢和铸铁的压缩曲线
(a)低碳钢试样　(b)铸铁试样

响测试结果。

与拉伸实验一样,试样的高度与试样截面边长或直径之比也会影响压缩强度的大小。因为当试样承受压力 P 时,其上下两个端面与试验机支承垫之间产生很大的摩擦力,这些摩擦力将阻碍试样的上部和下部产生横向变形,试样高度越小,其影响越大。若采取措施(磨光或加润滑剂)减少摩擦力,试样的抗压能力会降低。因此为减小这种摩擦力的影响,试样的高度应当大些,但又不宜太大。如果试样高度与直径相比过大,受压时会造成失稳而出现扭曲,抗压强度也不真实。所以在压缩实验中,试样 h_0/d_0 的比值一般规定为 $1\leqslant h_0/d_0\leqslant 3$。

常用圆柱体的试样尺寸为直径 10 mm、高度 20 mm;正方柱体尺寸为横截面边长 10 mm、高度 20 mm;矩形柱体尺寸为截面边长 15 mm × 10 mm、高度 20 mm。

4. 实验仪器

万能试验机、游标卡尺。

5. 实验步骤

①熟悉万能试验机的结构、操作规程和注意事项。

②用游标卡尺测量试样的高度 h_0;测量试样两端及中部三处截面相互垂直方向的直径,取三处中最小一处的平均直径为 d_0,计算截面的面积 A_0。

③估算最大载荷,选择试验机的测力度盘,并配挂相应的重锤。开启试验机,旋开送油

阀,升起活动台到适当位置,关闭送油阀,调测力计指针指“零”,并使从动针与之对齐。

④把低碳钢试样准确地放置在试验机的球形支承座的中心位置上(如图 11-17)。试样上下一般都要放置坚硬平整的垫块,用以保护机器和调整实验区间的空间高度。

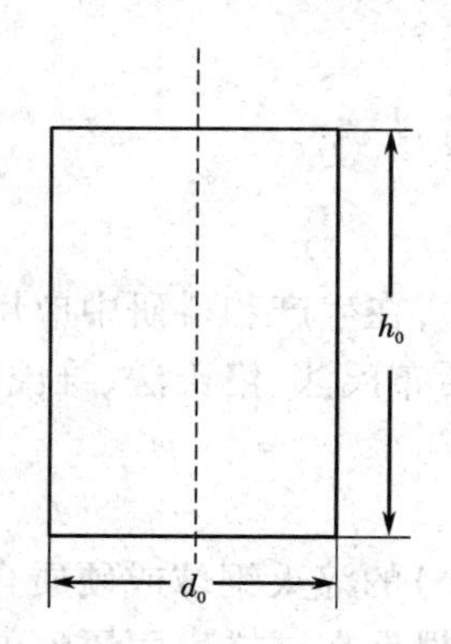

图 11-16　压缩试样的形状和尺寸

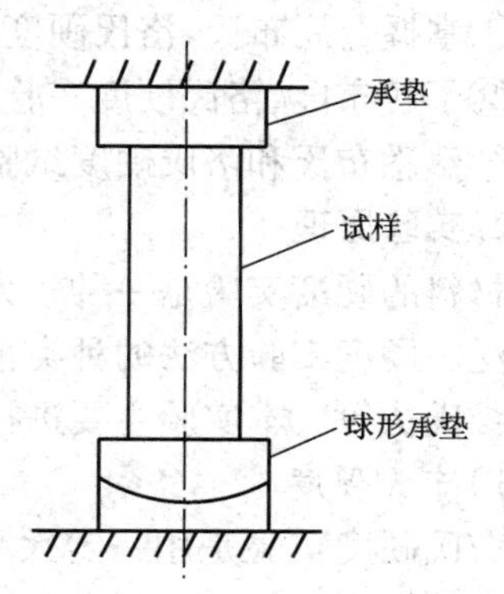

图 11-17　球形承垫图

⑤缓慢均匀加载,仔细观察测力计指针的短暂停顿或摆动,摆动的最低点即为 P_s。超过屈服后继续加载,直到压成鼓形后停机,观察试样的变形。

⑥铸铁压缩实验的步骤,与低碳钢压缩相同。但因铸铁破坏是脆断,为防止试样压碎崩出,实验时要在试样的周围加上安全防护罩。对铸铁试样,只能测得抗压载荷 P_b。试样破坏后要观察它的变形和断口。

⑦记录或存储试样的压缩变形、破坏瞬间所承受的载荷等数据,计算压缩应力、压缩模量等性能指标。

⑧实验完毕,整理复原试验机和工具,并清理现场。

6. 数据处理

①低碳钢的压缩屈服强度按 $\sigma_{sc}=P_s/A_0$ 进行计算,其中 A_0 为试样的原始截面面积。

②铸铁的抗压强度,按 $\sigma_{bc}=P_b/A_0$ 进行计算,其中 A_0 为试样的原始截面面积。

③低碳钢和铸铁的压缩模量按 $E=(\sigma_2-\sigma_1)/(\varepsilon_2-\varepsilon_1)$ 进行计算。

7. 思考题

①铸铁在拉、压两种受力形式下,断裂方式有什么不同?试分析为什么铸铁的抗压强度远大于其抗拉强度?

②为什么铸铁拉伸时表现为脆断,而压缩时却有明显的塑性?为什么铸铁试样是沿着与轴线约成 45°的斜截面破坏?

③为什么不能测取低碳钢的抗压强度?

④试由低碳钢和铸铁的拉伸、压缩实验结果,比较塑性材料与脆性材料的力学性质。

8. 注意事项

①操作万能材料试验机时,要精力集中,认真负责。

②调节压缩速度必须在机器运转时进行。

③压缩铸铁试样时,要关好试验机的有机玻璃罩,以免金属碎屑飞出发生危险。

④做好数据记录。

11.2.6 材料的硬度实验

1. 实验目的

①掌握金属布氏、洛氏硬度的实验原理和测定方法。

②了解布氏、洛氏硬度实验方法的特点、应用范围及选用原则。

③熟悉布氏和洛氏硬度试验机的结构和操作方法。

2. 实验原理

材料的硬度实验是一种较为迅速而经济的力学性能实验方法，在生产和科研中应用非常广泛。硬度实验方法的种类很多，最常用的为压入法，其中包括布氏法、洛氏法、维氏法、显微维氏法等。本实验主要进行材料的布氏和洛氏硬度测试。

1）布氏硬度

布氏硬度实验是用一定大小的载荷 P(kgf)，将直径为 D(mm)的淬火钢球或硬质合金球压入试样表面（图 11-18(a)）并保持一定时间，然后卸除载荷，根据在试样表面压痕的直径 d（图 11-18(b)），计算出压痕的表面积 A。将单位压痕面积承受的平均压力定义为布氏硬度，用符号 HB 表示。布氏硬度的单位为 kgf/mm^2，但一般不标注单位。

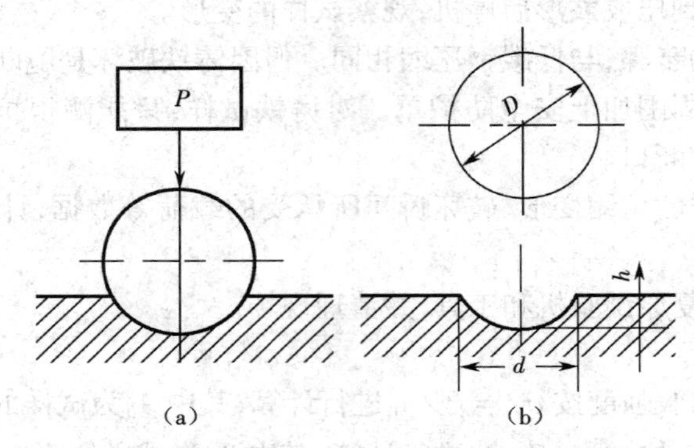

图 11-18 布氏硬度实验原理图

(a)压头压入试样表面 (b)卸载后测定压痕直径 d

$$\mathrm{HB}=\frac{P}{A}=\frac{P}{\pi Dh}=\frac{2P}{\pi D(D-\sqrt{D^2-d^2})}$$

压头材料不同，表示布氏硬度值的符号也不同。当压头为硬质合金球时，用符号 HBW 表示，适用于布氏硬度值为 450 ~ 650 的材料；当压头为淬火钢球时，用符号 HBS 表示，适用于布氏硬度值低于 450 的材料。布氏硬度值常表示为“数字 + 硬度符号（HBW 或 HBS）+ 数字/数字/数字”的形式，符号前面的数字为硬度值，符号后面的数字依次表示钢球直径、载荷大小及载荷保持时间等实验条件。

对于材料相同而厚度不同的工件，为了测得相同的布氏硬度值，在选配压头直径 D 及实验力 P 时，应保证得到几何相似的压痕（即压痕的压入角 φ 保持不变），如图 11-19 所示。为此，应使 P/D^2 为常数。对软硬不同的材料，为了测得统一的、可资比较的硬度值，应选用不同的 P/D^2 比值，以便将压入角 φ 限制在 28° ~ 74°，与此对应的压痕直径 d 在 $0.24D$ ~ $0.6D$。

为保证实验后压痕直径在 $0.24D$ ~ $0.6D$，并要求压痕深度 h 小于试样厚度 δ 十分之一，

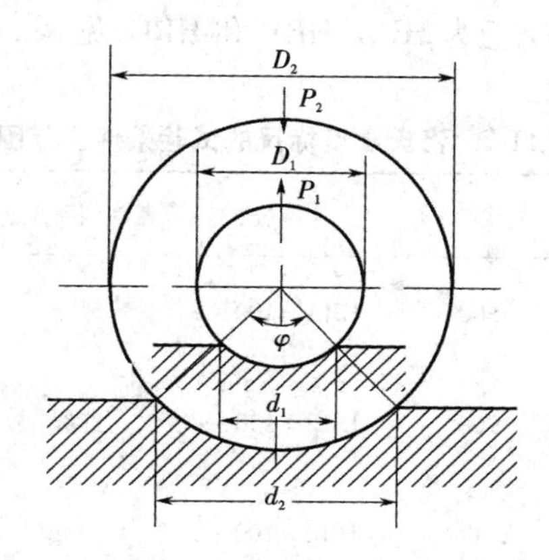

图 11-19　压痕几何相似示意图

在实验时,应根据试样材料的硬度及厚度选择实验条件,即压头材料与直径 D、P/D^2的比值与实验载荷 P 及实验力保持时间 t。

①压头材料与直径 D 的选择　布氏硬度值在 450 以下的材料(如热轧或正火钢材、灰铸铁、有色金属及其合金等),可选用钢球作压头。若材料的布氏硬度值大于 450(如高强度钢、淬火钢等),则应选用硬质合金球作压头。对球体直径 D,规定有 10、5、2. 5、2 和 1 mm 等五种,主要根据试样的厚度来选择。在试样厚度允许的条件下,应尽可能选用 10 mm 球体作压头,从而得到能够真实反映出金属平均硬度的较大压痕。

②P/D^2 比值及实验载荷 P 的选择　对 P/D^2 比值,规定有 30、15、10、5、2. 5、1. 25 和 1 等七种,主要根据试样的材料及其硬度范围来选择,见表 11-1。球体直径 D 及 P/D^2 比值确定后,试验载荷 P 也就随之确定了。

表 11-1　布氏硬度实验 P/D^2 比值的选择

材　料	布氏硬度范围	P/D^2	材　料	布氏硬度范围	P/D^2
钢及铸铁	<140	10	轻金属及合金	<35	2. 5(1. 25)
	≥140	30		35 ~ 80	10(5 或 15)
				>80	10(15)
铜及铜合金	<35	5	铅、锡		1. 25(1)
	35 ~ 130	10			
	>130	30			

③实验载荷保持时间 t 的选择　实验载荷保持时间,因试样材料的硬度而不同。对黑色金属为 10 ~ 15 s,对有色金属为(30 ± 2)s,对硬度小于 35HBS 的材料为(60 ± 2)s。

2)洛氏硬度

洛氏硬度同布氏硬度一样,也属于压入硬度法。但洛氏硬度是以一定的压力将压头压入试样表面,以残留于表面的压痕深度来表示材料的硬度。

洛氏硬度实验所用的压头有两种,一种是顶角为 120°的金刚石圆锥体,适于测定淬火钢材等较硬的材料;另一种是直径为 1/16″(1. 587 5 mm) ~ 1/2″(12. 70 mm)的钢球,适于退火钢、有色金属等较软的材料。测定洛氏硬度时,先加 100 N 的预压力,然后再施加主压力,所加总压力的大小,视被测材料的软硬而定。采用不同的压头并施加不同的压力,可组成十五种不同的洛氏硬度标尺。生产上最常用的为 A、B 和 C 三种标尺,其中以 C 标尺用得最普遍。用这三种标尺的硬度,分别记为 HRA、HRB 和 HRC,见表 11-2。

表 11-2　洛氏硬度标尺的试验条件及范围

标尺	压头类型	预载荷/N	主载荷/N	计算公式	表盘刻度颜色	硬度范围	应用举例
A	金刚石圆锥体		500	HRA = 100 − e	黑线	60 ~ 85	高硬度薄件及硬质合金等
B	ϕ1.588 mm 钢球	100	900	HRB = 130 − e	红线	25 ~ 100	有色金属、可锻铸铁等材料
C	金刚石圆锥体		1 400	HRC = 100 − e	黑线	20 ~ 67	热处理结构钢、工具钢等

进行洛氏硬度实验时,先在样品表面施加 100 N 的预载荷,其压入深度为 h_0,此时表盘上的指针指向零点(图 11-20(a))。然后再加上主载荷(500 N、900 N、1 400 N),压头压入表面的深度为 h_1,表盘上的指针逆时针方向转到相应的刻度(如图 11-20(b))。在主载荷的作用下,样品表面的变形包括弹性变形和塑性变形两部分,卸除主载荷后,表面变形中的弹性部分将回复,压头将回升一段距离,即($h_1 - e$),表盘上的指针将相应地回转(图 11-20(c))。最后,在试件表面留下的残余压痕深度为 e。

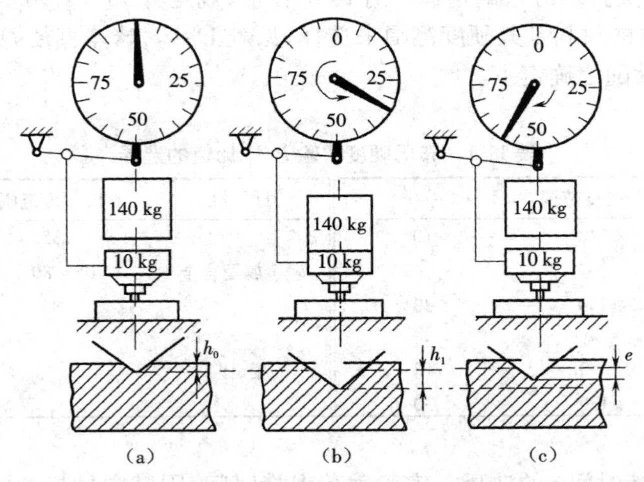

图 11-20　洛氏硬度实验的原理与测试过程示意图
(a) 加预载荷　(b)施加主载荷　(c)卸除主载荷

洛氏硬度值的计算公式为 HR = $K - e/0.002$,式中 K 为常数,采用金刚石圆锥体压头时为 100,采用钢球压头时为 130,于是有

$$\mathrm{HRC(HRA)} = 100 - e/0.002$$

$$\mathrm{HRB} = 130 - e/0.002$$

由于在硬度计的压头上方装有百分表,可直接测出压痕深度,并可按上述的公式换算出相应的硬度值。因此在实验过程中,可在硬度计上方的指示表中直接读出材料的洛氏硬度值。表盘上有红、黑两种刻度,红线刻度的 30 和黑线刻度的 0 相重合。黑线刻度代表 HRC

或 HRA 硬度;红线刻度代表 HRB 硬度。

洛氏硬度实验法所测的硬度值,常写在洛氏硬度符号之后,如 HRC61.5、HRB90 等。

3)硬度实验方法的选择

①布氏、洛氏硬度实验方法都可测定软硬不同及厚薄不一试样的硬度,但其所测硬度范围应在该方法所允许的范围内。如布氏硬度实验用钢球作压头时,所测材料的布氏硬度应小于 HBS 450;若用硬质合金球作压头,则可测 HBW 650 以下材料的硬度。又如用洛氏硬度 C 标尺所测硬度范围应在 HRC 20 ~ 67;若材料硬度小于 HRC 20,则应选用 B 标尺;若大于 HRC 67,则应选用 A 标尺。对于较小较薄的试样,做布氏硬度实验时应选用小直径压头及较小的 P/D^2 比值,或选用表面洛氏硬度法实验。

②尽管常用的各种硬度实验方法都可对软硬不同、厚薄不一的试样测定硬度,但在实际生产和科研中,根据人们的经验及已经积累的大量硬度实验数据来看,对上述几种硬度实验方法的选用还是有所侧重的。如对于各种铸铁、热轧或正火钢材、各种有色金属及合金、轴承合金等硬度较低或金相组织较为粗大的材料常采用布氏硬度法;对于淬火后经不同温度回火的钢材、各种工模具钢及渗层厚度大于 0.5 mm 的渗碳层等较硬的材料,常采用洛氏硬度 C 标尺法;对于硬质合金之类的很硬材料,常采用洛氏硬度 A 标尺法。当零件或工模具的渗层较浅时,如氮化层、渗硼层,可选用小负荷或显微维氏硬度法或表面洛氏硬度法。对于极薄试样或测定合金中某组成相的硬度,只有采用显微维氏硬度法。

3. 实验材料与样品

实验材料选用正火、淬火态的 45 钢和 T12 钢,试样尺寸均为 $\phi20$ mm × 10 mm。

对试样的测试表面,有如下的要求。①测试表面应制成光滑平面,不应有氧化皮和污物。为了能精确测量压痕尺寸或得到精确的实验结果,对实验面的粗糙度有一定的要求,布氏和洛氏硬度实验的试样 $Ra \leq 0.8$ μm。②在试样制备过程中,应尽量避免由于冷热加工而影响表面的硬度。

4. 实验仪器

①布氏、洛氏硬度计各一台。

②读数放大镜一台,最小分度值为 0.01 mm。

③不同硬度实验方法的二等标准硬度块各一套。

5. 实验步骤

(1)准备　了解各种硬度计的构造原理,学习操作规程及安全事项,掌握操作方法。

(2)选择实验方法　对各种试样选择合适的硬度实验方法,确定实验条件,并根据实验条件,更换压头(直径、钢球或金刚石压头)及砝码(载荷),根据试样形状更换工作台。

(3)检验硬度计　用标准硬度块校验硬度计。

(4)布氏硬度的测试

①将经正火处理的 45 钢试样放在工作台上,顺时针转动手轮,使压头压向试样表面直至手轮下面的螺母产生相对运动为止。

②按动加载按钮,启动电动机,开始加载荷。此时因紧压螺钉已拧松,圆盘并不转动,当红色指示灯闪亮时,迅速拧紧紧压螺钉,使圆盘转动。达到所要求的持续时间后,转动即自动停止。

③逆时针转动手轮降下工作台,取下试样用读数显微镜,测出压痕直径 d 值,以此值查表即得布氏硬度 HB 值。

(5)洛氏硬度的测试

①加预载,将经正火、淬火处理的45钢和T12钢试样放置在试样台上,顺时针转动手轮,使试样与压头缓慢接触,直至表盘小指针指到“0”为止,此时即已预加载荷100 N。

②调整读数表盘,使百分表盘的长针对准硬度值的起点。实验HRC、HRA硬度时,把长针与表盘上黑字C处对准;实验HRB时,使长针与表盘上红字B处对准。

③施加主载,平稳地扳动加载手柄,手柄自动升高至停止位置(时间为5~7 s)并停留10 s。

④卸除主载,扳回加载手柄至原来位置。

⑤读硬度值,表上长针指示的数字为硬度的读数,HRC、HRA硬度读黑色数字,HRB硬度读红色数字。

⑥降下载物台,当试样完全离开压头后,才可取下试样。

(6)测平均值　用同样的方法,在试样的不同位置测三个不同的硬度值(HB或HRC),取其算术平均值为试样的硬度值。

(7)试验操作要点

①更换压头和工作台后或大批量实验前,需要使用与试样硬度相对应的二等标准硬度块校验硬度计的示值误差。在硬度块表面不同部位均匀分布测五点硬度,取平均值,其值不应超过标准块硬度值的±3%(布氏)或±1%~1.5%(洛氏)。否则,应对硬度计进行调修。必须指出,对于标准硬度块只能使用其刻有标度的一面,绝不允许两面使用。这是因为背面的硬度与刻有标度一面的硬度往往不一致;并且反过来使用时,使标有很多压痕标度的一面由于压痕边缘凸起部分与工作台不能紧密贴合,而影响实验结果的准确性。

②试样支承面、压头表面和工作台表面应清洁。试样应能稳固地放置在工作台上,保证在实验过程中不发生位移和翘曲。

③实验力应均匀平稳地施加在试样上,不得有冲击和震动。施力方向应与测试面垂直。

④试样上两相邻压痕中心之间,或任一压痕中心至试样边缘之间应保持足够的距离,以防止压痕附近的金属因形变硬化而导致硬度值偏高和防止试样边缘的金属因支撑不足而导致硬度值偏低。不同硬度实验方法的这种最小距离,见表11-3,其中d为压痕的直径。

表11-3　相邻压痕中心和压痕中心至试样边缘的最小距离

实验方法	相邻压痕中心距离/mm	压痕中心至试样边缘的距离/mm
布氏硬度法	$2.5d$	$4d$
洛氏硬度法	3	3

⑤布氏硬度实验后,分别采用读数放大镜在两个互相垂直的方向测量压痕直径的长度。两压痕直径之差,不应超过较小尺寸的2%,否则需要重做实验。然后取其算术平均值,分别按相应公式计算硬度值或从相应的硬度数值表中查出硬度值。

6. 数据处理

①记录压头的种类、直径、所加载荷、保持时间等参数,利用测量的压痕直径或对角线长度,分别按相应公式计算样品的布氏和洛氏硬度值;一块试样上至少测三点的硬度值,然后求其平均值。

②洛氏硬度值应精确到0.5个硬度单位。布氏硬度的计算值应进行修约;当硬度值等

于或大于 100 时，修约至整数；硬度值小于 100 而等于或大于 10 时，修约至 1 位小数；硬度值小于 10 时，修约至 2 位小数。

7. 思考题

①在实验过程中，哪些操作因素会影响测定结果的精确度？

②叙述并比较布氏、洛氏硬度实验方法的应用范围。

③测试过程中，为什么要规定测试点间的距离及测试点与试样边缘的距离？

④布氏、洛氏硬度压头形状有何区别？其硬度用什么符号表示？并说明其符号的意义。

8. 注意事项

①试样两端要平行，表面应平整，若有油污或氧化皮，可用砂纸打磨，以免影响测试。

②加载时，应细心操作，以免损坏压头。

③加预载荷（100 N）时，若发现阻力太大，应停止加载，立即报告并检查原因。

④测完硬度值，卸掉载荷后，必须使压头完全离开试样后再取下试样。

⑤金刚石压头系贵重物品，质硬而脆，使用时要小心谨慎，严禁与试样或其他物品碰撞。

⑥应根据硬度试验机使用范围，按规定合理选用不同的载荷和压头，超过使用范围将不能获得准确的硬度值。

11.2.7　材料的冲击实验

1. 实验目的

①掌握常温与低温下材料冲击性能的实验方法。

②测定金属和高分子材料的冲击吸收功（冲击韧性），观察分析两类材料的冲击断口形貌，并用能量法或断口形貌法确定金属材料的脆性转变温度 T_K。

③熟悉冲击试验机的结构、工作原理及正确使用方法。

2. 实验原理

材料冲击实验是一种动态力学实验，它是将具有一定形状和尺寸的 U 型或 V 型缺口的试样，在冲击载荷作用下折断，以测定其冲击吸收功 A_K 和冲击韧性值 α_K 的一种实验方法。

1）冲击实验原理

冲击实验通常在摆锤式冲击试验机上进行，其原理如图 11-21 所示。实验时，将试样放在试验机支座上，缺口位于冲击相背方向，并使缺口位于支座中间，如图 11-21（b）所示。然后将具有一定重量的摆锤举至一定的高度 H_1，使其获得一定位能 mgH_1。释放摆锤冲断试样，摆锤的剩余能量为 mgH_2，则摆锤冲断试样失去的势能为 $mgH_1 - mgH_2$。如忽略空气阻力等各种能量损失，则冲断试样所消耗的能量（即试样的冲击吸收功）为

$$A_K = mg(H_1 - H_2)$$

A_K 的具体数值可直接从冲击试验机的表盘上读出，其单位为 J。将冲击吸收功 A_K 除以试样缺口底部的横截面面积 S_N（cm^2），即可得到试样的冲击韧性值

$$\alpha_K = A_K / S_N (J/cm^2)$$

对于夏比（Charpy）U 型缺口和 V 型缺口试样的冲击吸收功分别用 A_{KU} 和 A_{KV} 表示，它们的冲击韧性值分别用 α_{KU} 和 α_{KV} 表示。

α_K 作为材料的冲击抗力指标，不仅与材料的性质有关，试样的形状、尺寸、缺口形式等都会对 α_K 值产生很大的影响，因此 α_K 只是材料抗冲击断裂的一个参考性指标。只能在规定条件下进行相对比较，而不能代换到具体零件上进行定量计算。

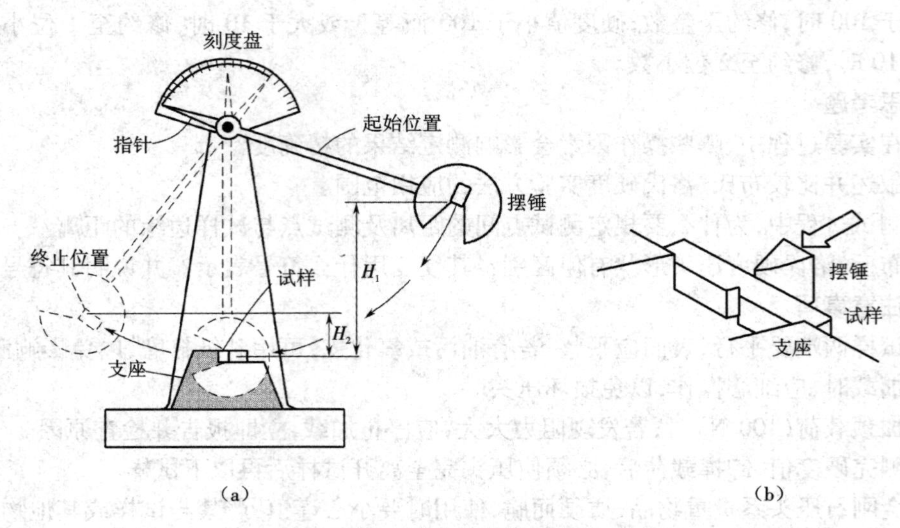

图 11-21 冲击实验的原理图
(a)冲击试验机的结构图 (b)冲击试样与支座的安放图

2)低温系列冲击实验

低温系列冲击实验是对体心立方的中、低强度结构钢的标准夏比冲击试样,从高温(通常为室温)到低温的一系列温度下进行冲击实验,以测定材料的冲击吸收功随温度变化的规律(图 11-22),从而揭示材料的低温脆性倾向,确定材料的脆性转变温度 T_K。在温度较高时,冲击功较高,存在一上平台,称为高阶能,在这一区间试样呈现为暗灰色、纤维状的韧性断裂。在低温范围,冲击功很低,试样呈现结晶状的脆性断裂,冲击功的下平台称为低阶能;在高阶能和低阶能之间,存在一很陡的过渡区,该区的冲击功变化较大,冲击功由高阶能转变为低阶能,断口形式也由纤维状断口经过不同比例的纤维状/结晶状混合断口过渡为结晶状断口。此温度范围,即为脆性转变温度区间。

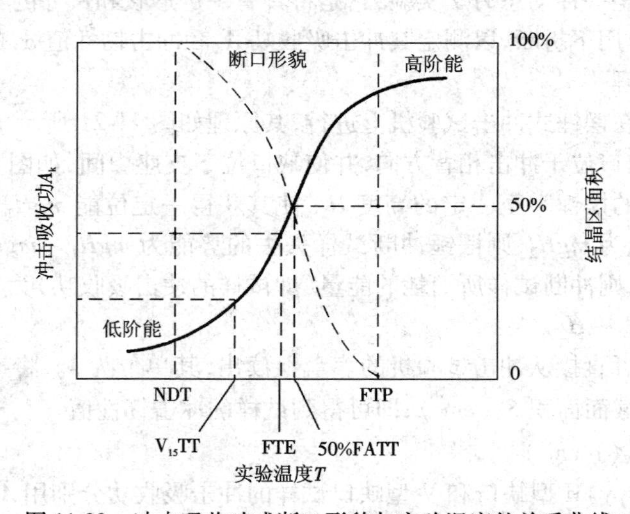

图 11-22 冲击吸收功或断口形貌与实验温度的关系曲线

根据以上曲线,可分别采用能量法或断口形貌法来确定材料的脆性转变温度 T_K。

(1)能量法 以冲击吸收功降低到某一个具体数值时的温度定为 T_K。

对夏比 U 型缺口试样,取冲击能量为 $0.4A_{KUmax}$ 所对应的温度为 T_K,或取 $0.5(A_{KUmax}+A_{KUmin})$ 对应的温度为脆性转变温度,记为 FTE(Fracture Transition Elastic)或 FTT(Fracture Transition Temperature)。A_{KUmax} 是指室温下 100% 韧性断口所对应的冲击吸收功(高阶能),A_{KUmin} 是指刚刚出现 100% 结晶状断口时所对应的冲击吸收功(低阶能)。

对夏比 V 型缺口试样,通常规定某一个冲击吸收功所对应的温度为缺口试样的脆性转变温度。这个冲击吸收功是根据构件的使用条件来选取的。如对船用钢板,常把 20 J 所对应的温度定为船用钢板的 T_K。

(2)断口形貌法　通过直接目测、放大镜或体视显微镜测量,以冲击断口形貌中纤维区所占面积下降到 50% 时所对应的温度为 T_K,记为 50% FATT。这种方法主要适用 V 型缺口试样。

(3)综合法　将 A_K-T 关系曲线中下平台开始上升的温度定义为 T_K。这个温度相当于断口上刚刚开始全部形成结晶状断口形貌时的温度,所以也叫无塑性转变温度(NDT)。

试样的冷却是在低温恒温箱中进行的,冷却介质为干冰或液氮。试样从低温箱取出到冲断的过程中,试样的温度会回升,因此需要考虑过冷温度。

3. 实验材料与样品

金属材料选用正火态的 20 钢或调质态的 40 钢;高分子材料选用共聚聚丙烯(CPP)或聚乙烯(PE),并准备酒精、液氮(或干冰)若干。

将金属材料加工成 10 mm × 10 mm × 55 mm 的 U 型或 V 型缺口标准冲击试样,如图 11-23 所示。将高分子材料加工成厚度 d、宽度 b、长度 l 为 10 mm × 15 mm × 120 mm、缺口深度为 2 mm 的 A 型、B 型或 C 型缺口冲击试样,如图 11-24 所示。

试样开缺口的目的是为了使试样在承受冲击时在缺口附近造成应力集中,使塑性变形局限在缺口附近不大的体积范围内,并保证试样一次就被冲断且使断裂就发生在缺口处。α_K 值对缺口的形状和尺寸十分敏感,缺口越深、越尖锐,α_K 值越低,材料的脆化倾向越严重。因此,同种材料用不同缺口试样测定的 α_K 值不能相互换算和直接比较。对陶瓷、铸铁、工具钢等一类的材料,由于材料很脆,很容易冲断,试样一般不开切口。

4. 实验仪器

①摆锤式冲击试验机一台。

②低温恒温箱(或广口保温瓶或硬泡沫塑料容器)一个。

③低温温度计一支。

④游标卡尺(最小刻度为 0.02 mm)一把。

⑤体视显微镜或放大镜一台。

5. 实验步骤

①用游标卡尺测量缺口试样的宽度、缺口处的剩余厚度。测量三次,取其平均值。

②了解冲击试验机的构造、工作原理、操作方法及安全注意事项。

③根据所测试样冲击韧性值的大小,选择度盘刻度(应使试样的冲击能量指示值在度盘的 10% ~90%),并装好相应的摆锤。

④不装试样,升起重摆空打一次,以校正试验机的零点位置。

⑤按“取摆”按钮,抬起并锁住摆锤;同时将指针拨至度盘的最大刻度处。

⑥检查支座间距离,对金属材料间距为 40 mm,对高分子材料为 70 mm。

⑦冷却试样,根据实验温度的要求在低温恒温箱内放入试样,进行保温。调节温度时,

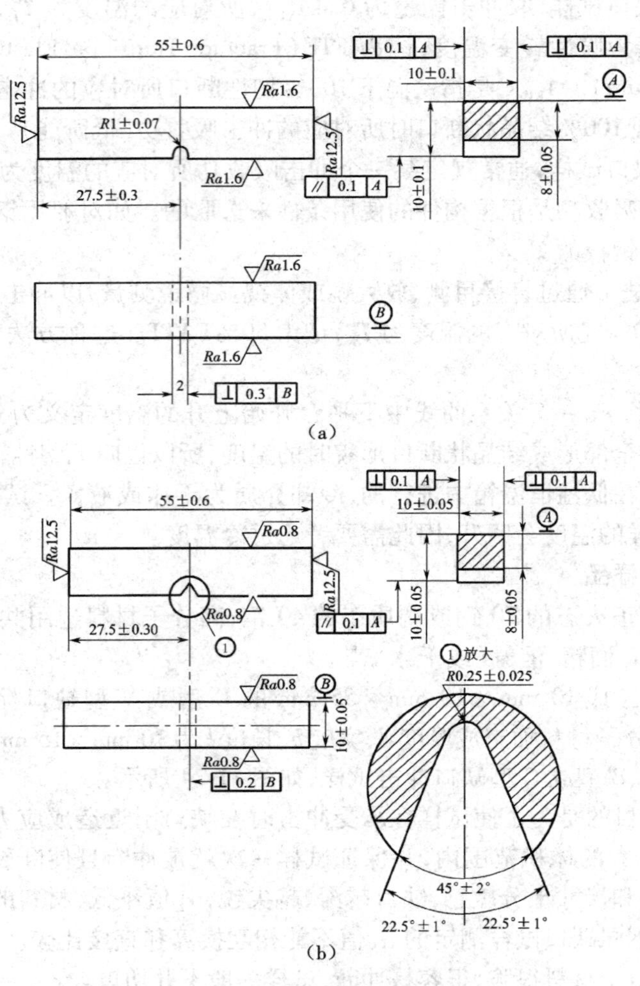

图 11-23 标准冲击试样

(a) Charpy U 型缺口冲击试样 (b) Charpy V 型缺口冲击试样

要注意选好过冷温度,以补偿试样取出到冲断时温度的回升。本实验的实验温度可选择为室温、0 ℃、-20 ℃、-40 ℃、-60 ℃、-75 ℃。每种温度下的冲击试样不少于 3 个。对材料的常温冲击实验,此步骤可省去,直接由步骤⑥转到步骤⑧。

⑧将试样按规定放置在两支座上,试样支撑面紧贴在支撑块上,使冲击刀刃对准缺口试样的中心。应当注意,低温冲击实验中,试样取出到冲断的总时间不得超过 5 s。若超过 5 s,则应将试样放回低温恒温箱中重新冷却。这项实验操作,既要迅速,又要沉着,特别要注意安全,防止忙乱中造成事故。所有参加实验人员应有明确分工(如负责试样冷却、做记录、操作冲击试验机等)。进行实验时,不得在摆锤运动平面范围内站立、走动,一定要集中注意力,保持良好秩序。

⑨按下"冲击"按钮,摆锤下落,冲断试样。

⑩冲断试样后,按"制动"按钮,使摆锤制动。

⑪在度盘上读取并记录试样的冲击吸收功 A_{KU}(或 A_{KV}),然后将指针拨回。

⑫回收试样,用放大镜或体视显微镜观察断口形貌,并测量断口中纤维区或结晶区的断

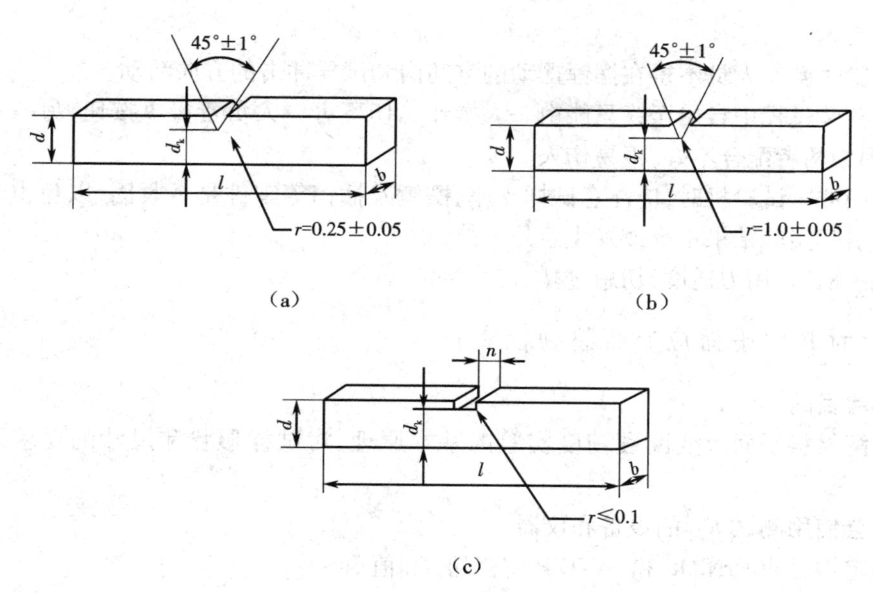

图 11-24　其他形式的冲击试样

(a)A 型缺口试样　(b)B 型缺口试样　(c)C 型缺口试样

口百分率。

6. 数据处理

①计算缺口处的横截面面积。

②如仅测量材料的常温冲击韧性,可将几个平行试样的冲击吸收功 A_{KU} 除以缺口底部的横截面面积 S_N,计算出冲击韧性值 α_K,然后取其算术平均值。

③分析比较材料的抗冲击断裂能力,并比较不同缺口形式对 A_K(或 α_K)值的影响。

④通过体视显微镜观察,画出每种材料的破坏断口草图。

⑤根据实验数据绘制出 A_K(或 α_K) - T_K 曲线,每个温度下测得的几个 A_K(或 α_K)值都要在图上分别标出,然后根据这些数据点的变化趋势描绘出一条曲线,从中确定冷脆转变温度 T_K。

⑥脆性转变温度 t_K,对 Charpy U 型缺口试样,可采用 $0.4A_{KUmax}$ 所对应的温度为 T_K,A_{KUmax} 为室温下 100% 纤维状断口时的 A_{KU} 值。对 Charpy V 型缺口试样,可采用 50% FATT 对应的温度为 T_K。

⑦实验时,如果试样末完全折断,若是由于试验机打击能量不足引起的,则应在实验数据 A_K(或 α_K)前加大于符号“ > ”;其他情况引起的则应注明“未折断”字样。

7. 思考题

①冲击试样为什么要开切口?塑性材料在冲击载荷下为什么会表现为脆性断裂?

②缺口试样与无缺口试样的冲击实验现象有何不同?哪些材料应采用缺口试样或有无缺口两种试样都行?

③冲击韧性值 α_K 为什么不能用于定量换算,只能用于相对比较?在工程上有何应用?

④在实验中,哪些因素会影响冲击吸收功的测定结果?

8. 注意事项

①摆锤举起后,人体各部分都不要伸到重锤下面及摆锤起始处,冲击实验时应注意避免

试样碎块伤人。

②实验时操作人员不得在摆锤摆动的空间内和试样冲击的方向活动。

③在实验过程中自始至终只能由一人操作。切不可一人负责操纵按钮，另一人负责安放试样，因为两者配合不好，极易伤人。

④使用冲击试验机时，应注意试样支座、摆锤及插销等零件是否紧固，以免由于这些零件松动而引起实验结果不准或发生意外事故。

⑤扳手柄时，用力适度，切忌过猛。

11.2.8 材料的平面应变断裂韧性实验

1. 实验目的

①了解材料平面应变断裂韧度实验的基本原理、对试样形状和尺寸的要求及其制备过程。

②学会使用测试 K_{IC} 的设备和仪器。

③测定钢材 40CrNiMo 和 3Y-TZP 陶瓷的 K_{IC} 值

2. 实验原理

断裂韧性 K_{IC}，是材料在平面应变和小范围屈服条件下裂纹失稳扩展时应力场强度因子 K_I 的临界值，它表征材料对脆性断裂的抗力，是度量材料韧性好坏的一个定量指标。若构件中含有长度为 a 的裂纹，所承受的名义应力为 σ，则 K_I 的一般表达式为 $K_I = Y\sigma\sqrt{\pi a}$，其中 Y 为与试样及裂纹的几何形状、加力方式有关的因子。因此，测试断裂韧性 K_{IC} 时，必须将所实验的材料制成一定形状和尺寸的试样，在试样上预制一定形状和尺寸的裂纹，并在一定的加力方式下进行实验。由于 σ 决定于所加力 F 的大小，所以该试样的 K_I 表达式也可写成 $K_I = Y\sqrt{\pi a}\cdot f(F)$ 的形式。如果实验是在平面应变和小范围屈服的条件下进行的，那么只要测出试样上裂纹失稳扩展时的临界力 P_q，就可根据上式计算出该材料 K_I 的临界值即为断裂韧度 K_{IC}。

3. 实验材料与样品

实验材料为 40CrNiMo 钢和 3Y-TZP 陶瓷的三点弯曲试样，试样的尺寸如图 11-25 所示。试样表面须经磨平、抛光处理。为保证裂纹顶端处平面应变与小范围屈服状态，对试样的厚度 B、宽度 W 与裂纹长度 a，有如下要求

$$\left.\begin{matrix} B \\ a \\ W-a \end{matrix}\right\} \geqslant 2.5\left(\frac{K_{IC}}{\sigma_s}\right)^2$$

另外，试样长度应保证伸出两个支座之外不少于 3 mm。

4. 实验仪器

①电子万能材料试验机，对测试材料施加载荷，并具有可调的加载速度。

②高频疲劳试验机，用于在金属试样上制备裂纹。

③内圆切割机，用于在陶瓷试样上制备裂纹。

④载荷输出记录仪，用于输出并记录材料破坏时的最大载荷。

⑤夹具，保证在规定的几何位置上对试样施加载荷。

⑥游标卡尺和读数显微镜，用于测量试样的几何尺寸和裂纹深度。

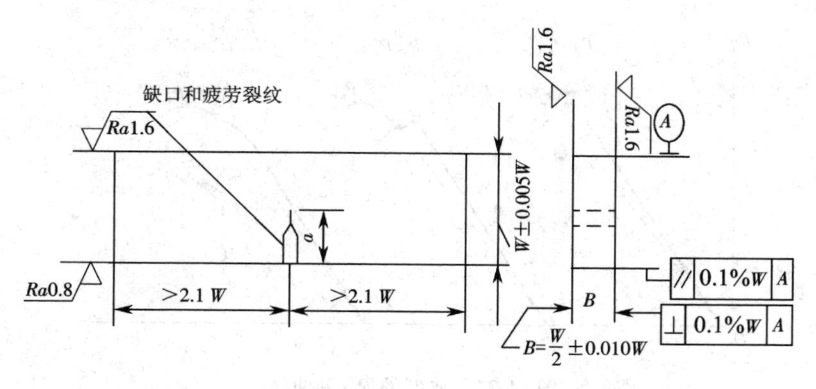

图 11-25 三点弯曲试样的尺寸示意图

B—厚度；W—高度；B: W: S = 1: 2: 8

⑦计算机测试系统和程序、夹式引伸仪、划针、502胶水、丙酮、砂纸等。

实验的整体装置，如图11-26所示。

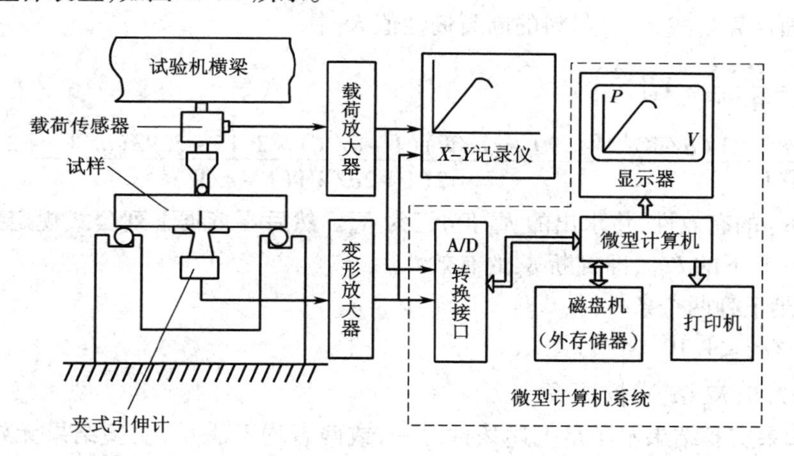

图 11-26 实验装置示意图

5. 实验步骤

①试样制备。按上述要求制备试样并在试样上预制裂纹，可取 $a=(0.45\sim0.55)W$，$B=3$ mm。

②标定试验机载荷及引伸仪变形。

③用游标卡尺和读数显微镜测量试样尺寸 a，B，W，并粘贴刀口片。

④安装试样。把试样放在支座上，试样摆放应使两端露出部分的长度相等并与支座垂直，切口置于压头正下方，并向测试程序中输入所需的数据。

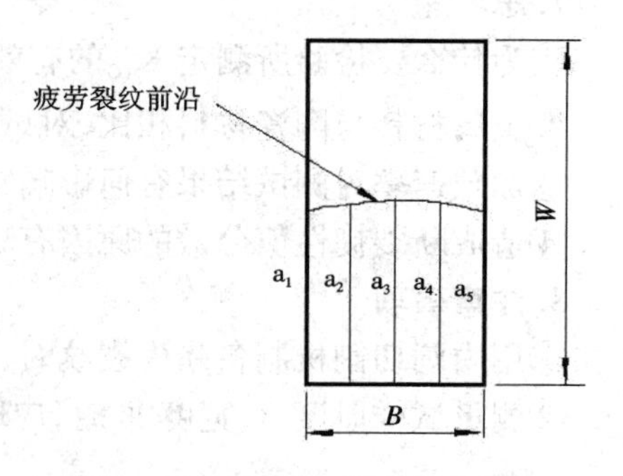

图 11-28 裂纹长度测量示意图

⑤启动试验机加载，记录载荷－张口位移即 $P-V$ 曲线，确定裂纹失稳扩展的临界载荷 P_q。$P-V$ 曲线的三种情况，如图11-27所示。

⑥注意观察试样上的裂纹扩展，断后停机。

⑦按图11-28所示的位置，测量裂纹的长度 a_1、a_2、a_3、a_4、a_5，并计算平均的裂纹长度 a。

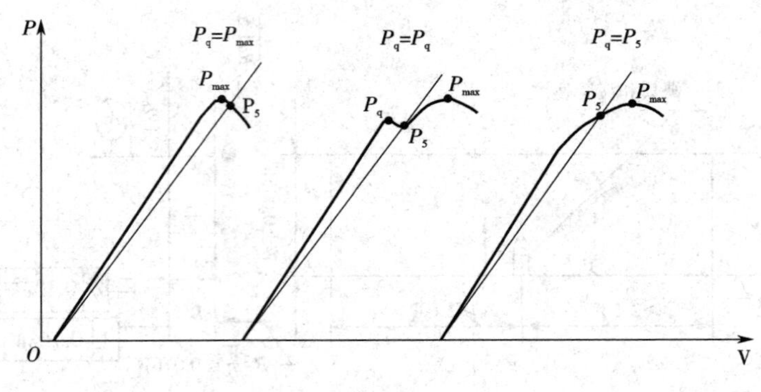

图 11-27 典型的 $P-V$ 曲线

⑧计算 K_{I} 值，并判断是否有效。

⑨整理现场。

6. 数据处理

①按下面计算公式，计算材料的断裂韧性值 K_{I}：

$$K_{\mathrm{I}}=\frac{P\cdot S}{BW^{3/2}}\cdot Y_1\left(\frac{a}{W}\right)$$

式中：$Y_1=\left(\frac{a}{W}\right)=\frac{3\,(a/W)^{1/2}[1.99-(a/W)(1-a/W)\times 2.15-3.93(a/W)+2.7(a^2/W^2)]}{2(1+2a/W)(1-a/W)^{3/2}}$

②检验 K_{I} 的有效性，将求出的 K_{I} 值，记为 K_q。然后再依据下列公式规定判断 K_q 是否为平面应变状态下的 K_{IC}，即判断 K_q 的有效性。

当 K_q 满足下列两个条件时

$$\left.\begin{array}{l}P_{max}/P_q\leqslant 1.10\\ B\geqslant 2.5(K_q/\sigma_s)^2\end{array}\right\}$$

则 K_qK_{IC}。如果实验结果不满足上述条件之一，或两者均不满足，实验结果无效，应加大试样尺寸重新测定 K_{IC}，试样尺寸至少应为原试样的 1.5 倍。

7. 思考题

①为什么要检验所测定 K_{IC} 的有效性？

②金属材料与陶瓷材料相比，对试样尺寸的要求一般有何不同？

③加载速率对测试结果有何影响？

④造成断裂韧性值分散的原因有哪些？

8. 注意事项

①用内圆切割机制备陶瓷裂纹时，注意开启冷却液冷却刀口。

②测量试样厚度 B、宽度 W 时，应取断裂面处的尺寸。

11.2.9 材料的疲劳实验

1. 实验目的

①了解测定金属材料应力疲劳和应变疲劳性能的主要方法。

②了解进行金属材料疲劳性能测试的有关实验设备。

③观察疲劳破坏的断口特征。

2. 实验原理

1）应力疲劳实验

材料承受变动载荷破坏前所经历的循环次数，称为疲劳寿命 N_f。施加的应力越小，疲劳寿命越长。对于一般碳素钢，如果在某一交变应力水平下经受 10^7 次循环仍未破坏，则实际上可以承受无限次循环而不发生破坏。因此，通常在实验中以对应 10^7 次循环的最大应力 σ_{max} 作为疲劳极限 σ_R。但是，对于有色金属和某些合金钢却不存在这一性质，在经受 10^7 次循环后，仍会发生破坏。因之，常以破坏循环次数为 10^7 或 10^8 所对应的最大应力值作为条件疲劳极限，此处 10^7 或 10^8 称为循环基数。

任何高于疲劳极限的循环最大应力 σ_{max}，都会对应低于循环基数的某一寿命 N。把通过实验得到的一系列不同循环最大应力 σ_{max} 和寿命 N 的数据以及疲劳极限数据，以 σ_{max} 为纵坐标、N 为横坐标，可以绘出最大 σ_{max} 与疲劳寿命 N 的关系曲线，即 $\sigma_{max}-N$ 曲线，通常称为 $S-N$ 曲线。用 $S-N$ 曲线来表征材料的应力疲劳性能，如图 11-29 所示。

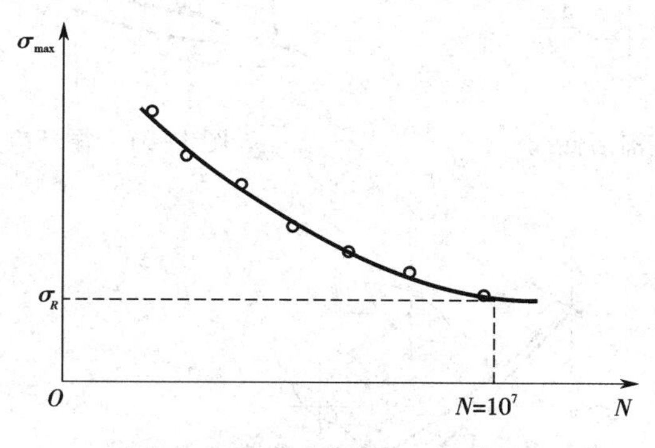

图 11-29　碳素钢的 $S-N$ 曲线

通常取 8～10 根光滑小试样，采取不同最大应力水平得出一系列 σ_{max} 和寿命 N 的数据，用曲线或直线拟合，即可得到 $S-N$ 曲线。实验过程中对各级应力水平要精心选择，以便用少数试样就可测得较理想的实验结果。

2）应变疲劳实验

许多工程构件都存在应力集中区，如孔边、沟槽、过渡截面处、内部缺陷等。当零（构）件受到周期性的外载荷作用时，虽然总体上处于弹性范围内工作，但在应力集中区的材料则会进入弹塑性状态。随着外载荷循环周次的增加，应力集中区的循环塑性应变导致了裂纹的萌生、扩展直至零件断裂。研究材料的应变疲劳性能，可以了解零构件应力集中区的应力－应变行为，为估算零构件的疲劳寿命提供更为可靠的依据。

当材料进入以塑性应变为主的弹塑性状态时，只有以应变为控制参量才能测取材料的疲劳性能。控制总应变幅值对光滑小试样进行循环加载，可绘制出应力－应变滞后回线（图 11-30），在多级不同总应变幅值 $\Delta\varepsilon$ 控制下可测得相应的疲劳寿命，进而得到材料的循环应力－应变曲线（图 11-31）和应变－疲劳寿命曲线即 $\Delta\varepsilon-N_f$ 曲线（图 11-32）。应用这些曲线提供的材料应变疲劳性能，可对零构件的安全寿命 N_f 进行估算。

需要使用具有高精度应变控制功能的电液伺服疲劳试验机，才能完成材料的应变疲劳性能的测试工作。

3. 实验材料与样品

圆柱形光滑弯曲疲劳试样与圆柱形缺口弯曲疲劳试样。

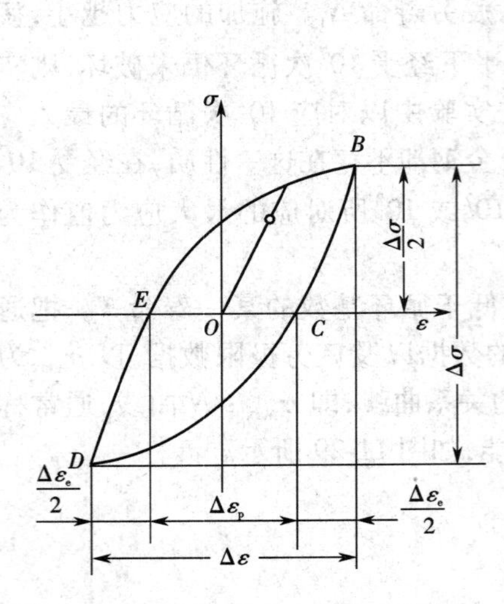

图 11-30 应力－应变滞后回线

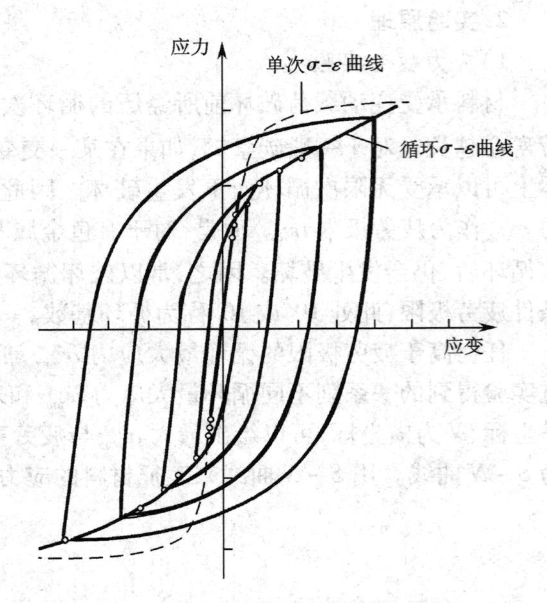

图 11-31 循环应力－应变曲线

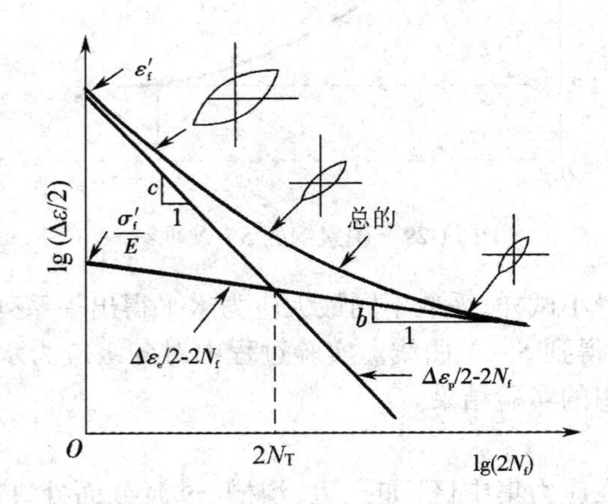

图 11-32 应变－疲劳寿命曲线

4. 实验仪器

纯弯曲式疲劳试验机、高频疲劳试验机、电液伺服疲劳试验机、长焦距显微镜。

5. 实验步骤(演示)

①观察疲劳破坏实物,了解疲劳断口的形貌特征。

②观看纯弯曲式疲劳试验机(莫尔疲劳试验机),讲解工作原理。开启电源,转动电机转速调节器由零逐渐加快,观察其工作状态。

③观看高频疲劳试验机,讲解工作原理。开启电源,观察试样振动情况。

④观看电液伺服疲劳试验机,讲解工作原理。开动试验机,演示位移控制模式下的动作,演示在应变控制下的应力－应变滞后回线测绘。

⑤用长焦距显微镜观察疲劳裂纹的扩展情况。

6. 数据处理

说明本实验所用设备的型号并画出试样草图。

7. 思考题

①为什么高周疲劳多用应力控制,低周疲劳多用应变控制?

②说明应力－应变滞后回线的意义。

8. 注意事项

①实验前,一定预习实验指导书。

②观看实验时,一定要仔细认真,注意不同疲劳实验的特点和工作原理。

11.2.10　材料的应力腐蚀实验

1. 实验目的

①熟悉慢应变速率拉伸试验机的结构、实验原理和操作方法。

②掌握应力腐蚀破裂的概念、产生条件、机理和评价方法。

③测定低碳钢在硝酸铵溶液的应力腐蚀破裂敏感性,并观察应力腐蚀破裂的断口形貌。

2. 实验原理

应力腐蚀开裂,是材料或零件在应力和腐蚀环境共同作用下引起的脆性断裂现象。由于应力腐蚀破坏前没有明显的塑性变形,故常造成灾难性的事故。

从应力看,造成应力腐蚀破坏的是静应力,远低于材料的屈服强度,而且一般是拉伸应力。从环境介质看,每一种金属或合金,只有在特定的介质中才会发生应力腐蚀,如低碳钢在 NaOH、硝酸盐、碳酸盐、液体氨、H_2S 等溶液,奥氏体不锈钢在氯化物溶液,铜合金在氨、铵离子溶液,铝合金在海水、NaCl 等溶液中才会发生应力腐蚀破坏。

应力腐蚀开裂的实验方法,根据施加应力的方法不同,可分为恒载荷实验和恒应变实验。根据试样的种类和形状,可分为光滑试样、缺口试样和预裂纹试样。在恒载荷和恒应变实验中,虽然可用应力腐蚀破裂的临界应力 σ_{SCC}、临界应力强度因子 K_{ISCC}、应力腐蚀裂纹扩展速率 da/dt、断裂时间 t_f 等指标来评价,但均存在时间周期过长的缺点,使得很难进行实验室的教学实验。

慢应变速率拉伸实验(Slow Strain Rate Testing,SSRT),是在恒载荷拉伸试验方法的基础上发展而来的。由于试样承受的恒载荷被缓慢恒定的延伸速率(塑性变形)所取代,加速了材料表面膜的破坏,使应力腐蚀过程得以充分发展,因而实验的周期较短,常用于应力腐蚀破裂的快速筛选实验。典型的拉伸应变速率为 $10^{-4} \sim 10^{-8}\ s^{-1}$,试样可用光滑试样,也可用缺口和裂纹试样。

实验时,将试样放入不同温度、不同电极电位、不同溶液 pH 值的化学介质中,在慢应变速率拉伸试验机上,以给定的应变速率进行动态拉伸实验,并同时连续记录载荷(应力)和时间(应变)的变化曲线,直到试样被缓慢拉断。实验完成后,可根据下述指标来评定材料在特定介质中应力腐蚀敏感性。

(1)塑性损失　用惰性介质(如空气)和腐蚀介质中伸长率 δ、断面收缩率 ψ 的相对差值作为应力腐蚀敏感性的度量,即 $I_\delta=(\delta_a-\delta_c)/\delta_a$ 或 $I_\psi=(\psi_a-\psi_c)/\psi_a$,其中下标 a 表示惰性介质,c 表示腐蚀介质。$I_\delta$ 或 I_ψ 越大,应力腐蚀就越敏感。

(2)断裂应力　在惰性介质中的断裂应力 σ_a 和腐蚀介质中断裂应力 σ_c 的相对差值越大,应力腐蚀敏感性就越大,可用即 $I_\sigma=(\sigma_a-\sigma_c)/\sigma_a$ 表示。

(3)断口形貌和二次裂纹　对大多数材料,在惰性介质中拉断后将获得韧窝断口,但在应力腐蚀介质中拉断后往往获得脆性断口。脆性断口比例越高,则应力腐蚀越敏感。如介质中拉断的试样主断面侧边存在二次裂纹,则表明此材料对应力腐蚀是敏感的。往往用二次裂纹的长度和数量作为衡量应力腐蚀敏感性的参量。

(4)吸收的能量　应力－应变曲线下的面积(W)代表试样断裂前所吸收的能量,惰性介质和腐蚀介质中吸收能的差别越大,则应力腐蚀敏感性也就越大。可用 $I_W=(W_a-W_c)/W_a$表示,其中 W_a、W_c分别为惰性介质和腐蚀介质中应力－应变曲线下的面积。

(5)断裂时间　应变速率相同时,在腐蚀介质和惰性介质中断裂时间 t_f的差别越大,应力腐蚀敏感性就越大。可用 $I_t=(t_{fa}-t_{fc})/t_{fa}$表示,其中 t_{fa}、t_{fc}分别为惰性介质和腐蚀介质中的断裂时间。

3. 实验材料与样品

实验选用板形的 Q235 低碳钢试样,其形状和尺寸如图 11-33 所示。其中工作段的尺寸为 25 mm×4 mm×2 mm,非工作段的表面利用氯丁橡胶或聚四氟乙烯、704 硅胶封闭。进行实验前,试样用砂纸依次打磨、抛光、丙酮和蒸馏水清洗、吹干处理。实验介质选用浓度分别为 20% 和 40% 的 NH_4NO_3溶液,实验温度为室温。

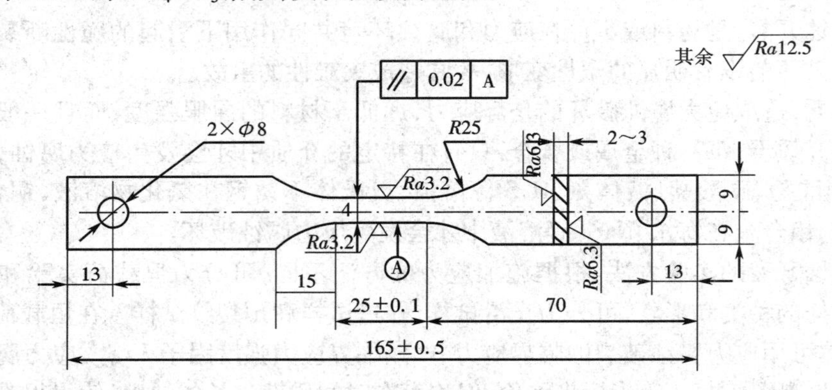

图 11-33　应力腐蚀开裂试样的形状和尺寸

4. 实验仪器

①慢应变速率应力腐蚀试验机一台,如图 11-34 所示。

②游标卡尺一把。

③扫描电子显微镜一台。

④金相显微镜一台。

5. 实验步骤

①利用游标卡尺测量试样工作段部位的宽度和厚度,测量三点,取其平均值。

②将试样装卡在应力腐蚀试验机上,然后通入 20% 的 NH_4NO_3溶液,并在室温条件下稳定 30 min。

③启动慢应变速率试验机,以给定的应变速率进行动态拉伸实验,同时连续记录拉伸过程中的应力－应变曲线,直到试样被拉断。

④利用游标卡尺测量断后试样的标距长度和截面面积,计算材料的伸长率 δ 和断面收缩率 ψ。

⑤将拉断试样的标距部分制成金相试片,以观测沿轴线剖面上二次裂纹的多少和最大

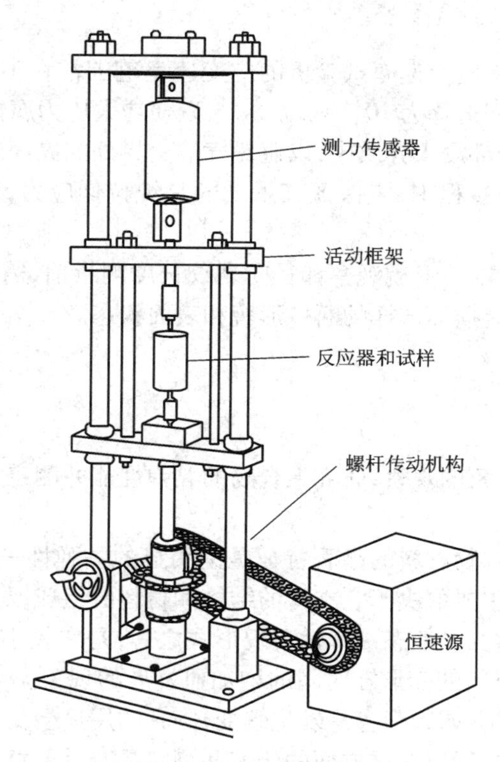

图 11-34　慢应变速率应力腐蚀试验机的示意图

裂纹长度。

⑥利用扫描电子显微镜,观察拉伸断口的微观形貌,分析其断裂机理。

⑦改变 NH_4NO_3 溶液的浓度为 40%,重复上述的步骤②至步骤⑥。

⑧变 NH_4NO_3 溶液为惰性(大气)介质,重复上述的步骤②至步骤⑥。

6. 数据处理

①利用惰性介质、20% NH_4NO_3 溶液、40% NH_4NO_3 溶液中的应力 - 应变曲线,记录各自条件下的断裂应力、断裂时间 t_f 和静力韧性(应力 - 应变曲线下的面积),并计算应力腐蚀破裂的敏感性系数 I_t、I_σ 和 I_W。

②利用惰性介质、20% NH_4NO_3 溶液、40% NH_4NO_3 溶液中的伸长率 δ 和断面收缩率 ψ,计算低碳钢在 NH_4NO_3 溶液中的塑性损失 I_δ 和 I_ψ。

③利用金相技术,计算二次裂纹的长度和数量及裂纹的平均扩展速度。

7. 思考题

①与恒载荷、恒应变实验相比,慢应变速率实验方法具有哪些优缺点? 利用慢应变速率实验方法评价应力腐蚀破裂敏感性的指标有哪些?

②低碳钢产生应力腐蚀的敏感介质各有哪些? 分析低碳钢在 NH_4NO_3 溶液中发生应力腐蚀破裂的裂纹扩展途径和断裂机理。

③在应力腐蚀破裂实验中,除可用光滑试样外,还可采用缺口和预制裂纹试样。试分析采用缺口和预制裂纹试样的优缺点。

④影响应力腐蚀破裂敏感性的因素有哪些? 如何提高材料的应力腐蚀破裂抗力?

8. 注意事项

①应变速率的选择，慢应变速率试验机的应变速率范围常在 $10^{-4} \sim 10^{-8} s^{-1}$，对本实验体系，可根据试验机的不同选择为 $10^{-6} \sim 10^{-7} s^{-1}$，以便增大应力腐蚀破裂的敏感性。

②试样的工作段应全部浸入介质中，以避免气液交界处的界面腐蚀。

③试样在装卡和拉伸过程中，应保证其承受的是纯拉伸应力，而不存在弯曲或扭转应力。

④在对断后试样进行断口形貌观察和径向裂纹长度测量前，需要对试样进行清洗除去腐蚀产物，但清洗过程不应损坏试样的断口形貌和表面状态。

11.2.11 材料的蠕变实验

1. 实验目的

通过对聚合物蠕变现象的观察，研究聚合物的黏弹性能并测定聚合物的本体黏度。

2. 实验原理

与其他材料相比，聚合物材料的显著特征是呈明显的黏弹性——既具有弹性又具有黏性。聚合物的黏弹性能，主要取决于它本身的结构和材料的组成以及温度、作用力大小和作用时间的长短等因素。蠕变是静态黏弹性表现形式之一，是在较小的恒定外力（如拉伸、压缩或切变等力）作用下，材料的变形随时间的增加而发展的现象。当然，此发展的趋势与所受到的负荷大小有关。材料如果很容易发生蠕变，则它的用途会受到限制，因而蠕变现象直接影响材料的尺寸稳定性，所以对这方面的研究和测定具有重要意义。

线形大分子除可以发生键长、键角的改变外，还由于单键的内旋转加上分子链很长而可以发生链段运动，并通过链段的协同运动而发生整个分子运动。在一定负荷和温度下，聚合物试样的变形和时间的关系曲线即蠕变曲线（图 11-35），通常包括 3 种单元的形变，其数值大小分别如下。

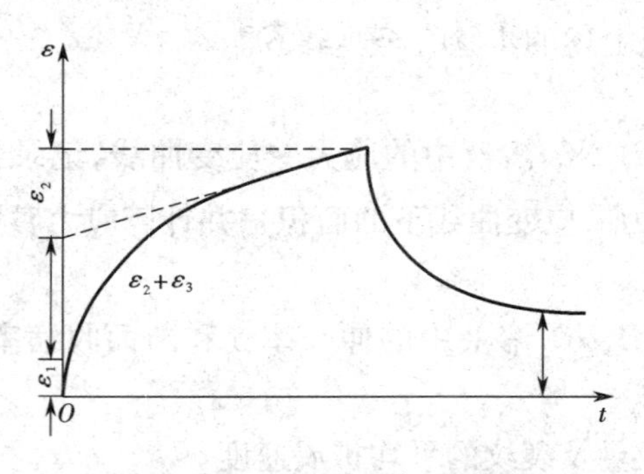

图 11-35 聚合物的蠕变曲线

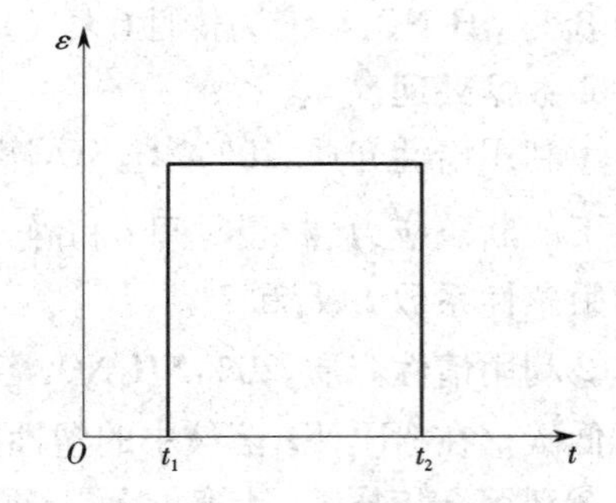

图 11-36 聚合物的普弹形变与时间的关系曲线

(1) 普弹形变 ε_1（又称瞬时弹性形变） 主要产生于键长、键角的变形，这种形变量很有限，在施加或除去负荷时立即发生，它的形变－时间关系如图 11-36 所示。其中 t_1 和 t_2 为施加和除去载荷的时间，ε_1 服从胡克定律。

$$\varepsilon_1 = \frac{\sigma}{E_1}$$

式中：σ 为所加的应力；E_1 为弹性模量，为 $10^9 \sim 10^{11}$ Pa。

（2）高弹形变 ε_2（也称为推迟弹性形变） ε_2 产生于链段运动，具有明显的松弛性质，要通过较长的时间才能达到形变最大值，曲线斜率随时间不断改变，其应力－应变关系可根据凯尔文（Kelvin）等提出的并联模型求得：

$$\varepsilon_2 = \frac{\sigma}{E_2}(1 - e^{-t/\tau})$$

式中：τ 是松弛时间，它与链段的运动黏度 η_2 和高弹模量 E_2 的关系为 $\tau = \eta_2/E_2$。模量 E_2 为 $10^5 \sim 10^7$ Pa，达到平衡时高弹形变是普弹形变的几万倍。高弹形变的产生，与应力的作用时间是不一致的。当 $t=0$ 时，$\varepsilon_2 = 0$；$t=\infty$ 时，则达到最大的形变值 σ/E_2。

（3）塑性形变 ε_3（或称黏性流动） 塑性形变为不可逆形变，它的形变－时间关系如图 11-37 所示；应力与应变关系与液体流动相似，服从牛顿定律：

$$\varepsilon_3 = \frac{\sigma}{\eta}t$$

式中：η 为聚合物的本体黏度，其大小为 $10^4 \sim 10^{13}$ Pa · s，与温度有关，比小分子的黏度（$10^{-3} \sim 10$ Pa · s）大得多。

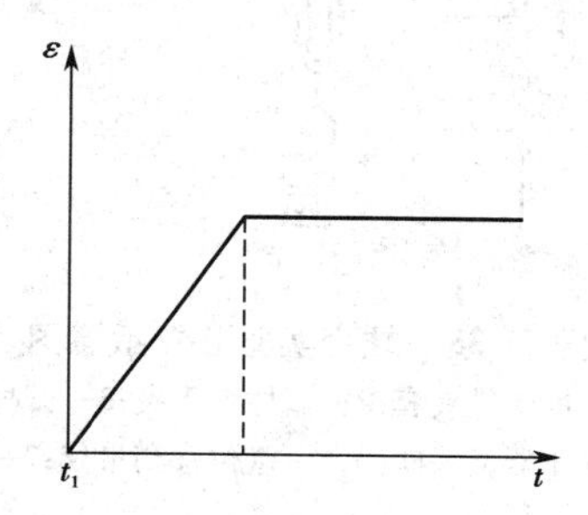

图 11-37 聚合物的塑性形变与时间的关系曲线

聚合物的总形变

$$\varepsilon = \varepsilon_1 + \varepsilon_2 + \varepsilon_3 = \sigma\left[\frac{1}{E_1} + \frac{1}{E_2}(1 - \mathrm{e}^{-t/\tau}) + \frac{t}{\eta}\right]$$

由于 3 种形变－时间的关系不同，所以在蠕变过程中当时间足够长，即 $t \gg \tau$，高弹形变已充分发展，达到了平衡。因而蠕变曲线的最后部分可以认为是纯粹的黏流形变。于是上式可写为

$$\varepsilon = \sigma\left(\frac{1}{E_1} + \frac{1}{E_2} + \frac{t}{\eta}\right)$$

即蠕变曲线的直线部分代表黏性流动部分，其斜率为 σ/η。因而从蠕变曲线直线部分的斜率可以计算聚合物的本体黏度。

在测定过程中，薄膜的厚度和宽度或塑料丝的半径（截面面积）会发生变化，导致应力发生变化，但控制形变在较小的情况下，可近似认为应力不变，而直接应用上式计算出聚合物的本体黏度。

本实验采用超级恒温槽循环温水设备，以使测试样品在所要求的恒温环境中。对试样施加一定负荷，使产生拉伸蠕变，用差动变压器及其位移测量仪测量试样的伸长率，用记录仪自动记录蠕变曲线。

3. 实验材料与样品

实验样品为边缘平整的 PVC 膜，宽为 0.50 cm，长为 1.50 cm，厚度为 0.05 cm。

4. 实验仪器

精度为 ±0.5 ℃的超级恒温水浴,差动变压器及 SW－1 型微位移测量仪,XWC－210A 型慢速记录仪,恒温玻璃夹套及夹具。实验装置,如图 11-38 所示。

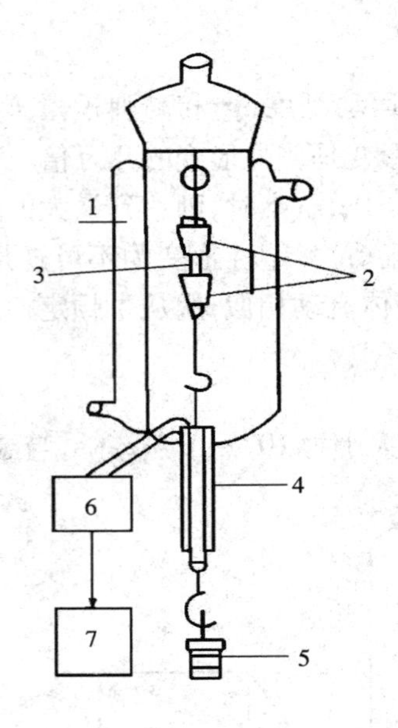

图 11-38 蠕变实验装置示意图

1—恒温槽夹套;2—试样上下夹;3—试样

4—差动变压器;5—砝码;6—微位移测量仪;7—记录仪

5. 实验步骤

①开启恒温水浴,调节接触温度计到所需要的温度(对 PVC 膜为(35 ±1) ℃)。

②把微位移测量仪电源及记录仪中笔 1、笔 2 开关拨通,此时记录纸卷开关暂断开,使仪器稳定 15 min。

③切取边缘平整的 PVC 膜,宽为 0.50 cm,长为 1.50 cm,厚度为 0.05 cm,用千分尺(或百分表)测其厚度,准确至 0.001 cm。

④将样品下夹和砝码托连同差动变压器铁芯及砝码一起称量,为施加的总载荷。

⑤将已量好尺寸的 PVC 膜夹在上下夹具中,使两夹中间长度约为 2 mm,但需要量准。待达到所需温度恒温时,把样品挂入玻璃夹套内,调节位移测量仪的灵敏度。位移计的灵敏度(放大倍数)取决于使用工作条件,放大倍数随励磁电压增大而增加,随衰减而减小。如励磁电压 3 V,衰减 2 即放大 80 倍;励磁电压 5 V,衰减 2 即放大 125 倍。因此要先对固定的差动变压器和微位移计做倍数校正,为数据处理使用。本实验将励磁电压置于 3 V,衰减置于 2,测量范围置于 2 V,然后,挂上差动变压器,并上、下调节差动变压器至铁芯线性范围。使记录笔位于记录仪一端为始点。

⑥接通记录仪的记录纸卷开关,选择走纸速度为 120 mm/h。

⑦样品恒温 5 min 后,挂上砝码,记录仪立即开始记录蠕变曲线。

⑧当记录纸上应变与时间关系呈线性时(约 2 h 或 30 min)取下砝码作回复曲线(约 30 min)停止实验,关闭仪器的所有电源。

6. 数据处理

根据记录的形变－时间曲线中直线部分的斜率及施加的应力求出本体黏度(Pa·s)。

$$直线部分的斜率 = [\varepsilon'/(放大倍数 \times 样品夹中间长度)]/\Delta t$$

式中:ε'为记录曲线直线部分用尺量出的长度,cm;Δt 为由记录仪走纸速度计算出的直线部分的时间间隔,s;"放大倍数"表示记录的曲线形变是试样实际形变的倍数。

7. 思考题

①形变到达恒稳流动后,蠕变曲线在不同形变值下除去载荷会发生怎样变化?

②对于交联的网状结构聚合物,形变－时间曲线是怎样的?

③研究聚合物的蠕变有什么实际意义?

8. 注意事项

在实验过程中,应注意影响应变测定误差的因素如位移测量仪的灵敏度等。

11.2.12 材料的摩擦与磨损实验

1. 实验目的

①熟悉往复式摩擦磨损试验机的结构、实验原理和操作方法。

②掌握摩擦系数与磨损量的测定方法。

③比较不同材料的摩擦磨损性能,并分析其原因。

2. 实验原理

摩擦磨损是工业生产中普遍存在的现象,凡是具有相对运动的摩擦副间,必然会伴随有摩擦和磨损现象。影响材料摩擦与磨损的因素很多,如压力、运动速度、工件表面质量、润滑剂及材料性能等。所以材料的摩擦磨损特性并不是材料固有的,而是摩擦条件与材料性能的综合特性。

摩擦磨损试验机的种类很多,一般由加力装置、摩擦力测量机构及摩擦副相对运动驱动机构等部分组成。现以往复式摩擦磨损试验机为例,介绍摩擦磨损试验机的结构及测试原理。

摩擦副由上试样和下试样组成,上试样与下试样间的往复运动由电机带动偏心轮的旋转而实现。往复运动的振幅可通过偏心距进行调节。摩擦副间的压力通过砝码加载,并由压力传感器进行测量;而摩擦副间的摩擦力通过拉/压传感器进行测量,如图 11-39 所示。将压力、摩擦力和时间信号输入到计算机中,便可得到摩擦力、摩擦系数随时间的变化曲线,如图 11-40 所示。

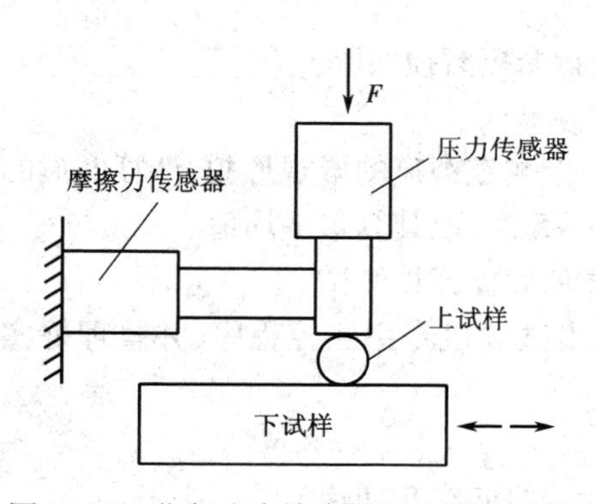

图 11-39 往复式摩擦磨损试验机的原理图

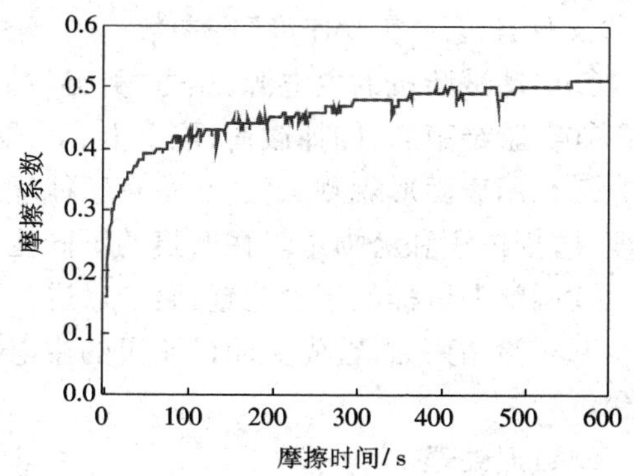

图 11-40 摩擦系数与时间的变化关系

经过一定时间(或滑动距离)后,下试样(待测试样)表面将产生具有一定深度的磨痕(图 11-41(a))。利用表面轮廓仪,在垂直于往复运动的方向上测量磨痕的微观形貌(图 11-42(b)),确定磨痕的深度与截面面积,从而与往复运动的振幅相乘得到磨损的体积。也可进一步由磨损体积求出材料的磨损量,根据磨损量的大小即可判断材料的耐磨性能。若在相同的时间(或距离)内磨损量越大,表明材料的耐磨性能越差。反之,则表明耐磨性越好。

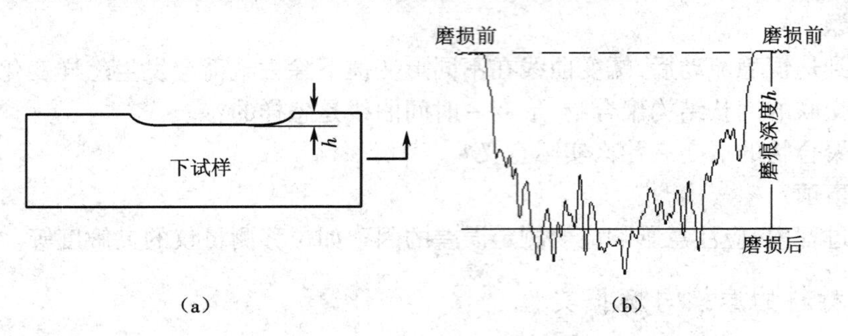

图 11-41 磨痕的宏微观形貌

(a) 宏观形貌 (b)微观形貌

3. 实验材料与样品

上试样选用直径 ϕ8 mm 的 ZrO_2球或 GCr15 钢球,试验载荷为 10 N,往复运动振幅为 10 mm,频率为 1 Hz,测试周期为 20 min。

下试样(待测试样)选用 G20CrMo 渗碳轴承钢、铜锌轴承合金等金属材料,聚四氟乙烯和尼龙等高分子材料;试样尺寸为 ϕ30 mm × 10 mm。要求试样两表面平行,且测试前需要依次进行打磨、抛光、清洗等处理。

4. 实验仪器

微机控制的往复式摩擦磨损试验机一台、表面形貌测试仪一台。

5. 实验步骤

①准备试样,试样表面应干净、光滑、均匀,不应有缺陷、裂痕、杂质等。

②将试样平稳地装卡在实验台上,并与安装上试样的卡具进行接触,保证运动过程中试样的接触情况相同。

③打开试验机专用测控程序,调整显示窗口上的“摩擦力”“实验时间”处于零点位置。

④施加试验载荷为 10 N,并在显示窗口上输入“实验时间”“预加载荷”“文件名”“文件数”“文件长度”“实验速度”等参数。

⑤启动试验机的主电源,点击“开始”按钮,开始进行摩擦磨损实验。

⑥实验结束后,卸掉载荷,取下上、下试样。

⑦利用表面形貌测试仪,在垂直于往复运动的方向上测定磨痕的微观形貌,计算磨痕的深度、磨损体积和磨损量。在磨痕的不同位置处测量 3 ~5 次,取其算术平均值。

⑧调整上试样的接触位置,装卡后进行下一个试样的摩擦磨损测试。

⑨实验结束后,首先关闭试验机的主电源,然后退出试验机专用测控程序,并整理好实验台。

6. 数据处理

①根据实验测试数据,绘制出各种材料的摩擦系数 - 时间变化曲线。

②根据磨痕的微观形貌测试结果,计算材料的磨痕深度、磨损体积和磨损量。

③比较金属材料和高分子材料的摩擦磨损性能。

7. 思考题

①为什么说材料的摩擦磨损性能并不是材料固有的，而是摩擦条件与材料性能的综合特性。

②常用哪些方法测量材料的磨损量？如何表征材料的耐磨性？

③摩擦磨损试验机常由哪几部分组成？说明各部分的作用。

④比较金属材料和高分子材料的摩擦磨损性能，并解释造成两类材料摩擦磨损性能差别的原因。

8. 注意事项

①进行摩擦磨损实验时，每一实验条件下的试样数量至少有3～5个。

②上、下试样的装卡和拆卸一定要认真仔细，不可过猛；试样卡紧后，方可进行实验。

③摩擦磨损实验过程中，不应随意停机，也不应触碰摩擦力传感器和实验台。

④若是在润滑条件下进行摩擦磨损实验，必须在开机前对试样进行润滑。

11.3　综合力学性能实验

上节中的常规力学性能实验，大多是基础性的验证实验。虽然验证性可以很好地巩固和验证所学的理论知识，使学生熟悉实验仪器的原理和测量方法，但对开发学生创新思维、培养学生研究问题能力的作用是有限的。因而教育部在《关于进一步加强高等学校本科教学工作的若干意见》中提出，将加大综合性实验的开设比例，提高学生的实践能力和创新能力作为高等学校本科教学工作水平评估实践教学指标的重要考察点。

综合性实验是指实验内容涉及本课程的综合知识或与本课程相关课程知识的实验，其教学目的是在学生具有一定基础知识和基本操作技能基础上，运用某一课程或多门课程的知识，通过实验内容、方法、手段等的综合，以掌握综合的知识和技能，培养学生综合考虑问题的思维方式和运用综合的技术、方法、手段分析问题、解决问题的能力，达到能力和素质的综合培养。

本节依据材料力学性能课程的特点，设计了“碳化硅增强铝基复合材料的力学性能”“材料失效案例分析”和“典型零件的材料选择、结构设计与应用”等三个综合性实验。

11.3.1　碳化硅增强铝基复合材料的力学性能实验

1. 实验目的

①了解复合材料的概念、组成、分类、组元的作用和力学性能特点。

②掌握综合运用拉伸、弹性模量、扭转、弯曲、压缩、硬度、冲击、断裂韧性、疲劳和摩擦磨损等实验方法表征材料力学行为的能力。

③分析比较碳化硅的形态和含量对铝合金组织与力学性能的影响规律，加深对材料复合理论的认识，为复合材料的设计与开发打下良好的基础。

2. 实验原理

复合材料，是由两种以上在物理和化学上不同的物质组合起来而得到一种多相固体材料。由于复合材料由两种以上不同的材料组成，因此其组分材料对复合材料的性能起到协调作用，可以在很大程度上改善和提高单一常规材料的力学、物理和化学性能，并且可以解决在工程结构上采用常规材料无法解决的工艺问题。于是,复合材料在航空、航天、机械制造、交通运输及医疗器械和体育用品等领域得到了广泛的应用。

1)复合材料的组成

复合材料,通常由基体材料、增强材料和基体与增强体之间的界面等三部分组成。其中基体材料大部分为连续相,主要起黏结或连接作用;增强材料多为分散相,主要用来承受载荷。由于增强材料的强度、硬度比基体高,因此亦称增强体。基体、增强体及界面的各自性质及相互作用,决定着复合材料的性能特征。

2)复合材料的分类

按材料的作用,复合材料可分为结构复合材料和功能复合材料两大类。前者是用于工程结构可承受外载荷的材料,主要使用其力学性能;后者则具有各种独特的物理性质,发挥其功能特性。

按基体材料,复合材料可分为树脂基(又称聚合物基,RMC)、金属基(MMC)、陶瓷基(CMC)、碳/碳基复合材料。

按增强体的种类和形态,可分为长纤维或连续增强复合材料、短纤维或晶须增强复合材料、颗粒增强复合材料、层叠增强复合材料(或称层状)及填充骨架型复合材料等,如图11-42所示。

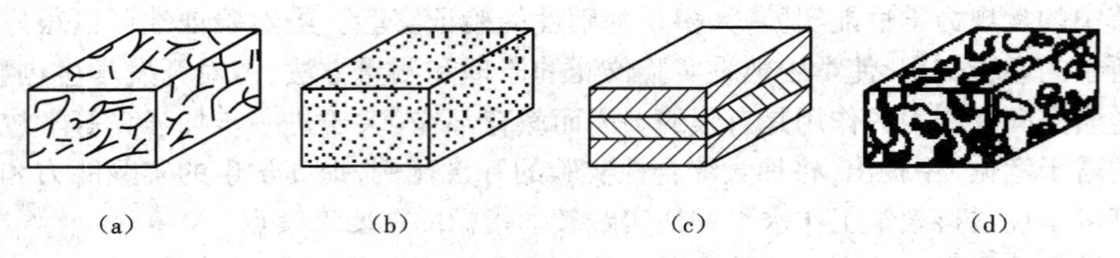

(a)　(b)　(c)　(d)

图11-42　复合材料的形态示意图

(a)纤维复合材料　(b)颗粒增强复合材料　(c)层状复合材料　(d)填充骨架型复合材料

3)复合材料中各组元的作用

基体是复合材料的重要组成部分之一,主要作用是利用其黏附特性,固定和黏附增强体,将复合材料所受的载荷传递并分布到增强体上。基体的另一作用是保护增强体在加工和使用过程中,受环境因素的化学作用和物理损伤,防止诱发造成复合材料破坏的裂纹。同时基体还起类似隔膜的作用,将增强体相互分开,这样即使个别增强体发生破坏断裂,裂纹也不易从一个增强体扩展到另一个增强体。

在结构复合材料中,增强体主要的作用是承受载荷。因此在设计复合材料时,通常所选择增强体的弹性模量比基体高。

基体与增强体之间的界面特性,决定着基体与复合材料之间结合力的大小。基体与增强体之间结合力的大小应适度,其强度应满足应力的传递。结合力过小,增强体和基体间的界面在外载作用下易发生开裂;结合力过大,又易使复合材料失去韧性。另外,基体与增强体之间还应具有一定的相容性,即相互之间不发生反应。

4)复合材料的性能

复合材料的性能取决于基体和增强体的特性、含量、分布等,其性能有如下的特点。

(1) 高比强度、比模量　复合材料的突出优点是比强度和比模量(强度、模量与密度之比)高。密度只有1.80 g/cm^{3}碳纤维的强度可达到3 700 ~ 5 500 MPa;硼纤维、碳化硅纤维的密度为 2. 50 ~ 3. 40 g/cm^3,模量为 350 ~ 450 GPa。加入高性能纤维作为复合材料的主要承载体,可使复合材料的比强度、比模量较基体的比强度、比模量成倍提高。如碳纤维增强环氧树脂的比强度是钢的 7 倍,比模量是钢的 3 倍。

(2)抗疲劳性能好　材料的疲劳破坏常常是没有明显预兆的突发性破坏,而纤维增强复合材料中纤维和基体间的界面能够有效地阻止疲劳裂纹的扩展。

(3)减振性能好　构件的自振频率除了与其本身结构有关外,还与材料比模量的平方根成正比。纤维复合材料的比模量大,因而它的自振频率很高,在通常加载速率下不容易出现因共振而快速脆断的现象。同时复合材料中存在大量纤维与基体的界面,由于界面对振动有反射和吸收作用,所以复合材料的振动阻尼强,即使激起振动也会很快衰减。

(4)可设计性强　通过改变增强体、基体的种类及相对含量、复合形式等,可满足复合材料结构与性能的设计要求。

此外,复合材料还可根据不同的组成而具有很高的抗高温蠕变、抗摩擦摩擦等力学性能,同时还可具有良好的导电、导热、压电、吸波、吸声等物理和化学性能。

5)碳化硅增强铝基复合材料

在以铝和铝合金为基体、碳化硅为增强体的复合材料中,又可根据增强体的形态分为长纤维、短纤维或晶须及颗粒增强复合材料。

碳化硅颗粒增强铝基复合材料(SiCp/A1)是目前金属基复合材料中最早实现大规模产业化的品种,它的密度仅为钢的 1/3、钛合金的 2/3;其比强度较中碳钢高,与钛合金相近,而比铝合金高;弹性模量略高于钛合金,而比铝合金高得多。此外,SiCp/A1 复合材料还具有良好的耐磨性能(与钢相似,比铝合金高 1 倍),使用温度最高可达 300 ~ 350 ℃,可广泛用于汽车和机械工业中制备发动机、柴油发动机的活塞、活塞环、连杆、刹车片等。

碳化硅晶须增强铝基复合材料(SiCw/Al)是针对航空航天等高技术领域的实际需求而开发的一类先进复合材料,具有良好的综合性能,如比强度、比模量高,热膨胀系数低等特点;在 200 ~ 300 ℃下,其抗拉强度还能保持基体合金在室温下的强度水平。这种复合材料可用于制造飞机的支架、加强筋、挡板和推杆等。

3. 实验材料与样品

实验采用碳化硅颗粒增强铝基复合材料(SiCp/A1)和碳化硅晶须增强铝基复合材料(SiCw/Al)作为实验的样品。

对 SiCp/A1 复合材料,选用工业纯铝为基体,增强体为 10 ~ 20 μm 的 SiC 颗粒,然后经过挤压铸造法制备出 SiC 颗粒含量(体积分数)为 0. 5%,10%,15%和 20%的 SiCp/A1 复合材料,再经机械加工后制成金相组织和力学性能实验用的样品。

对 SiCw/A1 复合材料,选用工业纯铝为基体,增强体为直径 0. 1 ~ 1. 0 μm,长度为 30 ~ 100 μm 的 SiC 晶须,然后经过挤压铸造法制备出 SiC 含量(体积分数)为 20%的 SiCw/A1 复合材料,再经机械加工后制成金相组织和力学性能实验用的样品。

4. 实验仪器

金相显微镜一台、X 射线衍射仪一台、游标卡尺一把、万能材料试验机一台、扭转试验机一台、布氏硬度计一台、摆锤式冲击试验机一台、摩擦磨损试验机一台、扫描电子显微镜一台。

5. 实验步骤

(1)复合材料的制备　以工业纯铝为基体,SiC 颗粒和短纤维为增强体,经过挤压铸造法制备出不同含量的 SiCp/A1、SiCw/A1 复合材料。经机械加工后，制成金相组织和力学性能实验用的样品。

(2)金相组织观察　将 SiCp/A1、SiCw/A1 复合材料，经切割、打磨、抛光后制成金相试样，观察试样的微观组织。

(3)物相分析　利用 X 射线衍射仪分析 SiCp/A1、SiCw/A1 复合材料的物相组成。

(4)拉伸性能　按静载拉伸实验方法，测定 SiCp/A1、SiCw/A1 复合材料的屈服强度、抗拉强度、伸长率和断面收缩率等力性指标。

(5)弹性模量　按弹性模量实验方法，测定 SiCp/A1、SiCw/A1 复合材料的弹性模量。

(6)抗扭强度　按扭转实验方法，测定 SiCp/A1、SiCw/A1 复合材料的抗扭强度。

(7)压缩屈服强度　按压缩实验方法，测定 SiCp/A1、SiCw/A1 复合材料的压缩屈服强度。

(8)硬度　按硬度实验方法，测定 SiCp/A1、SiCw/A1 复合材料的硬度。

(9)冲击韧性　按冲击韧性实验方法，测定 SiCp/A1、SiCw/A1 复合材料的冲击韧性。

(10)断裂韧性　按平面应变断裂韧性实验方法，测定 SiCp/A1、SiCw/A1 复合材料的断裂韧性。

(11)疲劳强度　按疲劳实验方法，测定 SiCp/A1、SiCw/A1 复合材料的疲劳强度。

(12)摩擦磨损性能　按摩擦与磨损实验方法，测定 SiCp/A1、SiCw/A1 复合材料的摩擦磨损性能。

6. 数据处理

①按实验步骤和力学性能指标的定义，分别测定 SiCp/A1、SiCw/A1 复合材料的各项力学性能指标。

②对比 SiC 颗粒含量对复合材料力学性能的影响，并总结出其规律。

③分析与比较不同形态(颗粒、纤维)下碳化硅增强铝基复合材料的力学性能，并解释其原因。

7. 思考题

①什么是复合材料？并叙述复合材料的基本特点。

②当纤维复合材料受力时，基体和纤维各起什么作用？

③单向纤维复合材料有哪些基本性能指标？用实验方法测定这些性能指标时，应注意什么问题？

④短纤维复合材料的强度与哪些因素有关？为什么纤维越长，短纤维复合材料的强度越高？

⑤复合材料的断裂有哪几种模式？

⑥与金属材料相比，复合材料的疲劳性能有哪些显著的特点？

8. 注意事项

①要求同学们在实验前一定要查阅大量的文献资料，对复合材料的概念、组成、分类和力学性能特点有一个整体的了解，并写出碳化硅增强铝基复合材料的文献综述。

②在实验过程中，同学间要互相团结协作，并尽量根据所学的知识和实验技能进行积极的思考，培养分析问题、解决问题的能力和创新意识。

③实验后，要求各位同学及时整理实验数据，分析实验结果。对实验过程中出现的问题，要提出进一步解决的方案。

④应按照下列的格式撰写实验报告:ⓐ实验目的;ⓑ文献综述;ⓒ实验原理和实验过程;ⓓ数据处理和误差分析;ⓔ实验结果与讨论;ⓕ实验结论;ⓖ思考题;ⓖ体会和建议;ⓗ参考文献。

11.3.2　材料失效案例分析实验

1. 实验目的

①综合运用所学的理论知识和实验技能,通过对构件失效特征观察、材料的组织和性能分析,正确判断材料的失效原因并提出预防材料过早失效的措施。

②锻炼查阅科技文献资料及科技写作的能力。

2. 实验原理

任何机器零件或构件都具有一定的功能,如在载荷、温度、介质等作用保持一定的几何形状和尺寸,实现规定的机械运动,传递力和能量等。零件若失去设计要求的效能,即为失效。

造成零件失效的原因是多方面的,它涉及结构设计、材料选择、加工制造、装配调整及使用与保养等因素。但从本质看,零件失效都是由于外界载荷、温度、介质等的损害作用超过了材料抵抗损害的能力造成的。为避免零件的失效,设计工作者必须从零件的工作条件出发找出其对材料的性能要求,从而选择正确的材料并制订合理的工艺技术路线。相反地,一旦零件发生失效,就需要失效分析工作者通过观察零件的失效特征,找出造成失效的原因,确定相应的失效抗力指标,从而为设计工作者正确选材、制订合理的工艺技术路线提供理论依据。

机械零件的失效,常见的有过量变形失效、断裂失效、腐蚀失效和磨损失效等方式。而每种失效方式,又可依据外界载荷、温度、介质等实际环境的不同而有所变化。如断裂失效,又可进一步细分为静载失效、冲击失效、疲劳失效、应力腐蚀失效、蠕变失效等。又如磨损失效,可进一步细分为黏着磨损失效、磨粒磨损失效、腐蚀磨损失效、疲劳磨损失效、冲蚀磨损失效、微动磨损失效等。因此,研究零件的失效,是深刻了解零件工作条件的基础。只有这样才能保证零件的设计正确,选材恰当和工艺合理,最大限度地杜绝零件失效现象的发生。

但实际生产中,由于原材料质量低劣、工艺不当、使用不当等原因,造成零件失效的现象时有发生,有时甚至造成重大的人员伤亡和财产损失。对失效零件进行分析,查明其各种内在和外在原因,是找出预防措施、避免失效损失的前提。广义看,材料失效总是从其表面或内部的缺陷开始,这些缺陷可能是来自冶金、加工、热处理、焊接以及使用等各种阶段。因此,必须借助各种宏观和微观的成分、组织和性能检测手段对失效件进行分析,找到失效起源部位,并查清其宏观和微观特征,明确其产生机理,才能正确认识失效原因,并提出有效的预防和改进措施;同时对失效发展路径的分析有利于正确认识材料失效的全过程,为及早发现材料缺陷、采取补救措施、防止重大损失提供依据。

3. 实验设备及材料

1)实验设备

体视显微镜、金相显微镜、扫描电子显微镜、热处理炉、硬度计、镶嵌机、抛光机等。

2)实验材料

(1)失效案例一　锅炉输气管爆裂的原因分析

某企业使用的锅炉输气导管,材料为12Cr1MoV钢,输气管内所通气体规定控制在400

℃以下,预期寿命为1年,实际在更换新管使用不到1周后爆裂。断口位于弯管内侧,呈轴向分布,断口附近产生明显塑性变形,管壁变薄,断口表面被一层氧化物覆盖。通过实验分析,找出输气管发生爆裂的原因。

(2)失效案例二　改锥质量问题(断裂、磨损及变形)的分析及改进

某单位生产的改锥,材料为40钢,采用高频局部淬火。使用过程中常发生改锥头断裂、磨损、刃口变形、改锥杆弯曲等现象。分析产生以上问题的原因,提出可行的解决方案。

4. 实验方法

1)失效分析方案设计

根据实验室提供的失效样件,制订失效分析方案,在以下实验内容中选择需要做的实验,上交指导老师审核后实施。

2)实验项目

(1)损伤面观察　包括宏观观察和微观观察两部分。宏观观察是通过肉眼、放大镜或体视显微镜对损伤面进行全面观察,初步判断失效性质和起源部位。微观观察则可利用视频显微镜或扫描电镜观察损伤面的微观特征,并结合微区能谱分析判断失效的原因,分析的重点是失效的起源位置。另外,还可通过复型技术分析损伤面的微观特征。

(2)成分分析　包括宏观成分分析和微区成分分析两种。宏观成分分析的方法,有化学分析、X射线荧光分析和光谱分析等。微区成分分析的方法,有能谱、波谱等。

(3)组织金相分析　可利用金相显微镜、扫描电镜和透射电镜等设备在不同层次上对材料的金相组织进行观察和分析。还可在显微镜下对材料的有效硬化层深度、夹杂物级别、晶粒大小、带状组织等进行评级及对珠光体组织进行评级等。

(4)性能分析　包括力学性能、物理性能和化学性能等分析。零件的力学性能,包括材料的硬度、强度、塑性和韧性等测试。利用显微硬度法,可以分析小块试样上不同部位力学性能的均匀性。材料的化学性能,可通过极化曲线、电化学阻抗谱、盐雾实验和耐蚀性实验等测定材料的耐腐蚀性能。材料的物理性能,包括材料的电学、热学和磁学等性能测试。此外,还可利用表面镀层厚度测定仪测定金属镀层的厚度。

5. 实验步骤

①资料查询。指导教师首先给学生讲解有关实验题目的主要文献资料及查阅方法。然后根据有关资料,明确实验题目的重点、难点,为设计实验方案奠定基础。

②实验方案设计。以学生为主设计方案,共同讨论确定可行方案后,提交书面实验方案。

③具体实验操作。学生根据方案分组实验,实验室仪器设备全部开放使用。

④实验报告。学生以科研论文的形式拟写实验报告。

⑤分组讨论与汇报。制作反映实验方案、实验过程和实验结果的演示文稿,并在组内进行讲解和讨论。

⑥成绩评定。教师根据实验方案、实验过程、实验结果、实验汇报等几个方面综合评定给出成绩。

6. 实验具体要求

根据实验题目,确定实验方案及具体步骤。每个学生提出自己的实验方案,经讨论综合而成本组的实验方案。提供一份书面实验方案后,再开始进行实验。实验室提供所有的实验设施,供学生使用。每人根据查阅的资料、实验结果,对实验题目进行分析总结。实验完

成时,应提交预习报告(实验方案、文献综述)、实验分析报告(包括相关的数据、金相照片、工艺曲线和分析结论等)。

①要求同学们在实验前一定要查阅大量的文献资料,对材料失效的分析方法和步骤有一个整体的了解,并写出文献综述。

②在实验过程中,同学间要互相团结协作,并尽量根据所学的知识和实验技能进行积极的思考,培养分析问题、解决问题的能力和创新意识。

③实验后,要求各位同学及时整理实验数据,分析实验结果。对实验过程中出现的问题,要提出进一步解决的方案。

④应按照下列的格式撰写实验报告:ⓐ实验目的;ⓑ文献综述;ⓒ实验原理和实验过程;ⓓ数据处理和误差分析;ⓔ实验结果与讨论;ⓕ实验结论;ⓖ思考题;ⓗ体会和建议;ⓘ参考文献。

7. 思考题

①金属材料失效的方式有哪些?各自的典型失效特征是什么?

②常见的断裂破坏形式有哪些?如何判断裂纹起裂源的位置?

③常见的热处理和锻造缺陷有哪些?它们会引起什么样的破坏?

④某工厂用 T10 钢制造钻头,给一批铸铁件打 ϕ10 mm 的深孔,但打几个孔后钻头即很快磨损。据检验,钻头的材质、热处理、金相组织和硬度都合格。分析失效的原因,并提出解决问题的方案。

11.3.3　典型零件的材料选择、结构设计与应用实验

1. 实验目的

①了解典型零件材料的选用原则。

②掌握典型零件的热处理工艺和加工工艺。

③学会典型机械零件的结构设计方法和基本步骤。

2. 实验原理

1)选材的一般原则

机械零件产品的设计不仅要完成零件的结构设计,还要完成零件的材料设计。零件材料的设计包括两方面的内容,一是选择适当的材料满足零件的设计及使用性能要求;二是根据工艺和性能要求设计最贱的热处理工艺和零件加工工艺。

选材的一般原则是材料具有可靠的使用性、良好的工艺性,制造产品的方案具有最高的劳动生产率、最少的工序和最佳的经济效益。

(1)材料的使用性能　材料的使用性能,包括力学性能、物理性能和化学性能等。

工程设计中人们所关心的是材料的力学性能。力学性能指标,包括屈服强度(屈服点 σ_s 或 $\sigma_{0.2}$)、抗拉强度(σ_b)、疲劳强度(σ_{-1})、弹性模量(E)、硬度(HB 或 HRC)、伸长率(δ)、断面收缩率(ψ)、冲击韧性(α_K)、断裂韧性(K_{IC})等。

零件在工作时会受到多种复杂载荷,所以选材时应根据零件的工作条件、结构因素、几何尺寸和失效形式来提出制造零件的材料性能要求,并确定主要的性能指标。

分析零件的失效形式并找出失效原因,可为选择合适材料提供重要依据。在选材时还应注意零件在工作时短时间过载、润滑不良、材料内部缺陷、材料性能与零件工作时性能之间的差异。

(2)材料的工艺性能　材料的工艺性能,包括铸造性能、锻造性能、切削加工性能、冲压性能、热处理工艺性能和焊接性能等。

一般的机械零件都需要经过多种工序加工,技术人员须根据零件的材质、结构、技术要求来确定最佳的加工方案和工艺,并按工序编制零件的加工工艺流程。对于单件或小批量生产的零件,零件的工艺性能并不显得十分重要;但在大批量生产时材料的工艺性能则非常重要,因为它直接影响产品的质量、数量及成本。因此,在设计和选材时应在满足力学性能的前提下使材料具有较好的工艺性能。材料的工艺性能可以通过改变工艺规范、调整工艺参数、改变结构、调整加工工序、变换加工方法或更换材料等方法进行改善。

(3)材料的经济效益　选择材料时,应在满足各种性能要求的前提下,使用价格便宜、资源丰富的材料。此外,还要求具有最高的劳动生产率和最少的工序,从而达到最佳的经济效益。

2)典型零件材料的选择

(1)轴类零件的材料选择

①工作条件。主要承受交变扭转载荷、交变弯曲载荷或拉压载荷,局部(如轴颈)承受摩擦磨损,有些轴类零件还受到冲击载荷。

②失效形式。断裂(多数是疲劳断裂)、磨损和变形失效等。

③性能要求。具有良好的综合力学性能、足够的刚度以防止过量变形和断裂,高的断裂疲劳强度以防止疲劳断裂,受到摩擦的部位应具有较高的硬度和耐磨性。此外,还应有一定的淬透性,以保证淬硬层深度。

(2)齿轮类零件的材料选材

①工作条件。齿轮在工作时因传递动力而使齿轮根部受到弯曲应力,齿面存在相互滚动和滑动摩擦的摩擦力,齿面相互接触处承受很大的交变接触压应力,并受到一定的冲击载荷。

②失效形式。主要有疲劳断裂、点蚀、齿面磨损和齿面塑性变形等。

③性能要求。具有高接触疲劳强度、高表面硬度和耐磨性、高抗弯强度,同时心部应有适当的强度和韧性。

(3)弹簧类零件的材料选择

①工作条件。弹簧主要在动载荷下工作,即在冲击、振动或者周期均匀地改变应力的条件下工作,它起到缓和冲击力的作用,使与其配合的零件不致受到冲击力而出现早期破坏现象。

②失效形式。常见的是疲劳断裂、过量变形和冲击断裂等。

③性能要求。必须具有高疲劳极限与弹性极限,尤其是高屈强比,此外还应具有一定的冲击韧性和塑性。

(4)轴承类零件的材料选材

①工作条件。滚动轴承在工作时承受集中和反复的载荷。轴承类零件的接触应力大,通常为14.7~49.0 MPa,其应力交变次数每分钟达数万次。

②失效形式。过度磨损破坏、接触疲劳破坏等。

③性能要求。具有高抗压强度和接触疲劳强度,高而均匀的硬度和耐磨性,此外还应有一定的冲击韧性、弹性和尺寸稳定性。因此,要求轴承钢具有高耐磨性及抗接触疲劳性能。

(5)工模具类零件的材料选择

①工作条件。车刀的刃部与工件切削摩擦产生热量,使得温度升高,有时可达 500 ~ 600 ℃,在切削过程中还要承受冲击、振动。冷冲模具一般只做落料冲孔模、修边模、冲头、剪刀等,在工作时刃口部位承受较大的冲击力、剪切力和弯曲力,同时还与坯料发生剧烈摩擦。

②失效形式。主要有磨损、变形、崩刃、断裂等。

③性能要求。具有高硬度和红硬性、高强度和耐磨性、足够的韧性和尺寸稳定性以及良好的工艺性能。

3)机械零件设计的一般步骤

①根据零件的使用要求(如功率、转速等),选择零件的类型及结构形式,并拟定计算简图。

②计算作用在零件上的载荷。

③根据零件的工作条件,选择合适的材料及热处理方法。

④分析零件的主要失效方式,选择相应的设计准则,确定零件的基本尺寸。

⑤按结构工艺性及标准化的要求,设计零件的结构及其他尺寸。

⑥绘制零件工作图,拟定必要的技术条件,编写计算说明书。

3. 实验设备及材料

箱式电阻炉、硬度计、金相显微镜和数码相机、抛光机、金相砂纸等,及可供选择的金属材料等。

4. 实验内容与步骤

1)典型零件的选材

在以下金属材料中选择合适的制造机床主轴、机床齿轮、汽车弹簧、轴承滚珠、高速车刀、钻头、冷冲模等 7 种零件(或工具)的材料,制造每种材料所对应的热处理工艺并填于表 11-4 中。

表 11-4　典型零件选用材料和热处理工艺表

零件(或工具)名称	选用材料	热处理工艺
机床主轴		
机床齿轮		
汽车弹簧		
轴承滚珠($\phi < 10$ mm)		
高速车刀		
钻头		
冷冲模		

能提供的金属材料,有 Q235 钢、45 钢、65 钢、T10A、HT200、GCr15、W18Cr4V、60Si2Mn、5CrNiMo、20CrMnTi、H70、1Cr18Ni9、ZCHSnSb11 - 6、Cr12MoV。

2)热处理工艺的制定

根据 $Fe\text{-}Fe_3C$ 相图、C 曲线及回火转变的原理,参考有关教材热处理工艺部分的内容,给出材料(45 钢和 T10 钢)应获得组织的热处理工艺参数,并选择热处理设备、冷却方式及介质。

(1)机床主轴　在工作时承受交变扭转和弯曲载荷,但载荷和转速不高,冲击载荷也不大。轴颈部位受到摩擦磨损。机床主轴整体硬度要求为 HRC25～30,轴颈、锥孔部位的硬度要求为 HRC45～50。

实验步骤如下。

①查阅有关资料。

②从 45 钢、T10、20CrMnTi、Cr12MoV 材料中选定一种最合适的材料制造机床主轴。

③写出加工工艺流程。

④制定预先热处理和最终热处理工艺。

⑤写出各热处理工艺的目的和获得的组织结构。

⑥经指导教师认可后进实验室操作。

⑦利用实验室现有设备,将选好的材料按制定的热处理工艺进行操作。

⑧测量热处理后的硬度,观察每道热处理后的组织并用数码相机拍摄,判断是否达到预期的目的。如有偏差,分析原因。

(2)手用丝锥　在工作时,丝锥受到扭转和弯曲的复合作用,不受振动与冲击载荷。手用丝锥(不大于 M12)的 HRC 硬度不低于 60,金相组织要求淬火马氏体不大于 2 级。

实验步骤如下。

①查阅有关资料。

②从 65 钢、T10、9CrSi、W18Cr4V、20Cr、H70 材料中选定一种最合适的材料制造手用丝锥(不大于 M12)。

③写出加工工艺流程。

④制定预先热处理和最终热处理工艺。

⑤写出各热处理工艺的目的和获得的组织结构。

⑥经指导教师认可后进实验室操作。

⑦利用实验室现有设备,将选好的材料按制定的热处理工艺进行操作。

⑧测量热处理后的硬度,观察每道热处理后的组织并用数码相机拍摄,判断是否达到预期的目的。如有偏差,分析原因。

3)典型零件的结构设计

以载质量为 5 000 kg 的某载重汽车的半轴、变速箱主轴齿轮为例,首先根据汽车半轴、主轴齿轮的工作条件,确定出适合制造汽车半轴和变速箱齿轮的材料和热处理工艺。然后结合“机械设计基础”课程的内容,利用 CAD 软件设计出半轴和齿轮的结构与尺寸,并对设计出的半轴和齿轮进行强度、刚度、耐磨性、稳定性等的计算与校核。进而利用 ANSYS 有限元软件对汽车半轴和主轴齿轮在运行条件下的应力应变场进行理论模拟,在此基础上对零件的结构与尺寸进行优化。

5. 实验报告要求

①选择典型零件制造的材料,填写到表 11-4 中。

②根据机床主轴和手用丝锥的实验步骤,写出实验的详细过程,包括材料选用、加工工艺线路、热处理工艺、测试的硬度值,附每道热处理工艺后的显微组织照片。

③设计出载重汽车用汽车半轴和变速箱齿轮的零件图,编写出计算说明书,并附 ANSYS 有限元软件的仿真分析结果与结构尺寸优化依据。

附　　录

附录 1　材料力学性能中的常用单位换算表

长度单位			力单位换算		
米(m)	毫米(mm)	英寸(in)	牛顿(N)	公斤力(kgf)	磅力(lbf)
1	1 000	39.37	1	0.102	0.224 8
0.01	1	0.039 37	9.806 7	1	2.204 6
0.025 4	25.4	1	4.448	0.453 6	1
应力单位换算			功单位换算		
牛顿/米^2 (N/m^2)	公斤力/毫米^2 (kgf/mm^2)	磅力/英寸^2 (lbf/in^2)	牛顿·米 (N·m)	公斤力·米 (kgf·m)	英尺·磅力 (ft·lbf)
98.07×10^5	1	1 422	1	0.102	0.737 6
1	1.02×10^{-7}	14.5×10^{-5}	9.807	1	7.233
6 894.8	7.03×10^{-4}	1	1.356	0.138 3	1
冲击值单位换算			应力场强度因子单位换算		
牛顿·米/米^2 ($N\cdot m/m^2$)	公斤力·米/厘米^2 ($kgf\cdot m/cm^2$)	英尺·磅力/英寸^2 ($ft\cdot lbf/in^2$)	兆牛顿/米$^{3/2}$ ($MN/m^{3/2}$)	公斤力/毫米$^{3/2}$ ($kgf/mm^{3/2}$)	千磅力/英寸$^{3/2}$ ($klbf/in^{3/2}$)
1	0.102×10^{-4}	4.75×10^{-3}	1	3.23	0.910
98 067	1	46.65	0.310	1	0.282
2 102.9	0.021	1	1.10	3.544	1
能量释放率单位换算			温度单位换算		
牛顿/米 (N/m)	公斤力/毫米 (kgf/mm)	磅力/英寸 (lbf/in)	C/摄氏度(℃)	F/华氏度(F)	K/开尔文(K)
1	0.102×10^{-3}	0.57×10^{-2}	C	$\frac{5}{9}(C+32)$	$C+273.15$
9 807	1	56.0	$\frac{5}{9}(F-32)$	F	$\frac{5}{9}(F+459.67)$
175.6	0.017 86	1	$K-273.15$	$\frac{5}{9}K-459.67$	K

常用单位换算示例：

$1\ kgf/mm^2 = 9.087\times10^6\ N/m^2 = 9.807\ MN/m^2 = 9.807\times10^6\ Pa = 9.807\ MPa$

附录2　常用材料的力学性能

材料名称		σ_b/MPa	σ_s/MPa	伸长率 δ/(%)	断面收缩率 ψ/(%)	A_k/(MJ/m^2)
球墨铸铁	QT60—2	600	420	2		0.15
	QT45—5	450	330	5		0.20
	QT40—10	400	300	10		0.30
普通碳素钢	A3	420	230	26		
	A4	470	250	24		
	A6	660	300	15		
优质碳素钢	25	460	280	23	50	0.90
	45	610	360	16	40	0.50
	70	730	430	9	30	
普通低合金钢	12Mn	450	300	21		≥0.60
	16Mn	520	350	21		≥0.60
	16MnNb	540	400	19		≥0.60
合金钢	40Mn2	850	700	12	45	0.70
	40Cr	1000	800	9	45	0.60
	16Mn	400	250	25	60	1.20
弹簧钢	65	1000	800	9	35	
	60Mn	1000	800	9	35	
工业用铝	L6	90	30	30		
	L4	140	100	12		
H62 黄铜	软	330	110	49	66	1.40
	硬	600	500	3		
H90 黄铜	软	260	120	45	80	1.80
	硬	480	400	4		
化工陶瓷		30 *	200 **			
透明石英玻璃		50 *	1 359 **			注：*—抗拉强度
烧结尖晶石		134 *	1 900 **			**—抗压强度
烧结氧化铝		265 *	2 990 **			
烧结 B_4C		300 *	3 000 **			
聚四氟乙烯		10 ~ 14	17 ~ 37	100 ~ 350		
聚丙烯		20 ~ 27	24 ~ 37	200 ~ 600		
尼龙 -66		58 ~ 78	61 ~ 81	60 ~ 300		
聚碳酸酯		54 ~ 68	54 ~ 68	60 ~ 120		
聚苯乙烯			37 ~ 54	1 ~ 2.5		
聚甲醛		47 ~ 54	61 ~ 68	2 ~ 10		
工业有机玻璃		60				1.0 ~ 1.2

附录3　部分材料的平面应变断裂韧性 K_{IC}

材料	处理条件	σ_s/MPa	K_{IC}/(MPa · $m^{1/2}$)
40 钢	860 ℃ 正火	294	71 ~ 72
45 钢	正火	360	101
40CrNiMo(4340)	260 ℃ 回火	1 495 ~ 1 600	50 ~ 63
45CrNiMoV(D6AC)	540 ℃回火	1 495	102
14SiMnCrNiMoV	920 ℃淬火 610 ℃ 回火	834	83 ~ 88
18MnMoNiCr	660 ℃淬火 8 h 空冷	490	276
30CrMnSiNi2A	892 ℃加热 300 ℃等温	1390	80
0.2C − 9Ni − 4Co(HP9 − 4 − 20)	550 ℃ 回火	1 280 ~ 1 310	132 ~ 154
0.3C − 9Ni − 4Co(HP9 − 4 − 30)	540 ℃ 回火	1 320 ~ 1 420	90 ~ 115
18Ni(200)	马氏体时效处理	1 450	110
18Ni(250)	马氏体时效处理	1 785	88 ~ 99
18Ni(300)	马氏体时效处理	1 905	50 ~ 64
铝 2 014 − T651		435 ~ 470	23 ~ 27
2 020 − T651		525 ~ 540	22 ~ 27
2 024 − T851		450	23 ~ 28
7 050 − T73651		460 ~ 510	33 ~ 41
7 075 − T651		515 ~ 560	27 ~ 31
7079 − Y651		525 ~ 540	29 ~ 33
Ti − 6Al − 4V	热轧退火	875	123
	再结晶退火	815 ~ 835	85 ~ 107
Si_3N_4		8 100①	3.5 ~ 5.5
硅酸盐玻璃			0.7 ~ 0.9
单晶 SiC			1.5
热压烧结 SiC			4 ~ 6
多晶 Al_2O_3		5 100①	3.5 ~ 4
Al_2O_3 − Al 复合材料			6 ~ 11
立方稳定 ZrO_2			2.8
Al_2O_3 − ZrO_2复合材料			6.5 ~ 13
聚碳酸酯			2.2
有机玻璃(PMMA)			0.7 ~ 1.6
聚苯乙烯		35 ~ 70	0.7 ~ 1.1
聚乙烯			1 ~ 6
聚丙烯			3 ~ 4.5
聚氯乙烯			2 ~ 4.0
尼龙			2.5 ~ 3

续表

材料	处理条件	σ_s/MPa	K_{IC}/(MPa · $m^{1/2}$)
ABS 塑料			2
环氧树脂			0.6
橡胶增韧环氧			2.2

①按硬度推算的屈服应力值。

附录 4　部分工程材料的疲劳门槛值 ΔK_{th}

材料	σ_s/MPa	$R=K_{min}/K_{max}$	ΔK_{th}/(MPa · $m^{1/2}$)
低碳钢	430	0.13	6.6
		0.35	5.2
		0.49	4.3
		0.64	3.2
		0.75	3.8
A533B 低合金高强度钢		0.1	8.0
		0.3	5.7
		0.5	4.8
		0.7	3.1
		0.8	3.1
A508 低合金高强度钢	606	0.1	6.7
		0.5	5.6
		0.7	3.1
18-8 不锈钢	665	0	6.0
		0.33	5.9
		0.62	4.6
		0.74	4.1
45CrNiMoV	1970	0.03	3.4
7050-T7	497	0.04	2.5
Ti-6Al-4V	1035	0.15	6.6
		0.33	4.4
铜	215	0	2.5
		0.33	1.8
60/40 黄铜	325	0	3.5
		0.33	3.1

参考文献

[1] 束德林. 金属力学性能[M].2 版. 北京：机械工业出版社，1999.

[2] 肖纪美. 材料学的方法论[M]. 北京：冶金工业出版社，1994.

[3] 戴念祖，老亮. 中国物理学史大系：力学史[M]. 长沙：湖南教育出版社，2005.

[4] 师昌绪. 新型材料与材料科学[M]. 北京：科学出版社，1988.

[6] 老亮. 材料力学史漫话：从胡克定律的优先权讲起[M]. 北京：高等教育出版社，1993.

[7] 肖纪美. 材料的应用与发展[M]. 北京：宇航出版社，1988.

[8] 徐秉业. 身边的力学[M]. 北京：北京大学出版社，1997.

[9] 冯端，师昌绪，刘治国. 材料科学导论：融贯的论述[M]. 北京：化学工业出版社，2002.

[10] 周达飞. 材料概论[M]. 北京：化学工业出版社，2001.

[11] 靳正国，郭瑞松，师春生，等. 材料科学基础[M]. 天津：天津大学出版社，2005.

[12] 肖纪美. 材料学方法论的应用：拾贝与贝雕[M]. 北京：冶金工业出版社，2000.

[13] 范钦珊，殷雅俊. 材料力学[M]. 北京：清华大学出版社，2004.

[14] 赵志岗，叶金铎，王燕群，等. 材料力学[M]. 天津：天津大学出版社，2001.

[15] 束德林. 工程材料力学性能[M]. 北京：机械工业出版社，2003.

[16] 刘瑞堂，刘文博，刘锦云. 工程材料力学性能[M]. 哈尔滨：哈尔滨工业大学出版社，2001.

[17] 郑修麟. 材料的力学性能[M].2 版. 西安：西北工业大学出版社，2000.

[18] 姜伟之，赵时熙，王春生，等. 工程材料的力学性能(修订版)[M]. 北京：北京航空航天大学出版社，2000.

[19] 石德珂，金志浩. 材料力学性能[M]. 西安：西安交通大学出版社，1998.

[20] HERTZBERG R W. Deformation and fracture mechanics of engineering materials[M]. 4th ed. New York：John Wiley & Sons，1996.

[21] DOWLING N E. Mechanical behavior of materials engineering methods for deformation, fracture, and fatigue [M]. 2nd ed. Upper Saddle River, NJ：Prentice Hall，1999.

[22] SOBOYEJO W O. Mechanical properties of engineered materials[M]. New York：Marcel Dekker，Inc.，2003.

[23] YU HAISHENG，SERGIY N SHUKAYEV，MANOUN MEDRAJ. Mechanical properties of materials[M]. Beijing：Metallurgical Industry Press，2005.

[24] 郑修麟. 工程材料的力学行为[M]. 西安：西北工业大学出版社，2004.

[25] GREEN D J. 陶瓷材料力学性能导论[M]. 龚江宏，译. 北京：清华大学出版社，

2003.
[26] 孙茂才. 金属力学性能[M]. 哈尔滨：哈尔滨工业大学出版社,2003.
[27] 赫次伯格 R W. 工程材料的变形与断裂力学[M]. 王克仁，罗力更,译. 北京：机械工业出版社，1982.
[28] 高建明. 材料力学性能[M]. 武汉：武汉理工大学出版社，2004.
[29] 王从曾. 材料性能学[M]. 北京：北京工业大学出版社，2001.
[30] 杨道明. 金属力学性能与失效分析[M]. 北京：冶金工业出版社，1991.
[31] 陈国邦. 低温工程材料[M]. 杭州：浙江大学出版社，1998.
[32] 何肇基. 金属的力学性质(修订版)[M]. 北京：冶金工业出版社，1989.
[33] 赵建生. 断裂力学及断裂物理[M]. 武汉：华中科技大学出版社，2003.
[34] 褚武扬. 断裂力学基础[M]. 北京：科学出版社，1979.
[35] 哈宽富. 金属力学性质的微观理论[M]. 北京：科学出版社，1983.
[36] 肖纪美. 金属的韧性与韧化[M]. 上海：上海科学技术出版社，1980.
[37] 哈宽富. 断裂物理基础[M]. 北京：科学出版社，2000.
[38] 刘孝敏. 工程材料的微细观结构和力学性能[M]. 合肥：中国科学技术大学出版社，2003.
[39] 钱志屏. 材料的变形与断裂[M]. 上海：同济大学出版社，1989.
[40] 米格兰比 H. 材料科学与技术丛书(第6卷)：材料的塑性变性与断裂[M]. 颜鸣皋,译. 北京：科学出版社，1998.
[41] 陈平，唐传林. 高聚物的结构与性能[M]. 北京：化学工业出版社，2005.
[42] 张清纯. 陶瓷材料的力学性能[M]. 北京：科学出版社，1987.
[43] 高庆. 工程断裂力学[M]. 重庆：重庆大学出版社，1986.
[44] 邓增杰，周敬恩. 工程材料的断裂与疲劳[M]. 北京：机械工业出版社，1995.
[45] 周惠久，黄明志. 金属材料强度学[M]. 北京：科学出版社，1989.
[46] SURESH S. 材料的疲劳[M]. 王中光,译. 北京：国防工业出版社，1993.
[47] 郑修麟. 切口件的断裂力学[M]. 西安：西北工业大学出版社，2005.
[48] 郑文龙,于青. 钢的环境敏感断裂[M]. 北京：化学工业出版社，1988.
[49] 褚武扬，乔利杰，陈奇志，等. 断裂与环境断裂[M]. 北京：科学出版社，2000.
[50] 乔利杰，王燕斌，褚武扬. 应力腐蚀机理[M]. 北京：科学出版社，1993.
[51] 褚武扬. 氢损伤和滞后断裂[M]. 北京：冶金工业出版社，1988.
[52] 姜晓霞，李诗卓，李曙. 金属的腐蚀磨损[M]. 北京：化学工业出版社，2003.
[53] 杨文斗. 反应堆材料学[M]. 北京：原子能出版社，2000.
[54] 龚江宏. 陶瓷材料断裂力学[M]. 北京：清华大学出版社，2001.
[55] 罗纳德 A 麦考利. 陶瓷腐蚀[M]. 高南，张启富，顾宝珊,译. 北京：冶金工业出版社，2003.
[56] WILLIAMS J G. Fracture mechanics of polymers[M]. New York：Halsted Press, 1984.
[57] KINLOCH A J, YOUNG R J. Fracture behavior of polymers[M]. New York：Applied Science Publishers, 1983.
[58] GRELLMANN W, SEIDLER S. Deformation and fracture behavior of polymers[M]. New York：Springer Press, 2001.

[59] KAUSCH H H. Polymer fracture[M]. Berlin: Springer-Verlag Press, 1985.
[60] 王荣. 金属材料的腐蚀疲劳[M]. 西安: 西北工业大学出版社, 2001.
[61] 肖纪美. 应力作用下的金属腐蚀:应力腐蚀、氢致开裂、腐蚀疲劳、摩耗腐蚀[M]. 北京: 化学工业出版社, 1990.
[62] 杨宜科, 吴天禄, 江先美, 等. 金属高温强度及试验[M]. 上海: 上海科学技术出版社, 1986.
[63] 霍林 J. 摩擦学原理[M]. 上海交通大学摩擦学研究室,译. 北京: 机械工业出版社, 1981.
[64] 温诗铸. 摩擦学原理[M]. 北京: 清华大学出版社, 1990.
[65] 温诗铸, 黄平. 摩擦学原理[M].2 版. 北京: 清华大学出版社, 2002.
[66] 邵荷生, 曲敬信, 许小棣, 等. 摩擦与磨损[M]. 北京: 煤炭工业出版社, 1992.
[67] 何奖爱, 王玉玮. 材料磨损与耐磨材料[M]. 沈阳: 东北大学出版社, 2001.
[68] 郑林庆. 摩擦学原理[M]. 北京: 高等教育出版社, 1994.
[69] 李诗卓, 董祥林. 材料的冲蚀磨损与微动磨损[M]. 北京: 机械工业出版社, 1987.
[70] 翟玉生, 李安, 张金中. 应用摩擦学[M]. 东营: 石油大学出版社, 1996.
[71] 刘家浚. 材料磨损原理及其耐磨性[M]. 北京: 清华大学出版社,1993.
[72] 王毓民, 王恒. 润滑材料与润滑技术[M]. 北京: 化学工业出版社, 2005.
[73] 颜志光. 润滑材料与润滑技术[M]. 北京: 中国石化出版社, 2000.
[74] 张俊善. 材料强度学[M]. 哈尔滨: 哈尔滨工业大学出版社, 2004.
[75] 匡震邦, 顾海澄, 李中华. 材料的力学行为[M]. 北京: 高等教育出版社, 1998.
[76] COURTNEY T H. Mechanical behavior of materials[M]. 2nd ed. 北京: 机械工业出版社, 2004.
[77] 关振铎, 张中太, 焦金生. 无机材料物理性能[M]. 北京: 清华大学出版社, 1992.
[78] 张清纯. 陶瓷材料的力学性能[M]. 北京: 科学出版社, 1987.
[79] 王磊. 材料的力学性能[M]. 沈阳: 东北大学出版社, 2005.
[80] 郑子樵. 材料科学基础[M]. 长沙: 中南大学出版社, 2005.
[81] I M 沃德. 固体高聚物的力学性能[M]. 中国科学院化学研究所高聚物力学性能组, 译. 北京: 科学出版社, 1980.
[82] 朱锡雄, 朱国瑞. 高分子材料强度学:变形和断裂行为[M]. 杭州: 浙江大学出版社, 1992.
[83] 潘道成, 鲍其鼐, 于同隐. 高聚物及其共混物的力学性能[M]. 上海: 上海科学技术出版社, 1988.
[84] 何曼君,陈维孝,董西侠. 高分子物理(修订版)[M]. 上海: 复旦大学出版社,1990.
[85] 傅政. 高分子材料强度及破坏行为[M]. 北京: 化学工业出版社,2005.
[86] 丁秉钧. 纳米材料[M]. 北京: 机械工业出版社,2004.
[87] 张立德, 牟季美. 纳米材料和纳米结构[M]. 北京: 科学出版社,2001.
[88] 成会明. 纳米碳管:制备、结构、物性及应用[M]. 北京: 化学工业出版社,2002.
[89] 刘吉平, 廖莉玲. 无机纳米材料[M]. 北京: 科学出版社, 2003.
[90] 高濂, 李蔚. 纳米陶瓷[M]. 北京: 化学工业出版社,2002.
[91] 柯扬船, 皮特·斯壮. 聚合物－无机纳米复合材料[M]. 北京: 化学工业出版社,

2003.
[92] 黄惠忠,等. 纳米材料分析[M]. 北京: 化学工业出版社,2003.
[93] 张泰华. 微/纳米力学测试技术及其应用[M]. 北京: 机械工业出版社,2005.
[94] 徐国财, 张立德. 纳米复合材料[M]. 北京: 化学工业出版社, 2002.
[95] 许凤和. 高分子材料力学试验[M]. 北京: 科学出版社, 1988.
[96] 戴雅康. 金属力学性能实验[M]. 北京: 机械工业出版社, 1991.
[97] 何平笙. 高聚物的力学性能[M]. 合肥: 中国科学技术大学出版社, 1997.
[98] 顾宜. 材料科学与工程基础[M]. 北京: 化学工业出版社, 2002.
[99] 杨文胜, 高明远, 白玉白. 纳米材料与生物技术[M]. 北京: 化学工业出版社, 2005.
[100] 王吉会,郑俊萍,刘家臣,等. 材料力学性能[M]. 天津:天津大学出版社,2006.
[101] 白春礼,田芳,罗克. 扫描力显微术[M]. 北京:科学出版社,2000.
[102] 袁哲俊. 纳米科学与技术[M]. 哈尔滨:哈尔滨工业大学出版社,2005.
[103] 钱林茂,田煜,温诗铸. 纳米摩擦学[M]. 北京:科学出版社,2013.
[104] 李宏斌,刘冰冰,张希,等. 聚丙烯酸的单分子应力 - 应变行为[J]. 高分子学报, 1998,1(4):441-448.
[105] 张希,张文科,李宏斌,等. 聚合物的单链力学性质的 AFM 研究[J]. 自然科学进展, 2000,10(5):385-390.
[106] 张薇,寇晓龙,张文科. 聚合物单分子力谱的研究进展[J]. 高等学校化学学报, 2012,33(5):861-875.
[107] 王吉会, 温诗铸, 路新春. 材料微观摩擦磨损的研究进展[J]. 润滑与密封,1998 (5): 8-14.
[108] 王吉会, 路新春, 温诗铸. 录音带的表面形貌和微摩擦特性研究[J]. 自然科学进展,1999, 9(7):643-650.
[109] WANG JIHUI, WANG LIDUO, LU XINCHUN, et al. Structure and microtribological properties of Teflon and Teflon/Si_3N_4 micro-assembling film [J]. Thin Solid Films, 1999, 342 (1-2): 291-296.
[110] 王兴业, 唐羽章. 复合材料力学性能[M]. 长沙: 国防科技大学出版社, 1988.
[111] 沈观林, 胡更开. 复合材料力学[M]. 北京: 清华大学出版社, 2006.
[112] 乔生儒. 复合材料细观力学性能[M]. 西安: 西北工业大学出版社, 1997.
[113] 许凤和. 高分子材料力学试验[M]. 北京: 科学出版社, 1988.
[114] 曲远方. 无机非金属材料专业实验[M]. 天津: 天津大学出版社, 2003.
[115] 吴智华. 高分子材料加工工程实验教程[M]. 北京: 化学工业出版社, 2004.
[116] 刘长维. 高分子材料与工程实验[M]. 北京: 化学工业出版社, 2004.
[117] 曹以柏, 施步洲, 虞伟健,等. 材料力学测试原理及实验[M]. 2 版. 北京: 航空工业出版社, 1999.
[118] 潘清林,孙建林. 材料科学与工程实验教程(金属材料分册)[M]. 北京:冶金工业出版社,2011.